啟發性物理學

近代物理 II

——原子核物理學簡介、
基本粒子物理學簡介

林　清　涼 編著

五南圖書出版公司 印行

謹以此書紀念：

對高雄縣岡山區建設和臺灣養殖業作出貢獻的林天福先生（1891年7月10日～1987年12月12日）；

對臺灣自然環境保護作出貢獻的馮纘華先生（1918年2月17日～1986年9月4日）。

本書由馮纘華、林清涼環境保護
基金會贊助出版

序

中國古代雖在經典物理學方面有不少貢獻，卻在頻繁且長期的戰爭，以及封建的皇帝制度和價值觀的影響下，無法累積知識及經驗，於是獲得的知識及經驗難以形成系統，使得春秋戰國時期具備的物理學雛型，無法發揚光大。正在西方進入文藝復興，科技逐漸步入類似今日科研方法、理論實驗互動的時期，中國逆向地進入有史以來最封建的明朝。以致在 16 世紀末西洋科技傳入中國後，中國科技很快的遭到取代。所以目前我們所學的科技，可以說是外來貨。先消化它們，化為我們的血和肉，才能產生創造創新的國貨。這個目標要靠普及科技知識，使它們深入人民生活，科技變為無形中的生活必需品，且自然地出現用自己語言撰寫的教課書或自學用書才能達到。

科學已發展到各領域無法自限於狹窄範圍，而須交插互動前進的時代，物理學亦因而分為經典物理和近代物理。個人很大膽地將經典物理，以類似人體動靜脈系統，分為「力學」和「電磁學」。同樣的，亦將近代物理分為兩大領域：主宰今日高科技領域的量子力學、原子分子和凝聚態物理，稱為近代物理 I；而追究物質、相互作用根源，屬於基礎物理的原子核物理和基本粒子物理，則稱為近代物理 II。至於舖陳方式，則秉持撰寫力學和電磁學的一貫作法，盡量從物理現象、歷史淵源以及當時的物理背景來逼近問題核心及推導式子，以啟發思路，且能自學的方式展開解析過程，盼能達到普及科技教育和提昇科技水平的目標。

以人能站立比喻近代物理，量子力學和狹義相對性理論相當於我們的兩條腿；狹義相對性理論是電磁學的本質，可將它歸類到電磁學領域，於是近代物理學的核心實為量子力學。近代物理 I 介紹 20 世紀初葉一群年輕物理學家催生量子力學的奮鬥過程，盡量從原論文出發來推導非相對論 E.Schrödinger 方程式，然後探討它的內涵，將它應用到典型的束縛態（bound states）和非束縛態的基礎勢能散射問題，並且解釋週期表的形成。物理學家們在分析物理現象過程中，如何遇到和解決了：粒子及分佈的統計性（statistics），全同粒子（identical particles），對稱性（symmetries）等問題，也將一一敘述。最後探討和生活密切相關的物質性質的凝聚態（凝態）物理學。由於牽涉的範圍龐大且複雜，限於篇幅，僅介紹分子、半導體和超導體內的最基本問題。這些都是今日台灣製造業的重要基礎，是非相對論量子力學和電磁學帶來的產業化成果。

然而，物質的根源是甚麼？甚麼是相互作用的源頭？質量怎樣來的？電荷是甚麼？前兩問題是近代物理 II 要介紹的內容，至於後兩者，仍然是尚待解決的科研問題。近代物理Ⅱ，包含原子核物理學和探討物質及相互作用根源的基本粒子物理學。本書詳述物理學家們如何將千變萬化的萬物、複雜現象、相互作用等等，歸類化約成簡單且有規律的理論或模型。至此處理微觀現象的量子力學，以及和電磁學有關的狹義相對性理論，自然地融合成一體，二象性（duality）將是自然的現象。此時物理學和數學的精彩互動場面一一呈現，使我們享盡物理學的魅力。

至於人名和名詞，除了有名且大家熟悉的物理學家，例如：牛頓、庫侖…等之外一律使用原姓，首次出現的專有名詞附有英文名。物理量的測試，一直到（11-440b）式，採用的是國際通用的MKSA單位制（International System of Units，簡稱SI制），即長度使用公尺（m），質量、時間和電流分別使用公斤（kg）、秒（s）和安培（A）為單位。但（11-440b）式之後，方便和高能物理慣用的單位一致，電磁學採用 Heaviside-Lorentz 電磁單位；並且（11-483）式之後，使用自然單位 $\hbar=c=1$ 來簡化 $\hbar$（$\hbar=h/2\pi$，h＝Planck 常量）和 c（光速）出現的頻度。四向量（矢量）演算是用 Bjorken-Drell（Relativistic Quantum Mechanics, McGraw-Hill Book Company(1964)）標誌，而角動量合成法則使用 A. R. Edmonds（Angular Momentum in Quantum Mechanics, Princeton University Press(1957)）的標誌。

近代物理學涉及的範圍非常廣泛，而且明顯的專業化，一個人往往很難同時持有不同領域的專長。不過在學習過程，不必一開始就學習很多領域、而是大致地瞭解物理學的發展藍圖，並從你將邁入的領域藍圖中，挑些關鍵課目，徹底地瞭解並融會貫通它們。換句話說，著重的是質而不是量，從深入慢慢地擴大範圍，以達到深博的境界。學習物理學家們如何解決問題、突破難關，洞察及挖掘隱藏在現象內部的物理，正是本套書努力表達的焦點。同時盡量地，將在科研工作上可能遇到的困難，初讀物理書籍或文獻時可能遭到的疑問，交待清楚，以滿足自學者的渴望。

許多人是本套書得以完成的推手，其中有幾位是需特別提到的。首先感謝河北大學物理通報社的吳祖仁教授及夫人趙國君女士的鼓勵和帶領我參訪多處超過500年之久，與物理相關的中國古老設施和建築物，其次要感謝的是台灣大學的吳財榮先生和白秀足女士的協助，尤其他們對我的食宿等問題的關照，以及患嚴重坐骨神經痛期間，協助個人往還臺中台北的大葉大學電機系范榮權教授。已退休北京清華大學物理系的虞昊教授，用心為個人蒐集不少中國物理學史資料，尤其活躍在20世紀中葉的中國優秀物理學家的資料，更是難得，我衷心感謝他。

除近代物理Ⅱ外，本套書的力學、電磁學和近代物理Ⅰ，先後在中國大陸及台灣出版。大陸版是北京高等教育出版社負責印行，以「物理學基礎教程」為書名，分為上、中、下三冊，台灣方面的出版工作在清雲科技大學洪榮木教授及高雄大學施明昌教授協助下，由五南圖書出版股份有限公司負責印行。本書在台灣出售的版稅收入一律捐給馮林基金會作為環境保護之用。

本書錯誤之處，祈讀者指教為盼。

林清凉　謹誌

臺灣大學物理系

2002年4月24日

作者簡介：

林清凉　1931年生於臺灣高雄縣，1954年畢業於臺灣大學物理系，1966年獲日本東京大學物理學博士。曾在該校及美國麻省州立大學Amherst分校和史丹福大學擔任研究員及訪問學者，專研原子核結構、核反應和介子交換流的功能。曾任臺灣大學物理系系主任，任內和同仁積極革新並且奠定自由、民主的學術和行政基礎，以及良好的研究環境，同時和沈君山教授排除一切障礙執行目前所謂的「通識教育」課程。目前是臺大物理系兼任教授。

目 錄

本套書分成 11 章，前 9 章為經典物理：

第 1～第 6 章——力學

第 7～第 9 章——電磁學

後 2 章為近代物理Ⅰ和Ⅱ，第 10 章在Ⅰ，而第 11 章是凝聚態物理和亞原子物理，其Ⅰ, Ⅱ, Ⅲ和Ⅳ, Ⅴ分別在近代物理Ⅰ和Ⅱ。

附 錄

索 引

第 11 章

近代物理 II

——原子核物理學簡介、基本粒子物理學簡介

- 原子核物理學簡介
- 基本粒子物理學簡介
- 參考文獻和注解
- 附錄

IV.原子核物理學簡介

(A)歷史回顧

進入 20 世紀，中國逐漸地參與世界物理界，並且在很短的時間內，部分物理學家進到世界最前茅，例如在二次大戰前和中在大陸受過基礎教育的楊振寧（1922 年 10 月 1 日出生於安徽省，現住在北京（2001 年底回北京清華大學））、吳健雄（1912 年出生於上海 1997 年過世）、李政道（1926 年出生於上海市，現住在北京）等人不但聞名全世界，並且李楊兩人曾在 1957 年榮獲 Nobel 物理獎。同樣，二次大戰中和後在台灣省受教育的李遠哲（1936 年出生於新竹市，現住在台北市）和丁肇中（1936 年～　）分別在 1986 和 1976 獲得 Nobel 化學和物理獎。去年 1997 年和今年（1998）又有華裔科學家朱棣文和崔琦（1939 年～出生於河南，現服務於美國 Princeton 大學）接連榮獲物理 Nobel 獎，崔教授也是在大陸受過基礎教育。除外還有不少在科學界默默工作的英雄，不然中國不可能從 1840 年鴉片戰爭後一直被科技先進國蹂躪，尤其二次大戰期間，幾乎整個國土變成戰場，被日本軍隊摧殘的環境下，加上受到 1950 到 1960 年代時，所謂的自由經濟國的聯合封鎖下，在錢三強（1913～1992）、錢學森、吳有訓（1897～1977）、王淦昌（1907～1998）、彭恆武（1915～　）、何澤慧（1914～　）、郭永懷（1909～1968）、陳能寬、唐孝威、朱光亞、周光召、程開甲、丁大釗、王祝翔等科學家[19)]，夜以繼日地努力以試爆原子彈（1964 年 10 月 16 日）、氫彈（1967 年 6 月 17 日）和打上人造衛星（1970 年 4 月 24 日）等工作來突破封鎖。那麼直接和原子彈氫彈有關的物理領域是什麼呢？它就是本節要介紹的原子核物理（nuclear physies），簡稱核物理。核物理在整個物理發展史上，算是年輕的領域，但影響範圍很廣，從能源、國防一直到醫療，現依其發展過程來做個粗略的回顧，然後挑些重要題目詳談，以便瞭解整個架構。

(1)核物理萌芽期（1900～1932 年）

1895 年 W. C. Röntgen 做陰極線實驗時，發現穿透力強的 X 射線（X-ray）後，陸續地從 1896 年 R. H. Becquerel（Antonie Henri Becquerel 1852～1908 法國物理學家）到 1898 年 Pierre Cruie（1859～1906 法國物理學家）和夫人 Marie Curie（1867～1934 波蘭出生的法國物理學家）等人發現穿透力顯著不同的另外三種射線。其中兩射線和 X 射線最大的差異是，會受磁場的影響，另一種和 X 射線一樣不受磁場左右，卻穿透力勝過 X 射線。同 1898 年，Pierre Curie 夫婦也發現了釙（$_{84}$Po）和鐳（$_{88}$Ra）

元素，並且測量了它們的原子量。翌年 1899 年 Rutherford（Sir Ernest Rutherford 1871～1937 出生紐西蘭的英國物理學家）和 Frederick Soddy，依其穿透力的強弱稱會受磁場影響的為 α 和 β 射線，後者的穿透力比前者強，並且同年（1899）F. O. Giesel 又發現鈾（$_{92}U$）和釷（$_{90}Th$）會放射那三種射線（當時尚不知道有原子核），其中兩種很容易被物質吸收。過年 1900 年肯定穿透力最強不受磁場影響，α 和 β 以外的放射線是，波長 λ 極短，λ < 1 Å 的電磁波，且正式命名為 γ 射線。兩年後 1902～1903 年 Rutherford-Soddy 肯定 α 射線是帶正電且質量很重的粒子，同時宣佈「**原子不是永不變的粒子**」，以及證實 β 射線是電子線。在 1908 年 Rutherford 和 T. Royes 肯定 α 射線是氦（$_2He_2^4$）粒子線。凡是帶有能量的微觀粒子，如原子核、光子、電子等以直線在同一狀態同一介質內運動，統稱為**放射**（radiation）**線**，為什麼稱作「什麼什麼線」呢？因為它們的行進有著「方向」。有時對有靜止質量的，才叫放射線，沒靜止質量，例如光子，則稱為輻射線。如果放射線粒子帶電，則它們一路會使接觸的物質電離，形成離子，而自己失去能量。

另一面化學家們發現：「同樣的化學性質，卻有原子量不同的元素」。有的元素有好多不同的原子量，有的元素會放射 α, β, γ 射線，有的不會。非究明這些問題不可，於是不少物理學家投入研究原子。1911 年 H. Geiger（Hans (Johannes) Wilhelm Geiger 1882～1945 德國物理學家）和 E. Marsden 發現，被金屬薄膜散射的 α 粒子呈現非常大的散射角，Rutherford 立刻作了理論分析，而獲得（11-179）式的結果（看附錄(H)），稱為 **Rutherford 的散射微分截面**（differential cross section）：

$$\left(\frac{d\sigma}{d\Omega}\right)_R = \left(\frac{1}{4\pi\varepsilon_0}\right)^2 \left(\frac{zZe^2}{2Mv^2}\right)^2 \left(\frac{1}{\sin^4\theta/2}\right) \qquad (11\text{-}179)$$

ε_0 = 真空電容率，ze、M 和 v 分別為入射 α 粒子的電荷、質量和入射速度，Ze = 靶核電荷，θ = 散射角，$d\Omega \equiv 2\pi \sin\theta\, d\theta$。

Rutherford 當然不放過機會，親自做實驗，同樣使用 α 粒子去撞擊金屬薄片，α 的入射速度 v 的直線到靶核的垂直距離 b 叫**碰撞參數**（impact parameter），如圖（11-53）所示。慢慢地縮短 b，從大 b 到 b_c，當 b_c 約為 10^{-15} m 附近，α 幾乎被靶彈回來，散射角 θ 接近於 180°，如令（11-179）

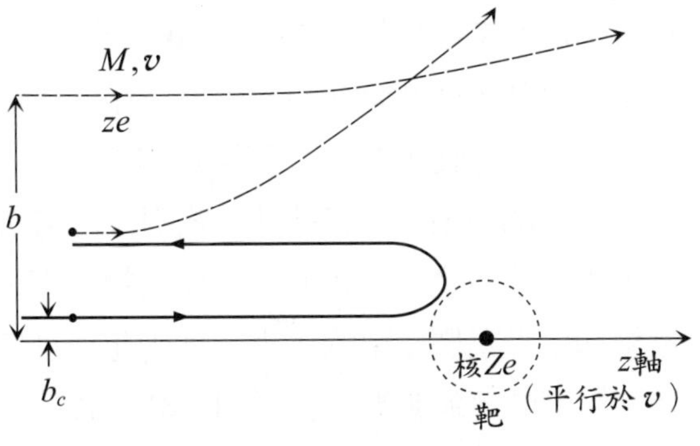

圖 11-53　α 粒子的散射

式的θ等於 180°，則得實驗值。肯定了原子核的存在，即在原子的核心部，其大小線度是 fm ($1\text{fm} \equiv 10^{-15}\text{m}$)，存在著非常大的力量，並且和$\alpha$粒子一樣地帶正電，才能把$\alpha$粒子彈回來，Rutherford 稱它為*原子核*（nucleus），他同時稱最小的原子核氫（${}_1H_0^1$）核為質子（proton）。我們使用的符號是：

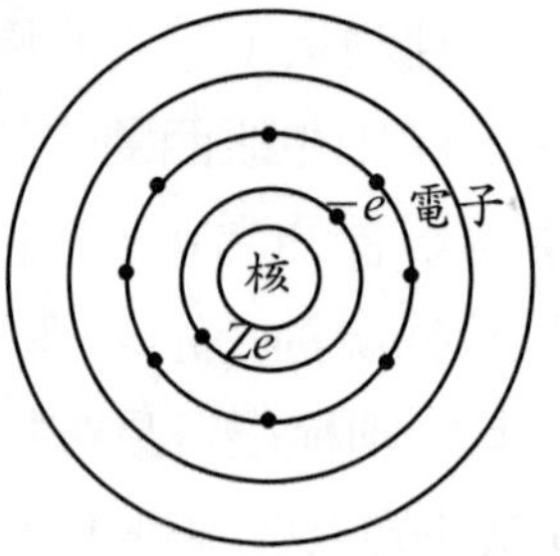

圖 11-54 N. Bohr 的原子模型

	元素代號	質量數
質子數		中子數

（11-180）

質量數（atomic mass number）$A \equiv \left\{(\text{質子數}\, p) + (\text{中子數}\, n)\right\}$，故 ${}_1H_0^1$ 表示$p=1$, $n=0, A=1$，而元素代號 H，H 是氫的英文名 hydrogen 的頭一個字母，表示氫元素。目前流行的符號是，把質量數寫在元素代號的左上角，不過把A寫在元素代號的右上角較方便，我們採用此表示法。不久 1913 年 N. Bohr（Niels Henrik David Bohr 1885～1962丹麥理論物理學家）提出原子模型（十章Ⅲ(A)），如圖（11-54）原子的核心有帶正電的原子核Ze，電子帶負電e圍繞核不停地運動著，其出現概率最大的空間，相當於牛頓力學的軌道，Bohr 模型是圓軌道。各軌道間有一定的規律，形成殼層（shell）狀。當時的歐洲一面尋找新力學理論，一面積極地做實驗探討微觀世界，在 1919 年 Rutherford 使用α粒子撞擊氮氣（N_2, ${}_7N_7^{14}$）時，獲得了氫核和氧氣（O_2, ${}_8O_8^{16}$為絕大多數）的同位素（Isotope）${}_8O_9^{17}$。質子數相同而中子數不同的元素叫*同位素*。

$$\alpha\,({}_2He_2^4) + {}_7N_7^{14} \longrightarrow {}_8O_9^{17}(\text{氧}) + {}_1H_0^1 \qquad (11\text{-}181)$$

驗證了**核內確實有帶正電的質子p**，同時首次證明，「**人能夠造原子核**」。（11-181）式是核反應（nuclear reation）式，小心不能用等號連結左右邊，必須使用箭頭，因為左右邊不等質。至少還有能量的交換沒表示出來，反應後的原子核不一定在基態等等的內部現象。（11-181）式明顯地告訴我們，可以使用兩種原子核A和B的核反應來製造黃金（${}_{79}Au$），實現人類一直追求的鍊金術的夢，同時Rutherford從 20 世紀初化學家們發現的：「同樣的化學性質，卻有好多不同的原子量」的問題，以及他豐富的實驗數據，如（11-181）式就有氧的同位素了，歸納出下述預言：

$$\text{原子核內有電中性，且質量大約和質子一樣的粒子。} \tag{11-182}$$

關於發現這個電中性粒子，就是中子（neutron），居禮夫人的女兒夫婦（Jean Frédéric Joliot Curie 1900～1958，和 Irene Curie 1897～1956 法國物理學家）失去了機會。他們在 1932 年 1 月，在研究釙（$_{84}Po$）產生的α粒子的穿透力時，用其α去撞擊$_4Be_5^9$（鈹）而發現有穿透力極強的不帶電粒子流，這時如用含氫物質，例如石蠟薄片橫切粒子流，則會擊出質子。Joliot Curie 夫婦卻沒做進一步的分析內容，就把那些不帶電粒子當做「高能量光子」，又沒嚴密計算，例如像 Rutherford 分析 Geiger 的實驗得（11-179）式，這是科研上非常重要的步驟，便以類似 Compton 效應（十章 II (E)）來解釋被釋放的質子。當時的物理界已知質子的質量（目前是 $m_p c^2 \fallingdotseq 938.27231\text{MeV}$），且 Rutherford 早在 1919 年就預言中子（11-182）式的存在。要把質量約 940 MeV/c^2，約為 10^9 eV/c^2 的質子從物質中釋放出來，光子的能量必須相當大才行（看下面 Ex. 11-29），Joliot Curie 夫婦竟然沒想到這一點，確實可惜。聽到這消息的 Rutherford 學生 Chadwick（Sir James Chadwick 1891～1971 英國實驗物理學家），立刻想到 Rutherford 提過的「中子問題」，立即動手做和 Joliot Curie 夫婦同樣的實驗，發現電中性粒子的質量約等於質子質量，且速度遠比光速小，於是相信是老師預言的中子，而在 1932 年 2 月 17 日完成了論文投稿自然雜誌，就這樣地找到了中子，其反應過程是：

$$_2He_2^4 + {}_4Be_5^9 \longrightarrow {}_6C_6^{12} + n \ \text{（中子）} \tag{11-183}$$

聽到這消息的量子力學的創造者之一 Heisenberg 即時宣佈：

$$\text{原子核是由質子和中子組成} \tag{11-184}$$

同時提出同位旋（isatopic spin 或 isospin）算符來統一解釋質子和中子（看下面 (B)），質子和中子統稱為**核子**（nucleon）。同 1932 年 C. D. Anderoson（Carl David Anderson 1905～1988 美國物理學家），從宇宙線找到 1928 年 Dirac，在他的相對論量子力學預言的正電子（positron）。

1932 年，研究微觀世界用的力學、量子力學已完成（1928），加上瞭解原子核的成員是質子和中子，以及從核放射出來的α, β, γ射線的內涵，同時瞭解原子核不是永不變的粒子。但為什麼重核會衰變呢？最大不過 10fm 線度的那麼小空間，怎麼能容納帶有庫侖斥力的那麼多質子呢？核子在一起的機制、核的結構、核反應怎麼進行等等。這一切都是未解的問題。不難想像當時的物理界，充滿活力的情景。

前面提到的我國科學家們，有少數人已參加了當時的研究，並且做出貢獻，會在下面適當的地方介紹。

【Ex. 11-28】 1911 年找到原子核後，部分物理學家認為電子和質子都在核內，這樣的話便可以說明β射線。等到 1913 年 N. Bohr 的原子模型（十章Ⅲ(A)）問世後，出現另一種看法：部分電子在核內，部分電子在核外的 Bohr 軌道上。使用 Heisenberg 的測不準原理說明電子不可能存在於原子核內，但可以在原子內。

電子的質量 $m_e \fallingdotseq 0.511\,\text{MeV/c}^2$，$c$ = 光速，核的最大線度 $\fallingdotseq 10\,\text{fm} = 10^{-14}\,\text{m}$，則由測不準原理 $\Delta x\,\Delta p \geq \dfrac{\hbar}{2}$ 得：

$$\Delta p \fallingdotseq \frac{\hbar}{\Delta x} = \frac{\hbar}{10\,\text{fm}}$$

$$\therefore \text{電子能量均方根偏差}\ \Delta E \fallingdotseq \frac{(\Delta p)^2}{2m_e} = \frac{(\hbar c)^2}{2m_e c^2}\frac{1}{(\Delta x)^2}$$

$$= \frac{(197.327)^2}{2\times 0.511}\frac{1}{100}\ \text{MeV} \fallingdotseq 381\ \text{MeV}$$

這是非常大的能量，β射線的電子能量，最大也不過是數個 MeV 而已，於是電子不可能被侷限在 10fm 的核內，如果是原子則 $\Delta x \fallingdotseq 1\,\text{Å} = 10^5\,\text{fm}$

$$\therefore \Delta E(\text{原子}) = \frac{(197.327)^2}{2\times 0.511}\frac{1}{(10^5)^2}\ \text{MeV} \fallingdotseq 3.81\ \text{eV}$$

約為Bohr原子模型（10-17d）式，氫原子 $Z=1, n=2$ 的值 $E_{n=2} \fallingdotseq 3.4\,\text{eV}$，是很合理之值。

【Ex. 11-29】 假定 1932 年 1 月 Joliot Curie 夫婦實驗獲得，被中性粒子從石蠟中釋放出來的質子動能是 1 MeV，且中性粒子是光子，則光子需要多少能量才行。

光子沒有靜止質量，其總能 $E = P_\gamma c$，P_γ = 光子動量，它碰撞靜止在石蠟中的質子，設 m_p 為質子質量。假定碰撞後的光子動量完全傳給質子，則質子的動量 $m_p v$ 是：

$$m_p v = P_\gamma = \frac{E}{c}$$

$$\therefore \text{動能}\ \frac{(m_p v)^2}{2m_p} = \frac{E^2}{2m_p c^2} = 1\ \text{MeV}$$

$$\therefore E=\sqrt{2m_p c^2 \times 1\,\text{MeV}} \doteqdot \sqrt{2\times 940}\,\text{MeV} \doteqdot 43.4\,\text{MeV}$$

光子不可能有這麼大的能量，如果中性粒子是中子，中子的質量約等於質子，則由能量守恆並且彈性碰撞，中子的動能也是1 MeV，非常合理。

(2)核物理實驗理論互動期（1932～1970），解放核能[20, 21]

這段時期可說是核物理的大躍進期，量子力學已完成且正進入應用階段，原子、分子、原子核全用到它。為了解釋當時的各種實驗，原子核反應和原子核結構（structure）都出現好多種理論模型，大致分成兩大系列：

(i) 核子間的相互作用是強耦合（strong coupling）型。

(ii) 核子間的相互作用是弱耦合（weak coupling）型。

其中的主要模型，核結構方面如圖（11-55），核反應方面如圖（11-56）。

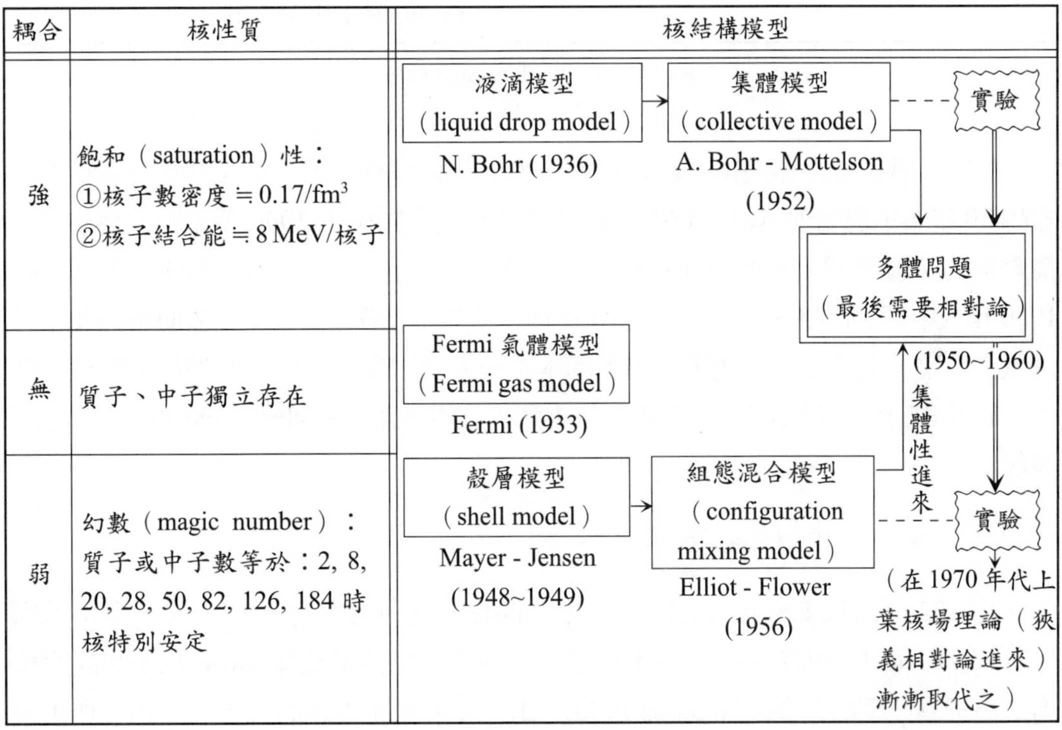

圖 11-55　核結構模型關係

至於它們的進一步內容看下面(C)和(E)。實驗方面，主要是探討核結構和核力，結果發現不但可以人造原子核，並且有核裂變（nuclear fission）和核聚變（nuclar fusion）的可能，核裂變帶來原子炸彈，即解放核能，其和平用途便是原子能發電，核聚變成為氫彈，其和平用途尚未成功，各國正在努力開發中，中國也不例外並且基礎不錯，它是人類未來的重要能源之一看下面(F)和(G)。

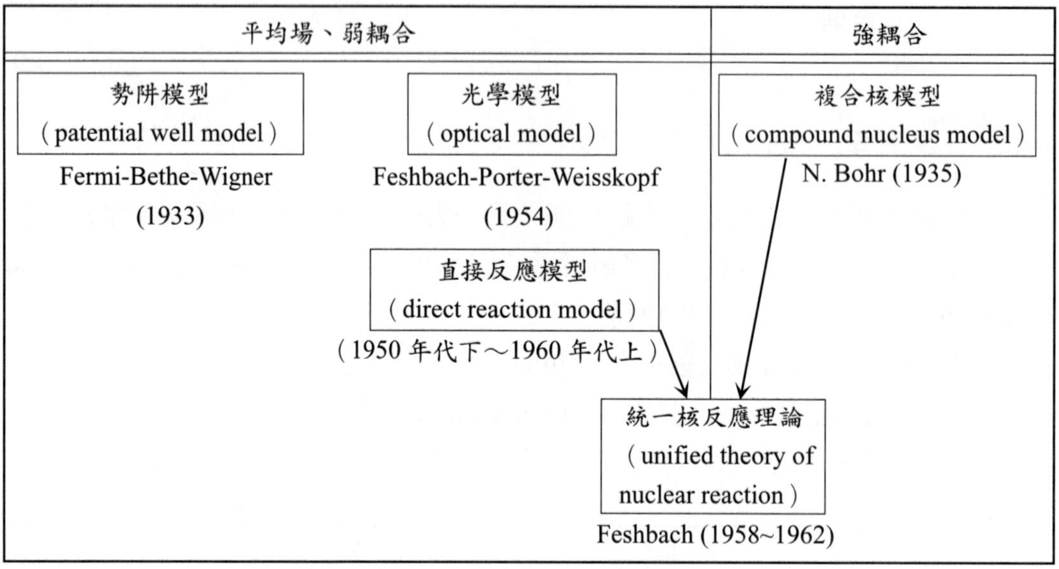

圖 11-56 核反應模型關係

二次大戰後加速器技術不斷地提升，加上電腦普及，帶來科技的空前進步；短短的 30 年，不但物理本身，它的應用遠遠地超過人類過去 3000 多年的智慧累積。撞擊核的探頭粒子（probe particle）能量不斷地提高，於是可深入到核的深部。在 1950 年代中葉，已略知核子的質子和中子是有內部結構的粒子，過去使用的非相對論量子力學，漸漸地不敷使用。加上基本粒子方面的突飛猛進，必然地影響核物理研究範圍和方法，於是到了 1960 年代中葉，核場理論（nuclear field theory）逐漸興起。

(3) 1970 年至今的核物理學[22)]

受 1934 年 E. Fermi 提出的β衰變（β-decay）理論的啟示，日本人湯川秀樹（Yukawa Hideki 1907～1981 日本理論物理學家）以核子交換 Bose 粒子來說明核力，核子為什麼能存在於那麼小的空間是由於核力遠比電磁力強，並且相互作用距甚短，是 fm 的線度級，而獲得了交換的 Bose 子質量約為電子的 200 倍，由於質量是介於電子和核子之間，於是稱那 Bose 子為「中間子（1934）」（細節看下面 B (5)）。中間子後來稱為介子（meson），是相互作用的交換粒子。不久的 1937 年 C. D. Anderson 從宇宙線中找到：

$$\left.\begin{array}{l}\text{質量 } m_\mu = 105.65836\ \text{MeV/c}^2 \\ \text{自旋} = 1/2 \\ \text{電荷 } e_\mu = \pm e\,(\text{電子電荷大小})\end{array}\right\} \qquad (11\text{-}185)$$

的粒子，以為它就是 1934 的湯川預言的介子，但（11-185）式的粒子是 Fermi 粒子，不是湯川的Bose子。（11-185）式的粒子是，和電子同類的輕子（lepton）μ，唸成"mu"粒子，記號"μ"，湯川預言的粒子，一直到1947年才被Powell（Cecil Frank Powell 1903～1969 英國實驗物理學家）從分析宇宙線時發現，其靜態性質是：

$$\left.\begin{array}{ll}\text{質量 } m_{\pi^0} \doteqdot 134.9764\ \text{MeV/c}^2, & m_{\pi^\pm} \doteqdot 139.56995\ \text{MeV/c}^2 \\ \text{自旋} = 0, & \text{內稟宇稱} = \text{負 (odd)} \\ \text{同位旋} = 1, & \text{帶來電荷 } e_\pi = +e, 0, -e\end{array}\right\} \qquad (11\text{-}186)$$

$$\pi^0\text{平均壽命} \doteqdot 0.84 \times 10^{-17}\text{s}, \qquad \pi^\pm\text{平均壽命} \doteqdot 2.6 \times 10^{-8}\text{s}$$

（**Ex**）衰變例子 $\pi^+ \longrightarrow \mu^+ + \nu_\mu$

$\pi^- \longrightarrow \mu^- + \tilde{\nu}_\mu$

$\pi^0 \longrightarrow 2\gamma$(光子)

（11-186）式的介子叫π（**唸成 pi**）介子，是扮演較遠距強相互作用的重要介子，產生核力的介子之一；它有三種，帶正、負電的$\pi^\pm$和電中性的π^0（細節看下面(B)）。（11-185）式的輕子μ有兩種，各帶正和負電，正負π介子衰變會變成正負μ輕子和μ微中子（neutrino）$\nu_\mu, \tilde{\nu}_\mu$是ν_μ的反微中子（antineutrino，反粒子看下面V(A)）。

磁和電的最大差異是，電有單極，即正電荷和負電荷可以獨立存在，但磁沒磁單極，必須正負同時存在，形成磁偶極，或叫磁雙極（magnetic dipole），其大小叫**磁偶極矩**，或簡稱**磁偶矩**（magnetic dipole moment，看（7-47）和（7-48a～e）式）。到目前為止除微中子（微中子有靜止質量時便有磁偶矩）外的所有Fermi粒子都有磁偶矩，依Dirac的相對論量子力學，Fermi子的質子和中子的磁偶矩是：

$$\mu_p(\text{質子}) = \frac{e\hbar}{2m_p} \doteqdot 5.050785543 \times 10^{-27}\ \text{J (焦耳)/T (tesla)}$$

$$\doteqdot 3.15245166 \times 10^{-14}\ \text{MeV/T} \equiv 1\,\mu_N \qquad (11\text{-}187a)$$

$$\mu_n(\text{中子}) = 0 \qquad (11\text{-}187b)$$

右下標p, n, N分別表示質子、中子和核子，但在 1948 年R. Kusch和H. M. Foldy經精密實驗獲得質子和中子的磁偶矩值各為：

$$\mu_{p,\text{exp.}} \doteqdot 2.7928\ \mu_N \tag{11-187c}$$

$$\mu_{n,\text{exp.}} \doteqdot -1.9131\ \mu_N \tag{11-187d}$$

（11-187c, d）式是怎麼一回事呢？怎麼質子的磁偶矩多了 1.7928μ_N，而明明沒帶電的中子卻有負 1.9131μ_N。立刻 J. S. Schwinger（Julian Seymour Schwinger 1918～1994 美國理論物理學家）以重整化（renormalization）理論、即可得有限確定大小的量子場論（quantum field theory），推導質子和中子的磁偶矩理論值，結果和實驗完全吻合，其後跟著實驗技術的進步，理論和實驗竟然吻合到有效位數 11 位。理論演算時π介子是扮演核心角色。1940～1950 年代，為了解釋核子核子散射現象，以及核的性質，尤其核力，除了π介子之外，還需要比π介子更加重的其他介子，例如$\rho\,(m_\rho c^2 \doteqdot 771\,\text{MeV})$，$\omega\,(m_\omega c^2 \doteqdot 783\,\text{MeV})$，$\sigma(m_\sigma c^2 \doteqdot 550\,\text{MeV})$等介子。從以上這些物理量和現象，已明示著探討原子核，遲早需要相對論量子力學，甚至於場論。

原子核是四種相互作用：「強、弱、電磁、萬有引力」都存在的場所，但它們的相互作用強度和作用距，有如表（11-6）所示的顯著差異，故主要相互作用是強相互作用，接著是電磁交互作用。從表不難看出，如要探究核構造，最好利用強和電磁相互作用；前者是利用高速核子或原子核撞擊（核反應）或激發靶原子核；後者往往利用高速電子散射。核子也好，核也好，它們和靶核間的相互作用，主成分是強相互作用，靶核受的刺激一般地很大，於是想改用不太刺激靶核，卻能深入靶核的探頭粒子。1960 年代中葉開始，一面電子輕容易加速，另一面**電子和核之間沒強相互作用**，核受的影響較小，並且高能量電子能深入核內，利用這兩特點，一直到目前使用電子散射來研究原子核構造，尤其核的電磁性，仍然是重要科研題之一。入射核子、原子核或電子的能量一高，非用相對論量子力學不可；相對論量子力學本質上是處理多體問題。

表 11-6　日常生活中的四種相互作用

相互作用	強度	參與粒子數	力的作用範圍	作用形式
強	1	多體	約10^{-15} m	交換 Bose 粒子(目前的理論是膠子(gluon))
電磁	約10^{-2}	兩體	無窮遠(∞)	$\frac{1}{r^2}$：電荷 $\ominus\overset{r}{\overline{Q(\text{交換光子})\,q}}\ominus$ 電荷
弱	約10^{-5}～10^{-6}	多體	約小於等於 10^{-18} m	交換 Bose 粒子，(Ex) $W^{\pm}$(80GeV)，Z^0（約 91 GeV）
萬有引力	約10^{-38}～10^{-39}	兩體	無窮遠(∞)	$\frac{1}{r^2}$：質量 M$\ominus\overset{r}{\overline{(\text{交換引力子})}}\ominus$m 質量

多體：兩體和兩體以上。

尚未用高速電子散射的 1960 年代中葉，傳統的使用核子、核為探頭粒子時已發現，如要理論重現實驗現象，非考慮介子交換流（mesonic exchange currents 看下面(B)）不可，只要牽連到核內介子，就和產生（creation）和湮沒（annihilation）粒子有關（看後註(18)），自然地需要場論以及它的那套演算技巧，高速電子一進來更是需要場論，於是從 1960 年代末葉，核研究逐漸地和場論脫不了關係，而稱 1970 年以前，和場論無關的原子核研究為**傳統核物理**（traditional nuclear physics），和場論有關的原子核研究，稱作**核場理論**或簡稱核物理。從 1970 年左右到 1990 年左右，又有另一種稱呼，把研究核基態、低激態的核結構和性質為主要項目，即傳統核物理叫**低能域核物理**；而需要考慮介子，即探頭粒子的能量超過 140MeV，有可能產生 π 介子的能量，一直到核子靜止能 1GeV 的能量域叫**中能核物理**（intermediate energy nuclear physics）。目前較受注目的核物理是高能重離子（heavy ion）對撞時，產生高溫和高密度態的物質，從它來研究夸克（quarks）膠子等離子體（plasma）。凡是研究：原子核結構、性質、反應、裂聚變、衰變等，甚至於應用，目前統稱為原子核物理學。

(4)總結

為了有個整體圖像（picture），使用圖示法說明到今天，探討核物理的過程，以及構成原子核成員的情形。

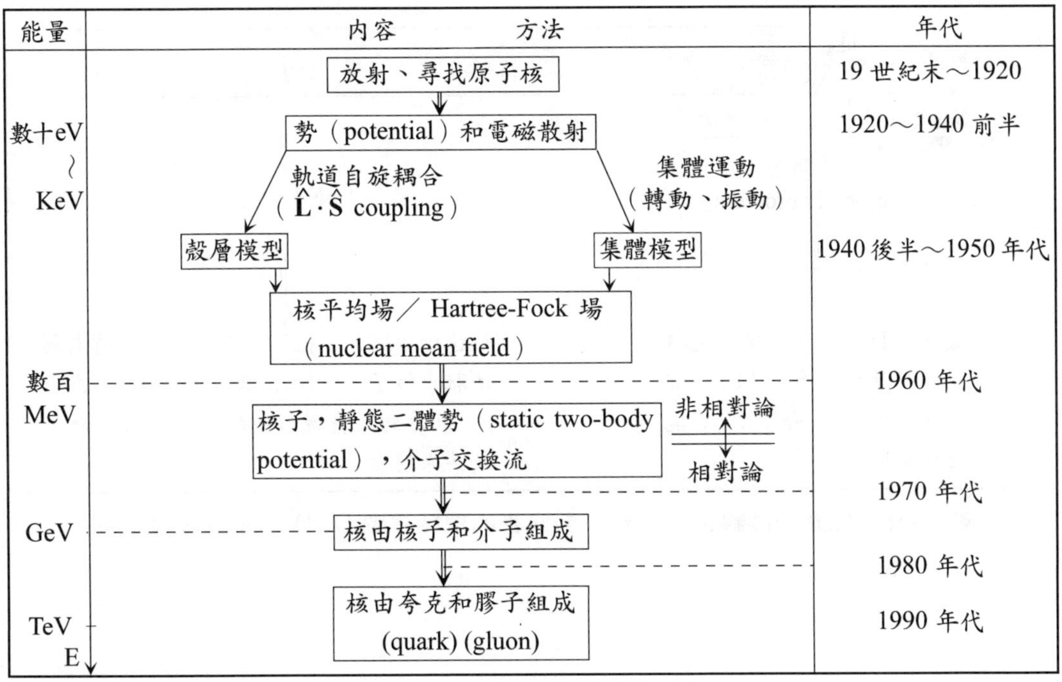

圖 11-57 核物理學發展的簡略圖

從圖（11-57）能一目瞭然地看出，核物理從無、在短短的 70 年時光，不但找到核和其構成分子，核和核子扮演的角色，以及解放核能，一直到核子的內容。肯定了核子的質子和中子是複合粒子，介子亦然。組成它們的粒子，目前叫**夸克**（quark）和媒介相互作用，即相互作用場的量子化粒子叫**膠子**（gluon）。那麼在何狀態下使用核子介子，何種情況下用夸克、膠子呢？從圖（11-57）不難看出是和能量有關。圖上的能量是探頭粒子能，或對撞粒子能，表示著能量愈高愈能深入內部。那麼能量的大小和核的組成分子，以及相互作用距的關係如何呢？前者圖示在圖（11-58），後者放在圖（11-59）。

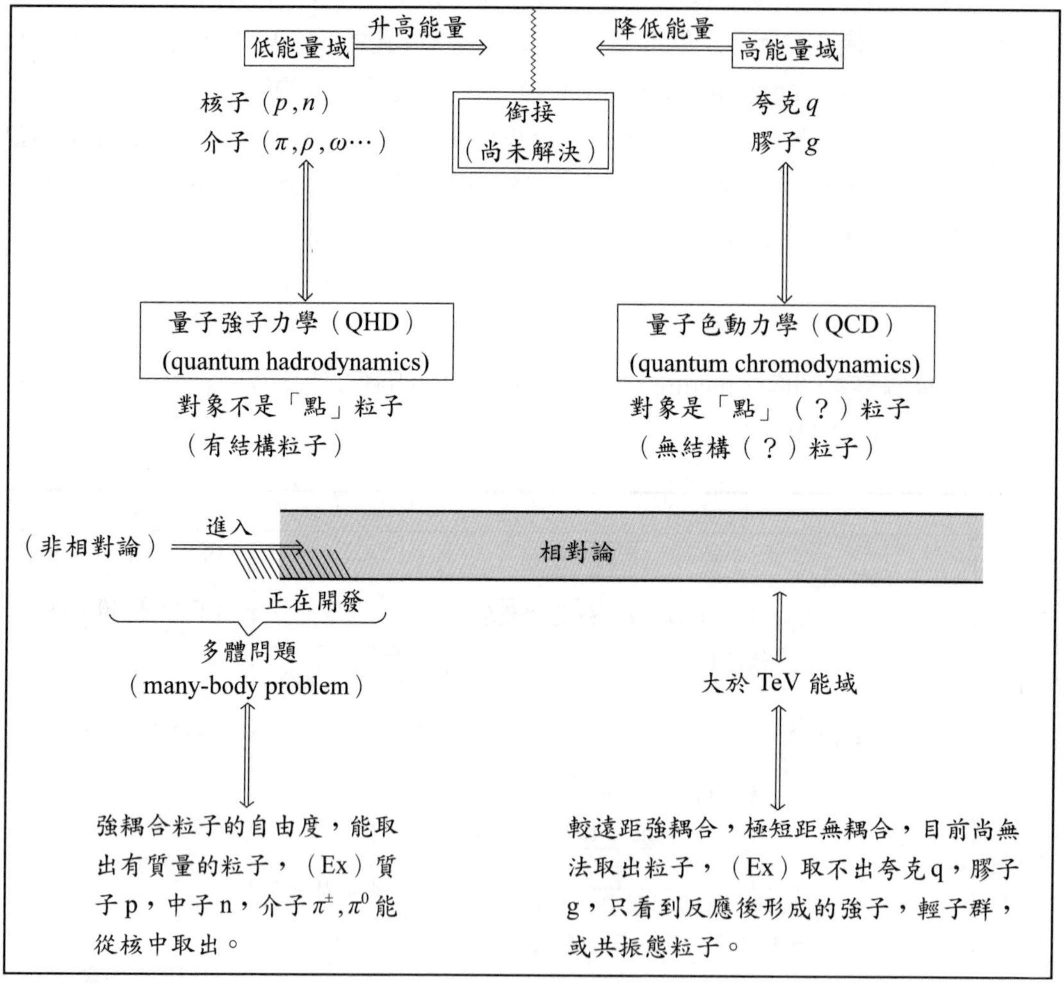

圖 11-58　能量和微觀世界的粒子和代表的理論模型 QHD、QCD 以及現狀

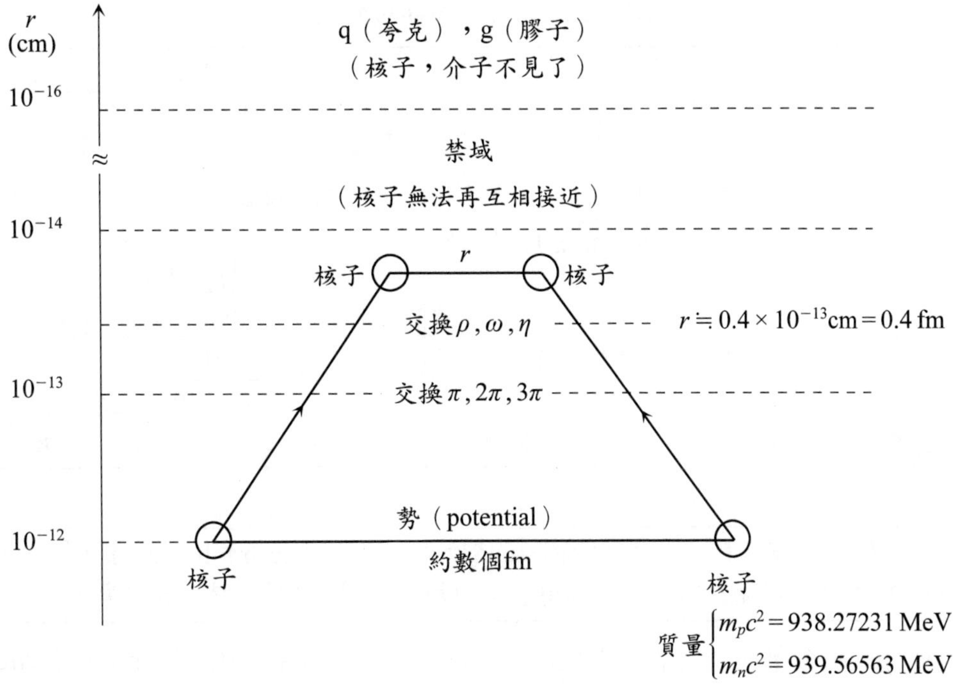

圖 11-59 核子相互作用情形

(B)原子核的基本性質

(1)原子和原子核的差異

比原子小的粒子通稱**亞原子粒子**（subatomic particle），例如：原子核、質子、中子、各種介子等等，而研究亞原子粒子的物理學叫**亞原子物理學**（subatomic physics），現把焦點放在原子和原子核，我們對原子已有某程度的瞭解，相對地對原子核，除了知道原子核是原子的核心，位於原子的中心部，並且小於原子，最多還知道核內有帶正電的質子，和不帶電的中子，兩者叫核子且比電子重很多之外，對原子核是相當地生疏，現將原子和核的主要差別比較於表（11-7），以幫助進一步瞭解原子核，表上的$\hat{\boldsymbol{S}}$表示電子或核子的自旋算符，$\hat{\boldsymbol{L}}$為電子或核子的軌道角動量算符，1 MeV = 10^6 eV，1fm = 10^{-13}cm，1Å = 10^{-8}cm。

表 11-7 比較原子和原子核的主要差異

	原子	原子核
粒子	不是基本粒子	不是基本粒子
相互作用	主要電磁相互作用力， 微小的 $\begin{cases} \text{自旋自旋相互作用 } V_{SS}\,\hat{\boldsymbol{S}}_i\cdot\hat{\boldsymbol{S}}_j \\ \text{自旋軌道相互作用 } V_{LS}\,\hat{\boldsymbol{L}}\cdot\hat{\boldsymbol{S}} \end{cases}$	強、電磁、弱、萬有引力，四種相互作用都有，但主要強，再來電磁相互作用力， 微小的 $\begin{cases} V_{SS}\ \hat{\boldsymbol{S}}_i\cdot\hat{\boldsymbol{S}}_j \\ V_{LS}\ \hat{\boldsymbol{L}}\cdot\hat{\boldsymbol{S}} \\ \text{介子交換流等等} \end{cases}$
能量	eV（電子伏特）級	MeV 級
大小	2～3Å	數 fm～10 fm 左右
放射或輻射	eV 級的電磁波，可見光～X 射線	MeV 級的電磁波（γ 射線），α 和 β 射線

> 表（11-7）的基本粒子，是構成物質的根元粒子，它們有個有的：質量，電荷，內稟角動量（自旋）和宇稱（parity），以及表示相互不同的內部量子數。

於是往往依研究階段，定義該階段的基本粒子，例如：探頭粒子（probe particle）能小於 1GeV = 10^9 eV 時，質子、中子是基本粒子，原子就不是基本粒子，因原子由原子核和電子組成。目前的最大探頭粒子能，可到 TeV = 10^{12} eV，這階段質子、中子、介子等都不是基本粒子，照現在的理論量子色動力學（看下節V），它們全由夸克組成，故基本粒子是夸克，依上述的這種觀念，目前的基本粒子大約分成如下的三大類：

⑴參與強相互作用的基本粒子叫**強子**（hadron），

(Ex)質子、中子，π, ρ 等介子

⑵不參與強相互作用，其靜止質量遠小於核子的粒子叫**輕子**（lepton），

(Ex)電子，正電子，$\mu^{\pm}$ 介子

⑶表（11-6）各相互作用場的量子化粒子，即媒介相互作用的粒子叫**規範粒子**（gauge particle），

(Ex)光子 γ, $W^{\pm}$, Z_0，膠子 g

⑵原子核電荷（nuclear charge）

未達到夸克膠子階段，在數 GeV 探頭粒子能下的原子核，仍然看成由核子組成，並且核內質子數 Z 等於電中性原子的電子數，於是 Z 是正整數，是週期表的**原子序**（atomic number），原子核電荷是 Z 和電子電荷大小 e 的乘積 Ze，表示 e 是電荷的基本單位（單元），換言之，電荷是量子化量。但負的電子電荷大小 e 和正的質子電荷大小 e_p 不是完全相等，因為：

$$\frac{(\text{電子電荷})+(\text{質子電荷})}{e}=\frac{-e+e_p}{e}<10^{-18} \qquad (11\text{-}188)$$

（11-188）式表示 $e \doteqdot e_p$，不是 $e=e_p$。原子核的大小最大也不過是10fm，目前自然界存在的最大原子序原子核是鈾（$_{92}$U），它有 92 個質子，擠在那麼小的空間，電力的庫侖斥力必使鈾不安定，這是為什麼週期表上，大約 $Z>80$ 原子核會放射α、β、γ射線的原因之一。週期表上除了最輕的氫（$_1H_0^1$）元素僅有質子沒中子外，其他元素都有中子。增加一個質子至少要增加一個中子，一直到 $Z=20$ 的鈣（$_{20}$Ca）元素中的質子數大約等於中子數。當 $Z>20$，中子數 n 增加的速率快過質子數 Z 增加的速率，如圖（11-60）所示，到了鈾元素 $\frac{n}{Z}\doteqdot 1.6$。這樣才能維持原子核的電磁相互作用的平衡。$Z\geq 2$ 的元素，一般地同一個 Z 有好多不同 n 的元素。即好多同位素（isotope）。例如錫（$_{50}$Sn）就有 16 種同位素：$_{50}Sn_{110}^{160} \sim {}_{50}Sn_{126}^{176}$；倒過來，同 n 不同 Z 的元素叫**同中子元素**（isotone），即將英文的isotope的 p 換成中子（neutron）的 n，例如氚（$_1H_2^3$）和α粒子（$_2He_2^4$）。對於同質量數 A（mass number），$A=Z+n$，但不同 Z 或 n 的元素叫**同質異位數**（isobar）。例如氚（$_1H_2^3$）和氦的同位素 $_2He_1^3$，這兩元素的質子和中子數剛好互換。這種原子核叫**鏡像核**（mirror nuclei），正如人照鏡子時左右手位置剛好互換對應。

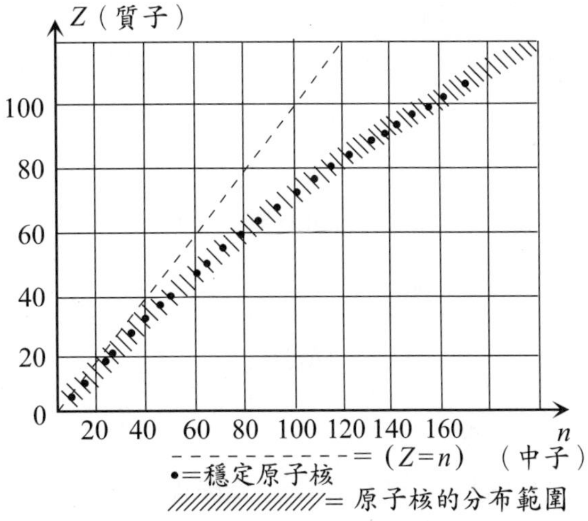

圖 11-60

那麼如何探討原子核的電荷呢？1919 年 Rutherford 得（11-181）式，等於從核內取出質子，證實核內有帶正電的質子；另一方面圖（11-53）的實驗更是證實原子核是帶正電，它強有力地把帶 正電的探頭粒子α彈回，那麼其電荷分布情形如何呢？用什麼方法才能獲得電荷分布呢？探頭粒子最好是帶電粒子。並且和原子核僅有電磁相互作用，它就是電子。電子是屬於輕子，輕子和強子的核子間沒有強相互作用。

實驗是如圖（11-61），將電荷（$-e$）的高速電子，射向電荷 Ze 的靶核 A，測電子和 A 的電磁相互作用後的散射截面（scattering cross-section），或電荷形狀因子（charge form factor），或電和磁的形狀因子（electric and magnetic form factor）

等等。理論方面是先假設種種滿足第一原理（the first principle）的條件，例如電荷守恆，設想電荷守恆模型，然後推導入射電子和靶核 A，經電磁相互作用的散射截面，電荷、電和磁的形狀因子來和實驗的對應量比較，以判斷 A 的電荷分布情形以及 A 的電磁性。現使用最簡單的模型來具體地說明，它的實際理論演算看後註（23）。這裡僅使用其結果。

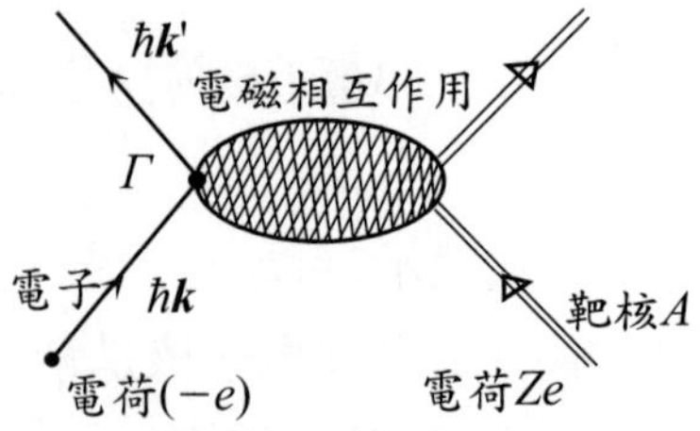

電子被核 A 的散射
$\hbar k$ 和 $\hbar k'$ 各為入射和散射動量
Γ = 相互作用頂點（vertex）

圖 11-61

假定原子核的電荷 Ze 均勻地分佈在半徑 R 的球，則其 Coulomb 勢能 $U(r)$ 是：

$$U(r)=\begin{cases}-\dfrac{1}{4\pi\varepsilon_0}\dfrac{Ze^2}{r} & r>R\\[2ex] -\dfrac{1}{4\pi\varepsilon_0}\dfrac{Ze^2}{2R}(3-\dfrac{r^2}{R^2}) & r<R\end{cases} \qquad (11\text{-}189)$$

（11-189）式就是在第二章所做的萬有引力勢能（2-61）式，把萬有引力常數 G 改為MKSA制下的庫侖相互作用常數 $\dfrac{1}{4\pi\varepsilon_0}$，而質量 mM 改為電荷 $(-e)\times(Ze)=(-Ze^2)$。從表（11-6）能明顯地看出電磁相互作用和萬有引力相互作用是同質，只是前者來自兩電荷 Ze 和（$-e$），而後者產生在兩質量 M 和 m 之間。入射電子受到（11-189）式的Coulomb勢能散射的角微分截面（angular differential cross section）$d\sigma/d\Omega$ 是：

$$\begin{aligned}\frac{d\sigma}{d\Omega}&=(\frac{1}{4\pi\varepsilon_0})^2(\frac{Ze^2}{2\mu v^2})^2\frac{1}{\sin^4\theta/2}[3(\sin qR-qR\cos qR)/(qR)^3]^2\\&=\Big\{(11-179)\text{式}\Big\}\times[3(\sin qR-qR\cos qR)/(qR)^3]^2\end{aligned} \qquad (11\text{-}190\text{a})$$

$q=|\boldsymbol{q}|=2k\sin\theta/2$，$\hbar\boldsymbol{q}=\hbar(\boldsymbol{k}-\boldsymbol{k}')$ = 轉移動量（momentum transfer），$\hbar\boldsymbol{k}$ 和 $\hbar\boldsymbol{k}'$ 各為入射和散射電子動量，θ = 散射角，v = 入射電子的速度大小。（11-179）式是Rutherford使用兩個點電荷 ze（α粒子）和 Ze（靶核）的彈性庫侖散射角微分截面 $(\dfrac{d\sigma}{d\Omega})_R$，那時的靶核是固定不動，相當於質量無窮大，而（11-190a）式沒這種內涵假定，故必須使用入射粒子的電子質量 m 和靶核質量 M 的折合質量（reduced mass）

$$\mu=\frac{mM}{m+M}=\frac{m}{1+m/M}\xrightarrow[M\to\infty]{}m$$

（11-190a）式是電荷分布在半徑 R 的球，不是點電荷，是電子受到有限大小的電荷分布的影響，才會多出 $[3(\sin qR-qR\cos qR)/(qR)^3]^2$，於是（11-190a）式可以寫成：

$$\frac{d\sigma}{d\Omega}=\left(\frac{d\sigma}{d\Omega}\right)_R[3\,(\sin qR-qR\cos qR)/(qR)^3]^2$$
$$\equiv\left(\frac{d\sigma}{d\Omega}\right)_R|F(q)|^2 \qquad (11\text{-}190b)$$

$F(q)$叫電荷形狀因子（charge form factor），相當於圖（11-61）的Γ處的物理量的數學表示式，其進一步內容看後註（23）。如果（11-190b）的$d\sigma/d\Omega$，或$|F(q)|^2$和實驗一致，便證明靶核A的電荷是分布在半徑R的球。萬一實驗和理論有出入，表示假設的電荷分布不正確，則由實驗結果重假設新的理論用電荷分布模型，一直到實驗理論一致，這時的理論電荷分布就是靶核電荷分布。從幾十到幾百 MeV 的入射電子能的庫侖散射，獲得大約如圖（11-62）的低能量域的原子核電荷密度$\rho(r)$：

$$\rho(r)=\frac{\rho_0}{e^{(r-a)/b}+1},\qquad \rho_0=\text{常數電荷分布} \qquad (11\text{-}190c)$$

a和b是參數，由實驗決定的值是：

$a \fallingdotseq 1.07\,A^{1/3}$ fm

$A=$質量數

$=$（質子數 Z）+（中子數n）

$b \fallingdotseq 0.545$ fm

電荷分布的表面厚度t是：

$$t\equiv r(0.1\rho(r=0))-r(0.9\rho(r=0))$$
$$\fallingdotseq 2b$$

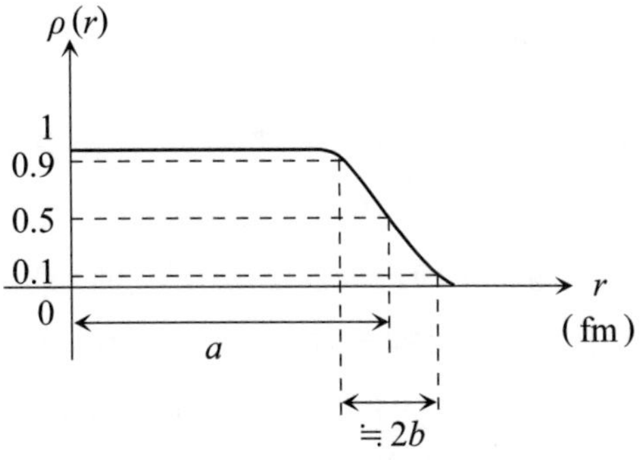

圖 11-62　原子核電荷密度

從電子散射實驗得知，絕大部分的原子核的t大致相同，但$\rho(r=0)$的值是跟著A的增加而下降，即A愈大原子核中心部的電荷愈少，並且原子核的質量密度$\rho_m(r)$和電荷密度$\rho(r)$有下列關係：

$$A\rho(r)\propto Z\rho_m(r) \qquad (11\text{-}190d)$$

(3)原子核質量（nuclear mass）

原子核不但帶電且有質量，核質量普通是用原子質量單位（atomic mass unit），簡稱 amu 或 u 表示。在 1960 年的國際會議決定：

(i) 取基態（ground state）電中性的碳元素 $_6C^{12}_6$ 為基準，

(ii)在標準狀態下（一氣壓，0℃）下一mole 的 ${}_6C^{12}_6$ 定為 12g，

則一個碳 ${}_6C^{12}_6$ 元素的原子質量：

$$m_c = \frac{12\ \text{g/mole}}{Avogadro\ 數\ N_A} = \frac{12\ \text{g/mole}}{N_A}$$

把 $\frac{12\ \text{g/mole}}{N_A}$ 定義為12 amu，

$$\therefore 1\ \text{amu} = 1\text{u} = \frac{1\ \text{g/mole}}{6.0221367 \times 10^{23}/\text{mole}}$$
$$\fallingdotseq 1.6605402 \times 10^{-27}\text{kg} \fallingdotseq 931.494362\ \text{MeV/c}^2$$
$$\fallingdotseq 931.5\ \text{MeV/c}^2，\quad c = 光速 \qquad (11\text{-}191)$$

而原子核質量必須從原子量拿掉電子質量和電子被束縛成原子的結合能（binding energy，見（11-193e）式）。於是原子核質量 $M(Z, A)$ 大約是：

$$M(Z,A) \fallingdotseq Z m_p + N m_n = Z m_p + (A-Z) m_n \qquad (11\text{-}192a)$$

A = 質量數 = $(Z+N)$，Z 和 m_p 分為質子數和質子質量，N 和 m_n 各為中子數和中子質量。不過（11-192a）式和實驗值有出入，在 1935 年 Weizsäcker（Carl Friedrich von Weizsäcker 1912～2007 德國物理學家）以及 Bethe（Hans Albrecht Bethe 1906～2005 美國理論物理學家）獨立地配合實驗歸納出半實驗質量公式（庫侖能，請看（11-218b）式及其下面說明），世稱 Bethe-Weizsäcker 質量公式是：

$$M(Z,A) = Z m_p + (A-Z) m_n - \frac{1}{c^2} B(Z,A) \qquad (11\text{-}192b)$$

$B(Z,A)$ = **原子核的結合能** = 把構成核的核子，個個使它自由所需的能量

$$= a_v A - a_s A^{2/3} - \frac{1}{2} a_{sym} \frac{(A-2Z)^2}{A} - a_c \frac{Z(Z-1)}{A^{1/3}} + \delta(Z,A) \qquad (11\text{-}192c)$$

a_v = 體積能參數 ≒ 15.752MeV，$a_v A$ 叫**體積能**（volume energy），是 A 個核子集合成體積 V∝A 時釋放的能量，是核結合能的主項，它表示 B 大約比例於 A，提示著原子核的核子數密度和質量數 A 無關的常數，這是原子核的飽和性（看圖 11-55）之一。a_s = 表面能參數 ≒ 15.4～17.8MeV，$a_s A^{2/3}$ 叫**表面能**（surface energy）；因在表面的核子，相對於核內核子，周圍的核子數較少，故結合時能量較少。體積 V 比例於核大小線度R的三次方，而表面積是比例於R的平方，故從（11-192c）式的 $a_v A$ 和 $a_s A^{2/3}$ 可得：原子核的質量分布的線度 R 是比例於 $A^{1/3}$。a_{sym} = 對稱能參數

$\fallingdotseq$ 47.4MeV，$\frac{1}{2}a_{sym}\frac{(A-2Z)^2}{A}$ 叫**對稱能**（symmetry energy），當 $N=Z$ 時此項的分子 $=0$，這表示著質子數 Z 等於中子數 N 時原子核較安定。a_c = 庫侖能參數 $\fallingdotseq$ 0.71MeV，$a_c\frac{Z(Z-1)}{A^{1/3}}$ 叫**庫侖能**（Coulomb energy），分子的 $Z(Z-1)$ 來自質子間庫侖相互作用。（11-192c）式右邊最後一項 δ（Z,A），是和質子數 Z、中子數 N 的偶奇數有關的**結構能**（structure energy），發現偶數時比奇數時安定：

$$\delta(Z,A)=\begin{cases}\Delta\cdots\cdots\ \text{偶偶核(even}-\text{even nuclei，即}\ Z\ \text{和}\ N\ \text{都為偶數)}\\ 0\cdots\cdots\ \text{奇核(odd nuclei，即}\ Z\ \text{或}\ N\ \text{為奇數)}\\ -\Delta\cdots\cdots\text{奇奇核(odd}-\text{odd nuclei，即}\ Z\ \text{和}\ N\ \text{都為奇數)}\end{cases} \qquad (11\text{-}192d)$$

$$\Delta \fallingdotseq \left(\frac{12}{\sqrt{A}}\sim\frac{11.18}{\sqrt{A}}\right)\text{MeV}$$

於是 $\delta(Z,A)$ 又叫**對修正能**（pairing correction energy），因為偶數時核子剛好成對，提示著成對比不成對安定，這性質和核力有關，唯象核力理論確實有**對核力**（pairing nuclear force 或 pairing force）。

那麼如何測量原子核質量呢？首先令同種原子相互碰撞，儘量把原子的電子撞掉產正離子，即原子核，然後：

(i) 加速離子得速度 $\boldsymbol{v}$。

(ii) 讓(i)的加速離子經過圖（11-63）的電磁場，電場 $\boldsymbol{E}$ 平行於此紙面，而磁場 $\boldsymbol{B}_{in}$ 垂直此紙面向下，即。$\boldsymbol{E}\perp\boldsymbol{B}_{in}$ 則帶正電 q 速度 $\boldsymbol{v}$ 平行於此紙且垂直於 $\boldsymbol{E}$ 的離子所受的力是 Lorentz 力（看（7-51a）式）$\boldsymbol{F}$，是：

$$\begin{aligned}\boldsymbol{F}&=q(\boldsymbol{E}+\boldsymbol{v}\times\boldsymbol{B}_{in})\\&=\boldsymbol{F}_e+\boldsymbol{F}_m\end{aligned}$$

$$\boldsymbol{F}_e=q\boldsymbol{E},\ \boldsymbol{F}_m=q\boldsymbol{v}\times\boldsymbol{B}_{in}$$

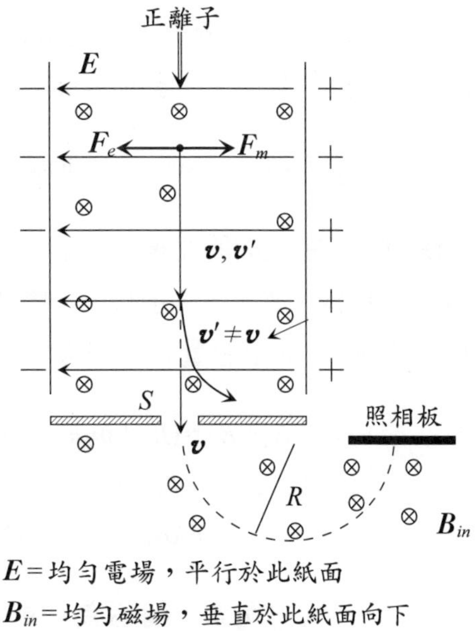

圖 11-63

調整 $\boldsymbol{E}$ 和 $\boldsymbol{B}_{in}$ 使剛好 $\boldsymbol{F}=0$，於是只有滿足 $\boldsymbol{F}_e=-\boldsymbol{F}_m$ 或 $E=vB_{in}$ 的離子才能通過狹縫 S。通過 S 的速度 $\boldsymbol{v}$ 的離子，再經過同樣的磁場 $\boldsymbol{B}_{in}$，但沒電場時，磁力 $|\boldsymbol{F}_m|=qvB_{in}$ 使離子轉彎（看（Ex.7-43））。這時會產生離心力 Mv^2/R 來平衡磁力 F_m：

$$qvB_{in}=\frac{Mv^2}{R}$$

M=離子質量=原子核質量，R=離子軌跡的圓半徑，故得：

$$\boxed{M=\frac{RqB_{in}}{v}=\frac{Rq(B_{in})^2}{E}} \qquad (11\text{-}193a)$$

（11-193a）式的R、B_{in}、E和q都能測的量，故從（11-193a）式可得原子核的質量M。

另一種測定核質量的方法是利用核反應，例如（11-181）式的核反應 ${}_7N^{14}_7({}_2He^4_2,{}_1H^1_0){}_8O^{17}_9$，四個核中知道三個核的質量，便能得到第四核的質量。為什麼呢？反應時所有動力學量必須守恆，例如：能量、動量、角動量全守恆，加上質量、電荷、宇稱等都必須守恆，例如：核反應$A(a,b)B$：

$$a+A\longrightarrow b+B \qquad (11\text{-}193b)$$

（11-193b）式是廣義的非彈性散射，於是散射前後的動能不相等（彈性散射是散射前後的動能相等），動能差稱作**反應 Q 值**（Q-value of the reaction）。

$$Q\equiv（終態（final state）總動能）-（初態（initial state）總動能） \qquad (11\text{-}193c)$$

現使用固定在空間的座標，即實驗室座標（laboratory coördinates，或laboratory frame），靶核A靜止，入射核a的動能K_a，反應後變成核b，靶核變成B，各自動能為K_b和K_B，則由能量守恆得：

$$\begin{aligned}E_a+E_A&=(K_a+m_ac^2)+m_Ac^2\\&=E_b+E_B\\&=(K_b+m_bc^2)+(K_B+m_Bc^2)\end{aligned}$$

$E_i, m_ic^2, i=a,A,b,B$，前者為總能而後者大約是各原子的靜止能（rest mass energy），

$$\therefore Q=(K_b+K_B)-(K_a+K_A)=[(m_a+m_A)-(m_b+m_B)]c^2 \qquad (11\text{-}193d)$$

Q是從核反應可得的反應閾能（threshold energy）。（11-193d）式的m_i含有電子質量和電子被束縛在原子的結合能 BE，即：

$$m_i=M_i+Z_im_e+(BE)_i/c^2，\quad i=a,A,b,B \qquad (11\text{-}193e)$$

m_e＝電子質量，Z_i＝各核的質子數，但由於反應時滿足電荷守恆，於是：

$$(Z_a+Z_A)\,m_e=(Z_b+Z_B)\,m_e$$

如果忽略電子結合能 BE，則得：

$$Q \fallingdotseq [(M_a+M_A)-(M_b+M_B)]c^2 \qquad (11\text{-}193\text{f})$$

於是從（11-193f）式，只要核質量 M_i，$i=a, A, b, B$ 四個中已知三個便能得第四個核質量。至於如何測量 Q 值，留在後面核反應(E)再詳談。

以上所介紹的是如何得整個原子核的質量，那麼整個質量 M 的分布情況如何呢？核是由有質量的核子組成，探討核的質量分布相當於探討核的核子分布。於是使用核子或輕核做探頭粒子，最好是使用和靶核僅有強相互作用，而沒有電磁相互作用的中子做探頭粒子，從探頭粒子被靶核散射的截面，就能獲得靶核的質量分布（看下面（Ex.11-30））。實驗歸納出來的大部分基態原子核，大約呈球狀，其質量分布半徑 R 是：

$$\left.\begin{array}{l} R=r_0A^{1/3} \\ r_o \fallingdotseq (1.07\sim1.12)\,\text{fm} \end{array}\right\} \qquad (11-194\text{a})$$

A＝質量數。半徑 R 的球體積 $V=\dfrac{4\pi}{3}R^3=\dfrac{4\pi}{3}r_0^3A$，原子核內有 A 個核子，故核子數密度 ρ 是：

$$\rho=\frac{A}{V}=\frac{3}{4\pi r_0^3} \fallingdotseq (0.19\sim0.17)\,\text{fm}^{-3}=\text{常數} \qquad (11-194\text{b})$$

【Ex. 11-30】 設探頭粒子是 $\alpha\,({}_2\text{He}_2^4)$ 粒子，它和靶核的強交互作用勢能 $U(r)$ 是：

$$U(r)=-V_0e^{-a^2r^2}$$

如圖（11-64a），$R^2\equiv\dfrac{1}{2a^2}$。a 和 V_0 的因次各為 $[a]=1/\text{fm}$，$[V_0]=\text{MeV}$。使用 Born 近似求彈性散射的角微分截面和靶核的大約大小線度 R。

Born 近似的彈性散射角微分截面 $d\sigma/d\Omega$ 是：

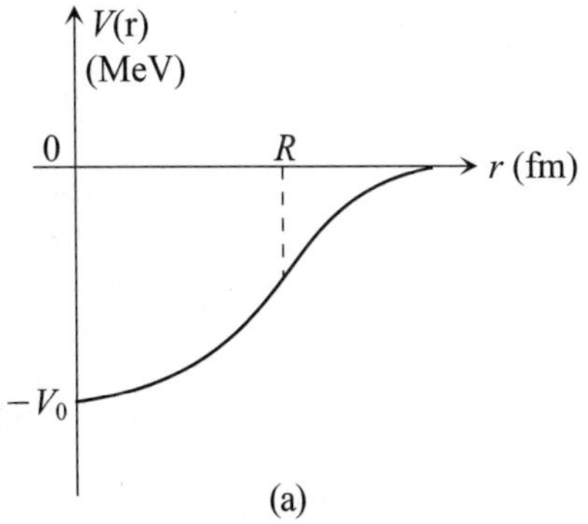

(a)

圖 11-64

$$\frac{d\sigma}{d\Omega}=\left(\frac{\mu}{2\pi\hbar^2}\right)^2|V_{kk'}|^2 \qquad (11\text{-}195a)$$
$$V_{kk'}=\int U(r)\,e^{i(\boldsymbol{k}-\boldsymbol{k}')\cdot\boldsymbol{r}}d^3r$$

μ= 探頭粒子的折合質量 $=\dfrac{m_\alpha m_A}{m_\alpha+m_A}$，$m_\alpha$和$m_A$各為$\alpha$和靶核的質量。如圖（11-64b）$\hbar\boldsymbol{k}$和$\hbar\boldsymbol{k}'$各為入射和散射$\alpha$粒子的動量，彈性散射時$|\hbar\boldsymbol{k}|=|\hbar\boldsymbol{k}'|$，故$|\boldsymbol{k}|=|\boldsymbol{k}'|=k$，而轉移動量（momentum transfer）$\hbar\boldsymbol{q}=(\hbar\boldsymbol{k}-\hbar\boldsymbol{k}')$，如圖（11-64c）。

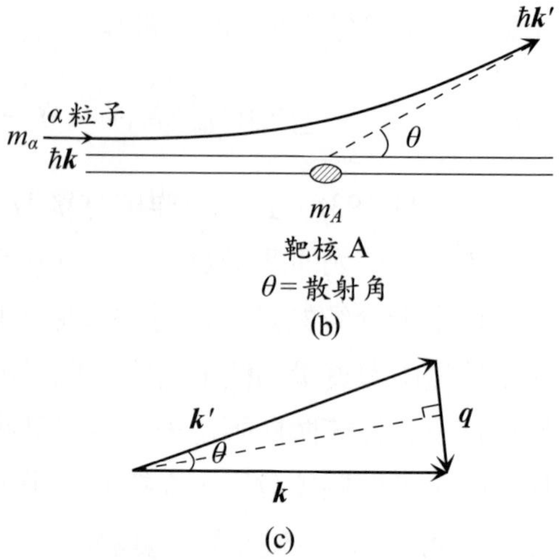

圖 11-64（續）

$$\therefore|\boldsymbol{q}|=q=2k\sin\theta/2$$
$$\therefore V_{kk'}=\int e^{i\boldsymbol{q}\cdot\boldsymbol{r}}(-V_0e^{-a^2r^2})\,d^3r$$

取$\boldsymbol{q}//z$軸的球座標（附錄(C)），則$\boldsymbol{r}=(r,\theta_r,\varphi_r)$，$d^3r=r^2\sin\theta_r\,dr\,\theta_r d\varphi_r$

$$\begin{aligned}\therefore V_{kk'}&=-V_0\int_0^\infty dr\int_0^\pi d\theta_r\int_0^{2\pi}d\varphi_r\,e^{iqr\cos\theta_r}e^{-a^2r^2}r^2\sin\theta_r\\&=-\frac{2\pi}{iq}V_0\int_0^\infty(e^{iqr}-e^{-iqr})\,e^{-a^2r^2}\;rdr\\&=\frac{2i\pi V_0}{q}e^{-\frac{q^2}{4a^2}}\left\{\int_0^\infty\left[e^{-a^2(r-\frac{iq}{2a^2})^2}-e^{-a^2(r+\frac{iq}{2a^2})^2}\right]rdr\right\}\end{aligned}\qquad(11\text{-}195b)$$

執行（11-195b）式右邊大括弧內兩個積分，它們的差別在指數，設$p\equiv\pm1$，則兩個積分是：

$$\int_0^\infty e^{-a^2(r-\frac{ipq}{2a^2})^2}r\,dr=\int_{-\frac{ipq}{2a^2}}^\infty e^{-a^2\xi^2}(\xi+ipq/2a^2)\,d\xi\equiv I$$
$$\xi=r-\frac{ipq}{2a^2}\text{，設}\frac{q}{2a^2}\equiv A$$
$$\therefore I=\int_{-ipA}^0 e^{-a^2\xi^2}(\xi+ipA)d\xi+\int_0^\infty e^{-a^2\xi^2}(\xi+ipA)d\xi \qquad (11\text{-}195c)$$

（11-195b）式右邊第一項和第二項分別對應（11-195c）式的$p=+1$和$p=-1$，故$V_{kk'}$是：

$$V_{kk'}=\frac{2i\pi V_0}{q}e^{-\frac{q^2}{4a^2}}\left\{\int_{-iA}^{0}e^{-a^2\xi^2}(\xi+iA)d\xi-\int_{iA}^{0}e^{-a^2\xi^2}(\xi-iA)d\xi+2iA\int_0^{\infty}e^{-a^2\xi^2}d\xi\right\}$$

將上式右邊第一項的$\xi\to-\xi$，則右邊大括弧內右邊第一項變成：

$$\int_{iA}^{0}e^{-a^2\xi^2}(\xi-iA)\,d\xi$$

$$\therefore V_{kk'}=\frac{2i\pi V_0}{q}e^{-\frac{q^2}{4a^2}}\left\{2iA\int_0^{\infty}e^{-a^2\xi^2}d\xi\right\}=-\frac{2\pi AV_0\sqrt{\pi}}{aq}e^{-\frac{q^2}{4a^2}}$$

設$a^2\equiv\dfrac{1}{2R^2}$，並且把A代入上式得：

$$V_{kk'}=-(2\pi)^{3/2}V_0R^3e^{-\frac{1}{2}q^2R^2} \qquad (11\text{-}195d)$$

把（11-195d）式和$q=2k\sin\theta/2$代入（11-195a）式便得：

$$\frac{d\sigma}{d\Omega}=\frac{2\pi\mu^2}{\hbar^4}(V_0R^3)^2e^{-4k^2R^2\sin^2\theta/2}$$

$$\equiv\frac{2\pi\mu^2}{\hbar^4}(V_0R^3)^2|F(q)|^2 \qquad (11\text{-}195e)$$

$$F(q)\equiv e^{-\frac{1}{2}q^2R^2}=e^{-2k^2R^2\sin^2\theta/2}=\text{形狀因子} \qquad (11\text{-}195f)$$

顯然$\theta=0°$時$d\sigma/d\Omega=\dfrac{2\pi\mu^2}{\hbar^4}(V_0R^3)\equiv(d\sigma/d\Omega)_0$最大，從$(d\sigma/d\Omega)_0$衰減到$(\dfrac{d\sigma}{d\Omega})_0/e$，即$\theta=\theta'$時：

$$4k^2R^2\sin^2\frac{\theta'}{2}=1 \qquad (11\text{-}196a)$$

來定義靶核大約的大小線度，於是從（11-196a）式得：

$$R=\frac{1}{2k\sin\theta'/2} \qquad (11\text{-}196b)$$

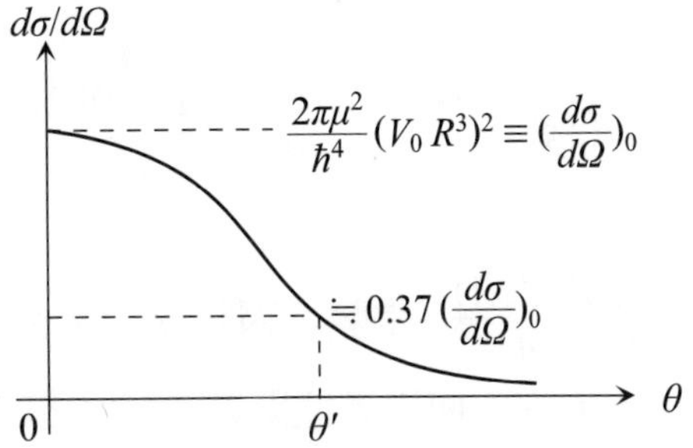

圖 11-65

$e=\lim\limits_{n\to\infty}(1+\dfrac{1}{n})^n\doteqdot 2.718281828$，故$(\dfrac{d\sigma}{d\Omega})_0/e\doteqdot 0.37\,(d\sigma/d\Omega)_0$，一切如圖（11-65）所示。

(4)原子核的飽和性（saturation）

核子愈多原子核愈大，這提示著基態原子核的核子數密度大約等於常數。從實驗得來的質量分布半徑（11-194a）式獲得的基態核子數密度（11-194b）式，叫原子核的**核子數密度飽和性**。另一面從（11-192b）式得：

$$\frac{B(Z,A)}{A}=\frac{\{Zm_p+Nm_n-M(Z,A)\}c^2}{A}, \quad c=\text{光速}$$
$$\fallingdotseq 8\,\text{MeV} \tag{11-197}$$

（11-197）式叫**核結合能的飽和性**。這兩性質稱為**核的飽和性**。帶來核飽和性的源是，如用勢能 $V(r)$ 表示核力，則如圖（11-66），或如圖（11-59），當核子核子接近到 $r\fallingdotseq(0.3\sim0.4)$fm時，相互間有個極強的排斥力，使著核子必須相互維持某程度的距離，於是相互作用能也好，占有的空間大小也好，基態時大約都不變，所以核飽和性又叫**核力飽和性**，從核力飽和性可得**核子間的相互作用，不是像萬有引力或 Coulomb 力那樣的二體力**。因為如果是二體力，核內 A 個核子間的相互作用能的總和 $B(Z,A)$，該比例於從 A 個取兩個的組合數：

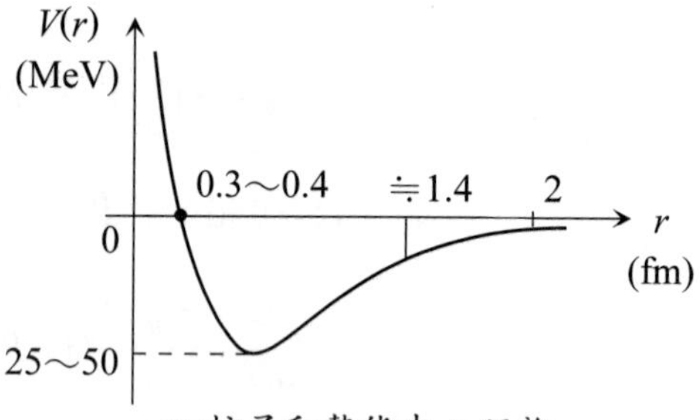

r=核子和勢能中心距離
圖 11-66

$$_AC_2=\frac{A!}{(A-2)!\,2!}=A(A-1)\fallingdotseq A^2$$
$$\therefore\ \frac{B(Z,A)}{A}\propto A$$

不會 $\frac{B(Z,A)}{A}=$ 常數，因此核力 ≠ 純二體力。確實在 1950 年代，核物理學家K. Brueckner 等人使用多體問題，除了核力在極短距離有強斥力外，加上 Pauli 不相容原理，順利地獲得了（11-194b）和（11-197）式，以及原子核質量半徑確實是（11-194a）式。

【Ex.11-31】 由於身邊沒有較新的原子核質量，使用 1980 年代初葉的原子質量（核質量比原子質量小一點點，看（11-193e）式）來近似地計算原子核的平均核子結合能。氦（$_2$He）、氧（$_8$O）和鐵（$_{26}$Fe）各元素的同位素中，壽命最長的各原子量是：

$_2\text{He}_2^4=4.0026033\text{u}$, $\quad _8\text{O}_8^{16}=15.994915\text{u}$, $\quad _{26}\text{Fe}_{30}^{56}=55.934939\text{u}$

求這三元素的原子核的平均核子結合能。

由（11-197）式得各元素原子核的平均核子結合能：

(1)${}_2He_2^4$：$\dfrac{\{Zm_p+Nm_n-M(Z,A)\}C^2}{A}$

$=\dfrac{2\,(938.27231+939.56563)-4.0026033\times931.494362}{4}$ MeV

≒ 6.28 MeV

(2)${}_8O_8^{16}$：$\dfrac{8\,(938.27231+939.56563)-15.994915\times931.494362}{16}$ MeV

= 7.72 MeV

(3)${}_{26}Fe_{30}^{56}$：

$\dfrac{(26\times938.27231+30\times939.56563)-55.934939\times931.494362}{56}$ MeV

= 8.56 MeV

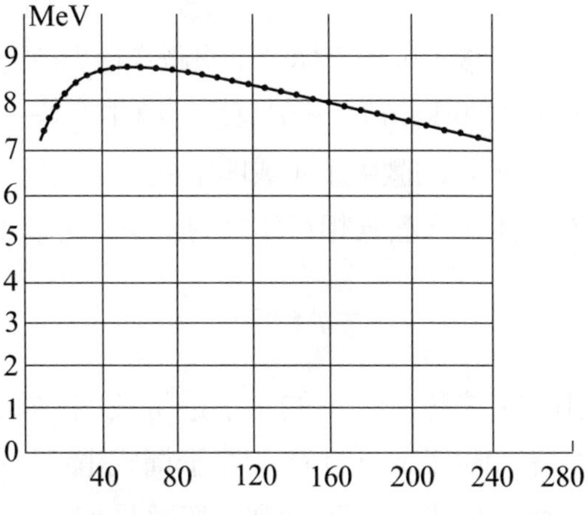

縱軸 = $B(Z,A)/A$

橫軸 = 質量數 A

原子核的核子結合能是氘（${}_1H_1^2$）最小，僅有1.11MeV，再來是α粒子的同位素${}_2He_1^3$的 2.57 MeV，第三小是氫的另一個同位素氚（${}_1H_2^3$）的2.83MeV，而最大值約在${}_{29}Cu_{34}^{63}$的 8.75MeV 附近。整個週期表元素的原子核平均核子結合能大致如右圖。從圖上可以看出，在A≒60、$B(Z,A)/A$達到最大值後慢慢地跟著A的增加而下降，這是核內的庫侖斥力造成的。

(5)**核力**（nuclear force）

使核子結合在一起的相互作用力叫**核力**，它使核子局限在遠比原子大小線度10^{-8} cm 更小的10^{-13} cm 空間，這暗示著核力必比原子的主力、電磁力強很多；並且原子核的大小線度如（11-194a）式，**有明限的界線**。這提示著核力的相互作用距（interaction range 或 interaction length）一定很短才能獲得線度10^{-13} cm 。加上從上小節的核飽和性得知，核子間維持著最低限度0.3～0.4fm 的距離，如圖（11-59）的禁域。所以核力一定很特殊，和熟悉的萬有引力以及電磁力大不相同，在低能量域，如用勢能表示的話，如圖（11-66）所示內涵著下述三要素。

(i) 遠比電磁力強。

(ii) 相互作用距很短，是 fm 的線度。

(iii) 遠距是引力，而近距有強的斥力蕊。

但圖（11-66）還無法說明核子核子的散射現象以及核的低能級（low energy levels）結構。圖（11-66）的斥力部稱為核力的**硬蕊**（hard core）。此部以外是我們熟悉的連心力（central force），但是，甚至於在低能量的核子核子散射，連心力不敷使用，還需要非連心力，例如張量力（tensor force，看（Ex.11-32）），類似原子（11-15）式的自旋軌道相互作用力，以及帶來原子核飽和性的交換力（exchange force）等等。到目前（1999 年春天）為止，無論實驗或理論，**核力尚未定論**。核力是如表（11-6）所示，是強相互作用，是支配強子（hadron）間相互作用的力；首次以核子核子交換粒子來研究核力的是日本人湯川秀樹（Yukawa Hideki）。他從1934 年的Fermi分析β衰變：n(中子) $\longrightarrow$ (p(質子)$+e^-+\tilde{\nu}$)，$e^-=$電子，$\tilde{\nu}=$1930 年Pauli預言的微中子（或叫中微子）的反粒子、反微中子，獲得靈感。β衰變是弱相互作用，那麼強相互作用的話是否可以如下式呢？

$$n \rightleftharpoons p+x^-$$

由電荷守恆，交換的粒子是帶負電的未知粒子x^-，才能和質子構成電中性，因為中子不帶電。接著是如何建立理論，在宏介觀世界，電磁場大約看成波動，但在微觀世界大致使用光子γ來處理電磁場問題，則帶電體間的相互作用分別表示成圖（11-67a）和（11-67b），即帶電體q_1和q_2的相互作用來自q_1和q_2交換光子γ。核子是核力之源，核子以類似電荷q產生電磁場，產生核力場；於是對應於圖（11-67a），湯川想像圖（11-67c），自然地對應於圖（11-67b）獲得圖（11-67d）。

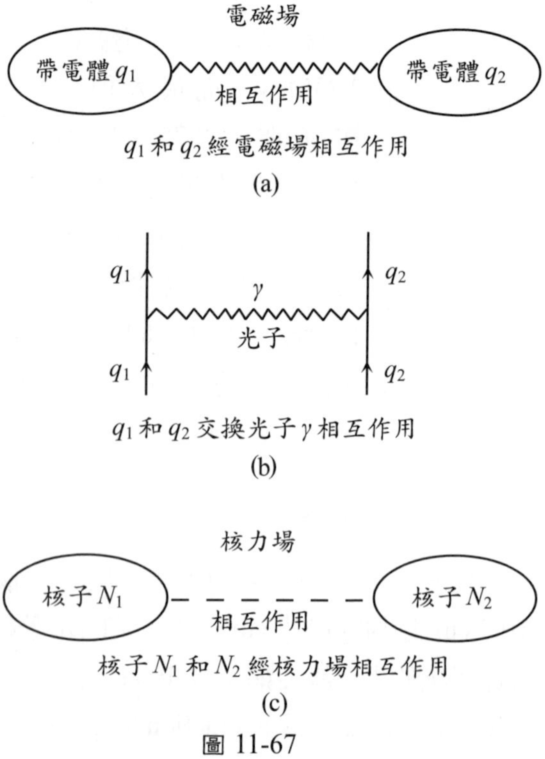

圖 11-67

質量m的粒子的相互作用距$\lambda=\dfrac{\hbar}{mc}$（看（11-201d）式），由於這關係式類似（10-12e）式的 Compton 波長，故有時稱λ為 Compton 波長，事實和它無關，是從湯川的理論來的物理量。從他的理論獲得的圖（11-67d）的粒子x，其質量介於電子和核子質量之間，於是湯川才稱它為中間子，湯川的中間子就是今日的π介子。

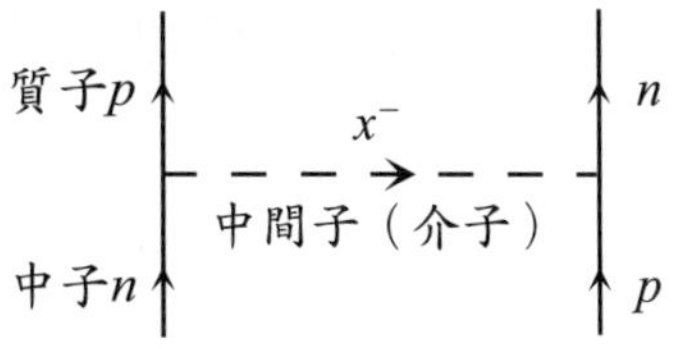

質子p和中子n交換介子x^-相互作用

(d)

圖 11-67（續）

湯川的理論開啟了研究空間線度$d \leq$ fm的相互作用的方法之門，發展到今日成為研究種種相互作用的重要方法之一，使物理學家們找到了各種介子和共振態（resonance states）粒子。以核子核子交換介子來探討核力的理論，叫**核力的介子理論**（meson theory），是一種模型。電磁相互作用理論又叫**規範理論**（gauge theory），量子化相互作用場所得的粒子叫**規範粒子**（gauge particle），它和介子一樣都是Bose粒子，於是又叫**規範 Bose 子**（gauge boson）。規範場理論架構的電磁相互作用和弱相互作用的規範 Bose 子，分別為光子和$W^{\pm}$、Z^0 Bose 子，而目前的強相互作用的規範粒子，在高能量域是膠子（gluon）g，**低能量域沒對應的規範 Bose 子**，因如圖（11-58）所示，高能量域的量子色動力學（quantum chromodynamic，簡稱 QCD），是立足於非對易規範理論，相當於規範理論的量子電動力學（guantum electrodynamics簡稱QED）的推廣；QCD處理高能量域的強相互作用，所有的強子都由夸克組成和低能量域的原子核是由核子組成不同，低能量域的QHD理論不是規範理論。介子（meson）和規範粒子不同，後者是相互作用的媒介粒子，前者不是媒介相互作用的粒子，是相互作用時交換的粒子，換句話，以交換介子來產生相互作用。介子是有靜止質量的粒子，但規範粒子本質上無靜止質量，例如光子的靜止質量$m_r=0$，至於弱相互作用的規範Bose子$W^{\pm} \fallingdotseq 80$ GeV，$Z^0 \fallingdotseq 91$ GeV是經過力學耦合機制，叫 **Higgs 機制**（mechanism）帶來對稱破缺（symmetry breakdown），致使規範粒子帶靜止質量。到目前，實驗能觀測到的介子約壹百個，它們都會參與強相互作用，且是Bose子，壽命最長的有$\pi^{\pm}$和$k^{\pm}$介子的約10^{-8}秒，較短的有η介子的10^{-19}秒，最短的是$10^{-21}\sim10^{-22}$秒的ω介子，$\pi^{\pm}$、η、ω都是核力的重要介子。粒子符號右上角的±表示帶正電（＋）和負電（－）。介紹湯川介子理論之前，先來看看 Heisenberg 如何統一質子和中子成為核子。

(i)同位旋（isotopic spin，或 isospin）

質子和中子都是內稟角動量（自旋）$\dfrac{1}{2}$的Fermi粒子，1932 年發現中子後Heisenberg立刻宣布：「原子核是由質子和中子」組成，同時仿Pauli 1927年提出的電子自旋算符（10-22a）式提出同位旋算符（看表（11-3））：

$$\hat{\boldsymbol{T}}=\frac{1}{2}\hat{\boldsymbol{\tau}} \tag{11-198a}$$

（11-198a）式的$\hat{\boldsymbol{T}}$是，為了統一處理質子和中子而創設的無因次物理量。因低能量時，原子核內僅有兩種粒子：「質子和中子」，並且質子和中子的質量大約相同，只有帶電情況不同而已，於是可看成同一粒子叫核子（nucleon）的兩個電荷狀態，即（11-198a）式的第三成分$\hat{T}_3$有兩個本徵值（eigenvalue）（$\frac{1}{2}$）和（$-\frac{1}{2}$）。這兩成分分別描述質子和中子，在同位旋空間（isotopic space或iso-space）或叫電荷空間（charge space），即同位旋存在的空間的兩個狀態。有的書以期待值$\langle\hat{T}_3\rangle=\frac{1}{2}$為中子，$\langle\hat{T}_3\rangle=-\frac{1}{2}$為質子，有的書剛好相反，原子核物理一般採用後者，**我們也使用後者**。如設同位旋的本徵函數（eigenfunction）$\equiv\eta_{1/2,m_\tau}(\boldsymbol{\tau})$，則完全仿電子自旋（11-18b）式得：

$$\left.\begin{aligned}&\hat{\boldsymbol{T}}^2\eta_{1/2,m_\tau}(\boldsymbol{\tau})=\frac{1}{2}\left(\frac{1}{2}+1\right)\eta_{1/2,m_\tau}(\boldsymbol{\tau})=\frac{3}{4}\eta_{1/2,m_\tau}(\boldsymbol{\tau})\\&\hat{T}_3\,\eta_{1/2,m_\tau}(\boldsymbol{\tau})=m_\tau\eta_{1/2,m_\tau}(\boldsymbol{\tau}),\qquad m_\tau=\pm\frac{1}{2}\end{aligned}\right\} \tag{11-198b}$$

表示同位旋大小是$\sqrt{\langle\hat{\boldsymbol{T}}^2\rangle}=\sqrt{3}/2$。這樣一來核子的自由度便有空間$\hat{\boldsymbol{r}}$、自旋$\hat{\boldsymbol{s}}$和同位旋$\hat{\boldsymbol{T}}$，或表示成$(\boldsymbol{r},\boldsymbol{\sigma},\boldsymbol{\tau})\equiv(\zeta)$。核子的質子和中子都是自旋$\frac{1}{2}$的Fermi粒子，故狀態函數必須是反對稱函數的（11-36）式。例如獨立粒子模型的兩核子時是：

$$\psi(\zeta_1,\zeta_2)=-\psi(\zeta_2,\zeta_1) \tag{11-198c}$$

$$\psi(\zeta_1,\zeta_2)=\left\{\begin{array}{l}\psi_s(\xi_1,\xi_2)\dfrac{1}{\sqrt{2}}\left(\eta_{1/2,1/2}(\boldsymbol{\tau}_1)\eta_{1/2,-1/2}(\boldsymbol{\tau}_2)-\eta_{1/2,1/2}(\boldsymbol{\tau}_2)\eta_{1/2,-1/2}(\boldsymbol{\tau}_1)\right)\\ \psi_A(\xi_1,\xi_2)\left\{\begin{array}{l}\eta_{1/2,1/2}(\boldsymbol{\tau}_1)\eta_{1/2,1/2}(\boldsymbol{\tau}_2)\\ \dfrac{1}{\sqrt{2}}\left(\eta_{1/2,1/2}(\boldsymbol{\tau}_1)\eta_{1/2,-1/2}(\boldsymbol{\tau}_2)+\eta_{1/2,1/2}(\boldsymbol{\tau}_2)\eta_{1/2,-1/2}(\boldsymbol{\tau}_1)\right)\\ \eta_{1/2,-1/2}(\boldsymbol{\tau}_1)\,\eta_{1/2,-1/2}(\boldsymbol{\tau}_2)\end{array}\right.\end{array}\right. \tag{11-198d}$$

各函數右下標S和A分別表示對稱和反對稱，$\psi\ (\xi_1,\xi_2)$是空間和自旋部分，其$\psi_A\ (\xi_1,\xi_2)$的具體式是（11-40a~d）式。而$\psi_S\ (\xi_1,\xi_2)$是由（11-40a~d）式的[(空間)$_S$(自旋)$_S$]以及[(空間)$_A$(自旋)$_A$]組成。狀態函數（11-198c）式的性質，內涵著交

換力（exchange force， 看 I (D)）的存在，如兩核子 i 和 j 間的相互作用可用勢能表示，則其勢能 $V(\zeta_{ij})$ 必含交換力勢能，由（11-43a）～（11-43e）式得：

$$V(\zeta_{ij})=v_w(r_{ij})+v_M(r_{ij})\hat{P}_{ij}^{r}+v_H(r_{ij})\,\hat{P}_{ij}^{\tau}+v_B(r_{ij})\,\hat{P}_{ij}^{\sigma} \qquad (11\text{-}198e)$$

$\hat{P}_{ij}$ 為交換算符，右上標 r, τ, σ 分別表示交換空間座標 $\boldsymbol{r}_i$ 和 $\boldsymbol{r}_j$，同位旋 $\boldsymbol{\tau}_i$ 和 $\boldsymbol{\tau}_j$，和自旋 $\boldsymbol{\sigma}_i$ 和 $\boldsymbol{\sigma}_j$，具體形式是：

$$\hat{P}_{ij}^{\sigma}=\frac{I+\hat{\boldsymbol{\sigma}}_i\cdot\hat{\boldsymbol{\sigma}}_j}{2}\,,\quad \hat{P}_{ij}^{\tau}=\frac{I+\hat{\boldsymbol{\tau}}_i\cdot\hat{\boldsymbol{\tau}}_j}{2}\,,\quad \hat{P}_{ij}^{r}=-\hat{P}_{ij}^{\sigma}\hat{P}_{ij}^{\tau} \qquad (11\text{-}198f)$$

$r_{ij}=i$ 和 j 兩核子質心間距離，而 $v(r_{ij})$ 的右下標 $W,\ M,\ H$ 和 B 分別表示 Wigner 力、Majorana 力、Heisenberg 和 Bartlett 力。那麼如何尋找 $v(r_{ij})$ 呢？最初是唯象（phenomenological）階段，為了分析實驗結果，半猜半假設的階段，它們有：方位阱勢（square-well patential）、Gauss 勢（Gaussian patential ）、即（Ex. 11-30）的勢能等等，是相當於圖（11-66）的 $r>0.4$cm，核子間距離較大的相互作用部分。這些勢能均欠缺嚴謹的理論根據，1935 年湯川的「中間子理論」，即 π 介子理論是這方面的首次理論。

(ii)湯川秀樹 1935 年的中間子（π 介子）理論

介紹湯川理論之前，先用 Heisenberg 測不準原理來估計圖（11-67c）的 x 粒子的質量，取圖（11-67c）的 N_1 和 N_2 兩核子互相沒相互作用時的時間 $t=0$，且為了直觀上的方便，設這時的兩核子是靜止態，則總能 $E_i=2m_Nc^2$。核子 N_1 和 N_2 開始接近而相互作用（$t>0$），N_1 核子吐出一個粒子 x 給 N_2 核子，則在 x 粒子從 N_1 到 N_2 這段時間 Δt，整個體系的總能 $E_I=(2m_N+m_x)c^2$，於是破壞能量守恆的中間態（intermediate state），即正在相互作用時的狀態，其破壞能（energy of violation）ΔE 是：

$$E_I-E_i=m_xc^2\equiv\Delta E \qquad (11\text{-}199a)$$

相互作用後 N_1 和 N_2 又恢復到無相互作用的終態，其總能 E_f 由能量守恆必為 $E_f=2m_Nc^2$，各物理量的右下標 $i,\ N,\ I,\ x$ 和 f 分別表示初態、核子、中間態、x 粒子和終態，由 Heisenberg 測不準原理，這種能量漲落（fluctuation）ΔE 必須是：

$$\Delta E\,\Delta t\fallingdotseq\hbar \qquad (11\text{-}199b)$$

Δt 和 ΔE 都無法直接測量的物理量。根據相對論，x 粒子的速率 $v_x<c$，$c=$光速；

另一面由核子散射，如圖（11-66），N_1 和 N_2 間的相互作用距 $\lambda \fallingdotseq (1.4 \sim 2)\text{fm}$，於是可設：

$$\lambda = v_x\, \Delta t \fallingdotseq c\Delta t$$

$$\therefore \Delta t = \frac{\lambda}{c} = \frac{\hbar}{\Delta E} = \frac{\hbar}{m_x c^2}$$

$$\therefore m_x c^2 = \frac{\hbar c}{\lambda} \fallingdotseq \begin{Bmatrix} 98.7\text{MeV} \fallingdotseq 193 m_e c^2 \fallingdotseq 200 m_e c^2 \cdots\cdots \lambda = 2\text{fm} \\ 140.9\text{MeV} \fallingdotseq 276 m_e c^2 \fallingdotseq 280 m_e c^2 \cdots\cdots \lambda = 1.4\text{fm} \end{Bmatrix} \qquad (11\text{-}199\text{c})$$

$m_e c^2 = 0.511\text{MeV}$ = 電子質量，得未知 x 粒子質量約為電子質量的 200~280 倍。質量是靜態（static）物理量，至於（11-198e）式的 $\boldsymbol{v}(r_{ij})$ 必須從動態現象切入，表示動態現象的最好依據是相互作用場方程式，那麼如何找依據用的 Bose 子方程式呢？湯川的切入點是圖（11-67a）和（11-67c）；電磁相互作用距 $\lambda_{電} = \dfrac{\hbar}{m_\gamma c} = \infty$，故光子的靜止質量 $m_\gamma = 0$，但核力的強相互作用距 $\lambda = \dfrac{\hbar}{m_x c} \fallingdotseq (1 \sim 2)$ fm 的線度，於是 x 粒子的靜止質量 $m_x \neq 0$，且他假設了量子化後可得 m_x 的核力場。宏觀描述電磁場的方程式是 Maxwell 方程式，從它們可得電磁波方程式（7-127）式，不過微觀世界用光子來處理電磁場，而力學是量子力學，它是使用能量和算符表示的動力學物理量。故不使用（7-127）式而用標量勢 $\boldsymbol{\phi}$（scalar potential）和向量勢 $\boldsymbol{A}$（vector potential）表示的電場 $\boldsymbol{E}(\boldsymbol{r}, t) = \left(-\nabla \boldsymbol{\phi}(\boldsymbol{r}, t) - \dfrac{\partial \boldsymbol{A}(\boldsymbol{r}, t)}{\partial t}\right)$ 和磁場 $\boldsymbol{B}(\boldsymbol{r}, t) = \nabla \times \boldsymbol{A}(\boldsymbol{r}, t)$（附錄 G 的(26)和(8)式），並且 $\boldsymbol{\phi}$ 和 $\boldsymbol{A}$ 在 Lorentz 規範（附錄 G 的(29)~(31)式）下是：

$$\left.\begin{aligned} \nabla^2 \boldsymbol{\phi}(\boldsymbol{r}, t) - \frac{1}{c^2}\frac{\partial^2 \boldsymbol{\phi}(\boldsymbol{r}, t)}{\partial t^2} &= -\frac{1}{\varepsilon_0}\rho(\boldsymbol{r}, t) \\ \nabla^2 \boldsymbol{A}(\boldsymbol{r}, t) - \frac{1}{c^2}\frac{\partial^2 \boldsymbol{A}(\boldsymbol{r}, t)}{\partial t^2} &= -\mu_0 \boldsymbol{J}(\boldsymbol{r}, t) \end{aligned}\right\} \qquad (11\text{-}200\text{a})$$

ε_0、μ_0、ρ、$\boldsymbol{J}$ 分別為真空電容率，磁導率、電荷密度、電流密度，$\nabla^2 \equiv \nabla \cdot \nabla$。在真空 $\rho = 0$, $\boldsymbol{J} = 0$，則(11-200a)式變成(7-127)式的形式，相當於使用光子能量(7-138)式，或（9-51）式 $E^2 = (\boldsymbol{P}^2 c^2 + (m_0 c^2)^2)$ 的靜止質量 $m_0 = 0$ 的總能 $E_\gamma^2 = \boldsymbol{P}_\gamma^2 c^2$，$E_\gamma$ = 光子總能，$\boldsymbol{P}_\gamma$ = 光子動量，然後用 $\boldsymbol{r}$ 表象的表（10-3）來量子化所得的，自由光子該滿足的式子：

$$\left(\frac{1}{c^2}\frac{\partial^2}{\partial t^2} - \nabla^2\right) \Psi(\boldsymbol{r}, t) = 0 \qquad (11\text{-}200\text{b})$$

$$\Psi(\boldsymbol{r}, t) = \begin{cases} \phi(\boldsymbol{r}, t) & \text{或} \\ \boldsymbol{A}(\boldsymbol{r}, t) \end{cases}$$

同樣地由（9-51）式得x粒子的總能$E^2=(\boldsymbol{P}^2c^2+(m_xc^2)^2)$，再經$\boldsymbol{r}$表象來量子化則得自由$x$粒子該滿足的式子：

$$\left\{\frac{1}{c^2}\frac{\partial^2}{\partial t^2}-\nabla^2+(\frac{m_xc}{\hbar})^2\right\}\Phi(\boldsymbol{r},t)=0 \tag{11-200c}$$

現把以上所述，且針對圖（11-67a, c）的內容整理在表（11-8）。以方便一目瞭然。（11-200b）和（11-200c）式是自由Bose子方程式，如這時存在場源。前者是電荷q而後者是核子，為了方便假定電荷q和核子都是點粒子（structureless particle）。並且核子強度$\equiv g_0^2$，相當於核子相互作用時的強度。則（11-200b, c）式變成：

$$\Box\Psi(\boldsymbol{r},t)=4\pi q\,\delta^3(x) \tag{11-200d}$$

$$\left[\Box+(\frac{m_xc}{\hbar})^2\right]\Phi(\boldsymbol{r},t)=4\pi g_0^2\,\delta^3(x) \tag{11-200e}$$

$\Box\equiv(\frac{1}{c^2}\frac{\partial^2}{\partial t^2}-\nabla^2)$，$\delta^3(x)=\delta(x)\delta(y)\delta(z)$，或$\boldsymbol{r}=(x,y,z)$，(11-200d, e)的點源$q\,\delta^3(x)$，$g_0^2\delta^3(x)$乘上的$4\pi$是為了數學上的演算方便，是相當於點的立體角（solid angle）4π。

表 11-8　比較電磁場和湯川的核力場

	電磁場	湯川的核力場
場源	電荷q (Ex)電子：電荷$(-e)$，質量m_e	核子（質子p和中子n） 質量$m_p\doteqdot m_n\equiv m$
理論	規範理論	不是規範理論
交換粒子	光子γ，　靜止質量$m_\gamma=0$ Bose粒子	中間子x，　靜止質量$m_x\neq 0$ 設為Bose粒子，　$m_e<m_x<m$
自由場方程式	光子的總能E_γ：$E_\gamma^2=P_\gamma^2c^2$ $\boldsymbol{r}$表象的量子化$\begin{cases}\boldsymbol{r}\to\hat{\boldsymbol{r}}=\boldsymbol{r}\\ \boldsymbol{P}\to\hat{\boldsymbol{P}}=-i\hbar\nabla\\ E\to\hat{H}=i\hbar\frac{\partial}{\partial t}\end{cases}$ $\therefore E_\gamma^2-\boldsymbol{P}_\gamma^2c^2=0$： $(\frac{1}{c^2}\frac{\partial^2}{\partial t^2}-\nabla^2)\Psi(\boldsymbol{r},t)=0$	m_x粒子的總能量：$E^2=\boldsymbol{P}^2c^2+(m_xc^2)^2$ $\boldsymbol{r}$表象的量子化如左（(表 10-3)） $\therefore E^2=\boldsymbol{P}^2c^2+(m_xc^2)^2$ $\left[\frac{1}{c^2}\frac{\partial^2}{\partial t^2}-\nabla^2+(\frac{m_xc}{\hbar})^2\right]\Phi(\boldsymbol{r},t)=0$

（11-200c）式叫**Klein-Gordon 方程式**，是靜止質量不等於零的自由Bose子方程式。而（11-200e）式是含場源的 Klein-Gordon 方程式。核子吐出m_x Bose 子來和另一個核子相互作用，故解了（11-200e）式該得相互作用時的勢能和相互作用距的信息(information)。為了證明這個物理猜測，雖有點數學，非解（11-200e）式不可。因為湯川的理論是個重要的突破理論，為了方便只解（11-200e）式的靜態（static）解，即下式的解：

$$\left[\nabla^2-(\frac{m_x c}{\hbar})^2\right]\Phi(\boldsymbol{r})=-4\pi g_0^2\,\delta^3(x) \tag{11-201a}$$

解類似（11-201a）式，最好是利用 Fourier（Jean Baptiste Joseph, Baronde Fourier 1768～1830 法國數理物理學家）變換[25)]，把$\boldsymbol{r}$空間的（11-201a）式變換到波向量$\boldsymbol{k}$空間，也就是動量$\boldsymbol{P}=\hbar\boldsymbol{k}$的動量空間，則由後註(25)的(8a)式以及（10-69c）式得：

$$\Phi(\boldsymbol{r})=\int e^{i\boldsymbol{k}\cdot\boldsymbol{r}}\varphi(\boldsymbol{k})\,d^3k \tag{11-201b}$$

$$\delta^3(x)=\frac{1}{(2\pi)^3}\int e^{i\boldsymbol{k}\cdot\boldsymbol{r}}\,d^3k \tag{11-201c}$$

將（11-201b, c）式代入（11-201a）式得：

$$\int\left[-\boldsymbol{k}^2-(m_x c/\hbar)^2\right]e^{i\boldsymbol{k}\cdot\boldsymbol{r}}\varphi(\boldsymbol{k})d^3k=-4\pi g_0^2\frac{1}{(2\pi)^3}\int e^{i\boldsymbol{k}\cdot\boldsymbol{r}}d^3k$$

設$m_x c/\hbar\equiv k_0>0$，則從上式的被積分函數得：

$$\varphi(\boldsymbol{k})=\frac{1}{k^2+k_0^2}\frac{g_0^2}{2\pi^2}$$

$$\therefore\ \Phi(\boldsymbol{r})=\frac{g_0^2}{2\pi^2}\int e^{i\boldsymbol{k}\cdot\boldsymbol{r}}\frac{1}{k^2+k_0^2}d^3k$$

在$\boldsymbol{k}$空間取$\boldsymbol{k}$的第三成分$\boldsymbol{k}_3/\!/\boldsymbol{r}$的球座標$\boldsymbol{k}=(k,\theta,\varphi)$（看附錄 C）則得：

$$\begin{aligned}\Phi(\boldsymbol{r})&=\frac{g_0^2}{2\pi^2}\int_0^\infty dk\int_0^\pi d\theta\int_0^{2\pi}d\varphi\, e^{ikr\cos\theta}\frac{1}{k^2+k_0^2}\,k^2\sin\theta\\&=\frac{g_0^2}{\pi}\left\{-\frac{1}{ir}\left[\int_0^\infty\frac{k}{k^2+k_0^2}\,(e^{-ikr}-e^{ikr})dk\right]\right\}\end{aligned}$$

由附錄(I)的（I-38）式得：

$$\frac{1}{2i}\int_0^\infty\frac{k}{k^2+k_0^2}(e^{ikr}-e^{-ikr})=\frac{\pi}{2}e^{-k_0 r}\,,\qquad \text{當 } r>0\,,\ k_0>0$$

$$\therefore\ \Phi\ (\boldsymbol{r})=\frac{g_0^2}{r}e^{-k_0 r}\equiv\Phi(r)$$

設：
$$\lambda = \frac{\hbar}{m_x c} \tag{11-201d}$$

$$\therefore \Phi(r) = \frac{g_0^2}{r} e^{-r/\lambda} \tag{11-201e}$$

只要有x粒子便有相互作用，表示（11-201e）式和相互作用勢$V(r)$有關，於是可設如下的$V(r)$：

$$V(r) = V_0 \frac{1}{r/\lambda} e^{-r/\lambda} \tag{11-202a}$$

V和V_0的因次都為能量，故從（11-201e）和（11-202a）式得g_0^2的因次$[g_0^2]$=（能量）×（長度）= $\hbar c$的因次，故$\Phi(r)$的因次$[\Phi]$=能量，確實證明Bose子x粒子是扮演相互作用的粒子。稱g_0^2為**相互作用強度**（interaction strength），λ叫**相互作用距**，而（11-202a）式的$V(r)$叫**湯川勢**（Yukawa potential）能，由核子散射實驗歸納出：

$$\boxed{\frac{g_0^2}{\hbar c} \equiv g^2 \fallingdotseq 15} \tag{11-202b}$$

g^2叫**強相互作用的常數**，或交換π介子的耦合常數，（11-201e）式是一個x粒子（11-200e）式的靜態解（static solution），換句話說，（11-201e）式相當於圖（11-67d）僅交換一個x粒子的相互作用勢能，其使用範圍，從低能量的核子核子散射實驗得知，是圖（11-66）的$r \fallingdotseq (1.4 \sim 2)\text{fm}$的領域，故由（11-201d）式得$m_x$的質量：

$$m_x c^2 = \frac{\hbar c}{\lambda} = \frac{197.327053\text{MeV}\cdot\text{fm}}{(1.4 \sim 2)\text{fm}} \fallingdotseq \begin{cases} 141\text{MeV} \fallingdotseq 280 m_e c^2 \cdots\cdots \lambda = 1.4\text{fm} \\ 99\text{MeV} = 200 m_e c^2 \cdots\cdots \lambda = 2\text{fm} \end{cases}$$

$m_e c^2 \fallingdotseq 0.511\text{MeV}$=電子質量，即$x$ Bose子的質量約為電子質量的（200~280）倍，而小於核子質量940MeV，於是湯川才稱介於電子和核子間的x為中間子。在1947年Powell發現了湯川的中間子是（11-186）式的π介子，所以稱（11-202a）式的勢能為單π介子交換勢（one-pion exchange potential，簡寫成OPEP）能，其嚴謹的、考慮核子大小，核子自旋$\hat{\boldsymbol{S}} = \frac{\hbar}{2}\hat{\sigma}$的單$\pi$介子交換勢能（看附錄 I ）是：

$$V_{OPEP}(\boldsymbol{r}) = \left(\frac{g_0}{2m}\right)^2 \frac{m_\pi^2}{3}\left[(\hat{\boldsymbol{\sigma}}_2 \cdot \hat{\boldsymbol{\sigma}}_1) + \hat{S}_{12}\left(1 + \frac{3}{m_\pi r} + \frac{3}{m_\pi^2 r^2}\right)\right]\frac{1}{r} e^{-m_\pi r} \tag{11-202c}$$

$$\hat{S}_{12} \equiv \frac{3(\hat{\boldsymbol{\sigma}}_2 \cdot \boldsymbol{r})(\hat{\boldsymbol{\sigma}}_1 \cdot \boldsymbol{r})}{r^2} - (\hat{\boldsymbol{\sigma}}_2 \cdot \hat{\boldsymbol{\sigma}}_1) = \text{張量勢} \tag{11-202d}$$

$m_\pi \equiv \dfrac{m_\pi c}{\hbar}$ ，$m \equiv \dfrac{mc}{\hbar}$ 的簡寫，

$r \equiv |\boldsymbol{r}| =$ 兩核子質心間距離。

如圖（11-59）所示，兩核子愈靠近交換的介子愈重，從（11-201d）式大約能估計交換的介子質量。

【Ex. 11-32】 用半經典方法來窺視張量勢（11-202d）式的內涵。

與核子自旋有關和無關的（11-202a）和（11-202c）式的最大差異是張量勢，它到底是什麼樣的力呢？顯然它和核子自旋有關，有了自旋必有自旋自旋相互作用，因此，相互作用勢就無法像（11-202a）式那樣地持有各向同性（isotropic）的球對稱，為了直觀以及不帶因次，使用圖解以及自旋算符 $\hat{\boldsymbol{S}} = \dfrac{\hbar}{2}\hat{\boldsymbol{\sigma}}$ 的Pauli 矩陣 $\hat{\boldsymbol{\sigma}}$ 和兩核子質心間距離 $\boldsymbol{r}_{12}$ 的單位向量 $\boldsymbol{e} \equiv \dfrac{\boldsymbol{r}_{12}}{r_{12}}$ 來描述。如右圖和兩核子有關的量僅有：

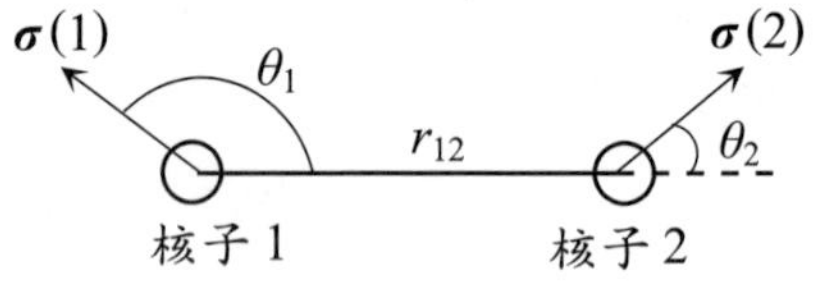

$$\boldsymbol{\sigma}(1), \quad \boldsymbol{\sigma}(2), \quad \boldsymbol{e} \qquad (11\text{-}203a)$$

能量是標量，從（11-203a）式的三個量能造的標量算符是：

$$\left.\begin{array}{l}\hat{\boldsymbol{\sigma}}(1)\cdot\hat{\boldsymbol{\sigma}}(2)\\ (\hat{\boldsymbol{\sigma}}(1)\cdot\boldsymbol{e})(\hat{\boldsymbol{\sigma}}(2)\cdot\boldsymbol{e})\end{array}\right\} \qquad (11\text{-}203b)$$

故張量勢算符 $\hat{S}_{12}$ 該是（11-203b）式兩算符的線性組合：

$$\hat{S}_{12} = a(\hat{\boldsymbol{\sigma}}(1)\cdot\boldsymbol{e})(\hat{\boldsymbol{\sigma}}(2)\cdot\boldsymbol{e}) + b(\hat{\boldsymbol{\sigma}}(1)\cdot\hat{\boldsymbol{\sigma}}(2)) \qquad (11\text{-}203c)$$

a, b 為待定係數，有了自旋相互作用就失去球對稱，於是可以假設張量勢是**使物理系統偏離球對稱之力**。如設 $|S>=$ 物理系統呈現球對稱的狀態，則得：

$$\hat{S}_{12}|S\rangle = 0 \qquad (11\text{-}203d)$$

（11-203d）式的意思，相當於經典圖像（picture）：「在固定的 $\boldsymbol{\sigma}(1)$ 和 $\boldsymbol{\sigma}(2)$ 下，假定 $\boldsymbol{r}_{12}$ 是從核子 1 向核子 2，且令 $\boldsymbol{e}$ 以等概率取所有可能的方向，這操作等於以核子 1 的質心為中心，$r_{12} \equiv r$ 為半徑的球面上

各點方向的平均值等於零」：

$$\text{平均}\langle S_{12}\rangle = a\langle(\boldsymbol{\sigma}(1)\cdot \boldsymbol{e})(\boldsymbol{\sigma}(2)\cdot \boldsymbol{e})\rangle + b\langle \boldsymbol{\sigma}(1)\cdot\boldsymbol{\sigma}(2)\rangle = 0$$

$$\boldsymbol{e} = (x/r, y/r, z/r)$$

$$\langle(\boldsymbol{\sigma}(1)\cdot \boldsymbol{e})(\boldsymbol{\sigma}(2)\cdot \boldsymbol{e})\rangle = \frac{1}{r^2}\langle(\sigma_{1x}x+\sigma_{1y}y+\sigma_{1z}z)(\sigma_{2x}x+\sigma_{2y}y+\sigma_{2z}z)\rangle$$

$$\text{並設}\begin{cases}\langle x^2\rangle \fallingdotseq \langle y^2\rangle \fallingdotseq \langle z^2\rangle \fallingdotseq \dfrac{1}{3}r^2\\ \langle xy\rangle = \langle yz\rangle = \langle zx\rangle = 0\end{cases}$$

$$\therefore \langle S_{12}\rangle = (\frac{a}{3}+b)\langle \boldsymbol{\sigma}(1)\cdot\boldsymbol{\sigma}(2)\rangle = 0$$

$\therefore a=3,\ b=-1$，代入（11-203c）式得：

$$\hat{S}_{12} = 3\frac{(\hat{\boldsymbol{\sigma}}(1)\cdot \boldsymbol{r}_{12})(\hat{\boldsymbol{\sigma}}(2)\cdot \boldsymbol{r}_{12})}{r_{12}^2} - (\hat{\boldsymbol{\sigma}}(1)\cdot\hat{\boldsymbol{\sigma}}(2)) = (11\text{-}202\text{d})\text{式}$$

故證明 $\hat{S}_{12}$ 勢是偏離球對稱的相互作用勢。

(iii)核力的交換性，介子交換流

從湯川的理論確認交換 x 粒子 $=\pi$ 介子，而實驗找到的 π 介子有 $\pi^{\pm}$ 和 π^0，則圖（11-67d）變成圖（11-68a），它表示：

$$N_1\text{的中子}\, n \xrightarrow[\pi^-]{\text{放出}} n-\pi^- \longrightarrow p$$

$$N_2\text{的質子}\, p \xrightarrow[\pi^-]{\text{吸收}} p+\pi^- \longrightarrow n$$

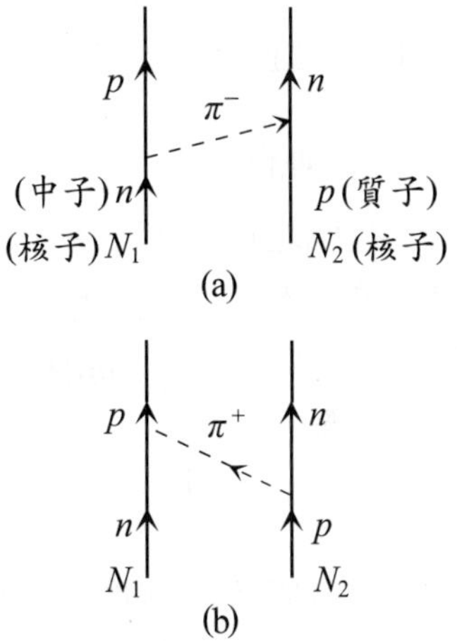

圖 11-68

這相當於電荷交換（charge exchange）現象 $(n,p)\rightarrow(p,n)$；如果交換的是 π^+ 介子，則如圖（11-68b）。表示電荷交換的 (n,p) 散射有圖（11-68）的兩個可能性，交換 π^+ 和 π^- 的概率該相等，各為 $\frac{1}{2}$ 概率。設 $\hat{P}=$ 交換算符（exchange operator），則除了（11-202a）式之外，至少還要一項交換勢能：

$$\frac{1}{2}\hat{P}V(r) \qquad (11\text{-}204\text{a})$$

（11-204a）式的 $\frac{1}{2}$ 來自概率，所以總相互作用勢 $V_s(r)$ 是：

$$V_s(r) = （非交換勢）+（交換勢）= \frac{1+\hat{P}}{2} V(r) \qquad (11\text{-}204b)$$

那麼(n,n)和(p,p)散射如何解釋呢？如圖（11-69）交換電中性π^0介子就是，同時只要沒交換電荷，(n,p)散射也可以交換π^0，故np散射時$\pi^\pm$、π^0都參與，而nn和pp散射僅有π^0參與。

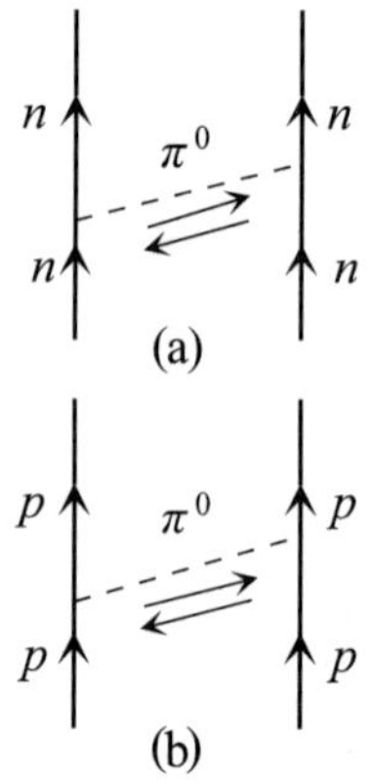

圖 11-69

在核內除了帶電核子的運動帶來的電流之外，兩個或以上的核子相互作用而產生的電流叫**交換流**（exchange current），例如，圖（11-68a, b）和圖（11-69a, b）交換介子時，由電荷守恆可得**介子交換流**（mesonic exchange current），前者是**電流**（charged current），而後者是**中性流**（neutral current），這是對比於交換帶電的$\pi^\pm$取的方便稱呼。在高能量物理的中性流是，在弱相互作用時，參與的輕子（lepton，如電子、μ介子、微中子）電荷不變的反應，稱作**中性流反應**，而弱相互作用的電中性規範粒子Z^0，Z^0 Bose子源流（流current）叫**中性流**（請看圖（11-168b）），這些都是1970年代上半葉的熱門科研題，在1980年代上半葉肯定了這些量。

(iv)電荷無關性，電荷對稱性

在低能量域，如圖（11-57）和（11-58）所示，原子核是由核子組成，力學是用量子力學，相互作用勢是（11-198e）式，和核子的電荷無關的核力，即中子中子(nn)間，質子質子(pp)間，以及pn間都一樣的性質：

$$V_{nn} = V_{pp} = V_{pn} \qquad (11\text{-}205a)$$

叫**核力的電荷無關性**（charge independent）；例如核${}_6C^{14}_{8=6+2}$和${}_{2+6=8}O^{14}_{6}$的基態，和${}_7N^{14}_7$的2.31MeV 激態，可使用${}_6C^{14}_8$的兩個n，${}_8O^{14}_6$的兩個p，或${}_{7=1+6}N^{14}_{7=1+6}$的p和n兩核子間的相互作用的任何一個勢，結果都一樣，即這三能級的勢能滿足（11-205a）式。這三能級是兩核子的同位旋（11-198a）式的T的三重態：

$$\boldsymbol{T} = \boldsymbol{T}_1 + \boldsymbol{T}_2 = \frac{1}{2}(\boldsymbol{\tau}_1 + \boldsymbol{\tau}_2)$$

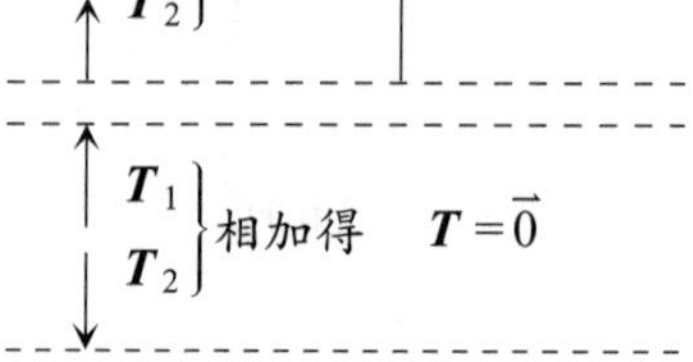

如右圖，$\boldsymbol{\tau}_1$和$\boldsymbol{\tau}_2$同方向得$\boldsymbol{T} = \vec{1}$，其第三成分的期待值$\langle \hat{T}_3 \rangle = -1, 0, 1$，如果$\boldsymbol{\tau}_1$和$\boldsymbol{\tau}_2$剛好反方向，則$\boldsymbol{T} = \vec{0}$，於是$\langle \hat{T}_3 \rangle = 0$，所以：

$$T=\begin{cases}\vec{1}\cdots\cdots\text{叫同位旋三重態（iso}-\text{triplet）}\\ \vec{0}\cdots\cdots\text{叫同位旋單態（iso}-\text{singlet）}\end{cases}\qquad(11\text{-}205b)$$

${}_6C^{14}_8$、${}_8O^{14}_6$和${}_7N^{14}_7$和 $\langle\hat{T}_3\rangle$ 的關係是：

$$\langle\hat{T}_3\rangle=\begin{cases}1\cdots\cdots\cdots\cdots{}_8O^{14}_6\\ 0\cdots\cdots\cdots\cdots{}_7N^{14}_7\\ -1\cdots\cdots\cdots\cdots{}_6C^{14}_8\end{cases}$$

至於交換質子p和中子n，而原子核的性質不受影響的核力，叫**核力的電荷對稱性**（charge symmetry），這時的核力有下性質：

$$V_{nn}=V_{pp}\neq V_{np}\qquad(11\text{-}205c)$$

不過只要 Coulomb 力進來，（11-205a）和（11-205c）的關係都不存在。

(v)結合能（binding energy），質量虧損（mass defect）

在低能量世界，質量是Fermi粒子的基本物理量，是構成物體的基本量，且是決定物體運動的物理量（看第二章V）。在牛頓力學階段，質量是物體的不變固有量，但到了相對論，物體質量不是固定不變量，至少和物體的運動速度有關（(9-42)式），同時和能量等質（(9-48)式）的$E=mc^2$，即質量m和能量E經質能當量$c^2=$（光速)^{2}可以互換。在微觀世界，這種質量觀念是必須的想法。核內的A個核子，分為Z個質量m_p的質子和N個質量m_n的中子，m_p和m_n都為質子和中子自由時的靜止質量，則A個核子自由時的質量總和是：

$$Zm_p+Nm_n=Zm_p+(A-Z)m_n=M_0$$

當A個核子經核力相互作用結合在一起時，各個核子必會損失一點點質量，設$M(Z,A)=A$個核子結合在一起的基態時的質量，則由相互作用而結合引起的損失質量ΔM是：

$$M_0-M(Z,A)=\left\{Zm_p+(A-Z)m_n\right\}-M(Z,A)=\Delta M$$

顯然ΔMc^2是A個核子相互作用而結合時損失的能量，它就是（11-192b）式的原子核的結合能$B(Z,A)$，其半實驗（semi-empirical）式是（11-192c）式，而ΔM叫**質量虧損**，而{〔以 amu 表示的 $M(Z,A)$〕$-A\}/A$叫**比質量偏差**（mass deflection）。ΔM愈大表示原子核愈結實，所以常用 $\dfrac{\Delta M}{A}=$ 單核子的質量虧損來描述原子核的安定性的大小，如（Ex.11-31）之圖。

(6)原子核的磁偶極矩，原子的超精細結構（hyperfine structure）

Fermi 粒子的核內核子，具有對應於原子電子的（11-5）和（11-8a）式的磁偶矩，軌道部分只有質子：

$$\boldsymbol{\mu}_l=\mu_N\sum_{i=1}^{p} g_l \boldsymbol{L}_{Ni}/\hbar,\quad p=\text{質子數} \tag{11-206a}$$

$g_l \fallingdotseq 1$ 叫軌道磁偶矩迴磁比（gyromagnetic ratio），至於自旋部分是質子和中子都有：

$$\boldsymbol{\mu}_s=\mu_N\Big(\sum_{i=1}^{p} g_{sp}\boldsymbol{S}_{Ni}/\hbar+\sum_{j=1}^{n} g_{sn}\boldsymbol{S}_{Nj}/\hbar\Big),\quad n=\text{中子數} \tag{11-206b}$$

$\mu_N\equiv\dfrac{e\hbar}{2m_p}=3.15245166\times10^{-14}\,\text{MeV/T}$，叫**核磁偶矩**（nuclear magneton）或簡稱核磁矩，m_p＝質子質量；而質子和中子的自旋磁偶矩迴磁比各為 $g_{sp}=5.58548$ 和 $g_{sn}=-3.82628$。電子自旋磁偶矩迴磁比 $g_s=$(11-8b)式 $\fallingdotseq 2$，核子和電子都是自旋 $\dfrac{1}{2}$ 的 Fermi 子，照量子電動力學，g_{sp} 該和電子的（11-8b）式相接近，但卻多了 $3.58448 \fallingdotseq 1.793g_s$，而無電荷的中子該沒磁偶矩才對，卻有 $g_{sn}\fallingdotseq -1.913g_s$，並且，$|g_{sn}|\fallingdotseq g_{sp}$，稱多出來的 $\Delta\mu_{sp}\fallingdotseq 1.793\mu_N$ 和 $\Delta\mu_{sn}\fallingdotseq -1.913\mu_N$ 為質子和中子的**反常（或異常 anomalous）磁偶矩**。這是怎麼來的呢？如把核子看成有結構粒子，內部叫**裸核子**（bare nucleon），外邊穿著（團繞著）介子衣（層）的話就能解決。例如質子，除了裸質子之外，尚有由強相互作用來的：

$$\Big\{(\text{穿著}\,\pi^+\,\text{介子的裸中子})+(\text{穿著}\,\pi^0\,\text{介子的裸質子})\Big\}\fallingdotseq 2\mu_N=\Delta\mu_{sp}$$

同樣裸中子雖沒磁偶矩，但有強相互作用來的 π^- 介子圍繞裸中子的話，便會呈現負磁偶矩。原子核的磁偶矩 $\boldsymbol{\mu}$ 是：

$$\boldsymbol{\mu}=\boldsymbol{\mu}_l+\boldsymbol{\mu}_s=\mu_N\Big\{\sum_{i=1}^{p}(g_l\boldsymbol{L}_{Ni}+g_{sp}\boldsymbol{S}_{Ni})/\hbar+\sum_{j=1}^{n} g_{sn}\boldsymbol{S}_{Nj}/\hbar\Big\} \tag{11-206c}$$

由（11-206a~c）式不難看出核的磁偶矩和角動量 $\boldsymbol{L}_{Ni}$ 和 $\boldsymbol{S}_{Ni}$ 之和 $\boldsymbol{I}$ 有關，$\boldsymbol{I}$ 叫**核的總角動量**，簡稱為**核自旋**（nuclear spin）。很有趣的是質子間和中子間有一種叫**對相互作用**（pairing interaction 或 force），令一對一對地配成角動量和等於零：

$$\boldsymbol{I}=\sum_{i=1}^{P}(\boldsymbol{L}_{Ni}+\boldsymbol{S}_{Ni})+\sum_{j=1}^{n}(\boldsymbol{L}_{Nj}+\boldsymbol{S}_{Nj})\equiv\boldsymbol{I}_p+\boldsymbol{I}_n \qquad (11\text{-}206\text{d})$$

$\boldsymbol{I}_p$和$\boldsymbol{I}_n$分別為質子和中子的總角動量，而角動量的組合有（11-17a）式的LS耦合和（11-19）式的JJ耦合。結果是基態原子核的$\boldsymbol{I}$和$\boldsymbol{\mu}$如表（11-9）：

表 11-9　基態核自旋$\boldsymbol{I}$和核磁矩$\boldsymbol{\mu}$的關係

	質子	中子	總角動量$\boldsymbol{I}$	核磁偶矩$\boldsymbol{\mu}$
數目	偶	偶	0	0
	偶	奇	不是0($\neq 0$)	$\neq 0$
	奇	偶	$\neq 0$	$\neq 0$
	奇	奇	$\neq 0$	$\neq 0$

從表（11-9）不難洞察出，無法配對的質子和中子的角動量，才會帶來核的總角動量$\boldsymbol{I}$以及核磁偶矩$\boldsymbol{\mu}$。如何具體地算出表（11-9）的實驗事實，出現了一些模型，最成功的是殼層模型（shell model，看下面(C)）。

【Ex. 11-33】 在 Ex.（11-28）是從 Heisenberg 的測不準原理來分析，電子不可能存在於核內，而這裡是從磁偶矩的角度來否定電子不會存在於核內。

從表（11-9），如果核是偶數質子、奇數中子，叫偶奇核（even-odd nucleus），則最後無法配對的中子負責核自旋和磁矩。氦的同位素$_2\text{He}_1^3$，質子已配成對得$I_p=0$，但中子沒配對，基態時

$$\boldsymbol{I}_n=\boldsymbol{L}_{Nn}+\boldsymbol{S}_{Nn}=\boldsymbol{S}_{Nn}$$

故$I_n=\dfrac{1}{2}$，因此基態$_2\text{He}_1^3$的核自旋$I=I_p+I_n=\dfrac{1}{2}$，而$\mu\fallingdotseq-2\mu_N=-\dfrac{e\hbar}{m_p}\fallingdotseq-6.31\times10^{-14}$ MeV/T，$\mu_{電子}=5.78838262\times10^{-11}$ MeV/T，即$\mu\fallingdotseq10^{-3}\mu_{電子}$，所以電子不可能**存在於核內**。

跟著實驗技術的進步，發現氫原子的結構能級比圖（11-7）還精細，稱為原子的**超精細結構**（hyperfine structure）。電子和原子核的庫侖相互作用帶來 Bohr 能級，而電子的軌道運動和自旋的相互作用$V_{LS}\,\hat{\boldsymbol{L}}\cdot\hat{\boldsymbol{S}}$引來精細結構（fine structure），那麼超精細結構是什麼相互作用引起的呢？

唯一可能是原子核，因核子不但帶電又有磁偶矩$\boldsymbol{\mu}$，圍繞核運動的帶電電子必

產生電磁場，於是$\boldsymbol{\mu}$必受影響。由（11-206a~c）式、$\boldsymbol{\mu}$和核子自旋$\boldsymbol{S}_N$、核子軌道運動角動量$\boldsymbol{L}_N$有關，氫以外的原子核內有兩個或以上的核子，故核自旋$\boldsymbol{I}$由（11-206d）式得：

$$\boldsymbol{I}=\sum_{i=1}^{n_N}\left(\boldsymbol{S}_{Ni}+\boldsymbol{L}_{Ni}\right),\ n_N=\text{核子數} \tag{11-207a}$$

$\boldsymbol{S}_{Ni}$和$\boldsymbol{L}_{Ni}$分別為第i核子的自旋和軌道角動量。如前述以及（11-17a, b）和（11-19）式一樣，（11-207a）式的$\boldsymbol{I}$也有LS和JJ耦合的兩種，甚至於質子和中子分開來處理。同樣原子電子的總角動量$\boldsymbol{J}$是：

$$\boldsymbol{J}=\sum_{j=1}^{n_e}(\boldsymbol{S}_{ej}+\boldsymbol{L}_{ej}),\ n_e=\text{電子數} \tag{11-207b}$$

$\boldsymbol{S}_{ej}$和$\boldsymbol{L}_{ej}$分別為第j電子的自旋和軌道角動量，而$\boldsymbol{I}$和$\boldsymbol{J}$之和$\boldsymbol{F}$叫原子的總角動量，是守恆量：

$$\boldsymbol{F}=\boldsymbol{I}+\boldsymbol{J},\ \langle\boldsymbol{F}\cdot\boldsymbol{F}\rangle=\text{常數} \tag{11-207c}$$

原子核的核子和電子電磁場$\boldsymbol{E}$、$\boldsymbol{B}$的相互作用是相當地複雜，例如核子受到$\boldsymbol{E}$、$\boldsymbol{B}$的作用後，核子的分布受到影響，於是有的核電荷分布偏離球對稱。其最代表性的分布是類橢圓體的分布，而得電四極矩（electric guadrupole moment）Q，以及更高極矩（higher multipole moment），將在下(8)小節討論Q。在此僅探討核自旋和電子電磁場的相互作用，叫**超精細相互作用**（hyperfine interaction），其主項是：

$$V_{IJ}(r)\,\hat{\boldsymbol{I}}\cdot\hat{\boldsymbol{J}} \tag{11-208a}$$

（11-208a）式會帶來類似（11-23e）式的能級超精細分裂，其能細間隔$\Delta E_{IJ}<\Delta E_{LS}$。從（11-207c）式得：

$$\boldsymbol{F}\cdot\boldsymbol{F}=(\boldsymbol{I}+\boldsymbol{J})\cdot(\boldsymbol{I}+\boldsymbol{J})=\boldsymbol{I}^2+\boldsymbol{J}^2+2\boldsymbol{I}\cdot\boldsymbol{J}$$
$$\therefore \boldsymbol{I}\cdot\boldsymbol{J}=\frac{1}{2}(\boldsymbol{F}^2-\boldsymbol{I}^2-\boldsymbol{J}^2)$$

如，$f,\ i,\ j$分別是$\boldsymbol{F}^2\equiv\boldsymbol{F}\cdot\boldsymbol{F}$，$\boldsymbol{I}^2\equiv\boldsymbol{I}\cdot\boldsymbol{I}$，$\boldsymbol{J}^2\equiv\boldsymbol{J}\cdot\boldsymbol{J}$的量子數，則得$\boldsymbol{I}\cdot\boldsymbol{J}$的期待值：

$$\langle\hat{\boldsymbol{I}}\cdot\hat{\boldsymbol{J}}\rangle=\frac{1}{2}\{f(f+1)-i(i+1)-j(j+1)\}$$

所以超精細分裂能E_{IJ}是：

$$E_{IJ}=\frac{1}{2}\langle V_{IJ}(r)\rangle\{f(f+1)-i(i+1)-j(j+1)\} \qquad (11\text{-}208b)$$

⑺核波函數的對稱性，核宇稱（nuclear parity）、核自旋（總角動量）

(i)為什麼強而複雜的核子相互作用可用勢能表示呢？

這一小節的主要目的是給讀者有個核內相互作用架構圖象，進一步的內容在下節(C)。核是由不斷地強相互作用著的Fermi粒子核子所組成，核子個個對等，無法定義像原子的電子那樣，有個作用力的核心，原子電子有作用力的核心原子核，於是很容易定義電子受的力的勢能$V(r)$，**勢能本質是一體問題**，即將複雜的多體相互作用，經過物理操作平均成為一粒子所受的力$\boldsymbol{F}=-\nabla V(r)$的勢能$V(r)$。所以在原子核**乾脆從核的一些物理事實，針對特徵假定一體勢能**$V(r)$，勢能中心（potential energy center）相當於設在核的質心。從1930年一直到1960年代初葉，低能量核物理所用的代表性一體空間勢能有：

(i) 各向同性諧振子勢能（isotropic harmonic oscillator potential energy）

$$V(r)=\frac{1}{2}m\omega^2r^2,\qquad m=\text{核子質量}$$

$$\hbar\omega\doteqdot 41A^{-1/3}\text{MeV},\qquad A=\text{質量數}$$

(ii) 各向異性諧振子勢能（unisotropic harmonic oscillator potential energy）

$$V(x,y,z)=\frac{1}{2}m(\omega_x^2x^2+\omega_y^2y^2+\omega_z^2z^2)$$

(iii) Woods-Saxon 勢能$V(r)=\dfrac{V_0}{1+e^{(r-R)/a}}$ （11-209）

$$R\doteqdot 1.2A^{1/3}\,\text{fm}\qquad a\doteqdot 0.65\text{fm}\text{（普通當著參數）}$$

(iv) Yukawa 勢能：$V(r)=V_0\dfrac{1}{\lambda r}e^{-\lambda r}$， $r\neq 0\,(r>1\text{fm})$
（湯川）

$$\lambda\doteqdot(0.68\sim 0.71)\text{fm}^{-1}\text{（普通當著參數）}$$

（11-209）式的(i)和(ii)是根據核子被束縛在核內無法自由，並且基態核有球狀和非球狀而假定的一體勢能；而(iii)和(iv)是依核子可以從核游離出來的物理事實，於是勢能該是有限深。這種有限深勢能大部分用在分析低能量的核反應用，$V_0\doteqdot(-25)\sim(-40)$ MeV，往往和a以及λ一樣當做參數。這些假定勢能（11-209）式完全是唯象理論，卻能解釋核的基態和低激發態的結構。這證明（11-209）式的模型勢能反映著核力的某些事實，即如果能找到核力（目前（1999 年春天）尚未找到），它的某近似是（11-209）式。（11-209）式的 $V(r)$ 是（11-198e）式的 $v_i(r)$，$i=W, H, B, M$ 用，而其交換算符是確保原子核的飽和性，這時的（11-209）式的 $r=2$ 核子質心間距離。

那麼為什麼那麼複雜的核內核子相互作用，可以用一體勢能來近似呢？主因是核子為 Fermi 子，必須遵守 Pauli 原理，各個核子有自己的空間及狀態。核子間雖有強相互作用，但除了有充分的能量來趕走其它核子已占的空間外，強相互作用無用武之地，無法發揮，**這現象等於削弱強相互作用**，次因是原子核有飽和性，核子間保持如圖（11-59）或圖（11-66）那樣的最低限度的私人領域，這領域稱為核力的硬蕊（hard core）。結果也等於削弱相互作用。所以**在低能量領域，核內核子間的作用不是那麼地強**，多體核子間的有效相互作用可用本質是一體的勢能。等於核子間的相互作用不強，看成個個核子獨立地在 $V(r)$ 下運動，這種模型叫**獨立粒子模型**（independent particle model），有時簡稱為**單粒子模型**；走極端的是沒 $V(r)$ 的 **Fermi 氣體的模型**（Fermi gas model），它是 Fermi 子的核子在有限空間內自由運動的模型。取不同 $V(r)$ 的獨立粒子模型統稱作**殼層模型**（shell model，看下面 (C)）。

(ii)核波函數的對稱性，核自旋和宇稱

有了勢能 $V(r)$ 就能求原子核的狀態函數 Ψ，和原子電子最大的差異是核子有中子和質子；獨立粒子模型有的使用電荷對稱性 $V_{pp}=V_{nn}$，獨立處理質子和中子，但有的使用電荷無關性，導入同位旋 $\boldsymbol{T}=\frac{1}{2}\boldsymbol{\tau}$ 來統一處理質子和中子。在同位旋空間，質子和中子是 $\boldsymbol{T}$ 的第三成分 $\boldsymbol{T}_z=\boldsymbol{T}_3$ 的兩個狀態，如勢能是和時間無關，例如連心力（11-209）式中的任一個，則核子的波函數 φ 是：

$$\varphi(\boldsymbol{r},\boldsymbol{\sigma},\boldsymbol{\tau})=\phi_{nlm}(\boldsymbol{r})\,x_{1/2 m_s}(\boldsymbol{\sigma})\,\eta_{1/2 m_\tau}(\boldsymbol{\tau})\equiv\varphi(\zeta) \qquad (11\text{-}210a)$$

$\zeta\equiv(\boldsymbol{r},\boldsymbol{\sigma},\boldsymbol{\tau})$，$n$、$l$、$m$，$\frac{1}{2}$、$m_s$，$\frac{1}{2}$、$m_\tau$ 分別為三維空間，自旋，同位旋的量子數，連心力時軌道角動量必守恆，其大小及第三成分的量子數各為 l 和 m，而本徵函數（參考第十章（10-109b）（10-116d）和（10-135）式，或（10-138b, c）式）和庫侖勢能的原子電子的角動量本徵函數 $Y_{lm}(\theta,\varphi)$ 相同，但徑向量大小 r 的函數 $R_{nl}(r)$，是跟著不同勢能變化，例如各向同性的諧振子勢能的 $R_{nl}(r)$ 如後註(26)。核的波函數 $\Psi(\zeta_1,\zeta_2\cdots,\zeta_A)$ 必須滿足對稱性才行，其對稱性和核的總角動量 $\boldsymbol{I}$ 有關，$\boldsymbol{I}$ 的量子數 $i=$ 正整數時 $\Psi=$ 對稱函數，$i=$ 半正整數時，$\Psi=$ 反對稱函數；如為反對

稱函數，則 Ψ=(11-36)式，但 $\xi=(\boldsymbol{r},\boldsymbol{\sigma})$ 必換成 $\zeta\equiv(\boldsymbol{\xi},\boldsymbol{\tau})$，僅有兩個核子的反對稱波函數的具體例子是（11-198d）式。**多體的（11-36）式也好，二體的（11-198d）式也好，都不是整個核的總角動量 $\boldsymbol{I}$ 和總同位旋 $\boldsymbol{T}_t$ 的本徵函數**，因為個個核子的角動量（軌道和自旋）以及同位旋都沒經過合成；同樣，Ψ=對稱函數也要合成。例如，角動量的話必須經過（11-17a, b）式，或者（11-19）式的合成操作，後註(10)是個實例。1932 年 Heisenberg 仿自旋 $\frac{1}{2}$ 的 Fermi 子自旋 $\boldsymbol{S}=\frac{\hbar}{2}\boldsymbol{\sigma}$ 造同位旋（11-198a, b）式，所以同位旋的合成和角動量一樣，不過同位旋只有一種，故直接加起來：

$$\boldsymbol{T}_t=\sum_i \boldsymbol{T}_i \tag{11-210b}$$

這樣一來核波函數可不簡單，但非常地奧妙，**核子喜歡配對**，類似 Cooper 對那樣地配成角動量等於零的對來保持安定，並且較偏愛 LS 耦合，然後質子和中子分開一對一對地依 Pauli 原理，如圖（11-70）從最低能級裝，於是剩下落對的核子來負責基態核的總角動量 I。為何每一能級有兩個質子和兩個中子呢？因為核子自旋和同位旋各有兩個成分，於是裝滿每個能級需要四個核子。質量數 A=奇數的核，其最後落對的 l 的偶奇為核的宇稱，l 和自旋 $\frac{1}{2}$ 合成的角動量為核自旋；而 A 等於偶數的核，以 I 中對稱性最高的 I 值為基態核自旋，組成該 I 的 l 偶數或奇數來定核宇稱，前者叫偶宇稱（even parity），後者是奇宇稱（odd parity），分別用「+」和「-」記號表示。核自旋 I 和核宇稱記號 π 合起來使用下符號表示：

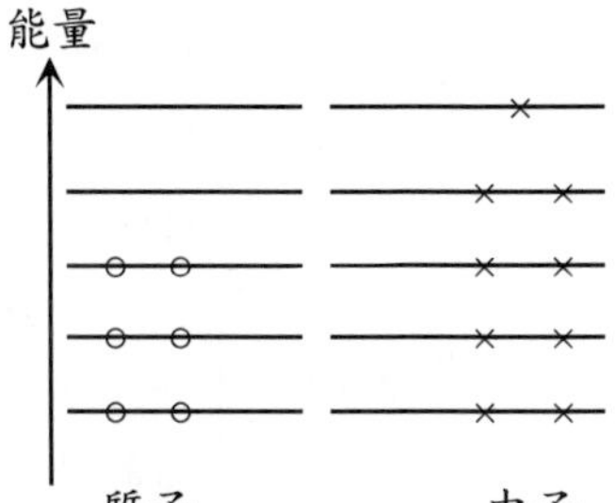

基態能基上的核子

圖 11-70

$$I^{\pi} \tag{11-210c}$$

列出一些常看到的核的例子在表（11-10），至於各核的結構組態（configuration）看下面(C)。表（11-10）上的 nl_j^{2j+1} 的 n=主量子數，l= 軌道量子數，$j=\boldsymbol{I}$ 大小的量子數，有時寫成 i，至於狀態 $s, p, d,$ ……是和原子電子狀態名表（10-6）相同，當質子中子都是偶數，剛好各自配對得總角動量 0 且偶宇稱，奇奇核時質子和中子各有一個沒配對，這兩個沒配對的角動量互相耦合得：

$${}_3\mathrm{L}_3^6: j=(j_1+j_2),(j_1+j_2-1),\cdots\cdots|j_1-j_2|\to(\frac{3}{2}+\frac{3}{2})\cdots,|\frac{3}{2}-\frac{3}{2}|\to 3,2,1,0$$

$${}_7\mathrm{N}_7^{14}:\text{同樣得}(\frac{1}{2}+\frac{1}{2})\cdots\cdots|\frac{1}{2}-\frac{1}{2}|\to 1,0$$

$${}_{13}\text{Al}_{15}^{28}：(\frac{5}{2}+\frac{1}{2})\cdots\cdots|\frac{5}{2}-\frac{1}{2}|\rightarrow 3,2$$

而宇稱$=(-)^{l_p}(-)^{l_n}$，l_p 和 l_n 分別為沒配對的質子和中子的軌道角動量量子數。至於 $A=$奇數的核，其 $I=$沒配成對的質子（或中子）的 j，宇稱 $\pi=(-)^l$，$l=$沒配對的質子（或中子）的軌道角動量量子數，例如矽 ${}_{14}\text{Si}_{17}^{31}$ 沒配成對的是 $1d_{3/2}^1$ 的中子，故 $I=3/2$，故 $\pi=(-)^2$ 因 d 狀態的 $l=2$。I 等於正整數的核叫類 **Bose** 子核（boson-like nuclei），而 $I=$半正整數的核叫類 **Fermi** 子核（fermion-like nuclei）。

$$\therefore 核波函數\ \Psi=\begin{Bmatrix}對稱函數\cdots\cdots I=正整數\\ 反對稱函數\cdots\cdots I=半正整數\end{Bmatrix} \qquad (11\text{-}211)$$

表 11-10　常見核的自旋和宇稱

核$\left({}_{質子}(元素)_{中子}^{質量數}\right)$	結構組態 nl_j^{2j+1}	I^π
偶偶核 ${}_2\text{He}_2^4$	$(1S_{1/2}^2)_p$（p表示質子），$(1S_{1/2}^2)_n$（n表示中子）	0^+
${}_6\text{C}_6^{12}$	$(1S_{1/2}^2, 1P_{3/2}^4)_p$　$(1S_{1/2}^2, 1P_{3/2}^4)_n$	0^+
${}_8\text{O}_8^{16}$	$(1S_{1/2}^2, 1P_{3/2}^4, 1P_{1/2}^2)_{p,n}$（質子和中子都一樣）	0^+
${}_{82}\text{Pb}_{126}^{208}$	$(1S_{1/2}^2, 1P_{3/2}^4, 1P_{1/2}^2, 1d_{5/2}^6, 2S_{1/2}^2, 1d_{3/2}^4, 1f_{7/2}^8, 2P_{3/2}^4, 1f_{5/2}^6, 2P_{1/2}^2, 1g_{9/2}^{10},$ $1g_{7/2}^8, 3S_{1/2}^2, 2d_{5/2}^6, 2d_{3/2}^4, 1h_{11/2}^{12})_{p,n}$ 鉛的中子多了 $1i_{13/2}^{14}, 3P_{3/2}^4, 3P_{1/2}^2, 2f_{7/2}^8, 2f_{5/2}^6, 1h_{9/2}^{10}$	0^+
奇奇核 ${}_3\text{Li}_3^6$	$(1S_{1/2}^2, 1P_{3/2}^1)_{p,n}$	1^+
${}_7\text{N}_7^{14}$	$(1S_{1/2}^2, 1P_{3/2}^4, 1P_{1/2}^1)_{p,n}$	1^+
${}_{13}\text{Al}_{15}^{28}$	$(1S_{1/2}^2, 1P_{3/2}^4, 1P_{1/2}^2, 1d_{5/2}^5)_p$，$(1S_{1/2}^2, 1P_{3/2}^4, 1P_{1/2}^2, 1d_{5/2}^6, 2S_{1/2}^1)_n$	3^+
奇偶核 ${}_{15}\text{P}_{14}^{29}$	$(1S_{1/2}^2, 1P_{3/2}^4, 1P_{1/2}^2, 1d_{5/2}^6)_{p,n}$　但 p 多了 $2S_{1/2}$	$\frac{1^+}{2}$
${}_{17}\text{Cl}_{18}^{35}$	$(1S_{1/2}^2, 1P_{3/2}^4, 1P_{1/2}^2, 1d_{5/2}^6, 2S_{1/2}^2)_{p,n}$ 而 p 多了 $1d_{3/2}^1$，n 多了 $1d_{3/2}^2$	$\frac{3^+}{2}$
${}_{19}\text{K}_{22}^{41}$	$(1S_{1/2}^2, 1P_{3/2}^4, 1P_{1/2}^2, 1d_{5/2}^6, 2S_{1/2}^2)_{p,n}$ 而 p 多了 $1d_{3/2}^3$，n 多了 $1d_{3/2}^4$，$1f_{7/2}^2$	$\frac{3^+}{2}$
偶奇核 ${}_{14}\text{Si}_{17}^{31}$	$(1S_{1/2}^2, 1P_{3/2}^4, 1P_{1/2}^2, 1d_{5/2}^6)_{p,n}$ 但 n 多了 $2S_{1/2}^2$，$1d_{3/2}^1$	$\frac{3^+}{2}$
${}_{20}\text{Ca}_{21}^{41}$	$(1S_{1/2}^2, 1P_{3/2}^4, 1P_{1/2}^2, 1d_{5/2}^6, 2S_{1/2}^2, 1d_{3/2}^4)_{p,n}$ 但 n 多了 $1f_{7/2}^1$	$\frac{7^-}{2}$
${}_{28}\text{Ni}_{33}^{61}$	$(1S_{1/2}^2, 1P_{3/2}^4, 1P_{1/2}^2, 1d_{5/2}^6, 2S_{1/2}^2, 1d_{3/2}^4, 1f_{7/2}^8)_{p,n}$ 但 n 多了 $1f_{5/2}^4$（沒裝滿），$2P_{3/2}^1$	$\frac{3^-}{2}$

至於核的同位旋，在 1938 年 E. P. Wigner 定義核的基態同位旋為：

$$\langle \hat{T}_z \rangle = \frac{Z-N}{2} \qquad (11\text{-}212)$$

Z＝質子數，N＝中子數，例如：

氘（${}_{1}\mathrm{H}_{1}^{2}$）：$\langle \hat{T}_z \rangle = \dfrac{1-1}{2} = 0 \rightarrow T=0$

氧（${}_{8}\mathrm{O}_{10}^{18}$）：$\langle \hat{T}_z \rangle = \dfrac{8-10}{2} = -1 \rightarrow T=1$

鉛（${}_{82}\mathrm{Pb}_{126}^{208}$）：$\langle \hat{T}_z \rangle = \dfrac{82-126}{2} = -22 \rightarrow T=22$

取能造 $\langle \hat{T}_z \rangle$ 的最小值做為核的同位旋，所以氫的同位素氘、氧氣的同位素 ${}_{8}\mathrm{O}_{10}^{18}$ 和鉛（${}_{82}\mathrm{Pb}$）的同位旋各為 $T=0, 1$ 和 22。

(iii)兩核子的波函數

複雜的多體相互作用往往用二體相互作用和來近似，故針對二體來探討如何簡單地造核波函數。核子必須滿足 Pauli 原理：

$$\therefore \varphi_\alpha(\zeta_1)\varphi_\beta(\zeta_2) = -\varphi_\alpha(\zeta_2)\varphi_\beta(\zeta_1) \qquad (11\text{-}213a)$$

$\zeta \equiv (\boldsymbol{r}, \boldsymbol{\sigma}, \boldsymbol{\tau})$，$\alpha$ 和 β 表示狀態，LS 耦合的兩核子的軌道角動量和自旋是：

$$\boldsymbol{S} = \boldsymbol{S}_1 + \boldsymbol{S}_2 \longrightarrow s = \begin{cases} 0 \cdots\cdots \uparrow\downarrow \text{單態，自旋部反對稱} \\ 1 \cdots\cdots \uparrow\uparrow \text{三重態，自旋部對稱} \end{cases}$$

$$\boldsymbol{L} = \boldsymbol{L}_1 + \boldsymbol{L}_2 \longrightarrow l = \begin{cases} \text{偶} \cdots\cdots \text{空間部對稱} \\ \text{奇} \cdots\cdots \text{空間部反對稱} \end{cases}$$

$$\boldsymbol{T} = \boldsymbol{T}_1 + \boldsymbol{T} \longrightarrow t = \begin{cases} 0 \cdots\cdots \uparrow\downarrow \text{同位旋單態(isosinglet)，同位旋部反對稱} \\ 1 \cdots\cdots \uparrow\uparrow \text{同位旋三重態(isotriplet)，同位旋部對稱} \end{cases}$$

s, l 和 t 分別為 $\boldsymbol{S}, \boldsymbol{L}$ 和 $\boldsymbol{T}$ 大小的量子數，即：

$$<\boldsymbol{S}^2> = s(s+1)\hbar^2, \quad s=0,1$$
$$<\boldsymbol{L}^2> = l(l+1)\hbar^2, \quad l=0,1,2,\cdots\cdots$$
$$<\boldsymbol{T}^2> = t(t+1), \quad t=0,1$$

為了達到波函數的反對稱（11-213a）式的結果，把上述的 s, l 和 t 整理成表（11-11），

表 11-11　量子數 s, l, t 和對稱性

s	對稱($s=1$)		反對稱($s=0$)	
l	對稱(l=偶數)	反對數(l=奇數)	對稱(l=偶數)	反對稱(l=奇數)
t	反對稱($t=0$)	對稱($t=1$)	對稱($t=1$)	反對稱($t=0$)
$s+l+t$	奇數	奇數	奇數	奇數

從表(11-11)，當$(s+l+t)=$奇數就能獲得(11-213a)式的反對稱波函數，故二核子體系，滿足 pauli 原理的條件是：

$$\boxed{(-)^{s+l+t}=-1} \qquad (11\text{-}213b)$$

【Ex. 11-34】 使用獨立粒子模型的核子波函數表示，滿足對稱性並且是總角動量(I, M)以及總同位旋(T, M_T)的二核子本徵波函數，M和M_T分別為$\boldsymbol{I}$和$\boldsymbol{T}$的第三成分I_z和T_z的量子數。

設獨立粒子模型的核子波函數$\Psi(\boldsymbol{r}_i, \boldsymbol{\sigma}_i, \boldsymbol{\tau}_i)=\phi_{n_i l_i m_i}(\boldsymbol{r}_i)\chi_{\frac{1}{2}m_{si}}(\boldsymbol{\sigma}_i)\cdot\eta_{\frac{1}{2}m_{\tau i}}(\boldsymbol{\tau}_i)$，$i=1,2$，現使用在後註(7,10)所介紹，角動量合成係數 Clebsch-Gordan：

$$\langle j_1\, m_1 j_2\, m_2 | jm \rangle$$

來表示。Clebsch-Gordan 係數是自動完成對稱性和正交歸一化的無因次係數，用 LS 耦合來作練習題，所以角動量的合成是：

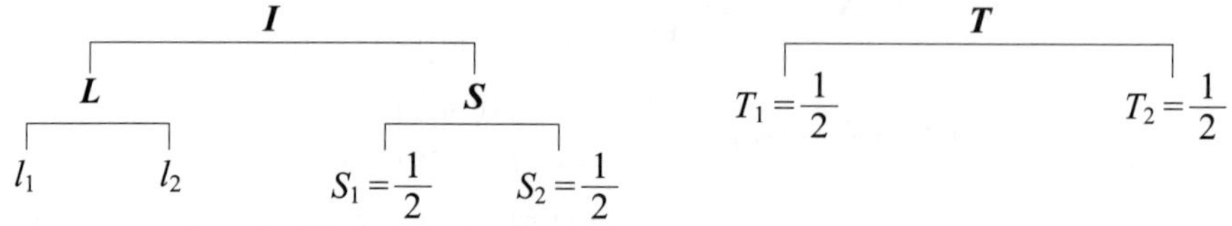

$$\begin{aligned}\therefore \Psi_{IMTM_T}(\zeta_1, \zeta_2)=&\sum_{m_{\tau_1} m_{\tau_2}} \langle \tfrac{1}{2}m_{\tau_1}\tfrac{1}{2}m_{\tau_2} | TM_T \rangle\ \eta_{\frac{1}{2}m_{\tau_1}}(\boldsymbol{\tau}_1)\eta_{\frac{1}{2}m_{\tau_2}}(\boldsymbol{\tau}_2)\\ &\times \sum_{\substack{l_1 m_1 l_2 m_2\\ m_{s_1} m_{s_2} L\\ m_L S m_s}} \langle l_1 m_1\, l_2 m_2 | L m_L \rangle\ \langle \tfrac{1}{2}m_{s_1}\tfrac{1}{2}m_{s_2} | S m_s \rangle\\ &\times \langle L m_L S m_s | IM \rangle\ \phi_{n_1 l_1 m_1}(\boldsymbol{r}_1)\phi_{n_2 l_2 m_2}(\boldsymbol{r}_2)\chi_{\frac{1}{2}ms_1}(\boldsymbol{\sigma}_1)\chi_{\frac{1}{2}ms_2}(\boldsymbol{\sigma}_2)\end{aligned} \qquad (11\text{-}213c)$$

$\zeta_i\equiv(\boldsymbol{r}_i, \boldsymbol{\sigma}_i, \boldsymbol{\tau}_i)$，$i=1, 2$，用$\Psi_{IMTM_T}(\zeta_1, \zeta_2)$就可以求各物理量的期待值或躍遷矩陣。用同位旋部分來證明Clebsch-Gordan係數自動含對稱性和歸一化的內容：

$$\eta_{TM}(\boldsymbol{\tau}_1, \boldsymbol{\tau}_2)\equiv\sum_{m_1 m_2} \langle \tfrac{1}{2}m_1\tfrac{1}{2}m_2 | TM \rangle\ \eta_{\frac{1}{2}m_1}(\boldsymbol{\tau}_1)\eta_{\frac{1}{2}m_2}(\boldsymbol{\tau}_2)$$

$$\therefore \eta_{00}(\boldsymbol{\tau}_1, \boldsymbol{\tau}_2)=\sum_{m_1 m_2} \langle \tfrac{1}{2}m_1\tfrac{1}{2}m_2 | 00 \rangle\ \eta_{\frac{1}{2}m_1}(\boldsymbol{\tau}_1)\eta_{\frac{1}{2}m_2}(\boldsymbol{\tau}_2)$$

$$= \sum_{m_1 m_2} (-)^{\frac{1}{2}-m_1} \frac{1}{\sqrt{2}} \langle \frac{1}{2} m_1 0 0 | \frac{1}{2} - m_2 \rangle \; \eta_{{}^1\!/_2 m_1}(\boldsymbol{\tau}_1) \eta_{{}^1\!/_2 m_2}(\boldsymbol{\tau}_2)$$

$$= \frac{1}{\sqrt{2}} (\eta_{{}^1\!/_2 {}^1\!/_2}(\boldsymbol{\tau}_1) \eta_{{}^1\!/_2 - {}^1\!/_2}(\boldsymbol{\tau}_2) - \eta_{{}^1\!/_2 - {}^1\!/_2}(\boldsymbol{\tau}_1) \eta_{{}^1\!/_2 {}^1\!/_2}(\boldsymbol{\tau}_2)) \cdots\cdots T=0 \text{的單態。}$$

用了$m_{\tau_1} \equiv m_1$，$m_{\tau_2} \equiv m_2$，$M_T \equiv M$以及 Clebsch-Gordan 係數的對稱性：

$$\langle j_1 m_1 j_2 m_2 | jm \rangle = (-)^{j_1 - m_1} \sqrt{\frac{2j+1}{2j_2+1}} \langle j_1 m_1 j - m | j_2 - m_2 \rangle$$

同樣可得同位旋三重態$T=1$，$M=-1, 0, 1$的狀態，這時會用到 Clebsch-Gordan 的值：

$$\left.\begin{aligned}
&\eta_{1M}(\boldsymbol{\tau}_1, \boldsymbol{\tau}_2) = \sum_{m_1 m_2} \langle \frac{1}{2} m_1 \frac{1}{2} m_2 | 1M \rangle \; \eta_{{}^1\!/_2 m_1}(\boldsymbol{\tau}_1) \eta_{{}^1\!/_2 m_2}(\boldsymbol{\tau}_2) \\
&M=1 : \langle \frac{1}{2} \frac{1}{2} \frac{1}{2} \frac{1}{2} | 11 \rangle \; \eta_{{}^1\!/_2 {}^1\!/_2}(\boldsymbol{\tau}_1) \eta_{{}^1\!/_2 {}^1\!/_2}(\boldsymbol{\tau}_2) = \eta_{{}^1\!/_2 {}^1\!/_2}(\boldsymbol{\tau}_1) \eta_{{}^1\!/_2 {}^1\!/_2}(\boldsymbol{\tau}_2) \\
&M=0 : \sum_{m_1 m_2} \langle \frac{1}{2} m_1 \frac{1}{2} m_2 | 10 \rangle \; \eta_{{}^1\!/_2 m_1}(\boldsymbol{\tau}_1) \eta_{{}^1\!/_2 m_2}(\boldsymbol{\tau}_2) \\
&\qquad = \frac{1}{\sqrt{2}} (\eta_{{}^1\!/_2 {}^1\!/_2}(\boldsymbol{\tau}_1) \eta_{{}^1\!/_2 - {}^1\!/_2}(\boldsymbol{\tau}_2) + \eta_{{}^1\!/_2 - {}^1\!/_2}(\boldsymbol{\tau}_1) \eta_{{}^1\!/_2 {}^1\!/_2}(\boldsymbol{\tau}_2)) \\
&M=-1 : \langle \frac{1}{2} - \frac{1}{2} \frac{1}{2} - \frac{1}{2} | 1-1 \rangle \; \eta_{{}^1\!/_2 - {}^1\!/_2}(\boldsymbol{\tau}_1) \eta_{{}^1\!/_2 - {}^1\!/_2}(\boldsymbol{\tau}_2) \\
&\qquad = \eta_{{}^1\!/_2 - {}^1\!/_2}(\boldsymbol{\tau}_1) \eta_{{}^1\!/_2 - {}^1\!/_2}(\boldsymbol{\tau}_2)
\end{aligned}\right\} \text{三重態}$$

確實獲得滿足對稱性及正交歸一化的二體同位旋波函數$\eta_{TM}(\boldsymbol{\tau}_1, \boldsymbol{\tau}_2)$，上面結果用了：

$$\langle \frac{1}{2} \frac{1}{2} \frac{1}{2} \frac{1}{2} | 11 \rangle = \langle \frac{1}{2} - \frac{1}{2} \frac{1}{2} - \frac{1}{2} | 1-1 \rangle = 1$$

$$\langle \frac{1}{2} \frac{1}{2} \frac{1}{2} - \frac{1}{2} | 10 \rangle = \langle \frac{1}{2} - \frac{1}{2} \frac{1}{2} \frac{1}{2} | 10 \rangle = 1/\sqrt{2}$$

$$\langle \frac{1}{2} m_i 00 | \frac{1}{2} m_i \rangle = \langle 00 \frac{1}{2} m_i | \frac{1}{2} m_i \rangle = 1$$

$$i = 1, 2$$

(8)幻數（magic number），核的形狀，四極矩（quadrupole moment）

(i)原子核的幻數

核子和電子目前（1999 年春天）的最大差別大約是：

	核　子	電　子
質量（MeV）	≒940	0.511
結構	有	沒有
參與的相互作用	強、弱、電磁、萬有引力	弱、電磁、萬有引力
內稟角動量	$\frac{1}{2}\hbar$，Fermi 粒子	$\frac{1}{2}\hbar$，Fermi 粒子
衰變	會	不會

不過構成核和原子時都呈現殼層結構，同樣地，在某些特別粒子數 n 時，不但非常安定且是球狀，稱此 n 為**幻數**，如表 11-12。

表 11-12　原子核和原子的幻數

	原子核幻數	原子幻數
中子	2, 8, 20, 28, (40), 50, 82, 126, 184, ? 全確定	2, 8, 18, 32, 50, 72, 98, …… 相當於$2n^2$, $n=1,2,3,\cdots\cdots$ $n\geq 2$ 的幻數都全出現兩次： 2, 8, 8, 18, 18, 32, 32, ……
質子	2, 8, 20, 28, (40), 50, 82, 114 (?) 是否 114 尚未定	

如何獲得原子核幻數看下面（C）的殼層模型，原子核的質子中子都是幻數，叫**雙幻數核**（double magic nucleus），是最安定且呈球狀，例如：

氦（$_2He_2^4$），氧（$_8O_8^{16}$），鈣（$_{20}Ca_{20}^{40}$），鎳（$_{28}Ni_{28}^{56}$），鉛（$_{82}Pb_{126}^{208}$）

至於只有質子或中子是幻數的核，是次於雙幻數核的安定，其形狀是接近於球狀。遠離幻數愈大，核愈遠離球狀，而有轉動和振動的集體運動（collective motion）模式（mode）出現，這一點和激態的分子運動類似（圖 11-22）。至於原子、幻數 $2n^2$ 不直接代表最安定的原子，而是 $2n^2$ 的累積數原子最安定，例如：

2…………氦（$_2He_2^4$）

2＋8 …… 氖（$_{10}Ne_{10}^{20}$）

$2+8+8$ ························氬（$_{18}Ar^{40}_{22}$）
$2+8+8+18$ ···················氪（$_{36}Kr$）
$2+8+8+18+18$ ···············氙（$_{54}Xe$）
$2+8+8+18+18+32$ ·········氡（$_{86}Rn$）
$2+8+8+18+18+32+32$······?（$_{118}?$）······尚未找到。

次安定的是 $2n^2$ 的原子，例如：

氧（$_8O$），鍺（$_{32}Ge$），錫（$_{50}Sn$），鉿（$_{72}Hf$），鉲（$_{98}Cf$）

(ii)原子核的四極矩（quadrupole moment）

顯然核和原子的安定沒什麼直接的關連，呈球型的安定雙幻數核的高度對稱性，確實帶來了偶宇稱和零核自旋，這前後性質是有關連。在雙幻數核加上核子，便會破壞其高度對稱性，一旦核子間的複雜相互作用，使核偏離球型，必會產生阻止核偏離球狀的力。這些互為相反的作用力，相互牽制，結果核不得不整個動起來，而產生明顯的集體運動，故除了（11-209）式的單體力之外，使核偏離球狀的力是，未被平均入（11-209）式的剩餘二體力（residual two-body force），有（11-202d）式的張量力和四極四極力（quadrupole-quadrupole force），簡稱 **QQ 力**，取自英文字母頭一個字的簡稱，又叫 $Y_{20}\ Y_{20}$ 力，因軸對稱橢圓體的數學表示是 Y_{20}，球諧函數 Y_{2m} 的 $m=0$。想把原子核拉回球狀的抗 QQ 力，叫**對力**（pairing force）。結果原子核呈現兩種軸對稱橢圓體，在兩接連的幻數間，核的扁形從圖（11-71a）變到圖（11-71b），或倒過來，但幻數 20～28 和 82～126 間的核是呈圖（11-71a）的長扁橢圓體（prolate）。無論是長扁或平扁橢圓體（oblate），核都以垂直於對稱軸做轉動，如圖（11-71）所示，表示核的扁狀物理量叫**四極矩**（quadrupole moment）Q，是（11-214b）式 $\hat{Q}/e$ 的期待值，Q 的因次 $[Q]=(長度)^2$。

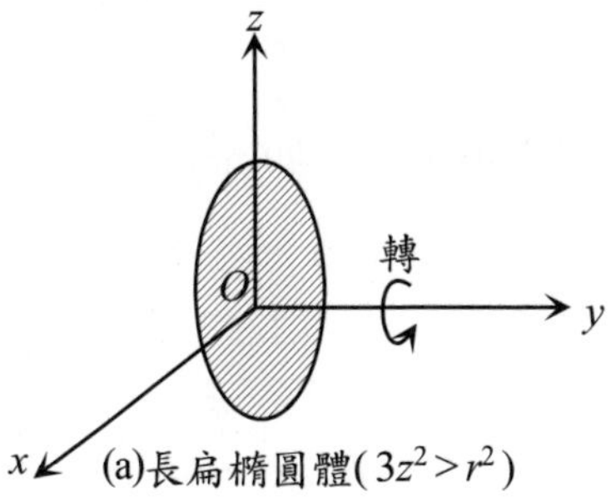

(a)長扁橢圓體($3z^2>r^2$)

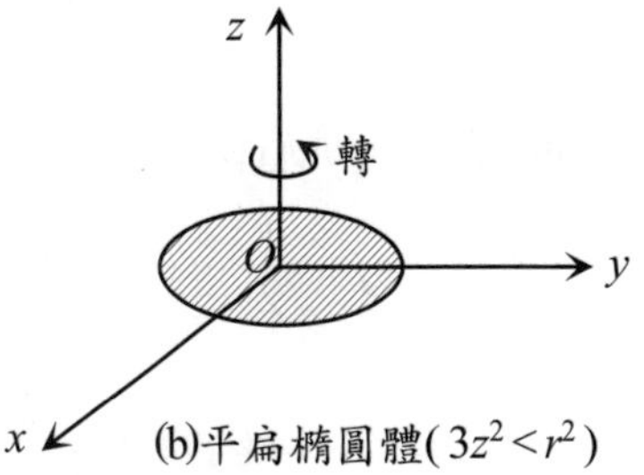

(b)平扁橢圓體($3z^2<r^2$)

圖 11-71

最初發現核有大變形是 1949 年，本來的電四極矩是在獨立粒子模型的估計誤差內，但 1949 年發現比獨立粒子模型值大 30 倍的鎦（$_{71}Lu^{175}_{104}$）的電四極矩（electric quadrupole moment）。依電磁學，如為 z 軸對稱橢圓體電荷分佈，電四極矩算符是[27]：

$$\hat{Q}=\sqrt{\frac{16\pi}{5}}\int r^2 Y_{20}(\theta,\varphi)\rho(\boldsymbol{r})d^3x \tag{11-214a}$$

$\rho(\boldsymbol{r})$= 電荷密度，如為點相互作用，即有電荷 e_i 在才發生庫侖相互作用，則 $\rho(\boldsymbol{r})=e_i\delta^3(\boldsymbol{r}-\boldsymbol{r}_i)$

$$\begin{aligned}\therefore \hat{Q}&=\sqrt{\frac{16\pi}{5}}\int r^2 Y_{20}(\theta,\varphi)\, e_i\delta^3(\boldsymbol{r}-\boldsymbol{r}_i)\, d^3x\\&=\sqrt{\frac{16\pi}{5}}e\, r_i^2\, Y_{20}(\theta_i,\varphi_i)\cdots\cdots e_i=e\end{aligned} \tag{11-214b}$$

接著使用獨立粒子模型來估算電四極矩的大小和內涵，如使用連心力的（11-209）式勢能，則獨立粒子模型的波函數[26]是 $\psi_{nlm}(\boldsymbol{r})x_{1/2m_s}(\boldsymbol{\sigma})\,\eta_{1/2m_\tau}(\boldsymbol{\tau})$，但 $\hat{Q}$ 和自旋以及同位旋無關，初末態的 x 以及 η 相互歸一化，故 $\hat{Q}$ 的期待值是：

$$\begin{aligned}eQ\equiv\langle\hat{Q}\rangle&=\sqrt{\frac{16\pi}{5}}e\int\psi^*_{nlm}(\boldsymbol{r})\, r^2Y_{20}(\theta,\varphi)\psi_{nlm}(\boldsymbol{r})r^2\sin\theta drd\theta d\varphi\\&=\sqrt{\frac{16\pi}{5}}e\int R^*_{nl}(r)r^4R_{nl}(r)dr\int Y^*_{lm}(\theta,\varphi)Y_{20}(\theta,\varphi)Y_{lm}(\theta,\varphi)d\Omega,\qquad d\Omega=\sin\theta d\theta d\varphi\end{aligned}$$

球諧函數的合成 $Y_{20}\,Y_{lm}=\sum_{LM}\sqrt{\frac{5(2l+1)}{4\pi(2L+1)}}\langle 20l0|L0\rangle\langle 20lm|LM\rangle Y_{LM}$

$$\therefore\int Y^*_{lm}Y_{20}Y_{lm}d\Omega=\sqrt{\frac{5}{4\pi}}\langle 20l0|l0\rangle\langle 20lm|lm\rangle$$

從 Clebsch-Gordan 係數的數值表得：$\langle 20l0|l0\rangle=\frac{-l(l+1)}{\sqrt{(2l-1)l(l+1)(2l+3)}}$

$$\langle 20lm|lm\rangle=\frac{3m^2-l(l+1)}{\sqrt{(2l-1)l(l+1)(2l+3)}}$$

$$\therefore eQ=2e\frac{[3m^2-l(l+1)][-l(l+1)]}{(2l-1)l(2l+3)(l+1)}\langle r^2\rangle \tag{11-214c}$$

$$\langle r^2\rangle\equiv\int R^*_{nl}(r)r^2R_{nl}(r)r^2\,dr \tag{11-214d}$$

如取 $m=l$，則軌道和自旋和 $\boldsymbol{J}=(\boldsymbol{L}+\boldsymbol{S})$ 的量子數 $j=(l+\frac{1}{2})$ 和 $|l-\frac{1}{2}|$，同樣取最大值的 j，則 $l=j-\frac{1}{2}$，代入（11-214c）式得：

$$eQ=-2e\frac{l}{2l+3}\langle r^2\rangle=-e\frac{2j-1}{2j+2}\langle r^2\rangle \tag{11-214e}$$

從（11-214e）式得 $Q=0$，當核自旋 j（或寫成 i）$=\frac{1}{2}$，這是獨立粒子模型帶來的結果，那麼 $j\neq\frac{1}{2}$ 的核的四極矩 Q 的大小是多大呢？首先選模型，有了 R_{nl} 便從（11-214d）式可得大小。

【Ex. 11-35】 估計核四極矩的大小。

假定核是均勻地以概率幅 c，如右圖分布到半徑 $R=r_0A^{1/3}\text{fm}$ 的球，則由（11-214d）式得：

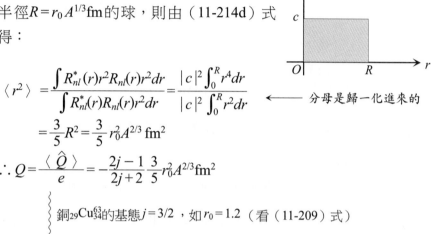

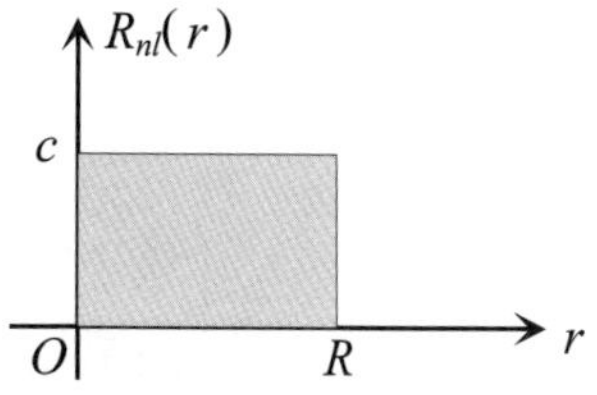

$$\langle r^2\rangle=\frac{\int R_{nl}^*(r)r^2R_{nl}(r)r^2dr}{\int R_{nl}^*(r)R_{nl}(r)r^2dr}=\frac{|c|^2\int_0^R r^4dr}{|c|^2\int_0^R r^2dr}$$ ⟵ 分母是歸一化進來的

$$=\frac{3}{5}R^2=\frac{3}{5}r_0^2A^{2/3}\text{ fm}^2$$

$$\therefore Q=\frac{\langle\hat{Q}\rangle}{e}=-\frac{2j-1}{2j+2}\frac{3}{5}r_0^2A^{2/3}\text{fm}^2$$

銅 ${}_{29}\text{Cu}_{34}^{63}$ 的基態 $j=3/2$，如 $r_0=1.2$（看（11-209）式）

$$\doteqdot-0.06\times10^{-24}\text{cm}^2=-0.06\text{ barn},\ 1\text{barn}\equiv10^{-24}\text{cm}^2 \qquad (11\text{-}214\text{f})$$

實驗值 $Q_{exp}=-0.15\text{ barn}=2.5Q$。使用獨立粒子模型所得的（11-214e）式的值都比實驗值小，如 $A=$ 質量數，則：

$$\left.\begin{array}{lll}20<A<140 & 核： & Q_{理}\doteqdot(\frac{1}{2}\sim\frac{1}{3})Q_{exp}\\ 140<A & 核： & Q_{理}\doteqdot(\frac{1}{10}\sim\frac{1}{30})Q_{exp}\end{array}\right\} \qquad (11\text{-}215)$$

（11-215）式提示著獨立粒子模型對質量數 $A>140$ 的核不能用，且 $A>140$ 的核變形不小，一般地，變形（非球狀，或非近似球狀）核都呈現集體運動，同時**變形核和集體運動容易帶來核的不穩定**，這是為什麼重核會放射 α、β、γ 射線，即衰變的原因之一。

(C)原子核的一些結構模型

本節將依歷史發展過程，介紹圖（11-55）各核結構的大致內容，在 1932 年 Chadwick 找到中子，解決了原子核的質量以及大小的問題，澄清了原子核的成員不是質子電子，而是質子中子。從1919年Rutherford找到質子（（11-181）式）時已肯定了「人能夠造原子核」，其後用核反應來研究核結構以及核子間的相互作用機制者絡繹不絕，原子核物理成為1920～1940年代的熱門科研題。

(1)液滴模型（liquid drop model）

(i)當時的背景

當時，經過核反應以及核核散射，已歸納出原子核有飽和性：

$$\text{①}\begin{cases}\text{核子數密度}\rho=\text{常數}\fallingdotseq 0.17/\text{fm}^3\\ \text{或質量密度}\rho_m=\text{常數}\fallingdotseq 1\times 10^{15}\text{g/cm}^3\end{cases} \qquad (11\text{-}216a)$$

$$\text{②核子的結合能}=\text{常數}\fallingdotseq 8\text{MeV/核子}$$

並且核的體積有限。這些性質和液滴的性質非常類似，液滴有：

$$\left.\begin{aligned}&\text{①質量密度}\rho_m=\text{常數}\\ &\text{②蒸發熱能（heat of vaporization）}\propto\text{液滴質量}\,m\end{aligned}\right\} \qquad (11\text{-}216b)$$

同樣地液滴的體積有限，所以在1936年N. Bohr提出了原子核的液滴模型。

(ii)液滴模型

把原子核看成不可壓縮液滴（incompressible liquid drop），且核子間的相互作用很強，同時相互作用距很短，故每個核子只能和自己周圍的少數核子相互作用，這時配上Pauli原理便會帶來：

$$\left.\begin{aligned}&\text{粒子數密度}\rho=\text{常數}\\ &\text{每個核子的結合能}\fallingdotseq\text{常數}\end{aligned}\right\} \qquad (11\text{-}216c)$$

（11-216c）式等於反映（11-216a）式，那麼液狀核的運動如何呢？由於N. Bohr假定了不可壓縮液滴，所以液滴以等體積方式，做如右圖的振動，設形成球狀時的球半徑$=R_0$，振動變形時的半徑為$R(\theta,\varphi)$，則用球諧函數$Y_{lm}(\theta,\varphi)$展開的半徑變化$\Delta R(\theta,\varphi)$：

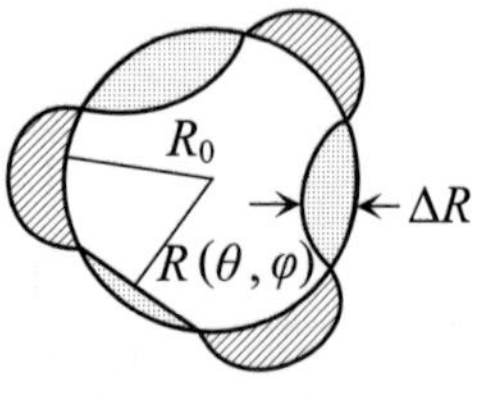

斜線部體積＝點部體積

$$\Delta R(\theta,\varphi)=R(\theta,\varphi)-R_0\equiv\sum_{l,m}\alpha_{lm}Y_{lm}(\theta,\varphi) \qquad (11\text{-}217)$$

（11-217）式的$Y_{lm}(\theta,\varphi)$表示變化的形狀（shape），α_{lm}是振動的動力學變數，而探討α_{lm}的時間變化。這方面和集體模型重疊，留到那裡才介紹。這裡僅簡介液滴模型能成功地解釋1935年Bethe-Weizsäcker獲得的半實驗質量公式（11-192c）式。

假定液滴是半徑 R 的球，核內核子數是 A，則：

$$\rho=\frac{A}{\frac{4\pi}{3}R^3}=0.17/\text{fm}^3$$

$$\therefore R=\left(\frac{3}{4\pi\times 0.17}\right)^{1/3}A^{1/3}\text{fm}\fallingdotseq 1.12A^{1/3}\text{fm}$$

$$\equiv r_0A^{1/3}\text{fm}=\text{（11-194a）式}$$

液滴表面必有表面張力，其所消耗的表面能 E_s ，由第三章（3-4）式得：

$$E_s=-(\text{表面張力 } S\times\text{表面積})=-4\pi R^2S=-4\pi Sr_0^2A^{2/3}\,\text{fm}^2$$
$$\equiv -a_sA^{2/3} \qquad \text{（11-218a）}$$

至於電磁能，核內質子帶正電，於是必產生相斥 Coulomb 勢能 E_c 。假設原子核正電荷 ze 均勻分布在半徑 R 的球，則由下面 Ex.(11-36)得：

$$E_c=-\frac{1}{4\pi\varepsilon_0}\frac{3}{5}\frac{(ze)^2}{r_0}\frac{1}{A^{1/3}}\text{fm}^{-1}=-a_c\frac{z^2}{A^{1/3}} \qquad \text{（11-218b）}$$

如原子核的 Z 個質子是點狀粒子，由於庫侖力是 2 體力，則從 Z 個中任取兩個求庫侖勢能時，(11-218b)式的 Z^2 變成 $Z(Z-1)$ 。形成有限體積 V 的 A 個核子的核，由（11-216a）式，其所需的體積結合能 E_V 該是：

$$E_V\propto 8\times A\ \text{MeV}$$
$$\text{或}\quad E_V\equiv a_VA\ \text{MeV} \qquad \text{（11-218c）}$$

但（11-192c）式的對稱能 E_{sym} 是無法直接從液滴模型獲得，因 E_{sym} 的本質來自核子有質子和中子兩種；如質子和中子在同位旋空間對稱，即質子數 $Z=$ 中子數 N，則此核比 $Z\neq N$ 核穩定，Z 和 N 的差距需要能量來維持，結果是：

$$E_{sym}=-\frac{1}{2}a_{sym}\frac{(N-Z)^2}{A}=-\frac{1}{2}a_{sym}\frac{(A-2Z)^2}{A} \qquad \text{（11-218d）}$$

我們用最簡單的Fermi氣體模型，在Ex.（11-37）將推導（11-218d）式。液滴模型不但如（11-218a～c）式，成功地解釋了質量公式（11-192c）式的主要項，並且能成功地解釋在 1938 年發現的核裂變（fission），看下面（F）。

【Ex. 11-36】 求有限大小的電荷 Ze 的庫侖勢能。

為了方便設電荷均勻地分布在半徑 R 的球，總電荷 $=Ze$ ，則電荷密度 ρ 是：

$$\rho = \frac{Ze}{\frac{4\pi}{3}R^3}$$

如右圖，取電荷分布的幾何中心為球座標原點 O，且微小電荷各為 $\rho d\tau_1$ 和 $\rho d\tau_2$，它們各自的分布中心的徑向量各為 $\boldsymbol{r}_1$ 和 $\boldsymbol{r}_2$，同時取球座標的 Z 軸 $//\ \boldsymbol{r}_2$，則由第七章（7-3b）式和不重覆必須除 2 得：

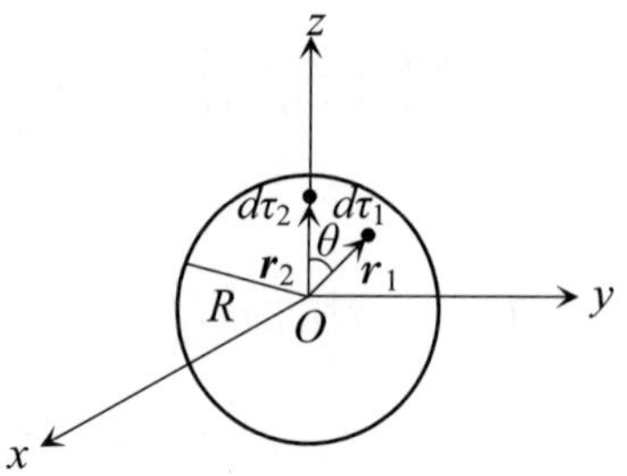

$$勢能\ U = \frac{1}{2}\frac{1}{4\pi\varepsilon_0}\iint \frac{\rho d\tau_1 \rho d\tau_2}{|\boldsymbol{r}_1 - \boldsymbol{r}_2|} \quad , \quad \frac{1}{2}\frac{\rho^2}{4\pi\varepsilon_0} \equiv k$$

$$= k\int d\tau_2 \int \frac{r_1^2 \sin\theta dr_1 d\theta d\varphi}{\sqrt{r_1^2 + r_2^2 - 2r_1 r_2 \cos\theta}}$$

$$= 2\pi k \int d\tau_2 \int_0^R \left[\frac{\sqrt{r_1^2 + r_2^2 - 2r_1 r_2 \cos\theta}}{r_1 r_2}\right]_0^\pi r_1^2 dr_1$$

由於 r_1 和 r_2 有 $r_1 > r_2$ 和 $r_1 < r_2$ 的兩個可能，故開上式被積分函數的平方時要特別小心（參考第二章Ⅶ(c)的(Ex.4)），必須令 r_1 和 r_2 之差永大於 0，為了達到此目的將 $\int_0^R \longrightarrow \left(\int_0^{r_2} + \int_{r_2}^R\right)$，則 $\int_0^{r_2}$ 時 $r_2 > r_1$ 而 $\int_{r_2}^R$ 時 $r_2 < r_1$。

$$\therefore U = 2\pi k \int d\tau_2 \left\{\int_0^{r_2} \frac{r_1}{r_2}[(r_1 + r_2) - (r_2 - r_1)]\, dr_1 \right.$$

$$\left. + \int_{r_2}^R \frac{r_1}{r_2}[(r_1 + r_2) - (r_1 - r_2)]\, dr_1 \right\}$$

$$= 2\pi k \int d\tau_2 \left\{\int_0^{r_2} \frac{2r_1^2}{r_2} dr_1 + \int_{r_2}^R 2r_1 dr_1\right\}$$

$$= 2\pi k \int \left(R^2 - r_2^2 + \frac{2}{3}r_2^2\right) d\tau_2 \quad , \quad d\tau_2 = r_2^2 \sin\theta_2 dr_2 d\theta_2 d\varphi_2$$

$$= 2\pi k \int_0^{2\pi} d\varphi_2 \int_0^\pi \sin\theta_2 d\theta_2 \int_0^R \left(R^2 - \frac{1}{3}r_2^2\right) r_2^2 dr_2$$

$$= \frac{32}{15}\pi^2 R^5 k = \frac{1}{4\pi\varepsilon_0}\frac{3}{5}\frac{(Ze)^2}{R}$$

【Ex. 11-37】 使用 Fermi 氣體模型推導核結合能內的體積能 E_V 和對稱能 E_{sym}。

⑴ Fermi 氣體模型

趁這機會複習曾在本章Ⅱ(c)⑶探討過的 Fermi 氣體模型，在原子核時是：

(i) 核子間無相互作用。
(ii) 核由同位旋第三成分〈 $\hat{T}_z$ 〉互為相反的質子 P 的〈 $\hat{T}_z$ 〉 $=\frac{1}{2}$，和中子的〈 $\hat{T}_z$ 〉 $=-\frac{1}{2}$ 構成。
(iii) 核子自旋是 $\frac{1}{2}\hbar$ 的 Fermi 粒子，而必須遵守 Pauli 原理，故每一能級最多裝四個核子，自旋上和下的兩個 P 和兩個 n。

（11-219a）

Fermi 氣體模型是不解 Schrödinger 方程式，是求能量狀態密度（density of states） $N(\varepsilon)d\varepsilon=$（11-80e）式，然後用 $N(\varepsilon)$ 來求各種物理量，例如：

$$\text{Fermi 能}\ \varepsilon_F=\frac{\hbar^2}{2m}(3\pi^2\rho)^{2/3}=\text{（11-81a）式}$$
$$=\frac{\hbar^2}{2m}k_F^2$$
$$\therefore k_F=(3\pi^2\rho)^{1/3}=\text{（11-81b）式}$$

$$\text{各自旋}\ \frac{1}{2}\ \text{的 Fermi 子的平均能}=\frac{3}{5}\ \varepsilon_F=\text{（11-81d）式}$$

$\rho=$ 質子數或中子數密度，如中子數 $=$ 質子數 $=\frac{A}{2}$，$A=$ 質量數，則：

$$\rho=\frac{A/2}{\text{核體積}}\ \overline{\overline{\underset{\text{半徑}\,R\,\text{的球}}{\text{設為}}}}\ \frac{3A}{8\pi R^3}\ \overline{\overline{\underset{\text{（11-194a 式）}}{}}}\ \frac{3}{8\pi r_0^3}$$

$$\therefore \text{Fermi 動量}\ P_F=\hbar k_F=\hbar\left(\frac{9\pi}{8}\right)^{1/3}\frac{1}{r_0}=\left(\frac{9\pi}{8}\right)^{1/3}\frac{\hbar c}{r_0 c}$$

$$\overline{\overline{\underset{r_0=1.2\text{fm}}{}}}\left(\frac{9\pi}{8}\right)^{1/3}\frac{197.327\,\text{MeV}\cdot\text{fm}}{1.2\text{fm}\,c}\fallingdotseq 250\,\text{MeV}/c \qquad \text{(11-219b)}$$

$$\text{Feimi 能}\ \varepsilon_F=\frac{P_F^2}{2m}\fallingdotseq\frac{P_F^2}{2\times 940\text{MeV}}\fallingdotseq 33\text{MeV} \qquad \text{(11-219c)}$$

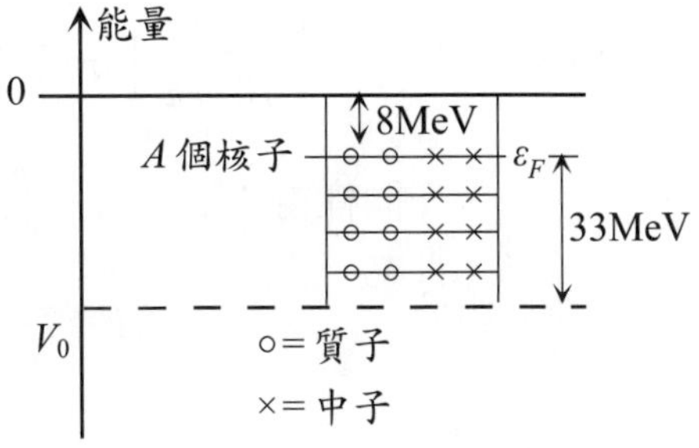

圖 11-72　Fermi 氣體模型的核

Fermi 能 ε_F 是如圖（11-72），Fermi 子從基態能級，依 Pauli 原理，裝完 A 個核子（最後能級沒裝滿也可）時的最大能級。由（11-216a）式要從核內游離一個核子，平均需要 8MeV 的能量，於是從 Fermi 模型可得核的

平均勢能 V_0 是：

$$V_0 = -(\varepsilon_F + 8)\text{MeV} \fallingdotseq -40\text{MeV} \qquad (11\text{-}219\text{d})$$

（11-219d）式的值和分析質子數＝中子數的輕核核散射，所需的有效勢能（effective potential energy）一樣，這是相當驚人的結果，同時用 Fermi 氣體模型可得（11-192c）式的體積能 $a_V A \equiv E_V$ 和對稱能 $\frac{1}{2}a_{sym}\frac{(A-2Z)^2}{A} \equiv E_{sym}$ 的項。上面的（11-219b～d）式是質子數＝中子數的結果，對質子數中子數不相等的核，必分開來求質子和中子勢能 V_P 和 V_n，然後取平均 $(V_P+V_n)/2$ 做為核勢能。

⑵推導 E_V 和 E_{sym}

Fermi 氣體模型是核子間沒相互作用，故為了方便設核勢能＝0（核子間雖沒相互作用，但個個核子可以受某平均勢能的作用），

$$\therefore \text{核總能}\, E = \text{各核子動能和} = \sum_{i=1}^{Z}\frac{\boldsymbol{P}_{pi}^2}{2m_p} + \sum_{j=1}^{N}\frac{\boldsymbol{P}_{nj}^2}{2m_n} = T_p + T_n \qquad (11\text{-}220\text{a})$$

$\boldsymbol{P}_{pi}$ 和 $\boldsymbol{P}_{nj}$ 各為第 i 質子和第 j 中子的動量，而 T_P、P_{FP} 和 T_n、P_{Fn} 分別為質子和中子的總動能、Fermi 動量。如動量是連續變化，且 $m_p = m_n = m$，則對質子中子取和的（11-220a）式，可用對狀態密度 $N(P)dP$ 積分，積分上限必到裝滿質子和中子的 P_{FP} 和 P_{Fn}。由（11-80a）式得各向同性時，在動量空間的狀態密度 $N(P)dP$：

$$N(P)dP = 2\times\frac{L^3}{2\pi^2}\frac{1}{\hbar^3}P^2dP = \frac{V}{\pi^2}\frac{1}{\hbar^3}P^2dP \qquad (11\text{-}220\text{b})$$

上式右邊的 2 倍來自自旋自由度 2，$P=\hbar k$，L^3＝核體積 $\equiv V$，

$$\therefore T_p = \int_0^{P_{FP}}\frac{P^2}{2m_p}N(P)dP = \frac{V}{\pi^2}\frac{1}{\hbar^3}\frac{1}{2m}\int_0^{P_{FP}}P^4dP = \frac{V}{10m\pi^2\hbar^3}P_{FP}^5$$

$$= \frac{\hbar^2 V}{10\,m\,\pi^2}\left(3\pi^2\frac{Z}{V}\right)^{5/3} = \frac{3\hbar^2}{10m}\left(\frac{3\pi^2}{V}\right)^{2/3}Z^{5/3} \qquad (11\text{-}220\text{c})$$

同樣得：
$$T_n = \int_0^{P_{Fn}}\frac{P^2}{2m_n}N(P)\,dP = \frac{3\hbar^2}{10m}\left(\frac{3\pi^2}{V}\right)^{2/3}N^{5/3} \qquad (11\text{-}220\text{d})$$

$$\therefore E = T_P + T_n = \frac{3\hbar^2}{10m}\left(\frac{3\pi^2}{V}\right)^{2/3}(Z^{5/3}+N^{5/3}) \qquad (11\text{-}220\text{e})$$

由（11-212）式得基態核的同位旋 $T=\frac{N-Z}{2}$，而質量數 $A=(N+Z)$，

$$V=\frac{4\pi}{3}R^3 \text{ ， } R=r_0A^{1/3}$$

$$\therefore N=\frac{A}{2}+T=\frac{A}{2}\left(1+\frac{2T}{A}\right), \qquad Z=\frac{A}{2}\left(1-\frac{2T}{A}\right)$$

$$\therefore \frac{1}{V^{2/3}}(Z^{5/3}+N^{5/3}) \propto \frac{1}{A^{2/3}}\left(\frac{A}{2}\right)^{5/3}\left[\left(1-\frac{2T}{A}\right)^{5/3}+\left(1+\frac{2T}{A}\right)^{5/3}\right]$$

但 $T<<A$ ，展開上式右邊且取到 T^2 項得：

$$\frac{1}{V^{2/3}}(Z^{5/3}+N^{5/3}) \propto \frac{A}{2^{2/3}}\left(1+\frac{20}{9}\frac{T^2}{A^2}\right)$$

$$\therefore E=c_1A+c_2\frac{T^2}{A}=c_1A+c_2\frac{(N-Z)^2}{4A} \qquad (11\text{-}221)$$

$$c_1=\frac{4\pi}{5m}\left(\frac{3}{8\pi}\right)^{5/3}\frac{h^2}{(\frac{4\pi}{3}r_0^3)^{2/3}}\frac{1}{2^{2/3}} \text{ ， } h=\text{plank 常量}$$

$$c_2=\frac{20}{9}c_1$$

（11-221）式右邊第一項第二項分別為體積能 E_V 和對稱能 E_{sym} ，當然 E_V 和 E_{sym} 尚有從勢能來的成分。由這麼簡單的Fermi模型，竟然能估計核勢能強度（11-219d）式的 V_0 ，以及核結合能的 E_V 和 E_{sym} ，暗示著：在低能量域，核內核子間的相互作用，正如（11-219a）式那樣地不強，這是 1940 年代末出現核殼層模型的重要理由之一。可惜Fermi模型無法解決幻數問題。

(2)殼層模型（shell model）

1933 年以獨立處理核內質子和中子的，（11-219a）式假設的Fermi氣體模型，1935 年後被更成功地說明結合能，又能解釋 1938 年發現的核裂變（fission）的液滴模型，取代在核物理學上的地位。前者是立足於獨立粒子、核子間相互作用微弱的模型，後者是對立的，核子間相互作用很強，並且相互作用距很短的模型。二次大戰中的核裂變、原子彈都對液滴模型有利。不過到了加速器建造成功，帶來蓬勃的核反應（進一步內容看下面(E)）和核結構研究，結果是獨立粒子模型的死灰復燃，因為 1940 年代後半證實，和原子的結構類似的，提示著**核子也和原子電子一樣形成殼層結構**（shell structure）的，核幻數的存在。於是二次大戰後，如何才能獲得核幻數，成為核物理的科研要題之一。1948 年Fermi積極地和同在芝加哥大學的 Mayer（Maria Goeppert Mayer 1906 年～1972 年美國理論物理學家）教授共同研究產生核幻數的機制，雖受二次大戰的創傷，歐洲的研究風氣不輸給當時的美國，德國理論物理學家 Jensen（Johannes Hans Daniel Jensen 1907 年～1973 年），獨立地研究含核幻數的核結構，約和Mayer同時使用自旋軌道耦合（spin-orbit coupling）核力，成功地獲得幻數。

(i)Mayer- Jensen 的核殼層理論

1932 年找到中子，肯定原子核成員之後，研究原子核逐漸地進入高峰期，從彈性非彈性核核散射，以及核反應累積了龐大資料，瞭解到核內的複雜性和核運動不單純，有好多種運動模式（modes），不過大約可分為下列兩大類：

⑴核子強耦合引起的集體運動（collective motion）模式。

⑵核子弱耦合帶來的獨立粒子運動模式。

而核子弱耦合的特徵是，核力可用勢能表示。最初是用無限深和有限深方位阱（square well）勢能，雖如下 Ex.（11-38）都能獲得低能級的核幻數 2、8、20，但無法獲得高能級的核幻數，又無法說明核基態自旋（總角動量）和宇稱。

【Ex. 11-38】 求三維無限深方位阱的能量本徵函數和本徵值。

$$勢能V(r)=\begin{cases}0\cdots\cdots\cdots\cdots r<R\\ \infty\cdots\cdots\cdots\cdots r\geq R\end{cases}$$

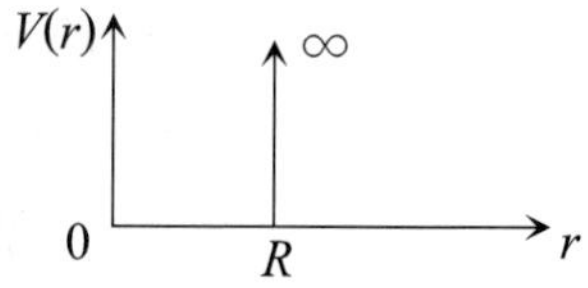

Schrödinger 方程式

$$\begin{aligned}\hat{H}\psi(\boldsymbol{r})&=\left\{-\frac{\hbar^2}{2m}\nabla^2+V(r)\right\}\psi(\boldsymbol{r})\\&=-\frac{\hbar^2}{2m}\left\{\frac{1}{r^2}\frac{\partial}{\partial r}(r^2\frac{\partial}{\partial r})+\frac{1}{r^2\sin\theta}\frac{\partial}{\partial\theta}(\sin\theta\frac{\partial}{\partial\theta})+\right.\\&\quad\left.\frac{1}{r^2\sin^2\theta}\frac{\partial^2}{\partial\varphi^2}\right\}\psi(\boldsymbol{r})+V(r)\psi(\boldsymbol{r})\\&=E\psi(\boldsymbol{r}),\qquad E=總能量\end{aligned}$$

設 $\psi(\boldsymbol{r})=R(r)Y_{lm}(\theta,\varphi)$，$\boldsymbol{r}=(r,\theta,\varphi)$ 球座標，代入上式得：

$$\frac{1}{r^2}\frac{d}{dr}(r^2\frac{dR}{dr})+\left\{\frac{2m}{\hbar^2}[E-V(r)]-\frac{l(l+1)}{r^2}\right\}R(r)=0 \qquad (11\text{-}222a)$$

$$\left\{\frac{1}{\sin\theta}\frac{\partial}{\partial\theta}(\sin\theta\frac{\partial}{\partial\theta})+\frac{1}{\sin^2\theta}\frac{\partial^2}{\partial\varphi^2}+l(l+1)\right\}Y_{lm}(\theta,\varphi)=0 \qquad (11\text{-}222b)$$

$l=0,1,2\cdots\cdots$。設 $\frac{2mE}{\hbar^2}\equiv k^2$，$kr\equiv\rho$，則 $\frac{\partial}{\partial r}=\frac{\partial\rho}{\partial r}\frac{\partial}{\partial\rho}=k\frac{\partial}{\partial\rho}$，故（11-222a）式變成：

$$\frac{d^2R(\rho)}{d\rho^2}+\frac{2}{\rho}\frac{dR(\rho)}{d\rho}+\left(1-\frac{l(l+1)}{\rho^2}\right)R(\rho)=0$$

令 $R(\rho)\equiv\frac{1}{\sqrt{\rho}}J(\rho)$，則上式變為：

$$\frac{d^2J(\rho)}{d\rho^2}+\frac{1}{\rho}\frac{dJ(\rho)}{d\rho}+\left(1-\frac{(l+\frac{1}{2})^2}{\rho^2}\right)J(\rho)=0 \qquad (11\text{-}222c)$$

（11-222c）式是 Bessel 微分方程式，函數 $J(\rho)$ 叫 $(\boldsymbol{l}+\frac{\mathbf{1}}{\mathbf{2}})$ 階（**order**）**Bessel** 函數，寫成 $J_{l+1/2}(\rho)$，它是散射問題的重要函數。為了方便常用如圖（11-73），$l=0$，$\rho=0$ 時得大小 1 的函數 $j_l(\rho)$, $j_l(\rho)$ 叫球 Bessel（spherieal Bessel）函數，j_l 和 $J_{l+1/2}$ 的關係是：

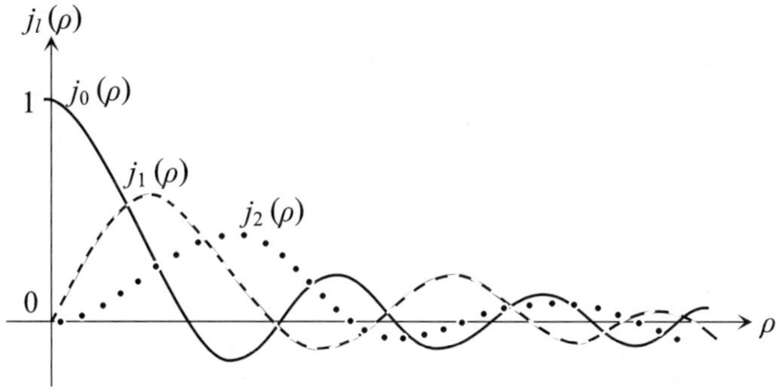

圖 11-73　球 Bessel 函數

$$j_l(\rho)\equiv\sqrt{\frac{\pi}{2\rho}}J_{l+1/2}(\rho) \qquad (11\text{-}223a)$$

$j_l(\rho)=j_l(kr)$ 的具體形式是：

$$j_l(kr)=(-\frac{r}{k})^l(\frac{1}{r}\frac{d}{dr})^l(\frac{\sin kr}{kr}) \qquad (11\text{-}223b)$$

設 $x_{nl}=k_{nl}R$ 是 $j_l(kR)=0$ 的解，N_{nl} 是歸一化係數，則能量本徵值 E_{nl} 和本徵函數 $\psi_{nlm}(r,\theta,\varphi)$ 各為：

$$E_{nl}=\frac{\hbar^2}{2m}k_{nl}^2=\frac{\hbar^2x_{nl}^2}{2mR^2}，\quad m=\text{核子（質子或中子）質量} \qquad (11\text{-}223c)$$

$$\psi_{nlm}(r,\theta,\varphi)=N_{nl}j_l(k_{nl}r)Y_{lm}(\theta,\varphi) \qquad (11\text{-}223d)$$

$$\left.\begin{array}{l} n=1,2,3\cdots\cdots \\ l=0,1,2,\cdots\cdots,n,n+1,\cdots\cdots \\ m=0,\pm1,\cdots\cdots,\pm l, \end{array}\right\} \qquad (11\text{-}223e)$$

n叫徑向模量子數（radial mode quantum number），l＝軌道量子數，m＝磁量子數。每一能級E_{nl}的質子或中子數是$2(2l+1)$，$(2l+1)$來自每一個l的磁量子數的數目，2來自核子自旋。

接著來看看高簡併度的各能級粒子數。由於勢能$V(r=R)=\infty$，故波函數必在$r=R$處變為0（注意勢能$V(r=0)\neq\infty$，波函數必須是含零的有限值）；同時從圖（11-73）得l愈大，節點（node）愈往大r方向移，帶來l愈大x_{nl}愈大，表示E_{nl}愈大，於是由（11-223c～e）式得下表。又由（11-223b）式和$j_l(kR)=0$得，徑向波函數$R(r)=j_l(k_{nl}r)$的節點（node）是$(n-1)$，將$j_l(k_{nl}r)\equiv R_{nl}(kr)$一起放在下表內。

量子數 nl	狀態 nl	粒子數 $2(2l+1)$	粒子數 $\sum_{l_i=0}^{l_i} 2(2l_i+1)$ l_i＝不同 n 的 l	能級圖 E_{nl}	徑向波函數例 $R(r)=j_l(k_{nl}r)=R_{nl}(kr)$
10	1s	2	2	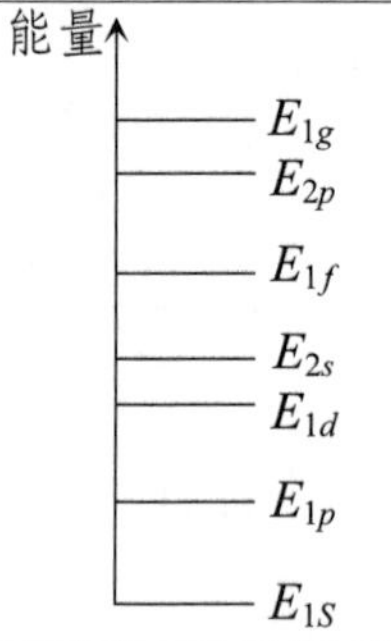	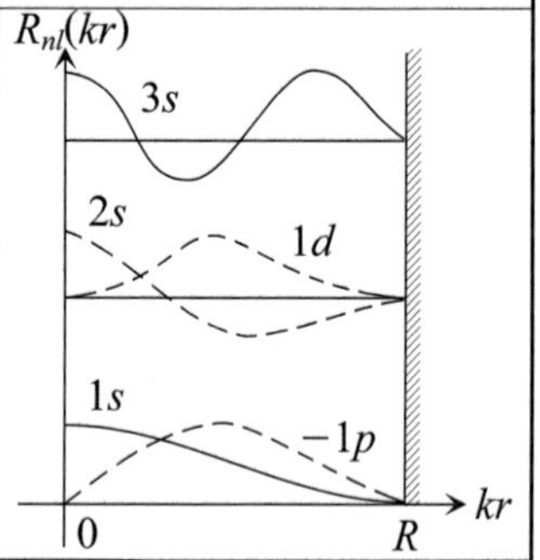
11	1p	6	8		
12	1d	10	18		
20	2s	2	20		
13	1f	14	34		
21	2p	6	40		
14	1g	18	58		

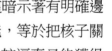

從上表顯然無法得高能級的核幻數，但低能級幻數是可以，這暗示著有明確邊緣的勢能，在低能量域是個核力的好近似勢能。無限深方位阱勢能，等於把核子關在$r\leq R$內，核波函數無法浸透到$r>R$領域。具有這些性質，並且較逼真又能獲得解的是，各向同性的諧振子勢能（isotropic harmonic oscillator potential energy）：

$$V_0(r)=\frac{m\omega^2}{2}r^2 \qquad (11\text{-}224a)$$

（11-224a）式是連心力（central force），故其軌道角動量必守恆，同時從後註(9)得知：凡有內稟角動量的任何粒子，在連心力勢能場內運動時必產生「自旋軌道相互作用力」（11-15）式：

$$V_{LS}(r)=\frac{1}{2m^2c^2}\frac{1}{r}\frac{dV(r)}{dr}\hat{\boldsymbol{S}}\cdot\hat{\boldsymbol{L}}$$

於是 Mayer 和 Jensen 使用了唯象勢能（phenomenological potential energy）$V(r)$：

$$V(r)\equiv V_o(r)+v_{Ls}\hat{\boldsymbol{S}}\cdot\hat{\boldsymbol{L}} \qquad (11\text{-}224\text{b})$$

v_{LS}是和r無關的參數，並且把$v_{LS}\hat{\boldsymbol{S}}\cdot\hat{\boldsymbol{L}}$看成微擾作用，可用微擾法（perturbation method）處理。原子核的自旋軌道相互作用（以下寫成LS力），沒有原子電子的LS力清楚；原子的LS力源自電磁作用，已大約肯定，但原子核的LS力源，雖有些理論或模型。**至今（1999 年春）尚未清楚**，有了LS力，總角動量$\boldsymbol{J}=(\boldsymbol{L}+\boldsymbol{S})$和其第三成分$J_z$才是運動恆量（constant of motion），即：

$$\langle\hat{\boldsymbol{J}}^2\rangle=j(j+1)\hbar^2$$
$$\langle\hat{\boldsymbol{J}}_z\rangle=m_j\hbar$$

j和m_j分別為$\hat{\boldsymbol{J}}$大小和$\hat{J}_z$的量子數，是指定狀態的量子數，j和核自旋（原子核總角動量）有關。核子是自旋$\frac{1}{2}$的Fermi粒子，故LS力使每個能級依j分裂成兩條：

$$j=l\pm\frac{1}{2} \qquad (11\text{-}224\text{c})$$

接著來推導分裂寬度，以及能級的分布情形。獨立粒子模型的核Hamiltonian $\hat{H}$是：

$$\hat{H}=-\frac{\hbar^2}{2m}\nabla^2+\frac{m\omega^2}{2}r^2+v_{LS}\hat{\boldsymbol{S}}\cdot\hat{\boldsymbol{L}}\equiv\hat{H}_0+\hat{H}' \qquad (11\text{-}224\text{d})$$

$$\hat{H}_0\equiv-\frac{\hbar^2}{2m}\nabla^2+\frac{m\omega^2}{2}r^2,\quad \hat{H}'\equiv v_{LS}\hat{\boldsymbol{S}}\cdot\hat{\boldsymbol{L}} \qquad (11\text{-}224\text{e})$$

$\hat{H}_0$的本徵函數$\psi_{nlm}(r,\theta,\varphi)=R_{nl}(r)Y_{lm}(\theta,\varphi)$的具體式子在後註(26)，而本徵值$E_{nl}$是：

$$\left.\begin{aligned}
E_{nl}&=\left[2(n-1)+l+\frac{3}{2}\right]\hbar\omega\\
&\equiv\left(n_0+\frac{3}{2}\right)\hbar\omega,\quad \frac{3}{2}\hbar\omega=\text{零點能}\\
n&=1,2,3,\quad\cdots\cdots\\
n_0&\equiv 2(n-1)+l=0,1,2,\cdots\cdots\\
l&=0,1,2,\cdots\cdots,n_0
\end{aligned}\right\} \qquad (11\text{-}225)$$

顯然E_{nl}是高度簡併，E_{nl}和粒子的關係，從（11-225）式可得下表：

n_0	能級圖E_{nl}（沒零點能）	狀態 nl	宇稱	粒子數$2(2l+1)$	粒子數$\Sigma\,2(2l+1)$ 不同n的l
……	……	……	……	……	……
4	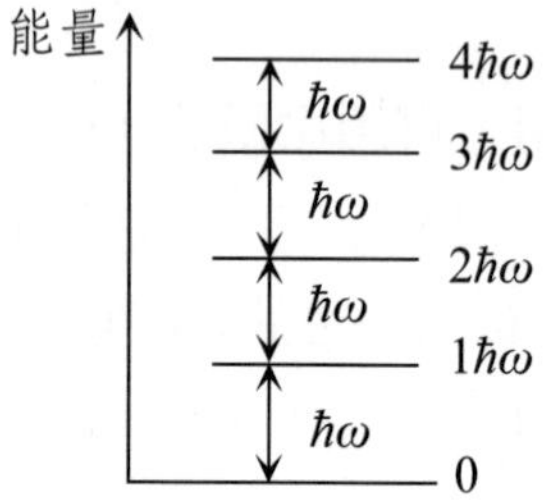	1g, 2d, 3s	偶	30	70
3		1f, 2p	奇	20	40
2		1d, 2s	偶	12	20
1		1p	奇	6	8
0		1s	偶	2	2

各向同性諧振子勢能和無限深方位阱勢能是同質，果然從上表仍然無法獲得高能級核幻數；不過前者比後者逼真，低能級核幻數的順序和實驗一致的 2、8、20，這現象是個突破，值得深入探討。那麼如何獲得剩下的高能級幻數 28、50、82、126 呢？LS力會使能級依（11-224c）式分裂成兩條：

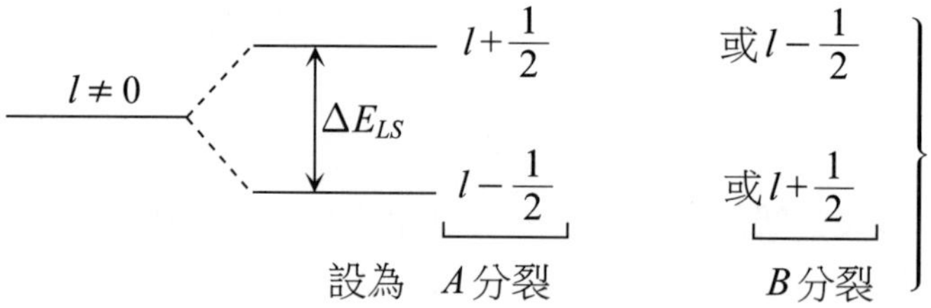

（11-226a）

A分裂是斥力的LS力引起，是如圖（11-7）原子電子的情形，**如果LS力是引力，則由（11-23c～f）式，得B分裂，核的LS力是斥力還是引力呢？**只有靠分析，看看LS力能不能把（11-225）式的能級分群，使一些能級聚在一起，沒軌道角動量$\boldsymbol{L}$就沒LS力，故$l=0$的s狀態不必考慮，僅分析$l\neq 0$的能級。如果從（11-225）式能得圖（11-74）便達到目的：

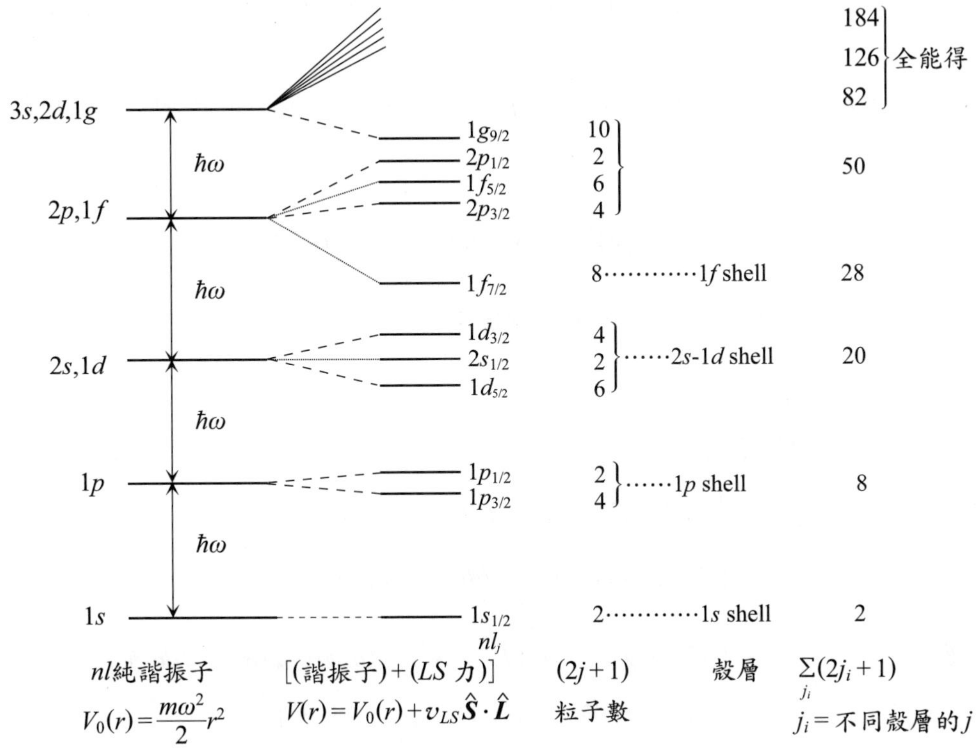

圖 11-74

從純諧振子勢能已能得核幻數 2、8、20，緊接著該得幻數 28，這時如圖（11-74）經LS力的 $1f$能級中，其總角動量$j=l+\dfrac{1}{2}=3+\dfrac{1}{2}=\dfrac{7}{2}$的能級往下降，使得粒子數$=2j+1=2\times\dfrac{7}{2}+1=8$，而 $\sum\limits_{j_i}(2j_i+1)=28$，就順利地得幻數 28。$j=(l+\dfrac{1}{2})$往下分裂，等於（11-226a）式的$B$分裂，

$$\therefore \text{原子核的} LS \text{力是引力} \qquad (11\text{-}226b)$$

用引力的LS力，依圖（11-74）方法，能得所有的核幻數，這是 Mayer-Jensen 的成功。

(a)求 LS 力引起的分裂能ΔE_{LS}

核子是自旋$\dfrac{1}{2}$的 Fermi 子，由（11-224d）式，含自旋的 $\hat{H}$ 的本徵函數可用$\psi_{nlm}(\boldsymbol{r})x_{{}^{1}\!/_{2}m_s}(\boldsymbol{\sigma})$，$x_{{}^{1}\!/_{2}m_s}(\boldsymbol{\sigma})$=自旋函數，來展開：

$$\psi_{nl{}^{1}\!/_{2}jm_j}(\boldsymbol{r},\boldsymbol{\sigma})=\sum_{m,m_s}\langle lm\frac{1}{2}m_s|jm_j\rangle\,\psi_{nlm}(\boldsymbol{r})x_{{}^{1}\!/_{2}m_s}(\boldsymbol{\sigma})$$

$$= \sum_{m, m_s} \langle lm\frac{1}{2}m_s|jm_j\rangle\ R_{nl}(r)Y_{lm}(\theta,\varphi)x_{1/2 m_s}(\boldsymbol{\sigma}) \qquad (11\text{-}226c)$$

j 和 m_j 是 $\hat{\boldsymbol{J}}$ 和 $\hat{J}_z$ 的量子數，$\langle lm\frac{1}{2}m_s|jm_j\rangle$ 是 Clebsch-Gordan 係數[8)]，則由微擾法得：

$$\therefore \Delta E_{LS} = \int \psi^*_{nl\,1/2\,jm_j}(\boldsymbol{r},\boldsymbol{\sigma})(-v_{LS}\hat{\boldsymbol{S}}\cdot\hat{\boldsymbol{L}})\psi_{nl\,1/2\,jm_j}(\boldsymbol{r},\boldsymbol{\sigma})d\tau \qquad (11\text{-}226d)$$

假設 v_{LS} 和 r 以及 $\boldsymbol{\sigma}$ 無關，又從角動量關係：

$$\hat{\boldsymbol{J}} = \hat{\boldsymbol{L}} + \hat{\boldsymbol{S}}$$

$$\therefore \hat{\boldsymbol{S}}\cdot\hat{\boldsymbol{L}} = \frac{1}{2}(\hat{\boldsymbol{J}}^2 - \hat{\boldsymbol{L}}^2 - \hat{\boldsymbol{S}}^2)$$

$$\begin{aligned}\therefore \Delta E_{LS} = &-\frac{1}{2}v_{LS}\Big\{\int \psi^*_{nl\,1/2\,jm_j}(\boldsymbol{r},\boldsymbol{\sigma})\hat{\boldsymbol{J}}^2\psi_{nl\,1/2\,jm_j}(\boldsymbol{r},\boldsymbol{\sigma})d\tau \\ &- \int R^*_{nl}(r)R_{nl}(r)r^2dr \sum_{\substack{m', m'_s \\ m, m_s}} \langle lm'\frac{1}{2}m'_s|j\,m_j\rangle\langle lm\frac{1}{2}m_s|jm_j\rangle \\ &\times \int Y^*_{lm'}(\theta,\varphi)x^{\dagger}_{1/2 m_s'}(\boldsymbol{\sigma})(\hat{\mathbf{L}}^2+\hat{\mathbf{S}}^2)Y_{lm}(\theta,\varphi)x_{1/2 m_s}(\boldsymbol{\sigma})\sin\theta\, d\theta\, d\varphi\Big\} \\ = &-\frac{1}{2}v_{LS}\Big\{j(j+1)\hbar^2 - [l(l+1)+\frac{1}{2}(\frac{1}{2}+1)]\hbar^2\Big\} \\ &\times \sum_{\substack{m', m_s' \\ m, m_s}} \langle lm'\frac{1}{2}m'_s|jm_j\rangle\langle lm\frac{1}{2}m_s|jm_j\rangle\,\delta_{m'm}\delta_{m_s'm_s}\end{aligned}$$

$\sum_{m, m_s} \langle lm\frac{1}{2}m_s|jm_j\rangle\langle lm\frac{1}{2}m_s|jm_j\rangle = 1$，故得：

$$\begin{aligned}\therefore \Delta E_{LS} &= \frac{\hbar^2}{2}v_{LS}\Big\{l(l+1)+\frac{3}{4}-j(j+1)\Big\} \\ &= \frac{\hbar^2}{2}v_{LS}\begin{cases}(l+1)\cdots\cdots\cdots j = l-\frac{1}{2} \\ -l\cdots\cdots\cdots\cdots j = l+\frac{1}{2}\end{cases}\end{aligned} \qquad (11\text{-}226e)$$

所以（11-225）式的 E_{nl} 分裂成兩個值，$j=(l+\frac{1}{2})$ 的能級往下降，而 $j=(l-\frac{1}{2})$ 的能級往上升，兩能級相差 $v_{LS}\hbar^2(l+\frac{1}{2})$，於是 l 愈大，分裂地愈開，成功地解決了核幻數問題。

(b)原子核的自旋（總角動量），核宇稱（parity）

從勢能（11-224b）式 Mayer-Jensen 成功地獲得核幻數，證明核力確有 LS 力成分，其微擾法下的核波函數是（11-226c）式，j= 核子自旋，l= 軌道角動量量子數，而 $(-)^l$ 為該核子的狀態宇稱。如果（11-226c）式能進一步說明核的其他性質，例如：核自旋、核宇稱、核磁偶矩等等的話，則更加肯定（11-224b）式勢能，除了（11-224b）式的平均核力勢能之外，在前面(B) (6)曾提到由二體核力來的對相互作用，它促使質子或中子，如右圖在同一j狀態，但m_j互為相反地配成零角動量的對，帶來0核自旋和偶宇稱。如核子無法配對，核自旋便落在落單核子的角動量，以及它的宇稱$(-)^l$。例如質子和中子的總角動量以及軌道角動量各為j_p和j_n以及l_p和l_n，則落單質子和中子的總角動量和j，由角動量合成得：

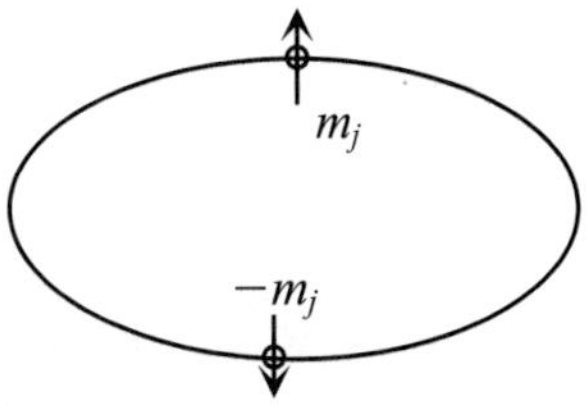

對相互作用下的兩核子運動
$m_j = -j, -j+1, \cdots\cdots, j-1, j$

$$j = j_p + j_n,\ j_p + j_n - 1,\ \cdots\cdots,\ |j_p - j_n| \qquad (11\text{-}227a)$$

而它們的宇稱是：

$$(-)^{l_p}(-)^{l_n} = \text{核宇稱} \qquad (11\text{-}227b)$$

由於角動量傾向於拉大（stretch），所以核自旋常取（11-227a）式的最大值$j = (j_p + j_n)$。但有少數例外（看表（11-10））。現用圖（11-74）和 Pauli 原理舉些實際例子，依習慣設$I \equiv$核自旋，$\pi \equiv$核宇稱，nl_j為狀態記號，而核代號左下標、右下標和右上標分別表示質子、中子和質量數，則得表（11-13）。

如表（11-13）所示，質量數$A < 100$的輕核，以及$A > 100$且核幻數附近的中重核I^π，絕大部分的理論值和實驗值一致，進一步肯定核力有LS力。不過$A > 100$並且遠離核幻數的核I^π，理論和實驗就出現差異，愈遠離幻數、差異愈大，原子核已不是球狀，而是如圖（11-71）地變了形。這現象啟示著各向同性的諧振子勢能，不適合於變形核，故（11-224a）式必須修正。在 1955 年 Sven Gösta Nilsson 提出如下的四極變形勢能[28]Hamiltonian：

$$\hat{H}_{Nil} = -\frac{\hbar^2}{2m}\nabla^2 + \frac{m\omega^2}{2}r^2 - m\omega^2\beta r^2 Y_{20}(\theta_r, \varphi_r) + V_{LS}\hat{\boldsymbol{S}} \cdot \hat{\boldsymbol{L}} + V_L \hat{\boldsymbol{L}}^2 \qquad (11\text{-}228)$$

β ＝形變參數（deformation parameter），$(\theta_r, \varphi_r) = \boldsymbol{r}$的方向角度；（11-228）式右邊第三項是軸對稱變形勢能，第四和第五項分別為LS力和控制大軌道角動量能級的過度偏離的勢能。$\hat{H}_{Nil}$的右下標代表Nilsson，其能量本徵值是β的函數$E(\beta)$，不再深入細節。

表 11-13 核自旋和宇稱

核	組態（configuration）		I^π
	質子	中子	
硼$_5B_5^{10}$	$1s_{1/2}$裝滿，$1p_{3/2}$裝3個，兩個成對，一個落單 $\therefore j_p=\frac{3}{2}$， $l_p=1$	同左 $\therefore j_n=\frac{3}{2}$， $l_n=1$	3^+
	$\therefore j=j_p+j_n=3$， $\pi=(-)^{l_p}(-)^{l_n}=+1$		
氧 $_8O_8^{16}$	$1s_{1/2}$，$1p_{3/2}$，$1p_{1/2}$全裝滿 $\therefore j_p=0$， $\pi_p=$偶宇稱$=+$	$1s_{1/2}$，$1p_{3/2}$，$1p_{1/2}$全裝滿 $\therefore j_n=0$， $\pi_n=$偶宇稱$=+$	0^+
	$\therefore j=j_p+j_n=0$， $\pi=\pi_p\pi_n=+$		
氧 $_8O_9^{17}$	同$_8O_8^{16}$ $j_p=0$， $\pi_p=+$	同$_8O_8^{16}$，再加$1d_{5/2}$狀態一個 $\therefore j_n=\frac{5}{2}$， $l_n=2$	$\frac{5}{2}^+$
	$\therefore j=j_p+j_n=\frac{5}{2}$， $\pi=\pi_p\times(-)^{l_n}=+1$		
鋁$_{13}Al_{13}^{26}$	同$_8O_8^{16}$，再加$1d_{5/2}$裝5個，四個成兩對，一個落單 $\therefore j_p=\frac{5}{2}$， $l_p=2$	同左 $\therefore j_n=\frac{5}{2}$， $l_n=2$	5^+
	$\therefore j=j_p+j_n=5$， $\pi=(-)^{l_p}(-)^{l_n}=+1$		
鈣$_{20}Ca_{20}^{40}$	同$_8O_8^{16}$，再加$1d_{5/2}$，$2s_{1/2}$，$1d_{3/2}$全裝滿	同左	0^+
鉀$_{19}K_{20}^{39}$	同$_{20}Ca_{20}^{40}$，但$1d_{3/2}$少了一個，即落單一個 $\therefore j_p=\frac{3}{2}$， $l_p=2$	同$_{20}Ca_{20}^{40}$ $\therefore j_n=0$， $\pi_n=+$	$\frac{3}{2}^+$
	$\therefore j=j_p+j_n=\frac{3}{2}$， $\pi=(-)^{l_p}\pi_n=+1$		
鈷$_{27}Co_{32}^{59}$	同鈣再加$1f_{7/2}$7個，6個成三對，一個落單 $\therefore j_p=\frac{7}{2}$， $l_p=3$	同鈣再加$1f_{7/2}$，$2p_{3/2}$全裝滿 $\therefore j_n=0$， $\pi_n=+$	$\frac{7}{2}^-$
	$\therefore j=\frac{7}{2}+0=\frac{7}{2}$， $\pi=(-)^{l_p}\pi_n=-1$		
鉛$_{82}Pb_{126}^{208}$	表（11-10）的幻數50之外再加： $1g_{7/2}$，$2d_{5/2}$，$1h_{11/2}$，$2d_{3/2}$，$3s_{1/2}$全裝滿 $\therefore j_p=0$， $\pi_p=+$	左邊的幻數82之外再加： $2f_{7/2}$，$1h_{9/2}$，$1i_{13/2}$，$3p_{3/2}$，$2f_{5/2}$，$3p_{1/2}$全裝滿 $\therefore j_n=0$， $\pi_n=+$	0^+
	$\therefore j=j_p+j_n=0$， $\pi=\pi_p\pi_n=+$		

(ii)原子核的磁偶矩，Schmidt 線（Schmidt line）

在第七章V(B)曾探討過，帶電體做封閉曲線運動時，產成的磁場現象，獲得（7-47）式的物理量磁偶矩。曲線運動關連到角動量，果然得原子電子的軌道運動引起的軌道磁偶矩（7-48a）式：

$$\boldsymbol{\mu}_l(\text{電子}) = -g_{le}\frac{e}{2m}\boldsymbol{L} \equiv \boldsymbol{\mu}_{le}, \qquad g_{le} \doteqdot 1 \qquad (11\text{-}229a)$$

後來又發現和軌道角動量$\boldsymbol{L}$同質的自旋$\boldsymbol{S}$，有$\boldsymbol{S}$的Fermi粒子：「電子、質子和中子」全有$\boldsymbol{S}$帶來的自旋磁偶矩：

$$\left.\begin{aligned} \boldsymbol{\mu}_s(\text{電子}) &= -g_{se}\frac{e}{2m}\boldsymbol{S} \equiv \boldsymbol{\mu}_{se}, & g_{se} &\doteqdot 2 \\ \boldsymbol{\mu}_s(\text{質子}) &= g_{sp}\frac{e}{2m_p}\boldsymbol{S} \equiv \boldsymbol{\mu}_{sp}, & g_{sp} &\doteqdot 5.58548 \\ \boldsymbol{\mu}_s(\text{中子}) &= g_{sn}\frac{e}{2m_p}\boldsymbol{S} \equiv \boldsymbol{\mu}_{sn}, & g_{sn} &\doteqdot -3.82628 \end{aligned}\right\} \qquad (11\text{-}229b)$$

或定義核磁偶矩$\mu_N \equiv \frac{e}{2m_p}\hbar = 5.050824\times10^{-27}$ J/T則得：

$$\left.\begin{aligned} \boldsymbol{\mu}_{sp} &= 5.58548\,\mu_N\,\boldsymbol{S}/\hbar \\ \boldsymbol{\mu}_{sn} &= -3.82628\,\mu_N\,\boldsymbol{S}/\hbar \end{aligned}\right\} \qquad (11\text{-}229c)$$

m＝電子質量，m_p＝質子質量≒1.6726231×10^{-27}kg≒938.27231 MeV/C^2≒1836.15m，e是電子電荷大小。不但電子和核子有磁偶矩，連原子核也有它的磁偶矩$\boldsymbol{\mu}$，獨立粒子模型下的$\boldsymbol{\mu}$是：

$$\boldsymbol{\mu} = \frac{\mu_N}{\hbar}(g_l\boldsymbol{L} + g_s\boldsymbol{S}) \qquad (11\text{-}229d)$$

$$\left.\begin{aligned} g_l &= \begin{cases} g_{lp} \doteqdot 1 & \cdots\cdots\cdots\text{質子} \\ g_{ln} \doteqdot 0 & \cdots\cdots\cdots\text{中子} \end{cases} \\ g_s &= \begin{cases} g_{sp} \doteqdot 5.58548 & \cdots\cdots\text{質子} \\ g_{sn} \doteqdot -3.82628 & \cdots\cdots\text{中子} \end{cases} \end{aligned}\right\} \qquad (11\text{-}229e)$$

目前醫療用的核磁共振（看第七章V(B)(4)），就是利用$\boldsymbol{\mu}$和外磁場$\boldsymbol{B}_{ext}$的相互作用情形，來判斷人體的不正常現象，那麼$\boldsymbol{\mu}$的大小是多大呢？核磁偶矩的大小，本質是核磁場的大小，故要得其大小必加外磁場$\boldsymbol{B}_{ext}$來測才行。由於核的$\hat{\boldsymbol{L}}\cdot\hat{\boldsymbol{S}}$力很強，單核子的角動量傾向於$JJ$耦合（看（11-19）式），故在$\boldsymbol{B}_{ext}$下的$\boldsymbol{L}$和$\boldsymbol{S}$如圖（11-75）各自繞總角動量$\boldsymbol{J}=\boldsymbol{L}+\boldsymbol{S}$旋進，而$\boldsymbol{J}$繞$\boldsymbol{B}_{ext}$旋進。要得$\boldsymbol{\mu}$的大小，最好

是$\boldsymbol{J}$在$\boldsymbol{B}_{ext}$上的成分J_Z的期待值最大，即$m_j=j$，而m_j是：

$$\langle \hat{J}_Z \rangle = m_j\hbar$$
$$m_j = -j, (-j+1), \cdots\cdots, (j-1), j$$

現用獨立粒子模型的（Mayer-Jensen）的核波函數（11-226c）式來求$\boldsymbol{\mu}$的期待值$\langle \hat{\boldsymbol{\mu}} \rangle$，則由（11-226c）和（11-229d）式得：

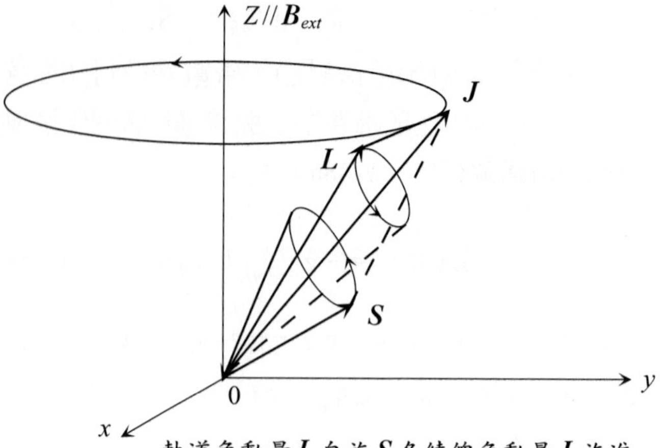

軌道角動量$\boldsymbol{L}$自旋$\boldsymbol{S}$各繞總角動量$\boldsymbol{J}$旋進，而$\boldsymbol{J}$繞外磁場$\boldsymbol{B}_{ext}$旋進（角動量的JJ耦合）

圖 11-75

$$\langle \hat{\boldsymbol{\mu}} \rangle = \int \psi^*_{nl\,{}^1\!/_2 jm_j}(\boldsymbol{r},\boldsymbol{\sigma})\frac{\mu_N}{\hbar}(g_l\hat{\boldsymbol{L}} + g_s\hat{\boldsymbol{S}})\psi_{nl\,{}^1\!/_2 jm_j}(\boldsymbol{r},\boldsymbol{\sigma})d\tau\text{，且 } m_j=j$$
$$\equiv \frac{\mu_N}{\hbar}\langle j, m_j=j|(g_l\hat{\boldsymbol{L}} + g_s\hat{\boldsymbol{S}})|j, m_j=j\rangle$$

在$\boldsymbol{B}_{ext}$下，$\hat{\boldsymbol{L}}$和$\hat{\boldsymbol{S}}$繞$\hat{\boldsymbol{J}}$旋進時只有$\hat{\boldsymbol{L}}\cdot\hat{\boldsymbol{J}}$和$\hat{\boldsymbol{S}}\cdot\hat{\boldsymbol{J}}$成分留下，同樣$\hat{\boldsymbol{J}}$繞$\boldsymbol{B}_{ext}$的旋進僅$\hat{J}_Z$留下，

$$\therefore \langle \hat{\boldsymbol{\mu}} \rangle = \frac{\mu_N}{\hbar}\langle jj|g_l\frac{\hat{\boldsymbol{L}}\cdot\hat{\boldsymbol{J}}}{\hat{\boldsymbol{J}}^2}\hat{J}_Z + g_s\frac{\hat{\boldsymbol{S}}\cdot\hat{\boldsymbol{J}}}{\hat{\boldsymbol{J}}^2}\hat{J}_Z|jj\rangle$$

由角動量的合成$(\boldsymbol{L}+\boldsymbol{S})=\boldsymbol{J}$得$2\hat{\boldsymbol{L}}\cdot\hat{\boldsymbol{J}}=(\hat{\boldsymbol{L}}^2+\hat{\boldsymbol{J}}^2-\hat{\boldsymbol{S}}^2)$，$2\hat{\boldsymbol{S}}\cdot\hat{\boldsymbol{J}}=(\hat{\boldsymbol{S}}^2+\hat{\boldsymbol{J}}^2-\hat{\boldsymbol{L}}^2)$，並且和前面求$\Delta E_{LS}$時同樣的演算得：

$$\langle \hat{\boldsymbol{\mu}} \rangle = \frac{\mu_N}{\hbar}\left\{g_l\frac{l(l+1)+j(j+1)-\frac{1}{2}(\frac{1}{2}+1)}{2j(j+1)}j\hbar + g_s\frac{\frac{1}{2}(\frac{1}{2}+1)+j(j+1)-l(l+1)}{2j(j+1)}j\hbar\right\}$$
$$= \begin{cases} \left(\frac{2j-1}{2}g_l+\frac{1}{2}g_s\right)\mu_N \cdots\cdots\cdots\cdots\cdots j=l+\frac{1}{2} \\ \left(\frac{(2j+3)j}{2(j+1)}g_l-\frac{j}{2(j+1)}g_s\right)\mu_N \cdots\cdots j=l-\frac{1}{2} \end{cases}$$

把（11-229e）式代入上式得：

$$\langle \hat{\boldsymbol{\mu}} \rangle_{質子} = \begin{cases} (2.29274+j)\mu_N \cdots\cdots\cdots\cdots\cdots\cdots j=l+\frac{1}{2} \\ \frac{j}{2(j+1)}(2j-2.58548)\mu_N \cdots\cdots j=l-\frac{1}{2} \end{cases} \qquad (11\text{-}230a)$$

$$\langle \hat{\mu} \rangle_{中子} = \begin{cases} -1.91314\,\mu_N \cdots\cdots\cdots\cdots\cdots j = l + \dfrac{1}{2} \\ 1.91314\dfrac{j}{j+1}\,\mu_N \cdots\cdots\cdots\cdots j = l - \dfrac{1}{2} \end{cases} \qquad (11\text{-}230b)$$

（11-230a）和（11-230b）式叫 **Schmidt** 線，分別表示質子數 z = 奇數、中子數 n = 偶數，以及 z = 偶數，n = 奇數的核，以無法配對的最後一個落單質子或中子來負責核磁偶矩的，獨立粒子模型的〈$\hat{\mu}$〉值。可惜實驗值如圖（11-76），不在 Schmidt 線上，而分布在兩 Schmidt 線之間，這結果說明著：

(i) Schmidt 線顯示核磁偶矩〈$\hat{\mu}$〉和核自旋 j 的關係和〈$\hat{\mu}$〉值範圍。

(ii) 殼層模型無法定量地給〈$\hat{\mu}$〉和 j 的關係，但如圖（11-76），定性相當不錯。

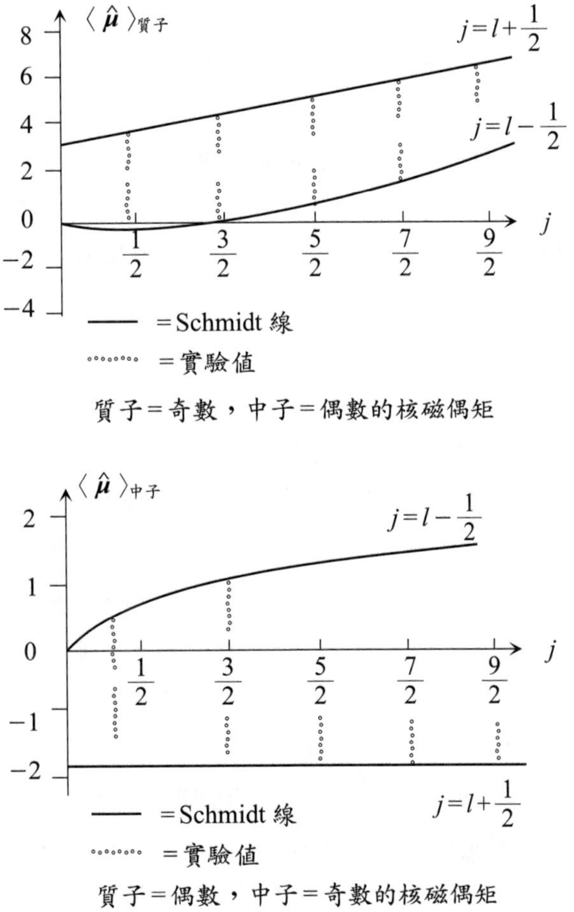

圖 11-76

圖（11-76）的〈$\hat{\mu}$〉是由單獨質子或中子所在的狀態波函數（11-226c）式的核自旋 j 來決定，這未免太理想化。核子間是強相互作用，雖然求（11-226c）式的勢能是平均核力勢能，在落單核子狀態 j 附近的，狀態 j' 的核子該有些影響才自然。在 1956 年 Elliot 和 Flower 等人，提出組態混合（configuration mixing）模型，即核波函數由不同 j 狀態的線性組合所成，用它來求〈$\hat{\mu}$〉，結果獲得到核幻數 20 的核〈$\hat{\mu}$〉值和實驗值一致，但核幻數超過 20 的核，幻數愈大理論和實驗的差值愈大，且要動員更多的狀態才行。狀態愈多表示動員的核子數愈多，等於處理多體問題（看圖（11-55））。Elliot-Flower 的組態混合模型本質是 Mayer-Jensen 的殼層模型的推廣。從 1932 年到 1950 年代中葉，針對核的種種現象出現種種模型，圖（11-55）和（11-56）是幾個代表性模型；各模型都想盡辦法擴大其使用範圍到極限為止。殼層模型雖如前述成功地給出：

$$\left.\begin{array}{l}\text{核幻數}\\ \text{大部分基態核的自旋、宇稱、核磁偶矩}\langle\hat{\boldsymbol{\mu}}\rangle\\ \text{部分基態核的電四極矩}\ Q\end{array}\right\} \qquad (11\text{-}230c)$$

但無法定量地說明中、重核的 $\langle\hat{\boldsymbol{\mu}}\rangle$ 和 Q 值，並且殼層超過 $2s1d$ 層（$2s$-$1d$ shell，看圖 11-74）演算十分棘手，$1f$ 層約為其極限，超過 $1f$ 層最好開始使用組態混合模型，或接著要介紹的Bohr-Mottelson的集體模型，以及無機會介紹的多體問題，圖（11-57）和（11-58）所示的和核場論有關的量子強子力學[22]。它是從量子力學理論和原理出發，來推導以及奠基 1970 年以前核物理所用的勢能、參數、經驗式子（empirical formula）等等。

(3)Bohr-Mottelson 的集體模型（collective model）

核內核子有不同模式（mode）的運動，1952 年 A. Bohr（Aage Bohr 1922 年～ 丹麥理論物理學家）和B. R. Mottelson（Ben R. Mottelson 1926 年～ 丹麥理論物理學家）為了瞭解，核內核子的集體運動和獨立粒子運動的共存現象提出的模型，叫**集體模型**（collective model），又稱作**統一模型**（unified model）。所謂的集體運動是構成核的核子一起運動，而各核子獨立地在其餘核子形成的平均核力勢能 $V(\xi)$ 下運動，叫獨立粒子運動，ξ 至少是位置 $\boldsymbol{r}$，自旋 $\boldsymbol{\sigma}$ 和同位旋 $\boldsymbol{\tau}$ 的函數。前者運動是核子間有著強相互作用帶來的結果，而後者剛好相反，核子間相互作用不強，引起的現象。於是將這互為對立的兩動力學運動統一解釋，直覺是件難事，但如 $V(\xi)$ 是跟著時間變化，即 $\xi=(\boldsymbol{r},\boldsymbol{\sigma},\boldsymbol{\tau},t)$, $t=$時間，而引起 $V(\xi)$ 的時間變化來自，核整體的表面振動和轉動，則兩個對立的運動模式便能統一解釋。那麼為什麼會有這種靈感呢？A. Bohr 是 N. Bohr 的兒子，多多少少受到父親的液滴模型思維，加上當時（1949 年）有鎦（${}_{71}$Lu）等鑭系（Lanthanides）元素核的大電四極矩問題。使 Mayer-Jensen的獨立粒子模型受到挫折。1950 年正在美國紐約Columbia大學訪問，首次提出有變形原子核的實驗大師Rainwater（James Rainwater 1917 年～1986 年美國實驗物理學家）的客座研究員 A. Bohr，幾乎同時獨立地和Rainwater發表了，以獨立粒子運動受到變形原子核的集體運動影響，而順利地解決了大電四極矩問題，這同時證明**集體運動和獨立粒子運動模式是共存**。A. Bohr 回國後不但繼續研究這問題，並且獲得 Mottelson 的協助，完成了在核結構物理學，可和 Mayer-Jensen 的殼層理論等位的集體模型[29]。然後用來分析當時的實驗數據，發現不少原子核有轉動能級，尤其兩幻數間的中、重核幾乎都有轉動能譜，原子核的形狀確實如圖

（11-71），這種形狀的核叫**變形核**（deformed nucleus），是分析實驗數據推想出來的核形狀。除外，從分析核能譜獲得核有好多種運動模式（mode）。

(i)核能譜（energy spectrum）

在前面Ⅲ(A)曾探討了如圖（11-22）所示的不同運動模式的分子能級，核也有類似的現象，對著核的不同運動模式，有其對應的能級，例如獨立粒子模型的接連兩能級間隔 $\Delta\varepsilon$，由（11-225）式，或後註（26）以及圖（11-74）得：

$$\Delta\varepsilon=\hbar\omega=0.96\times\frac{\hbar^2}{m_p}A^{-1/3}\ \text{fm}^{-2},\qquad \text{取}\ m=\text{質子質量}\ m_p$$
$$\fallingdotseq 39.84\,A^{-1/3}\ \text{MeV}$$
$$\fallingdotseq\begin{cases}25.1\ \text{MeV} & {}_2\text{He}_2^4\\ 17.4\ \text{MeV} & {}_6\text{C}_6^{12}\\ 15.8\ \text{MeV} & {}_8\text{O}_8^{16}\\ 11.6\ \text{MeV} & {}_{20}\text{Ca}_{20}^{40}\\ 6.7\ \text{MeV} & {}_{82}\text{Pb}_{126}^{208}\end{cases}\qquad (11\text{-}231\text{a})$$

但（11-225）式的各能級，經 LS 力的作用，$l\neq 0$ 的各能級各分成兩條，故 $\Delta\varepsilon$ 的實際大小是小於（11-231a）式的量。無論如何，$\Delta\varepsilon$ 是從數 MeV 到十幾 MeV。但實驗除了類似（11-231a）式的 $\Delta\varepsilon$ 外，又看到如下的能級間隔：

$$\Delta\varepsilon_I\fallingdotseq 100\ \text{KeV 左右}\sim\text{數百 KeV}\qquad (11\text{-}231\text{b})$$
$$\Delta\varepsilon_V\fallingdotseq \text{數百 KeV}\sim 1\ \text{MeV 左右}\qquad (11\text{-}231\text{c})$$

（11-231b）和（11-231c）式，不但提示著它們是互為不同的運動模式，並且（11-231b,c）式和（11-231a）式的動力學有很大的差異，那麼（11-231b,c）式是什麼樣的運動模式呢？如何來獲得它們呢？例如 19 世紀下半葉的原子線光譜（line spectra）實驗式（10-ld），雖 1913 年 N. Bohr 獲得（10-17f）式，而重現了（10-1d）式，但無法解決原子躍遷（transition）機制（mechanism），以及提供原子電子運動的力學方程式，一直到 1925～1928 年才由 Heisenberg, Schrödinger 和 Dirac 來完成。那麼如何從（11-231a～c）式的資料來猜出核內核子的運動模式呢？原子核非常地小，線度是原子的 10^{-5}，加上核力比電磁力約大 137 倍，所以核子間相互作用的結果，互相保持某種關係，一起做集體運動是最可能出現的現象，這樣較不費力。於是（11-231b,c）式很可能來自集體運動（collective motion）。

(ii)A. Bohr 和 B. Mottelson 的工作[29)]

由於 A. Bohr 和 B. Mottelson 的思考以及開發理論的過程很有應用價值，故在這一小節稍微仔細地推導些式子。

(a)經典液滴簡諧振盪（simple harmonic oscillation）

整個架構是流體力學配上液滴形狀來展開的理論。為了解釋1949年實驗發現的$_{71}\mathrm{Lu}_{104}^{175}$（鑥）和$_{63}\mathrm{Eu}_{90}^{153}$（銪）的大電四極矩 Q. Rainwater（1950）假定原子核是橢圓體形，而 A. Bohr（1950）卻使用如圖（11-77）的殼層核子加液滴核心的原子核，兩人都成功地重現 Q 的實驗值。這個成功鼓舞了年青的研究所學生 A. Bohr，他進一步發展 1936 年 N. Bohr 的液滴模型。我們都看過在水泥地面上，或在樹葉上的水珠，變著形狀振盪的情形，卻沒看過水珠的轉動，並且當某種振盪時水珠便分裂成兩個或以上（核分裂的液滴模型靈感的來源）。於是 A. Bohr 做了如下的假設：

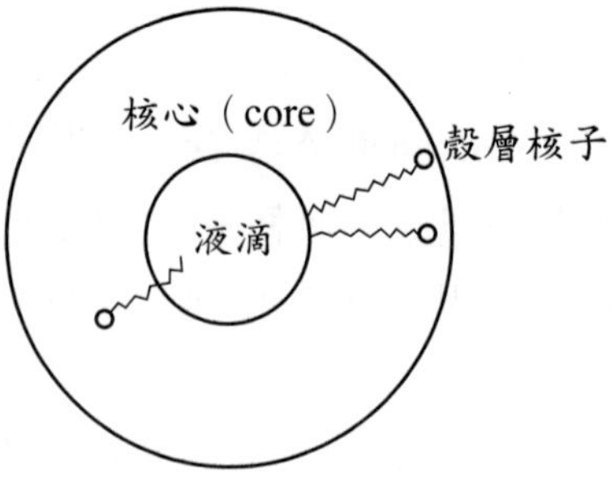

圖 11-77　原子核

⑴非壓縮性（incompressibility）液體　（11-232a）

⑵非旋轉（irrotational）性液體　（11-232b）

設ρ=液滴的質量密度，$\boldsymbol{v}$=液體流速，則（11-232a,b）式的數學表示式各為：

$$\rho = \text{一定} \Leftrightarrow \text{非壓縮性} \qquad (11\text{-}232c)$$

$$rot\,\boldsymbol{v} = \nabla\times\boldsymbol{v} = 0 \Leftrightarrow \text{非旋轉性} \qquad (11\text{-}232d)$$

任意無旋度的向量$\boldsymbol{v}$都有其本身的標量$\boldsymbol{\phi}$，兩者的關係是：

$$\boldsymbol{v} = -\nabla\phi \qquad (11\text{-}232e)$$

如 $\boldsymbol{v}$= 速度，則稱$\boldsymbol{\phi}$ 為**速度勢**（velocity potential）。（11-232e）式確實滿足（11-232d）式，因為$\nabla\times\nabla\boldsymbol{\phi}=0$。由圖（3-19）以及（3-7）式，我們可得連續性方程式（equation of continuity，參考（10-44b）式）：

$$\frac{\partial\rho}{\partial t} + \nabla\cdot\boldsymbol{J} = \frac{\partial\rho}{\partial t} + \nabla\cdot(\rho\boldsymbol{v}) = 0 \qquad (11\text{-}233a)$$

$\boldsymbol{J}$ =流密度（current density）$=\rho\boldsymbol{v}$，即單位時間經過單位橫切面積的流量，$\boldsymbol{J}$ 的因次 $[J]=\dfrac{\text{質量}}{\text{時間}\cdot\text{橫切面積}}=\dfrac{\mathrm{kg}}{\mathrm{s}\cdot\mathrm{m}^2}$。將（11-232c）和（11-232e）式代入（11-233a）式得：

$$\nabla \cdot \nabla \phi = \nabla^2 \phi = 0 \qquad (11\text{-}233b)$$

解（11-233b）式後便能得流速 $\boldsymbol{v}$ 和動能 T。取流速勢中心（potential center）為座標原點，瞬間速度 $\boldsymbol{v}$ 座標為（r、θ、φ），則在原點不會發散的（11-233b）式的正規解（regular solution）是：

$$\phi(r, \theta, \varphi, t) = \sum_{\lambda, \mu} \beta_{\lambda\mu}(t) r^{\lambda} Y_{\lambda\mu}(\theta, \varphi) \qquad (11\text{-}233c)$$

速度 $\boldsymbol{v} = -\nabla\phi$ 是時間的函數，但和液滴形狀有關的 $r^{\lambda} Y_{\lambda\mu}(\theta, \varphi)$，以及梯度算符 ∇ 都和時間無關，於是和動態有關，表示液滴形狀變化的時間變數 t 必在 $\beta_{\lambda\mu}$ 內。例如圖（11-71）的橢圓球狀液滴，是如（11-214a）式所示的 $r^2 Y_{2,0}$，在 $\rho=$ 一定的條件下，橢圓球變成瘦長或短胖的動力學必須由 $r^2 Y_{2,0}$ 以外的物理量 $\beta_{2,0}$ 來負責。所以（11-233c）式的核心量是 $\beta_{\lambda\mu}$，如何來找 $\beta_{\lambda\mu}$ 呢？假定如圖（11-78），液滴從半徑 R_0 的球狀開始變形，設 $R(\theta, \varphi) =$ 變形後液滴上任意一點的徑向大小，則得：

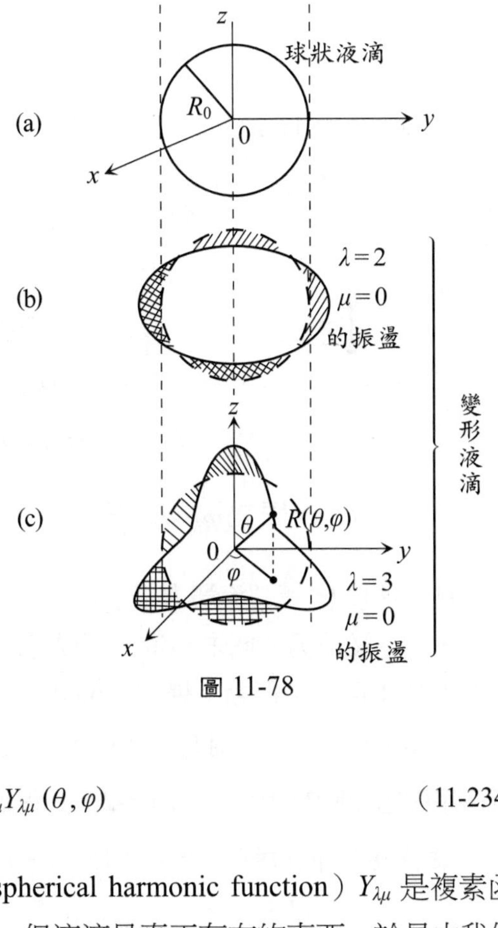

圖 11-78

$$R(\theta, \varphi) = R_0 + R_0 \sum_{\lambda, \mu} \alpha_{\lambda\mu} Y_{\lambda\mu}(\theta, \varphi) \qquad (11\text{-}234a)$$

$\alpha_{\lambda\mu}$ 是無因次的動力學量。球諧函數（spherical harmonic function）$Y_{\lambda\mu}$ 是複素函數（complex function，看（10-114）式），但液滴是真正存在的東西，於是由我們的三寶（第二章 IV(c)），$R(\theta, \varphi)$ 必須實量（real quantity），且其大小是跟著時間變。故 $R(\theta, \varphi)$ 是內涵時間，而 $\alpha_{\lambda\mu}$ 必須複素量才能和 $Y_{\lambda\mu}(\theta, \varphi)$ 合起來造實量（參考（5-38）～（5-40）式的演算過程），同時 $\alpha_{\lambda\mu}$ 是時間函數，如 $R^*(\theta, \varphi) = R(\theta, \varphi)$ 的複素量，則：

$$R(\theta, \varphi) = R^*(\theta, \varphi)$$

$$=R_0[1+\sum_{\lambda,\mu}\alpha^*_{\lambda\mu}(t)Y^*_{\lambda\mu}(\theta,\varphi)]$$

$$Y^*_{\lambda,\mu}=(-)^{\mu}Y_{\lambda,-\mu}\text{，}\qquad \sum_{\mu}=\sum_{\mu=-\lambda}^{\lambda}=\sum_{\mu=\lambda}^{-\lambda}\text{，}\qquad (-)^{-\mu}=(-)^{\mu}$$

$$\therefore R(\theta,\varphi)=R_0[1+\sum_{\lambda,\mu}(-)^{\mu}\alpha^*_{\lambda,-\mu}(t)Y_{\lambda,\mu}(\theta,\varphi)]$$

$$\therefore \alpha_{\lambda,\mu}(t)=(-)^{\mu}\alpha^*_{\lambda,-\mu}(t) \tag{11-234b}$$

液滴是有明確的表面，故在表面上的流速徑向成分（$\boldsymbol{v}_{徑向}$）$_{表面}$必和表面形狀的時間變化$\dot{R}(\theta,\varphi)$一致才行，即：

$$\dot{R}(\theta,\varphi)=|(\boldsymbol{v}_{徑向})_{表面}| \tag{11-234c}$$

由（11-232e）、（11-233c）和（11-234a）式得：

$$|\boldsymbol{v}_{徑向}|=-|(\nabla\phi)_{徑向}|=-\frac{\partial}{\partial r}\phi$$

$$=-\sum_{\lambda,\mu}\lambda\beta_{\lambda,\mu}(t)r^{\lambda-1}Y_{\lambda,\mu}(\theta,\varphi)$$

$$\therefore|(\boldsymbol{v}_{徑向})_{表面}|=-\sum_{\lambda,\mu}\lambda\beta_{\lambda,\mu}(t)(R(\theta,\varphi))^{\lambda-1}Y_{\lambda,\mu}(\theta,\varphi)$$

$$\fallingdotseq-\sum_{\lambda,\mu}\lambda\beta_{\lambda,\mu}(t)R_0{}^{\lambda-1}Y_{\lambda,\mu}(\theta,\varphi)$$

$$=R_0\sum_{\lambda,\mu}\dot{\alpha}_{\lambda,\mu}(t)Y_{\lambda,\mu}(\theta,\varphi)$$

$$\therefore\beta_{\lambda,\mu}(t)=-\frac{1}{\lambda R_0^{\lambda-2}}\dot{\alpha}_{\lambda,\mu}(t) \tag{11-234d}$$

（11-234d）式僅把流體力學量$\beta_{\lambda,\mu}$，轉換成液滴振盪的動力學量$\alpha_{\lambda,\mu}$的時間變化而已，$\alpha_{\lambda,\mu}$又是另一個未知量，那要怎麼辦？$\alpha_{\lambda,\mu}$是動力學量，所以需要假定原子核的運動（目前是振動）模型（model），以及運動時的原子核的具體形狀才能解決。A. Bohr 假設了液滴的表面振動不大，即（11-234a）式的$\alpha_{\lambda,\mu}$不會太大，於是可使用簡諧振動來近似，由（5-2）式得簡諧振動勢能$U=\left[\frac{1}{2}\right.$（彈性係數）（位移變化）$\left.^2\right]$的總和，而位移變化$=[R(\theta,\varphi)-R_0]$

$$\therefore U=\frac{1}{2}\sum_{\lambda\mu}\sum_{\lambda'\mu'}R_0^2C'_{\lambda}\int\alpha^*_{\lambda\mu}\alpha_{\lambda'\mu'}Y^*_{\lambda\mu}(\theta,\varphi)Y_{\lambda'\mu'}(\theta,\varphi)\sin\theta d\theta d\varphi$$

$$=\frac{1}{2}\sum_{\lambda\mu}R_0^2C'_{\lambda}|\alpha_{\lambda\mu}|^2$$

$$\equiv\frac{1}{2}\sum_{\lambda,\mu}C_{\lambda}|\alpha_{\lambda,\mu}|^2\text{，}\qquad C_{\lambda}\equiv R_0^2C'_{\lambda} \tag{11-235a}$$

由（5-6）$_1$式得簡諧振動動能$T=\left[\frac{1}{2}\right.$（質量）（位移的時間變化）$\left.^2\right]$的總和，而位移的時間變化$=\frac{d}{dt}[R(\theta,\varphi)-R_0]$，

$$\therefore T=\frac{1}{2}\sum_{\lambda\mu}\sum_{\lambda'\mu'}R_0^2B'_\lambda\int\dot{\alpha}^*_{\lambda\mu}\dot{\alpha}_{\lambda'\mu'}Y^*_{\lambda\mu}(\theta,\varphi)\,Y_{\lambda'\mu'}(\theta,\varphi)\sin\theta d\theta d\varphi$$
$$=\frac{1}{2}\sum_{\lambda,\mu}R_0^2B'_\lambda|\dot{\alpha}_{\lambda,\mu}|^2$$
$$\equiv\frac{1}{2}\sum_{\lambda,\mu}B_\lambda|\dot{\alpha}_{\lambda,\mu}|^2,\quad B_\lambda\equiv R_0^2B'_\lambda \qquad (11\text{-}235b)$$

要瞭解各量的物理內容，必從因次下手，現來看看C_λ和B_λ的因次。$\alpha_{\lambda\mu}$雖是時間的函數，但是無因次，而U和T的因次都是能量，所以C_λ和B_λ的因次各為：

$$[C_\lambda]=\text{能量}，\qquad [B_\lambda]=（\text{質量}）（\text{長度}）^2 \qquad (11\text{-}235c)$$

C_λ叫**復原力**（**restoring force**）**參數**，或簡稱力參數（force parameter），B_λ稱為**質量參數**（mass parameter），它們必須和液滴的性質（11-232a, b）式，以及原子核的結合能（11-192c）式自洽（self-consistent）才行。A. Bohr 是比較（11-235b）式，和從液滴（11-232e）式所得的動能來得B_λ，而從比較（11-235a）式和液滴表面能以及庫侖勢能和來得C_λ，至於$\alpha_{\lambda,\mu}$永扮演液滴運動的動力學變數。由（11-232e）式得動能T：

$$T=\int\frac{1}{2}\rho\,\boldsymbol{v}\cdot\boldsymbol{v}d\tau \qquad d\tau=\text{微小體積}$$
$$=\frac{\rho}{2}\int(\nabla\phi)\cdot(\nabla\phi^*)\,d\tau$$

任意標量x及其共軛量x^*的散度$\nabla\cdot(x\nabla x^*)=x\nabla^2x^*+(\nabla x)\cdot(\nabla x^*)$

$$\therefore T=\frac{\rho}{2}\int\nabla\cdot(\phi\nabla\phi^*)\,d\tau$$

上式用了（11-233b）式。使用向量分析的Gauss定理，將上式的體積積分化為對液滴的表面積積分。設$\boldsymbol{da}$為在徑向量$\boldsymbol{r}$處的微小表面積，則T變成：

$$T=\frac{\rho}{2}\int(\phi\,\nabla\phi^*)_r\cdot\boldsymbol{da}，\qquad \boldsymbol{r}\,//\,\boldsymbol{da}\text{的法線方向}$$
$$=\frac{\rho}{2}\sum_{\lambda,\mu}\sum_{\lambda',\mu'}\frac{\dot{\alpha}_{\lambda,\mu}}{\lambda R_0^{\lambda-2}}\frac{\dot{\alpha}^*_{\lambda',\mu'}}{\lambda' R_0^{\lambda'-2}}\int[r^\lambda Y_{\lambda,\mu}(\theta,\varphi)\nabla(r^{\lambda'}Y^*_{\lambda',\mu'}(\theta,\varphi))]_r\cdot\boldsymbol{da}$$

假定液滴表面振動不大，則液滴可近似成球狀，於是$\boldsymbol{da}=\boldsymbol{e}_{R_0}R_0^2\sin\theta\,d\theta\,d\varphi$，$\boldsymbol{e}_{R_0}$是$\boldsymbol{R}_0$方向的單位向量，而$\boldsymbol{R}_0=$在$\boldsymbol{da}$的半徑向量。

$$\therefore T\doteqdot\frac{\rho}{2}\sum_{\lambda,\mu}\sum_{\lambda',\mu'}\frac{\dot{\alpha}_{\lambda,\mu}}{\lambda R_0^{\lambda-2}}\frac{\dot{\alpha}^*_{\lambda',\mu'}}{\lambda' R_0^{\lambda'-2}}\int[r^\lambda Y_{\lambda,\mu}(\theta,\varphi)\lambda' r^{\lambda'-1}Y^*_{\lambda',\mu'}(\theta,\varphi)]_{R_0}R_0^2\sin\theta\,d\theta\,d\varphi$$

$$=\frac{1}{2}\sum_{\lambda,\mu}\frac{\rho}{\lambda}R_0^5|\dot{\alpha}_{\lambda,\mu}|^2 \qquad (11\text{-}235d)$$

比較上式和（11-235b）式得：

$$\boxed{B_\lambda=\frac{\rho}{\lambda}R_0^5} \qquad (11\text{-}236)$$

至於力參數 C_λ，A. Bohr 假設原子核電荷 Ze 均勻地分布在和球狀 $\frac{4\pi}{3}R_0^3$ 同體積的橢圓球體，求其庫侖勢能 U_C 和此橢圓球體的表面能 U_S，結果各為：

$$U_C=-\sum_{\lambda,\mu}\frac{3}{4\pi}\frac{\lambda-1}{2\lambda+1}\frac{1}{4\pi\varepsilon_0}\frac{(Ze)^2}{R_0}|\alpha_{\lambda,\mu}|^2 \qquad (11\text{-}237a)$$

$$U_S=\frac{1}{2}\sum_{\lambda,\mu}(\lambda-1)(\lambda+2)R_0^2S|\alpha_{\lambda,\mu}|^2 \qquad (11\text{-}237b)$$

S= 表面張力（看（3-4）式），U_C 的求法和（Ex.11-36）同，U_S 的推導放在後註 (30)，於是 $\alpha_{\lambda,\mu}$ 很小時的振動勢能 U 是：

$$U=U_S+U_C=\frac{1}{2}\sum_{\lambda,\mu}[(\lambda-1)(\lambda+2)R_0^2S-\frac{3}{2\pi}\frac{\lambda-1}{2\lambda+1}\frac{1}{4\pi\varepsilon_0}\frac{(Ze)^2}{R_0}]|\alpha_{\lambda,\mu}|^2 \qquad (11\text{-}237c)$$

比較（11-235a）和（11-237c）式得：

$$\boxed{C_\lambda=(\lambda-1)(\lambda+2)R_0^2S-\frac{3}{2\pi}\frac{\lambda-1}{2\lambda+1}\frac{1}{4\pi\varepsilon_0}\frac{(Ze)^2}{R_0}} \qquad (11\text{-}238a)$$

如為半徑 R_0 的均勻質量分布原子核，表面能 S 可從原子核的結合能（11-192c）式獲得如下關係：

$$4\pi R_0^2S=(15.4\sim17.8)A^{2/3}\ \text{MeV} \qquad (11\text{-}238b)$$

以上結果 U、T、B_λ、C_λ 都是液滴做微小表面振動，即動力學變數 $\alpha_{\lambda,\mu}$ 很小時的結果，這時的 Hamiltonian H_s 和角頻率 ω_λ 如下：

$$\begin{aligned}H_S&=T+U\\&=\sum_{\lambda,\mu}[\frac{1}{2B_\lambda}|\pi_{\lambda,\mu}|^2+\frac{1}{2}C_\lambda|\alpha_{\lambda,\mu}|^2]\end{aligned} \qquad (11\text{-}239a)$$

$$\omega_\lambda=\sqrt{\frac{c_\lambda}{B_\lambda}} \qquad (11\text{-}239b)$$

$\pi_{\lambda,\mu}$ 是 $\alpha_{\lambda,\mu}$ 的共軛動量（conjugate momentum），從分析力學 $\pi_{\lambda,\mu}$ 是：

$$\pi_{\lambda,\mu}=\frac{\partial T}{\partial \dot{\alpha}_{\lambda,\mu}}=B_\lambda \dot{\alpha}^*_{\lambda,\mu} \qquad (11\text{-}239c)$$

（11-239a）式正是簡諧振動Hamiltonian（參考第十章V(A)(5)），H_s的右下指標表示表面振動（surface oscillation）。這樣地，A. Bohr 成功地推導出做微小表面振盪的液滴經典振動 Hamiltonian（11-239a）式。

那麼由 $Y_{\lambda,\mu}(\theta,\varphi)$ 表示，如圖（11-78）的液滴表面振盪花紋，其表面的凹（有凹必有凸）或凸的數目有沒有上限呢？回答是「有」。球諧函數 $Y_{\lambda,\mu}(\theta,\varphi)$是正交歸一化（orthonormalized）函數，表示液滴表面振動的各模式（mode）是各互相獨立，這是為什麼（11-234a）式的$R(\theta,\varphi)$用 $Y_{\lambda,\mu}(\theta,\varphi)$展開的理由，各$\lambda$都有其對應的振動花樣，$\lambda=1$的$Y_{1,\mu}$對應於向量（看後註(7)的(3)～(5)式），故$\alpha_{1\mu}Y_{1\mu}$表示液滴質心，沿著某定方向做來回振動時的質心位置變化的大小。雖瞬間的液滴總動量$\boldsymbol{P}(t)\neq 0$，但週期平均〈$\boldsymbol{P}(t)=0$〉，因$\boldsymbol{P}$有正也有負值。$\lambda=2$，$\lambda=3$且$\mu=0$分別為圖（11-78）的(b)和(c)，$\lambda>3$依此類推。在條件（11-232c）式，即液滴體積固定下的穩定振盪，λ必受到限制，設M=液滴質量，$\boldsymbol{P}$=表面振動總動量，則經典動能$=\dfrac{\boldsymbol{P}\cdot\boldsymbol{P}}{2M}$，又由 de Broglie（Duc Louis Victor de Broglie 1892年～1987年，法國理論物理學家）關係式$P=h/\lambda_0$，λ_0=de Broglie 波長（這裡的λ_0是波長，不是（11-234a）式的λ），h=planck 常量，故我們可得波長λ_0。穩定振盪必形成如右圖的表層波，設波數$=n$，則得：

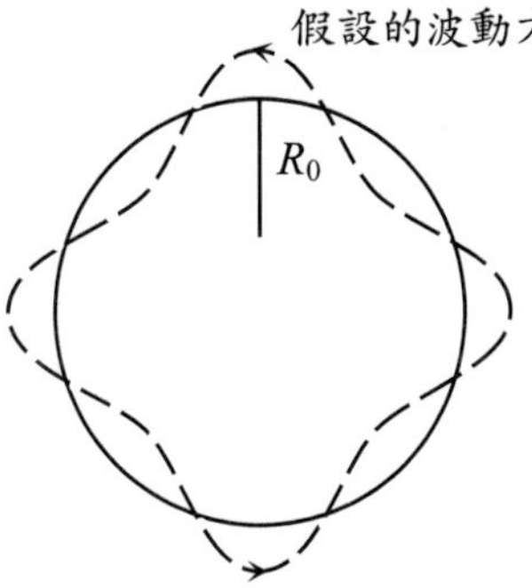

R_0＝球狀液滴半徑
……＝($\lambda=4$，$\mu=0$ 的形狀)

$$2\pi R_0=n\lambda_0,\qquad n=2,3,\cdots\cdots，有限正整數，$$
$$\therefore n=\frac{2\pi R_0}{\lambda_0} \qquad (11\text{-}240)$$

或由第十章Ⅲ(A)N. Bohr 的量子化條件$\oint Pdq=nh$也能得（11-240）式，例如半徑R_0的圓軌道，則$\oint Pdq=2\pi R_0 P=2\pi R_0\dfrac{h}{\lambda_0}=nh$，$n$便是（11-240）式。接著以最簡單的$n=2$的表層波為例，來探討核的集體運動。$n=2$表示核變形後，如圖（11-78(b)），有兩個凸狀或兩個凹狀，也就是（11-234a）和（11-239a）式的$\lambda=2$。這種變形核，就是 A. Bohr 和 Rainwater 用來解釋大電四極矩的核形，圖（11-71），那麼它到底有什麼樣的集體運動模式呢？

(b)變形核（deformed nucleus）的經典集體運動

當核是球狀，則無法定義轉動軸，相當於不存在角動量；但當核有角動量，表示有轉動軸，核已不是球狀而**有穩定的變形**，這時最簡單的運動是，構成核的各核子**同時繞軸轉**。設轉動軸為 z，則變形核的 Schrödinger 方程式是：[31)]

$$i\hbar\frac{\partial\Psi'}{\partial t}=(\hat{H}'+\omega\hat{L}_Z)\Psi' \qquad (11\text{-}241a)$$

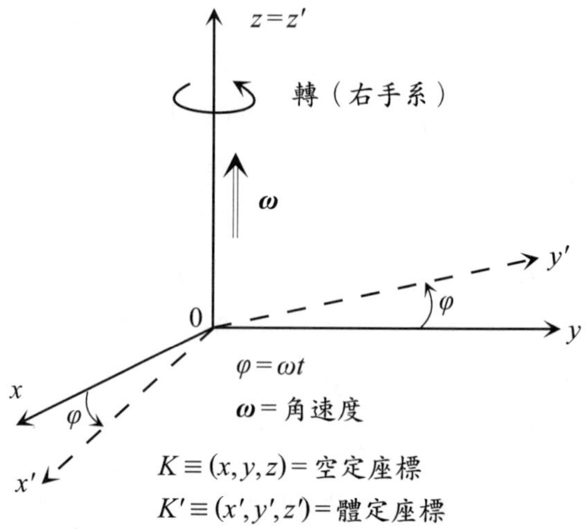

ω是如右圖繞 z 軸的轉動角速度大小，$\hat{L}_Z$ 是角動量 $\hat{\boldsymbol{L}}$ 在 z 軸上的成分，$\omega\hat{L}_Z$ 叫核的 **Coriolis 力**（Gospard Gustave de Coriolis 1792 年～1843 年法國土木工學和數理物理學家）。力學的 Coriolis 力是在，對慣性系（在此地是空定座標，即座標固定在空間的叫**空定座標**（space-fixed coördinates））以角速度 $\boldsymbol{\omega}$ 轉動的，非慣性座標（non-inertial frame）上的，質量 m 速度 $\boldsymbol{v}_r$ 的粒子，運動時所受的慣性力（看圖 2-213）$\boldsymbol{F}_c$：

$$2m\boldsymbol{\omega}\times\boldsymbol{v}_r\equiv\boldsymbol{F}_c \qquad (11\text{-}241b)$$

$\boldsymbol{v}_r$ 和右下標 “r” 表示在轉動座標上該粒子的速度。在轉動座標該粒子除了 $\boldsymbol{F}_c$ 之外，同時又受到離心力 $\boldsymbol{f}$：

$$m\boldsymbol{\omega}\times(\boldsymbol{\omega}\times\boldsymbol{r})\equiv\boldsymbol{f} \qquad (11\text{-}241c)$$

$\boldsymbol{r}$＝該粒子的徑向量[32)]，於是（11-241a）式的 $\omega\hat{L}_Z$，同時包含力學的 Coriolis 力和離心力；而波函數 Ψ' 以及 Hamiltonian $\hat{H}'$ 右上標 “′” 表示所有的量是對固定在轉動著的核上的座標所定義的量；這種固定在運動著的物體上的座標叫**體定座標**（body-fixed coördinates），所以要探討核轉動時，需把空定座標（11-234a）式且 $\lambda=2$ 的 $R(\theta,\varphi,t)=R_0(1+\sum_\mu a_{2,\mu}(t)Y_{2,\mu}(\theta,\varphi))$ 轉換到體定座標：

$$R(\theta',\varphi',t')=R_0(1+\sum_\nu a_{2,\nu}(t)Y_{2,\nu}(\theta'(t),\varphi'(t)) \qquad (11\text{-}242a)$$

為了一目瞭然 $R(\theta,\varphi)$ 的時間變化，把它表示出來得 $R(\theta,\varphi,t)$，在體定座標，同形狀的 $Y_{2,\mu}(\theta,\varphi)$的方位角 θ 和 φ 是跟著核的轉動變化，是時間函數 $\theta'(t)$ 和 $\varphi'(t)$，當$\lambda=2$ 時 $\alpha_{\lambda=2,\mu}$ 的 μ 有：

$$\mu=-2,-1,0,1,2 \tag{11-242b}$$

即 $\alpha_{2,\mu}$ 有 5 個變數：$\alpha_{2,-2},\alpha_{2,-1},\alpha_{2,0},\alpha_{2,1},\alpha_{2,2}$，同樣 $a_{2,\nu}$ 也有 5 個變數。為了方便，假設變形核是軸對稱橢圓體（ellipsoid），並且取橢圓體的三慣性主軸（principal axes of inertia）[32]為體定座標的三個座標軸，則由橢圓體的對稱性得[33]：

$$\left.\begin{aligned} &a_{2,1}=a_{2,-1}=0 \\ &a_{2,2}=a_{2,-2}\neq 0 \\ &a_{2,0}\neq 0 \end{aligned}\right\} \tag{11-242c}$$

於是只剩兩個變數 $a_{2,2}=a_{2,-2}$ 和 $a_{2,0}$，其餘三變數由空定座標和體定座標軸間的三個 Euler 角[34]：

$$\theta_i\equiv(\varphi,\theta,\psi) \tag{11-242d}$$

並且：

$$\alpha_{2,\mu}(t)=\sum_{\nu} a_{2,\nu}D^{2*}_{\mu,\nu}(\theta_i) \tag{11-242e}$$

來負責，在本套書使用的角動量，其合成以及 Euler 角，完全和後註(8)的 A. R. Edmonds 的定義一致，以上的整個理論圖象（picture）如下圖解：

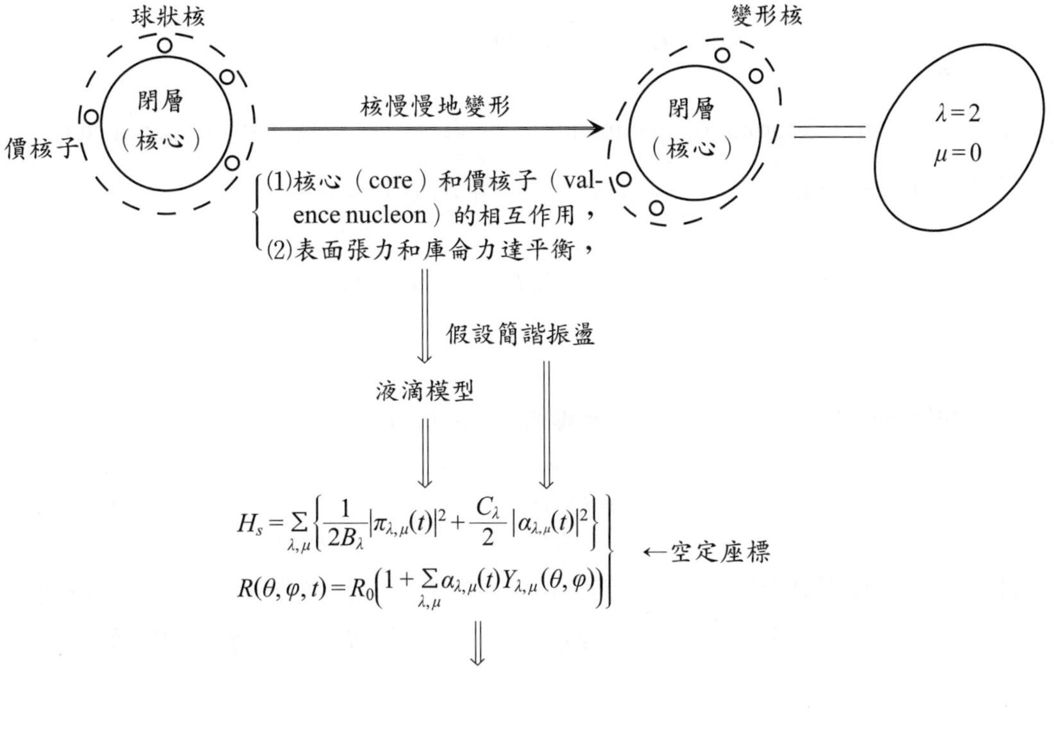

⇓

分析大電四極矩得$\lambda=2$的變形核（deformed nucleus）

⇓

空定座標	體定座標
$R(\theta,\varphi,t)=R_0(1+\sum_{\mu}\alpha_{2,\mu}(t)Y_{2,\mu}(\theta,\varphi))$	$R(\theta',\varphi',t)=R_0(1+\sum_{\nu}a_{2,\nu}(t)Y_{2,\nu}(\theta'(t))\varphi'(t))$
$\alpha_{2,\mu}(t)=\sum_{\nu}a_{2,\nu}(t)D^{2\,*}_{\mu,\nu}(\theta_i(t))$	
力學變數：$\alpha_{2,-2},\alpha_{2,-1},\alpha_{2,0},\alpha_{2,1},\alpha_{2,2}$ 共5個變數	力學變數：$a_{2,2}=a_{2,-2}$，　$a_{2,0}$ Euler角(φ,θ,ψ) 共5個變數

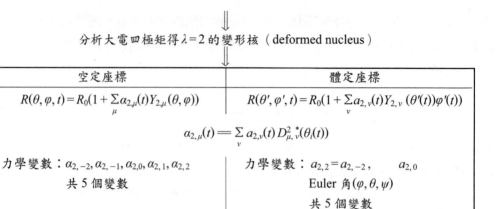

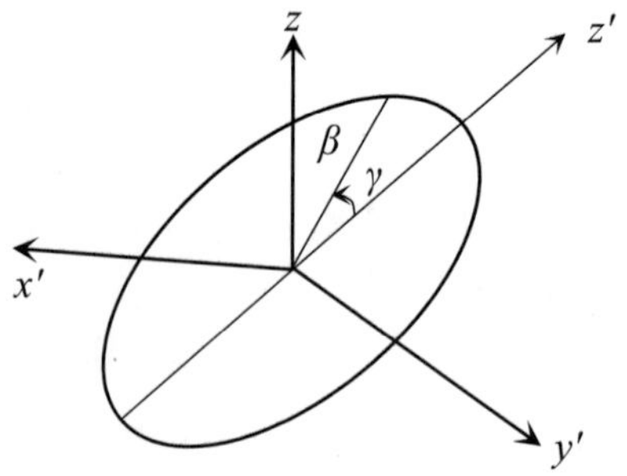

希望上圖解能幫你瞭解整個理論架構，接著是在體定座標下分離核轉動和核振動，體定座標的5個變數$a_{2,2}=a_{2,-2}$，$a_{2,0}$和(φ,θ,ψ)中，Euler角顯然和核的整個轉動有關，而和核形狀$Y_{2,\nu}(\theta',\varphi')$有關的是$a_{2,2}$和$a_{2,0}$。如右圖，如用核變形的程度$\beta$，例如同體積下核變成瘦長或短胖橢圓體，以及變形形狀γ來替代$a_{2,2}$和$a_{2,0}$，更能直覺到核的運動形狀，於是A. Bohr使用下變換，以（β,γ）取代（$a_{2,2}=a_{2,-2},a_{2,0}$）：

$$\left.\begin{aligned}a_{2,0}&\equiv\beta\cos\gamma\\ a_{2,2}=a_{2,-2}&=\frac{1}{\sqrt{2}}\beta\sin\gamma\end{aligned}\right\}\qquad(11\text{-}243a)$$

β叫形變參數（deformation parameter），γ叫形狀參數（shape parameter）；（11-243a）式的$\sin\gamma$多出的$\frac{1}{\sqrt{2}}$係數，是為了滿足下式的要求：

$$\begin{aligned}\sum_{\mu}|\alpha_{2,\mu}|^2&=\sum_{\mu,\nu,\nu'}a^*_{2,\nu}a_{2,\nu'}D^{2*}_{\mu,\nu'}D^2_{\mu,\nu}=\sum_{\nu}|a_{2,\nu}|^2\\&=a^2_{2,0}+2a^2_{2,2}=\beta^2\end{aligned}\qquad(11\text{-}243b)$$

同時使簡諧振動勢能（11-235a）式能獲得漂亮的形式：

$$U=\frac{1}{2}C_2\beta^2\qquad(11\text{-}243c)$$

（11-243c）式和形狀參數γ無關，僅和形變參數有關，這結果不但方便，且富有物理意義，於是（11-243a）式能帶來成功地分離（11-239a）式為轉動和振動部分。

既然勢能 U（11-243c）式和核轉動無關，那麼轉動只有來自動能（11-235b）式，則由（11-242e）式得：

$$\begin{aligned}\dot{\alpha}_{\lambda,\mu} &= \frac{d}{dt}\alpha_{\lambda,\mu} = \frac{d}{dt}\Big(\sum_{\nu} D^{\lambda*}_{\mu,\nu}(\theta_i)\,a_{\lambda,\nu}\Big) \\ &= \sum_{\nu}\left\{\dot{a}_{\lambda,\nu}D^{\lambda*}_{\mu,\nu}(\theta_i) + \sum_{j=1}^{3} a_{\lambda,\nu}\frac{\partial D^{\lambda*}_{\mu,\nu}(\theta_i)}{\partial\theta_j}\frac{\partial\theta_j}{\partial t}\right\} \\ &= \sum_{\nu}\left\{\dot{a}_{\lambda,\nu}D^{\lambda*}_{\mu,\nu}(\theta_i) + a_{\lambda,\nu}\sum_{j=1}^{3}\dot{\theta}_j\frac{\partial D^{\lambda*}_{\mu,\nu}(\theta_i)}{\partial\theta_j}\right\}\end{aligned} \tag{11-244a}$$

⇑ 核改變形狀的瞬間振動動能源，即振動能源

⇑ 核形狀不變（$a_{\lambda,\nu}$ 不變），以某軸轉動的瞬間轉動能，即轉動能源。

$$\begin{aligned}\therefore \sum_{\mu}|\dot{\alpha}_{\lambda,\mu}|^2 = \sum_{\mu,\nu,\nu'}&\left\{\dot{a}_{\lambda,\nu}D^{\lambda*}_{\mu,\nu}(\theta_i) + a_{\lambda,\nu}\sum_{j}\dot{\theta}_j\frac{\partial D^{\lambda*}_{\mu,\nu}(\theta_i)}{\partial\theta_j}\right\}\times \\ &\left\{\dot{a}_{\lambda,\nu'}D^{\lambda*}_{\mu,\nu'}(\theta_i) + a_{\lambda,\nu'}\sum_{j'}\dot{\theta}_{j'}\frac{\partial D^{\lambda*}_{\mu,\nu'}(\theta_i)}{\partial\theta_{j'}}\right\}^*\end{aligned}$$

上式是對固定λ時的核形狀的時間變化，故為了方便暫省寫指標“λ”。

$$\begin{aligned}\therefore \sum_{\mu}|\dot{\alpha}_{\lambda,\mu}|^2 = &\sum_{\mu,\nu,\nu'}\left\{\dot{a}_{\nu}\dot{a}^*_{\nu'}D^*_{\mu,\nu}D_{\mu,\nu'} + a_{\nu}a^*_{\nu'}\sum_{j,j'}\dot{\theta}_j\dot{\theta}_{j'}\frac{\partial D^*_{\mu,\nu}}{\partial\theta_j}\frac{\partial D_{\mu,\nu'}}{\partial\theta_j{}'}\right\} \\ &+\sum_{\mu,\nu,\nu',j}\left\{\dot{a}_{\nu}a^*_{\nu'}D^*_{\mu,\nu}\frac{\partial D_{\mu,\nu'}}{\partial\theta_j}\dot{\theta}_j + a_{\nu}\dot{a}^*_{\nu'}D_{\mu,\nu'}\frac{\partial D^*_{\mu,\nu}}{\partial\theta_j}\dot{\theta}_j\right\}\end{aligned} \tag{11-244b}$$

在（11-244b）式右邊第二項用了 $\sum\limits_{j=1}^{3} = \sum\limits_{j'=1}^{3}$ ，它又能改寫成為下式：

$$\begin{aligned}&\sum_{\mu,\nu,\nu'j}\left\{\dot{\theta}_j\dot{a}_{\nu}a^*_{\nu'}\frac{\partial}{\partial\theta_j}(D^*_{\mu,\nu}D_{\mu,\nu'}) + \dot{\theta}_j D_{\mu\nu'}\frac{\partial D^*_{\mu,\nu}}{\partial\theta_j}\underbrace{(\dot{a}^*_{\nu'}a_{\nu} - \dot{a}_{\nu}a^*_{\nu'})}_{=\,0\ \text{當}\lambda=2\text{ 且軸對稱}}\right\} \\ &= \sum_{\nu,\nu',j}\dot{\theta}_j\dot{a}_{\nu}a^*_{\nu'}\frac{\partial}{\partial\theta_j}(\delta_{\nu,\nu'}) = 0\end{aligned} \tag{11-244c}$$

在（11-244c）式假定$\lambda=2$並且軸對稱橢圓體，則由（11-243a）式得$a^*_{2,\nu}=a_{2,\nu}$。

$$\therefore \sum_{\mu}|\dot{\alpha}_{\lambda,\mu}|^2 \overline{\overline{\scriptstyle\lambda=2}} \sum_{\nu,\nu'}\dot{a}_{\nu}\dot{a}^*_{\nu}\delta_{\nu\nu'} + \sum_{\substack{\mu,\nu,\nu',\\ j,j'}} a_{\nu}a^*_{\nu'}\dot{\theta}_j\dot{\theta}_{j'}\frac{\partial D^*_{\mu,\nu}}{\partial\theta_j}\frac{\partial D_{\mu,\nu'}}{\partial\theta_{j'}} \tag{11-244d}$$

另由（11-243a）式得：

$$\begin{aligned}\sum_{\nu}|\dot{a}_{\nu}|^2 &= (\dot{\beta}\cos\gamma - \beta\dot{\gamma}\sin\gamma)^2 + 2\Big(\frac{1}{\sqrt{2}}\dot{\beta}\sin\gamma + \frac{1}{\sqrt{2}}\beta\dot{\gamma}\cos\gamma\Big)^2 \\ &= \dot{\beta}^2 + \beta^2\dot{\gamma}^2\end{aligned} \tag{11-244e}$$

（11-244e）式雖和 Euler 角無關，但是有$\dot{\beta}$和$\dot{\gamma}$，表示原子核形狀時時刻刻跟著時間變。（11-244d）式右邊第二項不但是和Euler角有關，並且Euler角跟著時間變，表示原子核（目前是液滴）的慣性主軸時時刻刻變化著方向，這正是轉動現象，設（11-244d）式右邊第二項和質量參數$B_{\lambda=2}$的乘積關係如下：

$$\sum_{\mu,\nu,\nu',j,j'} B_2 a_\nu a_{\nu'}^* \dot{\theta}_j \dot{\theta}_{j'} \frac{\partial D_{\mu,\nu}^*}{\partial \theta_j} \frac{\partial D_{\mu,\nu'}}{\partial \theta_{j'}} \equiv \frac{1}{2} \sum_k \frac{m_k^2}{\mathscr{J}_k} \qquad (11\text{-}244f)$$

把以上結果代入（11-239a)式得：

$$H_s = \left\{ \frac{1}{2} B_2 (\dot{\beta}^2 + \beta^2 \dot{\gamma}^2) + \frac{1}{2} C_2 \beta^2 \right\} + \frac{1}{2} \sum_k \frac{m_k^2}{\mathscr{J}_k} \qquad (11\text{-}245)$$

（11-245）式右邊第一項來自液滴表層振動（vibration）部分，右邊第二項是液滴的轉動部分，不過這是大致地分離振動和轉動模式而已，各模式由於都和液滴形狀有關連，例如，（11-244f）式內含有$a_{2\nu} \equiv a_\nu$，於是再做進一步的數學演算，（11-245）式會分成三項：

$$H_s = H_{vib.} + H_{rot.} + H_{vib.rot.} \qquad (11\text{-}246)$$

H_{vib} = 液滴表層微小振動Hamiltonian，H_{rot} = 液滴轉動Hamiltonian，$H_{vib,rot}$ = 振轉動耦合 Hamiltonian，不再深入推導。（11-245）式的$\mathscr{J}_k$和m_k分別為**轉動慣量**和**角動量**，兩個量都可以從液滴模型推導，前者的結果是：

$$\mathscr{J}_k = 4B_2\beta^2 \sin^2(\gamma - k\frac{2\pi}{3}) \qquad k=1,2,3 \text{ 表示慣性主軸} \qquad (11\text{-}247)$$

接著來檢驗（11-245）式右邊各量的因次是否滿足物理需求：Hamiltonian的因次＝能量，$\alpha_{\lambda,\mu}$和$D_{\mu,\nu}^\lambda$函數都無因次，故由（11-242e）式和（11-243a）式得$a_{\lambda,\mu}, \beta$和γ都無因次，於是由（11-235c）式得（11-245）式右邊第一項內的各項因次都是能量，而（11-247）式的$\mathscr{J}_k$因次$[\mathscr{J}_k]$= (質量)×(長度)^2，正是轉動慣量因次（看（2-37）式或 （2-39）式）。再由（11-235c）式、$a_{\lambda,\mu}$、$D_{\mu,\nu}^\lambda$ 和$\dot{\theta}$的因次得（11-244f）式左邊的因次是能量，加上$\mathscr{J}$的因次，（11-244f）式右邊的m_k的因次$[m]$ =（質量）（長度）^{2}／（時間），這是角動量$\boldsymbol{L} = \boldsymbol{r} \times \boldsymbol{P}$的因次，$\boldsymbol{P}$ = 動量= $m\dot{\boldsymbol{r}}$，m = 質量。

(c)獨立粒子運動和集體運動的耦合

經（11-243a）式成功地分離了$\lambda = 2$的液滴確有的振動和轉動的集體運動，並且液滴形狀是時間函數，這表示著：「組成液滴的核子，如有獨立粒子運動，其平均核力勢能必是時間函數$V(\boldsymbol{r},\boldsymbol{\sigma},\boldsymbol{\tau},t)$」。於是集體和獨立粒子運動可以共存，核的總 Hamiltonian H 該是：

$$H = H_s + H_p + H_{int} \tag{11-248a}$$

H_s = 量子化後的（11-245）式

$$= \left[-\frac{\hbar^2}{2B_2}\left[\frac{1}{\beta^4}\frac{\partial}{\partial\beta}\beta^4\frac{\partial}{\partial\beta} + \frac{1}{\beta^2}\frac{1}{\sin3\gamma}\frac{\partial}{\partial\gamma}\sin3\gamma\frac{\partial}{\partial\gamma}\right] + \frac{1}{2}C_2\beta^2\right] + \left\{\frac{1}{8B_2}\sum_{k=1}^{3} - \frac{\hat{m}_k^2}{\beta^2\sin^2(\gamma-\frac{2\pi}{3}k)}\right\} \tag{11-248b}$$

$\hat{m}_k$ = 慣性主軸 k 方向的角動量算符

$$H_P = T_P + V_p(r) + V_{LS}(r)\hat{\boldsymbol{L}}\cdot\hat{\boldsymbol{S}} \tag{11-248c}$$

$$H_{int} = -k(r)\sum_{\mu}\alpha_{2,\mu}(t)\,Y_{2,\mu}(\theta,\varphi) \tag{11-248d}$$

在（11-248b）式，由於數學過程遠超過物理說明，僅寫下量子化後的結果，省略了中間的推導。H_P = 瞬間 t 時的獨立粒子 Hamiltonian，T_P, V_P和V_{LS}各為獨立粒子的動能、勢能和LS力（spin-orbit force）勢能。（11-248c）式表示 A. Bohr 用了球狀核勢能$(V_p(r)+V_{LS}(r)\hat{\boldsymbol{L}}\cdot\hat{\boldsymbol{S}})$來近似各瞬間的$V(\boldsymbol{r},\boldsymbol{\sigma},\boldsymbol{\tau},t)$。（11-248d）式是座標$(r,\theta,\varphi)$的（11-248c）式的核子和形變核心（core）的相互作用，其右邊的負符號表示相互作用是引力。有了 Hamiltonian，解 Schrödinger 方程$H\Psi = i\hbar\dfrac{\partial\Psi}{\partial t}$便能得核波函數$\Psi$，以及從$\Psi$可得所想要的物理量。這工作 A. Bohr 和 Mottelson 共同完成（1950～1955），他們獲得以下結果：

$$\left.\begin{array}{l} 9 \le A \le 14\ ,\ A = \text{質量數} \\ 19 \le A \le 25 \\ 150 \le A \le 180 \\ 220 < A \end{array}\right\} \tag{11-249a}$$

$$50 \le A \le 150 \tag{11-249b}$$

$$180 \le A \le 220 \tag{11-249c}$$

（11-249a）、（11-249b）和（11-249c）式分別表示，A在這領域的原子核會呈現轉動、振動和轉振動耦合能級，後來的實驗確實如 Bohr-Mottelson 預估的（11-249a～c）的結果。我們不再深入，因為太專業化；並且 Bohr-Mottelson 的最精華之處，就是經典的液滴模型部分。接著介紹很有應用價值的液滴簡諧振盪的量子化過程。

(d)簡諧振盪的量子化

從經典力學到量子力學的過程，必須做（10-59a～c）式的量子化操作，但遇到全同粒子群時需要小心，由其全同性的本質、自然地分成 Bose 子或 Fermi 子，前後者的對易關係不同，分別為對易和反對易，如後註(18)的(15)和(27)式。雖核子是Fermi子，但液滴模型是以整個原子核的運動模式來描述力學現象，而獲得（11-239a）式，這是典型的簡諧振動 Hamiltonian，在量子力學是屬於 Bose 子振動。在多體問題，很難直接地追蹤每個粒子的行為。在 1932 年V. Fock找到了演算結果和直接使用（10-59a～c）式等效的第二量子化法[18)]，簡化了多體全同粒子的演算過程。依此方法設 $b^+_{\lambda,\mu}$ 和 $b_{\lambda,\mu}$ 分別為產生（creation）和湮沒（annihilation），角動量及其第三成分量子數 λ 及 μ 的 Bose 子算符，則由後註(18)的(15)式得它們的對易關係：

$$\left.\begin{aligned}&[b_{\lambda,\mu}, b_{\lambda',\mu'}]=0\\&[b^+_{\lambda,\mu}, b^+_{\lambda',\mu'}]=0\\&[b_{\lambda,\mu}, b^+_{\lambda',u'}]=\delta_{\lambda,\lambda'}\delta_{\mu,\mu'}\end{aligned}\right\} \qquad (11\text{-}250a)$$

在此僅探討 $\lambda=2$ 的情形，$\lambda=2$ 時 $\mu=-2,-1,0,1,2$ 的五個值，相當於五維的簡諧振動，則由（10-89）式的方法得，五維的簡諧振子（simple harmonic oscillator）的能量本徵值（energy eigenvalue）：

$$\left.\begin{aligned}&E_N=<N|H_s|N>=\sum_{\mu=-2}^{2}<N_\mu|(\hat{N}_\mu+\frac{1}{2})\hbar\omega_2|N_\mu>=(N+\frac{5}{2})\hbar\omega_2\\&N=0,1,2,\cdots\cdots\\&\hat{N}_\mu\equiv(\hat{n}_\mu+\hat{n}_{-\mu})/2\end{aligned}\right\} \qquad (11\text{-}250b)$$

$\hat{n}_\mu\equiv b^+_\mu b_\mu$，$\hat{n}_{-\mu}\equiv b^+_{-\mu}b_{-\mu}$ 是粒子數算符（number operator）[18)]，$\omega_2=\sqrt{C_2/B_2}$ 右下標"2"表示 $\lambda=2$；在（11-250b）式以及下面都省略 $\lambda=2$ 的右下標。那麼如何來找 b^+_μ, b_μ 和 α_μ, π_μ 的關係呢？α_μ 是無因次複素量，滿足（11-234b）式，即有相 $(-)^\mu$，所以尋找 b^+_μ, b_μ 和 α_μ, π_μ 關係時必須有 $(-)^\mu$ 相的項才行：

$$\left.\begin{aligned}&\alpha_\mu\equiv f(b_\mu+(-)^\mu b^+_{-\mu})\\&\pi_\mu\equiv g(b^+_\mu+k(-)^\mu b_{-\mu})\end{aligned}\right\} \qquad (11\text{-}250c)$$

上式右邊的 b^+_μ 和 b_μ 的線性組合，有相加和相減的可能，k 是應這要求引進來的無因次未定量，至於 f 和 g，由於動力學量 α_μ 和 π_μ 的乘積必有因次，故 fg 是有因次的未定量，要從 α_μ 和 π_μ 的對易關係（量子量），以及它們的 Hamiltonian（11-239a）式來決定。π_μ 是 α_μ 的共軛動量，而Hamiltonian是座標和動量的函數，在此座標是 α_μ，動量是 π_μ，所以 $\alpha_\mu\pi_\mu$ 的因次 $[\alpha_\mu]$ $[\pi_\mu]$ =(能量)(時間)≡作用（action）的因次，於是從

（10-59a~c）式得 α_μ和π_μ的量子化關係：

$$\left.\begin{array}{l}[\alpha_\mu, \alpha_{\mu'}]=0 \\ [\pi_\mu, \pi_{\mu'}]=0 \\ [\alpha_\mu, \pi_{\mu'}]=iQ\delta_{\mu,\mu'}\end{array}\right\} \tag{11-250d}$$

Q是因次和 $\alpha_\mu\pi_\mu$同的未定量。從（11-250a）和（11-250c）式必須滿足（11-250b）和（11-250d）式來得f和g：

$$\begin{aligned}[\alpha_\mu, \alpha_{\mu'}] &= f^2[(b_\mu+(-)^\mu b^+_{-\mu}), (b_{\mu'}+(-)^{\mu'}b^+_{-\mu'})] \\ &= f^2\left\{[b_\mu, b_{\mu'}]+(-)^\mu[b^+_{-\mu}, b_{\mu'}]+(-)^{\mu'}[b_\mu, b^+_{-\mu'}]+(-)^{\mu+\mu'}[b^+_{-\mu}, b^+_{-\mu'}]\right\} \\ &= f^2\left\{-(-)^\mu\delta_{\mu',-\mu}+(-)^{\mu'}\delta_{\mu,-\mu'}\right\} = f^2\left\{-(-)^\mu+(-)^{-\mu}\right\}\delta_{\mu,-\mu'}=0\end{aligned}$$

同樣得$[\pi_\mu, \pi_{\mu'}]=0$，接著看看 α_μ 和 π_μ 的對易關係：

$$\begin{aligned}[\alpha_\mu, \pi_{\mu'}] &= fg[(b_\mu+(-)^\mu b^+_{-\mu}), (b^+_{\mu'}+k(-)^{\mu'}b_{-\mu'})] \\ &= fg\left\{[b_\mu, b^+_{\mu'}]+k(-)^{\mu+\mu'}[b^+_{-\mu}, b_{-\mu'}]\right] = fg\left\{1-k(-)^{\mu+u'}\right\}\delta_{\mu,\mu'} \\ &= iQ\delta_{\mu,\mu'}\end{aligned}$$

$$\therefore 2fg=iQ \quad , \quad k=-1 \tag{11-251a}$$

接著是 Hamiltonian H_s，（11-239a）式和其第二量子化形式（11-250b）式：

$$\begin{aligned}H_s &= \sum_\mu\left\{\frac{1}{2B_2}|\pi_\mu|^2+\frac{1}{2}C_2|\alpha_\mu|^2\right\} = \sum_\mu\left\{\frac{1}{2B_2}\pi_\mu\pi^*_\mu+\frac{1}{2}C_2\alpha_\mu\alpha^*_\mu\right\} \\ &= \frac{1}{2B_2}gg^*\sum_\mu(b^+_\mu-(-)^\mu b_{-\mu})(b_\mu-(-)^\mu b^+_{-\mu})+\frac{1}{2}C_2ff^*\sum_\mu(b_\mu+(-)^\mu b^+_{-\mu})(b^+_\mu+(-)^\mu b_{-\mu}) \\ &= (\frac{1}{2B_2}gg^*+\frac{C_2}{2}ff^*)\sum_\mu(b^+_\mu b_\mu+b^+_{-\mu}b_{-\mu}+1)+(\frac{C_2}{2}ff^*-\frac{1}{2B_2}gg^*)\sum_\mu(-)^\mu(b_\mu b_{-\mu}+b^+_{-\mu}b^+_\mu) \\ &= \sum_\mu(\hat{n}_\mu+\hat{n}_{-\mu}+1)\frac{\hbar\omega_2}{2} = \sum_\mu(b^+_\mu b_\mu+b^+_{-\mu}b_{-\mu}+1)\frac{\hbar\omega_2}{2}\end{aligned}$$

$$\therefore \left\{\begin{array}{l}\dfrac{gg^*}{B_2}+C_2ff^*=\hbar\omega_2 \\ C_2ff^*-\dfrac{1}{B_2}gg^*=0\end{array}\right\} \tag{11-251b}$$

由（11-251a）式，f和g中必有一個是純虛量，設$g\equiv Gi$，$G=$實量，$f=$實量，則（11-251b）式變成：

$$\left\{\begin{array}{l}\dfrac{G^2}{B_2}+C_2f^2=\hbar\omega_2 \\ C_2f^2=\dfrac{1}{B_2}G^2\end{array}\right.$$

$$\therefore \begin{cases} G=\sqrt{\dfrac{B_2\hbar\omega_2}{2}} \qquad \Rightarrow g=i\sqrt{\dfrac{B_2\hbar\omega_2}{2}} \\ f=\sqrt{\dfrac{\hbar}{2B_2\omega_2}} \end{cases} \tag{11-251c}$$

由（11-251a）和（11-251c）式得：

$$Q=\hbar \tag{11-251d}$$

總合以上結果得：

$$\begin{cases} \alpha_\mu=\sqrt{\dfrac{\hbar}{2B_2\omega_2}}(b_\mu+(-)^\mu b^+_{-\mu}) \ , \qquad \omega_2=\sqrt{\dfrac{C_2}{B_2}} \\ \pi_\mu=i\sqrt{\dfrac{B_2\hbar\omega_2}{2}}(b^+_\mu-(-)^\mu b_{-\mu}) \end{cases} \tag{11-252a}$$

$$\begin{cases} [\alpha_\mu,\alpha_{\mu'}]=0 \ , \qquad [\pi_\mu,\pi_{\mu'}]=0 \\ [\alpha_\mu,\pi_{\mu'}]=i\hbar\delta_{\mu,\mu'} \end{cases} \tag{11-252b}$$

$$H_s=\sum_\mu(b^+_\mu b_\mu+b^+_{-\mu}b_{-\mu}+1)\frac{\hbar\omega_2}{2} \tag{11-252c}$$

$$E_N=\langle N|H_s|N\rangle=(N+\frac{5}{2})\hbar\omega_2 \ , \qquad N=0,1,2, \tag{11-252d}$$

$\frac{5}{2}\hbar\omega_2$是諧振子的零點能（zero point energy）。那麼（11-252a）～（11-252d）式表示著什麼物理內容呢？把原子核看成液滴，當液滴做微小的表面簡諧振盪時，液滴會釋放角動量$\lambda=2$，其第三成分μ的Bose子$b^+_{2,\mu}$，普通稱為聲子（phonon），而如圖（11-79a）核從高激態E_{Ih}躍遷到低激態或基態E_{Il}。如圖（11-79b）是圖（11-79a）的逆過程，則核會吸收$b_{2,\mu}$聲子。從（11-252d）式，不難看出諧振子模型帶來，高度簡併（degeneracy）的能級。設I=核自旋（總角動量），則由角動量的合成，並且是偶宇稱的I和簡併度，如表（11-14）。諧振子模型能級和實驗的比較不十分理想，除了中重核（$A>100$）部分幻數附近的核，並且最多到$N=2$的能級。這當然是模型過度簡單的緣故。

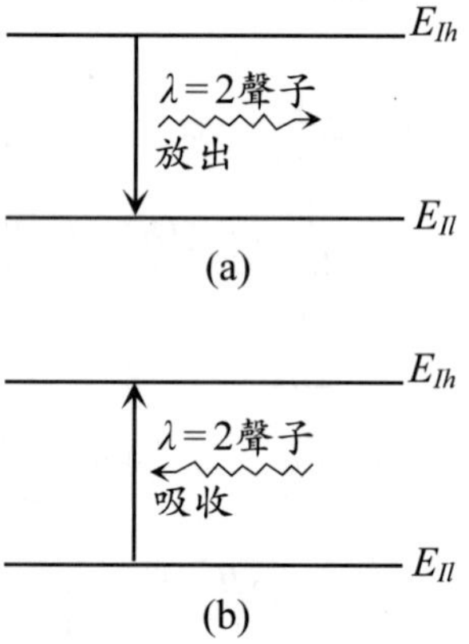

圖 11-79 能級間的躍遷

表 11-14 諧振子模型的核自旋 I 以及簡併度

N	0	1	2			3					....
I	0	2	0	2	4	0	2	3	4	6	....
簡併度	0	0	3			5					....

有關核的集體運動，尚有不少內容，但已占了不少篇幅，無法再深入了。

(D)核的衰變、放射和輻射

(1)衰變（decay）

以上，大致瞭解原子核內部，以及核運動的一些模式，即核不是靜態。從Heisenberg 的測不準原理。既然核有明確的大小，核子們便不可能靜止不動。核不許靜態。核帶電，帶電成員一動就產生電流，所以核內不但有強相互作用，又有電磁相互作用，到了 1930 年代後半又肯定，核內又有弱相互作用，又有核子質量帶來萬有引力相互作用，不過從表（11-6），核內相互作用，以強和電磁相互作用為主。核內成員經複雜的相互作用後，達到某種穩定態，其能量最低者稱為**基態**。不過當核子數，尤其明帶正電的質子數增加，雖用顯性為電中性的中子來緩衝。且電磁力雖約為強作用力的 137 分之一，仍然擋不住庫侖斥力。於是原子序數$Z>82$的核都會釋出α粒子（氦$_2He^4_2$）來達成核穩定，這過程叫**核的 *α* 衰變**（α-decay）。所謂衰變，是一個複合粒子（composite particle），由內部的複雜相互作用的結果，自行分裂成兩個或以上的粒子，分裂出去的粒子將多餘的能量帶走的現象叫**衰變**。例如$_{88}\mathbf{Ra}^{226}_{138}$（鐳）和中子$n$的衰變：

$$_{88}Ra^{226}_{138} \longrightarrow {}_{86}Rn^{222}_{136}（氡）+ {}_2He^4_2（\alpha 粒子）$$
$$n \longrightarrow p（質子）+ e（電子）+ \tilde{\nu}（反微中子）$$

前者主要是強和電磁相互作用引起的核衰變，後者是弱相互作用帶來的現象，又叫**弱衰變**。週期表上的元素，有不少的核為了調整內部穩定，緩慢地進行弱相互作用，有的把質子p轉換成中子n而放出正電子e^+：$p \rightarrow (n+e^+ + \nu$（微中子））有的剛好相反，如上式將中子$n$變成質子$p$而釋放電子。這過程前者叫**$\beta^+$衰變**（$\beta^+$ decay），後者叫**β^- 或β 衰變**（β^- 或β decay）。有的原子核以釋放能量，即輻射高能量電磁波來降低核成員間的相互作用能力來得穩定，這稱為核的**γ 衰變**，或輻射衰變。以上正是我們熟悉的名詞α、β和γ射線的扮演者。α和β是核放出有靜止質量（rest mass）的粒子，而γ是輻射無靜止質量的光子，即電磁波。於是最好稱 α

和β射線為α和β**放射線**，而γ射線為γ**輻射線**。至於它們的內涵以及力學機制，一直從 1896 年 Becquerel 發現放射線到 1934 年 Fermi 建立β衰變理論才告一段落。緊接著Becquerel、居禮夫婦（Pierre和Maric Curie）同樣地發現（1896）更強的輻射線，但他們統不知輻射線的來源，只知輻射線有：遇磁場改方向且向左和右彎曲，以及不改變方向的三種，而稱它們為α、β、γ射線（α、β、γ rays）。

在 1897 年J.J.Thomson已發現電子。翌年 1898 居禮夫婦從分析輻射源物質時發現鐳（$_{88}$Ra）元素後，物理學家們更加積極地分析輻射線的內涵。1899年在加拿大McGill大學的E.Rutherford重複過去實驗，讓從不同元素產生的輻射線如圖（11-80）經過磁場$\boldsymbol{B}$，則有的如A，有的輻射線剛好和A相反方向，且彎度更大，如圖上的軌跡B（具體演算看第七章 Ex(7-43)），而有的不受任何影響繼續往前，如圖上C。於是從電磁學，Rutherford 歸納出：走路徑A帶正電的α射線是氦（$_2He_2^4$）原子，而路徑B帶負電的β射線是電子。因為從（7-53b）式得，帶電荷q、質量m、速度大小v_0的粒子，在磁場$\boldsymbol{B}$的軌跡半徑R是：

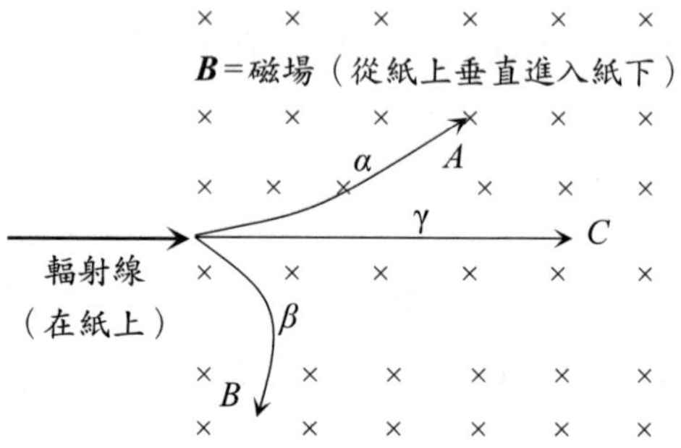

α、β、γ射線在磁場$\boldsymbol{B}$內的行進現象
圖 11-80

$$R=\frac{mv_0}{q|\boldsymbol{B}|}$$

故m愈小彎得愈利害。另一方面Rutherford開始懷疑，當時的化學家們相信：「原子是無法再分割的基本粒子」的想法。因為電子輕又容易造，例如陰極線（真空放電）、光電效應、放電現象等都有電子。於是他想：

原子會由輻射α和β轉變成另一種原子 （11-253）

當時和 Rutherford 同在 McGill 大學，發現同位素且命名為「Isotope」的化學家Soddy（Frederick Soddy 1877年～1956年英國化學家）無法接受Rutherford（11-253）式的想法，相互爭論。果然是科學家，決定作實驗，**用「驗證」來定勝負**。兩人合作做實驗，結果是[35)]：

(1)輻射是原子的自然轉換。
(2)輻射是隨機過程（random process）。 （11-254）

證實Rutherford的想法。當一個原子衰變時，會釋放一個、兩個或以上的高能量粒子α或β，而變成另種化學性質不同的原子；同時發現無法預估放射性元素何時會衰變，只能預估開始衰變後，接著的衰變概率而已。Rutherford和Soddy繼續合作研究原子輻射（當時還不知道α、β和γ射線來自原子核），他們發現重的元素衰變時，每步驟形成的子元素（daughter element）全是輻射性元素，於是形成級聯（cascade）衰變，一直到安定的鉛（${}_{82}Pb^{208}_{126}$）或其同位素才停止。例如圖（11-81）的${}_{90}Th^{232}_{142}$（釷）級聯衰變，半衰期是粒子數N_0變成一半$\frac{N_0}{2}$所需要的時間（看下面（11-255a～c）式）。自然放射系列，除${}_{90}Th^{232}$之外還有三個系列，分別為：${}_{92}U^{238}$（鈾）、${}_{89}Ac^{235}$（錒）和${}_{93}Np^{237}$（鋕）。

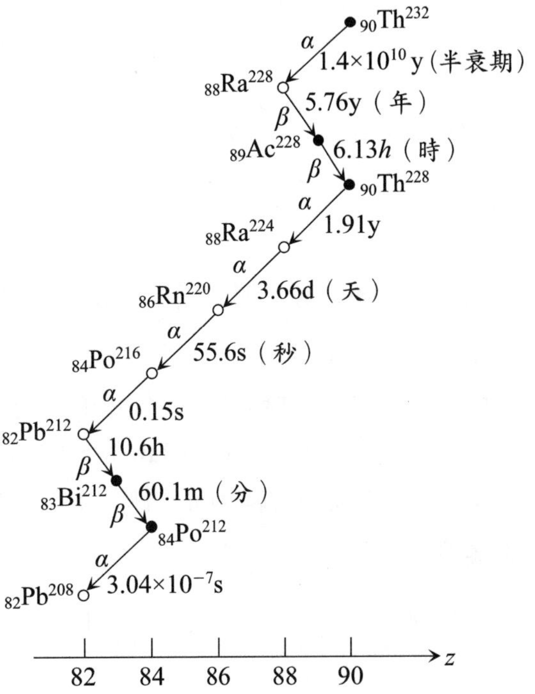

${}_{90}Th^{232}_{142}$的自然放射系列（natural radioactive series，或衰變鏈（decay chain））

圖 11-81

(i)壽命（life time）

原子核或其他基本粒子，從它的生成到衰變的時間叫該粒子的**壽命**。到目前（1999年秋天）除了電子和質子（但有理論推算質子壽命≒$10^{22\sim31}$年）之外，所有的基本粒子都有壽命。表示壽命的方法目前有兩種：

(1)無放射（含無輻射）性粒子時，用其平均壽命，

(2)放射（含輻射）性粒子時，用半衰期，但有時不分。

(ii)半衰期（half life）

假定時間t時放射（含輻射，以下也是）性原子核數$=N$，而每個原子核在單位時間衰變的概率$=\lambda$，又叫**衰變係數**（decay constant），則在dt時間內衰變的核數dN是：

$$dN \propto N dt \text{，或 } dN = -\lambda N dt$$

負符號表示沒衰變的原子核數跟著時間減少，從上式得：

$$\frac{\mathrm{d}N}{N}=-\lambda \mathrm{d}t$$
$$\therefore N(t)=\text{常數}\,C\,e^{-\lambda t}$$

設初始條件為：$t=0$ 時，$N(t=0)=N_0$，得 $C=N_0$

$$\therefore N(t)=N_0\,e^{-\lambda t} \tag{11-255a}$$

任何共用數學函數必須無因次，故λ的因次 $[\lambda]=\frac{1}{\text{時間}}\overset{MKS\text{制}}{=\!=\!=}\frac{1}{s}$，確實滿足前面所說的$\lambda$定義。（11-255a）式是任何放射性或非放射性（如原子從激態躍遷到低激態或基態等）物質，其衰變或躍遷過程的粒子數變化，稱（11-255a）式為衰變或躍遷概率的**指數定律**（exponential law），或叫**衰變定律**（decay law），是 Rutherford 和 Soddy 分析實驗數據歸納推導出來的，衰變前後粒子數的關係式。通常定義 $\lambda^{-1}\equiv\tau$ 為**壽命或平均壽命**。

$$\text{壽命}\ \tau\equiv\frac{1}{\lambda} \tag{11-255b}$$

至於半衰期是 N_0 到 $N_0/2$ 所需時間，設它為 $\tau_{1/2}$ 的話：

$$N(\tau_{1/2})=\frac{N_0}{2}=N_0 e^{-\tau_{1/2}/\tau}$$
$$\therefore \tau_{1/2}=\tau\ln 2\doteqdot 0.69\,\tau \tag{11-255c}$$

自然放射性物質的半衰期分布約為 $10^{-(7\sim8)}$ 秒～ 10^{10} 年。

【Ex. 11-39】 有 100 個放射性 ${}_{83}\mathrm{Bi}^{212}$（鉍），求 50 分、100 分後各剩多少 ${}_{83}\mathrm{Bi}^{212}$。${}_{83}\mathrm{Bi}^{212}$ 的半衰期 $\tau_{1/2}=60.1$ 分。並且證 $2\tau_{1/2}$ 時的數目 $=\frac{100}{4}=25$。

(1)由（11-255c）式得 $\tau=\frac{\tau_{1/2}}{\ln 2}\doteqdot\frac{60.1\text{ 分}}{0.69}\doteqdot 86.706$分

$$\therefore\begin{cases}N(50)\ =100\exp(-\frac{50}{86.706})\doteqdot 100\times 0.56177\doteqdot 56.2\\ N(100)=100\exp(-\frac{100}{86.706})=100\times 0.31559=31.6\end{cases}$$
$$=56.2\exp\left(-\frac{50}{86.706}\right)$$

(2)設 $\tau_{1/2}$ 後的粒子數 $=N_1$，$t=0$ 時的粒子數 $=N_0$，則得

$$N_1 = \frac{N_0}{2}$$

再過 $\tau_{½}$ 後的粒子數 $N_2 = \frac{1}{2}N_1 = \frac{1}{2}\frac{1}{2}N_0 = \frac{1}{4}N_0$

$$\therefore N_2 = \frac{1}{4} \times 100 = 25$$
$$= 100\exp(-\frac{120.2}{86.706}) \fallingdotseq 100 \times 0.250000112 \fallingdotseq 25$$

地球形成初期，地球上的元素比目前自然界存在的 92 種還多，由於其壽命都比地球壽命短而從地球上消失了。週期表（看第十章後註（23））上原子序數（atomic number）$Z >$ 92 的元素全是人造元素，即在加速器內造的元素，今年（1999 年）春天已造到 $Z = 116$，再造兩個，則 $n = 7$ 的主量子數週期就滿了。

(2)放射線和輻射線對人體的影響

(i)輻射線

在第五章（Ex.6）曾提到人的內臟能耐的頻率有限。耳朵的鼓膜也不例外（看第五章圖（5-31））；細胞對頻率和溫度更是敏感（看第七章Ⅳ）。雖然「放射（釋放有靜止質量粒子）」和「輻射（釋放無靜止質量粒子）」該有區別，不過醫院也好，我們也好，放射和輻射常混著用。在醫院主要是應用原子核或原子的輻射線來治療，前者輻射 γ 射線，後者輻射的是 X 射線，為了方便把兩者的大致差異列在表（11-15）。人的平均體溫是 36.5℃，約絕對溫度 310K，這時的熱能 $\varepsilon = kT$，$k = Boltzmamn$ 常量 $\fallingdotseq 8.617385 \times 10^{-5}$ eV/K

$$\therefore \varepsilon = 8.617385 \times 10^{-5} \times 310\text{eV} \fallingdotseq 0.0267\text{eV}$$

表 11-15 原子和原子核的能級及輻射波長 λ 和 頻率 ν

	原子	原子核
能級能量	eV，（（11-13）式）	KeV ～MeV，（（11-231a～c）式）
輻射線及能量	X 射線（X 光），（圖（5-21））	γ 射線，（圖（5-21））
	eV 量級	MeV 量級（數KeV ～MeV）
波長 λ（Å）	10^{-2}Å<λ<數十Å	$\lambda < 10^{-2}$Å
頻率 $\nu = \frac{c}{\lambda}$(Hz)	10^{16}Hz<ν< 10^{20}Hz	10^{20} Hz <ν

c = 光速

人體細胞所需熱能不過是 0.027 eV，所以從表（11-15）雖被X光照射千分之一秒，人體細胞還是吃不消，這是為什麼禁止靠近電視機看電視，限制每人每年只能照多少次X光的理由，並且可以瞭解為什麼可以用鈷六十（$_{27}Co^{60}$）等的γ射線來治療癌。治療時放極少量的鈷六十或碘 129（$_{53}I^{129}$），或碘 130（$_{53}I^{130}$）在癌瘤處，這叫「**放射線治療**」或依瘤的大小照射強度 I 不同的X光或γ射線來殺癌細胞。光強I是單位時間、單位面積所接受的能量，I的因次 $[I]=\dfrac{\text{能量}}{\text{面積・時間}}=\dfrac{\text{watt}}{\text{m}^2}$。（看（8-26a）式）顯然$I\propto E$（能量），在微觀世界或波長小於約 100Å的電磁波，都用光子來處理電磁波，不是用波動（看第五章）來蒐集能量（看 Ex.(10-3)）。頻率ν的電磁波，其光子能$\varepsilon=h\nu=\hbar\omega$，$h=Planck$常量，$\hbar\equiv\dfrac{h}{2\pi}$，$\omega=2\pi\nu=$角頻率，

$$\therefore I\propto nh\nu，\quad E=nh\nu，\quad n=0,1,2,\cdots\cdots$$

所以照射輻射線時，可調整頻率，也可以調整光子數，即在同一頻率下調整I，n愈大I愈強。**人體是高精密機器，醫學對它的瞭解尚屬有限**，癌細胞周圍免不了有好細胞，放射線治療雖針對腫瘤的局部照射，還是無法避免傷害到好細胞。不過總比化學治療打針好得多，打針往往影響全身體。所以放射線治療除了劑量過多（看表（11-18）），或針對頭部照射，一般不掉頭髮。1992 年台北市縣暴露的輻射屋事件，是建築所用的鋼筋含有來自鈷六十的強輻射線[36)]，其輻射γ劑量（看（11-256a～c）式）是一般住家內自然含有量的約兩倍到 1500 倍！這是多麼不能原諒的犯罪行為。X和γ的穿透力很強，不但直接傷害被照射**人的身體組織和基因，由於組織和基因都受到扭曲，易生畸型兒或影響出生兒的未來，產生遺傳性的後遺症。由於輻射傷害沒有最低安全值，個人差距又很大，甚至於同一個人，其容許劑量和健康情形有關**。根據國際輻射防護委員會（簡稱 ICRP），健康成人的年容許量如表（11-16）[37)]。

表 11-16　平均每人容許的最大輻射年劑量

器官	劑量（dose）
眼睛水晶體	$0.15\ ^{\text{rem}}/\text{年} \fallingdotseq 4.76\times10^{-9}\ ^{\text{rem}}/\text{s}$
骨髓、性殖腺、全身	$0.5\ ^{\text{rem}}/\text{年} \fallingdotseq 1.59\times10^{-8}\ ^{\text{rem}}/\text{s}$
胎兒暴露劑量	$0.05\ ^{\text{rem}}/\text{年} \fallingdotseq 1.59\times10^{-9}\ ^{\text{rem}}/\text{s}$
骨骼、甲狀腺、全身皮膚	$3\ ^{\text{rem}}/\text{年} \fallingdotseq 9.51\times10^{-8}\ ^{\text{rem}}/\text{s}$
手、前臂、足、足踝	$7.5\ ^{\text{rem}}/\text{年} \fallingdotseq 2.38\times10^{-7}\ ^{\text{rem}}/\text{s}$
其他任一器官	$1.5\ ^{\text{rem}}/\text{年} \fallingdotseq 4.76\times10^{-8}\ ^{\text{rem}}/\text{s}$

＊約 10 年前的標準約為本表的 10 倍。

表（11-16）上的「rem」，中名叫**侖目**，是輻射劑量單位，是「**r**öntgen **e**quivalent **m**an or mammal」的縮寫。有時使用Sv（Sievert 擇成**西弗**），是紀念對輻射防護有很大貢獻的 R. M. Sievert 取的單位名稱，它們各為：

$$1\,\text{rem} \equiv \frac{\text{J(Joule)}}{100}\frac{1}{\text{kg}} \doteqdot 6.24151\times 10^{10}\frac{\text{MeV}}{\text{kg}} \qquad (11\text{-}256a)$$

$$1\,\text{Sv} \equiv 100\,\text{rem} = \frac{1\text{J}}{1\text{kg}} \qquad (11\text{-}256b)$$

還有一種過去常用的單位叫 röntgen 或 roentgen，譯成**倫琴**，是紀念 1895 年發現X射線的 Röntgen=Roentgen 取命的單位，用符號「R」表示。它表示在標準狀態（0℃，一氣壓）的乾燥空氣內，輻射線（X或γ射線）能電離（從分子，或原子，或離子（ion）游離出一個或以上的電子叫**電離**（ionization））的空氣構成粒子的數目做為的單位。

$$1\,R \equiv 1\,\text{röntgen} \doteqdot 2.58\times 10^{-4}\frac{\text{C}}{\text{kg}\cdot\text{air}} \qquad (11\text{-}256c)$$

C = coulomb（庫侖），「air」是空氣。電子電荷大小$e = 1.60217733\times10^{-19}$C，故 1 R是：

$$1\,\text{R} \doteqdot \frac{2.58\times10^{-4}}{10^3\text{g}\cdot\text{air}}\times\frac{\text{e}}{1.6022\times10^{-19}} \doteqdot 1.61\times10^{12}\frac{\text{ion pair}}{\text{g}\cdot\text{air}} \qquad (11\text{-}256d)$$

ion pair = 離子對，因電中性粒子A，被游離一個電子後必成A^+和帶負電電子：

$$A \longrightarrow A^+ + e^-$$

成離子對。我們做胸部X光片檢查，約接受 0.02rem強；從表（11-16），對輻射最敏感的是眼睛，再來是造血源骨髓和生殖線，所以不要隨便做脊椎和骨盤的電腦斷層掃描。因為這兩處是重要的造血處，**輻射劑量很容易超過容許量而引起貧血**。

(ii)放射線

放射線是原子核為了更安定釋放有靜止質量（rest mass）的粒子：氦（${}_2\text{He}_2^4$）原子，又叫α粒子的α射線，和電子或正電子，分別稱為β^-（或β）或β^+射線。α射線是原子核內部的電磁力和核力競爭的結果；$\beta^\pm$射線是核內弱相互作用的產物。原子核的$\beta^\pm$衰變的半衰期介於10^{-2}秒～10^{18}年，被釋放的電子、正電子的最大能量約數MeV，而α射線的最大動能約 9MeV。由於α和$\beta^\pm$都帶電，加上有質量，所以容易被物質阻擋，穿透力遠不如γ射線。α、β、γ射線都來自原子核的自然衰變，但 1938 年末 Hahn（Qtto Hahn 1879 年～1968 年德國化學家），Meitner（Lise Meitner 1878 年～1968 年出生於奧地利的德國理論物理學家）和 Strassmann（Fritz Strassmann 1902 年～1980 年 德國化學家）發現核分裂後，科學家們又發現核分裂時，不但釋放中子，並且輻射高能量γ射線（進一步內容看下面（F）核分裂）。中子不帶電，質量約α粒子的四分之一，對人體的傷害遠超過α粒子。目前的核能發電都是利用核分裂，如沒做好完全的屏蔽措施，會嚴重地污染環境傷害生物。放射線使用的劑量單位叫 curie（譯或*居禮*），是紀念居禮夫人取的名稱，使用符號「Ci」表示，它是：

$$\begin{aligned}1\ \text{curie} \equiv 1\ \text{Ci} &= \text{每一克}\ {}_{88}\text{Ra}^{226}_{138}\ (\text{鐳})\ \text{每秒衰變的原子數} \\ &= \text{每一克}\ {}_{88}\text{Ra}^{226}_{138}\ \text{每秒的衰變數} \\ &\fallingdotseq 3.7\times10^{10}\frac{1}{\text{g}\cdot\text{s}}\end{aligned} \tag{11-257a}$$

【Ex.11-40】 推導$1\text{Ci} \fallingdotseq 3.7\times10^{10}\dfrac{1}{\text{g}\cdot\text{s}}$，但${}_{88}\text{Ra}^{226}_{138}$的半衰期＝1602 年。

由（11-255c）式得${}_{88}\text{Ra}^{226}$的壽命$\tau=\dfrac{1602\ \text{年}}{\ln2}=2311.2\text{年}$：

${}_{88}\text{Ra}^{226}$的原子量＝226，故 226 克的${}_{88}\text{Ra}^{226}$的原子數＝Avogadro 數N_A

$$\begin{aligned}\therefore \text{一克的}\ {}_{88}\text{Ra}^{226}\ \text{含有的原子數}\ N &= \frac{1\text{g}}{226\text{g}}\times N_A \\ &= \frac{6.0221367}{226}\times10^{23} \fallingdotseq 2.665\times10^{21}\end{aligned}$$

$$\begin{aligned}\text{故每克的}\ {}_{88}\text{Ra}^{226}\ \text{每秒鐘衰變的原子數} &= \frac{N}{\tau}\frac{1}{\text{g}} \\ &= \frac{2.665\times10^{21}}{2311.2\times365\times24\times60\times60}\frac{1}{\text{s}\cdot\text{g}} \\ &\fallingdotseq 3.66\times10^{10}\frac{1}{\text{g}\cdot\text{s}} \fallingdotseq 3.7\times10^{10}\frac{1}{\text{g}\cdot\text{s}}\end{aligned} \tag{11-257b}$$

【Ex.11-41】 每個${}_{88}\text{Ra}^{226}_{138}$衰變時會釋放 38 MeV 的能量，$1\ \text{MeV}=10^6\ \text{eV}$，$1\ \text{eV} \fallingdotseq 1.6021773\times10^{-19}\ \text{J}$，那麼要得 1000W(watt)需要多少克的${}_{88}\text{Ra}^{226}$呢？每 curie 的${}_{88}\text{Ra}^{226}$會釋放多少能量呢？

(1) 設需要的${}_{88}\text{Ra}^{226}=x\text{g}$，則由（11-257b）式得：

$$3.7\times10^{10}\times38x\frac{\text{MeV}\cdot\text{g}}{\text{s}\cdot\text{g}}=1000\frac{\text{J}}{\text{s}}$$

$$\therefore x=\frac{1000\text{J}}{3.7\times38\times1.6021773\times10^{-3}\text{J}}\doteqdot4.44\ (\text{kg})$$

(2) $3.7\times10^{10}\times38\times1.6021773\times10^{-19+6}\dfrac{\text{J}}{\text{s}}\doteqdot0.2253\ \text{W}$

$=$ 每 curie 的 ${}_{88}\text{Ra}^{226}$每秒鐘釋放的能量

(a)中子（neutron）[37,38]

在我們的日常生活，中子和質子是一起存在於原子核內，中子是 1932 年 Chadwick 發現的，其靜態性質是：

$$\left.\begin{array}{ll}
\text{質量 } m_nc^2=(939.56563\pm0.00028)\text{MeV}\equiv939.56563(28)\text{MeV} & \\
\text{內稟角動量（自旋）}=\dfrac{1}{2}\text{，} & \text{Fermi 粒子} \\
\text{同位旋}=\dfrac{1}{2} & \\
\text{磁偶矩 } \mu_n=-1.9130428(5)\mu_N & \\
\mu_N\equiv\dfrac{e\hbar}{2m_p}=3.15245166(28)\times10^{-14}\dfrac{\text{MeV}}{\text{T(tesla)}}\text{，}m_p\text{=質子質量} & \\
\text{電偶矩 d}<0.97\times10^{-25}\text{e}\cdot\text{cm，} & e\text{=電子電荷大小} \\
\text{平均壽命}\tau_n=886.7(1.9)\text{s}\doteqdot886.6\text{s} & \\
\text{電荷 } q_n=(-0.4\pm1.1)\times10^{-21}\text{e}\doteqdot0\text{，} & \text{可看成電中性}
\end{array}\right\}\quad(11\text{-}258)$$

在核反應產生的中子動能是 MeV 量級，稱為**高速中子**，在物質中常被減速到 KeV 量級，或以下的動能，叫**低速中子**，而稱 eV 以下的的中子為**熱中子**（thermal neutron）。熱中子是很有用的粒子，由於中子是電中性卻帶有磁偶矩，又是參與強相互作用，故利用這些特性和物質中的原子核以及原子的磁偶矩相互作用。從熱中子的散射、繞射現象來判物質結構，也可讓物質吸收中子來改變物質性質；應用範圍廣，已形成一專門領域，叫**中子物理學**。另一面熱中子是會引起核的鏈式反應（chain reaction）。二次大戰的原子炸彈是熱中子 n 引起 ${}_{92}\text{U}^{235}_{143}$ 的鏈式反應現象。如圖（11-82a），當入射中子 n 的能量很高，其速度快，於是和靶核碰撞時，以衝擊力打出核中一個或兩個核子而自己留在

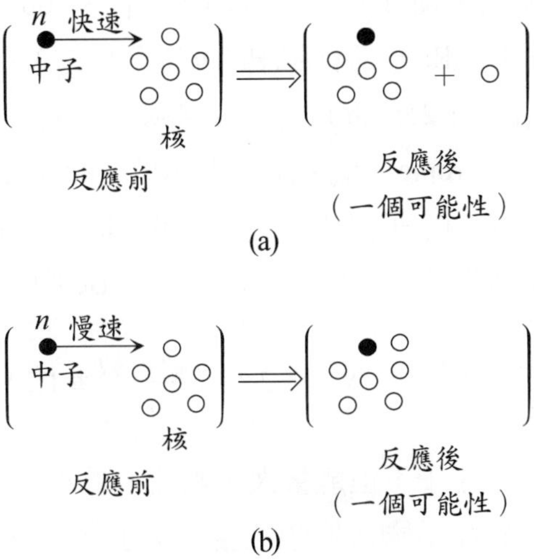

圖 11-82

核內，或者帶走靶核的一兩個核子一起走，靶核的其他核子不受多大影響。當入射中子n的動能很小，它慢慢地進入靶核，和靶核的其他核子分配自己帶來的動能如圖（11-82b），結果整個靶核核子全受影響，開始動盪不穩，相互作用的結果擠出任意能量最大的中子，或分裂成兩個原子核和一個或兩個中子，這就是**核分裂**（nuclear fission）。圖（11-82a, b）的現象，我們小時候玩彈珠，或長大後玩撞球時都看過的現象。所以要毀壞對象，不一定要硬仗，例如目前的「文化侵略」，「經濟侵略」等，可能比武力侵略更可怕，你說，物理好不好玩呢？

(b)Ra-Be（鐳鈹）中子源

那麼實驗室用的中子是怎麼造的呢？如（11-258）式，中子的壽命最多 15 分，它馬上衰變：

$$n \longrightarrow p + e + \tilde{\nu}\ ,\qquad e = \text{電子},\qquad \tilde{\nu} = \text{反微中子}$$

中子只在原子核內才會長壽，所以如想獲得中子，唯一方法是利用核反應。既然是核反應，至少要有兩種粒子；實驗室內最普通的中子源是 ${}_{88}Ra^{226}$-${}_4Be^9$ 中子源[38]，它是 $RaCl_2$（氯化鐳）顆粒和 ${}_4Be^9_5$（鈹）粉末的混合物。Ra和Be的核反應過程是：

$${}_{88}Ra^{226}_{138} \xrightarrow{\text{衰變}} {}_{86}Rn^{222}_{136}\,(\text{氡}) + {}_2He^4_2\,(\alpha) \qquad (11\text{-}259a)$$

$${}_4Be^9_5 + {}_2He^4_2 \xrightarrow{\text{反應}} {}_6C^{13*}_7 \xrightarrow{\text{衰變}} {}_6C^{12}_6 + {}_0n^1_1 + 5.75\text{MeV} \qquad (11\text{-}259b)$$

${}_6C^{13*}_7$的右上標「＊」表示激態。如Ex（11-40）所示，${}_{88}Ra^{226}$ 的半衰期相當長、1602 年、且每一克 ${}_{88}Ra^{226}$ 每秒釋出的α粒子數為 3.7×10^{10}，則由（11-259a,b）式，每克 ${}_{88}Ra^{226}$ 每秒各向同性（isotropic）地射出 3.7×10^{10}，即 1Ci的中子。釋出的中子最大動能 =13.08MeV，如右圖能譜最大強度I約為 5MeV。但 Ra-Be 中子源，一克每秒釋出的中子數N_n是：

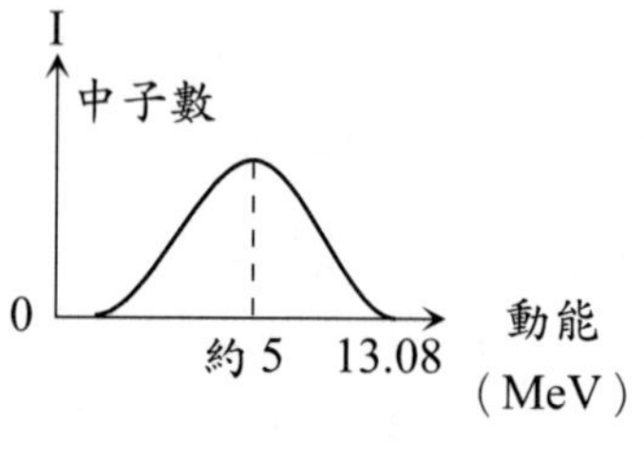

$$N_n = 1.2\times 10^7 \frac{\text{中子數}}{\text{g}\cdot\text{s}} \equiv 1.2\times 10^7 \frac{\text{n}}{\text{g}\cdot\text{s}} \fallingdotseq 3.3\times 10^{-4}\text{Ci} \qquad (11\text{-}259c)$$

這些中子不但能量大，並且中子本身會直接傷害人體組織。這是為什麼在 1980 年代初葉美國政府想開發「中子彈」時，受到美國國內以及全世界的極力反對而取消。中子彈的可怕，不但殺傷力遠超過氫彈和原子彈，並且會嚴重地影響我們的後代，另一方面 ${}_{88}Ra^{226}$ 及其次代產物 ${}_{86}Rn^{222}$亦釋放γ射線，一克 ${}_{88}Ra^{226}$ 具有 3.7×10^{10}

dis/s，dis=disintegration（蛻變）的簡寫。所謂的「disintegration」和「decay」不同，蛻變是某複合粒子A，受到外來粒子或和外界的相互作用，分裂成兩個或以上的粒子現象。例如光子引起氘（${}_1H_1^2$）原子蛻變（photo-disintegration of deuteron）：

$${}_1H_1^2\,(\text{或寫成}D)+\gamma\,(\text{光子})\to p\,(\text{質子})+n$$

上式和（11-259a）式類似，所以衰變式子常用「dis」來表示衰變數，同樣地（11-255a）式的衰變係數λ，也叫**蛻變係數**（disintegration constant）。${}_{88}Ra^{226}$每次衰變平均釋出2.29個光子，而每光子的平均能量=0.782 MeV，光子被空氣吸收的吸收常數$\delta=3.46\times10^{-5}\dfrac{1}{\text{cm}}$。故每一克${}_{88}Ra^{226}$每秒鐘釋放的光子能量$E\gamma(\text{Ra})$是：

$$E\gamma(\text{Ra})=3.7\times10^{10}\times2.29\times0.782\frac{\text{MeV}}{\text{g}\cdot\text{s}}=6.626\times10^{10}\frac{\text{MeV}}{\text{g}\cdot\text{s}} \tag{11-259d}$$

而每一克，Ra-Be中子源每秒鐘釋放的光子能量Eγ(Ra-Be)是：

$$E\gamma(\text{Ra-Be})=1.2\times10^{7}\times2.29\times0.782\frac{\text{MeV}}{\text{g}\cdot\text{s}}=2.149\times10^{7}\frac{\text{MeV}}{\text{g}\cdot\text{s}} \tag{11-259e}$$

這些能量被空氣吸收後，經過我們的呼吸，變成輻射傷害（看後面 Ex.（11-42））。假定我們離一克的 Ra-Be 中子源r公尺（m），且輻射是各向同性（isotropic），則每cm³的空氣所吸收的能量$Ea\,(\text{Ra-Be})$是：

$$\begin{aligned}Ea\,(\text{Ra-Be})&=\frac{E\gamma(\text{Ra-Be})\cdot\delta}{0.001293\ \text{g/cm}^3}\times\frac{1}{4\pi r^2}\\&=\frac{2.149\times10^{7}\times3.46\times10^{-5}\times10^{-4}}{0.001293\times4\pi}\frac{1}{r^2}\frac{\text{MeV}\cdot\text{m}^2}{\text{g}\cdot\text{s}}\\&=\frac{4.5762}{(r(\text{用公尺}))^2}\frac{\text{MeV}\cdot\text{m}^2}{\text{g}\cdot\text{s}}\end{aligned} \tag{11-259f}$$

標準狀態（0℃，一大氣壓）時的乾燥空氣密度$\rho_a=0.001293\ \text{g/cm}^3$。每秒鐘的輻射劑量$D_\gamma(\text{Ra-Be})$，由（11-256a）和（11-259f）式得：

$$D_\gamma(\text{Ra-Be})\frac{\text{rem}}{\text{s}}=\frac{4.5762}{6.24151\times10^{7}}\frac{m^2}{r^2}\frac{rem}{s}=0.7332\times10^{-7}\frac{\text{m}^2}{\text{r}^2}\frac{\text{rem}}{\text{s}} \tag{11-259g}$$

（11-259g）式的r必以公尺（m）算，由於$D_\gamma\propto r^{-2}$，故輻射傷害跟著距離r減少地很快。

【Ex. 11-42】 求 20 毫（10^{-3}）克的 Ra-Be 中子源的下列物理量：

(1)中子強度 I（單位時間釋放的中子數）是多少？

(2)假設 Ra-Be 放射的中子是各向同性，則中子通量 F（neutron flux，單位時間經過單位橫切面積的中子數）是多少？以及距中子源 0.1m、0.5m、1m 和 3m 處的中子通量和輻射劑量 $D_\gamma(\text{Ra-Be})$ 是多少？

(3)從表（11-16）求暴露多少時間，$D_\gamma(\text{Ra-Be})$ 就會傷害到人眼和骨髓？

(4)中子的傷害是和中子能量有關，由 ICRP（看後註(37)）No.38 的 P16 得：

$$\text{中子通量} F=\left\{\begin{array}{l} 16\dfrac{\text{中子}}{\text{cm}^2\cdot\text{s}}\cdots\cdots\text{中子動能 5MeV 時} \\ 19\dfrac{\text{中子}}{\text{cm}^2\cdot\text{s}}\cdots\cdots\text{中子動能 1MeV 時}\end{array}\right\}\text{就被傷害，}$$

則 r 等於多少就被放射的中子傷害到？

(1) 20 毫（10^{-3}）克的 Ra-Be 中子源的中子強度 $I(\text{Ra-Be})$是：

$$I(\text{Ra-Be})=20\times 10^{-3}\times 1.2\times 10^{7}\frac{\text{n}}{\text{s}}=2.4\times 10^{5}\frac{\text{n}}{\text{s}} \qquad (11\text{-}260a)$$

(2)設(Ra-Be)中子源為球心，距中子距離＝r 公尺，則由（11-260a）式得 F：

$$F=\frac{I}{4\pi r^2} \qquad (11\text{-}260b)$$

$$=\frac{2.4\times 10^5}{4\pi}\frac{1}{r^2}\frac{\text{n}}{\text{s}}=\left\{\begin{array}{l} 191\dfrac{\text{n}}{\text{cm}^2\cdot\text{s}}\cdots\cdots r=0.1\,\text{m} \\ 7.64\dfrac{\text{n}}{\text{cm}^2\cdot\text{s}}\cdots\cdots r=0.5\text{m} \\ 1.91\dfrac{\text{n}}{\text{cm}^2\cdot\text{s}}\cdots\cdots r=1\text{m} \\ 0.212\dfrac{\text{n}}{\text{cm}^2\cdot\text{s}}\cdots\cdots r=3\text{m}\end{array}\right. \qquad (11\text{-}260c)$$

由（11-259g）式得 20 毫克的 Ra-Be 中子源的輻射劑量 $D_\gamma'(\text{Ra-Be})$：

$$D'(\text{Ra-Be})=D(\text{Ra-Be})\times 20\times 10^{-3}=1.4664\times 10^{-9}\frac{\text{m}^2}{\text{r}^2}\frac{\text{rem}}{\text{s}} \qquad (11\text{-}260d)$$

$$=\begin{cases}1.4664\times10^{-7}\ \text{rem/s}\ \cdots\cdots r=0.1\text{m}\\5.8656\times10^{-9}\ \text{rem/s}\cdots\cdots r=0.5\text{m}\\1.4664\times10^{-9}\ \text{rem/s}\cdots\cdots r=1\text{m}\\1.6293\times10^{-10}\ \text{rem/s}\cdots\cdots r=3\text{m}\end{cases}\qquad(11\text{-}260\text{e})$$

(3)由表（11-16），設各r距離的時間為$t_{0.1}, t_{0.5}, t_1$和t_3，則由（11-260e）式得：

(i)眼睛：
$$\begin{cases}t_{0.1}=\dfrac{4.76\times10^{-9}}{1.4664\times10^{-7}}\text{s}=0.03246\ \text{s}\ \cdots\cdots\cdots\cdots r=0.1\text{m}\\t_{0.5}=\dfrac{4.76\times10^{-9}}{5.8656\times10^{-9}}\text{s}=0.8115\ \text{s}\cdots\cdots\cdots\cdots\cdots r=0.5\text{m}\\t_1=\dfrac{4.76\times10^{-9}}{1.4664\times10^{-9}}\text{s}=3.246\ \text{s}\ \cdots\cdots\cdots\cdots\cdots r=1\text{m}\\t_3=\dfrac{4.76\times10^{-9}}{1.6293\times10^{-10}}\text{s}=29.215\ \text{s}=0.49\ 分\ \cdots r=3\text{m}\end{cases}\qquad(11\text{-}260\text{f})$$

(ii)骨髓：
$$\begin{cases}t'_{0.1}=\dfrac{1.59\times10^{-8}}{1.4664\times10^{-7}}\text{s}=0.10843\ \text{s}\ \cdots\cdots\cdots\cdots r=0.1\text{m}\\t'_{0.5}=\dfrac{1.59\times10^{-8}}{5.8656\times10^{-9}}\text{s}=2.7107\ \text{s}\ \cdots\cdots\cdots\cdots\cdots r=0.5\text{m}\\t'_1=\dfrac{1.59\times10^{-8}}{1.4664\times10^{-9}}\text{s}=10.843\text{s}\fallingdotseq0.181\ 分\cdots\ r=1\text{m}\\t'_3=\dfrac{1.59\times10^{-8}}{1.6293\times10^{-10}}\text{s}=97.588\ \text{s}\fallingdotseq1.63\ 分\cdots\ r=3\text{m}\end{cases}\qquad(11\text{-}260\text{g})$$

(4) Ra-Be 的中子源中子的平均動能=5MeV，假定受傷害距離=r_x，則由（11-260c）式得：

$$\frac{2.4\times10^5}{4\pi}\frac{1}{r_x^2}\frac{\text{n}}{\text{s}}=16\frac{\text{n}}{\text{cm}^2\cdot\text{s}}$$

$$\therefore r_x=\sqrt{\frac{2.4\times10^5}{4\pi\times16}}\ \text{cm}\fallingdotseq34.5\text{cm}\fallingdotseq35\text{cm}\qquad(11\text{-}260\text{h})$$

即距中子源 35cm 以內的人，在一秒鐘內全受傷害。台灣大學物理系從 1960 年左右，一直到 1981 年 10 月上旬，曾使用過兩顆 10 毫克的 Ra-Be 中子源，它們對人體的傷害情形如本例題所示的量級。

在本小節探討了中子問題，同樣地質子也有問題，還好使用質子的實驗很少，不再深入。

(iii)輻射劑量與生物效應[37,39]

目前自然界的 92 種元素中，約一半在我們的身體內，以 70kg的健康男性，其中 20 種主要元素的重量百分率（%）如表（11-17）。

表 11-17　70 kg健康男性身體內的 20 種主要元素的重量百分率

元　素	重量百分率（%）	元　素	重量百分率（%）
氧（$_{8}O$）	65.0	鎂（$_{12}Mg$）	0.05
碳（$_{6}C$）	18.0	鐵（$_{26}Fe$）	0.0057
氫（$_{1}H_{0}^{1}$）	10.0	鋅（$_{30}Zn$）	0.0033
氮（$_{7}N$）	3.0	銣（$_{37}Rb$）	0.0017
鈣（$_{20}Ca$）	1.5	鍶（$_{38}Sr$）	2×10^{-4}
磷（$_{15}P$）	1.0	銅（$_{29}Cu$）	1.4×10^{-4}
硫（$_{16}S$）	0.25	鋁（$_{13}Al$）	1.4×10^{-4}
鉀（$_{19}K$）	0.2	鉛（$_{82}Pb$）	1.1×10^{-4}
鈉（$_{11}Na$）	0.15	錫（$_{50}Sn$）	4.3×10^{-5}
氯（$_{17}Cl$）	0.15	碘（$_{53}I$）	4.3×10^{-5}

其餘的元素是鎘（$_{48}Cd$），錳（$_{25}Mn$），鋇（$_{56}Ba$），砷（$_{33}As$），銻（$_{51}Sb$），鑭（$_{57}La$），鈮（$_{41}Nb$），鈦（$_{22}Ti$），鎳（$_{28}Ni$），硼（$_{5}B$），鉻（$_{24}Cr$），釕（$_{44}Ru$），鉈（$_{81}Tl$），鋯（$_{40}Zr$），鉬（$_{42}Mo$），鈷（$_{27}Co$），鈹（$_{4}Be$），金（$_{79}Au$），銀（$_{47}Ag$），鋰（$_{3}Li$），鉍（$_{83}Bi$），釩（$_{23}V$），鈾（$_{92}U$），銫（$_{55}Cs$），鎵（$_{31}Ga$），鐳（$_{88}Ra$）等約 26 種金屬，它們的百分率從鎘的 4.3×10^{-5} 一直降到鐳的 1.4×10^{-13}；以上礦物質都是我們從呼吸以及食物自然地進入身體，只要不過量人體會調適，不妨害健康。當我們照射到 α、β 和中子 n，很不幸在體內起類似（11-259b）式的核反應，把該有的細胞變質，不就傷害了身體嗎？輻射線的 X 和 γ 射線帶大批能量進入細胞，細胞立即失去功能，甚至於死亡。從（11-260g）和（11-260f）式很容易地看出，人體能接受的輻射量太少了，**尤其眼睛千萬要保護，因為眼睛是無再生能力**，以上這些通稱：

輻射污染（radioactive pollution）

目前的四大污染：「空氣」、「水」、「噪音」、「輻射」，輻射污染最可怕。輻射對人體的具體傷害細節，請看後註（39）的第二篇，在此僅列出一些最起碼的常識：照射一次或一天內暴露過度輻射劑量會引起的現象於表（11-18）。

表 11-18 輻射劑量與生物效應

劑量（倫琴）	劑量率	照射度	生物效應
1	每日（經年累月）	全身	白血球減少症
25	一次劑量	局部	癌細胞（組織培養）之染色體折斷
50～100	小劑量之累積	局部	每一代基因突變的速率自動加倍
200	一次劑量	全身	嘔吐
300～500	一次劑量	全身	人的半數致命劑量
300～600	一次劑量	局部（卵巢）	女性之不孕現象
600～800	一次劑量	局部（睪丸）	男性之不孕現象
1500	200～300 倫琴／日	局部（卵巢）	女性之生殖機能喪失
1500～2000	200～300 倫琴／日	局部	唾液腺的分泌作用停止
1800～2000	200～300 倫琴／日	局部（胃）	胃內鹽酸缺乏
50000	10～100 倫琴／日	局部	產生癌症

* *X* 射線目前還用倫琴（röntgen）單位。

除了表（11-18）之外，萬一不幸在極短時間內被照射到輻射線，有如表（11-19）的結果。

表 11-19 急性劑量引起的效應

侖目（rem）	產生的效應
100～200	損傷，可能罹殘疾
200～400	必受損傷，且罹殘疾，可能死亡
400	百分之五十會致命
600 或更多	可能致命

接著來探討原子核為什麼，又如何放射 α 和 β，以及輻射 γ。

(3) α 放射機制[2, 3, 13]

(i) α 衰變系列，α 的靜態性質

如前所述，首先發現放射線的是 Becquerel（1896 年），在 1899 年 F. O. Giesel 發現從鈾（$_{92}U$）和釷（$_{90}Th$）礦會發射容易被物質吸收的放射線，叫它 **α 射線**。接著是如前述 Rutherford 和 Soddy 肯定 Giesel 發現的是帶正電，質量很重的粒子，稱它為氦（$_{2}He_{2}^{4}$）原子，並且歸納出（11-255a）式。但為什麼鈾、釷等元素會衰變？且機制如何？一直到 1928 年 Gamow（George Gamow 1904 年～1968 年俄國、美國理論物理學家），Condon（Edward Uhler Condon 1902 年～1974 年美國理論物

理學家）和R. W.Gurney才得解決。他們使用非相對論量子力學，以隧道效應（tunnel effect）成功地解釋了α衰變的實驗（看第十章（10-78c）式和Ex.(10-23)，以及下面的Ex.(11-44)）。Gamow-Condon-Gurney的理論同時暗示：原子核在庫侖勢能以下的低能量域，有辦法使用離子和靶核的碰撞來得核反應（看下面(E)）。會起α衰變的原子核，目前約有400多種，其中壽命最短的是：

$${}_4Be_4^8\text{（鈹）}\rightarrow 2\,{}_2He_2^4\text{（}\alpha\text{）}，\qquad \text{壽命}\tau_{Be}\doteqdot 10^{-16}\,\text{s} \tag{11-261a}$$

最長的是：

$${}_{82}Pb_{122}^{204}\text{（鉛）}\longrightarrow {}_{80}Hg_{120}^{200}\text{（汞）}+{}_2He_2^4，\qquad \text{壽命}\tau_{Pb}\doteqdot 10^{17}\,\text{y（年）} \tag{11-261b}$$

自然α放射系列有圖（11-81）的${}_{90}Th^{232}$衰變鏈，又叫**4n系列**（質量數A可用4除，才叫$4n$），$n=1, 2, 3\cdots\cdots$，以及下列三衰變鏈：

$$\left.\begin{array}{l}{}_{92}U^{238}\text{（鈾）衰變鏈，或（}4n+2\text{）系列——壽命}\ \tau_U=4.47\times10^9\text{y}\\ {}_{93}Np^{237}\text{（錼）衰變鏈，或（}4n+1\text{）系列——壽命}\ \tau_{Np}=2.14\times10^6\text{y}\\ {}_{89}Ac^{235}\text{（錒）衰變鏈，或（}4n+3\text{）系列——壽命}\ \tau_{Ac}=7.04\times10^8\text{y}\end{array}\right\} \tag{11-261c}$$

地球壽命約$10^{9\sim10}$年，所以壽命比地球短的元素，在地球都找不到了。（11-261c）式的衰變鏈的最後元素都是如圖（11-81），鉛的同位素，所以自然界除了極少數元素，例如：

$${}_{62}Sm_{90}^{152}\text{（釤）}\longrightarrow {}_{60}Nd_{88}^{148}\text{（釹）}+{}_2He_2^4\ (\alpha)$$
$${}_{60}Nd_{84}^{144}\longrightarrow {}_{58}Ce_{82}^{140}\text{（鈰）}+{}_2He_2^4$$

等的衰變外，自然α衰變都是$z>82$（鉛）的元素。自然α衰變的α粒子的動能E_α大約分布是：

$$E_\alpha \doteqdot (4.1\sim8.9)\text{MeV} \tag{11-261d}$$

這些α粒子在大氣中的飛程約10cm。那麼α粒子（${}_2He_2^4$）的靜態性質是如何呢？是：

(1)由兩個質子p和兩個中子n組成。
(2)基態總角動量，即核自旋$=0$，故是Bose粒子。
(3)基態是偶宇稱（parity）。
(4)結合能$B.E.=$（28.29599 ± 0.00010）MeV

（11-261e）

從表（11-12）和（11-261e）式得知，氦核是週期表上最輕且非常安定的雙幻數元素，一個核子的平均結合能是 8MeV。當質量數A增加，核內質子間的庫侖斥力增到使大A核不穩，想趕走部分核子，不過核力強，核力及核力中的配對力（pairing force）或叫對力，使核子們結成團簇（cluster），這些團簇中以（$2p$, $2n$）的α粒子最為堅固。例如週期表上，剛好是α粒子的整數倍的元素，較其周邊的元素安定：

${}_6C_6^{12}$（碳）——3 個α	${}_{12}Mg_{12}^{24}$（鎂）——6 個α	${}_{20}Ca_{20}^{40}$（鈣）——10 個α
${}_8O_8^{16}$（氧）——4 個α	${}_{14}Si_{14}^{28}$（矽）——7 個α	${}_{28}Ni_{28}^{56}$（鎳）——14 個α
${}_{10}Ne_{10}^{20}$（氖）——5 個α	${}_{16}S_{16}^{32}$（硫）——8 個α	等等

但有個例外，相當於有兩個α的${}_4Be_4^8$（鈹）非常地不穩定，其壽命$\tau_{Be} \fallingdotseq 1\times10^{-16}$秒，並且$A=8$的元素，除了${}_3Li_5^8$（鋰）（$\tau_{Li} \fallingdotseq 1.2$s）和${}_5B_3^8$（硼）（$\tau_B \fallingdotseq 1.1$s）之外全非常不安定，同樣$A=5$也沒有安定元素，**對這三現象：「${}_4Be_4^8$、A=8、A=5 元素沒安定者」，至今（1999 年秋）尚未有完美解釋。**

(ii)α 衰變機制

設M（A,Z）=質量數A，質子數Z的原子核質量，則α衰變時各原子核的質量是：

$$\underset{\text{母核}}{M(A,Z)} \longrightarrow \underset{\text{子核}}{M(A-4,Z-2)} + \underset{\alpha\text{粒子}}{M(4,2)} \qquad \text{(11-262a)}$$

稱$M(A, Z)$和$M(A-4, Z-2)$各為**母核**（parent nucleus）和**子核**（daughter nucleus，不用女兒daughter名稱）。為何原子核要衰變，是因為衰變後比衰變前穩定，而較穩定表示能量較少，故由狹義相對論的質能關係（9-48）式，（11-262a）式右邊一定小於左邊，這樣衰變出來的α粒子才有動能：

$$M(A, Z) - \{M(A-4, Z-2)+M(4,2)\} \equiv \Delta M>0 \qquad \text{(11-262b)}$$

設子核和α粒子的動能各為$T_{子}$和T_α，則由能量守恆得：

$$T_{子} + T_\alpha = \Delta Mc^2 \qquad \text{(11-263)}$$

由（11-261d）式，α粒子的平均動能是$\frac{4.1+8.9}{2}$MeV$=6.5$MeV，α粒子的靜止質量m_α=4.002603amu（amu 看第十章後註(23)）1amu$\fallingdotseq$931.5MeV/c^2，c=光速，

$$\therefore \frac{6.5\,\text{MeV}}{m_\alpha c^2} = \frac{6.5}{4.002603\times931.5} \fallingdotseq 1.74\times10^{-3}$$

即α粒子的速度大小$\boldsymbol{v}_\alpha$約為 10^{-3} c，表示α粒子的速度比光速小很多，故可以用非相對論力學處理α衰變機制。

【Ex. 11-43】 圖（11-81）的最後母核 ${}_{84}\mathrm{Po}^{212}_{128}$（釙）的$\alpha$衰變是：

$$ {}_{84}\mathrm{Po}^{212} \rightarrow {}_{82}\mathrm{Pb}^{208}_{126}\ （鉛）+ {}_{2}\mathrm{He}^{4}_{2}(\alpha) $$

α粒子的動能 T_α=8.9MeV，假定母核是靜止，求α和子核${}_{82}\mathrm{Pb}^{208}$的速率$\boldsymbol{v}_\alpha$和$\boldsymbol{v}$，以及（11-262b）式的ΔM。${}_{82}\mathrm{Pb}^{208}$ 和α 靜止質量各為 207.97664amu 和 4.002603amu。

${}_{84}\mathrm{Po}^{212}$的α衰變的T_α是α衰變中的最大值，為什麼會最大呢？因為子核${}_{82}\mathrm{Pb}^{208}$是雙幻數（double magic number）核，當核子數達到閉殼層（closed shell）時，每核子的平均結合能比非閉殼層核的每核子平均結合能約大 2MeV 左右，中子和質子都多 2MeV，共多出 4MeV 左右，故 T_α 特別大。靜止 ${}_{84}\mathrm{Po}^{212}$ 的動量＝0，設 ${}_{84}\mathrm{Pb}^{208}$ 和α的質量各為 m和m_α，則：

動量守恆：$m\boldsymbol{v}+m_\alpha\boldsymbol{v}_\alpha=0$

能量守恆：$\frac{1}{2}m\boldsymbol{v}^2+\frac{1}{2}m_\alpha\boldsymbol{v}_\alpha^2=\Delta Mc^2$，$\boldsymbol{v}^2\equiv\boldsymbol{v}\cdot\boldsymbol{v}$，$\boldsymbol{v}_\alpha^{\ 2}\equiv\boldsymbol{v}_\alpha\cdot\boldsymbol{v}_\alpha$

非相對論動能 $\frac{1}{2}m_\alpha\boldsymbol{v}_\alpha^{\ 2}$=8.9MeV

$$\therefore v_\alpha=\sqrt{\frac{17.8}{m_\alpha}}=\sqrt{\frac{17.8}{4.002603\times 931.5}}\,c \doteqdot 6.91\times10^{-2}\ \mathrm{c}$$

$$v=\frac{m_\alpha}{m}v_\alpha=\frac{4.002603\times0.0691}{207.97664}c\doteqdot 1.33\times10^{-3}\ \mathrm{c}$$

$$\therefore\frac{v_\alpha}{v}\doteqdot 52$$

$$\Delta Mc^2=T_\alpha+T_{Pb}=\frac{1}{2}m_\alpha\boldsymbol{v}_\alpha^2+\frac{1}{2}m\,\boldsymbol{v}^2=(\frac{4.002603}{207.97664}+1)\times 8.9\mathrm{MeV}\doteqdot 9.1\mathrm{MeV}$$

(a)隧道效應

在母核 M（A, Z）內形成的α粒子 M（4, 2），要離開母核時不但受到核內的核力牽制，並且受到庫侖斥力（看圖(11-84)）。假定 M（4, 2）和子核 M（$A-4$, $Z-2$）間的核力為如右圖

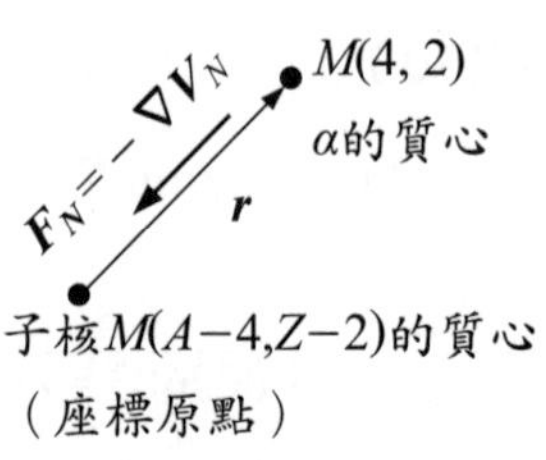

的連心力 $\boldsymbol{F}_N$，其勢能 $V_N(r)$，並且把 α，即 M（4, 2）和子核 M（A−4，Z−2）看成質點，則它們的 Schrödinger 方程式和氫原子的（10-103c）式同型，必有對應於（10-119a）式的斥力勢能，即離心力勢能，故有效勢能 V_{eff} 是：

$$V_{\text{eff}} = V_N(r) + \frac{\hbar^2}{2\mu}\frac{l(l+1)}{r^2} + V_c(r) \qquad (11\text{-}264a)$$

$$V_c = \frac{1}{4\pi\varepsilon_0}\frac{2(Z-2)e^2}{r} = \text{庫倫的斥力勢能} \qquad (11\text{-}264b)$$

$l=\alpha$ 的軌道角動量量子數，折合質量 $\frac{1}{\mu} = \left\{\frac{1}{M(4,2)} + \frac{1}{M(A-4,Z-2)}\right\}$，$V_N(r)$ 是引力勢能。核不是質點，故（11-264b）式也好，離心力勢能 $V(r) = \frac{\hbar^2}{2\mu}\frac{l(l+1)}{r^2}$ 也好，都不會在 $r \to 0$ 時發散變成無限大，例如（11-189）式。當 α 粒子在母核內，經複雜的相互作用後，如圖（11-83）獲得正能量 E_α，但受到 $V(r)$ 和 V_c(r) 的斥力無法自由，除了 $E_\alpha > V_{\max}$，$V_{\max} = V_{eff}$ 的極大值，所以依經典力學 α 粒子永遠被關在 $r < r_0$ 的 $V_{eff}(r)$ 井內；但在量子力學，α 粒子是如圖（11-83）或圖（10-26），會穿隧 V_{eff} 勢能壘而獲得自由到核外，這正是第十章（10-78b）式的隧道效應（tunnel effect），是 1928 年 Gamow 首次獲得的結果：

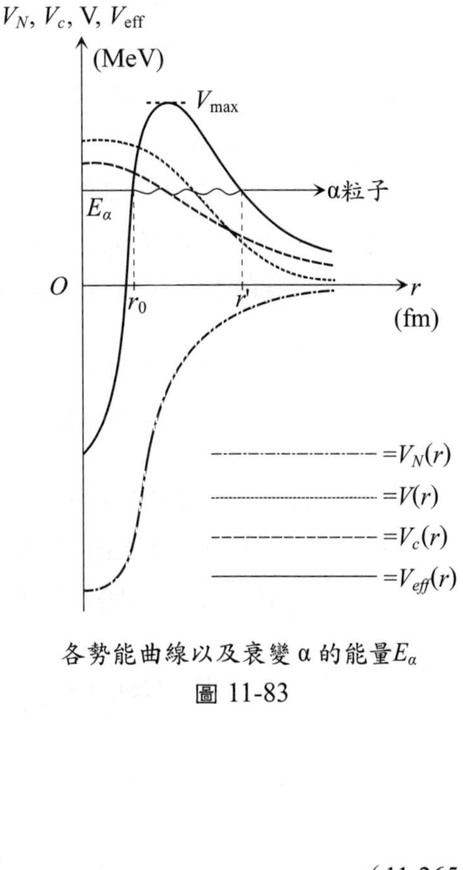

各勢能曲線以及衰變 α 的能量 E_α

圖 11-83

$$T \propto e^{-\int_{r_0}^{r'}\sqrt{8m_\alpha[V_{\text{eff}}(r)-E_\alpha]/\hbar^2}\,\mathrm{d}r} \qquad (11\text{-}265)$$

至於（11-265）式的演算例子，請看第十章的 Ex.（10-23），此例題處理的是 α 粒子的 s 態（l=0），並且使用質點粒子的庫侖勢能，所以不實際，故在該例題的最後示範了科研常用的方法之一：以 r' 做參數，調整 r'（看該例題最後的表）來和實驗數據做比較。

【Ex. 11-44】 求α衰變${}_{92}U^{236}_{144}$（鈾）→｛${}_{90}Th^{232}_{142}$（釷）＋${}_{2}He^{4}_{2}(\alpha)$｝，且用質點庫侖勢能$V_c(r)$近似母核的有效勢能$V_{eff}(r)$的斥力部分，下列各物理量：

(1) α粒子的近似能量E_α，

(2)圖（11-84b）的r_0和r'，以及它們的庫侖勢能V_c值。

(3)說明α粒子只能穿隧勢能壘，無法跨越$V_c(r_0)$。${}_{92}U^{236}$、${}_{90}Th^{232}$和${}_{2}He^{4}_{2}$的靜止質量各為236.045563amu，232.038054amu和4.002603aum，1amu≒931.5MeV，而假定核半徑$R≒1.2A^{1/3}$fm，A＝質量數。

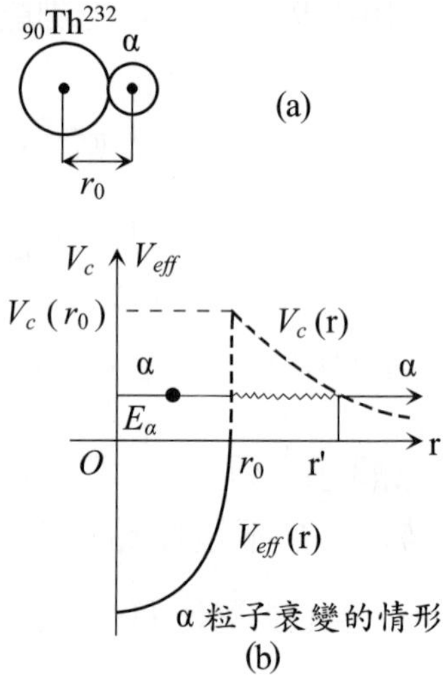

圖 11-84

(1)從圖（11-83）E_α＝自由α的動能≒（11-262b）式的ΔMc^2，因子核的質量大於α的質量甚多（看Ex.（11-43）T_{P_b}＝(9.1－8.9)MeV<<8.9MeV），

$$\therefore E_\alpha ≒ (236.045563-232.038054-4.002603)\times 931.5\text{MeV}$$
$$≒ 4.57\text{ MeV}$$

(2) α粒子所受的勢能該為圖（11-83）的V_{eff}，現用圖（11-84a），子核和α粒子相接觸時的兩核心距離r_0的質點粒子庫侖勢能$V_c(r)$，其值在$r=r_0$時必為$V_c\ (r_0)$的$V_c\ (r\geq r_0)$：

$$V_c\ (r\geq r_0)=\frac{1}{4\pi\varepsilon_0}\frac{(z-2)\times 2e^2}{r} = \frac{1}{4\pi\varepsilon_0}\frac{180e^2}{r}$$

來近似$V_{eff}(r)$的斥力部分，其r_0是：

$$r_0 = 1.2\,[(232)^{1/3}+(4)^{1/3}]\text{ fm} ≒ 7.732\text{ fm}$$
$$\therefore V_c\ (r_0)=\frac{e^2}{4\pi\varepsilon_0}\frac{180}{r_0}=1.4399652\times\frac{180}{7.732}\text{ MeV} ≒ 33.52\text{ MeV}$$

r'點是$E_\alpha = V_c(r')$

$$\therefore \frac{e^2}{4\pi\varepsilon_0}\frac{180}{r'}=4.57\text{MeV}，\qquad 即\ V_c(r')=4.57\text{ MeV}$$
$$\therefore r'=\frac{e^2}{4\pi\varepsilon_0}\frac{180}{4.57}\text{ fm}=1.4399652\times\frac{180}{4.57} ≒ 56.7\text{ fm}$$

(3)由(2)，$V_c\ (r_0) = 33.52$MeV遠大於E_α=4.57 MeV，依經典力學α粒子無法跨越庫侖勢能壘，只能穿隧$V_c(r)$才能離開母核而獲得自由。

(b)衰變常數λ的近似計算

假定穿透概率T等於（11-265）式右邊，且省略α粒子的符號$m_\alpha \equiv m$，$E_\alpha \equiv E$，以及$k \equiv \dfrac{1}{4\pi\varepsilon_0}$，則由（11-265）式和圖（11-84）得：

$$\mathrm{T} = e^{-2\int_{r_0}^{r'}\sqrt{2m[2k(z-2)e^2/r - E]/\hbar^2}\,\mathrm{d}r}$$

$$= e^{-\frac{2\sqrt{2m}}{\hbar}\int_{r_0}^{r'}\sqrt{2k(z-2)e^2/r - E}\,\mathrm{d}r}$$

在$r = r'$：$\mathrm{E} = \dfrac{2k(z-2)e^2}{r'}$

設$\cos^2\rho \equiv \dfrac{E}{2k(z-2)e^2}r = \dfrac{r}{r'}$

則$-2\cos\rho\sin\rho\mathrm{d}\rho = \dfrac{\mathrm{d}r}{r'}$

$$= \exp\left\{-\frac{\sqrt{8mE}}{\hbar}r'\int_\alpha^\beta\sqrt{\sec^2\rho - 1}(-2\cos\rho\sin\rho)\mathrm{d}\rho\right\}$$

$$= \exp\left\{-\frac{\sqrt{8mE}}{\hbar}r'\left[\frac{1}{2}\sin 2\rho - \rho\right]_\alpha^\beta\right\}$$

$$\sin 2\rho = 2\cos\rho\sin\rho = 2\cos\rho\sqrt{1-\cos^2\rho} = 2\sqrt{\frac{r}{r'}}\sqrt{1-\frac{r}{r'}}$$

$$\therefore \mathrm{T} = \exp\left\{-\frac{\sqrt{8mE}}{\hbar}r'\left[\sqrt{\frac{r}{r'}}\sqrt{1-\frac{r}{r'}} - \cos^{-1}\sqrt{\frac{r}{r'}}\right]_{r_0}^{r'}\right\}$$

$$= \exp\left\{-\frac{\sqrt{8mE}}{\hbar}r'[\cos^{-1}\sqrt{r_0/r'} - \sqrt{r_0/r'}\sqrt{1-r_0/r'} - 2n\pi]\right\}$$

用了$\cos^{-1}1 = 2n\pi$，$n = 0, 1, 2\cdots\cdots$；假定$\dfrac{r_0}{r'} \ll 1$，則$\sqrt{\dfrac{r_0}{r'}}\sqrt{1-\dfrac{r_0}{r'}} \fallingdotseq \sqrt{\dfrac{r_0}{r'}}$，而$\cos^{-1}\sqrt{r_0/r'} = \cos^{-1}0 - \sqrt{\dfrac{r_0}{r'}} - \dfrac{1}{3!}\left(\sqrt{\dfrac{r_0}{r'}}\right)^3 - \cdots\cdots \fallingdotseq \cos^{-1}0 - \sqrt{\dfrac{r_0}{r'}}$，$\cos^{-1}0 = \dfrac{2n'+1}{2}\pi$，$n' = 0, 1, 2\cdots\cdots$

$$\therefore T \fallingdotseq \exp\left\{-\frac{\sqrt{8mE}}{\hbar}r'\left[\frac{2n'+1}{2}\pi - 2\sqrt{\frac{r_0}{r'}} - 2n\pi\right]\right\}_{r' \gg r_0}$$

$$= \exp\left\{-\frac{\sqrt{8mE}}{\hbar}r'\left[\frac{\pi}{2} - 2\sqrt{\frac{r_0}{r'}}\right]\right\}_{r' \gg r_0}$$

$$r' = \frac{2\kappa(z-2)e^2}{E}$$

$$\therefore T(r' \gg r_0) = \exp\left\{\frac{8\sqrt{m}\,e}{\hbar}\sqrt{\kappa r_0(z-2)} - \frac{2\pi}{\hbar}\sqrt{\frac{2m}{E}}\kappa(z-2)e^2\right\} \qquad (11\text{-}266a)$$

$$\frac{8\sqrt{m}\,e}{\hbar}\sqrt{k} = 8\frac{\sqrt{m_\alpha c^2}}{\hbar c}\sqrt{\frac{e^2}{4\pi\varepsilon_0}} = \frac{8\sqrt{4.002603 \times 931.5\text{MeV}}}{197.327053\text{MeVfm}}\sqrt{1.439965183\text{MeVfm}}$$

$$\fallingdotseq 2.971\ \text{fm}^{-1/2}$$

$$\frac{2\pi}{\hbar}\sqrt{2m}\,ke^2 = \frac{2\pi}{\hbar c}\sqrt{2m_\alpha c^2}\,\frac{e^2}{4\pi\varepsilon_0} \fallingdotseq \frac{2\pi}{197.327053\text{MeVfm}} \times 86.353 \times 1.44\ \text{MeV}^{3/2}\cdot\text{fm}$$

$$\fallingdotseq 3.959\sqrt{\text{MeV}}$$

$$\therefore T(r' \gg r_0) \fallingdotseq \exp\left\{2.971\sqrt{(z-2)\,r_0} - 3.959\frac{z-2}{\sqrt{E}}\right\} \qquad (11\text{-}266b)$$

（11-266b）式的r_0必用 fm 計算，而E是用 MeV 計才行。設：

$$\left.\begin{aligned} a &\equiv -3.959\,(z-2) \\ b &\equiv 2.971\sqrt{(z-2)r_0} \end{aligned}\right\} \qquad (11\text{-}266c)$$

$$\therefore \ln T\,(r' \gg r_0) = a\,E^{-1/2} + b \qquad (11\text{-}266d)$$

（11-266b）式是任意核，質量$M(A, z)$的α衰變，α粒子穿隧質點庫侖斥力勢能，如圖（11-84b）的穿透概率T的一般式子，T又叫**透射率**（transmissivity），至於衰變係數又叫**衰變率**（decay rate）λ是：

$$\boxed{\lambda = \frac{\text{放射次數}}{\text{時間}} = \frac{\text{穿透概率}}{\text{時間}} = \frac{T}{t}} \qquad (11\text{-}267a)$$

使用圖（11-84b）的模型來計算λ值，設α粒子的速率＝v_α，質量m_α，它在$r \leq r_0$的井內來回一次便會碰到庫侖壘，來回一次的時間＝$\frac{2r_0}{v_\alpha}$，但這時間是如圖（11-84b）的一維情形，實際是三維空間，α粒子跑$2r_0$距離時，至少如右圖碰到勢能壘兩次，所以時間t是：

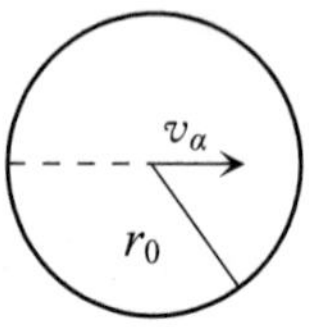

$$\text{t} = \frac{r_0}{v_\alpha} \qquad (11\text{-}267b)$$

$$\therefore \lambda = \frac{v_\alpha}{r_0}T \qquad (11\text{-}267c)$$

T＝無因次量，λ的因次是（時間）$^{-1}$。任何大家共用數學函數，必須是無因次量才行，為了這目的必須在（11-267a）式的λ乘上時間才行。設一秒鐘的α衰變數 $=\bar{\lambda}_\alpha \equiv \lambda \times 1$ 秒，則由（11-266c）和（11-267c）式得，在圖（11-84b）模型的一秒鐘衰變數：

$$\ln \bar{\lambda}_\alpha = \ln\left(\frac{v_\alpha}{r_0}\times 1\text{ s}\right) + 2.97\sqrt{(z-2)r_0} - 3.95\frac{z-2}{\sqrt{E_\alpha}} \qquad (11\text{-}267\text{d})$$

（11-267d）式的 E_α 和 r_0 分別用 MeV 和 fm 的單位算，右下標「α」表示 α 衰變，（11-267d）式的每一項都是無因次量，是表示一秒鐘的衰變數。在 1911～1912 年 Geiger（Hans（Jahannes）Wilhelm Geiger 1882 年～1945 年德國物理學家）和 M.Nuttal 從分析 α 衰變，而歸納出來半衰期的實驗式衰變率正是（11-266d）式的形式，證明 α 衰變確實是 α 的隧道效應，並且圖（11-84b）是好的近似模型。

(4) β 衰變的定性分析和機制[2, 3, 13, 40]

(i) β 衰變的簡史

1896 年 Becquerel 發現，鈾礦輻射出比 1895 年 Röntgen 發現的 X 射線更富電離作用的射線（ray），再經 Rutherford（1899 年）分析發現，鈾礦的輻射線含不同性質的兩種：

⑴電離作用較強且易和物質作用，但穿透力較小的射線，稱它為 α 射線。

⑵電離作用較弱又較不易和物質作用，卻穿透力較大的射線，稱它為 β 射線。

翌年 1900 年 Becquerel 驗證 β 射線和 1897 年 J. J Thomson 發現的電子同行為，再經居禮夫婦以及 Rutherford 和 Soddy 的研究，確定（1903 年）α 射線是帶正電，稱它為氦（${}_2He_2^4$）原子，而 β 射線是帶負電的電子（圖(11-80)）。經物理學家們更進一步的探討 β 射線，發現 β 射線的電子動能 T_β，不像 α 射線那樣有個定能量 E_α（看圖（11-83），離開母核時的動能 $T_\alpha = E_\alpha$），而是如圖（11-85），從零連續地分布到最大值 T_β^{max}，且同一種元素的 T_β 曲線不是一樣。後者可以用同一種元素內有不同的同位素來解釋。T_β 曲線的差異來自同位素之差，但前者的連續 T_β 以及（$T_\beta^{max} - T_\beta$）$\equiv \Delta T_\beta$，$T_\beta < T_\beta^{max}$，的 ΔT_β 問題困擾了當時的物理學家們，稱為 T_β 之謎（puzzle），而 ΔT_β 稱為丟失能（missing energy）。幾乎物理大師都被捲入 T_β 謎中。1913 年 N. Bohr 雖從分析 β 射線的數據，因原子的能級是 eV 量級，而 T_β 是 MeV 量級，肯定 β 射線來自原子核（1911 年已找到原子核）的正確判斷，但在 1929 年他差點誤導科研方向，因他懷疑 19 世

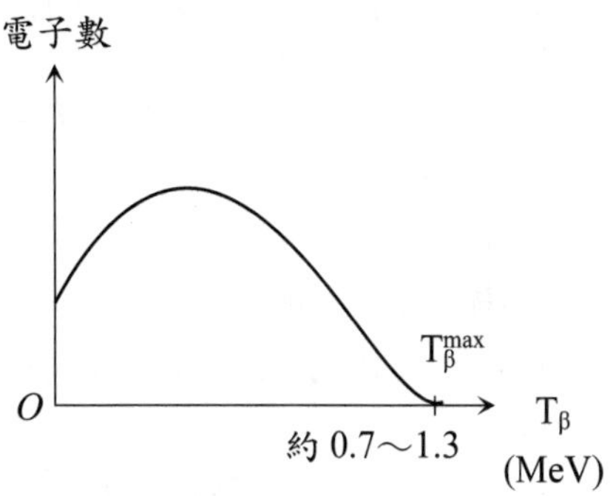

β 衰變的電子動能 T_β 的分佈情形
圖 11-85

紀 Helmholtz（Hermann Ludwig Ferdinand von Helmhaltz 1821 年～1894 年德國物理學家）獲得的能量守恆定律。幸好當時 Rutherford 持保留態度，而 Dirac 堅信能量守恆，結果大家從能量守恆切入 T_β謎。翌年 1930 年Pauli，從原子核、電子、能量和動量守恆以及角動量（含自旋）守恆切入 T_β 謎，而**預言了完全新的電中性粒子**，且質量遠比核子質量輕，稱它為「**微中子（neutrino）v**」，其經過是：

⑴原子核的β衰變是，質量 $M(A, Z)$ 的母核，A= 質量數，Z= 原子序，放射（emission）電子來獲得更安定的子核 $M(A, Z+1)$，由電荷守恆、子核的 Z 必增加 1，過程是：

$$M(A, Z) \longrightarrow M(A, Z+1) + e^- \qquad (11\text{-}268a)$$

母核　　　子核　　　電子

$$\therefore M(A, Z) - M(A, Z+1) \equiv \Delta M > 0 \qquad (11\text{-}268b)$$

⑵電子是自旋$\frac{1}{2}$的 Fermi 粒子，要角動量守恆必須還有一個自旋$\frac{1}{2}$的 Fermi 粒子，用符號v表示；並且由電荷守恆，v=電中性，即微中子是：

$$v = \text{自旋}\frac{1}{2}\text{的電中性 Fermi 粒子} \qquad (11\text{-}268c)$$

⑶衰變多出的能量ΔMc^2，由子核動能 $T_{子}$，電子和v的動能 T_β 和 T_v 來分擔：

$$\begin{aligned} T_{子} + T_\beta + T_v &= \Delta Mc^2 \\ &\fallingdotseq T_\beta + T_v \end{aligned} \qquad (11\text{-}268d)$$

由於子核遠比電子重，$T_{子}$ 可忽略。

於是如 T_v 是連續變化，T_β必跟著連續變化，而 $T_\beta^{\max} \fallingdotseq \Delta Mc^2$，但當：

$$\Delta M < 0 \qquad (11\text{-}268e)$$

則根本無衰變。週期表上元素幾乎都會衰變，並且除了β衰變，還有放射正電子（看下(c)）的衰變，不過如（11-261c）式的自然衰變系列，僅放射電子的β衰變。

【Ex. 11-45】 ${}_6C_8^{14}$（碳）、${}_7N_7^{14}$（氮）和 ${}_8O_6^{14}$（氧）的核質量各為 14.003242amu，14.003074amu和 14.008597amu，那麼碳、氮和氧之間有沒有β衰變的可能呢？

由（11-268b）式得：

⑴ $M({}_6C^{14}) - M({}_7N^{14}) = (14.003242 - 14.003074)\text{amu} = 0.000168\text{amu} > 0$

∴有β衰變

(2) $M\,({}_7N^{14})-M\,({}_8O^{14})=(14.003074-14.008597)\text{amu}=-0.005523\text{amu}<0$

∴不會有β衰變

【Ex.11-46】 為什麼微中子的自旋必須$\frac{1}{2}$呢？以中子衰變為例說明之。

$$\begin{array}{cccc} n \longrightarrow & p \quad + & e^- \quad + & \bar{\nu} \\ \text{中子} & \text{質子} & \text{電子} & \text{反微中子} \\ \text{重子數}B=1 & \text{重子數}B=1 & \text{輕子數}L=1 & \text{輕子數}L=-1 \end{array} \qquad (11\text{-}268f)$$

重子數B、輕子數L和反粒子看下面（a）以及表（11-20）。中子和質子的質量各為m_p= 1.0072764 (12) amu，m_n= 1.008664904(14)amu，故（11-268f）式確實$\Delta M>0$，並且電荷守恆。假定中子是靜止，質子p、電子e^-和反微中子$\bar{\nu}$都沒軌道角動量的直線運動，則整個系統的角動量來自粒子的自旋，n、p和e^-都是自旋$\frac{1}{2}$，（11-268f）式左邊的自旋=$\frac{1}{2}$，右邊的p和e^-的自旋和 =0 或 1，故由角動量守恆，（11-268f）右邊必須為$\frac{1}{2}$，於是$\bar{\nu}$的角動量必須$\frac{1}{2}$

$$\therefore \bar{\nu}\text{的自旋}=\frac{1}{2}$$

同時（11-268f）式左右邊表示重子數和輕子數各自守恆。

那麼如何驗證 Pauli 預言的微中子呢？不帶電又不知質量，僅知它的質量遠小於核子質量。想出來的方法是應用動力學。衰變後的粒子一定會動，故可利用動量守恆。設$\boldsymbol{P}_n$，$\boldsymbol{P}_p$，$\boldsymbol{P}_e$和$\boldsymbol{P}_\nu$為（11-268f）式的各粒子動量，則由動量守恆得：

$$\boldsymbol{P}_n=\boldsymbol{P}_p+\boldsymbol{P}_e+\boldsymbol{P}_\nu$$
$$\text{或 } \boldsymbol{P}_\nu=\boldsymbol{P}_n-\boldsymbol{P}_p-\boldsymbol{P}_e$$

這是非常難的實驗[40)]。另一個方法是 1956 年 Fred Reiners 和 Clyde Cowan 想出來的，利用微中子產生的帶電粒子來檢定微中子的存在，相當聰明的方法，其過程是：

(1)利用某β衰變的反微中子$\bar{\nu}$，由動量和能量守恆理論鎖定$\bar{\nu}$的動量$\boldsymbol{P}_\nu$方向。

(2)在$\boldsymbol{P}_\nu$的路徑上放著質子${}_1H_0^1$（氫原子核）。

(3)如確有$\bar{\nu}$，則會產生下反應：

$$\bar{\nu} + {}_1\mathrm{H}_0^1 \rightarrow {}_0\mathrm{H}_1^1\text{（中子）} + e^+\text{（正電子）}$$

(4)如果能測到 e^+（在均勻磁場內的彎曲（Ex.7-43）），則證明確實有電中性的$\bar{\nu}$進來。1956 年在美國國家研究所 Los Alamos 的 Reiners 和 Cowan 成功地測到 e^+，證明$\bar{\nu}$的存在後立刻打電話給 Pauli，不難想像 Pauli 的喜悅。當時他們把微中子的靜止質量設為零，故由（9-51）式得$p_\nu=T_\nu/c$，c=光速。

(a)反粒子（anti-particle）

1911 年 Rutherford 從核反應（11-181）式發現質子p，1932 年他的研究生 Chadwick 同樣從核反應（11-183）式發現中子n，肯定了原子核成員之後，實驗理論密切互動，帶來核物理學的突飛猛進。同 1932 年 C. D Anderson 從宇宙線發現 1928 年的Dirac電子理論預言的帶正電其他靜態性質完全和電子一樣的粒子，叫正電子（positron），寫成e^+，之後尋找核力，尋找β衰變機制，以及研究宇宙線變成熱門科研題。1934 年 Fermi 採用 Pauli 的微中子觀念，完成了首篇的β衰變理論，它是假定所有的物理學量，如動量、角動量、能量、電荷、宇稱（**parity**），同位旋等統統守恆的，有名的四 **Fermi** 子相互作用（four fermion interaction）理論。他以核內中子的如下衰變：

$$n\text{（中子）}\rightarrow p\text{（質子）}+e^-\text{（電子）}+\bar{\nu}\text{（反微中子）} \qquad (11\text{-}269a)$$

來創造理論（看下面（ii）），（11-269a）式有四個 Fermi 子，才被稱為四 Fermi 子理論。正電子 e^+又叫反電子（anti-electron），正如 e^+ 和電子e^-，任何基本粒子p都有其反粒子，寫成$\bar{p}$，p和$\bar{p}$除了電磁性質相反之外，但電磁性質的大小一樣，僅符號相反，其他力學的靜態性質都一樣。例如 e^+ 和e^-的電荷大小一樣，但符號相反，其他如質量、自旋一樣。不過如要描述粒子，除了最熟悉的電荷、質量、自旋、宇稱等之外，為了區別各不同粒子間的差異。還有描述粒子特性的量子數，例如參與強相互作用的自旋$\frac{1}{2}$的粒子質子、中子等叫重子（baryon），用符號「B」或「b」表示重子數量子數，簡稱重子數（baryon number）。重子目前（1999 年夏天）有 35 個，它們的質量都很重，核子最輕才叫重子。僅參與電磁以及弱相互作用的粒子，其自旋$\frac{1}{2}$且很輕，於是叫著輕子（lepton），用符號「L」或「l」表示輕子數量子數，或簡稱輕子數（lepton number）。目前的輕子共有 12 個，6 個粒子（看（11-269c）式），6 個反粒子。凡是粒子量子數用「+1」，反粒子量子數用「−1」表示。除了像「B」、「L」之外，描述粒子特性還有其他量子數，例如奇異性（strangeness）量子數「S」，簡稱**奇異數**；燦（charmness）量子數「C」，簡稱**燦數**等等（細節看第V基本粒子簡介）。用α代表（S、C、……）量子數，則描述粒子和反粒子性質的物理量差異如表（11-20）。

表 11-20　粒子（particle）和反粒子（anti-particle）之差異

(I)有電荷Q和有靜止質量m			
分類	物理量	粒子	反粒子
符號	粒子符號	p	$\bar{p}$
靜態力學量	質量（11-561b）式 內稟角動量（自旋）S 壽命（11-561b）式	m S τ	m S τ
電磁學量	電荷 同位旋T 同位旋第三成分T_3	Q T T_3	$-Q$ T $-T_3$
空間 Fermi 粒子	內稟宇稱（宇稱）P	正（負）	負（正）
空間 Bose 粒子	宇稱P	正（負）	正（負）
量子數	重子數（重子用） 輕子數（輕子用） 奇異數 燦數	B（或b） L（或l） S C	$-B$（或$-b$） $-L$（或$-l$） $-S$ $-C$

(II)電中性且無靜止質量			
自旋$=\frac{1}{2}$	Dirac 粒子	粒子≠反粒子 （Ex）微中子ν≠反微中子$\bar{\nu}$*	質量和電磁性之外的性質同表(I)
自旋$=\frac{1}{2}$	Majorana 粒子	粒子＝反粒子	質量和電磁性之外的性質同表(I)
自旋＝正整數		粒子＝反粒子	（Ex）光子γ＝反光子$\bar{\gamma}$

(III)電中性但有靜止質量		
自旋＝正整數	粒子≠反粒子 （Ex）介子$K^0 \neq \overline{K^0}$	電磁性以外的其他性質同表(I)
自旋＝正整數	粒子＝反粒子 （Ex）介子$\pi^0=\bar{\pi}^0$	電磁性以外的其他性質同表(I)

*微中子有無質量、直到今天（1999 年夏）尚未獲得共識，從前年（1997）秋天到去年（1998）秋天、日本微中子振盪（neutrino oscillation，不同輕子微中子（看（11-269b）式）間的轉移現象）研究組，陸續發布發現微中子振盪的消息，並且公布振盪質量差（細節請看（11-557a～e）式）：

$$(\Delta m_{\mu e})^2 \equiv [m_\nu^2(\text{電子}) - m_\nu^2(\mu\text{子})] \fallingdotseq (3\sim 20)\times 10^{-5}(\text{eV})^2/c^4\text{，}c=\text{光速}$$

$$(\Delta m_{\mu\tau})^2 \equiv [m_\nu^2(\tau\text{子}) - m_\nu^2(\mu\text{子})] \fallingdotseq (1.6\sim 4)\times 10^{-3}(\text{eV})^2/c^4$$

m_ν（電子）、m_ν（μ子）和m_ν（τ子）分別為電子、μ子（muon μ）和τ子（tauon τ）的微中子ν_e, ν_μ和ν_τ的質量。

(b)守恆和不守恆物理量

凡有微中子參與的反應或衰變，全是弱相互作用引起的現象。我們的生活環境，有四種如表（11-6）所示的相互作用，和原子核有關的現象，相對於強、電磁和弱相互作用，可以省略萬有引力相互作用。以上這三種相互作用中，弱相互作用距最短，又有尚未瞭解靜態性質的微中子存在，可說三相互作用中較生疏，並且有不少靜態物理量，如同位旋 T、T_3，奇異數 S、燦數 C 等都不守恆，不過動力學量全守恆。將強、電磁、弱相互作用的守恆和不守恆的物理量列在表（11-21）。

表 11-21　動力學和非動力學量的守恆情形

分類	物理量	強相互作用	電磁相互作用	弱相互作用
力學量	能量	守（守恆之意）	守	守
	動量	守	守	守
	內稟角動量（自旋）	守	守	守
電磁學量	電荷	守	守	守
	同位旋 T	守	不（不守恆之意）	不
	同位旋第三成分 T_3	守	守	不
對稱性	宇稱 P	守	守	不
	時間反演 T	守	守	不
	電荷共軛 C	守	守	不
	CP	守	守	不
	CPT	守	守	守
量子數	輕子數 L（或 l）	守	守	守△
	重子數 B（或 b）	守	守	守
	奇異數 S	守	守	不
	燦數 C	守	守	不
	頂數（topness）*	守	守	不
	美數（beautyness）*	守	守	不

*夸克底（bottom）又叫美（beauty），頂（top）又叫真（truth）。△微中子有靜止質量時不守恆。

衰變或反應時必須滿足表（11-20）和（11-21）所示的條件，應用到（11-269a）式，中子和質子都是重子，式子左右確實滿足重子數 B=1，輕子數 L、左邊=0，故右邊的輕子數和必須=0，電子的輕子數=1，故必須和輕子數=−1的反微中子來配才行。至於電荷，（11-269a）式確實左右都為 0。最後來檢查角動量，假定中子是靜止，則其軌道角動量為 0，但有自旋 $\frac{1}{2}$；同樣設（11-269a）式右邊的粒子都沒軌道角動量，則右邊的自旋和必須 $\frac{1}{2}$，質子和電子都是自旋 $\frac{1}{2}$ 的 Fermi 粒子，它們的自旋和是 0 或 1，於是第三粒子必須自旋 $\frac{1}{2}$ 才行，這是為什麼 Pauli 預言新粒子的自旋=$\frac{1}{2}$。那麼微中子有多少種呢？1937 年 C. D. Anderson 又從宇宙線發現和電子e^-完全同行為的新輕子叫μ^-子（muon μ^-），不過其質量比電子約重 200 倍，衰變時的微中子多了和（11-269a）式不同的μ微中子ν_μ：

$$\mu^- \to e^- + \overline{\nu}_e + \nu_\mu \qquad (11\text{-}269b)$$

右下標「e」和「μ」分別表示電子微中子和μ子微中子。故和電子配的微中子嚴格必須加右下標「e」。1975 年M. Perl發現更重的和電子同行為的新輕子叫τ^-子（tauon τ^-），那麼一定有專屬於τ^-子衰變的τ微中子ν_τ，同時引起興趣的是：到底有多少種輕子？這兩個問題經過十五年的追究。1989 年 11 月在歐洲粒子物理研究所（Conseil Europeen pour la Recherche Nucleaire，又叫歐洲共同原子核研究所簡稱 CERN），解決了，確實有ν_τ。以及輕子僅有如下三族（family）：

$$\begin{pmatrix}\nu_e\\ e^-\end{pmatrix},\begin{pmatrix}\nu_\mu\\ \mu^-\end{pmatrix},\begin{pmatrix}\nu_\tau\\ \tau^-\end{pmatrix} \qquad (11\text{-}269c)$$

即 6 個輕子，以及它們的六個反粒子：

$$\begin{pmatrix}\bar{\nu}_e\\ e^+\end{pmatrix},\begin{pmatrix}\bar{\nu}_\mu\\ \mu^+\end{pmatrix},\begin{pmatrix}\bar{\nu}_\tau\\ \tau^+\end{pmatrix} \qquad (11\text{-}269d)$$

e^-、μ^-和τ^-的質量各為$m_ec^2 = 0.51099907(15)$ MeV，$m_\mu c^2 = 105.658389(34)$MeV，$m_\tau c^2 = 1777.03+0.29\,(-0.26)$MeV。這樣地（11-269a）式不但滿足Pauli預言的（11-268a～d）式，且引起（11-269b~d）式的結果。（11-269a）式同時提示著：「**能造出（create）全新粒子**」。那麼能不能湮沒（annihilate）粒子呢？回答是肯定。

(c)粒子反粒子對湮沒（pair annihilation），電子俘獲（electron capture）

如前述從 1928 年的 Dirac 狹義相對論電子運動方程式（看後註（9）），自動能得電子e^-的反粒子、正電子e^+，在 1932 年C. D.Anderson發現了e^+，證明Dirac理論的正確性。正負電子的質量差異是：

$$\frac{m_{e+} - m_{e-}}{m_{e-}} < 8\times10^{-9}\text{，或 } m_{e+} \fallingdotseq m_{e-} \qquad (11\text{-}270a)$$

它們的壽命分別為：

$$\tau_{e-} > 4.2\times10^{24}\text{ 年} \qquad (11\text{-}270b)$$

$$\tau_{e+} \fallingdotseq 10^{-10}\text{（在金屬中）秒} \qquad (11\text{-}270c)$$

τ_{e+}和正電子所在的環境以及溫度有關，例如在液態氦（4.18K以下），e^+在氦液內自造一個直徑約 40Å 的泡，舒服地自居；只要環境（整個狀態）不變，e^+幾乎可永遠存在。我們的世界是由粒子形成的世界，叫**物質世界**。由反粒子形成的世界叫**反物質（antimatter）世界**。自然放射線除了極少數是β^+衰變。絕大部分是β^-衰變。由於e^+帶正電，很容易受到原子核庫侖斥力，故在金屬中很快地被減速，終於被電子捉住，而正負電子對湮沒（pair annihilation）變成光子γ：

$$e^+ + e^- \rightarrow \begin{cases} 2\gamma \cdots\cdots e^+\text{和 } e^- \text{的自旋反平行時} \\ 3\gamma \cdots\cdots e^+\text{和 } e^- \text{的自旋平行時} \end{cases} \qquad (11\text{-}270\text{d})$$

稱這現象為**對湮沒**。顯然不但可以造粒子也可以湮沒粒子；既然電子e^-和其反粒子e^+會對湮沒，那麼其他粒子p和其反粒子$\bar{p}$會不會對湮沒呢？回答是會，只是p和$\bar{p}$對湮沒時不一定輻射光子，會產生其他基本粒子，甚至於$e^\pm$的對湮沒也不例外，例如令高能量的$e^\pm$對撞而對湮沒，會產生丁肇中發現的 J/ψ粒子；令高速質子p反質子$\bar{p}$對撞，對湮沒而產生$W^\pm$和Z^0粒子（細節看後面V節）：

$$\left.\begin{array}{l} e^+ + e^- \longrightarrow J/\psi \\ p + \bar{p} \longrightarrow \begin{cases} W^+ + W^- \text{ 或} \\ Z^0 \text{（電中性）} \end{cases} \end{array}\right\} \qquad (11\text{-}270\text{e})$$

$W^\pm$和Z^0類似光子γ是電磁相互作用場、電磁場第二量子化所得的規範Bose子（gauge boson），是弱相互作用場的第二量子化所得的規範 Bose 子，叫**中間向量 Bose 子（intermediary vector boson）**，或簡稱為**弱子（weakon）**。γ無靜止質量，但$W^\pm$和Z^0有靜止質量，各為$m_{W^\pm}c^2 \doteqdot 80.41$GeV（1GeV=$10^9$ eV），$m_{Z^0}c^2 \doteqdot 91.19$GeV。19世紀末到 20 世紀初，$\beta$衰變僅來自原子核，到了 1930 年代初葉後，發現好多粒子衰變時也會放射電子或正電子，於是統稱會產生$e^\pm$的衰變為β衰變。原子核還有一種很特別和電子有關的輻射，叫**電子俘獲（electron capture）輻射**，也歸類到β衰變領域，故β衰變有下三種：

$$\left.\begin{array}{l} (1)\text{原子核的}\beta^\pm\text{衰變。} \\ (2)\text{基本粒子的}\beta^\pm\text{衰變。} \\ (3)\text{電子俘獲}\beta^-\text{衰變。} \end{array}\right\} \qquad (11\text{-}271)$$

當核子數增加，為了減少質子間的庫侖斥力，電中性的中子n數慢慢地超過質子p數，呈現圖（11-60）的p和n數目關係。核為了增加中子數，如圖（11-86），核內質子從最靠近核的原子K殼層（主量子數$n=1$之層，看表（10-6））搶電子而釋

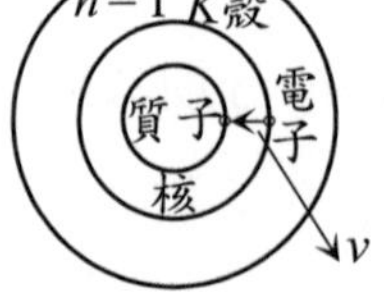

核質子p俘獲K殼層電子e^-而放出微中子ν的β^-衰變。

圖　11-86

放微中子v，例如：

$$_{13}Al^{25}_{12}\text{（鋁）}+e^{-}\rightarrow{}_{12}Mg^{25}_{13}\text{（鎂）}+v \qquad (11\text{-}272a)$$

這過程相當於：

$$p+e^{-}\rightarrow n+v \qquad (11\text{-}272b)$$

（11-272a）式的過程叫**K 電子俘獲**β^{-}**衰變**，於是母核$M(A,Z)$變成$M(A,Z-1)$。這往往發生在較重的核，因重核的電子軌道，K殼層電子是S態（s state），非常靠近核，電子和核質子的電磁相互作用概率提高帶來的必然現象。接著來探討質子p中子n的奇偶數對核的穩定情形。

(d)同質異位素（isobar）的β衰變和穩定核

核力有配對力（pairing force），故質子p和中子n的組合有如表（11-22）的四種，它們間的相對安定性如表示。

表 11-22 質子數和中子數配對情形和相對安定性

質子p	中子n	名稱	相對安定性（看圖（11-87a, b））
偶	偶	偶偶核（even-even nucleus）	最安定
偶	奇	偶奇核（even-odd nucleus）} 簡稱奇核	介於偶偶和奇奇核之間，但偶奇核較奇偶核安定。
奇	偶	奇偶核（odd-even nucleus）} 簡稱奇核	
奇	奇	奇奇核（odd-odd nucleus）	最不安定

同質量數A的原子核叫**同質異位素**，或同質異位核。例如：$_{6}C^{14}_{8}$（碳）、$_{7}N^{14}_{7}$（氮）、$_{8}O^{14}_{6}$（氧）。同質異位核的分布，一般地如圖（11-87）形成拋物線，$A=$奇數的核往往如圖（11-87a），最後僅存一個安定核，其他全為$\beta^{\pm}$放射線核；而$A=$偶數的核，則如表（11-22）有偶偶核和奇奇核。奇奇核不安定，所以如圖（11-87b），其質量高於偶偶核質量，同時安定核往往是兩個，也有三個的情形但非常少。β衰變能E_β一般地比α衰變能E_α大，並且和母核以及子核的核自旋（核的總角動量），宇稱有密切的關係，於是$\beta^{\pm}$衰變是探討核結構的重要方

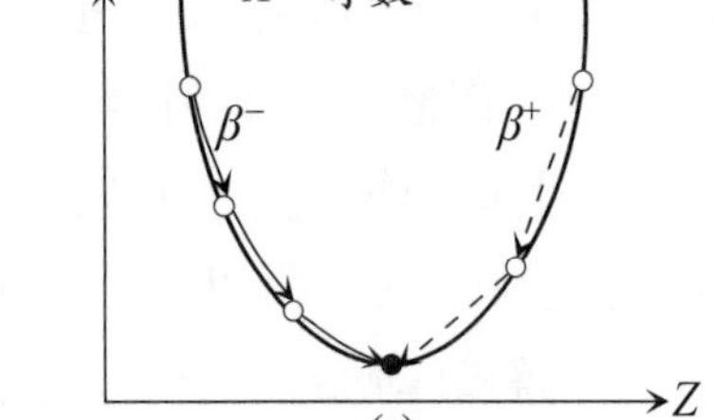

(a)

法之一。當$E_\beta \fallingdotseq E_\alpha$時往往$\alpha$和$\beta$衰變同時進行，於是圖（11-81）的後半部如圖（11-88），放射性核必分為兩岐。

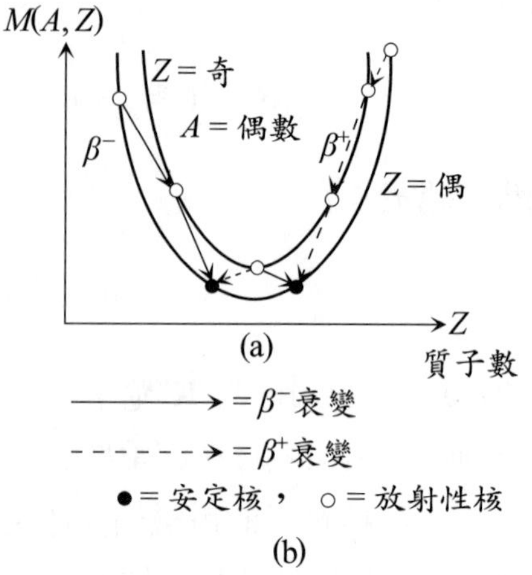

同質異位核的$\beta^{\pm}$穩定性（stability）

圖 11-87

從圖（11-86）～（11-88）以及（11-269a）式右邊出現三體問題，又有全新粒子，不難想像β衰變遠比α衰變棘手。完全從左右對稱的宇稱守恆（parity conservation）出發的Fermi四Fermi子理論，到1940年代末開始遇到困難，因為發現宇稱不守恆的介子衰變，即同一現象用右手系描述不等於用左手系描述。1956年李政道和楊振寧解決了這個，包含β衰變在內的基本粒子衰變的宇稱不守恆事實。翌年1957年吳健雄驗證了李楊理論的正確性，這樣地，理論以及實驗都證實：「弱相互作用時宇稱不守恆」。於是1957年秋天李楊榮獲了Nobel物理獎，這是中國人首次獲得的Nobel獎，是中國人在基礎科學的輝煌成就以及貢獻。

(ii)弱相互作用、Fermi β衰變理論

(a)回顧主要階段

先來粗略地回顧發現原子及原子核成員的重要階段，以定位將要介紹的物理內容（參考圖（11-57）和（11-58））。1897年J. J. Thomson發現電子，接著1899年他測量電子電荷大小e和其質量m的比值e/m，肯定了電子有固有電荷和質量，且電子來自原子。到了1911年Rutherford找到原子核（圖（11-53）），肯定原子核大小約（1～10）fm且帶正電，原子的質量約為核的質量，以及核內無電子，電子是在核外且圍繞核運動。物質由原子組成，物質是穩定的，所以原子也必須穩定，那麼圍繞核運動的電子如何獲得穩定呢？1913年N. Bohr初步解決了這穩定問

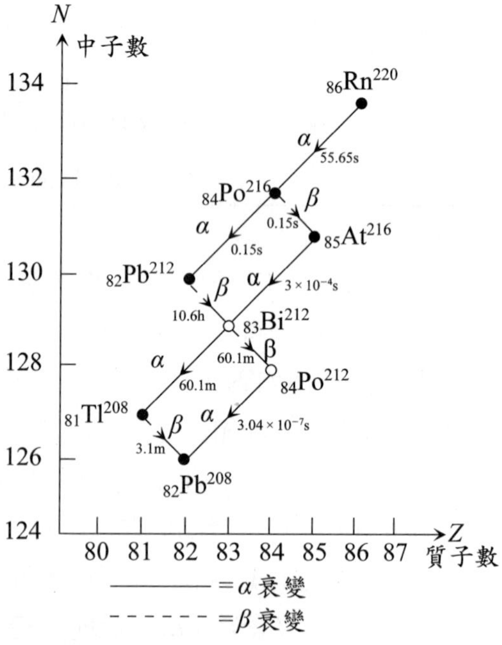

α衰變能$E_\alpha \fallingdotseq \beta$衰變能$E_\beta$時，母核的分岐現象

${}_{90}Th^{233}_{142}$衰變鏈（4n系列）的後半

圖 11-88

題（看第十章Ⅲ（A））。1919年Rutherford發現核內有質子（看（11-181）式），同時從原子質量和電荷，他預言核內有電中性且質量很重的粒子，它果然在1932由他學生Chadwick發現（看（11-183）式）。力學方面，在1925年6月～1928年由Heisenberg、Schrödinger和Dirac完成了量子力學，確定了Rutherford N. Bohr的原子模型機制，以及核的成員是帶大小和電子電荷同大的正電荷的質子和電中性的中子，且在1932年發現中子之外，Anderson找到了1928年Dirac預言的電子反粒子正電子。輻射方面把在(i)所述，以及將要介紹的理論整理在表（11-23）。

表 11-23　輻射（含放射）線物理的重要發展階段

年代	代表性物理學家	發現	說明
1895	W. C. Röntgen	X射線	量子力學
1896	A. H. Becquerel	比X射線更強的放射線	來自原子
1899	E. Rutherford	進一步追究Becquerel發現的射線得α和β放射線	來自原子
1900	P. U. Villard	γ射線	
1903	F. Soddy 和 E. Rutherford	β放射線＝電子放射線 α放射線＝氦原子放射線	
1911	E. Rutherford	原子核	α放射線＝氦原子核
1913	N. Bohr	β射線動能＝MeV 量級	β射線來自原子核
1928	G. Gamow		隧道效應解釋α衰變
1930	W. Pauli		預言微中子
1934	E. Fermi		β衰變理論（四Fermi子理論）
1936	G. Gamow 和 E. Teller		含自旋的β衰變理論
1956	李政道和楊振寧		宇稱不守恆弱相互作用理論
1956	F. Reiner 和 C. Cowan	反微中子	
1957	吳健雄		驗證弱相互作用時宇稱不守恆

(b)弱相互作用（weak interaction）

從表（11-23）不難看出理論實驗互動的情況，Pauli 雖預言了β衰變時的微中子，但沒探討β衰變機制，到底什麼作用力使核衰變而放出電子e^{-}呢？1934年Fermi為了解釋圖（11-85）而提出理論，其相互作用強度G_F，右下標「F」表示 Fermi，約比電磁相互作用強度小10^{-3}，所以稱為**弱相互作用**。不過G_F帶有因次〔G_F〕＝（能量）×（體積），具體形式是：

$$G_F \doteqdot 1.166\times 10^{-5}\ \frac{(\hbar c)^3}{(\mathrm{GeV})^2} \tag{11-273a}$$

c=光速，$\hbar=\dfrac{h}{2\pi}$，h=Planck常量，目前（1999年夏天）常使用的相互作用常數是：

$$\left.\begin{aligned}
&\text{強相互作用常數}\alpha_s \equiv \frac{g^2}{4\pi\hbar c} \doteqdot 0.119\sim 10\\
&\text{電磁相互作用常數}\alpha \equiv \frac{1}{4\pi\varepsilon_o}\frac{e^2}{\hbar c} \doteqdot \frac{1}{137.0359895(61)}\\
&\text{弱相互作用常數 } G \equiv G_F\frac{(m_p c^2)^2}{(\hbar c)^3} \doteqdot 10^{-5}\\
&\text{萬有引力相互作用常數 } G_g \equiv G_N\frac{m_p^2}{\hbar c} \doteqdot 5.9\times 10^{-39}
\end{aligned}\right\} \tag{11-273b}$$

（11-273b）式的g^2相當於（11-202b）式的g_0^2，g_0^2僅算到單π介子交換的結果，如果把交換多π介子以及其他更重介子，如ρ、ω等都考慮進去，則（11-202b）式的$\dfrac{g_0^2}{\hbar c}$ $\doteqdot 1.257\sim 125.7$而得（11-273b）的結果。$m_p$＝質子質量，$G_N$＝牛頓萬有引力常數，右下標表示Newton（牛頓），其大小是：

$$G_N = 6.70711(86)\times 10^{-39}\ \frac{\hbar c^5}{(\mathrm{GeV})^2} = 6.67259(85)\times 10^{-11}\ \frac{\mathrm{m}^3}{\mathrm{kg}\cdot\mathrm{s}^2} \tag{11-273c}$$

（11-273b）式的數值上的最後括弧內的兩位數是，加減到數值的最後兩位數用，例如G_N的$6.67259(85)\equiv(6.67259\pm 0.00085)$。弱相互作用的另一個特徵是，相互作用距$\delta$非常之短，$\delta<10^{-18}$m；並且是類似圖（11-67），正在相互作用的問題粒子間交換Bose子的多體問題，加上牽連到粒子的產生（creation）和湮沒（annihilation），是相對論量子力學的範疇，於是，相互作用算符不能如前面那樣使用一體勢能表示。Fermi 以後再經過不少的物理學家們的研究，到了李政道、楊振寧和吳健雄才告一段落，而相互作用約分為下五個型：

型	相互作用算符例
(1) 標量 (scalar) S	$\mathbb{1}$
(2) 向量 (vector) V	γ^μ
(3) 贗標量 (pseudo-scalar) P	$\gamma_5 \equiv i\gamma^0\gamma^1\gamma^2\gamma^3$
(4) 贗向量 (pseudo-vector, 或 axial vector) A	$\gamma_5\gamma^\mu$
(5) 張量 (tensor) T	$\sigma^{\mu\nu} \equiv \dfrac{i}{2}[\gamma^\mu, \gamma^\nu]$

（11-273d）

γ^{μ}=Dirac 的γ矩陣（看附錄 I ，且 Bjorken-Drell 標誌），核的β衰變是以向量V和贋向量A型為主，稱為$V-A$**型相互作用**，設V和A型的相互作用常數為G_V和G_A，則它們的大小比值約為：

$$G_V : G_A \fallingdotseq 1 : 1.25 \qquad (11\text{-}273e)$$

在下面僅介紹最簡單的 Fermi 理論（進一步內容請看 V(F)）。

(c)β衰變的電子最大動能

如表（11-20），粒子以它們的相對質量分成重子、輕子，又從參與的相互作用分成強子（hadron）和非強子（non-hadron），以及完全負責相互作用工作的規範粒子（gauge particle）膠子（gluon）g、光子γ和弱子$W^{\pm}$, Z^0以及引力子（graviton）b，於是弱相互作用種類也可以分成如下三類：

(1)輕子（leptonic）類：(Ex) $\mu^- \to e^- + \nu + \bar{\nu}$　全輕子　（11-274a）

(2)半輕子（semi-leptonic）類：有輕子和非輕子　（11-274b）

(Ex) ${}_1H_2^3$（氚）$\to {}_2He_1^3$（氦同位素）$+ e^- + \bar{\nu}$

${}_{11}Na_{11}^{22}$（鈉）$\to {}_{10}Ne_{12}^{22}$（氖）$+ e^+ + \nu$

(3)強子（hadronic）類：全強子　（11-274c）

(Ex)Λ（lambda 重子）$\to n$（中子）$+ \pi^0$（電中性pi介子）

Fermi 理論探討的是屬於半輕子類的（11-274b）式，而原子核的β衰變是如（11-271）式所示，有$\beta^{\pm}$和電子俘獲，那麼各過程的能動量（energy-momentum）變化如何呢？

①β^-衰變

設母核、子核和電子的質量各為$M(A,Z)$, $M(A,Z+1)$和m，而$m(A,Z)$和$m(A,Z+1)$為原子質量，則由質能關係（9-48）式得：

$$\{M(A,Z)-[M(A,Z+1)+m]\}c^2=\{[M(A,Z)+Zm]-[M(A,Z+1)+(Z+1)m]\}c^2$$
$$=\{m(A,Z)-m(A,Z+1)\}c^2 \equiv E_{\beta^-} \qquad (11\text{-}275a)$$

β^-衰變的本質是核內中子n衰變成質子而放出電子，故由電荷守恆，電中性的母原子β^-衰變後的子原子是帶一個正電荷的離子，於是原子核一定是激態（excited state），設其激態能$=E_{ex}$，被放射的電子動能$=T_{\beta^-}$。（11-275a）式的$m(A,Z)$和$m(A,Z+1)$是電中性原子質量，從電中性的原子$m(A,Z+1)$游離出一個電子，需要分離能（separation energy）I_{β^-}，故得：

$$E_{\beta^-} = T_{\beta^-} + E_{ex} + I_{\beta^-}$$
$$\therefore T_{\beta^-} = \{\mathrm{m(A, Z)} - \mathrm{m(A, Z+1)}\}c^2 - (E_{ex} + I_{\beta^-}) \quad (11\text{-}275b)$$

②β^+衰變

β^+衰變是核內質子$p \rightarrow (n(\text{中子}) + e^+ + \nu)$，故電中性的母原子$m(A, Z)\beta^+$衰變後的子原子是帶一個負電荷的負離子，和推導（11-275a）和（11-275b）式的推導過程完全一樣得：

$$E_{\beta^+} = \{M(A, Z) - [M(A, Z-1) + m]\}c^2 = \{[M(A, Z) + Zm] - [M(A, Z-1) + (Z-1)m + 2m]\}c^2$$
$$= \{m(A,Z) - m(A,Z-1)\}c^2 - 2\mathrm{m}c^2 \quad (11\text{-}275c)$$

$E_{\beta^+}>0$才會有β^+衰變，（11−275a）式和（11−275c）式的最大差異是後者多了“$-2mc^2$”的能量，β^-衰變游離靜止質量mc^2的一個電子需要I_{β^-}的分離能，那麼對應於“$-2mc^2$”的能量如為「$-2I_{\beta^+}$」，則β^+衰變游離靜止質量mc^2的正電子一個所需要的能量是I_{β^+}，於是總需要的能量$= (-2I_{\beta^+} + I_{\beta^+}) = -I_{\beta^+}$，故得：

$$E_{\beta^+} = T_{\beta^+} + E_{ex} - I_{\beta^+}$$
$$\therefore T_{\beta^+} = \{\mathrm{m(A, Z)} - \mathrm{m(A, Z-1)} - 2\mathrm{m}\}c^2 - E_{ex} + I_{\beta^+} \quad (11\text{-}275d)$$

③電子俘獲衰變

原子核想要俘獲原子殼層電子時，必須付該電子的結合能（binding energy）E_B才行，核俘獲電子之後，核的正電荷少一個而質量增加了m，於是整個能量變化是：

$$\{\mathrm{M(A, Z)} + \mathrm{m} - \mathrm{M(A, Z-1)}\}c^2 - E_B = \{[\mathrm{M(A, Z)} + \mathrm{Zm}] - [\mathrm{M(A, Z-1)} + (\mathrm{Z}-1)\mathrm{m}]\}c^2 - E_B$$
$$= \{\mathrm{m(A, Z)} - \mathrm{m(A, Z-1)}\}c^2 - E_B \equiv E_C \quad (11\text{-}275e)$$

$E_C>0$才會有電子俘獲，俘獲了電子的子核必在激態，設E_{ex}=激態能，同時會需要相當於游離該電子的游離能I_C，如該電子的動能$= T_C$，則由（11-275e）式得：

$$E_C = T_C + E_{ex} - I_C$$
$$\therefore T_C = \{m(A, Z) - m(A, Z-1)\}c^2 - E_B - E_{ex} + I_C \quad (11\text{-}275f)$$

對於較重原子的電子俘獲，需要的結合能E_B大約如下：

$$\left.\begin{array}{l} K\text{ 殼層電子的 } E_B > 100\,\text{KeV} \\ L\text{ 殼層電子的 } E_B \doteqdot 20\,\text{KeV} \\ M\text{ 殼層電子的 } E_B \doteqdot 5\text{KeV} \end{array}\right\} \qquad (11\text{-}276a)$$

一般的$E_{\beta^\pm} \doteqdot (1\sim10)$MeV，但$T_{\beta^\pm}$和$T_C$約如圖（11-85），圖上的 0.7 和 1.3 的數值和來自中子質量m_n和氫子質量m_H以及質子質量m_p的差值相當吻合：

$$(m_n - m_H)c^2 \doteqdot (939.56563(28) - 938.78326)\text{MeV} \doteqdot 0.78\text{MeV} \qquad (11\text{-}276b)$$

$$(m_n - m_p)c^2 \doteqdot (939.56563(28) - 938.2723(28))\text{MeV} \doteqdot 1.29\text{MeV} \qquad (11\text{-}276c)$$

（11-276b）、（11-276c）式和圖（11-85）的巧合不偶然，暗示著 Fermi 假設的（11-269a）式的真實性的一面。電子游離能$I_{\beta^\pm}$、I_C和其結合能E_B都是eV的量級。但核的激態能E_{ex}是 MeV 的量級，於是（11-275b, d, f）式的$I_{\beta^\pm}$、I_C和E_B大約可以省略。從（11-275b, d, f）式顯然無法看出β衰變的電子動能是如圖（11-85）的連續分布，這也是Pauli看出來的一點，新粒子微中子的假設是必要的物理需求。對β衰變的電子動能，雖獲得如上的合理結果，仍然無法突破β衰變的困境，1934 年Fermi啟開了這充滿未知的弱相互作用世界大門。

(d)Fermi β衰變理論簡介

①β衰變的躍遷率（transition rate）ω_{if}

Fermi 理論是在宇稱守恆，且非相對論量子力學的架構下展開。設母核$M(A, Z)$ β^-衰變後的子核$M(A, Z+1)$，電子和反微中子的波函數以及動量各為如圖（11-89）所示。Fermi用了如下的假設：

⑴子核、電子、反微中子間沒相互作用。

⑵β^-衰變時子核沒反衝效應（recoil effect），且在基態。

⑶點相互作用（point interaction）。

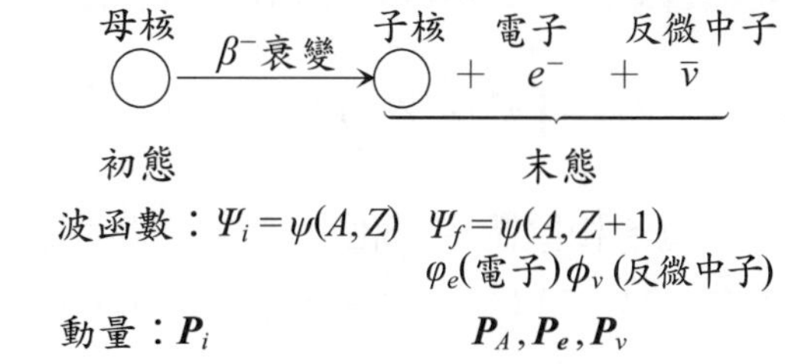

圖 11-89

由於粒子間無相互作用，故被放射出來的電子和微中子的波函數都可以用平面波表示。雖假設子核沒反衝效應，即相當於核質量無限大，但母子核各自的質心不可能重疊，如圖（11-90a）取兩核的質心為CM，則點相互作用表示四Fermi子如圖

（11-90b）在CM點發生衰變。設電子和微中子的徑向量（radial vector）為$\boldsymbol{r}_e$和$\boldsymbol{r}_\nu$，則由點相互作用得在CM點的電子和反微中子的徑向量：

$$\boldsymbol{r}_e=\boldsymbol{r}_\nu=\boldsymbol{r} \qquad (11\text{-}277a)$$

且電子和反微中子的平面波函數是：

$$\left.\begin{aligned}\varphi_e(\boldsymbol{r}_e)&=L^{-3/2}e^{i\boldsymbol{k}_e\cdot\boldsymbol{r}_e}\\ \phi_\nu(\boldsymbol{r}_\nu)&=L^{-3/2}e^{i\boldsymbol{k}_\nu\cdot\boldsymbol{r}_\nu}\end{aligned}\right\} \qquad (11\text{-}277b)$$

動量$\boldsymbol{P}_e=\hbar\boldsymbol{k}_e$, $\boldsymbol{P}_\nu=\hbar\boldsymbol{k}_\nu$，而$L^{-3/2}$是用邊長$L$的立方空間作的歸一化（normalization）常量（看（10-66b）式）。各核假設了沒質心運動，故初末態的核動量$\boldsymbol{P}_i$=0, $\boldsymbol{P}_A$=0，各核僅有結構波函數：

初態核波函數$=\psi(A,Z)$
末態核波函數$=\psi(A,Z+1)$

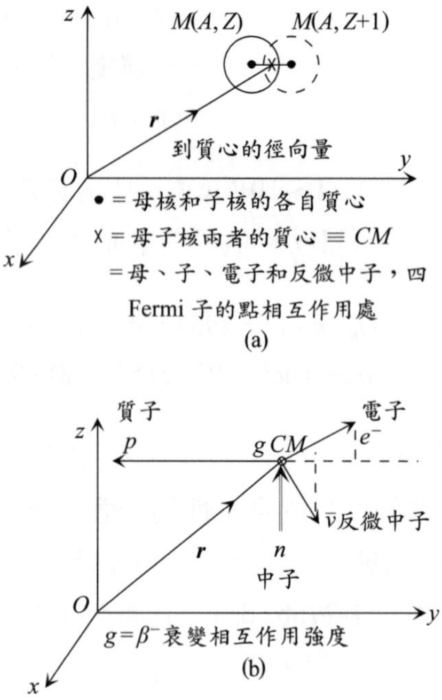

右手系座標（x,y,z）的原點「0」是，取在求母核結構波函數的勢能中心（potential energy center），為了一目瞭然把「0」提到母核外來畫圖。(b)圖的質子在子核內，無相互作用假定下，電子和反微中子是自由粒子。

圖 11-90

設核間以及輕子間相互作用各為V_N和$V_{e\nu}$，則躍遷矩陣（transition matrix）M_{if}為：

$$M_{if}=\int\psi^*(A,Z+1)V_N\psi(A,Z)\mathrm{d}\tau_A\int\varphi_e^*(\boldsymbol{r}_e)V_{e\nu}\varphi_\nu^*(\boldsymbol{r}_\nu)\mathrm{d}\tau_{e\nu} \qquad (11\text{-}277c)$$

$\mathrm{d}\tau_{e\nu}$=電子和反微中子相對座標的微小體積，$\mathrm{d}\tau_A$=A個核子的微小體積。弱相互作用雖有（11-273d）式的五個型，Fermi用的是標量相互作用：$V_N\equiv\mathbb{1}$，$V_{e\nu}\equiv g\mathbb{1}$，$g=\beta^-$衰變相互作用強度≡常量，其因次$[g]$=能量：

$$\therefore M_{if}=g\left(\int\psi^*(A,Z+1)\,\mathbb{1}\,\psi(A,Z)\mathrm{d}\tau_A\right)\frac{1}{L^3}\int e^{-i\boldsymbol{k}_e\cdot\boldsymbol{r}_e}\,\mathbb{1}\,e^{-i\boldsymbol{k}_\nu\cdot\boldsymbol{r}_\nu}\mathrm{d}\tau_{e\nu}$$

β^-衰變的相互作用是發生在原子核內，核狀態是束縛態（bound state），是占空間的有限範圍，假設它是半徑R的空間，則：

$$\left.\begin{aligned}\psi(A,Z),\qquad \psi(A,Z+1)&\neq 0 \quad r\le R\\ &=0 \quad r>R\end{aligned}\right\} \qquad (11\text{-}277d)$$

（11-277d）式表示$M_{if} \neq 0$當$r \leq R$，或由（11-277a）式$r_e \leq R$，$r_v \leq R$時$M_{if} \neq 0$，$r \equiv |r|$，其他也是。β^-衰變的電子動能T_β^{max}是MeV量級，則由$T_\beta = \dfrac{P_e^2}{2m} = \dfrac{\hbar^2 k_e^2}{2m}$，$m$＝電子質量得：

$$k_e = \sqrt{\frac{2m \times 1\text{MeV}}{\hbar^2}} = \sqrt{\frac{2mc^2 \times 1\text{MeV}}{(\hbar c)^2}} \doteq \sqrt{\frac{2 \times 0.511}{(197.327)^2}} \frac{1}{\text{fm}} \doteq 0.00512 \frac{1}{\text{fm}}$$

角波數$k_e \ll 1$，於是可以使用$e^{-ik \cdot r} \doteq 1$的近似，

$$\therefore M_{if} \doteq g_v \frac{1}{L^3} \int \psi^* (A, Z+1) \, \psi (A, Z) \, d\tau_A \tag{11-277e}$$

$$g_v \equiv g \int d\tau_{ev} \tag{11-277f}$$

顯然β^-衰變的耦合常量g_v的因次是（能量）×（體積）。

躍遷矩陣M_{if}是無法測量，如第十章IV所述，M_{if}一般地是複數量，但觀測量必須是實量（第二章IV(c)做科研時的三寶），並且和測量有關的量是躍遷率ω_{if}[11,15]：

$$\omega_{if} = \frac{2\pi}{\hbar} |M_{if}|^2 \rho_f \tag{11-278}$$

（11-278）式是處理散射或躍遷問題的 **Fermi 黃金規則**（Fermi's golden rule），ρ_f稱為**末態密度**（final state density），即末態單位能量內的狀態數，除了明知末態，一般地使用週期邊界條件（periodic boundary condition，看（10-8c）式，或（11-80a～e）式）求ρ_f。設電子和微中子的動量各為P_e和P_v，則由週期邊界條件，在邊長L的立方體內的粒子狀態數（11-80a）式，得電子和微中子的狀態數dN_e和dN_v各為：

$$dN_e = (\frac{L}{2\pi\hbar})^3 \int_{\Omega_e} P_e^2 dP_e d\Omega_e = \frac{L^3 P_e^2 dP_e}{2\pi^2 \hbar^3} \tag{11-279a}$$

$$dN_v = (\frac{L}{2\pi\hbar})^3 \int_{\Omega_v} P_v^2 dP_v d\Omega_v = \frac{L^3 P_v^2 dP_v}{2\pi^2 \hbar^3} \tag{11-279b}$$

$d\Omega_e$和$d\Omega_v$各為立體角，在各向同性（isotropic）的動量分布下，對立體角積分$\int_\Omega d\Omega = 4\pi$而得（11-279a）和（11-279b）式右邊。由動量守恆：

$$P_i = P_A + P_e + P_v = P_e + P_v = 0$$

$$\therefore P_v = -P_e \tag{11-279c}$$

於是電子動能在T_e和（$T_e + dT_e$）間的狀態密度ρ_f是：

$$\rho_f = \frac{dN_e dN_v}{dT_e} = -\frac{L^6}{4\pi^4 \hbar^6} \frac{P_e^2 dP_e P_v^2 dP_v}{dT_e} \tag{11-279d}$$

（11-279d）式右邊的負符號來自（11-279c）式。在（11-275b, d, f）式求了放射電子的最大動能$T_e^{\max}$，但在此地的能量是，在子核無反衝效應並且在基態和忽略分離能下，由（11-268d）式得：

$$T_e^{\max} = T_e + T_\nu \tag{11-279e}$$

$$\therefore 0 = \mathrm{d}T_e + \mathrm{d}T_\nu \tag{11-279f}$$

（11-279f）式是（11-279e）式的微分量，$T_e^{\max}$ = 常量，假定微中子無質量，則由（9-51）式得$T_\nu = CP_\nu$，

$$\therefore dP_\nu = \frac{\mathrm{d}T_\nu}{C} = -\frac{\mathrm{d}T_e}{C} \tag{11-279g}$$

把（11-279e, f, g）式代入（11-279d）式得：

$$\rho_f = \frac{L^6(T_e^{\max} - T_e)^2}{(2\pi^2\hbar^3)^2 C^3} P_e^2 \mathrm{d}P_e \tag{11-280a}$$

於是由（11-277e），（11-278）和（11-280a）式得：

$$\omega_{if}(P_e) = \frac{g_\nu^2 |M|^2}{2\pi^3\hbar^7 C^3}(T_e^{\max} - T_e)^2 P_e^2 \mathrm{d}P_e \tag{11-280b}$$

$$M \equiv \int \psi^*(\mathrm{A}, \mathrm{Z}+1)\, \psi\, (\mathrm{A}, \mathrm{Z})\, \mathrm{d}\tau_A \tag{11-280c}$$

M是無因次量，g_ν的因次是（能量）×（體積），於是（11-280b）式右邊的因次是(時間)$^{-1}$，確實滿足躍遷率ω_{if}的因次。β^-衰變放射出來的電子必有它的動量$\boldsymbol{P}_e$，每單位時間帶有動量大小$P_e = \sqrt{\boldsymbol{P}_e \cdot \boldsymbol{P}_e} = \sqrt{P_e^2}$的電子數到底有多少呢？度量這個的量叫**動量譜**（momentum spectrum）& (P_e)：

$$\boxed{\&\,(P_e) \equiv \frac{\text{被放射（emitted）的電子數}}{\text{（時間 } t\text{）}\cdot\text{（電子動量大小 } P_e\text{）}}} \tag{11-280d}$$

並且定義& (P_e)和躍遷率ω_{if}的如下關係：

$$\omega_{if}(P_e) \equiv \&\,(P_e)\,\mathrm{d}P_e \tag{11-280e}$$

則由（11-280b）和（11-280e）式得：

$$\sqrt{\frac{\&\,(P_e)}{P_e^2}} = \sqrt{\frac{g_\nu^2|M|^2}{2\pi^3\hbar^7 c^3}}\,(T_e^{\max} - T_e) \tag{11-281}$$

推導（11-281）式的演算過程，除了使用 Fermi 的基本假設(1)、(2)、(3)之外，相互作用使用標量，且平面波$e^{i\cdot \boldsymbol{k}\cdot \boldsymbol{r}} \doteqdot 1$。雖用如此簡化的演算，理論的（11-281）式和實驗的比較，除了低和高T_e有出入之外，兩者的一致如圖（11-91）相當不錯。低能域的不一致，由考慮電子和子核的庫侖相互作用，即電子和反微中子的波函數都不是平面波，大約解決了，但高能域的理論實驗的不一致，經過種種努力都無法克服，一直到 1950 年代上半葉，由李政道和楊振寧引進宇稱不守恆的新觀念後才獲得解決。

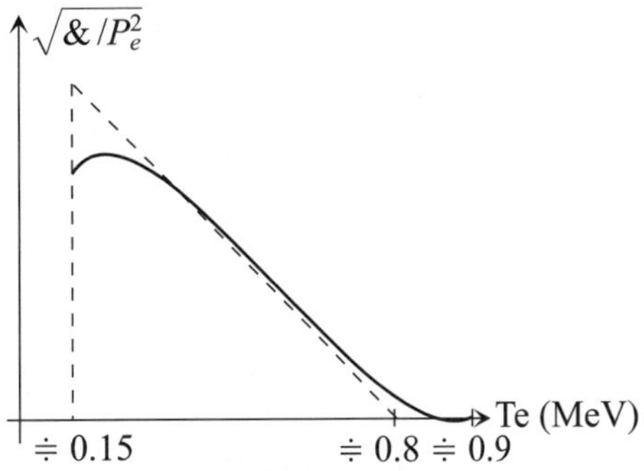

β^-衰變的電子動能T_e
圖 11-91

②β衰變的衰變率（decay rate）λ，ft 値（ft value）

比照（11-267a）式和（11-280d）式便得衰變率λ，壽命τ和動量譜$\&(P_e)$的如下關係：

$$\lambda = \frac{1}{\tau} \doteqdot \int_0^{P_e^{\max}} \&(P_e)\,dP_e$$
$$= \int_0^{P_e^{\max}} \frac{g_v^2|M|^2}{2\pi^3\hbar^7 C^3}(T_e^{\max} - T_e)^2 P_e^2 dP_e \qquad (11\text{-}282a)$$

$P_e^{\max}$是$T_e^{\max}$時的動量，如前述β衰變牽連到粒子的產生和湮沒，是相對論量子力學的範疇，能量的演算須用（9-51）式：

$$(T_e^{\max} - T_e)^2 = [(T_e^{\max} + mc^2) - (T_e + mc^2)]^2 = (E_e^{\max} - E_e)^2$$
$$= (E_e^{\max})^2 + (c^2P_e^2 + m^2c^4) - 2E_e^{\max}\sqrt{c^2P_e^2 + m^2c^4}$$

$$\therefore \lambda = \frac{g_v^2|M|^2}{2\pi^3\hbar^7 C^3}\left\{ [(E_e^{\max})^2 + m^2c^4]\frac{(P_e^{\max})^3}{3} + \frac{c^2(P_e^{\max})^5}{5} - 2E_e^{\max}\int_0^{P_e^{\max}} \sqrt{c^2P_e^2 + m^2c^4}\,P_e^2 dP_e \right\}$$

上式積分可利用下積分式子以及函數關係：

$$\int_0^x y^2\sqrt{y^2 + a^2}\,dy = (\frac{x^3}{4} + \frac{a^2}{8}x)\sqrt{x^2 + a^2} - \frac{a^4}{8}\ln\frac{x + \sqrt{x^2 + a^2}}{a}$$

$$\ln\frac{x + \sqrt{a^2 + x^2}}{a} = \sinh^{-1}(\frac{x}{a})$$

$$\therefore \lambda = \frac{1}{\tau} = \frac{g_v^2 |M|^2 m^5 c^4}{2\pi^3 \hbar^7} f(\alpha) \tag{11-282b}$$

$$\text{或} f(\alpha)\tau = \frac{2\pi^3 \hbar^7}{g_v^2 m^5 c^4} \frac{1}{|M|^2} \tag{11-282c}$$

$$f(\alpha) \equiv -\frac{\alpha}{4} - \frac{1}{12}\alpha^3 + \frac{1}{30}\alpha^5 + \frac{1}{4}\sqrt{\alpha^2+1}\,\sinh^{-1}\alpha \tag{11-282d}$$

$\alpha \equiv \dfrac{P_e^{\max}}{mc}$，（11-282c）式稱為核$\beta$衰變的$ft$值（ft value），$t$=時間，$ft$值又叫比較壽命（comparative life time），為什麼有這個名稱呢？如（11-282d）式f是$P_e^{\max}$，即$T_e^{\max}$的函數，同時$f\tau$僅和核的躍遷矩陣$|M|^2$成反比，所以能在β^-衰變的同一電子動能T_e^{max}下，比較核躍遷的概率大小，並且能間接地獲得核狀態的信息（information）。例如使用母子核自旋（總角動量）I_i和I_f，以及宇稱π_i和π_f表示波函數：$\psi(A, Z) \equiv \psi_{I_i}(\pi_i), \psi(A, Z+1) \equiv \psi_{I_f}(\pi_f)$，則由（11-282c）式得：

$$\begin{aligned} ft &\longrightarrow \infty \cdots\cdots \text{當} M = \int \psi_{I_f}^*(\pi_f)\psi_{I_i}(\pi_i)\,d\tau_A = 0 \\ &= \text{有限值} \cdots\cdots \text{當} M \neq 0 \end{aligned}$$

$M \neq 0$ 表示母子核的自旋I_i和I_f，以及宇稱 π_i 和 π_f 相同；而M=0表示它們（自旋和宇稱）同時不同，或任一量不同，所以 Fermi 理論的選擇定則（selection rule）是：

$$\left.\begin{aligned} \Delta I &= I_i - I_i = 0 \\ \Delta \pi &= 0 \end{aligned}\right\} \tag{11-283}$$

顯然從比較理論實驗的吻合程度，從（11-283）式可得核自旋和宇稱的信息，隨著實驗技術的進步，Fermi 理論逐漸地顯出和實驗的差異，尤其（11-283）式不敷使用。雖修正了 Fermi 使用的標量相互作用，仍然無法解決理論實驗的不一致，關鍵在$\Delta\pi$，它除了$\Delta\pi$=0，還有$\Delta\pi \neq 0$ 的部分。

【Ex. 11-47】 實驗的最小 ft 值是氚$({}_1H_2^3)$的β^-衰變時的值

$${}_1H_2^3 \longrightarrow {}_2He_1^3 + e^- + \bar{\nu}, \qquad ft \fallingdotseq 1.2 \times 10^3 \text{秒}$$

求β^-衰變的 Fermi 相互作用常量 g_v 和相互作用強度 g。

由（11-282c）式得：

$$g_v^2 = \frac{2\pi^3\hbar^7}{ftm^5c^4}\frac{1}{|M|^2}$$

ft值最小表示核的躍遷距陣M最大，故可以取最大值 1，代入上式得：

$$g_v^2 = \frac{2\pi^3(\hbar c)^7}{1.2\times10^3 s(mc^2)^5 c} \doteqdot \frac{2\times(3.14159)^3(197.327\text{MeV}\cdot\text{fm})^7}{1.2\times10^3\text{s}\times3\times10^{10}\dfrac{\text{cm}}{\text{s}}\times(0.511\text{MeV})^5}$$

$$\therefore g_v \doteqdot 2.4\times10^{-4}\ \text{MeV}\cdot\text{fm}^3 \qquad (11\text{-}284a)$$

核的β^-衰變發生在核內，並且核的結構波函數是束縛態函數，躍遷矩陣不等於零的空間是核空間。原子核的最大半徑約 10 fm，於是（11-277f）式的$\int d\tau_{ev} \doteqdot (10\text{fm})^3$，

$$\therefore g = \frac{g_v}{\int d\tau_{ev}} \doteqdot 2.4\times10^{-7}\ \text{MeV} \qquad (11\text{-}284b)$$

（11-284a）和（11-284b）式是g_v和g的最大值，ft值的分布是：10^3～10^{18}秒，但$\log_{10}ft>7$ 者稱為**禁戒躍遷**（forbidden transition），$\log_{10}ft=3$～7 者叫**容許（allowed）躍遷**，$\log_{10}ft$的t是以秒做單位，僅取t的大小，無因次量，不然違背了公用函數無因次的忌。所以使用容許躍遷的最大值$ft=10^7$秒的話，得g_v和g的最小值$g_v\doteqdot10^{-6}\text{MeV}\cdot\text{fm}^3$，$g\doteqdot10^{-9}\text{MeV}$，

$$\therefore \left\{\begin{matrix} g_v \doteqdot (10^{-4}\sim10^{-6})\ \text{MeV}\cdot\text{fm}^3 \\ g \doteqdot (10^{-7}\sim10^{-9})\ \text{MeV} \end{matrix}\right\} \qquad (11\text{-}284c)$$

經過弱相互作用實驗歸納出來的$g_v\doteqdot8.959\times10^{-5}\ \text{MeV}\cdot\text{fm}^3\doteqdot1.166\times10^{-5}\times\frac{(\hbar c)^3}{(\text{GeV})^2}\equiv G_F$，稱為弱相互作用的 Fermi 相互作用強度（看（11-273a）式）。後來為了要和日常生活中的電磁相互作用強度：

$$\alpha = \frac{1}{4\pi\varepsilon_0}\frac{e^2}{\hbar c} \doteqdot \frac{1}{137.0359895(61)} = \text{無因次量}$$

相對地定義無因次量$G=G_F\frac{(m_pc^2)^2}{(\hbar c)^3}\doteqdot1.025\times10^{-5}$（看（11-273b）式）。在高能量域，幾十GeV以上，α和G都是能量的函數：$\alpha(E), G(E), E$=能量，並且跟著能量E的增加，α和G是緩慢地變大。

【Ex. 11-48】 弱相互作用距（interaction range）δ甚短，$\delta\doteqdot(10^{-15}\sim10^{-17})$ cm，現用一個簡單模型來推導，弱相互作用時介入的介子質量。

相互作用被侷限在極小的空間，故使用無限深對稱方位阱勢能來描述

被束縛的現象。由第十章（10-51e）式得基態束縛能$E_1=\dfrac{\pi^2\hbar^2}{2ma^2}$, m=被束縛的粒子質量，a＝束縛空間線度。

由（9-48）式E_1=mc^2，取a=10^{-15}cm=10^{-2}fm，則得：

$$(mc^2)^2=\frac{\pi^2(\hbar c)^2}{2a^2}=\frac{(3.14159)^2\,(197.327)^2\,\text{MeV}^2\cdot\text{fm}^2}{2\times(10^{-2}\text{fm})^2}\doteqdot 1.9215\times10^9\ \text{MeV}^2$$

$$\therefore mc^2\doteqdot 44\ \text{GeV}$$

1983年在歐洲共同實驗室，義大利物理學家Carlo Rubbia和荷蘭物理學家Somin van der Meer，找到了扮演弱相互作用的介子$W^{\pm}$（帶正電和負電）和Z^0（電中性）Bose子，其質量分別為：

$$m_{W^\pm}c^2\doteqdot 80.4\text{GeV}，m_{Z^0}c^2\doteqdot 91.2\text{GeV}$$

這些數字正是用極簡單模型估計的mc^2＝44GeV的量級。

(iii)宇稱不守恆，吳健雄的實驗

(a)內稟宇稱

什麼是宇稱（parity）呢？時間座標t不變下，將空間座標“$\boldsymbol{r}=(x, y, z)$”轉變為“$-\boldsymbol{r}=(-x, -y, -z)$”，稱為**空間反演**（space reverse，或space inversion）。任一時空間函數的物理量$Q(\boldsymbol{r}, t)$經空間反演操作$\hat{P}$會有如下關係：

$$\hat{P}\,Q(\boldsymbol{r}, t)=\pm Q(-\boldsymbol{r}, t) \qquad (11\text{-}285\text{a})$$

「＋」表示Q量是**偶宇稱**（parity even）或**正宇稱**（positive parity），而「－」號的Q是**奇宇稱**（parity odd）或**負宇稱**（negative parity），故經$\hat{P}$操作宇稱不變叫**宇稱守恆**。變換法有好多種，其中有一種叫**么正變換**（unitary transformation），以最簡單的語言，么正變換是維持概率不變的變換，空間反轉是屬於么正變換，$\hat{P}$叫**宇稱么正**（**unitary**）**算符**。以物理系統（physical system）的狀態函數（看第十章IV）Ψ為例，么正變換是：

$$\begin{aligned}\text{概率}&=\int\Psi^*\Psi d\tau\equiv\langle\Psi|\Psi\rangle\\&=\int(\hat{P}\Psi^*)(\hat{P}\Psi)d\tau\equiv\langle\hat{P}\Psi|\hat{P}\Psi\rangle\end{aligned} \qquad (11\text{-}285\text{b})$$

$$\therefore\hat{P}^+\hat{P}=\mathbb{1}=\hat{P}^{-1}\hat{P}，\quad\text{或}\ \hat{P}^+=\hat{P}^{-1} \qquad (11\text{-}285\text{c})$$

滿足（11-285c）式的算符叫**么正**（**unitary**）**算符**。基本粒子除了上述的外在空間帶來的空間宇稱（spatial parity），讓我們稱它為**外稟宇稱**（extrinsic parity）外，還有粒子內在的固有宇稱，即**內稟宇稱**（intrinsic parity），它是以光子和重子的核子的內稟宇稱分別定義為負和正，來相對地定義其他粒子的內稟宇稱，結果是熟習的π介子的內稟宇稱是「負」。內稟宇稱在處理衰變或反應問題時，決定物理系統的初末態總宇稱，以及內外稟宇稱時，扮演重要角色，它是表現粒子特徵的量子數之一。

【Ex. 11-49】 使用π^+介子引起的氘（${}_1H_1^2$，簡寫是 d）蛻變（disintegration）

$$\pi^+ + \mathrm{d} \longrightarrow p + p$$

來定π介子的內稟宇稱。

氘是兩核子體系，中子n質子p各一個，其同位旋T=0，核自旋（總角動量）I_i=1，自旋S_i=1，軌道角動量L_i=0 的偶宇稱態，$I_i^{\pi_d}=1^+$, π_d=氘的總宇稱。由（10-142）式得，粒子有角動量$\boldsymbol{L}$其量子數l時，決定空間宇稱的因子是$(-1)^l$。用π表示各粒子的內稟以及初末態宇稱，強子的蛻變反應的宇稱是守恆，於是當基態的靜止氘受到入射的π^+，如π^+和 d的相對運動的角動量量子數$l_{\pi d}=0$，則初態宇稱π_i是：

$$\pi_i=\pi_\pi\,\pi_\mathrm{d}\,(-)^{l_{\pi\mathrm{d}}}=\pi_\pi\times 1\times(-)^0=\pi_\pi$$

末態有兩個質子，也是兩核子體系，故它們的同位旋T_f，自旋S_f和相對運動的軌道角動量L_f必須滿足 Pauli 不相容原理（11-213b）式：

$$L_f + S_f + T_f = \text{奇數} \tag{11-285d}$$

兩個質子的同位旋T_f=1，自旋S_f雖有 0 和 1 的兩個可能，但自旋不變S_f =S_i=1 的概率大於變，故由（11-285d）式L_f必須為奇數，即l_{pp}=奇數，

$$\therefore\ \text{末態宇稱}\ \pi_f=\pi_p\,\pi_p\,(-)^{l_{pp}}=(-)^{l_{pp}}=-1$$

核子的內稟宇稱π_p=+1（偶宇稱），於是由宇稱守恆得：

$$\pi_i=\pi_\pi=\pi_f=-1$$

即π介子的內稟宇稱是「負（奇宇稱，parity odd）」。這樣地可以從核子的內稟宇稱定出介子的內稟宇稱，結果π和K介子的內稟宇稱統統是負，而核子以外的重子是正內稟宇稱。

(b)吳健雄 1957 年完成的實驗

目前如表（11-21）已知弱相互作用的宇稱不守恆，不過一直到 1950 年代初葉，物理學家們相信宇稱是守恆。從宇稱守恆立場，很難滿意地分析當時的K^0介子衰變成兩個或三個π介子的現象。1956 年李政道（30 歲）和楊振寧（34 歲）一起大膽地質疑過去宇稱守恆的想法，而**創造了宇稱不守恆的理論**，同時建議如何做β^-衰變實驗才能驗證宇稱不守恆。這建議實驗立即被吳健雄完成，證明了李楊理論的正確性。這個理論物理學上的大成就轟動了全世界，1957 年秋天李楊榮獲Nobel物理獎，是中國人首次獲Nobel獎。那麼吳健雄如何驗證宇稱不守恆呢？她測了$_{27}Co^{60}_{33}$（鈷）的β^-衰變電子的角分布，對“$\boldsymbol{r}\to-\boldsymbol{r}$”的變換是否對稱？

結果是不對稱，
表示宇稱不守恆。

吳健雄的實驗具體過程是，先挑有磁性的材料鈷（$_{27}Co^{60}_{33}$），在絕對溫度 0.01K 的低溫下測量$_{27}Co^{60}$的β^-衰變：

$$_{27}Co^{60}_{33} \longrightarrow {}_{28}Ni^{60*}_{32}\text{（鎳）}+e+\bar{\nu}$$

$$\begin{matrix}\text{核自旋：} & I_i=5 \\ \text{核宇稱：} & \text{正}\end{matrix}\Bigg\}\equiv 5^+ \quad\longrightarrow\quad \begin{matrix} I_f=4 \\ \text{正}\end{matrix}\Bigg\}\equiv 4^+$$

被放射出來的電子角分布。$_{28}Ni^{60}_{32}$右上標「*」表示激態，$_{28}Ni^{60}$的基態是0^+。實驗步驟是：

⑴為了避免溫度引起的熱振盪，以及高溫時在外磁場$\boldsymbol{B}_{\text{ext}}$下的核自旋的不穩定進動（precession），且使$_{27}Co^{60}$穩住在基態，整個實驗在 0.01K 下進行。

⑵外加強磁場$\boldsymbol{B}_{\text{ext}}$，如圖（11-92a）使核磁偶矩$\boldsymbol{\mu}$平行於$\boldsymbol{B}_{\text{ext}}$；$\boldsymbol{B}_{\text{ext}}$也會使$_{27}Co^{60}$原子電子的磁偶矩，和放射電子的磁偶矩$\boldsymbol{\mu}_e$排好。

⑶測量平行和反平行於$\boldsymbol{\mu}$的放射電子的角分布以及數目 Ne上 和Ne下，結果是如圖（11-92b）：

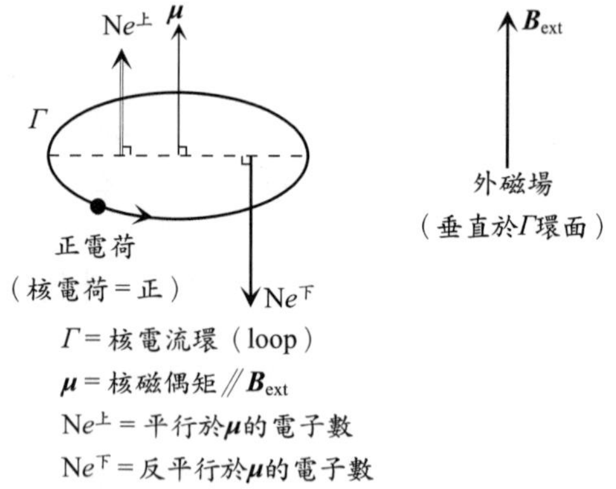

(a)

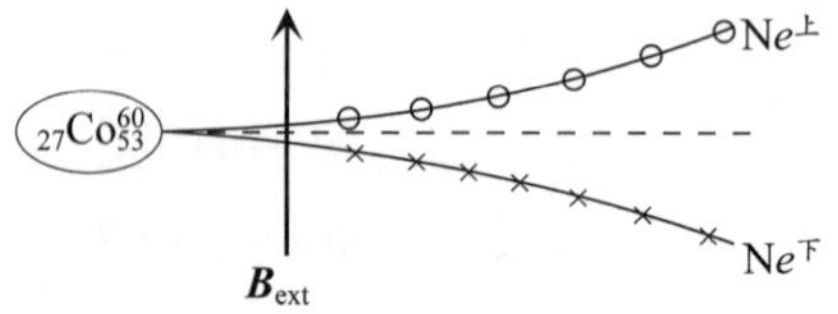

(b)

$Ne^{上} \fallingdotseq 35\%$

$Ne^{下} \fallingdotseq 65\%$

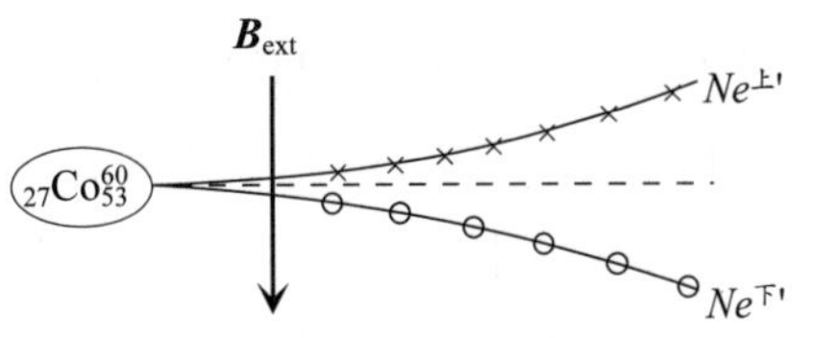

N_e的「上」和「下」，同上圖(b)的方向

(c)

(4)如圖（11-92c）令$\boldsymbol{B}_{ext}$轉 180°，同樣做(3)的工作得$Ne^{上'}$和$Ne^{下'}$。如果是宇稱守恆，放射電子數該不受$\boldsymbol{B}_{ext}$的反方向影響，即得：

$$Ne^{上'} = Ne^{上}$$
$$Ne^{下'} = Ne^{下}$$

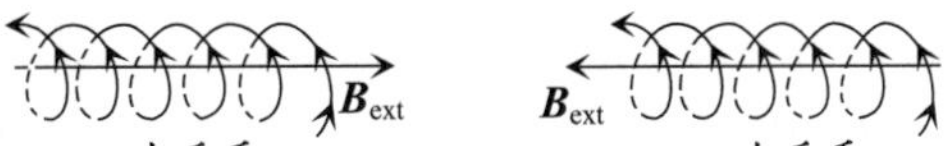

電流I的方向不變，磁場$\boldsymbol{B}_{ext}$剛好在左右手系下方向相反

(d)

圖 11-92

但實驗是：

$$Ne^{上'} = Ne^{下} \fallingdotseq 65\%$$
$$Ne^{下'} = Ne^{上} \fallingdotseq 35\%$$

表示宇稱不守恆；因為把$\boldsymbol{B}_{ext}$變為「$-\boldsymbol{B}_{ext}$」，相當於如圖（11-92d），電流方向不變下，將右手系轉換為左手系。

這個高難度的極低溫實驗，竟然在很短的時間（1956～1957）內被吳健雄完成，使得物理學家們更加積極地做那些，1950 年前後無法滿意地從「宇稱守恆觀點」解釋的介子K，重子Λ等的衰變，而確定並且奠立宇稱不守恆的事實和完成理論。目前廣泛被接受的弱相互作用叫**$V-A$型相互作用**，V和A分別表示（11-273d）式的向量γ^{μ}和贗向量$\gamma_5\gamma_{\mu}$相互作用；等於求β衰變的躍遷矩陣（11-277c）式時，其$V_N = G_v\gamma_{\mu}$，$V_{ev} = G_A(1-\gamma_5)\gamma^{\mu}$，並且波函數必須用狹義相對論量子力學的波函數，相互作用強度G_v和G_A的大小比約$G_A/G_v \fallingdotseq 1.25$，$\gamma_{\mu}$=Dirac 的$\gamma$矩陣（看後註(9)和附錄(I)）。後來慢慢地發現，整個弱相互作用的理論架構和電磁相互作用的規範理論（gauge theory，看後註(24)）極為相似，暗示**弱相互作用可能是廣義的規範理論**，於是物理學家們注意到：

(1)弱相互作用可以從規範理論切近。

(2)弱和電磁兩相互作用可能可以統一，它們可能來自同根源的相互作用，而在低能量域分開來。

這工作終於在 1967～1968 年獨立地由 S. Weinberg（Steven Weinberg 1933 年～至今，美國理論物理學家）和 A. Salam（Abdus Salam 1926 年～至今，巴基斯坦理論物理學家）完成，稱為**電弱相互作用**（electro-weak interaction 看後面 V(F)），它發

生在幾十 GeV 以上的高能量域。扮演弱相互作用的規範粒子（看後註㉔）不但有靜止質量，同時除了電中性的Z^0之外，有帶正和負電的$W^{\pm}$規範 Bose 子，不像電磁相互作用的規範粒子的光子（photon），沒靜止質量又不帶電。這個規範粒子間的差異本質，是來自相互作用距以及相互作用強度之差，尤其前者為主因。弱相互作用和電磁相互作用距，分別是小於10^{-18}m 和無限大（看表（11-6））。

(5)γ衰變簡介

(i)γ射線（γ-ray)是什麼？

自然界的三種射線α、β、γ的最後一個γ射線到底是什麼？它是波長λ極短，$\lambda<0.1\text{Å}$的電磁波，其能量E_γ一般是 MeV 的量級。它的大部分來自激態原子核或複合基本粒子，經和外界的電磁相互作用躍遷到較低能級或基態時射出的電磁波。少數來自電子正電子，或粒子反粒子對湮沒時的輻射，或高速帶電粒子的軔致輻射（bremsstrahlung）。目前探討的主題是原子核，故僅介紹核為源的γ射線，它既然是電磁波，原子核輻射γ射線後，質子和中子數不變，那麼為什麼原子核會變成激態呢？絕大部分是，核反應或α以及β衰變後，核往往留在激態，這時的核很不穩定，易受外界影響。設激態能級為E_{ex}，如$E_{ex}\equiv E_i$（初態），低激態或基態能級為E_f（末態或終態），其差$\Delta E\equiv(E_i-E_f)$大於一個核子的分離能E_s，則往往會放射核子。不過如Ex（11-31）的圖，絕大部分的$E_s\fallingdotseq 8$MeV，而$\Delta E\geq 8$MeV的概率低，大部分是$\Delta E<8$MeV；於是只要有電磁相互作用，它往往來自核外的電子運動產生的電磁場，核便射出γ射線，而γ射線能$E_\gamma\fallingdotseq\Delta E$，多半是：

$$10^{-3}\text{MeV}<E_\gamma<(6\sim 8)\text{MeV} \qquad (11\text{-}286a)$$

為什麼E_γ不等於ΔE呢？因當核輻射γ時，核會受到反衝（recoil）作用而用掉部分能量，由於核很重反衝能不大，於是E_γ接近於ΔE。

人眼能見的電磁波長如圖（5-21），約 3800Å～7800Å，顯然人眼無法察覺γ射線的存在，那怎麼知道它的存在呢？對$E_\gamma\leq 0.3$MeV的γ射線，普通使用遇到波長極短的電磁波便會發光的探測器（detector），其最典型的是裝有碘化鈉（NaI）結晶的裝置。至於高能量E_γ，依E_r的大小γ射線有不同的表現：

$$\left.\begin{array}{l} E_\gamma\gtrsim 7\text{MeV 時會有電子正電子對產生（pair production）} \\ 0.3\text{MeV}\lesssim E_\gamma\lesssim 7\text{MeV 時會有 Compton 效應（看圖 10-5）} \end{array}\right\} \qquad (11\text{-}286b)$$

所以從這些現象，就知道有γ射線。

(ii)γ衰變和核的電磁性以及結構

從宏觀角度，構成原子核的成員質子確實帶正電，另一面從磁偶極矩，或簡稱磁偶矩，不但質子p有磁偶矩$\mu_s(p)$，連宏觀是電中性的中子n也有磁偶矩$\mu_s(n)$，右下標S表示自旋，$\mu_s(n)$和$\mu_s(p)$不但大小不等，並且符號相反（看（11-229b）式）。它們暗示核子有內部結構，例如中子內部有帶負電的成分，表示核子的電荷分布不簡單。又由 Heisenberg 的測不準原理，核子在核內不斷地運動著，帶來漂移（drift (or convection)）電流密度$\boldsymbol{J}_{\text{drif}}\equiv\rho\boldsymbol{v}_{\text{drif}}$，$\rho=$電荷密度，$\boldsymbol{v}_{\text{drif}}=$漂移速度，以及傳導電流密度（conduction current density）$\boldsymbol{J}_c\equiv\sigma\boldsymbol{E}$，$\sigma=$導電率（conductivity），$\boldsymbol{E}=$電場。除外如圖（11-68）和（11-69），有介子交換流等，不難想像原子核內部的電荷密度$\rho(\boldsymbol{r},\ t)$和電流密度$\boldsymbol{J}(\boldsymbol{r},\ t)$分布的複雜程度，它們不但跟時間，並且跟著核的狀態變化，一旦有外來的電磁場，立即呈現電磁交互作用，依能級能量差，如前述放射核子或輻射電磁波（細節看下面(c)小節），後者稱為**γ輻射躍遷**或簡稱γ躍遷，或EM（電磁）躍遷。於是從分析γ躍遷，能得核的電磁性，如ρ和$\boldsymbol{J}$的分布，以及核結構信息。電磁相互作用引起的γ躍遷，其相互作用強度如表（11-6）約為核子間強相互作用強度的10^{-2}，故不易激動核子在核內的結構，是個相當好的研究核結構的方法之一。電磁相互作用牽連到ρ和$\boldsymbol{J}$，前者主要和電場引起的現象有關，後者比較地和磁場引起的現象有關係，不過動態時如第七章Ⅶ，電場$\boldsymbol{E}(\boldsymbol{r},\ t)$和磁場$\boldsymbol{B}(\boldsymbol{r},\ t)$是無法獨立存在，而永遠耦合在一起，還好如（7-131）式，$\boldsymbol{E}(\boldsymbol{r},t)$的實質影響超過$\boldsymbol{B}(\boldsymbol{r},t)$的影響，前者約為後者的$10\sim10^2$倍（看（11-297a）式），故低能量域主要來自電荷分布變化。雖然電磁學的本質是狹義相對性理論，但在低能量域（幾十MeV以下）非相對性理論就夠，在下面僅探討低能量域，並且是靜態（static）情形。

(a)電多極（electric multipole）和電多極矩（electric multipole moment）

靜電學的庫侖力是連心力（central force），這種力下的運動，其角動量必守恆（看附錄 F）；描述角動量守恆的最好又方便的函數是，有正交歸一化（orthonormalized）性的球諧函數（spherical harmonic function）$Y_{l,m}(\theta,\varphi)$，所以在電磁學幾乎用它來表示$\boldsymbol{E}(\boldsymbol{r},\ t)$和$\boldsymbol{B}(\boldsymbol{r},\ t)$引起的現象，在$\boldsymbol{E}$和$\boldsymbol{B}$耦合的電磁動力學，往往不是牛頓第三定律成立的連心力（參考Ex（7-45）～Ex（7-47）），仍然可以使用$Y_{l,m}(\theta,\varphi)$來展開，稱為**多極展開（multipole expansion）法**，有靜態和動態，這裡介紹後者情形。

【Ex. 11-50】 由表(7−13)得真空時的 Gauss 定律：$\nabla \cdot \boldsymbol{E}=\frac{1}{\varepsilon_0}\rho(\boldsymbol{r})$，$\rho(\boldsymbol{r})$= 電荷密度，$\boldsymbol{E}(\boldsymbol{r})$= 電場，$\varepsilon_0$= 真空電容率。靜電場是保守力場，故$\boldsymbol{E}$有其勢場（potential field）$V(\boldsymbol{r})$，即：$\boldsymbol{E}(\boldsymbol{r})=-\nabla V(\boldsymbol{r})$

$$\therefore \nabla \cdot \boldsymbol{E}(\boldsymbol{r})=-\nabla^2 V(\boldsymbol{r})=\rho(\boldsymbol{r})/\varepsilon_0$$

叫 **Poisson 方程式**，求(1)$\rho(\boldsymbol{r})=0$，(2)$\rho(\boldsymbol{r})\neq 0$ 時的解。

(1)$\rho(\boldsymbol{r})$=0 表示沒勢場源：$\nabla^2 V(\boldsymbol{r})=0$，這稱為 **Laplace 方程式**。它有各種座標的解，在此僅探討球座標解，由附錄(B)⒂式得：

$$\nabla^2 V(\boldsymbol{r})=\left\{\frac{1}{r^2}\frac{\partial}{\partial r}(r^2\frac{\partial}{\partial r})+\frac{1}{r^2}\frac{1}{\sin\theta}\frac{\partial}{\partial\theta}(\sin\theta\frac{\partial}{\partial\theta})+\frac{1}{r^2\sin^2\theta}\frac{\partial^2}{\partial\varphi^2}\right\}V(\boldsymbol{r})=0$$

設$V(\boldsymbol{r})=f(r)\,Y_{l,m}(\theta,\varphi)$，則得（參考第十章V(B)）：

$$Y_{\text{lm}}(\theta,\varphi)\left\{\frac{\text{d}}{\text{d}r}(r^2\frac{\text{d}}{\text{d}r})f\right\}+f(r)\left\{\left[\frac{1}{\sin\theta}\frac{\partial}{\partial\theta}(\sin\theta\frac{\theta}{\partial\theta})+\frac{1}{\sin^2\theta}\frac{\partial^2}{\partial\varphi^2}\right]\times Y_{l,m}(\theta,\varphi)\right\}=0$$

$f(r)$ 和 $Y_{l,m}(\theta,\varphi)$ 各為解的一部分，不可能為 0，故從上述左邊用$f(r)Y_{l,m}(\theta,\varphi)$除得：

$$\frac{1}{f}\left[\frac{\text{d}}{\text{d}r}(r^2\frac{\text{d}}{\text{d}r})f\right]=-\frac{1}{Y_{l,m}}\left\{\left[\frac{1}{\sin\theta}\frac{\partial}{\partial\theta}(\sin\theta\frac{\partial}{\partial\theta})+\frac{1}{\sin^2\theta}\frac{\partial^2}{\partial\varphi^2}\right]Y_{l,m}(\theta,\varphi)\right\}$$

$$=\text{和}r,\theta,\varphi\text{無關的無因次常數}\equiv l(l+1)$$

$$\therefore\begin{cases}\frac{\text{d}}{\text{d}r}(r^2\frac{\text{d}}{\text{d}r})f=r^2\frac{\text{d}^2f}{\text{d}r^2}+2r\frac{\text{d}f}{\text{d}r}=l(l+1)f & (1)\\ \left[\left(\frac{1}{\sin\theta}\frac{\partial}{\partial\theta}\left(\sin\theta\frac{\partial}{\partial\theta}\right)\right)+\frac{1}{\sin^2\theta}\frac{\partial^2}{\partial\varphi^2}\right]Y_{l,m}(\theta,\varphi)=-l(l+1)\,Y_{l,m}(\theta,\varphi) & (2)\end{cases}$$

球諧函數$Y_{l,m}(\theta,\varphi)$的多項表示式如下：

$$Y_{l,m}(\theta,\varphi)=(-)^m\frac{1}{2^l l!}\sqrt{\frac{2l+1}{4\pi}\frac{(l-m)!}{(l+m)!}}\,e^{im\varphi}(1-\xi^2)^{m/2}\frac{\text{d}^{l+m}}{\text{d}\xi^{l+m}}(\xi^2-1)^l \quad (3)$$

$\xi\equiv\cos\theta$, l=0, 1, 2, ……, $-l\leq m\leq l$。至於(1)式的解，它不是線性微分方程式。有好多解法，但不用那些方法，在這裡使用物理來猜答。靜電場是分布到r=∞處，當$r\to\infty$時(1)式約變為：

$$r^2\frac{d^2f}{dr^2}=0，$$
$$或\frac{d^2f}{dr^2}=0$$
$$\therefore f(r)=A_1r+B_1，\quad A_1和B_1=未定係數 \tag{4}$$

但如座標原點有點電荷Q，由（7-5c）式得勢場$V_{點}(r)=k\frac{Q}{r}$，MKSA制時的$k=\frac{1}{4\pi\varepsilon_0}$。從這些資料，加上(1)式為二次微分方程，必有兩個未定係數，故可以假設(1)式的解為：

$$f(r)=Ar^{\alpha}+B\frac{1}{r^{\beta}} \tag{5}$$

(5)式右邊第一項和第二項的靈感分別來自(4)式和（7-5c）式，A、B和α、β分別為微分方程和 Lagrange 的未定係數，將(5)式代入(1)式後整理得：

$$r^2\frac{d^2f}{dr^2}+2r\frac{df}{dr}=A\left[\alpha(\alpha+1)\right]r^{\alpha}+B\left[\beta(\beta-1)\right]\frac{1}{r^{\beta}}=l(l+1)(Ar^{\alpha}+\frac{B}{r^{\beta}})$$
$$\therefore \alpha=l，\qquad \beta=l+1$$
$$\therefore f(r)=Ar^l+\frac{B}{r^{l+1}}\equiv f_l(r) \tag{6}$$
$$\therefore V(\boldsymbol{r})=\sum_{l=0}^{\infty}\sum_{m=-l}^{l}(Ar^l+\frac{B}{r^{l+1}})\,Y_{l,m}(\theta,\varphi) \tag{11-287a}$$

顯然保守力場的勢場是，角動量守恆函數的球諧函數$Y_{l,m}(\theta,\varphi)$。未定係數A和B由處理的題目的邊界條件，以及電場$\boldsymbol{E}(\boldsymbol{r})=-\nabla V(\boldsymbol{r})$的連續性來決定。

(2)同樣，使用物理方法來推導$\rho(\boldsymbol{r})\neq 0$時的解，由（7-5c）式，如圖（11-93a）在徑向量$\boldsymbol{r}_Q$的點電荷Q，在空間任一點P，其徑向量$\boldsymbol{r}_p$點的電勢場$V_p(\boldsymbol{r})$是：

$$V_p(\boldsymbol{r})=k\frac{Q}{|\boldsymbol{r}_p-\boldsymbol{r}_Q|}，k\underset{MKSA制}{=\!=\!=}\frac{1}{4\pi\varepsilon_0}$$

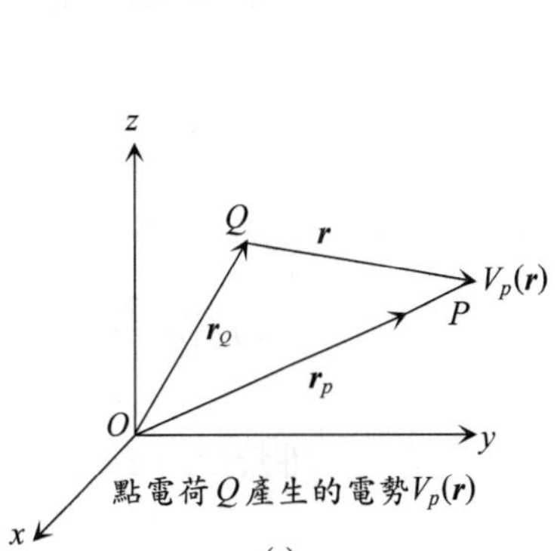

(a)

如圖（11-93b），有好多各在徑向量

$\boldsymbol{r}_1, \boldsymbol{r}_2, \cdots\cdots, \boldsymbol{r}_n$，的點電荷$q_1, q_2, \cdots\cdots, q_n$；由於電場是滿足疊加原理，它們在$p$點的電勢場 $V(\boldsymbol{r}_p)$是：

$$V(\boldsymbol{r}_p)=k\sum_{i=1}^{n}\frac{q_i}{|\boldsymbol{r}_p-\boldsymbol{r}_i|}$$

如電荷是連續分布，在徑向量$\boldsymbol{r}'$的微小體積$dx'dy'dz'\equiv d\tau'$的電荷$dq=\rho(\boldsymbol{r}')\cdot d\tau'$, $\rho(\boldsymbol{r}')$是電荷體積密度，則當：

$$\lim_{r'\to\infty}\rho(\boldsymbol{r}')\to 0$$

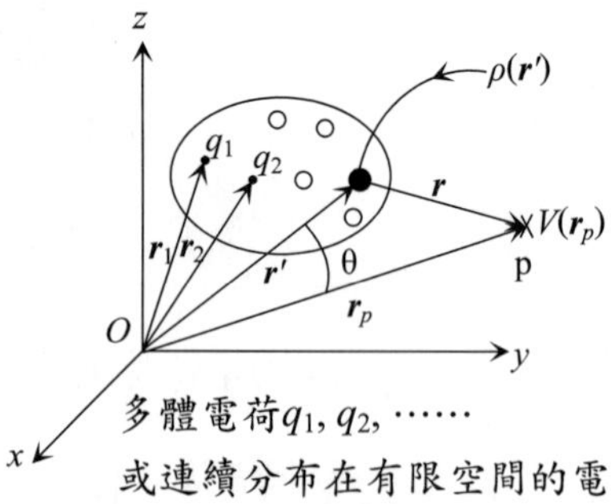

多體電荷$q_1, q_2, \cdots\cdots$或連續分布在有限空間的電荷產生的電勢$V(\boldsymbol{r})$

(b)

圖 11-93

上式的電勢場$V(\boldsymbol{r}_p)$變為積分式：

$$V(\boldsymbol{r}_p)=k\int\frac{\rho(\boldsymbol{r}')}{|\boldsymbol{r}_p-\boldsymbol{r}'|}d\tau' \qquad (11\text{-}287b)$$

同時$\lim\limits_{\rho\to 0}$（11-287b）式→（11-287a）式才行，提示著（11-287b）式可以用正交歸一化全集（orthmormalized complete set）的$Y_{l,m}(\theta,\varphi)$來展開。為了進一步瞭解$\rho\neq 0$ 的情形，再做個例題後才回來討論（11-287b）式的內涵。

【Ex. 11-51】 如右圖，有對相距d的等大小電荷$\pm q$。求距d的中點，徑向量$\boldsymbol{r}$點P的電勢$V_d(r)$。

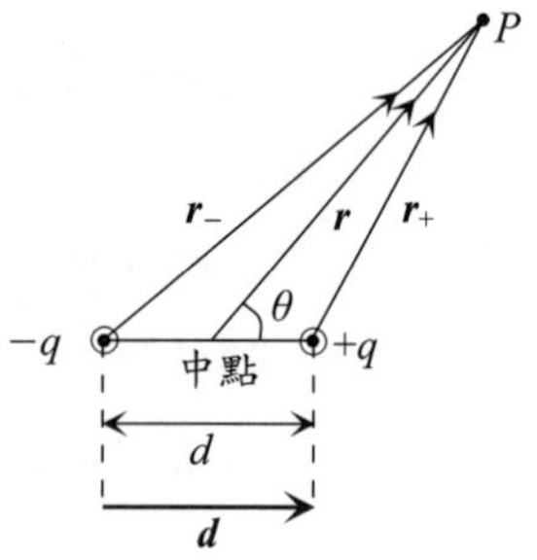

如圖示取$\boldsymbol{r}_\pm$和θ，則：

$$(|\boldsymbol{r}_+|)^2=r_+^2=r^2+(\frac{d}{2})^2-rd\cos\theta$$
$$=r^2(1-\frac{d}{r}\cos\theta+\frac{d^2}{4r^2})$$
$$(|\boldsymbol{r}_-|)^2=r_-^2=r^2(1+\frac{d}{r}\cos\theta+\frac{d^2}{4r^2})$$

假設$r\gg d$，則：

$$\frac{1}{r_\pm} \fallingdotseq \frac{1}{r}(1 \mp \frac{\mathrm{d}}{r}\cos\theta)^{-1/2} \fallingdotseq \frac{1}{r}(1 \pm \frac{\mathrm{d}}{2r}\cos\theta)$$

$$\therefore \frac{1}{r_+} - \frac{1}{r_-} \fallingdotseq \frac{\mathrm{d}}{r^2}\cos\theta$$

$$\therefore V_{\mathrm{d}}(r) = k(\frac{q}{r_+} + \frac{-q}{r_-}) \fallingdotseq k\frac{q\mathrm{d}}{r^2}\cos\theta \equiv k\frac{P}{r^2}\cos\theta \qquad (11\text{-}287c)$$

$\boldsymbol{P} \equiv q\mathbf{d}$ = 電偶極矩，或簡稱電偶矩，$V_d(r)$叫電偶極電勢（electric potential of electric dipole, 或 electric dipole potential）。

同樣地，可以求兩對或以上的電多極電勢，其總結果如表（11-24），接連的電多極間有一定的規律。

表 11-24　電多極電勢，電荷對數和電荷數以及圖示

電多極	電勢$V(r)$	圖示	對數	電荷數
單極（monopole）	$V(r) \propto \frac{1}{r}$　（7-5c）式	$+\dot{q}$	0	$1=2^0$
偶極（dipole）（兩個異號單極）	$V(r) \propto \frac{1}{r^2}$　（11-287c）式	$-\dot{q}\quad +\dot{q}$	1	$2=2^1$
四極（quadrupole）（兩個偶極）	$V(r) \propto \frac{1}{r^3}$	$\pm\ \mp$	2	$4=2^2$
八極（octupole）（兩個四極）	$V(r) \propto \frac{1}{r^4}$	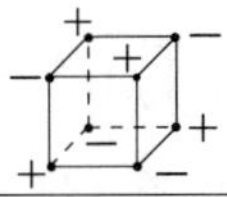	4	$8=2^3$
――――――――――	―――――――――――	――――――――――――――	――――	――――
2^l- pole（兩個2^{l-1}極）	$V(r) \propto \frac{1}{r^{l+1}}$	$+ - \cdots\cdots + - + -$ $- + \cdots\cdots - + - +$ $\underbrace{\qquad\qquad}_{2^{l-1}\text{對}}$	2^{l-1}	2^l

從表（11-24）發現沒 3 對，而緊接著 8 極的是兩個 8 極的 8 對的 16 極，故沒 5、6、7 對等等。這是因為演算過程，使用前多極兩個來獲得緊連的下一個多極帶來的必然結果。這時前後多極電勢剛好如表（11-24）的從左第二欄，構成漂亮的跟著 r 遞減的電勢；並且從正負電荷對數和電荷數可得表（11-24）的最右欄：

$$\text{電荷數} = 2^l，l=0、1、2，\cdots\cdots， \qquad (11\text{-}287d)$$

稱 2^l 為 $\boldsymbol{2^l}$ **極**。2^l超過 10 時，其英文名和中名一樣直接以數目數稱呼，例如$2^4=16$ 叫

sixteenpole（16極）。電勢$V(r)\propto 1/r^{l+1}$顯示在空間同一點所受到的電場$\boldsymbol{E}(\boldsymbol{r})=-\nabla V(\boldsymbol{r})$跟著極數的增加而遞減。這是很合理的結果，因為電極數愈多電荷間的相互作用愈激烈複雜，造成減弱對外影響，故$V(r)$跟著對數的增加而減弱。正如一個國家內部不團結，甚至於內戰，怎能以全力對付外敵呢？那麼如何得$V(r)\propto \frac{1}{r^{l+1}}$呢？展開（11-287b）式的分母，由圖（11-93b）得：

$$
\begin{aligned}
|\boldsymbol{r}_P-\boldsymbol{r}'| &= \sqrt{r_P^2+r'^2-2r'r_P\cos\theta}, \qquad r_P \gg r' \\
&= r_P\left\{1+\left(\frac{r'}{r_P}\right)^2-2\left(\frac{r'}{r_P}\right)\cos\theta\right\}^{1/2} \\
&= r_P\left\{1+\left(\frac{r'}{r_P}\right)\left[\left(\frac{r'}{r_P}\right)-2\cos\theta\right]\right\}^{1/2}
\end{aligned}
$$

設〔$\frac{r'}{r_P}\left(\frac{r'}{r_P}-2\cos\theta\right)$〕$\equiv\Delta$，則得：

$$
\begin{aligned}
\frac{1}{|\boldsymbol{r}_P-\boldsymbol{r}'|} &= \frac{1}{r_P}(1+\Delta)^{-1/2}=\frac{1}{r_P}\left(1-\frac{1}{2}\Delta+\frac{3}{8}\Delta^2-\frac{5}{16}\Delta^3+\frac{35}{128}\Delta^4-\cdots\cdots\right) \\
&= \frac{1}{r_P}\left\{1+\frac{r'}{r_P}\cos+\left(\frac{r'}{r_p}\right)^2\left(\frac{3}{2}\cos^2\theta-\frac{1}{2}\right)+\left(\frac{r'}{r_p}\right)^3\left(\frac{5}{2}\cos^3\theta-\frac{3}{2}\cos\theta\right)+\cdots\cdots\right\}
\end{aligned}
$$

$$
\begin{aligned}
\therefore V(\boldsymbol{r}_P) = k\Bigg\{ &\frac{1}{r_P}\int\rho(\boldsymbol{r}')d\tau'+\frac{1}{r_P^2}\int[\cos\theta]r'\rho(\boldsymbol{r}')d\tau'+\frac{1}{r_P^3}\int\left[\frac{3}{2}\cos^2\theta-\frac{1}{2}\right]r'^2\rho(\boldsymbol{r}')\,d\tau' \\
&+\frac{1}{r_P^4}\int\left[\frac{5}{2}\cos^3\theta-\frac{3}{2}\cos\theta\right]r'^3\rho(\boldsymbol{r}')d\tau'+\cdots\cdots\Bigg\} \qquad (11\text{-}288a)
\end{aligned}
$$

（11-288a）式右邊第一項$\int\rho(\boldsymbol{r}')d\tau'$=總電荷$Q$，故得$V(\boldsymbol{r}_P)=k\frac{Q}{r_P}$=（7-5c）式，即單電荷$Q$產生的電勢。第二項=電荷分布空間各點的電偶矩和，對應於（11-287c）式。第三和第四項分別叫四極和八極電勢。數學有一種多項式函數，叫Legendre函數$P_l(\cos\theta)$，它剛好和（11-288a）式右邊各項被積分函數ρ的係數中的角度部分，（11-288a）式右邊各項的中括弧部分相同：

l	$P_l(\cos\theta)$	極數	2^l
0	1	單極	2^0
1	$\cos\theta$	偶極	2^1
2	$\frac{1}{2}(3\cos^2\theta-1)$	四極	2^2
3	$\frac{1}{2}(5\cos^3\theta-3\cos\theta)$	八極	2^3
4	$\frac{1}{8}(35\cos^4\theta-30\cos^2\theta+3)$	16 極	2^4
------	--------------------	---------	---------

故$V(\boldsymbol{r}_p)$變成：

$$V(\boldsymbol{r}_P)=k\sum_{l=0}^{\infty}\frac{1}{r_P^{l+1}}\int P_l(\cos\theta)(r')^l\rho(\boldsymbol{r}')\,\mathrm{d}\tau' \qquad (11\text{-}288\text{b})$$

確實 2^l 極的電勢$V(\boldsymbol{r}_P,2^l)\propto\frac{1}{r_P^{l+1}}$，正是表（11-24）的結果，（11-288b）式的 $\cos\theta$的角θ，如圖（11-93b），是微小電荷$\mathrm{d}q=\rho(\boldsymbol{r}')\mathrm{d}\tau'$所在位置$\boldsymbol{r}'$和空間某點$P$的徑向量$\boldsymbol{r}_P$的夾角，這種表示法有點不便，不如用$\boldsymbol{r}'=(r',\theta',\varphi')$和$\boldsymbol{r}_P=(r_P,\theta_P,\varphi_P)$各自的球座標角度表示，球座標角度必會和球諧函數$Y_{l,m}$有關，確實從數學可得：

$$P_l(\cos\theta)=\frac{4\pi}{2l+1}\sum_{m=-l}^{l}Y_{l,m}^*(\theta',\varphi')Y_{l,m}(\theta_P,\varphi_P) \qquad (11\text{-}288\text{c})$$

由（11-288b）和（11-288c）式得：

$$\boxed{V(\boldsymbol{r}_P)=k\sum_{l=0}^{\infty}\sum_{m=-l}^{l}\frac{4\pi}{2l+1}\left\{\int Y_{l,m}^*(\theta',\varphi')(r')^l\rho(\boldsymbol{r}')\,\mathrm{d}\tau'\right\}\frac{Y_{l,m}(\theta_p,\varphi_p)}{r_P^{l+1}}} \qquad (11\text{-}288\text{d})$$

在第二章的角動量，曾介紹了力學上的「矩（moment，參考例子圖（2-108））」，由這個定義，（11-288b）式右邊的被積分量$(r')^l\rho(\boldsymbol{r}')$正是電荷密度$\rho$帶來的「矩」，所以定義如下的電 2^l 極矩（electric 2^l-pole moment）Q_{lm}：

$$\boxed{Q_{lm}\equiv\int Y_{l,m}^*(\theta',\varphi')(r')^l\rho(\boldsymbol{r}')\,\mathrm{d}\tau'} \qquad (11\text{-}289\text{a})$$

$$\therefore V(\boldsymbol{r}_P)=k\sum_{l=0}^{\infty}\sum_{m=-l}^{l}\frac{4\pi}{2l+1}Q_{lm}\frac{Y_{l,m}(\theta_P,\varphi_P)}{r_P^{l+1}} \qquad (11\text{-}289\text{b})$$

（11-289b）式叫電勢多極展開式，而（11-289a）式的Q_{lm}是電磁相互作用時電荷密度$\rho(\boldsymbol{r}')$的變化帶來電 2^l 矩躍遷之源。同樣地有電磁相互作用時，電流密度$\boldsymbol{J}(\boldsymbol{r})$的變化帶來的磁 2^l 極躍遷源。

(b)磁多極（magnetic multipole）和磁多極矩（magnetic multipole moment）

磁場$\boldsymbol{B}$有來自穩定電流（Ampere 或 Biot-Savart 定律，看第七章）和電場時間變化來的感應磁場（圖 7-53），在這裡僅討論前者，由表（7-13）得和磁場有關的 Maxwell 方程：

$$\nabla\cdot\boldsymbol{B}(\boldsymbol{r})=0 \qquad (11\text{-}290\text{a})$$

$$\nabla\times\boldsymbol{B}(\boldsymbol{r})=\mu_0\boldsymbol{J}(\boldsymbol{r}) \qquad (11\text{-}290\text{b})$$

$\boldsymbol{J}(\boldsymbol{r})$＝電流（面積）密度，$\mu_0$＝真空磁導率（permeability），如：

$$\boldsymbol{B}(\boldsymbol{r})=\nabla\times\boldsymbol{A}(\boldsymbol{r}) \tag{11-290c}$$

則滿足$\nabla\cdot\boldsymbol{B}(\boldsymbol{r})=\nabla\cdot(\nabla\times\boldsymbol{A})=0$，$\boldsymbol{A}$叫向量勢（vector potential），

$$\therefore\ \nabla\times\boldsymbol{B}=\nabla\times(\nabla\times\boldsymbol{A})=\nabla(\nabla\cdot\boldsymbol{A})-\nabla^2\boldsymbol{A}=\mu_0\boldsymbol{J}$$

如我們觀測之點距$\boldsymbol{J}$很遠，則可取庫侖規範（Coulomb gauge）條件$\nabla\cdot\boldsymbol{A}=0$，

$$\therefore\ \nabla^2\boldsymbol{A}(\boldsymbol{r})=-\mu_0\boldsymbol{J}(\boldsymbol{r}) \tag{11-290d}$$

（11-290d）式是 Poisson 方程式，和 Ex（11-50）的圖（11-93b）一樣，當電流密度$\boldsymbol{J}$的分布如圖（11-94）是局限在某小空間，即$\lim_{r\to\infty}\boldsymbol{J}(\boldsymbol{r})\to 0$，則對應於（11-287b）和（11-288b）式得：

$$\begin{aligned}\boldsymbol{A}(\boldsymbol{r}_P)&=\frac{\mu_0}{4\pi}\int\frac{\boldsymbol{J}(\boldsymbol{r}')}{|\boldsymbol{r}_P-\boldsymbol{r}'|}\mathrm{d}\tau'\\&=\frac{\mu_0}{4\pi}\left\{\sum_{l=0}^{\infty}\frac{1}{r_P^{l+1}}\int P_l(\cos\theta)(r')^l\boldsymbol{J}(\boldsymbol{r}')\,\mathrm{d}\tau'\right\}\\&\equiv\sum_{l=0}^{\infty}\boldsymbol{A}_l(\boldsymbol{r}_p)\end{aligned} \tag{11-291a}$$

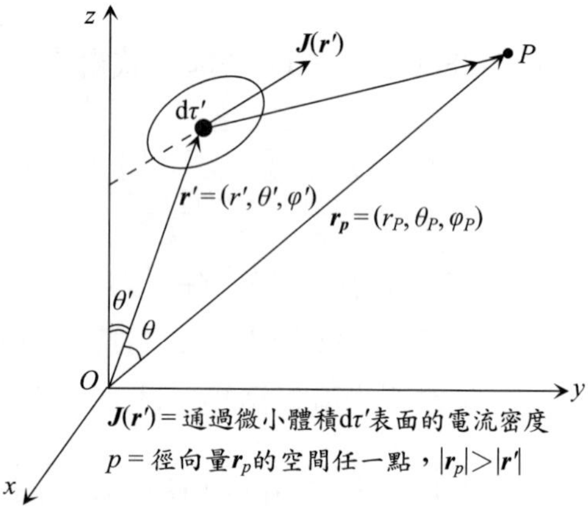

圖 11-94

一切量如圖（11-94）所示，積分是對$\boldsymbol{J}(\boldsymbol{r}')$所在的空間執行，而各$l$的向量勢和電多極一樣地稱為磁$2^l$極向量勢。$l=0$ 叫磁單極向量勢，自然界不存在磁單極，故$\boldsymbol{A}_{l=0}(\boldsymbol{r}_p)=0$才行，現來看看是否真的如此？

$$\begin{aligned}\boldsymbol{A}_{l=0}(\boldsymbol{r}_P)&=\frac{\mu_0}{4\pi}\frac{1}{r_p}\int P_0(\cos\theta)\boldsymbol{J}(\boldsymbol{r}')\,\mathrm{d}\tau'=\frac{\mu_0}{4\pi}\frac{1}{r_p}\int\boldsymbol{J}(\boldsymbol{r}')\,\mathrm{d}\tau'\\&=\frac{\mu_0}{4\pi}\frac{1}{r_P}\sum_{i=1}^{3}\boldsymbol{e}_i\int J_i(\boldsymbol{r}')\,\mathrm{d}\tau'\end{aligned}$$

$\boldsymbol{e}_i$＝$\boldsymbol{J}$的i成分的單位向量，使用直角座標，且設∇'＝對$\boldsymbol{r}'$執行的陡度算符＝$\sum_{i=1}^{3}\boldsymbol{e}_i\frac{\partial}{\partial x_i}$，則$J_i$成分的積分：

$$\int J_i(\boldsymbol{r}')\,\mathrm{d}\tau'=\int\left\{\nabla'\cdot[x'_i\boldsymbol{J}(\boldsymbol{r}')]-x'_i\nabla'\cdot\boldsymbol{J}(\boldsymbol{r}')\right\}\mathrm{d}\tau'$$

對局部（localized）電流密度的$\nabla' \cdot [\boldsymbol{J}(\boldsymbol{r}')]=0$，接著用 Ganss 定律得：

$$\int J_i(\boldsymbol{r}')d\tau' = \int \nabla' \cdot [x'_i \boldsymbol{J}(\boldsymbol{r}')]d\tau' = \int [x'_i \boldsymbol{J}(\boldsymbol{r}')] \cdot d\boldsymbol{S}' = 0 \qquad (11\text{-}291b)$$

因為$\boldsymbol{J}(\boldsymbol{r}')$是局限在有限空間，故執行微小面積 $d\boldsymbol{S}'$的面積積分時，可取超過$\boldsymbol{J}$存在的空間，則在其表面沒$\boldsymbol{J}$的存在而得 0 值，確實得無磁單極：

$$\boldsymbol{A}_{l=0}(\boldsymbol{r}_P)=0 \qquad (11\text{-}291c)$$

接著來看看（11-291a）式的$l=1$是否真的磁偶極，設其向量勢為$\boldsymbol{A}_{\text{dip}}(\boldsymbol{r}_P)$：

$$\boldsymbol{A}_{l=1}(\boldsymbol{r}_P) \equiv \boldsymbol{A}_{\text{dip}}(\boldsymbol{r}_P) = \frac{\mu_0}{4\pi}\frac{1}{r_P{}^2}\int P_1(\cos\theta)\, r'\boldsymbol{J}(\boldsymbol{r}')\,d\tau'$$

$P_1(\cos\theta)=\cos\theta$，$\theta=\boldsymbol{r}'$和$\boldsymbol{r}_P$的夾角，即$\boldsymbol{r}_P \cdot \boldsymbol{r}' = r_P r'\cos\theta = \sum_{j=1}^{3} x_{P_j} x'_j$

$$\therefore \boldsymbol{A}_{\text{dip}}(\boldsymbol{r}_P) = \frac{\mu_0}{4\pi}\frac{1}{r_P{}^3}\int (\boldsymbol{r}_P \cdot \boldsymbol{r}')\,\boldsymbol{J}(\boldsymbol{r}')\,d\tau'$$

故第i成分的$\boldsymbol{A}_{\text{dip}}(\boldsymbol{r}_P)_i$是：

$$(A_{\text{dip}}(\boldsymbol{r}_P))_i = \frac{\mu_0}{4\pi}\frac{1}{r_P{}^3}\sum_{j=1}^{3} x_{P_j}\int x'_j J_i(\boldsymbol{r}')d\tau' \qquad (11\text{-}291d)$$

使用（11-291b）式來表示上式$J_i(\boldsymbol{r}')$：

$$\begin{aligned}\int x'_j J_i(\boldsymbol{r}')d\tau' &= \int x'_j\left\{\nabla' \cdot [x'_i \boldsymbol{J}(\boldsymbol{r}')]\right\}d\tau' \\ &= \sum_{k=1}^{3}\int x'_j\left\{\frac{\partial[x'_i J_k(\boldsymbol{r}')]}{\partial x'_k}\right\}d\tau'\end{aligned}$$

執行部分積分，並且使用充分大的空間，則在其表面上沒J_k故得：

$$\int x'_j J_i(\boldsymbol{r}')d\boldsymbol{\tau}' = -\sum_{k=1}^{3}\int \delta_{jk} x'_i J_k(\boldsymbol{r}')d\boldsymbol{\tau}' = -\int x'_i J_j(\boldsymbol{r}')d\boldsymbol{\tau}' \qquad (11\text{-}291e)$$

把（11-291d）式分成兩等分，其中一分代入（11-291e）式便得：

$$\begin{aligned}(A_{\text{dip}}(\boldsymbol{r}_P))_i &= \frac{\mu_0}{4\pi}\frac{1}{r_P^3}\sum_{j=1}^{3} x_{P_j}\int \frac{1}{2}[x'_j J_i(\boldsymbol{r}') - x'_i J_j(\boldsymbol{r}')]d\boldsymbol{\tau}' \\ &= \frac{\mu_0}{4\pi}\frac{1}{r_P^3}\sum_{j=1}^{3}\sum_{k=1}^{3}\frac{1}{2}\varepsilon_{jik} x_{P_j}\int [\boldsymbol{r}' \times \boldsymbol{J}(\boldsymbol{r}')]_k d\boldsymbol{\tau}'\end{aligned}$$

$$= -\frac{\mu_0}{4\pi}\frac{1}{2}\frac{1}{r_P^3}\sum_{j,k}\varepsilon_{ijk}x_{P_j}\int[\boldsymbol{r}'\times\boldsymbol{J}(\boldsymbol{r}')]_k\mathrm{d}\boldsymbol{\tau}'$$

$$= -\frac{\mu_0}{4\pi}\frac{1}{2}\frac{1}{r_P^3}\left\{\boldsymbol{r}_P\times\int[\boldsymbol{r}'\times\boldsymbol{J}(\boldsymbol{r}')]\mathrm{d}\boldsymbol{\tau}'\right\}_i$$

$$\therefore\ \boldsymbol{A}_{\text{dip}}(\boldsymbol{r}_p) = -\frac{\mu_0}{4\pi}\frac{1}{2}\frac{1}{r_P^3}\boldsymbol{r}_P\times\int[\boldsymbol{r}'\times\boldsymbol{J}(\boldsymbol{r}')]\mathrm{d}\tau' \qquad (11\text{-}291\text{f})$$

為了瞭解（11-291f）式積分部的內涵，假定$\boldsymbol{J}$被局限在某平面，如右圖的$x-y$平面上，設其上的封閉電流I，則：

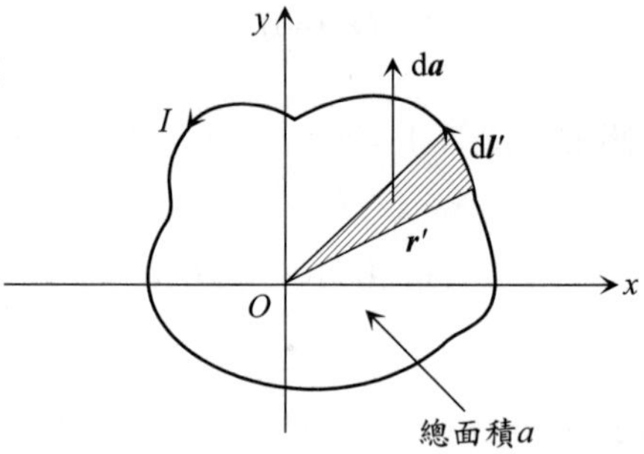

$$\frac{1}{2}\int\boldsymbol{r}'\times\boldsymbol{J}(\boldsymbol{r}')\mathrm{d}\boldsymbol{\tau}' \longrightarrow \frac{1}{2}\oint\boldsymbol{r}'\times I\mathrm{d}\boldsymbol{l}'$$

$$= I\oint\frac{1}{2}\boldsymbol{r}'\times\mathrm{d}\boldsymbol{l}'$$

$$= I\oint\mathrm{d}\boldsymbol{a}$$

$$= I\boldsymbol{a}$$

=（7-47）式的磁偶矩　　（11-291g）

$\boldsymbol{a}$ = 封閉電流I所包圍的面積，顯然（11-291f）式的$\boldsymbol{A}_{\text{dip}}(\boldsymbol{r})$是磁偶矩向量勢，設：

$$\frac{1}{2}\int\boldsymbol{r}'\times\boldsymbol{J}(\boldsymbol{r}')\mathrm{d}\tau' \equiv \text{磁偶矩}\ \boldsymbol{\mu} \qquad (11\text{-}292\text{a})$$

$$\therefore \boldsymbol{A}_{l=1}(\boldsymbol{r}_P) \equiv \boldsymbol{A}_{\text{dip}}(\boldsymbol{r}_P) = \frac{\mu_0}{4\pi}\frac{\boldsymbol{\mu}\times\boldsymbol{r}_P}{r_P^3} = \frac{\mu_0}{4\pi}\frac{\boldsymbol{\mu}\times\boldsymbol{e}_{rP}}{r_P^2},\qquad \boldsymbol{e}_{rP}\equiv\boldsymbol{r}_P/r_P \qquad (11\text{-}292\text{b})$$

從以上$l=0$的（11-291c）式的磁單極，$l=1$的（11-292a）式的磁偶矩，可歸納得（11-291a）式的大括弧內的每個l所表示的是：

$$\frac{1}{r_P^{2l+1}}\times\text{磁}\ 2^l\ \text{極矩}$$

要得如（11-289a）式的磁2^l極矩m_{lm}，不是單純地把$P_l(\cos\theta)$用球諧座標Y_{lm}來展開，是要經過如（11-291d）～（11-291f ）式那樣的技巧操作才能達到，其推導過程請看後註(13)的附錄(B)或後註(27)第 16 章，結果是：

$$\boxed{m_{lm} = -\frac{1}{l+1}\int(r')^l Y_{l,m}^*(\theta',\varphi')\nabla'\cdot[\boldsymbol{r}'\times\boldsymbol{J}(\boldsymbol{r}')]\mathrm{d}\boldsymbol{\tau}'} \qquad (11\text{-}293)$$

m_{lm}是電磁相互作用時電流密度$\boldsymbol{J}(\boldsymbol{r}')$的變化帶來的磁$2^l$矩躍遷之源。以上討論的是從宏觀的經典電磁學，但原子核是微觀世界，電荷密度ρ傳導電流密度$\boldsymbol{J}$都和帶電粒子的存在概率有關。核內帶電的是質子，在位置$\boldsymbol{r}_k=(r_k,\theta_k,\varphi_k)$的質子，從狀態$\psi_i(\boldsymbol{r}_k)$

躍遷到另一狀態$\psi_f(\boldsymbol{r}_k)$的躍遷電荷密度（transition charge density）$\rho(i\to f,\boldsymbol{r}_k)$和躍遷傳導電流密度（transition conduction current density）$\boldsymbol{J}(i\to f,\boldsymbol{r}_k)$各為：

$$\rho(i\to f,\boldsymbol{r}_k)=e\sum_{k=1}^{z}\psi_f^*(\boldsymbol{r}_k)\psi_i(\boldsymbol{r}_k) \tag{11-294a}$$

$$\boldsymbol{J}(i\to f,\boldsymbol{r}_k)=\frac{e}{2m_p}\sum_{k=1}^{z}\{\psi_f^*(\boldsymbol{r}_k)[\hat{\boldsymbol{P}}\psi_i(\boldsymbol{r}_k)]+[\hat{\boldsymbol{P}}\psi_f(\boldsymbol{r}_k)]^*\psi_i(\boldsymbol{r}_k)\} \tag{11-294b}$$

z＝核內質子數，e＝質子電荷大小，m_p＝質子質量。（11-294b）式右邊的兩項來自對$\boldsymbol{J}$的動量算符$\hat{\boldsymbol{P}}$的對稱操作，所以整個才除以 2。不過將（11-294b）式代入（11-293）式後執行右邊第二項的部分積分，便得（11-294b）式右邊第一項，所以量子力學的電和磁的2^l矩躍遷矩陣各為（後註(13)的Ⅶ章）：

$$Q_{lm}(i\to f)=e\sum_{k=1}^{z}\int r_k^l Y_{lm}^*(\theta_k,\varphi_k)\,\psi_f^*(\boldsymbol{r}_k)\,\psi_i(\boldsymbol{r}_k)\,\mathrm{d}\tau \tag{11-294c}$$

$$m_{lm}(i\to f)=-\frac{1}{l+1}\frac{e\hbar}{m_p}\sum_{k=1}^{z}\int r_k^l Y_{lm}^*(\theta_k,\varphi_k)\,\nabla_k\cdot\{\psi_f^*(\boldsymbol{r}_k)\hat{\boldsymbol{L}}(k)\,\psi_i(\boldsymbol{r}_k)\,\mathrm{d}\tau\} \tag{11-294d}$$

$\hat{\boldsymbol{L}}(k)\equiv-i\boldsymbol{r}_k\times\nabla_k$，$\nabla_k$＝對$\boldsymbol{r}_k$的陡度算符。無論宏微觀，電荷和電流密度$\rho$和$\boldsymbol{J}$必須用模型，（11-294a, b）式是最常用的模型，表示圖（11-93b）的電荷分布空間，以及圖（11-94）的電流密度空間的$\boldsymbol{r}'=\boldsymbol{r}_k$時才有$\rho$或$\boldsymbol{J}$，但還有其他求$\rho$和$\boldsymbol{J}$的模型，當然求核波函數時也需要模型。觀測量是和$|Q_{lm}|^2$或$|m_{lm}|^2$成比例，其演算過程一般地繁雜，不再深入。

(c)電磁多矩躍遷的選擇定則（selection rule）

設初態核ψ_i和終態核ψ_f的宇稱以及核自旋（總角動量）及其第三成分，各為π_i和π_f以及(I_i, m_i)和(I_f, m_f)，則由角動量合成得（11-294c, d）式的躍遷角動量l是：

$$|I_i-I_f|\le l\le(I_i+I_f) \tag{11-295a}$$

而電磁相互作用的宇稱守恆關係是：

$$\pi_i\pi_f=\text{宇稱變化}\,\Delta\pi \tag{11-295b}$$

（11-294c）式右邊的$r^lY_{l,m}$的宇稱變化是和$Y_{l,m}$一致，由（10-142）式得$Y_{l,m}$的宇稱：

$$Y_{l,m}(\pi-\theta,\pi+\varphi)=(-)^lY_{l,m}(\theta,\varphi) \tag{11-295c}$$

表示$\boldsymbol{r}=(r,\theta,\varphi)$變成$(-\boldsymbol{r})=(r,\pi-\theta,\pi+\varphi)$時$Y_{l,m}$所受的變化。至於（11-294d）式右邊，角動量算符$\hat{\boldsymbol{L}}$是偶宇稱，陡度算符$\boldsymbol{\nabla}$是奇宇稱。以 El和 Ml表示電和磁的2^l矩躍遷，則由（11-294c, d）或和（11-295c）式得：

$$El\text{躍遷的宇稱變化 }\Delta\pi(El)=(-)^l \qquad (11\text{-}296a)$$
$$Ml\text{躍遷的宇稱變化 }\Delta\pi(Ml)=(-)^{l+1} \qquad (11\text{-}296b)$$
$$\text{但沒}(I_i=0)\rightarrow(I_f=0)\text{的躍遷} \qquad (11\text{-}296c)$$

（11-296a, b）式分別稱為**El和Ml躍遷的選擇定則**或簡稱選擇則。顯然El和Ml的宇稱差是$(-)^1$，這差異與電場$\boldsymbol{E}$和磁場$\boldsymbol{B}$的宇稱差一致。例如$\mathcal{L}$orentz力$\boldsymbol{f}=q(\boldsymbol{E}+\boldsymbol{v}\times\boldsymbol{B})$；$\boldsymbol{E}$和$\boldsymbol{B}$的宇稱非差$(-)^1$不可。至於（11-296c）式是來自光子的內稟角動量$=1$，於是不可能發生$I_i=I_f=0$的電或磁的多矩躍遷。倒過來，從測量核的電磁躍遷，可利用（11-295a,b）式和（11-296a, b）式來推測核自旋和核宇稱。

【Ex. 11-52】 $_{26}Fe^{57}$的低能級是如右圖結構的轉動能級，求⑴從第二激態$E_2=136.32$ KeV到第一激態$E_1=14.39$ KeV，⑵E_1到基態$E_{gs}=0$KeV電磁躍遷時的El和Ml。

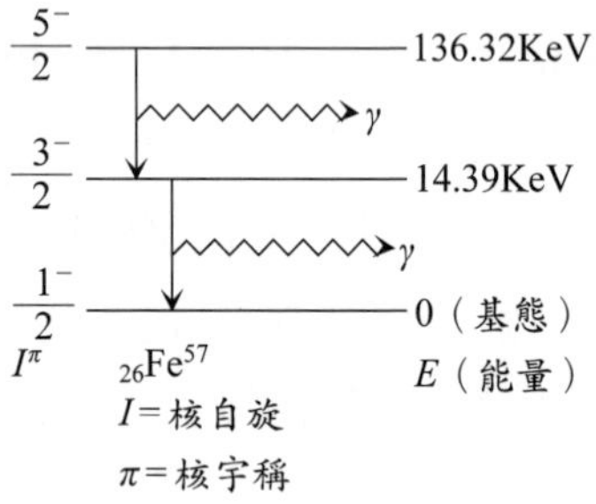

⑴$(I_i=5/2)\longrightarrow(I_f=3/2)$

由（11-295a）式得：

$I_i-I_f=1,\quad I_i+I_f=4$

$$\therefore l=1,2,3,4$$

再由（11-295b）和（11-296a, b）式得：

$$\pi_i\pi_f=+1=\text{偶宇稱}$$
$$\therefore E_2, E_4\text{和 }M_1, M_3\text{躍遷}$$

⑵$(I_i=3/2)\rightarrow(I_f=1/2)$

由（11-295a）式得：$l=1, 2$

再由（11-295b）和（11-296a, b）式得：$\pi_i\pi_f=+1$

$$\therefore E_2\text{和 }M_1\text{躍遷}$$

至於El和Ml到底那個較大呢？從（7-131）式得知電場大小$|\boldsymbol{E}|$和磁場大小$|\boldsymbol{B}|$的關係是$|\boldsymbol{E}|=|\boldsymbol{B}|c$，$c$＝光速，而從（11-293）式得：

$$\nabla\cdot(\boldsymbol{r}\times\boldsymbol{J})\Rightarrow\nabla\cdot(\boldsymbol{r}\times\rho\boldsymbol{v})=\frac{\rho}{m_p}\nabla\cdot(\boldsymbol{r}\times\boldsymbol{p})$$

$\boldsymbol{P}=m_P\boldsymbol{v}$，$m_P$＝帶電體質子質量；$\boldsymbol{r}\times\boldsymbol{P}$是角動量，在微觀世界其大小是$\hbar=\frac{h}{2\pi}$的量級，$h$是 Planck 常量，陡度算符$\nabla$是（長度）$^{-1}$的因次，其變化範圍約核的大小$R\fallingdotseq(3\sim10)\text{fm}$。

$$\therefore\frac{\rho}{m_P}\nabla\cdot(\boldsymbol{r}\times\boldsymbol{P})\Rightarrow\frac{\rho}{m_P}\frac{\hbar}{R}\text{的量級}$$

所以從（11-289a）和（11-293）式得大致的大小比：

$$\frac{m_{lm}}{Q_{lm}}\Rightarrow\frac{1}{c}\frac{\rho\hbar}{m_PR}\frac{1}{\rho}=\frac{\hbar c}{Rm_Pc^2}\fallingdotseq\frac{200\text{MeV}\cdot\text{fm}}{(3\sim10)\text{fm}931\text{MeV}}\fallingdotseq10^{-1}\sim10^{-2}\qquad(11\text{-}297\text{a})$$

$$\therefore Ml<El\qquad(11\text{-}297\text{b})$$

再由表（11-24）得知電勢跟著l的增加而強度下降，

$$\therefore El>E(l+1)，\quad\text{約為}\frac{El}{E(l+1)}\fallingdotseq10^2\qquad(11\text{-}297\text{c})$$

同樣地 $Ml>M(l+1)$，且$\frac{Ml}{M(l+1)}\fallingdotseq10^2$ （11-297d）

於是E（l+1）躍遷約和Ml躍遷同一數量級。

(iii)內轉換（internal conversion）

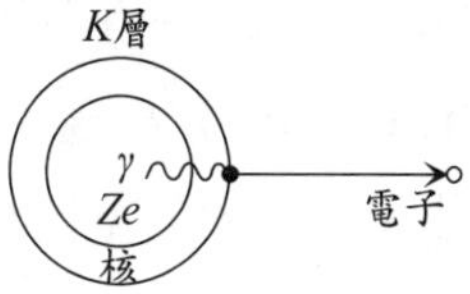

原子質量數（atomic mass number）A增加，原子內部較靠近核的K層或L層（看表 10-6）電子往往會侵入核的表層，於是從核輻射出來的γ射線，如右圖示，把K或L等內層電子衝擊到原子外，這現象叫**內轉換**，被打出來的電子叫**內轉換電子**。γ射線的全部能量化為游離電子用的電子結合能（binding energy）和電子動能。設$W_K, W_L, W_M\cdots\cdots$為$K, L, M,\cdots\cdots$層電子的結合能，核的初終態能各為$E_i, E_f$，則內轉換電子動能$\varepsilon$是：

$$\begin{aligned}\varepsilon&=(E_i-E_f)-W_\beta，\beta=\text{K, L, M},\cdots\cdots\\&\equiv E_\gamma-W_\beta\end{aligned}\qquad(11\text{-}298\text{a})$$

而定義如下的無因次內轉換係數α_β（internal conversion coefficient）：

$$\alpha_\beta \equiv \frac{\text{從原子}\beta\text{層內轉換放射一個電子的概率 } p_\beta}{\text{直接從核輻射 }\gamma\text{ 射線的概率 } p_\gamma}, \qquad \beta=K, L,\cdots\cdots, \tag{11-298b}$$

或$P_\beta=\alpha_\beta P_\gamma$，故核的$\gamma$輻射總概率$P_t$：

$$P_t=P_\gamma+P_\beta=(1+\alpha_\beta)P_\gamma \tag{11-298c}$$

一般地，γ射線的能量E_γ愈大α_β愈小，當E_γ大於兩個電子的靜止能，約E_γ>1.05 MeV，並且受限於躍遷選擇律（11-296a～c）式，尤其（11-296c）式的情形時，沒內轉換又沒γ輻射，卻和核外電子形成的電磁場相互作用，產生內部電子對（internal pair creation）：

$$\gamma \rightarrow e^+\text{（正電子）}+e^-\text{（電子）}$$

最有名的是如右圖，氧$({}_8\mathrm{O}_8^{16})$核，其基態E_g和第一激態E_1的核自旋和宇稱都是0^+，E_1的能量很高，很想回到基態卻受選擇律（11-296c）式的限制，於是乾脆以內電子對產生方式回到基態，其時間僅 67×10^{-12}秒，而放射高速電子對。

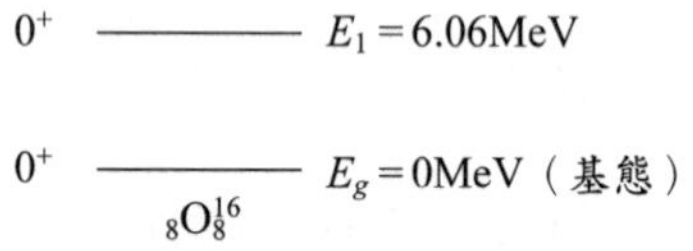

(E)原子核反應簡介

粒子或光子和原子核碰撞引起的現象叫**核反應**（nuclear reaction），入射粒子有電子、介子、核子，以及從輕原子核到重原子核。高速重核和重核的碰撞，從 1980 年前後一直熱門到今天（1999 年秋），是重要研究課題，特稱它為**重離子（heavy ion）反應**。普通稱為重離子是比鋰（${}_3$Li）重的核離子，加速到每核子的動能是幾 GeV 以上，例如氧（${}_8\mathrm{O}^{16}$），假定每核子的動能為 2GeV，則整個氧離子的能量是 2×16GeV=32GeV，用來研究高核自旋態，重離子相碰的剎那產生的等離子（plasma）態，以及核的構成員是什麼等等。

設a為入射粒子，A＝靶核，反應後留下來的核為B，被放射出來的粒子為$b_1, b_2, \cdots\cdots, b_l$，則用下式表示核反應：

$$A+a \longrightarrow \mathrm{B}+b_1+b_2+\cdots\cdots+b_l \tag{11-299a}$$

或簡寫成：

$$A(a, b_1b_2\cdots\cdots b_l)B \tag{11-299b}$$

如反應後相同的粒子有 i 個 $b_2=b_3=\cdots\cdots=b_{i+1}$，則寫成：

$$A(a, b_1\, ib_2\cdots\cdots b_l) \tag{11-299c}$$

有時反應後的粒子有不同的組合：

$$A+a \rightarrow \begin{cases} B+b_1+\cdots\cdots+b_l \\ D+d_1+\cdots\cdots+d_m \\ E+e_1+\cdots\cdots+e_n \\ \cdots\cdots \end{cases} \tag{11-299d}$$

稱（11-299d）式右邊的各組合為**反應道**（reaction channel），而（A+a）為**入射道**（incident channel）。分稱 A（a, a）A 和 A（a, a'）A^* 為彈性和非彈性反應，前者的 a 和 A 的結構和動能，在反應前和後都不變，只是 a 改變了進行方向而已。而後者的靶 A 拿走了 a 的部分動能，激發到較高能級才寫成 A^*，被拿走部分動能的 a 散射後的 a' 的動能小於入射動能。B≠A 的稱為**重組反應**（rearrangement reaction），其反應機制大致分為直接核反應（direct nuclear reaction）和複合核反應（compound nuclear reaction）或叫複核反應，請分別看下面（Ex. 11-56）和(5)小節。使用截面積（cross section）的大小來表示發生某種反應的概率，其基礎單位叫 **1 barn**（譯成靶）：

$$1\text{barn} \equiv 10^{-24}\ \text{cm}^2 \tag{11-300a}$$

更小的有毫靶（milli barn）微靶（micro barn）等各簡寫成mb, μb，還有更小的：

$$\left.\begin{aligned} &1\text{mb} = 10^{-27}\ \text{cm}^2 \\ &1\mu\text{b} = 10^{-30}\ \text{cm}^2 \\ &1\text{nb (nano barn)} = 10^{-33}\text{cm}^2 \\ &1\text{pb (pico barn)} = 10^{-36}\ \text{cm}^2 \\ &1\text{fb (femto barn)} = 10^{-39}\text{cm}^2 \\ &1\text{ab (atto barn)} = 10^{-42}\text{cm}^2 \end{aligned}\right\} \tag{11-300b}$$

所謂的輕、重核等名稱是依靶核質量數 A=（質子數 Z＋中子數 N）的大小分的：

$$\left.\begin{array}{l}\text{超輕核——}A\leq 4\\ \text{輕　核——}4\leq A\leq 30\\ \text{中重核——}30\leq A\leq 90\\ \text{重　核——}90\leq A\end{array}\right\}\qquad(11\text{-}300c)$$

而依入射粒子的動能分別稱為：

$$\left.\begin{array}{l}\text{低能量域……數 eV～數百 MeV}\\ \text{中能量域……數百 MeV～數 GeV}\\ \text{高能量域……大於數 GeV}\end{array}\right\}\qquad(11\text{-}300d)$$

不同的入射能引起的核反應有不同的現象，分析方法自然有差異，到目前為止（1999 年秋天）尚無涵蓋廣能量域的通盤性理論出現。理論大約分成兩大類：唯象論（phenomenological theory）和基礎論。前者是針對某範圍的能量域，假設模型定量地分析實驗結果為主焦點，而後者是從量子力學，以及粒子間的相互作用等等的基礎原理出發，想辦法瞭解核反應機制和現象，或推導出已有的唯象論結果[22)]，其發展過程的代表性模型和內涵如圖（11-56）～圖（11-59）。

核反應是屬於強相互作用範疇，故所有靜動態物理量都守恆，例如：

$$\left.\begin{array}{l}\text{總能量，電荷，宇稱，核子數}\\ \text{動量，角動量，……}\end{array}\right\}\qquad(11\text{-}300e)$$

都守恆。核反應時由於核成員的重組，核以及核成員的靜止質量（rest mass）扮演重要角色，必須使用（9-48）式的質能關係$E=mc^2$，以及（9-51）式的總能關係$E^2=[\boldsymbol{P}^2c^2+(m_0c^2)^2]$，$m_0$和$\boldsymbol{P}$分別為粒子的靜止質量和動量。例如：

$$A+a\longrightarrow B+b$$

反應，假定所有參與粒子都在基態，它們的靜止質量和動能分別為$m_{a,A,b,B}$和$K_{a,A,b,B}$，則由總能量守恆得：

$$(K_a+m_ac^2)+(K_A+m_Ac^2)=(K_b+m_bc^2)+(K_B+m_Bc^2)$$

或

$$(m_a+m_A)c^2-(m_b+m_B)c^2=(K_b+K_B)-(K_a+K_A)$$
$$\equiv Q\qquad(11\text{-}301a)$$

Q 叫反應 Q 值（Q-value），它有兩種值：

$Q>0$, 　　或Q=正值 　　(11-301b)

$Q<0$, 　　或Q=負值 　　(11-301c)

只要是重組反應不會有$Q=0$, $Q>0$叫**發熱反應**（exoergic reaction）這時如沒庫侖斥能，則$K_a=0$也會發生反應。$Q<0$叫**吸熱反應**（endoergic reaction），這時假定$K_A=0$，則K_a至少要等於Q值才會發生反應，所以Q又叫吸熱反應的**閾能**（threshold energy）。在靶核靜止下（$K_A=0$）實驗室用的低能量時的Q值是[41]：

$$Q=K_b\left(\frac{m_b}{m_B}+1\right)-K_a\left(1-\frac{m_a}{m_B}\right)-\frac{2}{m_B}(K_aK_bm_am_b)^{1/2}\cos\theta_L \qquad (11\text{-}301d)$$

θ_L=實驗室座標系的a的散射角（看圖（11-97a））。至於研究核反應可獲得什麼信息呢？主要瞭解反應機制，核結構和核成員的相互作用信息。核反應的應用範圍廣，尤其是低能量域核反應，故在下面針對低能量域介紹些最起碼的概念。

【**Ex. 11-53**】動能$K_\alpha=100$MeV的α粒子($_2He^4$)碰撞靜止的基態鈣($_{20}Ca^{40}$)，其反應是：

$$_{20}Ca^{40}+{}_2He^4\rightarrow {}_1H^2+{}_{21}Sc^{42}$$

各核的結構如右圖，I^π的I表示核自旋，π表示核宇稱，求：

(1)檢討守恆量和角動量轉移，

(2)$_{21}Sc^{42}$躍遷到第一激態E_{ex}=0.53MeV時的Q值和散射角θ_L=60°的$_1H^2$動能K_b。

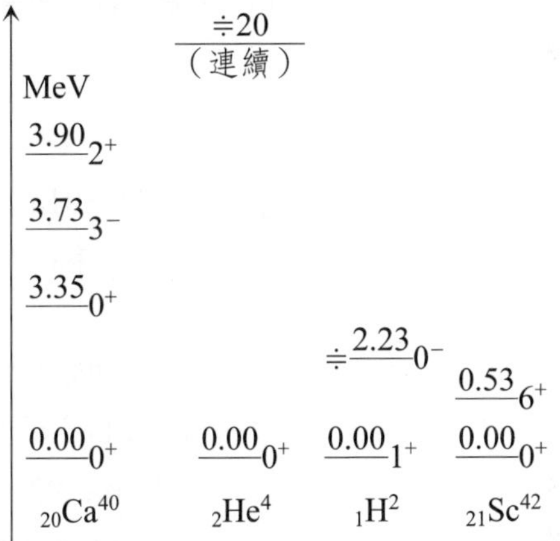

$E(_2He^4)$≒20MeV開始連續能量域

$E(_1H^2)$≒2.23MeV剛剛被束縛（bounded）

(1)從上圖得各守恆量：

守恆量	初態（initial state）	終態（final state）
質量數A	$40(Ca^{40})+4(He^4)=44$	$42(Sc^{42})+2(H^2)=44$
電荷	$20(_{20}Ca)+2(_2He)=22$	$21(_{21}Sc)+1(_1H^2)=22$
核自旋和宇稱I^π I=自旋，π=宇稱	$0^+(_{20}Ca^{40})$，$0^+(_2He^4)$ $I_i=I_i(Ca^{40})+I_i(He^4)$ $=0$ $\pi_i=\pi_i(Ca^{40})\,\pi_i(He^4)$=偶	$6^+(_{21}Sc^{42*})$, $1^+(_1H^2, 97\%\,^3S_1,$ $3\%\,^3D_1)$ $I_f=I_f(Sc^{42*})+I_f(_1H^2)$ $=\|6-1\|,\cdots\cdots,(6+1)=5, 6, 7$ $\pi_f=\pi_f(Sc^{42*})\,\pi_f(_1H^2)$=偶

氘($_1H^2$)的基態$I^\pi=1^+$，是由兩個成分各為97%的$^3S_1$態和3%的$^3D_1$態的線性組合所成，狀態符號是：

$$^{2S+1}L_J$$

S=總內稟角動量，L=總軌道角動量，$J=|L-S|$, ……,$(L+S)$的總角動量，簡稱核自旋。從上表得質量數A，電荷和宇稱確實在反應前後一致，即守恆。角動量照（11-300e）式也該守恆，那麼初態的$I_i=0$變成終態$I_f=5,6,7$是怎麼一回事呢？入射α粒子的動能K_α是α粒子的質心運動動能；α粒子和靶核$_{20}Ca^{40}$相互作用後分裂成兩個氘核($_1H^2$)時，各氘必帶角動量，例如放射出的終態氘就帶核自旋1，被$_{20}Ca^{40}$併吞的氘更帶有角動量，整個反應過程產生角動量的交換。這樣激態$_{21}Sc^{42*}$才得角動量6，這要做實際例子才有實感，看下面Ex（11-56）。至於動量守恆，被涵蓋在總能內：

$$E^2=\boldsymbol{P}^2c^2+(m_0c^2)^2$$

⑵先使用（11-301a）式來看看，反應是吸熱還是發熱。由同位素表得各核的靜止質量：

$$\begin{aligned}Q&=[(m_{He}+m_{Ca})-(m_{H^2}+m_{Sc})]\,c^2\\&=[(4.002603+39.962591)-(2.014102+41.965495)]\text{amu},\\&\qquad 1\text{amu}=931.49432\text{MeV}\\&=-0.014403\times931.49432\text{MeV}\doteqdot-13.4163\text{MeV}<0\end{aligned}\tag{1}$$

∴是吸熱反應

$_{21}Sc^{42}$被激發到$E_{ex}=0.53$MeV 的Q值Q_{ex}是：

$$Q_{ex}=Q-0.53\text{MeV}=-13.9463\text{MeV}\tag{2}$$

把各核的靜止質量，θ_L=60°以及Q_{ex}代入（11-301d）式得：

$$\begin{aligned}-13.9463(\text{MeV})&=K_b\left(1+\frac{2.014102}{41.965495}\right)-100\left(1-\frac{4.002603}{41.965495}\right)-\frac{2\times\frac{1}{2}}{41.965495}\\&\quad\times(100K_b\times4.002603\times2.014102)^{1/2}\\&\doteqdot1.048K_b-90.4622-0.02383\sqrt{806.1651K_b}\end{aligned}$$

$$\therefore 0.02383\sqrt{806.1651K_b}=1.048K_b-76.5159 \qquad (3)$$

$$\therefore 1.0983{K_b}^2-160.8351K_b+5854.6830=0 \qquad (4)$$

$$\therefore K_b=\frac{160.8351\pm\sqrt{(160.8351)^2-4\times1.0983\times5854.683}}{2\times1.0983}$$

$$\fallingdotseq\frac{160.8351\pm12.12996}{2.1966}\fallingdotseq\begin{cases}78.742\\67.698\end{cases}$$

得到兩個K_b值，這是平方（3）式後的（4）式的解，故兩個K_b中只有一個是對的，另一個是平方來的多餘的解，把$K_b\equiv78.742$MeV 和 $K_b'\equiv67.698$MeV 代入（3）式得：

$K_b=78.742$MeV：（3）式左邊$=6.005\fallingdotseq3$ 式右邊 6.006

$K_b'=67.698$MeV：（3）式左邊$=5.567$，（3）式右邊$=-5.568\rightarrow$故不能用

$$\therefore K_b=78.742\text{MeV}$$

(1)實驗室座標系和質心座標系

絕大部分反應是吸熱反應，故必須加速入射粒子（incident particle），甚至於放熱反應，為了克服庫侖斥能也要加速入射粒子。加速使用的是電磁力，故必須帶電粒子才能加速。要探究複合粒子或原子核內部，好且快的方法是破壞它，讓高速粒子互相對撞，或令高速粒子碰撞靜止的靶核。取對撞的兩靜止質量m_1和m_2粒子的動量：

$$\boldsymbol{P}_{1c}=m_1\boldsymbol{v}_{1c}=-\boldsymbol{P}_{2c}=-m_2\boldsymbol{v}_{2c}$$

或

$$\boldsymbol{P}_{1c}+\boldsymbol{P}_{2c}=0 \qquad (11\text{-}302)$$

的座標叫**質心座標系**（center of mass system）或簡稱**質心系**，在狹義相對論運動學（kinematics）（11-302）式的座標，又叫**動量心座標**（center of momentum system）。（11-302）式各量的右下標c表示質心系。將座標固定在空間的叫**實驗室座標系**（laboratory system）或簡稱**實驗室系**。實驗普通是固定靶，故使用實驗室系，但理論演算有時使用（11-302）式的質心系較方便，於是做實驗和理論的比較時需要經過轉換才行。如何獲得它呢？在低能量域非相對性理論運動學就夠，設如圖（11-95a），入射粒子和固定在空間的靶核的靜止質量和速度各為m_1, $\boldsymbol{v}_{1L}$和m_2, $\boldsymbol{v}_{2L}=0$，右下標L表示實驗室系。靶和實驗室系原點 O 都固定，

$$\therefore \begin{cases} \boldsymbol{r}_2 = \text{固定} \\ \boldsymbol{v}_{1L} = \dfrac{d\boldsymbol{r}}{dt} = \dfrac{d}{dt}(\boldsymbol{r}_2 - \boldsymbol{r}_1) \end{cases} \quad (11\text{-}303a)$$

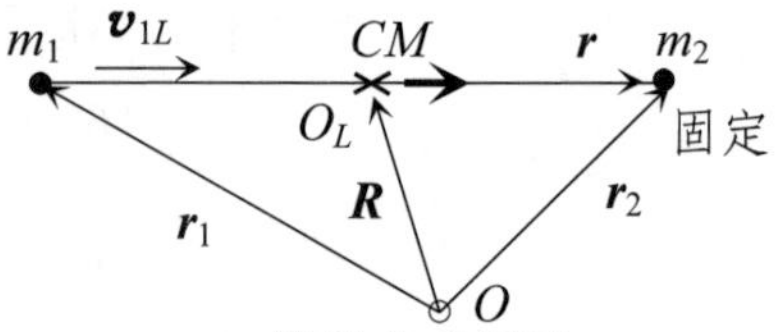

(a) 實驗室系原點（固定在空間）

所以實驗室系的質心O_L是跟著m_1的運動，和$\boldsymbol{v}_{1L}$一樣地向m_2方向動。在圖（11-95a），其質心和相對座標$\boldsymbol{R}$和$\boldsymbol{r}$是：

$$\boldsymbol{R} = \frac{m_1\boldsymbol{r}_1 + m_2\boldsymbol{r}_2}{m_1 + m_2}$$

$$\boldsymbol{r} \equiv \boldsymbol{r}_2 - \boldsymbol{r}_1$$

$$\therefore \begin{cases} \boldsymbol{r}_1 = \boldsymbol{R} - \dfrac{m_2}{m_1 + m_2}\boldsymbol{r} \\ \boldsymbol{r}_2 = \boldsymbol{R} + \dfrac{m_1}{m_1 + m_2}\boldsymbol{r} \end{cases}$$

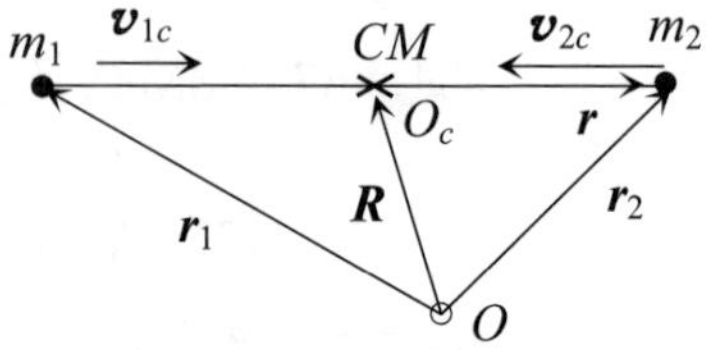

(b)

圖 11-95

讓m_2和m_1滿足（11-302）式的條件下對著運動，則由圖（11-95b）得：

$$\boldsymbol{v}_{1c} = \frac{d}{dt}(\boldsymbol{R} - \boldsymbol{r}_1) = \frac{m_2}{m_1 + m_2}\frac{d\boldsymbol{r}}{dt} = \frac{m_2}{m_1 + m_2}\boldsymbol{v}_{1L} \quad (11\text{-}303b)$$

$$\boldsymbol{v}_{2c} = \frac{d}{dt}[-(\boldsymbol{r}_2 - \boldsymbol{R})] = -\frac{m_1}{m_1 + m_2}\frac{d\boldsymbol{r}}{dt} = -\frac{m_1}{m_1 + m_2}\boldsymbol{v}_{1L} \quad (11\text{-}303c)$$

這時如取座標原點O_c是質心CM，則O_c不動。

【**Ex. 11-54**】使用質心系證明靜止質量各為 m_1和 m_2的二體（two−body）彈性碰撞，各粒子的速度大小不變，只是變了方向。

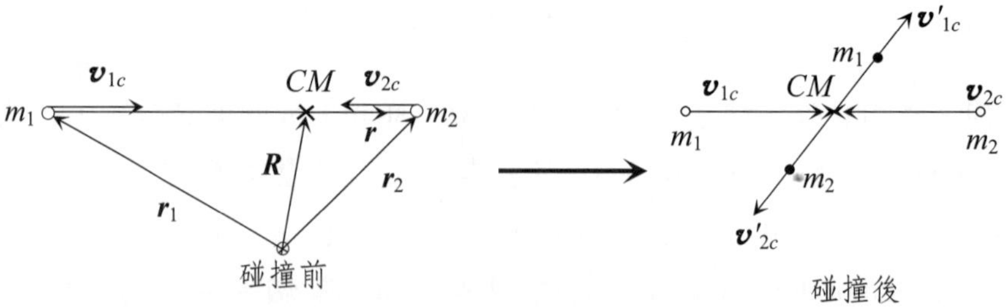

圖 11-96

碰撞前後的總動能不變叫彈性碰撞，設碰撞前後的m_1和m_2的速度各為$\boldsymbol{v}_{1c}, \boldsymbol{v}_{2c}$和$\boldsymbol{v}'_{1c}, \boldsymbol{v}'_{2c}$，則由圖（11-96）得動量和動能：

$$\left.\begin{aligned} m_1\boldsymbol{v}_{1c}+m_2\boldsymbol{v}_{2c}=0 \\ m_1\boldsymbol{v}_{1c}'+m_2\boldsymbol{v}_{2c}'=0 \end{aligned}\right\}\leftarrow\text{質心系}$$

$$\frac{m_1}{2}\boldsymbol{v}_{1c}^2+\frac{m_2}{2}\boldsymbol{v}_{2c}^2=\frac{m_1}{2}\boldsymbol{v}'^2_{1c}+\frac{m_2}{2}\boldsymbol{v}'^2_{2c}\leftarrow\text{彈性碰撞}$$

$\boldsymbol{v}_i^2\equiv\boldsymbol{v}_i\cdot\boldsymbol{v}_i$，把動量關係代入動能式子得：

$$m_1\boldsymbol{v}_{1c}^2+m_2\left(-\frac{m_1}{m_2}\boldsymbol{v}_{1c}\right)^2=\frac{m_1(m_1+m_2)}{m_2}\boldsymbol{v}_{1c}^2$$

$$=m_1\boldsymbol{v}'^2_{1c}+m_2\left(-\frac{m_1}{m_2}\boldsymbol{v}'_{1c}\right)^2=m_1\frac{m_1+m_2}{m_2}\boldsymbol{v}'^2_{1c}$$

$$\therefore v_{1c}=v_{1c}'$$

同樣利用動量關係消去動能內的$\boldsymbol{v}_{1c}^2$和$\boldsymbol{v}'^2_{1c}$得$v_{2c}=v_{2c}'$，

∴彈性碰撞時各粒子的速度大小不變，僅改變方向。

至於實驗室系和質心系的動能K_L和K_C關係，由（11-303b）和（11-303c）式得：

$$K_L=\frac{m_1}{2}\boldsymbol{v}_{1L}^2 \tag{11-304a}$$

$$K_C=\frac{m_1}{2}\boldsymbol{v}_{1c}^2+\frac{m_2}{2}\boldsymbol{v}_{2c}^2=\frac{m_1}{2}\left(\frac{m_2\boldsymbol{v}_{1L}}{m_1+m_2}\right)^2+\frac{m_2}{2}\left(\frac{m_1\boldsymbol{v}_{1L}}{m_1+m_2}\right)^2$$

$$=\frac{m_2}{m_1+m_2}\frac{1}{2}m_1\boldsymbol{v}_{1L}^2=\frac{m_2}{m_1+m_2}K_L \tag{11-304b}$$

如右圖的重組反應，設初態和終態的質心系、實驗室系的動能各為K_{ci}，K_{Li}和K_{cf}、K_{Lf}，則由（11-304a，b）式得：

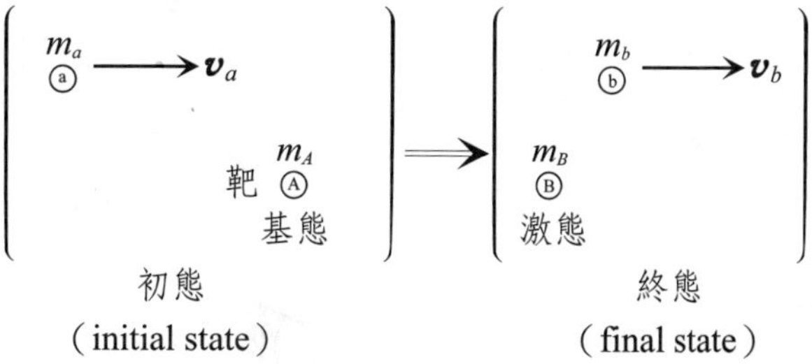

$$\left.\begin{aligned} K_{Li}&=\frac{m_a}{2}\boldsymbol{v}_a^2 \\ K_{ci}&=\frac{m_A}{m_a+m_A}K_{Li} \end{aligned}\right\} \tag{11-304c}$$

$$K_{cf}=K_{ci}+Q+E_{ex}=\frac{m_A}{m_a+m_A}K_{Li}+Q+E_{ex} \tag{11-304d}$$

$$K_{Lf}=\frac{m_b+m_B}{m_B}K_{cf} \tag{11-304e}$$

$E_{ex}=B$核的激態能，$Q=$（11-301a）式的Q值。

實驗事實和使用的座標系無關，現以非彈性散射為例，設入射粒子和靶核的靜止質量各為m_1, m_2，實驗室系和質心系的物理量分別用右下標L和c表示。圖（11-97a）和（11-97b）各為m_1在實驗室系和質心系的散射情形，因如圖（11-95a），在實驗室系的$\boldsymbol{r}_2$固定，而$\overline{O_L m_2}=\dfrac{m_1}{m_1+m_2}r$，於是質心$O_L$便以速度$\boldsymbol{v}$：

$$\boldsymbol{v}=\frac{m_1}{m_1+m_2}\frac{\mathrm{d}\boldsymbol{r}}{\mathrm{d}t}=\frac{m_1}{m_1+m_2}\boldsymbol{v}_{1L} \tag{11-305a}$$

向著m_2移動。所以無論用那種座標系，m_1散射後如圖（11-97c）都在同一位置，即

$$\boldsymbol{v}'_{1L}=\boldsymbol{v}+\boldsymbol{v}'_{1c} \tag{11-305b}$$

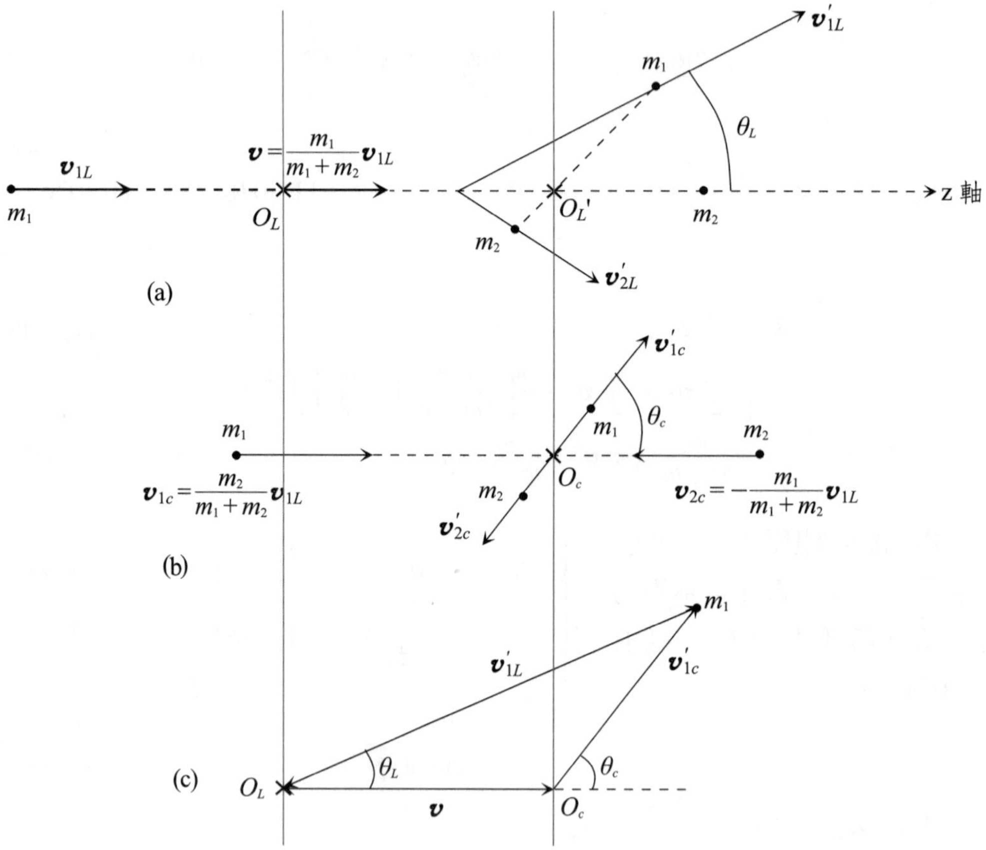

(a)＝實驗室系，O_L和O_L'分別為初態和終態質心，θ_L＝散射角，$\boldsymbol{v}$＝質心O_L的速度。
(b)＝質心系，O_c為質心。 (c)＝終態實驗室系和質心系關係。

圖 11-97

由圖（11-97c）得軸對稱散射的θ_L和θ_c關係：

$$\begin{Bmatrix} v'_{1L}\sin\theta_L = v'_{1c}\sin\theta_c \\ v'_{1L}\cos\theta_L = v + v'_{1c}\cos\theta_c \end{Bmatrix} \qquad (11\text{-}305c)$$

$$\varphi_L = \varphi_C \qquad (11\text{-}305d)$$

（θ, φ）為球座標的方位角，這時取座標第三軸z軸平行於$\boldsymbol{v}_{1L}$，則由（11-305c）式得：

$$\tan\theta_L = \frac{v'_{1c}\sin\theta_c}{v + v'_{1c}\cos\theta_c} = \frac{\sin\theta_c}{v/v'_{1c} + \cos\theta_c} \qquad (11\text{-}306a)$$

彈性散射時（11-306a）式由Ex（11-54）得$v'_{1c} = v_{1c}$，並且從（11-303b，c）和（11-305a）式得$v = v_{2c} = \dfrac{m_1}{m_2}v_{1c}$，

$$\therefore (\tan\theta_L)_{\text{彈}} = \left(\frac{\sin\theta_c}{m_1/m_2 + \cos\theta_c}\right)_{\text{彈}} \qquad (11\text{-}306b)$$

右下標表示彈性散射。（11-306a）和（11-306b）式是實驗室系和質心系，在軸對稱散射時的轉換式。對於二體的重組反應m_1和m_2變成m_3和m_4：

$$m_1 + m_2 = m_3 + m_4$$

其實驗系和質心系間的變換仍然是（11-306b）式的形式，但（11-306b）式的$\dfrac{m_1}{m_2}$變成[42]：

$$\frac{m_1}{m_2} \Rightarrow \sqrt{\frac{m_1 m_3}{m_2 m_4}\frac{K_c}{K_c + Q}}, \qquad K_c = \frac{m_2}{m_1 + m_2}\frac{m_1}{2}\boldsymbol{v}_{1L}^2 \qquad (11\text{-}306c)$$

Q=（11-301a）式的Q值，K_c=質心系的初態動能（11-304b）式。那麼碰撞時主要測量什麼呢？正如射箭，以射到的靶截面來評量一樣，碰撞實驗主要測量截面積。

碰撞現象是時間的函數，要追蹤整個碰撞過程，尤其相互作用的進行情況，簡直是不可能，所以常在主要內容下做近似計算。接著介紹相互作用不強時的，含時微擾（time-dependent perturbation）近似演算。

(2)含時微擾，Fermi 躍遷定則

當相互作用不強時，微擾處理法是很有用的方法，本該在量子力學導論內介紹。這裡把焦點放在Fermi如何處理散射問題，介紹他獲得的通稱為**Fermi的第二號黃金定則**（Fermi's golden rule mumber 2），從名稱不難瞭解這定則在理論和實驗分析上的地位。推導過程充滿物理，值得詳導。散射問題至少如圖（11-98a）是二體，並且是跟著時間的進行發展。設a和A相距很遠，互不影響時的a和A的 Hamiltonian$=\hat{H}_0$，其能量本徵值和本徵函數E_n和ψ_n：

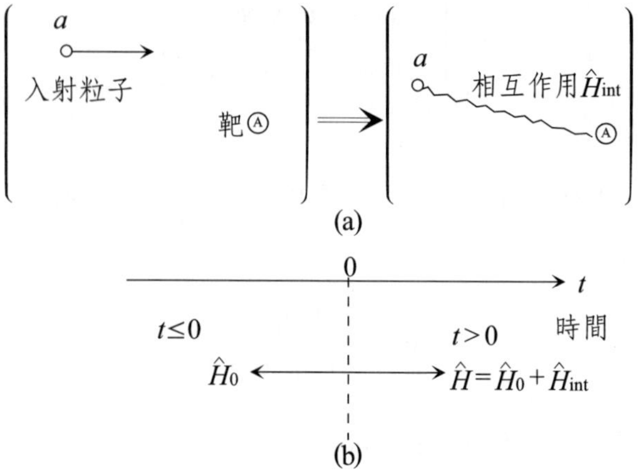

圖　11-98

$$\hat{H}_0\psi_n=E_n\psi_n \tag{11-307a}$$

且ψ_n構成完全正交歸一化集（組）（complete orthonormalized set，看第十章IV (D)）。無相互作用的$t\leq0$時，a和A各有自己的狀態：

$$\left.\begin{aligned}&\hat{H}_0=\hat{H}_0(a)+\hat{H}_0(A)\\&\hat{H}_0(a)\phi_n(a)=\varepsilon_n(a)\phi_n(a)\\&\hat{H}_0(A)\varphi_n(A)=\varepsilon_n(A)\varphi_n(A)\end{aligned}\right\} \tag{11-307b}$$

如不考慮整個物理系統狀態函數的對稱性（看（11-36）、（11-38）式），則ψ_n和E_n是：

$$\left.\begin{aligned}&\psi_n=\phi_n(a)\varphi_n(A)\\&E_n(a)=\varepsilon_n(a)+\varepsilon_n(A)\end{aligned}\right\} \tag{11-307c}$$

當入射粒子a和A開始相互作用，如圖（11-98b）取這時的時間$t=0$，相互作用 Hamiltonian$=\hat{H}_{\text{int}}$，則整系統的 Schrödinger 方程式是：

$$\hat{H}\Psi=i\hbar\frac{\partial\Psi}{\partial t} \tag{11-307d}$$

$$\hat{H}=\hat{H}_0+\hat{H}_{\text{int}} \tag{11-307e}$$

核間的相互作用$\hat{H}_{\text{int}}$是研究核反應時的主項目之一，往往是從反應現象以及累積的資料來假定，故（11-307d）式一般地無解析解。假定$\hat{H}_{int}$不強，靶核A 是不會變化太大，可使用$\hat{H}_0$的完全正交歸一化集｛ψ_n｝來展開Ψ：

$$\Psi=\begin{cases}\psi_m e^{-iE_m t/\hbar}\cdots\cdots\cdots\cdots t\leq 0 & (11-307\text{f})\\ \sum_n a_n(t)\psi_n e^{-iE_n t/\hbar}\ \cdots\cdots\cdots\cdots t>0 & (11-307\text{g})\end{cases}$$

（11-307f）和（11-307g）式的物理非常清楚，當a和A無相互作用時，aA在本徵能E_m 本徵態ψ_m（看（10-39h）式），經$\hat{H}_{\text{int}}$後整個狀態受到影響，從ψ_m態躍遷到其他狀態而得（11-307g）式。ψ_n是和時間無關的狀態函數，故由（11-307a , d）和（1-307g）式得：

$$\begin{aligned}\hat{H}\,\Psi&=(\hat{H}_0+\hat{H}_{\text{int}})\sum_n a_n(t)\psi_n e^{-iE_n t/\hbar}\\ &=\sum_n E_n a_n\psi_n e^{-iE_n t/\hbar}+\sum_n \hat{H}_{\text{int}}\,a_n\psi_n e^{-iE_n t/\hbar}\\ &=i\hbar\sum_n\left(\frac{\mathrm{d}a_n}{\mathrm{d}t}\right)\psi_n e^{-iE_n t/\hbar}+\sum_n E_n a_n\psi_n e^{-iE_n t/\hbar}\\ \therefore i\hbar\sum_n\left(\frac{\mathrm{d}a_n(t)}{\mathrm{d}t}\right)\psi_n\,e^{-iE_n t/\hbar}&=\sum_n \hat{H}_{\text{int}}\,a_n(t)\psi_n e^{-iE_n t/\hbar}\end{aligned}$$

從上式左邊乘$\int\psi_k^*\mathrm{d}\tau$，$\mathrm{d}\tau\equiv\mathrm{d}\tau_a\mathrm{d}\tau_A$，右下標$a$和$A$分別代表入射粒子$a$和靶$A$的獨立變數，並且使用$\psi_n$的正交歸一化以及假設$\hat{H}_{\text{int}}$和時間無關便得：

$$\frac{\mathrm{d}a_k(t)}{\mathrm{d}t}=\frac{1}{i\hbar}\sum_n a_n(t)(\hat{H}_{int})_{kn}e^{i\omega_{kn}t}\qquad(11\text{-}308\text{a})$$

$$(\hat{H}_{\text{int}})_{kn}\equiv\int\psi_k^*\hat{H}_{\text{int}}\psi_n\mathrm{d}\tau\qquad(11\text{-}308\text{b})$$

$$\omega_{kn}\equiv\frac{E_k-E_n}{\hbar}\qquad(11\text{-}308\text{c})$$

$$a_k\equiv\frac{1}{i\hbar}\sum_n\int a_n(t)(\hat{H}_{\text{int}})_{kn}e^{i\omega_{kn}t}\mathrm{d}t\qquad(11\text{-}308\text{d})$$

（11-307g）式的展開係數a_n表示Ψ出現在狀態ψ_n的概率幅（probability amplitude），當$\hat{H}_{\text{int}}$很小，則aA留在狀態ψ_m的概率很大，在其他狀態$\psi_{n\neq m}$的概率很小，於是可以使用下近似：

$$\left.\begin{aligned}a_{n=m}&\fallingdotseq 1\\ a_{n\neq m}&\fallingdotseq 0\end{aligned}\right\}\qquad(11\text{-}309\text{a})$$

$$\therefore a_k\fallingdotseq\frac{1}{i\hbar}\int(\hat{H}_{\text{int}})_{km}e^{i\omega_{km}t}\mathrm{d}t\cdots\cdots\cdots\cdots k\neq m\qquad(11\text{-}309\text{b})$$

所謂的本徵態$\psi_m=\phi_m(a)\varphi_m(A)$，只要和外界或互相沒相互作用，$A$在$\varphi_m(A)$的壽

命是無限大，根據 Heisenberg 的測不準原理：

$$\Delta E\ \Delta t \geq \hbar/2$$

測量φ_m的能級均方根偏差（看（6-43）式）$\Delta\varepsilon(A)$是無限小，即測量必得$\varepsilon_m(A)$，這在能譜是用「線」表示。但有相互作用時A在$\varphi_m(A)$的壽命不是無限大，Δt是有限大小，於是$\Delta\varepsilon(A)$呈現寬度Γ_A，於是從測不準原理A的壽命$\tau \doteqdot \hbar/\Gamma_A$。將以上這些物理圖示在圖（11-99），從圖，當$\hat{H}_{\rm int}$很小靶$A$只能躍遷到$\varepsilon_m(A)$附近的能級，且躍遷到近鄰各能級的概率大約一樣大小，則（11-309b）式右邊的被積分函數$(\hat{H}_{\rm int})_{km}$可視為常量提到積分外，同時積分上下限是從$t=0$到$t=\tau$：

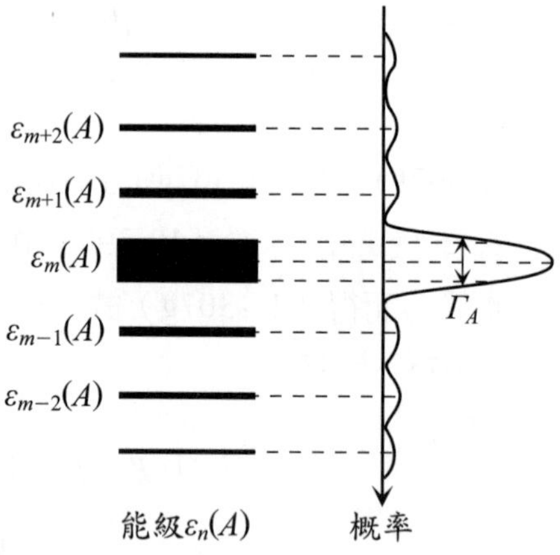

圖 11-99 靶 A 的能級和概率

$$a_k \doteqdot \frac{1}{i\hbar}(\hat{H}_{\rm int})_{km}\int_0^\tau e^{i\omega_{km}t}$$
$$=\frac{1}{i\hbar}(\hat{H}_{\rm int})_{km}(e^{i\omega_{km}\tau}-1)/(i\omega_{km})$$

為了能獲得對應圖（11-99）的概率圖的躍遷率，重寫上式得：

$$a_k=\frac{1}{i\hbar}(\hat{H}_{\rm int})_{km}\frac{e^{i\omega_{km}\tau/2}(e^{i\omega_{km}\tau/2}-e^{-i\omega_{km}\tau/2})}{i\omega_{km}}$$

$$\therefore a_k=\frac{(\hat{H}_{\rm int})_{km}}{i\hbar}\frac{2e^{i\omega_{km}\tau/2}\sin(\omega_{km}\tau/2)}{\omega_{km}} \qquad (11\text{-}310a)$$

(i)躍遷率（transition rate）

靶A和入射粒子a的微小相互作用$\hat{H}_{\rm int}$後躍遷到鄰近能級狀態φ_k，即整個系統變成ψ_k的概率等於$|a_k|^2$，故在壽命τ，單位時間躍遷到所有可能的能級的躍遷率R是：

$$R=\frac{1}{\tau}\sum_{\substack{k\\(k\neq m)}}|a_k|^2 \qquad (11\text{-}310b)$$

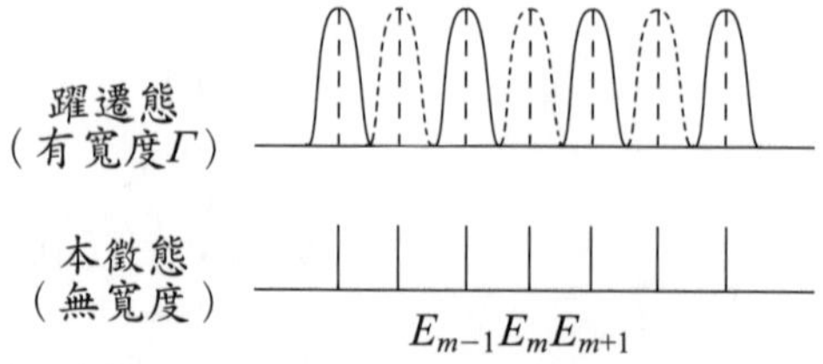

對應圖（11-99）的整個系統能級圖

能級間的躍遷正如圖（11-99）的$\varepsilon_m(A)$那樣，各能級都呈現有限壽命的寬度Γ，帶來能級幾乎類似前頁下右上圖的連續形。設終態單位能量內的狀態數為$\mathrm{d}N/\mathrm{d}E_k$，則（11-310b）式對終態$k$的「加」可用積分來近似，且範圍以$E_m$為中心延伸到無限大（無限大是動態，實際範圍是有限，範圍外的貢獻是 0，把 0 加上去不影響結果，故為了利用數學工具擴展積分上下限到無限大），所以（11-310b）式變成：

$$\begin{aligned} R &\fallingdotseq \frac{1}{\tau}\int_{-\infty}^{\infty}|a_k|^2\frac{\mathrm{d}N}{\mathrm{d}E_k}\mathrm{d}E_k \\ &= \frac{4}{\hbar\tau}\left|(\hat{H}_{\mathrm{int}})_{km}\right|^2\int_{-\infty}^{\infty}\frac{\sin^2\omega_{km}\tau/2}{\omega_{km}^2}\frac{\mathrm{d}N}{\mathrm{d}E_k}\mathrm{d}\omega_{km} \end{aligned} \qquad (11\text{-}310c)$$

用了$\mathrm{d}E_k=\hbar(\mathrm{d}\omega_{km})$，稱$\mathrm{d}N/\mathrm{d}E_k$為**終態密度**（final state density），普通用ρ_f表示。終態能級只能使用模型推算，一般在躍遷主領域（看圖（11-100）），ρ_f跟著能級的變化不大，可視為常量提到積分外。至於（11-310c）式右邊被積分函數確實如圖（11-100）呈現圖（11-99）的概率分布情形，概率最大的領域是：

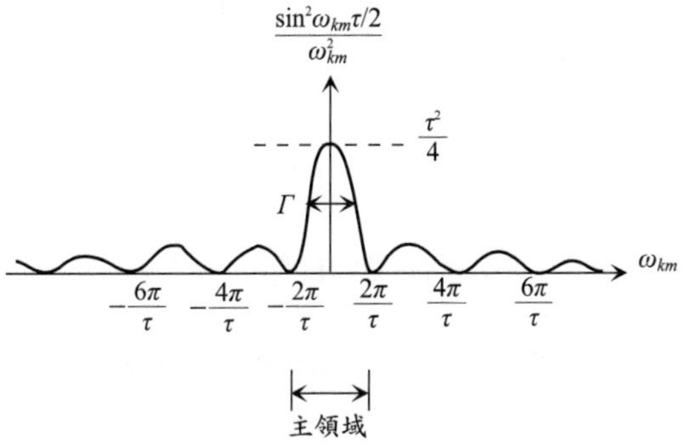

圖 11-100

$$-2\pi<\omega_{km}\tau<2\pi$$

其均方根偏差ΔE_k是：

$$\Delta E_k \fallingdotseq \hbar\Delta\omega_{km}\equiv\Gamma$$

在這領域內的$\frac{\mathrm{d}N}{\mathrm{d}E_k}\fallingdotseq$常量

$$\begin{aligned} \therefore\ R &\fallingdotseq \frac{4}{\hbar\tau}\left|(\hat{H}_{\mathrm{int}})_{km}\right|^2\frac{\mathrm{d}N}{\mathrm{d}E_k}\int_{-\infty}^{\infty}\frac{\sin^2\omega_{km}\tau/2}{\omega_{km}^2}\mathrm{d}\omega_{km} \\ &= \frac{2}{\hbar}\left|(\hat{H}_{\mathrm{int}})_{km}\right|^2\frac{\mathrm{d}N}{\mathrm{d}E_k}\int_{-\infty}^{\infty}\frac{\sin^2\xi}{\xi^2}d\xi,\quad \xi\equiv\omega_{km}\tau/2 \end{aligned}$$

$$\therefore\ R=\frac{2\pi}{\hbar}\left|(\hat{H}_{\mathrm{int}})_{km}\right|^2\frac{\mathrm{d}N}{\mathrm{d}E_k}\cdots\cdots\cdots\cdots k\neq m \qquad (11\text{-}311a)$$

（11-311a）式叫Fermi的第二號黃金定則，或稱為**Fermi躍遷定則**，習慣上常使用Dirac 符號（看第十章後註（10）），初態和終態各用$\psi_m\longrightarrow|i\,\rangle$，$\psi_k\longrightarrow|f\,\rangle$：

$$(\hat{H}_{\mathrm{int}})_{km}=\int\psi_k^*\,\hat{H}_{\mathrm{int}}\,\psi_m\,d\tau\equiv\langle f|\hat{H}_{\mathrm{int}}|i\rangle \qquad (11\text{-}311b)$$

而$\frac{\mathrm{d}N}{\mathrm{d}E_k}=\rho_f$，則得：

$$\boxed{R=\frac{2\pi}{\hbar}|\langle f|\hat{H}_{\text{int}}|i\rangle|^2\rho_f} \tag{11-311c}$$

（11-311c）式表示從束縛態的初態$|i\rangle$躍遷到另一束縛態或連續能的終態$|f\rangle$的躍遷率。

(ii)反應或散射截面（cross section）

先來推導參與重組反應的各粒子，假設各自無總角動量（稱為自旋），入射粒子的質量m_a，其質心運動的角波數大小k_a，本徵函數$\phi(a)\equiv\phi_a$是正交歸一化：

$$\int\phi_a^*\phi_{a'}\,\mathrm{d}\tau_a=\delta_{aa'}$$

當入射粒子a到達靶A的作用力範圍內，a和A便開始相互作用而產生反應：

$$a+A\longrightarrow b+B$$

整系統就從初態$|i\rangle$躍遷到終態$|f\rangle$，其躍遷率就是（11-311c）式。對單位入射粒子的躍遷率叫**截面**$\mathrm{d}\sigma$（參考附錄 H 的（H-20）式）：

$$\mathrm{d}\sigma=\frac{R}{\text{經單位橫切面的入射粒子數}} \tag{11-312a}$$

在微觀世界，（11-312a）式的分母便是入射通量（incident flux）$\boldsymbol{S}_i$的大小，則由（10-46a）式得：

$$\boldsymbol{S}_i=\frac{\hbar}{2im_a}[\phi_a^*(\nabla\phi_a)-\phi_a(\nabla\phi_a^*)]$$

假設入射粒子a的質心運動是平面波，其歸一化是邊長L的立方空間（看（10-66b）式）：

$$\phi_a=\frac{1}{L^{3/2}}e^{i\boldsymbol{k}_a\cdot\boldsymbol{r}_a}$$

$$\therefore\boldsymbol{S}_i=\frac{1}{L^3}\frac{\hbar}{2im_a}\{e^{-i\boldsymbol{k}_a\cdot\boldsymbol{r}_a}(i\,\boldsymbol{k}_a)e^{i\boldsymbol{k}_a\cdot\boldsymbol{r}_a}-e^{i\boldsymbol{k}_a\cdot\boldsymbol{r}_a}(-i\,\boldsymbol{k}_a)e^{-i\boldsymbol{k}_a\cdot\boldsymbol{r}_a}\}$$

$$=\frac{1}{L^3}\frac{\hbar\boldsymbol{k}_a}{m_a} \tag{11-312b}$$

至於躍遷率R的終態密度$\rho_f=\frac{\mathrm{d}N}{\mathrm{d}E}$，經常使用滿足週期性邊界條件（periodic boundary condition，其物理看（10-8c）式的推導過程），在邊長L的立方盒內的狀態密度作為ρ_f。從週期性邊界條件，角波數成分和邊長L的關係是：

$$k_x L = 2\pi n_x\,,\ n_x = 0,\ 1,\ 2,\ \cdots\cdots\cdots$$

故三維時得：

$$\mathrm{d}k_x\,\mathrm{d}k_y\,\mathrm{d}k_z = \left(\frac{2\pi}{L}\right)^3 \mathrm{d}n_x\,\mathrm{d}n_y\,\mathrm{d}n_z$$

或狀態數$\mathrm{d}N$是：

$$\mathrm{d}N = \mathrm{d}n_x\,\mathrm{d}n_y\,\mathrm{d}n_z = \left(\frac{L}{2\pi}\right)^3 \mathrm{d}k_x\,\mathrm{d}k_y\,\mathrm{d}k_z = \left(\frac{L}{2\pi\hbar}\right)^3 \mathrm{d}P_x\,\mathrm{d}P_y\,\mathrm{d}P_z$$

如動量$\boldsymbol{P} = \hbar\boldsymbol{k}$是各向同性（isotropic），則可以使用動量空間的球座標$\boldsymbol{P} = (P_x, P_y, P_z) = (P, \theta_p, \varphi_p)$，$P = |\boldsymbol{P}|$來表示：

$$\mathrm{d}N = \left(\frac{L}{2\pi\hbar}\right)^3 P^2\,\mathrm{d}P\,\mathrm{d}\Omega_p \quad , \quad \mathrm{d}\Omega_p \equiv \sin\theta_p\,\mathrm{d}\theta_p\,\mathrm{d}\varphi_p \qquad (11\text{-}312c)$$

在重組反應$(a+A) \longrightarrow (b+B)$，如不考慮整系統狀態函數的對稱性，則終態$|f\rangle = \psi_f = \phi_b\,\varphi_B$，而$\phi_b$和$\varphi_B$的狀態有一對一關係，於是可用$b$粒子的狀態密度來表示終態$\rho_f$，設粒子$b$的質心運動動量為$\boldsymbol{P}_b = \hbar\boldsymbol{k}_b$，靜止質量$= m_b$，則其非相對論動能$K_b = \dfrac{\boldsymbol{P}_b^2}{2m_b}$，且由（11-312c）式得：

$$\begin{aligned}\rho_f &= \frac{\mathrm{d}N}{\mathrm{d}E_b} = \frac{\mathrm{d}N}{\mathrm{d}K_b} = \left(\frac{L}{2\pi\hbar}\right)^3 \frac{P_b^2\,\mathrm{d}P_b\,\mathrm{d}\Omega_b}{P_b\,\mathrm{d}P_b/m_b} \\ &= \left(\frac{L}{2\pi\hbar}\right)^3 m_b P_b\,\mathrm{d}\Omega_b = \left(\frac{L}{2\pi}\right)^3 \frac{m_b k_b}{\hbar^2}\,\mathrm{d}\Omega_b \end{aligned} \qquad (11\text{-}312d)$$

$\mathrm{d}\Omega_b \equiv \sin\theta_b\,\mathrm{d}\theta_b\,\mathrm{d}\varphi_b$，$\boldsymbol{P}_b = (P_b, \theta_b, \varphi_b)$。把（11-311c）、（11-312b）和（11-312d）式代入（11-312a）式得：

$$\mathrm{d}\sigma = \frac{L^6 m_a m_b}{4\pi^2\hbar^4}\,\frac{k_b}{k_a} |\langle f|\hat{H}_{\text{int}}|i\rangle|^2\,\mathrm{d}\Omega_b \qquad (11\text{-}312e)$$

初態$|i\rangle = \phi(a)\varphi(A) \equiv \phi_a\varphi_A$，終態$|f\rangle = \phi(b)\varphi(B) \equiv \phi_b\varphi_B$，而$\phi_a$和$\phi_b$都使用邊長$L$的立方盒來歸一化，帶來（11-312e）式右邊的$(L^3)^2 = L^6$，它會和初終態的歸一化常量抵消，故只要參與反應的粒子狀態函數都是正交歸一化函數，$\mathrm{d}\sigma$和操作狀態函數所用空間量，就和$(L^3)^2$無關。所以只要$\phi_{a,b}$和$\varphi_{A,B}$是正交歸一化狀態函數，**不考慮**

粒子自旋的重組反應(a+A) ⟶ (b+B)的截面$d\sigma$是：

$$d\sigma=\frac{m_a m_b}{(2\pi\hbar^2)^2}\frac{k_b}{k_a}|\langle f|\hat{H}_{\text{int}}|i\rangle|^2 d\Omega_b \tag{11-313}$$

彈性散射時的（11-313）式的$m_a=m_b$，$k_a=k_b$；而非彈性散射時是$m_a=m_b$，$k_a\neq k_b$。

（11-313）式表示無自旋的入射粒子a和靶A相互作用後如圖（11-101），反應後以動量$\boldsymbol{P}_B$移動且留下來的B，以及從立體角$d\Omega_b$撐展的球面積$P_b^2\,d\,\Omega_b$放射出去的無自旋粒子b是多少。經常使用的是取靶A的質心為座標系原點，而z軸平行於$\boldsymbol{P}_a$。這樣的話球座標$\boldsymbol{P}_b=(P_b,\theta_b,\varphi_b)$的$\theta_b$剛好是$b$的散射角（看Ex（11-56）），則對半徑$P_b$的整個球面積分便得總截面$\sigma=\int d\sigma$，而稱$d\sigma/d\Omega_b$，為角微分截面（angular differential cross section）。

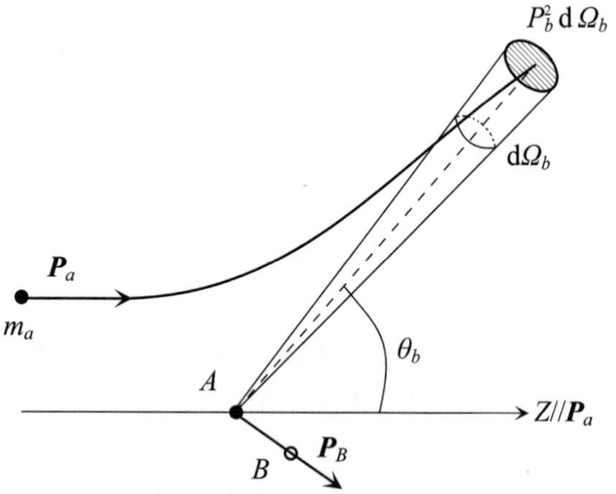

實驗室系的重組反應$a+A\longrightarrow b+B$

圖 11-101

那麼參與反應的各粒子各有自旋時，（11-313）式會變成什麼樣子呢？設（I_a,m_a），（I_A,m_A），（I_b,m_b）和（I_B,m_B）各為a、A、b和B的自旋以及其第三成分量子數（I_i,m_i），m_i值有：

$$m_i=-I_i\text{，}-I_i+1,\cdots\cdots\cdots\cdots,\ (I_i-1)\ ,I_i$$

即m_i有（$2I_i+1$）個，$i=a$、A、b、B。所以如沒特別極化（polarization）操作，使粒子取某自旋（I,m）狀態，則各粒子的自旋（I_i,m_i）的每一個狀態都該視為等概率。於是參與反應的初態該是：

$$|i\rangle=\frac{|(I_a I_A)i\rangle}{\sqrt{(2I_a+1)(2I_A+1)}}$$

而終態$|f\rangle$的b和B獲得（I_b,m_b）和（I_B,m_B）狀態的概率也該是各狀態相等，所以必須對所有的m_b和m_B加起來，結果非相對論反應截面（11-313）式變成：

$$\boxed{d\sigma=\frac{m_a m_b}{(2\pi\hbar^2)^2}\frac{k_b}{k_a}\frac{1}{(2I_a+1)(2I_A+1)}\sum_{m_b,m_B}|\langle f(I_B I_b)|\hat{H}_{\text{int}}|(I_a I_A)i\rangle|^2 d\Omega_b} \tag{11-314}$$

（11-314）式是各反應粒子都有自旋，但參與反應的粒子 a 和 A 都沒極化，並且也沒有特別觀測某極化態的 b。如果僅觀測某特別終態的（I_b, m_b），則（11-314）式右邊就不必對 m_b 相加，對 B 也是同理，顯然當觀測某特別終態的（I_b, m_b）和（I_B, m_B）時，（11-314）式右邊對 m_b 和 m_B 都不必加。

【Ex. 11-55】 討論入射粒子 a 的入射動能 K_a 小於，a 和靶 A 的庫侖相互作用勢能時，產生的非彈性碰撞，這常稱作**庫侖激發**（**Coulomb excitation**）現象。

如右圖設 a 和 A 的電荷 z_a，z_A 和核半徑 r_a, r_A，則 a 和 A 間的最大庫侖勢能 E_c 是：

$$E_c = \frac{1}{4\pi\varepsilon_0}\frac{z_a z_A e^2}{r_a + r_A}$$
$$= \frac{1}{4\pi\varepsilon_0}\frac{z_a z_A e^2}{r_0(A_a^{1/3} + A_A^{1/3})} \qquad (11\text{-}315a)$$

A_a 和 A_A 是 a 和 A 的質量數，由（11-194a）式 $r_0 \doteqdot (1.07 \sim 1.12)\text{fm}$。當 $K_a < E_c$ 便無法抵制 a 和 A 間的庫侖斥力勢能而進入 a 和 A 間的核力圈內，a 僅能使 A 經過庫侖相互作用激發，於是產生非彈性散射。為了一目瞭然，初終態仍然用：

$$初態 |i\rangle = \phi(a)\varphi(A)$$
$$終態 |f\rangle = \phi(b)\varphi(B)$$

庫侖相互作用勢能 $U(\boldsymbol{r})$ 從右圖得：

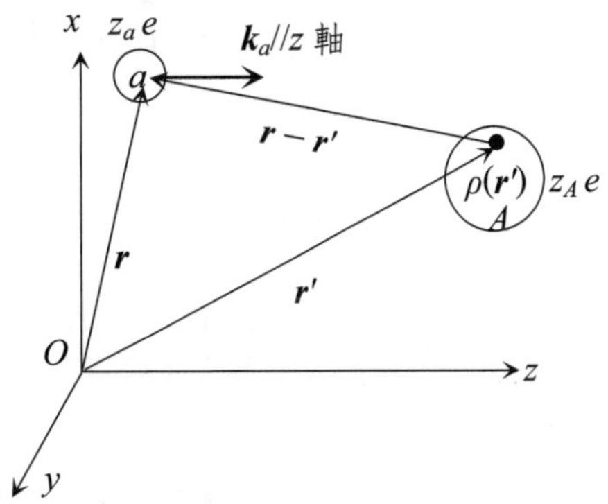

$$U(\boldsymbol{r}) = k\int \frac{\rho(\boldsymbol{r}')}{|\boldsymbol{r}-\boldsymbol{r}'|}\mathrm{d}^3r', \qquad k = \frac{z_a e}{4\pi\varepsilon_0}$$

a 和 A 相互作用的有效部分是靶 A 電荷分布範圍，$\rho(\boldsymbol{r}')$ 是其電荷體積密度。使用多極展開（multipole expansion）把 r' 和 r 部分分開：

$$\frac{1}{|\boldsymbol{r}-\boldsymbol{r}'|}=\sum_{l=0}^{\infty}\sum_{m=-l}^{l}\frac{4\pi}{2l+1}\frac{(r'_<)^l}{r_>^{l+1}}Y_{l,m}^*(\theta',\varphi')Y_{l,m}(\theta,\varphi) \qquad (11\text{-}315b)$$

$\boldsymbol{r}'=(r',\theta',\varphi')$，$\boldsymbol{r}=(r,\theta,\varphi)$，$r'$和 r 的較小者寫成$r'_<$，較大者寫成$r_>$。因為實驗室系的座標原點，上圖的「O」是在靶A質心，故$|\boldsymbol{r}'|<|\boldsymbol{r}|$，最多$|\boldsymbol{r}'|=|\boldsymbol{r}|$。

$$\therefore U(\boldsymbol{r})=\sum_{l=0}^{\infty}\sum_{m=-l}^{l}k\frac{4\pi}{2l+1}Q_{lm}\frac{1}{r^{l+1}}Y_{l,m}(\theta,\varphi) \qquad (11\text{-}315c)$$

$$Q_{lm}\equiv\int(r')^l\rho(\boldsymbol{r}')\,Y_{l,m}^*(\theta',\varphi')\,\mathrm{d}^3r'=（11\text{-}289a）式 \qquad (11\text{-}315d)$$

Q_{lm} 正是電 2^l 極矩，$U(\boldsymbol{r})$ 就是（11-313）和（11-314）式的$\hat{H}_{\text{int}}$。靶A經$\hat{H}_{\text{int}}=U(\boldsymbol{r})$的相互作用產生各種模式（mode）的運動，其中發生概率最大的是變形振動，尤其是呈現如圖（11-71）的$l=2$，$m=0$的軸對稱橢圓體型振動，即四極振動（quadrupole oscillation），是核的低能級終態主振動，所以從（11-315c）式得相互作用：

$$\hat{H}_{\text{int}}=\frac{4\pi}{5}k\left[\sum_{k=1}^{Z_A}\left(\int r_k^2\rho(\boldsymbol{r}_k)\,Y_{2,0}^*\,(\theta_k,\varphi_k)\,\mathrm{d}^3r_k\right)\right]\frac{Y_{2,0}(\theta,\varphi)}{r^3} \qquad (11\text{-}315e)$$

（11-315e）式右邊是對靶A的所有帶電粒子相加，帶電粒子數＝質子數Z_A。由（11-309b）式得相互作用後，a和A從初態$|i\rangle=\phi_a\varphi_A$躍遷到終態$|f\rangle=\phi_b\varphi_B$的躍遷概率幅$a_{if}$：

$$\begin{aligned}a_{if}&=\frac{1}{i\hbar}\int_{-\infty}^{\infty}e^{i\omega_{if}t}\,(\hat{H}_{\text{int}})_{if}\,\mathrm{d}t\\&=\frac{1}{i\hbar}\frac{4\pi k}{5}\int_{-\infty}^{\infty}e^{i\omega_{if}t}\,\mathrm{d}t\int\phi_b^*\varphi_{B_N}^*\left\{\left[\sum_{k=1}^{Z_A}\left(\int r_k^2\rho(\boldsymbol{r}_k)\,Y_{2,0}^*\,(\theta_k,\varphi_k)\mathrm{d}^3r_k\right)\right]\frac{Y_{2,0}(\theta,\varphi)}{r^3}\right\}\\&\quad\times\phi_a\varphi_{A_N}\,\mathrm{d}\tau_a\,\mathrm{d}\tau_{A_N}\end{aligned} \qquad (11\text{-}316a)$$

靶A的核子由Z_A個質子和A_N個中子組成：

$$\varphi_A=\underbrace{\{\Phi(1)\cdots\cdots\cdots\cdots\Phi(z)\}}_{質子\ Z\ 個\equiv Z_A}\underbrace{\{\Phi(A-z)\cdots\cdots\cdots\cdots\Phi(A)\}}_{中子(A-z)個\equiv A_N個}\equiv\varphi_{Z_A}\varphi_{A_N} \qquad (11\text{-}316b)$$

Φ是正交歸一化的單核子波函數，例如獨立粒子模型的波函數，A＝質量數＝{Z(質子數)+N(中子數)}。（11-316a）式右邊大括弧外是和中子有關的$[\Phi(A-z)\cdots\cdots\cdots\Phi(A)]\equiv\varphi_{A_N}$，而大括弧內僅和質子有關，其電荷密度$\rho$是：

$$\rho(\boldsymbol{r}_k)=e\,\Phi^*(\boldsymbol{r}_k)\,\Phi(\boldsymbol{r}_k),\quad e=\text{單質子電荷}$$
$$=[e\,\Phi^*(\boldsymbol{r}_k)\,\Phi(\boldsymbol{r}_k)]\prod_{l\neq k}\int\Phi^*(\boldsymbol{r}_l)\Phi(\boldsymbol{r}_l)\,\mathrm{d}^3r_l$$

$$\therefore\sum_{k=1}^{Z_A}\int\varphi_{B_N}^*\,\rho(\boldsymbol{r}_k)\,r_k^2\,Y_{2,0}^*(\theta_k,\varphi_k)\,\varphi_{A_N}\,\mathrm{d}^3r_k\,\mathrm{d}\tau_{A_N}$$

$$=e\sum_{k=1}^{Z_A}\int\underbrace{\varphi_{B_N}^*\Big\{\prod_{l\neq k}\Phi^*(\boldsymbol{r}_k)\Phi^*(\boldsymbol{r}_l)}_{\varphi_{B_N}^*\varphi_{Z_B}^*=\varphi_B^*}r_k^2\,Y_{2,0}^*(\theta_k,\varphi_k)\underbrace{\Phi(\boldsymbol{r}_k)\Phi(\boldsymbol{r}_l)\Big\}\varphi_{A_N}}_{\varphi_{A_N}\varphi_{Z_A}=\varphi_A}\mathrm{d}^3r_k\,\mathrm{d}^3r_l\,\mathrm{d}\tau_{A_N}$$

$$=e\sum_{k=1}^{Z_A}\int\underbrace{\varphi_B^*}_{\text{靶核終態}f}r_k^2\,Y_{2,0}^*(\theta_k,\varphi_k)\underbrace{\varphi_A}_{\text{靶核初態}i}\mathrm{d}\tau_A$$

$$=Q_{2,0}(i,f)\tag{11-316c}$$

$Q_{2,0}(i,f)$叫靶A的**躍遷四極矩**（transition quadrupole moment）。（11-316c）式是本質上使用獨立粒子模型波函數Φ，並且不考慮φ_A的對稱性獲得的結果，只要有靶核A的狀態函數φ_A便可以求$Q_{2,0}(i,f)$。將（11-316a）式代入（11-316a）式得：

$$a_{if}=\frac{k}{i\hbar}\sqrt{\frac{4\pi}{5}}\int_{-\infty}^{\infty}e^{i\omega_{if}t}\mathrm{d}t\,Q_{2,0}(i,f)\int\phi_b^*\sqrt{\frac{4\pi}{5}}\frac{Y_{2,0}(\theta,\varphi)}{r^3}\phi_a\,\mathrm{d}\tau_a\tag{11-316d}$$

只要有入射粒子a的波函數，直接演算（11-316d）式便得躍遷概率$|a_{if}|^2$。

在附錄 H 推導了實驗室系，電荷ze的點粒子被電荷Ze的點粒子彈性散射的，Rutherford 角微分截面而得（H-23）式，換為此地的a被A的散射是：

$$\left(\frac{\mathrm{d}\sigma}{\mathrm{d}\Omega}\right)_R=\left(\frac{1}{4\pi\varepsilon_0}\frac{z_aZ_Ae^2}{2\,m_a v_a^2}\right)^2\frac{1}{\sin^4\theta/2}$$

右下標R表示 Rutherford。如果參與碰撞的粒子不是點粒子，則粒子的有限大小必會呈現出來，如（11-190b）式或後註（23），多了形狀因子（form factor），它就是$|a_{if}|^2$，故得：

$$\left(\frac{\mathrm{d}\sigma}{\mathrm{d}\Omega}\right)_{\text{有大小}}=\left(\frac{\mathrm{d}\sigma}{\mathrm{d}\Omega}\right)_R|a_{if}|^2\tag{11-317}$$

現用如下頁圖的正面碰撞（head on collision）來估計（11-317）式的$\left(\frac{\mathrm{d}\sigma}{\mathrm{d}\Omega}\right)_{\text{有大小}}$。$a$和$A$無相互作用時的入射動量$\boldsymbol{P}_a=m_a\boldsymbol{v}_a$，取靶$A$的電荷

分布中心為實驗室系的座標原點。a 面對 A 直進，a 和 A 相互作用後的動量 $m_a\boldsymbol{v}$，則由能量守恆得：

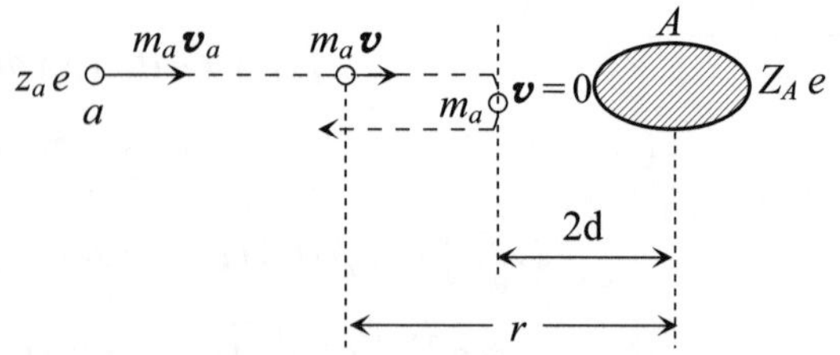

$$\frac{m_a\boldsymbol{v}_a^2}{2}=\frac{m_a\boldsymbol{v}^2}{2}+\frac{1}{4\pi\varepsilon_0}\frac{z_aZ_Ae^2}{r} \tag{11-318a}$$

受到庫侖斥力的 a，慢慢地減速最後動量變成 0，於是就被靶 A 彈回來。設 a 和 A 最靠近的距離是 2d，則由（11-318a）式得：

$$2d=\frac{1}{4\pi\varepsilon_0}\frac{z_aZ_Ae^2}{K_a},\quad K_a\equiv\frac{m_a\boldsymbol{v}_a^2}{2},\quad \boldsymbol{v}^2\equiv\boldsymbol{v}\cdot\boldsymbol{v} \tag{11-318b}$$

$$v=\frac{dr}{dt}=\pm v_a\sqrt{1-\frac{2d}{r}},\quad |\boldsymbol{v}|=v\text{只取正號}$$

$$\text{或}\,dt=\frac{dr}{v_a\sqrt{1-2d/r}} \tag{11-318c}$$

正面碰撞的散射角 $\theta\fallingdotseq 180°$ 帶來（11-316d）式的 $\sqrt{\frac{4\pi}{5}}Y_{2,0}(\theta,\varphi)=\frac{1}{2}(3\cos^2\theta-1)\fallingdotseq 1$，

$$\therefore\int\phi_b^*\sqrt{\frac{4\pi}{5}}Y_{2,0}(\theta,\varphi)\frac{1}{r^3}\phi_a\,d\tau_a\fallingdotseq\int\phi_b^*\frac{1}{r^3}\phi_a\,d\tau_a\fallingdotseq\frac{1}{r^3} \tag{11-318d}$$

至於時間積分 $\int_{-\infty}^{0}e^{i\omega t}dt$，當 $t\longrightarrow(-t)$ 時 $\omega_{if}\longrightarrow(-\omega_{if})$

$$\therefore\int_{-\infty}^{0}e^{i\omega_{if}t}dt\equiv\int_{0}^{\infty}e^{i\omega_{if}t}dt$$

如 a 穿過 d 的時間 d/v_a 遠比靶 A 從基態 $|i\rangle$ 躍遷到終態 $|f\rangle$ 的時間短，則大約可視 $e^{i\omega_{if}t}\fallingdotseq 1$

$$\therefore\int_{-\infty}^{\infty}e^{i\omega_{if}t}dt=2\int_{0}^{\infty}e^{i\omega_{if}t}dt\fallingdotseq 2\int_{0}^{\infty}dt \tag{11-318e}$$

將（11-318c,d,e）式代入（11-316d）式得：

$$\begin{aligned}a_{if}&\fallingdotseq\frac{2k}{i\hbar}\sqrt{\frac{4\pi}{5}}Q_{2,0}(i,f)\int_{0}^{\infty}\frac{1}{r^3}dt\\&=\frac{2k}{i\hbar}\sqrt{\frac{4\pi}{5}}Q_{2,0}(i,f)\int_{2d}^{\infty}\frac{1}{v_a\sqrt{1-2d/r}}\frac{1}{r^3}dr\end{aligned}$$

$$=\frac{2k}{i\hbar}\sqrt{\frac{4\pi}{5}}Q_{2,0}(i,f)\frac{1}{3v_a\mathrm{d}^2} \qquad (11\text{-}318\mathrm{f})$$

由（11-317）和（11-318f）式得散射角$\theta \fallingdotseq 180°$的角微分截面：

$$\left(\frac{\mathrm{d}\sigma}{\mathrm{d}\Omega}\right)^{180°}_{\text{有大小}}=\left(\frac{\mathrm{d}\sigma}{\mathrm{d}\Omega}\right)^{180°}_{R}\frac{4k^2}{\hbar^2}\frac{4\pi}{5}|Q_{2,0}(i,f)|^2\frac{1}{9v_a^2\mathrm{d}^4}$$
$$=\left(\frac{1}{4\pi\varepsilon_0}\frac{z_aZ_Ae^2}{2m_av_a^2}\right)^2 16\pi\left(\frac{z_ae^2}{4\pi\varepsilon_0}\right)^2\frac{1}{5\hbar^2}\frac{1}{9v_a^2\mathrm{d}^4}\left|\frac{Q_{2,0}(i,f)}{e}\right|^2$$
$$=\left[\left(\frac{z_ae^2}{4\pi\varepsilon_0}\right)^2\frac{Z_A}{2m_av_a^2}\right]^2\frac{16\pi}{45(\hbar v_a)^2}\frac{1}{\mathrm{d}^4}\left|\frac{Q_{2,0}(i,f)}{e}\right|^2 \qquad (11\text{-}319)$$

$\dfrac{Q_{2,0}}{e}$的因次＝（長度）^{2}，$\hbar v_a$的因次＝（能量）×（長度），$\dfrac{e^2}{4\pi\varepsilon_0}$的因次也是（能量）×（長度），故$a$和$A$的正面碰撞的庫侖激發，散射角$\theta \fallingdotseq 180$的角微分截面（11-319）式右邊的因次是（長度）^{2}，確實是截面因次。

(3)直接核反應（direct nuclear reaction）

當入射粒子a的動能k_a遠超過a和靶核A的庫侖斥力勢能E_c，以及a和A的反應Q值時，由於k_a較大僅和**A**的少數核子相互作用，結果不是a分裂給A一些核子，便是A被a剝奪一些核子，或a取代A的部分核子的反應，並且反應過程不經過中間態，一個步驟直接從初態$(a+A)$到終態$(b+B)$，這叫**直接核反應**。依a和A間的核子授受的機制，約有圖（11-102）的三種主要反應。圖（11-102a）是a和A相互作用後，a奪取A的部分核子x，變成$b\equiv(a+x)$而離開了$B\equiv(A-x)$，叫**拔拾反應**。圖（11-102b）是入射a和靶A相互作用時剝裂部分核

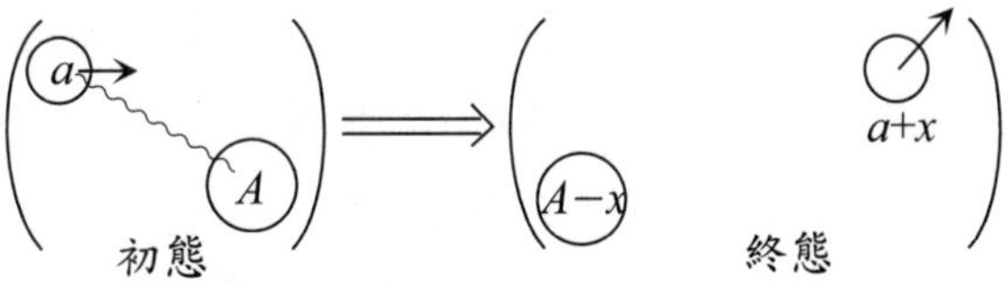

$a+A\longrightarrow\underbrace{(a+x)}_{b}+\underbrace{(A-x)}_{B}$ 拔拾（pick-up）反應

(a)

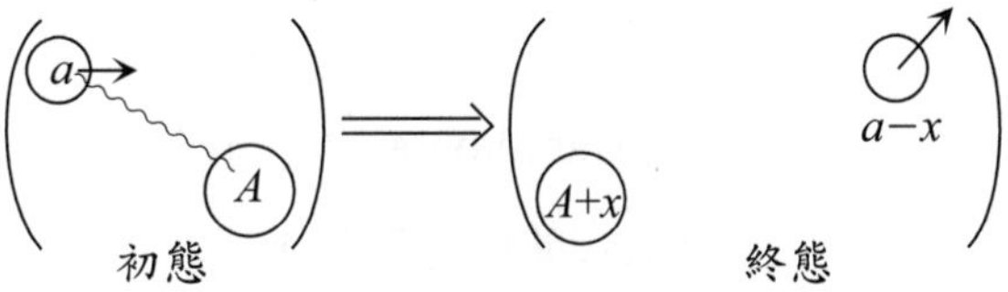

$a+A\longrightarrow\underbrace{(a-x)}_{b}+\underbrace{(A+x)}_{B}$ 剝裂（stripping）反應

(b)

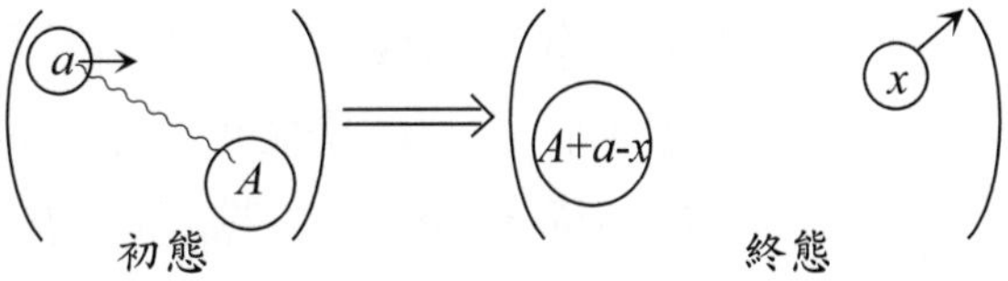

$a+A\longrightarrow\underbrace{[(a+A)-x]}_{B}+\underbrace{x}_{b}$ 撞擊（knock-out）反應

(c)

圖 11-102

子x給A變成$b\equiv(a-x)$離開$B\equiv(A+x)$，叫**剝裂反應**。圖（11-102c）是aA相互作用的結果，a取代了A的部分核子x，而趕走$x\equiv b$叫**撞擊反應**。這種依入射粒子速度的大小，引起碰撞現象的差異，在日常生活常見到。例如玩彈珠或撞球，當入射彈珠a的速度不快，a撞到靜止在一起的彈珠時，便和彈珠們互撞，利害時所有的彈珠都會動來動去。但當a的速度增大時，a只能撞到靜止在一起的部分彈珠。另外常見到的例子是大樹葉上，如荷花葉、芋頭葉上的小水珠的碰撞，正是如圖（11-102）的(a)或(b)，或(c)的現象。

【Ex. 11-56】 為了深入瞭解核反應，以及前面所介紹的一些核性質，以可積分的簡單模型來探討剝裂反應：$\underset{(\text{鋯})}{{}_{40}\mathrm{Zr}^{90}_{50}} + \underset{(\text{氘})}{\mathrm{d}\,({}_1\mathrm{H}^2_1)} \longrightarrow \underset{(\text{鋯})}{{}_{40}\mathrm{Zr}^{91}_{51}} + \underset{(\text{質子})}{\mathrm{p}\,({}_1\mathrm{H}^1_0)}$

求截面$d\sigma$，（11-314）式時會遇到的主要問題是：

(1)如何取座標，使用什麼樣的座標。

(2)如何找相互作用$\hat{H}_{\text{int}}$。

(3)如何得剝裂反應$(a+A)\longrightarrow[(a-x)\equiv b]+[(A+x)\equiv B]$的$a$、$A$、$b$、$B$的狀態函數。

在這裡使用大家較熟悉的實驗室系，且座標原點取在靶${}_{40}\mathrm{Zr}^{90}$的質心；z軸平行於入射氘（${}_1\mathrm{H}^2_1$，或取其英文名 deuteron 的頭字 d）的入射動量$\boldsymbol{P}_d=\hbar\boldsymbol{k}_d$。初態的氘核$a=d$是個鬆束縛態，質子$p$和中子$n$的束縛能遠比核子的平約束縛能 8MeV（看（Ex.11-31））小的 2.23MeV，於是一旦和靶$A={}_{40}\mathrm{Zr}^{90}$（鋯）相互作用，氘的質子$p$和中子$n$的束縛態很容易被打破，$p$或$n$立即被靶核奪走，產生剝裂反應。從這些相互作用的景象，$\hat{H}_{\text{int}}$最好採用終態相互作用（final state interaction）。最後的問題是參與反應的各核的狀態函數，它們是各核$i=a$、A、b、B的 Hamiltonian $\hat{H}_{\text{o}i}$的能量本徵函數，不是容易得的函數才會出現如前面(C)節所介紹的模型。由於這個原因，本例題有意挑選了容易獲得狀態函數的核。首先質子，雖由三個夸克組成，但在低能量域可近似為沒結構的粒子，甚至可以近似成平面波。入射粒子氘是從 1930 年代被研究的最徹底的原子核，有個很好的狀態函數。至於靶核$A={}_{40}\mathrm{Zr}^{90}$，由表（11-12）得其質子數 40 是準幻數，中子數 50 是幻數，於是${}_{40}\mathrm{Zr}^{90}$是個很穩定的原子核，微小的相互作用無法影響${}_{40}\mathrm{Zr}^{90}$的結構，即無法影響${}_{40}\mathrm{Zr}^{90}$的核子間關係。所以從入射氘搶來的中子n被束縛在核心（core）${}_{40}\mathrm{Zr}^{90}$之外而形成${}_{40}\mathrm{Zr}^{91}_{51}$。接著將這些物理儘量地，做簡單易懂的定量分析。如將求得的$d\sigma$和實驗比較，則可以倒過來檢驗演算過程所設的假設，例如使用的 $_{40}Zr^{91}$ 的狀態函數的正確性，使用的 $\hat{H}_{\text{int}}$ 是否合理等等。這就是所謂的利用核反應來研究核結構，或核子相互作用的實況。先來看看入射氘的動能 K_d 至少要多少？

(i)估計 K_d：

從（11-301a）式得 $Q=\{(m_{Zr^{90}}+m_d)-(m_{Zr^{91}}+m_p)\}\ c^2$

$$=\{(89.904708+2.014102)-(90.905644+1.007276)\}\text{amu}$$

$$=0.00589\times 931.49432\ \text{MeV} \fallingdotseq 5.487\,\text{MeV}>0$$

$Q>0$ 是發熱反應。接著看看庫侖斥力勢能 E_c 的大小，其最大值是 Zr^{90} 和氘 d 相接觸時，由（11-194a）式得：

$$E_c=\frac{e^2}{4\pi\varepsilon_0}\frac{40\times 1}{r_0(2^{1/3}+90^{1/3})},\quad r_0\fallingdotseq 1.1\ \text{fm}$$

$$\fallingdotseq 1.4399652\,\text{MeV}\cdot\text{fm}\frac{40}{1.1\times 5.7413258\text{fm}}\fallingdotseq 9.120\,\text{MeV}$$

E_c 勢能的一部分由 Q 來供給；於是 K_d 必須是：

$$K_d>\{(9.120-5.487)\,\text{MeV}=3.633\ \text{MeV}\}$$

(ii)終態相互作用的 $\hat{H}_{\text{int}}$

如能確實獲得反應 $(a+A)\longrightarrow(b+B)$ 過程的 Hamiltonian，則初態的總 Hamiltonian $\hat{H}(i)$ 是等於終態的總 Hamiltonian $\hat{H}(f)$：

$$\begin{aligned}\hat{H}(i)&=\hat{H}(a)+\hat{H}(A)+\hat{H}_{\text{int}}(a,A)\\&=\hat{H}(b)+\hat{H}(B)+\hat{H}_{\text{int}}(b,B),\quad \hat{H}(i)=i\ \text{核的 Hamiltonian，}\\&=\hat{H}(f)\qquad\qquad\qquad\qquad i=a,A,b,B\end{aligned}$$

終態相互作用 $\hat{H}_{\text{int}}=\hat{H}_{\text{int}}(\text{b},\text{B})=\hat{H}_{\text{int}}(\text{p},{}_{40}\text{Zr}^{91})$，$Zr^{91}$ 有 91 個核子，理論上 p 該和 91 個核子相互作用，不過由於 Zr^{90} 是個穩定核，入射能不甚高時 $_{40}Zr^{90}$ 以整體來對付外來作用，可近似成一個擬似粒子，稱為核心（core），於是終態的 $\hat{H}_{\text{int}}$ 如圖（11-103a）所示：

$$\hat{H}_{\text{int}}=\hat{H}_{\text{core},p}+\hat{H}_{p,n}\fallingdotseq\hat{H}_{p,n}\tag{11-320a}$$

而實驗室系座標如圖（11-103b），剝裂中子 n 和反應散射出去的質子 p 的座標各

為 $\boldsymbol{r}_n$ 和 $\boldsymbol{r}_p$，以及散射角 θ 都如圖（11- 103b）所示。

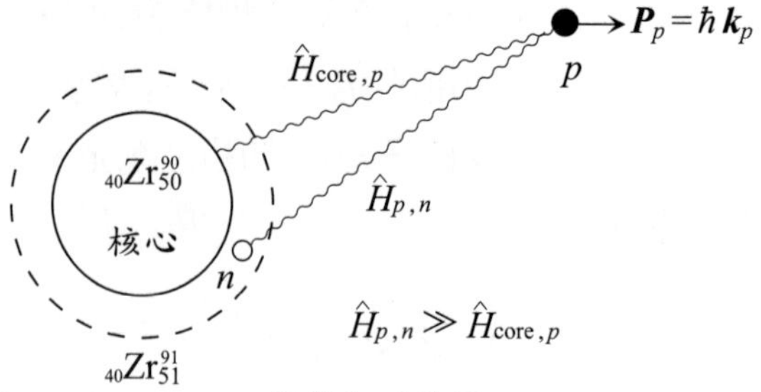

終態相互作用

(a)

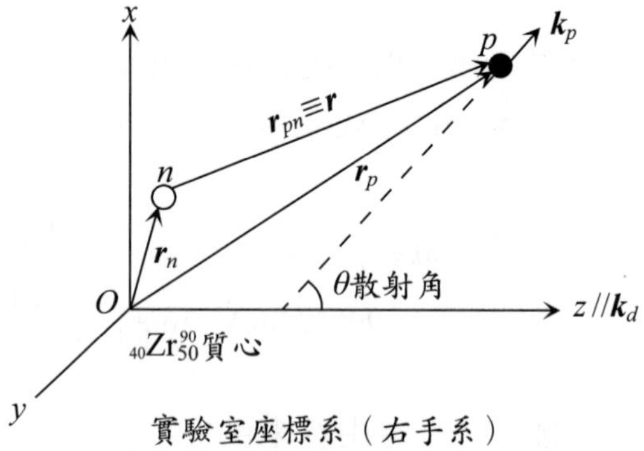

實驗室座標系（右手系）

${}_{40}\text{Zr}^{90}(d,p){}_{40}\text{Zr}^{91}$的終態核子 n 和 p 座標

(b)

圖 11-103

(iii)計算躍遷矩陣 T_{if}

任何有結構的入射（incoming）或出射（outgoing）粒子 a，其狀態波函數是由代表整個粒子的質心運動部 $\boldsymbol{\phi}^{(+)}(\boldsymbol{k}_a,\boldsymbol{r}_a)$ 和內部結構部 $\boldsymbol{\phi}(a-1)$ 組成。右上標(+)表示波是從散射中心向外進行，而 $(a-1)$ 表示從粒子 a 的獨立座標拿掉質心部分，剩下的是 $(a-\mathbf{1})$ 個的相對座標，所以剝裂反應 ${}_{40}\text{Zr}^{90}(d,p){}_{40}\text{Zr}^{91}$ 的初終態波函數，在不考慮 d 和 ${}_{40}\text{Zr}^{90}$ 間，以及 p 和 ${}_{40}\text{Zr}^{91}$ 間的反對稱（因核子是 Fermi 子，狀態函數必須反對稱）近似，且以 (I,m) 表示各粒子的核自旋及其第三成分下是：

$$\text{初態}|i\rangle=\varphi_{I_A,m_A}(A)\,\boldsymbol{\phi}_{I_d,m_d}(\text{相對座標})\,\boldsymbol{\phi}^{(+)}(\boldsymbol{k}_{\mathrm{d}},\boldsymbol{r}_{\mathrm{d}}),\qquad A\equiv{}_{40}\text{Zr}^{90}$$
$$\text{終態}|f\rangle=\varphi_{I_B,m_B}(B)\,\boldsymbol{\phi}_{I_p,m_p}(\text{相對座標})\,\boldsymbol{\phi}^{(+)}(\boldsymbol{k}_p,\boldsymbol{r}_p),\qquad B\equiv{}_{40}\text{Zr}^{91}$$

入射氘由質子 p 中子 n 組成，故有兩個獨立座標，如取兩個中的一個為質心座標 $\boldsymbol{r}_{\mathrm{d}}$，則取相對座標為 $\boldsymbol{r}_{pn}\equiv\boldsymbol{r}_p-\boldsymbol{r}_n$，除外還有 p 和 n 的自旋 $\boldsymbol{\sigma}_p$ 和 $\boldsymbol{\sigma}_n$ 部分：

$$\therefore\boldsymbol{\phi}_{I_{\mathrm{d}},m_{\mathrm{d}}}(\text{相對座標})=\boldsymbol{\phi}_{I_{\mathrm{d}},m_{\mathrm{d}}}(\boldsymbol{r}_{pn},\boldsymbol{\sigma}_p,\boldsymbol{\sigma}_n)\qquad(11\text{-}320\text{b})$$

出射粒子質子，雖由兩上夸克 u 和一下夸克 d 組成，但在低能量域看成無結構，僅有自旋的粒子。

$$\therefore\boldsymbol{\phi}_{I_p,m_p}(\text{相對座標})=x_{s_p,m_{sp}}(\boldsymbol{\sigma}_p)\ (\text{沒空間相對座標部})\qquad(11\text{-}320\text{c})$$

質子的唯一空間座標已被質心運動拿走了。至於 $\varphi_{I_B,m_B}(B)$ 是由核心 ${}_{40}\mathbf{Zr}^{90}$ 和剝裂過來的中子 n 組成，設 ${}_{40}\text{Zr}^{90}$ 和 n 的總角動量和其第三成分各為 (I_A',m'_A) 和 (I_n,m_n)，則得：

$$\varphi_{I_Bm_B}(B)=\sum_{I_n,m_n,I_A',m_A'}C(I_n,I_A',I_B)\,\langle I_nm_nI_{A'}m_{A'}|I_Bm_B\rangle\,\boldsymbol{\phi}_{I_n,m_n}(\boldsymbol{r}_n,\boldsymbol{\sigma}_n)\,\varphi_{I_A',m_A'}(A)\qquad(11\text{-}320\text{d})$$

$C(I_n, I_A', I_B)$＝展開係數，〈$I_n m_n I_A' m_A' | I_B m_B$〉為角動量合成的 Clebsch-Gordan 係數，假定入射氘和出射質子的質心運動都是，以邊長L為立方盒的歸一化平面波$\frac{1}{\sqrt{V}}e^{i\boldsymbol{k}_d\cdot\boldsymbol{r}_d}$和$\frac{1}{\sqrt{V}}e^{i\boldsymbol{k}_p\cdot\boldsymbol{r}_p}$，$V\equiv L^3$，則由（11-320a～d）式得躍遷矩陣$T_{if}$：

$$\begin{aligned}T_{if}&=\langle f|\hat{H}_{\text{int}}(p, {}_{40}\text{Zr}^{91})|i\rangle\\&=\sum_{I_n, m_n, m_{sp} I_A', m_A'} C(I_n, I_A', I_B)\langle I_n m_n I_A' m_A' | I_B m_B\rangle\left(\frac{1}{\sqrt{V}}\right)^2\int e^{-i\boldsymbol{k}_p\cdot\boldsymbol{r}_p}x^*_{s_p, m_{sp}}(\boldsymbol{\sigma}_p)\phi^*_{I_n, m_n}(\boldsymbol{r}_n, \boldsymbol{\sigma}_n)\varphi^*_{I_A', m_A'}(A)\\&\quad\times\hat{H}_{pn}\varphi_{I_A m_A}(A)\phi_{I_d, m_d}(\boldsymbol{r}_{pn}, \boldsymbol{\sigma}_p, \boldsymbol{\sigma}_n)e^{i\boldsymbol{k}_d\cdot\boldsymbol{r}_d}\,\mathrm{d}\tau_A\,\mathrm{d}\tau_p\,\mathrm{d}\tau_n\end{aligned}\tag{11-320e}$$

中子n和質子p一樣由三個夸克（u,d,d）組成的複合粒子，在低能量域可視為點粒子（無結構之意）。中子由於是束縛態沒質心運動，其空間部分$\boldsymbol{r}_n$的束縛態本徵函數，為了下面積分上的方便**做個大假定**：中子僅有內稟角動量本徵函數，即$\boldsymbol{r}_n$部假定為 1：

$$\phi_{I_n, m_n}(\boldsymbol{r}_n, \boldsymbol{\sigma}_n)=x_{s_n, m_{s_n}}(\boldsymbol{\sigma}_n)$$

則得$I_n=S_n$，$m_n=m_{s_n}$；再由核心${}_{40}\text{Zr}^{90}$狀態函數的正交歸一化得：

$$\int\varphi^*_{I_A', m_A'}(A)\varphi_{I_A, m_A}(A)\,\mathrm{d}\tau_A=\delta_{I_A', I_A}\delta_{m_A', m_A}$$

將這些代入（11-320e）式得：

$$\begin{aligned}T_{if}&=\left(\frac{1}{\sqrt{V}}\right)^2\sum_{s_n, m_n, m_{sp}} C(s_n, I_A, I_B)\langle s_n m_n I_A m_A | I_B m_B\rangle\\&\quad\times\int e^{i(\boldsymbol{k}_d\cdot\boldsymbol{r}_d-\boldsymbol{k}_p\cdot\boldsymbol{r}_p)}x^*_{s_p, m_{sp}}(\boldsymbol{\sigma}_p)x^*_{s_n, m_n}(\boldsymbol{\sigma}_n)\hat{H}_{pn}\phi_{I_d, m_d}(\boldsymbol{r}_{pn}, \boldsymbol{\sigma}_p, \boldsymbol{\sigma}_n)\mathrm{d}^3r_p\,\mathrm{d}^3r_n\end{aligned}\tag{11-321a}$$

核子是自旋$\frac{1}{2}$的 Fermi 粒子，用$\hat{S}^2$和其第三成分$\hat{S}_z$的量子數s和m_s表示的本徵函數（看（Ex.11-2））$x_{sm_s}(\boldsymbol{\sigma})$，常省略$S=\frac{1}{2}$而簡寫成$x_{m_s}(\boldsymbol{\sigma})$，是已知函數。基態氘是自旋三重態（triplet state）即質子p和中子n的自旋是平行的$x_{m_s=1/2}(\boldsymbol{\sigma}_p)\times x_{m_s=1/2}(\boldsymbol{\sigma}_n)\equiv x_\uparrow(\boldsymbol{\sigma}_p)x_\uparrow(\boldsymbol{\sigma}_n)$，其空間部是 97%的$S$態（s-state，軌道角動量量子數$l=0$之態，看表（10-6））和 3%的$d$態（d-state，$l=2$之態）。如以$S$態近似，則得：

$$\phi_{I_d, m_d}(\boldsymbol{r}_{pn}, \boldsymbol{\sigma}_p, \boldsymbol{\sigma}_n)\doteqdot N_\text{d}\,e^{-\alpha_\text{d}^2 r_{pn}^2}x_\uparrow(\boldsymbol{\sigma}_p)x_\uparrow(\boldsymbol{\sigma}_n)\tag{11-321b}$$

N_d＝氘狀態函數的歸一化常量，它包含氘質心運動在內，於是（11-321a）式內的氘的質心運動歸一化常量$1/\sqrt{V}$要拿走，因同一狀態函數不能同時歸一化兩次。（11-321b）式的歸一化常量N_d是：

$$\int \phi^*_{I_d, m_d}(\boldsymbol{r}_{pn}, \boldsymbol{\sigma}_p, \boldsymbol{\sigma}_n)\phi_{I_d, m_d}(\boldsymbol{r}_{pn}, \boldsymbol{\sigma}_p, \boldsymbol{\sigma}_n)\mathrm{d}\tau = \langle\, x_\uparrow(\boldsymbol{\sigma}_p)x_\uparrow(\boldsymbol{\sigma}_n) \,|\, x_\uparrow(\boldsymbol{\sigma}_p)x_\uparrow(\boldsymbol{\sigma}_n) \,\rangle\, |N_d|^2 \int e^{-2a_d^2 r_{pn}^2}\mathrm{d}^3 r_{pn}$$

$$= 4\pi |N_d|^2 \frac{\sqrt{\pi}}{4\sqrt{2}\, a_d^3} = 1$$

$$\therefore N_d = 2^{1/4}\left(\frac{a_d}{\sqrt{\pi}}\right)^{3/2} \qquad (11\text{-}321\mathrm{c})$$

氘的質心座標 $\boldsymbol{r}_d$ 和相對座標 $\boldsymbol{r}_{pn}$ 是：

$$\begin{cases} \boldsymbol{r}_d = \dfrac{m_n\boldsymbol{r}_n + m_p\boldsymbol{r}_p}{m_n + m_p} \equiv \dfrac{m_n\boldsymbol{r}_n + m_p\boldsymbol{r}_p}{m}, & m \equiv m_n + m_p \\ \boldsymbol{r}_{pn} \equiv \boldsymbol{r}_p - \boldsymbol{r}_n \equiv \boldsymbol{r} \end{cases}$$

$$\therefore \left\{ \begin{array}{l} \boldsymbol{r}_p = \boldsymbol{r}_d + \dfrac{m_n}{m}\boldsymbol{r} \quad , \quad \boldsymbol{r}_n = \boldsymbol{r}_d - \dfrac{m_p}{m}\boldsymbol{r} \\ \mathrm{d}^3 r_p\, \mathrm{d}^3 r_n = \mathrm{d}\boldsymbol{r}_p\, \mathrm{d}\boldsymbol{r}_n = \mathrm{d}\,\boldsymbol{r}_d\, \mathrm{d}\,\boldsymbol{r} = \mathrm{d}^3 r_d\, \mathrm{d}^3 r \end{array} \right\} \qquad (11\text{-}321\mathrm{d})$$

至於（11-321a）式右邊的相互作用 $\hat{H}_{\mathrm{int}} \fallingdotseq \hat{H}_{pn}$ 是核力，在低能量域是如（11-198e）式，和兩核子間的相距距離 r，核子的自旋 $\boldsymbol{\sigma}$ 以及視質子和中子為核子的同位旋 $\boldsymbol{\tau}$ 的兩狀態時，和 $\boldsymbol{\tau}$ 有關的力；目前視質子和中子為獨立粒子，故同位旋不會進來。為了方便於積分，核力的空間部採用 Gaussion 型，則得：

$$\hat{H}_{pn} \equiv V_0\, (\boldsymbol{\sigma}_p \cdot \boldsymbol{\sigma}_n)\, e^{-a^2 r_{pn}^2} \qquad (11\text{-}321\mathrm{e})$$

V_0＝核力強度，其因次 $[V_0]$＝ MeV，把（11-321b～e）式代入（11-321a）式得：

$$T_{if} = \frac{N_d V_0}{\sqrt{V}} \sum_{S_n, m_n, m_p} C(s_n, I_A, I_B) \langle\, s_n m_n I_A m_A | I_B m_B \,\rangle \langle\, x_{m_p}(\boldsymbol{\sigma}_p) x_{m_n}(\boldsymbol{\sigma}_n) \,|\, \boldsymbol{\sigma}_p \cdot \boldsymbol{\sigma}_n \,|\, x_\uparrow(\boldsymbol{\sigma}_p) x_\uparrow(\boldsymbol{\sigma}_n) \,\rangle$$

$$\times \int e^{i[(\boldsymbol{k}_d - \boldsymbol{k}_p)\cdot \boldsymbol{r}_d - \frac{m_n}{m}\boldsymbol{k}_p \cdot \boldsymbol{r}]}\, e^{-(a^2 + a_d^2) r^2}\, \mathrm{d}^3 r_d\, \mathrm{d}^3 r \qquad (11\text{-}321\mathrm{f})$$

自旋本徵函數 $x_{s,m_s}(\boldsymbol{\sigma}) \equiv x_{m_s}(\boldsymbol{\sigma})$，質子的 $m_{s_p} \equiv m_p$。自旋算符 $\hat{\boldsymbol{S}} \equiv \frac{1}{2}\hat{\boldsymbol{\sigma}}$，$\hat{\boldsymbol{\sigma}}$=Pauli 矩陣（看（Ex.10-5）或（10-24e）式），$\hat{\boldsymbol{S}}$ 有如下性質（看附錄（J））：

$$\left. \begin{array}{l} \hat{S}_\pm \equiv \hat{S}_x \pm i\,\hat{S}_y \\ \hat{S}_\pm x_{s,m}(\boldsymbol{\sigma}) = \sqrt{(s \mp m)(s \pm m + 1)}\, x_{s,m\pm 1}(\boldsymbol{\sigma}) \end{array} \right\} \qquad (11\text{-}322\mathrm{a})$$

$$\therefore \langle\, x_{m_p}(\boldsymbol{\sigma}_p) x_{m_n}(\boldsymbol{\sigma}_n) \,|\, \boldsymbol{\sigma}_p \cdot \boldsymbol{\sigma}_n \,|\, x_\uparrow(\boldsymbol{\sigma}_p) x_\uparrow(\boldsymbol{\sigma}_n) \,\rangle$$

$$= x^*_{m_p}(\boldsymbol{\sigma}_p) x^*_{m_n}(\boldsymbol{\sigma}_n) (4\hat{\boldsymbol{S}}_p \cdot \hat{\boldsymbol{S}}_n) x_\uparrow(\boldsymbol{\sigma}_p) x_\uparrow(\boldsymbol{\sigma}_n)$$

$$= x^*_{m_p}(\boldsymbol{\sigma}_p) x^*_{m_n}(\boldsymbol{\sigma}_n) [2\hat{S}_-(p)\hat{S}_+(n) + 2\hat{S}_+(p)\hat{S}_-(n) + 4\hat{S}_z(p)\hat{S}_z(n)]\, x_\uparrow(\boldsymbol{\sigma}_p) x_\uparrow(\boldsymbol{\sigma}_n)$$

$$= 4 \times \frac{1}{2}\delta_{m_p,\uparrow} \times \frac{1}{2}\delta_{m_n,\uparrow} = \delta_{m_p,\frac{1}{2}}\,\delta_{m_n,\frac{1}{2}}$$

求上式時用了$\hat{\boldsymbol{S}}_p\cdot\hat{\boldsymbol{S}}_n=\hat{S}_x(p)\,\hat{S}_x(n)+\hat{S}_y(p)\,\hat{S}_y(n)+\hat{S}_z(p)\,\hat{S}_z(n)=\frac{1}{2}[\hat{S}_-(p)\hat{S}_+(n)+\hat{S}_+(p)\hat{S}_-(n)+2\hat{S}_z(p)\hat{S}_z(n)]$；核子的自旋$S=\frac{1}{2}$，其第三成分$m_s=\pm\frac{1}{2}$，↑是$m_s=\frac{1}{2}$，故$\hat{S}_+(p)\,x_\uparrow(p)=0$，因$m_s$沒有$\frac{3}{2}$之量，同樣$\hat{S}_+(n)\,x_\uparrow(n)=0$而$\hat{S}_z\,x_\uparrow=\frac{1}{2}$。中子的自旋$S_n=\frac{1}{2}$，將這些結果代入（11-321f）式得：

$$
\begin{aligned}
T_{if}&=\frac{N_\mathrm{d}\,V_0}{\sqrt{V}}C(\frac{1}{2},I_A,I_B)\,\langle\frac{1}{2}\frac{1}{2}I_A\,m_A\,|\,I_B\,m_B\rangle\\
&\quad\times\int\mathrm{d}^3r_\mathrm{d}\,e^{i(\boldsymbol{k}_\mathrm{d}-\boldsymbol{k}_p)\cdot\boldsymbol{r}_\mathrm{d}}\int\mathrm{d}^3r\,e^{-(a^2+a_\mathrm{d}^2)r^2-i\frac{m_n}{m}\boldsymbol{k}_p\cdot\boldsymbol{r}}\\
&=\frac{N_\mathrm{d}\,V_0}{\sqrt{V}}C(\frac{1}{2},I_A,I_B)\,\langle\frac{1}{2}\frac{1}{2}I_A\,m_A\,|\,I_B\,m_B\rangle\;e^{-\frac{(m_n\boldsymbol{k}_p)^2}{4m^2(a^2+a_\mathrm{d}^2)}}\\
&\quad\times\int\mathrm{d}^3r_\mathrm{d}\,e^{i(\boldsymbol{k}_\mathrm{d}-\boldsymbol{k}_p)\cdot\boldsymbol{r}_\mathrm{d}}\int\mathrm{d}^3r\,e^{-(\sqrt{a^2+a_\mathrm{d}^2}\,\boldsymbol{r}+\frac{i\,m_n\boldsymbol{k}_p}{2m\sqrt{a^2+a_\mathrm{d}^2}})^2}
\end{aligned}
\qquad(11\text{-}322\mathrm{b})
$$

接著做些非常粗略的演算，設：

$$
\begin{aligned}
&\sqrt{a^2+a_\mathrm{d}^2}\,\boldsymbol{r}+\frac{i\,m_n\boldsymbol{k}_p}{2m\sqrt{a^2+a_\mathrm{d}^2}}\equiv\boldsymbol{\xi}\\
&\therefore\boldsymbol{r}\longrightarrow 0\text{ 時}\quad\boldsymbol{\xi}\longrightarrow\frac{i\,m_n\boldsymbol{k}_p}{2m\sqrt{a^2+a_\mathrm{d}^2}}\equiv\boldsymbol{\xi}_0\\
&\therefore\int\mathrm{d}^3r\,e^{-(\sqrt{a^2+a_\mathrm{d}^2}\,\boldsymbol{r}+\frac{i\,m_n\boldsymbol{k}_p}{2m\sqrt{a^2+a_\mathrm{d}^2}})^2}\doteqdot\frac{1}{(a^2+a_\mathrm{d}^2)^{3/2}}\int e^{-\xi^2}\xi^2\,\mathrm{d}\xi\,\mathrm{d}\Omega_\xi\\
&=\frac{4\pi}{(a^2+a_\mathrm{d}^2)^{3/2}}\left\{\int_0^\infty e^{-\xi^2}\xi^2\,\mathrm{d}\xi-\int_0^{\xi_0}e^{-\xi^2}\xi^2\,\mathrm{d}\xi\right\},\qquad\xi_0\equiv|\boldsymbol{\xi}_0|\\
&\doteqdot\frac{4\pi}{(a^2+a_\mathrm{d}^2)^{3/2}}\int_0^\infty e^{-\xi^2}\xi^2\,\mathrm{d}\xi=\left(\frac{\pi}{a^2+a_\mathrm{d}^2}\right)^{3/2}
\end{aligned}
\qquad(11\text{-}322\mathrm{c})
$$

由總能量守恆得：

$$
\begin{aligned}
\text{總能量}E&=K_\mathrm{d}\text{（氘動能）}+m_Ac^2\text{（靶核靜止能）}\\
&=\frac{\hbar^2k_\mathrm{d}^2}{2m_\mathrm{d}}+m_Ac^2\\
&=\frac{\hbar^2k_p^2}{2m_p}+m_Bc^2+\frac{\hbar^2k_B^2}{2m_B}\\
\therefore k_p&=\sqrt{\frac{m_p}{m_\mathrm{d}}k_\mathrm{d}^2-\frac{m_p}{m_B}k_B^2-\frac{2m_p}{\hbar^2}(m_B-m_A)c^2}\;<\;k_\mathrm{d}
\end{aligned}
$$

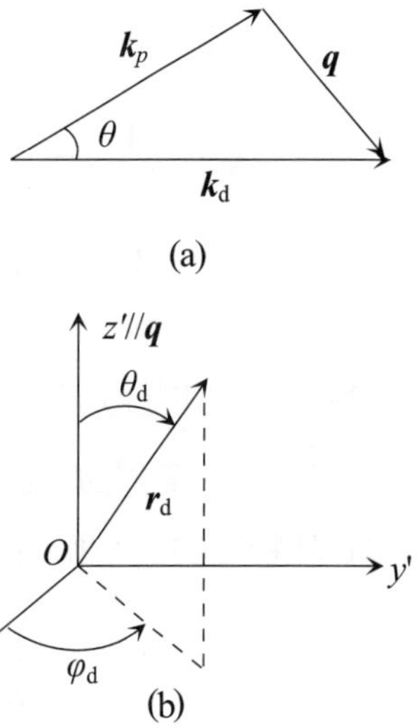

(a)

(b)

所以可以如右圖(a)得轉移動量$\hbar\boldsymbol{q}\equiv\hbar(\boldsymbol{k}_\mathrm{d}-\boldsymbol{k}_p)>0$，和散射角$\theta$有關的部分來自氘質心座標$\boldsymbol{r}_d$的積分，而（11-322b）式右邊$\boldsymbol{r}_d$是對整個空間積分，故可以為了

方便積分取如前頁右圖(b)的座標，其z'軸//$\boldsymbol{q}$，則$\boldsymbol{r}_{\rm d}=(r_{\rm d},\theta_{\rm d},\varphi_{\rm d})$為$\boldsymbol{r}_{\rm d}$的球座標。（11-322b）式右邊的$\boldsymbol{r}_{\rm d}$積分變成：

$$\begin{aligned}\int {\rm d}^3 r_{\rm d}\, e^{i(\boldsymbol{k}_{\rm d}-\boldsymbol{k}_p)\cdot \boldsymbol{r}_{\rm d}} &= \int d^3 r_{\rm d}\, e^{iqr_{\rm d}\cos\theta_{\rm d}}\\ &=\frac{2\pi}{iq}\int_0^\infty {\rm d}\, r_{\rm d}\, r_{\rm d}(e^{iqr_{\rm d}}-e^{-iqr_{\rm d}})=\frac{4\pi}{q}\int_0^\infty {\rm d}r_{\rm d}\, r_{\rm d}\sin q\, r_{\rm d}\\ &=\frac{4\pi}{q}\left\{-\frac{r_{\rm d}}{q}\cos q\, r_{\rm d}\Big]_0^\infty+\frac{1}{q}\int_0^\infty {\rm d}\, r_{\rm d}\cos q\, r_{\rm d}\right\}\\ &=\frac{4\pi}{q^2}\int_0^\infty {\rm d}\, r_{\rm d}\cos q\, r_{\rm d}=\frac{4\pi}{q^3}\sin q\, r_{\rm d}\Big]_0^\infty=\frac{4\pi}{q^3}\end{aligned} \qquad (11\text{-}322\text{d})$$

求三角函數的極限值時用了$\lim\limits_{r_{\rm d}\to\infty} q\, r_{\rm d}\equiv\lim\limits_{n\to\infty}(2n+\frac{1}{2})\pi$，故$\lim\limits_{r_{\rm d}\to\infty}\cos q\, r_{\rm d}=\cos\frac{1}{2}\pi=0$，$\lim\limits_{r_{\rm d}\to\infty}\sin q\, r_{\rm d}=\lim\limits_{n\to\infty}\sin(2n+\frac{1}{2})\pi=\sin\frac{\pi}{2}=1$。由（11-322b～d）式得：

$$T_{if}=\frac{N_{\rm d}V_0}{\sqrt{V}}C(\frac{1}{2},I_A,I_B)\left\langle\frac{1}{2}\frac{1}{2}I_A\, m_A\,|\,I_B\, m_B\right\rangle\frac{4\pi}{q^3}\left(\frac{\pi}{a^2+a_{\rm d}^2}\right)^{3/2}e^{-\frac{(m_n\boldsymbol{k}_p)^2}{4m^2(a^2+a_{\rm d}^2)}} \qquad (11\text{-}322\text{e})$$

故由（11-321c）和（11-322e）式得：

$$\begin{aligned}\frac{1}{(2I_{\rm d}+1)(2I_A+1)}\sum_{m_A,m_B,m_{B'}}|T_{if}|^2 &=\frac{1}{(2I_{\rm d}+1)(2I_A+1)}\sum_{m_A,m_B,m_{B'}}\left\langle\frac{1}{2}\frac{1}{2}I_A\, m_A\,|\,I_B\, m_B'\right\rangle\times\\ &\left\langle\frac{1}{2}\frac{1}{2}I_A\, m_A\,|\,I_B\, m_B\right\rangle C^*(\frac{1}{2},I_A,I_B)C(\frac{1}{2},I_A,I_B)\\ &\times\left[\frac{V_0}{\sqrt{V}}2^{1/4}\left(\frac{a_{\rm d}}{\sqrt{\pi}}\right)^{3/2}\frac{4\pi}{q^3}\left(\frac{\pi}{a^2+a_{\rm d}^2}\right)^{3/2}\right]^2 e^{-\frac{(m_n\boldsymbol{k}_p)^2}{2m^2(a^2+a_{\rm d}^2)}}\end{aligned}$$

但 Clebsch-Gordan 係數剛好可以相加：

$$\sum_{m_A(m_s=\frac{1}{2})}\left\langle\frac{1}{2}\frac{1}{2}I_A\, m_A\,|\,I_B\, m_B'\right\rangle\left\langle\frac{1}{2}\frac{1}{2}I_A\, m_A\,|\,I_B\, m_B\right\rangle=\delta_{m_B',m_B}$$

$$\begin{aligned}\therefore\frac{1}{(2I_{\rm d}+1)(2I_A+1)}\sum_{m_A,m_B,m_{B'}}|T_{if}|^2 &=\frac{1}{(2I_{\rm d}+1)(2I_A+1)}\sum_{m_B}C^*(\frac{1}{2},I_A,I_B)C(\frac{1}{2},I_A,I_B)\\ &\times\left[\frac{V_0}{\sqrt{V}}2^{1/4}\left(\frac{a_{\rm d}}{\sqrt{\pi}}\right)^{3/2}\frac{4\pi}{q^3}\left(\frac{\pi}{a^2+a_{\rm d}^2}\right)^{3/2}\right]^2 e^{-\frac{(m_n\boldsymbol{k}_p)^2}{2m^2(a^2+a_{\rm d}^2)}}\end{aligned} \qquad (11\text{-}323\text{a})$$

（11-323a）式右邊已和m_B無關，但尚有$\sum\limits_{m_B}$，m_B共有$(2I_B+1)$，所以執行$\sum\limits_{m_B}$得$(2I_B+1)$。除了靶核$A={}_{40}\text{Zr}^{90}$比入射粒子氘，以及$B={}_{40}\text{Zr}^{91}$比出射粒子質子重非常多，（11-314）式的m_a和m_b是使用初終態的入射和出射的折合質量（reduced mass）：

$$m_a\to\mu_{\rm d}=\frac{m_{Zr^{90}}m_{\rm d}}{m_{zr^{90}}+m_{\rm d}},\quad m_b\to\mu_p=\frac{m_{Zr^{91}}m_p}{m_{Zr^{91}}+m_p} \qquad (11\text{-}323\text{b})$$

T_{if}就是（11-314）式的〈 $f(I_B I_b)|\hat{H}_{\rm int}|(I_a I_A) i$ 〉，於是由（11-314）、（11-323a,b）式得：

$$\frac{\mathrm{d}\sigma}{\mathrm{d}\Omega}=\left\{\frac{m_A m_B m_{\rm d} m_p}{(2\pi\hbar^2)^2(m_A+m_{\rm d})(m_B+m_p)}\frac{k_p}{k_{\rm d}}\right\}\left\{V_0\frac{2^{1/4}}{\sqrt{V}}\frac{4\pi}{q^3}\left(\frac{\sqrt{\pi}\,a_{\rm d}}{a^2+a_{\rm d}^2}\right)^{3/2}\right\}^2$$
$$\times\frac{2I_B+1}{(2I_{\rm d}+1)(2I_A+1)}\times\left|C(\frac{1}{2},I_A,I_B)\right|^2 e^{-\frac{(m_n \boldsymbol{k}_p)^2}{2(m_n+m_p)^2(a^2+a_{\rm d}^2)}} \qquad (11\text{-}323c)$$

$A\equiv{}_{40}\mathrm{Zr}^{90}$，$B\equiv{}_{40}\mathrm{Zr}^{91}$，$\boldsymbol{q}^2=\boldsymbol{k}_{\rm d}^2+\boldsymbol{k}_p^2-2k_p k_{\rm d}\cos\theta$，$\boldsymbol{k}_i^2\equiv\boldsymbol{k}_i\cdot\boldsymbol{k}_i$，$\theta$=散射角。$a$ 和a_d的因次各為(長度)$^{-1}$，於是（11-323c）式右邊第一大括弧和第二大括弧的因次分別為（能量）$^{-2}$乘（長度）$^{-4}$和（能量）^{2}（長度）^{6}，其他全為無因次量，所以（11-323c）式右邊的因次是（長度）^{2}，正是$\mathrm{d}\sigma/\mathrm{d}\Omega$的因次。截面必須大於 0，於是必須檢驗所得的（11-323c）式右邊是否正實數，結果確實如此。萬一獲得的$\mathrm{d}\sigma/\mathrm{d}\Omega\neq$正實數，例如得負數，證明犯了錯誤，必須檢驗各推導過程或重算。為了能順利獲得$\mathrm{d}\sigma/\mathrm{d}\Omega$不得不做些假定，但假定不能失去本例題的焦點。瞭解如何分析反應過程及機制。希望讀者經過本例題，能深入瞭解核反應過程。比較（11-323c）式和實驗可獲得${}_{40}\mathrm{Zr}^{91}$的核自旋I_B值，或選擇的相互作用$\hat{H}_{\rm int}$是否合理等。

（Ex.11-56）是以直接反應${}_{40}\mathrm{Zr}^{90}(\mathrm{d},\mathrm{P})\,{}_{40}\mathrm{Zr}^{91}$為例，在不失去反應機制的大骨架下，儘量假設才能獲得（11-323c）式，但還是無法獲得截面數值，因為（11-320d）式的$B={}_{40}\mathrm{Zr}^{91}$的狀態函數尚未解。（11-323c）式的展開係數$C(\frac{1}{2},I_A,I_B)$，從（11-320d）式得：

$$\begin{aligned}
&\sum_{I_B,m_B}\langle I_n'm_n'I_A''m_A''|I_B m_B\rangle\int\phi^*_{I_n',m_n'}(\xi_n)\varphi^*_{I_A'',m_A''}(A)\varphi_{I_B,m_B}(B)\,\mathrm{d}\tau_n\,\mathrm{d}\tau_A\\
&=\sum_{I_B,m_B}\sum_{I_n,m_n,I_A',m_A'}C(I_n,I_A',I_B)\langle I_n'm_n'I_A''m_A''|I_B m_B\rangle\langle I_n m_n I_A'm_A'|I_B m_B\rangle\\
&\quad\times\int\phi^*_{I_n',m_n'}(\xi_n)\phi_{I_n,m_n}(\xi_n)\,\mathrm{d}\tau_n\int\varphi^*_{I_A'',m_A''}(A)\varphi_{I_A',m_A'}(A)\,\mathrm{d}\tau_A\\
&=\sum_{I_B,m_B}\sum_{I_n,m_n,I_A',m_A'}C(I_n,I_A',I_B)\langle I_n'm_n'I_A''m_A''|I_B m_B\rangle\langle I_n m_n I_A'm_A'|I_B m_B\rangle\,\delta_{I_n',I_n}\delta_{m_n',m_n}\delta_{I_A'',I_A'}\delta_{m_A'',m_A'}\\
&=\sum_{I_B,m_B}C(I_n',I_A'',I_B)\langle I_n'm_n'I_A''m_A''|I_B m_B\rangle\langle I_n'm_n'I_A''m_A''|I_B m_B\rangle\\
&=C(I_n',I_A'',I_B)
\end{aligned}\qquad(11\text{-}324)$$

$\xi_n\equiv(\boldsymbol{r}_n,\boldsymbol{\sigma}_n)$，很明顯地從（11-324）式得知，如沒$\varphi_{I_B,m_B}(B)$、$\varphi_{I_A,m_A}(A)$和被核心$\varphi_{I_A'',m_A''}(A)$束縛的$\phi_{I_n',m_n'}(\xi_n)$是無法得$C(I_n',I_A'',I_B)$。這些狀態函數必須要有${}_{40}\mathrm{Zr}^{90}$和${}_{40}\mathrm{Zr}^{91}$的 Hamiltonian $\hat{H}_A$和$\hat{H}_B$才行，找到$\hat{H}_A$和$\hat{H}_B$後解 Schrödinger 方程式才能得狀態函數。接著介紹求反應截面的其他方法，焦點放在低能量域，以方便凝聚態物理方面的應用。

(4)分波分析法(partial wave analysis)的反應及散射截面[13)]

核力的相互作用距$\delta<1$ fm，於是相互作用的範圍不大，參與反應的粒子在大部分的空間可以看成自由粒子，最簡單的自由粒子波函數是平面波，$\exp[i(\boldsymbol{k}\cdot\boldsymbol{r}\pm\omega t)]$，正號(+)和負號(−)各為向$r=|\boldsymbol{r}|$減少和增加的方向進行的波。在某時刻觀測反應現象的話，可省略時間部僅分析整個空間的變化情形。為了方便，在下面僅討論中子引起的現象，並且把中子看成無內部結構和無內稟角動量的點粒子。為什麼限於中子呢？中子不帶電，故不必考慮相互作用距無限大的庫侖力，這樣才能在$r>\delta$的空間視參與反應的粒子為自由粒子。所以下面所討論的僅能使用於相互作用勢能$\gg\dfrac{1}{r}$的相互作用力。取座標的 z 軸平行於入射中子的動量$\boldsymbol{p}=\hbar\boldsymbol{k}$，座標原點在靶核的作用力中心，則如圖(11-104)入射平面波是：

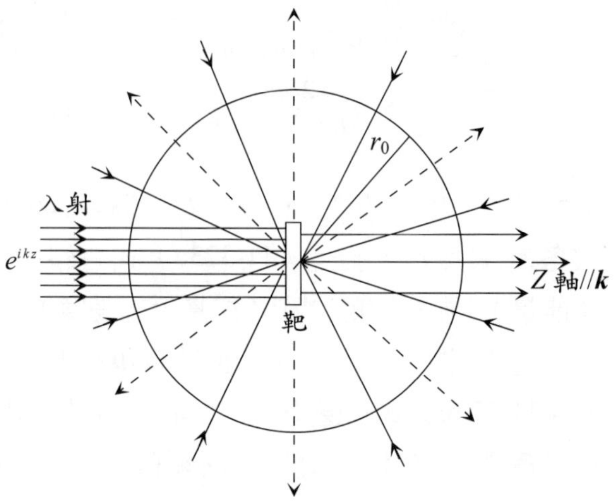

入射平面波e^{ikz}，以及它和靶核相互作用後的情形。r_0是以靶核的作用力中心為球心，包圍靶的充分大的球面半徑。

圖 11-104

$$e^{i\boldsymbol{k}\cdot\boldsymbol{r}}=e^{ikr\cos\theta}=e^{ikz}$$

$\theta=\boldsymbol{k}$和$\boldsymbol{r}$的夾角。利用分波展開法把 r 和 θ 分開[43)]則得：

$$e^{ikr\cos\theta}=\sum_{l=0}^{\infty}i^l(2l+1)j_l(kr)P_l(\cos\theta) \qquad (11\text{-}325a)$$

$l=$入射中子軌道角動量量子數，$l=0,1,2,\cdots\cdots$，$j_l(kr)=$球 Bessel(spherical Bessel)函數，$P_l(\cos\theta)=$Legendre 函數，入射粒子和靶核相互作用，平面波變成如圖(11-104)所示，以靶核的作用力中心為散射中心的入出射球面波(spherical wave)。相互作用情形是無法觀測，能觀測到的是和散射中心有段距離，例如$r\geq r_0$，形成自由態的波，所以可以使用$r\to\infty$時的$j_l(kr)$近似式[44)]：

$$j_l(kr) \fallingdotseq \frac{\sin(kr - \frac{1}{2}l\pi)}{kr}$$
$$= \frac{i}{2kr}\left(e^{-i(kr-\frac{1}{2}l\pi)} - e^{i(kr-\frac{1}{2}l\pi)}\right) \qquad (11\text{-}325b)$$

以及$P_l(\cos\theta)$和球諧函數$Y_{l,0}(\theta, \varphi=0) \equiv Y_{l,0}(\theta)$的關係式：

$$P_l(\cos\theta) = \sqrt{\frac{4\pi}{2l+1}}\; Y_{l,0}(\theta) \qquad (11\text{-}325c)$$

$$\therefore e^{ikr\cos\theta} = \frac{\sqrt{\pi}}{kr}\sum_{l=0}^{\infty} i^{l+1}\sqrt{2l+1}\Big\{\underbrace{e^{-i(kr-\frac{1}{2}l\pi)}}_{\substack{\text{入射球面波}\\ \text{(incoming spherical wave)}}} - \underbrace{e^{i(kr-\frac{1}{2}l\pi)}}_{\substack{\text{出射球面波}\\ \text{(outgoing spherical wave)}}}\Big\}\, Y_{l,0}(\theta) \qquad (11\text{-}325d)$$

$$\equiv \psi_{in}(\boldsymbol{r})$$

（11-325d）式左邊是典型的平面波表示式，表示有一定的進行方向$\boldsymbol{k} = \frac{\boldsymbol{P}}{\hbar}$，且在空間各點的概率都一樣，而右邊是離開座標原點很遠$r \to \infty$時，空間各點的波向量$\boldsymbol{k}$等於在該點出入球面波的組合一致；換言之，用出入球面波來表示平面波，付出的代價是要計算好多分波，入射能愈大分波數愈多。所以（11-325d）式的左右一致，是入射中子波函數$\psi_{in}(\boldsymbol{r})$。

入射中子和靶核相互作用後，受到影響的是ψ_{in}的出射球面波，設其影響幅度為S_l，反應後的波函數為$\psi(\boldsymbol{r})$，S_l稱為**散射矩陣**（scattering matrix），則得：

$$\psi(\boldsymbol{r}) = \frac{\sqrt{\pi}}{kr}\sum_{l=0}^{\infty} i^{l+1}\sqrt{2l+1}\left\{e^{-i(kr-\frac{l}{2}\pi)} - S_l e^{i(kr-\frac{l}{2}\pi)}\right\} Y_{l,0}(\theta) \qquad (11\text{-}325e)$$

所以散射波函數$\psi_{sc}(\boldsymbol{r})$是：

$$\psi_{sc}(\boldsymbol{r}) = \psi(\boldsymbol{r}) - \psi_{in}(\boldsymbol{r})$$
$$= \frac{\sqrt{\pi}}{kr}\sum_{l=0}^{\infty} i^{l+1}\sqrt{2l+1}\,(1-S_l)\, e^{i(kr-\frac{l}{2}\pi)}\, Y_{l,0}(\theta) \qquad (11\text{-}325f)$$

(i)分波散射截面$\sigma_{sc,l}$

如圖（11-105a），角動量$|\boldsymbol{L}| = |\boldsymbol{r} \times \boldsymbol{P}| = bP$，

$$\therefore b = \frac{|\boldsymbol{L}|}{P} \fallingdotseq \frac{l\hbar}{P} = l\lambda\!\!\!^{-}$$

$\lambda\!\!\!^{-} \equiv \hbar/P$，$l$ = 角動量量子數= 0 ,1 ,2…… 。為了直觀，把圖（11-105a）的散射換成

射箭，則以碰撞參數 b 和 b' 入射的箭射中靶的面積，如圖（11-105b）的截面是：

$$\pi b'^2 - \pi b^2 = \pi[(l+1)\lambdabar]^2 - \pi(l\lambdabar)^2 = \pi(2l+1)\lambdabar^2 \quad (11\text{-}326a)$$

（11-326a）式是截面的幾何圖。物理是實驗科學，圖（11-105b）是射箭截面的事實，而（11-326a）式是其數學表示式，於是將要推導的分波截面式該和（11-326a）式酷似才對。單位時間經單位橫切面積進來的粒子數 N，由（10-46a）式得：

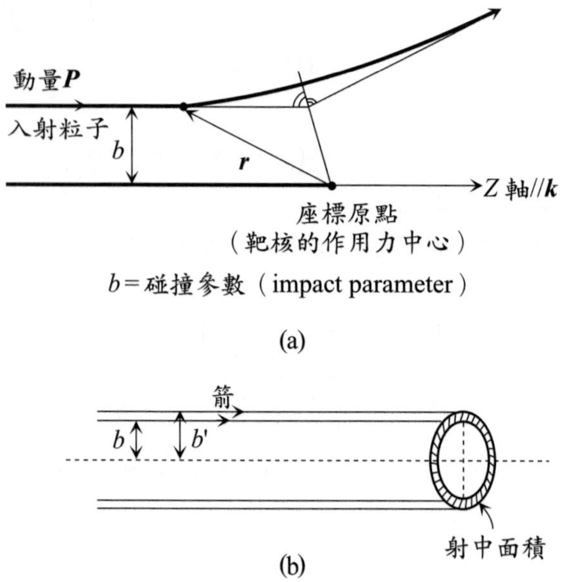

圖 11-105

$$N = \frac{\hbar}{2im_n}[\psi_{in}^*(\boldsymbol{r})(\nabla\psi_{in}(\boldsymbol{r})) - \psi_{in}(\boldsymbol{r})(\nabla\psi_{in}^*(\boldsymbol{r}))]$$
$$= \frac{\hbar}{2im_n}\left[e^{-ikz}\left(\frac{\partial}{\partial z}e^{ikz}\right) - e^{ikz}\left(\frac{\partial}{\partial z}e^{-ikz}\right)\right]$$
$$= \frac{\hbar k}{m_n} = |\text{中子速度}\boldsymbol{v}_n| = v_n$$

m_n = 中子靜止質量。同樣單位時間被靶核作用力中心散射的粒子數 N_{sc} 是：

$$N_{sc} = \frac{\hbar}{2im_n}\int_{\text{角度}}\left[\psi_{sc}^*(\boldsymbol{r})\left(\frac{\partial\psi_{sc}}{\partial r}\right) - \psi_{sc}(\boldsymbol{r})\left(\frac{\partial\psi_{sc}^*}{\partial r}\right)\right]r^2\sin\theta\,\mathrm{d}\theta\,\mathrm{d}\varphi$$
$$= \frac{v_n\pi}{k^2}\sum_{l=0}^{\infty}(2l+1)|1-S_l|^2, \qquad r \geq r_0$$

分波散射截面（partial scattering cross-section）$\sigma_{sc,l}$ 是：

$$\sigma_{sc} = \frac{\text{單位時間被散射到半徑 } r \text{ 的球面上的粒子數}}{\text{單位時間經過單位橫切面積入射的粒子數}} = \frac{N_{sc}}{N}$$
$$\therefore \sigma_{sc,l} = \frac{\pi}{k^2}(2l+1)|1-S_l|^2 \qquad (11\text{-}326b)$$

而總散射截面 $\sigma_{sc} = \sum_l \sigma_{sc,l}$，當靶沒源頭（source）或吸收壑（sink），$|S_l|<1$。那麼如何獲得 S_l 呢？它和入射以及出射波函數有關，所以可以利用全波函數在有和無相

互作用的交界（boundary）的變化來得 S_l，看下面（Ex.11-57）。

(ii)分波反應截面$\sigma_{r,l}$

反應是$(a+A)\longrightarrow(b+B)$，且一般地$a\neq b$；但在這裡討論的是入射中子和靶核相互作用後仍然射出中子，或吸收入射的部分中子。所以只要獲得從入射道（incident channel）消失的a粒子便能得反應截面。所謂的消失是負值，於是從反應後的波函數（11-325e）式得，單位時間從入射道消失的粒子數N_r：

$$N_r=-\frac{\hbar}{2im_n}\int_{\text{角度}}\left[\psi^*(\boldsymbol{r})\left(\frac{\partial\psi}{\partial r}\right)-\psi(\boldsymbol{r})\left(\frac{\partial\psi^*}{\partial r}\right)\right]r^2\sin\theta\,\mathrm{d}\theta\,\mathrm{d}\varphi$$
$$=\frac{\pi}{k^2}v_n\sum_{l=0}^{\infty}(2l+1)(1-|S_l|^2)\text{，}\qquad r\geq r_0$$

分波反應截面（partial reaction cross-section）$\sigma_{r,l}$是：

$$\sigma_r=\frac{\text{單位時間從入射道消失的入射粒子數}}{\text{單位時間經過單位橫切面積入射的粒子數}}=\frac{N_r}{N}$$
$$\therefore\sigma_{r,l}=\frac{\pi}{k^2}(2l+1)(1-|S_l|^2)\tag{11-326c}$$

總反應截面$\sigma_r=\sum\limits_{l=0}^{\infty}\sigma_{r,l}$，同樣留下$S_l$未解。（11-326b）和（11-326c）式只能用在不帶電的電中性入射粒子；並且入射粒子和靶核的相互作用勢能$\gg\frac{1}{r}$的相互作用力。如入射粒子是帶電粒子，它和靶核間必有庫侖相互作用，而庫侖勢能$\propto\frac{1}{r}$，不能使用平面波的（11-325d）式來表示入射粒子的波函數，至少要解受到庫侖力的 Schrödinger 方程式，來得入射粒子的入射波函數：

$$\left[-\frac{\hbar^2}{2m_i}\nabla^2+U_c\text{（庫侖勢能）}\right]\phi_c(\boldsymbol{r})=E\phi_c(\boldsymbol{r})\tag{11-327}$$

m_i=入射粒子靜止質量，$\phi_c\neq$平面波。使用平面波的叫**平面波（plane wave）近似法**，而使用某勢能U的入射波的叫**扭曲波（distorted wave）近似法**，（11-327）式的ϕ_c是庫侖扭曲波。

比較（11-326a）和（11-326b）以及（11-326c）式，因$\lambda\!\!\!{}^-=\frac{1}{k}$，所以$S_l=0$時（11-326b,c）式和（11-326a）式確實一致，肯定了我們的猜測。散射矩陣S_l來自入射粒子和靶核間有相互作用，但圖（11-105b）的入射箭根本沒和靶相互作用（宏觀角度），故沒S_l。從這些比較洞察出求S_l的方法，接著介紹在低能量域，1936 年 N.Bohr 提出的求S_l用的理論。

(iii)連續理論（continuum theory）

核力不但強且作用距δ甚短，$\delta<1$ fm。在低能量域，正如在（3）介紹直接反應時提過的彈珠、撞球遊戲，或大樹葉上的小水珠碰撞現象，慢速入速的小水珠，往往會使撞到的大水珠整個動起來，讀者務必親自觀察這種現象。用圖（11-106a）來描述這個事實，再配合核力的特性假設：

⑴原子核A的相互作用力範圍，有明確的界面，設為如圖（11-106a）、半徑R的球面。

⑵當入射粒子a到達A的球面，立即如圖（11-106b）受到引力，再也無法離開。

⑶所以在$r\le R$僅有入射球面波，例如：

$$\psi_{內}(\boldsymbol{r}) \underset{l=0}{=\!=\!=} \psi_0^{(內)}(\boldsymbol{r})$$

$$=\frac{\sqrt{\pi}}{kr}\, i\, e^{-iKr}\, Y_{00}$$

$$\equiv \frac{1}{r}\, u_0^{(內)}(r) Y_{00}$$

$$u_0^{(內)}(r)=\frac{\sqrt{\pi}\, i}{k}\, e^{-iKr} \qquad (11\text{-}328)$$

$$K\equiv\sqrt{\frac{2m(E+V_0)}{\hbar^2}}$$

$$k=\sqrt{\frac{2mE}{\hbar^2}} \quad <K$$

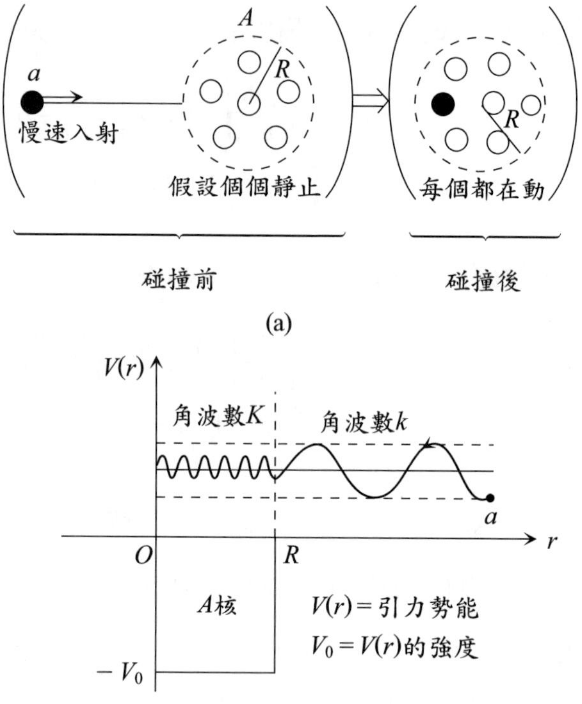

在核的表面$r=R$，內外波連續

(b)

圖 11-106

m＝入射粒子的靜止質量，E＝入射能。$u_0^{(內)}(r)$的右下標表示角動量量子數$l=0$，為什麼僅取$l=0$呢？圖（11-106a）的現象是發生在低入射能，$E<$數 MeV，甚至於E＝（幾個～幾十）eV，並且是中子，它和靶核間無庫侖力。所以一旦入射中子n到達靶核的核力範圍，立刻和核內核子產生**強相互作用**，n帶來的能量E被分配到核內各核子，故n無足夠能量出去，形成$(A+n)$的激發態，這就是（11-328）式的來源。以上是 1936 年 N.Bohr 提出的**連續理論**，⑴～⑶是其基本假設。

【Ex. 11-57】 設入射粒子是S波（s-wave，$l=0$之波）中子，求其散射和反應截面$\sigma_{sc,l=0}$和$\sigma_{r,l=0}$。

由（11-325e）式得S波中子反應後的波函數：

$$\psi(\boldsymbol{r}) \underset{l=0}{=\!=\!=} \psi_0(\boldsymbol{r}) = \frac{\sqrt{\pi}}{kr} i(e^{-ikr} - S_0\, e^{ikr})\, Y_{00}$$

$$\equiv \frac{1}{r} u_0(r)\, Y_{00} \cdots\cdots\cdots r \geq R \qquad (11\text{-}329\text{a})$$

$$u_0(r) \equiv \frac{\sqrt{\pi}}{k} i\,(e^{-ikr} - S_0\, e^{ikr}) \qquad (11\text{-}329\text{b})$$

為什麼定義（11-329a）式的右邊形式呢？如右圖相互作用有明確的邊界，且假設這邊界為球面以方便使用（11-325e）式表示的，入出射球面波來探討從球面進出的粒子情形。這時需要執行$\int_{角度} r^2 \mathrm{d}\Omega = r^2 \int_{角度} d\Omega$，$\mathrm{d}\Omega = \sin\theta \mathrm{d}\theta \mathrm{d}\varphi$，而機率是$|\psi(\boldsymbol{r})|^2 \propto \frac{1}{r^2}$，剛好抵消$r^2$因子（factor）。所以（11-329a）式等於使用：

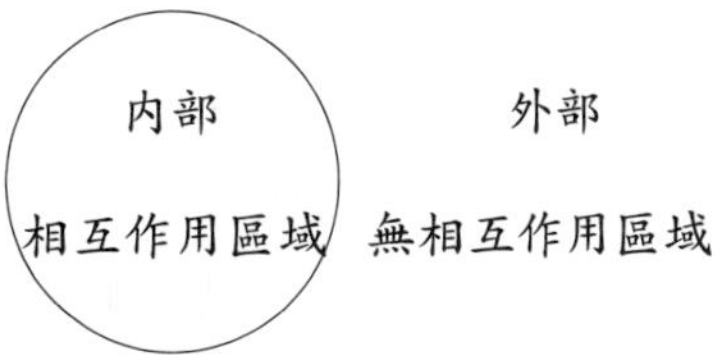

$$\psi(\boldsymbol{r}) = \frac{1}{r} u_l(r)\, Y_{l,m}(\theta, \varphi) \qquad (11\text{-}329\text{c})$$

描述物理系統的狀態函數Ψ以及$\nabla\Psi$必須滿足（看（10-55a,b）式）：「有限，單值，連續」三條件的函數，其中的連續條件是：

$$\psi_{內}(\boldsymbol{r}=\boldsymbol{R}) = \psi_{外}(\boldsymbol{r}=\boldsymbol{R})$$

$$(\nabla_r \psi_{內})_{\boldsymbol{R}} = (\nabla_r \psi_{外})_{\boldsymbol{R}}$$

或把上兩式統一成：

$$\frac{(\nabla_r \psi_{內})_{\boldsymbol{R}}}{(\psi_{內})_{\boldsymbol{R}}} = (\nabla_r \ln \psi_{內})_{\boldsymbol{R}} = \frac{(\nabla_r \psi_{外})_{\boldsymbol{R}}}{(\psi_{外})_{\boldsymbol{R}}} = (\nabla_r \ln \psi_{外})_{\boldsymbol{R}} \qquad (11\text{-}329\text{d})$$

圖（11-106b）是（11-329d）式的圖示。（11-325e）式的散射矩陣是無因次量，但（11-329d）式是有因次量，其因次為（長度）$^{-1}$，那麼如何造同時含（11-329d）式內容又沒因次的量呢？從（11-329c）和（11-329d）式獲得啟示，它是：

$$f_l \equiv \left(\frac{r\dfrac{\mathrm{d}u_l}{\mathrm{d}r}}{u_l} \right)_R \qquad (11\text{-}330a)$$

如把（11-329b）式代入（11-330a）式立刻獲得$f_{l=0} \equiv f_0$和$S_{l=0} \equiv S_0$的關係，這時如果有辦法獲得f_0便能得S_0，於是從（11-326b）和（11-326c）式得$\sigma_{sc,0}$和$\sigma_{r,0}$。連續理論就是得f_l的理論。由（11-329b）和（11-330a）式得$r>R$的波函數在邊界$r=R$的f_0值：

$$f_0 = \left(\frac{r}{u_0}\frac{\mathrm{d}u_0}{\mathrm{d}r} \right)_R = \frac{-ikR(e^{-ikR}+S_0\,e^{ikR})}{e^{-ikR}-S_0\,e^{ikR}} \qquad (11\text{-}330b)$$

$$\therefore S_0 = \frac{f_0+ikR}{f_0-ikR}e^{-2ikR}\cdots\cdots\cdots\cdots\cdots r\geq R \qquad (11\text{-}330c)$$

再由（11-328）和（11-330a）式得$r<R$的波函數在邊界$r=R$的f_0值，則由連續條件，它該等於（11-330b）式：

$$f_0 = \left(\frac{r}{u_0^{(內)}(r)}\frac{\mathrm{d}u_0^{(內)}(r)}{\mathrm{d}r} \right)_R = \frac{-iKR\,e^{-ikR}}{e^{-ikR}} = -iKR \qquad (11\text{-}330d)$$

由（11-330c）和（11-330d）式得：

$$S_0 = \frac{-iKR+ikR}{-iKR-ikR}e^{-2ikR} = \frac{K-k}{K+k}e^{-2ikR} \qquad (11\text{-}330e)$$

$$\therefore \begin{cases} \sigma_{sc,0} = \dfrac{\pi}{k^2}\left[\left(1-\dfrac{K-k}{K+k}e^{2ikR}\right)\left(1-\dfrac{K-k}{K+k}e^{-2ikR}\right)\right] = \dfrac{2\pi[(K^2+k^2)-(K^2-k^2)\cos 2kR]}{k^2(K+k)^2} \\ \sigma_{r,0} = \dfrac{\pi}{k^2}(1-|S_0|^2) = \dfrac{\pi}{k^2}\left[1-\left(\dfrac{K-k}{K+k}\right)^2\right] = \dfrac{4\pi K}{k(K+k)^2} \end{cases} \qquad (11-330f)$$

（11-330f）式是S波中子的散射和反應截面，其$\sigma_{sc,0}$顯然是跟著入射能$E=\dfrac{\hbar^2 k^2}{2m}$的增加，而大小變小的繞射紋（diffraction pattern，參考圖（8-24b）或圖（8-28））；而$\sigma_{r,0}$僅跟著入射能遞減的單調曲線。實驗確實反映這些理論結果，證明N.Bohr的連續理論在低能量域準確的一面。**中子是電中性，低能量往往比高能量容易深入靶核，甚至於使它分裂**，接著介紹針對這種事實的反應。

(5)複核反應（compound nucleus reaction）[13)]

當入射粒子a的能量低，到達靶核A的力場時立即和靶核發生強相互作用，入射能E被搶走而形成$(a+A)\equiv c$的熱平衡態。經過核子間的複雜相互作用，有時c分裂成兩個小核，有時釋放粒子b。前者看下面（F），這裡探討後者；稱c為**複核**（compound nucleus），而$(a+A)\to c\to(b+B)$為**複核反應**，顯然它和圖（11-102）的一階段（one step）直接反應不同，是兩階段反應：

$$\left.\begin{array}{l} a+A\longrightarrow c\cdots\cdots\cdots\cdots\text{第一階段} \\ c\longrightarrow b+B\cdots\cdots\cdots\cdots\text{第二階段} \end{array}\right\} \quad (11\text{-}331a)$$

複核反應後的B往往是激態B^*，於是B^*以輻射γ射線$B^*\longrightarrow(B+\gamma)$來回到基態。從實驗得直接和複核反應的時間約為：

$$\left.\begin{array}{l} \text{直接反應}(\Delta t)_d \fallingdotseq (10^{-21}\sim 0^{-22})\text{秒} \\ \text{複核反應}(\Delta t)_c \fallingdotseq (10^{-16}\sim 0^{-15})\text{秒} \end{array}\right\} \quad (11\text{-}331b)$$

右下標d和c分別表示直接和複核反應，由（11-331b）式和測不準原理$\Delta E\Delta t\fallingdotseq\hbar$估計兩種反應該有的入射能量級：

$$\left.\begin{array}{l} (\Delta E)_{\mathrm{d}} \doteqdot \dfrac{\hbar}{(\Delta t)_{\mathrm{d}}}=\dfrac{h}{2\pi(\Delta t)_{\mathrm{d}}}=\dfrac{6.6261\times10^{-34}\,\mathrm{J\cdot s}}{2\pi\times10^{-22}\,\mathrm{s}} \doteqdot 6.6\,\mathrm{MeV} \\ (\Delta E)_c \doteqdot \dfrac{\hbar}{(\Delta t)_c}=\dfrac{6.6261\times10^{-34}\,\mathrm{J\cdot s}}{2\pi\times10^{-16}\,s} \doteqdot 6.6\,\mathrm{eV} \end{array}\right\} \quad (11\text{-}331c)$$

從（11-331c）式瞭解到入射能對反應機制的重要性，普通容易覺得入射能E大較E小容易影響靶核，但事實不一定如此。在 1934 年E.Fermi使用慢速中子，俗稱**熱中子**（thermal neutron，入射能≒幾eV的中子）撞鈾($_{92}$U)原子，成功地使鈾原子分裂成兩個約同質量數的原子，除外當時出現了不少核反應實驗。在 1935～1936 年 N. Bohr（看圖（11-56））提出複核模型（compound nucleus model），它是**立足於強核子間相互作用，且假設核反應是如（11-331a）式的兩階段**，即：

$$\left.\begin{array}{l} (1)\text{複核 c 的形成：a+A}\to\text{c}\cdots\cdots\cdots\cdots\cdots\cdots\text{設為反應道}\alpha \\ (2)\text{複核 c 的蛻變（disintegration）：c}\to\text{b+B}\cdots\cdots\text{設為反應道}\beta \end{array}\right\} \quad (11\text{-}332a)$$

則整個反應的截面$\sigma(\alpha,\beta)$是：

$$\sigma(\alpha,\beta)=\sigma_c(E_c,\alpha)G_c(E_c,\beta) \quad (11\text{-}332b)$$

（11-332a）式的(1)和(2)是各自獨立過程，換言之，(2)的過程和(1)的形成過程無關，僅和c的能量、宇稱等有關而已。以上叫**N.Bohr 的複核模型假設**。α和β同時代表入射道和反應道，以及描述反應的所有變數，例如反應核的角動量、宇稱等；而$\sigma_c(E_c,\alpha)$是形成激態能E_c的複核$(a+A)=c$的截面，如$\sigma_{r,l}$=分波反應截面，則：

$$\sigma_c(E_c,\alpha)=\sum_{l=0}^{\infty}\sigma_{r,l}(E_c,\alpha) \qquad (11\text{-}332c)$$

中子的$\sigma_{r,l}$=（11-326c）式。$G_c(E_c,\beta)$是在激態能E_c的複核c分裂成反應道β射出b的相對概率。因為複核c分裂的反應道很多，設各反應道寬度（width）為Γ_i, $i=1,2,3\cdots\cdots$，則總寬度$\Gamma=\sum_i \Gamma_i$，

$$\therefore G_c(E_c,\beta)=\frac{\Gamma_\beta}{\Gamma}\text{（看（11-334b）式）}$$

【**Ex. 11-58**】討論${}_{19}K^{39}+d({}_1H_1^2)$形成的複核反應。

$({}_{19}K^{39}+d)$形成的複核是${}_{20}Ca^{41*}$，它可能的出射反應道有：

$$ {}_{19}K^{39}+d\to{}_{20}Ca^{41*}\to\left\{\begin{array}{l} {}_{19}K^{39}+d\cdots\cdots{}_{19}K^{39}(d,d){}_{19}K^{39}\\ {}_{19}K^{40}+{}_1H^1(p)\cdots\cdots{}_{19}K^{39}(d,p){}_{19}K^{40}\\ {}_{20}Ca^{40}+n\cdots\cdots{}_{19}K^{39}(d,n){}_{20}Ca^{40}\\ {}_{18}Ar^{37}+{}_2He^4(\alpha)\cdots\cdots{}_{19}K^{39}(d,\alpha){}_{18}Ar^{37}\\ {}_{18}Ar^{38}+{}_2He^3\cdots\cdots{}_{19}K^{39}(d,He^3){}_{18}Ar^{38}\\ {}_{19}K^{39}+n,p\cdots\cdots{}_{19}K^{39}(d,np){}_{19}K^{39}\\ {}_{19}K^{38}+t({}_1H_2^3)\cdots\cdots{}_{19}K^{39}(d,t){}_{19}K^{38} \end{array}\right\} \qquad (11\text{-}333a)$$
$$\cdots\cdots\cdots\cdots\cdots\cdots\cdots\cdots\cdots\cdots$$

(1)由（11-301a）式求Q值：

$$\left.\begin{array}{l}
[(K^{39}+d)\to Ca^{41}]\to(m_{K^{39}}+m_d-m_{Ca^{41}})c^2\\
=(38.96371+2.014102-40.962278)u=0.015536u\fallingdotseq 14.472\text{MeV}\\
(Ca^{41}\to K^{40}+p)\to(40.962278-39.963999-1.0078252)u\\
\qquad=-0.009546u\fallingdotseq-8.892\text{MeV}\\
(Ca^{41}\to Ca^{40}+n)\to(40.962278-39.962591-1.0086654)u\\
\qquad=-0.0089784u\fallingdotseq-8.363\text{MeV}\\
(Ca^{41}\to Ar^{37}+\alpha)\to(40.962278-36.966776-4.00263)u\\
\qquad=-0.007101u\fallingdotseq-6.6145\text{MeV}\\
(Ca^{41}\to Ar^{38}+He^3)\to(40.962278-37.962732-3.016029)u\\
\qquad=-0.016483u\fallingdotseq-15.3538\text{MeV}\\
(Ca^{41}\to Kr^{39}+pn)\to(40.962278-38.96371-1.0078252-1.0086654)u\\
\qquad=-0.0179226u\fallingdotseq-16.6948\text{MeV}\\
(Ca^{41}\to K^{38}+t)\to(40.962278-37.96908-3.016049)u\\
\qquad=-0.022851u\div-21.296\text{MeV}
\end{array}\right\}(11\text{-}333b)$$

(2)求入射能$E_d = 6$MeV時的出射反應道：

從（11-333b）式得，除入射反應道是放熱反應，之外的所有複核衰變的出射反應道全是吸熱。E_d的6MeV是實驗室系能量，其質心系的能量ε_d由（11-304b）式得：

$$\varepsilon_d = \frac{m_{k^{39}} \times E_d}{m_{k^{39}} + m_d} = \frac{38.96371 \times 6\text{MeV}}{38.96371 + 2.014102} \doteq 5.705\text{MeV}$$

於是Ca^{41*}的激態能是(14.472+5.705)MeV = 20.177MeV ≡ E_{ex}，所以凡是（11-333a）式的$|Q|<E_{ex}$的出射反應全會出現，$|Q|>E_{ex}$的僅有$Ca^{41*} \to (K^{38}+t)$，將以上結果圖示於圖（11-107）。

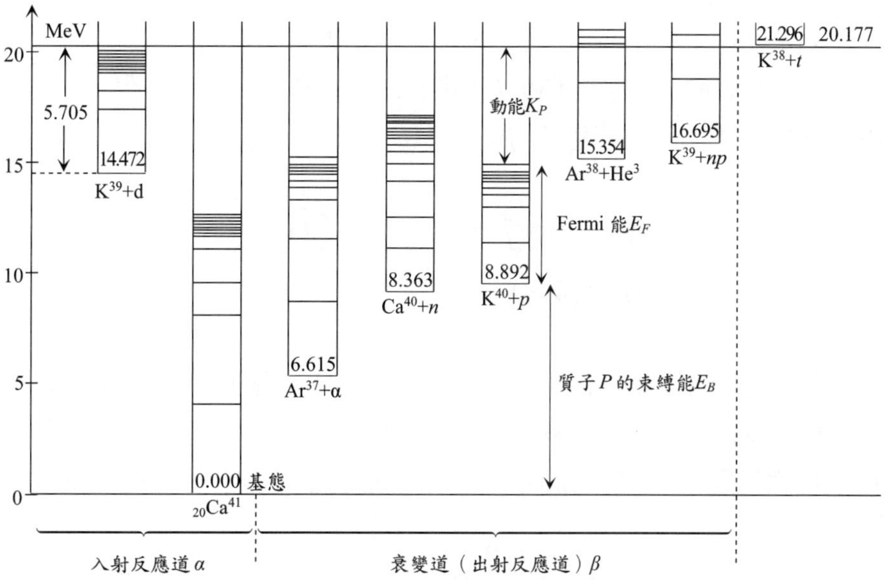

圖 11-107

(3)以$Ca^{41*} \to K^{40}$+p為例探討能量關係：

$Ca^{41} \to K^{40}$+p−8.892MeV是吸熱反應，出射質子的動能K_P不但和複核激態能E_{ex}有關，Ca^{41*}要衰變成(K^{40}+p)要吸熱，同時和核子的Fermi能E_F有關，如圖（11-107），

$$\therefore K_P = (20.177 - 8.892 - E_F)\text{MeV}$$

(i)推導 $G_c(E_c,\beta)$ 表示式：

具體地從（Ex. 11-58）看到複核衰變道（decay channel）β 確實不少，每衰變道都有其衰變係數 λ_β，由（11-255b）式得 λ_β 和壽命 τ_β 的關係 $\lambda_\beta=1/\tau_\beta$，再由測不準原理 τ_β 和原子核能級寬度 Γ_β 的關係 $\Gamma_\beta\tau_\beta \doteq \hbar$ 得：

$$\lambda_\beta\hbar=\Gamma_\beta \qquad (11\text{-}334a)$$

（11-334a）式的 Γ_β 表示，衰變到 β 反應道的複核激態能級存在的範圍，如右圖的能級寬度。如 $\Gamma_1<\Gamma_2<\cdots\cdots\cdots<\Gamma_i$，則壽命 $\tau_1>\tau_2>\cdots\cdots\cdots>\tau_i$，能級 E_i 的寬度比 E_1 大那麼多，則從 Γ_i 得能量衰變的機會，不是比從 Γ_1 得能量衰變的機會大嗎？所以 Γ_i 顯然直接描述衰變概率的大小，如激態複核的所有衰變道寬度總和是 Γ，則在激態能 E_c 的複核衰變到出射反應道 β 的概率 $G_c(E_c,\beta)$ 是：

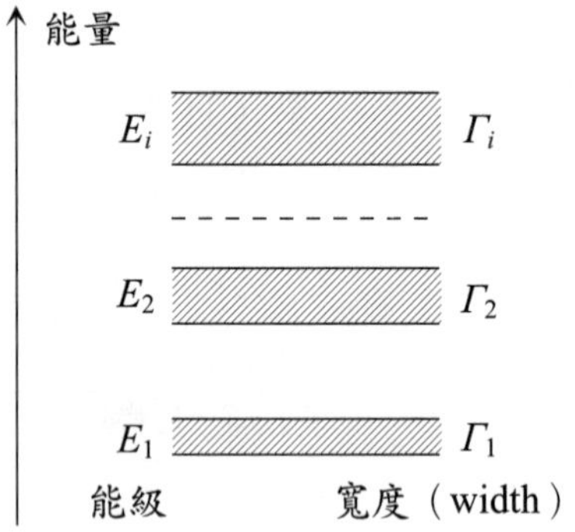

$$G_c(E_c,\beta)=\frac{\Gamma_\beta}{\sum_i \Gamma_i}=\frac{\Gamma_\beta}{\Gamma}\ ,\ \Gamma\equiv\sum_i\Gamma_i \qquad (11\text{-}334b)$$

$$\therefore \sum_\beta G_c(E_c,\beta)=1 \qquad (11\text{-}334c)$$

核反應是屬於強相互作用，由表（11-21）得所有的物理量都守恆。核反應尤其和時間反演（time reversal）關係密切，依時間的進行從 $(a+A)_{t_i}$ 到 $(b+B)_{t_f}$ 的反應，如把初態時間 t_i 和終態時間 t_f 倒過來，則反應 $(b+B)_{t_f}\rightarrow(a+A)_{t_i}$ 必成立，即：

$$\underbrace{(a+A)}_{\text{反應道}\alpha}\ \underset{\sigma(\beta,\alpha)}{\overset{\sigma(\alpha,\beta)}{\rightleftarrows}}\ \underbrace{(b+B)}_{\text{反應道}\beta} \qquad (11\text{-}334d)$$

（11-334d）式稱為細緻平衡（detailed balance），表示（11-325e）式的散射矩陣對時間反演是 $S_l(\alpha,\beta)=S_l(\beta,\alpha)$，於是從（11-326c）和（11-334d）式得：

$$\frac{\sigma(\alpha,\beta)}{\lambda\!\!\!^{-}{}_\alpha^2}=\frac{\sigma(\beta,\alpha)}{\lambda\!\!\!^{-}{}_\beta^2} \qquad (11\text{-}334e)$$

$$\lambda\!\!\!^{-}{}_{\alpha,\beta}\equiv\frac{1}{k_{\alpha,\beta}}=\frac{\lambda_{\alpha,\beta}}{2\pi} \qquad (11\text{-}334f)$$

（11-334f）式的 λ_α 和 λ_β 分別為反應道 α 和 β 的入射粒子的波長，請不要和衰變係數混淆。從（11-332b）、（11-334b）和（11-334e）式得：

$$\frac{\sigma(\alpha,\beta)}{\lambda\!\!\!^{-}{}_\alpha^2}=\frac{\sigma_c(E_c,\alpha)G_c(E_c,\beta)}{\lambda\!\!\!^{-}{}_\alpha^2}=\frac{\sigma_c(E_c,\alpha)\Gamma_\beta}{\Gamma\lambda\!\!\!^{-}{}_\alpha^2}$$
$$=\frac{\sigma_c(E_c,\beta)G_c(E_c,\alpha)}{\lambda\!\!\!^{-}{}_\beta^2}=\frac{\sigma_c(E_c,\beta)\Gamma_\alpha}{\Gamma\lambda\!\!\!^{-}{}_\beta^2}$$
$$\therefore k_\alpha^2\frac{\sigma_c(E_c,\alpha)}{\Gamma_\alpha}=k_\beta^2\frac{\sigma_c(E_c,\beta)}{\Gamma_\beta}\equiv U(E_c) \qquad (11\text{-}335a)$$

由（11-335a）和（11-334b）式得複核衰變到出射道β的概率：

$$G_c(E_c,\beta)=\frac{\Gamma_\beta}{\sum_\gamma \Gamma_\gamma}=\frac{k_\beta^2\sigma_c(E_c,\beta)/U(E_c)}{\sum_\gamma k_\gamma^2\sigma_c(E_c,\gamma)/U(E_c)}$$
$$\therefore G_c(E_c,\beta)=\frac{k_\beta^2\sigma_c(E_c,\beta)}{\sum_\gamma k_\gamma^2\sigma_c(E_c,\gamma)} \qquad (11\text{-}335b)$$

於是從（11-332b）、（11-332c）和（11-335b）式可得複核反應截面$\sigma(\alpha,\beta)$。

(ii)共振散射，共振反應

和意見接近最好相同的朋友討論問題時，熱度升溫的很快，易進入問題核心且獲得共同結果，這現象用物理語言表示是兩者起共鳴或共振。這種情形的物理現象太多了，例如經過馬路的車引起門窗玻璃的共振是最常經驗的共振現象，核反應或核散射也不例外。最早發現核反應有共振現象的是，低能量中子引起的特大反應截面。中子入射能$E_n=(1\sim100)$eV易起共振反應，故稱這能量的中子為**共振中子**（resonance neutron）。當入射粒子a的入射能E，如圖（11-108a）和靶核A的能級E_r一致時，a和A立即起共振。假設相互作用領域邊界為半徑R的球面，共振反應時如圖（11-108b），在相互作用力範圍$r\leq R$的內外振幅相同。如圖（11-108c）是非共振反應，a的入射波很難侵入A的$r<R$內，內部波振幅小於外部$(r>R)$波振幅，帶來小反應截面。圖（11-108a）和（11-108b）啟示著如何獲共振反應：「入射能E須在靶核A的離散能級領域」才行，倒過來從共振反應可獲得A的能級E_r。

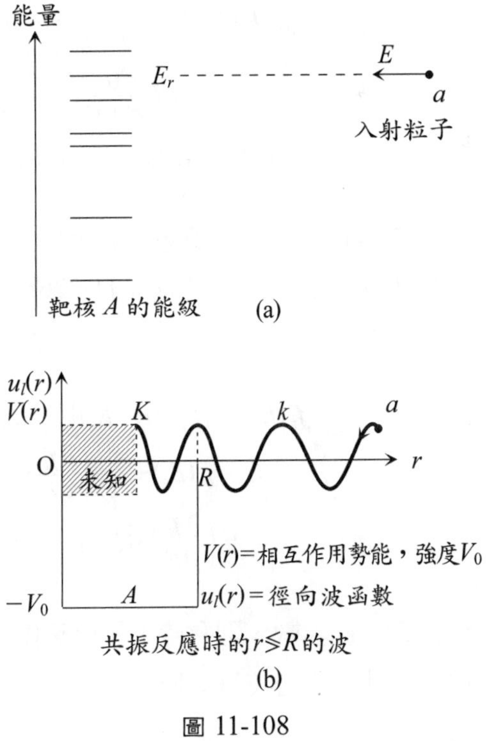

圖 11-108

(a)共振散射（resonance scattering）

由波函數的連續及單值性，共振時如圖（11-108b）入射波的波峰或波谷剛好在交界 $r=R$。波峰或波谷是曲線的極大或極小點，它必滿足 $(du_l(r)/dr)_R=0$，於是（11-330a）式的 $f_l=0$。由於是共振，從 $r>R$ 入射的波到達 $r=R$ 後和 A 相互作用，進入 $r=(R-\Delta R)$ 的入射波 e^{-iKr} 和出射波 $e^{i(Kr+2\delta)}$ 是同振幅。$\Delta R=$ 無限小量，即圖（11-108b）的 $r=R$ 的左邊為 $(R-\Delta R)$，右邊為 $(R+\Delta R)$；δ 是入射波和 A 相互作用後產生的相移（phase shift），一般地它是和入射能 E 有關的量 $\delta(E)$，而 $K=\sqrt{2m(E+V_0)/\hbar^2}$。所以在 $r=(R-\Delta R)$ 的 $u_l(r)$ 是：

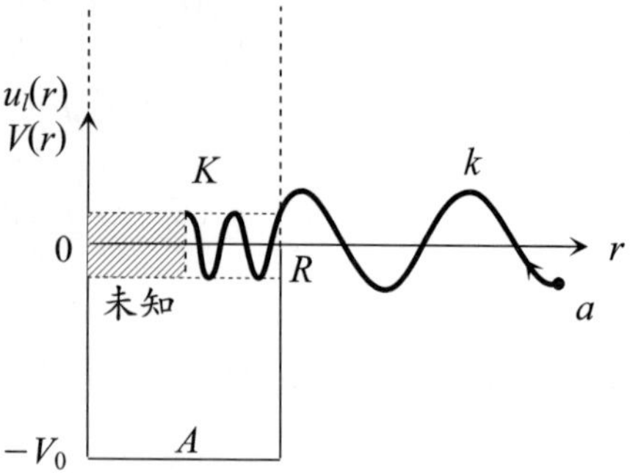

非共振反應時的 $r\leq R$ 的波
$K=(r<R)$ 空間的角波數
$k=(r>R)$ 空間的角波數

(c)

圖 11-108（續）

$$u_l(r) \fallingdotseq Ae^{-iKr}+Ae^{i(Kr+2\delta)} \quad , \quad A=\text{振幅}$$

而（11-330a）式的 $f_l(E)$ 是：

$$f_l(E)=\left(\frac{r du_l(r)/dr}{u_l(r)}\right)_R \fallingdotseq -iKR\frac{e^{-iKR}-e^{i(KR+2\delta)}}{e^{-iKR}+e^{i(KR+2\delta)}}$$

$$=-iKR\frac{e^{i\delta}(e^{-i(KR+\delta)}-e^{i(KR+\delta)})}{e^{i\delta}(e^{-i(KR+\delta)}+e^{i(KR+\delta)})}$$

$$\therefore f_l(E) \fallingdotseq -KR\tan[KR+\delta(E)]\cdots\cdots\cdots\cdots r=(R-\Delta R) \qquad (11\text{-}336a)$$

交界的連續條件函數 $f_l(E)$ 和散射矩陣 $S_l(E)$ 有直接關係，例如：（11-330b）或（11-330c）式。有了 S_l 從（11-326b）和（11-326c）式便能得截面。使用 Tayler 展開式來展開 $f_l(E)$：

$$f_l(E)=f_l[E_r+(E-E_r)], \quad E-E_r=\text{很小}$$

$$=f_l(E_r)+\frac{1}{1!}\left(\frac{\partial f_l}{\partial E}\right)_{E_r}(E-E_r)+\frac{1}{2!}\left(\frac{\partial^2 f_l}{\partial E^2}\right)_{E_r}(E-E_r)^2+\cdots\cdots$$

$$=\left(\frac{\partial f_l}{\partial E}\right)_{E_r}(E-E_r)+\Delta f \qquad (11\text{-}336b)$$

如 $f_l(E)=$ 實函數，則會帶來無反應現象。為什麼呢？例如 $l=0$，則由（11-330c）式得 $|S_o|^2=1$，於是（11-326c）式的 $\sigma_{r,l=0}=0$，所以一般地 $f_l(E)$ 是複函數，在此不做一

般性探討，僅以（Ex. 11-57）為例，進一步分析它在共振時的情形，設：

$$f_{l=0}(E)\equiv f_0(E)\equiv -a(E-E_r)-ib \qquad (11\text{-}336c)$$

a和b是實數。比較（11-336b）和（11-336c）式，$a=-(\partial f_0/\partial E)_{E_r}$的實值部，其虛值部和微小量$\Delta f$的虛值部歸入$b$。從$S$波中子（11-330c）式得：

$$|1-S_0|=\left|1-\frac{f_0+ikR}{f_0-ikR}e^{-2ikR}\right|=\left|e^{2ikR}-\frac{f_0+ikR}{f_0-ikR}\right|$$

$$=\left|(e^{2ikR}-1)-\left(\frac{2ikR}{f_0-ikR}\right)\right|\equiv|A_{\text{pot.}}+A_{\text{res.}}| \qquad (11\text{-}336d)$$

$$A_{\text{pot.}}\equiv e^{2ikR}-1=e^{ikR}(e^{ikR}-e^{-ikR})=2ie^{ikR}\sin kR \qquad (11\text{-}336e)$$

＝勢能散射幅（potential (energy) scattering amplitude）

$$A_{\text{res.}}\equiv\frac{-2ikR}{f_0-ikR}$$，叫**共振散射幅**（resonance scattering amplitude）（11-336f）

為什麼$A_{\text{res.}}$叫共振散射幅呢？因為當$E=E_r$時$A_{\text{res.}}$會帶來極大截面（看下面）。比較（11-336e）和（11-336f）式，顯然共振時$A_{\text{res.}}\gg A_{\text{pot.}}$，故共振時$|1-S_0|\doteqdot|A_{\text{res.}}|$。把（11-336c）式代入（11-336f）式，則由（11-326b）式得S波中子的散射截面$\sigma_{sc,l=0}(E)\equiv\sigma_{sc,0}(E)$：

$$\sigma_{sc,0}(E)\doteqdot\frac{\pi}{k^2}\left|\frac{-2ikR}{-a(E-E_r)-i(b+kR)}\right|^2=\frac{\pi}{k^2}\left|\frac{2i(kR/a)}{(E-E_r)+i(b/a+kR/a)}\right|^2$$

$$\therefore\sigma_{sc,0}(E)=\frac{\pi}{k^2}\frac{4(kR/a)^2}{(E-E_r)^2+(b/a+kR/a)^2} \qquad (11\text{-}337a)$$

顯然$E=E_r$時$\sigma_{sc,0}$最大，b是和反應有關（看（11-337c）式），表示入射波的一部分在$r<R$內消失，即和入射道無關了；所以無反應時b=0，這時的截面如右圖，其最大值＝$\dfrac{4\pi}{k^2}$。設$\Gamma_{sc,0}$為**共振散射寬度**，則其大小＝$(E_>-E_<)$，它們是：

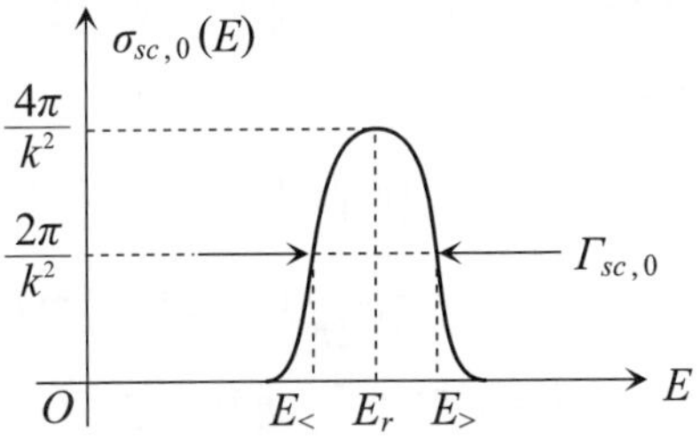

b=0時的S波中子的共振散射截面

$$\frac{1}{2}(\sigma_{sc,0}(E))_{\max}=\frac{1}{2}\frac{4\pi}{k^2}=\frac{4\pi}{k^2}\frac{(kR/a)^2}{(E-E_r)^2+(kR/a)^2}$$

$$\therefore E-E_r=\pm\frac{kR}{a}\Rightarrow E_>\equiv E_r+\frac{kR}{a}\quad,\quad E_<\equiv E_r-\frac{kR}{a}$$

$$\therefore\Gamma_{sc,0}=E_>-E_<=\frac{2kR}{a} \qquad (11\text{-}337b)$$

(b)共振反應（resonance reaction）

經過共振態的反應叫**共振反應**，故由（11-330c）和（11-336c）式得：

$$1-|S_0|^2=1-\left|\frac{-a(E-E_r)-ib+ikR}{-a(E-E_r)-i(b+kR)}e^{-2ikR}\right|^2$$
$$=1-\left|\frac{(E-E_r)-i(b/a-kR/a)}{(E-E_r)+i(b/a+kR/a)}e^{-2ikR}\right|^2$$
$$=1-\frac{(E-E_r)^2+(b/a-kR/a)^2}{(E-E_r)^2+(b/a+kR/a)^2}=\frac{4(b/a)(kR/a)}{(E-E_r)^2+(b/a+kR/a)^2}$$

$$\therefore \sigma_{r,l=0}(E)\equiv\sigma_{r,0}(E)=\frac{\pi}{k^2}(1-|S_0|^2)=\frac{\pi}{k^2}\frac{(2b/a)(2kR/a)}{(E-E_r)^2+\frac{1}{4}(2b/a+2kR/a)^2} \qquad (11\text{-}337c)$$

類比（11-337b）式，叫$2b/a\equiv\Gamma_{r,0}$為**共振反應寬度**。截面必須為大於零的實值，故由（11-337c）式，**有共振反應時不但$b\neq 0$並且$b>0$；同時寬度是正實量帶來$a>0$**。入射波的一部分散射，剩下部分經共振態的反應，其總寬度Γ是：

$$\Gamma\equiv\Gamma_{sc,0}+\Gamma_{r,0}=\frac{2kR}{a}+\frac{2b}{a} \qquad (11\text{-}338a)$$

則（11-337a）和（11-337c）的各截面變成：

$$\sigma_{sc,l=0}(E)=\frac{\pi}{k^2}\frac{\Gamma_{sc,0}^2}{(E-E_r)^2+(\Gamma/2)^2} \qquad (11\text{-}338b)$$

$$\sigma_{r,l=0}(E)=\frac{\pi}{k^2}\frac{\Gamma_{sc,0}\Gamma_{r,0}}{(E-E_r)^2+(\Gamma/2)^2} \qquad (11\text{-}338c)$$

（11-338b）和（11-338c）式稱為 **Breit-Wigner 單能級式子**（one-level formula），$k=\frac{\sqrt{2mE}}{\hbar}$，$m$=入射粒子靜止質量，$E$=入射能。比較（11-338b）和（11-338c）式得：

(1)共振反應必伴隨著共振散射，

(2)$\pi/k^2=\pi(\frac{\lambda}{2\pi})^2=\pi\lambda^2/(4\pi^2)$

λ=S波中子入射波的波長，由於低能量，而核力範圍R是 fm 的量級，故$\lambda\gg R$

$\therefore\ \pi\lambda^2\gg\pi R^2$

故一般地$\sigma_{sc,0}$和$\sigma_{r,0}$都很大，尤其$E=E_r$時。

(3)如（11-336e）式的$A_{\text{pot.}}\neq 0$，並且$\Gamma_{r,0}\doteqdot 0$以及$kR\ll 1$，則$e^{ikR}\doteqdot 1$，$\sin kR\doteqdot kR$

$$\therefore\ \sigma_{sc,0}=\frac{\pi}{k^2}\left|\frac{i\Gamma_{sc,0}}{(E-E_r)+\frac{i}{2}(\Gamma_{sc,0}+\Gamma_{r,0})}+2ie^{ikR}\sin kR\right|^2$$

$$\doteqdot \frac{4\pi}{k^2}\left|\frac{\Gamma}{2(E-E_r)+i\Gamma}+kR\right|^2 \quad (11\text{-}338d)$$

(i)當$E \gg E_r$，（11-338d）式右邊的kR遠大於第一項$A_{res.}$

$$\therefore\ \sigma_{sc,0}(E) \doteqdot \frac{4\pi}{k^2}|kR|^2 = 4\pi R^2$$

(ii)當$|E-E_r| \to 0$時（11-336f）式的$A_{res.}$遠大於（11-336e）式的$A_{pot.}$，故（11-338d）式變成：

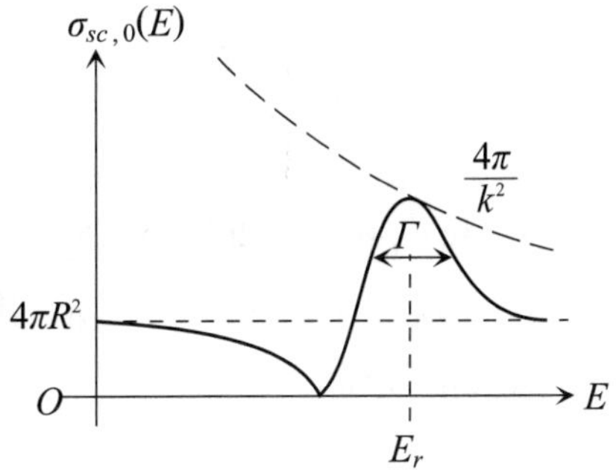

圖 11-109

$$\sigma_{sc,0}(E) \doteqdot \frac{4\pi}{k^2}\left|\frac{\Gamma}{2(E-E_r)+i\Gamma}\right|^2$$

$$\therefore\ \sigma_{sc,0}(E) = \frac{4\pi}{k^2}\ \frac{\Gamma^2}{4(E-E_r)^2+\Gamma^2},$$

其寬度Γ如圖示，並且$\lim\limits_{E\to E_r}\sigma_{sc,0} = \dfrac{4\pi}{k^2}$

(iii)當$E < E_r$時$A_{pot.}$逐漸進來，則由（11-338d）式，$A_{res.}$項的$(E-E_r)$=負值，而$A_{pot.} = kR$=正值，於是兩項相互干涉，結果帶來$\sigma_{sc,0}(E) < 4\pi R^2$。

(iv)到了$E \ll E_r$時，$A_{res.} \ll A_{pot.}$。

$$\therefore\ \sigma_{sc,0} = \frac{4\pi}{k^2}\ (kR)^2 = 4\pi R^2$$

把這些現象表示在圖（11-109）。

(6)光學勢能（或光勢能 optical potential energy）

無論入射粒子是核子或原子核，它和靶核間的相互作用該是多體問題，多體相互作用是無法用勢能表示。勢能的本質是一體問題，如無結構粒子受到以勢能表示的平均力作用而散射，稱為**勢能散射**（potential scattering）。過去所使用的核勢能$U(\xi)$，$\xi \equiv (\boldsymbol{r}, \boldsymbol{\sigma}, \boldsymbol{\tau})$，$\boldsymbol{\sigma}$= Pauli 矩陣，$\boldsymbol{\tau}$為同位旋矩陣，全是因次為能量的實量，那麼$U(\xi)$能不能是複量（complex quantity）呢？回答是可以，它是：

$$U(\xi) = V(\xi) + iW(\xi) \quad (11\text{-}339a)$$

（11-339a）式的$U(\xi)$稱為**光學勢能**或**光勢能**，其V和W都為實量。首次用核複勢能的是 Weisskopf（Victor Frederick Weisskopf 1908 年～ 美國理論物理學家），他仿

光線的反射、折射及吸收現象，在 1946～1947 年使用方位阱（square well）光勢能：

$$U(r)=\begin{cases}-(V_0+iW_0) & r\le R\\ 0 & r>R\end{cases}$$

$V_0=42\text{MeV}$, $W_0=1.26\text{MeV}$, $R=1.45A^{1/3}\text{fm}$，$A\equiv$質量數，成功地說明了中子的散射以及反應現象。後來使用的光勢能花樣增加，含核子的自旋$\boldsymbol{\sigma}$和同位旋$\boldsymbol{\tau}$，其最普遍的空間部分是：

$$U(r)=\left\{\begin{array}{ll}\dfrac{1}{4\pi\varepsilon_0}\dfrac{ze^2}{r}-(V_0+iW_0)\dfrac{\frac{1}{2}\exp[-(r-R)/a]}{1-\frac{1}{2}\exp(-R/a)} & r>R\\ \dfrac{1}{4\pi\varepsilon_0}\dfrac{ze^2r}{R^2}-(V_0+iW_0)\dfrac{1-\frac{1}{2}\exp[(r-R)/a]}{1-\frac{1}{2}\exp(-R/a)} & r<R\end{array}\right\} \quad (11\text{-}339b)$$

$R=r_0A^{1/3}$ fm，r_0、V_0和W_0為參數。從分析核反應得：「V_0跟著入射能E的增加而下降，且 E>100MeV 後的W_0 >10MeV」。那麼虛勢能對應什麼物理現象呢？以一維的 Schrödinger 方程來說明：

$$\frac{d^2\psi(x)}{dx^2}+\frac{2m}{\hbar^2}(E+V_0+iW_0)\psi(x)=0 \qquad r\le R$$

$$\left.\begin{array}{l}\therefore\psi_1(x)=N_1e^{iK_cx}\\ \text{或}\ \psi_2(x)=N_2e^{-iK_cx}\end{array}\right\} \quad (11\text{-}339c)$$

N_1和N_2為歸一化量，$m=$核子靜止質量，而角波數K_c是：

$$K_c\equiv\frac{1}{\hbar}\sqrt{2m(E+V_0+iW_0)}=\frac{1}{\hbar}\sqrt{2m(E+V_0)}\sqrt{1+\frac{iW_0}{E+V_0}}$$
$$\doteqdot\frac{1}{\hbar}\sqrt{2m(E+V_0)}\left[1+i\frac{W_0}{2(E+V_0)}\right]\equiv K+i\kappa$$
$$K\equiv\frac{1}{\hbar}\sqrt{2m(E+V_0)}\quad,\quad \kappa\equiv\frac{W_0K}{2(E+V_0)} \quad (11\text{-}339d)$$

故從（11-339c）和（11-339d）式得：

$$\left.\begin{array}{l}\psi_1(x)=N_1e^{iKx-\kappa x}=\text{指數型衰竭函數}\\ \psi_2(x)=N_2e^{-iKx+\kappa x}=\text{指數型增大函數}\end{array}\right\} \quad (11\text{-}339e)$$

顯然虛勢能帶來不是衰竭就是增大現象，分別表示入射粒子和靶核相互作用後，入射粒子被吸收或造出更多入射粒子。核反應的粒子數是守恆，故$\psi_2(x)$在低能量域不可能發生。那麼$\psi_1(x)$是怎麼來的呢？入射粒子和靶核相互作用失掉能量，無法再從入射道（incident channel）出來，即**入射粒子被靶核吸收**。所以iW_0表示**吸收反應**，吸收現象一定和入射粒子在靶核內的平均自由行程（mean free path）L有關，從ψ_1的概率定義L：

$$|\psi_1(x)|^2 = |N_1|^2 e^{-2\kappa x}$$

$$L \equiv \frac{1}{2\kappa} = \frac{E+V_0}{W_0 K} = \frac{E+V_0}{2\pi W_0}\lambda, \quad \lambda = \frac{2\pi}{K} \qquad (11\text{-}340a)$$

例如$E=10\text{MeV}$，$V_0=40\text{MeV}$，$W_0=10\text{MeV}$，則得：

$$K = \sqrt{\frac{2m(E+V_0)}{\hbar^2}} = \sqrt{\frac{2mc^2 \times 50\text{MeV}}{(\hbar c)^2}} \doteqdot 1.55\ \text{fm}^{-1}$$

$$\therefore L = \frac{E+V_0}{W_0 K} = \frac{50}{10\times 1.55}\text{fm} \doteqdot 3.23\text{fm} \qquad (11\text{-}340b)$$

從（11-194a）式可得原子核大小，週期表上的最大原子核，其半徑不會大於10fm，於是（11-340b）式的平均自由行程，可說是相當大的數，表示**核子在核內在某種情況下是相當地自由**。Weisskopf 的光勢能模型的成功，影響了二次大戰後的原子核研究方向不少，帶來了直接反應模型、光學模型（看圖 11-56），以及核構造的殼層模型（看圖 11-55）的誕生。接著介紹些原子核和我們生活的關係。

(7)核醫學

原子核物理的應用甚廣，從毀滅性的原子彈和氫彈，一直到和平用途的核能發電、改良植物品種，遺傳工程、醫學上的輻射或放射治療以及診斷。例如在第七章(V)(B)介紹的核磁共振（nuclear magnetic resonance 簡稱 NMR），是診斷人體內的異常細胞分布，血管破裂帶來的血塊分布等等。但 NMR 只能檢查出人體內的異常物的分布，即查出**器官構造的異常，無法判斷器官功能**。在第七章介紹了一些人體和電磁學的關係，在本章的(IV)(D)(2)簡介了輻射對人體的影響。既然人體由細胞組成，細胞由原子組成，於是人體和電磁學以及原子核脫離不了關係，自然就會想到如何利用人體內的原子核，和外來元素的原子**核反應來診斷各器官的功能**，這種診斷叫**原子核醫學診斷**或簡稱為**核醫診斷**，或**核醫檢查**。人體器官構造的個人差異不大，當然有遺傳或後天的病或發育帶來些差異，但功能是大致人人一樣而已，是有微妙差異。功能的差異帶來聰明才智，強弱壯健之差等。同一個人如某器官的功能受損，雖人體內自動產生修補保護作用（有的器官不行），這作用不夠時立即帶來身體不適，例如肝功能失常，至少易覺疲勞。醫院用X射線、超音波、NMR 等檢查肝，除長了瘤或肝硬化，**並且大到某程度才檢查得到**，這是為什麼常檢查到肝癌時往往是末期占多數。短時的細菌或病毒侵入引起的肝功能失常是查不出來，因為這時的肝構造正常，只是肝功能失常而已。如有辦法直接檢查肝細胞是否正常動作，即直接檢查肝功能是否正常最好，針對這後者開發出來的檢查法就是核醫檢查。它是利用人體細胞的組織元素（看第七章電磁學IV(A)(1)），以及細胞運作時的原子機能（看表 7-4），例如鉀（$_{19}$K），鈣（$_{20}$Ca）等元素來結合經醫師以打針或喝飲方式輸入人體的輻射性藥物的相互作用，來診斷功能是否正常。為什麼要用輻射物質呢？因為檢查時靠的是電磁波的訊息，直接量其頻率曲線，或轉換成電流顯示圖樣在銀幕上。類似研究魚、鳥、動物等的活動範圍或生活情況時，在它們身上固定發報器，從回來的電訊來追蹤它們。**輻射或放射一般地對人體是有害的，所以必須請：**

(1)有經驗
(2)有醫德 } **的盡責敬業醫師來做核醫檢查**

人體非常地精緻，且有強的自禦和自調能力，但不能虐待它，尤其對輻射和放射物質要特別小心，有時它會影響基因。

(F)核分裂（nuclear fission）[1,2,19,35)]

(1)什麼叫核分裂？

(i)核分裂，又叫核裂變

人體也好，生活上遇到的物質或物體也好，除了人為的破壞或令它反應之外，都是穩定的。經驗的反應全是化學反應，例如燃燒，都是**原子的重新組合**，不會發生構成原子的原子核重新組合的核反應現象。前節(E)介紹的核反應，在日常生活是不會遇到，是科學家們在實驗室的經驗。核反應是構成原子核的**部分核子重新組合**的現象。1932 年 Chadwick 發現中子後不久的 1934 年，義大利物理學家 Fermi 使用中子撞鈾（$_{92}$U），來造輻射或放射元素時，如使用的中子動能很小，幾個到幾十 eV 時發現，不但放射元素數激增，並且核反應現象和以前的不同。例如出射中子數好像比入射中子數多，留下來的原子核和鈾的化學性質不同，同時也和天然α、β、γ輻放射（看前面(D)的核衰變）核留下的，原子序 $Z=82\sim92$ 的元素的化學性質不同。Fermi 以為是製造了比鈾的原子序大的超鈾元素（transuranic element），於是引起歐美物理學家們的注意和積極的追究，**當時尚沒有核分裂的想法**。雖然 N. Bohr 以自己在 1935～1936 年，為了解釋 1935 年 Weizsäcker-Bethe 歸納的原子核質量公式（11-192b）和（11-192c）的液滴模型（11-216b）和（11-216c）來解釋核反應，像：

> 液滴和另一小液滴碰撞，兩液滴形成合液滴，
> 經集體運動（collective motion）分裂成兩個或以上液滴，

但很可惜他和 Fermi 都沒有想到：

$$n\text{（中子）}+{}_{92}\text{U}\text{（鈾）}\rightarrow \nu n+\text{（化學性非鈾的元素）} \qquad (11\text{-}341a)$$

是核分裂，ν＝中子數，一直到 1938 年底（看下(iii)(c)）核分裂才被肯定。原子核 A 的所有核子全參與運動後重新組合的結果變成：

$$\left.\begin{aligned} A &\longrightarrow B_1+B_2 \\ &\longrightarrow C_1+C_2+C_3 \end{aligned}\right\} \qquad (11\text{-}341b)$$

這時稱 B_1 和 B_2，C_1、C_2 和 C_3 為碎片（fragment）。當 B_1 和 B_2 如右圖以大約 $\frac{A}{2}$ 為對稱分布的分裂叫對稱分裂（symmetric fission），B_1 和 B_2 在 $\frac{A}{2}$ 的左右分布位置不同的叫非對稱分裂（asymmetric fission），（11-341b）式的現象叫核分裂，首次指出 Fermi 1934 年做的（11-341a）式是核分裂的是，發現 ${}_{75}$Re（錸）元素的德國女化學家 Ida Noddack。

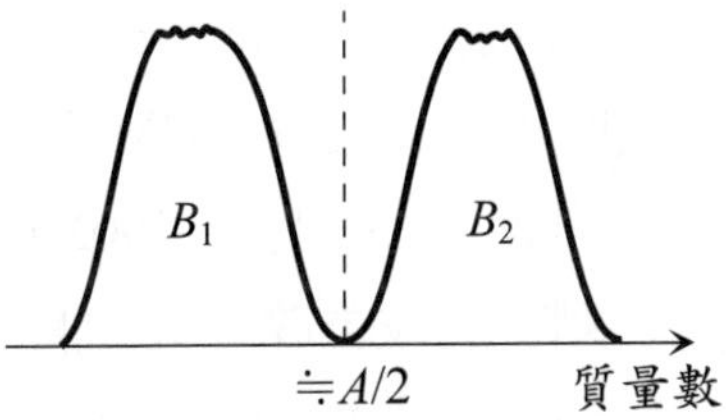

對稱核分裂的 B_1 和 B_2 的分布
（Z>90的核分裂）

(ii)核分裂種類

原子核內有電中性的中子和帶正電的質子，於是質子愈多庫侖斥力愈大。重核雖以增加中子數（看圖（11-60））來降低庫侖斥力的實質，它還是會影響核力中使核子在一起的強相互作用力；用勢能表示的核力如圖（11-66），$r\geq(0.3\sim0.4)$fm 時是引力，$r<0.3$fm 是很強的斥力，於是質子的增加會帶來重核的不穩定。所以有的核會自發分裂（spontaneous fission），有的要有攪亂進來，整個核才受到影響，而重新組合以（11-341b）式的分裂方式來得安定，這種分裂叫感生分裂（induced fission），故以入射粒子和入射能，有下列情形引起的核分裂：

$$\left.\begin{array}{l}(1)\ \text{熱中子（thermal neutron）……入射中子能 } E_n<1\text{eV}\\ (2)\ \text{慢中子（slow neutron）……}1\text{eV}<E_n<1\text{KeV}\\ (3)\ \text{快速中子（fast neutron）……}100\text{keV}<E_n<10\text{MeV}\\ (4)\ \text{帶電粒子（質子}p\text{，氦核}{}_2\text{He}^4\text{，介子，如}\pi^{\pm}\text{……）}\\ (5)\ \gamma\text{射線（叫光核分裂）}\\ (6)\ \text{重離子（heavy ion）融合反應後的核分裂。}\end{array}\right\} \quad (11\text{-}341\text{c})$$

所以核分裂是多彩多姿，理論不單純，至今尚未出現能包含從低能量（eV 的數量級）到高能量（GeV 領域）的統一理論，甚至於沒有能說明從中到高能量域的核分裂理論。

(iii)核分裂的特徵

(a) 釋放大量熱能

如（Ex.11-31）的圖，結合能最大的是鐵($_{26}$Fe)。如設週期表中間，原子序Z=(40～50)核的結合能$\equiv B_0$，則$Z>$ 82 的重核結合能B平均約小於B_0 1MeV，於是核分裂時平均約釋放 200MeV 的能量，同時放射 2～3 個中子（各種核分裂釋放的中子平均數≒2.5 個）。200MeV 能量的大部分（約 80%）變成碎片（fragment）的動能，剩下的成為碎片核的激態能和輻射熱能；所以碎片往往不穩定，會β、γ衰變或放射中子。為甚麼還會放射中子呢？因為了減少庫侖斥力，重核的中子數比率高於中核的，於是中核為了穩定，必須使多餘的中子帶走多餘的能量。和核分裂一起釋放的中子叫**迅發中子**（prompt neutron），碎片衰變放射的中子叫**延遲或緩發**（**delayed**）**中子**。

例如：

$$\left.\begin{array}{l} n+{}_{92}\text{U}^{235}\longrightarrow{}_{92}\text{U}^{236*}\longrightarrow{}_{37}\text{Rb}^{93}+{}_{55}\text{Cs}^{141}+\text{約 }200\text{MeV}+2n\\ \qquad\qquad\qquad\qquad\quad\ \longrightarrow{}_{54}\text{Xe}^{140}+{}_{38}\text{Sr}^{94}+\text{約 }200\text{MeV}+2n\\ \qquad\qquad\qquad\qquad\quad\ \longrightarrow\cdots\cdots\cdots\cdots\end{array}\right\}\quad(11\text{-}341\text{d})$$

$${}_{37}\text{Rb}^{93}(\text{銣})\xrightarrow[\beta\text{、}\gamma\text{衰變}]{6s(\text{秒})}{}_{38}\text{Sr}^{93}(\text{鍶})\xrightarrow[98.6\%\beta\text{衰變}]{7\text{m}(\text{分})}{}_{39}\text{Y}^{93}(\text{釔})\xrightarrow[\beta\text{、}\gamma\text{衰變}]{10\text{h}(\text{時})}{}_{40}\text{Zr}^{93}(\text{鋯})\xrightarrow[\beta\text{、}\gamma\text{衰變}]{10^6y(\text{年})}{}_{41}\text{Nb}^{93}(\text{鈮})$$
$${}_{38}\text{Sr}^{93}\xrightarrow{1.4\%\text{放射}n}{}_{38}\text{Sr}^{92}\xrightarrow[\beta\text{、}\gamma\text{衰變}]{3\text{h}}{}_{39}\text{Y}^{92}\xrightarrow[\beta\text{、}\gamma\text{衰變}]{4\text{h}}{}_{40}\text{Zr}^{92}\quad(11\text{-}341\text{e})$$

$_{55}$Cs^{141}（銫）也和$_{37}$Rb^{93}一樣地β、γ和n衰變。（11-341d）或（11-341e）式的中子分別為迅發和延遲中子；核分裂碎片都如（11-341e）式那樣地，經β、γ、n衰變一直到最後核的狀態是基態止。入射中子動能$E_n\lesssim 1$MeV 引起的，（11-341d）式分裂產生的中子，其動能在K_n和(K_n+dK_n)間的中子數$N(K_n)dK_n$的實驗歸納式是[40]：

$$N(K_n)\mathrm{d}K_n \doteqdot 0.8\sqrt{K_n}e^{-0.775K_n}\,\mathrm{d}K_n \qquad (11\text{-}342a)$$

$$\left.\begin{aligned}&K_n \doteqdot 0.1\text{MeV} \sim 10.8\text{MeV}\\ &\text{平均 } K_n \equiv \langle K_n \rangle \doteqdot 2\text{MeV}\end{aligned}\right\} \qquad (11\text{-}342b)$$

K_n 以 MeV 單位計算。每個 ${}_{92}U^{235}$ 分裂時的迅發中子數平均$<N(K_n)>$是：

$$\langle N(K_n) \rangle \doteqdot 2.5 \qquad (11\text{-}342c)$$

每次分裂的（11-341d）式，不但有迅發中子，也有約在10^{-14}秒內輻射的迅發γ射線，其平均能量是：

$$E_\gamma\text{（迅發）}\doteqdot 8\text{MeV} \qquad (11\text{-}342d)$$

而（11-341e）式的β和γ射線的平均能量是：

$$\left.\begin{aligned}&E_\beta \doteqdot 19\text{MeV}\\ &E_\gamma \doteqdot 7\text{MeV}\end{aligned}\right\} \qquad (11\text{-}342e)$$

顯然每次分裂會帶來不少輻放射線，加上高能量，破壞生態是必然結果。升高1℃$\doteqdot$1K所需能量$=k_BT=8.617385\times10^{-5}\text{eV}\cdot\text{K}^{-1}\times1\text{K}\doteqdot10^{-4}\text{eV}$，這是為甚麼 1945 年 8 月 6 日人類史上第一顆原子彈爆發在日本廣島市時，不但死傷史無前例，且好多東西化為氣體不見了。

(b) 連鎖反應（chain reaction），又叫鏈式反應

每次核分裂帶來不少迅發和延遲中子，它們的能量雖很大，不過中子周圍有不少核分裂碎片以及衰變核，中子和它們碰撞損失大量動能，變成慢速甚至於熱中子，這些中子又和鈾原子碰撞，產生一連串的核分裂，這現象叫**連鎖反應**；於是如沒控制，會在極短時間$10^{-14}\sim10^{-16}$秒內產生殺傷力極大的連鎖反應，這就是**原子炸彈**；而在控制下進行的連鎖反應就是**原子爐**（看下面(3)）。

(c) 人類史上第一顆原子炸彈的誕生歷史

不難想像 1930 年代中葉，歐美科學家被核反應引起的各種問題迷惑住的景象。探討中子引起的核反應焦點，逐漸地移到分析反應後的原子核的物理和化學性質，以及反應機制。德國的 O. Hahn, L. Meitner（Lise Meitner 1878 年～1968 年奧地利出身的物理學家，在 1917 年和 Hahn 發現 ${}_{91}$Pa（鏷）），和 Strassman，以及法國的 Irene 和 Joliot Curie 獨立地重作 Fermi 曾經以為產生超鈾元素的慢速中子撞擊鈾

的實驗，各研究組的結論是：

$$\left.\begin{array}{l} n+{}_{92}U^{238}\longrightarrow {}_{92}U^{238*}\xrightarrow[\beta\text{衰變}]{}{}_{93}\{\text{超鈾[目前的}{}_{93}Np^{238}\text{(錼)]元素}\} \\ \qquad\qquad\qquad\qquad\text{Fermi 的解釋，} \\ n+{}_{92}U\longrightarrow {}_{92}U^{*}\longrightarrow \text{不是超鈾核……Irene-Joliot，} \\ n+{}_{92}U\longrightarrow {}_{92}U^{*}\longrightarrow {}_{56}Ba\text{……Hahn-Strassman，} \end{array}\right\}\quad(11\text{-}343a)$$

如（11-343a）式 Irene -Joliot 只肯定了不是超鈾核，沒做進一步的分析，和失去發現中子一樣，又失去發現核分裂的機會，而 Meitner 卻在未做最後結論之前，由於拒絕和 Hitler 政府合作，又是猶太人便被驅出境到瑞典。Hahn 和 Strassman 繼續做進一步的分析，發現有鋇（${}_{56}Ba$），於是 Hahn 就寫信告訴 Meitner 詳細的實驗內容。Meitner 和姪兒（哥哥的兒子）O. Frisch（Otto Robert Frisch 1940 年～1979 年奧地利出生的英國物理學家）一面滑雪一面討論（11-343a）式的反應，Frisch 以 Bohr（看前面）曾經說過的液滴模型核反應理論來切入 Hahn-Strassman 的實驗結果，而獲得下結論：

$$\left.\begin{array}{l} \text{是核分裂(nuclear fission)，} \\ \text{且有質量虧損(mass defect)，必會釋放龐大熱量。} \end{array}\right\}\quad(11\text{-}343b)$$

這是第二次世界大戰已開始的 1938 年 12 月的事。Frisch 為了肯定（11-343b）式的結論，跑去請教將要坐船到美國的 N. Bohr，Bohr 立即給了進一步的理論說明（看下面(2)(i)），並且肯定了（11-343b）式，於是在 1939 年 1 月的美國理論物理研討會公開了核分裂消息。已在美國的 Fermi 立即承認自己（11-343a）式的結論是錯（看下面（11-344e）式，不一定是錯（$n+{}_{92}U^{238}$）的話確實會產生超鈾元素，然後才核分裂），並且回想自己曾經做過的實驗，以及匈牙利的物理學家 Leo Szilard（1898 年～1964 年，出生於匈牙利的物理和生物學家，1933 年移民英國，1938 年移住美國）曾經指出的連鎖反應和會釋放大量熱能，但自己不十分相信的事，而領悟了連鎖反應的可能性，以及 Szilard 曾提過的軍事用的可能性。反對 Hitler 的歐美科學家，當時非常擔心德國先成功地利用（11-343b）式做成武器，於是 Szilard 和 Wigner 在 1939 年 8 月趕緊寫，並獲得含 Einstein 的多數大科學家的簽名信給美國 Roosevelt 總統，內容摘要是：

核分裂帶來威力，以及能製造新式炸彈，它不但能毀掉一個港口，同時毀掉周圍城市。希望政府招集物理學家們，執行製造新式炸彈計畫。

Roosevelt 總統接受了這個建議，開始籌畫造所謂的新式炸彈「原子彈」，這就是聞名全世界的美國 Manhattan 計畫。以 Fermi 為首，含 Szilard 在內的物理學家們，終於在 1942 年 12 月 2 日，在美國中北部的 Chicago 大學成功地建造了人類史上第一座原子爐，且集積了足夠，如（11-341d）式能感生分裂的 ${}_{92}U^{235}$。

1945 年 8 月 6 日美國在日本廣島市投下人類史上第一顆原子彈，8 月 8 日在日本長崎投下第二顆。由於殺傷力無法估計，爆炸時的驚人景象，以及帶來生態的嚴重破壞和後遺症，不但使投擲且親眼目睹第一顆原子彈爆炸的飛行員，精神受到影響，並且幾乎全世界有名的物理學家們都站起來反對製造原子彈及其使用。如（11-341d）和（11-341e）式所示，每次核分裂就釋放那麼多輻射線和放射線，怎麼估計連鎖反應時的輻放射線呢？它們對人體（看前面(D)(2)）和生態的影響及破壞更是可怕，這種輻放射破壞，不但是直接受害人受苦，被破壞的基因會影響後代。這種輻放射帶來的病叫*原子病*，血癌是其中的一種，畸型，身體的潰爛等，真是淒慘無比。二次大戰已結束了 55 年，目前的日本還有原子病患。**無庸置疑，絕不許有原子戰爭，那時人類同歸於盡，地球被毀。**

【Ex.11-59】 求（11-341d）式的 200MeV 的大約來源。

從（Ex. 11-31）的圖得：$A \fallingdotseq 40 \sim 130$ 之間的核結合能約為 8.5MeV, $A > 240$ 的重核結合能約為 7.6MeV。${}_{92}U^{236}$ 的分裂碎片不一定相同，為了估計假設兩碎片相等：

$$ {}_{92}U^{236} \longrightarrow A+B, \qquad A=B $$

則分裂前後的結合能各為：${}_{92}U^{236} \Rightarrow 7.6\text{MeV}\times 236=1793.6\text{MeV}$

$$ 2A=2\times\frac{236}{2}\times 8.5\text{MeV}=2006\text{MeV} $$

$$ \therefore \text{多出的能量}\ \Delta E=212.4\text{MeV} $$

這 212.4MeV 約 80%成為碎片 A 和 B 的動能，剩下的 20%少部分化為熱能，其餘是 A 和 B 的激態能。碎片 A 和 B 都往安定核方向變化，中子或質子數最好是幻數或接近幻數最好，所以如（11-341e）式那樣地，以 β 衰變來調整中子質子數，多餘的能量及多餘的中子便輻射 γ 射線及放射延遲中子，一直到獲得基態核止。

(2)核分裂的簡單理論

核內核子到底怎樣，到目前為止（1999 年秋天）未真正瞭解，尚未出現涵蓋，廣泛能量域（不涉及高能量）和各種運動模式（mode）的理論，從圖（11-55）～（11-59）不難瞭解其艱難度。其中有一個未放入圖（11-55）內的模型，叫**α團簇**（α-cluster）模型，它成功地解釋了：輕核的部分結構，自然界為何不存在 $_4Be_4^8$（鈹）以及部分中重核的低能量反應現象。α 是氦核$_2He_2^4$，中子和質子都是幻數非常地安定，所以適合於分析原子核中質子和中子數相同的：

$$_4Be^8（鈹）, {}_6C^{12}（碳）, {}_8O^{16}（氧）, {}_{10}Ne^{20}（氖）,$$
$$_{12}Mg^{24}（鎂）, {}_{14}Si_{14}^{28}（矽）, {}_{16}S^{32}（硫）, {}_{20}Ca^{40}（鈣）$$

核的集體運動能級。分析α衰變或中重核反應時，往往把α看成擬似粒子的單元。可惜α團簇模型無法圓滿地解釋原子核的飽和性，（11-194a,b）和（11-197）式或（11-216a）式的性質。因核的飽和性來自核子是 Fermi 子的本性，它們必須遵守 Pauli 不相容原理，但氦核的基態核自旋等於 0，是不必受 Pauli 不相容原理約束的 Bose 子。α 團簇模型的某程度成功，啟示著核內核子有組團簇的傾向，所以當核子數增加，經低能量域的四種相互作用（看表（11-6））的複雜牽扯下有：α、β、γ 衰變，自發分裂或感生分裂。將這些物理現象對應到我們日常生活常見到的，在大樹葉上的水珠運動，就不難想像為甚麼在 1935～1936 年 N. Bohr 會提出由分子組成的液滴模型。

(i)液滴模型的核分裂

(a) 物理量裂變性（fissility）x

原子核的飽和性（11-216a）式確實和液滴特性（11-216b）式酷似，液滴的形成靠的是表面張力和各分子間的相互引力，而核子能構成原子核靠的是強的核力。雖然強相互作用約為電磁相互作用力的 137 倍，在多質子的原子核，庫侖斥力會嚴重地影響核引力（看下面 Ex.（11-60））；兩者較勁的結果，核很難維持高度對稱性的球狀而變形。這時的核運動模式約有兩種：各核子的獨立運動和整體核子相干（coherent）的集體運動，兩者耦合結果呈現穩定。如把核看成非壓縮性λ=2 的橢圓狀液體，則由（11-237a）和（11-237b）式得核的庫侖斥力勢能U_c和表面張力來的表面能U_s的比值：

$$\left|\frac{U_c}{2U_s}\right| \equiv x \qquad (11\text{-}344a)$$

$$\underset{\lambda=2}{=\!=\!=} \frac{3}{20}\,\frac{1}{4\pi R_0^2 S}\,\frac{z^2}{R_0}\,\frac{e^2}{4\pi\varepsilon_0}$$

再由（11-194a）和（11-238b）式得 $\lambda=2$ 時的 x 值 x_2：

$$x_2=\frac{3}{20}\,\frac{1.44\text{fm}}{15.4r_o}\,\frac{z^2}{A}\doteqdot\begin{cases}0.0125\,\dfrac{z^2}{A}\cdots\cdots\cdots\cdots r_o=1.12\text{fm}\\[2ex]0.0131\,\dfrac{z^2}{A}\cdots\cdots\cdots\cdots r_o=1.07\text{fm}\end{cases}$$

$$\xlongequal[\text{平均值}]{}0.0128\frac{z^2}{A}\doteqdot\frac{1}{76.92}\,\frac{z^2}{A} \qquad (11\text{-}344\text{b})$$

A=質量數，z=原子序數。（11-344b）式的數值 76.92 和表面張力很敏感。$U_c=U_s$ 可以說是，臨界狀態勢能，一旦 $U_c>U_s$ 核該為裂變，於是稱（11-344a）式的 x 為裂變性。從如（11-192c）式的質量式推導出來的較嚴謹的半實驗（semi-empirical）式是[45]：

$$x=\frac{z^2/A}{50.88\left[1-1.7826\left(\dfrac{N-z}{A}\right)^2\right]} \qquad (11\text{-}344\text{c})$$

N=中子數，z=質子數＝原子序。鈾 ${}_{92}U^{235,238}$ 和鉲 ${}_{98}Cf^{252}$ 的 x 值各為 $x({}_{98}Cf^{252})\doteqdot0.796$，$x({}_{92}U^{238})\doteqdot0.770$ 和 $x({}_{92}U^{235})\doteqdot0.773$ 全大於 0.5，表示庫侖斥力勢能 U_c 很大，但碎片（11-341d）式的鋤 ${}_{37}Rb^{93}$ 和銫 ${}_{55}Cs^{141}$ 的 x 值是 $x({}_{37}Rb^{93})\doteqdot0.313$，$x({}_{55}Cs^{141})\doteqdot0.461$，顯然都小於 0.5，於是前者會分裂而後者不會分裂。所以 x 可做為粗略判斷原子核易不易分裂之用。順便提醒的是：不是所有大 x 核吸收熱或慢速中子就會分裂。吸收熱中子的原子核中會自然地，如（11-341d）式自發分裂的**僅有 ${}_{92}U^{235}$**，其他的原子核是先形成鈾同位素或超鈾核後，再次吸收熱或慢速中子才會分裂：

$${}_{90}Th^{232}(\text{釷})+n\xrightarrow[\beta\text{衰變}]{\text{連放兩個電子}}{}_{92}U^{233*}\xrightarrow[\text{中子}\,n]{\text{吸收}}\text{分裂} \qquad (11\text{-}344\text{d})$$

$${}_{92}U^{238}+n\rightarrow{}_{92}U^{239*}\xrightarrow[\beta\text{衰變}]{}{}_{93}Np^{239}(\text{錼})\xrightarrow[\beta\text{衰變}]{}{}_{94}Pu^{239}(\text{鈽})\xrightarrow[\text{中子}\,n]{\text{吸收}}\text{分裂} \qquad (11\text{-}344\text{e})$$

在 1939 年初 N. Bohr 宣布核分裂及連鎖反應的可能性後，Fermi 以為自己曾歸納的（11-343a）式是錯誤，實際上沒錯，它是（11-344e）式的分裂。能自發分裂的 ${}_{92}U^{235}$ 太少了，它僅占鈾礦成分的 0.71%，如何蒐集 ${}_{92}U^{235}$ 來製造原子彈是 1940 年代初葉的問題之一。最初，包括中國大陸 1950 年代開發原子彈，蒐集 ${}_{92}U^{235}$ 的方法是利用（6-44）式，粒子的均方根速率平方 $\boldsymbol{v}_{rms}^2$ 和粒子質量 m 成反比的性質（看Ex.(6-23)）。Irene-Joliot Curie 的學生錢三強（1913～1998 年）回國後和何澤慧已在 1947 年發現鈾有如（11-341b）式那樣的三分裂，後來肯定有三分裂現象，甚至於分裂時放射的粒子，除了中子之外，**平均 500 個核分裂中有一個是放射 α 粒子**。經過錢三強、何澤慧、趙忠堯等人的努力在 1958 年建成，如 Fermi 等人在 1942 年建成的原子爐（reactor）。終於在 1964 年 10 月 16 日試爆第一顆中國人自製的原子彈。

【Ex. 11-60】 探討中子數 N 和質子數 z 的關係以及核的安定情形。

為了方便以半徑 R 的球狀核來做定性分析。

(1)求總電荷 ze 均勻地分布於半徑 R 的球體產生的靜電勢能 U_c

由（7-3b）式，兩個點電荷 Q 和 q 相距 r 的靜電勢能 U_p (r) 是：

$$U_p(r) = \pm k\frac{Qq}{r}，\begin{matrix}+=\text{斥力時}\\ -=\text{引力時}\end{matrix}，$$

$$k = \frac{1}{4\pi\varepsilon_0}$$

不是點電荷而是電荷 ze 連續均勻地分布在半徑 R 的球體，如何求它的勢能呢？在此介紹兩種求法：方法一是針對高度對稱分布很有用之法，方法二是一般法，甚麼分布都能用的分波（partial wave）法。

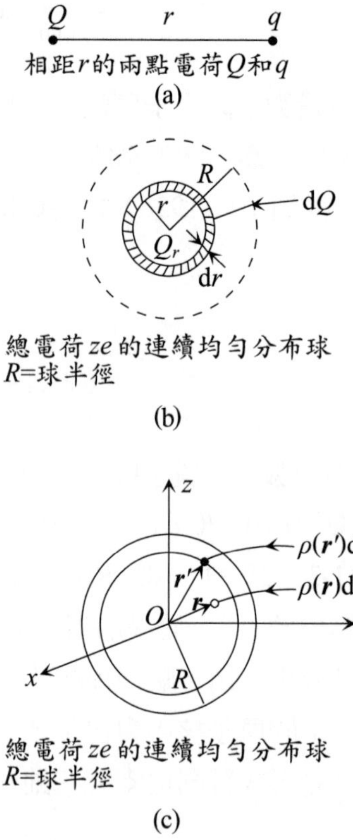

圖 11-110

(a)方法一

如圖（11-110b）在半徑 $r<<R$ 的球已有均勻分布電荷 Q_r：

$$Q_r = \rho_o\frac{4\pi}{3}r^3$$

$$\rho_o = \text{電荷密度} = \frac{ze}{\frac{4\pi}{3}R^3}$$

然後一層一層地加上微小電荷 $dQ=\rho_o 4\pi r^2 dr$，一直加到 $r=R$ 止，則靜電勢能 U_c 是：

$$U_c = k\int_0^R \frac{Q_r dQ}{r} = k\rho_0^2\frac{(4\pi)^2}{3}\int_0^R r^4 dr$$

$$=\frac{3}{5}k\,(\frac{4\pi}{3}R^3\rho_0)^2\,\frac{1}{R}$$

$$\therefore U_c=\frac{3}{5}\,\frac{e^2}{4\pi\varepsilon_o}\,\frac{z^2}{R} \qquad (11\text{-}345a)$$

(b)方法二

設ρ＝電荷密度，則如圖（11-110c）所示，$\rho(\boldsymbol{r}')\mathrm{d}\tau'$和$\rho(\boldsymbol{r})\mathrm{d}\tau$為電荷分布空間內，兩徑向量$\boldsymbol{r}'$和$\boldsymbol{r}$處的微小電荷，於是庫侖靜電勢$U_c$是：

$$U_c=\frac{1}{2}k\iint\frac{\rho(\boldsymbol{r}')\rho(\boldsymbol{r})}{|\boldsymbol{r}'-\boldsymbol{r}|}\mathrm{d}\tau'\mathrm{d}\tau \qquad (11\text{-}345b)$$

$\mathrm{d}\tau'\equiv r'^2\sin\theta'\mathrm{d}r'\mathrm{d}\theta'd\varphi'\equiv r'^2\mathrm{d}\Omega',\mathrm{d}\tau\equiv r^2\sin\theta\mathrm{d}r\mathrm{d}\theta\mathrm{d}\varphi\equiv r^2d\Omega$。當互換$\boldsymbol{r}$和$\boldsymbol{r}'$時（11-345b）式的右邊積分部不變，故非除 2 不可才得$\frac{1}{2}$因子。如電荷是連續的均勻分布，則$\rho(\boldsymbol{r}')=\rho(\boldsymbol{r})=\rho_0$，接著使用$\boldsymbol{r}$和$\boldsymbol{r}'$的球座標變數做分波展開$|\boldsymbol{r}'-\boldsymbol{r}|$ [44)]：

$$\frac{1}{|\boldsymbol{r}'-\boldsymbol{r}|}=\sum_{l=0}^{\infty}\sum_{m=-l}^{l}\frac{4\pi}{2l+1}\frac{(r_<')^l}{r_>^{l+1}}Y^*_{l,m}(\theta',\varphi')Y_{l,m}(\theta,\varphi) \qquad (11\text{-}345c)$$

$$\therefore U_c=\frac{1}{2}k\rho_0^2\sum_{l,m}\frac{4\pi}{2l+1}\iint\frac{(r_<')^l}{r_>^{l+1}}Y^*_{lm}(\theta',\varphi')Y_{lm}(\theta,\varphi)d\tau'd\tau$$

$r'_<$和$r_>$表示r'和r的小者和大者，固定r'先對r積分，則積分必須分成兩領域：

(i) $0\rightarrow r'$：$r<r'$，故是$r'_>$，$r_<$

(ii) $r'\rightarrow R$：$r>r'$，故是$r'_<$，$r_>$

$$\therefore U_c=\frac{1}{2}k\rho_0^2\sum_{l,m}\frac{4\pi}{2l+1}\left\{\int\mathrm{d}\tau'\left[\int_0^{r'}\frac{r^l}{(r')^{l+1}}Y^*_{lm}(\theta',\varphi')Y_{lm}(\theta,\varphi)\mathrm{d}\tau\right.\right.$$
$$\left.\left.+\int_{r'}^{R}\frac{(r')^l}{r^{l+1}}Y^*_{lm}(\theta',\varphi')Y_{lm}(\theta,\varphi)\mathrm{d}\tau\right]\right\}$$

對角度的積分需利用球諧函數的正交歸一化性：

$$\int Y^*_{l',m'}(\theta,\varphi)Y_{l,m}(\theta,\varphi)\sin\theta\mathrm{d}\theta\mathrm{d}\varphi=\delta_{l',l}\delta_{m',m}$$

現U_c各變數$\boldsymbol{r}'$和$\boldsymbol{r}$的球諧函數僅有一個，不過$Y_{0,0}=\frac{1}{\sqrt{4\pi}}$=常數，於是得：

$$\int Y_{lm}^{*}(\theta',\varphi')\mathrm{d}\Omega'=\sqrt{4\pi}\int Y_{lm}^{*}(\theta',\varphi')Y_{00}(\theta',\varphi')\mathrm{d}\Omega'=\sqrt{4\pi}\delta_{l,0}\delta_{m,0}$$

$$\therefore U_c=\frac{1}{2}k\rho_0^2\sum_{l,m}\frac{(4\pi)^2}{2l+1}\left\{\int_0^R r'^2\mathrm{d}r'\left[\int_0^{r'}\frac{r^l}{(r')^{l+1}}r^2\mathrm{d}r+\int_{r'}^R\frac{(r')^l}{r^{l+1}}r^2\mathrm{d}r\right]\delta_{l,0}\delta_{m,0}\right\}$$

$$=\frac{1}{2}k\rho_0^2(4\pi)^2\left\{\int_0^R r'\mathrm{d}r'\int_0^{r'}r^2\mathrm{d}r+\int_0^R r'^2\mathrm{d}r'\int_{r'}^R r\mathrm{d}r\right\}$$

$$=\frac{1}{2}k\rho_0^2(4\pi)^2\left\{\int_0^R\frac{1}{3}r'^4\mathrm{d}r'+\int_0^R r'^2\frac{R^2-r'^2}{2}\mathrm{d}r'\right\}$$

$$=k\frac{3}{5R}\left(\frac{4\pi}{3}R^3\rho_0\right)^2=k\frac{3}{5R}(ze)^2$$

$$\therefore U_c=\frac{3}{5}\ \frac{e^2}{4\pi\varepsilon_0}\ \frac{z^2}{R}=(11-345\text{a})\text{式}$$

⑵估計原子核安定的最起碼條件

設S＝表面張力，則半徑R的球表面勢能U_s是：

$$U_s=4\pi R^2S \tag{11-345d}$$

使核縮小表面積的表面張力，和相互排斥的庫侖斥力平衡下維持最起碼的安定：

$$U_s=U_c$$

或

$$4\pi R^2S=\frac{3}{5}\ \frac{e^2}{4\pi\varepsilon_0}\ \frac{z^2}{R},\qquad \frac{e^2}{4\pi\varepsilon_0}\fallingdotseq 1.4399652\,\text{MeV}\cdot\text{fm}$$

$$\therefore z\fallingdotseq\sqrt{\frac{4\pi R^3S}{0.6\times1.44}}(\text{MeV}\cdot\text{fm})^{-1/2} \tag{11-345e}$$

（11-345a）式的U_c也好，（11-345d）式的Us也好都是模型，至於表面張力S也跟著模型有不同的值，如使用 N. Bohr 的液滴模型（11-238b）或$4\pi R^2S=15.4A^{2/3}$MeV，而核半徑由（11-194a）式$R=r_0A^{1/3}$ $r_0=(1.07\sim1.12)$fm，則得不到（11-345g）式，為了要獲得能重現圖（11-60）的（11-345g）式，取$r_0=0.6$fm

$$\therefore z=\sqrt{\frac{15.4}{1.44}A}=3.3\sqrt{A} \tag{11-345f}$$

例如$_{92}U^{235}$要安定的話其$z=3.3\sqrt{235}\fallingdotseq 51$，但$_{92}U^{235}$卻有 92 個質子，遠遠地超過 51，暗示庫侖斥力已超過表面張力，所以原子核不安定非自發分裂不可，最好分裂成$z=50$ 幻數左右的核，沒錯$_{92}U^{235}$確實分裂成（11-341d）式所示，如此簡單的模型計算已能窺伺重核的安定性，確實是 N. Bohr 液滴模型的成就之一。

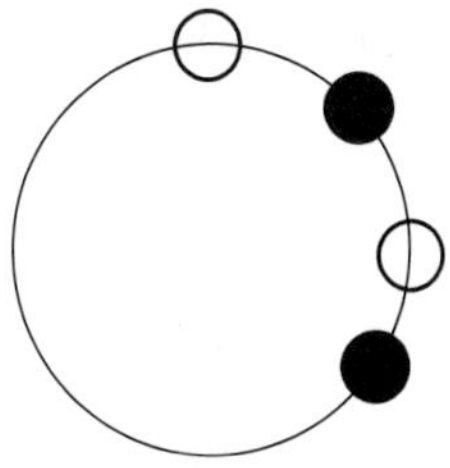

⑶中子數 N 和質子數 Z 的關係

既然質子間有庫侖斥力，那麼如右圖在兩個質子間安插一個中子就會降低庫侖斥力；從右圖直覺到：$N=Z$ 是獲安定的可能條件，則：

$$A=N+Z=2Z$$

$$\therefore\quad Z=3.3\sqrt{A}=3.3\sqrt{2Z}\fallingdotseq 4.667\sqrt{Z}$$

$$\text{或}\quad Z[Z-(4.667)^2]=0$$

$$\therefore\quad Z\fallingdotseq 22 \qquad (11\text{-}345g)$$

（11-345g）式表示 $Z=N$ 的原子核，約在 $Z=22$ 左右為其極限，$Z>22$ 的原子核必須 $N>Z$ 才能安定。如圖（11-60），安定核的分布實驗圖確實到 $Z=N=20$，$Z>20$ 之後同一個 Z 便有許多 N 不同的同位素，並且 $Z=30\sim60$ 之間的核的同位素最多，最顯著的是錫($_{50}$Sn)。$Z\fallingdotseq 85$ 左右的核，其 $\dfrac{Z}{N}\fallingdotseq 0.6$。將以上資料以及一些實驗歸納結果整理下來得：

(i)小 Z 領域的原子核

大約 $N=Z$，這是核力的電荷對稱性（charge symmetry）$V_{nn}=V_{pp}$（（11-205c）式）帶來的結果。

(ii)大 Z 領域的原子核

為了消弱庫侖斥力，當 Z 逐漸增大時，N 的增加速率必須超過 Z 的，核力的電荷獨立性（charge independent）$V_{nn}=V_{pp}=V_{pn}$（（11-205a）式）扮演重要角色。由（11-345a）式得 $U_c\propto Z^2$ 於是 $Z>50$ 之後 N 非急速增加不可。

(iii)從核力的對稱性，$N=$ 偶數，$Z=$ 偶數的核，較 N 或 Z 等於奇數的核安定，最不安定的核是 N 和 Z 都為奇數。各種情形的核數目約如表（11-25）。

表 11-25

中子 N 質子 Z 的偶奇數和安定核數

Z	N	安定核數
奇	偶	57
偶	奇	53
奇	奇	8
偶	偶	166

【Ex. 11-61】探討液滴模型的另一種定性判別原子核穩定性的，類似裂變性 x 的準據量 $\frac{Z^2}{A}\gtrless(49\sim45)$。

表示原子核質量的（11-192b）式，其中和表面張力有關的表面能是 $U_S=a_sA^{2/3}$，和庫侖斥力有關的庫侖勢能是 $U_c=a_cZ^2A^{-1/3}$（ze 電荷連續分布時），現分別以球狀和變形核來討論。

⑴球狀核

如使用（11-345a）式的球狀庫侖勢能則得：

$$a_c=\frac{3}{5}\ \frac{e^2}{4\pi\varepsilon_0}\ \frac{1}{r_0}\underset{r^0=1.2\text{fm}}{=\!=\!=}0.6\times1.44\div1.2\text{MeV}\fallingdotseq0.72\text{MeV}$$

而 U_S 使用（11-238b）式，於是 $a_s=(15.4\sim17.5)$MeV。假定質量數 A 質子數 Z 的原子核質量 $M(A,Z)$，它對稱分裂成兩個質量 $M(\frac{A}{2},\frac{Z}{2})$ 的核，則表面能和庫侖勢能來的質量差 ΔM 是：

$$\begin{aligned}\Delta M&=M(A,Z)-2M(\frac{A}{2},\frac{Z}{2})\\&=\{(a_sA^{2/3}+0.72Z^2/A^{1/3})-2\,[a_s(\frac{A}{2})^{2/3}+0.72(\frac{Z}{2})^2/(\frac{A}{2})^{1/3})]\}/C^2\end{aligned}$$

$$\therefore\Delta MC^2\equiv\Delta E=\{a_s(1-2^{1/3})A^{2/3}+0.72\,(1-2^{-2/3})\frac{Z^2}{A^{1/3}}\}\qquad(11\text{-}346a)$$

所以如 $\Delta E>0$，原子核 $M(A,Z)$ 不安定，最好分裂成兩個 $M(A/2,Z/2)$ 核，而 $\Delta E=0$ 是個臨界值，設為 ΔE_c 則得：

$$a_s(1-2^{1/3})A+0.72(1-2^{-2/3})Z^2=0$$

$$\therefore\frac{Z^2}{A}=-\frac{a_s(1-2^{1/3})}{0.72(1-2^{-2/3})}\doteqdot\begin{cases}17.1\cdots\cdots\cdots\cdots a_s=17.5\text{MeV}\\15.0\cdots\cdots\cdots\cdots a_s=15.4\text{MeV}\end{cases}$$

$$\therefore Z\doteqdot\begin{Bmatrix}4.14A^{1/2}\cdots\cdots a_s=17.5\text{MeV}\\3.87A^{1/2}\cdots\cdots a_s=15.4\text{MeV}\end{Bmatrix}\qquad(11\text{-}346b)$$

依（11-346b）式，${}_{92}U^{235}$ 的對稱分裂核的 Z 值約為：

$$Z({}_{92}U^{235}\rightarrow2A/2)=\begin{Bmatrix}63\cdots\cdots a_s=17.5\text{MeV}\\59\cdots\cdots a_s=15.4\text{MeV}\end{Bmatrix}\qquad(11\text{-}346c)$$

（11-346c）式的 Z 值都比 ${}_{92}U^{235}$ 分裂核（11-341d）式的 Z 值大，這啟示著核分裂時，核不該是球狀。

⑵變形核

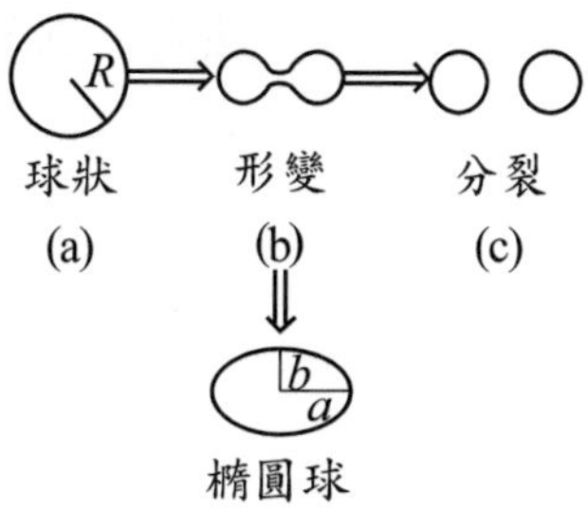

觀察樹葉上水珠的分裂，其途徑約如右圖，現使用橢圓球代替右圖(b)做近似推算。設核形成球狀時的半徑＝R，形變參數＝δ，橢圓球的長軸a短軸b偏心率ϵ，並且假設核體積不變，a、b和R的關係是：

$$a=R(1+\delta)$$
$$b=R(1+\delta)^{-1/2}$$

則橢圓球體積V和表面積S是：

$$V=\frac{4\pi}{3}R^3=\frac{4\pi}{3}ab^2$$
$$S=2\pi b^2+2\pi\frac{ab}{\epsilon}\sin^{-1}\epsilon,\quad \epsilon=\sqrt{1-b^2/a^2}$$
$$\fallingdotseq 4\pi R^2\left(1+\frac{2}{5}\delta^2+\cdots\cdots\cdots\right)$$

所以表面能$U'_s=a_sA^{2/3}(\underset{\uparrow\text{球狀部}}{1}+\underbrace{\frac{2}{5}\delta^2+\cdots\cdots\cdots}_{\text{形變部}})$　（11-346d）

電荷Ze連續均勻地分布於橢圓球的庫侖斥力勢能U'_c是：

$$U'_c=\frac{3}{10}\frac{Z^2}{\sqrt{a^2-b^2}}\frac{e^2}{4\pi\varepsilon_0}\ln\frac{a+\sqrt{a^2-b^2}}{a-\sqrt{a^2-b^2}}$$

$$\fallingdotseq\frac{3}{5}\frac{e^2}{4\pi\varepsilon_0}\frac{Z^2}{R}(\underset{\uparrow\text{球狀部}}{1}\underbrace{-\frac{1}{5}\delta^2+\cdots\cdots\cdots}_{\text{形變部}})\qquad(11\text{-}346e)$$

$$\therefore\Delta E'=〔\text{橢圓球體的}(U'_s+U'_c)〕-〔\text{球狀}(U_s+U_c)〕$$
$$=\delta^2\left[\frac{2}{5}a_sA^{2/3}-\frac{Z^2}{5}\times 0.72A^{-1/3}\right]\qquad(11\text{-}346f)$$

顯然$\Delta E'>0$時形成球狀才安定，因球狀能低於橢圓球狀能；倒過來$\Delta E'<0$時橢圓球狀反而安定，這時會不會分裂呢？單看（11-346f）式，$\Delta E'<0$相當於表面能小於庫侖勢能，照 N.Bohr 的液滴理論原子核該分裂，**能量較高且對稱分裂確實如此**；但能量較低的**非對稱分裂（看下面(ii)）就不一定了。非對稱分裂不是單由表面能和庫侖斥力勢**

能的競爭就可以決定是否分裂，還要考慮核子運動帶來的殼層因素；換句話 **N.Bohr** 的液滴理論無法解釋非對稱核分裂。（11-346f）式的臨界條件$\Delta E'=0$是：

$$\frac{2}{5}a_sA^{2/3}-\frac{Z^2}{5}\times 0.72A^{-1/3}=0$$

$$\therefore \frac{Z^2}{A}=\frac{2a_s}{0.72}\doteqdot\begin{cases}48.6\cdots\cdots a_s=17.5\text{MeV}\\42.8\cdots\cdots a_s=15.4\text{MeV}\end{cases}\qquad(11\text{-}346\text{g})$$

$$\text{或}\frac{Z^2}{A}\doteqdot\begin{cases}49\cdots\cdots a_s=17.5\text{MeV}\\43\cdots\cdots a_s=15.4\text{MeV}\end{cases}\qquad(11\text{-}346\text{h})$$

注意（11-346g）式的$2a_s/0.72$，$2a_s$和 0.72 分別對應$2U_s$和U_c，整個量和定義裂變性x的（11-344a）式有關，所以（11-346h）式和（11-344a）式都是判別原子核分裂用。取（11-346h）式的平均值：$\frac{Z^2}{A}\doteqdot 46$，這是推導過程取到形變參數$\delta^2$的近似值，當$\delta$增加時必須考慮$\delta$的高次項。設$\widetilde{U}(\delta)=$液滴模型的核勢能，它含$U_s'=U_s(\delta)$和$U_c'\equiv U_c(\delta)$這時的核能量本徵值為$\widetilde{E}(\delta)$，則$\widetilde{U}(\delta)$和$\widetilde{E}(\delta)$的關係如圖（11-111）。實曲線和短實直線分別為$\widetilde{U}(\delta)$和$\widetilde{E}(\delta)$，從圖（11-111）得：

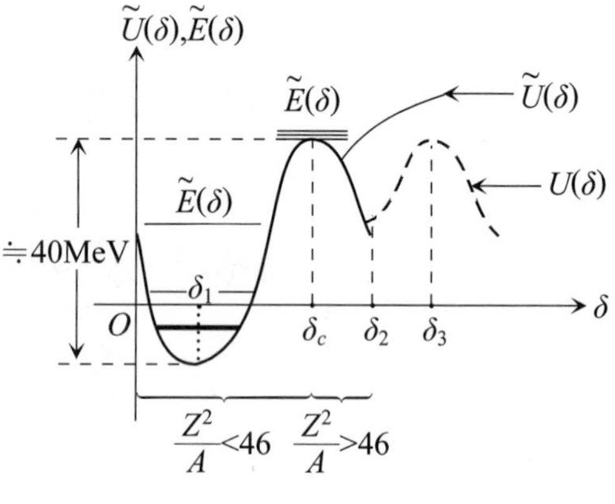

圖 11-111

(i)$\delta=0$的球狀時原子核不一定最安定。

(ii)當原子核吸收入射中子的能量，這能量不會使原子核激發，而用那入射能令原子核變形，結果$\widetilde{U}(\delta)$下降核更加安定，如$\widetilde{U}(\delta_1)=$極小。

(iii)入射中子能增加，帶來δ和$\widetilde{U}(\delta)$跟著增加超越臨界值δ_c、$\frac{Z^2}{A}>46$後核便分裂。所以液滴模型是適合於說明較高入射能的核分裂，且較呈現對稱分裂。在 1960 年代初發現δ再繼續增加，如圖（11-111）的虛線（點線）核又出現安定的$U(\delta_2)\neq\widetilde{U}(\delta_2)$，到了$\delta>\delta_3$核才不安定而做非對稱核分裂，且這種現象往往發生在不大的入射中子能，N.Bohr的液滴模型無法解決這問題（看下面(ii)）。

現來綜合檢討Ex.（11-61），依液滴模型核從球狀慢慢地如圖（11-112 a～d）變形最後分裂。其演變過程的$\widetilde{U}_s(\delta)$和$\widetilde{U}_c(\delta)$的變化如何呢？圖（11-112b）到（11-112d）的$\widetilde{U}_c(\delta)$大概沒有什麼變化，那到底多大呢？以最典型的${}_{92}U^{235}$分裂，碎片$A≒90$，$Z_A≒40$，$B≒140$，$Z_B≒50$，原子序Z=40,50 都是幻數。如A和B如圖（11-112e）剛好相接觸，設半徑各為R_A和R_B的球，則庫侖斥力勢能E_c是：

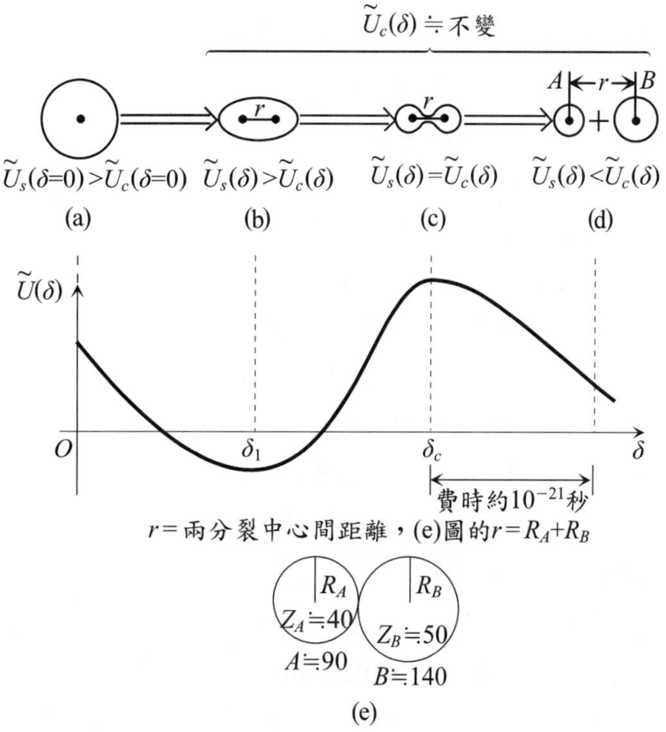

圖 11-112

$$
\begin{aligned}
E_c &= \frac{1}{4\pi\varepsilon_0}\frac{Z_A e Z_B e}{R_A+R_B} \\
&≒ 1.44\text{MeV}\cdot\text{fm}\frac{40\times 50}{r_0(90^{1/3}+140^{1/3})} \\
&≒ \begin{Bmatrix} 496\text{MeV}\cdots\cdots r_0=0.6\text{fm} \\ 278\text{MeV}\cdots\cdots r_0=1.07\text{fm} \\ 250\text{MeV}\cdots\cdots r_0=1.2\text{fm} \\ 200\text{MeV}\cdots\cdots r_0=1.5\text{fm} \end{Bmatrix}
\end{aligned}
\qquad (11\text{-}347)
$$

比較（11-347）式和Ex.（11-59），分裂時的r_0可能比（11-194a）式大很多，$r_0≒1.5$fm左右。以$r_0=1.5$fm算${}_{92}U^{235}$的半徑$R≒9.3$fm，這大小和1911年Rutherford發現原子核的存在歸納出來的重核半徑約為10fm吻合，至於表面張力S帶來的表面能E_s=（表面積A）×（表面張力S），同體積表面積最小的是球，所以表面積從圖（11-112a）逐漸增加，到了圖（11-112c）時最大，假設E_s和E_c一樣地大致不變，則核愈變形S愈小，表示原子核表面的核力相對地減弱，於是在大E_c下原子核只好分裂成兩個接近於球狀的$Z_A \fallingdotseq 40$和$Z_B \fallingdotseq 50$的核。

(b)激活能（activation energy）

接著來探討對應於化學反應激活能的核分裂激活能，物理系統從某穩定狀態，初態$|i\rangle$躍遷到另一個穩定狀態，終態$|f\rangle$時必須跨過高能量的中間態$|n\rangle$，如圖（11-113a）。$|n\rangle$通稱為**躍遷態**（transition state），整個過程稱為**反應**（reaction）；$|i\rangle$和$|n\rangle$各對應組的能量差叫**激活能**E_{ac}。對應圖（11-113a），在核分裂的反應座標是圖（11-112a～d）所示的r，即安定核、圖（11-112a）開始運動走向分裂的過程，兩分裂碎片的雛形中心間距離。r和核的表面張力以及庫侖斥力有關，如圖（11-113b），圖上的極大點P叫**鞍點**（saddle point）。過了P點核約在10^{-21}秒內分裂成兩碎片，稱極小點P_0和P間的能量差ε：

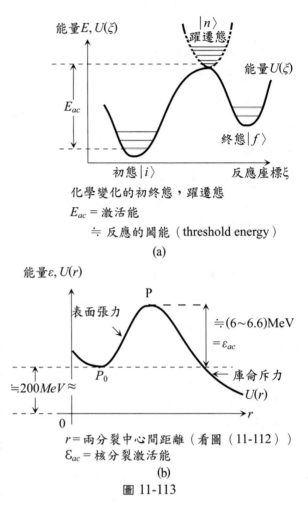

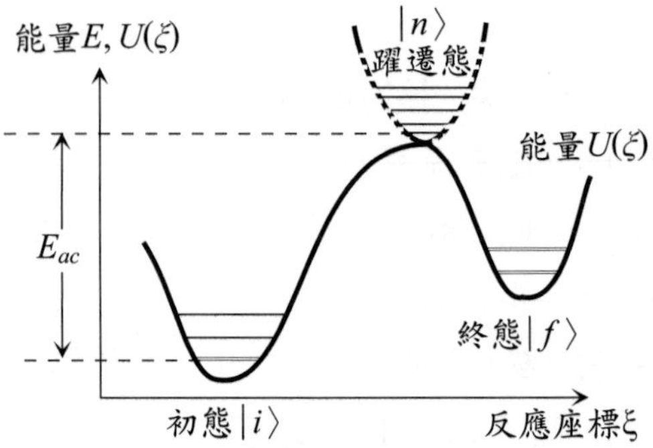

化學變化的初終態，躍遷態

E_{ac} = 激活能

≒ 反應的閾能（threshold energy）

(a)

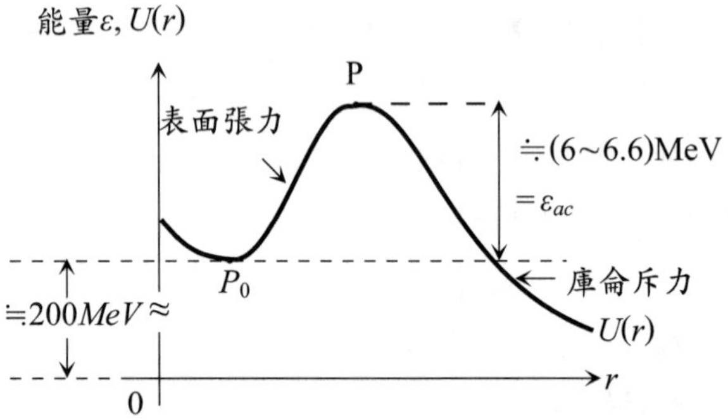

r＝兩分裂中心間距離（看圖（11-112））

ε_{ac} = 核分裂激活能

(b)

圖 11-113

$$U(r)_P - U(r)_{P_0} = \varepsilon = \text{核激活動能}$$

或簡稱**激活能**。圖（11-113b）相當於躍遷態的$U(r)$稱為**分裂壘**（fission barrier），故激活能等於跨越分裂壘所需的能量，各核都有自己的值。S. Frankel和N. Metropolis[46]使用液滴模型推算了一些重核的ε_{ac}，將其中較大值列成表（11-26）。如直接從核質量差ΔM估計的核激態能ΔMC^2大於ε_{ac}，則該核本身已具有充分能量使核進行自發分裂，否者不行。

表 11-26　一些重核激活能

核	ε_{ac}(MeV)	核	ε_{ac}(MeV)	核	ε_{ac}(MeV)
${}_{90}Th^{240}$(釷)	8.3	${}_{92}U^{236}$	6.2	${}_{95}Am^{243}$(鋂)	6.2
${}_{91}Pa^{231}$(鏷)	7.6	${}_{92}U^{239}$	6.6	${}_{95}Am^{245}$	6.0
${}_{91}Pa^{233}$	7.2	${}_{93}Np^{235,237}$(錼)	5.9	${}_{96}Cm^{244}$(鋦)	6.1
${}_{92}U^{234}$(鈾)	6.5	${}_{94}Pu^{240,242}$(鈽)	6.0	${}_{96}Cm^{246}$	5.9

【Ex. 11-62】 運用表（11-26）的激活能ε_{ac}討論熱中子帶來的下反應是否可行？

(1) $n+{}_{92}U^{235}\longrightarrow{}_{92}U^{236*}\longrightarrow{}_{56}Ba^{144}+{}_{36}Kr^{89}+3n$

(2) $n+{}_{92}U^{238}\longrightarrow{}_{92}U^{239*}\longrightarrow A+B$

(1)${}_{92}U^{235}$吸收入射動能K_n的熱中子後，必形成激態複核${}_{92}U^{236*}$，其激態能$E_{ex}(236)$可視為：

$$\begin{aligned}E_{ex}(236)&=\{[m\,(U^{235})+m(n)]c^2+K_n\}-m\,(U^{236})c^2\\&=\{(235.043925+1.008665)-236.045563\}\text{amu}\cdot c^2+K_n\\&\fallingdotseq 6.5\text{MeV}+K_n\fallingdotseq 6.5\text{MeV}\quad\longleftarrow 1\text{amu}\fallingdotseq 931.49432(28)\text{MeV}/c^2\end{aligned}$$

因為K_n=eV 的量級，故可省略，6.5MeV 大於U^{236}的ε_{ac}=6.2MeV，故U^{235}吸收熱中子後立即有足夠能量（約在 10^{-21}秒）核分裂。

(2)同樣地討論${}_{92}U^{238}$吸收熱中子後的情形，U^{239*}的激態能$E_{ex}(239)$是：

$$\begin{aligned}E_{ex}(239)&=\{[m\,(U^{238})+m(n)]c^2+K_n\}-m\,(U^{239})c^2\\&=\{(238.050786+1.008665)-239.05429\}\text{amu}\cdot c^2+K_n\\&\fallingdotseq 4.8\text{MeV}+K_n\fallingdotseq 4.8\text{MeV}\end{aligned}$$

4.8MeV 小於U^{239}的ε_{ac}=6.6MeV，故U^{238}吸收熱中子後無法核分裂成A和B，需要經過如（11-344e）式的β、γ衰變到核的ε_{ac}小於E_{ex}才會核分裂，由（11-344e）式得：

$$\begin{aligned}E_{ex}(Np)&=\{[m\,(U^{238})+m(n)]c^2+K_n\}-m\,({N_p}^{239})c^2\\&=\{(238.050786+1.008665)-239.052933\}\text{amu}\cdot c^2+K_n\\&\fallingdotseq 6.1\text{MeV}+K_n\fallingdotseq 6.1\text{MeV}\end{aligned}$$

$$\begin{aligned}E_{ex}(Pu)&=\{[m(U^{238})+m(n)]c^2+K_n\}-m(Pu^{239})c^2\\&=\{(238.050786+1.008665)-239.0518\}\text{amu}\cdot c^2+K_n\\&\fallingdotseq 7.3\text{ MeV}+K_n\fallingdotseq 7.3\text{ MeV}\end{aligned}$$

6.1MeV仍然小於6.6MeV，但7.3MeV就大於6.6MeV，這正是（11-344e）式，即$_{92}U^{238}$吸收中子後一直到$_{94}Pu^{239}$才會自發分裂的原因之一。

【Ex. 11-63】 在Ex.（11-62）是直接使用原子核的質量來探討，原了核吸收熱中子後形成的複核（compound nucleus）的安定性。原子核的質量是（11-192b～d）式，重核時庫侖能的 $Z(Z-1) \fallingdotseq Z^2$：

$$M(Z,A)\,c^2 = Z\,m_p\,c^2 + (A-Z)\,m_n\,c^2 - a_V A + a_s A^{2/3} + \frac{1}{2}a_{sym}\frac{(A-2Z)^2}{A} + a_c\frac{Z^2}{A^{1/3}} + \frac{11.18\sim 12}{\sqrt{A}}\begin{Bmatrix} -1\cdots\cdots\text{偶偶核} \\ 0\cdots\cdots\text{奇核} \\ 1\cdots\cdots\text{奇奇核} \end{Bmatrix}\text{MeV} \qquad (11\text{-}348a)$$

$$\begin{cases} a_V \fallingdotseq 15.752\,\text{MeV} \doteqdot 15.8\,\text{MeV} \\ a_s \fallingdotseq (15.4\sim 17.8)\,\text{MeV}，\ m_P \fallingdotseq 1.007825\text{amu} \\ a_c \fallingdotseq 0.71\,\text{MeV}，\qquad m_n \fallingdotseq 1.008665\text{amu} \\ a_{sym} \fallingdotseq 47.4\,\text{MeV} \end{cases} \qquad (11\text{-}348b)$$

用$M(Z,A)$
(1)討論 Ex.(11−62)的問題，設$E_n(A)$為入射中子的結合能（binding energy），
(2)比較 $E_n(A=236)$和 $E_n(A=239)$之差及其內涵後，猜這差主要來自 $M(Z,A)$的哪一項？

兩個質量 m_A 和 m_B 的粒子 A 和 B 結合變成複合粒子（composite particle）$(A+B)$後 $m_{A+B}<(m_A+m_B)$，其差值稱為質量虧損（mass defect），它就是粒子（$A+B$）的結合能E_B：

$$E_B=\{(m_A+m_B)-m_{A+B}\}c^2$$

(1)$n+{}_{92}U^{235}\longrightarrow{}_{92}U^{236}$的結合能設為$E_n(236)$，而熱中子的入射動能$K_n$，則：

$$\begin{aligned} E_n(236) &= [M({}_{92}U^{235})+M(n)-M({}_{92}U^{236})]c^2+K_n \\ &\fallingdotseq [M(U^{235})+M(n)-M(U^{236})]c^2 \longleftarrow K_n=\text{eV 的量級，故可省略} \\ &= -a_V(235-236)+a_s[(235)^{2/3}-(236)^{2/3}] \\ &\quad +\frac{1}{2}a_{sym}\left[\frac{(235-2\times 92)^2}{235}-\frac{(236-2\times 92)^2}{236}\right] \\ &\quad +a_c\times(92)^2[(235)^{-1/3}-(236)^{-1/3}]+[0-(-\frac{11.18}{\sqrt{236}})] \\ &\fallingdotseq (15.8-1.89-9.23+1.38+0.73)\text{MeV} \fallingdotseq 6.79\text{MeV} \qquad (11\text{-}348c) \\ &\fallingdotseq \text{Ex.(11−62)的值 } E_{ex}(236)\text{的 } 6.5\text{MeV} \end{aligned}$$

Ex.（11-62）用的$m({}_{92}U^{235,236})$的值是直接從實驗得來的，而（11-192a～d）式的質量式內含有四個參數和對修正能$\frac{11.18\sim 12}{\sqrt{A}}$MeV，故$E_n(236)$和$E_{ex}(236)$有出入是必然。

(2)$n+{}_{92}U^{238}\longrightarrow {}_{92}U^{239}$的結合能設為$E_n(239)$，則同(1)的方法得：

$$\begin{aligned}E_n(239) &\doteqdot [M(U^{238})+M(n)-M(U^{239})]c^2\\ &=\left\{15.8+17.5[(238)^{2/3}-(239)^{2/3}]+\frac{47.4}{2}\left[\frac{(54)^2}{238}-\frac{(55)^2}{239}\right]\right.\\ &\quad\left.+0.71\times(92)^2[(238)^{-1/3}-(239)^{-1/3}]+\left(-\frac{11.18}{\sqrt{238}}+0\right)\right\}\text{MeV}\\ &\doteqdot(15.8-1.88-9.59+1.35-0.72)\text{MeV}=4.96\text{ MeV} \qquad (11\text{-}348\text{d})\\ &\doteqdot \text{Ex.}(11-62)\text{的值 } E_{ex}(239)\text{的 } 4.8\text{ MeV}\end{aligned}$$

鈾元素原子核的中子分離能（separation energy）$S_n\doteqdot 6$ MeV，$E_n(236)>6$ MeV，所以${}_{92}U^{236}$無法穩定立即分裂；但$E_n(239)<6$ MeV，故${}_{92}U^{239}$無足夠能量來進行分裂。$E_n(239)=4.9$ MeV和 6MeV 約差1MeV。從（11-348c）和（11-348d）式立即看出$E_n(236)$和$E_n(239)$的差來自對修正能$\delta(Z,A)$。（看（11-192d）式），U^{239}是奇核沒對修正能（pairing correction energy），但U^{236}是偶偶核有對修正能，鈾的對修正能$\doteqdot 0.72$ MeV $\doteqdot 1$ MeV，剛好是S_n和$E_n(239)$之差。對修正能來自核力內的對核力(pairing nuclear force)，是核結構的平均勢能之外的最重要修正相互作用，沒它無法獲得和實驗值較吻合的核質量$M(Z,A)$。1960 年代初發現的圖（11-111）的$U(\delta)$出現的第二極小，必須導入對核力才能獲得看下面(ii)。

(c)總結

到這裡暫告一段落，有的資料雖沒機會提，利用整理上述內容的方式將那些未提資料包含進來，以呈現未解的核分裂現象有那些問題。

①核分裂碎片（fragment）分布

分裂碎片分佈的對稱性是，跟著入射中子動能K_n變化，同時和分裂母核有關。K_n小時（快速中子以下的能量，看（11-341c）式），兩碎片的分布是非對稱分布，跟著K_n的增大漸變成對稱分布；但無論對不對稱分布，質量數大的碎片分布極大值，和母核的質量數無關地分布在如下範圍：

$$\left.\begin{array}{l}\text{碎片質量數 } A_B \fallingdotseq 132\sim145 \\ \text{碎片質子數 } Z_B \fallingdotseq 50 \\ \text{碎片中子數 } N_B \fallingdotseq 82\end{array}\right\} \quad (11\text{-}349a)$$

$Z_B=50$，$N_B=82$ 都是核幻數（magic number），$A_B=132=(Z_B 50+N_B 82)$ 是最安定雙幻數核錫（$_{50}Sn^{132}_{82}$）。核對稱分裂的特徵是：

(i)K_n較大（K_n約大於 100KeV）。
(ii)複核的激態能較小。
(iii)和母核的質子數 Z 有關，如質量數 A 的核分裂成：　（11-349b）

$$A \longrightarrow B_1+B_2$$

則 B_1、B_2 和 A 的關係如右圖(a)。當 K_n 小時，由於質量數大的 B_2 分布極大值，如（11-349a）式大致不變，於是母核的質量數減小時，只好較輕碎片 B_1 的分布極大值，如右圖(b)往質量數小的方向移動，整個形成非對稱分布。非對稱分布的特徵是：

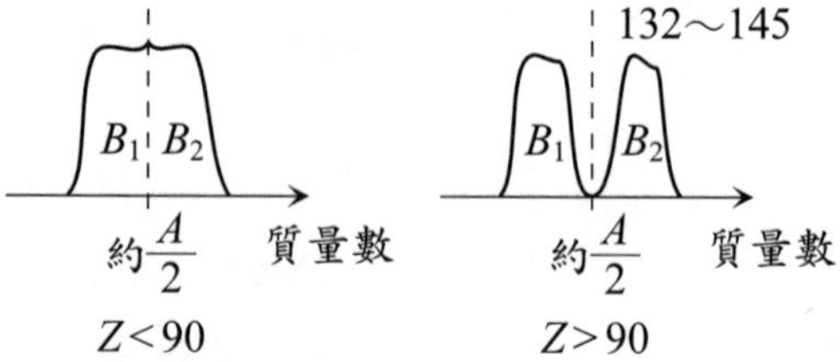

(a)對稱核分裂

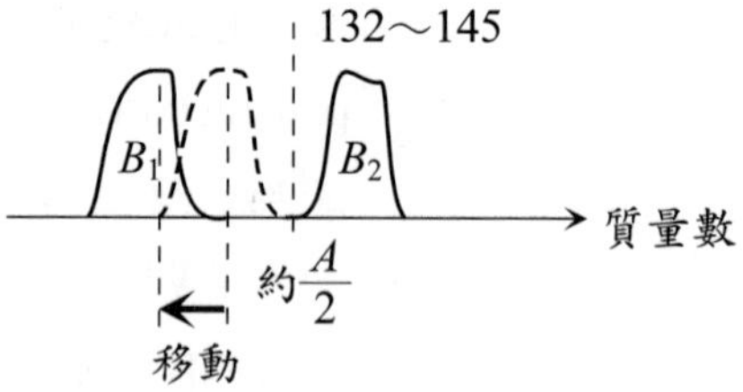

(b)非對稱核分裂

(i)K_n較小（K_n約小於 1KeV）。
(ii)放射迅發α粒子的概率大於對稱分裂。
(iii)核勢能如圖(11－111)的 $U(\delta)$，有第二極小。
（11-349c）

分裂閥值（threshold energy）E_{th} 約為激活能 ε_{ac}，其大小約等於（5～7）MeV 的定值，分裂過程大約如下：

①形成複核，整個核在激態，其能 E_c^*。

②E_c^*被轉換成形變能，故核在形變基態。

③核形成躍遷態，其能級 E_t。

④核開始從鞍點 P 往斷裂點 P_s 急速轉移。

⑤核分裂。

⑥分裂碎片相互分離，各自開始往各自的基態方向發展，如（11-341e）式。將這些過程圖示於圖（11-114），$E_{th}\fallingdotseq(5\sim7)$MeV，而核激活能 $\varepsilon_{ac}\fallingdotseq(E_{th}-0.9\text{MeV})$。核運動模式以及圖（11-114）各過程所費時間約如圖（11-115）。在核內一個核子橫過原子核的時間 $\tau_{核子}$ 大約是：

$$\tau_{核子} \doteqdot \frac{1}{3}A^{1/3} \times 10^{-22}秒$$

$$\underset{鈾}{\overset{A=240}{=\!=\!=}} 2 \times 10^{-22}秒 \qquad (11\text{-}349d)$$

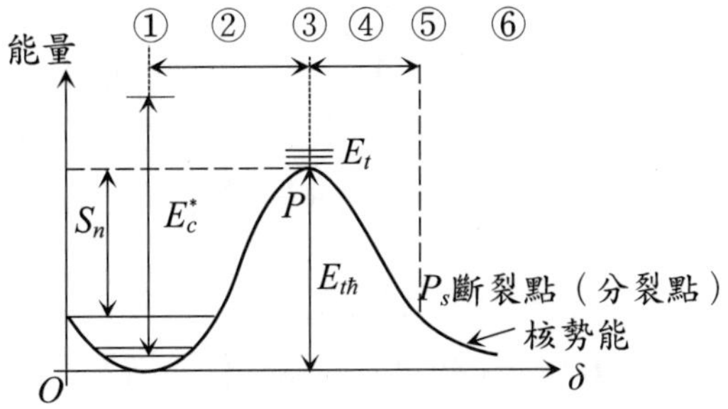

δ＝形變參數，E_{th}＝閾能

E_c^*＝複合激態能，P＝鞍點

S_n＝中子分離能

圖 11-114　核的分裂過程

所以核吸收中子到分裂的時間相當地長，不難想像吸收中子後，核經過了複雜的相互作用，整個核的核子重新組合，選擇了分裂路線以求安定。把多餘的能量，中子等以輻射放射方式釋放。

② 迅發中子數 v 和碎片質量數 A_B 的關係

分裂母核愈重中子數自然地較多，無論對不對稱分裂，迅發中子數 v 和碎片質量 A_B 如圖（11-116）形成鋸子狀，v 最大者有 8 之多。

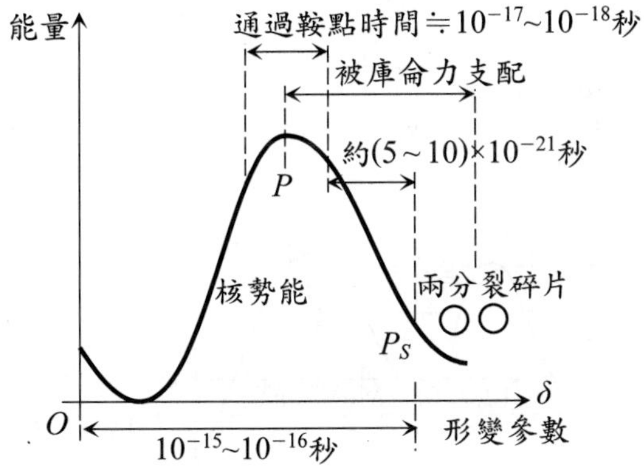

P＝鞍點（saddle point）

P_S＝分裂點（scission point）

圖 11-115　各過程所花費的大約時間

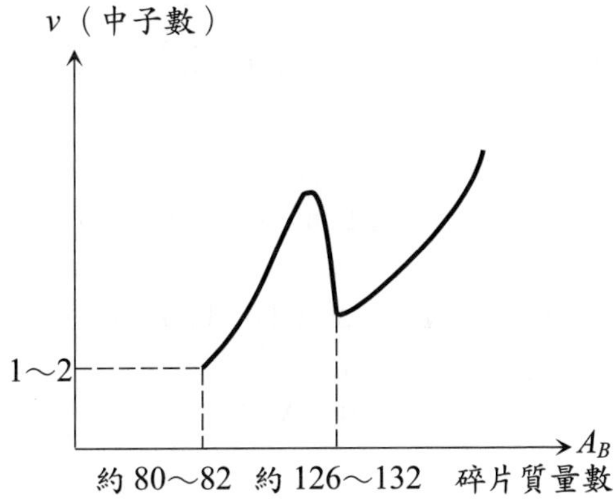

圖 11-116

最後大約綜合以上內容得：N.Bohr 的液滴模型確實定性地說明了下列物理：

(1)圖(11－60)的中子數 N 和質子數 Z 的比值。

(2)使用(11－344a)式的裂變性 x 以及 $\frac{Z^2}{A} \gtreqless 46$ 的條件，能判別核對分裂的穩定程度。

(3)從激活能和複核激態能，如 Ex.(11－62)，來判斷核能否自發分裂。

(4)順利地說明高入射能引起的較對稱的核分裂現象。

（11-349e）

雖有如上述的成就，卻無法解決下列物理現象：

⑴無法說明圖(11-111)，在大形變參數δ出現安定核的現象。因為依液滴模型，δ愈大原子核愈不安定，怎麼會有如圖(11-111)的第二個極小點δ_2呢？
⑵對於低入射能帶來的非對稱分裂現象的解釋。 (11-349f)

(ii) 原子核的非對稱分裂

1960年代初葉在蘇聯原子核物理研究所Dubna，發現和重離子（heavy ion）反應的鈾核所得的超鈾原子核，雖然形變增大卻不衰變而維持相當長的壽命，約$10^{-2} \sim 10^{-9}$秒，是當時的一般分裂核壽命的壹百萬到十兆（10^{13}）倍（看圖（11-115）），稱這種壽命奇長的激態核為**同質異能素**（isomer），如它會核分裂的話叫**分裂同質異能素**（fissioning isomer）。首次在Dubna的重離子反應發現的超鈾核是：

$${}_{92}U^{238} + {}_{10}Ne^{22}\text{（氖）} \longrightarrow \text{壽命奇長的超鈾核} \qquad (11\text{-}350a)$$

其半衰期$\tau_{1/2} \doteqdot 1.4 \times 10^{-2}$秒。經過分析後確認為原子序$Z=95$，質量數$A$=241 自然界已不存在的原子核，稱為：

$${}_{95}Am^{241}\text{（鋂 americium）}$$

其激態的基能如圖（11-117）：

$$E_{ex}^{(0)} = (2.9 \pm 0.4)\,\text{MeV}$$

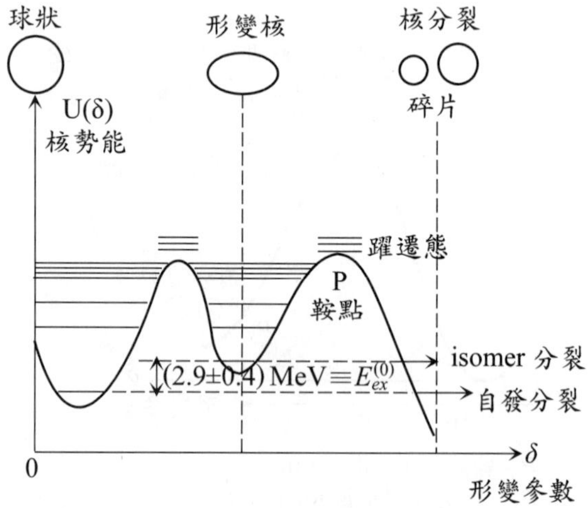

圖 11-117 同質異能素的核勢能及核的形狀變化

目前從${}_{92}$U(鈾)到${}_{96}$Cm（鋦 curium）中有不少分裂同質異能素；其半衰期$\tau_{1/2} \doteqdot 10^{-3} \sim 10^{-9}$秒，而${}_{98}Cf^{258}$（鉲 californium）的殼層效應（shell effect）最顯著，但原子序Z比${}_{98}$Cf大的核（目前（1999年秋）肯定的Z到112），其核勢能$U(\delta)$的第二極小現象又不見了，同時發現：

⑴質量數A增加，核分裂壽命不縮短，出現穩定核。
⑵質量數A增加，核的變形不增加。 (11-350b)

預測Z=118是球狀的安定核。N. Bohr 的液滴模型不但無法解釋同質異能素的核分裂，並且無法獲得圖（11-117）和（11-350b）式的現象。首次定性地解釋成功上述現象的是 V.M.Strutinsky 的理論[47]，他之前雖有不少物理學家都想解決非對稱核分裂、核的同質異能態（isomer state）、躍遷態等問題，但都無法通盤地解釋這些現象，Strutinsky 的成功點在於：注意到 N. Bohr 的液滴模型及 Mayer-Jensen（（11-224d）式）和 S.G.Nilsson[28] 的殼層模型成功之處，分析兩模型的運動模式（mode）內涵，而把兩模型統一起來使用，其演算過程較繁，僅介紹其架構。

(a)集體運動和獨立粒子運動的耦合

核分裂本質上是多體問題，構成核的A個核子全參與，並且整個現象是時間的函數$\Psi(\xi,t)$，$\xi\equiv(x_1, x_2, \cdots, x_A)$。假設二體（two-body）相互作用，則核的 Hamiltonian $\hat{H}$是：

$$\left.\begin{aligned}\hat{H} &= \sum_{i=1}^{A}\hat{T}(x_i(t)) + \sum_{i>j}v(x_i(t),x_j(t))\\ \therefore\ \hat{H}\ \Psi(\xi,t) &= i\hbar\frac{\partial\Psi(\xi,t)}{\partial t}\end{aligned}\right\}\qquad(11\text{-}351a)$$

（11-351a）式表示核的形狀是跟著時間變化。於是導入能表示核連續變形的一般座標，例如（11-234a）式的$\alpha_{\lambda\mu}$[29]或核的形變參數δ[28]等設為Q。各核子的運動：

$$\left.\begin{array}{l}\text{(1)相干（coherent）時是集體運動，例如：振動、轉動，}\\ \quad\text{設其 Hamiltonian 為}\hat{H}_{\text{coll}}(Q)\text{，這對應 N.Bohr 的液滴模型。}\\ \text{(2)不相干（incoherent）時是獨立粒子運動，結果形成殼層（shell），}\\ \quad\text{設其 Hamiltonian 為}\hat{H}_{\text{int}}(\xi)\text{，對應 Mayer-Jensen 或 S.G.Nilsson 模型。}\end{array}\right\}\qquad(11\text{-}351b)$$

（11-351b）式的(1)和(2)是對立的相互作用帶來的結果，前者是核子間的相互作用強，而後者是弱；這兩對立運動模式（mode）必會互相耦合帶來如圖（11-117）的繞射紋式核勢能。從這角度來近似，幾乎無法解的（11-351a）式的 Hamiltonian $\hat{H}$成為：

$$\hat{H} = \hat{H}_{\text{coll}}(Q) + \hat{H}_{\text{int}}(\xi) + \hat{H}_{\text{coup}}(Q,\xi)\qquad(11\text{-}351c)$$

$\hat{H}_{\text{coup}}(Q,\xi)$＝集體運動和獨立粒子運動的耦合。接著假設粒子的獨立運動速率遠大於集體運動速率，則可使用**絕熱近似**（adiabatic approximation），故$\hat{H}$的本徵函數Ψ等於各運動模式本徵函數之乘積，同時（11-351c）式的$\hat{H}_{\text{coll}}(Q)$可視為微擾項（perturbation term）。於是由絕熱近似，可凍結Q座標，而先解ξ部分：

$$\left.\begin{aligned}\hat{H}_0(Q,\xi)\,\varphi_n(Q,\xi) &= W_n(Q)\,\varphi_n(Q,\xi)\\ \hat{H}_0(Q,\xi) &\equiv \hat{H}_{\text{int}}(\xi)+\hat{H}_{\text{coup}}(Q,\xi)\end{aligned}\right\}\qquad(11\text{-}351d)$$

得$W_n(Q)$＝超曲面的勢能面，然後使用 $W_n(Q)$解：

$$[\hat{H}_{\text{coll}}(Q)+W_n(Q)]\phi_{n\lambda}(Q)=E_{n\lambda}\phi_{n\lambda}(Q) \tag{11-351e}$$

$\lambda=n$ 以外由集體運動來的量子數，從（11-351e）式得核狀態$\phi_{n\lambda}$和本徵值$E_{n\lambda}$，它就是圖（11-117）的$U(\delta)$，而絕熱近似的$\Psi(\xi,t)\fallingdotseq\psi(Q,\xi,t)$：

$$\psi(Q,\xi,t)=\varphi_n(Q,\xi)\phi_{n\lambda}(Q)e^{-\frac{i}{\hbar}E_{n\lambda}t} \tag{11-351f}$$

但（11-351d）式仍然不簡單，實際演算是用殼層模型 Hamiltonian[28] 加剩餘（residnal）相互作用$\hat{H}_{\text{res}}$：

$$\left.\begin{aligned}&\hat{H}_0=\sum_{i=1}^{A}[\hat{T}(x_i)+V(x_i,Q)]+\hat{H}_{\text{res}}\\&\hat{H}_{\text{res}}=\text{對核力（pairing force）}\equiv\hat{H}_{\text{pair}}\equiv\hat{H}_p\\&\text{或}=\hat{H}_p+\text{四極四極（quadrupole-quadrupole）力}\,\hat{H}_{QQ}\end{aligned}\right\} \tag{11-351g}$$

$V(x_i,Q)$＝固定Q值時的，本質上多體的核力平均勢能，勢能的本質是一體，它有好多種型，殼層模型的Q＝形變參數δ，$\hat{H}_p$＝使核恢復球狀之力，$\hat{H}_{QQ}$＝使核變形之力，它們是$V(x_i,Q)$以外的核力剩餘相互作用；假設核力為二體力$V(\boldsymbol{r}_1,\boldsymbol{r}_2)$，$\boldsymbol{r}_1$和$\boldsymbol{r}_2$是兩核子的空間位置，作分波展開（partial wave expansion）：

$$V(\boldsymbol{r}_1,\boldsymbol{r}_2)=\sum_{l=0}^{l'}v(r_1,r_2)P_l(\widehat{\boldsymbol{r}_1\boldsymbol{r}_2}) \tag{11-351h}$$

l'＝有限正整數，普通取到$l'=6$，

$\widehat{\boldsymbol{r}_1\boldsymbol{r}_2}=\boldsymbol{r}_1$和$\boldsymbol{r}_2$之交角。（11-351h）式$l$較小的部分是$\hat{H}_{QQ}$，$l$較大的部分是屬於$\hat{H}_p$，$P_l$是Legendre函數[44]；$\hat{H}_{QQ}$是$l=2$為主。$\hat{H}_p$和$\hat{H}_{QQ}$是對立力，當$\hat{H}_p>\hat{H}_{QQ}$時核易呈球形，倒過來核易變形，和核質量（11-192b～d）式關係密切的是對核力$\hat{H}_p$。

(b) Strutinsky 的殼層效應修正的大致內容

Strutinsky 使用的獨立粒子模型 Hamiltonian，即$\hat{H}_{\text{res}}=0$的（11-351g）式的$\hat{H}_0$是後註(28)的 S. G. Nilsson Hamiltonian $\hat{H}_{Nil}$（還用了形變 Woods-Saxon 勢能，在此僅以 Nilsson 為例）。設其能量本徵值＝$E_v(\delta)$，在量子數v的狀態的核子占有數（occupation number）n_v，則裝了A個核子的殼層總能u_{Nil}是：

$$u_{Nil}=2\sum_{v}^{v_{oc}}n_vE_v(\delta),\qquad v_{oc}=\text{所有占有態(all occupied state)} \tag{11-352a}$$

E_v 不是均勻分布，是構成殼層。另一個方法是視核為質量密度均勻的液滴，其能級是均勻分布，那如何算 A 個核子的運動總能 u_{liq} 呢？Strutinsky 使用半實驗（semi-empirical）殼層密度（shell density）函數 g_{shell}：

$$\left.\begin{aligned} & g_{\text{shell}}(E,\delta)=\frac{1}{\sqrt{\pi}\gamma}\sum_v \exp[-(E-E_v)^2/\gamma^2] \\ & \gamma \fallingdotseq \lambda A^{-2/3}\text{MeV}, \qquad A=\text{質量數} \\ & \lambda=\lambda(\delta)=\text{Fermi 能}, \qquad \text{其平均} \fallingdotseq (40\sim50)\,\text{MeV} \end{aligned}\right\} \qquad (11\text{-}352b)$$

$$\therefore u_{\text{liq}}=2\int_{-\infty}^{\bar{\lambda}} E\, g_{\text{shell}}(E,\delta)\,dE \qquad (11\text{-}352c)$$

（11-352a）和（11-352c）式右邊的 2 來自核子自旋自由度,$\bar{\lambda}$=能級均勻分布時的 Fermi 能。至於 $\hat{H}_p$ 帶來的核能 u_p 是：

$$\left.\begin{aligned} & u_p=\sum_v\left\{|E_v(\delta)-\lambda(\delta)|-\frac{(E_v(\delta)-\lambda(\delta))^2}{\varepsilon_v}-\frac{\Delta^2}{2\varepsilon_v}\right\} \\ & \varepsilon_v \equiv \sqrt{[E_v(\delta)-\lambda(\delta)]^2+\Delta^2} \\ & \Delta=\Delta(\delta)=\text{能（量間）隙（energy gap）}, \end{aligned}\right\} \qquad (11\text{-}352d)$$

u_P 右邊的 $\sum_v$ 是以 Fermi 能為中心上下各一層（shell）或兩層等的獨立粒子能級加，能隙Δ由實驗來決定，Δ≒[1±(0.2～0.3)]MeV，而液滴模型勢能 u=[（表面勢能u_s）+（庫侖斥力勢能u_c）]是用半實驗式，故核的總勢能 $U(\delta)$ 是：

$$U(\delta)=u+\sum_{p,n}[(u_{\text{Nil}}-u_{\text{liq}})+u_p] \qquad (11\text{-}352e)$$

（11-352e）式右邊第二項是對 N. Bohr 液滴模型的殼層修正項（shell correction term），其（$u_{\text{Nil}}-u_{\text{lig}}$）是一體效應，$u_p$是二體效應，$\sum_{p,n}$ 的 p 和 n 分別表示質子和中子，這 $U(\delta)$ 就是圖（11-117）的核勢能，它成功地說明了：(1)低能量入射中子引起的非對稱核分裂，(2)核的同質異能態現象。N. Bohr 的液滴模型是經典力學，u_{Nil} 和 u_p 是量子力學階段，所以（11-352e）式右邊第二項等於對經典理論的量子修正。

(iii)現狀

加速器技術的不斷提升，加上 1960 年代後半葉高能物理的大躍進，衝激了原子核物理的研究方法不少。如圖（11-57）和（11-58）所示，從 1960 年代中葉後逐漸地進入新階段，稱 1970 年以前的核物理為**舊核物理**（old nuclear physics）或**傳統核物理**（traditional nuclear physics），1970 年以後的簡稱核物理。兩者的最大差別是：

(1)參與核反應的粒子能量 E_{in} 很高，E_{in} = 入射能，

　　E_{in}>幾百 MeV 到 GeV，基至於（目前 1999 年）到了 TeV。

(2)相對論效果顯明。

(3)多體問題，甚至於需要粒子的產生（creation）和湮沒（annihilation）。

$$（11-353）$$

所以牽連到的核分裂，是高能重離子融合反應後的核分裂，分析方法和前面所介紹的，傳統核物理的核分裂的分析法不同，是使用核場理論（nuclear field theory）[22]。目前（1999 年）較受歡迎的方法是，1970 年代上半葉 J.D.Walecka 帶頭開發的「相對論多體理論（relativistic many body theory)」，由於超出本書範圍，不再深入。

(3)核能發電

(i)原子爐，原子能

　　週期表中，從氫（$_1H_0^1$）到鐵（$_{26}Fe^{56}$）元素，都能參與核融合（聚變 fusion）或由核融合來製造，但週期表後面的元素卻不行，尤其原子序 Z 大的元素，例如 A，只能讓 A 吸收中子 n 後經 β 衰變來造多一個 Z 的核 B：

$$_pA_n + n \rightarrow {_pA_{n+1}} \xrightarrow{\quad\beta衰變\quad} {_{p+1}B_n} \tag{11-354a}$$

於是 Z 約大於 82 的元素大致不安定，有的會核衰變（decay 看前面(D)節），有的會核分裂。從（11-341d）和（11-342c）式得每一次核分裂平均釋放：

$$\begin{aligned}能量 \langle E \rangle &\fallingdotseq 200\,\text{MeV}\\ 中子數 \langle n \rangle &\fallingdotseq 2.5\ 個\end{aligned} \tag{11-354b}$$

一克的 $_{92}U^{235}$ 吸收熱中子（中子能 E_n < 1eV）核分裂產生的能量約：

$$2\times10^{10}\text{cal(卡)} \fallingdotseq 24000\text{KWh} \tag{11-354c}$$

而氘（$D = {_1H_1^2}$）和氘核融合時，一克的重水 D_2O 產生的能量約：

$$1.4\times10^{11}\text{cal} \fallingdotseq 最優質煤產生的能量的 3\times10^6 \sim 2\times10^7 倍 \tag{11-354d}$$

所以如能利用這些能量，確實能造福人類，不過也有負影響（看下面 iv）。凡能取出核分裂或核融合產生的能量的設備或裝置都稱為原子爐（nuclear reactor）；所以原子爐有核分裂爐和核融合爐的兩種，但後者需維持攝氏數億度的高溫才能持續核融合，於是尚未有實用核融合爐。我們的動力源，如來自上述的核能，則叫原子能

（atomic energy），它必具有下列條件才行：

$$\left.\begin{array}{l}\text{(1)能連續地產生能量。}\\ \text{(2)能依所需而有效地取出能量。}\end{array}\right\} \qquad (11\text{-}354e)$$

1942 年 Fermi 成功地完成了這工作，在美國 Chicago 大學校園內，不但建成反應爐且取出原子能，是世界首座原子爐。要達到（11-354e）式的要求，必須能有效地控制核分裂的連鎖反應（chain reaction）才行，不然就會爆炸（原子彈）而帶來大災難。

(ii)中子速率和中子數的控制

核分裂（11-341d）式的 $_{92}U^{235}$（鈾）和（11-344e）式的 $_{94}Pu^{239}$（鈽）捕獲中子的截面積（cross section）σ相當大，$\sigma(_{92}U^{235})$ 如圖（11-118），而吸收熱中子的 $\sigma(_{94}Pu^{239}) = 792.5b$。截面積愈大核分裂概率愈高，從圖（11-118）得 $\sigma = \frac{1}{\sqrt{E_n}}$，故減速快速中子變為熱中子是原子爐的重要課題之一。如（11-342b）式所示，（11-341d）或（11-344e）式的核分裂，迅發中子的能量是數MeV，並且和核分裂同時射出，於是很難控制迅發中子。對原子爐較有用的是能量較低的延遲中子。原子爐內的冷卻系統有雙重功能：一面減速中子，一面吸收熱能以避免爐溫過高而爆炸，同時把吸收的熱能供發電用。冷卻系統用的是水，為什麼，請看（Ex. 11-64）。另外每次核分裂，如（11-341d）或（11-344e）式，僅需要一個中子，於是為了穩定的連鎖反應，核分裂時產生的多餘中子必須拿走。中子 n 是最可怕的放射污染源，怎樣辦？以毒制毒，用核來吃掉 n。週期表內吸收中子能力最強的是鎘 $(_{48}Cd)$，把鎘鑄成棒狀插入核反應爐內，以插入的長度來調整中子數。所以原子爐具有下列兩大機能：

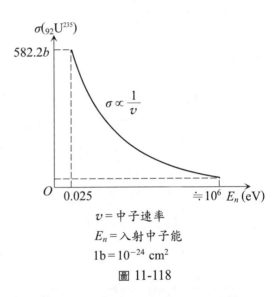

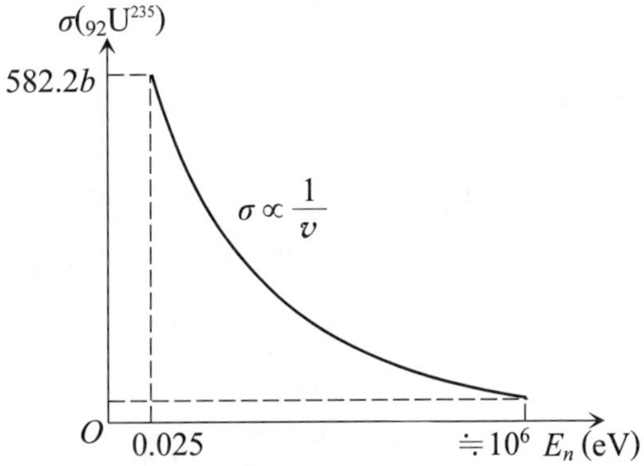

v = 中子速率

E_n = 入射中子能

$1b = 10^{-24}$ cm^2

圖 11-118

$$\left.\begin{array}{l}\text{(1)有控制中子數能力。}\\ \text{(2)能迅速運走核反應時產生的龐大能量。}\end{array}\right\} \qquad (11\text{-}354f)$$

(iii)核能發電

如（11-354b）式，每次核分裂的分裂片（fragment）共帶約 200 MeV 的 90%的

動能，其餘的10%分別是迅速中子動能，分裂片的激發能以及輻射能。帶高動能的分裂片，立即和反應爐周圍的原子碰撞，跑不到10^{-4}cm就把動能轉給碰撞原子。這些原子變成高振盪態，這就是熱能，這熱能立刻被冷卻系統運走。所以：

(1)核分裂產生的龐大能量，幾乎在發生核分裂的周圍被轉換成熱能。

(2)這熱能經冷卻系統運到爐外來旋轉發電機渦輪（turbine）。

(3)機械能便被轉換成電能。

這整個叫**核能發電裝置**（nuclear power plant），如圖（11-119）。凡是以原子能作為能源來發電的統稱為**核能發電**，而在原子核變換過程，由原子核釋放的所有種類的能量統叫原子能。

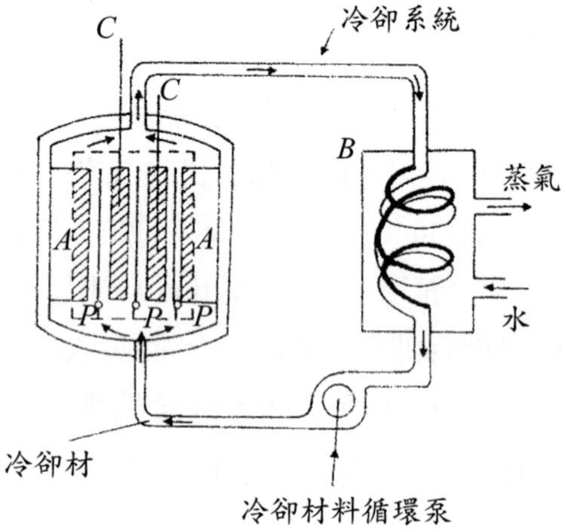

A＝反射體，防止中子洩漏
B＝熱交換器
C＝鎘棒，控制中子數用
P＝燃料
---點線內部是核反應爐心
斜線部＝減速材，故內部便成中子源

圖 11-119　原子爐簡略圖

【Ex. 11-64】如下圖，質點1以速度$\boldsymbol{v}_1$朝向靜止的質點2運動，而質點碰撞後各自以$\boldsymbol{v}_1'$和$\boldsymbol{v}_2'$向原$\boldsymbol{v}_1$方向運動，求質點1的動能變化量；質點1和2的質量各為m_1和m_2。

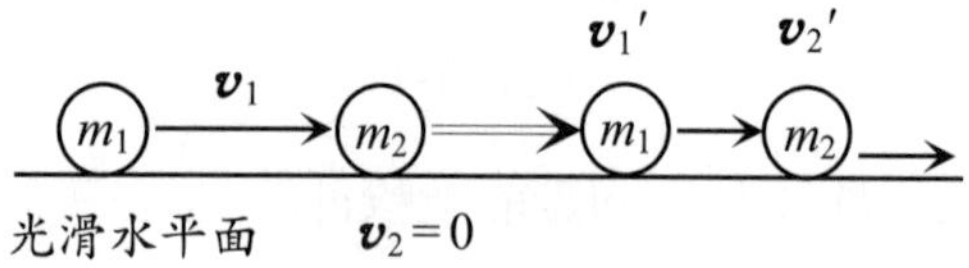

由於碰撞前後的方向沒變，兩個粒子都是質點，故不必考慮內能，又在光滑水平面，沒摩擦力和萬有引力的作用，因此可看成一維的彈性碰撞，所以：

動能守恆：$\dfrac{m_1v_1^2}{2}=\dfrac{m_1v_1'^2}{2}+\dfrac{m_2v_2'^2}{2}$

動量守恆：$m_1v_1=m_1v_1'+m_2v_2' \longrightarrow m_2v_2'=m_1(v_1-v_1')$

$$\therefore m_1v_1^2=m_1v_1'^2+\frac{m_1^2}{m_2}(v_1-v_1')^2=(m_1+\frac{m_1^2}{m_2})v_1'^2+\frac{m_1^2}{m_2}v_1^2-\frac{2m_1^2}{m_2}v_1v_1'$$

或$\dfrac{m_1}{m_2}(m_1+m_2)v_1'^2-\dfrac{2m_1^2v_1}{m_2}v_1'+\dfrac{m_1}{m_2}(m_1-m_2)v_1^2=0$

$$\therefore v_1' = \frac{\frac{m_1^2}{m_2}v_1 \pm \sqrt{(\frac{m_1^2}{m_2}v_1)^2 - \left(\frac{m_1}{m_2}\right)^2 (m_1^2 - m_2^2)v_1^2}}{\frac{m_1}{m_2}(m_1 + m_2)} = \frac{(m_1 \pm m_2)v_1}{m_1 + m_2}$$

$$= \begin{cases} v_1 \cdots\cdots\cdots\cdots \text{不合物理，} \qquad \text{因有} v_2' \neq 0 \\ \frac{m_1 - m_2}{m_1 + m_2} v_1 \end{cases}$$

$$\therefore v_1' = \frac{m_1 - m_2}{m_1 + m_2} v_1 < v_1 \qquad (11\text{-}355a)$$

確實被減速，且 m_2 愈接近 m_1 減速的愈利害。看看動能變化 $\Delta k \equiv k - k'$：

$$\Delta k = \frac{m_1}{2}v_1^2 - \frac{m_1}{2}v_1'^2 = \frac{m_1}{2}v_1^2\left[1 - \left(\frac{m_1 - m_2}{m_1 + m_2}\right)^2\right] = \frac{4m_1 m_2}{(m_1 + m_2)^2}\frac{m_1}{2}v_1^2 \qquad (11\text{-}355b)$$

$$\therefore \frac{\Delta \mathrm{k}}{\mathrm{k}} = \frac{4m_1 m_2}{(m_1 + m_2)^2} \equiv \text{動能損失率}\,\delta \qquad (11\text{-}355c)$$

當 m_1 = 中子，分別用水 H_2O，重水 D_2O 和石臘（碳）來作中子減速材時的各 δ 是：

水：$m_2 \fallingdotseq 18m_1 \rightarrow \delta_{水} \fallingdotseq \frac{4 \times 18}{(1 + 18)^2} \fallingdotseq 19.94\% \leftarrow$ 用了質子質量 ≒ 中子質量

重水：$m_2 \fallingdotseq 20m_1 \rightarrow \delta_{重} \fallingdotseq \frac{4 \times 20}{(1 + 20)^2} \fallingdotseq 18.14\%$

石臘：$m_2 = 12m_1 \rightarrow \delta_{石} = \frac{4 \times 12}{(1 + 12)^2} \fallingdotseq 28.40\%$

所以液狀（需要流動）石臘最好，再來是水。原子爐的冷卻材除減速中子速之外，還需要運輸熱能，故除了考慮冷卻材的 δ 大小之外，還需要考慮熱容（heat capacity）的大小，水和石臘的比熱各為 $C_{水} \fallingdotseq (0.48 \sim 0.50)\mathrm{cal/(g \cdot K)}$ 和 $C_{石} \fallingdotseq (0.51 \sim 0.54)\mathrm{cal/(g \cdot K)}$，所以仍然是石臘優於水，不過水比石臘容易得且方便，因此原子爐都用水作冷卻材料。

(iv)核能發電須注意之事

如圖（11-119），在反應爐內的水很容易變成輻射水，它會慢慢地影響在熱交換器 B 內的水。B 內產生水蒸氣，它去轉動發電機渦輪，故這些機器遲早會受輻射污染。所以所有用品，更換的水全是輻射物，加上被排放的水是高溫，破壞海中生態是嚴重的熱污染（thermal pollution）。台灣墾丁一帶海底珊瑚的大量死亡是核三廠排放的熱水引起的結果。更嚴重的是用完的燃料灰，內含好多種高輻射的元素，有的半衰期（看（11-255c）式）是幾百年，除了**深埋在非常安全的地下**，隨時會破壞生態。處理壽命到的原子爐，更是頭大；萬一管理不慎，輻射外洩甚至於爆炸，必帶來大災難。前者如 1979 年美國三哩島事件，後者是如 1986 年的蘇聯車諾堡（Chernoberg）核能發電廠事件。目前（1999 年秋天）實用的原子爐約有三種：沸水式（boiling-water）、壓水式（pressurized-water）和液態金屬（liquid-metal）原子爐。沸水式是圖（11-119）的冷卻系統的水（從反應爐出來後已成水蒸氣），直接去轉動發電機渦輪。由於水是輻射水，於是旋轉渦輪較容易受損。如圖（11-119）是壓水式，循環反應爐的水是高壓水，於是溫度比沸水式高，它到了熱交換器B，立即把B內的水變成水蒸氣來轉動發電機渦輪，所以和渦輪接觸的不是直接來自反應爐，換句話說，和渦輪接觸的不是輻射水蒸氣，於是渦輪不易受損。水的熱容遠不如金屬，為了提高動能損失率（看（11-355c）式），最好用原子量小的，並且容易獲得的金屬，它是海水內最多的鈉($_{11}Na$)，以液態鈉替代圖（11-119）的冷卻系統的水，就是液態金屬原子爐。

(G)核融合（核聚變 nuclear fusion）[1,19)]

(1)核融合是什麼？

在前節介紹的是大原子序 Z 的原子核，裂變成兩個或以上較小Z的核反應現象；倒過來，兩個或以上的小Z核融合成更大Z的核反應稱作**核融合**或**核聚變**。在我們的生活世界，原子核是由電中性的中子n和帶正電的質子p所構成，它們被侷限在線度數 fm($1\text{fm}=10^{-15}\text{m}$)的空間，其表面張力和容積能（valume energy）是相當大，於是非以增加庫侖斥力勢能來平衡它們不可。這是為什麼小Z核會相互融合構成更大Z，則容易想像核融合必有極限，其極限大約為質量數A=60 附近，這時每核子的結合能（binding energy）達到最大值。照實際演算這現象出現在$_{26}Fe^{56}$（鐵，看Ex.（11-31）），$_{26}Fe^{56}$的核子結合能的實驗值是 8.79MeV。過了$Z=26$，核便以增加中子數來減少庫侖斥力（看（11-345d～g）式），中子n的增加相當於增加核力中的引力來達成平衡功能。這調整當然也有它的極限，核力也有斥力部分（看圖（11-59）和（11-66）），當各力較勁時，稍微失衡或外界的微擾就發生衰變（decay）或核分裂。

(2)實例

天上亮晶晶的恆星，離我們最近的是太陽，其能量來自核融合。輕核融合成新核的必要條件是：

$$\left.\begin{array}{l}\text{(1)克服兩輕核間的庫侖斥力勢能。}\\ \text{(2)維持循環持續反應，需要保持高溫高密度狀態。}\end{array}\right\} \qquad (11\text{-}356a)$$

保持高溫狀態的捷徑是製造高質量密度，以產生大重力來壓縮空間，這是為什麼太陽內部密度$\rho_{內} \fallingdotseq 1.2\times10^5 \mathrm{kg/m^3}$。在恆星進行的核融合反應有好多種循環（cycle），其中代表性的有：質子質子循環（p-p cycle）和碳$({}_6C_6{}^{12})$循環（carbon cycle）。

(i)質子質子循環

$$\left.\begin{array}{l} 2({}_1H^1 + {}_1H^1) \rightarrow 2({}_1H^2 + e^+ + \nu) \\ 2({}_1H^2 + {}_1H^1) \rightarrow 2({}_2He^3 + \gamma) \\ {}_2He^3 + {}_2He^3 \rightarrow {}_2He^4 + {}_1H^1 + {}_1H^1 \end{array}\right\} \qquad (11\text{-}356b)$$

e^+=正電子，ν=微中子（neutrino），γ=光子。氫$({}_1H_0^1=p)$扮演觸媒角色，造完氦$({}_2He_2^4)=\alpha$粒子後的氫又回去造氘$({}_1H_1^2=D)$而構成 **p-p** 循環，所以（11-356b）式的整個是燃燒四個氫得一個氦，相當於下反應：

$$4{}_1H_0^1 \rightarrow {}_2He_2^4 + 2(e^+ + \nu + \gamma) + 26.73\mathrm{MeV} \qquad (11\text{-}356c)$$

（11-356c）式的反應Q值26.73MeV來自質量虧損，是氫和氦的質量差：

$$\begin{aligned}(4m_p - m_\alpha)c^2 &= (4\times1.007825 - 4.002603)\mathrm{amu}\\ &\fallingdotseq 0.028697\times931.494\mathrm{MeV} \fallingdotseq 26.73\mathrm{MeV}\end{aligned}$$

地球表面收到的陽光強度$I\fallingdotseq 1.4\times10^3 \mathrm{W/m^2}$，太陽離地球約$1.5\times10^8$km，太陽半徑不大約$7\times10^5$km，大部分是氣狀，於是可以假設太陽為點光源，並且射出的陽光為各向均勻（isotropic），則太陽每秒鐘輻射的能量E_r是：

$$\begin{aligned}E_r &= 4\pi(1.5\times10^8\mathrm{km})^2\times1.4\times10^3\mathrm{W/m^2}\\ &\fallingdotseq 3.96\times10^{26}\,\mathrm{W} \fallingdotseq 2.47\times10^{39}\,\mathrm{MeV/s}\end{aligned} \qquad (11\text{-}356d)$$

所以每秒發生的p−p循環次數N是：

$$N = \frac{E_r}{26.73\,\mathrm{MeV}} \fallingdotseq 9.24\times10^{38}\frac{1}{\mathrm{s}} \fallingdotseq 10^{39}\frac{1}{\mathrm{s}} \qquad (11\text{-}356e)$$

每循環需要四個氫，則每秒需要的氫原子數N_p是：

$$N_p = 4N \fallingdotseq 4 \times 10^{39} \frac{1}{\mathrm{s}} \tag{11-356f}$$

那麼太陽有多少氫呢？還能燃燒多久呢？太陽是個年青恆星，大約整個由氫元素組成，其質量由表(2-6)是 $M \fallingdotseq 1.989 \times 10^{30}\mathrm{kg}$，氫的質量 $m_p \fallingdotseq 1.672623 \times 10^{-27}\mathrm{kg}$，故氫的數目 N_0 是：

$$N_0 = \frac{M}{m_p} = \frac{1.989 \times 10^{30}}{1.672623 \times 10^{-27}} \fallingdotseq 1.19 \times 10^{57} \tag{11-356g}$$

所以用完氫的壽命 τ_p 是：

$$\tau_p = \frac{N_0}{N_p} = \frac{1.19 \times 10^{57}}{4 \times 9.24 \times 10^{38} \frac{1}{\mathrm{s}}} \fallingdotseq 3.22 \times 10^{17}\mathrm{s} \fallingdotseq 1.02 \times 10^{10}\text{年} \tag{11-356h}$$

只要有陽光，地球上的生物就能活，故地球有生物的壽命約10^{10}年。以上是種模型演算，是種估計。

當年青的恆星燃燒一段時間後，累積足夠的氦就開始氦核融合，製造更重的元素，首先是兩個氦的融合：

$$_2\mathrm{He}_2^4 + {_2\mathrm{He}_2^4} \rightleftharpoons {_4\mathrm{Be}_4^8}\ (\text{鈹}) \tag{11-357a}$$

由於 $_2\mathrm{He}_2^4$ 是質子 p 和中子 n 都是幻數 2 的雙幻數（double magic number）核，非常安定，於是 $_4\mathrm{Be}_4^8$ 極端不穩，如（11-357a）式的左右來回地反應，這時如其旁邊有 $_2\mathrm{He}_2^4$ 便立即抓來造安定的碳（$_6\mathrm{C}_6^{12}$）：

$$\left.\begin{array}{ll} & _4\mathrm{Be}_4^8 + {_2\mathrm{He}_2^4} \longrightarrow {_6\mathrm{C}_6^{12}} \\ \text{或} & 3\,{_2\mathrm{He}_2^4} \longrightarrow {_6\mathrm{C}_6^{12}} \end{array}\right\} \tag{11-357b}$$

在完全進入（11-357b）式之前 $p-p$ 循環，除（11-356b）式之外產生：

$$\left.\begin{array}{l} _1\mathrm{H}^1 + {_1\mathrm{H}^1} \longrightarrow {_1\mathrm{H}^2} + e^+ + \nu \\ _1\mathrm{H}^2 + {_1\mathrm{H}^1} \longrightarrow {_2\mathrm{He}^3} + \gamma \end{array}\right\} \Rightarrow \left\{\begin{array}{l} _2\mathrm{He}^3 + {_2\mathrm{He}^4} \longrightarrow {_4\mathrm{Be}^7} + \gamma \\ _4\mathrm{Be}^7 + e(\text{電子}) \longrightarrow {_3\mathrm{Li}^7}(\text{鋰}) + \nu \\ _3\mathrm{Li}^7 + {_1\mathrm{H}^1} \longrightarrow 2\,{_2\mathrm{He}^4} \end{array}\right\} \tag{11-357c}$$

$$\left.\begin{array}{l} _1\mathrm{H}^1 + {_1\mathrm{H}^1} \longrightarrow {_1\mathrm{H}^2} + e^+ + \nu \\ _1\mathrm{H}^2 + {_1\mathrm{H}^1} \longrightarrow {_2\mathrm{He}^3} + \gamma \end{array}\right\} \Rightarrow \left\{\begin{array}{l} _2\mathrm{He}^3 + {_2\mathrm{He}^4} \longrightarrow {_4\mathrm{Be}^7} + \gamma \\ _4\mathrm{Be}^7 + {_1\mathrm{H}^1} \longrightarrow {_5\mathrm{B}_3^8}(\text{硼}) + \gamma \\ _5\mathrm{B}^8 \longrightarrow {_4\mathrm{Be}^8} + e^+ + \nu \\ _4\mathrm{Be}^8 \longrightarrow 2\,{_2\mathrm{He}^4} \end{array}\right\} \tag{11-357d}$$

（11-357c）和（11-357d）式的核融合觸媒仍然是氫，所以仍然稱為$P-P$循環。

(ii)碳循環

年青恆星演變進入（11-357b）式之後，便以碳為觸媒進行另一階段的核融合：

$$\left.\begin{array}{l}{}_6C^{12}_6+{}_1H^1\longrightarrow{}_7N^{13}(\text{氮})+\gamma\\ {}_7N^{13}\longrightarrow{}_6C^{13}+e^++\nu\\ {}_6C^{13}+{}_1H^1\longrightarrow{}_7N^{14}+\gamma\\ {}_7N^{14}+{}_1H^1\longrightarrow{}_8O^{15}(\text{氧})+\gamma\\ {}_8O^{15}\longrightarrow{}_7N^{15}+e^++\nu\\ {}_7N^{15}+{}_1H^1\longrightarrow{}_6C^{12}_6+{}_2He^4\end{array}\right\} \qquad (11\text{-}358a)$$

（11-358a）式叫**碳循環**，整個過程又是四個氫造一個氦，所以整過程的Q值和p－p循環相同的26.73MeV。觸媒角色的${}_6C^{12}_6$在循環反應過程不會有增減。從核融合時，兩個原子必須接觸的角度來看，碳循環比p－p循環有效，為什麼呢？因為p－p間的庫侖斥力勢能U_{pp}遠小於（約四分之一，看Ex.（11-65））$p-c$間的庫侖勢能U_{pc}。大庫侖勢能會產生更多的熱能（thermal energy），即碳循環的溫度較p－p循環高，於是前者比後者容易進行核融合。

【Ex. 11-65】 求氫氫、氘氘和氫碳相接觸時的庫侖斥力勢能。

如右圖，假設核的形狀為半徑R的球，各核的電荷ze集中在球心，則由（7-3b）式得相接觸時庫侖勢能U：

$R_i=r_0A_i^{1/3}$，$i=1,2$
$r_0=(1.07\sim1.12)\text{fm}$
（看(11-194a)式）

$$U=\frac{1}{4\pi\varepsilon_0}\frac{z_1z_2e^2}{R_1+R_2}=\frac{e^2}{4\pi\varepsilon_0}\frac{z_1z_2}{r_0({A_1}^{1/3}+{A_2}^{1/3})}$$

$$\therefore U_{pp}=\frac{e^2}{4\pi\varepsilon_0}\frac{1\times1}{1.12\times2\times1^{1/3}\text{fm}}\fallingdotseq\frac{1.44}{2.24}\text{MeV}=0.643\,\text{MeV}$$

$$U_{DD}=\frac{e^2}{4\pi\varepsilon_0}\frac{1}{1.12\times2\times2^{1/3}\text{fm}}\fallingdotseq\frac{1.44\,\text{MeV}}{2.822}\fallingdotseq0.51\,\text{MeV}$$

$$U_{pc}=\frac{e^2}{4\pi\varepsilon_0}\frac{1\times6}{1.12(1^{1/3}+12^{1/3})\text{fm}}=\frac{6\times1.44\,\text{MeV}}{1.12\times3.29}\fallingdotseq2.345\,\text{MeV}$$

$$\therefore\frac{U_{pc}}{U_{pp}}=\frac{2.345}{0.643}\fallingdotseq3.65\fallingdotseq4$$

推延上述理論，恆星或太陽是以下面（11-358b）式方式順序地進行核融合，而造更大 Z 的元素：

$$\left.\begin{array}{l} (1)\text{先燃燒氫}(_1H_0^1)\longrightarrow\text{獲得氦}(_2He_2^4)\text{。}\\ (2)\text{再燃燒氦}\longrightarrow\text{變成碳}(_6C_6^{12})\Longleftarrow(3\,_2He_2^4\longrightarrow\,_6C_6^{12})\text{；}\\ \quad\text{這時溫度仍然很高，故繼續核融合。}\\ (3)\text{接著是碳的融合}\longrightarrow\text{得}\,_{12}Mg_{12}^{24}\Longleftarrow(2\,_6C_6^{12}\longrightarrow\,_{12}Mg_{12}^{24})\text{。} \end{array}\right\} \quad (11\text{-}358b)$$

$$\Downarrow\quad \text{繼續下去，例如}\begin{cases} _6C^{12}+\,_2He^4\longrightarrow\,_8O^{16}\\ _8O^{16}+\,_2He^4\longrightarrow\,_{10}Ne^{20}\\ _{10}Ne+\,_2He^4\longrightarrow\,_{12}Mg^{24}\\ _8O^{16}+\,_8O^{16}\longrightarrow\,_{14}Si^{28}+\,_2He^4\\ \qquad\qquad\quad\longrightarrow\,_{15}P^{31}+\,_1H^1 \end{cases}$$

一直到鐵($_{26}Fe^{56}$)的形成，其核子結合能是最大值的 8.79MeV，看Ex.（11-31）或圖（11-120）。

地球內部，從半徑 $R_1=1270\,\text{km}$ 到 $R_2=3470\,\text{km}$ 層的主成分是鐵 $_{26}Fe^{56}$，這是（11-358b）式的實證之一。過了鐵質子數增加，核內庫侖斥力逐漸增強，原子核快速增加中子數來保核的穩定，如圖（11-60）所示，中子數N和質子數Z之比最後到 $\dfrac{N}{Z}\doteqdot 1.6$。表面張力和庫侖力的競爭，再也無法以核子間強相互作用力中的引力來維持平衡，核只好開始衰變或分裂。

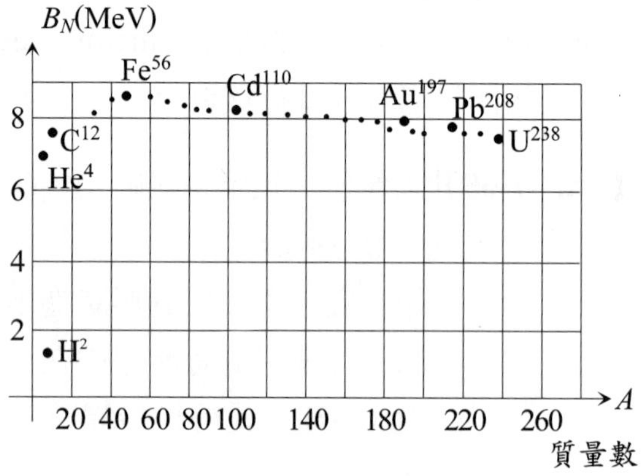

核子結合能 $B_N=\dfrac{\text{原子核結合能 }B}{\text{質量數 }A}$

圖 11-120

(3)未來的能源、核融合

(i)地球上的天然能源

地球上的天然能源有：石油、煤和天然瓦斯，其總含有量估計是 90Q，$1Q\equiv1.05\times10^{21}J$，假定目前（1999年）全世界的年能量消耗量$=0.5Q$，則在不增加消耗量的前提下，可使用$\dfrac{90Q}{0.5Q/\text{年}}=180$年。但過去我們已使用了一部分，並且能量消耗量是跟著生活水平的提升而快速成長，總有一天天然能源會枯竭，在那以前必須開發新能源。核能是個後補者之一，其中核分裂用的天然資源 $_{92}U^{235}$ 和 $_{92}U^{238}$ 貯藏估計分別為 2.4Q和 350Q，不過如前節（F）所述，其輻射污染太嚴重，不是人類所要的能源。再來是核融合，它目前正在開發中，情況如何呢？看下面。

(ii)核融合爐

綜合恆星的核融合，可歸納成如圖（11-121）的過程，從圖很容易地看出，**把龐大等離子體（plasma）約束（confinement）在有限空間的是「重力」**，使它們持續進行核融合的是高溫和高壓帶來的高質量密度，所以造高溫且高密度的等離子體是持續核融合的關鍵。那麼（11-356b）式的材料氘($_1H^2_1 \equiv D$) 那裡來？地球表面約70%是海，海中的氫中約0.015%是D，估計能造 3.7×10^9Q，是個龐大的能源，遠遠地超過核分裂能源。由圖（11-121）得核融合的主材料是D，$_2He^3$ 和氚($_1H^3_2 \equiv T$)，它們的核融合截面積如圖（11-122）。顯然D−D核融合反應截面積不如D−T的，並且需要的入射能E也高，但T在自然界不存在，因其半衰期僅 12.3 年，故早就在地球上不見蹤影，只能靠人造，例如：

$$_3Li^6_3(\text{鋰})+n(\text{中子})\longrightarrow T+{_2He^4_2}+4.783\,\text{MeV} \quad (11\text{-}359a)$$

這樣一來，便提高核融合發電價格。不過海水裡有不少鋰，海水內的鋰同位素量比是：

$$_3Li^6_3 : {_3Li^7_4} = 7.4\% : 92.6\%$$

n(中子)→p(質子)+e(電子)+$\tilde{\nu}$(反微中子)
$\tilde{\nu}+p\rightarrow n+e^+$(正電子)
$p+n\rightarrow D$(氘)$+\gamma$(光子)
$e+e^+\rightarrow\gamma+\gamma$
$\gamma\rightarrow e+e^+$

⇓

形成大量的$_2He^3_1$，$_1H^3_2$，$_1H^2_1$，p，n，e

⇓

形成團簇（cluster）於是產生較大重力

⇓

形成更多團簇，產生大壓力，恆星內部溫度上升到大約 10^5K

⇓

更促進團簇形成，溫度上升到約 10^7K，在高溫大壓力下變成電漿（plasma）

⇓

$\left.\begin{matrix}(11-356b)\\(11-357c,d)\end{matrix}\right\}$ 式過程⇒(11-358a)式過程 ⇒……⇒$_{26}Fe^{56}_{30}$
核融合

圖 11-121 恆星的演變過程

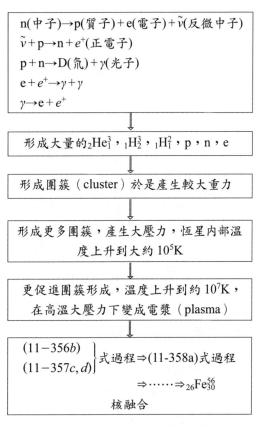

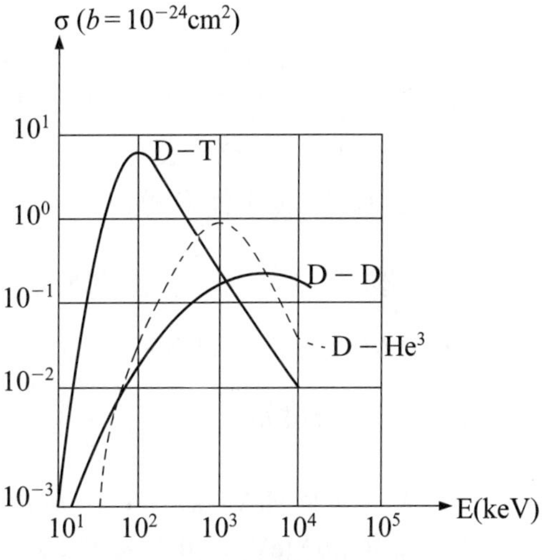

橫縱軸都是對數規格
E=氘的質心系能量

圖 11-122 核融合截面積

核融合反應時會產生不少中子n，所以可以用${}_3Li_3^6$做爐壁，一面防止n撞壁時傳熱給壁而降低爐溫，一面利用n和${}_3Li_3^6$反應產生T，同時釋放 4.783MeV 的能量來提高爐溫。因此**目前最被看好的是 D-T 核融合**，那麼這些輕核的反應過程如何呢？大約如下：

$$\left.\begin{array}{l}\left\{\begin{array}{l}D+T\longrightarrow {}_2He^4+n+17.58\,MeV\longrightarrow {}_2He^4(3.52)+n(14.06)\\ D+{}_2He^3\rightarrow {}_2He^4+p+18.34MeV\longrightarrow {}_2He^4(3.67)+p(14.67)\end{array}\right.\\ \left\{\begin{array}{l}D+D\longrightarrow T+p+4.04\,MeV\longrightarrow T(1.01)+p(3.0.3)\\ D+D\longrightarrow {}_2He^3+n+3.27\,MeV\longrightarrow {}_2He^3(0.82)\ +n(2.45)\end{array}\right.\end{array}\right\}\qquad (11\text{-}359b)$$

（11-359b）式括弧內數值是以 MeV 計的該粒子動能，即反應$(A+B)\rightarrow(C+D+Q)$的$\dfrac{m_CQ}{m_C+m_D}$和$\dfrac{m_DQ}{m_C+m_D}$的值。D−D 反應產生的Q值約 3～4MeV，D−T 反應約為其四倍。反應後的粒子動能是提升反應爐溫度的重要源，高溫使被約束在有限空間的原子激烈碰撞而變成離子（ion），結果構成高溫高密度電漿來進行核融合，所以稱能：

⑴有效地控制，並且能持續核融合，同時
⑵有效地取出核融合釋放的能量，　　（11-359c）

（11-359c）式的裝置叫**核融合爐**（nuclear fusion reactor），或叫**熱核反應爐**（thermo-nuclear reactor），它和核分裂反應爐（nuclear fission reactor）不同，具有下列優點：

⑴由於需要人為地維持高溫（約 10^9K），故不易自行爆炸。
⑵由於需要把電漿約束在有限空間，於是不易輻射外洩。
⑶輻射線遠低於核分裂。
⑷天然資源氘$({}_1H_1^2=D)$遠比鈾$({}_{92}U)$多。　　（11-359d）

那麼為什麼需要那麼高溫 10^9K 呢？由Ex.（11-65），要突破庫侖斥力勢能$U_{DD}\doteqdot 0.51\,MeV$，從（11-306c）式，每個氘至少需要$\dfrac{m_D}{2m_D}U_{DD}\doteqdot 0.26\,MeV$的動能$K_D$才行，，其溫度是：

$$K_D=0.26\,MeV=kT,\qquad k=Boltznann\text{ 常量}\doteqdot 8.62\times10^{-5}eV/K$$

$$\therefore T=\frac{0.26\,MeV}{k}=\frac{0.26\times10^6\,eV}{8.62\times10^{-5}\,eV/K}\doteqdot 3\times10^9\,K\qquad (11\text{-}359e)$$

在 10^9 K 下，所有原子完全被電離，**正離子和電子雖保持電中性，但非常無秩序地撞來撞去**，又同時維持高粒子數密度，這種狀態類似高密度離子漿，故叫電漿[48)]

（等離子體plasma）。因此核融合爐必是能約束（confinement）完全電離的超高溫電漿在一定的空間內，同時持續同狀態的裝置，所以其最大困難是：

$$\left.\begin{array}{l}(1)\text{如何維持約 }10^{9}\text{ 的超高溫，來克服庫侖斥力勢能。}\\(2)\text{如何在超高溫下維持高粒子數密度，來有效地持續進行核反應。}\end{array}\right\} \qquad (11\text{-}359f)$$

於是如何造能耐高輻放射和超高溫的爐壁，最好是把電漿約束在爐中央不碰壁。目前(1999 年)較有希望能達到（11-359f）式要求的方法是：

$$\left.\begin{array}{l}(1)\text{磁（場）約束聚變（magnetic confinement fusion）。}\\(2)\text{慣性約束聚變（inertial confinement fusion）。}\end{array}\right\} \qquad (11\text{-}359g)$$

但太陽是**靠萬有引力來約束高溫高粒子數密度**以維持核融合，故稱為**引力約束聚變**。因太陽是：

$$\begin{cases}(1)\text{每天約燃燒 }5\times10^{16}\text{kg 的氫；}\\(2)\text{外邊溫度雖} \fallingdotseq 6000\text{K，但內部溫度} \fallingdotseq 1.5\times10^{7}\text{K；}\\(3)\text{內部質量密度}\rho \fallingdotseq 1.2\times10^{5}\,\text{kg}/\text{m}^3\\ \qquad \xrightarrow[\text{密度}]{\text{氫粒子數}}\left(\dfrac{1.2\times10^{5}\,\text{kg}}{1.673\times10^{-27}\,\text{kg}}\right)/\text{m}^3 \fallingdotseq 0.7\times10^{32}\text{ 個氫}/\text{m}^3\\ \qquad \fallingdotseq 1\times10^{26}\text{ 個氫}/\text{cm}^3\\(4)\text{離子分布範圍} \fallingdotseq 7\times10^{5}\,\text{km 的半徑球。}\end{cases}$$

規模龐大，所以才有能力進行引力約束聚變，即萬有引力完成爐壁功能，令電漿在太陽中心部持續進行。

(a)磁（場）約束核融合

利用外加磁場$\boldsymbol{B}$把電漿侷限在有限空間，這有兩種：線型（linear type）和環狀（toroidal）型。線型磁場約束原理如圖（11-123）所示，線圈兩端繞成密狀而中間疏，於是電流$\boldsymbol{I}$產生的磁場$\boldsymbol{B}$如圖（11-123b），兩端的$\boldsymbol{B}$緊密而中間疏暢。離子從中間跑到端點M_1或M_2時$\boldsymbol{B}$突然變強，便受捆無法繼續原來運動而轉回，於是離子就

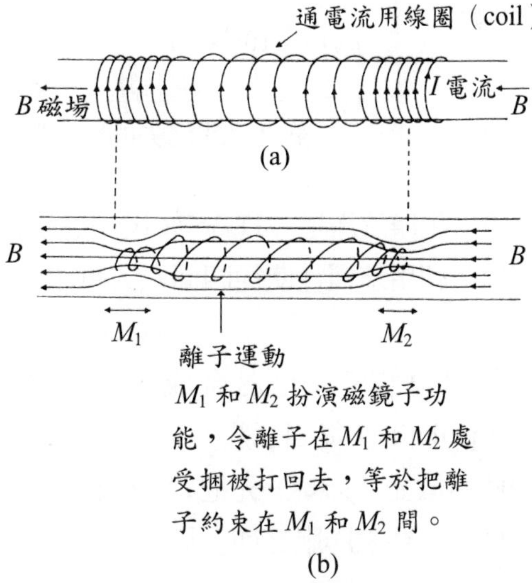

圖 11-123　線型磁（場）約束

被約束在 M_1 和 M_2 之間。被 M_1 或 M_2 逼回的離子，運動亂度增加，提高碰撞概率。但 M_1 和 M_2 的磁鏡子功能不是百分之百，於是把線型改良為環型，這是目前最受歡迎的型，叫 **Tokamak**。中國大陸早就積極地研究核聚變，合肥科技大學的 Tokamak 早在 1980 年代末已達到 10^8 K，相信大陸的核聚變研究目前已是高水平，他們採用的是（11-359b）式的 D－T 核聚變路線。

(b)慣性約束核融合

早在 1963 年世界聞名的原子核物理學家王淦昌（1907 年～1998 年 12/19），就提出具體的激光（laser）打靶法（激光聚變），喚起大家的關心和參與[19)]，同時開啟了激光聚變研究。接著介紹的是和激光有關，利用電漿的慣性來促使粒子會聚於幾乎點狀的極小空間，來產生聚變，稱它為**慣性約束聚變**。前面介紹的磁（場）約束法是，利用帶電粒子在磁場 $\boldsymbol{B}$ 內運動時，必繞著 $\boldsymbol{B}$ 作螺線狀（看 Ex.（7-44）），而不會橫切磁力線 $\boldsymbol{B}$ 運動；於是能使用如圖（11-123），有疏密分布的 $\boldsymbol{B}$ 來捆住帶電體無法繼續原運動，運動軌跡的螺線橫切面半徑愈來愈小，且正負電粒子的旋轉方向相反，剛好相互排斥逼回帶電粒子。所以整個佈置的目的是：

$$\text{限制帶電體的如意運動} \qquad (11\text{-}360a)$$

運動著的帶電體必產生電磁場，故外加相干性好的電磁場，即雷射來控制帶電體的運動是個好辦法。電漿能發生聚變，其粒子數密度 ρ_N 和粒子約束時間（confinement time）τ_N 須滿足 Lawson 條件（Lawson criterion）：

$$\rho_N \tau_N \geq 10^{20}\,\text{s}\cdot\text{m}^{-3} \qquad (11\text{-}360b)$$

$$\tau_N = \frac{\text{電漿總粒子數 } N}{\text{單位時間消失的粒子數 } \Delta N\left(\frac{1}{s}\right)} \qquad (11\text{-}360c)$$

才行，所以想辦法滿足（11-360a, b）式的條件就能達到目的。粒子要維持原運動方向是慣性。利用這慣性使從四面八方跑來的粒子會聚，故慣性約束聚變的大約過程是：

⑴將以 D 和 T 等比混合成的，半徑約 $(0.05\sim0.5)$nm$(1\text{ nm}\equiv10^{-9}\text{m})$ 的彈丸（pellet），從四面八方射入容器內。

⑵使用激光（laser）先把 $D-T$ 彈丸變成氣體，在 D 和 T 依⑴的運動方向（慣性）將要熱膨脹之前，以強激光令它們變成電漿。

⑶從四面八方照射的激光，一面加溫一面逼等離子體更集中於幾乎是點狀的極小空間來產生聚變。

使用的激光能≒10^5J，發生聚變的持續時間≒10^{-9}秒便能產生約10^{14}W的功率。核聚變的軍事用途就是氫彈，它是屬於慣性約束聚變，使用的是以微小核分裂能量來替代人為控制的激光約束而已。希望和平利用能早日實現，以解決人類的能源問題。目前最困難的是，如何維持長時間且可控制的核聚變，理論如上述，剩下的是技術問題。

(H)最近的原子核物理的研究情況

如圖（11-57）和（11-58）所示，從 1970 年代已進入相對論的核場理論階段。其代表模型理論，在較低能量域，數百 MeV～GeV 是量子強子力學（**q**uantum **h**adro**d**ynamics，簡稱 **QHD**）[22]，GeV 以上的能量域是量子色動力學（**q**uantum **c**hromo**d**ynamics，簡稱 **QCD**）。

QHD 是以強子（hadron），核子的質子p和中子n，以及扮演相互作用的介子π、σ、ω、ρ等等為成員來展開理論（看圖（11-59）），是美國史丹佛大學（Stanford Univ.）的 John Dirk Walecka 帶頭開發，動機是想統一處理高入射能高轉移動量反應和高密度核物質（nuclear matter）的性質。收到預期成果後轉應用到傳統的低能量原子核物理領域，獲得輝煌成果。在傳統核物理非動員剩餘（residual）相互作用的多體效應不可，並且演算繁雜的問題，竟然能以簡單的相對論效應來解決。例如：自然地獲得自旋軌道耦合（spin-orbit coupling，簡稱$L-S$力）勢能；其實如後註(9)的(32)式，$L-S$力本質上是屬於相對論範疇。順利地重現核子核子散射（$N-N$ scattering）的勢能和耦合常數大小（參考（11-201e）式）：

$$V(r)=\frac{1}{4\pi}\left(g_v^2\frac{e^{-m_v cr/\hbar}}{r}-g_s^2\frac{e^{-m_s cr/\hbar}}{r}\right) \qquad (11\text{-}361a)$$

$$\left.\begin{aligned}\left(\frac{g_s}{m_s c^2}\right)^2 &\fallingdotseq 3\times10^{-4}\,\text{MeV}^{-2}\\ \left(\frac{g_v}{m_v c^2}\right)^2 &\fallingdotseq 2.5\times10^{-4}\,\text{MeV}^{-2}\end{aligned}\right\} \qquad (11\text{-}361b)$$

右下標s和v分別代表扮演相互作用的介子是σ和ω，除（11-361a）式之外也獲得核子被靶核散射時，和入射能有關的光學勢能（參考（11-339a,b）式）。另方面，不必像傳統核物理假設介子交換流（mesonic exchange current）來分析核子或電子被靶核散射的現象，從理論的 Lagrangian 自然地能推導出介子交換流請看（11-499f）和（11-501b）式，以及核結構波函數該滿足的核子運動方程式。對核力研究有獨特貢獻，且有過去基礎的日本原子核物理研究人員，如日本東北大學、東京大學、京都大學、大阪大學等等，一直有一批研究者繼續核場理論的開發和研究，從 QHD 到 QCD。這幾年（1994 年到目前 1999 年）以 QHD 理論為基礎，重新分析並且深入研討傳統核物理理論和成果，不但幾乎重現了傳統核物理的結果，並且瞭解過去的理論內涵。從穩定到不穩定核的性質，從靜態（static）到非靜態（non-static）的原子核現象，例如漂亮地獲得圖（11-60），圖（11-120）等，以及核融合演變過程。目前的研究核心組是大阪大學的原子核物理組。**知識的累積對科學的發展是非常地重要，科學生根的根本要素之一**，它無法立竿見影，更沒有捷徑可遁行。世界在 1990 年中葉進入知識經濟時代，沒有優良的受過科技教育的國民，是無法參與國際競爭，想以小聰明小智慧途中插入第一線的高科技行列幾乎不可能，這個現象會愈來愈明顯。學習、求學問過程，不是如目前（1999 年）的台灣以減輕課程，輕輕鬆鬆地快樂學習(？)它**必須全力以赴，深入思考努力奮鬥後，獲得結果或解決了問題時的微笑，才叫快樂學習**。簡單一句：「教育是根本」。

至於 QCD 理論，它和研究基本粒子有關，請看下面(V)基本粒子簡介。

練習題

(1)使用無限深方位阱勢能的能量本徵值$E_n=\dfrac{n^2\pi^2\hbar^2}{2ma^2}$，$n=1,2\cdots\cdots, a\fallingdotseq 10\text{fm}$是核半徑，說明電子無法存在於原子核內。（暗示：考慮$n=1$的情形）

(2)假定核子質量m和電子質量$m_{電}$是$m\fallingdotseq 2\times10^3\,m_{電}$，而原子核半徑$a$和原子半徑$a_B$是$a\fallingdotseq 10^{-5}\,a_B$（$a_B$=Bohr 半徑），使用題目(1)的$E_n$估計原子的電子能$E_{電}$和核內核子能$E$之比。（答：$E_{電}/E=1/10^7$）

(3)設質子和反質子的對撞能約為 $1\text{TeV}=10^{12}\,\text{eV}$，使用 Heisenberg 測不準原理求此對撞能可以深入到對撞粒子多深。（答：約$4\times10^{-16}\,\text{cm}$）

(4)以 JJ 耦合求（Ex.11-34）的二核子系統的波函數。

(5)仿（Ex.11-38），用（11-81a）和（11-81b）式求銀 ${}_{47}\text{Ag}_{60}^{107}$ 的質子和中子的 Fermi 動量和有效勢能，以及平均勢能。假定銀核是半徑$R=r_o\text{A}^{1/3}$的均勻球，$r_o=1.2\,\text{fm}$，A=質量數。（答：$\begin{cases}V_p=-39\,\text{MeV}\\P_{FP}=240\,\text{MeV}/c\end{cases}$，$\begin{cases}V_n=-44\,\text{MeV}\\V_{Fn}=260\,\text{MeV}/c\end{cases}$，$\langle V\rangle=-38\,\text{MeV}$）

(6)使用圖（11-74）和表（11-13）求下列常遇到的核的基態核自旋和宇稱。氦 ${}_2\text{He}_1^3$，碳 ${}_6\text{C}_6^{12}$ 和 ${}_6\text{C}_7^{13}$，氮 ${}_7\text{N}_7^{14}$，矽 ${}_{14}\text{Si}_{14}^{28}$，磷 ${}_{15}\text{P}_{16}^{31}$，氬 ${}_{18}\text{Ar}_{21}^{39}$。

(7)從圖（11-80）說明為什麼在 1899 年 Rutherford 能斷定走路徑A和B的粒子，分別為帶正電的α粒子和帶負電的β粒子呢？（暗示：參考（Ex. 7-42））。

⑻用來治癌的鈷 $_{27}\mathrm{Co}^{60}_{33}$ 的半衰期是 5.27 年，求其壽命 τ 和以（秒）$^{-1}$為因次的衰變係數 λ。（答：$\tau \fallingdotseq 7.603$ 年 $\fallingdotseq 2.398 \times 10^{8}\,\mathrm{s}$，$\lambda \fallingdotseq 4.171 \times 10^{-9}\,1/\mathrm{s}$）

⑼求 1 克的鈷 60 ($_{27}\mathrm{Co}^{60}_{33}$) 有多少鈷 60 原子？如其半衰期是 5.27 年，求 5.27 年和 10.54 年時的鈷 60 的原子數。（答：原子數 $\fallingdotseq 1.004 \times 10^{22} \equiv N_0$，5.27 年時是 $N_0/2$，10.54 的年時是 $N_0/4$）

⑽求(Ex. 11-43)的母核 $_{84}\mathrm{Po}^{212}_{128}$ (釙)的質量是多少？（答：211.989amu）

⑾如質量 $M(A, Z)$ 的核，A = 質量數，Z = 原子序數，衰變所放射的粒子是：⑴氦 $_{2}\mathrm{He}^{3}_{1}$，⑵質子、即氫原子核 ($1\mathrm{H}^{1}_{0}$) 時，（11-266a）式各為如何？

⑿（11-267d）式是一秒鐘的衰變率，如果要求每一秒鐘的衰變率 λ，則該如何表示呢？同樣使用圖（11-84b）的庫侖斥力勢能。

⒀比較電子和正電子。

⒁鈉 $_{11}\mathrm{Na}^{22}_{11}$ 和氖 $_{10}\mathrm{Ne}^{22}_{12}$ 的質量各為 $m_{Na} = 21.994435\mathrm{amu}$，$m_{Ne} = 21.991384\,\mathrm{amu}$，討論兩原子間的β衰變情形。

⒂從（Ex.11-49）知π和 K 介子的內稟宇稱是負，靜止的 K^0 衰變有如下的兩種：

$$K^0 \longrightarrow \pi^+ + \pi^-\,, \qquad K^0 \longrightarrow \pi^+ + \pi^- + \pi^0$$

假定 π 介子都沒軌道角動量，則宇稱守不守恆？（答：不守恆）

⒃求右圖(a)和(b)的 El 和 Ml 躍遷，圖上的 I^{π} 表示核狀態的核自旋 I 和宇稱 π。（答：(a)$E2$，(b)$E3, M2, M4$）

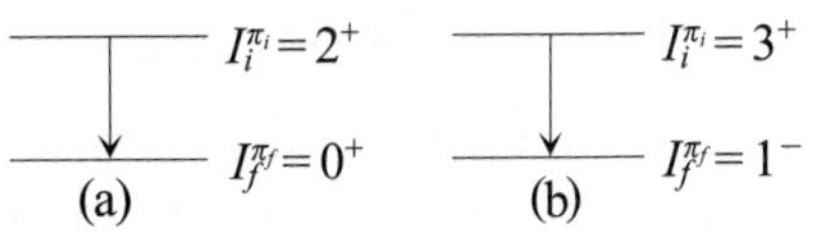

⒄求核反應 $_{2}\mathrm{He}^{4} + {}_{8}\mathrm{O}^{16} \longrightarrow {}_{2}\mathrm{He}^{4} + {}_{8}\mathrm{O}^{16}{*}$ 的最大庫侖勢能，但核半徑 $R = r_0 A^{1/3}$，A = 質量數，$r_0 = 1.25\,\mathrm{fm}$。（答：4.49MeV）

⒅⑴討論（Ex. 11-57）所得的（11-330f）式；⑵如入射中子能 E=5MeV，圖（11-106b）的核引力強度 $V_0 = 40\,\mathrm{MeV}$，R=10fm，求（11-330f）式的散射和反應截面積各為多少？中子靜止質量 $m_n c^2 = 939.56563\,\mathrm{MeV}$。（答：$\sigma_{r,0} \fallingdotseq 976.5\,\mathrm{b}$，$\sigma_{sc,0} \fallingdotseq 2826.8\,\mathrm{b}$，$1\mathrm{b} \equiv 10^{-24}\,\mathrm{cm}^2$）

⒆假定 $_{92}\mathrm{U}^{238}$ 會自發衰變成兩個 $_{46}\mathrm{Pd}^{119}$（鈀），使用液滴模型的球狀表面勢能 $4\pi R^2 S = 15.4 A^{2/3}\,\mathrm{MeV}$ 和庫侖靜電勢能 $U_c = \dfrac{3}{5}\dfrac{e^2}{4\pi\varepsilon_o}\dfrac{Z^2}{R}$，說明為什麼 $_{92}\mathrm{U}^{238}$ 不安定而 $_{46}\mathrm{Pd}^{119}$ 安定，但原子核半徑 $R \fallingdotseq 1.2 A^{1/3}\,\mathrm{fm}$。（暗示：比較表面勢能和庫侖斥力勢能）

V.基本粒子物理學簡介

(A)歷史回顧

(1) 16 世紀以後的物理學發展概況[19,35)]

先來大致地瞭解從 17 世紀至今的發展過程，以本套書為基準可畫成如圖（11-124）。用線度表示天上物體的運動範圍

$$\text{光年} = 60 \times 60 \times 24 \times 365 \text{秒} c \fallingdotseq 9.5 \times 10^{15} \text{ m}$$

到原子核內核子的運動範圍 $1\ \text{fm} = 10^{-15}$ m，約跨越 10^{30} 的領域，但我們的生活經驗約在毫米 10^{-3} m 到幾千公里 10^{6} m，再小就要靠顯微鏡看到 10^{-6} m，大就到天上星星，它們使我們覺得好遙遠而產生詩意，讓腦袋瓜去想像思考。從圖（11-124）內容，除了夸克（quark）、膠子（gluon）和量子場論（quantum field theory）外，大致熟悉，這些不熟悉的就是將要介紹的內容。

在 17 世紀 Boyle 提出分子的概念（1661 年），它是構成物質的最小單元，演進到 19 世紀的原子概念，有的分子由一個原子，有的由兩個或兩個以上同種或不同種原子組成，到了 1869 年 D.I. Mendeleav 時已有 64 種元素，使他排成了一個有規則性的週期表（看第十章後註(23)）。當時以為原子就是構成物質分子的基本單元，再也無法分割，竟沒想到原子還由更小的原子核和電子構成，它們分別在 1911 年由 Rutherford 和 1897 年由 J. J. Thomson 發現。接著在 1919 年 Rutherford 發現質子，1932 年 Chadwick 發現中子，以及 Dirac1928 年完成的相對論量子力學所預言的，電子的反粒子（antiparticle）正電子（positron），但尚未找到世稱 Dirac 預言的反質子（該是 Oppenheimer，看下面(2)(i)）。這樣一來，問題就不單純了。怎麼有粒子，又有它的反粒子呢？怎麼能在那麼小的，線度約為 10^{-15} m 的原子核內容納那麼多的質子和中子呢？核子間的作用力是什麼？絕不可能是相互作用距（interaction range）無限大的萬有引力或電磁力，於是 H. Yukawa（湯川秀樹）創造了介子理論（看Ⅳ(B)），揭開核子間的相互作用是，約電磁相互作用力的 137 倍的強相互作用。再來是受到 Anderson 發現正電子的刺激，研究宇宙線成為熱門課題。從地球外飛來的高能量粒子到底有多少種？那裡來的？它們在地球上層和空氣的氧氣 O_2，氮氣 N_2 等等碰撞造更多種粒子。那就乾脆造個機器來加速帶電粒子，讓它們碰撞如何；這樣地，Van de Graaff（Robert Jemison Van de Graaff

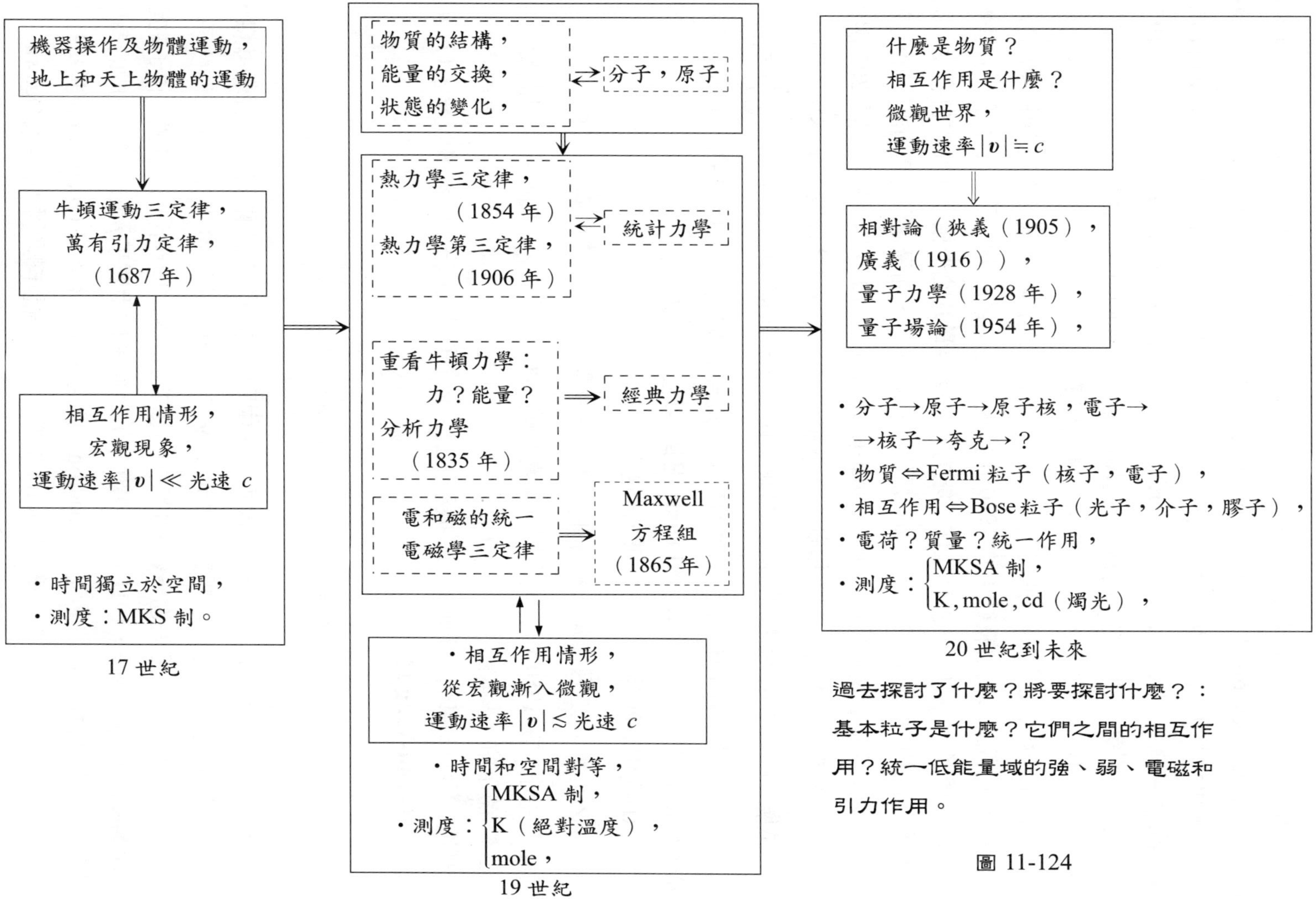
機器操作及物體運動，
地上和天上物體的運動
牛頓運動三定律，
萬有引力定律，
（1687 年）
相互作用情形，
宏觀現象，
運動速率 $|\boldsymbol{v}| \ll$ 光速 c
・時間獨立於空間，
・測度：MKS 制。
17 世紀
物質的結構，
能量的交換，
狀態的變化，
分子，原子
熱力學三定律，
（1854 年）
熱力學第三定律，
（1906 年）
統計力學
重看牛頓力學：
力？能量？
分析力學
（1835 年）
經典力學
電和磁的統一
電磁學三定律
Maxwell
方程組
（1865 年）
・相互作用情形，
從宏觀漸入微觀，
運動速率 $|\boldsymbol{v}| \lesssim$ 光速 c
・時間和空間對等，
・測度：MKSA 制，K（絕對溫度），mole，
19 世紀
什麼是物質？
相互作用是什麼？
微觀世界，
運動速率 $|\boldsymbol{v}| \fallingdotseq c$
相對論（狹義（1905），
廣義（1916）），
量子力學（1928 年），
量子場論（1954 年），
・分子→原子→原子核，電子→
→核子→夸克→？
・物質⇔Fermi 粒子（核子，電子），
・相互作用⇔Bose 粒子（光子，介子，膠子），
・電荷？質量？統一作用，
・測度：MKSA 制，K, mole, cd（燭光），
20 世紀到未來
過去探討了什麼？將要探討什麼？：
基本粒子是什麼？它們之間的相互作
用？統一低能量域的強、弱、電磁和
引力作用。

圖 11-124

1901年～1967年美國物理學家）在1931年建造了高電壓靜電加速器，世稱 **Van de Graaff**以紀念他，他成功地加速質子到數KeV。接著是1932年Cockcroft（Sir John Douglas Cockcroft 1897年～1967年英國物理學家）和Walton（Ernest Thomas Sinton Walton 1903年～1995年英國物理學家）發明的直流高電壓加速器**Cockcroft-Walton**加速器，以及同1932年Lawrence（Ernest Orlando Lawrence 1901年～1958年美國物理學家）建造的利用磁場的迴轉加速器 cyclotron，加速質子從1932年的1.22MeV到1948年的6.2GeV。發明各種加速器後不久，世界雖進入二次大戰，物理學家從宇宙線和加速器研究更基本粒子的熱情一直有增無減，更吸引優秀的物理學家投入。到了二次大戰結束的1940年代後葉已找到不少粒子和反粒子，有些粒子非常地奇怪，必須由有強相互作用能力並且高能量的粒子相互碰撞才會產生，壽命不算短有10^{-10}s，它們衰變時卻不是經強相互作用，而是經弱相互作用，於是就稱它們為**奇異粒子或奇異子**（strange particle）。到了1950年代初找到約300個粒子（含共振態），因此就開始懷疑：基本粒子到底有多少？什麼是基本粒子呢？

依照Dirac的相對論量子力學，帶正電荷e的質子磁偶矩μ_p該是$\mu_p=\dfrac{e\hbar}{2m_p}\equiv\mu_N$，$m_p$＝質子質量，但1930年代後葉的實驗是$\mu_p\fallingdotseq 2.793\mu_N$，多出$1.793\mu_N$，於是物理界便有人質疑Dirac的理論，但Dirac很肯定地回答他們說：

(1)我相信理論是正確，同時實驗也正確。

(2)$\mu_p\neq\mu_N$是因為**質子有內部結構**，不是單獨的自旋$\dfrac{1}{2}$的點狀粒子。

除此事件外，在1950年前後為了分類當時的300多個粒子，物理學家已開始質疑過去相信所謂的基本粒子：p、n、$\pi^{\pm,0}$、e^-（電子）、e^+（正電子）等等的不可分割性。例如1949年，Fermi和楊振寧提出：π介子是由核子(p,n)和反核子$(\bar{p},\bar{n})$組成的**Fermi-Yang 理論**：

$$\pi^+\equiv p+\bar{n},\quad \pi^-\equiv\bar{p}+n,\quad \pi^0\equiv\begin{cases}p+\bar{p}\\ n+\bar{n}\end{cases}$$

來解釋強相互作用。到了1950年代中葉，中國大陸瀰漫著「階層」的哲學思想，也許受到此影響，大陸物理學家朱洪元（1917～1992）提出：基本粒子，如核子、π介子等都有階層，但沒進一步的探討，大約同時的1956年，日本基本粒子物理學家Sakata（坂田昌一，1911年～1970年）從原子核由質子p和中子n組成的角度思考得：參與強相互作用的強子（hadron）**是由三種基本粒子(p,n,Λ)和其反粒子$(\bar{p},\bar{n},\bar{\Lambda})$組成的複合粒子**，稱為**Sakata模型**。它經一批年輕的物理學家Ogawa（小川修三），Ōnuki（大貫義昭），Yamaguchi（山口嘉夫）等人的進一步研究，以基本粒子相互作用的對稱性思路，在 1959 年發展成 U(3)[49] 對稱性論。順利地解釋一些弱相互作用現象，以及重子和介子的部分性質，並且在分類介子時預言了 η^0 粒子的存在。那麼 η^0 是如何獲得的呢？依 Sakata 模型，設同位旋（isospin）的第三成分 $= T_3$ ，奇異數（strangeness，分類粒子用的量子數，看下面(B)）為 S ，則得下表。

物理量	p	n	Λ	$\bar{p}$	$\bar{n}$	$\bar{\Lambda}$
T_3	1/2	−1/2	0	−1/2	1/2	0
S	0	0	−1	0	0	1

依介子的 T_3 和 S 值，剛好以 Sakata 模型的基本粒子組合 $\pi^{\pm,0}$ 、$K^{\pm}$ 、K^0 和 $\overline{K^0}$ 成為：

$$\left.\begin{array}{l} p\bar{n} \leftrightarrow \pi^+ ,\ p\bar{\Lambda} \leftrightarrow K^+ \\ n\bar{p} \leftrightarrow \pi^- ,\ n\bar{\Lambda} \leftrightarrow K^0 \\ \Lambda\bar{p} \leftrightarrow K^- ,\ \Lambda\bar{n} \leftrightarrow \overline{K^0} \\ \dfrac{n\bar{n}-p\bar{p}}{\sqrt{2}} \longleftrightarrow \pi^0 \end{array}\right\} \qquad (11\text{-}362a)$$

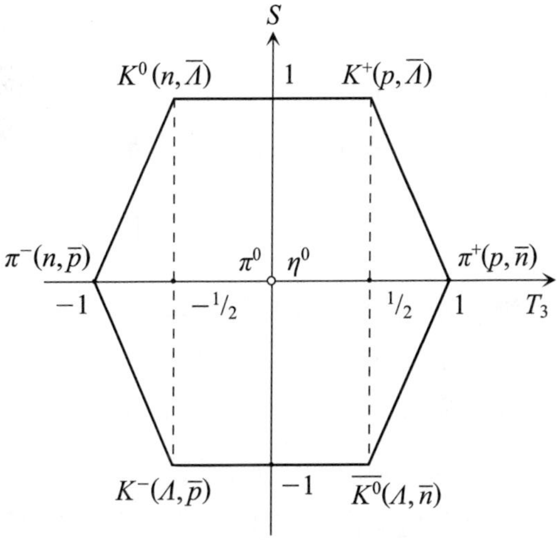

圖 11-125 Sakata 模型的介子八重態

以及完全對稱組合的 $\dfrac{p\bar{p}+n\bar{n}+\Lambda\bar{\Lambda}}{\sqrt{3}}$ 粒子才對，命名它為 η^0 ，則得：

$$\eta^0 \longleftrightarrow \frac{p\bar{p}+n\bar{n}+\Lambda\bar{\Lambda}}{\sqrt{3}} \qquad (11\text{-}362b)$$

（11-362a,b）式正好如圖（11-125）構成八重態（octet），η^0 粒子後來真的被找到。可惜 U(3) 對稱性論無法解釋為什麼從質量接近的八個重子（baryon）：

$$n,\ p,\ \Lambda,\ \Sigma^{+,-,0},\ \Xi^{-,0} \qquad (11\text{-}362c)$$

取出（p,n,Λ）作為基本粒子的理由，因此無法說明和重子有關的實驗。不過 Sakata 模型的內涵：

(1)強子（hadron）由三個粒子組成，
(2)基本粒子間的相互作用是對稱，
（11-362d）

被後來（1964 年）的夸克（quark）模型繼承。在 1961 年 Yuval Neeman 和 Gell-

Mann（Murray Gell-Mann 1929 年～ 美國理論物理學家）提出狹義么正對稱（special unitary symmetry）為基礎的，基本粒子八重態模型SU(3)[49]，這和 Sakata 模型的么正對稱（unitary symmetry）為基礎的，介子八重態U(3)類似。同樣未能滿意地分類當時的粒子。一直到 1964 年 Gell-Mann 和 Zweig 才提出夸克（quark）模型（細節看下面(E)），是Gell-Mann從數學上分析，**創造三種粒子叫(u,d,s)夸克來替代坂田模型的(p,n,Λ)作為基本粒子**，來組合重子和介子，結果得分數電荷「$\frac{2}{3}e$」和「$-\frac{1}{3}e$」。夸克模型到目前（1999 年末）尚未出問題。**夸克模型和坂田模型有本質上的差異**，前者是以嶄新的點狀粒子夸克來組合所有的重子和介子，而後者是以現有的三個重子為基本粒子來組合其他粒子，所以：

夸克模型是層次模型 （11-362e）

這種思想和 1950 年代後半中國大陸的哲學思想「階層」對比，因此夸克模型傳入中國後，中國物理學家便稱為**層次模型**。在 1965～1966 年，實驗物理學家張文裕（1910～1992）等人，根據中國的階層哲學思想來的「物質無限可分」的思想提出：「強子由層子組成，而層子是無限層次中的一階段」來得一系列的粒子，因此引起國際基本粒子物理界的關注。在 1970 年代後葉對夸克是否點狀粒子起質疑時，Glashow（Sheldon Lee Glashow 1932 年～ 美國理論物理學家）說：如果夸克由更深層次的粒子組成，則稱它為**毛粒子**（maons），為什麼呢？他又說：因為這和中國毛澤東的哲學思想：「無限層次」有關連。可惜從 1960 年代中葉中國進入文化大革命，不但所有研究停頓下來，甚至形成斷層。

⑵相互作用，定位將在(V)介紹的內容

在基本粒子物理學領域，1964 年是重要年，因基礎物理學進入新階層的夸克領域。Gell-Mann 不但把從 1919 年發現質子，一直到 1950 年代初葉發現的粒子，以嶄新的夸克粒子，依粒子的質量、電荷、自旋、同位旋、粒子數（如重子數（baryon number），輕子數（lepton number）等）、奇異數等等分類成重子和介子；並且從相互作用的內涵分為強子（hadron）和輕子（lepton），前者參與強、弱和電磁相互作用，後者僅參與弱和電磁相互作用，當然只要有質量兩者都有萬有引力作用。早在 1831 年 Faraday 為了解釋他發現的感應電動勢，提出電力線（electric field lines）後，物理界修正過去的遠距相互作用的觀念為近距相互作用，即粒子或物體經場來相互作用。1865 年 Maxwell 完成電磁學方程組，以及 1887 年 Hertz（Heinrich Rudolph Hertz 1857 年～1894 年德國物理學家）證實電磁波的存在後，電磁場的觀

念定型。凡有質量者必形成萬有引力場，帶電荷者、靜態時形成電場，動態時電場和磁場同存；於是質量間和電荷間的相互作用，直接使用萬有引力場（2-59）式的引力勢 $V(r)$ 或（2-60b）式的引力場強 $\boldsymbol{g}(r)$，和電場 $E(\boldsymbol{r},t)$（7-4）式或（7-8）式，磁場 $B(\boldsymbol{r},t)$（7-40）式或（7-42b）式來描述作用現象。顯然相互作用是粒子經它們的物理量場來和對方粒子相互作用，如下：

粒子的		另-粒子的
電荷	—— 電磁場 ——	電荷
或質量	—— 萬有引力場 ——	或質量

扮演相互作用的場，其量子化（第二量子化，看後註 18）便得負責相互作用的 Bose 粒子，例如電磁場是自旋 1 無靜止質量（rest mass）的光子（photon），低能量域的核力場是自旋 0 有靜止質量的 π 介子，弱相互作用場是自旋 1 有靜止質量的 $W^{\pm}$ 和 Z^0 Bose 子（看下面(F)），而萬有引力場，目前（1999 年）的模型是自旋 2 無靜止質量的重力子（graviton）。目前較完整：物理量的理論值和實驗值吻合到小數以下第十位的是電磁學理論，它是定域（local，覺得譯成「局部」好些）規範場理論架構，對局部（local）規範變換不變的理論（後註㉔）。由於電磁學本身是滿足狹義相對論，帶電體的電荷單元來自微觀的電子，於是**理論必建立在狹義相對論和量子力學上**，同時電磁場 $\boldsymbol{E}(\boldsymbol{r},t)$ 和 $\boldsymbol{B}(\boldsymbol{r},t)$ 滿足規範變換，則稱：含電子場和電磁場，且建立在局部規範理論上的電磁學，為**量子電動力學**（quantum electrodynamics，簡稱 QED，細節看下面(C)），是研究物質和電磁場的相互作用。QED 的規範函數（gauge function）是能對易（commute）的標量函數，故又稱 QED 的規範理論為 **abelian 規範理論**（abelian gauge theory），而稱量子化規範場所得的粒子、光子為**規範粒子**（gauge particle）。所以稱物理量，如萬有引力強 $\boldsymbol{g}(r)$，電磁場 $\boldsymbol{E}(\boldsymbol{r},t)$、$\boldsymbol{B}(\boldsymbol{r},t)$ 等等分佈的空間為**場**（field）。場一般是會跟著時間變化，依其時空間變換性質，分為標量場（scalar field）、向量場（vector field）、張量場（tensor field）等，而描述場內運動或相互作用時使用量子力學理論的叫**量子場論**（quantum field theory），例如物質和電磁場相互作用，引起輻射或吸收光線使用量子力學的 QED 就是量子場論。尋找場量的時空間變化規則是研究場論的重要課題之一。量子場論的物理量的運動方程式是波動方程式，把該量量子化（第二量子化）便得該量（場）的粒子，這表示場量有波動性和粒子性；換句話，量子場論自然地內涵量子力學的基本假設（postulate）之一的二象性（duality），是很優美的理論。

電磁相互作用的量子場論 QED 的成功，影響了其他相互作用的研究方法。在

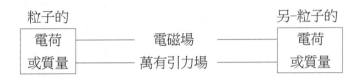

1954 年楊振寧和他的研究伙伴 R. L. Mills 首次把可對易的規範函數一般化，以不可對易的內涵 SU (2) 對稱的規範函數取代，建立**不可對易的局部規範場論**（local gauge field theory）來解釋強相互作用現象（細節看下面(D)）。後來該理論架構被推廣到內涵 SU (3) 對稱，將 Gell-Mann 分類強子的夸克概念涵蓋進去的局部規範場論，結果為了說明強相互作用的實驗，夸克不像 Maxwell 電磁學的電荷僅有一種，而有三種電荷，以色（color）量子數來分辨，於是 Gell-Mann 命名，帶色量子數建立於 SU (3) 對稱，不可對易的局部規範場論為**量子色動力學**（quantum chromodynamics，簡稱 QCD，細節看下面(E)）。在 1967 年 Weinberg（Steven Weinberg 1933 年～　美國理論物理學家）和 Salam（Abdus Salam 1926 年～1996 巴基斯坦和英國理論物理學家）同樣地使用不可對易局部規範場論，成功地統一了電磁和弱相互作用，稱為**電弱理論**（electroweak theory，看下面(F)）。同樣地想使用不可對易局部規範場來統一強、弱、電磁三相互作用的理論叫**大統一理論**（grand unified theory，簡稱 GUT）。不可對易局部規範場論又稱作**非 abelian 規範場論**（non abelian gauge field theory）。

從以上所述的發展過程，不難看出有如圖（11-126）的兩大主幹貫穿整個過程：如何將構成物質，以及扮演相互作用的粒子′（名詞加右上標「′」表示複數），依它們的性質分類，和追究基本粒子是什麼？另外，依能量的高低，如何產生相互作用，找出相互作用機制。將大約照圖（11-126）的內涵介紹：發現各種粒子的簡單過程，有什麼模型，和主要的實驗和理論於下面(B)～(F)。

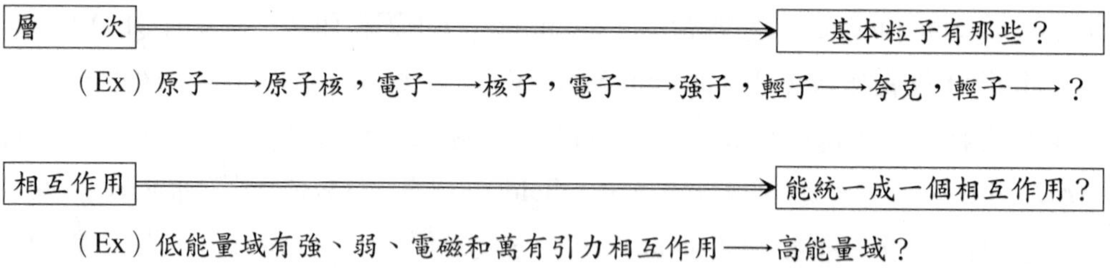

圖 11-126　在 (V) 基本粒子物理學簡介要探討的兩主幹

和基本粒子有關的物理現象，不一定是高能量現象，但自從找到奇異粒子後，加速器能量不斷地提高，追究粒子內部結構，創造新粒子都需要高能量的入射粒子，所以又有**高能物理學**（high energy physics）之稱呼。開始時（1920 年代）基本粒子物理學（elementary particle physics）是研究構成物質的基本粒子，反應或衰變的粒子是基本粒子或複合粒子，它們的性質，以及相互轉換等等；不過後來由於基本粒子的大小線度約為 10^{-15} m，例如核子，如要探討其內部結構，非使用波長 $\lambda=c/(\nu)=2\pi\hbar c/E$ 小於 10^{-15} m 的能量 E 不可，即 $E>2\pi\hbar c/1\text{fm}$ 或 $E>1.24\text{GeV}$。這樣一來便和以追究基本粒子性質、來源，相互作用，以及研究自然界的根本規律的高能物理學逐漸地重疊，目前兩者幾乎不分。

(B)基本粒子[2,3,19,35,40)]

在前(A)（第 238 頁）中非常粗略地介紹了基本粒子物理學的發展過程，在此節(B)的焦點放在如何發現粒子′，它們到底是基本粒子或複合粒子呢？以及它們的靜態性質和參與的相互作用是什麼？為了有較明確的圖像（picture），稍微深入檢討名稱「基本粒子物理學」和「高能物理學」內涵。以目前（1999 年）的情況，能稱作「基本粒子」的該是：

$$\left.\begin{array}{l}(1)\ 6\text{ 個夸克（quark）：}\begin{pmatrix}u\\d\end{pmatrix},\ \begin{pmatrix}c\\s\end{pmatrix},\ \begin{pmatrix}t\\b\end{pmatrix}\\(2)\ 6\text{ 個輕子（lepton）：}\begin{pmatrix}\nu_e\\e\end{pmatrix},\ \begin{pmatrix}\nu_\mu\\\mu\end{pmatrix},\ \begin{pmatrix}\nu_\tau\\\tau\end{pmatrix}\end{array}\right\}\qquad(11\text{-}363\text{a})$$

以及扮演相互作用（不含萬有引力相互作用，下面各節也是）的規範粒子：

$$\left.\begin{array}{l}(1)\ g\text{（膠子 gluon）}\\(2)\ \gamma\text{（光子 photon）}\\(3)\ W^{\pm},Z^0\text{（中間 Bose 子或弱 Bose 子，intermediate Boson 或 weak Boson）}\end{array}\right\}\qquad(11\text{-}363\text{b})$$

共 17 個，u＝上夸克（up quark），d＝下（down）夸克，c＝燦（charm）夸克，s＝奇異（strange）夸克，t＝頂或真（top 或 truth）夸克，b＝底或美（bottom 或 beauty）夸克，μ＝muon，τ＝tauon，$\nu_{e,\mu,\tau}$分別為電子、μ 和 τ 的微中子（neutrino）。（11-363a）式全為內稟角動量（自旋）$\frac{1}{2}$ 的 Fermi 子，是形成物質的根元粒子，所以又稱為**物質粒子**（matter particle），而（11-363b）式是相互作用的扮演者，於是又叫**力粒子**（force particle）。從此立場，除了（11-363a, b）式外的粒子，全為複合粒子（composite particle），是由夸克和反夸克，依粒子的內稟性質（intrinsic property）：

$$\left.\begin{array}{l}\text{電荷、自旋、同位旋、宇稱、內稟量子數（intrinsic quantum mumber}\\\text{例如：奇異性（strangeness）、燦性（charmness）等等）}\end{array}\right\}\qquad(11\text{-}363\text{c})$$

組成的複合粒子。這種立場是**假設（11-363a）式的粒子，不能再分割**，萬一能再

分割，一定是跳躍式的另一階層。目前（1999 年）尚未需要夸克有內部結構，即需要進一步的層次；至於輕子的內部結構，對於電子已追究到 10^{-19} m 尚未發現有內部結構。今年（1999 年）美國 Stanford 大學，做世界最精密的物理常數測量的華裔物理學家朱棣文（1997 年獲得 Nobel 獎）研究組，測電子的電偶矩（electric dipole moment）$|\boldsymbol{P}_e| \equiv d < 10^{-30}$ e·m（公尺），e＝電子電荷大小，這數據暗示電子幾乎是無內部結構的近似點狀粒子，是名符其實的基本粒子。接著介紹到達（11-363a）式以前有什麼樣的粒子′，怎樣發現它們。

(1)基本粒子物理學和高能物理學的名稱來源

1920 年代，以為電子、光子和質子是構成物質的根源，自然地產生「**基本粒子**（elementary particle）」這名稱。發現的粒子逐年增加，在物理學領域形成一分域，**叫基本粒子物理學**，大約以研究：

(1)粒子能不能再分割？
(2)有多少種類？能不能分類？
(3)有什麼性質？
(4)參與的相互作用，反應現象的解釋和整理；
(5)相互作用內涵，分類和整理，其對稱性；
(6)粒子的產生（creation）、湮沒（annihilation）和衰變機制；　　（11-364a）

等內容。到了二次大戰結束，加速器的蓬勃發展，探討粒子內部結構和相互作用情形時，非用高能量的粒子不可。粒子動能從 1932 年的 MeV 量級，到 1950 年代中葉的幾百 GeV 量級，能量差約10^5倍。為了瞭解物體內部，我們常常破壞它，或打開來看看究竟什麼樣子；同樣要看清楚粒子內部，令粒子呈現原形，最好使用高能量的粒子和粒子相撞，所以基本粒子物理學實驗，非依賴加速成高能量的粒子不可，自然地產生「**高能物理學（high energy physics）**」名稱。二次大戰後到 1950 年代初，高能物理大致歸屬在原子核物理學領域，後來由於粒子（質子，電子，介子$\pi^{\pm}$，$K^{\pm}$等）反應能高到幾十甚至於幾百 GeV，又有粒子的產生和湮沒，或變成不同粒子，已不是原子核研究對稱，加上研究內容愈來愈廣泛，於是約在 1955～1956 年獨立成為高能物理學，並且稱：

低能量領域為原子核物理學，
高能量領域為高能物理學。　　（11-364b）

（11-364b）式的分類約在 1950 年代中葉定型。主要研究內容是：

(1)粒子性質，
(2)粒子結構，
(3)粒子的產生、湮沒、轉換、衰變現象的分析，
(4)相互作用機制，
(5)自然界的根本規律等等。
（11-364c）

發展到 1960 年左右，（11-364a）式和（11-364c）式的內容重疊太多，很難分辨，乾脆一律叫作基本粒子物理學或高能物理學，也有人稱研究理論方面為基本粒子，實驗方面為高能物理，我們採用基本粒子物理學名稱。顯然原子核不會參與，又站**在（11-363a）的立場，避免混淆，在下面一律不稱呼基本粒子，而稱為粒子，或直接使用粒子名稱。**

(2)各主要粒子的發現

(i)反粒子的存在

1926 年夏天，非相對論量子力學完成後，Schrödinger 立即應用到原子分子題目，收到輝煌的成果，但無法解釋原子電子的自旋，這問題終於在 1928 年被Dirac 解決，不過 Dirac 多了負能量解（看附錄(I)）。Dirac 想到：

(1) Pauli 不相容原理（exclusion principle）：
每一個狀態最多只能容納一個電子。
(2)惰性氣體（inert gas）：
主殼層（principal shell）或亞殼層（subshell）都裝滿電子。
（11-365a）

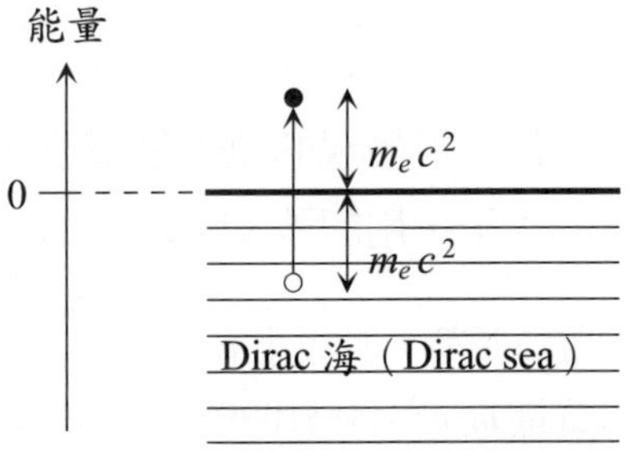

$E<0$ 的每個狀態都有一個電子，叫**真空**（vacuum），**真空**的能量、電荷、動量、角動量全等於 0

圖 11-127　Dirac **真空**

於是如圖（11-127），所有能量 $E<0$ 的狀態全如（11-365a）式那樣地裝滿電子，這種狀態 Dirac 稱作**真空**（vacuum 或 Dirac 海）。真空狀態時，Pauli 不相容原理的限制下，$E>0$ 的電子無法躍遷到 $E<0$ 的任何狀態，所以 $E>0$ 的電子是穩定。如有充分的能量 $\varepsilon \geq 2m_e c^2$，Dirac 海內的電子便有能力從 $E<0$ 的狀態躍遷到 $E>0$ 的狀態，而在真空內留下空穴（hole）。照Dirac的真空定義，由電荷守恆，空穴的粒子是帶和電子相反的正電荷，自旋和電子一樣的 $\frac{1}{2}$ 且持正能量的粒子，Dirac 首先稱它為質子（proton）。不過立即被 Weyl 和 Oppenheimer（John Robert Oppenheimer 1904 年～1967 年美國理論物理學

家）指正不該為質子，由能量守恆該空穴如圖（11-127），是和電子同質量的粒子，稱作**正電子**（positron），**是電子的反粒子（anti-particle）**，Oppenheimer同時從光子被粒子反粒子散射演算預言反質子（anti-proton）的存在，以及粒子和反粒子是同質量的結果（1928～1929），他又和 W. H. Furry 完成了含正電子的量子場論。電子和其反粒子的正電子完全對等，用不著 Dirac 的空穴理論，一切討論由基本原理：

$$\left.\begin{array}{l}(1)\text{量子力學}\\(2)\text{狹義相對論}\\(3)\text{微觀因果關係}\end{array}\right\}\begin{array}{l}\text{切入，建立理論，便是量子場論}\\\text{（quantum field theory）就可。}\end{array}\qquad(11\text{-}365b)$$

在 1932 年 Anderson 從宇宙線發現正電子，Chadwick 從核反應發現中子，但 Oppenheimer 預言的反質子一直到 1955 年才在加速器中被 Segré（Emilio Gino Segré 1905 年～1989 年出生義大利的美國物理學家）找到，肯定了：

$$\text{有}\left\{\begin{array}{l}\text{粒子（particle）和}\\\text{反粒子（anti}-\text{particle）}\end{array}\right\}\text{的存在}\qquad(11\text{-}365c)$$

由粒子構成的叫**物質**（matter），反粒子構成的稱作**反物質**（anti-matter），我們的世界是物質世界，所以由能量守恆，宇宙內必有反物質世界才行。

(ii)主要粒子的發現

除了最熟悉的電子、質子和中子詳述其性質之外，以分類方式用表列出主要粒子的發現者，發現年以及它們的重要性質。

(a)電子（electron）

最早被發現的粒子是電子，是 1897 年 J. J. Thomson 做真空放電時肯定為帶負電的粒子，用記號 e 或 e^- 表示，其靜態性質是：

$$\left.\begin{array}{l}(1)\text{帶負電荷，其大小 } e \fallingdotseq 1.60217733(49)\times10^{-19}\,\text{C（庫侖）}\\(2)\text{質量 } m_e c^2 \fallingdotseq 0.510998902(21)\ \text{MeV}\\(3)\text{內稟角動量（自旋）}\dfrac{1}{2}\text{，輕子數 } L=1\\(4)\text{磁偶矩}|\boldsymbol{\mu}_e| \fallingdotseq 1.001159652187(4)\,\mu_B\\\quad \mu_B=\dfrac{e\hbar}{2m_e}=\text{Bohr 磁子(Bohr magneton)} \fallingdotseq 5.78838263(52)\times10^{-11}\text{MeV/T(tesla)}\\(5)\text{電偶矩 } d_e \fallingdotseq (18\pm16)\times10^{-30}\,\text{e}\cdot\text{m（公尺）}\\(6)\text{壽命}\tau_e > 4.2\times10^{24}\text{年}\end{array}\right\}\qquad(11\text{-}366a)$$

(b)質子（proton）

在 1919 年 Rutherford 從核反應（$_2He^4$（氦）+ $_7N^{14}$（氮））⟶（$_8O^{17}$（氧）+ $_1H^1$（氫））發現氫核，即質子，用記號 P 或 $_1H_0^1$ 表示，其靜態性質是：

$$\left.\begin{array}{l}
(1)\text{帶正電荷 } e\text{，}e=\text{電子電荷大小} \\
(2)\text{質量 } m_p c^2 \fallingdotseq 938.27200(4)\text{MeV} \\
(3)\text{自旋}\dfrac{1}{2}\text{，內稟宇稱}=\text{正} \\
(4)\text{同位旋}\dfrac{1}{2}\text{，奇異數}=0\text{，重子數 } B=1 \\
(5)\text{磁偶矩}|\boldsymbol{\mu}_p| \fallingdotseq 2.792847337(29)\ \mu_N \\
\qquad \mu_N \equiv \dfrac{e\hbar}{2m_p} \fallingdotseq 3.15245166(28)\times 10^{-14}\ \text{MeV/T} \\
(6)\text{電偶矩 } d_p=(-4\pm 6)\times 10^{-25}\ \text{e}\cdot\text{m} \\
(7)\text{夸克模型 } P=(u,u,d) \\
(8)\text{壽命 } \tau_p > 1.6\times 10^{25}\text{ 年（模式（mode）無關值）} \\
\qquad \tau_p > 10^{31\sim 33}\text{年（模式有關值）}
\end{array}\right\} \quad (11\text{-}366b)$$

(c)中子（neutron）

1932 年 1 月 Joliot-Curie 夫妻，將 α 粒子撞鈹（$_4Be^9$）金屬時，獲得不受電磁場影響穿透力很強的射線，他們解釋為高能量光子（見 Ex.11-29），但 Rutherford 的學生 Chadwick 分析他們的結果後質疑「光子說」，決定重做他們的實驗，結果斷定為如下反應：

$$\alpha({}_2He^4)+{}_4Be^9 \longrightarrow {}_6C^{12}+n$$

反應後的電中性粒子 n，就是老師 Rutherford 在 1919 年預言，質量約等於質子的中子，就這樣地發現了中子，其靜態性質是：

$$\left.\begin{array}{l}
(1)\text{電荷} \fallingdotseq (-0.4\pm 1.1)\times 10^{-21}\, e \longrightarrow \text{宏觀看成電中性} \\
(2)\text{質量 } m_n c^2 \fallingdotseq 939.56533(4)\ \text{MeV} \\
(3)\text{自旋}\dfrac{1}{2}\text{，內稟宇稱}=\text{正} \\
(4)\text{同位旋}\dfrac{1}{2}\text{，奇異數}=0\text{，重子數 } B=1 \\
(5)\text{磁偶矩}|\boldsymbol{\mu}_n| \fallingdotseq -1.9130427(5)\ \mu_N \\
(6)\text{電偶矩 } d_n < 0.63\times 10^{-27}\ \text{e}\cdot\text{m} \\
(7)\text{夸克模型 } n=(u,d,d)
\end{array}\right\} \quad (11\text{-}366c.1)$$

$$\left.\begin{array}{l}(8)\text{壽命 } \tau_n \fallingdotseq 886.7(1.9)\ s\ \text{（秒），其衰變是：}\\ \qquad n \longrightarrow p+e^-+\widetilde{\nu}_e\ \text{（電子反微中子）}\end{array}\right\} \qquad (11\text{-}366c.2)$$

(d)正電子（positron）

19 世紀末（1895）Röntgen 發現 X 射線後，研究輻射線和放射線的吸引力逐漸昇高。1912 年奧地利物理學家 V. F. Hess（Victor Franz （Francis）Hess 1883 年～1964 年）乘氣球上上空測放射線，發現上空的放射線強度遠比地面強，分析結果唯一可能是來自地球外的太空，就稱它為**宇宙線**（cosmic rays）。直接從地球外進入地球的稱作**一次宇宙線**或**初始宇宙線**（primary cosmic rays），它們和上空大氣中氣體碰撞後產生的輻放射線（輻射線和放射線）稱為**二次或次級**（**secondary**）**宇宙線**。所以地球表面上測的絕大部分是次級宇宙線。1932 年 C. D. Anderson 使用雲霧室（cloud chamber）測宇宙線粒子時，本非專測正電子的 Anderson，偶然發現帶正電（看 Ex.11-66）且質量約和電子相同的粒子，即正電子。此正電子不是一次宇宙線，而是能量非常高的初始宇宙線的光子 γ 和上空大氣中的電子或質子 P 碰撞後對產生（pair production 或 pair creation）的正電子：

$$\gamma+e^- \longrightarrow e^-+e^++e^-$$
$$\gamma+p \longrightarrow p+e^++e^-$$

正電子的靜態性質是：

$$\left.\begin{array}{l}(1)\text{電荷}=+\,e,\quad e=\text{電子電荷大小}\\ (2)\text{質量}=\text{電子質量}\\ (3)\text{自旋}\dfrac{1}{2}\text{，輕子數}=-1\\ (4)\text{磁偶矩大小}=\text{電子磁偶矩大小}\\ (5)\text{壽命}=\text{電子的壽命}\end{array}\right\} \qquad (11\text{-}366d)$$

至於電偶矩無實驗數據。雖反粒子的質量和壽命都和粒子同（看表 11-20），但我們所處的世界是物質世界，反粒子能容身之地極少。如正電子的能量 E_{e^+} 小，則容易被到處都有的電子 e^- 包圍而形成束縛態（bounded state）$(e^-\ e^+)$ 或寫成「p_s」，稱作**電子偶素**（positronium）。最容易形成 p_s 的是，e^+ 在物質中被減速後和物質中的 e^- 形成。發現 e^+ 後的 1934 年物理學家就預言 $(e^-\ e^+)$ 存在的可能，但一直到 1951 年才被 M. Deutsch 發現。e^- 和 e^+ 都是自旋 $\dfrac{1}{2}$ 的 Fermi 子，又是對等粒子，不像電子和質子的關係，於是組成束縛態時 e^- 和 e^+ 的本性質自旋會扮演重要角色。有兩自旋互為反向的單態（singlet）和同向的三重態（triplet）的可能：

$$\left.\begin{array}{l}\text{單　態：}\overset{\text{自旋}}{\uparrow\downarrow}\text{ 的 }p_s\text{叫仲電子偶素（parapositronium），}\\ \text{三重態：}\uparrow\uparrow\text{ 的 }p_s\text{叫正電子偶素（orthopositronium），}\end{array}\right\}\quad(11\text{-}366e)$$

前者寫成$p-p_s$，後者是$o-p_s$。不過一般地，它們的壽命都不長，很快地就對湮沒（pair annihilation），依角動量守恆，光子的自旋是 1，故$p-p_s$和$o-p_s$各放射兩個和三個光子：

$$\left.\begin{array}{l}\text{單態的}p-p_s\longrightarrow\gamma+\gamma\cdots\cdots\cdots\text{壽命 }\tau\fallingdotseq1.25\times10^{-10}\text{ s}\\ \text{三重態的}o-p_s\longrightarrow\gamma+\gamma+\gamma\cdots\cdots\text{壽命 }\tau\fallingdotseq1.4\times10^{-7}\text{ s}\end{array}\right\}\quad(11\text{-}366f)$$

【Ex. 11-66】 如圖（11-128a），質量m電荷e速度 $\boldsymbol{v}$ 的粒子，在地磁赤道面上運動，$\boldsymbol{B}$ ＝地磁場，它處處垂直於地磁赤道面；假定$\boldsymbol{B}$的分佈均勻，如圖（11-128b），求：

(1)粒子軌道半徑R的表示式，

(2)質子和正電子的靜止質量各約 1.67×10^{-27} kg 或 938.272MeV 和 9.11×10^{-31} kg 或 0.511MeV，假定質子和正電子的速度相等，都是 $\boldsymbol{v}$，它們的軌道半徑比多少？

(3)假定 Anderson 測到的正電子是光子γ和電子e^-相互作用的對產生來的：$\gamma+e^-\longrightarrow e^-+e^++e^-$則光子的最低能是多少？

(1)如圖（11-128b），電荷e速度$\boldsymbol{v}$的粒子所受的磁力$\boldsymbol{F}_B=e\boldsymbol{v}\times\boldsymbol{B}$，$\boldsymbol{F}_B$時時刻刻垂直於 $\boldsymbol{v}$ 向圖上o點，如$|\boldsymbol{v}|$和$|\boldsymbol{B}|$大小不變則$|\boldsymbol{F}_B|$的大小

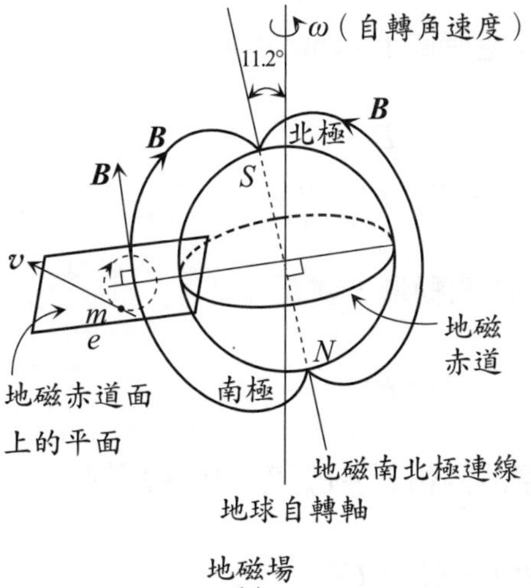

(a)

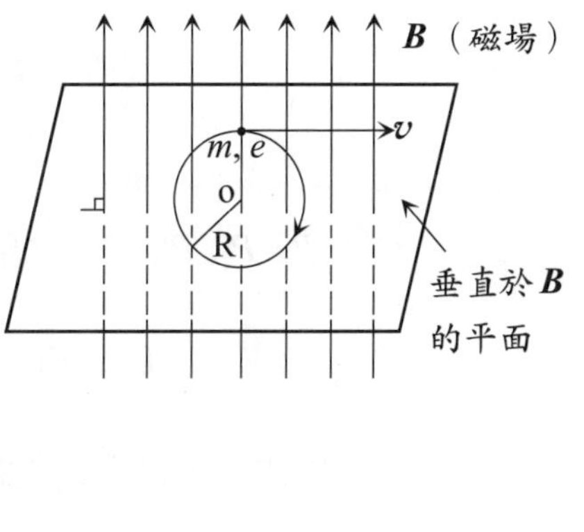

(b)

圖 11-128

一定，故粒子軌道是圓。$\boldsymbol{F}_B$必和力學的離心力$|\boldsymbol{F}|=\frac{m}{R}\upsilon^2$平衡才行（雖還有萬有引力$F_g$，但$F_g \ll F_B$，故不考慮）：

$$e|\boldsymbol{v}\times\boldsymbol{B}|=e\upsilon B=\frac{m}{R}\upsilon^2$$

$$\therefore R=\frac{m\upsilon}{eB}=\frac{P}{eB},\quad \upsilon\equiv|\boldsymbol{v}| \qquad (11\text{-}366g)$$

（11-366g）式的較嚴謹推導請看（Ex.7-42）。動量$P=\frac{m\upsilon}{\sqrt{1-\upsilon^2/c^2}}$，$c$＝光速。

⑵設質子和正電子的半徑分別為R_p和R_e，則由（11-366g）式得：

$$\frac{R_p}{R_e}=\frac{m_p}{m_e}=\frac{1.67\times10^{-27}}{9.11\times10^{-31}}\fallingdotseq 1.8\times10^3 \qquad (11\text{-}366h)$$

（11-366h）式是明知質子和正電子是同速度大小的結果，顯然大質量粒子不容易受磁場影響。**在宇宙線無法知道粒子速度，能測的是動量P**，質量大的一般地比質量小的跑得慢，於是質子和正電子的動量很難分辨。如（11-366h）式，質子和正電子的質量差 1800 倍，在同動量下質子肯定比正電子跑得慢，所以在雲霧室比跑得快的正電子容易離子化氣體，結果P的飛跡會呈現比e^+更多的離子。這是雲霧室實驗用來判斷粒子質量輕重的依據之一，加上質量大的比質量小的彎曲小來幫助判斷質量的輕重。

⑶在狹義相對論，質量和動能都不是單獨成為守恆量，唯一守恆量是能量E，或者是（9-45a）或（9-45b）式，稱作 **Lorentz 不變量**（Lorentz invariant）。在反應時的 Lorentz 不變量L^2是：

$$\text{反應：}A+B\longrightarrow C+D+F$$
$$P_1,\ P_2\longrightarrow P'_1,\ P'_2,\ P$$

P_1, P_2, P'_1, P'_2, P是各粒子的四動量，其L^2是：

$$L^2=(P_1+P_2)^2=(P'_1+P'_2+P)^2$$

則由（9-44）式任意四動量的內積$P^2=P_\mu\cdot P_\mu=\boldsymbol{P}^2-E^2/c^2$

$$\therefore (P_1+P_2)^2=(\boldsymbol{P}_1+\boldsymbol{P}_2)^2-(E_1+E_2)^2/c^2$$
$$=(\boldsymbol{P}_1'+\boldsymbol{P}_2'+\boldsymbol{P})^2-(E_1'+E_2'+E)^2/c^2$$

$$\therefore c^2(\boldsymbol{P}_1+\boldsymbol{P}_2)^2-(E_1+E_2)^2=c^2(\boldsymbol{P}_1'+\boldsymbol{P}_2'+\boldsymbol{P})^2-(E_1'+E_2'+E)^2 \tag{11-366i}$$

光子的靜止質量等於 0，故由（9-51）式得其能量 $E_\gamma=|\boldsymbol{P}|c$。光子的對產生的最低能量是，所有的粒子動量都是 0 時；設 A = 光子 γ, B、C、D 為電子，F = 正電子，則得：

$$\boldsymbol{P}_2=\boldsymbol{P}_1'=\boldsymbol{P}_2'=\boldsymbol{P}=0$$
$$c^2\boldsymbol{P}_1^2=E_\gamma^2,\ E_1=E_\gamma,\ E_2=E_1'=E_2'=E=mc^2$$

代入（11-366i）式得：

$$E_\gamma^2-E_\gamma^2-2E_\gamma mc^2-(mc^2)^2=-9(mc^2)^2$$
$$\therefore E_\gamma=4mc^2=4\times0.511\ \text{MeV}=2.044\ \text{MeV}$$

(e) $e^\pm$、p、n 及其他主要重子、介子和輕子

表 11-27 重子（baryon）

粒子	發現年	發現者	靜態性質								夸克模型
			壽命 τ	質量（MeV）	電荷	自旋	宇稱	重子數	T	T_3	
p	1919	Rutherford	$>1.6\times10^{25}$ yr	938.27200(4)	1	1/2	+	1	1/2	1/2	uud
n	1932	Chadwick	886.7(1.9) s（在核內穩定）	939.56533(4)	0	1/2	+	1	1/2	−1/2	udd
Σ^+	1953	G. Tomasini and Milan-Genoa team	$0.8018(26)\times10^{-10}$ s	1189.37(7)	1	1/2	+	1	1	1	uus
Σ^0	1956	R. Plano & team at BNL	$7.4(7)\times10^{-20}$ s	1192.642(24)	0	1/2	+	1	1	0	uds
Σ^-	1953	W. Fowler & team at BNL	$1.479(11)\times10^{-10}$ s	1197.449(30)	−1	1/2	+	1	1	−1	dds
Λ^0	1951	C. Butler & group at Manchester	$2.632(20)\times10^{-10}$ s	1115.683(86)	0	1/2	+	1	0	0	uds
$\cong^-$	1952	F. Armenteros & team at Manchester	$1.639(15)\times10^{-10}$ s	1321.31(13)	−1	1/2	+	1	1/2	−1/2	dss
$\cong^0$	1959	L. Alvarez & team at LBL	$2.90(9)\times10^{-10}$ s	1314.83(29)	0	1/2	+	1	1/2	1/2	uss
Ω^-	1964*	V. Barnes & team at BNL	$0.821(11)\times10^{-10}$ s	1672.45(29)	−1	3/2	+	1	0	0	sss

電荷以電子電荷大小 e 為單位，T = 同位旋，T_3 = 同位旋第三成分，Λ^0 又寫成 Λ
宇稱 = 粒子內稟宇稱（intrinsic parity），　*有 1954 年 Y. Eisenberg 曾發現過的記錄。

核子 (p,n) 的反粒子 $(\bar{p},\bar{n})$，在 1955 年 Segré 和 Chamberlain（Owen Chamberlain 1920 年～2006 美國實驗物理學家）做質子撞氫靶實驗：

$$p+p \longrightarrow p+p+p+\bar{p} \qquad (11\text{-}367a)$$

在加速器探測器中找到 $\bar{p}$；而在 1956 年 B. Cook, G. R. Lambertson, O. Piconi 和 W. A. Wentzel 從 $(p+\bar{p}) \longrightarrow (n+\bar{n})$ 反應找到反中子 $\bar{n}$。

【Ex. 11-67】 令質子 p 撞靜止氫靶，求如（11-367a）式對產生質子 p 反質子 $\bar{p}$ 時的最低入射能 E_p。

設（11-367a）式各粒子的四動量如下式所示，質子質量 $=m_p$，則反應時的 Lorentz 不變量 L^2 是：

$$\begin{array}{ll} \text{反　應：} & p+p \longrightarrow p+p+p+\bar{p} \\ \text{四動量：} & p_1\ p_2 \qquad\quad p'_1\ p'_2\ p'_3\ p'_4 \end{array}$$

Lorentz 不變量

$$\begin{aligned} L^2 &= (p_1+p_2)^2 = (\boldsymbol{p}_1+\boldsymbol{p}_2)^2-(E_1+E_2)^2/c^2 \\ &= (p'_1+p'_2+p'_3+p'_4)^2 \\ &= (\boldsymbol{p}_1'+\boldsymbol{p}_2'+\boldsymbol{p}_3'+\boldsymbol{p}_4')^2-(E'_1+E'_2+E'_3+E'_4)^2/c^2 \end{aligned}$$

最低入射能 $E_p=E_1$ 發生在，除了入射質子外的所有粒子的動量都等於 0：

$$|\boldsymbol{p}_2|=|\boldsymbol{p}_1'|=|\boldsymbol{p}_2'|=|\boldsymbol{p}_3'|=|\boldsymbol{p}_4'|=0$$

而 $E^2=c^2\boldsymbol{p}^2+(m_0c^2)^2$，$m_0=m_p$

$$\therefore c^2\boldsymbol{p}_1{}^2-E_1^2-2E_1E_2-E_2^2=-m_p^2c^4-2m_pc^2E_p-m_p^2c^4=-16m_p^2c^4$$

$$\therefore E_p=7m_pc^2 \fallingdotseq 7\times 938.272\ \text{MeV} \fallingdotseq 6.568\ \text{GeV}$$

扮演核力長相互作用距（long range interaction）的粒子是，自旋 $=0$，奇宇稱（粒子的宇稱指的是內稟宇稱）的 π 介子，這種性質的粒子叫**贋標量**（pseudoscalar）粒子。$\pi^{\pm,0}$ 不是直接從宇宙線發現，而是 1947～1949 年在加速器探測器找到，它們是從下反應發現：

$$\left.\begin{array}{l}\pi^{+} \longrightarrow \mu^{+}+\nu \\ \pi^{-} \longrightarrow \mu^{-}+\widetilde{\nu} \\ \pi^{0} \longrightarrow \gamma \ \ +\gamma\end{array}\right\} \qquad (11\text{-}367b)$$

當時在宇宙線找到的是，同樣的贗標量粒子K介子。1947 年 G. D. Rochester 和 C. C. Butler 尋找宇宙線粒子時，在雲霧室發現飛程路徑如右圖呈 V 字型的亮線，表示有帶相反電荷的兩個粒子P_1和P_2，它們一路離子化雲霧室內的氣體，看不見的入射粒子P_0必是電中性的粒子，它就是今日的K^0介子，當時稱P_0為 **V 粒子**。

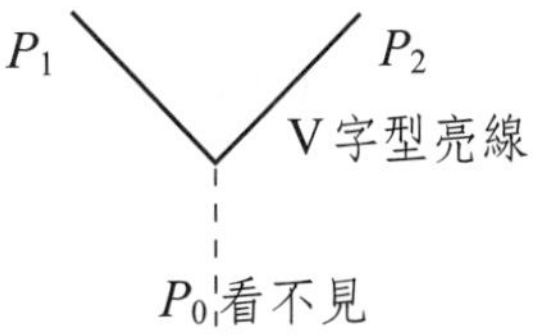

π介子是扮演強相互作用的重要粒子，故在下面(D)再詳談。至於K介子，它曾在 1950 年前後困擾了物理學家，是目前（1999 年）基本粒子物理學追究CP守不守恆（P是宇稱，C是電荷共軛（charge conjugation））的焦點粒子之一。K介子是 1953 年從它的衰變找到奇異性（strangeness）量子數的重要粒子，其發現過程值得欣賞，所以在下面(3)會詳細介紹。π，K和η^0介子構成贗標量八偶體（或八重態）（pseudoscalar octet），它們的大致性質如表（11-28）。

表 11-28　自旋 0 奇宇稱的 8 介子

粒子	發現年	發現者	靜態性質								夸克模型
			壽命τ (s)	質量（MeV）	電荷(e)	自旋	宇稱	T	T_3	S	
π^+	1947	C. Powell & team at Bristol	$2.6033(5)\times10^{-8}$	139.57018(35)	1	0	−	1	1	0	$u\bar{d}$
π^0	1949	R. Bjorkland & team at LBL(1950)	$8.4(0.6)\times10^{-17}$	134.9766(6)	0	0	−	1	0	0	$(u\bar{u}-d\bar{d})/\sqrt{2}$
π^-	1947	C. Powell & team at Bristol	$2.6033(5)\times10^{-8}$	139.57018(35)	−1	0	−	1	−1	0	$d\bar{u}$
K^+	1947	G. D. Rochester and C. C. Butler	$1.2386(24)\times10^{-8}$	493.677(16)	1	0	−	1/2	1/2	1	$u\bar{s}$
K^0			K_s^0：$0.8935(8)\times10^{-10}$	497.672(31)	0	0	−	1/2	−1/2	1	$d\bar{s}$
$\overline{K^0}$			K_L^0：$5.17(4)\times10^{-8}$	497.672(31)	0	0	−	1/2	1/2	−1	$\bar{d}s$
K^-			$1.2386(24)\times10^{-8}$	493.677(16)	−1	0	−	1/2	−1/2	−1	$\bar{u}s$
η^0	1961	P. R. L. Pevsner	8×10^{-19}	547.30(12)	0	0	−	0	0	0	$(u\bar{u}+d\bar{d})/\sqrt{2}$

T= 同位旋，T_3=T 的第三成分，S= 奇異量子數（strangeness）或叫奇異數，$K_s^0\equiv\frac{1}{\sqrt{2}}(K^0+\overline{K^0})$，$K_L^0\equiv\frac{1}{\sqrt{2}}(K^0-\overline{K^0})$。

表（11-28）內的不帶電、自旋 0、奇宇稱的贗標量粒子η^0，它有兩種衰變模式

（mode）：

⑴約佔η^0總衰變 71%的是中性模式（neutral mode）：

$$\eta^0 \longrightarrow \begin{cases} 2\gamma \text{ 或 } 3\gamma \\ 3\pi^0 \\ \pi^0\gamma\gamma \end{cases} \qquad (11\text{-}367c)$$

⑵ 29%是電荷（charged）模式：

$$\eta^0 \longrightarrow \begin{cases} \pi^+\pi^-\pi^0 \\ \pi^+\pi^-\gamma \\ e^+e^-\gamma \\ \cdots\cdots\cdots \end{cases} \qquad (11\text{-}367d)$$

同樣電中性的π^0，其衰變$\pi^0 \longrightarrow 2\gamma$占$\pi^0$所有衰變模式的 98.8%，加上壽命遠比$\pi^\pm$短，於是一直到 1950 年才在美國 Berkeley 的加速器被 Steinberger（Jack Steinberger 1921 年～ 美國實驗物理學家）等人發現。在 1947～1948 年 Powell（Cecil Frank Powell 1903 年～1969 年英國實驗物理學家），Rochester 和 Butler 不是直接發現$K^\pm$, K^0, $\overline{K^0}$，只是找到質量介於π介子和核子間粒子，一直到 1950 年代初葉才清楚它們是K介子。他們同時發現質量比核子重的Λ^0重子，其靜態性質除表（11-27）之外的有：

$$\left.\begin{array}{ll} (1)\ \text{奇異數} & S=-1 \\ (2)\ \text{磁偶矩} & \mu_\Lambda=-0.613(4)\,\mu_N \\ (3)\ \text{電偶矩} & d_\Lambda<1.5\times10^{-18}\ \text{e}\cdot\text{m} \end{array}\right\} \qquad (11\text{-}367e)$$

把粒子粗略地依功能分類約有以下三族（family）：

⑴ 扮演相互作用的規範粒子（gauge particle）
⑵ 不參與強相互作用的輕子（lepton）
⑶ 參與所有相互作用的強子（hadron） （11-367f）

其中不參與強相互作用的 Fermi 子輕子是（11-363a）式的e^-, μ^-和τ^-及它們的微中子ν_e, ν_μ和ν_τ。在 1937 年 Anderson 和 Neddermeyer 從宇宙線中找到 muon μ^-時，以為是 1935 年 Yukawa 預言的，扮演強相互作用核力的「中間子」π介子（看（11-199c）式），所以就稱μ為μ介子。後來才瞭解μ^-和其反粒子μ^+根本和核力無關，是：

$$\left.\begin{aligned} \pi^+ &\longrightarrow \mu^+ + \nu_\mu \\ \pi^- &\longrightarrow \mu^- + \bar{\nu}_\mu \end{aligned}\right\} \qquad (11\text{-}367g)$$

產生的自旋$\frac{1}{2}$的 Fermi 子，不是介子。如表（11-28）Yukawa 預言的π^-，一直到 1947 才被 Powell 發現。$\mu^\pm$和物質（matter）的相互作用非常地小，其強度約10^{-14}量級，但$\pi^\pm$的強度是如（11-202b）式的 15，兩者相差約10^{15}，並且輕子的質量非常輕，所以才把 lepton 譯成輕子，它們的靜態性質以及發現年月如表（11-29）。表上的**輕子數**（lepton number）L_e、L_μ和L_τ是描述輕子參與的任何反應或衰變過程的量子數，它在反應或衰變的前後必守恆（在大統一理論模型下有質疑，即輕子數的守恆是近似性），粒子的輕子數是「+1」，反粒子的是「−1」。並且從表不難看出，跟著世代（generation）的增加，粒子質量是跳躍式地增加，這是為什麼？**是個未解問題**。1975 年美國 Stanford 的高能實驗研究組 M. Perl 等人發現和e^-及μ^-同家族（family）的 tauon τ^-時，物理學家們便開始，從理論和實驗的雙管齊下，尋找更重的輕子世代。歐洲共同原子核研究中心（European Organization for Nuclear Research, 簡稱 **CERN**）分析e^+e^-以及$p\bar{p}$對撞產生的Z^0衰變實驗，在 1989 年歸納出**輕子僅有 SU(2) 對稱的三世代**[51)]：

$$\begin{matrix} \text{第一世代} & \text{第二世代} & \text{第三世代} \\ \begin{pmatrix}\nu_e \\ e^-\end{pmatrix} & \begin{pmatrix}\nu_\mu \\ \mu^-\end{pmatrix} & \begin{pmatrix}\nu_\tau \\ \tau^-\end{pmatrix} \end{matrix} \qquad (11\text{-}367h)$$

至於微中子，它們的電中性大約被肯定，但有無質量並且多大，**目前（1999 年）仍然是科研題之一**。最新的數據是（1999 年）：

$$\left.\begin{aligned} m_{\nu_e}c^2 &< 3\ \text{eV} \\ m_{\nu_\mu}c^2 &< 0.19\ \text{MeV} \\ m_{\nu_\tau}c^2 &< 18.2\ \text{MeV} \end{aligned}\right\} \qquad (11\text{-}368a)$$

各世代的微中子是互為獨立，因為使用不同的微中子無法獲得另一種輕子，例如 1962 年肯定了下列反應：

$$\left.\begin{aligned} \bar{\nu}_e + p &\xrightarrow[\text{可以}]{} n + e^+ \\ \bar{\nu}_\mu + p &\xrightarrow[\text{不可能}]{} n + e^+ \end{aligned}\right\} \qquad (11\text{-}368b)$$

在1930年Pauli預言微中子ν（看IV(D)β衰變）時僅說：「ν的質量遠比核子輕，自旋$\frac{1}{2}$的電中性粒子」，沒提ν的世代以及有無反粒子等問題。由於ν是電中性，無法直接測量，只能利用間接方法，從（11-341d,e）式得：任何核分裂都會帶來不少$\beta^{\pm}$衰變，這時會釋放不少ν和$\bar{\nu}$。用含氫物質，如水包住可能有ν或$\bar{\nu}$的周圍，如有下反應，則證明有$\bar{\nu}_e$的存在：

$$\bar{\nu}_e + p \longrightarrow n + e^+ \qquad (11\text{-}368c)$$

結果確實測到e^+肯定有電子微中子的反粒子$\bar{\nu}_e$的存在，這是1953～1956年Frederick Reines 和 Clyde Cowan 在美國國家研究所 Los Alamos 獲得的結果。他們測得的（11-368c）式的反應截面$d\sigma \doteqdot 10^{-43}\ \text{cm}^2$和理論值吻合，確定了$\bar{\nu}_e$的存在。1955年Raymond Davis和John Bahcall，由下列反應從宇宙線找到太陽微中子（solar neutrino）ν_e：

$$\nu_e\text{（從太陽來的，（11−356b,c）式）} + {}_{17}\text{Cl}^{37}\text{(氯)} \longrightarrow {}_{18}\text{Ar}^{37}\text{(氬)} + e^- \qquad (11\text{-}368d)$$

接著要斷定（11-368c）式的$\bar{\nu}_e$是否和（11-368d）式的ν_e相同或不同。由核分裂釋放的絕大部分是（看（11-341d,e）式）反微中子$\bar{\nu}_e$，假設$\bar{\nu}_e = \nu_e$，則會發生下反應：

$$\bar{\nu}_e + {}_{17}\text{Cl}^{37} \xrightarrow[?]{} {}_{18}\text{Ar}^{37} + e^- \qquad (11\text{-}368e)$$

結果是沒（11-368e）式反應，僅有（11-368d）式反應，證明$\bar{\nu}_e \neq \nu_e$，後來也證明了$\bar{\nu}_\mu \neq \nu_\mu$，$\bar{\nu}_\tau \neq \nu_\tau$，

$$\therefore \text{微中子}\ \nu_{e,\mu,\tau} \neq \text{反微中子}\ \bar{\nu}_{e,\mu,\tau} \qquad (11\text{-}368f)$$

那麼Fermi子的輕子是否和Fermi子的核子那樣，有內部結構呢？結果到今天（1999年）為止，追究到電子深處10^{-19} m尚未發現內部結構，輕子很可能是點狀（point-like）粒子。

表 11-29 輕子（lepton）

世代 (generation)	粒子	發現年	發現者	靜態性質						
				壽命τ	質量（MeV）	電荷(e)	自旋	L_e	L_μ	L_τ
第一	e^-	1897	J. J. Thomson	$>4.2\times10^{24}$ yr	0.510998902(21)	−1	1/2	1		
	ν_e	1956	F. Reines and C. Cowan	穩定（?）	$<3\times10^{-6}$ ∗	0	1/2	1		
第二	μ^-	1937	C. D. Anderson and Neddermeyer	$2.19703(4)\times10^{-6}$ s	105.658357(5)	−1	1/2		1	
	ν_μ	1962	Brookhaven研究組	穩定（?）	<0.19 ∗	0	1/2		1	
第三	τ^-	1975	Stanford 的 M. Perl 等人	$290.6(1.1)\times10^{-15}$ s	$1777.03^{+0.30}_{-0.26}$	−1	1/2			1
	ν_τ	1998	Fermi lab.研究組	穩定（?）	<18.2 ∗	0	1/2			1

L_e、L_μ和L_τ各為電子、muon μ 和 tauon τ 的輕子數。∗看（11-368a）式

(3)粒子的性質[1~3, 35, 40]

瞭解粒子性質後才能預估粒子相互碰撞時的情形、可能發生的反應、相互作用情形，以及其可能機制。在未解粒子質量和電荷怎麼來的問題之前，暫視質量和電荷是粒子的固有量，不過要記得相對於電荷、質量和粒子的運動速度有關（看第九章狹義相對論），那麼目前所知的粒子性質有哪些呢？

(i)內稟角動量（intrinsic angular momentum）或自旋（spin）

粒子或封閉系統的固有角動量，即內稟角動量是**粒子或封閉系統在靜止系的角動量**（看附錄(J)），簡稱自旋（spin），以符號$\boldsymbol{S}$表示，其因次（量綱）〔S〕=（能量）×（時間）≡作用（action）。故運動狀態的粒子或封閉系統的總角動量$\boldsymbol{J}$，是$\boldsymbol{S}$和軌道角動量$\boldsymbol{L}$之和：

$$\boldsymbol{J}=\boldsymbol{S}+\boldsymbol{L} \qquad (11\text{-}369a)$$

量子力學時，動力學量是算符：

$$\hat{\boldsymbol{J}}=\hat{\boldsymbol{S}}+\hat{\boldsymbol{L}} \qquad (11\text{-}369b)$$

現僅討論粒子的情形，自旋$\hat{\boldsymbol{S}}$的大小由附錄(J)的（J-14c）式得：

$$\left.\begin{aligned}\hat{\boldsymbol{S}}^2\phi_{sm_s}&=S(S+1)\hbar^2\phi_{sm_s}\\ \boldsymbol{S}\text{ 的大小}&=\sqrt{S(S+1)}\,\hbar\end{aligned}\right\} \qquad (11\text{-}369c)$$

$$\left.\begin{aligned} &\hat{S}_z\,\phi_{sm_s}=m_s\hbar\,\phi_{sm_s}\\ &m_s=-S,\quad -S+1,\cdots\cdots\cdots,\ S-1,\ S\\ &\quad=(2S+1)\text{個值}\end{aligned}\right\}\tag{11-369d}$$

ϕ_{sm_s}，S和m_s分別為$\hat{\boldsymbol{S}}^2$和$\hat{S}_z$的本徵函數，自旋$\hat{\boldsymbol{S}}$和$\hat{S}_z$的量子數。性質完全相同的粒子，互相靠近時根本無法分辨，形成全同粒子（identical particle），**這個特性決定了狀態函數僅有「對稱」和「反對稱」函數**（看本章Ⅱ量子統計力學導論），於是量子數S只有：

$$\text{對稱狀態函數時：}\quad S=0,\ \ 1,\ \ 2,\cdots\cdots\cdots\cdots=\text{正整數}\tag{11-369e}$$

$$\text{反對稱狀態函數時：}S=\frac{1}{2},\ \frac{3}{2},\ \frac{5}{2},\cdots\cdots\cdots=\text{半正整數}\tag{11-369f}$$

（11-369e）式和（11-369f）式分別為 Bose 子和 Fermi 子的自旋，各S值如（11-369d）式有（$2S+1$）的狀態。（$2S+1$）等於該粒子的內部自由度，所以才稱$\boldsymbol{S}$為內稟角動量，它和粒子的空間運動無關，不是空間自由度。任意S的本徵態$\phi_{S_i m_{s_i}}$都如圖（11-129a），**有左手系和右手系**的兩個類似螺旋性的狀態。光子的靜止質量雖等於0，但它有自旋$S_\gamma=1$，它對應於圖（11-129a）的表象便是左旋和右旋的圓偏振光，並且僅有這兩種偏振光。當宇稱（左右手系對稱）被破壞時，則僅有左手系，或者僅有右手系。例如β衰變：

$$n+\nu\longrightarrow p+e^-$$

微中子ν的自旋$S_\nu=\dfrac{1}{2}$，S_ν沒有左右手系兩種表象，在我們的世界S_ν僅有左手（left handed）微中子。為了更具體地表示粒子的這個**類似螺旋性的本性**，創造一個物理量叫**螺旋性**（helicity）h。設質量$\boldsymbol{m}$、自旋$\boldsymbol{S}$、動量$\boldsymbol{P}=m\boldsymbol{v}$的粒子，$\boldsymbol{v}$＝該粒子的速度，則$h$是：

$$h\equiv\frac{\boldsymbol{S}\cdot\boldsymbol{P}}{|\boldsymbol{P}|}\tag{11-370a}$$

從β衰變的實驗獲得的微中子的$\boldsymbol{P}$和$\boldsymbol{S}$是，如圖（11-129b）的互為反方向，相當於把圖（11-129b）的(i)放在鏡子前時，鏡內的就是圖（11-129b）的(ii)，整個就是圖（11-129c）。讀者最好拿個鏡子來實驗一下，鏡前鏡內的四指頭的捲向雖相同，但拇指的方向剛好互為相反不是嗎？所以微中子的h是負值，即$\boldsymbol{S}_\nu$向著左手螺絲前進的方向，叫**左螺旋**，反微中子$\bar{\nu}$是**右螺旋**粒子。

$$\therefore\begin{cases}\text{微中子的}\ \ h_\nu=-\dfrac{1}{2}\\[2ex] \text{反微中子的}\ \ h_{\bar{\nu}}=+\dfrac{1}{2}\end{cases}\tag{11-370b}$$

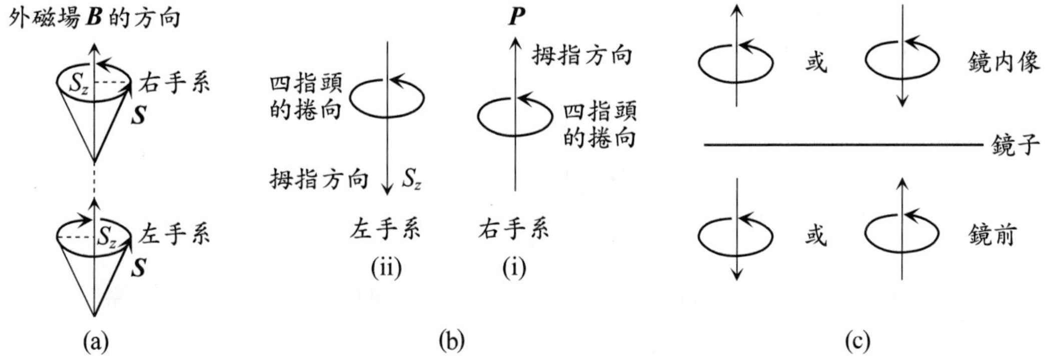

圖 11-129

英文的專用名詞 helicity 是從英文的螺旋 helix 造出來的字，它是描述粒子性質用的一個物理量，分析粒子衰變現象時常使用 h，而不用自旋 $\boldsymbol{S}$；因 h 不但能一目瞭然地看出粒子是左旋或右旋（h = 負時左螺旋，h = 正時右螺旋），並且能得自旋的大小。

(ii)同位旋（isotopic spin 或 isospin）

在Ⅳ的原子核物理簡介(B)，曾針對核子簡單地介紹了同位旋。1932 年 Chadwick 發現中子時，Heisenberg 注意到中子質量 $m_n \doteqdot$ 質子質量 m_p，於是他立刻假設 $m_n = m_p$ **以及電荷空間（isotopic spin space 或 isospin space），並且把中子 n 和質子 p 看成核子（nucleon）N 在電荷空間的兩個本徵態**；完全仿 Pauli 解釋電子自旋 $\hat{\boldsymbol{S}}$ 時導進來的 Pauli 矩陣 $\hat{\boldsymbol{\sigma}}$：

$$\hat{\boldsymbol{S}} = \frac{\hbar}{2}\hat{\boldsymbol{\sigma}}$$

創造了同位旋算符 $\hat{\boldsymbol{T}}$ 及其矩陣 $\hat{\boldsymbol{\tau}}$：

$$\hat{\boldsymbol{T}} = \frac{1}{2}\hat{\boldsymbol{\tau}} \tag{11-371a}$$

$\hat{\boldsymbol{T}}$ 成分的對易關係和演算完全和角動量一樣，只是同位旋是無因次量。$\hat{\boldsymbol{T}}$ 在電荷空間的量子化軸（quantization axis, 普通定為 Z 軸或第三軸）上的成分為 $\hat{T}_z$ 或 $\hat{T}_3$。設 $\hat{\boldsymbol{T}}$ 和 $\hat{T}_z$ 的量子數各為 t 和 m_t，其本徵函數 $\eta_{tm_t} \equiv |t, m_t\rangle$，則得：

$$\left.\begin{aligned} \hat{\boldsymbol{T}}^2|t, m_t\rangle &= t(t+1)|t, m_t\rangle \\ &\xrightarrow[\text{核子的 } t=\frac{1}{2}]{} \frac{1}{2}\left(\frac{1}{2}+1\right)|t, m_t\rangle \end{aligned}\right\} \tag{11-371b}$$

$$\left.\begin{aligned}&\hat{T}_3|t,m_t\rangle=m_t|t,m_t\rangle\\&\qquad\xlongequal[\text{核子時}]{}\pm\frac{1}{2}|t,m_t\rangle\\&m_t=-t,\ -t+1,\cdots\cdots\cdots,t-1,\ t\\&\quad=(2t+1)\text{個值}\end{aligned}\right\}\qquad(11\text{-}371c)$$

$m_t=+\frac{1}{2}$ 和 $m_t=-\frac{1}{2}$ 分別為質子和中子；核子的同位旋和自旋的關係請看表（11-3）。請務必小心：一部分高能物理學家或書藉採用 $m_t=+\frac{1}{2}$ 為中子，$m_t=-\frac{1}{2}$ 為質子。除了核子之外，後來發現同種介子有帶電和電中性者，於是為了統一說明同種粒子的不同帶電性，仿 Heisenberg 的同位旋，導進該粒子的同位旋 $\hat{\boldsymbol{T}}$ 及其第三成分 $\hat{T}_3$ 來表示粒子的電性，（11-371b, c）式便是 $\hat{\boldsymbol{T}}^2$ 和 $\hat{\boldsymbol{T}}_3$ 的本徵值式子（eigenvalue equation），顯然每個 t 值都有（$2t+1$）個 m_t 和其狀態。例如：扮演核力長相互作用距（long range interaction）的 π 介子有：

$$\pi^+,\pi^0,\pi^-,\qquad(11\text{-}371d)$$

要得（11-372d）式的三個 π 介子的話，m_t 該有三個，則由（11-371c）式得：

$$\langle\hat{T}_3\rangle\ :+1,0,-1\qquad(11\text{-}371e)$$

所以 π 介子的同位旋本徵函數，及 $\hat{\boldsymbol{T}}^2$ 和 $\hat{T}_3$ 的本徵值是：

$$\left.\begin{aligned}&\hat{\boldsymbol{T}}^2|t,m_t\rangle=\hat{\boldsymbol{T}}^2|t=1,m_t\rangle=1(1+1)|1,m_t\rangle=2|1,m_t\rangle\\&\hat{\boldsymbol{T}}_3|t,m_t\rangle=\hat{\boldsymbol{T}}_3|1,m_t\rangle=m_t|1,m_t\rangle\\&m_t=-1,\ 0,\ +1\end{aligned}\right\}\qquad(11\text{-}371f)$$

任何有自旋 S 同位旋 t，第三成分各為 m_s、m_t 的粒子，其本徵函數 $\Psi(\zeta)$ 是：

$$\Psi(\zeta)=\phi_{nlm}(\boldsymbol{r})\chi_{sm_s}\eta_{tm_t}\qquad(11\text{-}372)$$

$\zeta\equiv$（空間 $\boldsymbol{r}$，自旋 $\hat{\boldsymbol{S}}$，同位旋 $\hat{\boldsymbol{T}}$），ϕ_{nlm}、χ_{sm_s}、η_{tm_t} 分別為空間、自旋、同位旋的本徵函數。當同種粒子有兩個或兩個以上時，由粒子的全同性，Fermi 子時必造成反對稱的系統狀態函數，Bose 子時是對稱的系統狀態函數。兩個核子系統的狀態函數如（11-198d）式或如表（11-11），至於實例則看（Ex. 11-34）。

【Ex. 11-68】 (1) Heisenberg 的同位旋算符，電荷空間的想法確實成功地解釋了當時的核反應現象，於是在 1938 年 E. P. Wigner 定義了（11-212）式的，基態原子核的同位旋 $\langle \hat{T}_3 \rangle = \dfrac{Z-N}{2}$，$Z$和$N$分別為原子核的質子數和中子數，求：
雙中子（dineutron）${}_0n^2$，氘${}_1H^2$，雙質子（diproton）${}_2He^2$，氧${}_8O^{18}_{10}$和鉛${}_{82}Pb^{208}_{126}$的基態同位旋$t \equiv T_g$。

(2)同質量數A，質子數Z不同的原子核稱為同質異位素（isobar）。Z增加的話，由於有庫侖斥力，原子核的基態能會跟著Z的增加而增大，其能量變化和基態同位旋T有關，能量E_g跟著$\langle \hat{T}_3 \rangle$值增大。描述${}_{31}Ga^{74}$(鎵)，${}_{32}Ge^{74}$(鍺)，${}_{33}As^{74}$(砷)，${}_{34}Se^{74}$(硒)和${}_{35}Br^{74}$(溴)的同位旋的基態能級$E_g$。

(1)由$\langle \hat{T}_3 \rangle \equiv \dfrac{Z-N}{2}$得如下各粒子的$\langle \hat{T}_3 \rangle$和基態同位旋值$T_g$：

① $\langle \hat{T}_3({}_0n^2) \rangle = \dfrac{0-2}{2} = -1 \Longrightarrow T_g({}_0n^2) = 1$

② $\langle \hat{T}_3({}_1H^2_1) \rangle = \dfrac{1-1}{2} = 0 \Longrightarrow T_g({}_1H^2_1) = 0$

③ $\langle \hat{T}_3({}_2He^2) \rangle = \dfrac{2-0}{2} = 1 \Longrightarrow T_g({}_2He^2) = 1$

④ $\langle \hat{T}_3({}_8O^{18}_{10}) \rangle = \dfrac{8-10}{2} = -1 \Longrightarrow T_g({}_8O^{18}_{10}) = 1$

⑤ $\langle \hat{T}_3({}_{82}Pb^{208}_{126}) \rangle = \dfrac{82-126}{2} = -22 \Longrightarrow T_g({}_{82}Pb^{208}_{126}) = 22$

(2)先求各元素的基態同位旋

$$\left.\begin{aligned}
&① \langle \hat{T}_3({}_{31}Ga^{74}) \rangle = \frac{31-43}{2} = -6 \Longrightarrow T_g({}_{31}Ga^{74}) \equiv T_{Ga} = 6\\
&② \langle \hat{T}_3({}_{32}Ge^{74}) \rangle = \frac{32-42}{2} = -5 \Longrightarrow T_g({}_{32}Ge^{74}) \equiv T_{Ge} = 5\\
&③ \langle \hat{T}_3({}_{33}As^{74}) \rangle = \frac{33-41}{2} = -4 \Longrightarrow T_g({}_{33}As^{74}) \equiv T_{As} = 4\\
&④ \langle \hat{T}_3({}_{34}Se^{74}) \rangle = \frac{34-40}{2} = -3 \Longrightarrow T_g({}_{34}Se^{74}) \equiv T_{Se} = 3\\
&⑤ \langle \hat{T}_3({}_{35}Br^{74}) \rangle = \frac{35-39}{2} = -2 \Longrightarrow T_g({}_{35}Br^{74}) \equiv T_{Br} = 2
\end{aligned}\right\} \quad (11\text{-}373a)$$

對任意同位旋$T=n$，$n=$正整數，凡是小於或等於n的任意正整數$m \le n$，$T'=m$的同位旋都可以是$T=n$能級的同位旋，所以由（11-373a）式得：

$$\left.\begin{aligned}
&T_{Ga} = 6,5,4,3,2,1,0,\\
&T_{Ge} = 5,4,3,2,1,0,\\
&T_{As} = 4,3,2,1,0,\\
&T_{Se} = 3,2,1,0,\\
&T_{Br} = 2,1,0,
\end{aligned}\right\} \quad (11\text{-}373b)$$

同位旋是仿角動量，在電荷空間創造出來的物理量，於是同位旋間的相互作用結果，和前面(I)(c)的角動量合成一樣，依相互作用性質（引力或斥力），能級的分裂和（11-226a）式類似，或是類似圖（11-7）和圖（11-74）的兩種。由（11-371c）式，m_t有從（$-t$）到（$+t$）的（$2t+1$）個能級；設其能級高低如右圖，則由於（11-373a）式全屬於m_t等於負值部分，相當於同位旋t能級分裂時的最低能級，於是（11-373a）式的同位旋能級約如下圖：

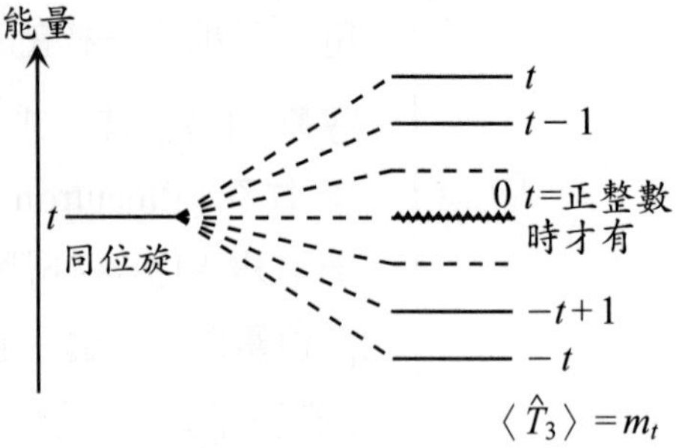

同位旋能級及其分裂的例子

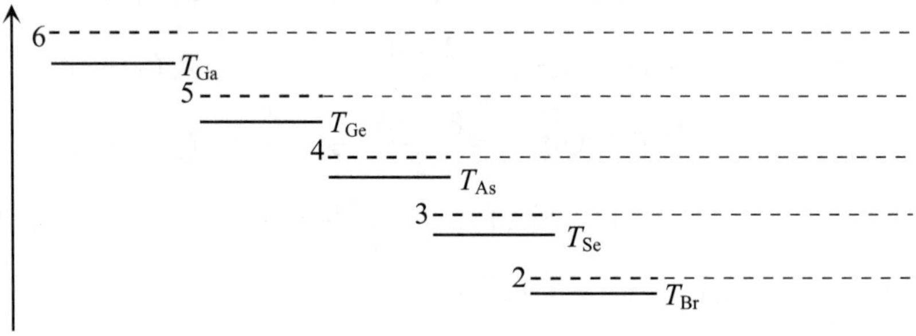

同位旋t Ga, Ge, As, Se, Br 的基態同位旋能級

(iii)輕子數（lepton number），重子數（baryon number）

基本粒子物理學，說成：「研究物質本質，物質形成的機制的學問」，大概不會過度簡化其研究內涵。如前述，物質的形成有層次，粒子線度愈小，則由二象性：「能量$\varepsilon=h\nu$，動量$P=h/\lambda$」，波長λ會愈短，因此頻率ν愈大而帶來，需要高能量的入射粒子才能深入靶粒子的深處。這時相對論非進場不可，量子力學便和相對論結合成為量子場論，粒子的產生（creation）和湮沒（annihilation）是必然的過程，是二象性（duality）的自然結果。從粒子碰撞、反應或衰變（以下以反應統稱）的實驗及現象分析歸納出如下的大致結果：

⑴狀態函數有一定的對稱性（表 11−30）
⑵粒子間的相互作用，和粒子族群（family）有關（表 11−31,11−32）　（11-374a）
⑶守恆的物理量和相互作用有關（表 11−31,11−32）

基本粒子的特性之一是全同性，它決定了量子統計法（看本章II），粒子僅有滿足反對稱函數的Fermi子，和滿足對稱函數的Bose子；同時從實驗歸納得：

$$\left.\begin{array}{l}\text{Fermi 粒子是物質之源，}\\ \text{Bose 粒子扮演相互作用。}\end{array}\right\} \qquad (11\text{-}374b)$$

將以上這些資料整理在表（11-30）～表（11-32）。

在我們的生活能量領域，粒子間的相互作用如表（11-6）的四種，依參與的相互作用，把粒子分成強子和輕子，前者參與表（11-6）的所有相互作用，後者參與**強相互作用以外的三種相互作用**。表（11-27）和（11-28）的粒子都是強子，顯然強子含造物質的 Fermi 子和扮演相互作用的 Bose 子。在1960年代，由於強子的Fermi子質量重於同是Fermi子的輕子（當時是電子和muon）質量，於是稱Fermi子的強子為**重子**（baryon，名詞來自希臘字barys（重）），而稱質量介於重子和輕子間的Bose子為介子（meson，來自希臘字的meso（中間））。在反應前後，無論是重子的粒子數或輕子的粒子數都不變，稱為**粒子數守恆**，所以對重子和輕子分別定義**重子數（baryon number）B** 和**輕子數（lepton number）L**。重子沒世代（generation），其重子數僅一種B，重子的$B=+1$，反重子（antibaryon）的$B=-1$。輕子有三個世代，各世代有其輕子數，這是從實驗歸納出來的結果。在1962年，Jack Steinberger, Leon Lederman 和 Mel Schwartz 發現中子衰變：$n\longrightarrow(p+e^-+\bar{\nu}(\bar{\nu}_e))$的微中子和$\pi$介子衰變：$\pi^+\longrightarrow(\mu^++\nu(\nu_\mu))$的微中子不同，於是前者使用$\nu_e$或$\bar{\nu}_e$，而後者使用$\nu_\mu$或$\bar{\nu}_\mu$表示，所以各世代非使用不同的輕子數不可：$L_e$、$L_\mu$和$L_\tau$，它們分別稱為電子、muon 和 tauon 輕子數，它們各自獨立守恆。粒子數B、L_e、L_μ、L_τ是各對應粒子的量子數之一。

表 11-30　Fermi 粒子和 Bose 粒子之差異

物理	Fermi 粒子	Bose 粒子
自旋	$\frac{2n+1}{2}$，　$n=0,1,\cdots\cdots$	n，　$n=0,1,\cdots\cdots$
統計	Fermi-Dirac	Bose-Einstein
Pauli 不相容原理	必須遵守	不必遵守
扮演角色	物質源	相互作用
狀態函數	反對稱	對稱

表 11-31 強子（hadrons）

物理	重子（baryon）	反重子（antibaryon）	介子（meson）
統計	Fermi 粒子	Fermi 粒子	Bose 粒子
相互作用	強，電磁，弱，萬有引力	強，電磁，弱，萬有引力	強，電磁，弱，萬有引力
扮演角色	物質源	反物質源	相互作用
重子數 B	+1	−1	0
自旋	半正整數	半正整數	正整數

Fermi 粒子＝Fermi 子＝Fermion，Bose 粒子＝Bose 子＝Boson

當質子 p 是安定粒子時，反應前後的重子數 B 或輕子數 L 是守恆量；但 1970 年代末葉出現的大統一理論（grand unified theory，簡稱 GUT），質子是會衰變：

$$\begin{aligned} p &\longrightarrow e^{+}+\gamma \\ &\longrightarrow \underbrace{e^{+}\ +\ \pi^{0}} \end{aligned}$$

$$\text{重子數}B：\ B=1 \qquad B=0$$

$$\text{電子輕子數}L_e：L_e=0 \qquad L_e=-1$$

顯然質子衰變前後的 B 不守恆，同樣電子輕子數 L_e 也不守恆，不過 p 的衰變壽命 $\tau_p \fallingdotseq 10^{30\sim33}$ 年之久，所以質子近似地看成穩定粒子，於是粒子數的守恆近似地成立。強子含有奇異子（strange particle）：$K^{\pm}, K^{0}, \overline{K}^{0}$ 介子和 Λ^0 重子，它們從粒子間的強相互作用產生：

$$\begin{aligned} \pi^{-}+p &\longrightarrow K^{0}+\Lambda^{0} \\ &\longrightarrow K^{\pm}+\Sigma^{\mp} \end{aligned}$$

但衰變時是弱相互作用，例如 $K_s \equiv \dfrac{1}{\sqrt{2}}(K^0+\overline{K^0})$ 是：

$$K_s \longrightarrow \pi^{+}+e^{-}+\overline{\nu}_e$$

這些奇異粒子確實較特殊，留在下小節再談。

表 11-32 輕子（leptons）

物理	輕子（lepton）	反輕子（antilepton）
統計	Fermi 粒子	Fermi 粒子
相互作用	電磁，弱，萬有引力	電磁，弱，萬有引力
扮演角色	物質源	反物質源
電子輕子數L_e	+1	−1
muon 輕子數L_μ	+1	−1
tauon 輕子數L_τ	+1	−1

同樣地，當質子是穩定粒子時，輕子數在粒子反應前後嚴格守恆，如p會衰變，則輕子數是近似地守恆。基本粒子的反應，除了粒子數守恆之外，動力學量：「能量，動量（linear momentum），角動量」，以及電荷必須守恆；但粒子的內稟（intrinsic）量子數：「同位旋T，其第三成分T_3，宇稱（parity）P，奇異數（strangeness）s，燦數（charm）c，頂數（topness）t，美數（beautyness）或底數（bottomness）b，電荷共軛（charge conjugation）C，時間反演（time reversal 或PC）T 等等」，是依相互作用的情況不一定守恆，如表（11-33）所示（或表 11-21）。

表 11-33 粒子反應時的守恆量

物理量		強相互作用	電磁相互作用	弱相互作用
動力學量	能量	守	守	守
	動量	守	守	守
	角動量	守	守	守
電荷		守	守	守
重子數B		守	守	守
輕子數	（電子）L_e	守	守	守△
	（muon）L_μ	守	守	守△
	（tauon）L_τ	守	守	守△
同位旋大小T		守	不	不
同位旋第三成分T_3		守	守	不
宇稱P		守	守	不
電荷共軛C		守	守	不
時間反演T（或CP）		守	守	*
奇異數s		守	守	不
燦數c		守	守	不
頂數t		守	守	不
美（底）數b		守	守	不

守≡守恆，不≡不守恆，*＝除K^0衰變有微小（10^{-3}）不守恆，其餘守恆，
△＝微中子有靜止質量時不守恆。

(iv)奇異性（strangeness），$\theta-\tau$疑惑（$\theta-\tau$ puzzle）

在表（11-33）提到的是各相互作用的守恆量，卻沒說如何判斷相互作用的種類。相互作用強度（看表（11-6））愈強，粒子受到的影響愈大，於是粒子壽命縮短，而粒子相互碰撞的截面積（cross section）愈大；它們的大致大小如表（11-34）所示的數量級，是作估計用的參考量。同時由反應過程的參與粒子，也能判斷相互作用種類，例如光子γ和微中子出現的過程，分別是經由電磁相互作用和弱相互作用。

表 11-34　不同相互作用的粒子壽命τ和碰撞截面積$d\sigma$

物理量	強相互作用	電磁相互作用	弱相互作用
τ (sec)	約 10^{-23}	約 10^{-18}	約 $10^{-8}\sim10^{-10}$
$d\sigma$ (cm^2)	約 $10^{-24}\sim10^{-27}$	約 10^{-28}	約 $10^{-36}\sim10^{-39}$

(a)$\theta-\tau$疑惑（puzzle）（或$\theta-\tau$之謎）

二次大戰結束，歐美的科研逐漸地進入情況，美國更是吸收了不少全世界的一流科學家，帶來超過戰前的歐洲成果。1947 年前，人類找到的粒子僅有：

$$\left.\begin{array}{l}\text{核子：}p,\ n\\ \qquad\text{雖預言了反核子 }\bar{p},\bar{n}\text{ 的存在，但尚未找到}\\ \text{輕子：}e^{\pm}\text{，}\mu^{\pm}\\ \text{介子：}\pi^{\pm}(1950\text{ 年才發現 }\pi^{0})\\ \text{光子：}\gamma\end{array}\right\}\qquad(11\text{-}375\text{a})$$

1947 年 C. F. Powell 發現$\pi^{\pm}$的兩個月後，他和 G. D. Rochester，C. C. Butler 從氫氣雲霧室的宇宙線發現質量介於核子和π介子，衰變過程奇特的兩個，當時稱作θ和τ的粒子，它們和今日的K^0和$\overline{K^0}$有關（看下面），接著他們又發現會衰變成核子和π介子，當時稱為V^0的電中性粒子，它是今日的Λ^0重子。它們的產生截面積都介於$10^{-24}\sim10^{-27}\,\text{cm}^2$，顯然是經強相互作用產生的粒子，但它們的衰變截面積卻很小，僅$10^{-36}\sim10^{-39}\,\text{cm}^2$，是屬於弱相互作用引起的衰變，這行為和（11-375a）式的粒子的不同，於是就稱它們為**奇異粒子**（strange particles）。假如宇宙線的π^-和雲霧室的p產生的奇異粒子是S^0：

$$\pi^- + p \longrightarrow S^0(\text{電中性})$$

由於有的S^0衰變成兩個π，有的三個π，就分別稱為θ，τ粒子：

$$\theta \longrightarrow \pi^{+}+\pi^{-} \text{ 或 } 2\pi^{0} \tag{11-375b}$$

$$\tau \longrightarrow \pi^{+}+\pi^{-}+\pi^{0} \text{ 或 } 3\pi^{0} \tag{11-375c}$$

由表（11-28）得（11-375b）式右邊＝偶宇稱，而（11-375c）式右邊＝奇宇稱（看（Ex.11-69）），於是才把θ和τ看作不同的兩個粒子；後來發現θ和τ不但質量約相等$m_\theta \fallingdotseq m_\tau$，$m_\theta \fallingdotseq (966.7\pm 2.0)m_e$，$m_\tau \fallingdotseq (966.3\pm 2.0)m_e$，$m_e$＝電子質量，並且壽命大致一樣$\tau_\theta \fallingdotseq \tau_\tau$，$\tau_\theta \fallingdotseq (1.21\pm 0.02)\times 10^{-8}\text{s}$，$\tau_\tau \fallingdotseq (1.19\pm 0.05)\times 10^{-8}\text{s}$，不過$\theta$和$\tau$的宇稱相反。這是怎麼一回事呢？$\theta$和$\tau$到底是相同的一個粒子還是不同的兩個粒子呢？這些現象被稱為**$\theta-\tau$疑惑**（puzzle），它引起（1950年代初葉開始）質疑：「衰變過程是宇稱守恆」的過去信仰。1956年李政道和楊振寧從理論解決了這個基本問題，而得：

「強和電磁相互作用時宇稱守恆，弱相互作用時宇稱不守恆。」　　（11-375d）

翌年1957，吳健雄驗證了李楊的理論（看前面Ⅳ(D)或圖（11-92））。

【Ex. 11-69】 ⑴從氘（$_1H_1^2 \equiv D$）被π^-引起的蛻變（disintegration）來定π介子的內稟宇稱，然後
⑵討論（11-375b）和（11-375c）式的宇稱。

⑴粒子相互作用時，其宇稱有下述兩部分：

$$\left.\begin{array}{l}\text{空間宇稱（spatial parity）} \equiv \pi_r \\ \text{內稟（intrinsic）宇稱} \equiv \pi_\xi\end{array}\right\} \tag{11-375e}$$

得總宇稱

$$\pi = \pi_r \pi_\xi = (-)^{\ell}\pi_\xi \tag{11-375f}$$

π_r來自空間反演（space inversion）：$\boldsymbol{r} = -\boldsymbol{r}$，於是$\pi_r = (-)^{\ell}$，$\ell$是粒子軌道角動量量子數（看（10-142）式），兩體相互作用時是，兩體的相對運動軌道角動量量子數；而π_ξ和粒子內部自由度有關，由粒子參與的反應來決定，是粒子間的相對內部宇稱。**以核子的π_ξ為正（看表（11-27））來定義其他粒子的宇稱π_ξ**。氘由一個質子和一個中子形成，基態大約$\ell=0$（S-state），所以氘的總宇稱$\pi_d = (-)^{\ell}(+)(+) = (-)^0(+)^2 = +$。設$\pi^-$的宇稱$\pi_\xi \equiv \pi_-$，則得：

$$\pi^- \quad + \quad D \longrightarrow n \quad + \quad n \qquad (11\text{-}375g)$$

宇稱 π_ξ：　$\pi_- \quad + \quad + \quad +$

相對運動軌道角動量量子數：　$\ell_i = 0 \qquad \ell_f = 1$

上式（11-375g）反應是強相互作用，故總宇稱必須守恆：

$$\begin{aligned} \text{初態宇稱} &= \pi_-(-)^{\ell_i}(+) = \pi_-(-)^0(+) = \pi_- \\ &= \text{終態宇稱} = \pi_n(-)^{\ell_f}\pi_n = (+)(-)^1(+) = - \end{aligned}$$

$$\therefore \pi^- \text{的內稟宇稱} \ \pi_- = - = \text{奇宇稱} \qquad (11\text{-}376a)$$

如把（11-375g）式的 $\pi^- \longrightarrow \pi^+$，則 $n \to p$，同理可得 π^+ 的宇稱＝奇宇稱。經過分析各種粒子反應歸納得下列結果：

凡是屬於同一同位旋多重態（isomultiplet）的粒子，其內稟宇稱相同；
反 Fermi 粒子的內稟宇稱＝“−” Fermi 粒子的內稟宇稱；
反 Bose 粒子的內稟宇稱＝“+” Bose 粒子的內稟宇稱。　（11-376b）

π 介子是同位旋 T＝1 的同位旋三重態介子，所以三個 π^+、π^0、π^- 都是奇宇稱。Σ^+、Σ^0、Σ^- 是 T＝1 的三個偶宇稱的同位旋三重態，而反核子 $\bar{p}$ 和 $\bar{n}$ 是奇宇稱的同位旋二重態。

⑵僅考慮內部宇稱

$$\left.\begin{aligned} &(11-375b)\text{式右邊宇稱} = (-)(-) = + \\ &(11-375c)\text{式右邊宇稱} = (-)(-)(-) = - \end{aligned}\right\}\text{相反的宇稱} \qquad (11\text{-}376c)$$

故如果相信弱相互作用引起的衰變宇稱是守恆，則 θ 和 τ 是不同的兩個粒子；但如果放棄弱相互作用是宇稱守恆，則 θ 和 τ 可能是同一個粒子。經過李政道、楊振寧、吳健雄的理論和實驗肯定：「**弱相互作用時宇稱不守恆**」的事實，以及 1953 年 Nishijima（西島和彥，日本理論物理學家）和 Gell-Mann 為了解釋另一奇異粒子 V^0 導進來的奇異性量子數或奇異數（strangeness）S，來重新分析 $\theta-\tau$ 現象，獲得 $\theta=\tau=K$ 介子。θ 或 τ 有帶電和電中性的 K^+ 和 K^0，以及它們的反粒子 K^- 和 $\overline{K^0}$，共四個 K 介子。

(b)奇異量子數（strangeness quantum number）或奇異數（strangeness number或strangeness）

粒子的內稟性質往往無法直接測量，由粒子反應（含衰變）來相對地決定，所以必須先假定某種粒子的內稟性質。例如粒子內稟宇稱，先假設核子內稟宇稱為偶宇稱(+)。當 1950 年前後高能物理界被奇異粒子困擾的時候，日本高能物理學家西島和彥（Nishijima Kozuhiko）和美國理論物理學家 M. Gell-Mann 著手分析 θ、τ、V^0引起的實驗，他們獨立地導入粒子的新內稟量子數：奇異數S，同時仿粒子的內稟宇稱作法，**先假設核子p、n和π介子的奇異數為0**，而獲得如下的分析歸納結果：

⑴每個強子都有自己的同位旋 T，其第三成分 T_3，以及奇異數 S；
⑵各強子的電荷 eQ，e=電子電荷大小，Q=電荷數，它是：

$$Q=T_3+\frac{Y}{2}$$

$Y\equiv B+S$，叫**超荷**（hypercharge），B=重子數；
⑶強和電磁相互作用的 T_3, Y, B, S 分別守恆，強相互作用時還要 T 守恆，但弱相互作用的 T, T_3 和 S 都不守恆，
並且反應前後的奇異數變化$\Delta S=\pm 1$。 （11-377a）

（11-377a）式叫 **Nishijima-Gell-Mann 規則**（rule），它們獲得的核子和π介子以外的強子奇異數如表（11-35）。

表 11-35　強子的奇異數S

粒子	介子								重子								
	π^+	π^0	π^-	K^+	K^0	$\overline{K^0}$	K^-	η^0	p	n	Σ^+	Σ^0	Σ^-	Λ^0	$\cong^-$	$\cong^0$	Ω^-
S	0	0	0	+1	+1	−1	−1	0	0	0	−1	−1	−1	−1	−2	−2	−3

表（11-35）的Λ^0是 1947 年發現的奇異子V^0，其靜態性質如（11-367e）式，而Ω^-是 Gell-Mann 和 Geoge Zweig 在 1961 年分類基本粒子時預言的重子（看下面族群（family）小節），它果真在 1964 年被美國 Brookhaven 國家實驗室的研究人員發現。經Nishijima-Gell-Mann規則，重子有的有奇異數，有的沒有，於是為了方便稱呼，把有奇異數的重子叫**超重子**（hyperon），這些$S\neq 0$的重子確實都比核子重，是名符其實的名稱。到了標準模型（standard model）問世後，1953 年 Nishijima-Gell-Mann 歸納出來的電荷數式子$Q=(T_3+Y/2)$被推廣成為：

$$Q=T_3+\frac{Y+c+b+t}{2} \qquad (11\text{-}377b)$$

c=燦數，b=底數，t=頂數，(11-377b) 式稱為 **Nishijima-Gell-Mann** 關係（relation）。那麼Nishijima-Gell-Mann 如何引進奇異數的呢？1950 年代初葉，在氫氣雲霧室測得如圖（11-130）的宇宙線照像；入射π^-和雲霧室的氫碰撞後產生兩個電中性粒子，設它們為如圖示的n_1和n_2。由於n_1和n_2是電中性，無法一路電離粒子，於是在雲霧室內是看不到飛跡的暗線（點線部），僅帶電粒子才會一路電離（ionization）粒子而呈現亮線（實線部）。n_1和n_2約在10^{-10}秒內各自衰變，整過程是：

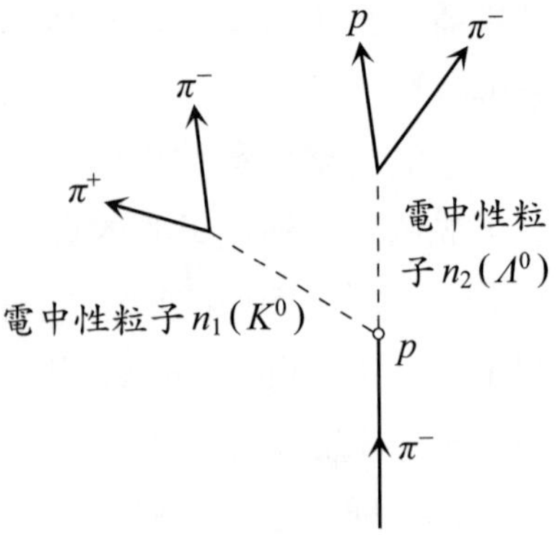

圖 11-130

$$\pi^- + p \longrightarrow n_1 + n_2 \tag{11-377c}$$

$$n_1 \longrightarrow \pi^- + \pi^+ \tag{11-377d}$$

$$n_2 \longrightarrow \pi^- + p \tag{11-377e}$$

(11-377c) 式的π^-和p的相互作用是強相互作用，假設粒子有一種內稟量子數叫奇異數S，且設核子和π介子的$S=0$，同時強相互作用的S假設守恆，則 (11-377c) 式的右邊的n_1和n_2的S必須相反。假如$n_1 \equiv K^0$粒子，$n_2 \equiv \Lambda^0$粒子，則它們的S必是：

$$\left.\begin{array}{l} S_{K^0} \equiv +1 \quad \text{的話} \\ S_{\Lambda^0} = -1 \end{array}\right\} \tag{11-377f}$$

從衰變時間（看表（11-34）），(11-377d) 和 (11-377e) 式的衰變是弱相互作用引起的衰變，所以得：

$$\left.\begin{array}{lll} & K^0 \longrightarrow & \pi^+ + \pi^- \\ \text{奇異數：} & \underbrace{1} & \underbrace{0 \quad 0} \\ & S_i = 1 & S_f = 0 \end{array}\right\} \Rightarrow \Delta S = S_f - S_i = -1$$

$$\left.\begin{array}{lll} & \Lambda^0 \longrightarrow & \pi^- + p \\ \text{奇異數：} & \underbrace{-1} & \underbrace{0 \quad 0} \\ & S_i = -1 & S_f = 0 \end{array}\right\} \Rightarrow \Delta S = S_f - S_i = +1$$

$$\therefore \left\{\begin{array}{l} \text{弱相互作用時奇異數 } S \text{ 不守恆，} \\ \text{反應前後的 } S \text{ 變化 } \Delta S = \pm 1\text{。} \end{array}\right\} \tag{11-377g}$$

這樣地 Nishijima-Gell-Mann 以已得的結果，如（11-377f, g）式繼續分析其他實驗而獲得（11-377a）式的規則，**肯定了強子有內稟奇異量子數 S**。

(c)Nishijima-Gell-Mann 關係（relation）

無論強子有無奇異數 S，強相互作用的同位旋 T 和其第三成分 T_3 是守恆量，以（11-377c）式為例，且 $n_1 \equiv K_0$, $n_2 \equiv \Lambda^0$ 來探討反應過程的電荷 eQ，粒子同位旋以及其多重態。從實驗得 Λ^0 僅有一個，但 K 介子有 K^+ 和其反粒子 K^-，以及電中性的 K^0 和它的反粒子 $\overline{K^0}$，共有四個。實驗測的是 $\langle \hat{T}_3 \rangle = T_3$ 值，然後從 T_3 求 T（看（Ex.11-68））。

$$
\left.\begin{array}{lcccccc}
 & \pi^- & + & p & \xrightarrow{\text{強相互作用}} & \Lambda^0 & + \quad K^0 \\
\text{重子數：} & 0 & & 1 & & 1 & 0 \\
\text{奇異數：} & 0 & & 0 & & -1 & +1 \\
T_3\text{：} & T_{3\pi^-} = -1 & & T_{3p} = \dfrac{1}{2} & & T_{3\Lambda^0} = 0 & T_{3K^0} \\
 & \Big\downarrow & \text{(11-371}b,c\text{)式} & \Big\downarrow & & \Big\downarrow & \Big\downarrow \\
\text{同位旋 } T\text{：} & T_\pi = 1 & & T_N = \dfrac{1}{2} & & T_{\Lambda^0} = 0 & T_{K^0} \\
\multicolumn{4}{l}{\therefore \text{初態的 } T_i = \dfrac{1}{2}, \dfrac{3}{2}} & & &
\end{array}\right\} \qquad (11\text{-}378a)
$$

則由同位旋守恆，終態的 T_f 是：

$$T_f = \{ |T_{\Lambda^0} - T_{K^0}|, |T_{\Lambda^0} - T_{K^0}| + 1, \cdots\cdots, (T_{\Lambda^0} + T_{K^0}) \} = T_{K^0} = T_i$$

$$\therefore T_{K^0} = \begin{cases} \dfrac{1}{2} \\ \dfrac{3}{2} \end{cases}$$

假定 $T_{K^0} = \dfrac{3}{2}$，則由（11-371c）式得 $T_{3K^0} = (-\dfrac{3}{2}, -\dfrac{1}{2}, \dfrac{1}{2}, \dfrac{3}{2})$ 的同位旋四重態，但 K 介子僅有 K^-，$(K^0, \overline{K^0})$，K^+，即電荷 eQ 的電荷數 $Q = (-1, 0, +1)$，因此不可能是 $T_{K^0} = \dfrac{3}{2}$，

$$\therefore T_{K^0} = \frac{1}{2} \qquad (11\text{-}378b)$$

再由反應前後的 T 和 T_3 各自守恆（強相互作用）得：

$$T_{3K^0} = -\frac{1}{2} \qquad (11\text{-}378c)$$

從（11-378a）和（11-378b）式得$(\pi^-+p)\longrightarrow(\Lambda^0+k^0)$各粒子的電荷數$Q$和$T_3$，$B,S$的如下表關係：

	π^-	p	Λ^0	K^0
$Q=T_3+\frac{B}{2}$	-1	1	$\frac{1}{2}$	$-\frac{1}{2}$
$Q=T_3+\frac{B+S}{2}$	-1	1	0	0

π^-和p分別帶$(-e)$和$(+e)$電荷，而Λ^0和K^0都不帶電荷，故上表的$Q=(T_3+\frac{B}{2})$是錯誤，包含奇異數S的式子$Q=(T_3+\frac{B+S}{2})$是正確，並且保證初終態的電荷守恆。

$$\therefore Q=T_3+\frac{B+S}{2}\equiv T_3+\frac{Y}{2} \qquad (11\text{-}378d)$$
$$Y\equiv B+S$$

就這樣地獲得了Nishijima-Gell-Mann關係，這關係同時表示粒子確實需要有內稟量子數：「奇異數S」。反應過程不含有奇異子時，Nishijima-Gell-Mann 關係變成：

$$Q(\text{沒奇異粒子})=T_3+\frac{B}{2} \qquad (11\text{-}378e)$$

（11-378e）式和 1938 年 E. P. Wigner 定義原子核基態同位旋的第三成分為$\langle\hat{T}_z\rangle=\frac{Z-N}{2}$的（11-212）式同質，因為重寫$\langle\hat{T}_z\rangle\equiv T_3$便得：

$$T_3=Z-\frac{A}{2}=Q-\frac{A}{2}$$
$$\therefore Q=T_3+\frac{A}{2}\Longrightarrow T_3+\frac{\text{重子數 }B}{2}$$

$A=N+Z=$質量數$=$原子核的核子數$=$原子核的重子數B，$Z=$質子數$=$原子核的電荷數Q，所以我們猜想 Nishijima-Gell-Mann 的（11-377a）式的靈感來自（11-212）式。

【Ex.11-70】 指出下列各反應的相互作用：

(1) $\overline{K^0}+p\longrightarrow\Lambda^0+\pi^+$

(2) $\Lambda^0\longrightarrow\eta+\pi^0$

(3) $\pi^++p\longrightarrow\Sigma^++K^+$

(4) $K^-+p\longrightarrow\cong^-+K^+$

由表（11-27），（11-28）和（11-35）得：

(1)

$$\overline{K^0} + p \longrightarrow \Lambda^0 + \pi^+$$

奇異數 S： -1 0 -1 $0 \longleftarrow$ 奇異數守恆：

$\Delta S = S_f - S_i = 0$

重子數 B： 0 1 1 $0 \longleftarrow$ 重子數守恆：

$\Delta B = B_f - B_i = 0$

同位旋第三成分 T_3：$\frac{1}{2}$ $\frac{1}{2}$ 0 $1 \longleftarrow T_3$ 守恆：

$\Delta T_3 = T_{3f} - T_{3i} = 0$

狀態同位旋 T： $T_i = 0, 1$ $T_f = 1$ 表示電荷守恆

初態電荷數 $Q_i = Q_{\overline{K_0}} + Q_P = 1$，終態電荷數 $Q_f = Q_{\Lambda^0} + Q_{\pi^+} = 1$，確實電荷守恆。反應的 B、T、S、Q 都守恆，故是強相互作用過程（反應）。

(2)

$$\Lambda^0 \longrightarrow n + \pi^0$$

S： -1 0 $0 \longleftarrow \Delta S = S_f - S_i = 1$，故奇異數不守恆

B： 1 1 $0 \longleftarrow \Delta B = B_f - B_i = 0$，重子數守恆

T_3： 0 $-\frac{1}{2}$ $0 \longleftarrow \Delta T_3 = T_{3f} - T_{3i} = -\frac{1}{2}$，不守恆

Q： 0 0 $0 \longleftarrow \Delta Q = Q_f - Q_i = 0$，電荷守恆

由於 $\Delta S = 1$，故為弱相互作用衰變過程。

(3)

$$\pi^+ + p \longrightarrow \Sigma^+ + K^+$$

S： 0 0 -1 $+1 \longleftarrow \Delta S = 0$，守恆

B： 0 1 1 $0 \longleftarrow \Delta B = 0$，守恆

T_3：$+1$ $\frac{1}{2}$ $+1$ $\frac{1}{2} \longleftarrow \Delta T_3 = 0$，守恆

Q： 1 1 1 $1 \longleftarrow \Delta Q = 0$，守恆

$\Rightarrow$ 強相互作用過程

(4)

$$K^- + P \longrightarrow \cong^- + K^+$$

S： -1 0 -2 $+1 \longleftarrow \Delta S = 0$，守恆

B： 0 1 1 $0 \longleftarrow \Delta B = 0$，守恆

T_3：$-\frac{1}{2}$ $\frac{1}{2}$ $-\frac{1}{2}$ $\frac{1}{2} \longleftarrow \Delta T_3 = 0$，守恆

Q： -1 $+1$ -1 $+1 \longleftarrow \Delta Q = 0$，守恆

$\Rightarrow$ 強相互作用反應

(d) K_0 和 $\overline{K_0}$ 介子，CP 不守恆

粒子間的相互作用，如同時作時間 T 和空間 P 反演，以及電荷共軛 C（粒子反粒子互換）變換，其相互作用是不變，這稱為**CPT 定理**（theorem）。這是 1955 年 W. Pauli 和 G. Lüders 獨立證明的定理（準確度10^{-18}（1999 年）），所以如相互作用對 CPT 任何兩個的同時變換不守恆，則對第三個變換必不守恆，這樣兩個不守恆來得 CPT 守恆。1930 年代中葉到 1960 年代初葉，以為弱相互作用僅對單獨的 C 和單獨的 P 變換不守恆，而對 CP 同時變換是守恆。這看法被 1964 年 V. L. Fitch，J. W. Cronin 等人發現，中性 K 介子的衰變，對 CP 變換不守恆打破*，後來研究相互作用的 CP 守不守恆，**一直到現在（1999 年）都是重要科研題之一**。1980 年代末葉又發現 $B_0\,(m_{B_0}c^2 \doteqdot 5279.4(5)\,\text{MeV})$ 和其反粒子 $\overline{B^0}$ 介子的衰變，也有 CP 不守恆跡象；B_0 和 $\overline{B^0}$ 的 CP 不守恆程度到底多少，機制如何正是目前（1999 年）的熱門科研題之一。既然相互作用對 CP 變換不守恆，則對 T 變換必不守恆，這些牽涉到**相互作用的本質和時空的基本性質，是究明物質形成機制的重要課題之一**。

和 CP 不守恆且資料較完整的是，K^0 和 $\overline{K^0}$ 線性組合的衰變：

$$\left.\begin{aligned} K_S^0 &\equiv p\,K^0 + q\,\overline{K^0} \\ K_L^0 &\equiv p\,K^0 - q\,\overline{K^0} \end{aligned}\right\} \qquad (11\text{-}379)$$

p 和 q 是線性組合係數。如 $p=q$，則 K_S^0 和 K_L^0 分別為算符 $\hat{\text{C}}\hat{\text{P}}$ 的本徵值“+1”和“−1”的本徵態，表示這時的 K_S^0 和 K_L^0 的衰變是 CP 守恆。但是事實是 $p\neq q$ 並且 $|m_{K_L^0}-m_{K_S^0}| \doteqdot 3.5\times10^{-6}\,\text{eV/c}^2$，$c=$光速，表示微小的 $\overline{K^0}$ 參與是 CP 不守恆的關鍵。K_L^0 的絕大部分是衰變成，對 CP 變換是 (-1) 的 3 個 π 介子，約 3%是衰變成，對 CP 變換是 $(+1)$ 的兩個 π，K_S^0 也是，顯然 $K_{S,L}^0$ 的衰變是 CP 不守恆。為什麼 K^0 和 $\overline{K^0}$ 必成線性組合不可呢？**尚未有肯定的答案**（1999 年）[68)]。

*從 1934 年 Fermi 由宇稱守恆的觀點，成功地分析弱相互作用引起的 β 衰變後，物理學家們一直相信弱相互作用，和強以及電磁相互作用一樣地宇稱守恆。到了 1950 年代初葉。$\theta-\tau$ 疑惑才開始質疑弱相互作用的宇稱守恆。這個大問題在 1956 年李政道、楊振寧以理論，而 1957 月 1 月 10 日晚上，吳健雄領導的實驗組以實驗否定了它[52)]。同時李、楊、吳三人分析理論和實驗內容，初步獲得：「弱相互作用對電荷共軛變換 C 也不守恆」，而大家相信弱相互作用對 CP 變換是守恆。

1964 年 Fitch, Cronin 等人驗證到的中性 K 介子的 CP 不守恆程度約 10^{-3}，其後的實驗也是，同時驗證方法都是間接。一直到今年（1999 年）初才出現另一類驗證結果，是美國 Fermilab 的 KTeV 以及 CERN 的 NA48 實驗組，分別直接測 K_S^0 和 K_L^0 都衰變成兩個 π 介子 $\pi^+\pi^-$ 和 $\pi^0\pi^0$ 的衰變振幅 $A\,(K_{S,L}\longrightarrow\pi^+\pi^-,\pi^0\pi^0)$，於是稱為**直**

接觀測 **CP** 不守恆實驗，轟動了全世界的高能物理界。參考文獻有：

A. Alavi-Harati et al., KTeV Collaboration, Phys. Rev. Lett. **83** (1999) 22
V. Fanti et al., N48 Collaboration, Phys. Lett. **B465** (1999) 335

(v)相互作用，對稱性和守恆量

相信大家大致瞭解基本粒子有不少內稟物理量，例如：自旋、同位旋、粒子數、宇稱、奇異數等等。這些物理量都會影響粒子間的相互作用內涵，那麼相互作用是什麼呢？下面(a)～(f)都從量子力學來分析，至於量子場論的同樣內容，則延到下節以 QED 為例來介紹。

(a)相互作用（interaction）

兩個或兩個以上的物體互相作用對方的現象，稱作**相互作用**，相互作用時需要的能量叫**相互作用能**（interaction energy）。基本粒子的相互作用（interaction of elementary particles）的最大特徵是：

$$\text{會產生（create）粒子和湮沒（annihilate）粒子} \qquad (11\text{-}380a)$$

同時粒子相互作用的結果會帶來：

$$\left.\begin{array}{l}\text{(1)粒子數變化}\\ \text{(2)粒子種類的變化}\\ \text{(3)內稟物理量的變化}\\ \text{(4)運動狀態變化等等}\end{array}\right\} \qquad (11\text{-}380b)$$

並且依相互作用能 E，粒子內稟物理量的反應不同，於是帶來相互作用強度或耦合常數（coupling constant）的差異。在低能量領域 $E<$ 數十 GeV，而兩粒子間距離 d，如右圖時有如表（11-6）的四種相互作用及其耦合常數；到了 $E \fallingdotseq 100$ GeV 時，電磁相互作用和弱相互作用統一成電弱相互作用（electroweak interaction），而參與相互作用的內稟物理量似乎跟著 E 的昇高而增多。到了 $E \gg 10^2$ GeV 能量領域，目前是和理論有關；例如大統一理論（grand unified theory）是 $E \fallingdotseq 10^{15}$ GeV 時強、電磁和弱三相互作用統一成一種相互作用，同時重子數和輕子數都不守恆，且有微中子振盪（neutrino oscillation 看下面(F)）和質子衰變現象。目前人類能造的最大粒子動能是 10^5GeV 數量級，所以在高能量時的真像到底如何，目前尚無法驗證。

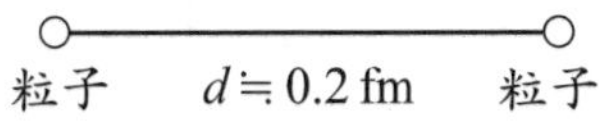

(b)對稱性（symmetry），守恆量（conservative quantity）[11)]

解決物理題目時，往往會做些變換或找出物理系統的守恆量來簡化問題；其中最有力的方法之一是找出物理量或相互作用的對稱性。那麼什麼叫對稱性呢？最熟悉的是圖形的對稱，如右圖的正三角形ABC，以幾何中心O轉（操作）120°，得$A\to B\to C\to A$，轉動前後的圖形完全一樣，於是稱ΔABC有**轉動對稱性**。連續轉動120°三次便回到原狀，這變換叫**恆等變換**，而轉動動作的「操作」稱為**變換生成元**（generator）G，即：

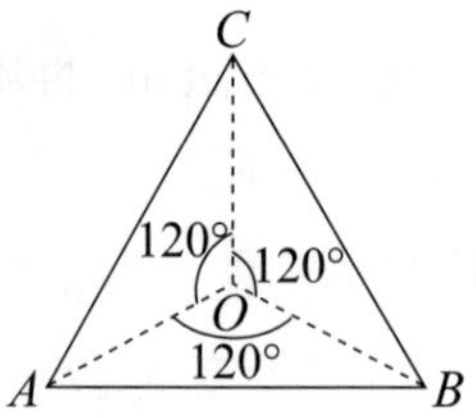

$$\text{變換 } U=U(G) \tag{11-381a}$$

和這現象一樣，凡是對一個對象A執行一種變換操作$\hat{U}$後，A（含內部）仍然不變時，稱**A對變換$\hat{U}$對稱**，或稱**A對$\hat{U}$變換不變**（invariance），表示A持有$\hat{U}$的生成元對稱性。生成元$\hat{G}$可以是一個物體或一個物理系統整體的某物理量，執行變換$\hat{U}$（$\hat{G}$）的生成元$\hat{G}$，當A對變換$\hat{U}$（$\hat{G}$）對稱時，$\hat{G}$必和A的 Hamiltonian $\hat{H}$對易，而$\hat{G}$所表示的物理量G必守恆，算符$\hat{G}$的本徵值g是量子數（看（11-381e）式）。不過有的變換沒有生成元，例如離散對稱（discrete symmetry）的不連續變換（看下面(c)空間反演）。

【Ex. 11-71】 試證某物理系統A對變換生成元$\hat{G}$持有對稱性時，$\hat{G}$必和A的 Hamiltonian$\hat{H}$對易。

量子力學的物理量G是，其算符$\hat{G}$的期待值（expectation value）。設$\psi=A$的狀態函數，則：

$$G=\langle \hat{G} \rangle=\int \psi^* \hat{G} \psi \, d\tau$$

假定G＝守恆量，G必和時間變化無關的$\dfrac{dG}{dt}=0$：

$$\therefore \frac{dG}{dt}=\frac{d}{dt}\langle \hat{G} \rangle=\int \left\{ \left(\frac{d\psi^*}{dt}\right)\hat{G}\psi+\psi^*\left(\frac{d\hat{G}}{dt}\right)\psi+\psi^*\hat{G}\left(\frac{d\psi}{dt}\right) \right\} d\tau$$

採用 Schrödinger 表象（representation），則得：

$\dfrac{d\hat{G}}{dt}=0$ ←—Schrödinger 表象時算符和時間無關，

$i\hbar\dfrac{\partial\psi}{\partial t}=\hat{H}\psi$ ←—Schrödinger 方程，

或 $-i\hbar\dfrac{\partial\psi^*}{\partial t}=(\hat{H}\psi)^*=\psi^*\hat{H}^+$

$$\therefore \frac{dG}{dt}=\frac{i}{\hbar}\int\{(\hat{H}\psi)^*\hat{G}\psi-\psi^*\hat{G}(\hat{H}\psi)\}d\tau$$
$$=\frac{i}{\hbar}\int\{\psi^*(\hat{H}\hat{G}-\hat{G}\hat{H})\psi\}d\tau$$
$$=\frac{i}{\hbar}\int\psi^*[\hat{H},\hat{G}]\psi d\tau \longleftarrow \hat{H}^+=\hat{H}\text{ 當系統的能量可測量時，}$$
$$=0$$
$$\therefore \text{當 } G=\text{守恆量時 }[\hat{G},\hat{H}]=0 \qquad (11\text{-}381b)$$

顯然，如物理系統的 Hamiltonian $\hat{H}$ 和各種物理量的算符 $\hat{\theta}_i, i=1,2,\cdots,n$ 都已知，則直接從（11-381b）式可得系統的一些對稱性或守恆量。但這方法不一定方便且實際，理由是：① Hamiltonian $\hat{H}$ 往往無法確實地獲得，②對易演算 $[\hat{\theta}_i,\hat{H}]=0$ 一般地又繁又不容易。較方便的方法是從物理系統的物理內涵來尋找，能使 $\hat{H}$ 不變的變換算符 $\hat{U}$，它可能有生成元，可能沒有（看（11-382c）式）。接著先介紹些物理系統的重要對稱性。最常用且重要的變換有概率不變或本徵值不變的**幺正變換**（unitary transformation，看後註 49），以及使運動方程式不變的**對稱變換**（symmetry transformation）。那其變換算符 $\hat{U}$ 有何特性呢？設 $\psi=$ 系統的狀態函數，且 $\hat{U}\neq\hat{U}(t)$；假如 ψ 和變換後的 $\hat{U}\psi$ 同時滿足 Schrödinger 方程，則得：

$$i\hbar\frac{\partial\psi}{\partial t}=\hat{H}\psi$$
$$i\hbar\frac{\partial}{\partial t}(\hat{U}\psi)=\hat{H}(\hat{U}\psi)$$
$$=i\hbar\left\{(\frac{\partial\hat{U}}{\partial t})\psi+\hat{U}(\frac{\partial\psi}{\partial t})\right\}$$
$$=i\hbar\hat{U}\frac{\partial\psi}{\partial t}=\hat{U}(i\hbar\frac{\partial\psi}{\partial t})$$
$$\therefore i\hbar\frac{\partial\psi}{\partial t}=\hat{U}^{-1}\hat{H}\hat{U}\psi=\hat{H}\psi$$
$$\therefore \hat{U}^{-1}\hat{H}\hat{U}=\hat{H}\longrightarrow[\hat{U},\hat{H}]=0 \qquad (11\text{-}381c)$$

（11-381c）式是 $\hat{U}\neq\hat{U}(t)$ 時的對稱變換算符 $\hat{U}$ 該滿足的性質。任意連續變化量的函數 f，和它的倒函數 f^{-1} 相乘得 1 的，最好且容易演算的函數是指數函數 $e^{i\alpha}$，數學常出現的 α 是實函數，但在物理 α 還有可能是算符。例如我們熟悉的轉動現象，如轉動軸的單位向量是 $\boldsymbol{e}_n$，轉動角 $=\theta$，則轉動算符 $\hat{U}=\hat{U}(\boldsymbol{e}_n)$（看附錄(J)或後註(49)）是：

$$\hat{U}(\boldsymbol{e}_n)=e^{-i\hat{\boldsymbol{J}}\cdot\boldsymbol{e}_n\theta/\hbar} \qquad (11\text{-}381d)$$

$\hat{U}(\boldsymbol{e}_n)$確實是指數函數，其生成元是角動量算符$\hat{\boldsymbol{J}}$。如物理系統對任意方向的$\boldsymbol{e}_n$為軸的轉動不變，則$[\hat{H},\hat{U}(\boldsymbol{e}_n)]=0$，或$[\hat{H},\hat{\boldsymbol{J}}\cdot\boldsymbol{e}_n]=0$；顯然$\hat{U}(\boldsymbol{e}_n)$是對稱變換算符，其生成元$\hat{\boldsymbol{J}}\cdot\boldsymbol{e}_n$滿足：

$$\langle\hat{\boldsymbol{J}}\cdot\boldsymbol{e}_n\rangle=\langle\hat{J}_n\rangle=\text{常量}\equiv m\hbar \qquad (11\text{-}381e)$$

m=量子數，是無因次（dimensionless）的整數或半整數。接著介紹些重要變換，它們不像（11-381d）式的連續變換，而是不連續變換的分離空間，分離時間對稱性（discrete space, discrete time symmetry）。

(c)空間反演（**space inversion**）

所謂的空間反演，普通指在Euclid空間，如圖（11-131a）對某定點O，把空間某點P向$\overline{PO}$的延長方向移到$\overline{OP'}=\overline{PO}$的$P'$點的操作現象。這時如點$P$和$P'$以$O$為中心構成對稱時，稱$O$為**對稱中心**。如以三維的直角座標表示$P=P(x,y,z)$的話，$P'$剛好如圖（11-131b）所示，$P'=P'(-x,-y,-z)$，即**空間反演是把$\boldsymbol{r}\longrightarrow(-\boldsymbol{r})$的操作**。將點擴成圖形，如把圖形$f(x,y,z)\equiv f(\boldsymbol{r})$的$x\longrightarrow(-x),y\longrightarrow(-y),z\longrightarrow(-z)$所得的圖形$f'(-x,-y,-z)=f'(-\boldsymbol{r})$完全和$f(\boldsymbol{r})$一樣，則稱**$f(\boldsymbol{r})$對空間反演對稱**。物體或物理系統執行空間反演後，物體或物理系統（含內部）的物理量必受影響。例如標量（scalar）$\varphi(\boldsymbol{r})$經空間反演後，雖大小形狀都不變，但有的變符號，有的不變：

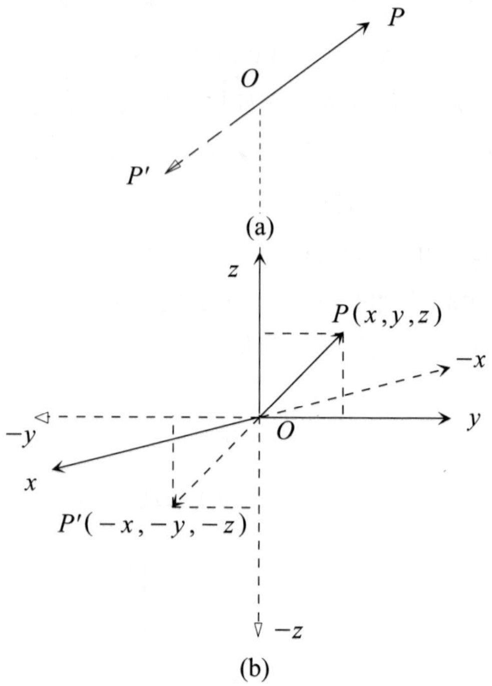

圖 11-131

$$\varphi(\boldsymbol{r})\longrightarrow\varphi'\equiv\varphi(-\boldsymbol{r})=\begin{Bmatrix}\varphi(\boldsymbol{r})\cdots\cdots\text{叫標量（scalar）}\\ -\varphi(\boldsymbol{r})\cdots\cdots\text{叫贗標量（pseudo-scalar）}\end{Bmatrix} \qquad (11\text{-}382a)$$

贗標量的最好例子是體積$V=xyz\longrightarrow V'=(-x)(-y)(-z)=-V$。同樣地，向量$\boldsymbol{v}(\boldsymbol{r})$的空間反演，也有變符號的向量，如動量，和不變符號的，如角動量：

$$\boldsymbol{v}(\boldsymbol{r})\longrightarrow\boldsymbol{v}'\equiv\boldsymbol{v}(-\boldsymbol{r})=\left\{\begin{array}{l}-\boldsymbol{v}(\boldsymbol{r})\cdots\cdots\text{叫極向量（polar vector）}\\ \boldsymbol{v}(\boldsymbol{r})\cdots\cdots\text{叫軸向量（axial vector）}\\ \qquad\qquad\text{或贗向量（pseudo-vector）}\end{array}\right\}\quad(11\text{-}382\text{b})$$

經典物理的基礎方程式，如經典力學的運動方程式，Maxwell 方程組都是對空間反演不變。空間反演不變就是**用右手系表示的方程式形式和用左手系表示的形式一樣，即物理規則和使用的左手或右手座標系無關**。但在微觀世界，物理系統或現象是否左右手系對稱，和相互作用有關係，那麼如何尋找空間反演算符呢？量子力學的概率是和使用的座標系無關，於是可以從它切入；設 $\hat{P}$= 空間反演算符，$\Psi(\boldsymbol{r},t)$= 物理系統的狀態函數，則得：

$$\begin{aligned}&\hat{P}\,\Psi(\boldsymbol{r},t)=\Psi(-\boldsymbol{r},t)\equiv\Psi'\\&\text{概率不變}=\Psi'^{*}\Psi'\equiv\langle\Psi'|\Psi'\rangle\\&\qquad\qquad=\langle\Psi|\hat{P}^{+}\hat{P}|\Psi\rangle=\langle\Psi|\Psi\rangle\\&\therefore\left\{\begin{array}{l}\hat{P}^{+}\hat{P}=\mathbb{1}\longrightarrow\hat{P}^{+}=\hat{P}^{-1}\\ \Psi'=e^{i\delta}\Psi\end{array}\right\}\end{aligned}\quad(11\text{-}382\text{c})$$

δ= 任意實數，$e^{i\delta}$ 是 Ψ' 的未定相（phase, $e^{-i\delta}e^{i\delta}=1$），如何決定它呢？最常使用的方法是，空間反演接連兩次等於不變換：

$$\begin{aligned}&\hat{P}\,\Psi(\boldsymbol{r},t)=e^{i\delta}\Psi(-\boldsymbol{r},t)\\&\hat{P}\,\{e^{i\delta}\,\Psi(-\boldsymbol{r},t)\}=\hat{P}\,\hat{P}\,\Psi(\boldsymbol{r},t)=\Psi(\boldsymbol{r},t)\end{aligned}$$

$$\begin{aligned}&\therefore\hat{P}\,\hat{P}=\hat{P}^{2}=\mathbb{1}=\hat{P}^{-1}\,\hat{P}\\&\therefore\left\{\begin{array}{l}\hat{P}=\hat{P}^{-1}\overset{}{\underset{(11-382\text{c})\text{式}}{=\!=\!=\!=}}\hat{P}^{+}\\ \text{則可取 }e^{i\delta}=1\end{array}\right\}\end{aligned}\quad(11\text{-}382\text{d})$$

顯然空間反演算符 $\hat{P}$ 又是么正又是 Hermitian 共軛，並且其本徵值是 ±1：

$$\begin{aligned}\hat{P}^{2}\Psi(\boldsymbol{r},t)&=\hat{P}\,\Psi(-\boldsymbol{r},t)=\hat{P}\,\{\pm\Psi(\boldsymbol{r},t)\}=\pm\hat{P}\,\Psi(\boldsymbol{r},t)\\&=\pm\Psi(-\boldsymbol{r},t)=(\pm)^{2}\,\Psi(\boldsymbol{r},t)=\Psi(\boldsymbol{r},t)\end{aligned}$$

$$\text{或}\,\hat{P}\,\Psi(\boldsymbol{r},t)=\left\{\begin{array}{l}+\Psi(\boldsymbol{r},t)\cdots\cdots\text{叫偶宇稱}\\ -\Psi(\boldsymbol{r},t)\cdots\cdots\text{叫奇宇稱}\end{array}\right\}\quad(11\text{-}382\text{e})$$

於是空間反演變換又叫**宇稱變換**（parity transformation），如物理系統或反應是宇稱守恆，則系統或反應的 Hamiltonian $\hat{H}$ 必和 $\hat{P}$ 對易：

$$[\hat{H},\hat{P}]=0 \quad (11\text{-}382f)$$

以上是空間反演的內涵及操作過程，實際處理物理題目時必須針對物理現象或實驗事實立理論。在有粒子的產生或湮沒的量子場論，$\hat{P}$是有它的具體算符，請看下面量子電動力學簡介 (C)。

(d)時間反演（**time reversal** ，或 **time reflection**）

時間是描述物理現象的最基本獨立變數之一，它告訴我們現象的經過情形。在四維的 Minkowsky 空間，除了時間t還有空間$\boldsymbol{r}=(x,y,z)$，處理問題時都會挑選合適座標，同樣地，針對題目選擇時間單位（秒或分、時等），以及時間座標原點（起點）。時間到底是連續變化還是有最小單位呢？在牛頓力學，時間被看成能夠無限分割的連續量，沒有所謂的最小單位；但量子力學問世後便有如下的看法。從 Heisenberg 的測不準原理，測量任意物理系統的狀態能量均方根偏差（root-mean-square deviation，見（6-43）式）ΔE，和用來測量能量的時間均方根偏差Δt之間有$\Delta E\cdot\Delta t\geq\hbar/2$的關係，$\hbar\equiv\dfrac{h}{2\pi}$，$h=$Planck 常量。故$\Delta t$不可能趨近於 0，而是有最小單位，不然$\Delta E\longrightarrow\infty$。以目前（1999 年）的物理理論，人類有一天能獲得 $10^{19}\,\text{GeV}$，這是四種相互作用，強、電磁、弱和萬有引力統一的能量域。

$$\therefore\Delta t\doteqdot\frac{\hbar}{2\times10^{19}\,\text{GeV}}\doteqdot\frac{6.582\times10^{-25}\,\text{GeV}\cdot\text{s}}{2\times10^{19}\,\text{GeV}}=3.291\times10^{-44}\,\text{s}$$

這個時間單位 10^{-44} 秒稱為 **Planck 時間**⊗，為什麼稱為 Planck 時間呢？因為 Planck 質量$m_h\doteqdot1.22\times10^{19}\dfrac{\text{GeV}}{\text{c}^2}$, m_hc^2和四種相互作用統一的能量同量級。

⊗目前我們有五個重要通用常量（universal constant，因有因次，故使用常量不用常數）：

(1)光速 c

(2) Planck 常量 $h\longrightarrow\hbar\equiv\dfrac{h}{2\pi}$

(3) Boltzmann 常量 k

(4) Avogadro 常數 N_A（無因次量）

(5)萬有引力常量 G

用c、$\hbar$和G適當地組合可得力學的三個基本因次：長度m（公尺），時間s（秒）和質量kg（公斤）或GeV/c^2：

$$\sqrt{\frac{G\hbar}{c^3}}\doteqdot1.616\times10^{-35}\,\text{m}\equiv\text{L}_\text{h}\quad\text{叫 \textbf{Planck 長度}}$$
$$\sqrt{\frac{\hbar c}{G}}\doteqdot1.221\times10^{19}\,\text{GeV}/\text{c}^2\equiv\text{m}_\text{h}\text{叫 \textbf{Planck 質量}}$$
$$\sqrt{\frac{G\hbar}{c^5}}\doteqdot5.391\times10^{-44}\,\text{s}\equiv\text{t}_\text{h}\quad\text{叫 \textbf{Planck 時間}}$$

當粒子間距離$d\leq10^{-35}\,\text{m}$時，相互作用是否還能用目前的規範理論（gauge theory 看後註(24)或下面(C)或(E)）呢？在 Planck 常量的L_h, m_h, t_h世界，如何定義粒子呢？相信$d \fallingdotseq 10^{-35}\,\text{m}$之前，目前的量子場論已不能使用，如從經典力學進入量子力學那樣地，需要另一層次的新力學。

至於時間起點，以宇宙為對象時**有人以形成今日宇宙物質的大爆炸（big bang）剎那為時間原點**，則大爆炸前的時間就沒意義了。到此，相信對時間大致有種概念，那麼時間反演是怎麼一回事呢？

相信大家都看過電影，如把時間看成連續變化量，則能夠把電影倒演，從末尾往前頭看電影。以更具體的圖示，如右圖的實線是時間從$0\longrightarrow t$的牛頓力學軌道 $\boldsymbol{r}(t)$；**牛頓力學是時間反演不變**，則時間反演運動是完全同軌道（由於無法畫，故只能緊跟著實線畫點線）的右圖點線。要獲得此結果，**表示$t\longrightarrow(-t)$後的運動方程式完全一樣**。1932 的 E. P. Wigner 好像從牛頓力學的時間反演現象獲得靈感，從要求運動方程式以及躍遷概率幅（transition probability amplitude）不變切入，去尋找時間反演算符 $\hat{T}$。假定物理系統的 Hamiltonion $\hat{H}$ 和 $\hat{T}$ 對易且 $\hat{H}^{+}=\hat{H}$，則從 Schrödinger 方程：

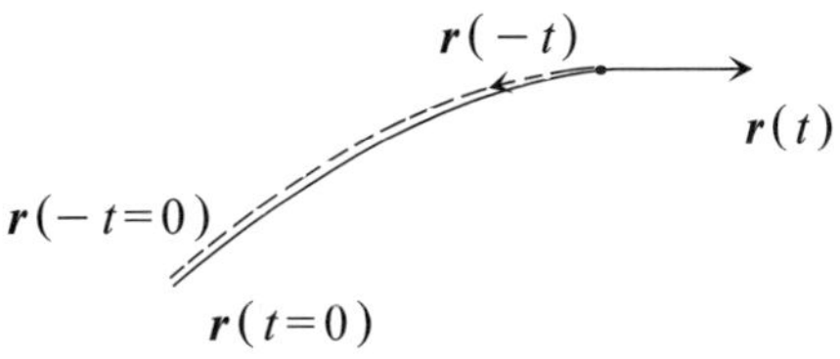

牛頓力學軌道

$$i\hbar\frac{\partial\Psi(\boldsymbol{r},t)}{\partial t}=\hat{H}\Psi(\boldsymbol{r},t) \qquad (11\text{-}383a)$$

的左邊作用 $\hat{T}$ 得：

$$\begin{aligned}\hat{T}\left(i\hbar\frac{\partial\Psi(\boldsymbol{r},t)}{\partial t}\right)&=i\hbar\frac{\partial\Psi(\boldsymbol{r},-t)}{\partial(-t)}=-i\hbar\frac{\partial\Psi(\boldsymbol{r},-t)}{\partial t}\\&=\hat{T}\hat{H}\Psi(\boldsymbol{r},t)=\hat{H}\hat{T}\Psi(\boldsymbol{r},t)=\hat{H}\Psi(\boldsymbol{r},-t) \qquad (11\text{-}383b)\end{aligned}$$

顯然（11-383a）式和（11-383b）式不同，差個符號，如取（11-383b）式的複數共軛（complex conjugate），則得和（11-383a）式相同的運動方程式：

$$i\hbar\frac{\partial\Psi^{*}(\boldsymbol{r},-t)}{\partial t}=\hat{H}^{+}\Psi^{*}(\boldsymbol{r},-t)=\hat{H}\Psi^{*}(\boldsymbol{r},-t)$$

這結果提示 $\hat{T}$ 由兩個算符組成，一個是令時間$t\longrightarrow(-t)$的 $\hat{U}_t$，另一個是取複數共軛的 $\hat{K}$：

$$\hat{T}=\hat{U}_t\hat{K} \qquad (11\text{-}383c)$$

所以$\hat{T}\,\Psi(\boldsymbol{r},t)=\hat{U}_t\,\Psi^{*}(\boldsymbol{r},t)=\Psi^{*}(\boldsymbol{r},-t)$，那麼 $\hat{U}_t$ 是什麼樣的算符呢？

設 $\hat{U}$= 任意么正算符（unitary operator），則它必滿足躍遷概率幅 $\langle\psi(\boldsymbol{r},t)|$

$\phi(\boldsymbol{r},t)\rangle$ 不變：

$$\left.\begin{aligned}\langle\psi(\boldsymbol{r},t)|\phi(\boldsymbol{r},t)\rangle \longrightarrow \langle\psi'(\boldsymbol{r},t)|\phi'(\boldsymbol{r},t)\rangle &\equiv \langle\psi(\boldsymbol{r},t)|\hat{U}^{+}\hat{U}|\phi(\boldsymbol{r},t)\rangle \\ &= \langle\psi(\boldsymbol{r},t)|\phi(\boldsymbol{r},t)\rangle \\ |\phi'(\boldsymbol{r},t)\rangle = \hat{U}|\phi(\boldsymbol{r},t)\rangle &\end{aligned}\right\} \quad (11\text{-}383\text{d})$$

（11-383d）式不含複數共軛量，於是把（11-383d）式的要求「放寬」為：

$$|\langle\psi'(\boldsymbol{r},t)|\phi'(\boldsymbol{r},t)\rangle| = |\langle\psi(\boldsymbol{r},t)|\phi(\boldsymbol{r},t)\rangle| \quad (11\text{-}383\text{e})$$

（11-383e）式是躍遷概率幅的絕對值，絕對值時便會多出未定相 $e^{i\delta}$ 的自由度，δ= 實數；同時不但含複數共軛量，並且如（11-383f）式也會含 $\langle\psi'(\boldsymbol{r},t)|\phi'(\boldsymbol{r},t)\rangle$ = $\langle\psi(\boldsymbol{r},t)|\phi(\boldsymbol{r},t)\rangle$ 在內，所以才叫「放寬」。那麼為什麼使用躍遷概率幅 $\langle\psi|\phi\rangle \equiv \langle\phi_f|\hat{\theta}|\phi\rangle$，而不用概率 $\langle\phi|\phi\rangle$ 呢？$\hat{\theta}$ 相互作用算符，它使物理系統 $|\phi\rangle$ 躍遷到終態 $|\phi_f\rangle$。因為牽連時間變化，系統狀態必有變化的可能性。於是（11-383e）式等於下列關係：

$$\left.\begin{aligned}&\langle\psi'(\boldsymbol{r},t)|\phi'(\boldsymbol{r},t)\rangle = (\langle\psi(\boldsymbol{r},t)|\phi(\boldsymbol{r},t)\rangle)^* = \langle\phi(\boldsymbol{r},t)|\psi(\boldsymbol{r},t)\rangle \\ &|\phi'(\boldsymbol{r},t)\rangle \equiv \hat{U}_A|\phi(\boldsymbol{r},t)\rangle\end{aligned}\right\} \quad (11\text{-}383\text{f})$$

顯然（11-383f）式的變換算符 $\hat{U}_A$ 和（11-383d）式的 $\hat{U}$ 不同，$\hat{U}_A$ 除了把時間 $t\longrightarrow(-t)$，並且維持躍遷概率幅的絕對值不變的么正算符 $\hat{U}$ 的性質之外，必含有取複數共軛的操作 $\hat{K}$ 才行，即：

$$\boxed{\hat{U}_A = \hat{U}\hat{K}} \quad (11\text{-}384\text{a})$$

$\hat{U}$ 是變換時間 $t\longrightarrow(-t)$ 的么正算符。**因為無法定義 $\hat{K}^{+}$，故無法定義 $\hat{U}_A^{+}$，**

$$\therefore \langle\psi'(\boldsymbol{r},t)|\phi'(\boldsymbol{r},t)\rangle \underset{\text{不可以}}{=\!=\!=} \langle\psi(\boldsymbol{r},t)|\hat{U}_A^{+}\hat{U}_A|\phi(\boldsymbol{r},t)\rangle \quad (11\text{-}384\text{b})$$

$\hat{K}$ 是取複數共軛操作，於是得：

$$\hat{K}^2|\phi\rangle = \hat{K}(|\phi\rangle)^* = |\phi\rangle$$

$$\therefore \hat{K}^2 = \mathbb{1}, \quad \mathbb{1} = \text{單位矩陣} = \begin{pmatrix} 1 & 0 & 0\cdots\cdots \\ 0 & 1 & 0\cdots\cdots \\ \cdots\cdots & \cdots\cdots & \cdots\cdots \\ 0 & 0\cdots\cdots & 0 \quad 1 \end{pmatrix}$$

$$\therefore \hat{K} = \hat{K}^{-1} \neq \hat{K}^{+} \quad (11\text{-}384\text{c})$$

有上述性質的（11-384a）式的 $\hat{U}_A$ 叫**反么正算符**（anti-unitary operator）。將么正 $\hat{U}$ 和反么正 $\hat{U}_A$，以及線性（linear）和反線性（antilinear）比較於表（11-36）以幫助瞭解。

表 11-36　線性，反線性算符，么正、反么正算符

線性算符 $\hat{A}, \hat{B}$	反線性算符 $\hat{A}, \hat{B}$
$\hat{A}(\|a\rangle+\|b\rangle)=\hat{A}\|a\rangle+\hat{A}\|b\rangle$ $\hat{A}(C\|a\rangle)=C\hat{A}\|a\rangle$ $C=$ 任意 C 數（C number） $(\hat{A}+\hat{B})\|a\rangle=\hat{A}\|a\rangle+\hat{B}\|a\rangle$	$\hat{A}(\|a\rangle+\|b\rangle)=\hat{A}\|a\rangle+\hat{A}\|b\rangle$ $\hat{A}(C\|a\rangle)=C^*\hat{A}\|a\rangle$ $C^*=C$ 的複數共軛 $(\hat{A}+\hat{B})\|a\rangle=\hat{A}\|a\rangle+\hat{B}\|a\rangle$
么正算符 $\hat{U}$	反么正算符 $\hat{U}_A$
$\langle\psi'\|\phi'\rangle=\langle\psi\|\hat{U}^+\hat{U}\|\phi\rangle=\langle\psi\|\phi\rangle$ $=\langle\psi\|\mathbb{1}\|\phi\rangle$ $\|\phi'\rangle=\hat{U}\|\phi\rangle$ $\hat{U}^+\hat{U}=\hat{U}\hat{U}^+=\mathbb{1}$ 或 $\hat{U}^+=\hat{U}^{-1}$	$\|\langle\psi'\|\phi'\rangle\|=\|\langle\psi\|\phi\rangle\|$ 或 $\langle\psi'\|\phi'\rangle=(\langle\psi\|\phi\rangle)^*=\langle\phi\|\psi\rangle$ $\|\phi'\rangle=\hat{U}_A\|\phi\rangle=\hat{U}\hat{K}\|\phi\rangle$ $=\hat{U}(\|\phi\rangle)^*=\hat{U}\|\phi^*\rangle$ $\hat{U}=$ 么正算符 $\hat{K}=$ 取複數共軛算符 $=\hat{K}^{-1}$

$|\phi\rangle,|\psi\rangle=$ 物理系統的狀態右向量（state ket vectors 或簡稱 state kets）。
$|a\rangle,|b\rangle=$ 表示 $|\phi\rangle$ 或 $|\psi\rangle$ 用的基右向量（base ket vectors，看第十章Ⅳ或圖（10-17），$|a\rangle$ 和 $|b\rangle$ 是該圖的 $|\psi_n\rangle,|\phi\rangle$ 或 $|\psi\rangle$ 是該圖的 $|\Psi\rangle$）。

從反線性算符，基右向量和狀態右向量的本質，$\hat{K}$ 作用到基右向量 $|a\rangle$ 時，$|a\rangle$ 不受任何影響。設 $|\psi\rangle$ 為狀態右向量，$C=$ 任意 C 數（不是算符的普通數或複數叫 **C 數**），$\{|a_i\rangle\}=$ 完全正交歸一化基（complete orthonormalized basis），則得：

$$\begin{aligned}\hat{K}C|\psi\rangle&=C^*\hat{K}|\psi\rangle\\ \hat{K}|\psi\rangle&=\hat{K}\Big(\sum_i|a_i\rangle\langle a_i|\psi\rangle\Big)\\ &=\sum_i(\langle a_i|\psi\rangle)^*\hat{K}|a_i\rangle=\sum_i(\langle a_i|\psi\rangle)^*|a_i\rangle\end{aligned}\qquad(11\text{-}384d)$$

$$\therefore\quad\boxed{\hat{K}|a_i\rangle=|a_i\rangle}\qquad(11\text{-}384e)$$

（11-384e）式的 $|a_i\rangle$ 和實（real）基右向量無關，完全是根據（11-383f）式所得的結果，因為：

$$\begin{aligned}\hat{U}_A|\phi\rangle&=\hat{U}_A\Big(\sum_i|a_i\rangle\langle a_i|\phi\rangle\Big)=\hat{U}\Big\{\sum_i(\langle a_i|\phi\rangle)^*|a_i\rangle\Big\}\\ &=\sum_i(\langle a_i|\phi\rangle)^*\hat{U}|a_i\rangle=\sum_i\langle\phi|a_i\rangle\hat{U}|a_i\rangle\\ &=|\phi'\rangle\end{aligned}$$

同樣得：$\hat{U}_A|\psi\rangle = \sum_j \langle\psi|a_j\rangle\ \hat{U}|a_j\rangle \equiv |\psi'\rangle$

$$\begin{aligned}\therefore \langle\psi'|\phi'\rangle &= \sum_{i,j} \langle a_j|\psi\rangle\langle\phi|a_i\rangle\langle a_j|\hat{U}^+\hat{U}|a_i\rangle \\ &= \sum_{ij} \langle\phi|a_i\rangle\langle a_j|\psi\rangle\,\delta_{ij} \\ &= \sum_i \langle\phi|a_i\rangle\langle a_i|\psi\rangle \\ &= \langle\phi|\psi\rangle = (\langle\psi|\phi\rangle)^* = (11\text{-}383f)\text{ 式} \qquad (11\text{-}384f)\end{aligned}$$

所以（11-383c）式的時間反演算符 $\hat{T}$ 是反么正算符：

$$\boxed{\hat{T} = \hat{U}_A = \hat{U}\hat{K}} \qquad (11\text{-}385a)$$

$\hat{U}_t = \hat{U}$ = 使時間 $t \longrightarrow (-t)$ 的么正算符。（11-385a）式的 $\hat{T}$ 叫 **Wigner** 的時間反演算符。從以上的推算過程得知：作含有時間反演算符的演算時，最好全用右向量（**ket vetor**），不要使用左向量（**bra vector**），因為無法定義 $\hat{U}_A^+$。

【**Ex. 11-72**】證明（11-385a）式的時間反演算符確實滿足（11-383f）式。

$$\begin{aligned}\langle\psi'|\phi'\rangle &= \langle\hat{T}\psi(\boldsymbol{r},t)|\hat{T}\phi(\boldsymbol{r},t)\rangle = \langle\hat{U}\psi^*(\boldsymbol{r},t)|\hat{U}\phi^*(\boldsymbol{r},t)\rangle \\ &= \langle\psi^*(\boldsymbol{r},-t)|\phi^*(\boldsymbol{r},-t)\rangle = (\langle\psi(\boldsymbol{r},-t)|\phi(\boldsymbol{r},-t)\rangle)^* \\ &= \langle\phi(\boldsymbol{r},-t)|\psi(\boldsymbol{r},-t)\rangle = \langle\phi|\psi\rangle = (11\text{-}383f)\text{ 式}\end{aligned}$$

【**Ex. 11-73**】求下列物理量的時間反演量：

(1)位置 $\hat{\boldsymbol{X}}$， (2)動量 $\hat{\boldsymbol{P}}$， (3)角動量 $\hat{\boldsymbol{J}}$，

(4)量子化條件 $[\hat{X}_i, \hat{P}_j] = i\hbar\delta_{ij}$， (5)轉動算符 $\hat{U}(e_n)$，

(6)在連心力場內運動的無自旋粒子的能量束縛本徵函數 $\psi_{n\ell m}(\boldsymbol{r}) = R_{m\ell}(r)Y_{\ell,m}(\theta,\varphi)$。

設物理系統的初態 $\equiv|\phi\rangle$，它受到作用，其線性算符為 $\hat{\theta}$ 後，系統躍遷到狀態 $|\psi\rangle$，則躍遷概率幅 $=\langle\psi|\hat{\theta}|\phi\rangle$。假定 $|\varphi\rangle = \hat{\theta}|\psi\rangle$，則 $\langle\varphi| = \langle\hat{\theta}\psi| = \langle\psi|\hat{\theta}^+$，

$$\begin{aligned}\therefore (\langle\psi|\hat{\theta}^+)|\phi\rangle &= \langle\varphi|\phi\rangle \xrightarrow[\ (11-383f)\text{ 式}\ ]{\text{時間反演}} \langle\phi'|\varphi'\rangle \\ &= \langle\phi'|\{\hat{U}_A(\hat{\theta}|\psi\rangle)\} \\ &= \langle\phi'|\hat{U}_A\hat{\theta}\hat{U}_A^{-1}\hat{U}_A|\psi\rangle \longleftarrow \text{由（11-384a）和（11-384c）式可有 } U_A^{-1}\end{aligned}$$

$$\equiv \langle \phi' | \hat{\theta}_T | \psi' \rangle \qquad (11\text{-}385b)$$

$$\boxed{\hat{\theta}_T \equiv \hat{U}_A \hat{\theta} \hat{U}_A^{-1}} \qquad (11\text{-}385c)$$

（11-385c）式的右下標T表示時間反演。

(1) $\hat{U}_A \hat{\boldsymbol{X}} \hat{U}_A^{-1} = \hat{U} \hat{K} \hat{\boldsymbol{X}} \hat{K}^{-1} \hat{U}^{-1} = \hat{U} \hat{\boldsymbol{X}} \hat{U}^{-1} = \hat{\boldsymbol{X}} \leftarrow \hat{\boldsymbol{X}}$和時間無關　（11-386a）

(2) $\hat{U}_A \hat{\boldsymbol{P}} \hat{U}_A^{-1} = \hat{U} \hat{K} \hat{\boldsymbol{P}} \hat{K}^{-1} \hat{U}^{-1} = \hat{U} \hat{\boldsymbol{P}} \hat{U}^{-1} = -\hat{\boldsymbol{P}} \longleftarrow \hat{\boldsymbol{P}}$ 和時間有關

或 $\hat{\boldsymbol{P}} \hat{U} + \hat{U} \hat{\boldsymbol{P}} \equiv \{\hat{\boldsymbol{P}}, \hat{U}\} = 0$　（11-386b）

(3) $\hat{U}_A \hat{\boldsymbol{J}} \hat{U}_A^{-1} = \hat{U} \hat{K} \hat{\boldsymbol{J}} \hat{K}^{-1} \hat{U}^{-1} = \hat{U} \hat{\boldsymbol{J}} \hat{U}^{-1} = -\hat{\boldsymbol{J}}$

或 $\hat{\boldsymbol{J}} \hat{U} + \hat{U} \hat{\boldsymbol{J}} = \{\hat{\boldsymbol{J}}, \hat{U}\} = 0$　（11-386c）

(4) $\hat{U}_A [\hat{X}_i, \hat{P}_j] \hat{U}_A^{-1} = \hat{U}_A \hat{X}_i \hat{U}_A^{-1} \hat{U}_A \hat{P}_j \hat{U}_A^{-1} - \hat{U}_A \hat{P}_j \hat{U}_A^{-1} \hat{U}_A \hat{X}_i \hat{U}_A^{-1}$

$$= -\hat{X}_i \hat{P}_j + \hat{P}_j \hat{X}_i = -[\hat{X}_i, \hat{P}_j] = \hat{U}_A (i\hbar \delta_{ij}) \hat{U}_A^{-1}$$

$$= \hat{U} \{\hat{K}(i\hbar\delta_{ij}) K^{-1}\} \hat{U}^{-1} = -i\hbar\delta_{ij}$$

$\therefore [\hat{X}_i, \hat{P}_j] = i\hbar\delta_{ij}$，即量子化條件不受時間反演影響　（11-386d）

從這題的演算過程，如$\hat{U}_A$不是反么正算符，就無法獲得（11-386d）式的結果；量子化條件不該受到時間反演變換的影響是非常合乎物理要求，所以（11-385a）式合乎物理。

(5) $\hat{U}_A \hat{U}(e_n) \hat{U}_A^{-1} = \hat{U} \hat{K} e^{-i\hat{\boldsymbol{J}} \cdot e_n \theta/\hbar} \hat{K}^{-1} \hat{U}^{-1} = \hat{U} e^{+i\hat{\boldsymbol{J}} \cdot e_n \theta/\hbar} \hat{U}^{-1}$

$$= e^{i(-\hat{\boldsymbol{J}}) \cdot e_n \theta/\hbar} = e^{-i\hat{\boldsymbol{J}} \cdot e_n \theta/\hbar} = \hat{U}(e_n)$$

或　$[\hat{U}(e_n), \hat{U}_A] = 0$　（11-386e）

所以轉動算符對時間反演不變。

(6) $\hat{U}_A \psi_{n\ell m}(\boldsymbol{r}) = \hat{U}_A R_{n\ell}(r) Y_{\ell,m}(\theta,\varphi)$

$$= \hat{U} \hat{K} R_{n\ell}(r) Y_{\ell,m}(\theta,\varphi) = \hat{U} R_{n\ell}^*(r) Y_{\ell,m}^*(\theta,\varphi)$$

$$= R_{n\ell}(r) Y_{\ell,m}^*(\theta,\varphi)$$

由（10-117b）式得：

$$Y_{\ell,m}^*(\theta,\varphi) = (-)^m Y_{\ell,-m}(\theta,\varphi)$$

$\therefore \hat{U}_A \psi_{n\ell m}(\boldsymbol{r}) = (-)^m \psi_{n\ell,-m}(\boldsymbol{r}) = i^{2m} \psi_{n\ell,-m}$

或 $\hat{U}_A |n,\ell,m\rangle = (-)^m |n,\ell,-m\rangle = i^{2m} |n,\ell,-m\rangle$　（11-386f）

為什麼（11-386f）式的$(-)^m$非改寫成$(-)^m=(i^2)^m=i^{2m}$不可呢？因為時間反演算符$\hat{T}=\hat{U}_A$內有取複數共軛的算符$\hat{K}$，所以再做一次時間反演（11-386f）式時會遇到下述情況：

$$\hat{K}(i^{2m})=(-i)^{2m}=(-)^{2m}i^{2m}$$
$$=\begin{cases} i^{2m}\cdots\cdots m=\text{整數（integer）} \\ -i^{2m}\cdots\cdots m=\text{半整數（half integer）} \end{cases} \tag{11-387}$$

剛好差一個負符號。實際上無自旋粒子的本徵函數不會遇到$m=$半整數，即不會有軌道角動量量子數$\ell=$半整數，只是為了提醒讀者作時間反演時要非常小心，例如（11-384e），（11-387）和下面（11-388）式的細節。m等於半整數，即角動量量子數$j=$半整數是出現在，自旋為半整數的 Fermi 粒子的本徵函數，看下面（Ex.11-84）。

從（11-386a）～（11-386e）式得：

凡是含動量 $\boldsymbol{P}$ 和角動量 $\boldsymbol{J}$（含自旋 $\boldsymbol{S}$）的物理量或函數，執行時間反演操作時必須記得作；
$\boldsymbol{P}\longrightarrow-\boldsymbol{P}$， $\boldsymbol{J}\longrightarrow-\boldsymbol{J}$ （11-388）

例如目前工業界的重要材料之一的磁性材料，磁性完全來自材料的原子內電子自旋，所以磁性物體對時間反演必變，作理論演算時千萬小心。

【Ex. 11-74】 求自旋$\frac{1}{2}$的粒子或物理系統的具體時間反演算符。

(1)求$\hat{U}_A$算符

使用自旋算符$\hat{S}$的$\hat{S}^2$和$\hat{S}_z$表象（representation）的基右向量$|S,m_S\rangle=|\frac{1}{2},m_S=\pm\frac{1}{2}\rangle\equiv|\pm\rangle$；當取量子化軸$=Z$軸，則$|\pm\rangle$如圖（11-132）所示。設$e_n$如圖（11-132）的任意方向的單位向量，則必須轉動右向量$|+\rangle$才能得e_n方向的右向量$|e_n,+\rangle$：

$$|e_n,+\rangle=e^{-i\hat{S}_z\alpha/\hbar}e^{-i\hat{S}_y\beta/\hbar}|+\rangle$$
$$\therefore\hat{U}_A|e_n,+\rangle=\hat{U}_A\{e^{-i\hat{S}_z\alpha/\hbar}(\hat{U}_A^{-1}\hat{U}_A)e^{-i\hat{S}_y\beta/\hbar}(\hat{U}_A^{-1}\hat{U}_A)|+\rangle\}$$
$$\xlongequal[\text{（11-386e）式}]{}e^{-i\hat{S}_z\alpha/\hbar}e^{-i\hat{S}_y\beta/\hbar}\hat{U}_A|+\rangle=\eta|e_n,-\rangle$$

時間反演由（11-386f）式得知$|+\rangle\rightleftharpoons|-\rangle$，因為自旋$\frac{1}{2}$的$m_S$僅有兩個值；$\eta$是由物理來決定的未定量。從圖（11-132）得：

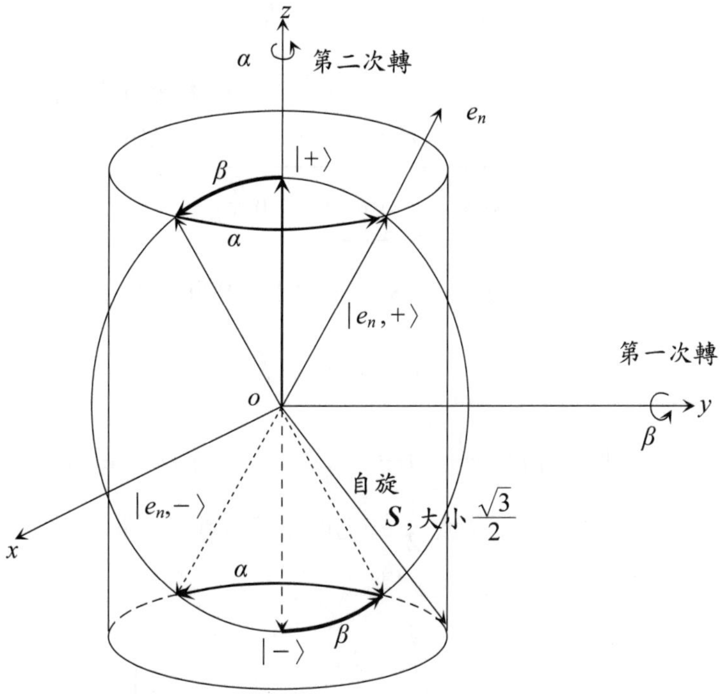

$|+\rangle \equiv |S=\frac{1}{2}, m_S=\frac{1}{2}\rangle$， 大小 $\frac{1}{2}$

$|-\rangle \equiv |S=\frac{1}{2}, m_S=-\frac{1}{2}\rangle$，大小 $\frac{1}{2}$

圖 11-132

$$|e_n,-\rangle = e^{-i\hat{S}_z\alpha/\hbar}e^{-i\hat{S}_y(\beta+\pi)/\hbar}|+\rangle$$

$$=(e^{-i\hat{S}_z\alpha/\hbar}e^{-i\hat{S}_y\beta/\hbar})e^{-i\hat{S}_y\pi/\hbar}|+\rangle \longleftarrow [\hat{S}_y\beta, \hat{S}_y\pi]=0$$

$$\therefore \hat{U}_A|e_n,+\rangle = (e^{-i\hat{S}_z\alpha/\hbar}e^{-i\hat{S}_y\beta/\hbar})\{\eta e^{-i\hat{S}_y\pi/\hbar}|+\rangle\}$$

$$\xrightarrow[\text{(11-384e) 式}]{} (e^{-i\hat{S}_z\alpha/\hbar}e^{-i\hat{S}_y\beta/\hbar})(\eta e^{-i\hat{S}_y\pi/\hbar}\hat{K})|+\rangle$$

$$\therefore \boxed{\hat{U}_A=\eta e^{-i\hat{S}_y\pi/\hbar}\hat{K}} \qquad (11\text{-}389)$$

(2)求 η

用 Pauli 矩陣 $\vec{\sigma}$ 來表示自旋的 $\hat{\boldsymbol{S}}=\frac{\hbar}{2}\hat{\boldsymbol{\sigma}}$，則得：

$e^{-i\hat{s}\cdot e_n\theta/\hbar}=e^{-i\hat{\sigma}\cdot e_n\theta/2}$，　θ＝繞 e_n 軸的轉動角

$$=\left\{1-\frac{(\hat{\boldsymbol{\sigma}}\cdot e_n)^2}{2!}\left(\frac{\theta}{2}\right)^2+\frac{(\hat{\boldsymbol{\sigma}}\cdot e_n)^4}{4!}\left(\frac{\theta}{2}\right)^4-\cdots\cdots\right\}$$

$$-i\left\{(\hat{\boldsymbol{\sigma}}\cdot e_n)(\frac{\theta}{2})-\frac{1}{3!}(\hat{\boldsymbol{\sigma}}\cdot e_n)^3(\frac{\theta}{2})^3+\cdots\cdots\right\}$$

但是： $(\hat{\boldsymbol{\sigma}}\cdot e_n)^m=\begin{cases}1\cdots\cdots\cdots\cdots\cdots m=\text{偶數}\\ \hat{\boldsymbol{\sigma}}\cdot e_n\cdots\cdots\cdots m=\text{奇數}\end{cases}$ （11-390a）

$$\therefore\ \boxed{e^{-i\hat{s}\cdot e_n\theta/\hbar}=\mathbb{1}\cos\frac{\theta}{2}-i(\hat{\boldsymbol{\sigma}}\cdot e_n)\sin\frac{\theta}{2}} \qquad (11\text{-}390b)$$

$\mathbb{1}$＝單位矩陣，由（11-389）和（11-390b）式得：

$$\hat{U}_A=-i\eta\,\hat{\sigma}_y\hat{K} \qquad (11\text{-}390c)$$

由於我們使用 $|S=\frac{1}{2},m_S=\pm\frac{1}{2}\rangle\equiv|\pm\rangle$ 作為Hilbert空間的基右向量，故任意自旋或角動量 $\frac{1}{2}$ 的物理系統或粒子的狀態右向量 $|j=\frac{1}{2},m_j\rangle$ 都可以用 $|\pm\rangle$ 來線性展開：

$$|j,m_j\rangle=C_+|+\rangle+C_-|-\rangle,\qquad |+\rangle\equiv\begin{pmatrix}1\\0\end{pmatrix},\qquad |-\rangle\equiv\begin{pmatrix}0\\1\end{pmatrix}$$

$$\begin{aligned}\therefore\hat{U}_A|j,m_j\rangle&=-i\eta\,\hat{\sigma}_y\hat{K}(C_+|+\rangle+C_-|-\rangle)\\&\overset{}{\underset{(11\text{-}384e)式}{=\!=\!=\!=}}-i\eta\,\hat{\sigma}_y(C_+^*|+\rangle+C_-^*|-\rangle)\\&=\eta\{C_+^*(-i\hat{\sigma}_y)|+\rangle+C_-^*(-i\hat{\sigma}_y)|-\rangle\}\\&=\eta\{C_+^*|-\rangle-C_-^*|+\rangle\}\end{aligned}$$

再時間反演一次得：

$$\begin{aligned}\hat{U}_A\{\hat{U}_A|j,m_j\rangle\}=\hat{U}_A^2|j,m_j\rangle&=-i\eta\,\hat{\sigma}_y\hat{K}\{\eta C_+^*|-\rangle-\eta C_-^*|+\rangle\}\\&=-i\eta\,\hat{\sigma}_y\{\eta^*C_+|-\rangle-\eta^*C_-|+\rangle\}\\&=|\eta|^2\{C_+(-i\hat{\sigma}_y)|-\rangle+C_-(i\hat{\sigma}_y)|+\rangle\}\\&=|\eta|^2\{-C_+|+\rangle-C_-|-\rangle\}=-|\eta|^2|j,m_j\rangle\end{aligned}$$

取 $|\eta|^2=1$，

$$\therefore\eta=e^{i\delta},\quad \delta=\text{任意實數} \qquad (11\text{-}390d)$$

$$\therefore\hat{U}_A^2|j,m_j\rangle=-|j,m_j\rangle \qquad (11\text{-}390e)$$

表示 $\hat{U}_A^2$ 的本徵值（eigenvalue）是-1，這值恆等於（$-\mathbb{1}$）的本徵值，

$$\therefore \hat{U}_A^2 = -\mathbb{1} \tag{11-390f}$$

將推導（11-390f）式的過程推廣到任意半整數（half integer）角動量 $\hat{\boldsymbol{J}}$，則得：

$$\left.\begin{aligned} &\hat{U}_A = \eta\, e^{-i\hat{J}_y\pi/\hbar}\hat{K} \\ &\hat{U}_A^2 | j = \text{半正整數}, m_j\rangle = -| j, m_j\rangle \\ \text{或}&\left(\hat{U}_A(j = \text{半正整數})\right)^2 = -\mathbb{1} \end{aligned}\right\} \tag{11-391a}$$

如果 j = 正整數，則由（11-386f）式得：

$$\begin{aligned} \hat{U}_A | j = \text{正整數}, m_j\rangle &= i^{2m_j}\, | j, -m_j\rangle \\ \therefore \hat{U}_A\left\{\hat{U}_A | j, m_j\rangle\right\} = \hat{U}_A^2 | j, m_j\rangle &= \hat{U}\hat{K}\{i^{2m_j} | j, -m_j\rangle\} \\ &= (-i)^{2m_j} i^{2(-m_j)} | j, -(-m_j)\rangle \\ &= (-)^{2m_j} i^{2m_j} i^{-2m_j} | j, m_j\rangle \\ &= (-)^{2m_j} | j, m_j\rangle \end{aligned}$$

m_j = 整數，故 $(-)^{2m_j} = +1$

$$\therefore \left\{\begin{aligned} &\hat{U}_A^2 | j, m_j\rangle = +| j, m_j\rangle \\ &\left(\hat{U}_A(j = \text{正整數})\right)^2 = +\mathbb{1} \end{aligned}\right\} \tag{11-391b}$$

從（11-391a）和（11-391b）式不難看出，兩式可歸納成一式：

$$\begin{aligned} \hat{U}_A^2 | j, m_j\rangle &= |\eta|^2 e^{-2i\hat{J}_y\pi/\hbar} | j, m_j\rangle \\ &= (-)^{2m_j} | j, m_j\rangle = (-)^{2j} | j, m_j\rangle \\ &= \left\{\begin{aligned} &-| j, m_j\rangle \cdots\cdots j = \text{半正整數} \\ &+| j, m_j\rangle \cdots\cdots j = \text{正整數} \end{aligned}\right\} \end{aligned} \tag{11-391c}$$

當 j = 半正整數 $\equiv \dfrac{2n+1}{2}, n = 0, 1, \cdots\cdots$ 時 m_j 是半整數 $\dfrac{2n'+1}{2}, n' = 0, 1$，$\cdots\cdots$，於是 $(-)^{2m_j} = (-)^{2j}$。同樣地 j = 正整數時 m_j 是整數，所以 $(-)^{2m_j} = (-)^{2j}$。（11-391c）式明顯地告訴我們：

自旋＝半正整數的狀態函數轉動一圈 2π 角度不回原　（11-391d）

這種性質的量叫**旋量**（spinor），經典物理沒它的對應量，完全是屬於量子力學的物理量。常為了演算上的方便取$\delta=0$；**但最好針對題目，由物理條件來取δ值。**

和我們最切身的 Fermi 子是自旋$\frac{1}{2}$的電子和核子，它僅有兩個自旋本徵態：$|S=\frac{1}{2}, m_S=\pm\frac{1}{2}\rangle$，於是由（11-390c）式，且取$\eta=1$得：

$$\hat{U}_A|S, m_S=\frac{1}{2}\rangle=-i\hat{\sigma}_y\hat{K}|S,\frac{1}{2}\rangle=-i\hat{\sigma}_y|S,\frac{1}{2}\rangle=\begin{pmatrix}0 & -1\\ 1 & 0\end{pmatrix}\begin{pmatrix}1\\0\end{pmatrix}=\begin{pmatrix}0\\1\end{pmatrix}=|S,-\frac{1}{2}\rangle$$
$$=-|S, m_S\rangle=(-)^{S-m_S}|S, m_S\rangle$$

同樣得：

$$\hat{U}_A|S, m_S=-\frac{1}{2}\rangle=-i\hat{\sigma}_y\hat{K}|S,-\frac{1}{2}\rangle=-i\hat{\sigma}_y|S,-\frac{1}{2}\rangle=\begin{pmatrix}0 & -1\\ 1 & 0\end{pmatrix}\begin{pmatrix}0\\1\end{pmatrix}=-\begin{pmatrix}1\\0\end{pmatrix}=-|S,\frac{1}{2}\rangle$$
$$=-|S, m_S\rangle=(-)^{S-m_S}|S, m_S\rangle$$

故任意角動量量子數$j=\frac{1}{2}$的物理系統，由以上結果得：

$$\hat{U}_A|j, m_j\rangle=(-)^{j-m_j}|j,-m_j\rangle \qquad (11\text{-}392a)$$

$$\text{而}\begin{cases}\hat{U}_A=\eta e^{-i\hat{J}_y\pi/\hbar}\hat{K}\\ \eta=e^{i\delta},\quad \delta=\text{任意實數}\\ \hat{\boldsymbol{J}}^2|j, m_j\rangle=j(j+1)\hbar^2|j, m_j\rangle,\quad \hat{J}_z|j, m_j\rangle=m_j\hbar|j, m_j\rangle\end{cases} \qquad (11\text{-}392b)$$

（11-392a）式確實滿足（11-391c）式。作核反應或粒子反應時，常需要使用細緻平衡（detailed balancing）規則，其內容是作時間反演操作，故為了獲得和（11-392a）式同形式的球諧函數$Y_{\ell m}(\theta,\varphi)$的時間反演式，造了下述函數：

$$\boxed{\mathscr{Y}_{\ell,m}(\theta,\varphi)\equiv i^{\ell}Y_{\ell,m}(\theta,\varphi)} \qquad (11\text{-}393)$$

顯然是：

$$\begin{aligned}\hat{U}_A\mathscr{Y}_{\ell,m}(\theta,\varphi)&=(-i)^{\ell}Y^{*}_{\ell,m}(\theta,\varphi)\\ &=(-)^{\ell}i^{\ell}(-)^{m}Y_{\ell,-m}(\theta,\varphi)\\ &=(-)^{\ell-m}(-)^{2m}i^{\ell}Y_{\ell,-m}(\theta,\varphi)\\ &=(-)^{\ell-m}\mathscr{Y}_{\ell,-m}(\theta,\varphi)\\ &=\text{（11-392a）式的 } j=\ell \text{ 的情形}\end{aligned}$$

所以對自旋$\frac{1}{2}$的Fermi子的軌道角動量也好，內稟角動量也好，其時間反演可以統一地使用（11-392a）式，**不過要記得必須把$Y_{\ell,m}(\theta,\varphi)$換成$\mathscr{Y}_{\ell,m}(\theta,\varphi)$**。

以上介紹的是連續變換（continuous transformation）的轉動變換（11-381d）式，以及兩種不連續變換的離散對稱變換：時間和空間反演變換。連續變換的變換算符往往是指數函數，且有生成元（generator）$\hat{G}$；如物理系統對變換不變，則$\hat{G}$和系統的 Hamiltonian $\hat{H}$對易，且$\hat{G}$所表示的物理量G必守恆。但不連續變換算符有的沒生成元（空間反演就沒生成元），變換算符不構成指數函數。接著介紹另一種沒生成元的不連續變換：粒子反粒子互換的**電荷共軛**（charge conjugation）變換，或簡稱電荷共軛。

(e)電荷共軛（charge conjugation）變換

在相對論量子力學，從 Dirac 方程自動獲得兩種分別對應到粒子和反粒子的解（看附錄(Ｉ)以及（11-365a～c）式），這結果暗示著：粒子和反粒子必可以互換。這個互換操作叫**電荷共軛**，其算符使用英文字母的共軛“conjugation”的頭一個字$\hat{C}$表示，一般地，$\hat{C}$是 4×4 矩陣。粒子的位置$\boldsymbol{r}$、動量$\boldsymbol{P}$、自旋$\boldsymbol{S}$、質量m，壽命τ和同位旋$\boldsymbol{T}$都不受$\hat{C}$變換的影響，但超荷Y、電荷Q、粒子數、奇異數s、燦數c等都會變符號，如表（11-20）所示。依量子場論，所有粒子都有反粒子，粒子反粒子的電磁性大小相等，但符號相反，即：

$$\hat{C}|粒子\rangle=|反粒子\rangle \tag{11-394a}$$

或
$$\hat{C}|B,L,Y,Q,T,T_3,s,c\,;\boldsymbol{P},\boldsymbol{S}\rangle$$
$$=\eta_c|-B,-L,-Y,-Q,T,-T_3,-s,-c\,;\boldsymbol{P},\boldsymbol{S}\rangle \tag{11-394b}$$

B＝重子數，L＝輕子數（電子數L_e，muon 數L_μ，tau 數L_τ），η_c＝未定相，由物理來決定，電中性粒子時有下幾種可能：

(1)質量＝0，自旋 1/2 的 Fermi 粒子，對它們有時候再分為：
　粒子≠反粒子時叫 **Dirac 粒子**
　粒子＝反粒子時叫 **Majorana 粒子**
(2)自旋＝正整數的 Bose 粒子；
　質量＝0 的光子γ：粒子γ＝反粒子$\bar{\gamma}$
　質量≠0 的有：
　　粒子≠反粒子
　　（Ex）$K_0,\overline{K_0}$
　　粒子＝反粒子
　　（Ex）$\pi^0=\bar{\pi}^0$

（11-394c）

對（11-394c）式的粒子＝反粒子的電中性粒子，它們沒有電荷、奇異數、燦數、頂數、美數和輕子數 L（電子數 L_e，muon 數 L_μ，tau 數 L_τ），這種粒子又叫**自我反粒子**。無論如何接連作電荷共軛兩次應回元，所以：

$$\left.\begin{aligned} &\hat{C}\,\hat{C}|\psi\rangle=\hat{C}^2|\psi\rangle=\hat{C}|\psi'\rangle=|\psi\rangle=\mathbb{1}|\psi\rangle \\ &\therefore\ \hat{C}^2=\mathbb{1}\text{，或 }\hat{C}=\hat{C}^{-1}\end{aligned}\right\} \tag{11-394d}$$

假設 $\hat{Q}$ 是得電荷 q 的算符：

$$\begin{aligned} &\hat{Q}|q\rangle = q|q\rangle\text{，}\quad |q\rangle=\text{持電荷 } q \text{ 的本徵態，}\\ &\therefore \hat{C}\,\hat{Q}|q\rangle = \hat{C}q|q\rangle = q\,\hat{C}|q\rangle = q|-q\rangle \\ &\hat{Q}\,\hat{C}|q\rangle = \hat{Q}|-q\rangle = -q|-q\rangle \\ &\therefore [\hat{Q},\hat{C}]|q\rangle = -2q|-q\rangle \neq 0 \\ &\text{或}[\hat{Q},\hat{C}]\neq 0 \end{aligned} \tag{11-394e}$$

同樣可以證明超荷算符 $\hat{Y}$、重子數算符 $\hat{B}$ 和輕子數算符 $\hat{L}$ 都和 $\hat{C}$ 不對易：

$$[\hat{Y},\hat{C}]\neq 0\text{，}\qquad [\hat{B},\hat{C}]\neq 0\text{，}\qquad [\hat{L},\hat{C}]\neq 0 \tag{11-394f}$$

那麼如何定（11-394b）式的未定相 η_c 呢？將（11-394b）式表示成 $\hat{C}|\psi\rangle=\eta_c|\psi'\rangle$，則得：

$$\begin{aligned} &\hat{C}^2|\psi\rangle = \hat{C}\eta_c|\psi'\rangle = \eta_c\,\hat{C}|\psi'\rangle = \eta_c^2|\psi\rangle = |\psi\rangle \\ &\therefore \eta_c^2=1\text{，}\quad \text{或}\quad \eta_c=\pm 1 \\ &\therefore \hat{C}|\psi\rangle = \pm|\psi'\rangle \end{aligned} \tag{11-394g}$$

仿（11-382e）式的空間宇稱，稱粒子的內稟性質（11-394g）式為**電荷宇稱**（charge parity），或簡稱**C－宇稱**。和粒子的內稟宇稱一樣，$C-$ 宇稱是粒子間的相對關係之一，於是**需要先定義某粒子的 $C-$ 宇稱**，然後經反應過程定其他粒子的 $C-$ 宇稱。決定粒子內稟宇稱時，取和我們關係最密切的原子核成員核子（nucleon）作基準；同樣地，定義 $C-$ 宇稱時取和我們最需要且電中性的粒子才行，它就是光子 γ，是電磁場第二量子化粒子。於是使用電磁場的向量勢（vector potential）$\boldsymbol{A}$ 來定義光子的 $C-$ 宇稱 C_γ，從量子場論得：

$$\hat{C}\boldsymbol{A}\,\hat{C}^{-1}=-\boldsymbol{A}$$

所以定義：

$$\boxed{C_\gamma\equiv-1} \tag{11-395}$$

其他粒子的$C-$宇稱，以（11-395）式作為基礎來定。例如π^0的衰變是$\pi^0 \longrightarrow (\gamma+\gamma)$則$\pi^0$的$C-$宇稱$C_{\pi^0}=C_\gamma C_\gamma=(-1)(-1)=+1$。同樣從$\pi^\pm$的衰變實驗得$C_{\pi^\pm}=-1$，而核子是+1。

到這裡介紹完了在前面曾提過（看K^0和$\overline{K^0}$的CP變換）的CPT定理：「對任何局部量子場論（local quantum field theory），作$\hat{C}$, $\hat{P}$和$\hat{T}$的任意組合積的變換，理論不變」的離散對稱變換，空間反演變換$\hat{P}$（11-382e）式，時間反演變換$\hat{T}$（11-383f）式和電荷共軛變換$\hat{C}$（11-394b）式。只要物理系統或粒子的相互作用是局部性，慣性系間的時空變換滿足 Lorentz 變換如（9-17）式，則系統或粒子的相互作用對CPT變換不變。到目前為止，從量子電動力學（quantum electrodynamics）一直到標準模型（standard model，看後面(E)）的量子色動力學（quantum chromodynamics）都是局部量子場論。直接驗證時間反演守不守恆很難，於是利用理論滿足CPT定理，以檢驗CP變換守不守恆來判斷T變換守不守恆*，因兩者相乘必須守恆。

*在 1998 和 1999 年經K分子衰變實驗，T不守恆分別由 CERN 的 CPLEAR 實驗組[1]和 Fermilab 的 KTeV 實驗組[2]證實：

(1) A. Angelopoulos et al., CPLEAR Collaboration, Phys. Lett. **B 444** (1998) 43 是$K \longrightarrow e\nu\pi$實驗

(2) A. Alavi-Harati et al., KTeV Collaboration, Phys. Rev. Lett. **84** (2000) 408 是$K_L^0 \longrightarrow \pi^+\pi^- e^+ e^-$實驗

(f)G變換，$G-$宇稱（G-parity）

粒子的內稟性質，如電荷Q宇稱P，粒子都具有它們的對稱性，Q來自規範變換不變（看後註(24)或下面(C)節），而P來自對內稟空間自由度反演的對稱性（看附錄J）。由於Q有正、負和零（電中性），於是有些粒子雖電荷不同，但物理性質類似，而形成小群，例如核子(p,n)，π介子(π^+,π^0,π^-)。為了統一解釋這些小群的粒子，在 1932 年 Heisenberg 導入了同位旋（isospin）和同位旋空間（isotopic space 或 isospace）。另一面所有的基本粒子都有反粒子，由表（11-20）得知粒子反粒子的最大差異在電荷，雖創造了粒子反粒子互換算符$\hat{C}$，但如（11-394g）式，無法用$\hat{C}$來表示粒子的帶電狀態，即由$\hat{C}$無法獲得帶電本徵態（eigenstate），以π介子為例：

$$\begin{aligned}\hat{C}|\pi^\pm\rangle &= \eta_{\pi^\pm}|\pi^\mp\rangle = -|\pi^\mp\rangle \\ &\neq \text{常數}|\pi^\pm\rangle \end{aligned} \qquad (11\text{-}396a)$$

那麼如何才能-達到（11-396a）式右邊變成等號呢？在電荷空間$\pi^\pm$和π^0所撐展的基右

向量如圖（11-133a），從圖立即看出只要令$|\pi^{\pm}\rangle$各自繞$|\pi^0\rangle$轉 180°就得了。轉動的動力學量是角動量，在電荷空間它就是同位旋，例如核子的同位旋是（11-198a）式：

$$\hat{\boldsymbol{T}}=\frac{1}{2}\hat{\boldsymbol{\tau}}$$

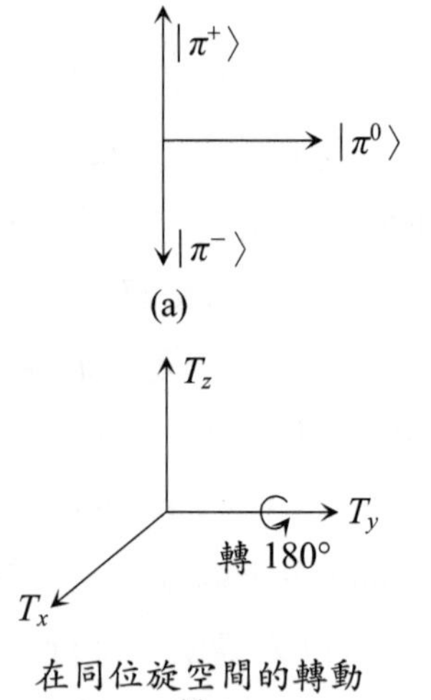

圖 11-133

核子$\hat{\boldsymbol{T}}$的量子數是$\frac{1}{2}$，其第三成分$\hat{T}_3$的量子數$\langle\hat{T}_3\rangle\equiv m_\tau=\pm\frac{1}{2}$；同位旋除了不帶因次外，整個演算和角動量（附錄 J）完全一樣。

仿圖（11-132），在電荷空間(T_x,T_y,T_z)如圖（11-133b），以T_y為軸轉角度π，因此我們尋找的算符是：

$$\boxed{\hat{C}\,e^{i\pi\hat{T}_y}\equiv\hat{G}} \qquad (11\text{-}396b)$$

這種變換稱為**G 變換**（G-transformation），創造出來的物理量$\hat{G}$叫G算符。請小心，這裡的$\hat{G}$和前面的連續變換生成元（generator）$\hat{G}$無關。G算符又叫**G－宇稱算符**（G- parity operator），即在電荷空間，對應於$\vec{r}$空間的宇稱算符$\hat{p}$的叫$\hat{G}$算符。那麼為什麼選$T_y\equiv T_2$軸而不選$T_x\equiv T_1$軸呢？一般地，角動量的量子化軸是取第三軸$T_Z\equiv T_3$，於是T_3是量子化用軸，剩下的是T_1和T_2軸，不過在 1927 年Pauli創造Pauli矩陣（看（10-22a）式）時，**仿經典力學的剛體運動，取S_y軸為轉動軸，而得他的Pauli矩陣（10-24e）式**，所以 Pauli 後的理論須和 Pauli 及他以前的理論自洽（self consistent）才行，只得選T_2為轉動軸。從（11-396b）式和（11-394e）式，不難看出$\hat{G}$算符和粒子電荷Q有關係，既然$\hat{Q}$有內稟對稱性，$\hat{G}$也該有內稟對稱性，它就是G－宇稱（G- parity）。設$|\psi\rangle$=粒子的任意狀態，則：

$$\hat{G}|\psi\rangle=\eta_G|\psi'\rangle \qquad (11\text{-}396c)$$

接連$\hat{G}$變換兩次便回原：

$$\hat{G}^2|\psi\rangle=\hat{G}\eta_G|\psi'\rangle=\eta_G\hat{G}|\psi'\rangle=\eta_G^2|\psi\rangle=|\psi\rangle$$

$$\left.\begin{aligned}&\therefore\eta_G=\pm1\\&\text{或 }\hat{G}|\psi\rangle=\begin{cases}+|\psi\rangle\cdots\cdots\text{偶 }G-\text{宇稱}\\-|\psi\rangle\cdots\cdots\text{奇 }G-\text{宇稱}\end{cases}\end{aligned}\right\} \qquad (11\text{-}396d)$$

即$\hat{G}$的本徵值（eigenvalue）是 ±1。

【**Ex. 11-75**】以π介子為例，證明$\hat{G}|\psi\rangle$=常數$|\psi\rangle$。

$\hat{G}|\pi^+\rangle=\hat{C}\,e^{i\pi\hat{T}_2}|\pi^+\rangle$，從附錄(J)的（J-10a）式得：

$$\hat{T}_{\pm}\ |T,T_3\rangle=\sqrt{(T\mp T_3)(T\pm T_3+1)}|T,T_3\pm 1\rangle$$
$$\hat{\boldsymbol{T}}^2|T,T_3\rangle=T(T+1)|T,T_3\rangle$$
$\hat{T}_3|T,T_3\rangle=T_3|T,T_3\rangle$ ，$\hat{\boldsymbol{T}}$=同位旋算符，$\hat{T}_3=\hat{\boldsymbol{T}}$ 的第三成分，

$$\hat{T}_{\pm}\equiv\hat{T}_1\pm i\,\hat{T}_2\longrightarrow\hat{T}_1=\frac{1}{2}(\hat{T}_++\hat{T}_-),\quad \hat{T}_2=-\frac{i}{2}(\hat{T}_+-\hat{T}_-),$$

$$\therefore\begin{cases}\hat{T}_2|\pi^0\rangle=-\dfrac{i}{2}(\hat{T}_+-\hat{T}_-)|T=1,T_3=0\rangle\\ \qquad=-\dfrac{i}{\sqrt{2}}(|\pi^+\rangle-|\pi^-\rangle)\equiv\alpha\\ \hat{T}_2|\pi^+\rangle=-\dfrac{i}{2}(\hat{T}_+-\hat{T}_-)|T=1,T_3=1\rangle\\ \qquad=\dfrac{i}{2}\hat{T}_-|\pi^+\rangle=\dfrac{i}{\sqrt{2}}|\pi^0\rangle\equiv\beta\\ \hat{T}_2|\pi^-\rangle=-\dfrac{i}{2}(\hat{T}_+-\hat{T}_-)|T=1,T_3=-1\rangle\\ \qquad=-\dfrac{i}{2}\hat{T}_+|\pi^-\rangle=-\dfrac{i}{\sqrt{2}}|\pi^0\rangle=-\beta\end{cases}$$

$$(\hat{T}_2)^2|\pi^0\rangle=\hat{T}_2\left(-\frac{i}{\sqrt{2}}(|\pi^+\rangle-|\pi^-\rangle)\right)=|\pi^0\rangle$$

$$\therefore\begin{cases}\hat{T}_2|\pi_0\rangle=(\hat{T}_2)^3|\pi^0\rangle=\cdots\cdots=(\hat{T}_2)^{2n+1}|\pi^0\rangle=\alpha,\quad n=0,1,2,\cdots\cdots\\ (\hat{T}_2)^2|\pi_0\rangle=(\hat{T}_2)^4|\pi^0\rangle=\cdots\cdots=(\hat{T}_2)^{2n}|\pi^0\rangle=|\pi^0\rangle\end{cases},$$

$$\hat{T}_2|\pi^{\pm}\rangle=\pm\beta$$
$$(\hat{T}_2)^2|\pi^{\pm}\rangle=\pm\frac{i}{\sqrt{2}}\hat{T}_2|\pi^0\rangle=\pm\frac{i}{\sqrt{2}}\alpha$$
$$(\hat{T}_2)^3|\pi^{\pm}\rangle=\pm\frac{i}{\sqrt{2}}\hat{T}_2\alpha=\pm\beta$$

$$\therefore\begin{cases}\hat{T}_2|\pi^{\pm}\rangle=(\hat{T}_2)^3|\pi^{\pm}\rangle=\cdots\cdots=(\hat{T}_2)^{2n+1}|\pi^{\pm}\rangle=\pm\beta\\ (\hat{T}_2)^2|\pi^{\pm}\rangle=(\hat{T}_2)^4|\pi^{\pm}\rangle=\cdots\cdots=(\hat{T}_2)^{2n}|\pi^{\pm}\rangle=\pm\dfrac{i}{\sqrt{2}}\alpha\end{cases}$$

$$\therefore e^{i\pi\hat{T}_2}|\pi^+\rangle=\left\{\mathbb{1}+i\pi\hat{T}_2+\frac{(i\pi)^2}{2!}(\hat{T}_2)^2+\frac{(i\pi)^3}{3!}(\hat{T}_2)^3+\cdots\cdots\right\}|\pi^+\rangle$$
$$=|\pi^+\rangle+i\pi\frac{i}{\sqrt{2}}|\pi^0\rangle-\frac{\pi^2}{2!}\frac{1}{2}(|\pi^+\rangle-|\pi^-\rangle)$$
$$+\frac{(i\pi)^3}{3!}\frac{i}{\sqrt{2}}|\pi^0\rangle+\frac{\pi^4}{4!}\frac{1}{2}(|\pi^+\rangle-|\pi^-\rangle)+\cdots$$
$$=\frac{|\pi^+\rangle+|\pi^-\rangle}{2}+\frac{|\pi^+\rangle-|\pi^-\rangle}{2}-\frac{\pi}{\sqrt{2}}|\pi^0\rangle$$

$$-\frac{\pi^2}{2!}\left[\frac{1}{2}(|\pi^+\rangle-|\pi^-\rangle)\right]+\frac{\pi^3}{3!}\frac{1}{\sqrt{2}}|\pi^0|\rangle$$

$$+\frac{\pi^4}{4!}\left[\frac{1}{2}(|\pi^+\rangle-|\pi^-\rangle)\right]+\cdots\cdots$$

$$=\frac{|\pi^+\rangle+|\pi^-\rangle}{2}+\frac{1}{2}(|\pi^+\rangle-|\pi^-\rangle)\cos\pi-\frac{|\pi_0\rangle}{\sqrt{2}}\sin\pi$$

$$=|\pi^-\rangle$$

同樣地獲得：
$$\begin{cases} e^{i\pi\hat{T}_2}|\pi^-\rangle=|\pi^+\rangle \\ e^{i\pi\hat{T}_2}|\pi^0\rangle=-|\pi^0\rangle \end{cases} \qquad (11\text{-}396e)$$

$$\therefore\begin{cases} \hat{G}|\pi^+\rangle=\hat{C}|\pi^-\rangle=-|\pi^+\rangle \longleftarrow \text{用了 } C_{\pi^\pm}=-1 \\ \hat{G}|\pi^-\rangle=\hat{C}|\pi^+\rangle=-|\pi^-\rangle \\ \hat{G}|\pi^0\rangle=-\hat{C}|\pi^0\rangle=-|\pi^0\rangle \longleftarrow \text{用了 } C_{\pi^0}=1 \end{cases} \qquad (11\text{-}396f)$$

同樣可以證其他粒子的 G 變換，確實獲得：

$$\boxed{\hat{G}|\psi\rangle=\text{常數}|\psi\rangle=\pm|\psi\rangle} \qquad (11\text{-}397)$$

（11-397）式是 $\hat{G}$ 的本徵值方程（eigenvalue equation），表示 $\hat{G}$ 是粒子性質的一種物理量，$\hat{G}$ 的本徵值稱為粒子的 $G-$ 宇稱，所以 π 介子的 $G-$ 宇稱，由（11-396f）式是負值，即奇 $G-$ 宇稱，$G_{\pi^{\pm,0}}=-1$，扮演核力的介子，除了 π 還有 ω，η 和 ρ（看圖（11-59）），它們的 $G-$ 宇稱分別為 $G_\omega=-1$，$G_\rho=G_\eta=+1$，由此可知強相互作用引起的 ω, ρ 的衰變必是：

$$\omega\to\pi^++\pi^-+\pi^0\text{，則得 } G_\omega=G_{\pi^+}G_{\pi^-}G_{\pi^0}=(-1)^3=-1$$

$$\left.\begin{aligned}\rho\to\pi^++\pi^-\\ \pi^0+\pi^0\end{aligned}\right\}\Longrightarrow G_\rho=G_{\pi^0}G_{\pi^0}=(-)^2=+1$$

終於找到了牽連粒子反粒子和同位旋的粒子內稟物理量 $\hat{G}$。強相互作用的 $G-$ 宇稱是守恆，但電磁和弱相互作用的 $G-$ 宇稱不守恆，電磁相互作用的 $G-$ 宇稱不守恆程度約 10^{-2}。這個相互作用的性質，從表（11-21）或表（11-33）和 $\hat{G}$ 的本質很容易猜出來。到這裡我們介紹了一些基本粒子的重要性質，雖然尚未解決粒子的質量和電荷是怎麼來的，但對粒子的質量、電荷（含電中性）、平均壽命等宏觀性之外，粒子的內稟性都有相當程度的瞭解。故表示粒子時將使用 I^G 和 J^{PC}，I 和 G 分別表示同位旋和 $G-$ 宇稱，而 J、P 和 C 分別是內稟角動量（自旋），宇稱和 $C-$ 宇稱。將核子以及扮演核力的重要介子的質量、平均壽命、I^G 和 J^{PC} 列於表（11-37）。

表 11-37 核子 p 和 n，以及 ρ、η、ω 和 π 介子的主要物理量

粒子	質量（MeV）	平均壽命	I^G	J^{PC}
p	938.27200(4)	$>10^{31\sim33}$ 年	$\frac{1}{2}$	$\frac{1}{2}^+$
n	939.56533(4)	886.7(1.9)s（秒）	$\frac{1}{2}$	$\frac{1}{2}^+$
ω	782.57(12)	$10^{-21}\sim10^{-22}$s	0^-	1^{--}
ρ	769.3(8)		1^+	1^{--}
η	547.30(12)	10^{-19}s	0^+	0^{-+}
$\pi^{\pm}$	139.57018(35)	$2.6033(5)\times10^{-8}$s	1^-	0^{--}
π^0	134.9766(6)	$8.4(6)\times10^{-17}$s	1^-	0^{-+}

®139.57018(35) ≡ 139.57018 (±35)，其他類推，空格是沒資料。

(4)分類

1926 年奠立非相對性量子力學後，在它帶動之下，自然科學逐漸邁入輝煌期，加上加速器和偵測器技術的不斷革新，到 1950 年代初期已找到約 300 個粒子（含共振態）。於是如（11-362a, b）式，物理學家們開始分類。分類方法有好多種，如依粒子扮演的相互作用，或依扮演的主要角色和統計性，或依粒子的輕重和內稟性質，以及依對稱性分類。最後的依對稱性分類是 1961 年 Gell-Mann 首創的歸類法，留到 (E) 夸克物理再談。其他分類法，在前面有關的地方曾提過，將那些分散的內容整理在這裡。

(i)依粒子扮演的相互作用分類

大約分成下列三種：

(a)強子（hadron）

強相互作用的主角，但電磁、弱和萬有引力相互作用都參與。內有扮演相互作用，叫力粒子（force Particles）的 Bose 子、介子，以及構成物質稱作物質粒子（matter particles）的 Fermi 子；其他內容參看表（11-31）和表（11-35）。

(b)輕子（lepton）

不參與強相互作用，僅參與電磁、弱和萬有引力相互作用，全是 Fermi 子，所以是物質粒子。

(c)規範粒子（gauge particles）

各相互作用場的量子化粒子，由於目前所有相互作用的量子場論都是局部規範場論，所以才稱作規範粒子，它們各自如表（11-38）所示。

表 11-38 規範粒子

相互作用	強	電磁	弱	萬有引力
規範粒子	膠子（gluon）g	光子（photon）γ	弱 Bose 子（weakon） $W^{\pm}$，Z	引力子 （graviton）b
I（J^{PC}）	$0(1^-)$	$0, 1(1^{--})$	$J=1$	$J=2$
質量	0	$<2\times10^{-16}$eV	$m_{W^{\pm}}c^2=80.423(39)$ GeV $m_Z c^2=91.1876(21)$ GeV	0
壽命τ，總寬度Γ		$\tau=\infty$（穩定之意）	$\Gamma_{W^{\pm}}=2.118(42)$ GeV $\Gamma_Z=2.4952(23)$ GeV	
電荷q	色荷	$<5\times10^{-30}$e	$q(W^{\pm})=\pm1$e $q(Z)=0$	0

I=同位旋，J、P和C分別為自旋、宇稱和電荷宇稱，e=電子電荷大小，Z有時寫成Z^0。弱相互作用的規範粒子$W^{\pm}$和Z（Z^0）正式叫中間向量**Bose**子（intermediary vector boson），或中間Bose子（intermediary boson），簡稱弱 Bose 子（weakon），空格是沒資料。

(ii)依粒子的性質、統計性和輕重分類

(a)Bose 粒子（或 Bose 子）

①規範 Bose 粒子（gauge bosons）

如表（11-38），是扮演相互作用的粒子。

②輕子（leptons）

僅有（11-363a）式的 6 個輕子和它們的反粒子 6 個，共 12 個。其性質看表（11-29）和表（11-32）。

③輕介子（light mesons）

質量較輕且$s=c=b=0$的介子，有$\pi^{\pm}$、π^0、η、ρ、ω，如表（11-37）。s=奇異數，c=燦數，b=底（或美）數。

④奇異介子（strange mesons）

含有奇異數量子數的介子，即$s=\pm1$，$c=b=0$，有$K^{\pm}$，K^0，$\overline{K^0}$，K_S^0，K_L^0。

⑤燦介子（charmed mesons）

$c=\pm1$ 的介子，有$D^{\pm}$，D^0，$\overline{D^0}$，$D^{*\pm}$，D^{*0}。

⑥燦、奇異介子（charmed, strange mesons）

$c=s=\pm1$ 的介子，有$D_S{}^{\pm}$和$D_S^{*\pm}$，右下標s表示奇異（strangeness）。

⑦底（或美）介子（bottom or beauty mesons，不過多半用 bottom）

$b=\pm1$ 的介子，有$B^{\pm}$和B^0。

⑧底，奇異介子（bottom, strange mesons）

$b=\pm1$，$s=\mp1$的介子，有B_S^0。

⑨底，燦介子（bottom, charmed mesons）

$b=c=\pm1$ 的介子，有 $B_c^{\pm}$。

⑩$c\bar{c}$ 介子（$c\bar{c}$ mesons）

是複合粒子，主要的有 η_c 和 J/ψ，其性質如下表。

	I^G（J^{PC}）	質量（MeV）	全寬度（full width）（MeV）
η_c	0^+（0^{-+}）	2979.8(1.8)	$13.2\begin{pmatrix}+3.8\\-3.2\end{pmatrix}$
J/ψ	0^-（1^{--}）	3096.87(4)	87(5)

I、G、J、P、C 分別為同位旋，G 宇稱、自旋、宇稱、電荷宇稱。

J/ψ 粒子是華裔物理學家丁肇中和美國 Stanford 大學的 Richter（Burton Richter, 1931 年～美國實驗物理學家）獨立地在 1974 年發現，因此他們在 1976 年共同獲 Nobel 物理獎，同時用丁肇中的「丁」和 Richter 取的 ψ 合成為名稱叫 J/ψ 粒子。

⑪$b\bar{b}$ 介子（$b\bar{b}$ mesons）

是複合粒子，主要的如下表：

	I^G（J^{PC}）	質量	全寬度（full width）
Υ（$1s$）	0^-（1^{--}）	9460.30(26) MeV	52.5(1.8) MeV
Υ（$2s$）	0^-（1^{--}）	10.02326(31) GeV	44(7) keV
Υ（$3s$）	0^-（1^{--}）	10.3552(5) GeV	26.3(3.5) keV
Υ（$4s$）	0^-（1^{--}）	10.5800(35) GeV	14(5) MeV
x_{b_0}（$1p$）	0^+（0^{++}）	9859.9(1) MeV	

（$n\ell$）的 $n=1,2,3\cdots\cdots$，$\ell=0$，1 分別為 s，p 狀態（看表（10-6）和（10-7））。

(b)Fermi 粒子的重子（baryons）

①核子

核子有質子 p 和中子 n，是我們最熟悉的兩粒子，其大致性質請看表（11-27）。

②激態核子

核子雖有質子 p 和中子 n 兩種，但穩定態僅質子而已，根據大統一理論，其壽命約 $10^{31}\sim10^{33}$ 年。從 1930 年代初已略知核子可能是複合粒子，可能由更基本的粒子組成。依目前的標準模型，核子由三個夸克組成（所有重子都由（11-363a）式的 6 個夸克，以不同組合的三個夸克組成，而介子是由夸克反夸克組成），所以核子該有激態，普通用 N^* 表示。在核力場（強相互作用場）內，核子 N 間的相互作用，或和外界的相互作用便會形成 N^*，看表（11-39）的例子。

③Δ重子（Δbaryons）

Δ是核子N和核力場的π介子的共振態粒子（resonance state particles），讓我們稱它為**核成子**。把研究低能量核物理常出現的N^*和Δ整理在表（11-39）。Δ或N^*的衰變都是$N\pi$，$N\pi\pi$，$N\gamma$等。

表 11-39　核成子Δ和激態核子N^*

粒子	$I(J^P)$	質量(MeV)	粒子	$I(J^P)$	質量(MeV)
Δ(1232)	$\frac{3}{2}\left(\frac{3}{2}^+\right)$	≒1232	$N^*(1440)$	$\frac{1}{2}\left(\frac{1}{2}^+\right)$	≒1440
Δ(1600)	$\frac{3}{2}\left(\frac{3}{2}^+\right)$	≒1600	$N^*(1520)$	$\frac{1}{2}\left(\frac{3}{2}^-\right)$	≒1520
Δ(1620)	$\frac{3}{2}\left(\frac{1}{2}^-\right)$	≒1620	$N^*(1535)$	$\frac{1}{2}\left(\frac{1}{2}^-\right)$	≒1535

I, J和P分別為同位旋，自旋和宇稱。

④奇異重子（strange baryons）

含有奇異數的重子，在標準模型奇異重子必含奇異夸克S，將較重要的奇異重子整理在表 11-40。

表 11-40　較重要的奇異重子

粒子	奇異數S	$I(J^P)$	質量(MeV)	壽命（秒(s)）	磁偶矩(μ_N)	電偶矩(e·cm)	夸克
Λ	−1	$0\left(\frac{1}{2}^+\right)$	1115.683(6)	$2.632(20)\times10^{-10}$	−0.613(4)	$<1.5\times10^{-16}$	uds
Σ^+	−1	$1\left(\frac{1}{2}^+\right)$	1189.37(7)	$0.8018(26)\times10^{-10}$	2.458(10)		uus
Σ^0	−1	$1\left(\frac{1}{2}^+\right)$	1192.642(24)	$7.4(7)\times10^{-20}$			uds
Σ^-	−1	$1\left(\frac{1}{2}^+\right)$	1197.449(30)	$1.479(11)\times10^{-10}$	−1.160(25)		dds
$\cong^0$	−2	$\frac{1}{2}\left(\frac{1}{2}^+\right)$	1314.83(20)	$2.90(9)\times10^{-10}$	−1.250(14)		uss
$\cong^-$	−2	$\frac{1}{2}\left(\frac{1}{2}^+\right)$	1321.31(13)	$1.639(15)\times10^{-10}$	−0.6507(25)		dss
Ω^-	−3	$0\left(\frac{3}{2}^+\right)$	1672.45(29)	$0.821(11)\times10^{-10}$	−2.02(5)		sss

μ_N=核子磁偶矩$\equiv\frac{e\hbar}{2M_p}$，$M_p$=質子質量，$e$=電子電荷大小。數字上的括號是：1115.683(6) ≡ 1115.683±0.006 的意思，其他類推，空格是尚未找到資料。

⑤燦重子（charmed baryons）

含燦數$c=1$的重子，重要的有Λ_c^+, $\cong_c^+$, $\cong_c^0$和Ω_c^0。

⑥底重子（bottom baryons）

含底數 $b=-1$ 的重子，重要的有 Λ_b^0。

凡是壽命 $\tau>10^{-13}$ 秒的粒子，大約可稱為**穩定**（**stable**）**粒子**，而 $\tau \fallingdotseq 10^{-21} \sim 10^{-23}$ 秒的粒子，普通稱為**不穩定**（**unstable**）**粒子**。一般地、靜止質量（rest mass）愈大，壽命愈短。到目前（1999 年秋天）為止，找到的穩定介子和重子各有 101 個和 32 個。依 $SU(4)$ 對稱理論，該有 35 個重子。到這裡，大約介紹了粒子的主要性質，接著是簡單地介紹目前的一些重要理論。首先是簡介最成功的量子電動力學（quantum electrodynamics），普通簡稱為 QED，來自英文字母的頭一個字。

(C)量子電動力學簡介 40, 53~55)

17 世紀中葉牛頓完成從天上到地上的運動規律（1687）後，物理學的研究進入良性循環的理論實驗互動境界。到了 19 世紀牛頓力學更加完整，不但多體、連續體都能處理，並且發展到後來能自動接上 20 世紀初葉的場論的分析力學。另一面在 19 世紀中葉，Maxwell 統一了電學和磁學（1865 年），開啟了光電和相對論大門，使人類有了更正確的時空觀，迎接嶄新的 20 世紀初葉的，Einstein 的相對論（1905），以及 Heisenberg（1925）-Schrödinger（1926）-Dirac（1928）的量子力學。人類視野從宏觀，如宇宙的 10^{26}m，一直到微觀，如原子核的 10^{-15}m 線度，帶來了人類前所未有的輝煌科學與技術，尤其 20 世紀最後 30 年，其中的龍頭可以說是「電子」，就是電磁學和量子力學。電磁學的本質內涵狹義相對論，並且是規範變換（看後註 24 或下面的複習）不變的理論架構。規範理論是目前基礎物理學（原子核基本粒子）的主幹理論，是在下面要追究下去的理論主動脈。進入 QED 主題之前，先來複習一下，以方便能看清楚我們的立足點，以及定位在整個基本粒子理論的 QED 位置。

(1)複習

仍然依本套書的一貫單位，使用 MKSA 單位：「長度用公尺(m)，質量、時間和電流各用公斤 (kg)，秒 (sec 或 s) 和安培(A)」，相對討論標誌（notation）一律使用 Bjorken-Drell 標誌（看附錄(I)或後註53)）®。

(i)四向量（4　vectors）

$$\left.\begin{aligned} &\text{位置}：x^{\mu}=(ct,\boldsymbol{x})\equiv(x^0,\boldsymbol{x}) \\ &\qquad x_{\mu}=(ct,-\boldsymbol{x})\equiv(x_0,-\boldsymbol{x})=g_{\mu\nu}x^{\nu},\quad x_0=x^0 \\ &\qquad \mu=0,1,2,3,\quad c=\text{光速} \end{aligned}\right\} \qquad (11\text{-}398\text{a}.1)$$

$$\left.\begin{array}{l}
\text{動量：} P^{\mu}=(mc,\boldsymbol{P})=(E/c,\boldsymbol{P})\equiv(P^0,\boldsymbol{P})\text{，}m\neq\text{靜止質量（rest mass）}\\
\qquad P_{\mu}=(mc,-\boldsymbol{P})=(E/c,-\boldsymbol{P})\equiv(P_0,-\boldsymbol{P})=g_{\mu\nu}P^{\nu}\\
\text{電流：} j^{\mu}=(c\rho,\boldsymbol{J})\text{，}\quad j_{\mu}=(c\rho,-\boldsymbol{J})\text{，}\\
\qquad \rho=\text{電荷密度，因次}[\rho]=\text{庫侖(C)}/[\text{長度(m)}]^3\\
\qquad \boldsymbol{J}=\text{電流密度，因次}[J]=\text{安培(A)}/[\text{長度(m)}]^2\\
\qquad g_{\mu\nu}=g^{\mu\nu}=\begin{pmatrix}1&0&0&0\\0&-1&0&0\\0&0&-1&0\\0&0&0&-1\end{pmatrix}\text{，}\quad g_{\mu\lambda}g^{\lambda\nu}=g_{\mu}{}^{\nu}=g^{\mu}{}_{\nu}=\delta_{\mu\nu}=\delta^{\mu\nu}
\end{array}\right\}\quad(11\text{-}398a.2)$$

電磁勢：

$$\left.\begin{array}{l}
cA^{\mu}(\boldsymbol{x},t)=(\phi(\boldsymbol{x},t),c\boldsymbol{A}(\boldsymbol{x},t))\text{，}cA_{\mu}(\boldsymbol{x},t)=(\phi(\boldsymbol{x},t)-c\boldsymbol{A}(\boldsymbol{x},t))\\
\boldsymbol{\phi}(\boldsymbol{x},t)=\text{(電磁)標量勢[(electromagnetic) scalar potential]}\\
\boldsymbol{A}(\boldsymbol{x},t)=\text{(電磁)向量勢[(electromagnetic) vector potential]}
\end{array}\right\}$$

$$(11\text{-}398b)$$

微分：$\dfrac{\partial}{\partial x^{\mu}}\equiv\partial_{\mu}$，$\dfrac{\partial}{\partial x_{\mu}}\equiv\partial^{\mu}$ ⊛

算符：

$$\left.\begin{array}{l}
P^{\mu}=i\hbar\partial^{\mu}=\left(i\hbar\dfrac{\partial}{c\partial t},-i\hbar\overrightarrow{\nabla}\right)=\left(i\hbar\dfrac{\partial}{\partial x^0},-i\hbar\overrightarrow{\nabla}\right)\equiv i\hbar\nabla^{\mu}\\
P_{\mu}=i\hbar\partial_{\mu}=\left(i\hbar\dfrac{\partial}{c\partial t},i\hbar\overrightarrow{\nabla}\right)=\left(i\hbar\dfrac{\partial}{\partial x_0},i\hbar\overrightarrow{\nabla}\right)\equiv i\hbar\nabla_{\mu}
\end{array}\right\}\quad(11\text{-}398c)$$

(ii)內積或標量積（scalar product）

$$\left.\begin{array}{l}
A\cdot B=A_{\mu}B^{\mu}=A^{\mu}B_{\mu}=A_0B^0-\boldsymbol{A}\cdot\boldsymbol{B}=A^0B_0-\boldsymbol{A}\cdot\boldsymbol{B}\\
P\cdot P=P_{\mu}P^{\mu}=-\hbar^2\partial_{\mu}\partial^{\mu}=-\hbar^2\partial^{\mu}\partial_{\mu}\equiv-\hbar^2\Box\\
\Box=\dfrac{1}{c^2}\dfrac{\partial^2}{\partial t^2}-\nabla^2
\end{array}\right\}\quad(11\text{-}398d)$$

⊛$x\cdot x=x_0^2-\boldsymbol{x}^2$ 比 $\boldsymbol{x}^2-x_0^2$ 好，為什麼呢？

因為物理量的時間變化多，故（$x_0^2-\boldsymbol{x}^2$）的話剛好 $t_0=t^0$ 很方便，並且：

$$P\cdot P=P_0^2-\boldsymbol{P}^2=(E/c)^2-\boldsymbol{P}^2=m_0^2c^2>0\text{，}\qquad m_0=\text{靜止質量，}$$

容易使用，同時說明因果律或因果關係（causality）時方便（看圖（9-9））。

至於為什麼定義 $\dfrac{\partial}{\partial x^{\mu}}\equiv\partial_{\mu}$，$\dfrac{\partial}{\partial x_{\mu}}\equiv\partial^{\mu}$ 呢？

因為配合量子化時，可得同樣的右上或右下標：

$$P_{\mu}=(P_0,-\boldsymbol{P})\xrightarrow[\text{量子化}]{}[i\hbar\frac{\partial}{c\partial t},-(-i\hbar\overrightarrow{\nabla})]=i\hbar\left(\frac{\partial}{c\partial t},\overrightarrow{\nabla}\right)=i\hbar\frac{\partial}{\partial x^{\mu}}\equiv i\hbar\partial_{\mu}$$

同樣得：$P^\mu \longrightarrow i\hbar\left(\frac{\partial}{c\partial t}, -\vec{\nabla}\right) = i\hbar\frac{\partial}{\partial x_\mu} \equiv i\hbar\partial^\mu$

(iii)自旋 $\frac{1}{2}$，靜止質量 m_0 電荷 q 的粒子在電磁場內運動的 Dirac 方程式（看附錄(I)）

$$\left.\begin{array}{l}\{\gamma_\mu(i\hbar\partial^\mu - qA^\mu) - m_0c\}\,\psi(\xi,t)=0 \\ \\ \text{或}\,(\not{P} - q\not{A} - m_0c)\,\psi(\xi,t)=0\end{array}\right\} \qquad (11\text{-}398e)$$

$\xi\equiv(\boldsymbol{x},\boldsymbol{\sigma})$，　$\boldsymbol{\sigma}=(\sigma_1,\sigma_2,\sigma_3)$，　$\sigma_i=$ Pauli 矩陣，$i=1,2,3$，而其他量是：

$$\left.\begin{array}{l}\not{P} = Dirac\ \gamma\ \text{矩陣和四動量的內積} \equiv \gamma_\mu P^\mu = \gamma^\mu P_\mu = i\hbar\left(\gamma^0\frac{\partial}{\partial x_0} + \boldsymbol{\gamma}\cdot\vec{\nabla}\right) \equiv i\hbar\not{\nabla} \\ \not{A} = \gamma_\mu A^\mu = \gamma^\mu A_\mu = \left(\frac{1}{c}\gamma_0\phi - \boldsymbol{\gamma}\cdot\boldsymbol{A}\right) \\ Dirac\ \gamma\ \text{矩陣}\quad \gamma_\mu\gamma_\nu + \gamma_\nu\gamma_\mu = \{\gamma_\mu,\gamma_\nu\} = 2g_{\mu\nu} \\ \qquad\qquad\quad \gamma^\mu = g^{\mu\nu}\gamma_\nu \\ \qquad\qquad\quad \gamma_0 = \gamma^0 = \begin{pmatrix}\mathbb{1} & 0\\ 0 & -\mathbb{1}\end{pmatrix},\ \mathbb{1} = \text{單位矩陣} \\ \qquad\qquad\quad \gamma^i = \begin{pmatrix}0 & \sigma_i\\ -\sigma_i & 0\end{pmatrix}\end{array}\right\} \qquad (11\text{-}398f)$$

(iv) $A^\mu=0$ 時的（11-398e）式的解（看附錄(I)）

這時（11-398e）式變成自由 Fermi 粒子的運動方程式，故由附錄(I)其解為平面波。

(a) $\boldsymbol{P_0 = P^0 = E/c > 0}$ **時：**

$$\phi(\xi,t) = u(\boldsymbol{P},\boldsymbol{\sigma})\,e^{-iP\cdot x/\hbar} \underset{\text{或}}{=\!=} u(\boldsymbol{P},\boldsymbol{s})\,e^{-iP\cdot x/\hbar} \qquad (11\text{-}399a)$$

$$P\cdot x = P_0x^0 - \boldsymbol{P}\cdot\boldsymbol{x}$$

$$\left.\begin{array}{l}(\gamma^\mu P_\mu - m_0c)\,u(\boldsymbol{P},\boldsymbol{\sigma}) = 0 \\ u(\boldsymbol{P},\boldsymbol{\sigma}) = \text{自旋}\frac{1}{2}\text{的 } Fermi \text{ 粒子質心運動函數}\end{array}\right\} \qquad (11\text{-}399b)$$

$$\left.\begin{array}{l} u^\uparrow(\boldsymbol{P},\boldsymbol{\sigma}) = N\begin{pmatrix}1\\ 0\\ \dfrac{cP_Z}{E+m_0c^2}\\ \dfrac{cP_+}{E+m_0c^2}\end{pmatrix} = N\begin{pmatrix}x^\uparrow(\boldsymbol{\sigma})\\ \dfrac{c\boldsymbol{\sigma}\cdot\boldsymbol{P}}{E+m_0c^2}\,x^\uparrow(\boldsymbol{\sigma})\end{pmatrix},\ \begin{array}{l}x^\uparrow(\boldsymbol{\sigma}) = x_{1/2,\,m_s=1/2} \equiv \begin{pmatrix}1\\0\end{pmatrix}\\ P_+ \equiv P_x + iP_y\end{array}\end{array}\right\} \qquad (11\text{-}399c.1)$$

$$\left.\begin{array}{l} u^{\downarrow}(\boldsymbol{P},\boldsymbol{\sigma})=N\begin{pmatrix}0\\1\\ \dfrac{cP_-}{E+m_0c^2}\\ \dfrac{-cP_z}{E+m_0c^2}\end{pmatrix}=N\begin{pmatrix}x^{\downarrow}(\boldsymbol{\sigma})\\ \dfrac{c\boldsymbol{\sigma}\cdot\boldsymbol{P}}{E+m_0c^2}x^{\downarrow}(\boldsymbol{\sigma})\end{pmatrix},\quad \begin{array}{l}x^{\downarrow}(\boldsymbol{\sigma})=x_{1/2,\,m_s=-1/2}\equiv\begin{pmatrix}0\\1\end{pmatrix}\\ P_-\equiv P_x-iP_y\end{array}\\ \text{或}\ u^{(r)}(\boldsymbol{P},\boldsymbol{\sigma})=N\begin{pmatrix}x^{(r)}(\boldsymbol{\sigma})\\ \dfrac{c\boldsymbol{\sigma}\cdot\boldsymbol{P}}{E+m_0c^2}x^{(r)}(\boldsymbol{\sigma})\end{pmatrix},\quad r=\begin{cases}1 & \text{自旋向上}\\ 2 & \text{自旋向下}\end{cases}\\ u^{(r)+}(\boldsymbol{P},\boldsymbol{\sigma})u^{(s)}(\boldsymbol{P},\boldsymbol{\sigma})=\dfrac{E}{m_0c^2}\delta_{rs}\Rightarrow N=\sqrt{\dfrac{E+m_0c^2}{2m_0c^2}} \end{array}\right\}\quad(11\text{-}399c.2)$$

(b) $P_0=P^0=E/c<0$ 時：

由附錄(I)的（即 I-20a）式得對應於（11-399b）式的自旋 $\frac{1}{2}$ 的 Fermi 粒子的質心運動：

$$(\gamma^{\mu}P_{\mu}-m_0c)v(\boldsymbol{P},\boldsymbol{\sigma})=0 \qquad (11\text{-}399d)$$

$$\left.\begin{array}{l} v^{(r)}(\boldsymbol{P},\boldsymbol{\sigma})=N\begin{pmatrix}\dfrac{c\boldsymbol{\sigma}\cdot\boldsymbol{P}}{E+m_0c^2}x^{(r)}(\boldsymbol{\sigma})\\ x^{(r)}(\boldsymbol{\sigma})\end{pmatrix},\quad \begin{array}{l}E=|E|>0\\ r=\begin{cases}3 & \text{自旋向上}\\ 4 & \text{自旋向下}\end{cases}\end{array}\\ v^{(r)+}(\boldsymbol{P},\boldsymbol{\sigma})v^{(s)}(\boldsymbol{P},\boldsymbol{\sigma})\equiv\dfrac{E}{m_0c^2}\delta_{rs}\\ N=\sqrt{\dfrac{E+m_0c^2}{2m_0c^2}} \end{array}\right\}\quad(11\text{-}399e)$$

於是 $A^{\mu}(\boldsymbol{x},t)=0$ 的（11-398e）式的解是：

$$\psi(\xi,t)=\omega^{(r)}(\boldsymbol{P},\boldsymbol{\sigma})e^{\mp iP\cdot x/\hbar}=\omega^{(r)}(\boldsymbol{P},\boldsymbol{\sigma})e^{\mp ik\cdot x}\longleftarrow\begin{pmatrix}\text{“}-\text{”}=r\ \text{為}\ 1,2\\ \text{“}+\text{”}=r\ \text{為}\ 3,4\end{pmatrix} \qquad (11\text{-}399f)$$

$$\left.\begin{array}{l} \omega^{(r)}(\boldsymbol{P},\boldsymbol{\sigma})=\begin{cases}u^{(1,2)}(\boldsymbol{P},\boldsymbol{\sigma})=\text{（}11-399c\text{）式}\cdots\cdots P_0=P^0=E/c>0\\ v^{(3,4)}(\boldsymbol{P},\boldsymbol{\sigma})=\text{（}11-399e\text{）式}\cdots\cdots P_0=P^0=-E/c<0\end{cases}\\ E=\sqrt{\boldsymbol{P}^2c^2+(m_0c^2)^2} \end{array}\right\}\quad(11\text{-}399g)$$

(v)真空 Maxwell 方程組（看附錄(G)）

(a)使用電場$\boldsymbol{E}(\boldsymbol{x},t)$和磁場$\boldsymbol{B}(\boldsymbol{x},t)$表示時：

$$\left.\begin{aligned}&\begin{cases}\vec{\nabla}\cdot\boldsymbol{E}(\boldsymbol{x},t)=\dfrac{1}{\varepsilon_0}\rho(\boldsymbol{x},t)\\ \vec{\nabla}\times\boldsymbol{E}(\boldsymbol{x},t)=-\dfrac{\partial\boldsymbol{B}(\boldsymbol{x},t)}{\partial t}\\ \vec{\nabla}\cdot\boldsymbol{B}(\boldsymbol{x},t)=0\\ \vec{\nabla}\times\boldsymbol{B}(\boldsymbol{x},t)=\mu_0\boldsymbol{J}(\boldsymbol{x},t)+\mu_0\varepsilon_0\dfrac{\partial\boldsymbol{E}(\boldsymbol{x},t)}{\partial t}\end{cases}\\ &\begin{cases}\boldsymbol{E}(\boldsymbol{x},t)=-\vec{\nabla}\phi(\boldsymbol{x},t)-\dfrac{\partial\boldsymbol{A}(\boldsymbol{x},t)}{\partial t}\\ \boldsymbol{B}(\boldsymbol{x},t)=\vec{\nabla}\times\boldsymbol{A}(\boldsymbol{x},t)\end{cases}\end{aligned}\right\}\tag{11-400a}$$

ε_0＝真空電容率$\fallingdotseq 8.854187817\times10^{-12}$F/m，$\mu_0$＝真空磁導率$=4\pi\times10^{-7}$N/A^2

(b)使用電磁場勢（electromagnetic field potential）表示時：

定義電磁場強（field strength）$F^{\nu\mu}$：

$$F^{\nu\mu}(\boldsymbol{x},t)\equiv\partial^{\nu}A^{\mu}(\boldsymbol{x},t)-\partial^{\mu}A^{\nu}(\boldsymbol{x},t)\tag{11-400b}$$

則 Maxwell 方程組是：

$$\left.\begin{aligned}&\partial_{\nu}F^{\nu\mu}=\mu_0 j^{\mu}\\ &\partial^{\mu}F^{\nu\rho}+\partial^{\rho}F^{\mu\nu}+\partial^{\nu}F^{\rho\mu}=0\end{aligned}\right\}\tag{11-400c}$$

而$\boldsymbol{E}(\boldsymbol{x},t)$和$\boldsymbol{B}(\boldsymbol{x},t)$是：

$$\left.\begin{aligned}&\boldsymbol{E}=-(cF^{01},cF^{02},cF^{03})\text{ 或 }E_i=-cF^{0i}\\ &\boldsymbol{B}=-(F^{23},F^{31},F^{12})\text{ 或 }B_k=-F^{ij}\\ &\text{或}\quad F^{\nu\mu}=\begin{pmatrix}0&-\frac{1}{c}E_1&-\frac{1}{c}E_2&-\frac{1}{c}E_3\\ \frac{1}{c}E_1&0&-B_3&B_2\\ \frac{1}{c}E_2&B_3&0&-B_1\\ \frac{1}{c}E_3&-B_2&B_1&0\end{pmatrix}\end{aligned}\right\}\tag{11-400d}$$

(vi)Fourier 變換

物理學常用的 Fourier 變換是，在無限大$(-\infty\sim+\infty)$的時空間$(t,\boldsymbol{x})$和能量動量空間$(E/c,\boldsymbol{P})$之間的互換。

如後註(25)，變換時採用的變換函數 $exp(\pm ik \cdot x)$ 的指數函數符號，以及係數 $(2\pi)^{-n}$，n = 半正整數或正整數，的取法有些差異。**我們採用的指數函數符號是，和 Schrödinger 方程式（10-39d）式的能量部（10-39h）式一致，以及（11-398a）式的四向量定義**，故由後註(25)的（10-a, b）式得：

$$f(x) = \int e^{-ik\cdot x} g(k)\, d^4k \qquad (11\text{-}401a)$$

$$g(k) = \frac{1}{(2\pi)^4}\int e^{ik\cdot x} f(x)\, d^4x \qquad (11\text{-}401b)$$

小心！（11-401a, b）式的 $x \neq |\boldsymbol{x}|$，$k \neq |\boldsymbol{k}|$，$k \cdot x \neq \boldsymbol{k} \cdot \boldsymbol{x}$，$x$, k 和 $k \cdot x$ 分別為四向量 x, k 和四向量內積；**從此地開始，今後對三向量大小必會表示清楚，例如** $|\boldsymbol{x}|$。

(vii)規範變換（gauge transformation）

17 世紀牛頓所完成的力學是，對點狀（point like 或 structureless）粒子或物體（以後用物體統稱），並且是從力（force）出發，即先知物體所受之力，以及初始和邊界條件來求該物體的運動軌跡和一些物理量。至於連續體物體或不知作用於物體的力，則無法直接使用牛頓力學（不含分析力學）。牛頓後經 18、19 世紀的物理學家，如 de Maupertuis （Pierre Louis Moreau de Maupertuis 1698 年～1759 年）法國數學和物理學家，d′Alembert（Jean le Rond d′Alembert 1717 年～1783 年法國數理物理學家），Euler , Lagrange , Laplace（Pierre Simon Marquis de Laplace 1749 年～1827 年法國數學和天文學家），Poisson（Siméon Danis Poisson 1781 年～1840 年法國數理物理學家）和 Hamilton（Sir William Rowan Hamilton 1805 年～1865 年英國數學和理論物理學家）等人的推展，不但能處理多體、連續體問題，並且能和 20 世紀初葉開發出來的場論接軌。這後段力學稱為**分析力學**，是和物理系統的全能量算符 $\hat{H}$，叫 **Hamiltonian** 或叫 Hamilton 函數（Hamilton function）有關的力學。如在保守力場下運動的物理系統，其 $\hat{H} = (\hat{T} + \hat{V})$，$\hat{T}$ 和 $\hat{V}$ 分別為動能和勢能算符；但在本質上是多體問題的場論，往往使用的是和 $\hat{H}$ 同質的 Lagrangian $\hat{\mathcal{L}}$。那麼在分析力學，$\hat{H}$ 和 $\hat{\mathcal{L}}$ 有何關係呢？它們各為什麼樣的物理量呢？

(a)$\mathcal{L}$agrangian 或 $\mathcal{L}$agrange 函數（$\mathcal{L}$agrange function）$\mathcal{L}$，Hamilton 原理

有個如右圖，不許踩踏的漂亮矩形草圃 ABCD，你要從 A 到 C，不過常發現有人不守規矩走 $A \to B \to C$ 或 $A \to D \to C$ 的人行道，而踩草圃走對角線（曲線符號者）$A \to C$。時間 $t(A \to C)$ 少於時間 $t(A \to B \to C)$，即人自然地挑時間最短的路徑走。同樣地，自然界發生的運動軌跡，都是最不費時的路徑。這個自然現象在公元一世紀已由希臘科學家 Herōn 發現，且歸納成「最

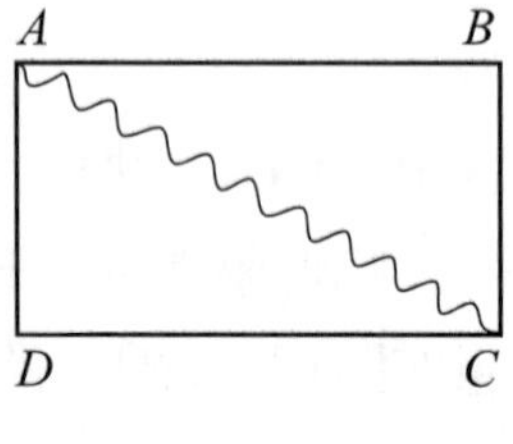

短路徑規則」，同時 Herōn 用這規則來解釋光的反射現象，而得光的反射定律（看第八章Ⅲ(A)）。到了 17 世紀，Fermat（Pierre de Fermat 1601 年～1665 年法國數學家）以「最少時間法則」取代 Herōn 的「最短路徑規則」，且應用到光的折射現象，而漂亮地說明了當時的光的折射現象（看（8-3）式）。把最少時間法則用到力學。設有個自由度n的力學系，它便有n個獨立座標，這些座標可能是無因次的角度，或可能是有長度因次的，如三維空間的(x, y, z)的量，稱它們為一般座標（generalized coördinates），通常使用$q_1, q_2, \cdots\cdots, q_n \equiv (q)$來表示。它們的時間微分量$\dfrac{dq_1}{dt} \equiv \dot{q}_1, \dot{q}_2, \cdots\cdots, \dot{q}_n \equiv (\dot{q})$稱為一般速度。如圖（11-134），物量系統從時間t_i的狀態變化到t_f時的狀態，則物理系統的路徑必是許許多多路徑中，作用量（action）I_c：

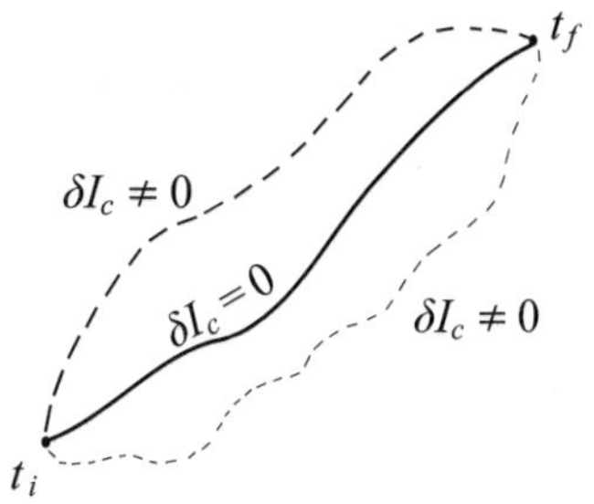

圖 11-134

$$I_c \equiv \int_{t_i}^{t_f} \mathcal{L}_c(q, \dot{q}, t)\, dt \tag{11-402a}$$

取極值（extremum，即最小或最大值）的路程：

$$\begin{aligned}\delta I_c &= \delta \int_{t_i}^{t_f} \mathcal{L}_c(q, \dot{q}, t)\, dt \\ &= \delta \int_{t_i}^{t_f} \int L_c(q, \dot{q}, t)\, d^3x dt \\ &= 0\end{aligned} \tag{11-402b}$$

即圖（11-134）的實線。（11-402b）式叫 **Hamilton** 原理（Hamilton's principle），有時又稱作「最小作用原理（principle of least action）」，而（11-402a）式的I_c叫作用（action）或作用量。則從（11-402b）式可得下式[32)]：

$$\frac{d}{dt}\left(\frac{\partial \mathcal{L}_c(q, \dot{q}, t)}{\partial \dot{q}_i}\right) - \frac{\partial \mathcal{L}_c(q, \dot{q}, t)}{\partial q_i} = 0, \quad i = 1, 2, \cdots\cdots, n. \tag{11-402c}$$

（11-402c）式稱為 **Euler-Lagrange** 或 **Lagrange** 運動方程式，$\mathcal{L}_c(q, \dot{q}, t)$叫 **Lagrangian** 或叫 Lagrange 函數，又叫運動勢能，右下標c表示經典力學（classical mechanics）量。如作用於物理系統的力是保守力，或物理系統所運動的空間是保守力場，則 Lagrangian 是：

$$\mathcal{L}_c(q, \dot{q}, t) = T(q, \dot{q}, t) - V(q, \dot{q}, t) \tag{11-402d}$$

$T(q, \dot{q}, t) =$ 系統動能， $V(q, \dot{q}, t) =$ 系統勢能

在高能物理（含原子核及基本粒子），如第二量子化電磁場便得光子那樣；倒過來把基本粒子看成場，來探討基本粒子的運動和相互作用就是量子場論的方法。這時粒子間的相互作用及粒子運動，必和各粒子的場 $\phi_\alpha(x)$，以及其時空變化量 $\partial\phi_\alpha(x)/\partial\chi^\mu = \partial_\mu\phi_\alpha(x)$ 有關，α = 獨立場數 = 1,2 ,…… n, 一般地可以寫成：

$$L(\phi_\alpha(x), \partial_\mu\phi_\alpha(x)) \qquad (11\text{-}402e)$$

L 稱為 **Lagrangian 密度**（Lagrangian density），x = 四向量，而 Lagrangian $\mathcal{L}$ 是：

$$\mathcal{L} \equiv \int_{\text{空間}} L(\phi_\alpha(x), \partial_\mu\phi_\alpha(x))d^3x \qquad (11\text{-}402f)$$

如何尋找物理系統的 L，是沒固定的指南，最有力的方法是：盡量找出物理系統該滿足的「時空」和「內稟」對稱性或守恆量，然後從物理推導 L，令 L 滿足該系統的對稱性來定 L 的具體形式。對應於經典物理（11-402c）式的量子場論運動方程式是，$\mathcal{L}$ 同樣地滿足極值條件：

$$\delta\int_{t_i}^{t_f}\mathcal{L}dt = \delta\int_{t_i}^{t_f}\int L(\phi_\alpha(x), \partial_\mu\phi_\alpha(x))\, d^3x dt = 0 \qquad (11\text{-}402g)$$

而獲得：

$$\boxed{\frac{\partial}{\partial x^\mu}\left[\frac{\partial L}{\partial(\partial\phi_\alpha/\partial x^\mu)}\right] - \frac{\partial L}{\partial\phi_\alpha} = 0}$$

$$\text{或}\,\partial_\mu\left[\frac{\partial L}{\partial(\partial_\mu\phi_\alpha)}\right] - \frac{\partial L}{\partial\phi_\alpha} = 0 \qquad (11\text{-}402h)$$

$\phi_\alpha(x)$ 的共軛（conjugate）動量 $\pi_\alpha(x)$ 是：

$$\pi_\alpha(x) = \partial L/\partial\dot{\phi}_\alpha(x), \qquad \dot{\phi}_\alpha(x) = \partial\phi_\alpha/\partial t \qquad (11\text{-}402i)$$

【**Ex. 11-76**】質量 m 的粒子做著簡諧運動，設為一維，則其動能和勢能各為 $T = \frac{m}{2}\dot{x}^2$，$V = \frac{k}{2}x^2$，k = Hooke 係數。(1)求 Lagrangian $\mathcal{L}_c$，(2)求運動方程式，動量和求動量的一般式。

(1)由（11-402d）式得 $\mathcal{L}_c = T - V = \frac{1}{2}m\dot{x}^2 - \frac{1}{2}kx^2$

(2)由（11-402c）式得：$\frac{\partial\mathcal{L}_c}{\partial\dot{x}} = m\dot{x}$ = 動量 P_x

故得動量的一般式：

$$\text{動量}\quad P_i = \frac{\partial\mathcal{L}_c}{\partial\dot{q}_i} \qquad (11\text{-}402j)$$

Euler-Lagrange 方程式：

$$\frac{d}{dt}\frac{\partial \mathcal{L}_c}{\partial \dot{x}}-\frac{\partial \mathcal{L}_c}{\partial x}=m\ddot{x}+kx=0$$

或$m\ddot{x}=-kx$，正是簡諧運動方程式。

(b)Hamiltonian 或 Hamilton 函數

在第二章牛頓力學的動力學（V），曾提過多體問題時無法使用粒子的座標和其速度來描述整個物理體系的運動定律（看（2-31a, b）式），座標和動量就行。設n=物理系統的獨立自由度，其一般座標$q_1, q_2, \cdots\cdots, q_n \equiv (q)$，它們的共軛動量$P_1, P_2, \cdots\cdots, P_n \equiv (P)$，則稱$(q, P)$為該物理系統的**正則變數**（canonical variables）。使用(q, P)來描述力學系統的運動時，一般為時間二次（second order）的運動方程式，會被約化成對q和P的時間一次微分方程式：

$$\left.\begin{aligned}&\frac{dq_i}{dt}\equiv\dot{q}_i=\frac{\partial H_c(q,P,t)}{\partial P_i}\\&\frac{dP_i}{dt}\equiv\dot{P}_i=-\frac{\partial H_c(q,P,t)}{\partial q_i}\\&i=1,2,\cdots\cdots,n\end{aligned}\right\} \qquad (11\text{-}403a)$$

（11-403a）式稱為**Hamilton的正則（canonical）運動方程式**，或簡稱Hamilton運動方程式。H_c叫 **Hamiltonian** 或 Hamilton 函數（Hamiltan's function），它和$\mathcal{L}$agrangian 的關係是：

$$\boxed{H_c(q,P,t)=\sum_{i=1}^{n}\dot{q}_iP_i-\mathcal{L}_c(q,\dot{q},t)} \qquad (11\text{-}403b)$$

而動量P和$\mathcal{L}_c$的關係是：

$$P_i=\frac{\partial \mathcal{L}_c}{\partial \dot{q}_i} \qquad (11\text{-}403c)$$

P_i稱為q_i的共軛動量，右下標c表示經典物理量。請務必小心：Hamiltonian H_c是一般座標q和其共軛一般動量P以及時間t的函數，而$\mathcal{L}$agrangian $\mathcal{L}_c$是q, $\dot{q}$和t的函數。$(q, \dot{q})$所撐展的空間叫**狀態空間**，而(q, P)所撐展的空間叫**相空間**（phase space）。如作用於物理系統的作用力是保守力或物理系統在保守力場內運動，則Hamiltonian 是：

$$H_c(q, P, t)=T(q, P, t)+V(q, P, t) \qquad (11\text{-}403d)$$

T和V分別為系統的動能和勢能。

【Ex. 11-77】 求（Ex. 11-76）的 Hamiltonian 和 Hamilton 運動方程式。

因$\mathcal{L}_c=\frac{1}{2}m\dot{x}^2-\frac{1}{2}kx^2$，則由（11-403c）式得$P_x=\frac{\partial \mathcal{L}_c}{\partial \dot{x}}=m\dot{x}$

$$\therefore H_c(x, P_x, t)=\dot{x}P_x-\mathcal{L}_c=m\dot{x}^2-\frac{1}{2}m\dot{x}^2+\frac{1}{2}kx^2$$
$$=\frac{1}{2}m\dot{x}^2+\frac{1}{2}kx^2=\frac{1}{2m}P_x^2+\frac{1}{2}kx^2$$

$\dot{x}=\frac{\partial H_c}{\partial P_x}=\frac{1}{m}P_x$， $\dot{P}_x=-kx$ 為 Hamilton 運動方程式。

顯然是耦合聯立方程式，故得$m\ddot{x}=-kx$，即簡諧運動方程式。Hamilton 運動方程式雖然為時間一次微分方程，但方程式數目變成兩倍，除了有循環座標（cyclic coördinates），一般是耦合聯立方程式，解起來不見得比 Euler-Lagrange 運動方程式快。那什麼叫循環座標呢？設力學系統有n個獨立自由度，則該有n個一般座標$q_1, q_2, \cdots\cdots q_n$，但有些保守力，其一般座標數少於$n$個，稱這些不出現在 Lagrangian 的座標$q_k$為**循環座標**。於是由（11-402c）和（11-403c）式得：

$$\frac{d}{dt}\left(\frac{\partial \mathcal{L}_c}{\partial \dot{q}_k}\right)=\frac{d}{dt}P_k=0$$
$$\therefore P_k=\text{常量（constant）} \qquad (11\text{-}403e)$$

（11-403e）式表示P_k是該力學系統的守恆量。例如附錄(F)的（F-4）式，連心力（central force）的勢能不含角度θ，於是$\mathcal{L}$agrangian $\mathcal{L}_c=(T-U)$就少了θ，θ就是循環座標，其共軛動量（這時是角動量）$P_\theta=mr^2\dot{\theta}$果然是常量，即角動量守恆（看（F-1 式）），反映在連心力的作用下運動，其角動量是守恆量。

【Ex. 11-78】 從已知的運動方程式來倒推 Lagrangian 密度L。

從前面Ⅳ(B)(5)或表（11-8），Yukawa 的核力場理論，得量子化核力場所得的π介子運動方程式是：

$$\left[\frac{1}{c^2}\frac{\partial^2}{\partial t^2}-\nabla^2+\left(\frac{m_0c}{\hbar}\right)^2\right]\Phi(\boldsymbol{x},t)=0 \qquad (11\text{-}404a)$$

m_0＝介子的靜止質量（rest mass）

（11-404a）式叫 **Klein-Gordon 方程式**，是靜止質量≠0的 Bose 粒子自由運動方程式，Klein 是瑞典理論物理學家（Oskar Klein 1894 年～1977 年）。（11-404a）式的 $\Phi(\boldsymbol{x},t)$ 沒成分，所以是標量（scalar）或贋標量（奇內稟宇稱）場。Lagrangian 該不受座標變換影響才對，稱為 **Lorentz 不變量**（Lorentz invariant）或 **Lorentz 標量**（Lorentz scalar）。從（11-398d）、（11-402h）和（11-404a）式，不難推想 Lagrangian 密度 L 是：

$$\begin{aligned}L&=\alpha(\partial_\mu\Phi)(\partial^\mu\Phi)+\beta\overline{m}^2\Phi^2\\&=\alpha(\partial^\mu\Phi)(\partial_\mu\Phi)+\beta\overline{m}^2\Phi^2,\quad \overline{m}\equiv m_0c/\hbar\end{aligned} \qquad (11\text{-}404b)$$

凡是用協變向量和逆變向量表示成標量的量，執行演算時最好使用成分來做演算：

$$\alpha(\partial^\mu\Phi)(\partial_\mu\Phi)=\alpha\left(\frac{1}{c}\frac{\partial\Phi}{\partial t}-\overrightarrow{\nabla}\Phi\right)\cdot\left(\frac{1}{c}\frac{\partial\Phi}{\partial t}+\overrightarrow{\nabla}\Phi\right)$$

$$=\alpha\left[\left(\frac{1}{c}\frac{\partial\Phi}{\partial t}\right)^2-\left(\overrightarrow{\nabla}\Phi\right)^2\right]$$

$$\therefore\frac{\partial L}{\partial(\partial\Phi/c\partial t)}=2\alpha(\partial\Phi)/(c\partial t),\quad \frac{\partial L}{\partial(\overrightarrow{\nabla}\Phi)}=-2\alpha\overrightarrow{\nabla}\Phi,\quad \frac{\partial L}{\partial\Phi}=2\beta\overline{m}^2\Phi$$

∴（11-402h）式

$$\begin{aligned}&=\frac{1}{c}\frac{\partial}{\partial t}\frac{\partial L}{\partial(\partial\Phi/c\partial t)}+\overrightarrow{\nabla}\cdot\frac{\partial L}{\partial(\overrightarrow{\nabla}\Phi)}-\frac{\partial L}{\partial\Phi}\\&=2\alpha\left(\frac{1}{c^2}\frac{\partial^2\Phi}{\partial t^2}-\overrightarrow{\nabla}\cdot\overrightarrow{\nabla}\Phi\right)-2\beta\overline{m}^2\Phi\\&=2\alpha\left(\frac{1}{c}\frac{\partial}{\partial t}+\overrightarrow{\nabla}\right)\cdot\left(\frac{1}{c}\frac{\partial}{\partial t}-\overrightarrow{\nabla}\right)\Phi-2\beta\overline{m}^2\Phi\\&=2\alpha\partial_\mu\partial^\mu\Phi-2\beta\overline{m}^2\Phi\end{aligned} \qquad (11\text{-}404c)$$

比較（11-404a）式和（11-404c）式得：$\alpha=1/2$，$\beta=-1/2$

$$\therefore L=\frac{1}{2}(\partial_\mu\Phi)(\partial^\mu\Phi)-\frac{1}{2}(m_0c/\hbar)^2\Phi^2 \qquad (11\text{-}404d)$$

【Ex. 11-79】 假設有電源的電磁場 Lagrangian 密度是：

$$L_{EM}=-\frac{1}{4}F_{\mu\nu}F^{\mu\nu}-A_{\mu}(\boldsymbol{x},t)j^{\mu}(\boldsymbol{x},t) \qquad (11\text{-}405a)$$

$$F_{\mu\nu}=\partial_{\mu}A_{\nu}-\partial_{\nu}A_{\mu},\quad j^{\mu}=(c\rho,\boldsymbol{J})$$

ρ=電荷密度，$\boldsymbol{J}$=電流密度

試證電磁場的 Euler-Lagrange 方程式，即 Maxwell 方程式是：

$$\partial_{\mu}F^{\mu\nu}=\boldsymbol{j}^{\nu} \quad 。 \qquad (11\text{-}405b)$$

電磁場是向量場，故有成分，其 Euler-Lagrange 方程式（11-402h）式，必須對場的各成分執行。時空變數 x^{μ} 或 x_{μ} 的 $\mu=0,1,2,3$，稱為 **Lorentz** 指標（Lorentz suffix），它們和場的成分指標無關。為了一目瞭然，以 μ, ν 表示 Lorantz 指標，而用 α、β、γ、δ、等表示場的成分指標。場的成分有多少，完全要看場的本質；電磁場勢 $A_{\alpha}(\boldsymbol{x},t)$ 也是四成分，故 Lorentz 指標之間和電磁場勢的協變量（covariant）$A_{\alpha}(\boldsymbol{x},t)$，反協變量或逆變量（contravariant）$A^{\alpha}(\boldsymbol{x},t)$ 之間的轉換，可以使用同一度規（metrix）$g_{\mu\nu}=g^{\mu\nu}$（看附錄(I)）：

$$\left.\begin{aligned}x_{\mu}&=g_{\mu\nu}x^{\nu}\\ A_{\alpha}&=g_{\alpha\beta}A^{\beta}\end{aligned}\right\} \qquad (11\text{-}405c)$$

經過演算歸納出很有用的下（11-405d）式：

$$\begin{aligned}\frac{\partial(\partial^{\mu}\phi^{\alpha})}{\partial(\partial^{\nu}\phi^{\beta})}&=g^{\mu}{}_{\nu}g^{\alpha}{}_{\beta}\\ \frac{\partial(\partial^{\mu}\phi_{\alpha})}{\partial(\partial^{\nu}\phi_{\beta})}&=g^{\mu}{}_{\nu}g_{\alpha}{}^{\beta}\\ \frac{\partial(\partial_{\mu}\phi^{\alpha})}{\partial(\partial_{\nu}\phi^{\beta})}&=g_{\mu}{}^{\nu}g^{\alpha}{}_{\beta}\\ \frac{\partial(\partial_{\mu}\phi_{\alpha})}{\partial(\partial_{\nu}\phi_{\beta})}&=g_{\mu}{}^{\nu}g_{\alpha}{}^{\beta}\end{aligned} \qquad (11\text{-}405d)$$

①分子的指標（suffix）位置不動，
②分母的指標位置是：
上時排在下，
下時排在上，
並且分子先寫分母後寫，同時場對場，微分對微分。

$\circledast g_{\alpha}^{\beta}$ 和 g_{β}^{α} 是 $\delta_{\alpha\beta}=\delta^{\alpha\beta}=\begin{pmatrix}1&0&0&0\\0&1&0&0\\0&0&1&0\\0&0&0&1\end{pmatrix}$，那麼為什麼不寫成 $\delta_{\alpha\beta}$ 或 $\delta^{\alpha\beta}$ 呢？是為了滿足協變，反協變的演算規則，例如：

$$A_\alpha = g_{\alpha\beta} A^\beta \qquad \text{或} \qquad A^\alpha = g^{\alpha\beta} A_\beta$$

一下一上　　　　一上一下

⊛（11-405d）式是演算經驗歸納式，顯然是：

$$\frac{\partial(\partial^1\phi_2)}{\partial(\partial_2\phi_3)} = \frac{\partial(-\partial\phi_2/\partial x)}{\partial(\partial\phi_3/\partial y)} = -\delta_{x,y}\delta_{2,3} = g^{1,2}g_2{}^3 = 0$$
$$\frac{\partial(\partial^1\phi_2)}{\partial(\partial_1\phi_2)} = \frac{\partial(-\partial\phi_2/\partial x)}{\partial(\partial\phi_2/\partial x)} = -1 = g^{11}g_2{}^2 = -1$$

設 $L_{EM} \equiv L$，則由（11-405a）式得：

$$\frac{\partial L}{\partial A_\alpha} = -j^\alpha(\boldsymbol{x}, t)$$
$$\frac{\partial L}{\partial(\partial_\mu A_\alpha)} = -\frac{1}{4}\frac{\partial}{\partial(\partial_\mu A_\alpha)}\{(\partial_\nu A_\beta - \partial_\beta A_\nu)(\partial^\nu A^\beta - \partial^\beta A^\nu)\}$$
$$= -\frac{1}{4}\frac{\partial}{\partial(\partial_\mu A_\alpha)}\{(\partial_\nu A_\beta)(\partial^\nu A^\beta) - (\partial_\beta A_\nu)(\partial^\nu A^\beta)$$
$$-(\partial_\nu A_\beta)(\partial^\beta A^\nu) + (\partial_\beta A_\nu)(\partial^\beta A^\nu)\}$$
$$= -\frac{1}{4}\{(g_\nu{}^\mu g_\beta{}^\alpha \partial^\nu A^\beta + \partial_\nu A_\beta g^{\nu\mu} g^{\beta\alpha}) - (g_\beta{}^\mu g_\nu{}^\alpha \partial^\nu A^\beta + g^{\nu\mu} g^{\beta\alpha} \partial_\beta A_\nu)$$
$$-(g_\nu{}^\mu g_\beta{}^\alpha \partial^\beta A^\nu + g^{\beta\mu} g^{\nu\alpha} \partial_\nu A_\beta) + (g_\beta{}^\mu g_\nu{}^\alpha \partial^\beta A^\nu + g^{\beta\mu} g^{\nu\alpha} \partial_\beta A_\nu)\}$$
$$= -\frac{1}{4}\{(\partial^\mu A^\alpha + \partial^\mu A^\alpha) - (\partial^\alpha A^\mu + \partial^\alpha A^\mu)$$
$$-(\partial^\alpha A^\mu + \partial^\alpha A^\mu) + (\partial^\mu A^\alpha + \partial^\mu A^\alpha)\}$$
$$= -(\partial^\mu A^\alpha - \partial^\alpha A^\mu) = -F^{\mu\alpha}$$
$$\therefore \partial_\mu\left[\frac{\partial L}{\partial(\partial_\mu A_\alpha)}\right] - \frac{\partial L}{\partial A_\alpha} = -\partial_\mu F^{\mu\alpha} + j^\alpha(\boldsymbol{x}, t) = 0$$
$$\therefore \partial_\mu F^{\mu\alpha} = j^\alpha(\boldsymbol{x}, t)$$

(c)規範變換[54, 55)]

以上簡單地複習了經典力學、電磁學和一些在下面需要的物理量。構成物質的 Fermi 粒子、又稱為**物質粒子**，它們不但有質量，有的又帶電，帶電的話必受電磁場的影響。本質是狹義相對論的電磁學，其相互作用可到無窮遠。把物質與電磁場的相互作用，以電子（含正電子）和光子（電磁場）的相互作用來建立的理論稱為**量子電動力學**（≡QED）。它是 1940 年代後半由 Schwinger（Julian Seymour Schwinger 1918 年～1994 年美國理論物理學家），Feynman（Richard Phillips Feynman 1918 年～1988 年美國理論物理學家）和 Tomonaga（Sin-itiro Tomonaga（朝永振一郎）1906 年～1979 年日本理論物理學家）完成的規範理論（gauge theory），至今（1999 年）仍然是最好的理論。那麼規範（gauge）是什麼？它的原意是「尺度」，1929 年左右 Weyl（Hermann Weyl 1885 年～1955 年德國數學家）想：「測量電荷的尺度該和時空間有關」，他從這個角度切入量子場論，令描述物理體系的 Lagrangian 密度經局部規範變換不變（看下面）。**凡是和時空間有關的「尺度」都叫局部規範**（local gauge，在前面 "local" 曾被譯成（大陸）「定域」，但覺得局部比定域合適，今後一律使用局部），稱經局部規範變換不變的理論為**規範理論**，而稱這種不變性為**規範不變性**。規範理論有下列兩個特徵：

$$\left.\begin{array}{l}\text{(1)相互作用強度（strength）是個守恆量，}\\ \text{(2)相互作用的表示，即相互作用型是規範變換不變。}\end{array}\right\}\qquad (11\text{-}406)$$

（11-406）式的(1)，如QED的相互作用，其強度是和電子電荷大小e有關（請想一想 Coulomb 相互作用），故e是守恆量，可得電荷守恆。至於（11-406）式的(2)，完全來自物理現象和採用的規範（尺度）無關，換句話，描述物理系統狀態的 Lagrangian 密度，或物理系統的運動方程式，如（11-402h）式是規範變換不變。這樣一來，不難理解 Weyl 洞察出來的，尺度和時空間有關的物理事實。舉個勉強的直觀比喻，如圖（7-3）的靜電場$\boldsymbol{E}=\dfrac{1}{4\pi\varepsilon_0}\dfrac{Q}{r^2}$，它是和空間有關，將它寫成 $\dfrac{1}{4\pi\varepsilon_0}\dfrac{Q}{r^2}\equiv\dfrac{1}{4\pi\varepsilon_0}\left[\left(\dfrac{\sqrt{Q}}{r}\right)^2\right]$，不是表示著測量電荷大小$Q$時非和空間有關不可嗎？或從 Maxwell 方程組，也能洞察出、測電荷的尺度會和時空有關：

$$\begin{cases}\vec{\nabla}\cdot\boldsymbol{E}(x)=\rho(x)/\varepsilon_0, & \vec{\nabla}\cdot\boldsymbol{B}(x)=0,\quad x=\text{四向量}\\ \vec{\nabla}\times\boldsymbol{E}(x)=-\partial\boldsymbol{B}(x)/\partial t, & \vec{\nabla}\times\boldsymbol{B}(x)=\mu_0\boldsymbol{J}(x)+\mu_0\varepsilon_0(\partial\boldsymbol{E}(x)/\partial t)\end{cases}$$

$$\begin{aligned}\therefore\ \vec{\nabla}\cdot(\vec{\nabla}\times\boldsymbol{B})&=\mu_0\left(\vec{\nabla}\cdot\boldsymbol{J}+\varepsilon_0\frac{\partial}{\partial t}\vec{\nabla}\cdot\boldsymbol{E}\right)\\ &=\mu_0\left(\vec{\nabla}\cdot\boldsymbol{J}+\frac{\partial\rho}{\partial t}\right)\\ &=0\end{aligned}$$

$$\therefore\ \vec{\nabla}\cdot\boldsymbol{J}(x)+\frac{\partial\rho(x)}{\partial t}=0$$

得在時空間$(t,\boldsymbol{x})$處的電荷守恆的連續方程式（continuity equation），即局部電荷守恆式，於是測量電荷守恆必和時空間有關才行。這樣地，Weyl 的規範概念漸被物理學家們接受，約 20 年後的 1948 年漂亮的 QED 理論問世，其本質是（11-406）式。從使物理系統的Lagrangian密度L或運動方程式的局部規範變換不變，物理系統的相互作用型，便獨一無二地（uniquely）被決定，並且靜止質量（rest mass） m、帶電 q 的自由物質粒子（matter particle）$\psi(\boldsymbol{x},t)$，則非在外力向量場 $A^{\mu}(\boldsymbol{x},t)=\left(\frac{1}{c}\phi(\boldsymbol{x},t)，\boldsymbol{A}(\boldsymbol{x},t)\right)$ 場內運動不可，這物理內容稱作**規範原理**（gauge principle），而 $A^{\mu}(\boldsymbol{x},t)$ 叫**規範場**（gauge field）。$A^{\mu}(\boldsymbol{x},t)$ 的量子（quantum，複數 quanta，即第二量子化粒子）稱為**規範粒子**（gauge particle）γ，它是靜止質量 $m_{\gamma}=0$，內稟角動量（自旋）$S_{\gamma}=1$，扮演相互作用的力粒子（force particle）。規範原理也可說成：「當物質粒子場 $\psi(x)$ 是規範變換不變，則必產生新規範場 $A^{\mu}(\boldsymbol{x},t)$」。現以非相對論量子力學的 Schrödinger 方程為例，在圖（11-135）描述上述內容。

質量 m 電荷 q 的自由物質粒子場 $\psi(\boldsymbol{x},t)$：

$$\frac{1}{2m}\hat{\boldsymbol{P}}^{2}\psi(\boldsymbol{x},t)=i\hbar\frac{\partial\psi(\boldsymbol{x},t)}{\partial t}$$

⟸ 規範變換不變時，不可能　（11-407a）

↓ 必是

$$\left\{\frac{1}{2m}\left[\hat{\boldsymbol{P}}-q\boldsymbol{A}(\boldsymbol{x}\,t)\right]^{2}+q\phi(\boldsymbol{x},t)\right\}\psi(\boldsymbol{x},t)=i\hbar\frac{\partial\psi(\boldsymbol{x},t)}{\partial t}$$

↓ 局部規範變換

$$\psi(\boldsymbol{x},t)\longrightarrow\psi'(\boldsymbol{x},t)=e^{iq\Lambda(\boldsymbol{x},t)/\hbar}\psi(\boldsymbol{x},t) \qquad (11\text{-}407\text{b})$$

$$\left\{\frac{1}{2m}\left[\hat{\boldsymbol{P}}-q\boldsymbol{A}'(\boldsymbol{x},t)\right]^{2}+q\phi'(\boldsymbol{x},t)\right\}\psi'(\boldsymbol{x},t)=i\hbar\frac{\partial\psi'(\boldsymbol{x}\,t)}{\partial t}\ \text{運動方程式不變} \qquad (11\text{-}407\text{c})$$

$$\left.\begin{aligned}\boldsymbol{A}(\boldsymbol{x},t)&\longrightarrow\boldsymbol{A}'(\boldsymbol{x},t)=\boldsymbol{A}(\boldsymbol{x},t)+\vec{\nabla}\Lambda(\boldsymbol{x},t)\\ \phi(\boldsymbol{x},t)&\longrightarrow\phi'(\boldsymbol{x},t)=\phi(\boldsymbol{x},t)-\frac{\partial\Lambda(\boldsymbol{x},t)}{\partial t}\end{aligned}\right\}\ \text{被決定的}A^{\mu}\text{和}\Lambda\text{的關係} \qquad (11\text{-}407\text{d})$$

圖 11-135　規範原理的圖示

【Ex. 11-80】 為何物質粒子 $\psi(x)$ 的運動方程式，對局部規範變換 $\psi(x)\rightarrow\psi'(x)=e^{iq\Lambda(x)/\hbar}\psi(x)$ 不變，表示物質粒子必在規範場 $A^{\mu}(x)$ 內運動？

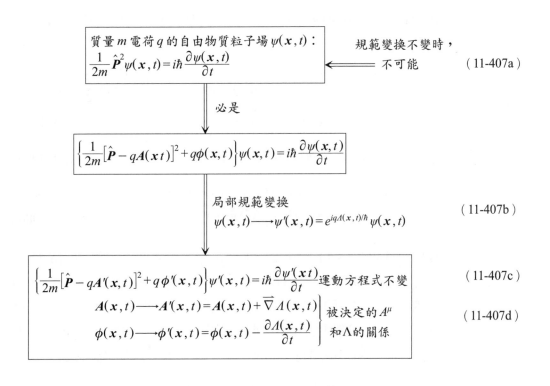

1865 年 Maxwell 統一了電學和磁學，並且從對稱性或電荷守恆，創造了位移電流（displacement current），而完成了今日使用的Maxwell 方程組（看表（7-13））時，他可能不知道自己完成的電磁學理論是，局部規範變換不變，且內涵狹義相對性理論和關連到場的理論。**只要場介入就是多體問題**，故不該使用本質是一體問題，且非相對論

的Schrödinger方程作例子畫規範原理圖（11-135），而該用本質是多體問題，且相對性理論的 Dirac 方程（看附錄 I）。但為了初學者有親近感，在此仍然使用 Schrödinger 方程。設靜止質量m電荷q的物質粒子 Schrödinger 方程 ≡ S方程為：

$$\left[-\frac{\hbar^2}{2m}\nabla^2+V(x)\right]\psi(x)=i\hbar\frac{\partial\psi(x)}{\partial t}$$

$$\text{或}\quad\left[\frac{1}{2m}(-i\hbar\overrightarrow{\nabla})\cdot(-i\hbar\overrightarrow{\nabla})+V(x)\right]\psi(x)=i\hbar\frac{\partial\psi(x)}{\partial t}\qquad(11\text{-}408a)$$

執行局部規範變換$\psi(x)\longrightarrow\psi'(x)=e^{iq\Lambda(x)/\hbar}\psi(x)$，則（11-408a）式各項變成：

$$\begin{aligned}i\hbar\frac{\partial\psi'}{\partial t}&=i\hbar\frac{\partial}{\partial t}[e^{iq\Lambda(x)/\hbar}\psi(x)]=e^{iq\Lambda/\hbar}\left[-q\frac{\partial\Lambda(x)}{\partial t}+i\hbar\frac{\partial}{\partial t}\right]\psi(x)\\&\neq e^{iq\Lambda/\hbar}\left(i\hbar\frac{\partial\psi(x)}{\partial t}\right)\end{aligned}\qquad(11\text{-}408b)$$

$$V(x)\psi'(x)=e^{iq\Lambda(x)/\hbar}V(x)\,\psi(x)\qquad(11\text{-}408c)$$

$$\begin{aligned}-i\hbar\overrightarrow{\nabla}\psi'(x)&=-i\hbar\overrightarrow{\nabla}e^{iq\Lambda(x)/\hbar}\psi(x)=e^{iq\Lambda/\hbar}\left[q\left(\overrightarrow{\nabla}\Lambda(x)\right)+\left(-i\hbar\overrightarrow{\nabla}\right)\right]\psi(x)\\&\neq e^{iq\Lambda(x)/\hbar}\left(-i\hbar\overrightarrow{\nabla}\right)\psi(x)\end{aligned}\qquad(11\text{-}408d)$$

故從（11-408b～d）式，顯然無法得和（11-408a）式同型的S方程。注意（11-408b）式和（11-408d）式的右邊，多出來的項是和時空有關的$q\Lambda(x)$的時間和空間的一次變化量。這些結果啟示著：「變換$\psi(x)\longrightarrow\psi'(x)$產生了和時空間有關的物理量『場勢（field potential，場勢一般是和時空間有關的量）』」。如果它們各自對應到：

$$\left.\begin{aligned}&V(x)\longrightarrow V(x)+\alpha q\phi(x)\\&\hat{\boldsymbol{P}}\longrightarrow\hat{\boldsymbol{P}}+\beta q\boldsymbol{A}(x)\end{aligned}\right\}\qquad(11\text{-}408e)$$

α和β是決定正負符號用的未定係數，由局部規範變換不變的S方程來決定。故局部規範變換不變的S方程該是：

$$\begin{aligned}&\left\{\frac{1}{2m}\left[-i\hbar\overrightarrow{\nabla}+\beta q\boldsymbol{A}(x)\right]\cdot\left[-i\hbar\overrightarrow{\nabla}+\beta q\boldsymbol{A}(x)\right]\right.\\&\left.+[V(x)+\alpha q\phi(x)]\right\}\psi(x)=i\hbar\frac{\partial\psi(x)}{\partial t}\end{aligned}\qquad(11\text{-}408f)$$

這樣的話，在執行（11-408f）式的$\psi(x)\to\psi'(x)=e^{iq\Lambda(x)/\hbar}\psi(x)$變換的

同時：

⑴如取 $\alpha=+1$ ，$\beta=-1$

⑵並且變換 $\begin{Bmatrix} \boldsymbol{A}(x)\longrightarrow \boldsymbol{A}'(x)=\boldsymbol{A}(x)+\overrightarrow{\nabla}\Lambda(x) \\ \phi(x)\longrightarrow \phi'(x)=\phi(x)-\dfrac{\partial\Lambda(x)}{\partial t}\end{Bmatrix}$ （11-408g）

則由（11-408b～d）式，（11～408f）式變成：

$$\frac{1}{2m}\left[-i\hbar\overrightarrow{\nabla}-q\boldsymbol{A}'(x)\right]\cdot e^{iq\Lambda(x)/\hbar}\left\{\left[q\overrightarrow{\nabla}\Lambda(x)+\left(-i\hbar\overrightarrow{\nabla}\right)\right]-\left[q\boldsymbol{A}(x)\right.\right.$$
$$\left.\left.+q\overrightarrow{\nabla}\Lambda(x)\right]\right\}\psi(x)+e^{iq\Lambda(x)/\hbar}\left[V(x)+q\phi(x)-q\frac{\partial\Lambda(x)}{\partial t}\right]\psi(x)$$
$$=e^{iq\Lambda(x)/\hbar}\left[-q\frac{\partial\Lambda(x)}{\partial t}+i\hbar\frac{\partial}{\partial t}\right]\psi(x)$$

繼續執行上式左邊第一項的演算，且用 $\left(-i\hbar\overrightarrow{\nabla}\right)=\hat{\boldsymbol{P}}$ 表示，則得：

$$\frac{1}{2m}\left\{(-i\hbar\overrightarrow{\nabla})\cdot\left[e^{iq\Lambda/\hbar}(\hat{\boldsymbol{P}}-q\boldsymbol{A})\psi\right]-e^{iq\Lambda/\hbar}q\left(\boldsymbol{A}+\overrightarrow{\nabla}\Lambda\right)\cdot(\hat{\boldsymbol{P}}-q\boldsymbol{A})\psi\right\}$$
$$+e^{iq\Lambda(x)/\hbar}[V(x)+q\phi(x)]\psi(x)$$
$$=\frac{1}{2m}\left\{e^{iq\Lambda/\hbar}\left[(q\overrightarrow{\nabla}\Lambda)\cdot(\hat{\boldsymbol{P}}-q\boldsymbol{A})+(-i\hbar\overrightarrow{\nabla})\cdot(\hat{\boldsymbol{P}}-q\boldsymbol{A})-q(\boldsymbol{A}+\overrightarrow{\nabla}\Lambda)\right.\right.$$
$$\left.\left.\cdot(\hat{\boldsymbol{P}}-q\boldsymbol{A})\right]\right\}\psi(x)+e^{iq\Lambda(x)/\hbar}[V(x)+q\phi(x)]\psi(x)$$
$$=e^{iq\Lambda(x)/\hbar}\left\{\frac{1}{2m}(\hat{\boldsymbol{P}}-q\boldsymbol{A})^2+[V(x)+q\phi(x)]\right\}\psi(x)=e^{iq\Lambda(x)/\hbar}\left(i\hbar\frac{\partial\psi(x)}{\partial t}\right)$$
$$\therefore\left\{\frac{1}{2m}[\hat{\boldsymbol{P}}-q\boldsymbol{A}(x)]^2+[V(x)+q\phi(x)]\right\}\psi(\boldsymbol{x},t)=i\hbar\frac{\partial\psi(\boldsymbol{x},t)}{\partial t}\qquad(11\text{-}408\text{h})$$

（11-408h）式完全和（11-408a）式同一形式，即獲得局部規範變換不變的 S 方程；（11-408h）式表示物質粒子這時非在場勢 $A^{\mu}(x)=\left(\dfrac{1}{c}\phi(x),\boldsymbol{A}(x)\right)$ 內運動才行。換句話，**物質粒子 $\psi(x)$ 的局部規範變換不變的效果和該粒子在規範場 $A^{\mu}(x)$ 內運動的效果，兩者在觀測上無法區別。$\psi\longrightarrow\psi'$ 的變換決定了相互作用型及場勢 $A^{\mu}(x)$ 的變換是（11-408g）式，這稱為規範原理。**

圖（11-135）確實表示著，物質粒子運動，在局部規範變換不變時，相互作用場會自動地進來，並且規範變換前後的（11-407a）式和（11-407b）式之間有下列關係：

$$\left.\begin{aligned}&\hat{\boldsymbol{P}} \longrightarrow \hat{\boldsymbol{P}} - q\boldsymbol{A}(\boldsymbol{x},t)\\&i\hbar\frac{\partial}{\partial t} \longrightarrow i\hbar\frac{\partial}{\partial t} - q\phi(\boldsymbol{x},t)\end{aligned}\right\} \qquad (11\text{-}409)$$

表示相互作用以一定的格式進來，並且規範場 $A^{\mu}(x)=\left(\frac{1}{c}\phi(x),\boldsymbol{A}(x)\right)$和規範函數 $\Lambda(\boldsymbol{x},t)$之間的關係必是（**11-407d**）式的形式。倒過來看，如要獲得自由粒子的局部規範變換不變的運動方程，就對自由物質粒子的運動方程式算符 $\hat{\boldsymbol{P}}$ 和 $i\hbar\frac{\partial}{\partial t}$ 以（11-409）式右邊的量取代就可，這種操作叫最小插入（minimal insertion），於是稱進來的相互作用為最小相互作用（minimal interaction）。（11-407d）式和（11-409）式，可使用四向量（11-398b, c）式統一表示：

$$\boxed{A'^{\mu}(x)=A^{\mu}(x)-\partial^{\mu}\Lambda(x)} \qquad (11\text{-}410a)$$

$$\hat{P}^{\mu} \longrightarrow \hat{P}^{\mu}-q\hat{A}^{\mu}(x)$$

或

$$\begin{aligned}i\hbar\partial^{\mu} &\longrightarrow i\hbar\partial^{\mu}-q\hat{A}^{\mu}(x)\\&=\left(i\hbar\frac{1}{c}\frac{\partial}{\partial t},-i\hbar\vec{\nabla}\right)-q\left(\frac{1}{c}\hat{\phi}(x),\hat{\boldsymbol{A}}(x)\right)\end{aligned} \qquad (11\text{-}410b)$$

或者定義協變導商（covariant derivative）D^{μ}：

$$\boxed{i\hbar D^{\mu}\equiv i\hbar\partial^{\mu}-qA^{\mu}} \qquad (11\text{-}410c)$$

或

$$D^{\mu}=\partial^{\mu}+\frac{i}{\hbar}qA^{\mu}$$

這是從規範原理歸納出來的結果，它扮演規範原理的基石，故從 D^{μ} 能得相互作用型，而物理系統的局部規範變換不變運動方程式，等於將自由物質粒子的導商（derivative）∂^{μ} 用協變導商 D^{μ} 取代。例如自由電子的運動方程式、Dirac 方程式（看附錄 I）是：

$$[\gamma_{\mu}(i\hbar\partial^{\mu})-m_0c]\psi(x)=0$$

則局部規範變換不變的 Dirac 方程式是：

$$[\gamma_{\mu}(i\hbar D^{\mu})-m_0c]\psi(x)=[\gamma_{\mu}(i\hbar\partial^{\mu}-qA^{\mu}(x))-m_0c]\psi(x)=0$$

正是（11-398e）式。物質粒子狀態 $\psi(x)$ 的變換（11-407b）式，稱為第一種（**the first kind**）局部規範變換，而力粒子變換的（11-407d）式或（11-410a）式叫第二種局部規範變換，合起來稱為局部規範變換或簡稱規範變換。$\Lambda(x)$ 稱為規範函數

（gauge function）或簡稱規範。物質粒子$\psi(x)$的變換（11-407b）式可寫成：

$$\psi'(x)=U[\Lambda(x)]\,\psi(x) \tag{11-410d}$$
$$U[\Lambda(x)]\equiv e^{iq\Lambda(x)/\hbar} \tag{11-410e}$$

q＝常量（有因次的常數），$\Lambda(x)$是個標量函數，並且變換前後的概率$\langle\psi'|\psi'\rangle=\langle\psi|\psi\rangle$=不變，故稱僅一個成分的$U[\Lambda(x)]$**為常量電荷$q$的一元么正變換（unitary transformatin）**[49]，簡寫成$U(1)$。q是物質粒子$\psi(x)$和$A^\mu(x)$間的耦合常數（coupling constant）關係量，是變換$U(1)$的生成元（generator）。Lagrangian 密度（11-402e）式是有因次量，故物質粒子的運動方程式（11-402h）式各項都有因次，使著$U(1)$生成元q帶有因次。變換函數$U(1)$是滿足同內涵的各物理系統共用的函數，故該為無因次量，於是（11-407b）式的$U(1)$的指數需要有抵消$q\Lambda(x)$因次$[q\Lambda(x)]$＝能量×時間（參考後註㉔）＝作用因次的$(\hbar)^{-1}$。由於$q\Lambda(x)$僅和時空變數有關，於是作接連的局部規範變換時，和演算順序無關：

$$\begin{aligned}U[\Lambda_2(x))]U[\Lambda_1(x)]\,\psi(x)&\equiv U_2U_1\psi(x)=e^{iq\Lambda_2(x)/\hbar}\,e^{iq\Lambda_1(x)/\hbar}\psi(x)\\&=e^{iq\Lambda_1(x)/\hbar}\,e^{iq\Lambda_2(x)/\hbar}\psi(x)=U_1U_2\psi(x)\end{aligned}$$
$$\therefore[U_1,U_2]=0 \tag{11-411}$$

即結果和演算順序無關，於是稱$U(1)$引起的局部規範變換為**可對易規範變換或 Abelian gauge transformation**。那麼有沒有結果和演算順序有關的不可對易規範變換呢？回答是「有」，它正是 1954 年 Yang（楊振寧）-Mills 推廣上述理論開創出來的$SU(2)$局部規範理論：

$$\begin{aligned}\psi(x)\longrightarrow\psi'(x)&=e^{ig\hat{\boldsymbol{T}}\cdot\boldsymbol{\alpha}(x)}\psi(x)\\&\equiv U[SU(2)]\psi(x)\end{aligned} \tag{11-412}$$

$\hat{\boldsymbol{T}}$＝核子的同位旋算符。在（11-412）式的變換，$\hat{\boldsymbol{T}}$扮演的是生成元角色，由表（11-3）和（Ex. 10-5）得：

$$[\hat{T}_i,\hat{T}_j]=i\varepsilon_{ijk}\hat{T}_k$$

故$U[SU(2)]$的接連變換是無法對易，稱$U[SU(2)]$為**非對易（或不可對易）規範變換或 Non-Abelian 規範變換**，進一步內容請看下面、強子物理簡介（D）。g是物質粒子和力粒子，即 Fermi 子和勢能場的相互作用強度。$U[SU(2)]$和同位旋$\hat{\boldsymbol{T}}$有關，$\hat{\boldsymbol{T}}$是 Fermi 子的內部自由度，所以說極端點，Abelian 或 Non-Abelian 規範變換，和Fermi子的內部自由度有關。例如在 1964 年到 1969 年，為了解釋強相互作用，推廣 Yang-Mills 的 SU (2) 理論，成為 Non-Abelian SU (3) 規範理論的量子色動力學（quantum chromodynamics, 簡稱 QCD），相當於（11-412）式的物理量$\hat{\boldsymbol{T}}$的，就是 Gell-Mann 矩陣，它帶來組成核子、介子的夸克（quark）有三種色荷（color charge），表示描述粒子的進一步結構，需要更多自由度的內部電荷空間，請看下面(E)。

【Ex. 11-81】 試證規範原理會獨一無二地決定物理系統的，Fermi 子和 Bose 子的相互作用型，即這相互作用是局部規範變換不變的結果。

使用 Lagrangian 密度比使用運動方程式方便。QED 是處理電子和電磁場的相互作用問題，故以自由電子場 $\psi(x)$ 方程 $(i\hbar\gamma_\mu\partial^\mu - m_0c)\times\psi(x)=0$（看附錄 I）的 Lagrangian 密度 L_0：

$$L_0=\frac{i\hbar}{2}[\overline{\psi}\gamma_\mu(\partial^\mu\psi)-(\partial^\mu\overline{\psi})\gamma_\mu\psi]-mc\overline{\psi}(x)\psi(x) \qquad (11\text{-}413a)$$

為例來討論，$m\equiv m_0$ = 電子靜止質量。執行$U(1)$變換時會出問題的是，有導商 ∂^μ 之項，因為它會作用到規範函數$\Lambda(x)$上，而多出 $iq\partial^\mu\Lambda(x)/\hbar$之項：

$$\left.\begin{aligned}
i\hbar\partial^\mu\psi'(x)&=i\hbar\partial^\mu[e^{iq\Lambda(x)/\hbar}\psi(x)]\\
&=e^{iq\Lambda(x)/\hbar}[-q\partial^\mu\Lambda(x)+i\hbar\partial^\mu]\psi(x)\\
-i\hbar\partial^\mu\overline{\psi}'(x)&=-i\hbar\partial^\mu[e^{-iq\Lambda(x)/\hbar}\psi^+(x)\gamma_0]\\
&=\{[-q\partial^\mu\Lambda(x)-i\hbar\partial^\mu]\overline{\psi}(x)\}e^{-iq\Lambda(x)/\hbar}
\end{aligned}\right\} \qquad (11\text{-}413b)$$

$q\partial^\mu\Lambda(x)$是和$\hbar\partial^\mu$ 同因次的向量，$\hbar\partial^\mu$ 的因次$[\hbar\partial^\mu]$=動量因次，這種因次的物理量和向量場勢（potential of vector field）$A^\mu(x)$有關，故為了抵消（11-413b）式右邊多出來的“$-q\partial^\mu\Lambda(x)$”，非引進$A^\mu(x)$不可。為了滿足 Fermi 子場$\psi(x)$的運動方程是局部規範變換不變，Lagrangian 密度該是：

$$\begin{aligned}
L&=\frac{1}{2}\overline{\psi}(x)\gamma_\mu[i\hbar\partial^\mu-qA^\mu(x)]\psi(x)\\
&\quad-\frac{1}{2}\{[i\hbar\partial^\mu+qA^\mu(x)]\overline{\psi}(x)\}\gamma_\mu\psi(x)-mc\overline{\psi}(x)\psi(x)\\
&=\frac{i\hbar}{2}\{\overline{\psi}(x)\gamma_\mu[\partial^\mu\psi(x)]-[\partial^\mu\overline{\psi}(x)]\gamma_\mu\psi_x\}\\
&\quad-mc\overline{\psi}(x)\psi(x)-q\overline{\psi}(x)\gamma_\mu\psi(x)A^\mu(x) \qquad (11\text{-}413c)\\
&\equiv L_0+L_{\text{int.}}
\end{aligned}$$

$$\boxed{L_{\text{int.}} \equiv -q\overline{\psi}(x)\gamma_\mu\psi(x)A^\mu(x) = -qj_\mu(x)A^\mu(x)} \qquad (11\text{-}413d)$$

$$\boxed{j_\mu(x) \equiv \overline{\psi}(x)\gamma_\mu\psi(x)} \qquad (11\text{-}413e)$$

$qj_\mu(x)$稱為**四電流**（4-currents，看附錄(I)的 I-30 式），其源來自質量m帶電荷q的 Fermi 子場$\psi(x)$。Fermi 子是電子時q=電子電荷$(-e)$，則$L_{\text{int.}} = e\overline{\psi}(x)\gamma_\mu\psi(x)A^\mu(x)$，是電子和規範力場的相互作用 Lagrangian 密度。規範原理確實獨一無二地決定了相互作用型（11-413d）式，並且它是局部規範變換不變的 Lagrangian 密度（11-413c）式的一部分。（11-413c）式等於將（11-413a）式的∂_μ用協變導商$D_\mu = \left(\partial_\mu + \dfrac{i}{\hbar}qA_\mu(x)\right)$取代，而（11-413c）式的局部規範變換是：

$$\left.\begin{aligned} &\psi(x) \longrightarrow \psi'(x) = e^{iq\Lambda(x)/\hbar}\,\psi(x) \\ &A_\mu(x) \longrightarrow A'_\mu(x) = A_\mu(x) - \partial_\mu\Lambda(x) \end{aligned}\right\} \qquad (11\text{-}413f)$$

$\partial_\mu \longrightarrow D_\mu$是從規範原理獲得的結果，故**千萬不要說：「用協變導商D_μ取代自由導商∂_μ是規範原理」**。

Hamiltonian $\hat{H}$是物理系統的全能量算符，$\hat{H}$的期待值是該系統的總能E，是可測量值，故$\hat{H}$非為 Hermitian 算符不可。$\hat{H}$和 Lagrangian 的關係如（11-403b）式，表示 Lagrangian 也該為 Hermitian 算符才行。（11-413a）式右邊第一，二項是為了此目的，第三項已 Hermitian 形式。Dirac γ矩陣$\gamma_0^+ = \gamma_0$，γ_0^2=單位矩陣$\mathbb{1}$，於是（11-413a）式右邊各項是：

$$(mc\overline{\psi}\psi)^+ = (mc\psi^+\gamma_0\psi)^+ = mc\psi^+\gamma_0{}^+\psi = mc\psi^+\gamma_0\psi = mc\overline{\psi}\psi$$

$$\begin{aligned}\left[-\frac{i\hbar}{2}(\partial_\mu\overline{\psi})\gamma^\mu\psi\right]^+ &= \left[-\frac{i\hbar}{2}(\partial_\mu\psi^+)\gamma_0\gamma^\mu\psi\right]^+ = \frac{i\hbar}{2}\psi^+\gamma^{\mu+}\gamma_0^+(\partial_\mu\psi) \\ &= \frac{i\hbar}{2}\psi^+\gamma^0\gamma^0\gamma^{\mu+}\gamma^0(\partial_\mu\psi) = \frac{i\hbar}{2}\overline{\psi}\gamma^\mu(\partial_\mu\psi) \\ &= \text{（11-413a）式右邊第一項}\end{aligned}$$

同樣得：
$$\begin{aligned}\left[\frac{i\hbar}{2}\overline{\psi}\gamma^\mu(\partial_\mu\psi)\right]^+ &= -\frac{i\hbar}{2}(\partial_\mu\psi)^+\gamma^{\mu+}\gamma^{0+}\psi = -\frac{i\hbar}{2}(\partial_\mu\overline{\psi})\gamma^\mu\psi \\ &= \text{（11-413a）式右邊第二項}\end{aligned}$$

$$\therefore L_0^+ = L_0 \qquad (11\text{-}413g)$$

L_0 是 Hermitian 算符。推導過程用了 $\gamma^0\gamma^{\mu+}\gamma^0=\gamma^\mu$，$\gamma_0=\gamma^0$ 的 Dirac 矩陣性質。電磁場勢是實量 $A_\mu^*(x)=A_\mu(x)$，故得 $L_{int.}^+=L_{int.}$，$j_\mu^+=j^\mu$。自由電子場 $\psi(x)$ 的 Lagrangian 密度（11-413a）式，有的書寫成如下：

$$L_0'=i\hbar\overline{\psi}(x)\gamma_\mu(\partial^\mu\psi(x))-mc\overline{\psi}(x)\psi(x) \qquad (11\text{-}413h)$$

雖從 L'_0，同樣地執行局部規範變換不變後，能得 Hermitian 的 L_{int} 和 $j_\mu(x)$，即得（11-413d）和（11-413e）式，但（11-413h）式的 L'_0 不是 Hermitian 算符，於是 L'_0 不令人滿意。

希望初學者大致瞭解了，局部規範變換的內涵和演算。勉強地把以上的介紹內容綜合成如下結論，規範理論是：

「統一地描述物質粒子（Fermi 子）和力粒子（Bose 子）運動的理論」 （11-414a）

而實際演算時，使用由規範原理歸納出來的：

「以協變導商 D^μ 取代自由物質粒子的 Lagrangian 密度或
運動方程式內的自由導商 ∂^μ，便得所要的 Lagrangian 密度
或運動方程式。」 （11-414b）

並且能獨一無二地獲得，物質粒子場 $\psi(x)$ 和力粒子場 $A^\mu(x)$ 的相互作用：

$$L_{int.}=-q\overline{\psi}(x)\gamma_\mu\psi(x)A^\mu(x)\equiv-q\,j_\mu(x)A^\mu(x) \qquad (11\text{-}414c)$$

以上這些極有規則性的結果（11-414b）式和（11-414c）式啟示著：「**QED 的理論演算必能歸納出有規則性的方法**」，這些方法，正是 1940 年代後半 Feynman 歸納出來的 Feynman 規則（Feynman's rules）[56)]。我們猜，Feynman 當時可能已洞察出這一點，而**使用不同方法來處理同一 QED 題目，顯然在尋找各方法的共同點**。經過數年時光，終於成功地獲得了，今日我們處理局部規範場題目時，如何才能獲得、畫 Feynman 圖的規則。QED 是探討物質和電磁場的相互作用，這問題、很明顯地是，宏觀電磁學第七章的領域之外，是多體問題且微觀現象。**微觀現象是我們無法直接觀測的現象**。這時的電磁場是以二象性（duality）中的光子 γ 姿態出來扮演相互作用的實質角色，所以觀測的是 γ 和物質粒子間發生的相互作用，即**以散射現象來簡接地瞭解內容**。接著介紹處理散射問題的散射矩陣 S_{ab}。

(2)散射算符 $\hat{S}$，散射矩陣 S_{ab} [11)]

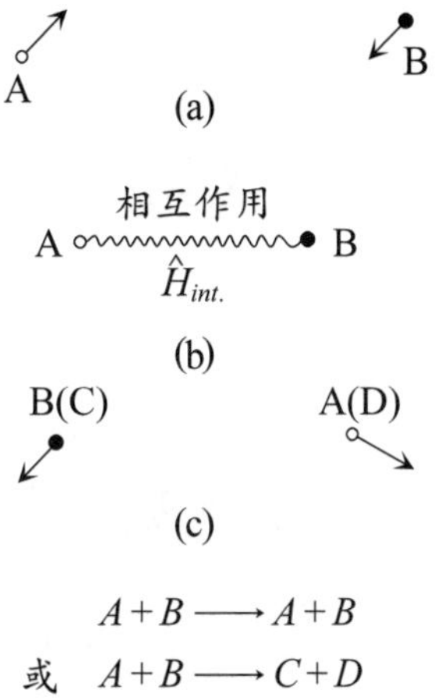

圖 11-136

「散射」至少是二體問題，如圖（11-136a）、兩個獨立自由物體 A 和 B，各自獨立地在 Hilbert 空間運動。如圖（11-136b），當 A 和 B 相距在某範圍內時，便受到對方的影響而產生相互作用。相互作用後如圖（11-136c），A 和 B 可能變成 C 和 D 或不變，而又回到自由將態。設散射前後，A 和 B 各自獨立自由時的 Hamiltonian$=\hat{H}_0$，相互作用 Hamiltonian$=\hat{H}_{int.}$，則圖（11-136b）的總 Hamiltonian$=\hat{H}$是：

$$\hat{H}=\hat{H}_0+\hat{H}_{int.} \qquad (11\text{-}415a)$$

物理系統從 $\hat{H}_0$ 的某狀態 u_a 躍遷到 $\hat{H}_0$ 的另一狀態 u_b 時，如促使從初態 u_a 躍遷到終態 u_b 的動力學量$=\hat{S}$，$\hat{S}$稱為**散射算符**（scattering operator），則稱：

$$S_{ba}\equiv\langle u_b|\hat{S}|u_a\rangle \qquad (11\text{-}415b)$$

S_{ba} 為 **$\hat{S}$ 矩陣或散射矩陣**（scattering matrix），於是常稱 $\hat{S}$ 為散射矩陣。u_a 和 u_b 是 $\hat{H}_0$ 的能量為 E_a 和 E_b 的本徵狀態：

$$\hat{H}_0u_{a,b}=E_{a,b}u_{a,b} \qquad (11\text{-}415c)$$

$E_a=E_b\equiv E=$系統總能，它是守恆量，右下標 E_a 和 E_b只是為了分辨上的方便。所以（11-415b）式的 $\hat{S}$，顯然是**直接和兩物體 A 和 B 相互作用 $\hat{H}_{int.}$有關**。如果能有一種表象（representation），它僅和相互作用 Hamiltonian $\hat{H}_{int.}$ 有關，那就方便多了。1940 年代中葉 Schwinger 和 Tomonaga 研究 QED 理論時就獲得了此表象，那它和過去我們所用的 Schrödinger 表象有何差異呢？

(i)相互作用表象（interaction representation）

第十章所用的Schrödinger表象，如表（10-3）所示，動力學的線性算符和時間無關，例如動量算符 $\hat{\boldsymbol{P}}=-i\hbar\overrightarrow{\nabla}\neq\hat{\boldsymbol{P}}(t)$，但物理系統的狀態函數 ψ 就和時間有關的 $\psi(\boldsymbol{x},t)$。用這種表象來描述物理系統的現象，稱為**Schrödinger 圖象**（Schrödinger picture）。為了直觀上的方便，以下改用 Dirac 標誌（notation，參考第十章後註⑽）的左右向量符號。在 Dirac 標誌的 Schrödinger 波函數 $\psi(\boldsymbol{x},t)$是 $\psi(\boldsymbol{x},t)=$

$\langle \boldsymbol{x}|t\rangle$，故如以 $|t\rangle$ 表示 Schrödinger 表象的狀態來突顯時間變化的情況，則 Schrödinger 圖象的力學量算符 $\hat{\theta}_s$ 和運動方程可寫成：

$$\left.\begin{array}{l} i\hbar\dfrac{\partial}{\partial t}|t\rangle = \hat{H}|t\rangle\ ,\ \hat{H}=\hat{H}_0+\hat{H}_{int.} \\ \hat{\theta}_s \neq \hat{\theta}_s(t) \end{array}\right\} \tag{11-416a}$$

即 $\hat{\theta}_s=\hat{\theta}_s(\boldsymbol{x})$，例如動量算符 $\hat{\boldsymbol{P}}=-i\hbar\overrightarrow{\nabla}$，則得：

$$[\hat{\boldsymbol{P}},\hat{\theta}_s(\boldsymbol{x})]=\hat{\boldsymbol{P}}\,\hat{\theta}_s(\boldsymbol{x})-\hat{\theta}_s(\boldsymbol{x})\,\hat{\boldsymbol{P}}=\{-i\hbar\overrightarrow{\nabla}\,\hat{\theta}_s(\boldsymbol{x})+\hat{\theta}_s(\boldsymbol{x})\,\hat{\boldsymbol{P}}\}-\hat{\theta}_s(\boldsymbol{x})\,\hat{\boldsymbol{P}}$$

$$\therefore[\hat{\boldsymbol{P}},\hat{\theta}_s(\boldsymbol{x})]=-i\hbar\overrightarrow{\nabla}\,\hat{\theta}_s(\boldsymbol{x}) \tag{11-416b}$$

右下標"s"表示 Schrödinger 圖象，$|t\rangle$ =狀態右向量（state ket vector），是物理系統總 Hamiltonian $\hat{H}$ 的狀態。另一種圖像，雖在第十章曾提過卻沒介紹的是 Heisenberg 圖像（Heisenberg picture），它剛好和 Schrödinger 圖象相反，動力學量算符 $\hat{\theta}_H=\hat{\theta}_H(t)$ =時間函數，而狀態函數和時間無關，如用 Dirac 標誌表示，則如下：

$$\left.\begin{array}{l} |t\rangle \longrightarrow |c\rangle = e^{i\hat{H}t/\hbar}|t\rangle \\ \hat{\theta}_S(\boldsymbol{x}) \longrightarrow \hat{\theta}_H = e^{i\hat{H}t/\hbar}\hat{\theta}_S(\boldsymbol{x})e^{-i\hat{H}t/\hbar} = \hat{\theta}_H(\boldsymbol{x},t) \end{array}\right\} \tag{11-417a}$$

（11-417a）式等於把（11-416a）式經變換 $\hat{U}(t)\equiv e^{-i\hat{H}t/\hbar}$ 變到另一 Hilbert 空間時的，物理系統的動力學量和狀態函數，$|c\rangle$ =和時間無關的狀態，即對時間變化是常量（constant），因從（11-417a）式可得：

$$i\hbar\frac{\partial}{\partial t}|c\rangle = e^{i\hat{H}t/\hbar}(-\hat{H})|t\rangle + e^{i\hat{H}t/\hbar}(i\hbar\frac{\partial}{\partial t}|t\rangle) = e^{i\hat{H}t/\hbar}(-\hat{H}+\hat{H})|t\rangle = 0$$

$$\therefore\frac{\partial}{\partial t}\Big|c\rangle = 0 \tag{11-417b}$$

同樣可以獲得：

$$\begin{aligned} i\hbar\frac{d}{dt}\hat{\theta}_H &= i\hbar(\frac{\partial}{\partial t}e^{i\hat{H}t/\hbar})\,\hat{\theta}_s\,e^{-i\hat{H}t/\hbar}+i\hbar\,e^{i\hat{H}t/\hbar}\,\hat{\theta}_s(\frac{\partial}{\partial t}e^{-i\hat{H}t/\hbar}) \\ &= e^{i\hat{H}t/\hbar}(-\hat{H})\,\hat{\theta}_s\,e^{-i\hat{H}t/\hbar}+e^{i\hat{H}t/\hbar}\,\hat{\theta}_s\,\hat{H}\,e^{-i\hat{H}t/\hbar} \\ &= e^{i\hat{H}t/\hbar}(-\hat{H})\,e^{-i\hat{H}t/\hbar}\,e^{i\hat{H}t/\hbar}\,\hat{\theta}_s\,e^{-i\hat{H}t/\hbar}+e^{i\hat{H}t/\hbar}\,\hat{\theta}_s\,e^{-i\hat{H}t/\hbar}\,e^{i\hat{H}t/\hbar}\,\hat{H}\,e^{-i\hat{H}t/\hbar} \\ &= -\hat{H}_H\,\hat{\theta}_H+\hat{\theta}_H\,\hat{H}_H=[\hat{\theta}_H\,\hat{H}_H] \end{aligned}$$

$$\therefore\boxed{i\hbar\frac{d}{dt}\hat{\theta}_H(\boldsymbol{x},t)=[\hat{\theta}_H(\boldsymbol{x},t),\hat{H}_H(\boldsymbol{x},t)]} \tag{11-417c}$$

（11-417a）式稱為 **Heisenberg 圖像**（Heisenberg picture），而（11-417c）式是量

子力學的 Heisenberg 運動方程式，右下標“H”表示 Heisenberg 圖象。無論使用那一種圖象，對易關係的（11-416b）式的形式不變：

$$
\begin{aligned}
e^{i\hat{H}t/\hbar}\left[\hat{\boldsymbol{P}},\hat{\theta}_s(\boldsymbol{x})\right]e^{-i\hat{H}t/\hbar} &= e^{i\hat{H}t/\hbar}\left\{\hat{\boldsymbol{P}}e^{-i\hat{H}t/\hbar}e^{i\hat{H}t/\hbar}\hat{\theta}_s(\boldsymbol{x})-\hat{\theta}_s(\boldsymbol{x})e^{-i\hat{H}t/\hbar}e^{i\hat{H}t/\hbar}\hat{\boldsymbol{P}}\right\}e^{-i\hat{H}t/\hbar} \\
&= \left[\hat{\boldsymbol{P}}(t),\hat{\theta}_H(\boldsymbol{x},t)\right] \\
&= e^{i\hat{H}t/\hbar}\left\{-i\hbar\overrightarrow{\nabla}\hat{\theta}_s(\boldsymbol{x})\right\}e^{-i\hat{H}t/\hbar} = -i\hbar\left\{e^{i\hat{H}t/\hbar}\overrightarrow{\nabla}e^{-i\hat{H}t/\hbar}e^{i\hat{H}t/\hbar}\hat{\theta}_s(x)e^{-i\hat{H}t/\hbar}\right\} \\
&= -i\hbar\overrightarrow{\nabla}\hat{\theta}_H(\boldsymbol{x},t)
\end{aligned}
$$

$$
\therefore\left[\hat{\boldsymbol{P}}(t),\hat{\theta}_H(\boldsymbol{x},t)\right] = -i\hbar\overrightarrow{\nabla}\hat{\theta}_H(\boldsymbol{x},t) \qquad （11\text{-}417d）
$$

用了 $e^{i\hat{H}t/\hbar}\overrightarrow{\nabla}e^{-i\hat{H}t/\hbar}=\overrightarrow{\nabla}$，因為 $\overrightarrow{\nabla}$ 是純數學演算符號，和使用的 Hilbert 空間的表象無關，是圖象獨立的數學量。

無論是 Schrödinger 圖象或 Heisenberg 圖象都牽連到物理系統的整個 Hamiltonian $\hat{H}$，於是無法清楚地看出，純來自相互作用 $\hat{H}_{int}$ 的系統狀態變化情形。這時你可能從（11-147a）式的變換已洞察出：「做 $\hat{U}(t)$ 變換時不要使用 $\hat{H}$，而僅用自由態的 Hamiltonian $\hat{H}_0$」。為什麼呢？因為從（11-417a）式得：

$$
\begin{aligned}
|t\rangle &= e^{-i\hat{H}t/\hbar}|c\rangle \\
&= \text{從和時間無關的狀態}|c\rangle\text{，演化到和時間有關的狀態}|t\rangle \qquad （11\text{-}418a）
\end{aligned}
$$

故稱 $\hat{U}(t)=e^{-i\hat{H}t/\hbar}$ 為時間演化算符（time evolution operator），因此在時間演化過程，只令物理系統演化到：「構成物理系統的各成員，各自獨立自由的狀態」就可以了，所以定義下列變換：

$$
\left.
\begin{aligned}
&|t\rangle \longrightarrow e^{i\hat{H}_0t/\hbar}|t\rangle \equiv |\tilde{t}\rangle,\quad \text{或}\ \psi_I(\boldsymbol{x},t)\equiv e^{i\hat{H}_0t/\hbar}\psi_s(\boldsymbol{x},t) \\
&\hat{\theta}_s(\boldsymbol{x}) \longrightarrow e^{i\hat{H}_0t/\hbar}\hat{\theta}_s(\boldsymbol{x})e^{-i\hat{H}_0t/\hbar}\equiv\hat{\theta}_I(\boldsymbol{x},t)
\end{aligned}
\right\} \qquad （11\text{-}418b）
$$

則得：

$$
\begin{aligned}
i\hbar\frac{\partial}{\partial t}|\tilde{t}\rangle &= i\hbar\frac{\partial}{\partial t}\left(e^{i\hat{H}_0t/\hbar}|t\rangle\right) = \left(i\hbar\frac{\partial}{\partial t}e^{i\hat{H}_0t/\hbar}\right)|t\rangle + e^{i\hat{H}_0t/\hbar}\left(i\hbar\frac{\partial}{\partial t}|t\rangle\right) \\
&= e^{i\hat{H}_0t/\hbar}\left(-\hat{H}_0+\hat{H}\right)|t\rangle = e^{i\hat{H}_0t/\hbar}\hat{H}_{int.}|t\rangle \\
&= e^{i\hat{H}_0t/\hbar}\hat{H}_{int.}e^{-i\hat{H}_0t/\hbar}e^{i\hat{H}_0t/\hbar}|t\rangle = \hat{H}_{int.I}(t)|\tilde{t}\rangle
\end{aligned}
$$

$$
\hat{H}_{int.I}(t)\equiv e^{i\hat{H}_0t/\hbar}\hat{H}_{int.}e^{-i\hat{H}_0t/\hbar} \qquad （11\text{-}418c）
$$

$$
\therefore i\hbar\frac{\partial}{\partial t}|\tilde{t}\rangle = \hat{H}_{int.I}(t)|\tilde{t}\rangle,\quad \text{或}\ i\hbar\frac{\partial\psi_I(\boldsymbol{x},t)}{\partial t} = \hat{H}_{int.I}(t)\psi_I(\boldsymbol{x},t) \qquad （11\text{-}418d）
$$

如 $\hat{H}_{int.}=\hat{H}_{int.}(\boldsymbol{r},\hat{\boldsymbol{P}})$，則 $\hat{H}_{int.I}(t)$ 是：

$$\hat{H}_{int.I}(t)=\hat{H}_{int.I}\left(e^{i\hat{H}_0t/\hbar}\boldsymbol{r}\,e^{-i\hat{H}_0t/\hbar},e^{i\hat{H}_0t/\hbar}\hat{\boldsymbol{P}}e^{-i\hat{H}_0t/\hbar}\right)=\hat{H}_{int.I}\left(\boldsymbol{r}(t),\hat{\boldsymbol{P}}(t)\right) \qquad (11\text{-}418e)$$

確實獲得僅和相互作用有關的狀態方程式（11-418d）式，同樣可得 $\hat{\theta}_I(\boldsymbol{x},t)$滿足的方程式：

$$i\hbar\frac{d\,\hat{\theta}_I(\boldsymbol{x},t)}{dt}=i\hbar\frac{\partial\,\hat{\theta}_I(\boldsymbol{x},t)}{\partial t}+\left[\hat{\theta}_I(\boldsymbol{x},t),\hat{H}_{0I}\right] \qquad (11\text{-}418f)$$

顯然，物理系統的狀態 $|\,\tilde{t}\,\rangle$ **和動力學量算符** $\hat{\theta}_I(\boldsymbol{x},t)$ **都跟著時間變化**，並且 $\hat{\theta}_I(\boldsymbol{x},t)$ 的變化僅由自由態Hamiltonian $\hat{H}_{0I}$來決定，非常方便。（11-418d）式和（11-418f）式或（11-418b）式的表象叫**相互作用表象**（interaction representation）或 **Dirac 表象**（Dirac representation），其物理量可從（11-418b）式的變換來獲得，右下標"I"表示相互作用表象，整個圖象叫**相互作用圖象**（interaction picture），即使用相互作用表象表示的圖象。這圖象，從（11-418d）式，表示**有相互作用 $\hat{H}_{int.}$ 時物理系統的狀態才會變化**。

從上面介紹的種種表象，可歸納所謂的表象（representation）是：

表示量子體系物理量的時間變化的方法稱作表象（11-419a）

不過物理系統的觀測量，即Hermitian物理量 $\hat{\theta}$的期待值 $\langle\,\hat{\theta}\,\rangle$，**該和使用的表象無關才行**，果然真如此：

$$\langle\,c\,|\,\hat{\theta}_H\,|\,c\,\rangle=\langle\,t\,|\,e^{-i\hat{H}t/\hbar}e^{i\hat{H}t/\hbar}\,\hat{\theta}_s e^{-i\hat{H}t/\hbar}e^{i\hat{H}t/\hbar}|\,t\,\rangle=\langle\,t\,|\,\hat{\theta}_s\,|\,t\,\rangle$$
$$\langle\,\tilde{t}\,|\,\hat{\theta}_I\,|\,\tilde{t}\,\rangle=\langle\,t\,|\,e^{-i\hat{H}_0t/\hbar}e^{i\hat{H}_0t/\hbar}\,\hat{\theta}_s e^{-i\hat{H}_0t/\hbar}e^{i\hat{H}_0t/\hbar}|\,t\,\rangle=\langle\,t\,|\,\hat{\theta}_s\,|\,t\,\rangle$$
$$\therefore\ \langle\,c\,|\,\hat{\theta}_H\,|\,c\,\rangle=\langle\,t\,|\,\hat{\theta}_s\,|\,t\,\rangle=\langle\,\tilde{t}\,|\,\hat{\theta}_I\,|\,\tilde{t}\,\rangle \qquad (11\text{-}419b)$$

【Ex. 11-82】(1)試證相互作用表象的正則變數（canonical variables）$\hat{\boldsymbol{X}}_I(t)$和 $\hat{\boldsymbol{P}}_I(t)$ 滿足量子化的對易關係 $\left[\hat{X}_{Ii}(t),\hat{X}_{Ij}(t)\right]=0$, $\left[\hat{P}_{Ii}(t),\hat{P}_{Ij}(t)\right]=0$, $\left[\hat{X}_{Ii}(t),\hat{P}_{Ij}(t)\right]=i\hbar\delta_{ij}$

(2)$\hat{\boldsymbol{X}}_I(t)=\boldsymbol{X}+\dfrac{1}{m}\hat{\boldsymbol{P}}t$, $\hat{\boldsymbol{P}}_I(t)=-i\hbar\overrightarrow{\nabla}$。

(1) $\left[\hat{X}_{Ii}(t),\hat{X}_{Ij}(t)\right]=\hat{X}_{Ii}(t)\,\hat{X}_{Ij}(t)-\hat{X}_{Ij}(t)\hat{X}_{Ii}(t)$

$$=e^{i\hat{H}_0t/\hbar}\,\hat{X}_{Si}\,e^{-i\hat{H}_0t/\hbar}\,e^{i\hat{H}_0t/\hbar}\,\hat{\boldsymbol{X}}_{Sj}\,e^{-i\hat{H}_0t/\hbar}-e^{i\hat{H}_0t/\hbar}\,\hat{X}_{Sj}\,e^{-i\hat{H}_0t/\hbar}\,e^{i\hat{H}_0t/\hbar}\,\hat{X}_{Si}\,e^{-i\hat{H}_0t/\hbar}$$
$$=e^{i\hat{H}_0t/\hbar}\left[\hat{X}_{Si},\hat{X}_{Sj}\right]e^{-i\hat{H}_0t/\hbar}=0$$

同樣得：

$$\left[\hat{P}_{Ii}(t),\hat{P}_{Ij}(t)\right]=e^{i\hat{H}_0t/\hbar}\left[\hat{P}_{Si},\hat{P}_{Sj}\right]e^{-i\hat{H}_0t/\hbar}=0$$

$$\left[\hat{X}_{Ii}(t),\hat{P}_{Ij}(t)\right]=e^{i\hat{H}_0t/\hbar}\left[\hat{X}_{Si},\hat{P}_{Sj}\right]e^{-i\hat{H}_0t/\hbar}=e^{i\hat{H}_0t/\hbar}i\hbar\delta_{ij}e^{-i\hat{H}_0t/\hbar}=i\hbar\delta_{ij}$$

$$\therefore\left\{\begin{aligned}&\left[\hat{X}_{Ii}(t),\hat{X}_{Ij}(t)\right]=0\\&\left[\hat{P}_{Ii}(t),\hat{P}_{Ij}(t)\right]=0\\&\left[\hat{X}_{Ii}(t),\hat{P}_{Ij}(t)\right]=i\hbar\delta_{ij}\end{aligned}\right\}\qquad(11\text{-}420a)$$

⑵由（11-418f）式得：

$$\begin{aligned}i\hbar\, d\hat{\boldsymbol{P}}_I(t)/dt&=\left[\hat{\boldsymbol{P}}_I(t),\hat{H}_{0I}\right]=\left[\hat{P}_I(t),(\hat{P}_I(t))^2/(2m)\right]\\&=\frac{1}{2m}\{\hat{\boldsymbol{P}}_I(t)\left[\hat{\boldsymbol{P}}_I(t),\hat{\boldsymbol{P}}_I(t)\right]+\left[\hat{\boldsymbol{P}}_I(t),\hat{\boldsymbol{P}}_I(t)\right]\hat{\boldsymbol{P}}_I(t)\}=0\end{aligned}$$

$$\begin{aligned}i\hbar\, d\hat{\boldsymbol{X}}_I(t)/dt&=\left[\hat{\boldsymbol{X}}_I(t),(\hat{\boldsymbol{P}}_I(t))^2/(2m)\right]\\&=\frac{1}{2m}\{\hat{\boldsymbol{P}}_I(t)\left[\hat{\boldsymbol{X}}_I(t),\hat{\boldsymbol{P}}_I(t)\right]+\left[\hat{\boldsymbol{X}}_I(t),\hat{\boldsymbol{P}}_I(t)\right]\hat{\boldsymbol{P}}_I(t)\}=\frac{i\hbar}{m}\hat{\boldsymbol{P}}_I(t)\end{aligned}$$

$$\therefore\left\{\begin{aligned}&\hat{\boldsymbol{P}}_I(t)=\hat{\boldsymbol{P}}_I(t=0)=\hat{\boldsymbol{P}}_S\\&\hat{\boldsymbol{X}}_I(t)=\hat{\boldsymbol{X}}_I(t=0)+\frac{1}{m}\hat{\boldsymbol{P}}_S t=\hat{\boldsymbol{X}}_S+\frac{1}{m}\hat{\boldsymbol{P}}_S t\end{aligned}\right.$$

$$\text{或}\left\{\begin{aligned}&\hat{\boldsymbol{P}}_I(t)=-i\hbar\overrightarrow{\nabla}\\&\hat{\boldsymbol{X}}_I(t)=\boldsymbol{X}-\frac{i\hbar t}{m}\overrightarrow{\nabla}\end{aligned}\right\}\qquad(11\text{-}420b)$$

（11-420a）式和（11-420b）式是相互作用表象的兩個性質。

讓我們一起來整理以上所討論的內容：所謂的Heisenberg圖象是，把物理系統的時間變化情形，全由物理系統的動力學量算符 $\hat{\theta}_H(t)$ 來負責表示；Schrödinger 圖象時是，全由物理系統的狀態函數 $\psi(\boldsymbol{x},t)$ 來負責；而相互作用圖象是，由物理系統的狀態函數 $\psi_I(\boldsymbol{x},t)$ 和動力學量算符 $\hat{\theta}_I(\boldsymbol{x},t)$ 共同負責，結果 ψ_I 和 $\hat{\theta}_I$ 僅和物理系統的自由態 Hamiltonian $\hat{H}_0$ 有關。如（11-418b）式，非常方便於演算，尤其相互作用 $\hat{H}_{int.}$ 遠小於 1 時，可作微擾（perturbation）演算。電磁相互作用的耦合常數（coupling constant）$\alpha=\frac{1}{4\pi\varepsilon_0}\frac{e^2}{\hbar c}\fallingdotseq\frac{1}{137.036}\ll 1$，於是可以使用微擾法來處理物理問題。Schwinger-Tomonaga-Feynman 的 QED 理論，正是使用相互作用表象的微擾演算法來處理電子（含正電子）和電磁場的相互作用問題。為了一目瞭然，將三個表象比較於表（11-41）。

表 11-41 Schrödinger、Heisenberg 和相互作用表象

	Schrödinger 表象	Heisenberg 表象	相互作用表象
線性算符 （動力學量）	$\hat{\theta}_S \neq \hat{\theta}_S(t)$ (Ex) $\boldsymbol{x} \rightarrow \hat{\boldsymbol{x}} = \boldsymbol{x} \neq \boldsymbol{x}(t)$ $\underset{\uparrow\ \text{經典力學}}{\boldsymbol{P}} \rightarrow \underbrace{\hat{\boldsymbol{P}} = -i\hbar\overrightarrow{\nabla} \neq \hat{\boldsymbol{P}}(t)}_{\text{量子力學}}$	$\hat{\theta}_H = \hat{\theta}_H(t)$ $= e^{i\hat{H}t/\hbar}\hat{\theta}_S e^{-i\hat{H}t/\hbar}$ $i\hbar\frac{d\hat{\theta}_H}{dt} = i\hbar\frac{\partial\hat{\theta}_H}{\partial t} + [\hat{\theta}_H(t), \hat{H}_H(t)]$	$\hat{\theta}_I = \hat{\theta}_I(t)$ $= e^{i\hat{H}_0 t/\hbar}\hat{\theta}_S e^{-i\hat{H}_0 t/\hbar}$ $i\hbar\frac{d\hat{\theta}_I}{dt} = i\hbar\frac{\partial\hat{\theta}_I}{\partial t} + [\hat{\theta}_I(t), \hat{H}_{0I}(t)]$
狀態函數 （state ket vector）	$\psi_s = \psi_s(\boldsymbol{x}, t)$ $= \langle \boldsymbol{x} \| t \rangle$	$\psi_H = e^{i\hat{H}t/\hbar}\psi_s(\boldsymbol{x}, t)$ ＝和時間無關的常函數	$\psi_I = e^{i\hat{H}_0 t/\hbar}\psi_s(\boldsymbol{x}, t)$
	用 $\| t \rangle$ 代表	$\|$常函數$\rangle \equiv \| c \rangle$ $= e^{i\hat{H}t/\hbar}\| t \rangle$	$\| \tilde{t} \rangle = e^{i\hat{H}_0 \cdot t/\hbar}$
運動方程式	$i\hbar\frac{\partial\psi_s(\boldsymbol{x}, t)}{\partial t} = \hat{H}\psi_s(\boldsymbol{x}, t)$ $\hat{H} = \hat{H}_0 + \hat{H}_{int.}$		$i\hbar\frac{\partial\psi_I(\boldsymbol{x}, t)}{\partial t} = \hat{H}_{int.I}\psi_I(\boldsymbol{x}, t)$
量子化 （對於關係）	$[\hat{x}_i, \hat{x}_j] = 0$ $[\hat{P}_i, \hat{P}_j] = 0$ $[\hat{x}_i, \hat{P}_j] = i\hbar\delta_{ij}$	$[\hat{x}_{Hi}(t), \hat{x}_{Hj}(t)] = 0$ $[\hat{P}_{Hi}(t), \hat{P}_{Hj}(t)] = 0$ $[\hat{x}_{Hi}(t), \hat{P}_{Hj}(t)] = i\hbar\delta_{ij}$	$[\hat{x}_{Ii}(t), \hat{x}_{Ij}(t)] = 0$ $[\hat{P}_{Ii}(t), \hat{P}_{Ij}(t)] = 0$ $[\hat{x}_{Ii}(t), \hat{P}_{Ij}(t)] = i\hbar\delta_{ij}$ 且有如下關係： $\hat{\boldsymbol{x}}_I(t) = \hat{\boldsymbol{x}}_S + \frac{1}{m}\hat{\boldsymbol{P}}_S t$

(ii)S 矩陣和躍遷矩陣 T_{fi} 的關係

從上述三個表象，明顯地能看出，處理正在相互作用的問題，最好使用相互作用圖象。相互作用的焦點在於時間變化，所以研究散射現象就能符合這目的。圖 11-136 的 A 和 B 的散射是：

$$A + B \longrightarrow A + B \tag{11-421a}$$

$$\text{或 } A + B \longrightarrow \left.\begin{array}{l} A^* + B^* \\ C + D + E \cdots\cdots \\ \cdots\cdots\cdots\cdots\cdots\cdots \end{array}\right\} \tag{11-421b}$$

（11-421a）式表示，散射前後不但 A 和 B 的內外，且動能內能都不變的彈性散射，即（11-415b）式的 $u_b = u_a$ 的情形。（11-421b）式表示 A 和 B 相互作用後產生反應或非彈性散射。設散射前的物理系統的自由狀態為 $| i \rangle$ ＝初態，散射後的自由狀態 $\equiv | f \rangle$ ＝終態，則（11-421a）式和（11-421b）式可統一地寫成[57]：

$$\langle f|\hat{S}|i\rangle=\delta_{fi}-i(2\pi\hbar)^4\delta^4(P_f-P_i)\langle f|\hat{T}|i\rangle \tag{11-421c}$$

上式右邊第一和第二項分別表示$|f\rangle=|i\rangle$的（11-421a）式和（11-421b）式，$\hat{T}$稱**為躍遷算符**，其$\langle f|\hat{T}|i\rangle\equiv T_{fi}$就是對應於非相對論量子力學的躍遷矩陣（10-57b）式，稱為躍遷矩陣（transition matrix），也常稱$\hat{T}$為躍遷矩陣。$(2\pi\hbar)^4\delta^4(P_f-P_i)$因子來自散射時的四動量（能量$E$和動量$\boldsymbol{P}$）的守恆，其前面的"$i$"來自場內相互作用源（看後註(57)的(7)～(8)式）。P_f和P_i分別為終態和初態的總四動量。

跟著時間演進變化的散射現象，該和描述物理系統狀態的時間演進算符$\hat{U}(t)$有關才正確。如表（11-41），Schrödinger 圖象，其力學量算符和時間無關，僅狀態函數$\psi(\boldsymbol{x},t)$是時間函數：

$$i\hbar\frac{\partial\psi_s(\boldsymbol{x},t)}{\partial t}=\hat{H}\psi_s(\boldsymbol{x},t),\quad \hat{H}\neq\hat{H}(t)$$

所以其解是：$\dfrac{d\psi_s}{\psi_s}=-\dfrac{i}{\hbar}\hat{H}\,dt$

$$\therefore\psi_s(\boldsymbol{x},t)=C\,e^{-i\hat{H}t/\hbar}$$

C＝積分常量，取$t=t_0$的狀態為$\psi_s(\boldsymbol{x},t_0)$則得：

$$\psi_s(x,t)=e^{-i\hat{H}(t-t_0)/\hbar}\psi_s(\boldsymbol{x},t_0) \tag{11-422a}$$

確實時間演進算符扮演了：「把物理系統狀態從t_0演進到$t>t_0$的狀態」。不過（11-422a）式仍然和總 Hamiltonian $\hat{H}$牽連，無法看清相互作用部分。接著看看相互作用狀態$\psi_I(\boldsymbol{x},t)$的情況如何？由（11-418b）式得：

$$\begin{aligned}\psi_I(\boldsymbol{x},t)&=e^{i\hat{H}_0t/\hbar}\psi_s(\boldsymbol{x},t)\\&=e^{i\hat{H}_0t/\hbar}e^{-i\hat{H}(t-t_0)/\hbar}\psi_s(\boldsymbol{x},t_0)\\&=e^{i\hat{H}_0t/\hbar}e^{-i\hat{H}(t-t_0)/\hbar}e^{-i\hat{H}_0t_0/\hbar}\psi_I(\boldsymbol{x},t_0)\\&\equiv\hat{U}(t,t_0)\psi_I(\boldsymbol{x},t_0)\end{aligned} \tag{11-422b}$$

$$\hat{U}(t,t_0)\equiv e^{i\hat{H}_0t/\hbar}e^{-i\hat{H}(t-t_0)/\hbar}e^{-i\hat{H}_0t_0/\hbar} \tag{11-422c}$$

依（11-422a）式的解讀，（11-422b）式確實把狀態$\psi_I(\boldsymbol{x},t_0)$，依時間的演進方向$t>t_0$，演進到$\psi_I(\boldsymbol{x},t)$。妙就妙在演進算符$\hat{U}(t,t_0)$的開始$e^{-i\hat{H}_0t_0/\hbar}$和末了$e^{i\hat{H}_0t/\hbar}$都是系統自由狀態的 Hamiltonian $\hat{H}_0$，相當於將物理系統從$t=t_0$的自由狀態帶到$t>t_0$的另一個自由態。在從t_0到$t>t_0$的期間，系統才和總Hamiltonian $\hat{H}=\hat{H}_0+\hat{H}_{int.}$有關，非常漂亮地合乎散射現象：「**物理系統的自由態$\hat{H}_0$的狀態，進入相互作用，當然是$\hat{H}=\hat{H}_0+\hat{H}_{int.}$之狀態，最後物理系統又恢復到$\hat{H}_0$的自由態**」，正是（11-415b）

式所描述的，名符其實的散射現象，這樣一來 $\hat{U}(t,t_0)$ 該是 $\hat{S}$，怎麼確定呢？解（11-418d）式得：

$$\psi_I(\boldsymbol{x},t)=\psi_I(\boldsymbol{x},t_0)-\frac{i}{\hbar}\int_{t_0}^{t}\hat{H}_{int.}(t')\,\psi_I(\boldsymbol{x},t')\,dt'$$

上式的 $\hat{H}_{int.}(t)=\hat{H}_{int.I}(t)$，是為了簡單而省略了右下標"$I$"。使用疊代（iteration）近似法，則上式變成：

$$\psi_I(\boldsymbol{x},t)=\left\{\mathbb{1}-\frac{i}{\hbar}\int_{t_0}^{t}dt_1\hat{H}_{int.}(t_1)+\left(-\frac{i}{\hbar}\right)^2\int_{t_0}^{t}dt_1\int_{t_0}^{t_1}dt_2\hat{H}_{int.}(t_1)\hat{H}_{int.}(t_2)+\cdots\cdots+\left(-\frac{i}{\hbar}\right)^n\int_{t_0}^{t}dt_1\int_{t_0}^{t_1}dt_2\right.$$
$$\left.\cdots\cdots\int_{t_0}^{t_{n-1}}dt_n\,\hat{H}_{int.}(t_1)\,\hat{H}_{int.}(t_2)\cdots\cdots\hat{H}_{int.}(t_n)+\cdots\cdots\right\}\psi_I(\boldsymbol{x},t_0) \qquad (11\text{-}422d)$$

$$t>t_1>t_2>\cdots\cdots>t_n \qquad (11\text{-}422e)$$

（11-422b）式和（11-422d）式該相等才對，

$$\therefore\ \boxed{\begin{aligned}\hat{U}(t,t_0)&=e^{i\hat{H}_0t/\hbar}\,e^{-i\hat{H}(t-t_0)/\hbar}\,e^{-i\hat{H}_0t_0/\hbar}\\&=\sum_{n=0}^{\infty}\left(-\frac{i}{\hbar}\right)^n\int_{t_0}^{t}dt_1\int_{t_0}^{t_1}dt_2\cdots\cdots\int_{t_0}^{t_{n-1}}dt_n\,\hat{H}_{int.}(t_1)\,\hat{H}_{int.}(t_2)\cdots\cdots\hat{H}_{int.}(t_n)\end{aligned}} \qquad (11\text{-}423a)$$

從數學角度，（11-423a）式是下微分方程式的解：

$$i\hbar\frac{\partial\hat{U}(t,t_0)}{\partial t}=\hat{H}_{int.}(t)\,\hat{U}(t,t_0) \qquad (11\text{-}423b)$$

在初始條件 $\hat{U}(t=t_0,t_0)=\mathbb{1}=$ 單位矩陣的（11-423b）式的解是：

$$\begin{aligned}\hat{U}(t,t_0)&=\mathbb{1}-\frac{i}{\hbar}\int_{t_0}^{t}dt'\hat{H}_{int.}(t')\,\hat{U}(t',t_0) \qquad (11\text{-}423c)\\&=\sum_{n=0}^{\infty}\left(-\frac{i}{\hbar}\right)^n\int_{t_0}^{t}dt_1\int_{t_0}^{t_1}dt_2\cdots\cdots\int_{t_0}^{t_{n-1}}dt_n\,\hat{H}_{int.}(t_1)\,\hat{H}_{int.}(t_2)\cdots\cdots\hat{H}_{int.}(t_n)\end{aligned}$$

換句話，（11-423a）式的 $\hat{U}(t,t_0)$ 滿足（11-423b）式，把（11-423b）式的左右兩邊各作用到 $\psi_I(\boldsymbol{x},t_0)$ 便得（11-418d）式。當 $t_0\to-\infty$ 時物理系統是自由態 u_a，散射後當 $t\to+\infty$ 時物理系統又回到另一自由態 u_b，顯然 $\hat{U}(t=+\infty,t_0=-\infty)=\hat{U}(\infty,-\infty)$ 是扮演（11-415b）式的 $\hat{S}$：

$$\boxed{\hat{S}=\lim_{\substack{t_0\to-\infty\\t\to+\infty}}\hat{U}(t,t_0)} \qquad (11\text{-}424a)$$

那 $\hat{S}$ 有什麼性質呢？物理是導航，從物理切入，省掉證明。觀測物理系統的概率該守恆，故從（11-422b）式得：

$$\int \psi_I^*(\boldsymbol{x},t)\psi_I(\boldsymbol{x},t)\,d\tau = \int [\hat{U}(t,t_0)\,\psi_I(\boldsymbol{x},t_0)]^+[\hat{U}(t,t_0)\,\psi_I(\boldsymbol{x},t_0)]\,d\tau$$
$$= \int \psi_I^*(\boldsymbol{x},t_0)\,\hat{U}^+(t,t_0)\,\hat{U}(t,t_0)\,\psi_I(\boldsymbol{x},t_0)\,d\tau$$
$$= \int \psi_I^*(\boldsymbol{x},t_0)\,\psi_I(\boldsymbol{x},t_0)\,d\tau$$

$$\left.\begin{array}{l}\therefore \hat{U}(t,t_0)^+\,\hat{U}(t,t_0)=\mathbb{1}\\ \text{或 } \hat{S}^+\hat{S}=\mathbb{1}\end{array}\right\} \qquad (11\text{-}424b)$$

（11-424b）式稱為 $\hat{S}$ **矩陣的么正性**（unitarity）。如果時間沒演進，表示物理系統的狀態不變，則該是：

$$\hat{U}(t_0,t_0)=\mathbb{1}$$
$$=\hat{U}(t,t) \qquad (11\text{-}424c)$$

（11-422c）式確實滿足（11-424c）式。物理系統從初態時間 t_0 演進到終態 t，那麼在一切動力學量守恆之下，系統該能從終態時間 t 倒演進地回到初態 t_0，即順 $t_0\rightarrow t$ 與逆時 $t\rightarrow t_0$ 的一切該一一對應而得：

$$[\hat{U}(t,t_0)]^{-1}=\hat{U}(t_0,t) \qquad (11\text{-}424d)$$

時間是累積性的，即滿足加法性的量，故得：

$$\hat{U}(t,t')\,\hat{U}(t',t_0)=\hat{U}(t,t_0) \qquad (11\text{-}424e)$$

（11-424b）式～（11-424e）式是 $\hat{S}$ 矩陣的四性質。

(iii) 編時積（time ordered product），$\hat{S}$ 矩陣的微擾展開

散射是跟著時間演進的現象，所以（11-423a）式的積分上限的時間是 $t>t_1>t_2>\cdots\cdots>t_n$，能不能把各項的積分上限統一，以便積分呢？回答是：「能」，利用編時方法就是。任何和時間有關的算符積，將它們依時間順序排列成積，叫**編時積**或簡稱 **T 積**（T-product）。在算符積的最前端放上“T”字來操作：

$$T\{\hat{H}_{int.}(t_1)\,\hat{H}_{int.}(t_2)\}=\begin{cases}\hat{H}_{int.}(t_1)\,\hat{H}_{int.}(t_2)\longleftarrow t_1>t_2\\ \hat{H}_{int.}(t_2)\,\hat{H}_{int.}(t_1)\longleftarrow t_2>t_1\end{cases} \qquad (11\text{-}425a)$$

如果是 Bose 粒子的時間算符 $\hat{\phi}_B(t)$，則顛倒算符順序時不必改變符號，但 Fermi 粒子的 $\hat{\phi}_F(t)$ 就必須加上負符號：

$$T\{\hat{\phi}_B(t_1)\hat{\phi}_B(t_2)\}=\begin{cases}\hat{\phi}_B(t_1)\hat{\phi}_B(t_2)\longleftarrow t_1>t_2\\ \hat{\phi}_B(t_2)\hat{\phi}_B(t_1)\longleftarrow t_2>t_1\end{cases} \quad (11\text{-}425b)$$

$$T\{\hat{\phi}_F(t_1)\hat{\phi}_F(t_2)\}=\begin{cases}\hat{\phi}_F(t_1)\hat{\phi}_F(t_2) — t_1>t_2\\ -\hat{\phi}_F(t_2)\hat{\phi}_F(t_1) — t_2>t_1\end{cases} \quad (11\text{-}425c)$$

使用編時積表示（11-423a）式得：

$$\int_{t_0}^{t}dt_1\int_{t_0}^{t_1}dt_2\,\hat{H}_{int.}(t_1)\,\hat{H}_{int.}(t_2)=\frac{1}{2}\Big\{\underbrace{\int_{t_0}^{t}dt_1\int_{t_0}^{t_1}dt_2\,\hat{H}_{int.}(t_1)\,\hat{H}_{int.}(t_2)}_{t_1>t_2}+\underbrace{\int_{t_0}^{t}dt_2\int_{t_0}^{t_2}dt_1\,\hat{H}_{int.}(t_2)\,\hat{H}_{int.}(t_1)}_{t_2>t_1}\Big\}$$

$$=\frac{1}{2}\int_{t_0}^{t}dt_1\int_{t_0}^{t}dt_2\{\Theta(t_1-t_2)\hat{H}_{int.}(t_1)\hat{H}_{int.}(t_2)+\Theta(t_2-t_1)\hat{H}_{int.}(t_2)\hat{H}_{int.}(t_1)\}$$

$$=\frac{1}{2}\int_{t_0}^{t}dt_1\int_{t_0}^{t}dt_2T\{\hat{H}_{int.}(t_1)\hat{H}_{int.}(t_2)\}=\frac{1}{2!}\int_{t_0}^{t}dt_1\int_{t_0}^{t}dt_2\,T\{\hat{H}_{int.}(t_1)\hat{H}_{int.}(t_2)\} \quad (11\text{-}425d)$$

$$T\{\hat{H}_{int.}(t_1)\hat{H}_{int.}(t_2)\hat{H}_{int.}(t_3)\}$$

$$=\hat{H}_{int.}(t_1)\hat{H}_{int.}(t_2)\hat{H}_{int.}(t_3)\Theta(t_1-t_2)\Theta(t_2-t_3)+\hat{H}_{int.}(t_1)\hat{H}_{int.}(t_3)\hat{H}_{int.}(t_2)\Theta(t_1-t_3)\Theta(t_3-t_2) \leftarrow t_1\text{最大}$$

$$+\hat{H}_{int.}(t_2)\hat{H}_{int.}(t_1)\hat{H}_{int.}(t_3)\Theta(t_2-t_1)\Theta(t_1-t_3)+\hat{H}_{int.}(t_2)\hat{H}_{int.}(t_3)\hat{H}_{int.}(t_1)\Theta(t_2-t_3)\Theta(t_3-t_1) \leftarrow t_2\text{最大}$$

$$+\hat{H}_{int.}(t_3)\hat{H}_{int.}(t_1)\hat{H}_{int.}(t_2)\Theta(t_3-t_1)\Theta(t_1-t_2)+\hat{H}_{int.}(t_3)\hat{H}_{int.}(t_2)\hat{H}_{int.}(t_1)\Theta(t_3-t_2)\Theta(t_2-t_1) \leftarrow t_3\text{最大}$$

$=6$ 項 $=3!$項 （11-425e）

其他 $n>3$ 的項依此類推得：

$$\hat{U}(t,t_0)=\sum_{n=0}^{\infty}\frac{1}{n!}\left(-\frac{i}{\hbar}\right)^n\int_{t_0}^{t}dt_1\,dt_2\cdots\cdots dt_nT\{\hat{H}_{int.}(t_1)\,\hat{H}_{int.}(t_2)\cdots\cdots\hat{H}_{int.}(t_n)\} \quad (11\text{-}425f)$$

$\Theta(t-t')$ 是階躍函數（step function）：

$$\Theta(t-t')=\begin{Bmatrix}1\cdots\cdots t>t'\\ 0\cdots\cdots t<t'\end{Bmatrix}=\Bigg(\quad\Bigg) \quad (11\text{-}425g)$$

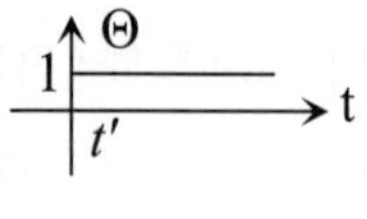

故由（11-424a）式和（11-425f）式得 $\hat{S}$ 算符：

$$\boxed{\hat{S}=\sum_{n=0}^{\infty}\frac{1}{n!}\left(-\frac{i}{\hbar}\right)^n\int_{-\infty}^{\infty}dt_1\,dt_2\cdots\cdots dt_nT\{\hat{H}_{int.}(t_1)\,\hat{H}_{int.}(t_2)\cdots\cdots\hat{H}_{int.}(t_n)\}} \quad (11\text{-}426a)$$

或為了簡便，借用指數函數 $e^x=\sum_{n=0}^{\infty}\frac{1}{n!}x^n$ 來表示（11-426a）式：

$$\hat{S}=T\left\{exp\left[-\frac{i}{\hbar}\int_{-\infty}^{\infty}dt\hat{H}_{int.}(t)\right]\right\} \quad （11\text{-}426b）$$

（11-426a, b）式的$\hat{H}_{int.}(t)$是（11-418c）式的$\hat{H}_{int.I}(t)$，不是 Schrödinger 表象的相互作用Hamiltonian $\hat{H}_{int.}$。直接求散射躍遷矩陣幾乎是不可能，只要相互作用不大，往往採用微擾法（perturbation）；（11-426a）式正是$\hat{S}$算符，方便於微擾演算的展開式。

以上是使用熟悉的量子力學的 Hamiltonian 陳述（formalism）來推導$\hat{S}$算符，但在場論、方便的運動方程是Euler-Lagrange方程（11-402h）式，而不是Hamilton方程（11-403a）式，即用 Lagrangian 陳述。**在相互作用表象的 Lagrangian $\mathcal{L}_{int.I}$和 Hamiltonian $\hat{H}_{int.I}$的關係是：**

$$\boxed{\begin{aligned}\hat{\mathcal{L}}_{int.I}(t)&=-\hat{H}_{int.I}(t)\\&=\int d^3x\,\hat{L}_{int.I}(\boldsymbol{x},t)\end{aligned}} \quad （11\text{-}426c）$$

$$\therefore\ \hat{S}=T\left\{\exp\left[\frac{i}{\hbar c}\int_{-\infty}^{\infty}d^4x\hat{L}_{int.I}(x)\right]\right\} \quad （11\text{-}426d）$$

$\hat{L}_{int.I}(x)=$Lagrangian密度算符，$x=$四向量。$x_0=ct$，因此（11-426d）式右邊才多了光速c。

(iv)躍遷率，微分散射截面

理論和實驗的互動和激盪，才能增進對自然現象的深度瞭解，而得現象內藏的規律，系統結構、變化的機制等的重要物理。從（11-415a）式到（11-426d）式是，如何探討散射現象的理論，其正確性必須由實驗來證明。驗證方法很多，對散射現象的話，最常用的是測散射微分截面積（differential cross section）$d\sigma$。從散射理論，$d\sigma$和躍遷率（transition rate）R成正比，而R是：

$$\begin{aligned}R&\equiv\frac{|i(2\pi\hbar)^4\delta^4(P_f-P_i)\langle f|\hat{T}|i\rangle|^2}{（相互作用的持續時間\ T）（相互作用體積\ V）}=\frac{|i(2\pi\hbar)^4\delta^4(P_f-P_i)T_{fi}|^2}{TV}\\&=(2\pi\hbar)^4\delta^4(P_f-P_i)|T_{fi}|^2\end{aligned} \quad （11\text{-}427a）$$

$$\begin{aligned}\therefore d\sigma&=\frac{R\times（終態的狀態密度\ \rho_f）}{（入射流\ J_{inc.}）（單位時間參與散射的粒子數\ n）}=\frac{R\rho_f}{nJ_{inc.}}\\&=(2\pi\hbar)^4\delta^4(P_f-P_i)|T_{fi}|^2\rho_f/(nJ_{inc.})\end{aligned} \quad （11\text{-}427b）$$

$V=$相互作用時物理系統的空間大小，即體積，相互作用持續的時間T，又叫相互作用時間。如初態和終態的散射粒子，都沒被極化（polarized），則$|T_{fi}|^2$必對初態粒子的自旋取平均，而對終態粒子取和。假定為二體粒子“1”和“2”的散射，S_{i1}和

S_{i2} 分別為初態二粒子的自旋，其終態粒子的自旋為 S_{f1}, S_{f2}，則（11-427b）式的 $|T_{fi}|^2$ 變成：

$$|T_{fi}|^2 \xrightarrow[\text{沒極化時}]{} \frac{1}{(2S_{i1}+1)(2S_{i2}+1)} \sum_{\substack{S_{f1}, S_{f2} \\ S_{i1}, S_{i2}}} |T_{fi}|^2 \tag{11-427c}$$

躍遷矩陣 T_{fi} 可從（11-423c）式和（11-424a）式獲得：

$$\hat{S} = \mathbb{1} - \frac{i}{\hbar}\int_{-\infty}^{\infty} dt' \hat{H}_{int.I}(t')\, \hat{U}(t', -\infty)$$

$$\begin{aligned}
\therefore \langle f|\hat{S}|i\rangle - \langle f|\mathbb{1}|i\rangle &= S_{fi} - \delta_{fi} \\
&= -\frac{i}{\hbar}\int_{-\infty}^{\infty} dt' \langle f|\, \hat{H}_{int.I}(t')\, \hat{U}(t', -\infty)|i\rangle \\
&= -\frac{i}{\hbar}\int_{-\infty}^{\infty} dt' \langle f|\, \hat{H}_{int.I}(t')\, |\tilde{t}\,'\rangle \\
&\xlongequal[\text{(11-421c) 式}]{} -i(2\pi\hbar)^4\delta^4(P_f - P_i)\, \langle f|\hat{T}|i\rangle
\end{aligned}$$

$$\therefore \boxed{\begin{aligned}(2\pi\hbar)^4\delta^4(P_f - P_i)\,\langle f|\hat{T}|i\rangle &\equiv (2\pi\hbar)^4\delta^4(P_f - P_i)\, T_{fi} \\ &= \frac{1}{\hbar}\int_{-\infty}^{\infty} dt' \langle f|\, \hat{H}_{int.I}(t')\, |\tilde{t}\,'\rangle\end{aligned}} \tag{11-427d}$$

（11-427d）式右邊的被積分態 $|\tilde{t}\rangle$，是相互作用中的相互作用表象狀態，它一般幾乎無法獲得，只能作模型演算或近似演算，*QED* 最常用的是疊代近似法。

【Ex. 11-83】 試證 $[(2\pi)^4\delta^4(P_f - P_i)]^2 = VT(2\pi)^4\delta^4(P_f - P_i)$，$V$= 相互作用時的物理系統空間體積，$T$= 相互作用時間。

四動量 $P^\mu = (P_0, \boldsymbol{P}) = (m_0c, \boldsymbol{P}) = (\frac{E}{c}, \boldsymbol{P})$

$$\therefore (2\pi)^4\delta^4(P_f - P_i) = \left[2\pi\delta(E_f/c - E_i/c)\right]\left[(2\pi)^3\delta^3(\boldsymbol{P}_f - \boldsymbol{P}_i)\right]$$

$$\begin{aligned}
2\pi\delta(E_f/c - E_i/c) &= 2\pi\delta\left[\frac{\hbar}{c}(\omega_f - \omega_i)\right] = \frac{c}{\hbar}2\pi\delta(\omega_f - \omega_i) = \frac{c}{\hbar}\int_{-\infty}^{\infty} e^{i(\omega_f-\omega_i)t}dt \\
&= \frac{c}{\hbar}\left\{\int_{-\infty}^{-T/2} e^{i(\omega_f-\omega_i)t}dt + \int_{-T/2}^{T/2} e^{i(\omega_f-\omega_i)t}dt + \int_{T/2}^{\infty} e^{i(\omega_f-\omega_i)t}dt\right\}
\end{aligned}$$

相互作用是在時間 T 內發生，所以積分上下限有效的是從 $(-T/2)$ 到 $(T/2)$，其他領域無貢獻，

$$\begin{aligned}
\therefore 2\pi\delta(E_f/c - E_i/c) &\Rightarrow \frac{c}{\hbar}\int_{-T/2}^{T/2} e^{i(\omega_f-\omega_i)t}dt \equiv \frac{c}{\hbar}\int_{-T/2}^{T/2} e^{i\Delta\omega t}dt, \qquad \Delta\omega \equiv \omega_f - \omega_i \\
&= \frac{c}{\hbar}\frac{e^{i\Delta\omega T/2} - e^{-i\Delta\omega T/2}}{i\Delta\omega} \\
&= \frac{cT}{\hbar}\frac{\sin\xi}{\xi}, \qquad \xi \equiv \frac{\Delta\omega T}{2} = \frac{1}{2}(\omega_f - \omega_i)T
\end{aligned}$$

$$\therefore [2\pi\delta(E_f/c - E_i/c)]^2 = (\frac{c}{\hbar}T)^2 \frac{\sin^2\xi}{\xi^2} = (\frac{c}{\hbar}T)^2 \times$$ 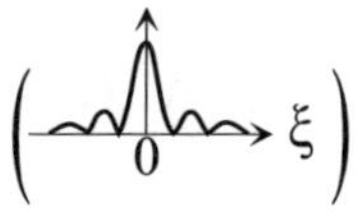 （11-428a）

散射的初始（初態）能 E_i 雖是已知，但終態能 E_f 有好多可能，卻在有限範圍內，範圍外是 0，故加到積分範圍內不礙事，於是（11-428a）式的能量積分可從 $(-\infty)$ 到 $(+\infty)$：

$$\int_{-\infty}^{\infty} (\frac{c}{\hbar}T)^2 \frac{\sin^2\xi}{\xi^2} dP_{0f} = \frac{1}{c}\int_{-\infty}^{\infty} (\frac{c}{\hbar}T)^2 \frac{\sin^2\xi}{\xi^2} dE_f = (\frac{c}{\hbar}T)^2 \frac{1}{c}\frac{2\hbar}{T}\int_{-\infty}^{\infty} \frac{\sin^2\xi}{\xi^2} d\xi$$
$$= (\frac{c}{\hbar}T)^2 \frac{\hbar}{Tc} 2\pi = 2\pi \frac{Tc}{\hbar} \qquad (11\text{-}428b)$$

（11-428b）式表示，（11-428a）式右邊圖形乘 $(cT/\hbar)^2$ 的面積 $= 2\pi Tc/\hbar$，另一面 $2\pi\delta(P_{0f} - P_{0i})$ 是：

$$2\pi\delta(P_{0f} - P_{0i}) = \frac{c}{\hbar} 2\pi\delta(\omega_f - \omega_i) = \frac{c}{\hbar}\int_{-\infty}^{\infty} e^{i(\omega_f - \omega_i)t} dt$$
$$\xrightarrow{\omega_f = \omega_i} \frac{c}{\hbar}\int_{-T/2}^{T/2} dt = \frac{c}{\hbar}T = 2\pi\delta(P_{0f} = P_{0i}) = 2\pi\delta(0) \qquad (11\text{-}428c)$$

故從（11-428a）式～（11-428c）式得：

$$[2\pi\delta(E_f/c - E_i/c)]^2 = [2\pi\delta(P_{0f} - P_{0i})]^2 = [2\pi\delta(0)][2\pi\delta(P_{0f} - P_{0i})]$$
$$= T[2\pi\delta(P_{0f} - P_{0i})] \qquad (11\text{-}428d)$$

對空間部分，設整個散射在邊長 L 的立方體內進行，L 雖線度有限，但在正方體外無任何貢獻，故可視 $\pm L/2 \longrightarrow \pm\infty$ 以滿足 δ 函數的積分上下限要求：

$$(2\pi)^3\delta^3(\boldsymbol{P}_f - \boldsymbol{P}_i) = [2\pi\delta(P_{xf} - P_{xi})][2\pi\delta(P_{yf} - P_{yi})][2\pi\delta(P_{zf} - P_{zi})]$$
$$2\pi\delta(P_{xf} - P_{xi}) = 2\pi\delta[\hbar(k_{xf} - k_{xi})] = \frac{1}{\hbar}\{2\pi\delta(k_{xf} - k_{xi})\}$$
$$= \frac{1}{\hbar}\int_{-\infty}^{\infty} e^{i(k_{xf} - k_{xi})x} dx \equiv \frac{1}{\hbar}\int_{-\infty}^{\infty} e^{i\Delta k_x x} dx, \quad \Delta k_x \equiv k_{xf} - k_{xi}$$
$$= \lim_{L\to\infty}\left\{\frac{1}{\hbar}\int_{-L/2}^{L/2} e^{i\Delta k_x x} dx\right\}$$

$$\therefore 2\pi\delta(P_{xf} - P_{xi}) \Longrightarrow \frac{L}{\hbar}\frac{\mathrm{Sin}\Delta k_x L/2}{\Delta k_x L/2}$$

同（11-428a～d）式的演算方法得：

$$[(2\pi)^3\delta^3(\boldsymbol{P}_f-\boldsymbol{P}_i)]^2=L^3(2\pi)^3\delta^3(\boldsymbol{P}_f-\boldsymbol{P}_i)\equiv V(2\pi)^3\delta^3(\boldsymbol{P}_f-\boldsymbol{P}_i) \quad (11\text{-}428e)$$

$$\therefore \boxed{\{[(2\pi)^4\delta^4(P_f-P_i)]^2=TV(2\pi)^4\delta^4(P_f-P_i)\}} \quad (11\text{-}428f)$$

上式是在（11-427a）式所用的δ函數式。

(3)簡述場的量子化

這一小節完全從物理來推演，不作嚴謹的數學推導。在後註(18)簡述了場，和以 Schrödinger 場$\psi(\boldsymbol{x},t)$為例，說明了場的量子化，但沒推導場算符的對易關係。場的量子化，把它說成：「找場算符的對易關係」，大概不會過言或過度簡化內容。從基本假設（postulates）的二象性（duality），物理系統的狀態函數該滿足的疊加原理和能量守恆，獲得量子力學的運動方程式，以及動力學量的對易關係（看第十章）。這關係就是從經典力學轉為量子力學時，動力學量算符該滿足的關係，稱為量子化或第一量子化。所以在場論，**如何設定場算符的對易關係是關鍵工作**，是和量子力學一樣地要從物理切入。場的初步觀念來自 19 世紀的電磁場，它是滿足波動方程式的物理量，如電場$\boldsymbol{E}(\boldsymbol{x},t)$和磁場$\boldsymbol{B}(\boldsymbol{x},t)$。1905 年Einstein，把電磁場看成「光子」，是電磁場的另一粒子態面貌，帶來電磁場有「波動」和「粒子」的二象性。電磁場同時滿足狹義相對論，所以場該滿足下列兩內容：

(1)內涵二象性的量子力學，
(2)狹義相對性理論， （11-429a）

於是運動方程該是時間空間對等的相對論運動方程。例如（11-398e）式的Dirac方程，有$E\gtrless 0$之解（看附錄I），而得電子和正電子，即得粒子和反粒子。同樣地，另一有電磁場的相對論運動方程，Klein-Gordon（11-404a）式，是把$i\hbar\partial_\mu\rightarrow i\hbar D_\mu$便得：

$$(11\text{-}404a)\text{式}=\{(i\hbar\partial_\mu)(i\hbar\partial^\mu)-(m_0c)^2\}\psi(\boldsymbol{x},t)=0$$

$$\xrightarrow[(11\text{-}410c)\text{式}]{}\{(i\hbar D_\mu)(i\hbar D^\mu)-(m_0c)^2\}\psi(\boldsymbol{x},t)=0$$

即：

$$\{(i\hbar\partial_\mu-qA_\mu(x))(i\hbar\partial^\mu-qA^\mu(x))-(m_0c)^2\}\psi(\boldsymbol{x},t)$$

$$\xlongequal[(11\text{-}398b,c)\text{式}]{}\left\{\left[\left(i\hbar\frac{\partial}{c\partial t}-q\frac{\phi(x)}{c}\right)+(i\hbar\vec{\nabla}+q\boldsymbol{A}(x))\right]\left[\left(i\hbar\frac{\partial}{c\partial t}-q\frac{\phi(x)}{c}\right)-(i\hbar\vec{\nabla}+q\boldsymbol{A}(x))\right]-(m_0c)^2\right\}\psi(x)$$

則其能量本徵方程式是 $i\hbar\frac{\partial}{\partial t}\psi(x)=E\psi(x)$：

$$\left\{\left[\frac{E}{c}-q\frac{\phi(x)}{c}\right]^2-\left[i\hbar\overrightarrow{\nabla}+q\boldsymbol{A}(x)\right]^2-(m_0c)^2\right\}\psi(E,q)=0 \qquad \text{(11-429b)}$$

把（11-429b）式的 $\psi(\boldsymbol{x},t)$ 寫成 $\psi(E,q)$ 是為了，顯現（11-429b）式是，靜止質量 m_0，帶電荷 q 的粒子能量本徵方程。現將 $E\to-E$，$q\to-q$ 後取（11-429b）式的共軛，這時別忘了**電磁場是實量**，而 ψ 是波函數，不是算符，於是得：

$$\left\{\left(-\frac{E}{c}+q\frac{\phi}{c}\right)^2-(-i\hbar\overrightarrow{\nabla}-q\boldsymbol{A})^2-(m_0c)^2\right\}\psi^*(-E,-q)=0$$

或 $$\left\{\left(\frac{E}{c}-q\frac{\phi}{c}\right)^2-(i\hbar\overrightarrow{\nabla}+q\boldsymbol{A})^2-(m_0c)^2\right\}\psi^c(E,q)=0 \qquad \text{(11-429c)}$$

$\psi^c(E,q)\equiv\psi^*(-E,-q)$，即 $\psi^c(E,q)$ 是能量 $=+E$，電荷 q 的 Klein-Gordon 方程。（11-429c）式和（11-429b）式完全同形式的，能量 E 電荷 q 的 Klein-Gordon 方程，即：

$$\left.\begin{array}{l} E\longrightarrow -E \\ q\longrightarrow -q \\ \psi\longrightarrow\psi^* \end{array}\right\}\text{Klein-Gordon 方程不變} \qquad \text{(11-429d)}$$

這（11-429c）式和（11-429d）式明示著：

$$\begin{pmatrix}\text{相對論方程的負能量解，}\\ \text{是帶相反電荷的正能量解。}\end{pmatrix} \qquad \text{(11-429e)}$$

ψ^c **稱為 ψ 的電荷共軛態**（charge conjugation state）。**相對論不變性（relativistic invariance）自然地帶來了粒子 (E,q) 和反粒子 $(E,-q)$ 的存在**，換句話，**相對論運動方程是多體運動方程**。那麼如何將這多體性讓 $\psi(\boldsymbol{x},t)$ 具體地顯露出來呢？$\psi(\boldsymbol{x},t)$ 分佈在整個時空間，各時空點 $(\boldsymbol{x},t)$ 都有粒子甚至於反粒子存在的概率，相反地，也有粒子或反粒子湮沒的概率，怎麼辦？讀者可能想到了：「創造算符，令它們在 $(\boldsymbol{x},t)$ 能產生或湮沒粒子反粒子」。確實如此，你約早 70 年誕生就完美了，這工作在 1932 年被推導出有名的 Hartree-Fock 方程的 V. Fock 開發出來了。既然要的是「算符」，就朝著這方向思考。從量子力學的波動方程所得的波函數 $\psi(\boldsymbol{x},t)$，**它不是算符，不過它確實給出在 $(\boldsymbol{x},t)$ 的概率幅（probability amplitude）。另一靈感來自量子力學的二象性（duality）：「場有粒子面和波動面！」**。棒！找到切入點了！即令：

$$\psi(\boldsymbol{x},t) \longrightarrow \text{算符}\ \hat{\psi}(\boldsymbol{x},t) = \begin{pmatrix} \text{含有在}(\boldsymbol{x},t)\text{產生粒子的算符} \equiv a^{+} \\ \text{也含在}(\boldsymbol{x},t)\text{湮沒粒子的算符} \equiv a \end{pmatrix} \qquad (11\text{-}430)$$

$\psi(\boldsymbol{x},t)$是運動方程式的解，可用完全（完備）正交歸一化（complete orthonormalized）的平面波來展開，這在力學上稱為**正規模或標準模或簡正模**（normal mode）展開，即用**互為獨立，互不相干的運動模展開**。平面波$e^{\pm iP\cdot x/\hbar}=e^{\pm ik\cdot x}=e^{\pm i(k_0x_0-\boldsymbol{k}\cdot\boldsymbol{x})}$表示處處同一概率的波動是最好的正規模，而表示粒子性的產生和湮沒的算符a^{+}和a，到底要和$e^{\pm ik\cdot x}$的那一個搭配呢？從物理來決定就是了，不是嗎？至於$\psi(\boldsymbol{x},t)$和$\hat{\psi}(\boldsymbol{x},t)$的關係如何呢？讓我們一起來一個一個地解決這些問題。

(i) $\phi(x,t)$和$\hat{\phi}(x,t)$之差

為了容易瞭解且方便，使用標量場（scalar field），它是經任意平移（translation）或轉動（rotation）：$x^{\mu}\to x'^{\mu}=(\Lambda^{\mu}_{\nu}x^{\nu}+a^{\mu})$都不變的場。即：

$$\phi'(x')=\phi(x),\quad x=\text{四向量} \qquad (11\text{-}431a)$$

自由 Klein-Gordon 方程式，（11-404a）式正是這種場：

$$\left[\Box+\left(\frac{m_0c}{\hbar}\right)^2\right]\phi(x)=0 \xrightarrow[x^{\mu}\to x'^{\mu}]{} \left[\Box'+\left(\frac{m_0c}{\hbar}\right)^2\right]\phi'(x')=0 \qquad (11\text{-}431b)$$

其解是平面波$e^{\pm ik\cdot x}$，$k\cdot x=(\omega t-\boldsymbol{k}\cdot\boldsymbol{x})$。場的自由度是無限多，故一般解是：

$$\phi(x)=\int d^3kN(\boldsymbol{k})\left[u_{+}(\boldsymbol{k})\,e^{ik\cdot x}+u_{-}(\boldsymbol{k})\,e^{-ik\cdot x}\right] \qquad (1\text{-}431c)$$

$N(\boldsymbol{k})$是各正規模的正交歸一化常數（orthonormalization constant），展開係數$u_{\pm}(\boldsymbol{k})$的右下標是對應平面波指數的正或負，同時$u_{\pm}$規範$e^{\pm ik\cdot x}$扮演的角色，其功能將會逐漸地瞭解。$k^{\mu}=(k_0,\boldsymbol{k})$，動量$\boldsymbol{P}=\hbar\boldsymbol{k}$，則由（11-398a）式及$E=\hbar\omega$，$\omega=$角頻率得：

$$\left.\begin{aligned} &k_0=\pm\sqrt{\boldsymbol{k}^2+(m_0c/\hbar)^2} \longleftarrow \text{取正號，因角頻率}\ \omega\ \text{只有正值} \\ &\omega=ck_0=\sqrt{(c\boldsymbol{k})^2+(m_0c^2/\hbar)^2} \end{aligned}\right\} \qquad (11\text{-}431d)$$

ω, k_0和$|\boldsymbol{k}|$的因次（量綱）分別為$[\omega]=1/$時間$=1/s$，$[k_0]=[|\boldsymbol{k}|]=1/$長度$=1/\text{m}$（公尺）。

靜電場$\boldsymbol{E}(\boldsymbol{x})$不會產生磁場$\boldsymbol{B}(\boldsymbol{x})$或$\boldsymbol{B}(\boldsymbol{x},t)$，同樣靜磁場$\boldsymbol{B}(\boldsymbol{x})$不會有電場$\boldsymbol{E}(\boldsymbol{x})$或$\boldsymbol{E}(\boldsymbol{x},t)$，所以不可能產生時空間同時存在的電磁波，就沒光子。從這個思路，可假設沒粒子的狀態為基態（ground state），設為$|0\rangle$，令它產生帶動量$\boldsymbol{P}=\hbar\boldsymbol{k}$的粒

子狀態為$|\boldsymbol{k}\rangle$：

$$\left.\begin{array}{r} |\boldsymbol{k}\rangle \equiv a^+(\boldsymbol{k})|0\rangle \\ 或\ \langle \boldsymbol{k}| \equiv \langle 0|a(\boldsymbol{k}) \end{array}\right\} \tag{11-432a}$$

那麼為什麼$a^+(\boldsymbol{k})$或$a(\boldsymbol{k})$不含時間呢？因為$|\boldsymbol{k}\rangle$可以在任意時間發生，故不能給它時間。從二象性來的測不準原理，$a^+(\boldsymbol{k})$或$a(\boldsymbol{k})$也不該帶時間，因時間t是和能量E共進出的量，而$|\boldsymbol{k}\rangle$狀態可以有任意能量（正規模平面波的動量$\boldsymbol{P}$和能量E是確定量（看十章V(A)(1)）），顯然$a^+(\boldsymbol{k})$或$a(\boldsymbol{k})$不該牽連時間t。相反地湮沒一個動量$\hbar\boldsymbol{k}$的狀態$|\boldsymbol{k}\rangle$，變成沒粒子的狀態$|0\rangle$是：

$$\left.\begin{array}{r} a(\boldsymbol{k})|\boldsymbol{k}\rangle = |0\rangle \\ 或\ \langle \boldsymbol{k}|a^+(\boldsymbol{k}) = \langle 0| \end{array}\right\} \tag{11-432b}$$

$$\therefore \left\{\begin{array}{l} a(\boldsymbol{k})|0\rangle = 0 \\ \langle 0|a^+(\boldsymbol{k}) = 0 \end{array}\right\} \tag{11-432c}$$

（11-432c）式可看成什麼都沒有的基態或真空（vacuum）態$|0\rangle$的定義，而稱$a^+(\boldsymbol{k})$和$a(\boldsymbol{k})$分別為**產生**（creation）和**湮沒**（annihilation）算符，以$a^+(\boldsymbol{k})$和$a(\boldsymbol{k})$為表象（representation看後註(18)）的基態$|0\rangle$稱為**真空**。如各粒子間無相互作用，則各粒子各帶自己的能量$E=\hbar\omega(|\boldsymbol{k}|)$自由自在地運動，其行為是平面波：

$$e^{\pm ik\cdot x} = e^{\pm i(\omega t - \boldsymbol{k}\cdot\boldsymbol{x})}$$

那麼$a^+(\boldsymbol{k})$和$a(\boldsymbol{k})$各要和$e^{\pm ik\cdot x}$的那一個搭配呢？物理是導航：

(1)物理系統的某狀態$|i\rangle$，不會無緣無故地產生或湮沒粒子，必有相互作用$\hat{H}_{int.}$（系統內部引起的，或外來都可以）介入：

(2)如$|i\rangle$經$\hat{H}_{int.}$吸收了能量$E=\hbar\omega$，則系統必從$|i\rangle$躍遷到高能量的(E_i+E)的狀態$|f\rangle$，倒過來如能量E_i的狀態$|i\rangle$經$\hat{H}_{int.}$放出了能量$E=\hbar\omega$，則系統必從$|i\rangle$躍遷到低能量的(E_i-E)的狀態$|f\rangle$，則由系統的能量本徵值（參考(10-39h)式）得：

$$\langle f|\,\hat{H}_{int.}\,|i\rangle \xrightarrow[\text{能量}]{\text{吸收}} e^{iE_ft/\hbar}\,e^{-iEt/\hbar}\,e^{-iE_it/\hbar} \Longrightarrow \delta[E_f-(\hbar\omega+E_i)] \tag{11-432d}$$

$$\langle f|\,\hat{H}_{int.}\,|i\rangle \xrightarrow[\text{能量}]{\text{放出}} e^{iE_ft/\hbar}\,e^{iEt/\hbar}\,e^{-iE_it/\hbar} \Longrightarrow \delta[E_f-(E_i-\hbar\omega)] \tag{11-432e}$$

E_i 和 E_f 分別為初態和終態的物理系統總能量，所以由（11-432d）式和（11-432e）式得：

$$\left.\begin{array}{l} e^{-ik\cdot x}\text{必須和湮沒算符 } a(\boldsymbol{k})\text{ 搭配} \Rightarrow a(\boldsymbol{k})\, e^{-ik\cdot x} \\ e^{+ik\cdot x}\text{必須和產生算符 } a^{+}(\boldsymbol{k})\text{ 搭配} \Rightarrow a^{+}(\boldsymbol{k})\, e^{ik\cdot x} \end{array}\right\} \qquad (11\text{-}432\text{f})$$

這樣一來，（11-431c）式的 $\phi(x)$ 便關連到算符了，即 $\phi(x) \to$ 算符 $\hat{\phi}(x)$，且 $\hat{\phi}(x)$ 可以表示成：

$$\boxed{\hat{\phi}(x) = \int d^3kN(\boldsymbol{k})\,[a^{+}(\boldsymbol{k})\, e^{ik\cdot x} + a(\boldsymbol{k})\, e^{-ik\cdot x}]} \qquad (11\text{-}433\text{a})$$

扮演規範 $e^{\pm ik\cdot x}$ 的 $u_{+}(\boldsymbol{k}) \to (Ia^{+}(\boldsymbol{k}) = a^{+}(\boldsymbol{k}))$，$u_{-}(\boldsymbol{k}) \to (Ia(\boldsymbol{k}) = a(\boldsymbol{k}))$， $a^{+}(\boldsymbol{k})$ 和 $a(\boldsymbol{k})$ 前的大小“I”表示產生和湮沒無內部結構的點狀粒子。如產生或湮沒的粒子有結構，例如電子，則：

$$u_{+}(\boldsymbol{k}) \longrightarrow v(|\boldsymbol{k}|, s)\, d^{+}(|\boldsymbol{k}|, s)$$
$$u_{-}(\boldsymbol{k}) \longrightarrow u(|\boldsymbol{k}|, s)\, b(|\boldsymbol{k}|, s)$$

$u(|\boldsymbol{k}|, s)$ 和 $v(|\boldsymbol{k}|, s)$ 分別表示，自旋 $s = \dfrac{1}{2}$ 的 Fermi 子為非點狀粒子的函數，叫**旋量**（spinors）。而 $b^{+}(|\boldsymbol{k}|, s)$、$b(|\boldsymbol{k}|, s)$ 和 $d^{+}(|\boldsymbol{k}|, s)$、$d(|\boldsymbol{k}|, s)$ 分別為 Fermi 子和反 Fermi 子的產生和湮沒算符。

算符要作用到物理狀態才有物理意義，（11-433a）式的 $\hat{\phi}(x)$ 能產生或湮沒一個動量 $\hbar\boldsymbol{k}$ 的自由狀態粒子，現來看看 $\hat{\phi}(x)$ 算符是否真的有這種功能。求 $\hat{\phi}(x)$ 的如下振幅：

$$\langle 0|\hat{\phi}(x)|\boldsymbol{k}'\rangle = \langle 0|\int d^3kN(\boldsymbol{k})\,[a^{+}(\boldsymbol{k})\, e^{ik\cdot x} + a(\boldsymbol{k})\, e^{-ik\cdot x}]\, a^{+}(\boldsymbol{k}')|0\rangle$$

由（11-432a）式和（11-432c）式分別得 $\langle 0|a(\boldsymbol{k})\, a^{+}(\boldsymbol{k}')|0\rangle = \langle \boldsymbol{k}|\boldsymbol{k}'\rangle = \delta^3(\boldsymbol{k} - \boldsymbol{k}')$，$\langle 0|a^{+}(\boldsymbol{k})\, a^{+}(\boldsymbol{k}')|0\rangle = 0$

$$\begin{aligned} \therefore \langle 0|\hat{\phi}(x)|\boldsymbol{k}'\rangle &= \int d^3kN(\boldsymbol{k})\, e^{-ik\cdot x}\delta^3(\boldsymbol{k} - \boldsymbol{k}') \\ &= \int d^3kN(\boldsymbol{k})\, e^{i\boldsymbol{k}\cdot\boldsymbol{x}}\delta^3(\boldsymbol{k} - \boldsymbol{k}')\, e^{-ik_0x_0} \\ &= N(\boldsymbol{k}')\, e^{i\boldsymbol{k}'\cdot\boldsymbol{x}}\, e^{-ik_0x_0} \end{aligned}$$

$k_0 = \sqrt{\boldsymbol{k}'^2 + (m_0c/\hbar)^2} = k_0{}'$，並且使用了 $\langle \boldsymbol{k}|\boldsymbol{k}'\rangle = \delta^3(\boldsymbol{k} - \boldsymbol{k}')$

$$\therefore \langle 0|\hat{\phi}(x)|\boldsymbol{k}'\rangle = N(\boldsymbol{k}')\, e^{ik'\cdot x} = \text{一體的自由波函數} \qquad (11\text{-}433\text{b})$$

確實獲得自由狀態平面波，證明我們從物理推想出來的（11-433a）式是合乎物理要求。從推導（11-433b）式獲得：任意場算符 $\hat{\Phi}(x)$ 所對應的波函數 $\Phi(x)$，可以定義如下：

$$\boxed{\text{波函數}\ \Phi(x) \equiv \langle F|\hat{\Phi}(x)|F\rangle} \qquad (11\text{-}433c)$$

$|F\rangle$ = 物理系統的任意狀態，這樣一來，（11-402e）～（11-402i）式的 $\phi_\alpha(x)$ 變成場算符，則從（11-404d）式得 Klein-Gordon 方程的場算符 $\hat{\phi}$ 的 Lagrangian 密度算符 $\hat{L}$ 是：

$$\hat{L} = c^2\left\{\frac{1}{2}(\partial_\mu\hat{\phi})(\partial^\mu\hat{\phi}) - \frac{1}{2}(m_0c/\hbar)^2\hat{\phi}^2\right\} \qquad (11\text{-}433d)$$

（11-433d）式和（11-404d）式差一個 c^2，這是為了能獲得類似經典力學的動量大小 P 和速率 $\dot{x}$ 的關係（11-402j）式的，場動量 $\hat{\pi}(\boldsymbol{x},t)$ 和 $\dot{\hat{\phi}}$ 的（11-434c）式的關係放進去的量。$a^+(\boldsymbol{k})$、$a(\boldsymbol{k})$ 和 $e^{\pm ik\cdot x}$ 的搭配，以及 $\phi(x)$ 和 $\hat{\phi}(x)$ 的關係問題，大約解決了，剩下的工作是求（11-433a）式的正交歸一化常數 $N(\boldsymbol{k})$。

(ii) $a^+(\boldsymbol{k})$ 和 $a(\boldsymbol{k})$ 的對易關係[53)]

從（11-433a）式得 $a^+(\boldsymbol{k})$ 和 $a(\boldsymbol{k})$ 和 $\hat{\phi}(x)$ 有關，而 $\hat{\phi}(x)$ 和正交歸一化常數 $N(\boldsymbol{k})$ 有關，於是 $a^+(\boldsymbol{k})$ 和 $a(\boldsymbol{k})$ 的對易量必和 $N(\boldsymbol{k})$ 的取法有關。依科研者的嗜好有不同的取法，在這裡使用的是，Bjorken-Drell 教課書（後註(53)）的波函數歸一化方法。無論是經典力學運動方程，量子力學運動方程或場方程，全來自 Hamiltonian 原理的（11-402b）式或（11-402h）式。（Ex. 11-76）是經典力學例子，（Ex. 11-78）是量子力學例子，其（11-404a）式等於做如下操作得來的式子，即直接量子化物理系統的總能 $E^2 = [c^2\boldsymbol{P}^2 + (m_0c^2)^2]$：

$$[E^2 - c^2\boldsymbol{P}^2 - (m_0c^2)^2] \xrightarrow[\text{量子化}]{} \left[\left(+i\hbar\frac{\partial}{\partial t}\right)^2 - c^2(-i\hbar\nabla)^2 - (m_0c^2)^2\right]$$

$$\therefore\left[\frac{1}{c^2}\frac{\partial^2}{\partial t^2} - \nabla^2 + \left(\frac{m_0c}{\hbar}\right)^2\right]\phi(\boldsymbol{x},t) = 0$$

而量子化是：

$$\left.\begin{aligned}&[\hat{x}_i, \hat{x}_j] = 0\\&[\hat{P}_i, \hat{P}_j] = 0\\&[\hat{x}_i, \hat{P}_j] = i\hbar\delta_{ij}\end{aligned}\right\}\cdots\cdots\text{非連續量時} \qquad (11\text{-}434a)$$

同樣地，在連續的量子力學波函數$\phi(\boldsymbol{x},t)$轉移到場算符$\hat{\phi}(\boldsymbol{x},t)$，對應於（11-434a）式有如下，**同時刻的對易關係**：

$$\left.\boxed{\begin{array}{l}[\hat{\phi}(\boldsymbol{x},t),\hat{\phi}(\boldsymbol{x}',t)]=0\\ [\hat{\pi}(\boldsymbol{x},t),\hat{\pi}(\boldsymbol{x}',t)]=0\\ [\hat{\phi}(\boldsymbol{x},t),\hat{\pi}(\boldsymbol{x}',t)]=i\hbar\delta^3(\boldsymbol{x}-\boldsymbol{x}')\end{array}}\right\}\cdots\cdots\text{連續量時} \qquad (11\text{-}434b)$$

相當於多體系統，各粒子的動力學算符$\hat{x}_i(t)$和$\hat{P}_i(t)$，$i=$第i號粒子，當i多到成為連續量，則i號粒子可用時空間$(\boldsymbol{x},t)$來表示，故位置和動量算符變成：

$$\hat{x}_i(t)\longrightarrow\hat{\phi}(\boldsymbol{x},t)$$
$$\hat{P}_i(t)\longrightarrow\hat{\pi}(\boldsymbol{x},t)$$

由（11-402i）式和（11-433d）式得$\hat{\phi}(\boldsymbol{x},t)$的共軛（conjugate）動量算符$\hat{\pi}(\boldsymbol{x},t)$：

$$\hat{\pi}(\boldsymbol{x},t)=\frac{\partial\hat{L}}{\partial(\partial\hat{\phi}(\boldsymbol{x},t)/\partial t)}=\frac{\partial\hat{\phi}(\boldsymbol{x},t)}{\partial t}=\dot{\hat{\phi}}(\boldsymbol{x},t) \qquad (11\text{-}434c)$$

有了（11-433a）式的$\hat{\phi}(\boldsymbol{x},t)$，（11-434c）式的$\hat{\pi}(\boldsymbol{x},t)=\partial\hat{\phi}(\boldsymbol{x},t)/\partial t$和（11-434b）式，就能求出$a(\boldsymbol{k})$和$a^+(\boldsymbol{k})$的對易關係。重寫（11-433a）式：

$$\hat{\phi}(x)\equiv\int d^3k\left[a(\boldsymbol{k})f_{\boldsymbol{k}}(x)+a^+(\boldsymbol{k})f_{\boldsymbol{k}}^*(x)\right] \qquad (11\text{-}434d)$$

$$\begin{cases}f_{\boldsymbol{k}}(x)\equiv N(\boldsymbol{k})e^{-ik\cdot x}\\ f_{\boldsymbol{k}}^*(x)=N(\boldsymbol{k})e^{ik\cdot x}\end{cases}$$

從（11-434d）式的左邊作用$[\square+(m_0c/\hbar)^2]$得：

$$[\square+(m_0c/\hbar)^2]f_{\boldsymbol{k}}(x)=0$$
$$[\square+(m_0c/\hbar)^2]f_{\boldsymbol{k}}^*(x)=0 \qquad (11\text{-}434e)$$

即$f_{\boldsymbol{k}}(x)$，$f_{\boldsymbol{k}}^*(x)$各為 Klein-Gordon 方程之解。使用作 Fourier 分析時常用的方法：

$$a(t)\overleftrightarrow{\partial}_t b(t)=a(t)\left[\frac{\partial b(t)}{\partial t}\right]-\left[\frac{\partial a(t)}{\partial t}\right]b(t) \qquad (11\text{-}435)$$

$$\begin{aligned}\therefore\int d^3x f_{\boldsymbol{k}}^*(x)(i\overleftrightarrow{\partial}_t)f_{\boldsymbol{k}'}(x)&=N(\boldsymbol{k})N(\boldsymbol{k}')\int d^3x e^{ik\cdot x}(i\overleftrightarrow{\partial}_t)e^{-ik'\cdot x}\\ &=N(\boldsymbol{k})N(\boldsymbol{k}')\int d^3x\left\{e^{ik\cdot x}\left[i\frac{\partial}{\partial t}e^{-i\omega' t+i\boldsymbol{k}'\cdot\boldsymbol{x}}\right]-\left[i\frac{\partial}{\partial t}e^{i\omega t-i\boldsymbol{k}\cdot\boldsymbol{x}}\right]e^{-ik'\cdot x}\right\}\\ &=N(\boldsymbol{k})N(\boldsymbol{k}')\int d^3x\{e^{ik\cdot x}(\omega'+\omega)e^{-ik'\cdot x}\}\\ &=N(\boldsymbol{k})N(\boldsymbol{k}')(\omega'+\omega)e^{-i(\omega'-\omega)t}\int d^3x e^{i(\boldsymbol{k}'-\boldsymbol{k})\cdot\boldsymbol{x}'}\end{aligned}$$

$$=[N(\boldsymbol{k})]^2(\omega'+\omega)\,e^{-i(\omega'-\omega)t}(2\pi)^3\,\delta^3(\boldsymbol{k}'-\boldsymbol{k})$$

由（11-431d）式，當$|\boldsymbol{k}'|=|\boldsymbol{k}|$時$\omega'=\omega$

$$\therefore\int d^3x f_{\boldsymbol{k}}^*(x)\,(i\overleftrightarrow{\partial_t})f_{\boldsymbol{k}'}(x)=\{2\hbar\omega\,[N(\boldsymbol{k})]^2\,(2\pi)^3\,\delta^3(\boldsymbol{k}'-\boldsymbol{k})\}/\hbar$$

取： $N(k)\equiv 1/\sqrt{2\hbar\omega\,(2\pi)^3}=1/\sqrt{2\varepsilon\,(2\pi)^3}$ （11-436a）

ω=角頻率，它是正值量，故能量$\hbar\omega=\varepsilon>0$，把$\omega$改寫成$\varepsilon$是有用意的，因為負能量解，正如在（11-429a）式到（11-429e）式討論過的，是帶正能量的反粒子，同時$\varepsilon>0$和$\boldsymbol{k}$=正或負無關，不會妨礙δ函數$\delta^3(\boldsymbol{k}'-\boldsymbol{k})$的功能。

$$\therefore\int d^3x f_{\boldsymbol{k}}^*(x)\,(i\overleftrightarrow{\partial_t})f_{\boldsymbol{k}'}(x)=\frac{1}{\hbar}\,\delta^3(\boldsymbol{k}'-\boldsymbol{k}) \qquad (11\text{-}436b)$$

$$\therefore f(\boldsymbol{k})=\frac{1}{\sqrt{2\varepsilon\,(2\pi)^3}}\,e^{-ik\cdot x} \qquad (11\text{-}436c)$$

（11-436b）式右邊的結果，來自取（11-436a）式的正交歸一化常數$N(\boldsymbol{k})$，這樣才能得$[a(\boldsymbol{k}'),a^+(\boldsymbol{k})]=\delta^3(\boldsymbol{k}'-\boldsymbol{k})$。場算符$\hat{\phi}(x)$的正交歸一化常數，等效於波函數$\phi(x)$的正交歸一化常數。（11-434e）式不是 Klein-Gordon 方程嗎？$f_{\boldsymbol{k}}(x)$不也是 Klein-Gordon方程的解嗎？所以波函數的正交歸一化常數的取法，會影響$a(\boldsymbol{k})$和$a^+(\boldsymbol{k})$的對易子（commutator）值。同樣地計算：

$$\int d^3x f_{\boldsymbol{k}}^*(x)\,(i\overleftrightarrow{\partial_t})f_{\boldsymbol{k}'}^*(x)=N(\boldsymbol{k})N(\boldsymbol{k}')\int d^3x e^{ik\cdot x}\,(i\overleftrightarrow{\partial_t})\,e^{ik'\cdot x}$$
$$=N(\boldsymbol{k})N(\boldsymbol{k}')\int d^3x\{e^{ik\cdot x}\,(\omega-\omega')\,e^{ik'\cdot x}\}$$
$$=N(\boldsymbol{k})N(\boldsymbol{k}')\,(\omega-\omega')\,e^{i(\omega'+\omega)t}\int d^3x e^{-i(\boldsymbol{k}'+\boldsymbol{k})\cdot x}$$
$$=N(\boldsymbol{k})N(\boldsymbol{k}')\,(\omega-\omega')\,e^{i(\omega'+\omega)t}(2\pi)^3\,\delta^3(\boldsymbol{k}'+\boldsymbol{k})$$
$$=0 \quad \longleftarrow \because |\boldsymbol{k}'|=|\boldsymbol{k}|\text{時}\ \omega'=\omega，|\boldsymbol{k}'|\neq|\boldsymbol{k}|\text{時}\ \delta^3(\boldsymbol{k}'+\boldsymbol{k})=0$$

同樣得：

$$\int d^3x f_{\boldsymbol{k}}(x)\,(i\overleftrightarrow{\partial_t})f_{\boldsymbol{k}'}(x)=N(\boldsymbol{k})N(\boldsymbol{k}')\,(\omega'-\omega)\,e^{-i(\omega'+\omega)t}(2\pi)^3\,\delta^3(\boldsymbol{k}'+\boldsymbol{k})=0$$

$$\therefore\begin{cases}\int d^3x f_{\boldsymbol{k}}^*(x)\,\overleftrightarrow{(i\partial_t)}f_{\boldsymbol{k}'}^*(x)=0\\ \int d^3x f_{\boldsymbol{k}}(x)\,\overleftrightarrow{(i\partial_t)}f_{\boldsymbol{k}'}(x)=0\end{cases} \qquad (11\text{-}436d)$$

（11-436b）式和（11-436d）式是$f_{\boldsymbol{k}}(x)$和$f_{\boldsymbol{k}}^*(x)$的正交（orthogonality）條件。

$$\therefore \int d^3x f_{\boldsymbol{k}}^*(x)(i\overleftrightarrow{\partial_t})\phi(x) = \int d^3k' \int d^3x f_{\boldsymbol{k}}^*(x)(i\overleftrightarrow{\partial_t})a(\boldsymbol{k}')f_{\boldsymbol{k}'}(x)$$
$$= \int d^3k' a(\boldsymbol{k}')\delta^3(\boldsymbol{k}'-\boldsymbol{k}) / \hbar = \frac{1}{\hbar}a(\boldsymbol{k}) \qquad (11\text{-}436e)$$

取（11-436e）式的 Hermitian 共軛得：

$$\frac{1}{\hbar}a^+(\boldsymbol{k}) = \int d^3x f_{\boldsymbol{k}}(x)(\overleftrightarrow{-i\partial_t})\hat{\phi}^+(x) = \int d^3x f_{\boldsymbol{k}}(x)(\overleftrightarrow{-i\partial_t})\hat{\phi}(x) \qquad (11\text{-}436f)$$

$$\therefore [a(\boldsymbol{k}), a(\boldsymbol{k}')] = -\int d^3x d^3y \left[f_{\boldsymbol{k}}^*(x)\overleftrightarrow{\partial_t}\hat{\phi}(x), f_{\boldsymbol{k}'}^*(y)\overleftrightarrow{\partial_t}\hat{\phi}(y)\right]$$

$$\overset{}{\underset{(11-434c)\text{式}}{=\!=\!=}} -\int d^3x \int d^3y \left[\left\{f_{\boldsymbol{k}}^*(x)\hat{\pi}(x) - \left(\frac{\partial f_{\boldsymbol{k}}^*(x)}{\partial t}\right)\hat{\phi}(x)\right\}, \left\{f_{\boldsymbol{k}'}^*(y)\hat{\pi}(y) - \left(\frac{\partial f_{\boldsymbol{k}'}^*(y)}{\partial t}\right)\hat{\phi}(y)\right\}\right]$$

$$\underset{(11-434b)\text{式}}{=\!=\!=} \int d^3x \int d^3y \left\{\left(\frac{\partial f_{\boldsymbol{k}}^*(x)}{\partial t}\right)f_{\boldsymbol{k}'}^*(y)[\hat{\phi}(x), \hat{\pi}(y)] + f_{\boldsymbol{k}}^*(x)\left(\frac{\partial f_{\boldsymbol{k}'}^*(y)}{\partial t}\right)[\hat{\pi}(x), \hat{\phi}(y)]\right\}$$

$$= i\hbar \int d^3x \int d^3y \left\{\left(\frac{\partial f_{\boldsymbol{k}}^*(x)}{\partial t}\right)f_{\boldsymbol{k}'}^*(y) - f_{\boldsymbol{k}}^*(x)\left(\frac{\partial f_{\boldsymbol{k}'}^*(y)}{\partial t}\right)\right\}\delta^3(\boldsymbol{x}-\boldsymbol{y})$$

$$= i\hbar \int d^3x \left\{\left(\frac{\partial f_{\boldsymbol{k}}^*(x)}{\partial t}\right)f_{\boldsymbol{k}'}^*(x) - f_{\boldsymbol{k}}^*(x)\left(\frac{\partial f_{\boldsymbol{k}'}^*(x)}{\partial t}\right)\right\}$$

$$= \hbar \int d^3x f_{\boldsymbol{k}'}^*(x)(i\overleftrightarrow{\partial_t})f_{\boldsymbol{k}}^*(x) \underset{(11-436d)\text{式}}{=\!=\!=} 0 \qquad (11\text{-}436g)$$

同樣得：

$$[a^+(\boldsymbol{k}), a^+(\boldsymbol{k}')] = \hbar \int d^3x f_{\boldsymbol{k}'}(x)(i\overleftrightarrow{\partial_t})f_{\boldsymbol{k}}(x) = 0 \qquad (11\text{-}436h)$$
$$[a(\boldsymbol{k}), a^+(\boldsymbol{k}')] = \hbar \int d^3x f_{\boldsymbol{k}'}^*(x)(i\overleftrightarrow{\partial_t})f_{\boldsymbol{k}}(x) = \delta^3(\boldsymbol{k}-\boldsymbol{k}') \qquad (11\text{-}436i)$$

$$\therefore \left\{\boxed{\begin{aligned}&[a(\boldsymbol{k}), a(\boldsymbol{k}')] = 0\\&[a^+(\boldsymbol{k}), a^+(\boldsymbol{k}')] = 0\\&[a(\boldsymbol{k}), a^+(\boldsymbol{k}')] = \delta^3(\boldsymbol{k}-\boldsymbol{k}')\end{aligned}}\right\} \qquad (11\text{-}437)$$

則由（11-433a）式和（11-436a）式得（11-437）式的實標量場 $\hat{\phi}(x)$：

$$\boxed{\hat{\phi}(x) = \int \frac{d^3k}{(2\pi)^{3/2}\sqrt{2\varepsilon_{\boldsymbol{k}}}}[a^+(\boldsymbol{k})e^{ik\cdot x} + a(\boldsymbol{k})e^{-ik\cdot x}]} \qquad (11\text{-}438)$$

因為 $|\boldsymbol{k}| = k$ 和四波向量分不清楚，容易混淆，於是（11-438）式的產生、湮沒算符和能量全用 $\boldsymbol{k}$ 表示，其能量 $\varepsilon = \hbar\omega = \sqrt{(c\hbar\boldsymbol{k})^2 + (m_0c^2)^2} \equiv \varepsilon_{\boldsymbol{k}}$。

(iii)電子場 $\psi(\boldsymbol{x}, t)$ 的量子化

在(i)到(ii)以最簡單的實標量場 $\hat{\phi}(x) = \hat{\phi}^*(x)$ 探討量子場論時，看到了自然融成

一體的量子力學和相對性理論，而二象性（duality）是場論的自然現象，同時瞭解到反粒子的出現是必然結果，以及多體問題是場論的本質。其他量子場，其正規模的正交歸一化常數的求法，場粒子的產生和湮沒算符的設定，以及對易或反對易性關係的推導過程等，都和實標量場的情形相同。故本小節和以下(iv)小節，僅介紹對應於（11-437）和（11-438）式的電子場 $\psi(x)$ 和電磁場勢 $A^{\mu}(x)$ 的結果。電子是自旋 1/2 的Fermi子，其電荷大小 e，靜止質量 $m_0 \equiv m$，於是視成點狀粒子的電子，量子化電子場 $\hat{\psi}(x)$ 是[53)]：

$$\boxed{\hat{\psi}(x) = \sum_{s=\pm 1/2} \int \frac{d^3P}{(2\pi\hbar)^{3/2}} \sqrt{\frac{mc^2}{E_{\boldsymbol{P}}}} [b(\boldsymbol{P},s)\,u(\boldsymbol{P},s)\,e^{-iP\cdot x/\hbar} + d^+(\boldsymbol{P},s)\,v(\boldsymbol{P},s)\,e^{iP\cdot x/\hbar}]} \qquad (11\text{-}439\text{a})$$

$E_{\boldsymbol{P}}^2 = \boldsymbol{P}^2c^2 + (mc^2)^2$。$u(\boldsymbol{P},s)$ 和 $v(\boldsymbol{P},s)$ 各為電子和正電子的旋量函數，相當於描述電子和正電子的內稟性質，分別為附錄(I)的（I-17）和（I-22）式的 Pauli 矩陣符號 $\boldsymbol{\sigma}$，直接用電子自旋 s，並且 $E = E_{\boldsymbol{P}}$ 表示的量，或（11-399c）和（11-399e）式，它們的正交性（orthogonality，請看附錄 I ）是：

$$\left.\begin{aligned} &u^+(\boldsymbol{P},s)\,u(\boldsymbol{P},s') = \frac{E_{\boldsymbol{P}}}{mc^2}\delta_{ss'} = v^+(\boldsymbol{P},s)\,v(\boldsymbol{P},s') \\ \text{或}\ &\bar{u}(\boldsymbol{P},s)\,u(\boldsymbol{P},s') = \delta_{ss'} = -\bar{v}(\boldsymbol{p},s)\,v(\boldsymbol{P},s') \end{aligned}\right\} \qquad (11\text{-}439\text{b})$$

$$\left.\begin{aligned} &\bar{u}(\boldsymbol{P},s)\,v(\boldsymbol{P},s') = 0 = u^+(\boldsymbol{P},s)\,v(-\boldsymbol{P},s') \\ &\bar{v}(\boldsymbol{P},s)\,u(\boldsymbol{P},s') = 0 = v^+(\boldsymbol{P},s)\,u(-\boldsymbol{P},s') \end{aligned}\right\} \qquad (11\text{-}439\text{c})$$

其完全性（或完備性 completeness）是：

$$\sum_{s=\pm 1/2} [u_\alpha(\boldsymbol{P},s)\,\overline{u_\beta}(\boldsymbol{P},s) - v_\alpha(\boldsymbol{P},s)\,\overline{v_\beta}(\boldsymbol{P},s)] = \delta_{\alpha\beta} \qquad (11\text{-}439\text{d})$$

從旋量 $u(\boldsymbol{P},s)$ 和 $v(\boldsymbol{P},s)$ 可以獲得（請看附錄K的(K-20)和(K-21)式）投影正能量和負能量的投影算符（projection operator）Λ_+ 和 Λ_- ：

$$\left.\begin{aligned} &\sum_s u(\boldsymbol{P},s)\,\bar{u}(\boldsymbol{P},s) = \frac{mc + \not{P}}{2mc} \equiv \Lambda_+(\boldsymbol{P}) \\ -&\sum_s v(\boldsymbol{P},s)\,\bar{v}(\boldsymbol{P},s) = \frac{mc - \not{P}}{2mc} \equiv \Lambda_-(P) \end{aligned}\right\} \qquad (11\text{-}439\text{e})$$

右下標“+”和“−”分別表示正能量和負能量，而 $\not{P} \equiv \gamma^\mu P_\mu = (\gamma^0 P_0 - \boldsymbol{\gamma}\cdot\boldsymbol{P})$，$\Lambda_\pm$ 是作微擾演算時很有用的量。同時刻的 Fermi 子的產生和湮沒，其反對易關係是：

$$\left.\begin{array}{l}\{b(\boldsymbol{P},s),b^{+}(\boldsymbol{P}',s')\}=\delta_{ss'}\delta^{3}(\boldsymbol{P}-\boldsymbol{P}')\\ \{d(\boldsymbol{P},s),d^{+}(\boldsymbol{P}',s')\}=\delta_{ss'}\delta^{3}(\boldsymbol{P}-\boldsymbol{P}')\\ \text{其他任何兩算符組合的反對易子全等於 }0\end{array}\right\} \qquad (11\text{-}440a)$$

$$\left.\begin{array}{l}b(\boldsymbol{P},s)|0\rangle=0,\qquad d(\boldsymbol{P},s)|0\rangle=0\\ b^{+}(\boldsymbol{P},s)|0\rangle=|\text{一個電子}(\boldsymbol{P},s)\rangle\equiv|e^{-}(\boldsymbol{P},s)\rangle\\ d^{+}(\boldsymbol{P},s)|0\rangle=|\text{一個正電子}(\boldsymbol{P},s)\rangle\equiv|e^{+}(\boldsymbol{P},s)\rangle\end{array}\right\} \qquad (11\text{-}440b)$$

為了方便和使用 Heaviside-Lorentz 電磁單位的後註(53)的結果比較。

下面改用 Heaviside-Lorentz 電磁單位

將它和 MKSA 單位的關係（請看第七章後註(8)）列於表（11-42）。

表 11-42 MKSA 和 Heaviside-Lorentz 電磁單位

	MKSA	Heaviside-Lorentz
$\boldsymbol{D}$，$\boldsymbol{P}$，$\boldsymbol{H}$，$\boldsymbol{M}$	$\boldsymbol{D}=\varepsilon_0\boldsymbol{E}+\boldsymbol{P}$，　ε_0＝真空電容率 $\boldsymbol{B}=\mu_0(\boldsymbol{H}+\boldsymbol{M})$，　μ_0＝真空磁導率	$\boldsymbol{D}=\boldsymbol{E}+\boldsymbol{P}$，　$\boldsymbol{P}$＝電極化向量（矢量） $\boldsymbol{B}=\boldsymbol{H}+\boldsymbol{M}$，　$\boldsymbol{M}$＝磁化向量
Maxwell 方程組	$\vec{\nabla}\cdot\boldsymbol{D}=\rho$，　$\vec{\nabla}\times\boldsymbol{E}=-\partial\boldsymbol{B}/\partial t$ $\vec{\nabla}\cdot\boldsymbol{B}=0$，　$\vec{\nabla}\times\boldsymbol{H}=\boldsymbol{J}+\partial\boldsymbol{D}/\partial t$	$\vec{\nabla}\cdot\boldsymbol{D}=\rho$，　$\vec{\nabla}\times\boldsymbol{E}=-\frac{1}{c}(\partial\boldsymbol{B}/\partial t)$ $\vec{\nabla}\cdot\boldsymbol{B}=0$，　$\vec{\nabla}\times\boldsymbol{H}=\frac{1}{c}(\boldsymbol{J}+\partial\boldsymbol{D}/\partial t)$
Lorentz 力	$\boldsymbol{f}=q(\boldsymbol{E}+\boldsymbol{v}\times\boldsymbol{B})$	$\boldsymbol{f}=q(\boldsymbol{E}+\frac{\boldsymbol{v}}{c}\times\boldsymbol{B})$
精細結構常數	$\alpha=\frac{e^2}{4\pi\varepsilon_0\hbar c}$，　e＝電子電荷大小	$\alpha=\frac{e^2}{4\pi\hbar c}$
四電磁場勢	$A^{\mu}(x)=\left(\frac{1}{c}\phi(x),\boldsymbol{A}(x)\right)$	$A^{\mu}(x)=(\phi(x),\boldsymbol{A}(x))$
規範變換	$A^{\mu}(x)\to A'^{\mu}(x)=A^{\mu}(x)-\partial^{\mu}\Lambda(x)$ $\psi(x)\to\psi'(x)=e^{iq\Lambda(x)/\hbar}\psi(x)$ $\Lambda(x)$＝規範函數 q＝自旋 1/2Fermi 子電荷 (Ex)電子的 $q=-e$ 正電子的 $q=e$	$A^{\mu}(x)\to A'^{\mu}(x)=A^{\mu}(x)-\partial^{\mu}\Lambda(x)$ $\psi(x)\to\psi'(x)=e^{iq\Lambda(x)/(\hbar c)}\psi(x)$ $q\Lambda$ 的因次（量綱）$[q\Lambda]$＝MeV·fm

(iv)電磁場勢 $A^{\mu}(x)=(\phi(x),\boldsymbol{A}(x))$ 的量子化

電磁場是向量場，其第二量子化粒子是自旋 $S_{\gamma}=1$，並且無靜止質量的光子，因此電磁場勢 $A^{\mu}(x)$ 的獨立自由度會減少。無靜止質量的自由狀態 Lagrangian 密度是（11-405a）式的 $j^{\mu}(x)=0$ 的形式：

$$L_{EM}^{(0)}=-\frac{1}{4}F_{\mu\nu}F^{\mu\nu}\ ,\qquad F^{\mu\nu}=\partial^{\mu}A^{\nu}(x)-\partial^{\nu}A^{\mu}(x) \tag{11-441a}$$

右上標“0”表示自由態。（11-441a）式對局部規範（11-410a）式的變換不變，而少掉一個獨立自由度，加上電荷守恆，要求電磁場勢是 Lorentz 不變量（Lorentz invariance）：

$$\partial_{\mu}A^{\mu}(x)=0 \tag{11-441b}$$

又減少一個自由度。結果只剩兩個獨立自由度，卻要滿足兩個以上的電磁場勢關係式，而**量子化僅能對獨立自由度進行**。那麼如何選剩下的兩個獨立自由度呢？這裡完全照後註(53)的方法。由 $\partial_{\mu}A^{\mu}(x)=0$去掉一個獨立自由度後變成三個自由度，考慮電場 $\boldsymbol{E}(x,t)$和磁場$\boldsymbol{B}(x,t)$都是空間的三個獨立自由度，於是取空間的三個自由度，即去掉$A^0(x)$成分，加上$\boldsymbol{E}$和$\boldsymbol{B}$是垂直於電磁波的進行方向，因此$A^{\mu}(\boldsymbol{x},t)$僅剩下垂直於波向量（wave vector）$\boldsymbol{k}$的兩成分。設這兩成分的偏振單位向量為$\boldsymbol{\varepsilon}(\boldsymbol{k},1)\equiv\boldsymbol{\varepsilon}_1$和$\boldsymbol{\varepsilon}(\boldsymbol{k},2)\equiv\boldsymbol{\varepsilon}_2$，則右手系下的它們和$\boldsymbol{k}$的關係如圖（11-137），$\boldsymbol{\varepsilon}_1$和$\boldsymbol{\varepsilon}_2$稱為光子（photon）偏振（**polarization**）**單位向量**（請看附錄 K）。假設$\boldsymbol{\varepsilon}^{\mu}(\boldsymbol{k},\lambda)=$四向量，則：

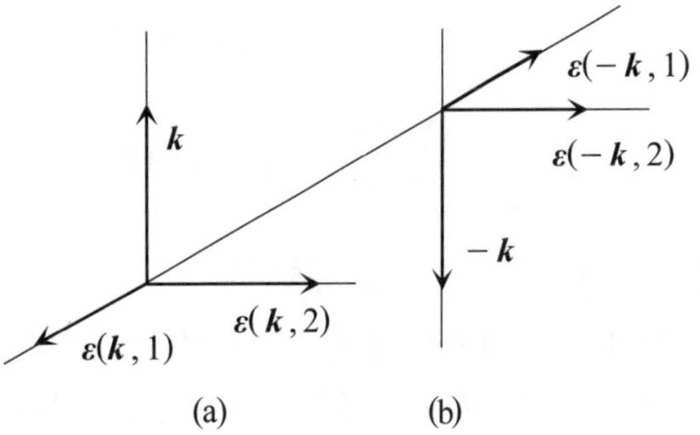

圖 11-137　光子偏振單位向量$\boldsymbol{\varepsilon}(\boldsymbol{k},i)$和波向量$\boldsymbol{k}$的關係 $i=1,2$

$$\left.\begin{aligned}\varepsilon^{\mu}(\boldsymbol{k},\lambda)&=(0,\varepsilon_1,\varepsilon_2,0)\\&\equiv(0,\boldsymbol{\varepsilon}(\boldsymbol{k},\lambda))\\ \lambda&=1,2\end{aligned}\right\} \tag{11-441c}$$

並且從圖（11-137）(a)和(b)得：

$$\left.\begin{aligned}&\boldsymbol{k}\cdot\boldsymbol{\varepsilon}(\boldsymbol{k},\lambda)=0\\&\boldsymbol{\varepsilon}(\boldsymbol{k},\lambda)\cdot\boldsymbol{\varepsilon}(\boldsymbol{k},\lambda')=\delta_{\lambda\lambda'}\end{aligned}\right\} \tag{11-441d}$$

$$\left.\begin{aligned}&\boldsymbol{\varepsilon}(-\boldsymbol{k},1)=-\boldsymbol{\varepsilon}(\boldsymbol{k},1),\qquad \boldsymbol{\varepsilon}(-\boldsymbol{k},2)=+\boldsymbol{\varepsilon}(\boldsymbol{k},2)\\ \text{或}\ &\boldsymbol{\varepsilon}(\boldsymbol{k},\lambda)\cdot\boldsymbol{\varepsilon}(-\boldsymbol{k},\lambda')=(-)^{\lambda}\delta_{\lambda\lambda'}\end{aligned}\right\} \tag{11-441e}$$

所以$\boldsymbol{\varepsilon}^{\mu}(\boldsymbol{k},\lambda)$又叫橫向偏振單位向量（transverse polarization unit vector）。

由（11-400c）式，當$j^{\mu}(x)=0$的 Maxwell 方程式是：

$$\partial_{\nu}F^{\nu\mu}=\partial_{\nu}(\partial^{\nu}A^{\mu}(x)-\partial^{\mu}A^{\nu}(x))$$
$$=\Box A^{\mu}(x)-\partial^{\mu}\partial_{\nu}A^{\nu}(x)\underset{(11-441b)\text{式}}{=\!=\!=}\Box A^{\mu}(x)$$

上式如沒$A^{0}(x)$成分，則 Maxwell 方程式變成：

$$\Box\boldsymbol{A}(x)=0, \qquad \Box\equiv\frac{1}{c^2}\frac{\partial^2}{\partial t^2}-\nabla^2 \tag{11-442a}$$

（11-442a）式是典型的平面波方程式，故其正規模展開形式是：

$$\boxed{\hat{\boldsymbol{A}}(x)=\int\frac{d^3k}{(2\pi)^{3/2}}\sqrt{\frac{\hbar c^2}{2\omega_{\boldsymbol{k}}}}\sum_{\lambda=1}^{2}\boldsymbol{\varepsilon}(\boldsymbol{k},\lambda)\left[a(\boldsymbol{k},\lambda)\,e^{-ik\cdot x}+a^{+}(\boldsymbol{k},\lambda)\,e^{ik\cdot x}\right]} \tag{11-442b}$$

在（11-439a）式的正規模展開，用的是動量P，而（11-442b）式卻用波向量k，這是為什麼？因為平時用動量P來表示有靜止質量的物質粒子運動，而對力粒子的運動常用波向量k。例如光子，它是電磁場的量子化粒子，電磁場的時空間變化帶來電磁波，波的特徵是波長λ和頻率ν，波的行進方向是波向量$\boldsymbol{k}$。從（11-441b）式，（11-442b）式和$A^{\mu}(x)=(0,\boldsymbol{A}(\boldsymbol{x}))$確實能得（11-441d）式的$\boldsymbol{k}\cdot\boldsymbol{\varepsilon}(\boldsymbol{k},\lambda)=0$，（11-442b）式的$\boldsymbol{A}(x)$叫**橫向電磁場勢**，其向量性由偏振向量$\boldsymbol{\varepsilon}(\boldsymbol{k},\lambda)$來表示。從（9-51）式，當光子靜止質量$m_{\gamma}=0$時，總能$E_{\gamma}^{2}=\boldsymbol{P}_{\gamma}^{2}c^{2}$，$\boldsymbol{P}_{\gamma}=\hbar\boldsymbol{k}$是光子動量，

$$\therefore P_{\mu}P^{\mu}=P_0^2-\boldsymbol{P}_{\gamma}^{2}=\frac{E_{\gamma}^2}{c^2}-\boldsymbol{P}_{\gamma}^{2}=\frac{\hbar^2\omega^2}{c^2}-\hbar^2\boldsymbol{k}^2=0$$
$$\text{或}\ k^2=k_{\mu}k^{\mu}=0, \qquad \omega=c|\boldsymbol{k}|=ck_0 \tag{11-442c}$$

所以稱（11-442c）式關係為 **Einstein 條件**（Einstein condition），$\omega=2\pi\nu=$角頻率，且稱這時的光子為**橫向光子**（transverse photon）。其產生算符$a^{+}(\boldsymbol{k},\lambda)$和湮沒算符$a(\boldsymbol{k},\lambda)$的對易關係是[53)]：

$$\left.\begin{aligned}&[a(\boldsymbol{k},\lambda),a(\boldsymbol{k}',\lambda')]=[a^{+}(\boldsymbol{k},\lambda),a^{+}(\boldsymbol{k}',\lambda')]=0\\&[a(\boldsymbol{k},\lambda),a^{+}(\boldsymbol{k}',\lambda')]=\delta_{\lambda\lambda'}\delta^{3}(\boldsymbol{k}-\boldsymbol{k}')\end{aligned}\right\} \tag{11-442d}$$

(v)正規序（正規積），Wick 濃縮和定理

QED是探討物質粒子電子和電磁場的相互作用，其相互作用 Lagrangian 密度L_{int}（11-413d）式是電子場和電磁場勢$A^{\mu}(x)$之積，它們各自如（11-439a）式和（11-442b）式，是和產生及湮沒算符有關。求躍遷矩陣T_{fi}的（11-421c）式，相當於計算散射矩陣的（11-426a）式，顯然會出現不少產生和湮沒算符之積。在約化這

些算符的過程，從（11-442d）式和（11-440a）式，必會遇到對易子（commutator）或反對易子（anti-commutator）值，如 $\delta_{\lambda\lambda'}\delta^3(\boldsymbol{k}-\boldsymbol{k}')$ 或 $\delta_{ss'}\delta^3(\boldsymbol{P}-\boldsymbol{P}')$ 帶來的真空能（vacuum energy），例如零點能（zero point energy），它又要對所有的動量加起來，動量大小是從 0 到 ∞，結果獲得非物理量的無限大值。因此最好先把真空能拿走，相當於以真空能作為起點定義能量，等於重定演算用真空。那麼要怎麼操作呢？如用（11-439a）式的電子場算符作例，則等於執行：

$$\left.\begin{aligned}\hat{\psi}(x)\,\hat{\psi}(y)-\langle\,0|\,\hat{\psi}(x)\,\hat{\psi}(y)\,|\,0\,\rangle &\equiv\ :\hat{\psi}(x)\,\hat{\psi}(y):\\ \text{或} &\equiv N(\hat{\psi}(x)\,\hat{\psi}(y))\end{aligned}\right\}\qquad(11\text{-}443a)$$

（11-443a）式的操作叫**正規序**（normal ordering）或**正規積**（normal product），使用符號「：……：」或取英文名稱 normal 的頭一個字 N，實際運算看下面（11-443d）式的例子。**針對著上述的這些思路，想辦法完成（11-443a）式的實際演算方法就是**。早在 1930 年初葉 G. C. Wick 完成這工作了，因為 1928 年相對論量子力學完成後不久，在 1929 年已發現場論計算值會遇到發散（獲得 ∞ 值）問題，物理學家們當然不放過它。除了 G. C. Wick, W. Zimmermann 也獲得同樣的處理零點能發散問題的方法。

如前述，對眼看不到手摸不到的微觀世界，有力的研究方法之一就是碰撞或散射。研究核心是入射粒子或物體和靶粒子或物體正在相互作用時的情形，但在微觀世界，這是無法直接觀測的物理現象。於是非使用碰撞前後，物理系統的自由狀態 Hamiltonian $\hat{H}_0$ 作為切入系統的 Hamiltonian 不可。根據這構想建立的理論就是 S 矩陣理論。**它建構在相互作用圖像，而相互作用圖像構築在自由 Hamiltonian $\hat{H}_0$ 基礎上**。於是相互作用 Hamiltonian $\hat{H}_{int.}$ 產生的狀態，就能用互為獨立的平面波（plane wave）作正規模展開。如實標量場 $\hat{\phi}(x)$ 的（11-438）式，電子場 $\hat{\psi}(x)$ 的（11-439a）式和電磁場勢 $\hat{\boldsymbol{A}}(x)$ 的（11-442b）式。從（11-432f）式得，任何場算符都能如（11-432f）式地分成：

$$\left.\begin{aligned}&a(\boldsymbol{k})\,e^{-ik\cdot x}=a(\boldsymbol{k})\,e^{-ik_0\cdot x_0+i\boldsymbol{k}\cdot\boldsymbol{x}}=a(\boldsymbol{k})\,e^{-i\omega t+i\boldsymbol{k}\cdot\boldsymbol{x}}\equiv\varphi_-(x)\\ &a^+(\boldsymbol{k})\,e^{ik\cdot x}=a^+(\boldsymbol{k})\,e^{i\omega t-i\boldsymbol{k}\cdot\boldsymbol{x}}\equiv\varphi_+(x)\end{aligned}\right\}\qquad(11\text{-}443b)$$

照（11-443b）式，依角頻率前的正負符號表示正規模項，則電子場算符 $\hat{\psi}(x)$ 是：

$$\hat{\psi}(x)=\hat{\psi}_+(x)+\hat{\psi}_-(x)\qquad(11\text{-}443c)$$

以右下標 “+” 和 “−” 表示指數函數的指數，正角頻率（$+\omega$）和負角頻率（$-\omega$）。（$+\omega$）和產生算符 $d^+(\boldsymbol{P},s)$，（$-\omega$）和湮沒算符 $b(\boldsymbol{P},s)$ 連在一起，所以

處理 $d^{+}(\boldsymbol{P},s)$ 和 $b(\boldsymbol{P},s)$ 的問題，等於處理 $\psi_{+}(x)$ 和 $\psi_{-}(x)$ 問題。從（11-413d）、（11-426a）和（11-426c）式得知，求躍遷矩陣或 $\hat{S}$ 矩陣時，必會遇到不同場算符的積，這時：

$$\left.\begin{array}{l}(1)\text{將各場算符各以正負頻率算符表示，然後}\\(2)\text{展開場算符積，將和湮沒算符有關的}\varphi_{-}(x)\text{移到右邊，}\\\quad\text{和產生算符有關的}\varphi_{+}(x)\text{移到左邊。}\end{array}\right\}\qquad(11\text{-}443\text{d})$$

（**Ex**）電子場算符積：

$$\begin{aligned}\hat{\psi}(x)\,\hat{\psi}(y)&=(\hat{\psi}_{+}(x)+\hat{\psi}_{-}(x))(\hat{\psi}_{+}(y)+\hat{\psi}_{-}(y))\\&=\hat{\psi}_{+}(x)\,\hat{\psi}_{+}(y)+\hat{\psi}_{-}(x)\,\hat{\psi}_{+}(y)+\hat{\psi}_{+}(x)\,\hat{\psi}_{-}(y)+\hat{\psi}_{-}(x)\,\hat{\psi}_{-}(y)\\&=\hat{\psi}_{+}(x)\,\hat{\psi}_{+}(y)-\hat{\psi}_{+}(y)\,\hat{\psi}_{-}(x)+\hat{\psi}_{+}(x)\,\hat{\psi}_{-}(y)+\hat{\psi}_{-}(x)\,\hat{\psi}_{-}(y)\end{aligned}$$

（11-443d）式是正規序或正規積操作，它會完成（11-443a）式的操作，因為在置換正負角頻率算符時不必考慮對易子或反對易子值 $\delta_{\alpha\beta}\delta^{3}(\boldsymbol{P}-\boldsymbol{P}')$ 等，只是在置換正負角頻率算符時別忘了：

$$\left.\begin{array}{l}\text{每次置換 Fermi 子算符或角頻率算符時必變符號，}\\\text{每次置換 Bose 子算符或角頻率算符時不必變符號。}\end{array}\right\}\qquad(11\text{-}443\text{e})$$

Fermi 子算符也好，Bose 子算符也好，**置換算符時必須兩個兩個地執行**。如（11-426a）式、計算 $\hat{S}$ 矩陣時，會遇到編時積的自由場算符乘積。設其乘積有 n 個場算符，依算符的對易或反對易性，照正規序執行置換，則取真空期待值時會留下來的一定是：

$$\left.\begin{array}{r}\langle 0|aa^{+}|0\rangle\text{，或}\langle 0|\varphi_{-}(x)\varphi_{+}(x)|0\rangle\\\text{或}\langle 0|\varphi_{-}(x)a^{+}|0\rangle\text{，或}\langle 0|a\varphi_{+}(x)|0\rangle\end{array}\right\}\qquad(11\text{-}443\text{f})$$

的組合，即產生算符在右邊，湮沒算符在左邊的配對。（11-443f）式明示著 n 個算符中的 a（含 φ_{-}）和 a^{+}（含 φ_{+}，下面的說明僅用 a 和 a^{+}）的數目各為 $n/2$，即各佔一半時 $\hat{S}$ 矩陣值才不會等於 0；當 a 的數目多 a^{+} 一個或以上，或者 a^{+} 的數目多 a 一個或以上，則必會得到：

$$\langle 0|a|0\rangle=0,\quad\text{或}\langle 0|a^{+}|0\rangle=0$$

結果是 $\hat{S}$ 矩陣值 $=0$，換句話：

$$\left.\begin{array}{l}(1)\ a\ 和\ a^{+}\ 的乘積為奇數的\ \langle 0|a_1^{+}a_2a_3\cdots\cdots a_{2n+1}^{+}|0\rangle=0\\(2)\ a\ 和\ a^{+}\ 等數目的乘積（這時算符數必為偶數）的\\\quad\langle 0|a_1^{+}a_2a_3\cdots\cdots a_{2n}^{+}|0\rangle\neq 0\end{array}\right\}\qquad(11\text{-}443g)$$

配成（11-443f）式的操作叫**Wick 濃縮**（Wick contraction），普通用符號“$\sqcap$”或“$\sqcup$”來連結兩個濃縮算符，並且必須對 $\hat{S}$ 矩陣編時積的，自由場算符的所有可能組合執行Wick濃縮。結果獲得各組合的線性和，這方法稱為**Wick 定理**（Wick theorem）請看下面（Ex. 11-84）。

【Ex. 11-84】以實際演算來證明（11-443g）式，以及 Wick 濃縮和 Wick 定理。

(1)一個算符：

$$\langle 0|a_i(\boldsymbol{k})|0\rangle=0，或\ \langle 0|a^{+}(\boldsymbol{k})|0\rangle=0\longleftarrow 可作真空的定義$$

(2)兩個算符積：

$$\begin{aligned}&\langle 0|a_i(\boldsymbol{k}_1)a_j^{+}(\boldsymbol{k}_2)|0\rangle\\&=\langle 0|a_i(\boldsymbol{k}_1)a_j^{+}(\boldsymbol{k}_2)\pm a_j^{+}(\boldsymbol{k}_2)\underbrace{a_i(\boldsymbol{k}_1)|0\rangle}_{0}\longleftarrow\begin{pmatrix}\text{“+” Fermi 子時}\\\text{“−” Bose 子時}\end{pmatrix}\\&=\delta_{ij}\delta^3(\boldsymbol{k}_1-\boldsymbol{k}_2)\equiv C\ 數（\text{C-number}，普通數之意）\\&\equiv C_{ij}\neq 0\end{aligned}$$

(3)三個算符積：

$$\begin{aligned}&\langle 0|a_i(\boldsymbol{k}_1)a_j^{+}(\boldsymbol{k}_2)a_l^{+}(\boldsymbol{k}_3)|0\rangle\\&=\langle 0|\left(a_i(1)a_j^{+}(2)\pm a_j^{+}(2)a_i(1)\mp a_j^{+}(2)a_i(1)\right)a_l^{+}(3)|0\rangle\\&=\langle 0|C_{ij}a_l^{+}(3)\mp a_j^{+}(2)\left(a_i(1)a_l^{+}(3)\pm a_l^{+}(3)a_i(1)\mp a_l^{+}(3)a_i(1)\right)|0\rangle\longleftarrow \boldsymbol{k}_n\equiv n，n=1,2,3\\&=\langle 0|C_{ij}a_l^{+}(3)\mp C_{il}a_j^{+}(2)+a_j^{+}(2)a_l^{+}(3)a_i(1)|0\rangle=0\longleftarrow\begin{pmatrix}C_{ij}=\delta_{ij}\delta^3(\boldsymbol{k}_1-\boldsymbol{k}_2)\\C_{il}=\delta_{il}\delta^3(\boldsymbol{k}_1-\boldsymbol{k}_3)\end{pmatrix}\end{aligned}$$

使用 Wick 定理證實上式：

$$\langle 0|a_i(\boldsymbol{k}_1)a_j^+(\boldsymbol{k}_2)a_l^+(\boldsymbol{k}_3)|0\rangle$$
$$=\langle 0|\overbrace{a_i(1)a_j^+}(2)a_l^+(3)|0\rangle+\langle 0|\overbrace{a_i(1)a_j^+(2)a_l^+}(3)|0\rangle$$
$$=C_{ij}\langle 0|a_l^+(3)|0\rangle+C_{il}\langle 0|\mp a_j^+(2)|0\rangle=0$$

⇑ 來自（11-443e）式

（必置換 $a_i(1)$ 和 $a_j(2)$ 才能使 $a_i(1)$ 在 $a_l(3)$ 左邊）

同理得 $\langle 0|a_i(\boldsymbol{k}_1)a_j(\boldsymbol{k}_2)a_l^+(\boldsymbol{k}_3)|0\rangle=0$

⑷四個算符積，且產生算符數＝湮沒算符數：

$$\langle 0|a_i(\boldsymbol{k}_1)a_j^+(\boldsymbol{k}_2)a_l(\boldsymbol{k}_3)a_m^+(\boldsymbol{k}_4)|0\rangle$$
$$=\langle 0|\left([a_i(1),a_j^+(2)]_\pm\mp a_j^+(2)a_i(1)\right)\left([a_l(3),a_m^+(4)]_\pm\right.$$
$$\left.\mp a_m^+(4)a_l(3)\right)|0\rangle$$

← （右下標"+"＝反對易；右下標"−"＝對易）

$$=\langle 0|\left(C_{ij}\mp a_j^+(2)a_i(1)\right)\left(C_{lm}\mp a_m^+(4)a_l(3)\right)|0\rangle=C_{ij}C_{lm}$$

使用 Wick 定理算上式：

$$\langle 0|a_i(\boldsymbol{k}_1)a_j^+(\boldsymbol{k}_2)a_l(\boldsymbol{k}_3)a_m^+(\boldsymbol{k}_4)|0\rangle$$
$$=\langle 0|\overbrace{a_i(1)a_j^+}(2)\overbrace{a_l(3)a_m^+}(4)|0\rangle+\langle 0|\overbrace{a_i(1)\underbrace{a_j^+(2)a_l}_{\text{不行}}(3)a_m^+}^{\text{可以}}(4)|0\rangle$$

因產生算符在左邊，湮沒算符在右邊，違背 Wick 濃縮定義

$$=\langle 0|a_i(1)a_j^+(2)|0\rangle\langle 0|a_l(3)a_m^+(4)|0\rangle$$
$$=\langle 0|[a_i(1),a_j^+(2)]_\pm\mp a_j^+(2)a_i(1)|0\rangle\langle 0|[a_l(3),a_m^+(4)]_\pm$$
$$\mp a_m^+(4)a_l(3)|0\rangle$$
$$=\delta_{ij}\delta^3(\boldsymbol{k}_1-\boldsymbol{k}_2)\delta_{lm}\delta^3(\boldsymbol{k}_3-\boldsymbol{k}_4)\equiv C_{ij}C_{lm}$$

四個算符，但產生算符數≠湮沒算符數時全等於 0。

⑸五個算符：

$$\langle 0|a_i(\boldsymbol{k}_1)a_j^+(\boldsymbol{k}_2)a_l^+(\boldsymbol{k}_3)a_m(\boldsymbol{k}_4)a_n^+(\boldsymbol{k}_5)|0\rangle$$
$$=\langle 0|\left([a_i(1),a_j^+(2)]_\pm\mp a_j^+(2)a_i(1)\right)a_l^+(3)\left([a_m(4),a_n^+(5)]_\pm\right.$$
$$\left.\mp a_n^+(5)a_m(4)\right)|0\rangle$$
$$=\langle 0|\left(C_{ij}a_l^+(3)\mp a_j^+(2)a_i(1)a_l^+(3)\right)\left(C_{mn}\mp a_n^+(5)a_m(4)\right)|0\rangle=0$$

用 Wick 定理證明上式：

$$\langle 0|a_i(\boldsymbol{k}_1)a_j^+(\boldsymbol{k}_2)a_l^+(\boldsymbol{k}_3)a_m(\boldsymbol{k}_4)a_n^+(\boldsymbol{k}_5)|0\rangle$$
$$=\langle 0|\overline{a_i(1)a_j^+(2)}a_l^+(3)\overline{a_m(4)a_n^+(5)}|0\rangle$$
$$+\langle 0|\overline{a_i(1)a_j^+(2)a_l^+(3)}\overline{a_m(4)a_n^+(5)}|0\rangle$$
$$=C_{ij}C_{mn}\langle 0|a_l^+(\boldsymbol{k}_3)|0\rangle\mp C_{il}C_{mn}\langle 0|a_j^+(\boldsymbol{k}_2)|0\rangle=0$$

其他任何 5 個算符積都一樣，全得 0。

(6)六個算符積，並且產生算符數＝湮沒算符數：

$$\langle 0|a_i(\boldsymbol{k}_1)a_j(\boldsymbol{k}_2)a_k^+(\boldsymbol{k}_3)a_l^+(\boldsymbol{k}_4)a_m(\boldsymbol{k}_5)a_n^+(\boldsymbol{k}_6)|0\rangle$$
$$=\langle 0|a_i(1)\big([a_j(2),a_k^+(3)]_\pm\mp a_k^+(3)a_j(2)\big)a_l^+(4)\times$$
$$\big([a_m(5),a_n^+(6)]_\pm\mp a_n^+(6)a_m(5)\big)|0\rangle$$
$$=\langle 0|(C_{jk}a_i(1)\mp a_i(1)a_k^+(3)a_j(2))(C_{mn}a_l^+(4)\mp a_l^+(4)a_n^+(6)a_m(5))|0\rangle$$
$$=C_{jk}C_{mn}\langle 0|a_i(1)a_l^+(4)\pm a_l^+(4)a_i(1)\mp a_l^+(4)a_i(1)|0\rangle$$
$$\mp C_{mn}\langle 0|(a_i(1)a_k^+(3)\pm a_k^+(3)a_i(1)\mp a_k^+(3)a_i(1))\times$$
$$(a_j(2)a_l^+(4)\pm a_l^+(4)a_j(2)\mp a_l^+(4)a_j(2))|0\rangle$$
$$=C_{jk}C_{mn}C_{il}\mp C_{mn}C_{ik}C_{jl}$$

用 Wick 定理來得上式結果（省略各算符的動量）：

$$\langle 0|a_ia_ja_k^+a_l^+a_ma_n^+|0\rangle$$
$$=\langle 0|\overline{a_i\underline{a_ja_k^+}a_l^+}\,\overline{a_ma_n^+}|0\rangle+\langle 0|\overline{a_i\underline{a_ja_k^+}}\,\overline{a_l^+}\,\overline{a_ma_n^+}|0\rangle$$

可以

$$+\langle 0|\overline{a_i\underline{a_ja_k^+}\,\underline{a_l^+a_m}a_n^+}|0\rangle$$

可以 不行

$$=\langle 0|a_ja_k^+|0\rangle\langle 0|a_ia_l^+|0\rangle\langle 0|a_ma_n^+|0\rangle\mp\langle 0|a_ia_k^+|0\rangle\times$$
$$\langle 0|a_ja_l^+|0\rangle\langle 0|a_ma_n^+|0\rangle$$
$$=C_{jk}C_{il}C_{mn}\mp C_{ik}C_{jl}C_{mn}$$

綜合上面結果得：

$$\left.\begin{array}{l}\langle 0|a_1^+\cdots\cdots a_ia_j\cdots\cdots a_{2n+1}^+|0\rangle=0\\ \langle 0|a_1^+\cdots\cdots a_ia_j\cdots\cdots a_{2n}^+\text{，且產生算符數＝湮沒算符數}|0\rangle\neq 0\end{array}\right\}$$

（11-443h）

n=正整數，而執行（**11-443a**）式就是執行 **Wick** 定理。

介紹量子電動力學的主要內容到這裡，大致告一段落，接著是解實際問題。進入解題之前，先來如圖（11-138）的作 *QED* 的粗略俯視。

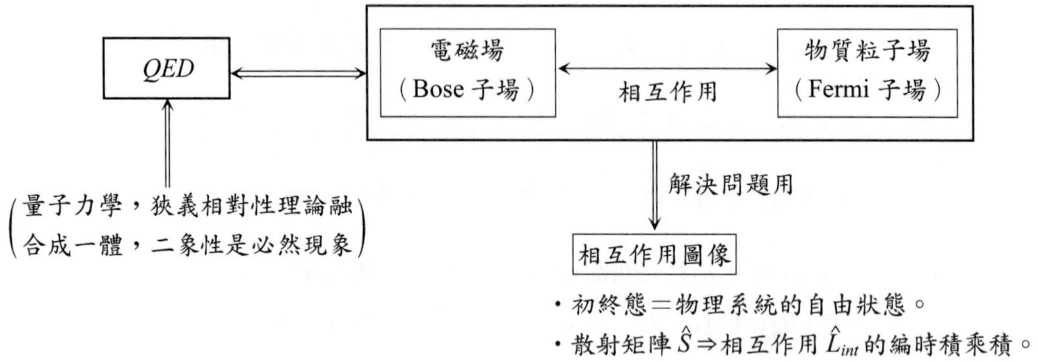

圖 11-138

相互作用Lagrangian $L_{int.}=-q\overline{\psi}(x)\gamma_\mu\psi(x)A^\mu(x)$ 的內涵是什麼？將它拆開來作個勉強的分析，$\overline{\psi}(x)\psi(x)$ 對應於物質粒子的概率密度 $\psi^+(x)\psi(x)$，γ_μ 類似四速度，所以"$-q\overline{\psi}(x)\gamma_\mu\psi(x)$"就是電流 $j_\mu(x)$，其空間部 $\boldsymbol{J}(x)=-q\overline{\psi}(x)\boldsymbol{\gamma}\psi(x)$ 便對應到經典電流（7-23a）式。有了電流當然就會和外電磁場 $A^\mu(x)$ 產生相互作用，是多麼漂亮的QED理論。同時發現物質粒子 $\psi^+\psi$ 和 $A^\mu(x)$ 的相互作用透過"$q\gamma_\mu$"，即$q\gamma_\mu$是相互作用的核心物理量。γ_μ 僅有一個指標，其變換和向量變換一樣[53)]，是種向量，故稱相互作用 $q\gamma_\mu$ 或 $q\gamma^\mu$ 為向量耦合（vector coupling）。**電磁場是可測量的物理量，故耦合必須滿足整個散射過程的可觀測性。**Bjorken-Drell 標誌的 QED 耦合是"$-iq\gamma^\mu$"（看（11-447）式）。物質粒子的 Fermi 子和力粒子的 Bose 子相互作用，到目前（1999 年秋）有下列五類型：

$$\left.\begin{array}{ll}
\text{標量（scalar）型：} & \Gamma^S=\mathbb{1}\text{（單位算符）} \\
\text{向量（vector）型：} & \Gamma^V_\mu=\gamma_\mu \text{ 或 } \gamma^\mu \\
\text{張量（tensor）型：} & \Gamma^T_{\mu\nu}=\dfrac{i}{2}[\gamma_\mu,\gamma_\nu]\equiv\sigma_{\mu\nu} \\
\text{贗標量（pseudo-scalar）型：} & \Gamma^P=\gamma_5 \\
\text{贗向量（pseudo-vector）型：} & \Gamma^A_\mu=\gamma_5\gamma_\mu
\end{array}\right\} \qquad (11\text{-}444)$$

右上標 S、V、T、P 和 A 分別表示標量、向量、張量，贗標量和贗向量。

(4)微擾（perturbation）演算

(i)QED Lagrangian 密度，散射矩陣 S_{fi}

自由物質粒子的電子，自由電磁場勢以及它們之間的相互作用Lagrangian密度各為（11-413a）式、（11-405a）式的 $j^\mu(x)=0$，和（11-413d）式，故QED Lagrangian 密度 L（省略了所有場算符符號“∧”）是：

$$L=\left\{\frac{i\hbar}{2}[\overline{\psi}(x)\gamma_\mu(\partial^\mu\psi(x))-(\partial^\mu\overline{\psi}(x))\gamma_\mu\psi(x)]-mc\overline{\psi}(x)\psi(x)\right\}$$

$$-\frac{1}{4}F_{\mu\nu}(x)F^{\mu\nu}(x)-q\overline{\psi}(x)\gamma_\mu\psi(x)A^\mu(x) \qquad (11\text{-}445a)$$

$$\equiv L_o+L_{int}$$

$$L_{int}=-q\overline{\psi}(x)\gamma_\mu\psi(x)A^\mu(x)=-q\,j_\mu(x)A^\mu(x) \qquad (11\text{-}445b)$$

$$L_o=L-L_{int}$$

所以由（11-426d）和（11-443a）式得去除零點能的 $\hat{S}$ 矩陣算符是：

$$\boxed{\hat{S}=T\left\{\exp[-\frac{iq}{\hbar c}\int_{-\infty}^{+\infty}:\overline{\psi}(x)\gamma_\mu\psi(x)A^\mu(x):d^4x]\right\}} \qquad (11\text{-}445c)$$

電磁相互作用強度約為強相互作用強度的 1/137（看表(11-6)），故能用微擾展開法求 $\hat{S}$ 矩陣值，而（11-445c）式的正規序是為了避免零點能量帶來的發散，在相互作用圖像，物理系統的初態和終態都是自由狀態，故初終態都沒有光子，僅有自由運動著的電子或正電子，或正負電子都有的狀態。

$$\left.\begin{aligned}&\lim_{t\to-\infty}|t\rangle=\text{初態}|i\rangle=b_{1i}^{+}(\boldsymbol{P}_{1i},s_{1i})\,b_{2i}^{+}(\boldsymbol{P}_{2i},s_{2i})\cdots\cdots d_{1i}^{+}(\boldsymbol{P}'_{1i},s'_{1i})\,d_{2i}^{+}(\boldsymbol{P}'_{2i},s'_{2i})\cdots|0\rangle\\&\lim_{t\to+\infty}|t\rangle=\text{終態}|f\rangle=\hat{S}|i\rangle\\&\qquad=b_{1f}^{+}(\boldsymbol{P}_{1f},s_{1f})\,b_{2f}^{+}(\boldsymbol{P}_{2f},s_{2f})\cdots\cdots d_{1f}^{+}(\boldsymbol{P}'_{1f},s'_{1f})\,d_{2f}^{+}(\boldsymbol{P}'_{2f},s'_{2f})\cdots\cdots|0\rangle\end{aligned}\right\} \qquad (11\text{-}445d)$$

$$\therefore\langle f|\hat{S}|i\rangle\equiv S_{fi}=\langle f|T\left\{\exp\left[-\frac{iq}{\hbar c}\int_{-\infty}^{+\infty}:\overline{\psi}(x)\gamma_\mu\psi(x)A^\mu(x):d^4x\right]\right\}|i\rangle$$

$$=\sum_{n=0}^{\infty}\langle f|\frac{(-iq/(\hbar c))^n}{n!}\int d^4x_1\cdots d^4x_nT\{[:\overline{\psi}(x_1)\gamma_\mu\psi(x_1)A^\mu(x_1):]\cdots[:\overline{\psi}(x_n)\gamma_{\mu'}\psi(x_n)A^{\mu'}(x_n):]\}|i\rangle$$

$$\equiv\sum_{n=0}^{\infty}S_{fi}^{(n)} \qquad (11\text{-}445e)$$

$$\therefore\begin{cases}S_{fi}^{(0)}=\delta_{fi}\\S_{fi}^{(2n+1)}=0,\qquad n=1,2,\cdots\cdots\end{cases} \qquad (11\text{-}445f)$$

因為 $S_{fi}^{(2n+1)}$ 有奇數個的電磁場勢 $A^\mu(x)$，而由（11-442b）式便有奇數個的光子產生和湮沒算符，於是從（11-443g）式或（11-443h）式得 $S_{fi}^{(2n+1)}=0$，因此僅存：

$$S_{fi}^{(2n)} \neq 0, \quad n=0,1,2,\cdots\cdots \tag{11-445g}$$

因此 QED 的最低次是 n=2 的 $S_{fi}^{(2)}$ 。

(ii)第二階（second order）$\hat{S}$ 矩陣，Feynman 圖及 Feynman 定則

以不等於零的最低階 $\hat{S}$ 矩陣 $S_{fi}^{(2)}$ 作例來探討，計算 $S_{fi}^{(2n)}$ ，n=1,2,……時會遇到的物理量。由（11-445e）式得 $S_{fi}^{(2)}$：

$$S_{fi}^{(2)} = \langle f | \frac{(-iq/(\hbar c))^2}{2!} \int d^4x_1 d^4x_2 T\{[:j_\mu(x_1)A^\mu(x_1):][:j_\nu(x_2)A^\nu(x_2):]\} | i \rangle \tag{11-446a}$$

$j_\mu(x)$ 和 $A_\mu(x)$ 為不同的場，於是能對易，為了獲得具體結果，必須給初終態內容，如為電子和正電子的散射，則初終態是：

$$\left.\begin{aligned} | i \rangle &= d^+(\boldsymbol{P}_1, s_1) b^+(\boldsymbol{P}_2, s_2) | 0 \rangle \\ \langle f | &= \langle 0 | b(\boldsymbol{P}'_2, s'_2)\, d(\boldsymbol{P}'_1, s'_1) \end{aligned}\right\} \tag{11-446b}$$

b, b^+ 和 d, d^+ 分別為電子和正電子的湮沒和產生算符，則由（11-446a）和（11-446b）式得：

$$\begin{aligned} S_{fi}^{(2)} &= \left(-\frac{iq}{\hbar c}\right)^2 \frac{1}{2!} \int d^4x_1 d^4x_2 \ \langle 0 | b(\boldsymbol{P}'_2, s'_2) d(\boldsymbol{P}'_1, s'_1) \{T[:A^\mu(x_1)A^\nu(x_2):] T[:j_\mu(x_1) j_\nu(x_2):]\} \times \\ &\quad d^+(\boldsymbol{P}_1, s_1) b^+(\boldsymbol{P}_2, s_2) | 0 \rangle \\ &= \left(-\frac{iq}{\hbar c}\right)^2 \frac{1}{2!} \int d^4x_1 d^4x_2 \ \langle f | \{[:A^\mu(x_1)A^\nu(x_2):][:j_\mu(x_1):][:j_\nu(x_2):] \Theta(t_1 - t_2) \\ &\quad + [:A^\nu(x_2)A^\mu(x_1):][:j_\nu(x_2):][:j_\mu(x_1):] \Theta(t_2 - t_1)\} | i \rangle \\ &= \left(-\frac{iq}{\hbar c}\right)^2 \frac{1}{2!} \int d^4x_1 d^4x_2 \ \langle f | \{[:A^\mu(x_1)A^\nu(x_2):][:j_\mu(x_1):][:j_\nu(x_2):] \Theta(t_1 - t_2) \\ &\quad + (x_1 \rightleftarrows x_2, \mu \rightleftarrows \nu)\} | i \rangle \end{aligned} \tag{11-446c}$$

具體地使用 Wick 濃縮求（11-446c）式右邊第一項，而第二項用 $(x_1 \rightleftarrows x_2, \mu \rightleftarrows \nu)$ 表示。由於初終態和電磁場勢無關，故電磁場勢的 Wick 濃縮量：$\overline{A^\mu(x_1) A^\nu}(x_2)$，但電子場可不簡單，為了一目瞭然，將電子場算符用正負頻率算符表示，則由（11-439a）式得（省略算符符號“∧”）：

$$\psi(x) \equiv \psi_b^-(x) + \psi_d^+(x) \longleftarrow \text{右下標 } b = \text{電子}, \ d = \text{正電子}$$

$$\overline{\psi}(x) = \sum_{s=\pm 1/2} \int \frac{d^3P}{(2\pi\hbar)^{3/2}} \sqrt{\frac{mc^2}{E_{\boldsymbol{P}}}} [b^+(\boldsymbol{P}, s)\overline{u}(\boldsymbol{P}, s) e^{iP\cdot x/\hbar} + d(\boldsymbol{P}, s)\overline{v}(\boldsymbol{P}, s) e^{-iP\cdot x/\hbar}]$$

$$\equiv \overline{\psi}_b^+(x) + \overline{\psi}_d^-(x)$$

作濃縮時必記得正頻率算符是產生算符，負頻率算符是湮沒算符，則得（參考 Ex. 11-84）：

$$\therefore \langle f | T[:A^{\mu}(x_1)A^{\nu}(x_2):]T[:j_{\mu}(x_1):][:j_{\nu}(x_2):] | i \rangle$$

$$\left\{ (\boldsymbol{P}_i, s_i) \equiv i, \quad (\boldsymbol{P}'_i, s'_i) \equiv (i'), \quad i = 1,2 \right.$$

$$= A^{\mu}(x_1)A^{\nu}(x_2)\Big\{ b(2')d(1')\Big[\big(\overline{\psi}_b^{+}(x_1)+\overline{\psi}_d^{-}(x_1)\big)\gamma_{\mu}\big(\psi_b^{-}(x_1)+\psi_d^{+}(x_1)\big)\Big] \times$$

$$\Big[\big(\overline{\psi}_b^{+}(x_2)+\overline{\psi}_d^{-}(x_2)\big)\gamma_{\nu}\big(\psi_b^{-}(x_2)+\psi_d^{+}(x_2)\big)\Big] d^{+}(1)\, b^{+}(2)\Big\}_{①} + \Big\{ \text{上行的 } x_2 \rightleftarrows x_1, \quad \mu \rightleftarrows \nu \Big\}_{②}$$

$$+ A^{\mu}(x_1)A^{\nu}(x_2)\Big\{ b(2')d(1')\Big[\big(\overline{\psi}_b^{+}(x_1)+\overline{\psi}_d^{-}(x_1)\big)\gamma_{\mu}\big(\psi_b^{-}(x_1)+\psi_d^{+}(x_1)\big)\Big] \times$$

$$\Big[\big(\overline{\psi}_b^{+}(x_2)+\overline{\psi}_d^{-}(x_2)\big)\gamma_{\nu}\big(\psi_b^{-}(x_2)+\psi_d^{+}(x_2)\big)\Big] d^{+}(1)\, b^{+}(2)\Big\}_{③} + \Big\{ \text{上行的 } x_2 \rightleftarrows x_1, \quad \mu \rightleftarrows \nu \Big\}_{④}$$

$$+ A^{\mu}(x_1)A^{\nu}(x_2)\Big\{ b(2')d(1')\Big[\big(\overline{\psi}_b^{+}(x_1)+\overline{\psi}_d^{-}(x_1)\big)\gamma_{\mu}\big(\psi_b^{-}(x_1)+\psi_d^{+}(x_1)\big)\Big] \times$$

$$\Big[\big(\overline{\psi}_b^{+}(x_2)+\overline{\psi}_d^{-}(x_2)\big)\gamma_{\nu}\big(\psi_b^{-}(x_2)+\psi_d^{+}(x_2)\big)\Big] d^{+}(1)\, b^{+}(2)\Big\}_{⑤} + \Big\{ \text{上行的 } x_2 \rightleftarrows x_1, \quad \mu \rightleftarrows \nu \Big\}_{⑥}$$

$$+ A^{\mu}(x_1)A^{\nu}(x_2)\Big\{ b(2')d(1')\Big[\big(\overline{\psi}_b^{+}(x_1)+\overline{\psi}_d^{-}(x_1)\big)\gamma_{\mu}\big(\psi_b^{-}(x_1)+\psi_d^{+}(x_1)\big)\Big] \times$$

$$\Big[\big(\overline{\psi}_b^{+}(x_2)+\overline{\psi}_d^{-}(x_2)\big)\gamma_{\nu}\big(\psi_b^{-}(x_2)+\psi_d^{+}(x_2)\big)\Big] d^{+}(1)\, b^{+}(2)\Big\}_{⑦} + \Big\{ \text{上行的 } x_2 \rightleftarrows x_1, \quad \mu \rightleftarrows \nu \Big\}_{⑧}$$

$$+ A^{\mu}(x_1)A^{\nu}(x_2)\Big\{ b(2')d(1')\Big[\big(\overline{\psi}_b^{+}(x_1)+\overline{\psi}_d^{-}(x_1)\big)\gamma_{\mu}\big(\psi_b^{-}(x_1)+\psi_d^{+}(x_1)\big)\Big] \times$$

$$\Big[\big(\overline{\psi}_b^{+}(x_2)+\overline{\psi}_d^{-}(x_2)\big)\gamma_{\nu}\big(\psi_b^{-}(x_2)+\psi_d^{+}(x_2)\big)\Big] d^{+}(1)\, b^{+}(2)\Big\}_{⑨} \qquad (11\text{-}446\text{d})$$

將（11-446d）式代入（11-446c）式，則（11-446d）式右邊右下標的①和②，③和④，⑤和⑥，⑦和⑧各等值，⑨僅有它自己，

$$\therefore S_{fi}^{(2)} = \left(-\frac{iq}{\hbar c}\right)^2 \int d^4x_1 d^4x_2 A^{\mu}(x_1)A^{\nu}(x_2)$$

$$\times\Big\{ b(\boldsymbol{P}'_2, s'_2)d(\boldsymbol{P}'_1, s'_1)\big[\overline{\psi}(x_1)\gamma_{\mu}\psi(x_1)\big]\big[\overline{\psi}(x_2)\gamma_{\nu}\psi(x_2)\big] d^{+}(\boldsymbol{P}_1, s_1)b^{+}(\boldsymbol{P}_2, s_2)$$

$$+ b(\boldsymbol{P}'_2, s'_2)d(\boldsymbol{P}'_1, s'_1)\big[\overline{\psi}(x_1)\gamma_{\mu}\psi(x_1)\big]\big[\overline{\psi}(x_2)\gamma_{\nu}\psi(x_2)\big] d^{+}(\boldsymbol{P}_1, s_1)b^{+}(\boldsymbol{P}_2, s_2)$$

$$+ b(\boldsymbol{P}'_2, s'_2)d(\boldsymbol{P}'_1, s'_1)\big[\overline{\psi}(x_1)\gamma_{\mu}\psi(x_1)\big]\big[\overline{\psi}(x_2)\gamma_{\nu}\psi(x_2)\big] d^{+}(\boldsymbol{P}_1, s_1)b^{+}(\boldsymbol{P}_2, s_2)$$

$$+b(\boldsymbol{P}'_2, s'_2)d(\boldsymbol{P}'_1, s'_1)\left[\overline{\psi}(x_1)\gamma_\mu\psi(x_1)\right]\left[\overline{\psi}(x_2)\gamma_\nu\psi(x_2)\right]d^+(\boldsymbol{P}_1, s_1)b^+(\boldsymbol{P}_2, s_2)$$

$$\left.+\frac{1}{2}b(\boldsymbol{P}'_2, s'_2)d(\boldsymbol{P}'_1, s'_1)\left[\overline{\psi}(x_1)\gamma_\mu\psi(x_1)\right]\left[\overline{\psi}(x_2)\gamma_\nu\psi(x_2)\right]d^+(\boldsymbol{P}_1, s_1)b^+(\boldsymbol{P}_2, s_2)\right\} \quad (11\text{-}446e)$$

同樣地可得 $S_{fi}^{2n>2}$ 的 Wick 濃縮量，這件工作在 1940 年代中葉 Feynman 完成了，並且歸納出漂亮規則來，世稱 **Feynman 定則**（Feynman's rules）。他將 S_{fi}^{2n} 的 Wick 濃縮畫成圖後獲得規則，而稱依 Feynman 定則畫的圖為 **Feynman 圖**（Feynman diagrams），可以說是計算散射矩陣 S_{fi} 時要用的圖。**由頂點（vertex），內線（internal line）和外線（external line）構成的圖**，如圖（11-140）。所以 $\hat{S}$ 矩陣的微擾演算變成畫 Feynman 圖來演算就夠，不必經過如（11-446d）式或（11-446e）式的繁雜式子推導。將（11-446e）式畫成圖之前，須先瞭解 $\hat{S}$ 矩陣的進一步物理。$\hat{S}$ 矩陣的定義是（11-423a）和（11-424a）式，是描述物理系統從無相互作用的 $t=-\infty$，途經相互作用，再到無相互作用的 $t=+\infty$ 的算符，故**畫圖時必先定義時間的發展方向**。場關連的是多體問題，相對性理論的不變性自然地帶來了如（11-429a~e）式所述的粒子（E, q）和反粒子（E, −q）的存在，如何區別粒子和反粒子呢？Feynman 用了**沿時間發展方向運動的為粒子，反方向運動的為反粒子**，這和附錄（I）的（I-20a）式到（I-22）式的推導過程一致。我們照 Feynman 的定義，並且用實線描寫粒子反粒子，而用波浪線〰〰畫光子。那麼對初態和終態的自由物質粒子（含反粒子）的產生湮沒要怎麼解決呢？粒子（反粒子）和電磁場相互作用必在某時空點（$\boldsymbol{x}, t$）=（x）發生，如圖（11-139a）從 x 出來（進去）的實線定為湮沒粒子（反粒子），而圖（11-139b）進去（出來）x 的實線定為產生粒子（反粒子），故實線必帶箭頭。如圖（11-139c）在 x_1 產生的正電子在 x_2 湮沒，而在 x_2 湮沒的電子在 x_1 產生，各對應的場算符如圖示。至於光子，它自己又是粒子又是反粒子，故如圖（11-139d）不必畫箭頭，如光子線上有箭頭，那是四動量的交換方向，不是光子的產生湮沒。圖（11-139a,b）的叫**外線**（external line），圖（11-139c）和（11-139d）分別稱為電子（正電子）和光子的**內線**（internal line）或**傳播子**（propagator，看附錄K）。畫圖時依照時間循序從式子的右邊向左邊方向，沿著 Fermi 子的行進過程畫各物理量，則（11-446e）式右邊各項的圖如圖（11-140a~e）。

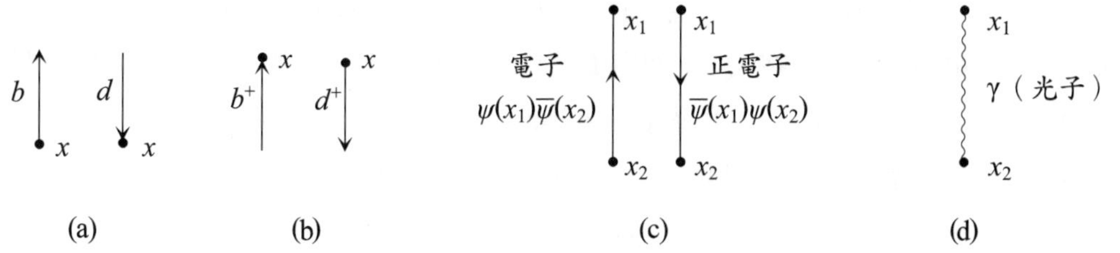

圖 11-139

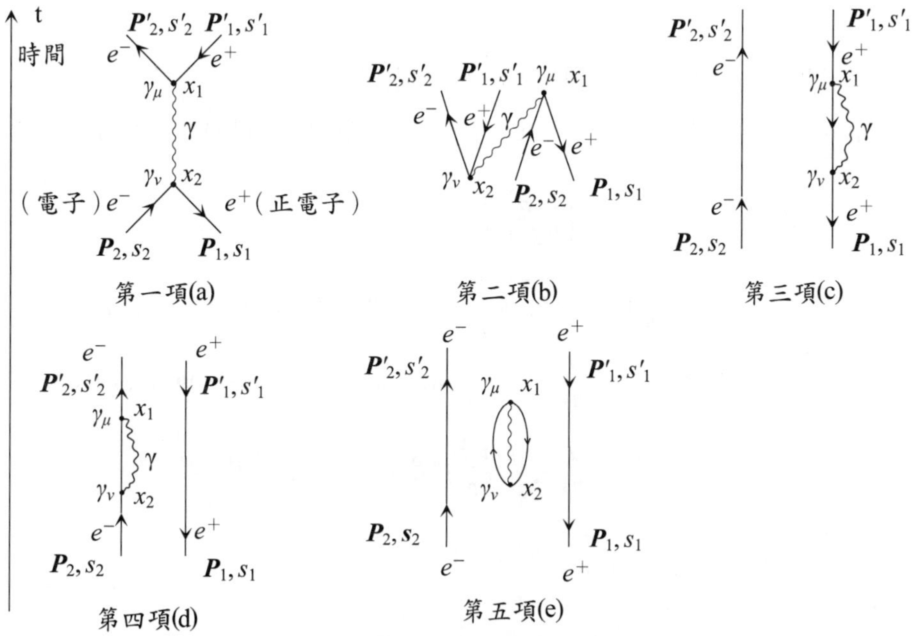

圖 11-140　（11-446e）式右邊各項的圖示

圖（11-140a,b）稱為連結圖（connected diagram），顯示電子和正電子的相互作用情形，這兩個圖又叫 **Bhabha 散射**，是紀念 1935 年 Bhabha（Homi Jehangir Bhabha 1909 年～1966 年印度物理學家）首次探討電子正電子散射和電子電子散射的差異工作。像圖（11-140c~e）分開來的稱作非連結圖（disconnected diagram），電子正電子無直接的相互作用，所以圖（11-140c~e）等於對 $S_{fi}^{(0)}$ 的修正圖。圖（11-140c）和（11-140d）分別稱為正電子和電子的自能（self energy），它是正電子或電子和自己造的電磁場相互作用產生的能量。凡是粒子和自己造的場相互作用產生的能量統稱為自能，自能用來修正粒子本身的質量，故圖（11-140c,d）又叫重整（renormalization）圖。圖（11-140a,b）上的時空點 x_1 或 x_2，是兩 Fermi 子和電磁場相互作用點，它必有三條線（直線、曲線或點線等）會合在一點，這個點叫頂點（vertex）或頂角。在頂點必有相互作用強度或如（11-444）式的相互作用型，它完全和你使用的理論模型有關。在 QED 使用的是局部規範變換不變，相互作用自動地被決定成如（11-413d）式，而獲得（11-426d）式的 $\hat{S}$ 矩陣算符，其具體矩陣 S_{fi} 如（11-445e）式，所以從（11-445e）式得頂點的相互作用是：

$$\boxed{-\frac{iq\gamma_\mu}{\hbar c}} \tag{11-447}$$

接著具體地計算（11-446e）式各 Wick 濃縮物理量。

(a)自旋 1/2 的 Fermi 粒子外線

由（11-446e）式得，進某個頂點或出某個頂點的自旋 1/2 的 Fermi 粒子外線，它們有如下（11-448a~d）式四種。從（11-439a）和（11-440a,b）式得：

$$\begin{aligned}
\overbrace{\psi(x)b^{+}}(\boldsymbol{P}',S') &= \langle 0|T\Bigg\{\sum_{S=\pm1/2}\int\frac{d^3P}{(2\pi\hbar)^{3/2}}\sqrt{\frac{mc^2}{E_{\boldsymbol{P}}}}\times \\
&\quad \overbrace{[b(\boldsymbol{P},s)u(\boldsymbol{P},s)e^{-iP\cdot x/\hbar}+d^{+}(\boldsymbol{P},s)v(\boldsymbol{P},s)e^{iP\cdot x/\hbar}]b^{+}}(\boldsymbol{P}',s')\Bigg\}|0\rangle \\
&= \sum_{S=\pm1/2}\int\frac{d^3P}{(2\pi\hbar)^{3/2}}\sqrt{\frac{mc^2}{E_{\boldsymbol{P}}}}u(\boldsymbol{P},s)e^{-iP\cdot x/\hbar}\ \langle 0|b(\boldsymbol{P},s)b^{+}(\boldsymbol{P}',s')|0\rangle \\
&= \sum_{S=\pm1/2}\int\frac{d^3P}{(2\pi\hbar)^{3/2}}\sqrt{\frac{mc^2}{E_{\boldsymbol{P}}}}u(\boldsymbol{P},s)e^{-iP\cdot x/\hbar}\delta_{ss'}\delta^3(\boldsymbol{P}-\boldsymbol{P}') \\
&= \frac{1}{(2\pi\hbar)^{3/2}}\sqrt{\frac{mc^2}{E_{\boldsymbol{P}'}}}u(\boldsymbol{P}',s')e^{-iP'\cdot x/\hbar} \\
&\xrightarrow[\text{看第 10 章(10-66b)式}]{\text{體積}\Omega\text{的有限空間}} \frac{1}{\sqrt{\Omega}}\sqrt{\frac{mc^2}{E_{\boldsymbol{P}'}}}u(\boldsymbol{P}',s')e^{-iP'\cdot x/\hbar}
\end{aligned} \tag{11-448a}$$

$$\begin{aligned}
\overbrace{\overline{\psi}(x)d^{+}}(\boldsymbol{P}',s') &= \langle 0|T\Bigg\{\sum_{S=\pm1/2}\int\frac{d^3P}{(2\pi\hbar)^{3/2}}\sqrt{\frac{mc^2}{E_{\boldsymbol{P}}}}[b^{+}(\boldsymbol{P},s)\overline{u}(\boldsymbol{P},s)e^{iP\cdot x/\hbar} \\
&\quad +\overbrace{d(\boldsymbol{P},s)\overline{v}(\boldsymbol{P},s)e^{-iP\cdot x/\hbar}]\,d^{+}}(\boldsymbol{P}',s')\Bigg\}|0\rangle \\
&= \frac{1}{(2\pi\hbar)^{3/2}}\sqrt{\frac{mc^2}{E_{\boldsymbol{P}'}}}\overline{v}(\boldsymbol{P}',s')\,e^{-iP'\cdot x/\hbar} \\
&\xrightarrow[\text{體積}\Omega\text{的有限空間}]{} \frac{1}{\sqrt{\Omega}}\sqrt{\frac{mc^2}{E_{\boldsymbol{P}'}}}\overline{v}(\boldsymbol{P}',s')e^{-iP'\cdot x/\hbar}
\end{aligned} \tag{11-448b}$$

同理得：

$$\overbrace{b(\boldsymbol{P}',s')\overline{\psi}}(x) = \frac{1}{(2\pi\hbar)^{3/2}}\sqrt{\frac{mc^2}{E_{\boldsymbol{P}'}}}\overline{u}(\boldsymbol{P}',s')e^{iP'\cdot x/\hbar}$$

$$\Rightarrow \frac{1}{\sqrt{\Omega}}\sqrt{\frac{mc^2}{E_{\boldsymbol{P}'}}}\,\overline{u}(\boldsymbol{P}', s')e^{iP'\cdot x/\hbar} \qquad (11\text{-}448c)$$

$$\overline{d(\boldsymbol{P}', S')\psi(x)} = \frac{1}{(2\pi\hbar)^{3/2}}\sqrt{\frac{mc^2}{E_{\boldsymbol{P}'}}}\,\upsilon(\boldsymbol{P}', s')e^{iP'\cdot x/\hbar}$$

$$\Rightarrow \frac{1}{\sqrt{\Omega}}\sqrt{\frac{mc^2}{E_{\boldsymbol{P}'}}}\,\upsilon(\boldsymbol{P}', s')e^{iP'\cdot x/\hbar} \qquad (11\text{-}448d)$$

（11-448a~d）式的平面波部分 $e^{\pm iP'\cdot x/\hbar}$，最後會帶來四動量守恆量（看下面（11-450）式）：

$$(2\pi\hbar)^4\delta^4(P'_1+P'_2-P_1-P_2)$$

於是自旋 1/2 的 Fermi 子在動量空間（momentum space）的表示外線是沒 $e^{\pm iP\cdot x/\hbar}$ 的（11-448a~d）式。則由圖（11-139）和（11-448a~d）式得圖（11-140a）的動量空間表示圖，如圖（11-141），同樣可得圖（11-140）的其他圖的動量空間圖。

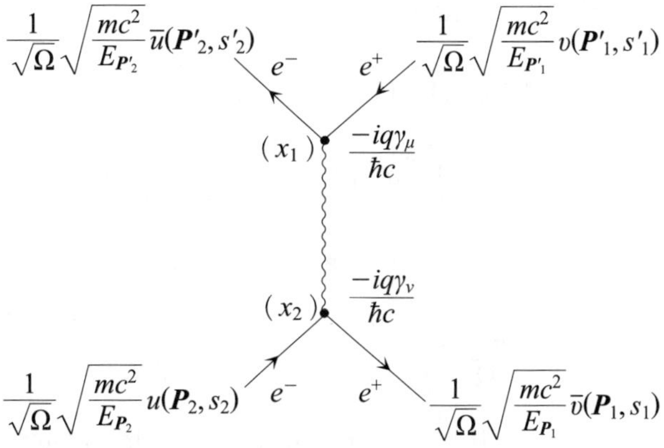

圖 11-141　Bhabha 散射的一例

(b)電子和光子的內線

由 $\hat{S}$ 矩陣（11-445e）式，（11-446e）式和圖（11-140c~e）得，連結兩個頂點的電子內線和光子內線的動量表示量（請看附錄 K）：

電子內線：$\overline{\psi(x)\overline{\psi}(y)} = \langle 0|T\big(\psi(x)\overline{\psi}(y)\big)|0\rangle = \int\frac{d^4P}{(2\pi\hbar)^4}S_F(P)e^{-iP\cdot(x-y)/\hbar}$

$$S_F(P) = \frac{i\hbar}{\not{P}-mc+i\varepsilon} = \frac{i\hbar(\not{P}+mc)}{P^2-(mc)^2+i\varepsilon} \qquad (11\text{-}449a)$$

光子內線：$\overline{A_\mu(x)A_\nu(y)} = \langle 0|T\big(A_\mu(x)A_\nu(y)\big)|0\rangle = \int\frac{d^4k}{(2\pi)^4}D_F(k)_{\mu\nu}e^{-ik\cdot(x-y)}$

$$D_F(k)_{\mu\nu} = -\frac{i\hbar c g_{\mu\nu}}{k^2+i\varepsilon}，\quad 或 D_F(\hbar k)_{\mu\nu} = -\frac{i\hbar^3 c g_{\mu\nu}}{(\hbar k)^2+i\varepsilon} \qquad (11\text{-}449b)$$

$S_F(P)$ 和 $D_F(k)_{\mu\nu}$ 分別稱作 Fermi 子和光子的**傳播子**（propagator），都是四動量空間的物理量，右下標 F 表示 Feynman **傳播子**，其推導過程請看附錄 K，（11-449a）和（11-449b）式分別是附錄 K 的（K-45）和（K-63）式。於是由圖（11-139），

（11-448a~d）式以及（11-449a, b）式得圖（11-140c）的外線和內線的具體表示圖（11-142）。

(c)四動量守恆，Feynman 定則

以（11-446e）式右邊第一項，即圖（11-140a）為例來證明散射時，如無任何源頭（source）或壑（sink），則四動量必守恆。由（11-446c）式，（11-446e），（11-448a~d）和（11-449b）式得：

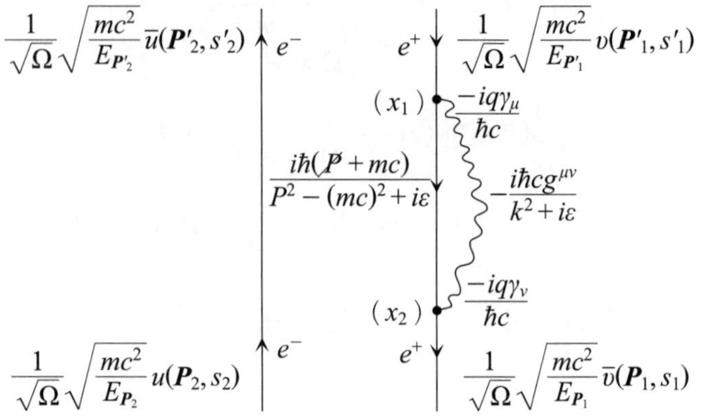

圖 11-142

$$
\begin{aligned}
S_{fi}^{(2)}(\text{圖}(11-140a)) &\equiv S_{fi}^{(2)}(a)\\
&=\left(-\frac{iq}{\hbar c}\right)^2\int d^4x_1 d^4x_2\int\frac{d^4k}{(2\pi)^4}\left(-\frac{i\hbar c g^{\mu\nu}}{k^2+i\varepsilon}\right)e^{-ik(x_1-x_2)}\left(\sqrt{\frac{mc^2}{\Omega}}\right)^4\frac{1}{\sqrt{E_{\boldsymbol{P}'_2}E_{\boldsymbol{P}'_1}E_{\boldsymbol{P}_2}E_{\boldsymbol{P}_1}}}\\
&\quad\times e^{i[(P'_1+P'_2)\cdot x_1-(P_1+P_2)\cdot x_2]/\hbar}\left[\overline{u}(\boldsymbol{P}'_2,s'_2)\gamma_\mu\upsilon(\boldsymbol{P}'_1,s'_1)\right]\left[\overline{\upsilon}(\boldsymbol{P}_1,s_1)\gamma_\nu u(\boldsymbol{P}_2,s_2)\right]\\
&=\left(\frac{mc^2}{\Omega}\right)^2\int d^4x_1 e^{i[(P'_1+P'_2)-\hbar k]\cdot x_1/\hbar}\int d^4x_2 e^{i[\hbar k-(P_1+P_2)]\cdot x_2/\hbar}\int\frac{d^4k}{(2\pi)^4}\frac{1}{\sqrt{E_{\boldsymbol{P}'_2}E_{\boldsymbol{P}'_1}E_{\boldsymbol{P}_2}E_{\boldsymbol{P}_1}}}\\
&\quad\times\left\{\left[\overline{u}(\boldsymbol{P}'_2,s'_2)\left(-\frac{iq\gamma_\mu}{\hbar c}\right)\upsilon(\boldsymbol{P}'_1,s'_1)\right]\left(\frac{-i\hbar^3 c g^{\mu\nu}}{(\hbar k)^2+i\varepsilon}\right)\left[\overline{\upsilon}(\boldsymbol{P}_1,s_1)\left(\frac{-iq\gamma_\nu}{\hbar c}\right)u(\boldsymbol{P}_2,s_2)\right]\right\}\\
&=\left(\frac{mc^2}{\Omega}\right)^2(2\pi\hbar)^4\int\delta^4(P'_1+P'_2-\hbar k)\delta^4(\hbar k-P_1-P_2)\frac{d^4(\hbar k)}{\sqrt{E_{\boldsymbol{P}'_2}E_{\boldsymbol{P}'_1}E_{\boldsymbol{P}_2}E_{\boldsymbol{P}_1}}}\\
&\quad\times\left\{\left[\overline{u}(\boldsymbol{P}'_2,s'_2)\left(-\frac{iq\gamma_\mu}{\hbar c}\right)\upsilon(\boldsymbol{P}'_1,s'_1)\right]\left(\frac{-i\hbar^3 c g^{\mu\nu}}{(\hbar k)^2+i\varepsilon}\right)\left[\overline{\upsilon}(\boldsymbol{P}_1,s_1)\left(\frac{-iq\gamma_\nu}{\hbar c}\right)u(\boldsymbol{P}_2,s_2)\right]\right\}\\
&=(2\pi\hbar)^4\delta^4(P'_1+P'_2-P_1-P_2)\left(\frac{mc^2}{\Omega}\right)^2\frac{1}{\sqrt{E_{\boldsymbol{P}'_2}E_{\boldsymbol{P}'_1}E_{\boldsymbol{P}_2}E_{\boldsymbol{P}_1}}}\\
&\quad\times\left[\overline{u}(\boldsymbol{P}'_2,s'_2)\left(-\frac{iq\gamma_\mu}{\hbar c}\right)\upsilon(\boldsymbol{P}'_1,s'_1)\right]\left(\frac{-i\hbar^3 c g^{\mu\nu}}{(P_1+P_2)^2+i\varepsilon}\right)\left[\overline{\upsilon}(\boldsymbol{P}_1,s_1)\left(\frac{-iq\gamma_\nu}{\hbar c}\right)u(\boldsymbol{P}_2,s_2)\right]
\end{aligned}
$$

$$
\begin{aligned}
\therefore S_{fi}^{(2)}(a) &= (2\pi\hbar)^4\delta^4(P'_1+P'_2-P_1-P_2)\\
&\quad\times\left\{\left[\sqrt{\frac{mc^2}{\Omega E_{\boldsymbol{P}'_2}}}\,\overline{u}(\boldsymbol{P}'_2,s'_2)\right]\left(\frac{-iq\gamma_\mu}{\hbar c}\right)\left[\sqrt{\frac{mc^2}{\Omega E_{\boldsymbol{P}'_1}}}\,\upsilon(\boldsymbol{P}'_1,s'_1)\right]\right\}\left(\frac{-i\hbar^3 c g^{\mu\nu}}{(P_1+P_2)^2+i\varepsilon}\right)\\
&\quad\times\left\{\left[\sqrt{\frac{mc^2}{\Omega E_{\boldsymbol{P}_1}}}\,\overline{\upsilon}(\boldsymbol{P}_1,s_1)\right]\left(\frac{-iq\gamma_\nu}{\hbar c}\right)\left[\sqrt{\frac{mc^2}{\Omega E_{\boldsymbol{P}_2}}}\,u(\boldsymbol{P}_2,s_2)\right]\right\}
\end{aligned}
\qquad (11\text{-}450)
$$

＝（11-421c）式的右邊第二項乘 i，是（11-427a）式要用的躍遷矩陣。

（11-450）式的$(2\pi\hbar)^4\delta^4(P'_1+P'_2-P_1-P_2)$是四動量守恆，也是（11-421c）式所示的能量和動量的守恆，而中括弧[ ]內的量正是圖（11-141）或圖（11-142）所示，各Fermi子的電子或正電子的外線。夾在兩中括弧間的$(-iq\gamma_\mu/(\hbar c))$表示物質粒子的電子或正電子和電磁場的相互作用情形，即（11-447）式，而夾在兩大括弧{ }間的$(-i\hbar^3cg^{\mu\nu})/[(P_1+P_2)^2+i\varepsilon]$是在兩相互作用點間的電磁場，即光子的傳播子，是傳遞信息的物理量，多麼漂亮的式子和圖形的對應以及物理呀！（11-446e）式的其他項都能獲得和（11-450）式同樣的漂亮結論。1940年代中葉 Feynman 費了數年時光，從不同角度和使用不同方法分析研究同一散射現象，（11-450）式的結論是其中的一部分。**凡是解（11-445e）式的S_{fi}，都能用 Feynman 圖，依照如（11-450）式的內外線，以及頂點相互作用量來代表**，這正是 Feynman 的貢獻。那些如（11-450）式和圖（11-141）的對應規則稱為 **Feynman 定則**（Feynman's rules），我們不繼續做（11-446e）式右邊的其他項，有興趣的讀者照推導（11-450）式的過程自己練習。現依後註（53）Bjorken-Drell的標誌（notation），將QED的Feynman定則整理在（11-451a~h）式。

(1)內稟角動量$\frac{1}{2}$的 Fermi 子的傳播子（內線）

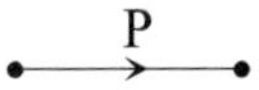

$$\Longleftrightarrow \frac{i\hbar(\not{P}+mc)}{P^2-(mc)^2+i\varepsilon} \equiv S_F(P) \qquad (11\text{-}451a)$$

$$P^2=P_0^2-\boldsymbol{P}^2, \qquad P_0=E_{\boldsymbol{P}}/c, \qquad \hbar\equiv h/(2\pi)$$

(2)光子的傳播子（內線）

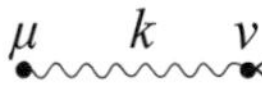

$$\Longleftrightarrow -\frac{i\hbar c g^{\mu\nu}}{k^2+i\varepsilon} \equiv D_F^{\mu\nu}(k) \qquad (11\text{-}451b)$$

$$k^2=k_0^2-\boldsymbol{k}^2, \qquad k_0=\omega_{\boldsymbol{k}}/c$$

$\omega_{\boldsymbol{k}}$＝角頻率，　c＝光速

(3)頂點（vertex, Fermi 子和電磁場的相互作用點，必有三條線會合於一點）

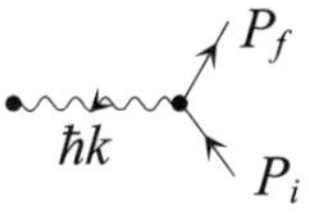

$$\Longleftrightarrow \frac{-iq\gamma^\mu}{\hbar c} \qquad (11\text{-}451c)$$

q＝ Fermi 子的電荷

（Ex）電子的$q=-e$，　e＝電子電荷大小

正電子的$q=+e$

在頂點四動量必守恆：$P_i=\hbar k+P_f$

⑷ Fermi 子的外線（external lines）

$$\Longleftrightarrow \frac{1}{\sqrt{\Omega}}\sqrt{\frac{mc^2}{E_{\boldsymbol{P}}}}\,u(\boldsymbol{P},s)$$

s＝電子自旋，　m＝電子靜止質量

$E_{\boldsymbol{P}}>0$，　Ω＝相互作用的空間體積

$$\Longleftrightarrow \frac{1}{\sqrt{\Omega}}\sqrt{\frac{mc^2}{E_{\boldsymbol{P}}}}\,\bar{u}(\boldsymbol{P},s)$$

$\bar{u}(\boldsymbol{P},s)=u^{+}(\boldsymbol{P},s)\gamma_0$

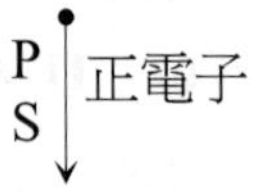

$$\Longleftrightarrow \frac{1}{\sqrt{\Omega}}\sqrt{\frac{mc^2}{E_{\boldsymbol{P}}}}\,\bar{\boldsymbol{v}}(\boldsymbol{P},s)$$

$E_{\boldsymbol{P}}>0$

$$\Longleftrightarrow \frac{1}{\sqrt{\Omega}}\sqrt{\frac{mc^2}{E_{\boldsymbol{P}}}}\,v(\boldsymbol{P},s)$$

（11-451d）

⑸光子外線

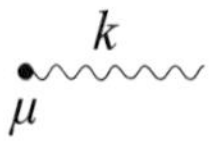

$$\Longleftrightarrow \frac{1}{\sqrt{\Omega}}\sqrt{\frac{\hbar c}{2k_0}}\,\varepsilon^{\mu}(\boldsymbol{k},\lambda)$$

$$\text{或}\frac{1}{\sqrt{\Omega}}\sqrt{\frac{\hbar c^2}{2\omega_{\boldsymbol{k}}}}\,\varepsilon^{\mu}(\boldsymbol{k},\lambda)$$

（11-451e）

$\omega_{\boldsymbol{k}}=k_0 c$＝角頻率

⑹在任意頂點，對不受四動量守恆限制的內線動量 $P_i=\hbar k_i$ 必須執行：

$$\int\frac{d^4P_i}{(2\pi\hbar)^4} \tag{11-451f}$$

（Ex）圖（11-142）的光子內線，必作：

$$\int\frac{d^4P_i}{(2\pi\hbar)^4}\,\frac{-i\hbar^3cg^{\mu\nu}}{P_i^2+i\varepsilon}=-i\hbar^3cg^{\mu\nu}\int\frac{d^4P_i}{(2\pi\hbar)^4}\,\frac{1}{P_i^2+i\varepsilon} \tag{11-451g}$$

$P_i\equiv\hbar k$

⑺遇到任何封閉 Fermi 子環（loop）必須乘上“-1”　（11-451h）

由於我們書寫時是從左邊往右邊方向橫著寫，但散射算符 $\hat{S}$，依（11-422e）和（11-426a）式是左邊的時間大於右邊，所以書寫躍遷矩陣時是，依Feynman定則：

(i)從時間 $t_{大}$ 往 $t_{小}$ 的方向，跟著電子線寫，
(ii)這時必先寫 $\bar{u}(\boldsymbol{P},s)$或$\bar{v}(\boldsymbol{P},s)$，然後才寫 $u(\boldsymbol{P},s)$或$v(\boldsymbol{P},s)$　（11-451i）

雖求的是躍遷矩陣 T_{fi} ，但從（11-421c）式只要發生散射現象， S_{fi} 就不可能是 δ_{fi} ，故常以 S_{fi} 來表示躍遷矩陣 T_{fi} 。

(iii)實例

(a)求 e^-（電子）和 e^+（正電子）散射中的圖（11-140a）的電子角微分截面 $d\sigma/d\Omega_{P'_2}$ 。

圖（11-140a）的躍遷矩陣就是（11-450）式，其終態和初態四動量 $P_f=(P'_1+P'_2)$, $P_i=(P_1+P_2)$，而躍遷矩陣 T_{fi} 是：

$$T_{fi}=\left(\frac{mc^2}{\Omega}\right)^2\left(\frac{-iq}{\hbar c}\right)^2(-i\hbar^3c)\frac{1}{\sqrt{E_{\boldsymbol{P}'_2}E_{\boldsymbol{P}'_1}E_{\boldsymbol{P}_2}E_{\boldsymbol{P}_1}}}\overline{u}(\boldsymbol{P}'_2,s'_2)\gamma_\mu v(\boldsymbol{P}'_1,s'_1)\frac{1}{(P_1+P_2)^2}\overline{v}(\boldsymbol{P}_1,s_1)\gamma^\mu u(\boldsymbol{P}_2,s_2)$$

由於電子和正電子都沒偏振（polarization），故必須對初態的電子正電子自旋取平均，而對終態的自旋取和，因 $\gamma_0\gamma_\mu^+\gamma_0=\gamma_\mu$ ，所以得：

$$\frac{1}{(2s_1+1)(2s_2+1)}\sum_{s_1,s_2,s'_1,s'_2}|T_{fi}|^2=\left(\frac{mc^2}{\Omega}\right)^4\left(\frac{-iq}{\hbar c}\right)^2\left(\frac{iq}{\hbar c}\right)^2(-i\hbar^3c)(i\hbar^3c)\frac{1}{E_{\boldsymbol{P}'_2}E_{\boldsymbol{P}'_1}E_{\boldsymbol{P}_2}E_{\boldsymbol{P}_1}}$$

$$\times\frac{1}{(2s_1+1)(2s_2+1)}\sum_{s_1,s_2,s'_1,s'_2}\left\{\left[\overline{u}(\boldsymbol{P}'_2,s'_2)\gamma_\mu v(\boldsymbol{P}'_1,s'_1)\frac{1}{(P_1+P_2)^2}\overline{v}(\boldsymbol{P}_1,s_1)\gamma^\mu u(\boldsymbol{P}_2,s_2)\right]\right.$$

$$\left.\times\left[\overline{v}(\boldsymbol{P}'_1,s'_1)\gamma_\nu u(\boldsymbol{P}'_2,s'_2)\frac{1}{(P_1+P_2)^2}\overline{u}(\boldsymbol{P}_2,s_2)\gamma^\nu v(\boldsymbol{P}_1,s_1)\right]\right\}$$

用成分表示，以方便移動各因子（factor），這是種計算技巧

$$=\underbrace{\left(\frac{\hbar q^2}{2c}\right)^2\left(\frac{mc^2}{\Omega}\right)^4\frac{1}{E_{\boldsymbol{P}'_2}E_{\boldsymbol{P}'_1}E_{\boldsymbol{P}_2}E_{\boldsymbol{P}_1}}\frac{1}{(P_1+P_2)^4}}_{\equiv K}\sum_{s_1,s_2,s'_1,s'_2}\left\{\left[\overline{u}(2')_\alpha(\gamma_\mu)_{\alpha\beta}v(1')_\beta\overline{v}(1)_{\alpha'}(\gamma^\mu)_{\alpha'\beta'}u(2)_{\beta'}\right]\right.$$

$$\left.\times\left[\overline{v}(1')_\sigma(\gamma_\nu)_{\sigma\delta}u(2')_\delta\overline{u}(2)_{\sigma'}(\gamma^\nu)_{\sigma'\delta'}v(1)_{\delta'}\right]\right\}$$

$u(\boldsymbol{P}'_2,s'_2)\equiv u(2')$, 即 $(\boldsymbol{P}_i,s_i)\equiv(i)$, $(\boldsymbol{P}'_i,s'_i)\equiv(i')$, $i=1,2$

移動成分，使著剛好變成取矩陣迹（trace）的形式。

$$=K\left[\sum_{S'_2}u(2')_\delta\overline{u}(2')_\alpha(\gamma_\mu)_{\alpha\beta}\right]\left[\sum_{S'_1}v(1')_\beta\overline{v}(1')_\sigma(\gamma_\nu)_{\sigma\delta}\right]\left[\sum_{S_1}v(1)_{\delta'}\overline{v}(1)_{\alpha'}(\gamma^\mu)_{\alpha'\beta'}\right]\left[\sum_{S_2}u(2)_{\beta'}\overline{u}(2)_{\sigma'}(\gamma^\nu)_{\sigma'\delta'}\right]$$

各中括弧內的接連兩旋量（spinor），恰好是正或負能量的投影算符（請看附錄 K 的（K20）式和（K21）式）（11-439e）式，

$$=K\left[\underbrace{\left(\frac{\not{P}'_2+mc}{2mc}\right)_{\delta\alpha}(\gamma_\mu)_{\alpha\beta}\left(\frac{\not{P}'_1-mc}{2mc}\right)_{\beta\sigma}(\gamma_\nu)_{\sigma\delta}}_{\text{剛好構成矩陣迹}}\right]\left[\underbrace{\left(\frac{\not{P}_1-mc}{2mc}\right)_{\delta'\alpha'}(\gamma^\mu)_{\alpha'\beta'}\left(\frac{\not{P}_2+mc}{2mc}\right)_{\beta'\sigma'}(\gamma^\nu)_{\sigma'\delta'}}\right]$$

$$=K\left[T_r\left(\frac{\not{P}'_2+mc}{2mc}\right)\gamma_\mu\left(\frac{\not{P}'_1-mc}{2mc}\right)\gamma_\nu\right]\left[T_r\left(\frac{\not{P}_1-mc}{2mc}\right)\gamma^\mu\left(\frac{\not{P}_2+mc}{2mc}\right)\gamma^\nu\right]$$

$$=\frac{K}{(2mc)^4}\left[T_r(\not{P}'_2+mc)\gamma_\mu(\not{P}'_1-mc)\gamma_\nu\right]\left[T_r(\not{P}_1-mc)\gamma^\mu(\not{P}_2+mc)\gamma^\nu\right]$$

假定 $\boldsymbol{P}^2 \gg (mc)^2$，則可以省略 mc，這假設俗稱極端地相對性（extremely relativictic）近似。

$$\doteqdot\left(\frac{\hbar cq^2}{2\Omega^2}\right)^2\frac{1}{16E_{\boldsymbol{P}'_2}E_{\boldsymbol{P}'_1}E_{\boldsymbol{P}_2}E_{\boldsymbol{P}_1}}\frac{1}{(P_1+P_2)^4}[T_r(\not{\boldsymbol{P}}'_2\gamma_\mu\not{P}'_1\gamma_\nu)][T_r(\not{P}_1\gamma^\mu\not{P}_2\gamma^\nu)] \qquad (11\text{-}452a)$$

將 Dirac γ 矩陣的一些有用關係式（請看後註(53)）列於下面：

$$\left.\begin{aligned}&T_r\not{a}_1\not{a}_2\cdots\cdots\not{a}_{2n+1}=0\\&T_r\mathbb{1}=4\\&T_r\not{a}\not{b}=4a\cdot b\\&T_r\not{a}_1\not{a}_2\not{a}_3\not{a}_4=4[(a_1\cdot a_2)(a_3\cdot a_4)+(a_1\cdot a_4)(a_2\cdot a_3)-(a_1\cdot a_3)(a_2\cdot a_4)]\end{aligned}\right\} \qquad (11\text{-}452b)$$

$$\left.\begin{aligned}&\gamma_\mu\gamma_\alpha\gamma^\mu=-2\gamma_\alpha\\&\gamma_\mu\gamma_\alpha\gamma_\beta\gamma^\mu=4g_{\alpha\beta}\\&\gamma_\mu\gamma_\alpha\gamma_\beta\gamma_\delta\gamma^\mu=-2\gamma_\delta\gamma_\beta\gamma_\alpha\\&T_r\gamma^\mu\gamma^\nu=g^{\mu\nu}T_r\mathbb{1}=4g^{\mu\nu},\qquad \text{或 } T_r\gamma_\mu\gamma_\nu=4g_{\mu\nu}=4g^{\mu\nu}\\&T_r\gamma^\mu\gamma^\nu\gamma^\alpha\gamma^\beta=4(g^{\mu\nu}g^{\alpha\beta}+g^{\mu\beta}g^{\nu\alpha}-g^{\mu\alpha}g^{\nu\beta})\end{aligned}\right\} \qquad (11\text{-}452c)$$

$$\left.\begin{aligned}&g^{\mu\nu}g_{\alpha\nu}=g^{\mu\nu}g_{\nu\alpha}=g^\mu_\alpha=\delta_{\mu\alpha}=\begin{pmatrix}1&0&0&0\\0&1&0&0\\0&0&1&0\\0&0&0&1\end{pmatrix}\\&g_{\mu\nu}g^{\mu\nu}=4\\&\not{P}_1\cdot\not{P}_2+\not{P}_2\cdot\not{P}_1=2P_1\cdot P_2\end{aligned}\right\} \qquad (11\text{-}452d)$$

$$\begin{aligned}\therefore\ &[T_r(\not{P}'_2\gamma_\mu\not{P}'_1\gamma_\nu)][T_r(\not{P}_1\gamma^\mu\not{P}_2\gamma^\nu)]\\&=[T_r(\gamma_\alpha\gamma_\mu\gamma_\beta\gamma_\nu)][T_r(\gamma^\sigma\gamma^\mu\gamma^\lambda\gamma^\nu)]P_2'^\alpha P_1'^\beta P_{1\sigma}P_{2\lambda}\\&=16(g_{\alpha\mu}g_{\beta\nu}+g_{\alpha\nu}g_{\mu\beta}-g_{\alpha\beta}g_{\mu\nu})(g^{\sigma\mu}g^{\lambda\nu}+g^{\sigma\nu}g^{\mu\lambda}-g^{\sigma\lambda}g^{\mu\nu})P_2'^\alpha P_1'^\beta P_{1\sigma}P_{2\lambda}\\&=16[(\delta_{\alpha\sigma}\delta_{\beta\lambda}+\delta_{\alpha\lambda}\delta_{\beta\sigma}-g_{\alpha\beta}g^{\sigma\mu}\delta_{\lambda\mu})+(\delta_{\alpha\lambda}\delta_{\beta\sigma}+\delta_{\alpha\sigma}\delta_{\beta\lambda}-g_{\alpha\beta}\delta_{\mu\sigma}g^{\mu\lambda})\\&\quad+(-g_{\alpha\mu}g^{\sigma\lambda}\delta_{\beta\mu}-g_{\alpha\nu}g^{\sigma\lambda}\delta_{\beta\nu}+4g_{\alpha\beta}g^{\sigma\lambda})]P_2'^\alpha P_1'^\beta P_{1\sigma}P_{2\lambda}\\&=16[(P'_2\cdot P_1)(P'_1\cdot P_2)+(P'_2\cdot P_2)(P'_1\cdot P_1)-(P'_2\cdot P'_1)(P_1\cdot P_2)\\&\quad+(P'_2\cdot P_2)(P'_1\cdot P_1)+(P'_2\cdot P_1)(P'_1\cdot P_2)-(P'_2\cdot P'_1)(P_1\cdot P_2)-(P'_2\cdot P'_1)(P_1\cdot P_2)\\&\quad-(P'_2\cdot P'_1)(P_1\cdot P_2)+4(P'_2\cdot P'_1)(P_1\cdot P_2)]\\&=32[(P'_2\cdot P_2)(P'_1\cdot P_1)+(P'_2\cdot P_1)(P'_1\cdot P_2)]\end{aligned} \qquad (11\text{-}452e)$$

將（11-452e）式代入（11-452a）式得：

$$\begin{aligned}&\frac{1}{(2S_1+1)(2S_2+1)}\sum_{S_1,S_2,S'_1,S'_2}|T_{fi}|^2\\&\doteqdot\left(\frac{\hbar cq^2}{2\Omega^2}\right)^2\frac{1}{E_{\boldsymbol{P}'_2}E_{\boldsymbol{P}'_1}E_{\boldsymbol{P}_2}E_{\boldsymbol{P}_1}}\frac{2}{(P_1+P_2)^4}\left[(P'_2\cdot P_2)(P'_1\cdot P_1)+(P'_2\cdot P_1)(P'_1\cdot P_2)\right]\end{aligned} \qquad (11\text{-}452f)$$

接著使用質心系（center of mass frame 或 center of monetum frame）來分析（11-452f）式內的四動量關係。由圖（11-141）得 $[e^-(P_2)+e^+(P_1)] \longrightarrow [e^-(P'_2)+e^+(P'_1)]$，而質心系時如設θ＝質心系的電子散射角，則如右圖在質心系的四動量是：

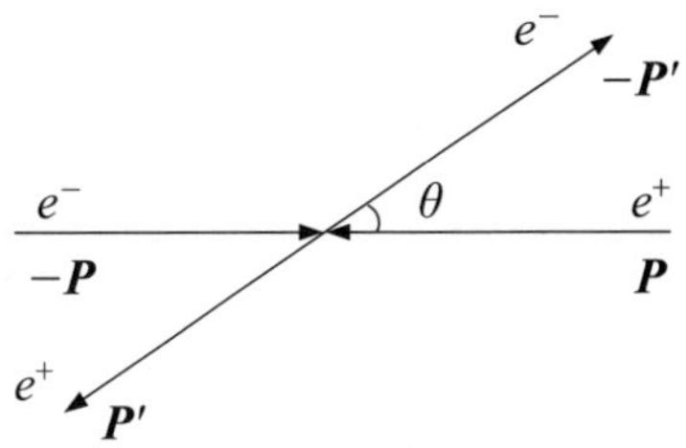

$$\begin{cases} P_1^\mu = (P_{10}, \boldsymbol{P}_1) = \left(\dfrac{E_{\boldsymbol{P}_1}}{c}, \boldsymbol{P}_1\right) \equiv \left(\dfrac{E_{\boldsymbol{P}}}{c}, \boldsymbol{P}\right) \\ P_2^\mu = (P_{20}, \boldsymbol{P}_2) = \left(\dfrac{E_{\boldsymbol{P}_2}}{c}, \boldsymbol{P}_2\right) \equiv \left(\dfrac{E_{\boldsymbol{P}}}{c}, -\boldsymbol{P}\right) \end{cases}$$

同理得：

$$\begin{cases} \boldsymbol{P}_1'^\mu = (E_{\boldsymbol{P}'}/c, \boldsymbol{P}') \\ \boldsymbol{P}_2'^\mu = (E_{\boldsymbol{P}'}/c, -\boldsymbol{P}') \end{cases}$$

且由 $E^2 = c^2\boldsymbol{P}^2 + (mc^2)^2$ 得 $E_{\boldsymbol{P}_1} = E_{\boldsymbol{P}_2} \equiv E_{\boldsymbol{P}},\ E_{\boldsymbol{P}'_1} = E_{\boldsymbol{P}'_2} \equiv E_{\boldsymbol{P}'}$

$$\begin{aligned} &\therefore (P'_2\cdot P_2)(P'_1\cdot P_1) + (P'_2\cdot P_1)(P'_1\cdot P_2) = P_2'^\mu P_{2\mu} P_1'^\nu P_{1\nu} + P_2'^\mu P_{1\mu} P_1'^\nu P_{2\nu} \\ &= [(E_{\boldsymbol{P}'}/c, -\boldsymbol{P}')\cdot(E_{\boldsymbol{P}}/c, \boldsymbol{P})][(E_{\boldsymbol{P}'}/c, \boldsymbol{P}')\cdot(E_{\boldsymbol{P}}/c, -\boldsymbol{P})] \\ &\quad + [(E_{\boldsymbol{P}'}/c, -\boldsymbol{P}')\cdot(E_{\boldsymbol{P}}/c, -\boldsymbol{P})][(E_{\boldsymbol{P}'}/c, \boldsymbol{P}')\cdot(E_{\boldsymbol{P}}/c, \boldsymbol{P})] \\ &= (E_{\boldsymbol{P}'}E_{\boldsymbol{P}}/c^2 - \boldsymbol{P}'\cdot\boldsymbol{P})^2 + (E_{\boldsymbol{P}'}E_{\boldsymbol{P}}/c^2 + \boldsymbol{P}'\cdot\boldsymbol{P})^2 \end{aligned}$$

$\boldsymbol{P}'\cdot\boldsymbol{P} = |\boldsymbol{P}'||\boldsymbol{P}|\cos\theta$

在（11-452a）式時假定了 $\boldsymbol{P}^2 \gg (mc)^2$，而省略了 mc^2，於是得：

$$E^2 = \boldsymbol{P}^2c^2 + (mc^2)^2 \fallingdotseq \boldsymbol{P}^2c^2$$

或 $\qquad E \fallingdotseq |\boldsymbol{P}|c$

$$\therefore \boldsymbol{P}'\cdot\boldsymbol{P} \fallingdotseq (E_{\boldsymbol{P}'}E_{\boldsymbol{P}}/c^2)\cos\theta \qquad (11\text{-}453a)$$

$$= \left(\frac{E_{\boldsymbol{P}'}E_{\boldsymbol{P}}}{c^2}\right)^2[(1-\cos\theta)^2 + (1+\cos\theta)^2] = 2\left(\frac{E_{\boldsymbol{P}'}E_{\boldsymbol{P}}}{c^2}\right)^2(1+\cos^2\theta) \qquad (11\text{-}453b)$$

將（11-453b）式代入（11-452f）式得：

$$\frac{1}{(2s_1+1)(2s_2+1)}\sum_{s_1,s_2,s'_1,s'_2}|T_{fi}|^2 = \left(\frac{\hbar q^2}{c\Omega^2}\right)^2\frac{1}{(P_1+P_2)^4}(1+\cos^2\theta) \equiv \frac{1}{\Omega^4}f(P_1,P_2,\theta) \qquad (11\text{-}453c)$$

$$f(P_1,P_2,\theta) \equiv \left(\frac{\hbar q^2}{c}\right)^2\frac{1}{(P_1+P_2)^4}(1+\cos^2\theta)$$

由（11-427b）式，如果要得 dσ，則必須計算入射流（incident current）$\boldsymbol{J}_{inc}$，以及終態的狀態密度 ρ_f。從第 9 章（9-43a）和（9-48）式分別得動量 $\boldsymbol{P} = m(\upsilon)\boldsymbol{\upsilon}$ 和能量

$E = m(v)c^2$，$m(v) = m_0/\sqrt{1-(\boldsymbol{v}/c)^2}$, m_0 = 靜止質量 $\equiv m$ 在這裡用，所以得 $\boldsymbol{v} = \boldsymbol{P}c^2/E$。$\boldsymbol{J}_{inc}$是單位時間經過單位橫切面積的入射粒子數目，如右圖，等於兩相互作用粒子速度 $\boldsymbol{v}_1$和 $\boldsymbol{v}_2$的相對速度$|\boldsymbol{v}_1 - \boldsymbol{v}_2|$除相互作用空間大小Ω和光速 c 之積：

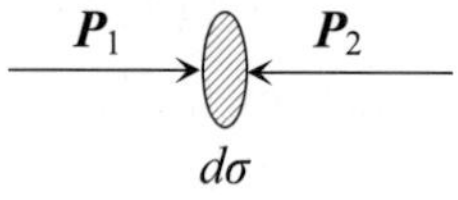

$$\begin{aligned}
|\boldsymbol{J}_{int}| &= |\boldsymbol{v}_1 - \boldsymbol{v}_2|/(\Omega c) \\
&= \frac{1}{\Omega c}|\boldsymbol{v}_{e^-} - \boldsymbol{v}_{e^+}| = \frac{c^2}{\Omega c}\left|\frac{\boldsymbol{P}_{e^-}}{E_{e^-}} - \frac{\boldsymbol{P}_{e^+}}{E_{e^+}}\right| \\
&= \frac{c}{\Omega}\left|\frac{\boldsymbol{P}_2}{E_{\boldsymbol{P}_2}} - \frac{\boldsymbol{P}_1}{E_{\boldsymbol{P}_1}}\right| \\
&\underset{\text{質心系}}{=\!=\!=} \frac{c}{\Omega E_{\boldsymbol{P}}}|\boldsymbol{P} - (-\boldsymbol{P})| = \frac{2c}{\Omega E_{\boldsymbol{P}}}|\boldsymbol{P}|
\end{aligned} \tag{11-453d}$$

至於ρ_f，假定發生相互作用的空間是邊長 L 的立方空間 $\Omega = L^3$，則在週期邊界條件下的角波數是：

$$k_i L = 2\pi n_i, \quad i = x, y, z$$

於是狀態數dN是：

$$dN = dn_x\, dn_y\, dn_z = \frac{\Omega}{(2\pi)^3}dk_x dk_y dk_z = \frac{\Omega}{(2\pi\hbar)^3}d^3P, \quad \Omega \equiv L^3$$

$$\therefore \rho_f = \left(\frac{\Omega}{(2\pi\hbar)^3}\right)^2 d^3P_2' d^3P_1' \tag{11-453e}$$

假定單位時間參與散射的電子數是一個，則（11-427b）式的 $n = 1/\Omega$，則由（11-427b）式和（11-453c~e）式得：

$$d\boldsymbol{\sigma} = \left(\frac{\Omega}{(2\pi\hbar)^3}\right)^2 d^3P_2' d^3P_1' \frac{(2\pi\hbar)^4\delta^4(P_1' + P_2' - P_1 - P_2)\dfrac{1}{\Omega^4}f(P_1, P_2, \theta)}{\dfrac{2|\boldsymbol{P}|c}{\Omega E_{\boldsymbol{P}}}\dfrac{1}{\Omega}}$$

由於我們假定了 $|\boldsymbol{P}| \gg mc$, 故 $2|\boldsymbol{P}|c/E_{\boldsymbol{P}} \fallingdotseq 2$

$$\therefore d\boldsymbol{\sigma} \fallingdotseq \frac{d^3P_2' d^3P_1'}{2(2\pi\hbar)^6}(2\pi\hbar)^4\delta^4(P_1' + P_2' - P_1 - P_2)f(P_1, P_2, \theta) \tag{11-454a}$$

- 質心系 $\longleftrightarrow$ $(\boldsymbol{P}_1 + \boldsymbol{P}_2 = 0,\ \ \boldsymbol{P}'_1 + \boldsymbol{P}'_2 = 0) \Rightarrow E_{\boldsymbol{P}_1} = E_{\boldsymbol{P}_2} \equiv E_{\boldsymbol{P}},\ \ E_{\boldsymbol{P}'_1} = E_{\boldsymbol{P}'_2} \equiv E_{\boldsymbol{P}'}$

  $\therefore P'_{10} + P'_{20} - P_{10} - P_{20} = (2E_{\boldsymbol{P}'} - 2E_{\boldsymbol{P}})/c$
- $(P_1 + P_2)^2 = (P_{10} + P_{20})^2 - (\boldsymbol{P}_1 + \boldsymbol{P}_2)^2 \equiv s$

  $= (E_{\boldsymbol{P}_1} + E_{\boldsymbol{P}_2})^2/c^2 = 4E_{\boldsymbol{P}}^2/c^2$

  $\therefore 2E_{\boldsymbol{P}}/c = \sqrt{s}$

$$\therefore \delta(P_{10}'+P_{20}'-P_{10}-P_{20})=\delta(2E_{\boldsymbol{P}'}/c-\sqrt{s})=\frac{c}{2}\delta\left(E_{\boldsymbol{P}'}-\frac{c}{2}\sqrt{s}\right) \quad (11\text{-}454\text{b})$$

而 $f(P_1,P_2,\theta)=f(s,\theta)=(\hbar q^2)^2(1+\cos^2\theta)/(sc)^2$

如果要得電子的角微分截面 $d\sigma/d\Omega_{P_2'}$，則必須對 $\mathbf{d}\boldsymbol{\sigma}$的終態正電子狀態，以及終態電子能量 $E_{\boldsymbol{P}_2'}=E_{\boldsymbol{P}'}$ 全加起來，即執行：

$$\int_{E_{\boldsymbol{P}_2'}}\int_{\boldsymbol{P}_1'} d\boldsymbol{\sigma}\frac{d^3P_1'}{(2\pi\hbar)^3}dE_{\boldsymbol{P}_2'}\equiv d\sigma$$

・電子部：$d^3P_2'=\boldsymbol{P}_2'^2 d|\boldsymbol{P}_2'|d\Omega_{P_2'}$

$$E^2_{\boldsymbol{P}_2'}=c^2\boldsymbol{P}_2'^2+(mc^2)^2$$

$$\therefore E_{\boldsymbol{P}_2'}dE_{\boldsymbol{P}_2'}=c^2|\boldsymbol{P}_2'|d|\boldsymbol{P}_2'|$$

$$\therefore d^3P_2'=\frac{1}{c^3}E_{\boldsymbol{P}_2'}\sqrt{E^2_{\boldsymbol{P}_2'}-(mc^2)^2}\,dE_{\boldsymbol{P}_2'}d\Omega_{P_2'}$$

$$=\frac{1}{c^3}E_{\boldsymbol{P}'}\sqrt{E^2_{\boldsymbol{P}'}-(mc^2)^2}\,dE_{\boldsymbol{P}'}d\Omega_{P'} \quad (11\text{-}454\text{c})$$

=質心系時

$$\therefore d\sigma=\frac{d\Omega_{P'}}{2c^3}\int_{E_{P'}}\frac{1}{(2\pi\hbar)^3}E_{\boldsymbol{P}'}\sqrt{E^2_{\boldsymbol{P}'}-(mc^2)^2}dE_{\boldsymbol{P}'}\int\frac{d^3P_1'}{(2\pi\hbar)^3}$$

$$\times\left[\frac{2\pi\hbar c}{2}\delta\left(E_{\boldsymbol{P}'}-\frac{c}{2}\sqrt{s}\right)\right]\left[(2\pi\hbar)^3\delta^3(\boldsymbol{P}_1'+\boldsymbol{P}_2'-\boldsymbol{P}_1-\boldsymbol{P}_2')f(s,\theta)\right]$$

$$=\frac{d\Omega_{P'}}{2c^3}\int_{E_{P'}}\frac{dE_{\boldsymbol{P}'}}{(2\pi\hbar)^3}E_{\boldsymbol{P}'}\sqrt{E^2_{\boldsymbol{P}'}-(mc^2)^2}\pi\hbar c\delta\left(E_{\boldsymbol{P}'}-\frac{c}{2}\sqrt{s}\right)f(s,\theta)$$

$$=\frac{d\Omega_{P'}}{8c}\frac{1}{4\pi^2\hbar^2}\sqrt{s}\sqrt{c^2s/4-(mc^2)^2}\;f(s,\theta)$$

$$=\frac{d\Omega_{P'}}{16}\frac{1}{4\pi^2\hbar^2}\sqrt{s[s-(2mc)^2]}\frac{\hbar^2q^4}{s^2c^2}(1+\cos^2\theta)$$

$s\gg(mc)^2$

$$\fallingdotseq\frac{d\Omega_{P'}}{16c^2}\frac{q^4}{4\pi^2}\frac{1}{s}(1+\cos^2\theta)$$

$$\boxed{\frac{q^2}{4\pi\hbar c}\equiv\alpha\doteqdot\frac{1}{137.036}}=\text{無因次量} \quad (11\text{-}454\text{d})$$

↑ Heaviside-Lorentz 單位（請看表（11-42））

$$=d\Omega_{P'}\frac{\hbar^2\alpha^2}{4s}(1+\cos^2\theta)$$

$$\therefore\ \boxed{\frac{d\sigma}{d\Omega_{P'}}=\frac{\alpha^2}{4}\frac{\hbar^2}{s}(1+\cos^2\theta)}\ \cdots\cdots\cdots \boldsymbol{P}^2\gg(mc)^2 \text{ 且質心系} \quad (11\text{-}454\text{e})$$

最後來檢驗所求的角微分截面的因次（量綱）是否長度的平方，如果不是，則所用的物理量的量綱必有犯錯的量。**截面不但因次＝（長度）^{2}，並且必須是實正量，**（11-454e）是實正量，故剩下來的是檢驗因次，精細結構常數（fine structure constant）α和三角函數都是無因次量，所以 $\hbar^2/s$ 的因次是關鍵：

$$\text{因次}\left[\frac{\hbar^2}{s}\right]=\frac{(\text{能量}\times\text{時間})^2}{(\text{動量因次})^2}=(\text{長度})^2$$

表示所得的（11-454e）式是對的。

(b)求 Compton 散射的光子角微分截面 dσ/dΩ

Compton 散射是 1923 年 Compton（Arthur Hally Compton 1892 年～1962 年美國實驗物理學家）發現的，X 射線（光子）被電子散射的現象，於是初態$|i\rangle$ 和終態$|f\rangle$ 都各有一個電子一個光子：

$$\left.\begin{aligned}|i\rangle &= b^{+}(\boldsymbol{P},s)a^{+}(\boldsymbol{k},\lambda)|0\rangle\\ \langle f| &= \langle 0|a(\boldsymbol{k}',\lambda')b(\boldsymbol{P}',s')\end{aligned}\right\} \qquad (11\text{-}455a)$$

a, a^+和 b, b^+ 各為光子和電子的湮沒，產生算符。先依照我們歸納的 Feynman 定則（11-451a）～（11-451i）式畫 Compton 散射 Feynman 圖，以及寫下躍遷矩陣 T_{fi}，然後為了練習，同（11-446a~e）式的推導過程計算 $S_{fi}^{(2)}$（Compton）來驗證：依 Feynman 定則寫下的 T_{fi} 是正確的結果。

①依（11-451a）～（11-451i）式畫 Feynman 圖及寫出 T_{fi}

光子和電子都是外線，電子和電磁場（光子）相互作用後，其四動量必受影響，如圖（11-143a）。另一面由編時積，光子和電子的相互作用有圖（11-143b）的情形。除了圖（11-143a）和（11-143b）之外，第二階的 $\hat{S}$ 矩陣再也沒其他可能組合了。接著依（11-451a~i）式，將所有物理量放進圖（11-143a,b）這時需注意光子偏振單位向量 $\varepsilon^\mu(\boldsymbol{k},\lambda)$ 和頂點的Dirac矩陣 γ^μ，必須搭成如（11-413d,e）式的 Lorentz 不變的標量，則得圖（11-143c）和（11-143d）。最後照（11-451i）式，從圖（11-143c）和（11-143d）得 T_{fi}：

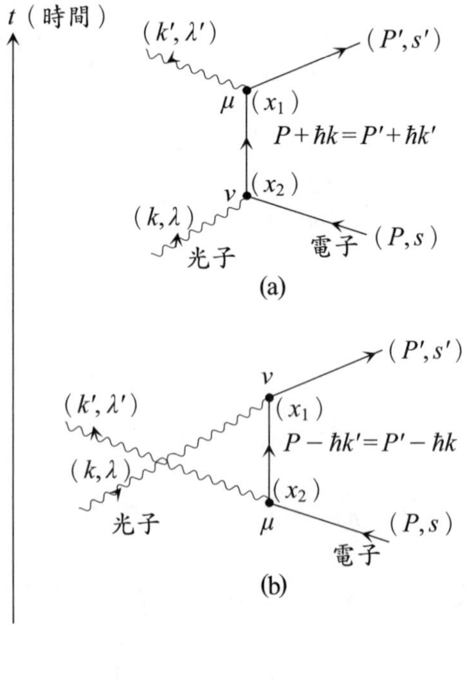

$$T_{fi}=\frac{1}{\Omega^2}\frac{\hbar c}{\sqrt{4k_0k'_0}}\frac{mc^2}{\sqrt{E_{P'}E_P}}\left(-\frac{iq}{\hbar c}\right)^2(i\hbar)$$
$$\times\overline{u}(\boldsymbol{P}',s')\left\{\varepsilon_\mu(\boldsymbol{k}',\lambda')\gamma^\mu\frac{\not P+\hbar\not k+mc}{(P+\hbar k)^2-(mc)^2}\varepsilon_\nu(\boldsymbol{k},\lambda)\gamma^\nu\right.$$
$$\left.+\varepsilon_\nu(\boldsymbol{k},\lambda)\gamma^\nu\underbrace{\frac{\not P-\hbar\not k'+mc}{(P-\hbar k')^2-(mc)^2}}_{\otimes}\varepsilon_\mu(\boldsymbol{k}',\lambda')\gamma^\mu\right\}u(\boldsymbol{P},s)$$
$$=-\frac{i}{\Omega^2}\frac{m\hbar^2c^3}{\sqrt{4k_0k'_0E_{P'}E_P}}\left(\frac{q}{\hbar c}\right)^2\varepsilon_\mu(\boldsymbol{k}',\lambda')\varepsilon_\nu(\boldsymbol{k},\lambda)$$
$$\times\overline{u}(\boldsymbol{P}',s')\{\gamma^\mu s_F(P+\hbar k)\gamma^\nu+\gamma^\nu S_F(P-\hbar k')\gamma^\mu\}$$
$$\times u(\boldsymbol{P},s) \qquad (11\text{-}455\text{b})$$

⊗圖（11-143b）的電子傳播子四動量有兩個可能，最好選含初態電子四動量P的一組才能方便於演算，請看後面（11-458b）式到（11-458c）式之間的演算時用了$(\not P-mc)u(\boldsymbol{P},s)=0$的關係。

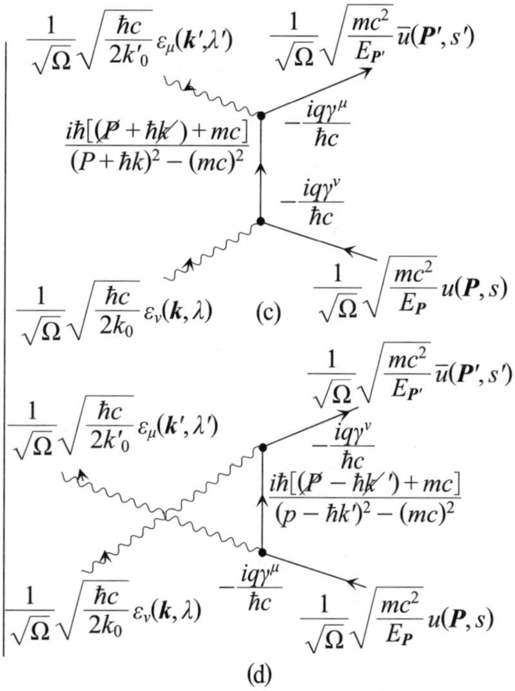

圖 11-143　Comton 散射

②直接計算 Compton 散射矩陣

由（11-445e）式得散射矩陣$S_{fi}^{(2)}$：

$$S_{fi}^{(2)}=\langle f|\frac{(-iq/\hbar c)^2}{2!}\int d^4x_1d^4x_2T\{[:j_\mu(x_1)A^\mu(x_1):][:j_\nu(x_2)A^\nu(x_2):]\}|i\rangle \qquad (11\text{-}455\text{c})$$
$$j_\mu(x)=\overline{\psi}(x)\gamma_\mu\psi(x)$$

由（11-439a）式：

$$\psi(x)=\sum_{s=\pm1/2}\int\frac{d^3P}{(2\pi\hbar)^{3/2}}\sqrt{\frac{mc^2}{E_P}}[b(\boldsymbol{P},s)u(\boldsymbol{P},s)e^{-iP\cdot x/\hbar}+d^+(\boldsymbol{P},s)\upsilon(\boldsymbol{P},s)e^{iP\cdot x/\hbar}]$$
$$\equiv\psi_b^-(x)+\psi_d^+(x)$$

同樣地　$\overline{\psi}(x)=\overline{\psi}_b^+(x)+\overline{\psi}_d^-(x)$

由（11-442b）式得：

$$A^\mu(x)=\sum_{\lambda=1}^{2}\int\frac{d^3k}{(2\pi)^{3/2}}\sqrt{\frac{\hbar c}{2k_0}}\varepsilon^\mu(\boldsymbol{k},\lambda)[a(\boldsymbol{k},\lambda)e^{-ik\cdot x}+a^+(\boldsymbol{k},\lambda)e^{ik\cdot x}]$$
$$=[A_a^-(x)+A_a^+(x)]\varepsilon^\mu(\boldsymbol{k},\lambda)\equiv A(x)\varepsilon^\mu(\boldsymbol{k},\lambda)$$

右上標（−）和（+）分別對應湮沒算符及負指數$e^{-iP\cdot x/\hbar}$或$e^{-ik\cdot x}$和產生算符及正指數$e^{iP\cdot x/\hbar}$或$e^{ik\cdot x}$，將以上$\psi^\pm(x),\overline{\psi}^\pm(x),A^\pm(x)$和（11-455a）式代入（11-455c）式得：

$$S_{fi}^{(2)}=\frac{(-iq/\hbar c)^2}{2!}\int d^4x_1d^4x_2$$

$$\times\{\langle 0|a(\boldsymbol{k}',\lambda')b(\boldsymbol{P}',s')T{:}[(\overline{\psi}_b^+(x_1)+\overline{\psi}_d^-(x_1))\gamma_\mu(\psi_b^-(x_1)+\psi_d^+(x_1))\varepsilon^\mu(\boldsymbol{k}',\lambda')(A_\alpha^-(x_1)+A_\alpha^+(x_1))]{:}$$

$$\times{:}[(\overline{\psi}_b^+(x_2)+\overline{\psi}_d^-(x_2))\gamma_\nu(\psi_b^-(x_2)+\psi_d^+(x_2))\varepsilon^\nu(\boldsymbol{k},\lambda)(A_\alpha^-(x_2)+A_\alpha^+(x_2))]{:}b^+(\boldsymbol{P},s)a^+(\boldsymbol{k},\lambda)|0\rangle\}$$

$$=\frac{1}{2!}\left(\frac{-iq}{\hbar c}\right)^2\int d^4x_1d^4x_2$$

$$\times\Big[\{a(\boldsymbol{k}',\lambda')[A_a^-(x_1)+A_a^+(x_1)][A_a^-(x_2)+A_a^+(x_2)]a^+(\boldsymbol{k},\lambda)\,b(\boldsymbol{P}',s')[(\overline{\psi}_b^+(x_1)+\overline{\psi}_d^-(x_1))$$

$$\times\gamma_\mu(\psi_b^-(x_1)+\psi_d^+(x_1))\varepsilon^\mu(\boldsymbol{k}',\lambda')][(\overline{\psi}_b^+(x_2)+\overline{\psi}_d^-(x_2))\gamma_\nu(\psi_b^-(x_2)+\psi_d^+(x_2))\varepsilon^\nu(\boldsymbol{k},\lambda)]\,b^+(\boldsymbol{P},s)$$

$+$(上行的 $x_1\rightleftarrows x_2$, $\mu\rightleftarrows\nu$)$\}$ ⟵相對於圖（11−143c）

$$+\{a(\boldsymbol{k}',\lambda')[A_a^-(x_1)+A_a^+(x_1)][A_a^-(x_2)+A_a^+(x_2)]a^+(\boldsymbol{k},\lambda)\,b(\boldsymbol{P}',s')\,[(\overline{\psi}_b^+(x_1)+\overline{\psi}_d^-(x_1))$$

$$\times\gamma_\mu(\psi_b^-(x_1)+\psi_d^+(x_1))\varepsilon^\mu(\boldsymbol{k}',\lambda')][(\overline{\psi}_b^+(x_2)+\overline{\psi}_d^-(x_2))\gamma_\nu(\psi_b^-(x_2)+\psi_d^+(x_2))\varepsilon^\nu(\boldsymbol{k},\lambda)]\,b^+(\boldsymbol{P},s)$$

$+$(上行的 $x_1\rightleftarrows x_2$, $\mu\rightleftarrows\nu$)$\}\Big]$ ⟵相對於圖（11−143d）

$$=\left(\frac{-iq}{\hbar c}\right)^2\int d^4x_1d^4x_2\{[a(\boldsymbol{k}',\lambda')A(x_1)A(x_2)a^+(\boldsymbol{k},\lambda)]b(\boldsymbol{P}',s')\,[\overline{\psi}(x_1)\gamma_\mu\psi(x_1)]\varepsilon^\mu(\boldsymbol{k}',\lambda')[\overline{\psi}(x_2)$$

$$\times\gamma_\nu\psi(x_2)]\varepsilon^\nu(\boldsymbol{k},\lambda)b^+(\boldsymbol{P},s)$$

$$+[a(\boldsymbol{k}',\lambda')A(x_1)A(x_2)a^+(\boldsymbol{k},\lambda)]b(\boldsymbol{P}',s')[\overline{\psi}(x_1)\gamma_\mu\psi(x_1)]\varepsilon^\mu(\boldsymbol{k}',\lambda')[\overline{\psi}(x_2)\gamma_\nu\psi(x_2)]\varepsilon^\nu(\boldsymbol{k},\lambda)b^+(\boldsymbol{P},s)\}$$

由（11-449a）式得：

$$\psi(x)\overline{\psi}(y)=\int\frac{d^4Q}{(2\pi\hbar)^4}\frac{i\hbar(\not{Q}+mc)}{Q^2-(mc)^2}e^{-iQ\cdot(x-y)/\hbar}$$

至於正規模展開的動量積分和電子自旋及光子偏振的取和，都在執行濃縮時前者變為 $\delta^3(\boldsymbol{P}-P')\delta^3(\boldsymbol{k}-\boldsymbol{k}')$，而後者由正交歸一化消掉，僅剩 $(2\pi)^{-3}(2\pi\hbar)^{-3}$，在有限空間它等於（體積Ω）$^{-2}$，故得：

$$S_{fi}^{(2)}=\frac{1}{\Omega^2}(\frac{-iq}{\hbar c})^2\int d^4x_1d^4x_2\Bigg\{\Bigg[\frac{\hbar c}{\sqrt{4k_0k'_0}}e^{i(\hbar k'\cdot x_1-\hbar k\cdot x_2)/\hbar}\frac{mc^2}{\sqrt{E_{P'}E_P}}e^{i(P'\cdot x_1-P\cdot x_2)/\hbar}$$

$$\times\int\frac{d^4Q}{(2\pi\hbar)^4}e^{-iQ\cdot(x_1-x_2)/\hbar}\,\overline{u}(\boldsymbol{P}',s')\gamma_\mu\varepsilon^\mu(\boldsymbol{k}',\lambda')\frac{i\hbar(\not{Q}+mc)}{Q^2-(mc)^2}\varepsilon^\nu(\boldsymbol{k},\lambda)\gamma_\nu u(\boldsymbol{P},s)\Bigg]$$

$$+\Bigg[\frac{\hbar c}{\sqrt{4k_0k'_0}}e^{i(\hbar k'\cdot x_2-\hbar k\cdot x_1)/\hbar}\frac{mc^2}{\sqrt{E_{P'}E_P}}e^{i(P'\cdot x_1-P\cdot x_2)/\hbar}\int\frac{d^4Q}{(2\pi\hbar)^4}e^{-iQ\cdot(x_1-x_2)/\hbar}$$

$$\times\overline{u}(\boldsymbol{P}',s')\gamma_\nu\varepsilon^\nu(\boldsymbol{k},\lambda)\frac{i\hbar(\not{Q}+mc)}{Q^2-(mc)^2}\varepsilon^\mu(\boldsymbol{k}',\lambda')\gamma_\mu u(\boldsymbol{P},s)\Bigg]\Bigg\}$$

$$=\frac{1}{\Omega^2}\left(\frac{-iq}{\hbar c}\right)^2\Bigg\{\Bigg[\int d^4x_1e^{i(\hbar k'+P'-Q)\cdot x_1/\hbar}\int d^4x_2e^{i(Q-\hbar k-P)\cdot x_2/\hbar}\int\frac{m\hbar c^3}{\sqrt{4k_0k'_0E_{P'}E_P}}\frac{d^4Q}{(2\pi\hbar)^4}$$

$$\times \overline{u}(\boldsymbol{P}',s')\gamma_\mu\varepsilon^\mu(\boldsymbol{k}',\lambda')\frac{i\hbar(\not{Q}+mc)}{Q^2-(mc)^2}\varepsilon^\nu(\boldsymbol{k},\lambda)\gamma_\nu u(\boldsymbol{P},s)\Big]$$

$$+\left[\int d^4x_1 e^{i(P'-\hbar k-Q)\cdot x_1/\hbar}\int d^4x_2 e^{i(\hbar k'-P+Q)\cdot x_2/\hbar}\int\frac{m\hbar c^3}{\sqrt{4k_0k'_0E_{\boldsymbol{P}'}E_{\boldsymbol{P}}}}\frac{d^4Q}{(2\pi\hbar)^4}\right.$$

$$\left.\times \overline{u}(\boldsymbol{P}',s')\gamma_\nu\varepsilon^\nu(\boldsymbol{k},\lambda)\frac{i\hbar(\not{Q}+mc)}{Q^2-(mc)^2}\varepsilon^\mu(\boldsymbol{k}',\lambda')\gamma_\mu u(\boldsymbol{P},s)\right]\Big\}$$

$$=\frac{1}{\Omega^2}(\frac{-iq}{\hbar c})^2\int\frac{m\hbar c^3}{\sqrt{4k_0k'_0E_{\boldsymbol{P}'}E_{\boldsymbol{P}}}}(2\pi\hbar)^4d^4Q\Big\{\delta^4(\hbar k'+P'-Q)\delta^4(Q-\hbar k-P)$$

$$\times \overline{u}(\boldsymbol{P}',s')\gamma_\mu\varepsilon^\mu(\boldsymbol{k}',\lambda')\frac{i\hbar(\not{Q}+mc)}{Q^2-(mc)^2}\varepsilon^\nu(\boldsymbol{k},\lambda)\gamma_\nu u(\boldsymbol{P},s)$$

$$+\delta^4(P'-\hbar k-Q)\delta^4(\hbar k'-P+Q)\overline{u}(\boldsymbol{P}',s')\gamma_\nu\varepsilon^\nu(\boldsymbol{k},\lambda)\frac{i\hbar(Q+mc)}{Q^2-(mc)^2}\varepsilon^\mu(\boldsymbol{k}',\lambda')\gamma_\mu u(\boldsymbol{P},s)\Big\}$$

$$=(2\pi\hbar)^4\delta^4(\hbar k'+P'-P-\hbar k)\frac{1}{\Omega^2}\left(\frac{-iq}{\hbar c}\right)^2\frac{m\hbar c^3}{\sqrt{4k_0k'_0E_{\boldsymbol{P}'}E_{\boldsymbol{P}}}}\varepsilon^\mu(\boldsymbol{k}',\lambda')\varepsilon^\nu(\boldsymbol{k},\lambda)$$

$$\times\left\{\overline{u}(\boldsymbol{P}',s')\gamma_\mu\frac{i\hbar[(\hbar\not{k}+\not{P})+mc]}{(\hbar k+P)^2-(mc)^2}\gamma_\nu u(\boldsymbol{P},s)+\overline{u}(\boldsymbol{P}',s')\gamma_\nu\frac{i\hbar[(\not{P}-\hbar\not{k}')+mc]}{(P-\hbar k')^2-(mc)^2}\gamma_\mu u(\boldsymbol{P},s)\right\}$$

$$=-i(2\pi\hbar)^4\delta^4(\hbar k'+P'-P-\hbar k)\frac{1}{\Omega^2}\left(\frac{q}{\hbar c}\right)^2\frac{m\hbar^2c^3}{\sqrt{4k_0k'_0E_{\boldsymbol{P}'}E_{\boldsymbol{P}}}}\varepsilon_\mu(\boldsymbol{k}',\lambda')\varepsilon_\nu(\boldsymbol{k},\lambda)$$

$$\times\left\{\overline{u}(\boldsymbol{P}',s')\left[\gamma^\mu\frac{(\not{P}+\hbar\not{k})+mc}{(P+\hbar k)^2-(mc)^2}\gamma^\nu+\gamma^\nu\frac{(\not{P}-\hbar\not{k}')+mc}{(P-\hbar k')^2-(mc)^2}\gamma^\mu\right]u(\boldsymbol{P},s)\right\}$$

$$\equiv -i(2\pi\hbar)^4\delta^4(\hbar k'+P'-P-\hbar k)T_{fi}$$

$$=（11\text{-}421c）式 \qquad (11\text{-}455c)'$$

（11-455c）′式的 $(-iT_{fi})$ =（11-455b）式，確實地證明了使用 Feynman 定則求的躍遷矩陣 T_{fi} 等於直接推算的躍遷矩陣。

③求光子的角微分截面 dσ/dΩ

同樣地使用週期邊界條件求終態狀態數 ρ_f：

$$\rho_f=\frac{\Omega}{(2\pi\hbar)^3}d^3P'\frac{\Omega}{(2\pi)^3}d^3k' \qquad (11\text{-}455d)$$

Ω=發生相互作用的空間體積，設單位時間參與散射的電子數只有一個，則：

$$n=\frac{1}{\Omega} \qquad (11\text{-}455e)$$

在前例題用了質心系，在這裡一面為了方便一面為了練習改用實驗室系（laboratory frame），則初態電子是靜止，$\boldsymbol{P}=0$，於是入射流 $\boldsymbol{J}_{inc}$是：

$$|\boldsymbol{J}_{inc}| = \frac{|\text{相對速度}\ v_{rel}|}{\Omega c} = \frac{|\boldsymbol{c} - \boldsymbol{v}_e|}{\Omega c} = \frac{c}{\Omega c} = \frac{1}{\Omega} \qquad (11\text{-}455f)$$

求光子的角微分截面時必對電子終態狀態 d^3P'，以及光子的終態能量 $E'_\gamma = \hbar c k'_0$ 全加起來，則由（11-427b）和（11-455b）式，以及（11-455d～f）式得：

$$d\sigma = \int_{E'_\gamma}\int_{\boldsymbol{P}'} \frac{d^3P'}{(2\pi\hbar)^3}\frac{d^3k'}{(2\pi)^3}\left[\frac{(mcq^2)^2}{4k'_0k_0E_{\boldsymbol{P}'}E_{\boldsymbol{P}}}(2\pi\hbar)^4\delta^4(\hbar k' + P' - \hbar k - P)\right]$$

$$\times \left|\varepsilon_\mu(\boldsymbol{k}', \lambda')\varepsilon_\nu(\boldsymbol{k}, \lambda)\bar{u}(\boldsymbol{P}', s')\left[\gamma^\mu \frac{(\not{P} + \hbar\not{k}) + mc}{(P + \hbar k)^2 - (mc)^2}\gamma^\nu + \gamma^\nu \frac{(\not{P} - \hbar\not{k}') + mc}{(P - \hbar k')^2 - (mc)^2}\gamma^\mu\right]u(\boldsymbol{P}, s)\right|^2$$

$$(P + \hbar k)^2 - (mc)^2 = (P_0 + \hbar k_0)^2 - (\boldsymbol{P} + \hbar\boldsymbol{k})^2 - (mc)^2$$

$$= \underbrace{[P_0^2 - \boldsymbol{P}^2 - (mc)^2]}_{=0} + \underbrace{[(\hbar k_0)^2 - (\hbar\boldsymbol{k})^2]}_{\text{實光子時這項}=0} + 2\hbar P\cdot k = 2\hbar P\cdot k$$

同理得：$(P - \hbar k')^2 - (mc)^2 = -2\hbar P\cdot k'$

設

$$\boxed{\bar{u}(\boldsymbol{P}', s')\left[\gamma^\mu \frac{(\not{P} + \hbar\not{k}) + mc}{2\hbar P\cdot k}\gamma^\nu - \gamma^\nu \frac{(\not{P} - \hbar\not{k}') + mc}{2\hbar P\cdot k'}\gamma^\mu\right]u(\boldsymbol{P}, s) \equiv M^{\mu\nu}} \qquad (11\text{-}456a)$$

$$\therefore d\sigma = \frac{mq^4}{2k_0E_{\boldsymbol{P}}}\int_{E'_\gamma}\int_{\boldsymbol{P}'}\frac{mc^2}{2E_{\boldsymbol{P}'}}\frac{d^3P'}{(2\pi\hbar)^3}\frac{1}{k'_0}\frac{d^3k'}{(2\pi)^3}(2\pi\hbar)^4\delta^4(\hbar k' + P' - \hbar k - P)|\varepsilon_\mu(\boldsymbol{k}', \lambda')M^{\mu\nu}\varepsilon_\nu(\boldsymbol{k}, \lambda)|^2 \qquad (11\text{-}456b)$$

$$\int_0^\infty dP_0\delta[P^2 - (mc)^2] = \int_0^\infty dP_0\delta[P_0^2 - (\boldsymbol{P}^2 + (mc)^2)] = \int_0^\infty dP_0\delta[P_0^2 - (E/c)^2]$$

$$= \int_0^\infty dP_0\delta[(P_0 - E/c)(P_0 + E/c)] = \frac{c}{2E}\int_0^\infty dP_0\{\delta(P_0 - E/c) + \delta(P_0 + E/c)\}$$

$$\overset{}{\underset{P_0>0}{=\!=\!=}} \frac{c}{2E}\int_0^\infty dP_0\delta(P_0 - E/c) = \frac{c}{2E}$$

$$\therefore \quad \boxed{\frac{c}{2E_{\boldsymbol{P}}}d^3P = \int dP_0\delta[P^2 - (mc)^2]d^3P = \int_{-\infty}^{\infty} d^4P\delta[P^2 - (mc)^2]\Theta(P_0)} \qquad (11\text{-}456c)$$

（11-456c）式右邊是 Lorentz 不變量，故 $cd^3P/(2E_{\boldsymbol{P}})$ 是 Lorentz 不變量，演算時（11-456c）式當作公式使用，不必再推導。光子的靜止質量 $m_\gamma = 0$ ，假設被電子散射的光子是各向同性（isotropic），則：

$$d^3k' = |\boldsymbol{k}'|^2\, d|\boldsymbol{k}'|d\Omega_{\boldsymbol{k}'} \equiv |\boldsymbol{k}'|^2\, d|\boldsymbol{k}'|d\Omega, \quad d\Omega_{\boldsymbol{k}'} \equiv d\Omega$$

$$(\hbar k)^2 = \hbar^2(k_0^2 - \boldsymbol{k}^2) = (m_\gamma c)^2 = 0$$

$$\therefore k_0 = |\boldsymbol{k}| = \frac{\omega_{\boldsymbol{k}}}{c} \equiv \omega/c, \quad \omega_{\boldsymbol{k}} \equiv \omega$$

同理得： $k'_0=|\boldsymbol{k}'|=\dfrac{\omega_{\boldsymbol{k}'}}{c}\equiv\omega'/c,\quad \omega_{\boldsymbol{k}'}\equiv\omega'$

$$\therefore\int_{E'_\gamma}\frac{d^3k'}{k'_0}\int_{\boldsymbol{P}'}\frac{mc}{2E_{\boldsymbol{P}'}}d^3P'\delta^4(\hbar k'+P'-\hbar k-P)$$

$$=md\Omega\int_{E'_\gamma}|\boldsymbol{k}'|d|\boldsymbol{k}'|\int d^4P'\delta[P'^2-(mc)^2]\delta^4(\hbar k'+P'-\hbar k-P)\Theta(P'_0)$$

$$=\frac{md\Omega}{c^2}\int_0^\infty\omega'd\omega'\delta[(P+\hbar k-\hbar k')^2-(mc)^2]\Theta(P_0+\hbar k_0-\hbar k'_0)$$

$P_0=mc$ ， $\hbar(k_0-k'_0)=\hbar(\omega-\omega')/c$

設 $mc+\hbar\omega/c\equiv\overline{\omega}\longleftarrow\Theta(P_0+\hbar k_0-\hbar k'_0)$

$$(P+\hbar k-\hbar k')^2=P^2+(\hbar k)^2+(\hbar k')^2+2\hbar P\cdot k-2\hbar^2k\cdot k'-2\hbar k'\cdot P$$

$$=(mc)^2+2\hbar P_0(k_0-k'_0)-2\hbar^2(k_0k'_0-\boldsymbol{k}\cdot\boldsymbol{k}')\Leftarrow P^\mu=(P_0,\boldsymbol{O})$$

$$=(mc)^2+2m\hbar(\omega-\omega')-2\hbar^2[k_0k'_0-|\boldsymbol{k}||\boldsymbol{k}'|\cos\theta]$$

$$=(mc)^2+2m\hbar(\omega-\omega')-\frac{2\hbar^2}{c^2}\omega\omega'(1-\cos\theta)$$

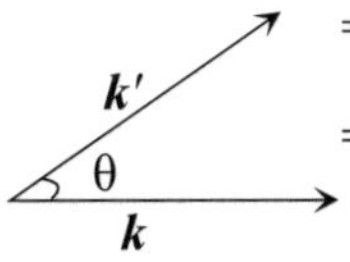

如左圖θ＝實驗系的光子散射角

$$=\frac{md\Omega}{c^2}\int_0^{\overline{\omega}}d\omega'\omega'\delta\left[2m\hbar(\omega-\omega')-\frac{2\hbar^2}{c^2}\omega\omega'(1-\cos\theta)\right]$$

$$=\frac{md\Omega}{2\hbar}\int_0^{\overline{\omega}}d\omega'\omega'\delta[mc^2(\omega-\omega')-\hbar\omega\omega'(1-\cos\theta)]$$

δ-函數的關係式：

$$\delta[f(x)]=\sum_i\frac{1}{|df(x)/dx|_{x_i}}\delta(x-x_i),\quad x_i=[f(x)=0\ 之解] \tag{11-456d}$$

$$f(\omega')=mc^2(\omega-\omega')-\hbar\omega\omega'(1-\cos\theta)=0$$

$$\therefore\omega'=\frac{mc^2\omega}{mc^2+\hbar\omega(1-\cos\theta)}\equiv\omega_0 \tag{11-456e}$$

$$\frac{df(\omega')}{d\omega'}=-[mc^2+\hbar\omega(1-\cos\theta)]$$

$$=\frac{md\Omega}{2\hbar}\int_0^{\overline{\omega}}\frac{d\omega'\omega'\delta(\omega'-\omega_0)}{mc^2+\hbar\omega(1-\cos\theta)}$$

$$=\frac{md\Omega}{2\hbar}\frac{mc^2\omega}{[mc^2+\hbar\omega(1-\cos\theta)]^2}=\frac{d\Omega}{2\hbar c^2}\frac{(\omega')^2}{\omega}\longleftarrow 用了（11-456e）式$$

$$\therefore\int_{E'_\gamma}\frac{d^3k'}{k'_0}\int_{\boldsymbol{P}'}\frac{mc}{2E_{\boldsymbol{P}'}}d^3P'\delta^4(\hbar k'+P'-\hbar k-P)=d\Omega\frac{1}{2\hbar c^2}\frac{(\omega')^2}{\omega} \tag{11-456f}$$

（11-456e）式是為了處理四動量守恆 $\delta^4(\hbar k'+P'-\hbar k-P)$ 而得的關係，波長$\lambda=2\pi c/\omega$，於是（11-456e）式變成：

$$\frac{2\pi c}{\omega'}=\lambda'=\frac{2\pi c}{\omega}+\frac{h}{mc}(1-\cos\theta)=\lambda+\frac{h}{mc}(1-\cos\theta)$$

$$或\lambda' - \lambda = \frac{h}{mc}(1 - \cos\theta)$$

電子的質量 $m \fallingdotseq 0.511\text{MeV/c}^2$

$$\therefore \boxed{\lambda' - \lambda \fallingdotseq 0.0243(1 - \cos\theta)\mathring{A}} \qquad (11\text{-}457)$$

（11-457）式正是（1923）年 Compton 發現的，X 射線被電子散射時的波長變化式，即第十章（10-12e）式，稱為**Compton 公式**（Compton's formula），h/(mc) 稱為電子的 **Compton 波長**，h 是 Planck 常數，於是稱（11-456e）式為 **Compton 條件**（Compton condition）。由（11-456f）和（11-456b）式得：

$$\frac{d\sigma}{d\Omega} = \frac{q^4}{16\pi^2 c}\frac{m\omega'^2}{k_0 E_{\boldsymbol{P}}\omega}|\varepsilon_\mu(\boldsymbol{k}', \lambda')M^{\mu\nu}\varepsilon_\nu(\boldsymbol{k}, \lambda)|^2$$

$$E_{\boldsymbol{P}}^2 = c^2\boldsymbol{P}^2 + (mc^2)^2 \xrightarrow[\boldsymbol{P}=0]{} (mc^2)^2$$

$$\therefore E_{\boldsymbol{P}} = mc^2$$

Heaviside-Lorentz 單位的精細結構常數$\alpha = \frac{q^2}{4\pi\hbar c}$

$$\therefore \boxed{\frac{d\sigma}{d\Omega} = (\alpha\hbar)^2\left(\frac{|\boldsymbol{k}'|}{|\boldsymbol{k}|}\right)^2|\varepsilon_\mu(\boldsymbol{k}', \lambda')M^{\mu\nu}\varepsilon_\nu(\boldsymbol{k}, \lambda)|^2} \qquad (11\text{-}458a)$$

（11-458a）式右邊確實是實正值，接著檢驗其因次（量綱）是否長度的平方。從（11-399c）式，Dirac 旋量 $u(\boldsymbol{P}, s)$ 是無因次量，精細結構常數α也無因次，而 $|\boldsymbol{k}'|/|\boldsymbol{k}|$ 剛好分子分母的因次相互抵消變成無因次，於是和因次有關的是 $\hbar^2$ 和（11-456a）式 $M^{\mu\nu}$ 的四動量，所以 $\hbar^2|M^{\mu\nu}|^2$ 的因次是：

$$因次[\hbar^2|M_{\mu\nu}|^2] = \frac{[\hbar^2]}{[P^2]} = \frac{(能量\times時間)^2}{[(動量)^2]} = (長度)^2$$

因此 dσ/dΩ確實沒錯。作科研時必須隨時檢查因次，這是發現演算過程有無犯錯的有力方法之一，尤其在繁重的演算過程。除檢查因次之外，如果可能，最好估計大小的數量級（order）。（11-458a）式右邊的 $\varepsilon_\mu M^{\mu\nu}\varepsilon_\nu$ 是相當繁的演算，不過其演算過程值得學習。

（11-458a）式是光子被靜止電子散射的一般式，如果電子自旋沒被偏振的話，則必須對初態電子自旋取平均，而對終態電子自旋取和：

$$\frac{d\bar{\sigma}}{d\Omega} \equiv \frac{1}{2S+1}\sum_{S,S'}\frac{d\sigma}{d\Omega} = \frac{1}{2}\sum_{S,S'}\frac{d\sigma}{d\Omega}$$

$$=(\alpha\hbar)^2\frac{|\boldsymbol{k}'|^2}{|\boldsymbol{k}|^2}\frac{1}{2}\sum_{s,s'}\left|\bar{u}(\boldsymbol{P}',s')\left[\varepsilon_\mu(\boldsymbol{k}',\lambda')\gamma^\mu\frac{\not{P}+\hbar\not{k}+mc}{2\hbar P\cdot k}\gamma^\nu\varepsilon_\nu(\boldsymbol{k},\lambda)\right.\right.$$

$$\left.\left.-\varepsilon_\nu(\boldsymbol{k},\lambda)\gamma^\nu\frac{\not{P}-\hbar\not{k}'+mc}{2\hbar P\cdot k'}\gamma^\mu\varepsilon_\mu(\boldsymbol{k}',\lambda')\right]u(\boldsymbol{P},s)\right|^2 \qquad (11\text{-}458b)$$

$\varepsilon_\mu(\boldsymbol{k}',\lambda')\gamma^\mu\equiv\not{\varepsilon}',\ \varepsilon_\nu(\boldsymbol{k},\lambda)\gamma^\nu\equiv\not{\varepsilon}$ ，則（11-458b）式右邊的絕對值內部是：

$$\bar{u}(\boldsymbol{P}',s')[\not{\varepsilon}'\frac{\not{P}+\hbar\not{k}+mc}{2\hbar P\cdot k}\not{\varepsilon}-\not{\varepsilon}\frac{\not{P}-\hbar\not{k}'+mc}{2\hbar P\cdot k'}\not{\varepsilon}']u(\boldsymbol{P},s)$$

$\varepsilon^\mu=(0,\boldsymbol{\varepsilon})$, 　並且 $\boldsymbol{\varepsilon}\cdot\boldsymbol{k}=0$

$\varepsilon^{\mu'}=(0,\boldsymbol{\varepsilon}')$, 　並且 $\boldsymbol{\varepsilon}'\cdot\boldsymbol{k}'=0$

$\not{A}\not{B}=2A\cdot B-\not{B}\not{A}$, $\not{\varepsilon}\not{\varepsilon}=\varepsilon\cdot\varepsilon=-1$, $\not{\varepsilon}'\cdot\not{\varepsilon}'=\varepsilon'\cdot\varepsilon'=-1$

$\therefore\ \not{A}\not{B}=-\not{\varepsilon}\not{\varepsilon}2A\cdot B-\not{B}\not{A}=-\not{\varepsilon}'\not{\varepsilon}'2A\cdot B-\not{B}\not{A}$

$$=\bar{u}(\boldsymbol{P}',s')\left\{\not{\varepsilon}'\not{\varepsilon}\frac{-\not{\varepsilon}(2P\cdot\varepsilon+2\hbar k\cdot\varepsilon)-\hbar\not{k}-(\not{P}-mc)}{2\hbar P\cdot k}\right.$$

$$\left.-\not{\varepsilon}\not{\varepsilon}'\frac{-\not{\varepsilon}'(2P\cdot\varepsilon'-2\hbar k'\cdot\varepsilon')-(\not{P}-mc)+\hbar\not{k}'}{2\hbar P\cdot k'}\right\}u(\boldsymbol{P},s)$$

- $(\not{P}-mc)u(\boldsymbol{P},s)=0$
- $P\cdot\varepsilon=P_0\varepsilon_0-\boldsymbol{P}\cdot\boldsymbol{\varepsilon}=m\times0-0\times\boldsymbol{\varepsilon}=0\longleftarrow$ 電子靜止
- $P\cdot\varepsilon'=P_0\varepsilon'_0-\boldsymbol{P}\cdot\boldsymbol{\varepsilon}'=0$
- $k^2=k_0^2-\boldsymbol{k}^2=0\longleftarrow$ 實光子（real photon）
- $k\cdot\varepsilon=k_0\varepsilon_0-\boldsymbol{k}\cdot\boldsymbol{\varepsilon}=k_0\times0-\boldsymbol{k}\cdot\boldsymbol{\varepsilon}=0$
- $k'\cdot\varepsilon'=k'_0\varepsilon'_0-\boldsymbol{k}'\cdot\boldsymbol{\varepsilon}'=0$

$$=-\bar{u}(\boldsymbol{P}',s')\left(\not{\varepsilon}'\not{\varepsilon}\frac{\not{k}}{2P\cdot k}+\not{\varepsilon}\not{\varepsilon}'\frac{\not{k}'}{2P\cdot k'}\right)u(\boldsymbol{P},s) \qquad (11\text{-}458c)$$

將（11-458c）式代入（11-458b）式後以矩陣成分表示，這樣才方便於移動式子內的各因子（factor）：

$$\frac{d\bar{\sigma}}{d\Omega}=\frac{(\alpha\hbar)^2}{2}\frac{|\boldsymbol{k}'|^2}{|\boldsymbol{k}|^2}\sum_{s,s'}\bar{u}(\boldsymbol{P}',s')_\beta\left(\not{\varepsilon}'\not{\varepsilon}\frac{\not{k}}{2P\cdot k}+\not{\varepsilon}\not{\varepsilon}'\frac{\not{k}'}{2P\cdot k'}\right)_{\beta\delta}u(\boldsymbol{P},s)_\delta\,\bar{u}(\boldsymbol{P},s)_{\beta'}$$

$$\times\left(\frac{\not{k}}{2P\cdot k}\not{\varepsilon}\not{\varepsilon}'+\frac{\not{k}'}{2P\cdot k'}\not{\varepsilon}'\not{\varepsilon}\right)_{\beta'\delta'}u(\boldsymbol{P}',s')_{\delta'}$$

$$\sum_{S}u(\boldsymbol{P},s)_\delta\bar{u}(\boldsymbol{P},s)_{\beta'}=\left(\frac{\not{P}+mc}{2mc}\right)_{\delta\beta'},\quad \sum_{s'}u(\boldsymbol{P}',s')_{\delta'}\bar{u}(\boldsymbol{P}',s')_\beta=\left(\frac{P'+mc}{2mc}\right)_{\delta'\beta}$$

$$=\frac{(\alpha\hbar)^2}{2}\frac{|\boldsymbol{k}'|^2}{|\boldsymbol{k}|^2}\left\{\left(\frac{\not{P}'+mc}{2mc}\right)_{\delta'\beta}\left(\not{\varepsilon}'\not{\varepsilon}\frac{\not{k}}{2P\cdot k}+\not{\varepsilon}\not{\varepsilon}'\frac{\not{k}'}{2P\cdot k'}\right)_{\beta\delta}\left(\frac{\not{P}+mc}{2mc}\right)_{\delta\beta'}\left(\frac{\not{k}}{2P\cdot k}\not{\varepsilon}\not{\varepsilon}'+\frac{\not{k}'}{2P\cdot k'}\not{\varepsilon}'\not{\varepsilon}\right)_{\beta'\delta'}\right\}$$

(d)　(b)

$$=\frac{(\alpha\hbar)^2}{2}\frac{|\boldsymbol{k}'|^2}{|\boldsymbol{k}|^2}T_r\left\{\frac{\not{P}'+mc}{2mc}\left(\frac{\not{\varepsilon}'\not{\varepsilon}\cdot\not{k}}{2P\cdot k}+\frac{\not{\varepsilon}\not{\varepsilon}'\cdot\not{k}'}{2P\cdot k'}\right)\frac{\not{P}+mc}{2mc}\left(\frac{\not{k}\not{\varepsilon}\not{\varepsilon}'}{2P\cdot k}+\frac{\not{k}'\not{\varepsilon}'\not{\varepsilon}}{2P\cdot k'}\right)\right\} \qquad (11\text{-}458d)$$

(a)　(c)

ⓐ $T_1 \equiv T_r\{(\not{P}'+mc)\not{\varepsilon}'\not{\varepsilon}\not{k}(\not{P}+mc)\not{k}\not{\varepsilon}\not{\varepsilon}'\}$

$=T_r\{\not{P}'\not{\varepsilon}'\not{\varepsilon}\not{k}\not{P}\not{k}\not{\varepsilon}\not{\varepsilon}'+(mc)^2\not{\varepsilon}'\not{\varepsilon}\not{k}\not{k}\not{\varepsilon}\not{\varepsilon}'+mc[\not{\varepsilon}'\not{\varepsilon}\not{k}\not{P}\not{k}\not{\varepsilon}\not{\varepsilon}'+\not{P}'\not{\varepsilon}'\not{\varepsilon}\not{k}\not{k}\not{\varepsilon}\not{\varepsilon}']\}$

↑ $\quad \not{k}\not{k}=k^2=0 \quad$ 由（11-452b）式，奇數，故為 0

$\not{P}\not{k}=2P\cdot k-\not{k}\not{P}$

$=2(P\cdot k)T_r(\not{P}'\not{\varepsilon}'\not{\varepsilon}\not{k}\not{\varepsilon}\not{\varepsilon}')$

$\not{\varepsilon}\not{k}=2\varepsilon\cdot k-\not{k}\not{\varepsilon}=-\not{k}\not{\varepsilon}$

$\not{\varepsilon}\not{\varepsilon}=\varepsilon^2=-1$

$=2(P\cdot k)T_r(\not{P}'\not{\varepsilon}'\not{k}\not{\varepsilon}')$

$=2(P\cdot k)\{2(\varepsilon'\cdot k)T_r(\not{P}'\not{\varepsilon}')+T_r(\not{P}'\not{k})\}$

$=8(P\cdot k)\{2(\varepsilon'\cdot k)(P'\cdot\varepsilon')+(P'\cdot k)\}$

• 從四動量守恆：$P'+\hbar k'=P+\hbar k \longrightarrow P'-\hbar k=P-\hbar k'$

$\therefore (P'-\hbar k)^2=P'^2+\hbar^2k^2-2\hbar P'\cdot k=(mc)^2-2\hbar P'\cdot k$

$=(P-\hbar k')^2=P^2+\hbar^2k'^2-2\hbar P\cdot k'=(mc)^2-2\hbar P\cdot k'$

$\therefore \boxed{P\cdot k'=P'\cdot k}$ ⟵換成這形式的目的是要和（11-458d）式的分母配合

• $\varepsilon'\cdot(P'+\hbar k')=\varepsilon'\cdot P'=\varepsilon'\cdot(P+\hbar k)=\hbar\varepsilon'\cdot k \longleftarrow P\cdot\varepsilon'=0,\ \ \varepsilon'\cdot k'=0$

$\therefore \boxed{\varepsilon'\cdot P'=\hbar\varepsilon'\cdot k}$

$$=8(P\cdot k)\{2\hbar(k\cdot\varepsilon')^2+(P'\cdot k)\} \tag{11-458e}$$

ⓑ $T_2\equiv T_r\{(\not{P}'+mc)\not{\varepsilon}\not{\varepsilon}'\not{k}'(\not{P}+mc)\not{k}'\not{\varepsilon}'\not{\varepsilon}\}=T_r\{\not{P}'\not{\varepsilon}\not{\varepsilon}'\not{k}'\not{P}\not{k}'\not{\varepsilon}'\not{\varepsilon}\} \longleftarrow \not{k}'\not{k}'=0$

$=2(P\cdot k')T_r(\not{P}'\not{\varepsilon}\not{\varepsilon}'\not{k}'\not{\varepsilon}'\not{\varepsilon})$

$=2(P\cdot k')\{2(k'\cdot\varepsilon)T_r(\not{P}'\not{\varepsilon})+T_r(\not{P}'\not{k}')\} \longleftarrow k'\cdot\varepsilon'=0,\ \not{\varepsilon}'\not{\varepsilon}'=-1$

$=8(P\cdot k')\{2(k'\cdot\varepsilon)(P'\cdot\varepsilon)+(P'\cdot k')\}$

• 從四動量守恆：$(P'+\hbar k')^2=(P+\hbar k)^2$

$\therefore \boxed{P'\cdot k'=P\cdot k}$

• $\varepsilon\cdot(P'+\hbar k')=\varepsilon\cdot P'+\hbar\varepsilon\cdot k'=\varepsilon\cdot(P+\hbar k)=0 \longleftarrow \varepsilon\cdot P=0,\ \ \varepsilon\cdot k=0$

$\therefore \boxed{P'\cdot\varepsilon=-\hbar k'\cdot\varepsilon}$

$$=8(P\cdot k')\{(P\cdot k)-2\hbar(k'\cdot\varepsilon)^2\} \tag{11-458f}$$

ⓒ $T_3=T_r\{(\not{P}'+mc)\not{\varepsilon}'\not{\varepsilon}\not{k}(\not{P}+mc)\not{k}'\not{\varepsilon}'\not{\varepsilon}\}$

$=T_r\{[(\not{P}+\hbar\not{k}-\hbar\not{k}')+mc]\not{\varepsilon}'\not{\varepsilon}\not{k}(\not{P}+mc)\not{k}'\not{\varepsilon}'\not{\varepsilon}\}$

$=T_r\{(\not{P}+mc)\not{\varepsilon}'\not{\varepsilon}\not{k}(\not{P}+mc)\not{k}'\not{\varepsilon}'\not{\varepsilon}\}+T_r\{\hbar(\not{k}-\not{k}')\not{\varepsilon}'\not{\varepsilon}\not{k}(\not{P}+mc)\not{k}'\not{\varepsilon}'\not{\varepsilon}\}$

$\not{P}\not{\varepsilon}'=2(P\cdot\varepsilon')-\not{\varepsilon}'\not{P}=-\not{\varepsilon}'\not{P} \longleftarrow P\cdot\varepsilon'=0$

$\not{P}\not{\varepsilon}=2(P\cdot\varepsilon)-\not{\varepsilon}\not{P}=-\not{\varepsilon}\not{P} \longleftarrow P\cdot\varepsilon=0$

$=T_r\{\not{\varepsilon}'\not{\varepsilon}(\not{P}+mc)\not{k}(\not{P}+mc)\not{k}'\not{\varepsilon}'\not{\varepsilon}\}+\hbar T_r\{(\not{k}-\not{k}')\not{\varepsilon}'\not{\varepsilon}\not{k}\not{P}\not{k}'\not{\varepsilon}'\not{\varepsilon}\}$

• $\not{P}\not{k}=2(P\cdot k)-\not{k}\not{P}$

$\therefore (\not{P}+mc)\not{k}(\not{P}+mc)=\not{k}(-\not{P}+mc)(\not{P}+mc)+2(k\cdot P)(\not{P}+mc)$

$=\not{k}[-P^2+(mc)^2]+2(k\cdot P)(\not{P}+mc)=2(k\cdot P)(\not{P}+mc)$

$$\cdot\ (\not k - \not k')\not\varepsilon' = 2(k\cdot\varepsilon') - \not\varepsilon'\not k - 2(k'\cdot\varepsilon') + \not\varepsilon'\not k' = 2(k\cdot\varepsilon') - \not\varepsilon'(\not k - \not k')$$

同理 $(\not k - \not k')\not\varepsilon = -2(k'\cdot\varepsilon) - \not\varepsilon(\not k - \not k')$

$$\therefore (\not k - \not k')\not\varepsilon'\not\varepsilon = 2(k\cdot\varepsilon')\not\varepsilon + 2(k'\cdot\varepsilon)\not\varepsilon' + \not\varepsilon'\not\varepsilon(\not k - \not k')$$

$$= 2(k\cdot P)T_r\{\not\varepsilon'\not\varepsilon(\not P + mc)\not k'\not\varepsilon'\not\varepsilon\} + 2\hbar(k\cdot\varepsilon')T_r\{\underbrace{\not\varepsilon\not k\not P\not k'\not\varepsilon'}_{A}\underbrace{\not\varepsilon}_{B}\} + 2\hbar(k'\cdot\varepsilon)$$

$T_r AB = T_r BA$

$$\times T_r\{\not\varepsilon'\not k\not P\not k'\not\varepsilon'\not\varepsilon\} + \hbar T_r\{\not\varepsilon'\not\varepsilon\underbrace{(\not k - \not k')\not k}_{0}\not P\not k'\not\varepsilon'\not\varepsilon\}$$

$$\cdot\ T_r\not\varepsilon'\not\varepsilon(\not P + mc)\not k'\not\varepsilon'\not\varepsilon = T_r\not\varepsilon'\not\varepsilon\not P\not k'\not\varepsilon'\not\varepsilon = 2(\varepsilon'\cdot\varepsilon)T_r\not P\not k'\not\varepsilon'\not\varepsilon - T_r\underbrace{\not\varepsilon\not\varepsilon'\not P\not k'\not\varepsilon'}_{A}\underbrace{\not\varepsilon}_{B}$$

$$= 2(\varepsilon'\cdot\varepsilon)T_r\not P\not k'\not\varepsilon'\not\varepsilon - T_r\not\varepsilon\not\varepsilon\not\varepsilon'\not P\not k'\not\varepsilon' \longleftarrow \not\varepsilon\not\varepsilon = -1 \qquad T_r AB = T_r BA$$

$$= 2(\varepsilon'\cdot\varepsilon)\{4(P\cdot k')(\varepsilon'\cdot\varepsilon) - 4(P\cdot\varepsilon')(k'\cdot\varepsilon) + 4(P\cdot\varepsilon)(k'\cdot\varepsilon')\} - T_r\not P\not k'$$

$$= 4(P\cdot k')\{2(\varepsilon\cdot\varepsilon')^2 - 1\}$$

$$\cdot\ T_r\not\varepsilon\not k\not P\not k'\not\varepsilon'\not\varepsilon = T_r\not\varepsilon\not\varepsilon\not k\not P\not k'\not\varepsilon' = -T_r\not k\not P\not k'\not\varepsilon'$$

$$\cdot\ 2(k'\cdot\varepsilon)T_r\not\varepsilon'\not k\not P\not k'\not\varepsilon'\not\varepsilon + T_r\not\varepsilon'\not\varepsilon(\not k - \not k')\not k\not P\not k'\not\varepsilon'\not\varepsilon \longleftarrow \not k\not k = 0$$

$$= 2(k'\cdot\varepsilon)T_r\not\varepsilon'\not k\not P\not k'\not\varepsilon'\not\varepsilon - 2(k'\cdot\varepsilon)T_r\not\varepsilon'\not k\not P\not k'\not\varepsilon'\not\varepsilon + T_r\not\varepsilon'\not k'\not\varepsilon\not k\not P\not k'\not\varepsilon'\not\varepsilon$$

$$= T_r\underbrace{\not\varepsilon'\not k'}\not\varepsilon\not k\not P\not k'\not\varepsilon'\not\varepsilon = -T_r\not k'\not\varepsilon'\not\varepsilon\not k\not P\not k'\not\varepsilon'\not\varepsilon \longleftarrow \varepsilon'\cdot k' = 0$$

$$= T_r\not k'\not\varepsilon'\not\varepsilon\not k\not P\not\varepsilon'\underbrace{\not k'\not\varepsilon} = 2(k'\cdot\varepsilon)T_r\not k'\not\varepsilon'\not\varepsilon\not k\not P\not\varepsilon' - T_r\underbrace{\not k'\not\varepsilon'\not\varepsilon\not k\not P\not\varepsilon'\not\varepsilon}_{A}\underbrace{\not k'}_{B}$$

$$= -2(k'\cdot\varepsilon)T_r\underbrace{\not\varepsilon'\not k'\not\varepsilon\not k\not P}_{A}\underbrace{\not\varepsilon'}_{B} \longleftarrow k'\cdot\varepsilon' = 0 \qquad T_r AB = T_r BA$$

可得 $\not k'\not k' = 0$

$$= 2(k'\cdot\varepsilon)T_r\not k'\not\varepsilon\not k\not P$$

$$= 8(k\cdot P)(k'\cdot P)\{2(\varepsilon\cdot\varepsilon')^2 - 1\} - 2\hbar(k\cdot\varepsilon')T_r\not k\not P\not k'\not\varepsilon' + 2\hbar(k'\cdot\varepsilon)T_r\not k'\not\varepsilon\not k\not P$$

$$= 8(k\cdot P)(k'\cdot P)\{2(\varepsilon\cdot\varepsilon')^2 - 1\} - 8\hbar(k\cdot\varepsilon')^2(k'\cdot P) + 8\hbar(k'\cdot\varepsilon)^2(k\cdot P) \qquad (11\text{-}458g)$$

ⓓ $T_4 = T_r\{(\not P' + mc)\not\varepsilon\not\varepsilon'\not k'(\not P + mc)\not k\not\varepsilon\not\varepsilon'\} = (T_3\text{的 } \varepsilon \rightleftarrows \varepsilon', k \rightleftarrows -k')$ （11-458h）

把（11-458e～h）式代入（11-458d）式得：

$$\frac{d\bar\sigma}{d\Omega} = \left(\frac{\alpha\hbar}{2mc}\right)^2\frac{|\boldsymbol{k}'|^2}{|\boldsymbol{k}|^2}\left\{\frac{(P\cdot k') + 2\hbar(k\cdot\varepsilon')^2}{P\cdot k} + \frac{(P\cdot k) - 2\hbar(k'\cdot\varepsilon)^2}{P\cdot k'}\right.$$

$$\left. + \left[(2(\varepsilon\cdot\varepsilon')^2 - 1) - \frac{\hbar(k\cdot\varepsilon')^2}{P\cdot k} + \frac{\hbar(k'\cdot\varepsilon)^2}{P\cdot k'}\right] + \left[(2(\varepsilon\cdot\varepsilon')^2 - 1) + \frac{\hbar(k'\cdot\varepsilon)^2}{k'\cdot P} - \frac{\hbar(k\cdot\varepsilon')^2}{k\cdot P}\right]\right\}$$

$$= \left(\frac{\alpha\hbar}{2mc}\right)^2\frac{|\boldsymbol{k}'|^2}{|\boldsymbol{k}|^2}\left\{\frac{P\cdot k'}{P\cdot k} + \frac{P\cdot k}{P\cdot k'} + 4(\varepsilon\cdot\varepsilon')^2 - 2\right\}$$

$P^\mu = (E/c, \vec 0) = (mc, \vec 0)$, $\quad k^\mu = (k_0, \boldsymbol{k}) = (\omega/c, \boldsymbol{k})$

$\therefore P\cdot k = m\omega = mc|\boldsymbol{k}|$

同理 $\quad P\cdot k' = m\omega' = mc|\boldsymbol{k}'|$

$$\therefore \boxed{\frac{d\bar\sigma}{d\Omega} = \left(\frac{\alpha\hbar}{2mc}\right)^2\frac{|\boldsymbol{k}'|^2}{|\boldsymbol{k}|^2}\left\{\frac{|\boldsymbol{k}'|}{|\boldsymbol{k}|} + \frac{|\boldsymbol{k}|}{|\boldsymbol{k}'|} + 4(\varepsilon\cdot\varepsilon')^2 - 2\right\}} \qquad (11\text{-}459)$$

（11-459）式稱為 Klein-Nishina 公式（Klein-Nishina formula），紀念 1929 年 Klein（Oskar Klein 1894 年～1977 年瑞典理論物理學家）和日本人仁科芳雄（Nishina Yoshio）首次獲得此式。（11-459）式的 $|\boldsymbol{k}'|$ 和 $|\boldsymbol{k}|$ 的關係可從（11-456e）式獲得：

$$|\boldsymbol{k}'| = \frac{mc\,|\boldsymbol{k}|}{mc+\hbar\,|\boldsymbol{k}|\,(1-\cos\theta)}$$，θ＝實驗室系的光子散射角

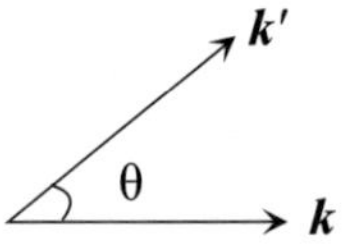

④探討（11-459）式的 $d\bar{\sigma}/d\Omega$ 的內涵

ⓐ光子能量 $\hbar\omega \longrightarrow 0$ 時的情形：

當 $\omega \longrightarrow 0$ 時便得 $\omega' \doteqdot \omega$ 或 $|\boldsymbol{k}'| \fallingdotseq |\boldsymbol{k}|$

$$\therefore \frac{d\bar{\sigma}}{d\Omega} \fallingdotseq \left(\frac{\alpha\hbar}{mc}\right)^2 (\varepsilon\cdot\varepsilon')^2 \qquad (11\text{-}460)$$

（11-460）式叫 **Thomson's 散射式**，其大小是：

$$\left(\frac{\alpha\hbar}{mc}\right)^2 = \left(\frac{e^2}{4\pi\hbar c}\,\frac{\hbar c}{mc^2}\right)^2 \fallingdotseq (2.88\text{ fm})^2$$

e＝電子電荷大小，稱 $\dfrac{\alpha\hbar}{mc}=2.88\text{ fm}$ 為電子半徑 r_e：

$$\boxed{r_e \equiv \frac{\alpha\hbar}{mc}} \qquad (11\text{-}461)$$

$$\therefore \left(\frac{d\bar{\sigma}}{d\Omega}\right)_{\text{Thomson}} = \{(\varepsilon\cdot\varepsilon')\,r_e\}^2$$

Compton 散射時的低能量域的現象，即長波長的光子被自由電子散射的情形。1910 年左右 J. J. Thomson（Sir Joseph John Thomson 1856 年～1940 年英國理論實驗物理學家）研究電子受入射光的影響時獲得了 $d\bar{\sigma}/d\Omega = r_e^2(1+\cos^2\theta)$，才稱（11-460）式為 Thomson 散射（看下面（11-464）式）。

ⓑ光子的偏振情形：

當光子沒被偏振時，對入射光必做偏振平均，而對散射光取偏振和：

$$\overline{\left(\frac{d\bar{\sigma}}{d\Omega}\right)} \equiv \frac{1}{2}\sum_{\lambda,\lambda'=1,2}\frac{d\bar{\sigma}}{d\Omega}$$

$$\varepsilon\cdot\varepsilon' = \varepsilon^{\mu}(\boldsymbol{k},\lambda)\,\varepsilon'_{\mu}(\boldsymbol{k}',\lambda')$$

⦚ 假設不但入射光能低 $\hbar\omega \longrightarrow 0$，並且散射角也不大，則得：

$$\begin{cases} k_0 \fallingdotseq k'_0 \quad \text{或} |\boldsymbol{k}'| \fallingdotseq |\boldsymbol{k}| \\ \boldsymbol{k}' \fallingdotseq \boldsymbol{k} \\ \varepsilon^{\mu}(\boldsymbol{k},\lambda)=(0,\boldsymbol{\varepsilon}(\boldsymbol{k},\lambda)), \quad \varepsilon'_{\mu}(\boldsymbol{k}',\lambda')=(0,-\boldsymbol{\varepsilon}'(\boldsymbol{k}',\lambda')) \end{cases}$$

← 請看（11-441c～e）式

$$=-\boldsymbol{\varepsilon}(\boldsymbol{k},\lambda)\cdot\boldsymbol{\varepsilon}'(\boldsymbol{k}',\lambda')$$

$\boldsymbol{\varepsilon}\cdot\boldsymbol{k}=0, \qquad \boldsymbol{\varepsilon}'\cdot\boldsymbol{k}'=0$

$\boldsymbol{k}$ 和 $\boldsymbol{k}'$ 構成的平面叫散射面（**scattering plane**），

設 $e_k\equiv\boldsymbol{k}/|\boldsymbol{k}|$，則得右圖關係。

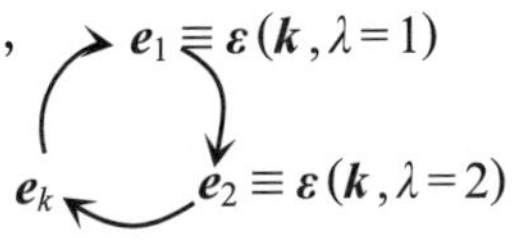

取 $\boldsymbol{e}_2$ 和 $\boldsymbol{e}'_2$ 同向，則得 $\boldsymbol{e}_1$ 和 $\boldsymbol{e}'_1$ 之夾角等於 $\boldsymbol{e}_k$ 和 $\boldsymbol{e}'_k$ 的夾角：

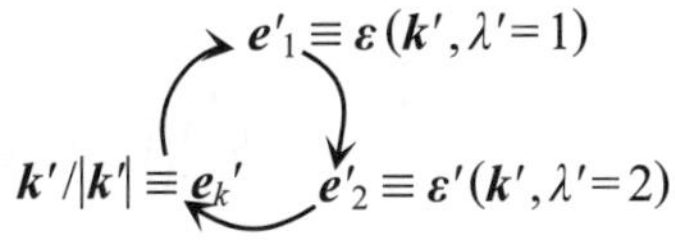

$$\widehat{\boldsymbol{e}_k\boldsymbol{e}_k'}=\widehat{\boldsymbol{e}_1\boldsymbol{e}_1'}$$

或 $\boldsymbol{e}_k\cdot\boldsymbol{e}_k'=\boldsymbol{e}_1\cdot\boldsymbol{e}_1'=\cos\theta$

$\boldsymbol{e}_2\cdot\boldsymbol{e}_2'=1$，如右圖

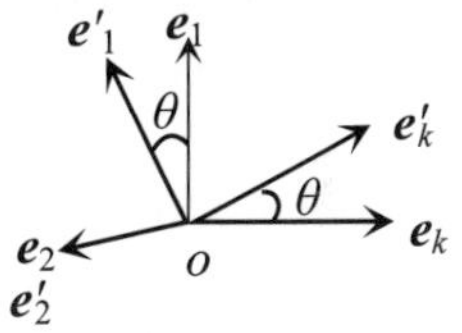

而 $\boldsymbol{e}_1\cdot\boldsymbol{e}_2=0$，$\boldsymbol{e}_1\cdot\boldsymbol{e}'_2=0$，$\boldsymbol{e}'_1\cdot\boldsymbol{e}_2=0$，$\boldsymbol{e}'_1$，$\boldsymbol{e}'_2=0$

$$\therefore\frac{1}{2}\sum_{\lambda,\lambda'=1,2}(\varepsilon\cdot\varepsilon')^2=\frac{1}{2}\sum_{\lambda=1}^{2}\left\{\sum_{\lambda'=1}^{2}\left[\boldsymbol{\varepsilon}(\boldsymbol{k},\lambda)\cdot\boldsymbol{\varepsilon}'(\boldsymbol{k}',\lambda')\right]^2\right\}$$

$$=\frac{1}{2}\left\{\left[\boldsymbol{\varepsilon}(\boldsymbol{k},\lambda=1)\cdot\left(\boldsymbol{\varepsilon}'(\boldsymbol{k}',\lambda'=1)+\boldsymbol{\varepsilon}(\boldsymbol{k}',\lambda'=2)\right)\right]^2+\left[\boldsymbol{\varepsilon}(\boldsymbol{k},\lambda=2)\cdot\left(\boldsymbol{\varepsilon}'(\boldsymbol{k}',\lambda'=1)+\boldsymbol{\varepsilon}'(\boldsymbol{k}',\lambda'=2)\right)\right]^2\right\}$$

$$=\frac{1}{2}\left\{\left[\boldsymbol{e}_1\cdot(\boldsymbol{e}'_1+\boldsymbol{e}'_2)\right]^2+\left[\boldsymbol{e}_2\cdot(e'_1+\boldsymbol{e}'_2)\right]^2\right\}=\frac{1}{2}\left\{(\cos\theta+0)^2+(0+1)^2\right\}$$

$$=\frac{1}{2}(1+\cos^2\theta) \tag{11-462}$$

$$\therefore\overline{\left(\frac{d\bar{\sigma}}{d\Omega}\right)}=\frac{1}{2}\sum_{\lambda,\lambda'=1,2}\frac{d\bar{\sigma}}{d\Omega}=\frac{1}{2}\sum_{\lambda,\lambda'=1,2}\left\{\left(\frac{\alpha\hbar}{2mc}\right)^2\underbrace{\frac{|\boldsymbol{k}'|^2}{|\boldsymbol{k}|^2}\left[\left(\frac{|\boldsymbol{k}'|}{|\boldsymbol{k}|}+\frac{|\boldsymbol{k}|}{|\boldsymbol{k}'|}-2\right)\right.}+4\underbrace{(\varepsilon\cdot\varepsilon')^2}\left.\right]\right\}$$

↑ 和 λ,λ' 無關，即對每一個 λ 和 λ' 都同一個值，λ 和 λ' 各有兩個可能，故必乘上 2×2=4

↑（11-462）式

$$=\frac{1}{2}\left(\frac{\alpha\hbar}{mc}\right)^2\frac{|\boldsymbol{k}'|^2}{|\boldsymbol{k}|^2}\left[\frac{|\boldsymbol{k}'|}{|\boldsymbol{k}|}+\frac{|\boldsymbol{k}|}{|\boldsymbol{k}'|}\underbrace{-2+(\cos^2\theta+1)}_{=-\sin^2\theta}\right]$$

$$\therefore\overline{\left(\frac{d\bar{\sigma}}{d\Omega}\right)}=\frac{1}{2}\sum_{\lambda,\lambda'=1,2}\frac{d\bar{\sigma}}{d\Omega}=\frac{1}{2}\left(\frac{\alpha\hbar}{mc}\right)^2\frac{|\boldsymbol{k}'|^2}{|\boldsymbol{k}|^2}\left(\frac{|\boldsymbol{k}'|}{|\boldsymbol{k}|}+\frac{|\boldsymbol{k}|}{|\boldsymbol{k}'|}-\sin^2\theta\right) \tag{11-463}$$

＝經典電動力學的光的散射角微分截面

Ⓒ$\omega\to 0$，以及光能$\hbar\omega\gg mc^2$（電子靜止能）的情形：

如$\omega\to 0$並且散射角$\theta\to 0$，則$|\boldsymbol{k}'|\doteqdot|\boldsymbol{k}|$，$(2-\sin^2\theta)=1+\cos^2\theta$，故（11-463）式變為：

$$\overline{\left(\frac{d\bar{\sigma}}{d\Omega}\right)}_{\substack{\omega\to 0\\ \theta\to 0}}=\frac{1}{2}r_e^2(1+\cos^2\theta)=\text{無偏振 Thomson 角微分截面} \qquad (11\text{-}464)$$

如果是$\hbar\omega$，$\hbar\omega'\gg mc^2$，即超相對性極限（ultra-relativistic limit），則：

$$|\boldsymbol{k}|=\omega/c,\qquad |\boldsymbol{k}'|=\omega'/c$$

（11-456e）式是：

$$|\boldsymbol{k}'|=\frac{mc|\boldsymbol{k}|}{mc+\hbar|\boldsymbol{k}|(1-\cos\theta)}$$

$$\therefore (11-463)\text{式}=\frac{1}{2}r_e^2\frac{(mc)^2}{[mc+\hbar|\boldsymbol{k}|(1-\cos\theta)]^2}$$

$$\times\left\{\frac{mc}{mc+\hbar|\boldsymbol{k}|(1-\cos\theta)}+\frac{mc+\hbar|\boldsymbol{k}|(1-\cos\theta)}{mc}-\sin^2\theta\right\}$$

$$\xrightarrow[|\boldsymbol{k}|>>mc/\hbar]{}\frac{1}{2}r_e^2\frac{(mc)^2}{\hbar^2|\boldsymbol{k}|^2(1-\cos\theta)^2}\left\{\frac{mc}{\hbar|\boldsymbol{k}|(1-\cos\theta)}+\frac{\hbar|\boldsymbol{k}|(1-\cos\theta)}{mc}-\sin^2\theta\right\}$$

$$=\frac{1}{2}r_e^2\frac{(mc^2)^2}{(\hbar\omega)^2(1-\cos\theta)^2}\left\{\frac{(mc^2)^2+(\hbar\omega)^2(1-\cos\theta)^2}{mc^2\hbar\omega(1-\cos\theta)}-\sin^2\theta\right\}$$

$$\doteqdot\frac{1}{2}r_e^2\frac{(mc^2)^2}{(\hbar\omega)^2(1-\cos\theta)^2}\left\{\frac{(\hbar\omega)^2(1-\cos\theta)^2}{mc^2\hbar\omega(1-\cos\theta)}-\sin^2\theta\right\}$$

$$\doteqdot\frac{1}{2}r_e^2\frac{mc^2}{\hbar\omega}(1-\cos\theta)^{-1}\quad\longleftarrow\sin^2\theta\doteqdot\theta^2\doteqdot 0\quad\text{當}\theta\to 0$$

$$=\frac{1}{4}r_e^2\frac{mc^2}{\hbar\omega}\frac{1}{\sin^2(\theta/2)}$$

$$\therefore\overline{\left(\frac{d\bar{\sigma}}{d\Omega}\right)}_{\substack{\hbar\omega\gg mc^2\\ \theta\to 0}}=\frac{1}{4}r_e^2\frac{mc^2}{\hbar\omega}\frac{1}{\sin^2(\theta/2)} \qquad (11\text{-}465)$$

把（11-464）和（11-465）式畫在圖（11-144）上。

(d)無偏振 Compton 散射總截面：

由（11-456e）式，$|\boldsymbol{k}|=\omega/c$和（11-463）式得總截面$\bar{\sigma}$：

$$\bar{\sigma}\equiv\int\overline{\left(\frac{d\bar{\sigma}}{d\Omega}\right)}d\Omega,\qquad d\Omega\equiv\sin\theta d\theta d\varphi$$

$$=\frac{1}{2}\left(\frac{\alpha\hbar}{mc}\right)^2\int\sin\theta d\theta d\varphi$$

$$\times\frac{1}{\left[1+\frac{\hbar\omega}{mc^2}(1-\cos\theta)\right]^2}$$

$$\times\left\{\frac{1}{1+\frac{\hbar\omega}{mc^2}(1-\cos\theta)}+\left[1+\frac{\hbar\omega}{mc^2}\right.\right.$$

$$\left.\left.\times(1-\cos\theta)\right]-\sin^2\theta\right\}$$

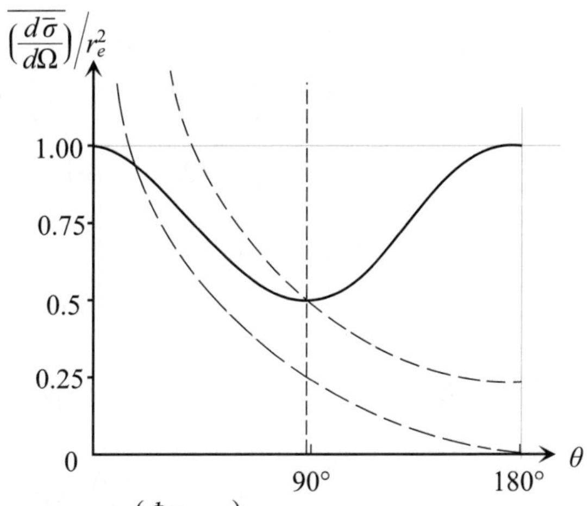

—— = $\left(\frac{\hbar\omega}{mc^2}\doteqdot 0\right)$（Thomson 散射）

-------- = $\left(\frac{\hbar\omega}{mc^2}=1\right)$

—·—·— = $\left(\frac{\hbar\omega}{mc^2}>1\right)$

θ＝實驗室系的光子散射角

圖 11-144　無偏振光子的散射截面

設$\cos\theta\equiv z, u\equiv 1+\frac{\hbar\omega}{mc^2}(1-z)$，則：

$$dz=-\sin\theta d\theta,$$

$$dz=-\left(\frac{mc^2}{\hbar\omega}\right)du,\quad z=1-\left(\frac{mc^2}{\hbar\omega}\right)(u-1),$$

$$z^2=1-2\left(\frac{mc^2}{\hbar\omega}\right)(u-1)+\left(\frac{mc^2}{\hbar\omega}\right)^2(u-1)^2$$

$$\begin{aligned}1-z^2=&-\left[2\left(\frac{mc^2}{\hbar\omega}\right)+\left(\frac{mc^2}{\hbar\omega}\right)^2\right]\\&+\left[2\left(\frac{mc^2}{\hbar\omega}\right)+2\left(\frac{mc^2}{\hbar\omega}\right)^2\right]u-\left(\frac{mc^2}{\hbar\omega}\right)^2u^2\\\equiv&\, a+bu+cu^2\end{aligned}$$

$$a\equiv-\left[2\left(\frac{mc^2}{\hbar\omega}\right)+\left(\frac{mc^2}{\hbar\omega}\right)^2\right],\quad \mathrm{b}\equiv 2\left(\frac{mc^2}{\hbar\omega}\right)+2\left(\frac{mc^2}{\hbar\omega}\right)^2,\quad \mathrm{c}\equiv-\left(\frac{mc^2}{\hbar\omega}\right)^2,$$

$\beta\equiv 1,\quad \delta\equiv 1+2\frac{\hbar\omega}{mc^2}$，即把一切化為無因次（量綱）量。

$$\therefore\bar{\sigma}=-\pi\frac{\hbar\alpha^2}{m\omega}\int_\delta^\beta du\left\{\frac{1}{u^3}+\frac{1}{u}-\frac{a+bu+cu^2}{u^2}\right\}\longleftarrow \theta=0\text{ 時 }u=\beta，\theta=\pi\text{時 }u=\delta$$

$$=-\frac{\pi\hbar\alpha^2}{m\omega}\left\{-\frac{1}{2}\frac{1}{u^2}+\ell\mathrm{n}u+\frac{a}{u}-b\ell\mathrm{n}u-cu\right\}_\delta^\beta$$

$$=-\frac{\pi\hbar\alpha^2}{m\omega}\left\{(a-c-\frac{1}{2})+\frac{1}{2\delta^2}-\frac{a}{\delta}+c\delta+(b-1)\ell\mathrm{n}\delta\right\}$$

$$\therefore\boxed{\begin{aligned}\bar{\sigma}=-\frac{\pi\hbar\alpha^2}{m\omega}&\left\{-\left[2(\frac{mc^2}{\hbar\omega})+\frac{1}{2}\right]+\frac{1}{2\left[1+2(\hbar\omega/mc^2)\right]^2}+\frac{\left[2(mc^2/\hbar\omega)+(mc^2/\hbar\omega)^2\right]}{1+2(\hbar\omega/mc^2)}\right.\\&\left.-\left(\frac{mc^2}{\hbar\omega}\right)^2\left[1+2\left(\frac{\hbar\omega}{mc^2}\right)\right]+\left[2\left(\frac{mc^2}{\hbar\omega}\right)+2\left(\frac{mc^2}{\hbar\omega}\right)^2-1\right]\ell\mathrm{n}\left[1+2\left(\frac{\hbar\omega}{mc^2}\right)\right]\right\}\end{aligned}}\qquad(11\text{-}466)$$

如$mc^2\gg\hbar\omega$，則（11-466）式的展開式是：

$$(\bar{\sigma})_{mc^2\gg\hbar\omega}=\pi\left(\frac{\hbar\alpha}{mc}\right)^2\left\{\left[2\left(\frac{mc^2}{\hbar\omega}\right)^2+\frac{1}{2}\left(\frac{mc^2}{\hbar\omega}\right)\right]-\frac{1}{2}\left(\frac{mc^2}{\hbar\omega}\right)\times\right.$$

$$\left[1-4\left(\frac{\hbar\omega}{mc^2}\right)+12\left(\frac{\hbar\omega}{mc^2}\right)^2-32\left(\frac{\hbar\omega}{mc^2}\right)^3+\cdots\cdots\right]-\left[2\left(\frac{mc^2}{\hbar\omega}\right)^2+\left(\frac{mc^2}{\hbar\omega}\right)^3\right]\times$$

$$\left[1-2\left(\frac{\hbar\omega}{mc^2}\right)+4\left(\frac{\hbar\omega}{mc^2}\right)^2-8\left(\frac{\hbar\omega}{mc^2}\right)^3+\cdots\cdots\right]+\left(\frac{mc^2}{\hbar\omega}\right)^3\left[1+2\left(\frac{\hbar\omega}{mc^2}\right)\right]$$

$$-\left[2\left(\frac{mc^2}{\hbar\omega}\right)^2+2\left(\frac{mc^2}{\hbar\omega}\right)^3-\left(\frac{mc^2}{\hbar\omega}\right)\right]\left[2\left(\frac{\hbar\omega}{mc^2}\right)-2\left(\frac{\hbar\omega}{mc^2}\right)^2+\frac{8}{3}\left(\frac{\hbar\omega}{mc^2}\right)^3-\cdots\cdots\right]\Bigg\}$$

$$\doteqdot\frac{8\pi}{3}\left(\frac{\hbar\alpha}{mc}\right)^2$$

=低能量時的無偏振 Compton 散射的總截面（total cross section）。

倒過來，$\hbar\omega\gg mc^2$的高能量 Compton 散射的總截面，由（11-466）式得：

$$(\bar{\sigma})_{\hbar\omega\gg mc^2}\doteqdot\frac{\pi\hbar\alpha^2}{m\omega}\left\{\frac{1}{2}+\ell\text{n}\left[2\left(\frac{\hbar\omega}{mc^2}\right)\right]\right\}$$

為了讀者能進一步瞭解求散射矩陣的方法，費了不少篇幅詳細地解了第二階的 $S_{fi}^{(2)}$，內容涉及到粒子的電子，反粒子的正電子以及電磁場的光子。在這個基礎上，最好自己從後註53)的相對論量子力學的第七章，找些例題來做，試一試能不能獲得和書上同一結果。

QED 是局部規範理論的基礎，有了這個根基之後就容易瞭解，同樣的局部規範理論的量子色動力學，因為瞭解之後才能應用。另一個對分析物理現象或減輕解題目工作量的是瞭解物理系統的對稱性（參看第 10 章V（A），尤其（10-84a）～（10-86d）式之間的演算）。在前面（11-381a）式～（11-397）式，曾介紹了量子力學階段的分離（discrete）和連續（continuous）對稱性。那麼在場的時候那些對稱性的具體形式和操作是如何呢？接著以 QED 為例來簡介空間、時間反演和電荷共軛（charge conjugation）的對稱性。

(5) QED 架構下的空間、時間反演和電荷共軛變換[53)]

物理現象常內涵一些對稱性，利用它帶來的守恆量不但能減輕計算量，且能用來檢驗繁重的演算過程。從 QED Lagrangian 密度（11-445a）式所得的靜止質量 $m_0\equiv m$ 電荷 q 自旋 1/2 的 Fermi 子運動方程式是：

$$\left[i\hbar\gamma_\mu\partial^\mu-q\gamma_\mu A^\mu(x)-mc\right]\psi(x)=0 \qquad (11\text{-}467)$$

接著求（11-467）式對空間反演、時間反演和電荷共軛變換不變的算符。

(i)空間反演變換算符 $\hat{P}$

把右手（左手）系轉換成左手（右手）系的變換就是空間反演（看圖（11-131）），它是無法以連續轉換來獲得的分離變換：

$$\left.\begin{aligned}\hat{P}x^{\mu}=\hat{P}(x^{0}，\boldsymbol{x})=(x^{0}，-\boldsymbol{x})=x_{\mu}\\ 或\ \hat{P}x_{\mu}=\ x^{\mu}\end{aligned}\right\} \qquad (11\text{-}468a)$$

從（11-467）式左邊作用$\hat{P}$，同時利用$\hat{P}\hat{P}^{-1}=\hat{P}^{-1}\hat{P}=\mathbb{1}$（單位算符）得：

$$\left[i\hbar\hat{P}\gamma^{\mu}\hat{P}^{-1}\hat{P}\partial_{\mu}\hat{P}^{-1}-q\hat{P}\gamma^{\mu}\hat{P}^{-1}\hat{P}A_{\mu}(x)\hat{P}^{-1}-mc\right]\hat{P}\psi(x)=0 \qquad (11\text{-}468b)$$

從（11-468a）式得微分算符$\hat{P}\partial_{\mu}\hat{P}^{-1}=\partial^{\mu}$，$\hat{P}\partial^{\mu}\hat{P}^{-1}=\partial_{\mu}$，於是如（11-468b）式是空間反演不變，則（11-468b）式必和（11-467）式同型，

$$\therefore\hat{P}\gamma^{\mu}\hat{P}^{-1}=\gamma_{\mu} \qquad 或\ \hat{P}^{-1}\gamma_{\mu}\hat{P}=\gamma^{\mu} \qquad (11\text{-}468c)$$

所以（11-468b）式是：

$$\left[i\hbar\gamma_{\mu}\partial^{\mu}-q\gamma_{\mu}A^{\mu}(x)-mc\right]\hat{P}\psi(x)=0$$

Dirac 矩陣有下關係：

$$\gamma^{0}\gamma^{\mu}\gamma^{0}=\gamma_{\mu} \qquad 或\gamma^{0}\gamma_{\mu}\gamma^{0}=\gamma^{\mu}， \qquad \gamma_{0}=\gamma^{0} \qquad (11\text{-}468d)$$

比較（11-468c）和（11-468d）式得：

$$\boxed{\hat{P}=e^{i\delta}\gamma_{0}} \qquad (11\text{-}469a)$$

$e^{i\delta}$ = 未定相，即$|e^{i\delta}|=1$。那麼（11-469a）式的$\hat{P}$是什麼樣的算符呢？由$\hat{P}\hat{P}^{-1}=\mathbb{1}$得：

$$\begin{aligned}&\hat{P}\hat{P}^{-1}=e^{i\delta}\gamma^{0}\hat{P}^{-1}=\mathbb{1}=e^{i\delta}\gamma^{0}e^{-i\delta}\gamma^{0}=e^{i\delta}\gamma^{0}(e^{i\delta}\gamma^{0})^{+}\\ &\therefore\ \hat{P}^{-1}=(e^{i\delta}\gamma^{0})^{+}=\hat{P}^{+}\end{aligned} \qquad (11\text{-}469b)$$

所以$\hat{P}$是么正算符（unitary operator）。

(ii)時間反演變換算符$\hat{T}$

曾在（11-383a）式到（11-385a）式探討了時間反演的內容，即：

$$\left.\begin{aligned}\hat{T}x^{\mu}=\hat{T}(x_{0},\boldsymbol{x})=\hat{T}(ct,\boldsymbol{x})=(-ct,\boldsymbol{x})=-(ct,-\boldsymbol{x})=-x_{\mu}\\ 或\ \hat{T}x_{\mu}=-x^{\mu}\end{aligned}\right\} \qquad (11\text{-}470a)$$

量子力學的時間反演算符是（11-385a）的$\hat{T}_{量}$：

$$\hat{T}_{量}=\hat{U}\hat{K}\equiv\hat{U}_{A} \qquad (11\text{-}470b)$$

$\hat{U}$=么正算符，$\hat{K}$=取共軛複數（conjugate complex）操作，故稱$\hat{U}\hat{K}\equiv\hat{U}_A$為反么正算符（anti-unitary opetator，請看表（11-36））。因此沒有$\hat{U}_A^+$這個量，右下標A表示「反」。同樣設 QED 的時間反演算符$\hat{T}$也是 Wigner 型：

$$\hat{T}=\hat{U}\hat{K} \tag{11-470c}$$

那麼$\hat{T}$的具體形狀是什麼？從（11-467）式左邊作用$\hat{T}$，同時利用$\hat{T}\hat{T}^{-1}=\hat{T}^{-1}\hat{T}=\mathbb{1}$得：

$$\left\{\hat{T}\left[i\hbar\gamma^\mu\hat{T}^{-1}\hat{T}\partial_\mu\right]\hat{T}^{-1}-q\hat{T}\left[\gamma^\mu\hat{T}^{-1}\hat{T}A_\mu(x)\right]\hat{T}^{-1}-mc\right\}\hat{T}\psi(x)=0 \tag{11-470d}$$

$$\left.\begin{array}{l}\hat{T}(i\hbar\gamma^\mu)\hat{T}^{-1}=-i\hbar\hat{U}\gamma^{\mu *}\hat{U}^{-1}\\ \hat{T}\partial_\mu\hat{T}^{-1}=-\partial^\mu\end{array}\right\} \tag{11-470e}$$

$$\left.\begin{array}{l}\hat{T}A_\mu(x)\hat{T}^{-1}=A_\mu(\hat{T}x\hat{T}^{-1})\equiv A_\mu(x')\\ \text{或 }\hat{T}A^\mu(x)\hat{T}^{-1}=A^\mu(x')\end{array}\right\} \tag{11-470f}$$

電磁場勢$A_\mu(x)$不受時間反演影響的實場勢，故僅四向量$x^\mu\longrightarrow -x_\mu$或$x_\mu\longrightarrow -x^\mu$，如果要求（11-470d）式和（11-467）式同型，即$\hat{T}$變換不變，則得：

$$\hat{U}\gamma^{\mu *}\hat{U}^{-1}=\gamma_\mu \tag{11-471a}$$

$$\hat{T}\psi(x)=\psi_T(x') \tag{11-471b}$$

而（11-470d）式是：

$$[i\hbar\gamma_\mu\partial^\mu-q\gamma_\mu A^\mu(x')-mc]\psi_T(x')=0 \tag{11-471c}$$

Dirac γ 矩陣有如下關係式：

$$\boxed{\gamma^1\gamma^3\gamma^{\mu *}\gamma^3\gamma^1=\gamma_\mu} \tag{11-471d}$$

利用$\gamma_0^2=(\gamma_0)^2=\mathbb{1}$，$\gamma_k^2=(r^k)^2=-\mathbb{1}$，$k$=1,2,3檢驗（11-471d）式：

- $\gamma^1\gamma^3\gamma^{0*}\gamma^3\gamma^1=\gamma^1\gamma^3\gamma^0\gamma^3\gamma^1=-\gamma^1\gamma^3\gamma^3\gamma^0\gamma^1=\gamma^1\gamma^0\gamma^1=-\gamma^1\gamma^1\gamma^0=\gamma_0$
- $\gamma^1\gamma^3\gamma^{1*}\gamma^3\gamma^1=\gamma^1\gamma^3\gamma^1\gamma^3\gamma^1=-\gamma^1\gamma^3\gamma^3\gamma^1\gamma^1=-\gamma^1=\gamma_1$
- $\gamma^1\gamma^3\gamma^{2*}\gamma^3\gamma^1=\gamma^1\gamma^3(-\gamma^2)\gamma^3\gamma^1=\gamma^1\gamma^3\gamma^3\gamma^2\gamma^1=-\gamma^1\gamma^2\gamma^1=\gamma^1\gamma^1\gamma^2=-\gamma^2=\gamma_2$
- $\gamma^1\gamma^3\gamma^{3*}\gamma^3\gamma^1=\gamma^1\gamma^3\gamma^3\gamma^3\gamma^1=-\gamma^1\gamma^3\gamma^1=\gamma^1\gamma^1\gamma^3=-\gamma^3=\gamma_3$

$\therefore\gamma^1\gamma^3\gamma^{\mu *}\gamma^3\gamma^1=\gamma_\mu$

比較（11-471a）式和（11-471d）式，以及配合時間反演算符的反么正性和算符的反線性（anti-linearity 請看表（11-36））要求得：

$$\hat{U}=i\gamma^1\gamma^3 \quad (11\text{-}472a)$$

$$\therefore \boxed{\hat{T}=\hat{U}\hat{K}=i\gamma^1\gamma^3\hat{K}} \quad (11\text{-}472b)$$

那麼（11-472b）式的$\hat{T}$是什麼樣的算符呢?如和時間有關的線性算符$\hat{Q}(t)$，則其時間反演是：

$$\begin{aligned}\hat{T}\hat{Q}(t)\hat{T}^{-1} &= \hat{U}\hat{K}\hat{Q}(t)K\hat{U}^{-1} = \hat{U}\hat{Q}^*(t)U^{-1}\\ &= \hat{U}\hat{Q}^*(t)\hat{U}^{+} = \hat{Q}(-t) \quad (11\text{-}472c)\\ &\neq \hat{U}\hat{K}\hat{Q}\hat{K}^*\hat{U}^{+}\end{aligned}$$

$\hat{K}$是做共軛複數操作，故沒有$\hat{K}^*$這個量，換言之沒有$\hat{T}^{+}$，

$$\therefore \hat{T}^{-1}\neq\hat{T}^{+} \quad (11\text{-}472d)$$

(iii)電荷共軛變換算符$\hat{C}$

電荷共軛變換是把粒子（反粒子）變換成反粒子（粒子）的變換，於是本來帶正（負）電荷的會變成帶負（正）電荷。（11-467）式是靜止質量$m_0\equiv m$，電荷 q 自旋 1/2 的 Fermi 子運動方程，故其電荷共軛粒子的運動方程是：

$$\left[i\hbar\gamma_\mu\partial^\mu+q\gamma_\mu A^\mu(x)-mc\right]\psi^c(x)=0 \quad (11\text{-}473a)$$

$\psi^c(x)$是粒子場ψ（x）的反粒子場，曾在（11-429a）式～（11-429e）式探討了電荷共軛態$\psi^c(x)$的來源。有ψ(x)就有$\psi^c(x)$是相對性理論的必然結果，$\psi^c(x)$的右上標表示電荷共軛。取（11-467）式的 Hermitian 伴隨（adjoint）：

$$\psi(x)^{+}\left[-i\hbar\overleftarrow{\partial}^\mu\gamma_\mu^{+}-\gamma_\mu^{+}qA^\mu(x)-mc\right]=0$$

因為$\gamma_0^2=\mathbb{1}$，$\gamma_0\gamma_\mu^{+}\gamma_0=\gamma_\mu$，$\overline{\psi}(x)=\psi(x)^{+}\gamma_0$，故上式變成：

$$\overline{\psi}(x)\left[-i\hbar\overleftarrow{\partial}^\mu\gamma_\mu-q\gamma_\mu A^\mu(x)-mc\right]=0$$

取上式的轉置（transpose）得：

$$\left[-i\hbar\gamma_\mu^T\partial^\mu-qA^\mu(x)\gamma_\mu^T-mc\right]\overline{\psi}^T(x)=0 \quad (11\text{-}473b)$$

$\gamma_\mu^T=\gamma_\mu$轉置矩陣。從（11-473b）式左邊作用電荷共軛算符$\hat{C}$，同時利用$\hat{C}^{-1}\hat{C}=\mathbb{1}$得：

$$\hat{C}\left[-i\hbar\partial^\mu\gamma_\mu^T-qA^\mu(x)\gamma_\mu^T-mc\right]\hat{C}^{-1}\hat{C}\overline{\psi}^T(x)=0$$

$$\text{或}\left[i\hbar\partial^\mu(\hat{C}\gamma_\mu^T\hat{C}^{-1})+qA^\mu(x)(\hat{C}\gamma_\mu^T\hat{C}^{-1})+mc\right]\hat{C}\overline{\psi}^T(x)=0 \quad (11\text{-}473c)$$

電磁場勢$A^\mu(x)$是和電荷共軛無關的中性場勢，比較（11-473a）式和（11-473c）式得：

$$\hat{C}\gamma_\mu^T\hat{C}^{-1}=-\gamma_\mu \quad (11\text{-}474a)$$

$$\hat{C}\overline{\psi}^T(x)\equiv\psi^c(x) \quad (11\text{-}474b)$$

Dirac 矩陣有如下關係式：

$$\gamma_2\gamma_0\gamma_\mu^T\gamma_0\gamma_2=\gamma_\mu \quad (11\text{-}474c)$$

利用$\gamma_0^T=\gamma_0$，　$\gamma_{1,3}^T=-\gamma_{1,3}$，　$\gamma_2^T=\gamma_2$，　$\gamma_k^2=-\mathbb{1}$，　$k=1,2,3$，$\gamma_0^2=\mathbb{1}$來檢驗（11-474c）式：

- $\gamma_2\gamma_0\gamma_0^T\gamma_0\gamma_2=\gamma_2\gamma_0\gamma_0\gamma_0\gamma_2=-\gamma_2\gamma_2\gamma_0=\gamma_0$
- $\gamma_2\gamma_0\gamma_1^T\gamma_0\gamma_2=-\gamma_2\gamma_0\gamma_1\gamma_0\gamma_2=\gamma_2\gamma_1\gamma_2=-\gamma_2\gamma_2\gamma_1=\gamma_1$
- $\gamma_2\gamma_0\gamma_2^T\gamma_0\gamma_2=\gamma_2\gamma_0\gamma_2\gamma_0\gamma_2=-\gamma_2\gamma_2\gamma_2=\gamma_2$
- $\gamma_2\gamma_0\gamma_3^T\gamma_0\gamma_2=-\gamma_2\gamma_0\gamma_3\gamma_0\gamma_2=\gamma_2\gamma_3\gamma_2=\gamma_3$

$\therefore\gamma_2\gamma_0\gamma_\mu^T\gamma_0\gamma_2=\gamma_\mu$

從（11-474a）式和（11-474c）式得：

$$\boxed{\hat{C}=i\gamma_2\gamma_0} \quad (11\text{-}475)$$

那麼$\hat{C}$是什麼樣的算符呢？

(1) $\hat{C}\hat{C}^{-1}=i\gamma_2\gamma_0\hat{C}^{-1}=\mathbb{1}=\gamma_0\gamma_0$

$=-i\gamma_0\gamma_2\hat{C}^{-1}$

$\therefore i\gamma_2\hat{C}^{-1}=-\gamma_0$　或　$i\gamma_2\gamma_2C^{-1}=-\gamma_2\gamma_0$

$$\therefore\hat{C}^{-1}=-i\gamma_2\gamma_0=-\hat{C} \quad (11\text{-}476a)$$

(2) $\hat{C}^+=(i\gamma_2\gamma_0)^+=-i\gamma_0^+\gamma_2^+=-i\gamma_0\gamma_2^+$

$=-i\gamma_0\gamma_2^+\gamma_0\gamma_0=-i\gamma_2\gamma_0=-\hat{C}\longleftarrow\gamma_0\gamma_\mu^+\gamma_0=\gamma_\mu$

$$\hat{C}^{-1}=\hat{C}^+ \quad (11\text{-}476b)$$

所以$\hat{C}$是么正算符。

以上大致地介紹了 QED，不但能進一步瞭解量子場論確實：「用統一方法處理力（Bose 子的光子）和物質（Fermi 子的電子和反電子）」，並且瞭解電磁相互作用情形。不過電磁相互作用是長距離相互作用，其相互作用強度又不強，無法深入物質粒子內部以達到探究：**構成物質的機制，以及相互作用根源的目的**。它們是基礎物理的原子核物理和基本粒子物理的主科研題之一。研究是階段性的，在量子力學階段，主對象是原子，這時把原子核凍結，僅作為作用構成原子的電子力源，成功地解決了原子和分子問題。接著當然是非揭開力源的原子核神密面紗不可，這時核子的質子和中子，以及擔負相互作用媒介的介子，如π，ρ，ω等，它們的內部全被凍結，個個被看成沒內部結構，僅帶有慣性質量、電荷（有的不帶電），以及內稟（intrinsic）物理量，如宇稱、同位旋的點狀粒子。不管其質量、電荷、內稟物理量的來源，以及各粒子的內部情形。實驗愈來愈精密，技術不斷地進步，而探頭粒子（probe particle）能更是跳躍似的升高，看到了那些被凍結內部結構的粒子內部，核子和介子由更小的夸克構成，於是研究更上一層樓。追究扮演相互作用遠強過電磁相互作用的粒子，揭開了強子的面紗，直攻扮演強相互作用的強子構成員夸克和膠子。在下面，依這個探討路徑，研究的階段，分別簡介於下面(D)、(E)和(F)。

(D)簡介強子物理學（hadron physics）[22,35,40,53)]

這一節的探討對象是介於原子和夸克領域之間，主參與粒子是表（11-6）的四種相互作用都會扮演的粒子，不過將焦點鎖定其中的強相互作用，並且能量至多到數 GeV 的如下圖情形：

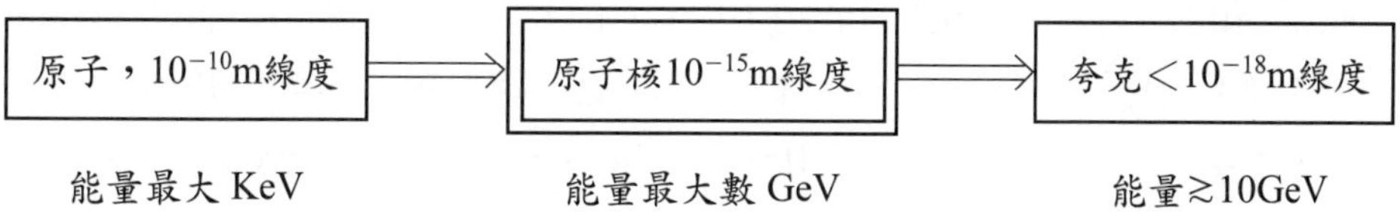

其在整個強子物理學的位置請看圖（11-57）～圖（11-59）。那麼什麼叫強相互作用呢？它的大致內涵是：

⑴當兩個粒子相互靠近到約10^{-15}m=1fm時，相互間產生約電磁相互作用的一百幾十倍的相互作用，稱為**強相互作用**。1935 年日本人湯川秀樹（Yukawa Hideki）首次以仿電荷經電磁場相互作用的圖像開創了核力的介子理論（看Ⅳ(B)⑸），稱為 Yukawa 理論。

⑵以 Yukawa 理論分析重子（baryon）和介子相互作用所得的強相互作用強度 α_S 是：

$$\alpha_S \fallingdotseq 0.1 \sim 10 \qquad (11\text{-}477a)$$

⑶稱做強相互作用的粒子，如核子，介子π、ρ、ω、η等為強子（hadron），其特性請看表（11-31）和表（11-35）。

⑷目前最受歡迎的強相互作用理論是量子色動力學（quantum chromodynamics, 簡稱 QCD，請看下節(E)），其內容大約是：

①強子＝由色夸克組成的複合粒子，

②強子間交換色荷的八種膠子（8 colored gluons），

③以不可對易（非對易）局部規範理論（看後註 49），又叫非 Abelian（non-abelian）局部規範理論，探究強相互作用機制及強子的形成。其過程如下：

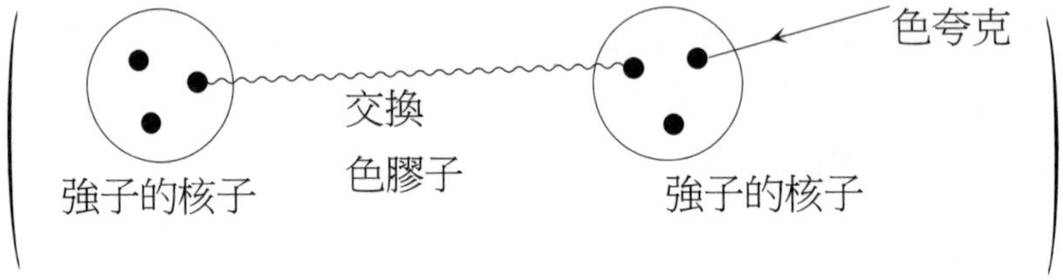

（11-477b）

④強相互作用時，無關靜態（電荷、同位旋、宇稱、G 宇稱、重子數、奇異數等等）和動態（動量、角動量（含自旋）、能量等）物理量都守恆。

顯然強相互作用涵蓋所有基本粒子物理學領域，我們無法樣樣都提到，這裡僅簡介原子核物理簡介Ⅳ的(B)⑸未觸及到的中能量領域的核力。那麼核力是什麼呢？它是：

⑴使核子的質子和中子結合而構成原子核之力。

原子核的大小線度約從幾 fm 到 10fm 左右，並且有明顯的界面，這事實暗示著：不但相互作用很強，並且相互作用距一定很短。目前（1999 年底）所瞭解的相互作用距 $0.4\text{fm} \lesssim r \lesssim 1.4\text{fm}$，1.4fm是π介子的 Compton 波長$\lambda_\pi$：

$$\lambda_\pi = \frac{\hbar}{m_\pi c} = \frac{\hbar c}{m_\pi c^2} \fallingdotseq \frac{197.327\text{MeV} \cdot \text{fm}}{140\text{MeV}} \fallingdotseq 1.4\text{fm} \qquad (11\text{-}477c)$$

由於相互作用強度大，無法使用微擾法，加上相互作用後跟著能量的升高，產生各種粒子及反應，於是到目前為止是：

⑵尚未完全（理論和實驗）瞭解的相互作用。

在這裡的研究方法是，凍結強子結構，看強子為點狀粒子，以類似QED交換光子，核子交換介子。中能（intermediate energy）核力的產生，如圖（11-59），依相互作用距交換不同質量的介子，其較被肯定的介子有：$\pi^{\pm,0}$、η、ρ和ω，它們的靜態性質如表（11-37）或圖（11-145c）。$\pi^{\pm,0}$扮演長距（long range）核力，是研究較完整的領域，理論和實驗吻合地相當好。交換ω、ρ、η是核力的中距領域，尚在現象論（phenomenology theory）階段。至於核力相互作用距的短距領域，正在開發中，是屬於 QCD 範疇。

(1)π介子（pions）[53)]

分別在 1911 年和 1919 年 Rutherford 發現原子核和質子後，又發現原子核質量除了氫之外，都大於質子和電子質量和，輕原子的質量有的幾乎等於兩倍的質子質量。於是他預言**核內有，質量大約等於質子質量但電中性的核子**。在 1929 年 Heisenberg 和 W.E.Pauli 開創了電磁波動場的量子理論，即今日的量子電動力學的開端後不久，Rutherford 的學生 Chadwick 在 1932 年，果然發現了原子核的另一成員電中性粒子的中子（neutron），它的質量約等於質子質量。這狀況必然地帶來了原子核物理學的突飛猛進（請看Ⅳ（A））。當時分析原子核實驗全用唯象勢能，其大小約 25~50MeV。在這種大環境下，1935 年 Yukawa 發表核力的介子理論（請看Ⅳ(B)(5)和附錄Ⅰ）後，研究核力的物理學家如雨後春筍，從研究原子核結構、核反應，一直到核子核子散射（焦點核力）。從實驗獲得的質子磁偶矩，不但是它應有的磁偶矩的兩倍多，更奇怪的是連電中性的中子也有很大的磁偶矩，稱這些不該有的磁偶矩為**異常磁偶矩**（abnormal magnetic dipole moments）：

$$\left.\begin{array}{l}\text{質子磁偶矩 } \hat{\boldsymbol{\mu}}_p = g_s^p \dfrac{e}{2m_p}\hat{\boldsymbol{S}}，\quad g_s^p \doteqdot 5.58548(12)\\[2ex] \text{中子磁偶矩 } \hat{\boldsymbol{\mu}}_n = g_s^n \dfrac{e}{2m_p}\hat{\boldsymbol{S}}，\quad g_s^n \doteqdot -3.82628(8)\end{array}\right\} \qquad (11\text{-}478a)$$

設核子磁偶矩$\mu_N \equiv \dfrac{e\hbar}{2m_p}$，則$\mu_p \doteqdot 2.79274\mu_N$，$\mu_n \doteqdot -1.91314\mu_N$，$m_p$=質子靜止質量。右上下標 p、n 分別表示質子、中子，右下標 s 表示自旋$\hat{\boldsymbol{S}}$。如果把g_s^n的負符號讓電荷去負責，則中子變成帶負電，怎麼解釋它呢？**物理學家們開始懷疑核子是無內部結構的想法，首先唱道核子有內部結構或者是複合粒子的是 Dirac**。於是開始測量核子的電荷分佈（請看後註㉓的(13)式～(17)式），如果如圖（11-145a），而圖（11-145b）是依 Yukawa 介子理論畫的核子圖像：「**核子是裸核子（bare nucleon）穿著π介子衣的粒子。**」果然從這角度切入，使用 QED 計算的μ_p和μ_n和實驗值的吻合到小數點下 11 位，肯定了π介子存在的事實。同時如果假設中子在核內有如下的衰變：

$$\left.\begin{array}{l} n \longrightarrow p+\pi^- \\ \text{持續時間}\Delta\tau=\dfrac{\hbar}{m_\pi c^2}\fallingdotseq 0.5\times 10^{-24}\text{s} \end{array}\right\} \qquad (11\text{-}478b)$$

則在核內、除了帶電粒子本身的運動帶來的傳導電流外，還有如圖（11-145c）的介子交換流（mesomic exchange currents，看下面(B)的（11- 499f）式，（11-501c）式）。分析高能量電子被原子核散射時非導入介子交換流不可[22]，這證明在原子核內確實有（11-478b）式的現象發生，再次證明π介子的存在。今日沒人懷疑π介子了，π介子扮演核力相互作用距的長距部已被肯定，π介子的靜態性質請看表（11-28）和（11-35）以及（Ex. 11-69）。π介子在基本粒子的衰變過程，反應過程都扮演重要角色（看圖（11-130）和 Ex.（11-70））。

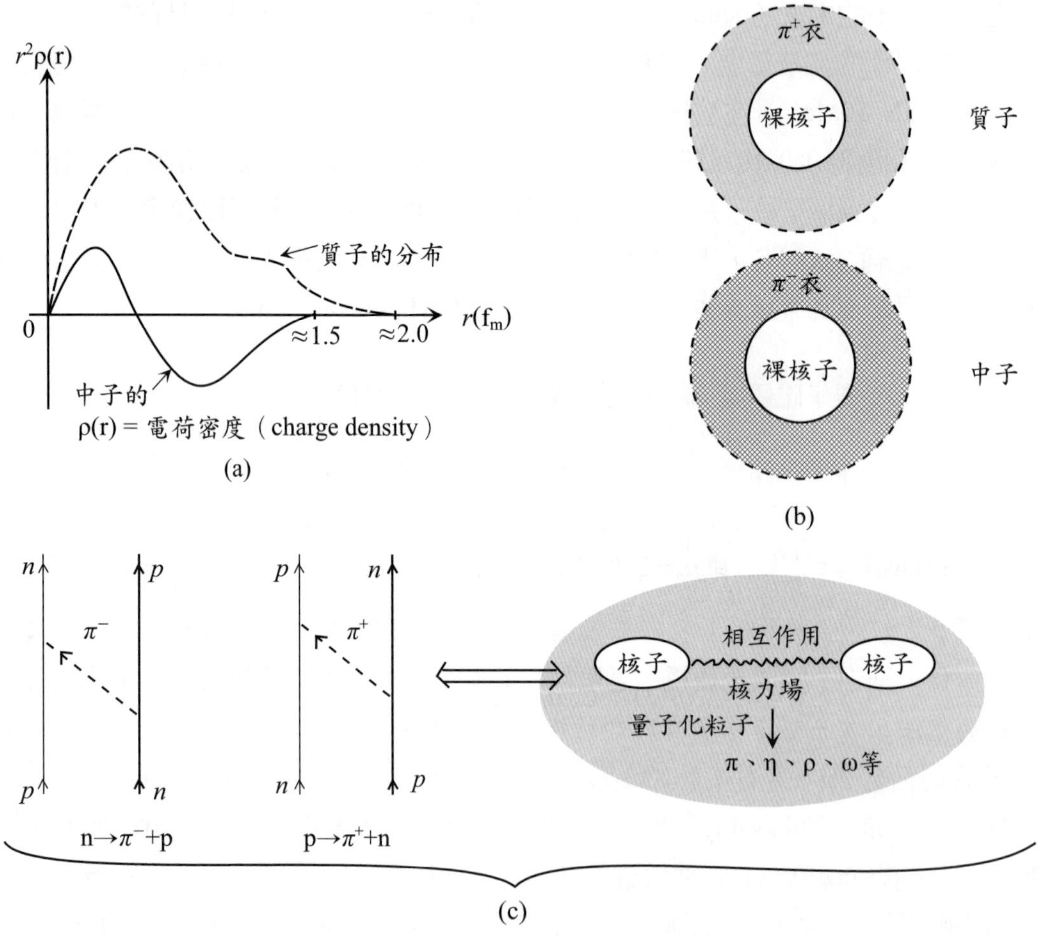

核子＝裸核子穿$\pi^\pm$介子衣，核力＝核子核子交換介子

圖 11-145

核力屬於強相互作用，從 Yukawa 理論得的相互作用強度是（11-202b）式：

$$g^2=\frac{g_0^2}{\hbar c}\doteqdot 15 \tag{11-478c}$$

所以介子理論（meson theory）是不能使用微擾算法。所有介子（看表（11-28）都是壽命很短，即不穩定粒子，π介子的10^{-8}秒是屬於長壽，π介子以很高的概率衰變成輕子：

$$\left.\begin{array}{l}\pi^+ \longrightarrow \mu^+ + \nu_\mu \\ \pi^- \longrightarrow \mu^- + \bar{\nu}_\mu\end{array}\right\} \Rightarrow \left\{\begin{array}{l}\mu^+ \longrightarrow e^+ + \nu_e \\ \mu^- \longrightarrow e^- + \bar{\nu}_e\end{array}\right. \\ \pi^0 \longrightarrow \left\{\begin{array}{l}\gamma+\gamma\cdots\cdots\cdots 99\% \\ e^+ + e^- + \gamma\cdots\cdots 1\%\end{array}\right. \tag{11-478d}$$

比π重且壽命和$\pi^\pm$相同的有奇異介子 K（看表（11-28）），它們會衰變成π介子：

$$\left.\begin{array}{l}k^+ \longrightarrow \pi^+ + \pi^0 \text{ 或} \pi^+\pi^+\pi^- \\ k^- \longrightarrow \pi^- + \pi^- + \pi^+ \text{ 或} \pi^-\pi^0\pi^0\end{array}\right\} \tag{11-478e}$$

至於介子的內稟物理量的宇稱、自旋、同位旋都是經過反應或衰變過程來決定。π介子有$\pi^\pm$和π^0三種，如設 T=π介子同位旋，則其第三成分$T_z\equiv T_3$可看成：

$$\langle \hat{T}_3 \rangle = \left\{\begin{array}{c} +1\cdots\cdots\cdots\pi^+ \\ 0\cdots\cdots\cdots\pi^0 \\ -1\cdots\cdots\cdots\pi^- \end{array}\right\} \tag{11-478f}$$

【**Ex.11-85**】 定π介子的同位旋。

利用反應或衰變過程時，必先尋找π介子以外的參與粒子的同位旋是已知才行。如下面（11-479a）式的反應中，質子 p、氘 d、氚H^3和氦三He^3的同位旋各為已知的$t_p=1/2$，$t_d=0$，$t_{H^3}=1/2$ 和 $t_{He^3}=1/2$：

$$p+d \longrightarrow \left\{\begin{array}{l}\pi^+ + H^{3+} \\ \pi^0 + He^{3++}\end{array}\right\} \tag{11-479a}$$

同位旋是 1932 年 Heisenberg 導進來的無因次（量綱）物理量，其演算方法完全和角動量的演算法相同，故需要用角動量的合成 Clebsch-Gordan 係數（參閱後註七的實際演算）。假設π介子的同位旋 = T_π，（11-479a）式各狀態的總同位旋和其第三成分分別為 T 和T_z，則得：

$$|\, p{+}d > = < \frac{1}{2},\frac{1}{2},0,0 \mid T,T_z > |T,T_z > = |\ \frac{1}{2},\frac{1}{2} > \qquad (11\text{-}479b)$$

H^3有兩個中子一個質子，故H^3的t_{H^3}的第三成分是（$-1/2$），$T_\pi=1$而其第三成分是（11-478f）式，同時強相互作用的同位旋第三成分守恆，故得：

$$\begin{aligned}|\pi^+{+}H^{3+}> &= < 1,1,\frac{1}{2},-\frac{1}{2}|T,T_z>|T,T_z> \\ &= < 1,1,\frac{1}{2},-\frac{1}{2}|3/2,1/2>|3/2,1/2> \\ &\quad + < 1,1,\frac{1}{2},-\frac{1}{2}|1/2,1/2>|1/2,1/2>\end{aligned} \qquad (11\text{-}479c)$$

（11-479c）式右邊的兩項來自$T_\pi=1$和$t_{H^3}=\frac{1}{2}$的合成：

$(T_\pi+t_{H^3})=(1+1/2)$和$(1-1/2)$

從 Clebsch-Gordan 係數的表（請看附錄 J）得：

$$\begin{aligned}&< 1,1,1/2,-1/2|3/2,1/2>=1/\sqrt{3} \\ &< 1,1,1/2-1/2|1/2,1/2>=\sqrt{2/3} \\ \therefore\, &|\pi^+{+}H^{3+}> = 1/\sqrt{3}\ \ |3/2,1/2>+\sqrt{2/3}\ \ |1/2,1/2>\end{aligned} \qquad (11\text{-}479d)$$

同理得：

$$\begin{aligned}|\pi^0{+}He^{3++}> &= < 1,0,1/2,1/2|3/2,1/2>|3/2,1/2>+< 1,0,1/2,1/2|1/2,1/2> \\ &= \sqrt{2/3}\,|\,3/2,1/2> - 1/\sqrt{3}|1/2,1/2>\end{aligned} \qquad (11\text{-}479e)$$

強相互作用的同位旋必守恆，故終態同位旋T_f必須等於初態同位旋$T_i=1/2$，

$$\therefore \begin{cases} <\pi^+{+}H^{3+}|p{+}d> = \sqrt{2/3} \\ <\pi^0{+}He^{3++}|p{+}d> = -1/\sqrt{3} \end{cases} \qquad (11\text{-}479f)$$

由 Fermi 定則得反應截面σ：

$$\sigma=\frac{2\pi}{\hbar}|< f|\hat{H}_{int}|i >|^2\rho_f \qquad (11\text{-}480)$$

$< f|\hat{H}_{int}|i >$=躍遷矩陣，物理系統從初態$|i>$經相互作用 Hamiltonian $\hat{H}_{int}$躍遷到終態$|f>$，ρ_f=終態狀態密度，故由（11-479f）和（11-480）式得：

$$\frac{\sigma(p+d \longrightarrow \pi^{+}+\mathrm{H}^{3+})}{\sigma(p+d \longrightarrow \pi^{0}+\mathrm{He}^{3++})}=\frac{|\sqrt{2/3}|^2}{|-1/\sqrt{3}|^2}=2$$

實驗值是（2.13±0.06）≒2，證明假設**π**介子的同位旋T_π=1是對，

$$\therefore T_\pi=1$$

當然僅做一種實驗是不夠肯定T_π=1，需要做各種各樣的實驗和理論計算的吻合才能決定，結果歸納確實T_π=1。

如此地，**π**介子扮演的角色和功能逐漸地被瞭解，**π**帶電，不像光子不帶電，故離不開同位旋算符。另一面，QED在核子磁偶矩上的成就，在1940年代後半葉無形中使物理學家們想用局部規範理論來切入強相互作用的核力。那切入口在那裡？而什麼樣的規範理論呢？Dirac的量子力學，說極端，其焦點在處理電磁相互作用，雖對象是多體問題，且含自旋$\hat{S}=\frac{\hbar}{2}\hat{\sigma}$的 Fermi 子，但核力的核子多了同位旋$\hat{T}=\frac{1}{2}\hat{\tau}$，是 Dirac 理論沒有的自由度。於是 QED 的規範變換（11-410a）式～（11-410e）式的規範函數不含不可對易（非對易）的同位旋，而帶來可對易局部規範變換。**這時突然給你的靈感該是同位旋吧，$\hat{T}$是關鍵**，結果（11-410e）式被推廣成（11-412）式。這畫時代的工作是中國人楊振寧完成的，在1954年和他的研究助手 Mills 開創的 SU(2)局部規範理論（請看下面(4)），稱為 Yang-Mills 理論或非 Abelian 規範理論。這理論開創的可能是正確路徑之一，於是不但是一路順風地發展成為今日解決各種相互作用的基礎理論，例如電弱（electroweak）理論，QCD理論，並且能解釋不少實驗（看下面(E)和(F)）。理論是和傳統QED理論一樣地建構在Lagrangian陳述（formalism）體系，不是路徑積分（path integral）陳述體系，當然也可從此陳述體系展開。因此原子核物理學深受這個研究方法的影響，也走向 Lagrangian 陳述體系的**核場理論**（Nuclear Field Theory , 簡稱 **NFT**），其骨幹是：

⑴一開始就從強相互作用出發， （11-481a）

找含核子和有關介子，以及相互作用強度，且能重整化（renormalization）的局部（local） Lagrangian 密度 L。

⑵以滿足所要的物理現象該有的守恆量，從L推導出和該守恆量關連的所有物

理量 （11-481b）

例如處理電子被原子核散射時，從電荷守恆來推導介子交換流；從四動量守恆推導核子核子散射用的相互作用勢能。

從 1970 年代初葉開始逐漸地，依（11-481a,b）式路線開發中能量（數百 MeV～數 GeV）領域用的核場理論，其代表者是美國 Stanford 大學的 J.D.Walecka 研究組發展出來的量子強子力學（**q**uantum **h**adro**d**ynamics，簡稱 QHD）[22]。

(2)量子強子力學[22]

從 1953 年美國 Stanford 大學的線型加速器中心（Stanford Linear Accelerator Center 簡稱 **SLAC**）研究組，以 Hofstadter（Robert Hofstadter, 1915 年～1990 年美國實驗物理學家）帶領，使用高能量電子撞原子核或核子，目的是探討原子核和質子的電荷分布、電磁性，以及質子內部情形。到了 1960 年代中葉，SLAC 加速的電子速率已接近於光速，能做大四動量（large four momentum）轉移的電子被質子散射實驗，稱這種高度非彈性散射為**深非彈性散射**（deep inelastic scattering）。**發現質子內部由類點狀粒子組成**，它們就是今日我們稱乎的夸克、膠子，1960 年代末葉稱它們為**部分子**（partons），是構成強子的更基本粒子，它們在強子內好像自由粒子似地運動著。1969 年 Feynman 提出部分子模型：

強子由更基本的構成
粒子組成的複合粒子

把部分子看成自由粒子開創理論，來說明深非彈性電子散射的種種現象。理論和實驗的吻合證明了部分子模型具有正確性的一面。例如 QCD 理論的漸近自由（asymptotic freedom），即夸克非常相互靠近時，相互作用接近於 0，給了部分子模型的場論基礎。深非彈性電子散射如圖（11-146），參與散射的各粒子四動量，靶質子的靜止質量m_p，動量$\boldsymbol{P}_p=0$，故得：

$$p'=p+q$$
$$\text{或}\ p'^2=(m_pc)^2+2p\cdot q+q^2$$

設轉移四動量 $q^\mu=(q^0,\boldsymbol{q})$ 的轉移能量$q_0c\equiv h\nu$，則得：

$$p'^2=(m_p c)^2+2m_p h\nu-Q^2 \quad \text{（11-482a）}$$
$$Q^2\equiv-q^2 \quad \text{（11-482b）}$$
$$\therefore 2m_p h\nu=Q^2+p'^2-(m_p c)^2 \quad \text{（11-482c）}$$

為什麼定義（11-482b）式的Q^2呢？因為彈性散射時，圖（11-146）的質子終態的$p'^2=(m_p c)^2$，於是得$2m_p hv=-q^2$，帶著負符號、在分析電子質子散射的微分截面和質子的電和磁形狀因子（form factor）時不方便。加上深非彈性電子散射的轉移四動量q^2的大小，即Q^2和$2m_p hv$之比 x 不但約等於 1，並且質子的結構函數（structure function）僅和 x 有關，它是在 1967 年 J.D.Bjorken 從理論演算預言的物理量。這種結構函數僅和Q^2和$2m_p hv$之比值有關的現象，稱為 **Bjorken 標度無關性**（Bjorken scaling），而稱 x 為 **Bjorken 標度無關性變數**或簡稱 **Bjorken 變數**。

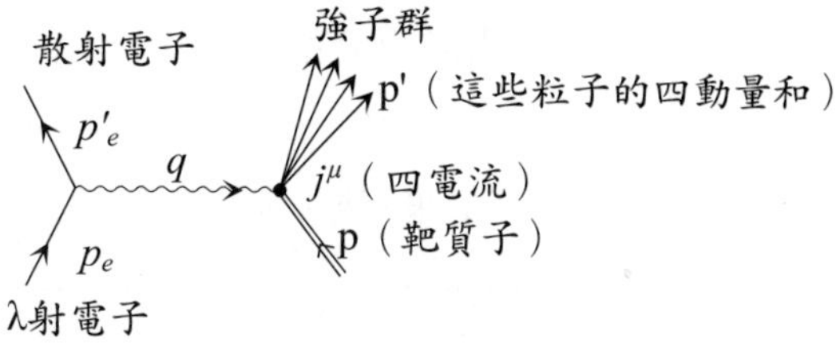

圖 11-146　交換（轉移）四動量 q 的深非彈性電子散射

$$x\equiv\frac{Q^2}{2m_p hv} \tag{11-482d}$$

不過後來用μ^-輕子代替電子，做同樣的深非彈性散射，Bjorken 標度無關性稍微受到修正，同時開劈了上述的部分子夸克模型（parton-quark model）。

在這樣的研究大環境下，原子核物理學的研究方法和過去不同是必然的結果（請看圖（11-57）和（11-58））。從深非彈性電子散射，雖已肯定核子是複合粒子，這時的探頭粒子，入射電子速率v已接近光速，是相對性理論領域，但 1960 年代下半葉的核理論仍然是非相對性理論。故要進入核子由夸克組成之前，先從相對性理論來瞭解，相對性核理論是否能獲得非相對性核理論的結果，以及能解決非相對性核理論無法處理的問題。依這目標開創的是相對性核場理論（relativistic nuclear field theory），它以（11-481a,b）式作為引導，把原子核看成：由核子 p，n 和介子π，σ，ρ，ω組成的多體系。不過僅承認這些扮演強相互作用的強子具有內部結構而已，處理問題過程時仍然看強子為點狀粒子。那麼實際操作怎麼做？強子是帶有內稟物理量的點狀粒子，其內稟物理量有：同位旋 I、自旋 J、宇稱 P、C 宇稱 C 和 G 宇稱 G。這些量除了σ介子都在表（11-37），σ介子的是：

$$I_\sigma^G=0^+,\quad J_\sigma^{pc}=0^{++},\quad m_\sigma c^2\doteqdot 550\text{MeV} \tag{11-483}$$

σ是屬於基本粒子物理的 f_0 介子。由於各介子的內稟性質不同，於是在核物理內的扮演角色不同，例如介子帶不帶電，其功能就不一樣了，帶電介子會帶來介子交換流。為了一目瞭然，從現在開始一直到最後：

> 電磁學使用 Heariside-Lorentz，以及
> 自然單位（natural unit）$\hbar \equiv c \equiv 1$，
> 精細結構常數$\alpha = \dfrac{e^2}{4\pi\hbar c} \Rightarrow \dfrac{e^2}{4\pi}$

(i)σω模型

首先簡介不帶電介子σ和ω的角色，然後帶電介子π和ρ進來時的情形。σ和ω的J^p分別為0^+和1^-，故σ和ω分別為標量介子（scalar meson）和膺向量（pseudovector 或 axial vector）介子。仿 QED 理論，ω介子對應電磁場勢$A^\mu(x)$（請看（11-445a）式），σ介子仿（11-404d）式，於是得 Lagrangian 密度L_1：

$$\hat{L}_1 \equiv L_1 = \overline{\psi}(x)\left\{\gamma_\mu\left(i\partial^\mu - g_v V^\mu(x)\right) - \left(M - g_s\phi(x)\right)\right\}\psi(x)$$
$$+\frac{1}{2}\left[\left(\partial_\mu\phi(x)\right)\left(\partial^\mu\phi(x)\right) - m_s^2\phi^2(x)\right] - \frac{1}{4}f_{\mu\nu}(x)f^{\mu\nu}(x) + \frac{1}{2}m_v^2 V_\mu(x)V^\mu(x)$$

或 $$L_1 = \overline{\psi}(x)\left(i\partial\!\!\!/ - M\right)\psi(x) + \frac{1}{2}\left[\left(\partial_\mu\phi(x)\right)\left(\partial^\mu\phi(x)\right) - m_s^2\phi^2(x)\right] - \frac{1}{4}f_{\mu\nu}(x)f^{\mu\nu}(x) + \frac{1}{2}m_v^2 V_\mu(x)V^\mu(x)$$
$$-g_v\overline{\psi}(x)\gamma_\mu\psi(x)V^\mu(x) + g_s\overline{\psi}(x)\psi(x)\phi(x) \qquad (11\text{-}484a)$$

$$L_{int} \equiv -g_v\overline{\psi}(x)\gamma_\mu\psi(x)V^\mu(x) + g_s\overline{\psi}(x)\psi(x)\phi(x) \qquad (11\text{-}484b)$$

$$f_{\mu\nu}(x) = \partial_\mu V_\nu(x) - \partial_\nu V_\mu(x) \qquad (11\text{-}484c)$$

ψ(x)，$V^\mu(x)$，$\phi(x)$分別為核子，ω介子，σ介子場，它們的靜止質量各為 M，m_v，m_s，而g_v，g_s各為ω和核子，σ和核子間的相互作用強度。電磁場的光子無靜止質量，但ω介子有靜止質量才有$\frac{1}{2}m_v^2 V_\mu(x)V^\mu(x)$的質量項，所以（11-484a）式相當於有質量的 QED 理論加上標量σ介子（請比較（11-445a）式和（11-484a）式）。相互作用的（11-484b）式表示，膺向量介子$\omega\left(V^\mu(x)\right)$和守恆重子流（conserved baryon current）$\overline{\psi}(x)\gamma_\mu\psi(x) \equiv B_\mu(x)$，B表示重子（核子），以及標量介子$\sigma\left(\phi(x)\right)$和核子$\left(\psi(x)\right)$都是 Yukawa 型相互作用。為什麼稱作 Yukawa 型呢？請看附錄 I 的（I-35a）式，它是如圖（11-147）。照附錄 I 的推導交換一個π介子的方法，從（11-484b）的L_{int}可得下（11-484d）式，交換一個ω和一個σ介子的勢能 $V(r)$：

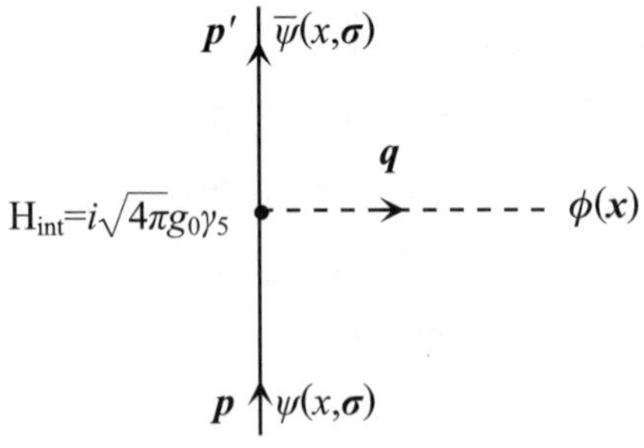

核子$\psi(x,\sigma)$和π介子ϕ（x）的膺標量（psevdoscalar）相互作用$i\sqrt{4\pi}g_0\gamma_5$
圖 11-147

$$V(r)=\frac{1}{4\pi}\left(\frac{g_v^2}{r}e^{-m_v r}-\frac{g_s^2}{r}e^{-m_s r}\right) \tag{11-484d}$$

顯然ω和σ分別扮演斥力和引力，這樣相互牽制作用才能得穩定。（11-484d）式是唯象核理論用的核力勢能，把它放進 Schrödinger 方程式去解，調整其所得的能量 E 和實驗值相等獲得的g_v和 g_s是[58)]：

$$\left.\begin{aligned}&(g_v/m_v)^2 \doteqdot 2.05\times10^{-4}\,(\mathrm{MeV}^{-2})\\&(g_s/m_s)^2 \doteqdot 2.63\times10^{-4}\,(\mathrm{MeV}^{-2})\end{aligned}\right\} \tag{11-484e}$$

從（11-484e）式可得g_v和 g_s大小。所以稱 Fermi 粒子的 Dirac 場ψ（x）和力粒子的 Bose 子場$\phi(x)$或$\phi_\mu(x)$的如下相互作用為 **Yukawa 相互作用**：

$$\left.\begin{aligned}&\text{標量相互作用}\mathcal{L}_s=g_s\,\overline{\psi}(x)\,\psi(x)\,\phi(x)\\&\text{贗標量相互作用}\mathcal{L}_p=i\,g_p\,\overline{\psi}(x)\,\gamma_5\,\psi(x)\,\phi(x)\\&\text{向量相互作用}\mathcal{L}_V=i\,g_v\,\overline{\psi}(x)\,\gamma^\mu\,\psi(x)\,\phi_\mu(x)\\&\text{贗向量相互作用}\mathcal{L}_A=i\,g_A\,\overline{\psi}(x)\,\gamma_5\,\gamma^\mu\,\psi(x)\,\phi_\mu(x)\end{aligned}\right\} \tag{11-485a}$$

含同位旋的贗標量相互作用$\mathcal{L}_Y$是：

$$\mathcal{L}_Y= ig_Y\sum_{a=1}^{3}\overline{\psi}(x)\gamma_5\tau^a\psi(x)\phi^a(x) \tag{11-485b}$$

$\phi^a(x)$=同位旋 1 的贗標量的 a 成分，如π介子（請看下面（11-496a～c）式），$\gamma^5=\gamma_5=i\gamma^0\gamma^1\gamma^2\gamma^3$。有了 Lagrangian 密度，以及核子和介子的相互作用型和強度，則各強子的運動方程式，該物理系統的能量、角動量、電流等都能算出。從 Euler-Lagrange 方程（11-402h）式和（11-484a）式得核子$\psi(x)$，σ介子$\phi(x)$和ω介子$V^\mu(x)$的運動方程式，ω介子時（Ex.11-79）的技巧（11-405d）式很有用：

①σ介子場$\phi(x)$：

$$\frac{\partial L_1}{\partial(\partial^\mu\phi)}=\frac{\partial}{\partial(\partial^\mu\phi)}\left(\frac{1}{2}(\partial_\mu\phi)(\partial^\mu\phi)\right)=2\times\frac{1}{2}\partial_\mu\phi=\partial_\mu\phi(x)$$

$$\frac{\partial L_1}{\partial\phi}=-m_s^2\phi+g_s\overline{\psi}\psi$$

$$\therefore\partial^\mu\frac{\partial L_1}{\partial(\partial^\mu\phi)}-\frac{\partial L_1}{\partial\phi}=\partial^\mu\partial_\mu\phi(x)+m_s^2\phi(x)-g_s\overline{\psi}(x)\psi(x)=0$$

$$\therefore(\partial^\mu\partial_\mu+m_s^2)\phi(x)=g_s\overline{\psi}(x)\psi(x) \tag{11-486a}$$

②核子場$\psi(x)$：

$$\frac{\partial L_1}{\partial(\partial_\mu\psi)}=\frac{\partial}{\partial(\partial_\mu\psi)}\left(\overline{\psi}(x)i\gamma^\mu\partial_\mu\psi(x)\right)=\overline{\psi}(x)\,i\gamma^\mu$$

$$\frac{\partial L_1}{\partial\psi}=\overline{\psi}\left[\gamma^\mu(-g_v V_\mu)-(M-g_s\phi)\right]$$

$$\therefore\partial_\mu\frac{\partial L_1}{\partial(\partial_\mu\psi)}-\frac{\partial L_1}{\partial\psi}=\overline{\psi}\left\{i\gamma^\mu\overleftarrow{\partial}_\mu+g_v\gamma^\mu V_\mu+(M-g_s\phi)\right\}=0$$

$$\left.\begin{aligned}&\text{或}\ \overline{\psi}(x)\left\{\gamma^\mu\left(i\overleftarrow{\partial}_\mu+g_v V_\mu(x)\right)+\left(M-g_s\phi(x)\right)\right\}=0\\&\text{同樣地：}\\&\left\{\gamma^\mu\left(i\partial_\mu-g_v V_\mu(x)\right)-\left(M-g_s\phi(x)\right)\right\}\psi(x)=0\end{aligned}\right\}\qquad(11\text{-}486\text{b})$$

③ω介子場$V^\mu(\text{x})$：

$$\frac{\partial L_1}{\partial(\partial^\mu V^\sigma)}=-\frac{1}{4}\frac{\partial}{\partial(\partial^\mu V^\sigma)}\left\{(\partial_\alpha V_\beta-\partial_\beta V_\alpha)(\partial^\alpha V^\beta-\partial^\beta V^\alpha)\right\}$$

$$=-\frac{1}{4}\left\{(g_{\alpha\mu}g_{\beta\sigma}\partial^\alpha V^\beta+\partial_\alpha V_\beta g^\alpha_\mu g^\beta_\sigma)-(g_{\alpha\mu}g_{\beta\sigma}\partial^\beta V^\alpha+\partial_\alpha V_\beta g^\beta_\mu g^\alpha_\sigma)\right.$$

$$\left.-(g_{\beta\mu}g_{\alpha\sigma}\partial^\alpha V^\beta+\partial_\beta V_\alpha g^\alpha_\mu g^\beta_\sigma)+(g_{\beta\mu}g_{\alpha\sigma}\partial^\beta V^\alpha+\partial_\beta V_\alpha g^\beta_\mu g^\alpha_\sigma)\right\}$$

$$=-(\partial_\mu V_\sigma-\partial_\sigma V_\mu)=-f_{\mu\sigma}$$

$$\therefore\partial_\mu\frac{\partial L_1}{\partial_\mu V_\sigma}=-\partial_\mu f^{\mu\sigma}$$

$$\frac{\partial L_1}{\partial V_\mu}=2\times\frac{1}{2}m_v^2V^\mu-g_v\overline{\psi}\gamma^\mu\psi$$

$$\therefore\partial_\mu\frac{\partial L_1}{\partial_\mu V_\nu}-\frac{\partial L_1}{\partial V_\nu}=-\partial_\nu f^{\mu\nu}-m_v^2V^\nu+g_v\overline{\psi}\gamma^\nu\psi=0$$

$$\text{或}\ \partial_\mu f^{\mu\nu}(x)+m_v^2V^\nu(x)=g_v\overline{\psi}(x)\gamma^\nu\psi(x)\equiv g_v B^\nu(x)\qquad(11\text{-}486\text{c})$$

$$B^\nu(x)\equiv\overline{\psi}(x)\gamma^\nu\psi(x)$$

=重子流（baryon current）

從（11-486b）式得：

$$\overline{\psi}(x)\gamma^\mu(\overleftarrow{\partial}_\mu+\overrightarrow{\partial}_\mu)\psi(x)=\partial_\mu\left\{\overline{\psi}(x)\gamma^\mu\psi(x)\right\}=\partial_\mu B^\mu(x)=0\qquad(11\text{-}486\text{d})$$

所以重子流$B^\mu(x)$是守恆量。再從（11-486c）和（11-486d）式以及$f^{\mu\nu}(x)$的反對稱性得：

$$\partial_\nu V^\nu(x)=0 \qquad (11\text{-}486e)$$

（11-486d）和（11-486e）式的物理是什麼呢？Fermi 子的核子流$\overline{\psi}(x)\gamma^\mu\psi(x)=B^\mu(x)$在該物理體系內是守恆的$\partial_\mu B^\mu(x)=0$，而贗向量介子ω的數目是不變量的$\partial_\mu V^\mu(x)=0$，$\omega$和核子流的相互作用如右圖(a)，就是（11-484b）式的$-g_v\overline{\psi}(x)\gamma^\mu\psi(x)V_\mu(x)$，同樣標量介子$\sigma$和核子的相互作用如右圖(b)，是$g_s\overline{\psi}(x)\psi(x)\phi(x)$；其頂點的相互作用型，同 QED，從相互作用 Lagrangian 密度來，其中的「i」和（11-447）式相同，來自厄密性（hermiticity，看第十章後註 16 的（Ex））。

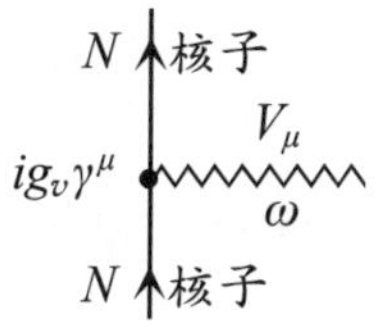

(a)

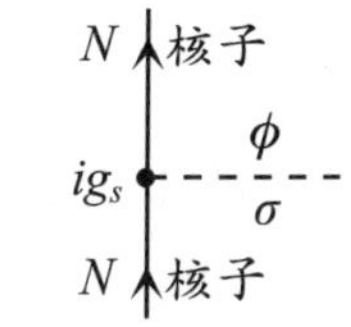

(b)

(ii)平均場近似（mean field approximation）

直接解（11-486a）、（11-486b）和（11-486c）三式的連立方程就能得核子場ψ(x)的信息，不過這是不容易的工作。**作科研時往往從物理條件來簡化工作，或作合乎物理的近似**。目前的核力是強相互作用，其相互作用強度大，無法做微擾演算。不過我們知道核子相當重，且聚集在線度為 fm 的很小空間，於是**核可看成為高質量密度的均勻分佈，加上較安定的核大約形成球狀，即核具有旋轉不變性**（rotational invariance）。ω介子是有方向性的贗向量粒子，在旋轉不變性的要求下，$V^\mu(x)=(V^0(x),\boldsymbol{V}(x))$的基態空間平均值$<0|\boldsymbol{V}(x)|0>=0$才行，這樣一來$V^\mu(x)$只剩下時間成分$V^0(x)=V_0(x)$，即：

$$<0|V_\mu(x)|0>\doteqdot\delta_{\mu,0}V^0(x) \qquad (11\text{-}487a)$$

則（11-486c）式變成：

$$\partial_\mu\left(\partial^\mu V^0(x)-\partial^0V^0(x)\right)+m_v^2V^0(x)=\left(-\nabla^2+m_v^2\right)V^0(x)=g_v\overline{\psi}(x)\gamma^0\psi(x)=g_v\psi^+(x)\psi(x)$$

$$\therefore\begin{cases}(\nabla^2-m_v^2)V^0(x)=-g_vB^0(x) & (11-487b)\\ B^0(x)\equiv\psi^+(x)\psi(x)=\text{在 } x \text{ 的重子（核子）數} & (11-487c)\end{cases}$$

總重子數 B 是：

$$B=\int_\Omega d^3xB^0(x)=\int_\Omega d^3x\psi^+(x)\psi(x) \qquad (11\text{-}487d)$$

$\Omega=B$個重子運動空間的體積。重子數 B 是守恆量的$\partial B/\partial t=0$，故重子數密度$\rho_B=B/\Omega$變為已知量，在演算過程可用來作依據的數值。於是可設$\psi^+(x)\psi(x)\equiv\rho_B(x)$，則（11-487b）式變成：

$$(\nabla^2 - m_v^2)\,V^0(x) = -g_v\rho_B(x) \qquad (11\text{-}487e)$$

$$\therefore V^0(x) = \frac{g_v}{4\pi}\int d^3x' \frac{e^{-m_v|\mathbf{x}-\mathbf{x}'|}}{|\mathbf{x}-\mathbf{x}'|}\rho_B(x') \qquad (11\text{-}487f)$$

平均場近似是，當ρ_B大又均勻分布在Ω內時，$\rho_B(x)$可以用其真空（基態）期待值取代：

$$<0|\rho_B(x)|0> = <0|\psi^+(x)\psi(x)|0> = \rho_B = \text{常量（constant）} \qquad (11\text{-}487g)$$

則由（11-487f）和（11-487g）式得：

$$V^0(x) \longrightarrow V^0 = \frac{g_v\rho_B}{4\pi}\int d^3x \frac{e^{-m_v|\mathbf{x}|}}{|\mathbf{x}|} = \frac{g_v\rho_B}{m_v^2} \qquad (11\text{-}487h)$$

從（11-487e）式到（11-487f）式的演算過程，請參考（11-201a）式到（11-201e）式的演算。至於標量場的σ介子，它的運動（11-486a）式受到重子場$\overline{\psi}(x)\psi(x)$的影響，不過$\overline{\psi}(x)\psi(x)$是 Lorentz 不變量（Lorentz invariance），於是設：

$$\overline{\psi}(x)\psi(x) \equiv \rho_s(x) \qquad (11\text{-}488a)$$

則（11-486a）式變成：

$$(\nabla^2 - m_s^2)\phi(x) = -g_s\rho_s(x) \qquad (11\text{-}488b)$$

$$\therefore \phi(x) = \frac{g_s}{4\pi}\int d^3x' \frac{e^{-m_s|\mathbf{x}-\mathbf{x}'|}}{|\mathbf{x}-\mathbf{x}'|}\rho_s(x') \qquad (11\text{-}488c)$$

在平均場近似時同（1-487g）式，取：

$$<0|\rho_s(x)|0> = <0|\overline{\psi}(x)\psi(x)|0> \equiv \rho_s = \text{常量} \qquad (11\text{-}488d)$$

$$\therefore \phi(x) \longrightarrow \phi_0 = \frac{g_s\rho_s}{m_s^2} \qquad (11\text{-}488e)$$

$\rho_s(x)$稱為重子的**核子標量密度**（scalar density）。作（11-487a），（11-487g）和（11-488d）式的近似，即以基態平均量來近似的稱為**平均場近似**，等於撫平相互作用源$\overline{\psi}(x)\gamma^\nu\psi(x)$和$\overline{\psi}(x)\psi(x)$的量子效應：「可產生和湮沒核子或質子中子互變效應」，而以基態期待值的重子數密度ρ_B和重子標量密度ρ_s取代量子功能。將（11-487a）式到（11-488e）式的內容代入（11-486b）式，得核子的運動方程式：

$$\left\{i\gamma^\mu\partial_\mu - g_v\gamma^0 V_0 - (M - g_s\phi_0)\right\}\psi(x) = 0 \qquad (11\text{-}489a)$$

V_0和ϕ_0可使用（11-487h）和（11-488e）式，或更正確地用（11-487f）和（11-488c）式的基態期待值：

$$V_0 \equiv <0|V_0(\boldsymbol{x})|0> \qquad (11\text{-}489b)$$

$$\phi_0 \equiv <0|\phi(\boldsymbol{x})|0> \qquad (11\text{-}489c)$$

比較（11-489a）式和在平均勢能$\gamma^0 U$下運動的Dirac粒子：

$$(i\gamma^\mu \partial_\mu - \gamma^0 U - M)\psi(x) = 0 \qquad (11\text{-}498d)$$

則得：

$$M - g_s\phi_0 \equiv M^* \neq M \qquad (11\text{-}489e)$$

M^*稱為**有效質量**（effective mass），從（11-488c）式和（11-489c）式得$g_s\phi_0 > 0$，

$$\therefore M^* < M \qquad (11\text{-}489f)$$

實驗證明核內核子質量確實小於自由核子質量。至於核子的信息，則配合（11-487f）式和（11-488c）式的$\rho_B(\boldsymbol{x})$和$\rho_s(\boldsymbol{x})$，以疊代（iteration）自洽方法（self-consistent method）解（11-489a）式便能得核子場$\psi(x)$，同時也能得核力平均勢（11-484d）式

(iii)π和ρ介子的參與，同位旋

原子核是四種相互作用都有的複雜物理系統，σ和ω是電中性介子，無法直接參與電磁相互作用。它們主要扮演如圖（11-148a），裸核子穿著σ和ω介子衣來和外界相互作用，帶來有效核子核子相互作用勢能如（11-484d）式。在強子理論階段，在核內同時扮演強和電磁相互作用的主要介子是如圖（11-148b）的π和ρ介子，其J^P分別為膺標量0^-和膺向量1^-，但都是同位旋 T=1 的粒子，即

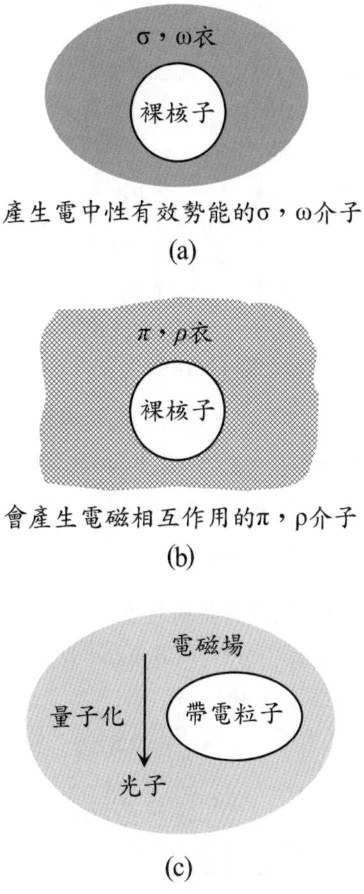

產生電中性有效勢能的σ，ω介子
(a)
會產生電磁相互作用的π，ρ介子
(b)
(c)
圖 11-148

各有$\pi^{\pm,0}$，$\rho^{\pm,0}$三種成員。π介子會產生如（Ex.11-32）所示的張量勢S_{12}（或看附錄I），**它是使核偏離球對稱之力**，故對球對稱核π介子不會參與強相互作用。那如何來找π或ρ的運動方程式呢？比較圖（11-148b）和圖（11-148c），則得：

$$\text{核力場}\xrightarrow{\text{量子化}}\pi^{\pm,0}，\rho^{\pm,0}\text{（帶電和沒帶電，有靜止質量）} \qquad (11\text{-}490a)$$

$$\text{電磁場}\xrightarrow{\text{量子化}}\text{光子}\ \gamma\text{（不帶電，又沒靜止質量）} \qquad (11\text{-}490b)$$

（11-490a）和（11-490b）式很類似，和γ一樣不帶電的是π^0和ρ^0，先以較類似的π^0來作分析。為了一目瞭然，借用第一階（first order）微擾 Feynman 圖，以圖表形式進行比較於表（11-43）。π是很重要的介子，如上被開發的較早，接著作較詳細的介紹找 Lagrangian 密度的過程。

表 11-43　QED 和 QHD 理論的對照

	電磁相互作用的 QED 理論		強相互作用的 QHD 理論
(1)	規範理論	(1)	假設為規範理論
(2)	作用場 $A^\mu(x)$（＝電磁場）	(2)	作用場$\equiv\varphi_0(x)$（＝？正要找） 右下標 0 表示π^0介子
(3)	第一階微擾： 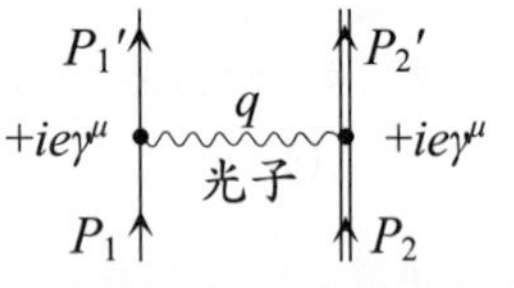 電子　核子（造$A^\mu(x)$之源） （圖 11-149a）	(3)	假設微擾法成立，其第一階微擾： 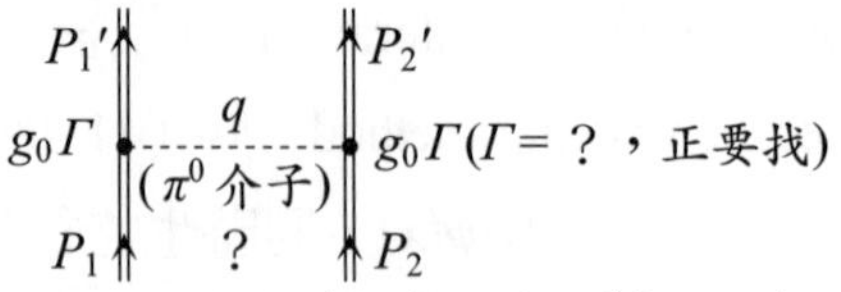 核子　核子（假定為造$\varphi_0(x)$之源） （圖 11-149b）
(4)	頂點的相互作用強度＝電子電荷大小 e	(4)	頂點的相互作用強度假設為g_0，Γ＝未定量
(5)	Couloub 力$\propto e^2/r$，其 Fourier 變換： $\int\frac{e^2}{r}e^{-iq\cdot x}d^3x=4\pi\frac{e^2}{\boldsymbol{q}^2}$，$r\equiv\lvert\boldsymbol{x}\rvert$ q＝轉移四動量	(5)	Yukawa 力$\propto\frac{g_0^2}{r}e^{-\mu_0 r}$，其 Fourier 變換： $\int\frac{g_0^2}{r}e^{-(iq\cdot x+\mu_0 r)}d^3x=4\pi\frac{g_0^2}{\boldsymbol{q}^2+\mu_0^2}$，$r\equiv\lvert\boldsymbol{x}\rvert$
(6)	量子化$A^\mu(x)$場得的粒子＝光子	(6)	量子化$\varphi_0(x)$場得的粒子的靜止質量$\equiv\mu_0$
(7)	光子被電子散射（Compton 效應）得的電子半徑（11-461）式： $r_e=\frac{\alpha}{m_e}\doteqdot 2.8\,\text{fm}$ $\alpha=\frac{e^2}{4\pi}\doteqdot\frac{1}{137.04}$ m_e=電子靜止質量$\doteqdot$0.511MeV	(7)	假定質量μ_0的粒子被核子散射，兩者最靠近時的距離$r\doteqdot 1\,\text{f}_\text{m}$，且相互作用係數$\alpha_s\equiv 1$，則得： $\frac{r}{r_e}=\frac{\alpha_s/\mu_0}{\alpha/m_e}$ $\therefore\mu_0=2.8\times\frac{\text{m}_\text{e}}{\alpha}\doteqdot 196\text{MeV}$

表 11-43 QED 和 QHD 理論的對照（續）

電磁相互作用的 QED 理論		強相互作用的 QHD 理論	
			π^0介子的$m_{\pi^0}c^2=140\text{MeV}$，兩者相當接近，啟示著：可以從 QED 理論架構來尋找π介子和核子相互作用的 Lagrangian 密度 $L_{\pi N}$。
(8)	Fermi 子的電子在電磁場內的運動方程，由（11-445a）式得（q=－e（電子電荷））： $(i\nabla\!\!\!/ - m_e)\ \psi_e(x) = -eA\!\!\!/(x)\psi_e(x)$ $= -e\gamma_\mu A^u(x)\psi_e(x)$	(8)	設圖（11-149b）的核子為質子，其場 $\psi_p(x)$，靜止質量 m_p，則仿左邊 QED 式得： $(i\nabla\!\!\!/ - m_p)\psi_p(x) \equiv g_0\Gamma\varphi_0(x)\psi_p(x)$
(9)	Lorentz 規範下的電磁勢$A^\mu(x)$，由（11-405b）和（11-413e）式得： $\Box A^\mu(x) = e_p\overline{\psi}_p(x)\gamma^\mu\psi_p(x)$ $\equiv J^\mu(x)$ （11-490c） $J^\mu(x)=$四電流	(9)	仿 QED，設有靜止質量μ_0的$\varphi_0(x)$的滿足： $\left.\begin{array}{l}(\Box+\mu_0^2)\varphi_0(x)\equiv J_p(x)\\ J_p(x)\equiv -g_0\overline{\psi}_p(x)\Gamma\psi_p(x)\end{array}\right\}$ （11-490d） $\Box = \dfrac{\partial^2}{\partial t^2} - \nabla^2$

那麼如何來決定和相互作用有關，相當於動力學量的相互作用量（11-490d）式的Γ呢？當然使用物理來決定。光子是內稟角動量 1 的粒子，角動量 1 是向量，於是帶來向量γ^μ，就是（11-490c）式的相互作用量。從π介子和原子核或核子的反應得π介子的內稟物理量是：自旋 0，奇內稟宇稱，即π介子是贋標量（pseudoscalar）粒子。強相互作用的所有物理量都守恆，（11-490d）式的各成分是：

(1)$\Box+\mu_0^2=$Lorentz 不變算符（Lorentz inveriant operator）且$\boldsymbol{x}\longrightarrow -\boldsymbol{x}$不變

(2)$g_0\overline{\psi}_p(x)\psi_p(x)=$Lorentz 不變量，且$\boldsymbol{x}\longrightarrow -\boldsymbol{x}$不變

(3)但$\varphi_0(x)$是贋標量，即$\varphi_0(t,\boldsymbol{x}) = -\varphi_0(t,-\boldsymbol{x})$

故（11-490d）式右邊非贋標量不可，讓Γ來負責這性質，Dirac 矩陣裡有贋標量性質的是γ_5，所以採用（請看（11-485a）式）：

$$\boxed{\Gamma \equiv i\gamma_5 = i\gamma^5} \qquad (11\text{-}490e)$$

（11-490e）式的“i”是仿圖（11-149a）取的，是滿足$\hat{S}$矩陣（11-426a）式右邊來的量，是來自$\hat{S}$矩陣么正性（unitarity）或軛密性（Hermiticity）。**故π^0介子的可能運動方程式是：**

$$(\Box+\mu_0^2)\varphi_0(x) = -ig_0\overline{\psi}(x)\gamma_5\psi(x) \qquad (11\text{-}491a)$$

$\psi(x)$=核子（質子或中子）場，則核子和π^0介子的Lagrangian密度$L_{\pi N}$該是：

$$L_{\pi N}=\overline{\psi}(x)(i\partial\!\!\!/ - M)\psi(x)+\frac{1}{2}[(\partial_\mu\varphi_0(x))(\partial^\mu\varphi_0(x))-\mu_0^2\varphi_0^2(x)]-ig_0\overline{\psi}(x)\gamma_5\psi(x)\varphi_0(x)$$

（11-491b）

（11-491a）式右邊有了"i"確實使$L_{\pi N}^+=L_{\pi N}$，即$L_{\pi N}$是 Hermitian Lagrangian 密度，M=核子靜止質量$=m_p=m_n$，即用了質子和中子靜止質量相同。

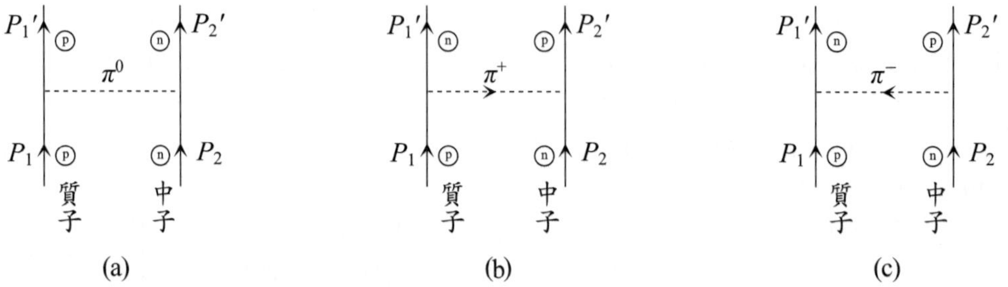

圖 11-150 Pn散射

以上是核子核子以交換電中性π^0介子的相互作用例，但π介子還有帶電的$\pi^\pm$。分析質子p中子n的pn散射實驗，必須如圖（11-150a, b, c）三可能才行，且質子$\psi_p(x)$中子$\psi_n(x)$的運動方程是[53)]：

$$\left\{\begin{array}{l}(i\nabla - m_p)\psi_p(x)=g_0 i\gamma_5\psi_p(x)\varphi_0(x)+\sqrt{2}g_0 i\gamma_5\psi_n(x)\varphi_+(x)\\(i\nabla - m_n)\psi_n(x)=-g_0 i\gamma_5\psi_n(x)\varphi_0(x)+\sqrt{2}g_0 i\gamma_5\psi_p(x)\varphi_-(x)\end{array}\right\}\quad(11\text{-}492a)$$

而π介子的運動方程式是：

$$\left\{\begin{array}{l}(\Box+\mu_0^2)\varphi_0(x)=-g_0[\overline{\psi}_p(x)i\gamma_5\psi_p(x)-\overline{\psi}_n(x)i\gamma_5\psi_n(x)]\\(\Box+\mu_+^2)\varphi_+(x)=-g_0\sqrt{2}\overline{\psi}_n(x)i\gamma_5\psi_p(x)\\(\Box+\mu_-^2)\varphi_-(x)=-g_0\sqrt{2}\overline{\psi}_p(x)i\gamma_5\psi_n(x)\end{array}\right\}\quad(11\text{-}492b)$$

μ_+,μ_-和$\varphi_+(x),\varphi_-(x)$分別為$\pi^+,\pi^-$的靜止質量和場。（11-492a,b）式右邊各項的係數"1"和"$\sqrt{2}$"使我們想起角動量合成的 Clebsch-Gordan 係數（請看附錄J的(D)，角動量合成$\langle j_1 m_1 j_2 m_2 | jm\rangle$表）。1932 年 Chadwick 發現中子，且核內成員僅有質子p中子n兩種之後，Heisemberg 立即仿 Pauli 為了說明 1921 年～1922 年 Stern-Gerlach 的實驗（請看第十章Ⅲ(c)）導入的電子自旋$\hat{S}=\frac{\hbar}{2}\hat{\sigma}$的 Pauli 無因次自旋算符$\hat{\sigma}$，假設$m_n=m_p\equiv M$之下導進無因次的新物理量同位旋算符$\hat{t}$：

$$\hat{\boldsymbol{t}} \equiv \frac{1}{2}\hat{\tau} \ , \quad \hat{\tau}_x = \begin{pmatrix} 0 & 1 \\ 1 & 0 \end{pmatrix}, \quad \hat{\tau}_y = \begin{pmatrix} 0 & -i \\ i & 0 \end{pmatrix}, \quad \hat{\tau}_z = \begin{pmatrix} 1 & 0 \\ 0 & -1 \end{pmatrix} \tag{11-492c}$$

$$[\hat{\boldsymbol{t}}_i, \hat{t}_j] = i\varepsilon_{ijk}\hat{t}_k，\quad 或\ \hat{\boldsymbol{t}} \times \hat{\boldsymbol{t}} = i\,\hat{\boldsymbol{t}} \tag{11-492d}$$

而仿內稟角動量的俗稱spin，稱 $\hat{t}$ 為「isotopic spin或簡稱isospin」，其中的isotopic表示「電荷」，我們譯成同位旋。由（11-492d）式得：

$$\sum_{j,k}\varepsilon_{ijk}\hat{t}_j\hat{t}_k = i\,\hat{t}_i$$

則其矩陣是：

$$i(\hat{t}_i)_{jk} = \varepsilon_{ijk}$$

$$或\ \boxed{(\hat{t}_i)_{jk} = -i\varepsilon_{ijk}} \tag{11-492e}$$

設核子狀態為 Ψ，同位旋狀態為 $\eta_{\frac{1}{2}m_\tau} \equiv \eta_{m_\tau}$：

$$\Psi(x) = \begin{pmatrix} \psi_p(x) \\ \psi_n(x) \end{pmatrix} \tag{11-493a}$$

$$\eta_{m_\tau=1/2} \equiv \eta_\uparrow = \begin{pmatrix} 1 \\ 0 \end{pmatrix} \equiv |p>，\quad \eta_{m_\tau=-1/2} \equiv \eta_\downarrow = \begin{pmatrix} 0 \\ 1 \end{pmatrix} \equiv |n> \tag{11-493b}$$

如果定義升（raising）算符 $\hat{\tau}_+$ 和降（lowering）算符 $\hat{\tau}_-$，則得：

$$\left.\begin{aligned} \hat{\tau}_+ &\equiv \frac{1}{2}(\hat{\tau}_x + i\,\hat{\tau}_y) = \begin{pmatrix} 0 & 1 \\ 0 & 0 \end{pmatrix} \\ \hat{\tau}_- &\equiv \frac{1}{2}(\hat{\tau}_x - i\,\hat{\tau}_y) = \begin{pmatrix} 0 & 0 \\ 1 & 0 \end{pmatrix} \end{aligned}\right\} \tag{11-493c}$$

則得：

$$\left.\begin{aligned} &\hat{\tau}_+|p> = \hat{\tau}_+\eta_\uparrow = 0, &&\hat{\tau}_+|n> = \hat{\tau}_+\eta_\downarrow = \eta_\uparrow = |p> \\ &\hat{\tau}_-|p> = \hat{\tau}_-\eta_\uparrow = \eta_\downarrow = |n>, &&\hat{\tau}_-|n> = \hat{\tau}_-\eta_\downarrow = 0 \end{aligned}\right\} \tag{11-493d}$$

$$\left.\begin{aligned} \hat{\tau}_+\Psi(x) &= \begin{pmatrix} 0 & 1 \\ 0 & 0 \end{pmatrix}\begin{pmatrix} \psi_p(x) \\ \psi_n(x) \end{pmatrix} = \begin{pmatrix} \psi_n(x) \\ 0 \end{pmatrix} \\ \hat{\tau}_-\Psi(x) &= \begin{pmatrix} 0 & 0 \\ 1 & 0 \end{pmatrix}\begin{pmatrix} \psi_p(x) \\ \psi_n(x) \end{pmatrix} = \begin{pmatrix} 0 \\ \psi_p(x) \end{pmatrix} \\ \hat{\tau}_z\Psi(x) \equiv \hat{\tau}_0\Psi(x) &= \begin{pmatrix} 1 & 0 \\ 0 & -1 \end{pmatrix}\begin{pmatrix} \psi_p(x) \\ \psi_n(x) \end{pmatrix} = \begin{pmatrix} \psi_p(x) \\ -\psi_n(x) \end{pmatrix} \end{aligned}\right\} \tag{11-493e}$$

將（11-492c）式和（11-493a～e）式代入（11-492a）式得：

$$(i\nabla - M)\Psi(x)=g_0 i\gamma_5[\hat{\tau}_0\Psi(x)\varphi_0(x)+\sqrt{2}\,\hat{\tau}_+\Psi(x)\varphi_+(x)+\sqrt{2}\,\hat{\tau}_-\Psi(x)\varphi_-(x)] \quad (11\text{-}494)$$

同樣對有三種成員的$\pi^\pm$和π^0假設：

$$\mu_o=\mu_+=\mu_-\equiv m_\pi \quad (11\text{-}495a)$$

同位旋為：

$$\left.\begin{aligned}&\hat{\boldsymbol{T}}=(\hat{T}_x,\hat{T}_y,\hat{T}_z)\\&[\hat{T}_i,\hat{T}_j]=i\varepsilon_{ijk}\hat{T}_k,\ \text{或}\ \hat{\boldsymbol{T}}\times\hat{\boldsymbol{T}}=i\hat{\boldsymbol{T}}\end{aligned}\right\} \quad (11\text{-}495b)$$

$$\hat{T}_x=\frac{1}{\sqrt{2}}\begin{pmatrix}0&1&0\\1&0&1\\0&1&0\end{pmatrix},\quad \hat{T}_y=\frac{1}{\sqrt{2}}\begin{pmatrix}0&-i&0\\i&0&-i\\0&i&0\end{pmatrix},\quad \hat{T}_z=\begin{pmatrix}1&0&0\\0&0&0\\0&0&-1\end{pmatrix} \quad (11\text{-}495c)$$

使用（11-495a）式的假設，以及（11-495b, c）式的同位旋表示，π介子場的$\varphi_+(x),\varphi_0(x)$和$\varphi_-(x)$可表示成：

$$\text{同位旋空間向量}\,\boldsymbol{\varphi}(x)\equiv(\varphi_1(x),\varphi_2(x),\varphi_3(x)) \quad (11\text{-}495d)$$

$$\begin{cases}\varphi_1(x)\equiv[\varphi_+(x)+\varphi_-(x)]/\sqrt{2}\\ \varphi_2(x)\equiv i[\varphi_+(x)-\varphi_-(x)]/\sqrt{2}\\ \varphi_3(x)\equiv\varphi_0(x)\end{cases}$$

$$\text{或}\left\{\begin{aligned}&\varphi_\pm(x)=[\varphi_1(x)\mp i\varphi_2(x)]/\sqrt{2}\\&\varphi_0(x)=\varphi_3(x)\end{aligned}\right\} \quad (11\text{-}495e)$$

則得：

$$\begin{aligned}\boldsymbol{\varphi}(x)\cdot\hat{\boldsymbol{\tau}}&=\varphi_1(x)\hat{\tau}_1+\varphi_2(x)\hat{\tau}_2+\varphi_3(x)\hat{\tau}_3\\&=\sqrt{2}(\varphi_+(x)\hat{\tau}_++\varphi_-(x)\hat{\tau}_-)+\varphi_0(x)\hat{\tau}_0,\quad \hat{\tau}_3\equiv\hat{\tau}_0\end{aligned} \quad (11\text{-}495f)$$

核子同位旋$\hat{\tau}$成分的右下標1, 2, 3各為（11-492c）式的x,y,z。將（11-495f）式代入（11-494）式得：

$$(i\nabla - M)\Psi(x)=g_0 i\gamma_s(\hat{\boldsymbol{\tau}}\cdot\boldsymbol{\varphi}(x))\Psi(x)$$

$$\text{或}\boxed{(i\nabla - M)\Psi(x)=g_0 i\gamma_5\hat{\boldsymbol{\tau}}\Psi(x)\cdot\boldsymbol{\varphi}(x)} \quad (11\text{-}496a)$$

同樣地，在（11-492b）式導入同位旋$\hat{\boldsymbol{t}}=\frac{1}{2}\hat{\boldsymbol{\tau}}$的話，可合起來表示成：

$$\boxed{(\Box + m_\pi^2)\varphi(x) = -g_0\overline{\Psi}(x)\,i\gamma_5\,\hat{\boldsymbol{\tau}}\,\Psi(x)} \tag{11-496b}$$

（11-496a）和（11-496b）式是核子核子以交換帶電的π介子$\pi^{\pm,0}$相互作用的核子和π介子的運動方程式，簡稱πN系統的運動方程。要得此方程式的πN Lagrangian密度$L_{\pi N}$，從（11-496a, b）式能看出來是：

$$\boxed{\begin{aligned} L_{\pi N} = {} & \overline{\Psi}(x)(i\partial\!\!\!/ - M)\Psi(x) + \frac{1}{2}\Big[(\partial_\mu \boldsymbol{\pi}(x))\cdot(\partial^\mu \boldsymbol{\pi}(x)) - m_\pi^2 \boldsymbol{\pi}(x)\cdot\boldsymbol{\pi}(x)\Big] \\ & - ig_\pi \overline{\Psi}(x)\gamma_5 \hat{\boldsymbol{\tau}}\Psi(x)\cdot\boldsymbol{\pi}(x) \end{aligned}} \tag{11-496c}$$

核子和π介子的相互作用強度$g_0 \to g_\pi$，並且為了一目瞭然使用$\boldsymbol{\varphi}(x) \equiv \boldsymbol{\pi}(x)$。

終於找到了πN系統的Lagrangian密度$L_{\pi N}$，有了它就能求不少物理量，例如運動方程，$L_{\pi N}$所滿足的對稱性生成元（generator）的守恆量（請參閱下小節的交換流）。同樣地，從核子核子散射來尋找核子和ρ介子的ρN系統Lagrangian密度$L_{\rho N}$，ρ介子是膺向量介子，加上帶電荷，於是必會和同樣帶電的π介子相互作用。向量部分類似電磁場，故ρ介子場必帶有表示向量的右上標或右下標，如$b^\mu(x)$或$b_\mu(x)$，再加上同位旋就變成$\boldsymbol{b}^\mu(x)$或$\boldsymbol{b}_\mu(x)$：

$$\boxed{\begin{aligned} L_{\rho N} = {} & \overline{\Psi}(x)(i\partial\!\!\!/ - M)\Psi(x) - \frac{1}{4}\boldsymbol{B}_{\mu\upsilon}(x)\cdot\boldsymbol{B}^{\mu\upsilon}(x) + \frac{1}{2}m_\rho^2 \boldsymbol{b}_\mu(x)\cdot\boldsymbol{b}^\mu(x) \\ & - \frac{1}{2}g_\rho \overline{\Psi}(x)\gamma_\mu \hat{\boldsymbol{\tau}}\Psi(x)\cdot\boldsymbol{b}^\mu(x) + g_\rho[(\partial^\mu \boldsymbol{\pi}(x))\times\boldsymbol{\pi}(x)]\cdot\boldsymbol{b}_\mu(x) \\ & + \frac{1}{2}g_\rho^2[\boldsymbol{\pi}(x)\times\boldsymbol{b}_\mu(x)]\cdot[\boldsymbol{\pi}(x)\times\boldsymbol{b}^\mu(x)] \end{aligned}} \tag{11-497a}$$

$$\vec{B}^{\mu\upsilon}_{(x)} \equiv \boldsymbol{B}^{\mu\upsilon}(x) \equiv \partial^\mu \boldsymbol{b}^\upsilon(x) - \partial^\upsilon \boldsymbol{b}^\mu(x) - g_\rho \boldsymbol{b}^\mu(x)\times\boldsymbol{b}^\upsilon(x) \tag{11-497b}$$

$\vec{b}^{\mu}_{(x)} \equiv \boldsymbol{b}^\mu(x) = \rho$介子場，頭上的箭頭同$\pi$介子（11-495d）式的定義。

（11-497a）和（11-497b）式內的內積（scalar product，或叫標量乘積或標積）和外積（vector product，或叫向量（矢量）乘積或矢積）是對同位旋的量。綜合以上結果，σ、ω、π、ρ都進來的近似Lagrangian密度是：

$$\begin{aligned} L_2 = {} & \Big\{\overline{\psi}[\gamma_\mu(i\partial^\mu - g_v V^\mu) - (M - g_s\phi)]\psi + \frac{1}{2}[(\partial_\mu\phi)(\partial^\mu\phi) - m_s^2\phi^2] \\ & - \frac{1}{4}(\partial_\mu V_v - \partial_v V_\mu)(\partial^\mu V^\upsilon - \partial^v V^\mu) + \frac{1}{2}m_v^2 V_\mu V^\mu\Big\}_{L_1} \\ & + \Big\{\frac{1}{2}[(\partial_\mu \boldsymbol{\pi})\cdot(\partial^\mu \boldsymbol{\pi}) - m_\pi^2 \boldsymbol{\pi}\cdot\boldsymbol{\pi}] - ig_\pi \overline{\psi}\gamma_5 \hat{\boldsymbol{\tau}}\psi\cdot\boldsymbol{\pi}\Big\}_{L_\pi} \\ & + \Big\{-\frac{1}{4}(\partial_\mu \boldsymbol{b}_v - \partial_v \boldsymbol{b}_\mu - g_\rho \boldsymbol{b}_\mu\times\boldsymbol{b}_v)\cdot(\partial^\mu \boldsymbol{b}^v - \partial^v \boldsymbol{b}^\mu - g_\rho \boldsymbol{b}^\mu\times\boldsymbol{b}^v) \\ & + \frac{1}{2}m_\rho^2 \boldsymbol{b}_\mu\cdot\boldsymbol{b}^\mu - \frac{1}{2}g_\rho^2 \overline{\psi}(x)\gamma_\mu \hat{\boldsymbol{\tau}}\psi(x)\cdot\boldsymbol{b}^\mu + g_\rho[(\partial^\mu \boldsymbol{\pi})\times\boldsymbol{\pi}]\cdot\boldsymbol{b}_\mu \end{aligned}$$

$$+\frac{1}{2}g_\rho^2(\boldsymbol{\pi}\times\boldsymbol{b}_\mu)\cdot(\boldsymbol{\pi}\times\boldsymbol{b}^\mu)\Big\}_{L_\rho}$$

$$\equiv L_1(\text{如式上右邊大括弧})+L_\pi+L_\rho \qquad (11\text{-}497c)$$

π 和 ρ 介子場 $\boldsymbol{\pi}(x)$ 和 $\boldsymbol{b}_\mu(x)$ 或 $\boldsymbol{b}^\mu(x)$ 的向量符號代表同位旋 $\hat{\boldsymbol{T}}$，其大小〈$\hat{\boldsymbol{T}}^2$〉= =1(1+1)=2，而〈$\hat{T}_3$〉=−1, 0, +1，（11-497c）式是核場理論 *QHD* 用的 Lagrangian 密度 L_2，接著來探討 L_2 所內含的介子交換流。

(3)介子交換流

根據介子理論，核力來自核子間交換介子，這些被交換的介子流稱為**交換流**（exchange carrent），但普通稱的交換流更狹義，是如圖（11-150b）和（11-150c），即核子核子交換帶電荷介子等產生的**電磁交換流**（electromagnetic exchange current），又稱為**介子交換流**（mesonic exchange current）。求交換流有些不同方法，不過最標準的求法是使用Noether定理（Noether's theorem）。當物理系統的Lagrangian密度，對某連續變換不變時，其變換生成元所表示的物理量是守恆量，這叫 **Noether 定理**。帶電強子的電磁行為，以電荷空間的同位旋來描述。同位旋算符的演算法同角動量算符的演算法，是 Lie 代數（Lie algebra）。正如量子力學，如果物理系統的狀態函數 $\psi(x)$ 對轉動變換 $exp(-i\hat{\boldsymbol{J}}\cdot e_n\theta/\hbar)$ 不變，則生成元的角動量 $\hat{\boldsymbol{J}}$ 必守恆。對應於角動量的同位旋，其連續變換是：

$$\text{核子場}\ \psi(x)\longrightarrow\psi'(x)=\boldsymbol{e}^{i\hat{\boldsymbol{t}}\cdot\boldsymbol{\theta}}\psi(x) \qquad (11\text{-}498a)$$

$$\pi\ \text{介子場}\ \boldsymbol{\pi}(x)\longrightarrow\boldsymbol{\pi}'(x)=\boldsymbol{e}^{i\hat{\boldsymbol{T}}\cdot\boldsymbol{\theta}}\boldsymbol{\pi}(x) \qquad (11\text{-}498b)$$

$$\rho\ \text{介子場}\ \boldsymbol{b}_\mu(x)\longrightarrow\boldsymbol{b}'_\mu(x)=\boldsymbol{e}^{i\hat{\boldsymbol{T}}\cdot\boldsymbol{\theta}}\boldsymbol{b}_\mu(x) \qquad (11\text{-}498c)$$

（11-498a, b, c）變換叫 *SU*(2)變換（請看後註㊾或下面 Yang-Mills 理論），在這裡假定 $\boldsymbol{\theta}\neq\boldsymbol{\theta}(x)$ 的整體（global）情形。如果Lagrangian密度對（11-498a～c）式的任一變換不變，則得該變換的守恆電磁流。先來看看 π 介子帶來的電磁流，取（11-496c）式的變分得：

$$\delta L_{\pi N}=\frac{\partial L_{\pi N}}{\partial(\partial_\mu\psi)}\delta(\partial_\mu\psi)+\frac{\partial L_{\pi N}}{\partial\psi}\delta\psi+\frac{\partial L_{\pi N}}{\partial(\partial_\mu\pi_j)}\delta(\partial_\mu\pi_j)+\frac{\partial L_{\pi N}}{\partial\pi_j}\delta\pi_j$$

接連的羅馬字是對同位旋成分相加：

$$\frac{\partial L_{\pi N}}{\partial\pi_j}\delta\pi_j=\sum_{j=1}^{3}\frac{\partial L_{\pi N}}{\partial\pi_j}\delta\pi_j$$

為了簡便令 $L_{\pi N}=L$，變分和微分是可互換的，即：

$$\delta(\partial_\mu\psi)=\partial_\mu\delta\psi$$

π_j 的右下標 j 表示 π 介子場的同位旋 j 成分。

$$=\frac{\partial L}{\partial(\partial_\mu\psi)}\partial_\mu\delta\psi+\frac{\partial L}{\partial\psi}\delta\psi+\frac{\partial L}{\partial(\partial_\mu\pi_j)}\partial_\mu\delta\pi_j+\frac{\partial L}{\partial\pi_j}\delta\pi_j$$

$$=\partial_\mu\left\{\frac{\partial L}{\partial(\partial_\mu\psi)}\delta\psi+\frac{\partial L}{\partial(\partial_\mu\pi_j)}\delta\pi_j\right\}+\underbrace{\left\{\frac{\partial L}{\partial\psi}-\partial_\mu\frac{\partial L}{\partial(\partial_\mu\psi)}\right\}}_{=0}\delta\psi+\underbrace{\left\{\frac{\partial L}{\partial\pi_j}-\partial_\mu\frac{\partial L}{\partial(\partial_\mu\pi_j)}\right\}}_{=0}\delta\pi_j$$

由 Euler-Lagrange 方程（11-402h）式得，上式右邊第二和第三項等於 0

$$=\partial_\mu\left\{\frac{\partial L}{\partial(\partial_\mu\psi)}\delta\psi+\frac{\partial L}{\partial(\partial_\mu\pi_j)}\delta\pi_j\right\} \qquad (11\text{-}499a)$$

由（11-498a）和（11-498b）式得：

$$\psi(x)\longrightarrow\psi'(x)=e^{i\hat{\boldsymbol{\tau}}\cdot\boldsymbol{\theta}/2}\psi(x)\fallingdotseq\left(1+\frac{i}{2}\hat{\boldsymbol{\tau}}\cdot\boldsymbol{\theta}\right)\psi(x)$$

$$\therefore\psi'(x)-\psi(x)=\delta\psi(x)\fallingdotseq\frac{i}{2}\hat{\boldsymbol{\tau}}\cdot\boldsymbol{\theta}\psi(x) \qquad (11\text{-}499b)$$

同理得：

$$\boldsymbol{\pi}'(x)-\boldsymbol{\pi}(x)=\delta\boldsymbol{\pi}(x)\fallingdotseq i\hat{\boldsymbol{T}}\cdot\boldsymbol{\theta}\boldsymbol{\pi}(x)=i\hat{T}_i\theta_i\boldsymbol{\pi}(x)$$

由（11-492e）式，則上式的成分為：

$$\delta\pi_j(x)=i(T_i)_{jk}\theta_i\pi_k(x)=\varepsilon_{ijk}\theta_i\pi_k(x) \qquad (11\text{-}499c)$$

由（11-496c）式得：

$$\left.\begin{aligned}\frac{\partial L}{\partial(\partial_\mu\psi)}&=\overline{\psi}i\gamma^\mu\\ \frac{\partial L}{\partial(\partial_\mu\pi_j)}&=\partial^\mu\pi_j\end{aligned}\right\} \qquad (11\text{-}499d)$$

將（11-499b～d）式代入（11-499a）式得：

$$\delta L_{\pi N}=\partial_\mu\left\{-\frac{1}{2}\boldsymbol{\theta}\cdot\overline{\psi}\gamma^\mu\hat{\boldsymbol{\tau}}\psi+\theta_i\varepsilon_{ijk}\pi_k\partial^\mu\pi_j\right\}$$

$$=\partial_\mu\left\{-\frac{1}{2}\boldsymbol{\theta}\cdot\overline{\psi}\gamma^\mu\,\hat{\boldsymbol{\tau}}\psi+\theta_i[-(\boldsymbol{\pi}\times\partial^\mu\boldsymbol{\pi})_i]\right\}$$
$$=\partial_\mu\left\{-\boldsymbol{\theta}\cdot[\overline{\psi}\gamma^\mu\frac{\hat{\boldsymbol{\tau}}}{2}\psi+(\boldsymbol{\pi}\times\partial^\mu\boldsymbol{\pi})]\right\}$$
$$=-\boldsymbol{\theta}\cdot\{\partial_\mu[\overline{\psi}\gamma^\mu\,\hat{\boldsymbol{\tau}}/2\,\psi+(\boldsymbol{\pi}\times\partial^\mu\boldsymbol{\pi})]\}=0$$
$$\therefore\partial_\mu[\overline{\psi}\gamma^\mu\hat{\boldsymbol{\tau}}/2\,\psi+(\boldsymbol{\pi}\times\partial^\mu\boldsymbol{\pi})]\equiv\partial_\mu J^\mu_{\pi N}=0 \qquad (11\text{-}499e)$$

$$J^\mu_{\pi N}(x)\equiv\overline{\psi}(x)\gamma^\mu\frac{\hat{\boldsymbol{\tau}}}{2}\psi(x)+(\boldsymbol{\pi}(x)\times\partial^\mu\boldsymbol{\pi}(x)) \qquad (11\text{-}499f)$$

但核子自己還有（11-486d）式的重子流$B^\mu=\overline{\psi}\gamma^\mu\psi$，將它加入（11-499f）式來定義總電磁流$J^{EM,\mu}_{\pi N}$：

$$J^{EM,\mu}_{\pi N}(x)=(B^\mu_{(x)}+J^\mu_{\pi N})_3$$
$$=\left\{\overline{\psi}(x)\gamma^\mu\frac{1+\hat{\boldsymbol{\tau}}}{2}\psi(x)+(\boldsymbol{\pi}(x)\times\partial^\mu\boldsymbol{\pi}(x))\right\}_3$$

或 $$\boxed{J^{EM,\mu}_{\pi N}(x)=\overline{\psi}(x)\gamma^\mu\frac{1+\hat{\tau}_3}{2}\psi(x)+(\boldsymbol{\pi}(x)\times\partial^\mu\boldsymbol{\pi}(x))_3} \qquad (11\text{-}500)$$

右上標EM表示電磁，為什麼電磁流僅取（11-499f）式和（11-486d）式的第三成分呢？因為電荷算符定義在同位旋空間，電荷的動力學算符是同位旋算符，例如π介子：

$$\langle\hat{T}_z\rangle=\langle\hat{T}_3\rangle=\begin{cases}1\cdots\cdots\pi^+\\0\cdots\cdots\pi^0\\-1\cdots\cdots\pi^-\end{cases}$$

很明顯，核子的$\frac{1+\hat{\tau}_3}{2}\psi=\frac{1}{2}\left\{\begin{pmatrix}1&0\\0&1\end{pmatrix}+\begin{pmatrix}1&0\\0&-1\end{pmatrix}\right\}\begin{pmatrix}\psi_p\\\psi_n\end{pmatrix}=\begin{pmatrix}\psi_p\\0\end{pmatrix}$，確實只有質子帶電荷，這樣才會產生電流。接著求$\rho$介子產生的電磁流，由（11-497a）式得：

$$\delta L_{\rho N}\underset{L_{\rho N}\equiv\mathcal{L}}{=\!=\!=}\left\{\left[\frac{\partial\mathcal{L}}{\partial(\partial_\mu\psi)}\delta(\partial_\mu\psi)+\frac{\partial\mathcal{L}}{\partial\psi}\delta\psi\right]+\left[\frac{\partial\mathcal{L}}{\partial(\partial_\mu\pi_j)}\delta(\partial_\mu\pi_j)+\frac{\partial\mathcal{L}}{\partial\pi_j}\delta\pi_j\right]\right.$$
$$\left.+\left[\frac{\partial\mathcal{L}}{\partial(\partial_\mu b^\sigma_j)}\delta(\partial_\mu b^\sigma_j)+\frac{\partial\mathcal{L}}{\partial b^\sigma_j}\delta b^\sigma_j\right]\right\}$$
$$=\partial_\mu\left\{\frac{\partial\mathcal{L}}{\partial(\partial_\mu\psi)}\delta\psi+\frac{\partial\mathcal{L}}{\partial(\partial_\mu\pi_j)}\delta\pi_j+\frac{\partial\mathcal{L}}{\partial(\partial_\mu b^\sigma_j)}\delta b^\sigma_j\right\}$$
$$+\underbrace{\left(\frac{\partial\mathcal{L}}{\partial\psi}-\partial_\mu\frac{\partial\mathcal{L}}{\partial(\partial_\mu\psi)}\right)}_{=0}\delta\psi+\underbrace{\left(\frac{\partial\mathcal{L}}{\partial\pi_j}-\partial_\mu\frac{\partial\mathcal{L}}{\partial(\partial_\mu\pi_j)}\right)}_{=0}\delta\pi_j+\underbrace{\left(\frac{\partial\mathcal{L}}{\partial b^\sigma_j}-\partial_\mu\frac{\partial\mathcal{L}}{\partial(\partial_\mu b^\sigma_j)}\right)}_{=0}\delta b^\sigma_j$$

上式右邊第二行由 Euler Lagrange 方程式各項等於 0，又從（11-497a）式得：

$$\frac{\partial \mathcal{L}}{\partial(\partial_\mu \psi)}=\overline{\psi}\gamma^\mu i \longrightarrow \delta\psi=\psi'-\psi=\frac{i}{2}\hat{\boldsymbol{\tau}}\cdot\boldsymbol{\theta}\psi$$

$$\frac{\partial \mathcal{L}}{\partial(\partial_\mu \pi_j)}=g_\rho\frac{\partial}{\partial(\partial_\mu \pi_j)}\{\varepsilon_{\ell mn}(\partial_\mu\pi_\ell)\pi_m b_n^\mu\}$$

$$=g_\rho\varepsilon_{\ell mn}\delta_{j\ell}\pi_m b_n^\mu=g_\rho(\boldsymbol{\pi}\times\boldsymbol{b}^\mu)_j$$

$$\delta\pi_j=i(T_i)_{jk}\theta_i\pi_k=\varepsilon_{ijk}\theta_i\pi_k$$

從（11-405d）式的演算技巧，以及練習同位旋演算得：

$$\frac{\partial \mathcal{L}}{\partial(\partial^\mu b_j^\sigma)}=\frac{\partial}{\partial(\partial^\mu b_j^\sigma)}\Big\{\frac{1}{4}(\partial_\alpha\boldsymbol{b}_\beta-\partial_\beta\boldsymbol{b}_\alpha)\cdot(\partial^\alpha\boldsymbol{b}^\beta-\partial^\beta\boldsymbol{b}^\alpha)$$

$$-\frac{1}{4}g_\rho[(\boldsymbol{b}_\alpha\times\boldsymbol{b}_\beta)\cdot(\partial^\alpha\boldsymbol{b}^\beta-\partial^\beta\boldsymbol{b}^\alpha)+(\partial_\alpha\boldsymbol{b}_\beta-\partial_\beta\boldsymbol{b}_\alpha)\cdot(\boldsymbol{b}^\alpha\times\boldsymbol{b}^\beta)]\Big\}$$

$$=\frac{1}{4}\frac{\partial}{\partial(\partial^\mu b_j^\sigma)}\Big\{\Big[\partial_\alpha b_\beta(k)\partial^\alpha b^\beta(k)-\partial_\beta b_\alpha(k)\partial^\alpha b^\beta(k)$$

$$-\partial_\alpha b_\beta(k)\partial^\beta b^\alpha(k)+\partial_\beta b_\alpha(k)\partial^\beta b^\alpha(k)\Big]$$

$$-g_\rho[(\boldsymbol{b}_\alpha\times\boldsymbol{b}_\beta)_k(\partial^\alpha b^\beta(k)-\partial^\beta b^\alpha(k))+(\partial_\alpha b_\beta(k)-\partial_\beta b_\alpha(k))(\boldsymbol{b}^\alpha\times\boldsymbol{b}^\beta)_k]\Big\}$$

羅馬字“k”表示同位旋的k成分，接連出現兩個k時，表示對k相加。同樣地，凡是羅馬字都是同位旋成分，寫成$b(j)$或 b_j。

$$=\frac{1}{4}\{[g_{\mu\alpha}g_{\sigma\beta}\delta_{jk}\partial^\alpha b^\beta(k)+g_\mu^\alpha g_\sigma^\beta\partial_\alpha b_\beta(j)$$

$$-g_{\mu\beta}g_{\sigma\alpha}\partial^\alpha b^\beta(j)-g_\mu^\alpha g_\sigma^\beta\partial_\beta b_\alpha(j)-g_{\mu\alpha}g_{\sigma\beta}\partial^\beta b^\alpha(j)$$

$$-g_\mu^\beta g_\sigma^\alpha\partial_\alpha b_\beta(j)+g_{\mu\beta}g_{\sigma\alpha}\partial^\beta b^\alpha(j)+g_\mu^\beta g_\sigma^\alpha\partial_\beta b_\alpha(j)]$$

$$-g_\rho[(\boldsymbol{b}_\alpha\times\boldsymbol{b}_\beta)_k(g_\mu^\alpha g_\sigma^\beta\delta_{jk}-g_\mu^\beta g_\sigma^\alpha\delta_{jk})+(g_{\mu\alpha}g_{\sigma\beta}\delta_{jk}-g_{\mu\beta}g_{\sigma\alpha}\delta_{jk})(\boldsymbol{b}^\alpha\times\boldsymbol{b}^\beta)_k]\}$$

$$=\frac{1}{4}\{[\partial_\mu b_\sigma(j)+\partial_\mu b_\sigma(j)-\partial_\sigma b_\mu(j)-\partial_\sigma b_\mu(j)$$

$$-\partial_\sigma b_\mu(j)-\partial_\sigma b_\mu(j)+\partial_\mu b_\sigma(j)+\partial_\mu b_\sigma(j)]$$

$$-g_\rho[(\boldsymbol{b}_\mu\times\boldsymbol{b}_\sigma)_j-(\boldsymbol{b}_\sigma\times\boldsymbol{b}_\mu)_j+(\boldsymbol{b}_\mu\times\boldsymbol{b}_\sigma)_j-(\boldsymbol{b}_\sigma\times\boldsymbol{b}_\mu)_j]\}$$

$$=[\partial_\mu b_\sigma(j)-\partial_\sigma b_\mu(j)]-g_\rho(\boldsymbol{b}_\mu\times\boldsymbol{b}_\sigma)_j$$

或 $$\frac{\partial \mathcal{L}}{\partial(\partial_\mu b_\sigma(j))}=[\partial^\mu b^\sigma(j)-\partial^\sigma b^\mu(j)]-g_\rho(\boldsymbol{b}^\mu\times\boldsymbol{b}^\sigma)_j$$

由（11-498c）式和（11-492e）式得：

$$\delta b_\sigma(j)=b'_\sigma(j)-b_\sigma(j)=i(T_i)_{jk}\theta_i b_\sigma(k)=\varepsilon_{ijk}\theta_i b_\sigma(k)$$

把以上結果代入 $\delta L_{\rho N}=\delta\mathcal{L}$ 得：

$$\begin{aligned}\delta\mathcal{L}&=\partial_{\mu}\Big\{\overline{\psi}\gamma^{\mu}i\frac{i}{2}\,\hat{\boldsymbol{\tau}}\cdot\boldsymbol{\theta}\psi+[g_{\rho}(\boldsymbol{\pi}\times\boldsymbol{b}^{\mu})_{j}]\varepsilon_{ijk}\theta_{i}\pi_{k}\\&\quad+[\partial^{\mu}b^{\sigma}(j)-\partial^{\sigma}b^{\mu}(j)-g_{\rho}(\boldsymbol{b}^{\mu}\times\boldsymbol{b}^{\sigma})_{j})]\varepsilon_{ijk}\theta_{i}b_{\sigma}(k)\Big\}\\&=\partial_{\mu}\{-\boldsymbol{\theta}\cdot(\overline{\psi}\gamma^{\mu}\hat{\boldsymbol{\tau}}/2\psi)-\boldsymbol{\theta}\cdot[g_{\rho}\boldsymbol{\pi}\times(\boldsymbol{\pi}\times\boldsymbol{b}^{\mu})]-\boldsymbol{\theta}\cdot\ \boldsymbol{b}_{\sigma}\times\boldsymbol{B}^{\mu\sigma}\}=0\end{aligned}$$

$$\therefore\ \partial_{\mu}[\overline{\psi}\gamma^{\mu}\hat{\boldsymbol{\tau}}/2\psi+g_{\rho}\boldsymbol{\pi}\times(\boldsymbol{\pi}\times\boldsymbol{b}^{\mu})+\boldsymbol{b}_{v}\times\boldsymbol{B}^{\mu v}]\equiv\partial_{\mu}J^{\mu}_{\rho N}=0 \qquad (11\text{-}501a)$$

$$J^{\mu}_{\rho N}(x)\equiv\overline{\psi}(x)\gamma^{\mu}\frac{\hat{\boldsymbol{\tau}}}{2}\psi(x)+g_{\rho}\boldsymbol{\pi}(x)\times[\boldsymbol{\pi}(x)\times\boldsymbol{b}^{\mu}(x)]+\boldsymbol{b}_{v}(x)\times\boldsymbol{B}^{\mu v}(x) \qquad (11\text{-}501b)$$

故電磁流 $J^{EM,\mu}_{\rho N}$ 是：

$$J^{EM,\mu}_{\rho N}(x)=(B^{\mu}(x)+J^{\mu}_{\rho N}(x))_{3}$$

$$\therefore\ \boxed{J^{EM,\mu}_{\rho N}=\overline{\psi}\gamma^{\mu}\frac{1+\hat{\tau}_{3}}{2}\psi+g_{\rho}[\boldsymbol{\pi}\times(\boldsymbol{\pi}\times\boldsymbol{b}^{\mu})]_{3}+(\boldsymbol{b}_{v}\times\boldsymbol{B}^{\mu v})_{3}} \qquad (11\text{-}501c)$$

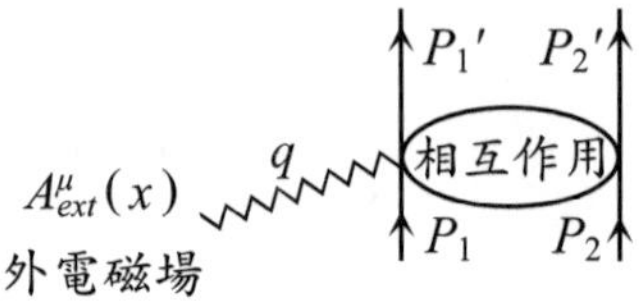

圖 11-151

無論（11-500）式或（11-501c）式，電磁流之源是核子，核子一面自己帶著電荷運動，一面和其他核子交換帶電介子 π,ρ 等。所以前者的核子本身產生的電磁流是一體流（one-body current），後者的核子間交換介子，（11-500）式右邊第二項和（11-501c）式右邊第三項內不含 g_{ρ} 的項是二體流（two-body current），而（11-501c）式右邊第二項和第三項內含 g_{ρ} 之項是，π 和 ρ 或兩個 ρ 參與的三體流（three-body current）。顯然介子參與的電磁流都是二體或以上的多體流。這些電磁流的產生，如圖（11-151）是物理系統和外界電磁場相互作用引起的現象。理論的正確性如何，必須如 QED 理論那樣，比較理論值和實驗值，故必須計算原子核從初態 $|i>$ 躍遷到終態 $|f>$ 的躍遷矩陣 T_{fi}：

$$T_{fi}=(2\pi\hbar)^{4}\delta^{4}(P_{f}-P_{i})\langle f|J^{EM,\mu}|i\rangle \qquad (11\text{-}502)$$

然後計算微分截面或者是電磁形狀因子（electromagnetic form factor，請參閱後註(23)）以便和實驗比較。和 QED 的最大區別是，參與的 Fesmi 子核子全被束縛在原子核內，不是（11-399c）式所示的自由旋量場，至少要解類似（11-489a）式所得的旋量場[59]，進一步的內容相當繁，不再深入。

(4)簡述 Yang（楊振寧）-Mills 理論[22,50,60]

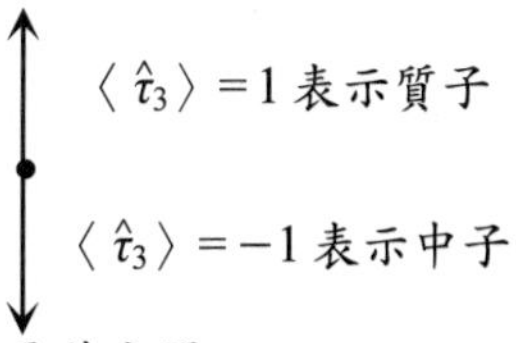

$\langle \hat{\tau}_3 \rangle = 1$ 表示質子
$\langle \hat{\tau}_3 \rangle = -1$ 表示中子

電荷空間
（Isotopic space）

(i)$SU(2)$對稱性

針對著核力，且以 Heisenberg 在 1932 年提出的同位旋 $\hat{\boldsymbol{T}}=\frac{1}{2}\hat{\boldsymbol{\tau}}$ 為基礎量之一時，$\hat{T}$在核子間的相互作用扮演什麼角色呢？假定質子和中子的靜止質量 m_p 和 m_n 相等：$m_p=m_n\equiv M$，則可以用這個新導進來的物理量$\hat{\boldsymbol{T}}$來如上圖地描述，質子和中子為核子在電荷空間的兩個態。$\hat{T}$滿足 Lie 代數，其在電荷空間的轉動性質（參閱附錄J），和在空間轉動的角動量性質相同，故得：

$$\text{變換算符（轉動算符）}：e^{i\hat{\boldsymbol{T}}\cdot\boldsymbol{\theta}} \tag{11-503a}$$

$$\left.\begin{array}{l}\text{對易關係}：[\hat{T}_i,\hat{T}_j]=i\varepsilon_{ijk}\hat{T}_k\ ,\text{或}\ \hat{\boldsymbol{T}}\times\hat{\boldsymbol{T}}=i\hat{\boldsymbol{T}}\\ \hat{\boldsymbol{T}}=\frac{1}{2}\hat{\tau}\ \ ,\ \hat{\boldsymbol{\tau}}=(\hat{\tau}_1,\hat{\tau}_2,\hat{\tau}_3)\\ \hat{\tau}_1=\begin{pmatrix}0&1\\1&0\end{pmatrix},\ \hat{\tau}_2=\begin{pmatrix}0&-i\\i&0\end{pmatrix},\ \hat{\tau}_3=\begin{pmatrix}1&0\\0&-1\end{pmatrix}\end{array}\right\} \tag{11-503b}$$

顯然可對易成分僅$\hat{T}_3$一個，故$\hat{T}$是一秩（rank one，秩（rank）=可對易的該物理量的成分數目）張量，且是2×2矩陣。代數學的置換符號（permutation symbol 或 Levi-Civita 算符）ε_{ijk}這時稱為同位旋$\hat{\boldsymbol{T}}$群的**結構常數**（structure constant）。（11-503a）式的$\boldsymbol{\theta}$和時空間$x=(t,\boldsymbol{x})$無關的常數時，稱$e^{i\hat{\boldsymbol{T}}\cdot\boldsymbol{\theta}}$為**整體**（**global**）**變換算符**，這時如果物理系統的 Lagrangian 密度經$e^{i\hat{\boldsymbol{T}}\cdot\boldsymbol{\theta}}$變換不變，則得該系統的總核子數，變換操作和動力學無關。不過當$\boldsymbol{\theta}=\boldsymbol{\theta}(x)$，即是時空間的函數，則很容易想像必有相互作用進來了，不然何必跟著x變呢？設這時的核子和這個未知（正要找的物理量）力學的相互作用強度$=g$，且設$\boldsymbol{\theta}\to\boldsymbol{a}(x)$，$\boldsymbol{a}(x)$=時空間的實向量函數，即$\boldsymbol{a}^*(x)=\boldsymbol{a}(x)$，則描述物理系統變化的變換算符$\hat{U}(\hat{\boldsymbol{\tau}},\boldsymbol{a})$是：

$$\hat{U}(\hat{\boldsymbol{\tau}},\boldsymbol{a})\equiv e^{ig\,\hat{\boldsymbol{\tau}}\cdot\boldsymbol{a}(x)/2} \tag{11-503c}$$

同位旋是如（11-503b）式非對易量，且 $T_r\ \hat{\tau}_i=0,\ i=1,2,3$,所以得：

$$\left.\begin{array}{l}\hat{U}_1(\hat{\boldsymbol{\tau}},\boldsymbol{a}(x))\,\hat{U}_2(\hat{\boldsymbol{\tau}},\boldsymbol{a}(y))\neq\hat{U}_2(\hat{\boldsymbol{\tau}},\boldsymbol{a}(y))\,\hat{U}_1(\hat{\boldsymbol{\tau}},\boldsymbol{a}(x))\\ det\hat{U}(\hat{\boldsymbol{\tau}},\boldsymbol{a})=e^{\frac{ig}{2}T_r(\hat{\boldsymbol{\tau}}\cdot\boldsymbol{a})}=e^0=1\end{array}\right\} \tag{11-503d}$$

同時由物理系統在變換前後的概率不變得：

$$\hat{U}^{+}(\hat{\boldsymbol{\tau}},\boldsymbol{a}(x))=\hat{U}^{-1}(\hat{\boldsymbol{\tau}},\boldsymbol{a}(x)) \qquad (11\text{-}503\text{e})$$

$\therefore \hat{U}(\hat{\boldsymbol{\tau}},\boldsymbol{a}(x))=$ 一秩狹義么正變換算符

$\equiv \hat{U}(SU(2))$

或 $$\boxed{\hat{U}(SU(2))=e^{ig\hat{\boldsymbol{\tau}}\cdot\boldsymbol{a}(x)/2}} \qquad (11\text{-}504)$$

（11-504）式的“s”代表狹義（special），“U”表示么正（unitary），“2”來自 2×2 矩陣。同位旋 $\hat{T}$ 是 $\hat{U}(SU(2))$ 的生成元（generator），它的三個成分是互不對易，於是 $\hat{U}(SU(2))$ 變換是**非對易狹義局部么正變換**，簡稱非對易（或不可對易）變換或非 **Abelian**（**non-Abelian**）**變換**。如果物理系統的 Lagrangian 密度或 Hamiltonian 密度對 $\hat{U}(SU(2))$ 變換不變。則稱**該物理系統，具有 $SU(\mathbf{2})$ 對稱性**，而該系統的同位旋，即變換生成元必守恆，於是和同位旋有關的電磁流也守恆。例如（11-500）式和（11-501）式是守恆量，是因為 $L_{\pi N}$ 和 $L_{\rho N}$ 對（11-498a～c）式的變換不變。

(ii)非對易局部 $SU(2)$ 規範變換

從物理系統的 Lagrangian 密度能得該系統的物質粒子的 Fermi 子和力粒子的 Bose 子的場運動方程式，於是 Lagrangian 密度，如（11-496c）式或（11-497a）式必含有四動量來的粒子場微分算符 ∂^{μ}，它會作用到（11-504）式 $\hat{U}(SU(2))$ 的規範函數或稱作**相函數** $a(x)$，則和 QED 的（11-407d）式一樣，除了**引進新力場 $\boldsymbol{W}^{\mu}(x)$ 之外，無法使 Lagrangian 密度對非對易局部 $\hat{U}(SU(\mathbf{2}))$ 變換不變**。即規範原理（gauge principle）。這個事實已在 QED 經驗過了，故先對應 QED 理論，依照規範原理推出可能結果後，才回頭檢驗它們，即不作數學推導法（請看表（11-44））。

從（11-505a）式到（11-505h）式，即從頭到尾同位旋保持不變，這暗示著：「一旦定了質子 p 中子 n，它們不受規範變換影響，不會 $p\rightarrow n$ 或 $n\rightarrow p$」。這操作內涵著 p 和 n 各有核心的類似點狀粒子，僅粒子質心（核心）運動受時空度規影響而已。請不要和場論的產生或湮沒核子混淆，看（11-499a）式到（11-499f）式的演算過程，就能洞察出 $SU(2)$ 變換的這個隱藏內容。這一點 $SU(2)$ 變換和 QED 的 $U(1)$ 變換同質，在 QED 雖會產生或湮沒電子或正電子，但電子和正電子不會互相轉換，或變成其他粒子，電子除了和正電子對湮滅（pair annihilation）之外永遠是電子，只是量它的度規和時空間有關而已。兩變換的最大差異是 $SU(2)$ 含 Fermi 子的核子的，不能對易的內部自由度同位旋，因此必會帶來比 QED 更複雜的內容，因規範場 $\boldsymbol{W}^{\mu}(x)$ 必受核子內稟自由度 $\hat{\boldsymbol{T}}$ 的影響不是嗎？

表 11-44　$U(1)$ 和 $SU(2)$ 規範變換的對照

	$U(1)$（QED）規範變換		$SU(2)$ 規範變換
(1)	設 $\begin{cases}\psi(x)=\text{物質粒子的 Fermi 子場，}\\ A^{\mu}(x)=\text{力粒子的 Bose 子場，規範場}\end{cases}$	(1)	設 $\begin{cases}\psi(x)=\text{物質粒子的 Fermi 子場，}\\ \boldsymbol{W}^{\mu}(x)=\text{力粒子的 Bose 子場，規範場}\end{cases}$ $\boldsymbol{W}^{\mu}(x)$ 的向量性來自同位旋（參閱前節的 π 和 ρ 介子）。
(2)	QED 的 $A^{\mu}(x)$＝電磁場勢	(2)	$\hat{\boldsymbol{T}}\cdot\boldsymbol{W}^{\mu}(x)=?$　(11-505a)
(3)	$\psi(x)\rightarrow\psi'(x)=e^{iq\Lambda(x)}\psi(x)\Leftarrow$ (11-407b) 式 $\equiv\hat{U}(1)\psi(x)$	(3)	$\psi(x)\rightarrow\psi'(x)=e^{ig\hat{\boldsymbol{\tau}}\cdot\boldsymbol{a}(x)/2}\psi(x)$ $=e^{ig\hat{\boldsymbol{T}}\cdot\boldsymbol{a}(x)}\psi(x)$ $\equiv\hat{U}(SU(2))\psi(x)$ (11-505b) $\hat{\boldsymbol{T}}=\frac{1}{2}\hat{\boldsymbol{\tau}}$
(4)	$A^{\mu}(x)\rightarrow A'^{\mu}(x)=A^{\mu}(x)-\partial^{\mu}\Lambda(x)$ $\Leftarrow$ (11-410b) 式 $\Lambda(x)$＝局部規範函數	(4)	$\hat{\boldsymbol{T}}\cdot\boldsymbol{W}^{\mu}(x)\rightarrow\hat{\boldsymbol{T}}\cdot\boldsymbol{W}'^{\mu}(x)\neq\hat{\boldsymbol{T}}\cdot\boldsymbol{W}^{\mu}(x)$ $-\partial^{\mu}(\hat{\boldsymbol{T}}\cdot\boldsymbol{a}(x))$ $\hat{\boldsymbol{T}}\cdot\boldsymbol{a}(x)$＝局部規範函數 $\underbrace{\hat{\boldsymbol{T}}\cdot\boldsymbol{W}'^{\mu}}_{\text{待求量}}=?$　(11-505c)
(5)	$\partial^{\mu}\rightarrow D^{\mu}\equiv\partial^{\mu}+iqA^{\mu}(x)\Longleftarrow$ (11-410c) 式	(5)	$\partial^{\mu}\rightarrow D^{\mu}\equiv\partial^{\mu}+ig\hat{\boldsymbol{T}}\cdot\boldsymbol{W}^{\mu}(x)$　(11-505d)
(6)	$\partial^{\mu}\psi(x)\longrightarrow D^{\mu}\psi(x)$ 並且： $D^{\mu}\psi(x)\longrightarrow D'^{\mu}\psi'(x)=e^{iq\Lambda(x)}D^{\mu}\psi(x)$ ⇑ (Ex.11-80) $D'^{\mu}=\partial^{\mu}+iqA'^{\mu}(x)$	(6)	$\partial^{\mu}\psi(x)\longrightarrow D^{\mu}\psi(x)$　(11-505e) 並且要求： $D^{\mu}\psi(x)\longrightarrow D'^{\mu}\psi'(x)=e^{ig\hat{\boldsymbol{T}}\cdot\boldsymbol{a}(x)}D^{\mu}\psi(x)$ (11-505f) $D'^{\mu}=\partial^{\mu}+ig\hat{\boldsymbol{T}}\cdot\boldsymbol{W}'^{\mu}(x)$　(11-505g)
(7)	相互作用 $L_{int}=-q\overline{\psi}(x)\gamma_{\mu}\psi(x)A^{\mu}(x)$	(7)	相互作用 $L_{int}=-g\overline{\psi}(x)\gamma_{\mu}\hat{\boldsymbol{T}}\cdot\boldsymbol{W}^{\mu}(x)\psi(x)$ (11-505h)

接著來看看（11-505b～g）式是否真的能使 Lagrangian 密度對 $SU(2)$ 變換不變？以自由核子的 Lagrangian 密度 L_0 為例子來探討，且簡寫 L_0 為：

$$L_0=\overline{\psi}(x)(i\gamma_{\mu}\partial^{\mu}-m)\psi(x),\qquad m=\text{核子靜止質量}$$

如果 L_0 對局部規範變換不變，則由圖（11-135）的規範原理，必有相互作用的新場進來，於是如 QED 的（11-410c）式，導商 $\partial^{\mu}(x)$ 變成協變導商 D^{μ}，故 L_0 變成：

$$L_0\rightarrow L=\overline{\psi}(x)(i\gamma_{\mu}D^{\mu}-m)\psi(x)$$

$$\text{或}\qquad L'=\overline{\psi}'(x)(i\gamma_{\mu}D'^{\mu}-m)\psi'(x)$$

$\psi'(x)$和D'^{μ}分別為（11-505b）式和（11-505g）式。設$\hat{U}(SU(2))\equiv\hat{U}$，則由概率守恆得：

$$\overline{\psi}'(x)\psi'(x)=\psi^{+'}\gamma^0\psi'=\psi^+\hat{U}^+\gamma^0\hat{U}\psi=\psi^+\gamma^0\hat{U}^+\hat{U}\psi=\psi^+\gamma^0\psi=\overline{\psi}(x)\psi(x)$$

即$\hat{U}$確實是么正算符，由（11-505f）式得：

$$\begin{aligned}\overline{\psi}'(x)(i\gamma_\mu D'^{\mu})\psi'(x)&=\overline{\psi}(x)\hat{U}^+(i\gamma_\mu)\hat{U}D^\mu\psi(x)\longleftarrow\text{（11-505f）式}\\&=\overline{\psi}(x)\hat{U}^+\hat{U}(i\gamma_\mu D^\mu)\psi(x)\longleftarrow\gamma_\mu\text{不受}\ \hat{U}\ \text{影響}\\&=\overline{\psi}(x)(i\gamma_\mu D^\mu)\psi(x)\end{aligned}$$

$$\therefore L'=\overline{\psi}'(x)(i\gamma_\mu D'^{\mu}-m)\psi'(x)=\overline{\psi}(x)(i\gamma_\mu D^\mu-m)\psi(x)=L \qquad (11\text{-}506a)$$

$\hat{U}(SU(2))$變換確實使Lagrangian密度不變。即L有$SU(2)$對稱性。這時的相互作用呢？它一定是由規範原理進來的新場$\boldsymbol{W}^\mu(x)$和Fermi子場$\psi(x)$有關，重寫L得：

$$L=\overline{\psi}(x)\{i\gamma_\mu[\partial^\mu+ig\hat{\boldsymbol{T}}\cdot\boldsymbol{W}^\mu(x)]-m\}\psi(x)\equiv L_0+L_{int}$$

$$\boxed{L_{int}=-g\overline{\psi}(x)\gamma_\mu\hat{\boldsymbol{T}}\cdot\psi(x)\boldsymbol{W}^\mu(x)} \qquad (11\text{-}506b)$$

L_{int}是物理系統的$SU(2)$對稱規範場$\boldsymbol{W}^\mu(x)$和核子場中$\psi(x)$的相互作用，它和QED（11-413d）式的最大差異是，核子的內稟自由度的同位旋$\hat{\boldsymbol{T}}$直接和$\boldsymbol{W}^\mu(x)$的內稟自由度相互作用。**$\hat{\boldsymbol{T}}$有三成分，故規範場$\boldsymbol{W}^\mu(x)$必為同位旋1的場**，其同位旋$\hat{\boldsymbol{T}}^w$是：

$$\left.\begin{aligned}&\hat{\boldsymbol{T}}^w=(\hat{T}_1{}^w,\hat{T}_2{}^w,\hat{T}_3{}^w)\\&\langle(\hat{\boldsymbol{T}}^w)^2\rangle=1(1+1)=2\\&\langle\hat{T}_3\rangle=1,0,-1\end{aligned}\right\} \qquad (11\text{-}506c)$$

那麼$\hat{\boldsymbol{T}}\cdot\boldsymbol{W}^\mu(x)$的變化$\delta(]\hat{T}\cdot\boldsymbol{W}^\mu)=\hat{\boldsymbol{T}}\cdot\delta\boldsymbol{W}^\mu=\hat{\boldsymbol{T}}\cdot(\boldsymbol{W}'^{\mu}-\boldsymbol{W}^\mu)$如何呢？$\boldsymbol{W}^\mu$產生的規範粒子（gauge particles）是什麼？從用來證明（11-506a）式的（11-505f）式得：

$$\begin{aligned}D'^{\mu}\psi'(x)&=(\partial^\mu+ig\hat{\boldsymbol{T}}\cdot\boldsymbol{W}'^{\mu}(x))\hat{U}\psi(x)\\&=\hat{U}D^\mu\psi(x)=\hat{U}(\partial^\mu+ig\hat{\boldsymbol{T}}\cdot\boldsymbol{W}^\mu)\psi(x)\\&=\hat{U}\{ig\partial^\mu(\hat{\boldsymbol{T}}\cdot\boldsymbol{a})+\partial^\mu\}\psi+\hat{U}\{ig\hat{U}^+\hat{\boldsymbol{T}}\cdot\boldsymbol{W}'^{\mu}\}\hat{U}\psi\end{aligned}$$

$$\therefore ig\partial^\mu(\hat{\boldsymbol{T}}\cdot\boldsymbol{a}(x))+\partial^\mu+ig\hat{U}^+(\hat{\boldsymbol{T}}\cdot\boldsymbol{W}'^{\mu}(x))\hat{U}=\partial^\mu+ig\hat{\boldsymbol{T}}\cdot\boldsymbol{W}^\mu(x)$$

$$\therefore\hat{\boldsymbol{T}}\cdot\boldsymbol{W}'^{\mu}(x)=\hat{U}\{-\partial^\mu(\hat{\boldsymbol{T}}\cdot\boldsymbol{a}(x))+\hat{\boldsymbol{T}}\cdot\boldsymbol{W}^\mu(x)\}\hat{U}^+$$

或 $$\boxed{\hat{\boldsymbol{T}}\cdot\boldsymbol{W}'^{\mu}(x)=\hat{U}\{\hat{\boldsymbol{T}}\cdot[-\partial^\mu\boldsymbol{a}(x)+\boldsymbol{W}^\mu(x)]\}\hat{U}^+} \qquad (11\text{-}506d)$$

$$\equiv \hat{\boldsymbol{T}}\cdot[\hat{\boldsymbol{W}}^{\mu}(x)+\delta \boldsymbol{W}^{\mu}(x)]$$

$$\therefore \hat{\boldsymbol{T}}\cdot \delta \boldsymbol{W}^{\mu}(x)=\hat{U}\{\hat{\boldsymbol{T}}\cdot[-\partial^{\mu}\boldsymbol{a}(x)+\boldsymbol{W}^{\mu}(x)]\}\hat{U}^{+}-\hat{\boldsymbol{T}}\cdot \boldsymbol{W}^{\mu}(x) \qquad (11\text{-}506e)$$

從（11-506e）式很難洞察出 $\boldsymbol{W}^{\mu}(x)$ 的真像，因為由規範原理來的規範場 $\boldsymbol{W}^{\mu}(x)$ 的變化，像（11-506d）式般的複雜，不過不從（11-506d）式切入是無法看出進一步的內幕，所謂的要得虎子只有進虎穴。考慮無限小變換：

$$\begin{aligned}
\hat{U}&=e^{ig\hat{\boldsymbol{T}}\cdot \boldsymbol{a}(x)}\\
&=1+\frac{1}{1!}ig\hat{\boldsymbol{T}}\cdot \boldsymbol{a}(x)+\frac{1}{2!}(ig\hat{\boldsymbol{T}}\cdot \boldsymbol{a}(x))(ig\hat{\boldsymbol{T}}\cdot \boldsymbol{a}(x))+\cdots\cdots\\
&\fallingdotseq 1+ig\hat{\boldsymbol{T}}\cdot \boldsymbol{a}(x)\longleftarrow \text{到 } \boldsymbol{a}(x) \text{ 一次，} \boldsymbol{a}(x)=\text{無限小時，}
\end{aligned}$$

$$\begin{aligned}
\therefore \hat{\boldsymbol{T}}\cdot\delta \boldsymbol{W}^{\mu}(x)&=(1+ig\hat{\boldsymbol{T}}\cdot \boldsymbol{a})\{-\hat{\boldsymbol{T}}\cdot\partial^{\mu}\boldsymbol{a}+\hat{\boldsymbol{T}}\cdot \boldsymbol{W}^{\mu}\}(1-ig\hat{\boldsymbol{T}}^{+}\cdot \boldsymbol{a}^{*})-\hat{\boldsymbol{T}}\cdot \boldsymbol{W}^{\mu}\\
&=(1+ig\hat{\boldsymbol{T}}\cdot \boldsymbol{a})\{-\hat{\boldsymbol{T}}\cdot\partial^{\mu}\boldsymbol{a}+\hat{\boldsymbol{T}}\cdot \boldsymbol{W}^{\mu}+ig(\hat{\boldsymbol{T}}\cdot\partial^{\mu}\boldsymbol{a})(\hat{\boldsymbol{T}}\cdot \boldsymbol{a})\\
&\quad -ig(\hat{\boldsymbol{T}}\cdot \boldsymbol{W}^{\mu})(\hat{\boldsymbol{T}}\cdot \boldsymbol{a})\}-\hat{\boldsymbol{T}}\cdot \boldsymbol{W}^{\mu}\\
&\doteqdot\{-\hat{\boldsymbol{T}}\cdot\partial^{\mu}\boldsymbol{a}+\hat{\boldsymbol{T}}\cdot \boldsymbol{W}^{\mu}-ig(\hat{\boldsymbol{T}}\cdot \boldsymbol{W}^{\mu})(\hat{\boldsymbol{T}}\cdot \boldsymbol{a})\\
&\quad +ig(\hat{\boldsymbol{T}}\cdot \boldsymbol{a})(\hat{\boldsymbol{T}}\cdot \boldsymbol{W}^{\mu})\}-\hat{\boldsymbol{T}}\cdot \boldsymbol{W}^{\mu}
\end{aligned}$$

上式是取到 $\boldsymbol{a}(x)$ 一次，利用下關係式化簡上式：

$$(\hat{\boldsymbol{\tau}}\cdot \boldsymbol{a})(\hat{\boldsymbol{\tau}}\cdot \boldsymbol{b})=\boldsymbol{a}\cdot \boldsymbol{b}+i\,\hat{\boldsymbol{\tau}}\cdot(\boldsymbol{a}\times \boldsymbol{b})$$

$\boldsymbol{a}$ 和 $\boldsymbol{b}$ 為任意向量或向量函數

$$\begin{aligned}
&=-\hat{\boldsymbol{T}}\cdot\partial^{\mu}\boldsymbol{a}+\frac{ig}{4}\{-[(\boldsymbol{W}^{\mu}\cdot \boldsymbol{a})+i\,\hat{\boldsymbol{\tau}}\cdot(\boldsymbol{W}^{\mu}\times \boldsymbol{a})]\\
&\quad +[(\boldsymbol{a}\cdot \boldsymbol{W}^{\mu})+i\,\hat{\boldsymbol{\tau}}\cdot(\boldsymbol{a}\times \boldsymbol{W}^{\mu})]\}\\
&=-\hat{\boldsymbol{T}}\cdot\partial^{\mu}\boldsymbol{a}+\frac{ig}{4}[2\,i\,\hat{\boldsymbol{\tau}}\cdot(\boldsymbol{a}\times \boldsymbol{W}^{\mu})]\\
&=-\hat{\boldsymbol{T}}\cdot\{\partial^{\mu}\boldsymbol{a}(x)+g[\boldsymbol{a}(x)\times \boldsymbol{W}^{\mu}(x)]\}
\end{aligned}$$

$$\boxed{\therefore\ \delta \boldsymbol{W}^{\mu}(x)=-\partial^{\mu}\boldsymbol{a}(x)-g[\boldsymbol{a}(x)\times \boldsymbol{W}^{\mu}(x)]} \text{ 無限小變換時} \qquad (11\text{-}506f)$$

稍微有點眉目了，比較 *QED* 的（11-410a）式和（11-506f）式。（11-506f）式右邊第一項對應於 $\delta A^{\mu}(x)$ 的 $\partial^{\mu}\Lambda(x)$，但規範函數不是 *QED* 時的標量函數 $\Lambda(x)$，而是有三個成分的向量函數 $\boldsymbol{a}(x)$，至於（11-506f）式 的右邊第二項，表示規範場 $\boldsymbol{W}^{\mu}(x)$ 由（11-506c）式，同位旋 1 的三個獨立場構成。假設 $\vec{\phi}(x)$ 是同位旋 1 的粒子場，則 $\vec{\phi}(x)$ 有三成分：

$$\vec{\phi}(x)=(\phi_1(x),\ \phi_2(x),\ \phi_3(x))$$

場的向量符號來自同位旋，則其無限小 $\hat{U}(SU(2))$ 變換是：

$$\begin{aligned}\vec{\phi}'(x)&=e^{ig\hat{T}(1)\cdot \boldsymbol{a}(x)}\vec{\phi}(x)\\&\doteqdot[1+ig\hat{\boldsymbol{T}}(1)\cdot \boldsymbol{a}(x)]\vec{\phi}(x)\end{aligned}$$

$\boldsymbol{T}(1)$的(1)表示同位旋 1 的算符，則 $\vec{\phi}'(x)$ 的各成分是：

$$\begin{aligned}\phi'_i(x)&=[\delta_{ij}+ig(\hat{T}_k(1)a_k)_{ij}]\phi_j(x)\\&=[\delta_{ij}+iga_k(-i\varepsilon_{kij})]\phi_j(x)\longleftarrow \text{（11-492e）式}\\ \therefore\delta\phi_i(x)&=\phi'_i(x)-\phi_i(x)=g\varepsilon_{kij}a_k\phi_j(x)\\&=-g(\boldsymbol{a}(x)\times\vec{\phi}(x))_i\\ \text{或}\ \delta\vec{\phi}(x)&=-g[\boldsymbol{a}(x)\times\vec{\phi}(x)]\end{aligned}\qquad(11\text{-}506g)$$

（11-506g）式確實對應到（11-506f）式右邊第二項，所以**局部 $\hat{U}(SU(\mathbf{2}))$ 規範變換不變的規範場 $\boldsymbol{W}^\mu(x)$ 是同位旋 1 的帶電粒子場，是非對易規範場或簡稱為 Yang-Mills 場**。再次看到（首次是在 *QED*）局部規範變換不變的物理系統滿足規範原理：「產生力粒子場的規範場 $\boldsymbol{W}^\mu(x)$，以及能獨一無二地獲得物質粒子的Fermi子場 $\psi(x)$ 和 $\boldsymbol{W}^\mu(x)$的相互作用（11-506b）式」。

進一步比較（11-410a）式和（11-506f）式，從 *QED* 和 $SU(2)$ 的（11-413d）式和（11-506b）式，其電荷 q 和 g 分別為電磁相互作用和強相互作用強度。*QED* 的 $\hat{U}(1)$ 規範場 $A^\mu(x)$ 的規範粒子，光子是不帶電粒子，但 $SU(2)$ 規範場 $\boldsymbol{W}^\mu(x)$ 的規範粒子是帶電荷，故有同位旋。這些**帶電規範粒子不但相互間能相互作用，並且能和物質粒子的 Fermi 子相互作用的非自由粒子**，所以才有（11-506f）式右邊第二項，換句話說：

$$\left.\begin{aligned}\delta A^\mu(x)&=-\partial^\mu\Lambda(x)+0(\text{因光子電荷}=0)=-\partial^\mu\Lambda(x)\\ \delta\boldsymbol{W}^\mu(x)&=-\partial^\mu\boldsymbol{a}(x)-g[\boldsymbol{a}(x)\times\boldsymbol{W}^\mu(x)]\end{aligned}\right\}\qquad(11\text{-}506h)$$

（11-506h）式是可對易（對易）和不可對易（非對易）規範變換的最大差異處，稱這種同一對稱規範場間的相互作用為**自相互作用**（self interaction），**它是非對易規範理論的特性之一：非線性（non-linearity）帶來的結果**。

(iii)非對易規範場 $W^\mu(x)$ 的 Lagrangian 密度

$SU(2)$ 規範粒子的同位旋等於 1，而 *QED* 的 $\hat{U}(1)$ 規範粒子光子的內稟角動量是 1，加上同位旋和角動量都是滿足 Lie 代數，以及兩者都是無質量的規範粒子。電磁場，張量（11-400b）式 $F^{\mu\nu}(x)=[\partial^\mu A^\nu(x)-\partial^\nu A^\mu(x)]$ 在 $\hat{U}(1)$ 規範變換不變下是：

$$F^{\mu\nu}(x)=D^{\mu}_{EM}A^{\nu}(x)-D^{\nu}_{EM}A^{\mu}(x) \qquad (11\text{-}507a)$$

$$D^{\mu}_{EM}=\partial^{\mu}+iqA^{\mu}(x)\longleftarrow (11\text{-}410c)\text{ 式}$$

於是 $SU(2)$ 規範場的場張量（field tensor）必能從下式獲得：

$$\begin{aligned}
&D^{\mu}(\hat{\boldsymbol{T}}\cdot\boldsymbol{W}^{\nu}(x))-D^{\nu}(\hat{\boldsymbol{T}}\cdot\boldsymbol{W}^{\mu}(x))\\
&=(\partial^{\mu}+ig\hat{\boldsymbol{T}}\cdot\boldsymbol{W}^{\mu}(x))(\hat{\boldsymbol{T}}\cdot\boldsymbol{W}^{\nu}(x))-(\partial^{\nu}+ig\hat{\boldsymbol{T}}\cdot\boldsymbol{W}^{\nu}(x))(\hat{\boldsymbol{T}}\cdot\boldsymbol{W}^{\mu}(x))\\
&=(\partial^{\mu}+ig\hat{T}_aW^{\mu}_a(x))(\hat{T}_bW^{\nu}_b(x))-(\partial^{\nu}+ig\hat{T}_bW^{\nu}_b(x))(\hat{T}_aW^{\mu}_a(x))\\
&=\left[\hat{T}_b(\partial^{\mu}W^{\nu}_b(x))-\hat{T}_a(\partial^{\nu}W^{\mu}_a(x))\right]+ig(\hat{T}_a\hat{T}_b-\hat{T}_b\hat{T}_a)W^{\mu}_aW^{\nu}_b\\
&=\hat{\boldsymbol{T}}\cdot[\partial^{\mu}\boldsymbol{W}^{\nu}(x)-\partial^{\nu}\boldsymbol{W}^{\mu}(x)]+ig\,i\,\varepsilon_{abc}\hat{T}_cW^{\mu}_aW^{\nu}_b\\
&=\hat{\boldsymbol{T}}\cdot[\partial^{\mu}\boldsymbol{W}^{\nu}(x)-\partial^{\nu}\boldsymbol{W}^{\mu}(x)]-g\hat{T}_c(\boldsymbol{W}^{\mu}(x)\times\boldsymbol{W}^{\nu}(x))_c\\
&=\hat{\boldsymbol{T}}\cdot\{[\partial^{\mu}\boldsymbol{W}^{\nu}(x)-\partial^{\nu}\boldsymbol{W}^{\mu}(x)]-g(\boldsymbol{W}^{\mu}(x)\times\boldsymbol{W}^{\nu}(x))\}\\
&\equiv\hat{\boldsymbol{T}}\cdot\boldsymbol{f}^{\mu\nu}(x)
\end{aligned}$$

$$\boxed{\boldsymbol{f}^{\mu\nu}(x)\equiv(\partial^{\mu}\boldsymbol{W}^{\nu}(x)-\partial^{\nu}\boldsymbol{W}^{\mu}(x))-g(\boldsymbol{W}^{\mu}(x)\times\boldsymbol{W}^{\nu}(x))} \qquad (11\text{-}507b)$$

$\boldsymbol{f}^{\mu\nu}(x)$ 稱為 $SU(2)$ **規範的場張量或場強**，則仿自由電磁場 Lagrangian 密度，（11-445a）式內的 $L_{EM}=-\frac{1}{4}F_{\mu\nu}(x)F^{\mu\nu}(x)$ 得 $SU(2)$ 規範場的Lagrangian密度 L：

$$L=-\frac{1}{4}\boldsymbol{f}_{\mu\nu}(x)\boldsymbol{f}^{\mu\nu}(x) \qquad (11\text{-}507c)$$

因此物理系統的總 Lagrangian 密度 $L_{總}$ 是：

$$\boxed{\begin{aligned}&L_{總}=\overline{\psi}(x)(i\gamma_{\mu}D^{\mu}-m)\psi(x)-\frac{1}{4}\boldsymbol{f}_{\mu\nu}(x)\boldsymbol{f}^{\mu\nu}(x)\\&D^{\mu}=\partial^{\mu}+ig\hat{\boldsymbol{T}}\cdot\boldsymbol{W}^{\mu}(x)\end{aligned}} \qquad (11\text{-}507d)$$

為了避免 QED 的物理量和 $SU(2)$ 的物理量的混淆，和電磁場有關的量都加上右下標 EM，且在（11-507b）式的推導過程使用了 $[\hat{T}_a,\hat{T}_b]=i\varepsilon_{abc}\hat{T}_c$，$\boldsymbol{W}^{\mu}(x)$ 的場張量 $\boldsymbol{f}^{\mu\nu}(x)$ 的向量符號和 $\boldsymbol{W}^{\mu}(x)$ 一樣，都表示同位旋。到這裡結束，視強子為無內部結構的類點狀（point-like）粒子的強子物理學簡介。既然在 1960 年代末已肯定強子是複合粒子，是由更基本的部分子（partons）的夸克組成，讓我們一起來揭開這強子面紗。

(E)夸克物理簡介

這套書大約依照圖 11-124 的物理發展藍圖介紹些，從宏觀世界到微觀世界最起碼的物理學內容。由量子力學和狹義相對性理論開導的微觀世界，到了 1950 年代中葉後，規範理論變成理論主軸。同時千變萬化的自然界物理現象，被化約成來自（11-363a）式的 12 個基本粒子和其反粒子，以及它們間的相互作用，且在 1970 年代基本粒子物理學的研究到了最高峰，幾乎奠定（1973 年）了標準模型（standard model 看下面(F)）。其所預言的物理現象都被驗證，而該有的基本粒子，除了 Higgs 粒子，到今天（1999 年）尚未找到外，其他的都陸續地在 1983 年找到扮演弱相互作用的 $W^{\pm}$ 和 Z^0 規範粒子，1994 年 4 月也在理論預言的質量範圍內找到標準模型的最後一個頂或真夸克（top 或 truth quark）。

從圖 11-124 不難發現數目「3」的奧妙：宏觀運動歸納成牛頓運動三定律，和溫度以及電磁有關的物理現象，也分別歸納得熱力學三定律以及電磁學三定律，即經典物理學的三大領域全由三個定律組成，你說奧不奧妙呢？中國人相信「3」會湊成穩定或吉祥，例如鼎有三個腳表示最穩定的造形，臺灣百姓到廟裡祈禱作拜拜，從磕頭到求吉祥的「骰杯（木頭做的半月型骰子）」都要求連續三次才算數。連我們歸納出來的唸物理或作科研時的指南也是三個，叫三寶。甚至於 19 和 20 世紀，在物理學領域完成的大工作也如表 11-45 所示各為三。

表 11-45　19 和 20 世紀物理學的重要成就

19 世紀		熱力學（1854 Clausius），經典統計力學（概率）（1877 Boltzmann）
		分析力學（1833 Hamilton）
		電磁學（1865 Maxwell）
20 世紀		相對性理論（1905 Einstein），量子力學（1925~1928Heisenberg, Schrödimger, Dirac）
		對稱性破壞（violation）：宇稱（parity）（1957 李政道，楊振寧），CP（電荷共軛和宇稱）(1964V. L. Fitch&J. W. Cronin)
		非對易局部規範理論（1954 Yang-Mills），標準模型（1961Gell-Mann&Ne'eman, 1964～1973Gell-Mann, Zweig, Glashaw, Weinberg, Salam等）。

在標準模型，「3」更是處處現身，如 1989 年 11 月的實驗肯定了輕子僅有（11-363a）式所示的三代或三族（generation（代），family（族）），而 1994 年 4 月順利地找到了（11-363a）式的夸克第三代成員頂或真夸克，驗證夸克確實有三族。所有重子（baryons）全由 3 個夸克組成，其理論滿足內稟色（color）自由度的 $SU(3)_C$ 對稱性，右下標 C 表示色自由度，而這色自由度竟然也是 3！標準模型又是人類生活中四種相互作用（看表 11-6）的強、電磁和弱三相互作用的基礎理論，再次體會到「3」的奧妙了。**但為什麼夸克和輕子都如（11-363a）式僅有 3 代，即為什麼停留在「3」的原因，到目前（1999 年）還沒答案，並且為什麼一代比一代重很多也未解**。接著一起來一面揭開強子面紗，一面欣賞「3」的奧妙。

(1) S(n)和 SU(n)對稱，分類[2, 11, 49, 61)]

二次大戰結束後，物理學的研究復甦地非常快速，到了 1950 年代初期已找到約 300 個粒子（含共振態）。如前面在(B)(4)及(11-362a,b)式所述，物理學家們已開始分類，前者是以粒子扮演的相互作用種類，或者以粒子的性質，統計性和輕重來分類，而後者是以「層次」的哲學思想為出發點，想用三種基礎粒子的特性來組合其他粒子，這思想啟發了其後的夸克模型，但兩者都沒完成統盤性的整體結果。最後完成這工作的是 1961 年 Gell-Mann 首創的依照對稱性的歸類[61)]，**他好像受到從層次到坂田模型內容的啟示不少，但核心不同。他從分析物理現象洞察出粒子的內稟物理量如同位旋，或衰變或參與反應時有共同的對稱性，故他使用對稱性來分類**。我們熟習的量子力學的對稱性是，物理系統的Hamiltonian $\hat{H}$，經某變換 $\hat{U}(\hat{G})$ 時 $\hat{H}$ 不變，或 $[\hat{U}, \hat{H}]=0$ 時稱此物理系統持有 $\hat{U}$ 帶來的對稱性，$\hat{G}$ 是變換的生成元（generator），$\hat{G}$ 的本徵值（eigenvalue）是該物理系統的守恆量。這時 $\hat{U}$ 會構成群[49)]，而群論是研究對稱性的一門學科，屬於代數學的範疇。變換有連續（continuous）和分立（discrete）變換，前者有平移（translation）$\hat{J}(\boldsymbol{x})=\exp(-i\boldsymbol{P}\cdot\boldsymbol{x}/\hbar)$（看第 10 章後註⒃）和轉動（rotation）$\mathscr{D}_n(\varphi)=\exp(-i\hat{\boldsymbol{J}}\cdot\boldsymbol{e}_n\varphi/\hbar)$（參閱後註㊾或附錄 J）變換，而後者有空間反演（參閱（11-382a~e）式）和時間反演（參閱（11-385a）式），它們在 QED 時的變換算符分別為（11-469a）和（11-472b）式。在微觀世界除上述的連續和分立變換對稱性之外，還有針對全同粒子的置換對稱（permutation symmetry），保持概率不變的么正變換（unitary transformation）$\hat{U}(n)$ 對稱，簡稱為**么正對稱**（unitary symmetry），和狹義么正又叫作**么模么正**（unimodular unitary）變換 SU (n)對稱。物理系統的對稱性會帶來它的多重態（multiplets）。那麼如么正變換，我們如何去尋找具有么正對稱性的生成元呢？1960 年已有 Yang Mills 的 SU(2) 對稱理論以及 Sakata 的八重態（octet）模型，以色列（Israel）的 Ynval Néeman，巴基斯旦（Pakistan）的 Abdus Salam 和美國的 Murry Gell-Mann 都獨立地從么正對稱性切入粒子的分類，但僅 Gell-Mann 做更深入的探究[61)]。Gell-Mann 以類比 SU(2)的 SU(3)和八重態思路分類粒子，獲得同位旋 1/2 的重子和同位旋 0 的介子八重態（octet），以及同位旋 3/2 的重子十重態（decuplet），**這是突破，是理論更上層樓的關鍵**，所以在下面花一點篇幅討論它。對稱性算符往往構成群（參閱附錄 J 的轉動變換），那如何求群的不可約表象（irreducible representation）呢？么模么正對稱 SU (n)群的不可約表象，可利用求對稱群（symmetric group，對應置換對稱變換構成的群）S (n)的不可約表象的方法來求，因後者有方便的 A. Young 圖法。

(i)S (n)的 Young 圖

1901 年英國牧師 A.Young 尋獲了求對稱群 S (n)的對稱、混合對稱（mixed symmetry，即對稱和反對稱混在一起）和反對稱的不可約表象（representation）數目的圖解法，世稱 **Young 圖解法**或 **Young 圖**（Young tableau 或 Young diagrams），其方法如下：

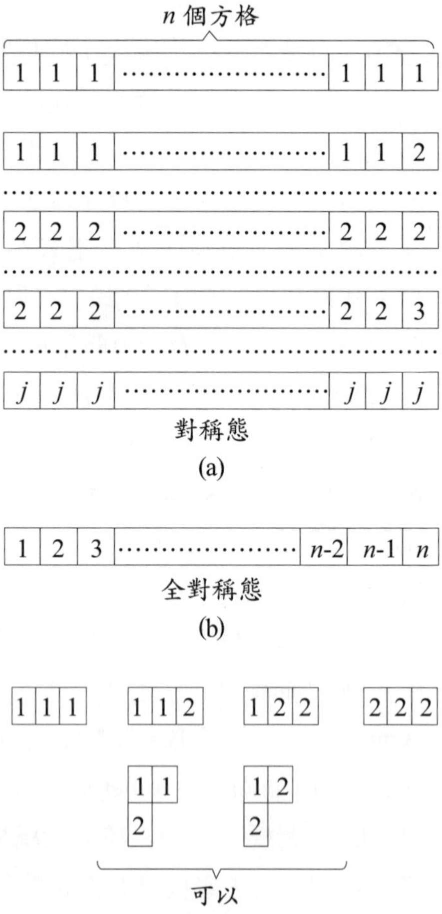

圖 11-152

(1) S (n)時必設在 n 個方格，

(2)取號碼 $1, 2, \cdots\cdots j$，但必須 $j \leq n$，

(3)從最小號碼 1，如圖 11-152a 放入方格內，一直到 j，且

數目必須從左 ——————→ 右 增加號碼 但準許重複

（11-507a）′

(Ex)

|1|2|1| |2|2|1| |2|1|2|

不可以

(4)如 $j=n$ 並且得圖 11-152b 則特稱為**全對稱**（total symmetry）或**全對稱態**，而稱 n 個方格排成橫向一列的圖 11-152a 為**對稱或對稱態**。

(5)把 n 個方格從最右邊的一個一個地如圖 11-152c 或圖 11-152d 那樣地往下移，不過縱向號碼必須愈來愈大，並且不許重複，即：

從上 ↓ 增加號碼， ↓ 且不許重複 往下

（11-507b）′

(6)縱向方格數必須如圖（11-152(d)），即：

（i 列的方格數）$\geq$｛(i+1)列的方格數｝（11-507c）′

(7)一直到（如可能）所有的 n 個方格如圖（11-152(e)）排成一縱行，稱這為**反對稱**或**反對稱態**，當 $j=n$ 且依號碼逐漸增加排成縱向一行的特稱為**全反對稱**或**全反對稱態**。介於全對稱和全反對稱之間，如圖（11-152(d)）的叫**混合對稱**。總而言之，S (n)的 Young 圖是：

橫向的必有 n 個方格圖， 但縱向的方格數 $\leq n$

（11-507d）′

(8)如圖（11-152(d)），設 $m_i=i$ 列的方格數，則得下不定方程式：

$$\left.\begin{array}{l} n=m_1+m_2+\cdots\cdots+m_i+\cdots\cdots+m_k \\ m_1\geq m_2\geq\cdots\cdots\geq m_i\geq\cdots\cdots\geq m_k \\ 1\leq k\leq n \end{array}\right\} \quad (11\text{-}507e)'$$

而不同值的S (n)的不可約表象（再也不能化約的表象）的總數，等於（11-507e）′式的整數解（$m_1, m_2, \cdots\cdots, m_i, \cdots\cdots, m_k$）的數目（看下面例子就會瞭解此句意思），而稱圖（$m_1, m_2, \cdots\cdots, m_i, \cdots\cdots, m_k$）為（$m_1, m_2, \cdots\cdots, m_i, \cdots\cdots, m_k$）型 **Young** 圖，例如：

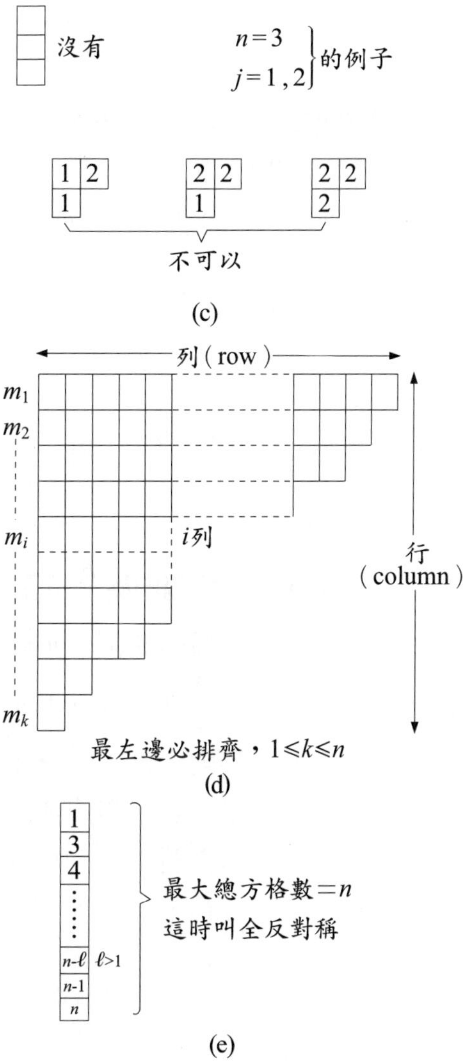

(a)、(b)、(d)、(e)是 S (n) Young 圖，(c)是 S(3) Young 圖

圖 11-152（續）

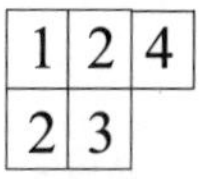

叫作（3, 2）型 Young 圖，或簡稱（3, 2）型圖

（2, 2）型圖，或（2, 2）圖

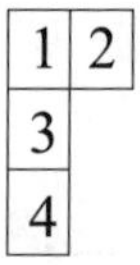

（2,1,1）型圖，或可寫成（$2,1^2$）型圖，即：

$$\boxed{\text{縱的可用 } a^{\ell} \text{ 記號，橫的不行}} \qquad (11\text{-}507f)'$$

任意 Young 圖叫**盤**（partition），其一般符號是（$m_1, m_2,\cdots\cdots,m_i,\cdots\cdots,m_k$），而可互換行和列的盤稱互為**共軛盤**（conjugate partition）或**協同盤**（associated partition）使用（$m_1, m_2,\cdots\cdots,m_i,\cdots\cdots,m_k$）*表示，例如：

$$\begin{array}{|c|c|c|c|}\hline 1&2&3&4\\\hline\end{array} = (4) = (1^4)^* \qquad \begin{array}{|c|c|c|}\hline 1&2&4\\\hline 3\\\cline{1-1}\end{array} = (3,1) = (2,1^2)^*$$

$$\begin{array}{|c|}\hline 1\\\hline 2\\\hline 3\\\hline 4\\\hline\end{array} = (1,1,1,1) = (1^4) = (4)^* \qquad \begin{array}{|c|c|}\hline 1&3\\\hline 2\\\cline{1-1} 4\\\cline{1-1}\end{array} = (2,1,1) = (2,1^2) = (3,1)^*$$

【Ex. 11-86】**求兩個自旋$\dfrac{\hbar}{2}$粒子的自旋對稱和反對稱波函數。**

對稱群 S (n)的n=粒子數，兩個粒子，故必設兩個方格，即 S(2)。自旋$\dfrac{1}{2}$的粒子，其單粒子時的狀態有自旋向上，設為$|+>$且號碼 1，自旋向下設為$|->$和號碼 2，即$j=1,2$（雖自旋$\hbar/2$，請不要想成 Fermi 子，因 1901 年尚無 Fermi-Dirac 統計，想成單純的求滿足對稱性的波函數題目），則得：

$\begin{array}{|c|c|}\hline 1&1\\\hline\end{array}$　$\begin{array}{|c|c|}\hline 1&2\\\hline\end{array}$　$\begin{array}{|c|c|}\hline 2&2\\\hline\end{array}$ ——3 個對稱函數，其中 1 個是全對稱函數

$\begin{array}{|c|}\hline 1\\\hline 2\\\hline\end{array}$ ——1 個反對稱函數，並且是全反對稱

照 Young 圖得自旋波函數$\chi(\boldsymbol{\sigma}_1, \boldsymbol{\sigma}_2)$：

$$\text{對稱函數}\chi_s(\boldsymbol{\sigma}_1,\boldsymbol{\sigma}_2)=\begin{cases}|+>_1\ |+>_2 \longleftarrow \begin{array}{|c|c|}\hline 1&1\\\hline\end{array}\ \text{對稱}\\ N(|+>_1\ |->_2+|+>_2\ |->_1)\longleftarrow \begin{array}{|c|c|}\hline 1&2\\\hline\end{array}\ \text{全對稱}\\ |->_1\ |->_2 \longleftarrow \begin{array}{|c|c|}\hline 2&2\\\hline\end{array}\ \text{對稱}\end{cases}$$

$$\text{反對稱函數}\chi_A(\boldsymbol{\sigma}_1,\boldsymbol{\sigma}_2)=N(|+>_1\ |->_2-|+>_2\ |->_1)\longleftarrow \begin{array}{|c|}\hline 1\\\hline 2\\\hline\end{array}\ \text{全反對稱}$$

$\boldsymbol{\sigma}_{1,2}$為 Panli 矩陣，Young 圖僅告訴我們$\begin{array}{|c|c|}\hline 1&2\\\hline\end{array}=|+>|->$, χ_s和χ_A右邊的右下標是為了容易瞭解放上去的粒子號碼不是 j，粒子號碼必須平等地放上去，並且對稱時取正符號，反對稱時取負符號，N=歸一化常數。

【Ex. 11-87】求參個自旋$\frac{\hbar}{2}$粒子體系的自旋波函數（同Ex. 11-86，是純求對稱性函數）。

參個粒子，故必設 3 個方格，即$n=3$的$S(3)$，同（Ex. 186），j只有兩個：$|+\rangle$和$|-\rangle$分別用號碼 1 和 2 代表，則得：

| 1 | 1 | 1 |　| 1 | 1 | 2 |　| 1 | 2 | 2 |　| 2 | 2 | 2 | ——4 個對稱函數，但沒全對稱函數

| 1 | 1 |　| 1 | 2 |
| 2 |　　　| 2 |
——兩個混合對稱函數

| |
| |
| |
沒有

這次沒有全對稱和全反對稱，因為它們發生在$n=j$，即粒子數=狀態數時。混合對稱的狀態沒一定的規則，依照題目需要自己配合，但別忘了放歸一化常數。在這裡我們配合粒子號碼 2 和 3 組成全對稱和全反對稱，則從 Young 圖得自旋波函數如表 11-46。從角動量的合成，我們也可以得和Young圖一致的 4 個對稱函數和兩個混合對稱函數。設$\boldsymbol{S}_{1,2,3}$為 3 個粒子的自旋，則總自旋$\boldsymbol{S}$是：

$$\boldsymbol{S}=\boldsymbol{S}_1+\boldsymbol{S}_2+\boldsymbol{S}_3\equiv\boldsymbol{S}_{12}+\boldsymbol{S}_3,\quad \boldsymbol{S}_{12}\equiv\boldsymbol{S}_1+\boldsymbol{S}_2$$

$$\boldsymbol{S}_{12}=\begin{cases}\mathbf{1}\longleftarrow(\uparrow\uparrow\text{兩個自旋同向}=\frac{\mathbf{1}}{\mathbf{2}}+\frac{\mathbf{1}}{\mathbf{2}}=\mathbf{1})\\ \mathbf{0}\longleftarrow(\uparrow\downarrow\text{兩個自旋互為反向}=\frac{\mathbf{1}}{\mathbf{2}}-\frac{\mathbf{1}}{\mathbf{2}}=\mathbf{0})\end{cases}$$

$$\therefore\boldsymbol{S}=\begin{cases}\mathbf{1}+\frac{\mathbf{1}}{\mathbf{2}}=\frac{\mathbf{3}}{\mathbf{2}}\Rightarrow\ \langle S_z\rangle=\frac{3\hbar}{2},\frac{\hbar}{2},-\frac{\hbar}{2},-\frac{3\hbar}{2}=\text{四重態（quartet）}\\ \mathbf{1}-\frac{\mathbf{1}}{\mathbf{2}}=\frac{\mathbf{1}}{\mathbf{2}}\Rightarrow\ \langle S_z\rangle=\frac{\hbar}{2},-\frac{\hbar}{2}=\text{二重態（doublet）}\\ \mathbf{0}\pm\frac{\mathbf{1}}{\mathbf{2}}=\pm\frac{\mathbf{1}}{\mathbf{2}}\Rightarrow\ \langle S_z\rangle=\frac{\hbar}{2},-\frac{\hbar}{2}=\text{二重態或雙重態}\end{cases}$$

表 11-46

三個自旋 $\hbar/2$ 粒子體系的自旋狀態及其自旋期待值的例子

	狀態函數		$\langle(\hat{\boldsymbol{S}}_1+\hat{\boldsymbol{S}}_2+\hat{\boldsymbol{S}}_3)^2\rangle$	$\langle(\hat{S}_{1z}+\hat{S}_{2z}+\hat{S}_{3z})\rangle$
對稱	$\vert+>_1\vert+>_2\vert+>_3$ ←——右下標是粒子號碼		$\frac{15}{4}\hbar^2 \leftarrow s=3/2$	$3\hbar/2$
	$\frac{1}{\sqrt{3}}(\vert+>_1\vert+>_2\vert->_3+\vert+>_2\vert+>_3\vert->_1+\vert+>_3\vert+>_2\vert->_1)$		$\frac{15}{4}\hbar^2 \leftarrow s=3/2$	$1\hbar/2$
	$\frac{1}{\sqrt{3}}(\vert+>_1\vert->_2\vert->_3+\vert+>_2\vert->_3\vert->_1+\vert+>_3\vert->_2\vert->_1)$		$\frac{15}{4}\hbar^2 \leftarrow s=3/2$	$-1\hbar/2$
	$\vert->_1\vert->_2\vert->_3$		$\frac{15}{4}\hbar^2 \leftarrow s=3/2$	$-3\hbar/2$
混合對稱	2 和 3 對稱	$\frac{1}{\sqrt{6}}\{\vert->_1(\vert+>_2\vert->_3+\vert+>_3\vert->_2) -2\vert+>_1\vert->_2\vert->_3\}$	$\frac{3}{4}\hbar^2 \leftarrow s=\frac{1}{2}$	$-1\hbar/2$
		$\frac{1}{\sqrt{6}}\{\vert+>_1(\vert+>_2\vert->_3+\vert+>_3\vert->_2) -2\vert->_1\vert+>_2\vert+>_3\}$	$\frac{3}{4}\hbar^2 \leftarrow s=\frac{1}{2}$	$+1\hbar/2$
	2 和 3 反對稱	$\frac{1}{\sqrt{2}}\vert+>_1(\vert+>_2\vert->_3-\vert+>_3\vert->_2)$	$\frac{3}{4}\hbar^2$	$1\hbar/2$
		$\frac{1}{\sqrt{2}}\vert->_1(\vert+>_2\vert->_3-\vert+>_3\vert->_2)$	$\frac{3}{4}\hbar^2$	$-1\hbar/2$

(ii)對稱群的不可約表象外積

使用 Young 圖技巧來求兩個對稱群 S (m) 和 S$(n\neq m)$ 的不可約表象（representation）的乘積，是本小節的課題。Young 圖的特徵是方格排法，故求乘積時，如何加減方格是關鍵工作。

(a)加方格的方法

(1)橫向時必加在各列的最右端，故：
　橫向(列)的最大方格數＝[(原來的最大方格數)＋(加上的最大方格數)]
(2)縱向時必加在各行的下端，並且：
　縱向(行)的最大方格數 ≤ 橫向(列)的最大方格數，
　縱向第 i 行的方格數 ≥ 第$(i+1)$行的方格數，
　行數是從每 Young 盤(partition)的左邊向右方向數。
（11-508a）

將從 S(2)群的不可約表象求 S(3)群的不可約表象的例子列成表11-47，這樣的話，如方格的演算法便一目瞭然，表上的維數算法請看結論式（11-508d）。

表 11-47　從 S(2)群的不可約表象推導 S(3)群的不可約表象

□=原群的方格，▨=要加上去的方格

S(2)群不可約表象	S(3) 群不可約表象	S(3) 群的維數
盤(2)　□□　+　▨ →	□□▨得盤(3)=$(1^3)^*$	僅一條路徑→一維
盤(1,1)　□/□　+　▨ →	□/□/▨　得盤(1,1,1)=(1^3)=$(3)^*$	僅一條路徑→一維
盤(2)　□□　+　▨ →	□□/▨ } 得盤(2,1)	有二條路徑→二維
盤(1,1)　□/□　+　▨ →	□▨/□ } 得盤(2,1)	

$$\therefore \left.\begin{array}{l} \text{可從 } S(2)\text{不可約表象} \xrightarrow[\text{得}]{\text{加法}} S(n\geq 3)\text{的不可約表象} \\ \text{相反地，可從 } S(n\geq 3)\text{不可約表象} \xrightarrow[\text{得}]{\text{減法}} S(2)\text{的不可約表象} \end{array}\right\} \quad (11\text{-}508b)$$

(b)減方格的方法，S (n)不可約表象的維數

這是加方格方法的倒算，為了一目瞭然以盤（3,1）為例表示：

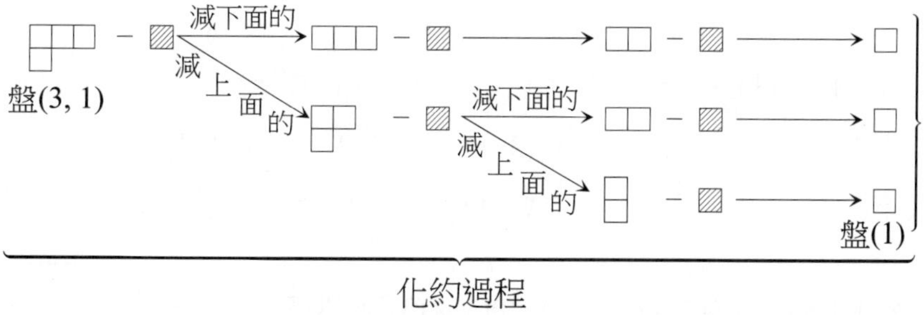

（11-508c）

從（11-508c）式例子，相信瞭解減方格的方法了。其過程叫**化約過程**。盤（3, 1）化約成盤(1)的路徑如（11-508c）式所示有 3 個，這總路徑數 3 稱為盤（3,1）的**維數**（dimension）。

$$\therefore \boxed{(m_1, m_2, \cdots\cdots, m_k)\text{的維數}=\{\text{把}(m_1, m_2, \cdots\cdots, m_k)\text{化約到盤(1)的途徑總數}\}} \quad (11\text{-}508d)$$

互為共軛盤的維數相等，從（11-508c）式得盤(3),(2,1)和(2)=$(1^2)^*$的維數分別為 1, 2 和 1。求任意盤（$m_1, m_2, \cdots\cdots, m_k$）的維數時，在化約過程盡量利用已有的盤維數結果，例如（11-508c）式，如已知道(3)和（2 , 1）的維數為 1 和 2，則（3 , 1）的維數=(1+2)=3 維。

(c)兩個不同對稱群的不可約表象的外積

不可約表象的乘積有內積（inner product）和外積（outer product）的兩種，內積是同一對稱群 S (n)的兩個不可約表象的乘積，例如一個 n 粒子體系的空間部 $\phi(\boldsymbol{x}_1, \boldsymbol{x}_2, \cdots\cdots, \boldsymbol{x}_n)$ 和自旋部 $\chi(\boldsymbol{\sigma}_1, \boldsymbol{\sigma}_2, \cdots\cdots, \boldsymbol{\sigma}_n)$ 的乘積 $\psi(\xi_1, \xi_2, \cdots\cdots \xi_n) = \phi(\boldsymbol{x}_1, \boldsymbol{x}_2, \cdots\cdots, \boldsymbol{x}_n)\chi(\boldsymbol{\sigma}_1, \boldsymbol{\sigma}_2, \cdots\cdots, \boldsymbol{\sigma}_n)$ 叫 ϕ 和 χ 的內積，而外積是（11-508e）式，至於其演算法請看（Ex.11-88）和（Ex.11-89）。

外積≡兩個物理系統的對稱群 $S(n_1)$ 和 $S(n_2)$ 的不可約表象的乘積　　（11-508e）

【Ex. 11-88】求 S(3) 的不可約表象(3),(2, 1)(1^3)盤和 S(1)的不可約表象(1)盤的外積。

為了和普通算術的加和乘符號「＋」和「×」區別，表象的加和乘符號分別使用⊕和⊗。

⑴(3)⊗(1) =  = (4) ⊕ (3, 1)

如上圖，▨=(1)必須加在每列最右端或每行最下端　　（11-508f）

⑵(1^3)⊗(1) = 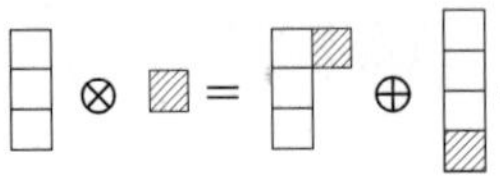 = (2, 1, 1) ⊕ (1, 1, 1, 1) = (2, 1^2) ⊕ (1^4)

⑶(2, 1) ⊗ (1) = 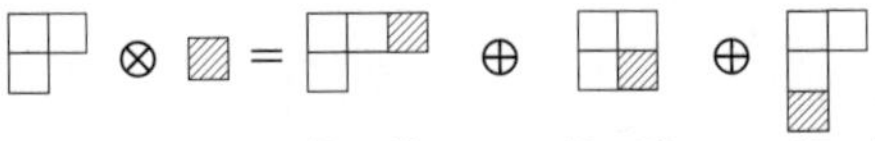

= (3, 1) ⊕ (2, 2) ⊕ (2, 1, 1)

= (3, 1) ⊕ (2^2) ⊕ (2, 1^2)

【Ex. 11-89】求⑴(3)⊗(3), ⑵(2)⊗(2)⊗(1), ⑶(3)⊗(3)*的外積。

⑴(3) ⊗ (3) = 

= 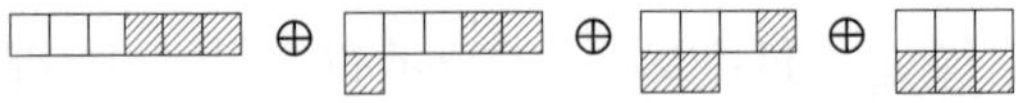

= (6) ⊕ (5, 1) ⊕ (4, 2) ⊕ (3, 3)

= (6) ⊕ (5, 1) ⊕ (4, 2) ⊕ (3^2)

⑵(2) ⊗ (2) ⊗ (1) = 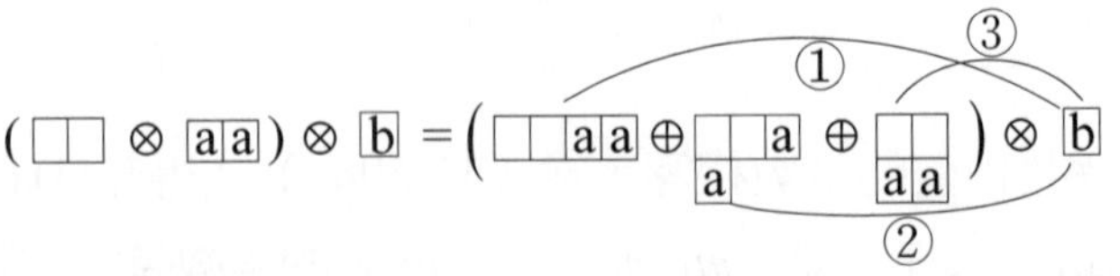

= 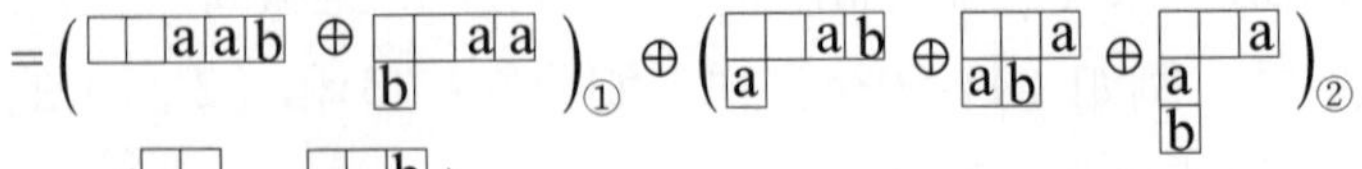

⊕ 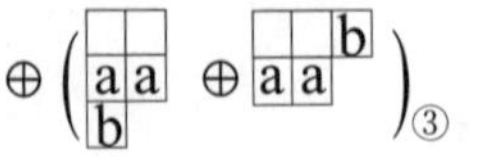

$=(5) \oplus 2(4, 1) \oplus 2(3, 2) \oplus (3, 1^2) \oplus (2^2, 1)$

為了看得清楚，將(2)⊗(2)和(1)的外積用記號①, ②和③表明在括弧的右下標處。

$(3)(3)\otimes(3)^* =$

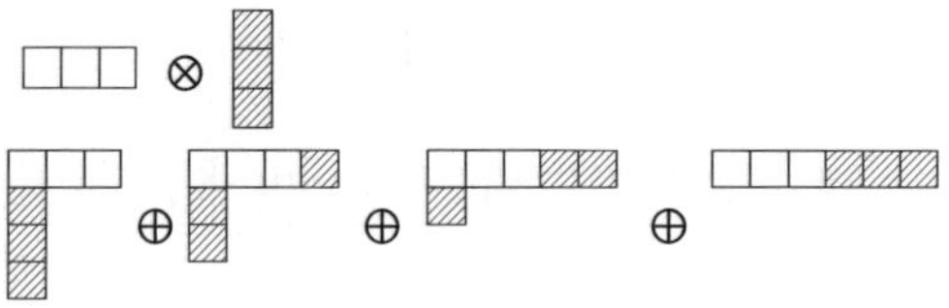

$=(3, 1^3) \oplus (4, 1^2) \oplus (5, 1) \oplus (6)$

(iii)么模么正群 SU (n)的不可約表象內積

內涵概率守恆的 SU (n)群是目前使用率最高的群，尤其 SU (n)群的內積和其多重態（multiplet）是研討分類的物理方法之一。在（11-508e）和（11-508f）式介紹的兩對稱群 $S(n_1)$ 和 $S(n_2)$ 的不可約表象$(m_1, m_2, \cdots\cdots, m_k)\equiv(M)$ 和 $(m'_1, m'_2, \cdots\cdots, m'_k)\equiv(M')$的外積 $\{(M)\otimes(M')\}$就是同一 SU (n)群的兩個不可約表象的內積，又稱為 SU (n)群的**直積**（direct product）。我們已知如何求 S (n)群外積，故不再述理論內容，直接訴於實際演算來進一步瞭解直積內幕。**SU (n)的 n 和 S (n)的 n 的內容一般是不同，並且維數定義也不相同，但 Young 圖作法，方格的加減法，以及求積法都和 S (n)的（11-507a～f）′和（11-508a～f）式同。**

Yang-Mills 理論立足於 SU(2)對稱性，其變換算符（11-504）式的生成元 $\hat{\boldsymbol{T}} = \hat{\boldsymbol{\tau}}/2$的矩陣是 2×2， 同位旋 $\hat{\boldsymbol{T}}$有向上和向下的兩個基態，稱為 2 維（dimension）。如為核子體系，則 $\hat{\boldsymbol{T}}$的基態最多只能容納兩個核子，以號碼「1」和「2」代表這兩核子，並且使用一個方格表示核子狀態，顯然方格內可有 1 號核子，也可以有 2 號核子，即是：

□ : [1] 或 [2] ⟷ 2 維

所以SU(2)的□的維數是2，以此類推下去，SU (n)的□是n維，所以SU(n)的n表示：

n = 基態（如 base ket）的數目，
或是 n 層簡併度態（n−fold degenerate states） （11-509a）

∴ SU (n)的 □ = n 維 （11-509b）

（11-509b）式的方格叫 **Young 基圖**（base Young tableau）或簡稱**基圖**，相當於描述一個粒子在 Hilbert 空間的基右向量（base ket）數目，即維數（dimension）圖，用符號「n」表示它。SU (n)基圖（11-509b）式的共軛（conjugate）Young 圖是：

$$\left.\begin{array}{|c|}\hline\ \\\hline\ \\\hline\vdots\\\hline n\text{-}2\\\hline n\text{-}1\\\hline\end{array}\right\}（n-1）個方格 \qquad（11\text{-}509c）$$

（11-509c）式使用 n^* 表示，互為共軛的 Young 圖維數相等（n^* 有時候寫成 n，這裡用 n^*）。

$$\therefore \text{SU}(n)\text{的維數算法}\neq\text{S}(n)\text{的維數算法（請看（11-508d）式）}\qquad（11\text{-}509d）$$

作 Young 圖的實際演算時，方格數目一般是和粒子數有關，所得的 Young $(f_1, f_2, \cdots\cdots, f_k)$ 圖（對應於 S(n)的盤($m_1, m_2, \cdots\cdots, m_k$)）的數目就是多重態（multiplet）數，接著照以上說明來介紹 SU(2)和 SU(3)的，求內積和多重態演算例。

【Ex.11-90】求 SU(2)不可約表象的內積：(1) $2\otimes2$,(2) $2\otimes2^*$,(3) $2\otimes2\otimes2$, (4) $3\otimes2$
(5) $1\otimes2$,以及它們的多重態。（請和(Ex.11-86)以及(Ex.11-87)作比較）

(1) $2\otimes2$：

$$基圖\ \square=2\ 維\equiv2\ \xrightarrow[\quad\quad]{共軛圖}\ （方格數=2-1）=\square=2\ 維\equiv2^*\text{或寫成}\overline{2}$$

$$\boxed{1}\text{或}\boxed{2}$$

為了方便認清楚，在乘上去的方格內放入 a 或 b 等字，故得：

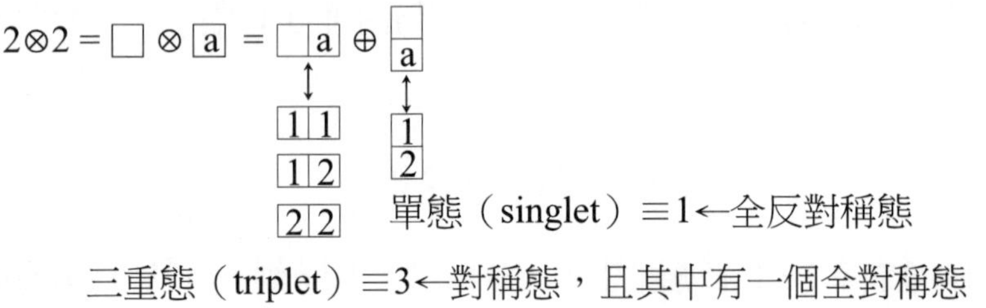

$$\left.\begin{array}{l}2\otimes2=\square\otimes\boxed{a}=\boxed{\ \ a}\oplus\dfrac{\square}{\boxed{a}}\\[2mm]
\qquad\qquad\qquad\boxed{1\,1}\quad\boxed{1}\\
\qquad\qquad\qquad\boxed{1\,2}\quad\boxed{2}\\
\qquad\qquad\qquad\boxed{2\,2}\qquad 單態（singlet）\equiv1\leftarrow全反對稱態\\[2mm]
三重態（triplet）\equiv3\leftarrow對稱態，且其中有一個全對稱態\end{array}\right\}（11\text{-}510a）$$

$$\therefore 2\otimes2=3\oplus1$$

(2) $2\otimes2^*$：

$$2\otimes2^*=\square\otimes\boxed{a}$$
$$=\boxed{\ \ a}\oplus\dfrac{\square}{\boxed{a}}=3\oplus1\leftarrow（11\text{-}510a）式\qquad（11\text{-}510b）$$

(3) $2\otimes2\otimes2=\left(\boxed{\ \ a}\oplus\dfrac{\square}{\boxed{a}}\right)\otimes\boxed{b}$

$$= \left\{ \left(\boxed{|a|b} \quad \oplus \quad \boxed{\begin{array}{c} a \\ b \end{array}} \right) \oplus \left(\boxed{\begin{array}{c} b \\ a \end{array}} \quad \oplus \quad \boxed{\begin{array}{c} a \\ b \end{array}} \right) \right\}$$

$$\begin{array}{cccc} \updownarrow & \updownarrow & \updownarrow & \updownarrow \\ \boxed{1|1|1} & \boxed{\begin{array}{c}1|1\\2\end{array}} & \boxed{\begin{array}{c}1|1\\2\end{array}} & \boxed{\begin{array}{c}1\\2\\?\end{array}} \\ \boxed{1|1|2} & \boxed{\begin{array}{c}1|2\\2\end{array}} & \boxed{\begin{array}{c}1|2\\2\end{array}} & \\ \boxed{1|2|2} & & & \\ \boxed{2|2|2} & & & \end{array}$$

四重態　二重態　二重態或　沒有
（quartet）（doublet）雙重態　0
4　　　2　　　2

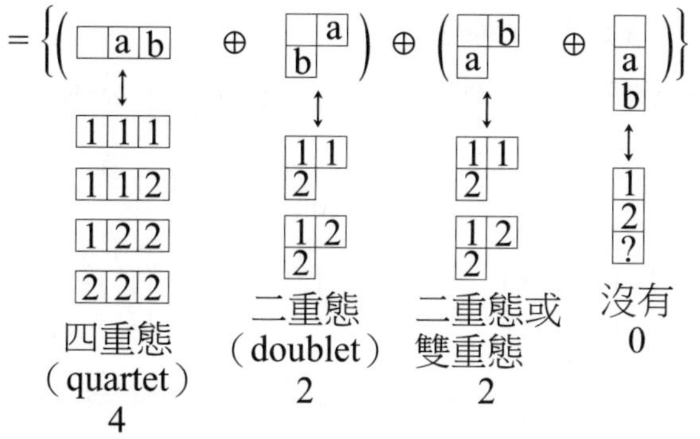

$$\therefore 2 \otimes 2 \otimes 2 = 4 \oplus \underbrace{2 \oplus 2}_{\text{混合對稱態}} \oplus 0 = 4 \oplus 2 \oplus 2 \qquad （11\text{-}510c）$$

對稱態
但沒全對稱態

(4) $3 \otimes 2 = \boxed{|a} \otimes \boxed{b} = \boxed{|a|b} \oplus \boxed{\begin{array}{c}|a\\b\end{array}}$

$$= 4 \oplus 2 \leftarrow （11\text{-}510b）和（11\text{-}510c）式 \qquad （11\text{-}510d）$$

(5) $1 \otimes 2 = \boxed{a} \otimes \boxed{b} = \boxed{a|b} \oplus \boxed{\begin{array}{c}a\\b\end{array}} \leftarrow 看（11\text{-}510c）式的演算$

$$= 2 \oplus 0 = 2 \qquad （11\text{-}510e）$$

【Ex. 11-91】 求 SU(3)不可約表象的內積：(1) 3⊗3, (2) 3⊗3⊗3, (3) 3*⊗3, (4) 6⊗3 以及它們的多重態。

SU(3)的話有 3 個基右向量，給它們號碼 1, 2, 3 則得：

$$基圖\boxed{} = 3維 \equiv 3 \xrightarrow[]{共軛圖}（方格數 = 3 - 1 = 2）= \boxed{\begin{array}{c}\\\end{array}} = 3維 \equiv 3^* （11\text{-}511a）$$

$$\boxed{1}, \boxed{2}, \boxed{3}$$

(1) $3 \otimes 3 = \boxed{} \otimes \boxed{a}$

$$= \boxed{|a} \qquad\qquad \oplus \qquad \boxed{\begin{array}{c}\\a\end{array}} \qquad （11\text{-}511b）$$

$$\begin{array}{ccc}
\boxed{1|1}① & & \boxed{\begin{array}{c}1\\2\end{array}}⑦ \\
\boxed{1|2}② & & \\
\boxed{1|3}③ & \oplus & \boxed{\begin{array}{c}1\\3\end{array}}⑧ \\
\boxed{2|2}④ & & \\
\boxed{2|3}⑤ & & \boxed{\begin{array}{c}2\\3\end{array}}⑨ \\
\boxed{3|3}⑥ & & \\
\end{array}$$

（11-511c）

$\left(\begin{array}{l}①,②,……,⑨的號碼是，\\ 下面要用而放下去的號數\end{array}\right)$

6 重態（sixtet）　3 重態（triplet）
（對稱態，但沒　（反對稱態，但
總對稱態）　　沒總反對稱態）

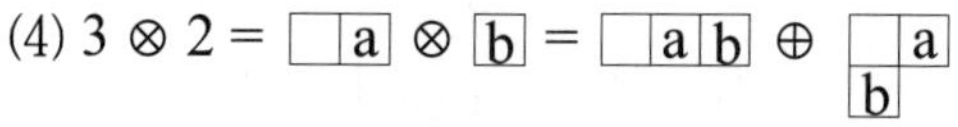

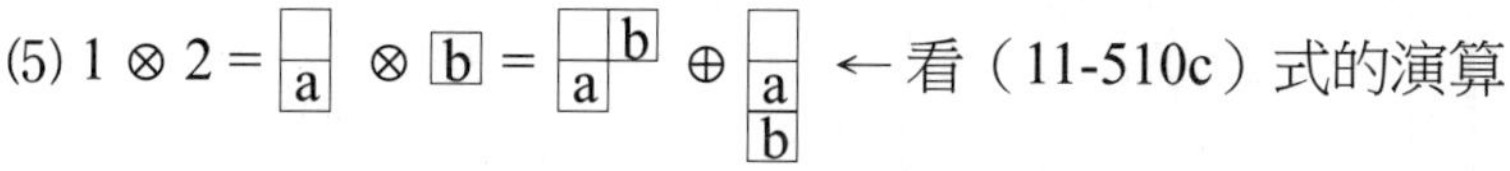

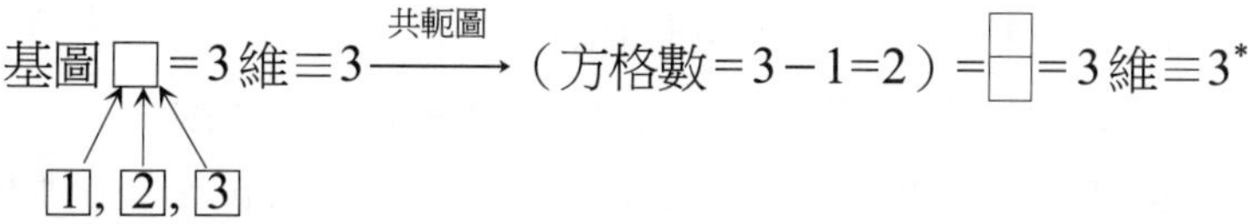

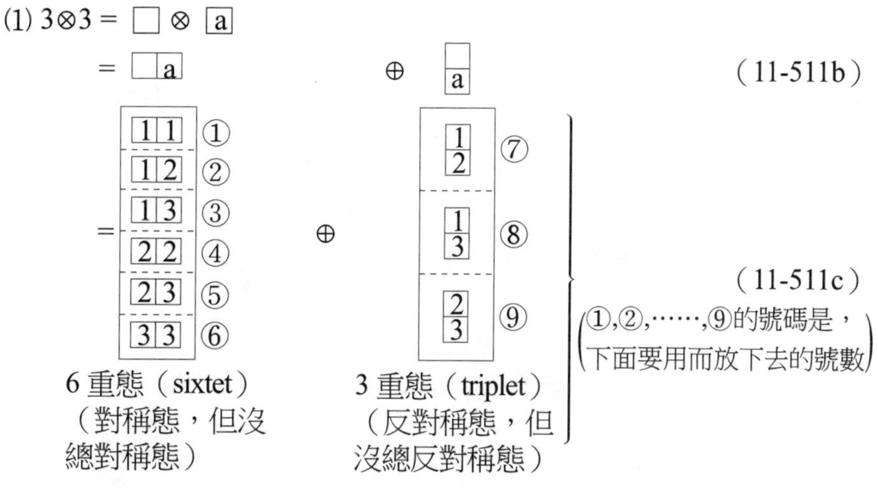

$$\therefore 3 \otimes 3 = 6 \oplus 3 \tag{11-511d}$$

$$\therefore 3 \otimes 3 \otimes 3 = 10 \oplus 8 \oplus 8 \oplus 1 \tag{11-511g}$$

含全對稱　　混合對稱　全反對稱

顯然 3⊗3⊗3 是個完整的對稱性表象，故如由三個基本粒子組成的體系，則 10 重態和兩個 8 重態都是緊致（compact）子體系。SU(3)的 3⊗3⊗3 正是1961 年，Néeman 和 Gell-Mann 用來分類約 300 個的當時的基本粒子（含共振態）用的多重態。

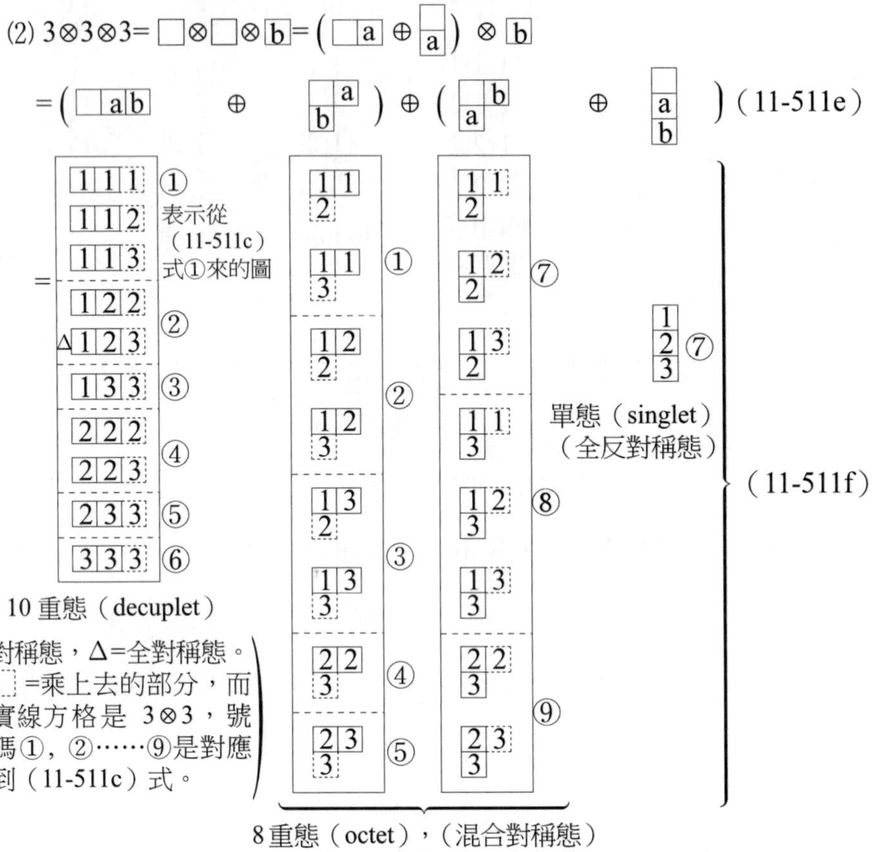

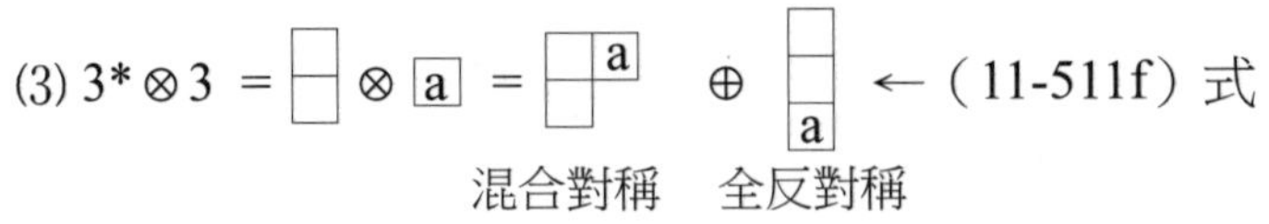

$$(3)\, 3^* \otimes 3 = \boxed{}\ \otimes \boxed{a} = \boxed{a} \oplus \boxed{a} \leftarrow (11\text{-}511f)\ 式$$

混合對稱　　全反對稱

$$\therefore 3^* \otimes 3 = 8 \oplus 1 = 3 \otimes 3^* \tag{11-511h}$$

$$(4)\, 6 \otimes 3 = \boxed{a} \otimes \boxed{b} = \boxed{ab} \oplus \boxed{a}_{b} \leftarrow (11\text{-}511f)\ 式$$

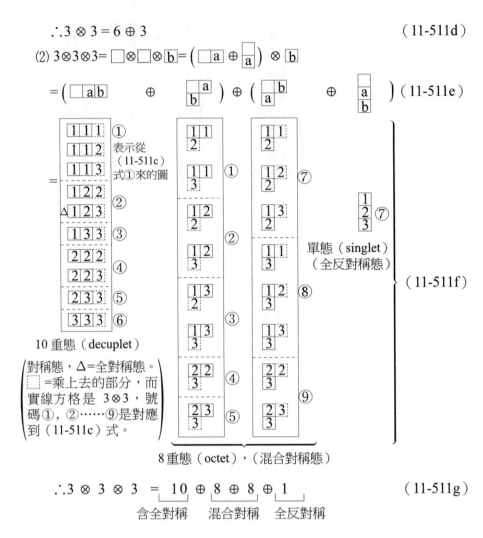

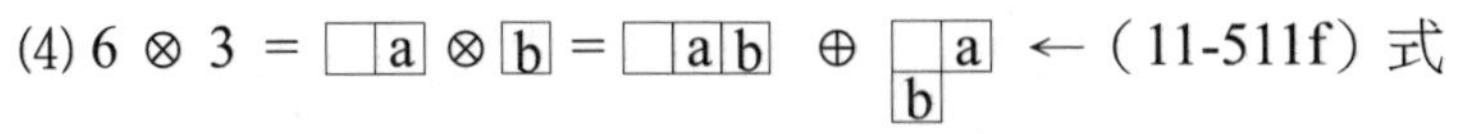

$$\therefore 6 \otimes 3 = 10 \oplus 8 \tag{11-511i}$$

對稱，內含一個全對稱　　混合對稱

從上面兩例題，大概會求 SU(n)不可約表象的多重態了。二次大戰結束後的1940年代後半，物理學家已開始分類當時有的粒子，如（11-362a～d）式所述，都以既有的**Fermi 子及其反粒子作為基礎粒子來組合介子**而得 8 重態。Gell-Mann 和 Ne'eman 注意到他們所得的介子全由 Fermi 子 n 反 Fermi 子$\bar{n}$組成，這剛好對應到（11-511h）式，它內涵在（11-511f）式內，如（11-511f）式的另一個 8 重態能對應到 Sakata 模型無法解決的自旋$\frac{1}{2}$的（11-362c）式的 8 個重子，則（11-511f）式的 10 重態粒子呢？是否可以將 1950 年代，原子核物理學的熱門核子和π介子的共振態粒子：$\Delta^{++},\Delta^{+},\Delta^{0},\Delta^{-}$以及$\Sigma^{+,0,-}$和$\cong^{-,0}$合在同一 10 重態呢？但僅有 9 個粒子，還少一個粒子，它可能尚未被發現。那麼用什麼物理量作根據來畫分這些粒子組成不同多重態呢？Sakata 模型的圖 11-125 是使用粒子的同位旋第三成分T_3，這量本質上關連電荷守恆，$\langle \hat{T}_3 \rangle$的解併需要電磁相互作用，和角動量第三成分$\langle \hat{L}_3 \rangle$的解併（空間量子化）僅磁場的介入就行不同。以及奇異數 S，但$\Delta^{++,+,0,-}$沒奇異數，既然使用了電荷守恆的T_3，則由（11-378d）式，可以使用超荷（hyper charge）$Y=(B+S)$來取代 $S, B=$重子數（baryon number）。**但 Gell-Mann 和 Sakata 模型一樣地使用自旋$\frac{1}{2}$的假想 Fermi 子作為基礎粒子（1961 年時 Gell-Mann 尚無夸克的想法）來思考整個粒子分類**。其過程如下：

$$\left.\begin{array}{l}
\text{(1)保持 Fermi−Yang（1949）和 Sakata 模型（1956）的成就：} \\
\quad \text{用}\left\{\begin{array}{l}\text{同位旋第三成分 } T_3\text{，以及} \\ \text{電荷 } eQ=e(T_3+Y/2)\text{，}e=\text{電子電荷大小}\end{array}\right\}\text{來畫分，} \\
\text{(2)但使用 } SU(3)\text{群，} \\
\text{(3)同樣以自旋}\frac{1}{2}\text{的 Fermi 粒子和反 Fermi 粒子來組合介子以及重子，}
\end{array}\right\} \qquad (11\text{-}512a)$$

自旋$\frac{1}{2}$的粒子反粒子的總自旋$\boldsymbol{S}$是：

$$\boldsymbol{S}=\frac{\mathbf{1}}{\mathbf{2}}+\frac{\mathbf{1}}{\mathbf{2}}\Rightarrow S=\left\{\begin{array}{l}1\cdots\cdots 3\text{ 重態（triplet）} \\ 0\cdots\cdots\text{單態（singlet）}\end{array}\right\} \qquad (11\text{-}512b)$$

如 SU(3)的 3 代表粒子，則其共軛基圖3^*便代表反粒子（我們猜想這粒子反粒子構想發展成為 1964 年以夸克q反夸克$\bar{q}$構成介子的想法，自旋$\frac{1}{2}$的假想 Fermi 子就成為夸克），則由（11-511h）式得 8 重態，於是$S=0$的單態，且奇內稟宇稱的 8 個介子：$K^0,\bar{K}^0,K^+,K^-,\pi^+,\pi^+,\pi^0,\pi^-$和$\eta^0$自然地歸屬於同一 8 重態，叫*贗標量*（pseudo scalar）$^1S_0$狀態粒子。光譜符號是$^{2S+1}L_J$，$s=$自旋，$L=$軌道角動量，$J=$總角動量，依$^1S_0$態粒子的T_3和$Y(Y=B+S$，這些粒子的B都等於 0，請看表 11-28）得

圖 11-153a。而（11-512b）式的 3 重態$S=1$，且奇宇稱的贗向量（pseudo-vector）$^3S_1$狀態的 8 個介子，該如圖 11-153b。接著如以 3 個自旋$\frac{1}{2}$的Fermi子來作基礎粒子（這構想變成為 1964 年以 3 個夸克構成強子（hadron）的想法），則其總自旋$\boldsymbol{S}$是：

$$\boldsymbol{S}=\frac{\mathbf{1}}{\mathbf{2}}+\frac{\mathbf{1}}{\mathbf{2}}+\frac{\mathbf{1}}{\mathbf{2}}\Rightarrow S=\begin{cases}\frac{3}{2}\cdots\cdots 4\text{ 重態（quartet）}\\ \frac{1}{2}\cdots\cdots 2\text{ 重態（doublet）}\end{cases} \qquad (11\text{-}512c)$$

（11-511f）式便是 SU(3)對稱的 3 粒子表象，有 8 重態和 10 重態。（11-362c）式的 8 個重子剛好符合（11-512c）式的二重態，自旋$\frac{1}{2}$偶內稟宇稱粒子：n, p, Λ(Λ有時寫成Λ^0，因它沒帶電)，$\Sigma^{+,0,-}$和$\Xi^{-,0}$。依它們的T_3和 Y 值得圖 11-513c，其反重子 8 重態是圖 11-153d。至於（11-512c）式的 4 重態自旋$\frac{3}{2}$粒子，則構成圖（11-153e），圖上Ω^-粒子，在 1961 年尚不存在。不過從 SU(3)對稱的圖（11-153e）可預言Ω^-的奇異數$=-3$，$T_3=0$，偶內稟宇稱，自旋$\frac{3}{2}$，且比Ξ^-重。1961 年 Gell-Mann 公佈[61)]他以上的SU(3)對稱模型時（當時對應於 Sakata 模型，稱它為**Gell-Mann8 重態模型**），沒獲得物理學家們的共認，一直到 1964 年 V.Barnes 和 Nicholas Samios 帶領的 BNL（美國 Brookhaven 國家研究所）研究組發現（看表 11-27）Ω^-後，Gell-Mann 的 SU(3)對稱理論才得到大家的認同。

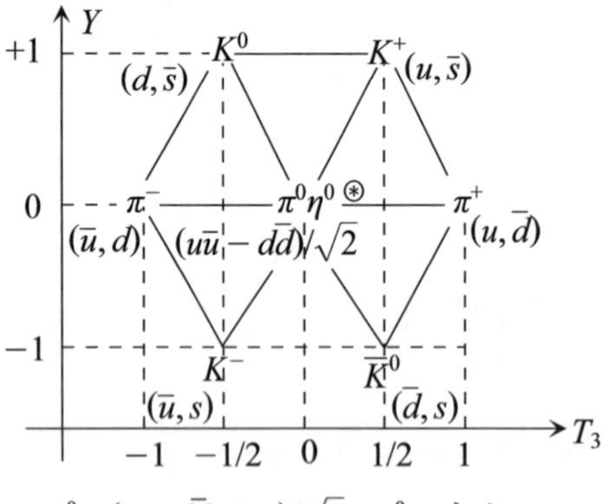

⊛$\eta^0=(u\bar{u}+d\bar{d}-2s\bar{s})/\sqrt{6}$，$\eta^0$又寫成$\eta$

單態（^1S_o態）

贗標量介子，又叫**π 8 重態**

（$J^P=0^-$, J=角動量，P=內稟宇稱），

括弧內量是夸克（u,d,s）反夸克（$\bar{u},\bar{d},\bar{s}$）。

圖 11-153a

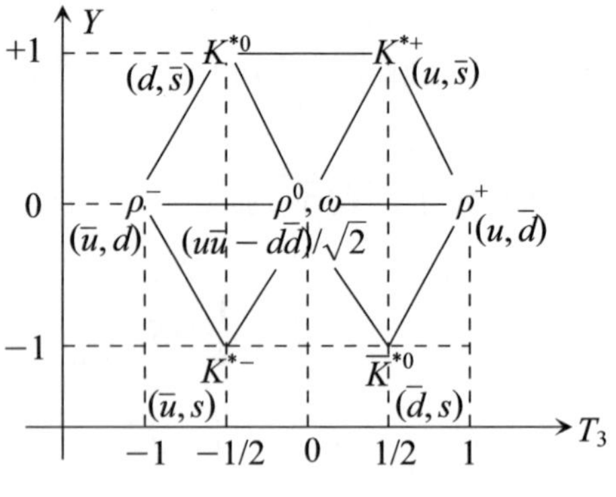

3 重態（$^3S_1$態）

贗向量介子，又叫**ρ 8 重態**，

（$J^P=1^-$, J=角動量，P=內稟宇稱），

括弧內量是夸克（u,d,s）反夸克（$\bar{u},\bar{d},\bar{s}$）。

圖 11-153b

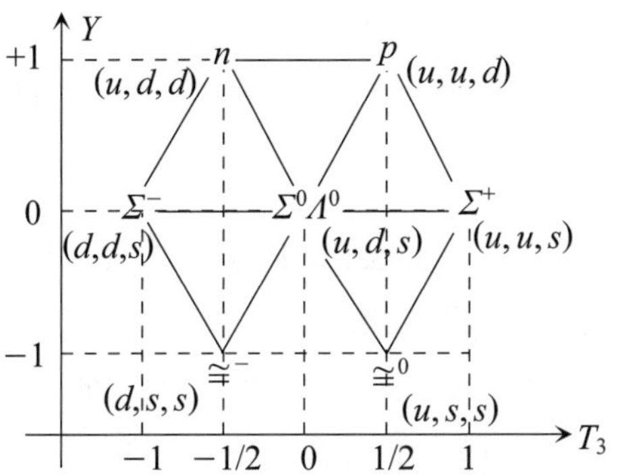

偶內稟宇稱，自旋$\frac{1}{2}\left(J^p=\left(\frac{1}{2}\right)^+\right)$的重子 8 重態，又叫 **N－8** 重態，橫向粒子屬於同族（family）括弧內是夸克（u,d,s）。

圖 11-153c

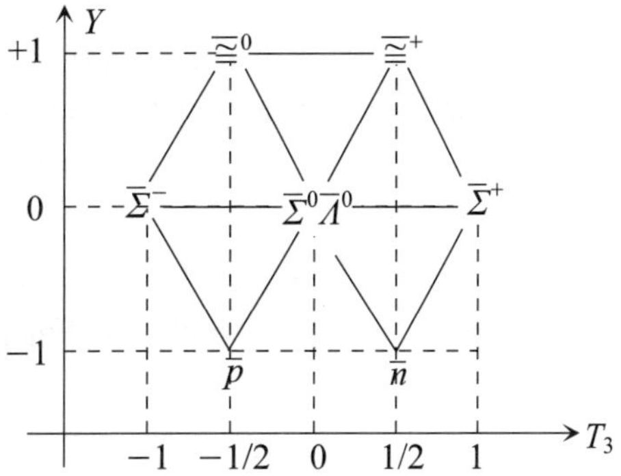

奇內稟宇稱，自旋$\frac{1}{2}\left(J^p=\left(\frac{1}{2}\right)^-\right)$的重子 8 重態，即圖 11-153c 的反重子 8 重態，又叫 $\bar{N}$－**8** 重態，橫向粒子屬同族（family）。

圖 11-153d

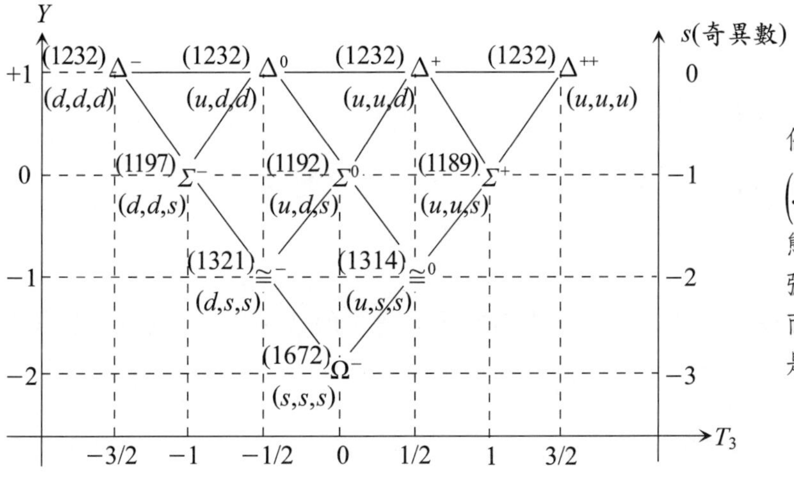

偶內稟宇稱，自旋$\frac{3}{2}\left(J^p=\left(\frac{3}{2}\right)^+\right)$的重子 10 重態，橫向粒子屬於同族，括弧內數字是質量（MeV），而（u,d,s）是夸克，全是重子數 $B=1$。

圖 11-153e

(iv)Gell-Mann 和 Zweig 的 $SU(3)_f$ 模型

1964 年 George Zweig 和 Gell-Mann 獨立發表了：所有強子由 3 個更基本的自旋 1/2 的Fermi子（Zweig稱這Fermi子為"**aces**"，Gell-Mann稱它為**夸克**（quark））組成，而介子是夸克（或 aces）和反夸克（或 anti-aces）組成的複合粒子（composite particle）。Gell-Mann達到有更基本的Fermi子叫夸克的境界是很自然的結果，請看推導（11-512b）和（11-512c）式時，已假想自旋 1/2 的 Fermi 子，並且圖（11-153a,b）的介子，全由那假想Fermi子和其反Fermi子組成，而圖（11-153c～e）是由 3 個那假想 Fermi 子組成，所以：

$$\left.\begin{array}{l}\text{夸克是偶內稟宇稱，自旋 } \hbar/2 \text{ 的 Fermi 子，}\\ \text{強子由 3 夸克組成的複合粒子，}\\ \text{介子由夸克反夸克組成的複合粒子。}\end{array}\right\} \quad (11\text{-}513a)$$

（11-513a）式稱為 Gell-Mann 和 Zweig 的**夸克模型**（quark model）。自從 1928 年建立量子力學之後，我們所瞭解的 Fermi 子是物質之源，構成原子的電子和核子都是 Fermi 子，它們不但**有質量、電荷，又有內稟物理量**，例如電子有自旋和輕子數，核子有自旋、同位旋、偶宇稱和重子數。夸克既然如（11-153a）式所設定的自旋 $\frac{1}{2}$ 的Fermi子，那麼夸克該有物質粒子的那些物理量才是，果真如此，問題就來了，因為電荷是量子化量，以電子電荷大小 e 為單位，任何電荷量等於 ne，n＝正整數，於是 3 個夸克如何分擔質子電荷 e 呢？讓我們來探討這些關鍵物理量。

(a)夸克的內稟角動量（自旋）$\hat{S}$

Gell-Mann 和 G. Zweig 一開始就設定夸克為內稟角動量 $\hbar/2$ 的 Fermi 子，其算符 $\hat{\boldsymbol{S}}$ 滿足下列關係：

$$\left.\begin{array}{l}\langle \hat{\boldsymbol{S}}^2 \rangle = \frac{1}{2}\left(\frac{1}{2}+1\right)\hbar^2 \\ \langle \hat{\boldsymbol{S}}_z \rangle \equiv \langle \hat{\boldsymbol{S}}_3 \rangle = \pm\frac{\hbar}{2}\end{array}\right\} \quad (11\text{-}513b)$$

(b)夸克的內稟宇稱

在定各粒子宇稱時，我們定義核子是偶宇稱（請看Ex.11-49），故由 3 個夸克組成得偶宇稱的唯一可能是：

夸克是偶內稟宇稱（intrinsic parity even），即＋1 　　（11-513c）

(c)如何決定夸克呢？

Gell-Mann是否從自旋 $\frac{1}{2}$ 和外磁場相互作用後解除簡併，即空間量子化後，有向上和向下成分得靈感，他取了「上」和「下」兩種夸克來組核子：質子＝(u,u,p)，中子＝(u,d,d)，它們是：

$$\left.\begin{array}{l}u=\text{上夸克（up quark）}\\ d=\text{下夸克（down quark）}\end{array}\right\} \quad (11\text{-}513d)$$

核子和π介子的共振態 $\Delta^{++,+,0,-}$ 如圖 11-153e 上的表示。對於有奇異數的粒子（請看表 11-35），u 和 d 之外再加上奇異數「－1」的夸克 s：

$$\left.\begin{array}{l}\text{奇異夸克（strange quark）}s\text{，其奇異數}=-1\\ u\text{和}d\text{的奇異數}=0\text{，即沒奇異數}\end{array}\right\}\quad(11\text{-}513e)$$

於是奇異數「−2」和「−3」的粒子各含 2 個和 3 個奇異夸克，將它們表示在圖（11-153a,b,e）。Gell-Mann 的 SU(3)對稱模型的 3 個夸克就是 u, d 和 s，他很有趣地取分類夸克為「上」，「下」和「奇異」的這種量子數叫**味道**或**味**（flavor），確實很有風味的取名，於是稱為 **SU(3)$_f$模型**（SU(3)flavor model），右下標 f 表示味道。重子的重子數$B=1$，每個重子由三夸克組成。

$$\therefore\text{夸克的重子數}=\frac{1}{3}\quad(11\text{-}513f)$$

(d)夸克的同位旋

核子的同位旋 T 是$\frac{1}{2}$，其第三成分〈$\hat{T}_3$〉$=\frac{1}{2}$為質子（在這套書我們採用這個標誌（notation）），〈$\hat{T}_3$〉$=-\frac{1}{2}$為中子，大概受到這核子同位旋的標誌影響，Gell-Mann 定義：

$$\left.\begin{array}{l}u\text{夸克的}\langle\hat{T}_3\rangle=\frac{1}{2},\text{或簡寫成 }T_3=\frac{1}{2}\\ d\text{夸克的}\langle\hat{T}_3\rangle=-\frac{1}{2}\text{，或簡寫成 }T_3=-\frac{1}{2}\\ s\text{夸克沒同位旋。}\end{array}\right\}\quad(11\text{-}513g)$$

(e)定夸克的電荷

電荷觸到Gell-Mann和Zweig的思維。他們都以和電荷有關的（11-378d）式的 T_3 和 Y 做橫縱座標來畫分各多重態的粒子，T_3和 Y 的 B 和 S 全是粒子的內稟物理量，觸到粒子內部自由度，就會牽涉到相互作用問題，請回想Yang-Mills理論，楊振寧的動機（motivation）是想處理強相互作用的核力，相互作用前後的核子狀態函數（請看（11-505b）式）是以非對易（non-Abelian）局部規範變換相連，其變換算符生成元是核子的同位旋$\hat{\boldsymbol{T}}=\frac{1}{2}\hat{\boldsymbol{\tau}}$（請看（11-503a）～（11-504）式）。Zweig 和 Gell-Mann 洞察出來 Yang-Mills 的**理論核心在這個內部自由度**$\hat{\boldsymbol{T}}$，以及使用了 **Lorentz 不變（Lorentz invariance），和流守恆（current conservation）。這兩條件成為處理強相互作時的兩引導原理**。這過程啟示我們讀論文時必須讀出該論文的核心問題，就是要瞭解該論文的：

$$\left.\begin{array}{l}\text{(1)動機是什麼？要解決什麼問題？}\\ \text{(2)怎麼處理問題，方法是什麼？}\\ \text{(3)使用什麼假設（如有）？}\\ \text{(4)使用什麼座標（如需要）？}\\ \text{(5)使用什麼近似（如需要）？}\\ \text{(6)有什麼新結果？}\\ \text{(7)有什麼尚未解的問題（如有）？等等。}\end{array}\right\} \qquad (11\text{-}514a)$$

我們猜想（請比較後註(50)和(61)的 Yang-Mills 和 Gell-Mann 論文，你便體會到這感覺）因此 Gell-Mann 仿 Yang-Mills 理論的生成元本質，針對粒子的內部自由度設定 SU(3)對稱，**而把焦點放在尋找 SU(3)生成元的力學量，同時動用數學的群論徹底地作分析**。類比 SU(2)對稱（11-504）式的 SU(3)變換算符$\hat{U}(SU(3))$是：

$$\hat{U}(SU(3)) = \exp\left(\frac{ig}{2}\sum_{k=1}^{8} a_k(x)\hat{\boldsymbol{\lambda}}_k\right) \qquad (11\text{-}514b)$$

$a_k(x)$＝時空間的實函數，即$a_k^*(x) = a_k(x)$，$\hat{\boldsymbol{\lambda}}_k/2$ 和$\hat{\boldsymbol{\lambda}}_k$分別對應於（11-503b）式的$\hat{T}_i$和$\hat{\tau}_i$是算符，$i=1,2,3$，但$k=1,2,\cdots 8$。由於$\hat{U}(SU(3))$是狹義么正（或叫么模么正）變換算符，故生成元$\hat{\boldsymbol{\lambda}}_k$是 Hermitian 算符，並且其矩陣是無跡（traceless）矩陣。Gell-Mann 稱$\frac{1}{2}\hat{\boldsymbol{\lambda}}_k \equiv \hat{\boldsymbol{F}}_k$為 **8 成分么正自旋**（eight-component unitary spin），它和（11-503b）式一樣地滿足下述 Lie 代數：

$$\left.\begin{aligned} &[\hat{\boldsymbol{F}}_i, \hat{\boldsymbol{F}}_j] = if_{ijk}\hat{F}_k \\ \text{或}\quad &[\hat{\boldsymbol{\lambda}}_i, \hat{\boldsymbol{\lambda}}_j] = 2if_{ijk}\hat{\boldsymbol{\lambda}}_k \end{aligned}\right\} \qquad (11\text{-}514c)$$

稱f_{ijk}為**結構常數**（structure constant），和（Ex.10-5）一樣，從（11-514c）式可得$\hat{\boldsymbol{\lambda}}_k$矩陣。Gell-Mann 所得的$\hat{\boldsymbol{\lambda}}_k$和$f_{ijk}$[61]是（此後省略$\lambda_k$和$F_k$的算符符號「∧」）：

$$\left.\begin{array}{lll}
\lambda_1 = \begin{pmatrix}0&1&0\\1&0&0\\0&0&0\end{pmatrix} & \lambda_2 = \begin{pmatrix}0&-i&0\\i&0&0\\0&0&0\end{pmatrix} & \lambda_3 = \begin{pmatrix}1&0&0\\0&-1&0\\0&0&0\end{pmatrix}\\
\lambda_4 = \begin{pmatrix}0&0&1\\0&0&0\\1&0&0\end{pmatrix} & \lambda_5 = \begin{pmatrix}0&0&-i\\0&0&0\\i&0&0\end{pmatrix} & \lambda_6 = \begin{pmatrix}0&0&0\\0&0&1\\0&1&0\end{pmatrix}\\
\lambda_7 = \begin{pmatrix}0&0&0\\0&0&-i\\0&i&0\end{pmatrix} & \lambda_8 = \frac{1}{\sqrt{3}}\begin{pmatrix}1&0&0\\0&1&0\\0&0&-2\end{pmatrix} & \begin{array}{l}T_r(\lambda_i\lambda_j) = 2\delta_{ij},\\ \lambda_i^+ = \lambda_i\end{array}\\
\multicolumn{3}{l}{f_{123} = 1, f_{458} = f_{678} = \sqrt{3}/2, f_{147} = f_{165} = f_{246} = f_{257} = f_{345} = f_{376} = 1/2}
\end{array}\right\} \qquad (11\text{-}514d)$$

稱（11-514d）式的λ_k為 **Gell-Mann 矩陣**，顯然僅λ_3和λ_8是可對易矩陣，故F_k是 2 秩（rank two）張量。SU(2)的（11-503b）式的可對易矩陣是T_3，它有$\pm\frac{1}{2}$兩成分，$+\frac{1}{2}$和$-\frac{1}{2}$分別為質子和中子的同位旋，所以F_3的 3 個成分分別為 3 個 Fermi 子的同位旋T_3（可對易矩陣的對角成分表示某守恆物理量的成分）。在 1961 年 GellMann 尚未創造「夸克」名字，當時他的 3 個假想 Fermi 子是 Sakata 模型的（p,n,Λ），到了 1964 年時是夸克(u,d,s)[62]，所以由λ_3得：

$$\left.\begin{array}{l} u\text{ 的同位旋第三成分 } T_3=1/2 \\ d\text{ 的同位旋第三成分 } T_3=-1/2 \\ s\text{ 的同位旋第三成分 } T_3=0 \end{array}\right\} \qquad (11\text{-}514e)$$

第二個可對易矩陣F_8是(u,d,s)夸克的第二個守恆量超荷 Y。和 SU(2) 理論的T_3是守恆量一樣，可對易量表示的物理量是守恆量，即夸克的T_3和 Y 都是守恆量，正是表示電荷守恆關係（11-378d）式的$Q=(T_3+Y/2)$是守恆。則從這關係式便能算出 u,d 和 s 夸克的電荷：

$$T_3\equiv F_3=\frac{1}{2}\begin{pmatrix}1&0&0\\0&-1&0\\0&0&0\end{pmatrix},\ Y\equiv\frac{2}{\sqrt{3}}F_8=\frac{1}{\sqrt{3}}\lambda_8=\frac{1}{3}\begin{pmatrix}1&0&0\\0&1&0\\0&0&-2\end{pmatrix} \qquad (11\text{-}514f)$$

$$\therefore eQ=e\left(T_3+\frac{1}{2}Y\right)\longrightarrow e\left\{\begin{pmatrix}1/2&0&0\\0&-1/2&0\\0&0&0\end{pmatrix}+\begin{pmatrix}1/6&0&0\\0&1/6&0\\0&0&-2/6\end{pmatrix}\right\}=e\begin{pmatrix}2/3&0&0\\0&-1/3&0\\0&0&-1/3\end{pmatrix}$$

$$\therefore\left\{\begin{array}{l} u\text{ 夸克的電荷}=\frac{2}{3}e \\ d\text{ 夸克的電荷}=-\frac{1}{3}e \\ s\text{ 夸克的電荷}=-\frac{1}{3}e \end{array}\right\} \qquad (11\text{-}514g)$$

如果質子 p 和中子 n 各由 u,d 夸克組成，並且$p=(u,u,d)$，$n=(u,d,d)$則由（11-514g）式剛好能得p和n的電荷：

$$p=(u,u,d)\longrightarrow 2\times\frac{2}{3}e-\frac{1}{3}e=e$$
$$n=(u,d,d)\longrightarrow \frac{2}{3}e-2\times\frac{1}{3}e=0$$

多麼漂亮的結果。Gell-Mann 把以上算法推廣到當時的所有強子和介子，以及粒子的反應和衰變時，夸克味道該如何變化都獲得滿意結果，但分數電荷難令物理學家接受。接著想找夸克卻找不到，但 Gell-Mann 預言的Ω^-真的找到了，於是實驗理論的互動，物理界的活躍情況可和 20 世紀初的 20 多年，尋找新力學「量子力學」的情形類似，到了 1970 年代達到巔峰。

核子 p 和 n 各有質量，那麼組成核子的夸克質量是多少呢？這又碰到粒子的物理根本問題。Gell-Mann 理論立足於群論，群論在物理學，本質屬於靜態力學（statics），而質量（那是指靜止質量）和電荷，從牛頓力學到 Maxwell 電磁學，不難瞭解是和動態力學（dynamics）有關。所以 Gell-Mann 的 $SU(3)_f$ 理論只能告訴我們各夸克的電荷大小如（11-514g）式，不談電荷來源，同樣地不論質量問題。**電荷和質量怎麼來，仍然是目前（2000 年）的科研題**。照 SU(3) 對稱，3 夸克（u,d,s）該同質量，因為 1932 年 Heisenberg 的同位旋理論建立於質子 p 和中子 n 同質量（請看（11-198a）式到（11-198b）式間的說明）。在強子階段 p 和 n 的質量 $m_p \fallingdotseq m_n$，但 1964 年後由分析粒子反應和衰變歸納出來的（u,d,s）質量（2000 年的數據）是：

$$\left.\begin{aligned} m_u c^2 &\fallingdotseq (1.5\sim5)\text{MeV} \\ m_d c^2 &\fallingdotseq (3\sim9)\text{MeV} \\ m_s c^2 &\fallingdotseq (75\sim170)\text{MeV} \end{aligned}\right\} \qquad (11\text{-}514h)$$

（11-514h）式的夸克質量稱為**流夸克**（**current quark**）**質量**，那什麼叫流夸克呢？使用幾乎點狀粒子（point-like particle）的電子 e 或微中子 ν 探究強子，例如質子內部結構時所看到的夸克，其行為像點狀粒子，稱它們為**流夸克**。如用核子來作比喻，流夸克類比於裸核子（bare nucleon），和實際我們游離出來的，或作非相對論勢能演算傳統核物理問題的核子不同，對應後者核子的夸克叫**組元夸克**（constituent quark），即指不考慮自旋自由度，僅在勢能內作非相對論運動，用來求強子磁偶矩（magnetic dipole moment）、共振態等的夸克，其質量需要：

$$\left.\begin{aligned} m_u c^2 &\fallingdotseq m_d c^2 \fallingdotseq 300\text{MeV} \\ m_s c^2 &\fallingdotseq 500\text{MeV} \end{aligned}\right\} \qquad (11\text{-}514i)$$

於是組強子時的夸克通常叫組元夸克。**從同位旋觀點 SU(2) 和 SU(3) 對稱模型都是近似對稱模型**。至於夸克間的相互作用如何，$SU(3)_f$ 模型無法回答，夸克味道是歸類粒子用的自由度，可說成一種分類用量子數，和相互作用無關。例如電磁相互作用，強相互作用的核力，我們都看到除了物質粒子本身，需要第三者進來，前者是光子 γ，後者是介子 π、η、ω、ρ 等，所以夸克間還需要和 γ 或介子類比的粒子介入，以及新自由度。對於相互作用問題，已有相當成功的電磁相互作用理論：「量子電動力學」可借鏡，以及給我們靈感（ideas）。1964 年後的弱和強相互作用理論，正是沿 QED 理論的內涵發展過來，對強相互作用開創了量子色動力學（**quantum chromodynamics，簡稱 QCD），電磁和弱相互作用統一成電弱理論（electroweak theory），兩者合起來稱為**標準模型**（standard model），約在 1973 年奠定。QCD 和電弱理論，除了規範粒子如何得質量的機制（mechanism）和非對易性之外，大致類比於 QED 本質和架構，故在下面僅簡介強和電弱理論。首先任務先要肯定有夸克才行。

(2)肯定核子是複合粒子，夸克現身[54,55,60]

1950 年代末葉開始，美國 Stanford 大學的 Hoffstadter 研究組使用輕子碰撞原子核或質子，在 1961 年看出核子的質子 p 和中子 n 可能是有內部結構的複合粒子。他們一面提高粒子入射能，一面使用幾乎是點狀且僅作弱相互作用的電中性微中子 ν_μ 作為探頭粒子（probe particle）。我們瞭解弱相互作用距 d 極短，$d \lesssim 10^{-16}$cm，加上高入射能，所以 ν_μ 不但能深入靶核或質子內部，並且相互作用可以說是接觸相互作用（contact interaction），結果無論靶是原子核或質子，全截面積 σ 都比例於入射能 E，如圖（11-154a）。怎麼解釋這現象呢？另一面入射粒子同樣是 ν_μ，發現有如圖（11-154b）的噴射（jet）強子現象，又怎麼解釋這結果呢？同時高能量電子被原子核或質子散射，另得互相類似的如圖（11-154c）和圖（11-154d），啟示著質子和原子核同樣地有內部結構。原子核由核子組成，核子相互作用後形成能級，例如殼層模型的能級圖 11-74。核沒和外界相互作用時的最低能級叫基態，相互作用後就躍遷到激發態。圖（11-154c）出現激發態（峰(peak)處），表示原子核內有核子，即核是複合體。酷似圖

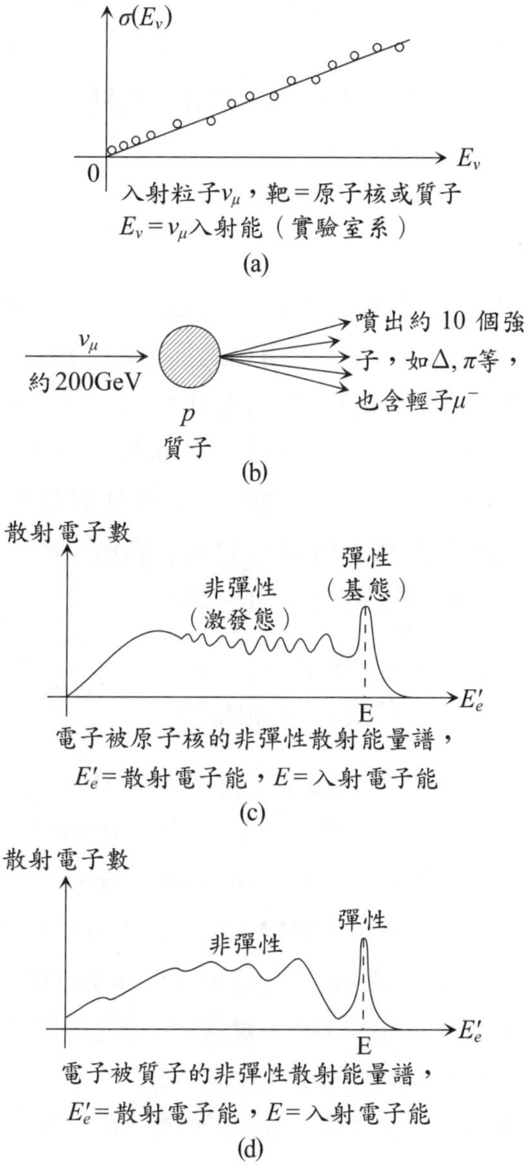

圖 11-154

（**11-153c**）的圖（**11-154d**）表示質子內部有比質子更小的粒子，它們吸收電子的大轉移四動量（large four momentum transfer）後產生相互作用，使質子變成激發態才會出現圖上的峰，證明：

$$\text{質子是複合粒子} \tag{11-515a}$$

圖（11-154b）也是證明著質子是複合粒子，高能量的幾乎無質量且點狀的微中子撞擊質子，如果質子是無結構的單體粒子，則不可能產生縱向（平行於微中子入射方向）單噴射，該較均向噴射。當時的物理學家已稱質子內的更小粒子為**部分子**（parton），但沒深入整理實驗數據，並且正式提出部分子模型（parton model）。那麼這些部分子到底有沒有結構，即由比它更小的粒子組成呢？相互間有沒有相互作用呢？圖（11-154a）能回答這問題的部分。如以ν_μ被質子散射，則由（11-427b）式得微分截面 dσ：

$$d\sigma = |T_{fi}|^2\rho_f/(nJ_{inc}) \tag{11-515b}$$

週期邊界條件下的終態狀態數$\rho_f=\Omega d^3p$（請參閱（11-453e）式）。假設如圖（11-155a），p由相互自由且和ν_μ一樣的點狀且幾乎無質量的粒子$Q_i, i=1,2,\cdots\cdots,N$組成，則可用衝量近似（impulse approximation），於是總截面σ是ν_μ和個個Q_i的散射截面和，所以ν_μ的入射能愈大σ愈大，實驗果真如圖（11-154a）。

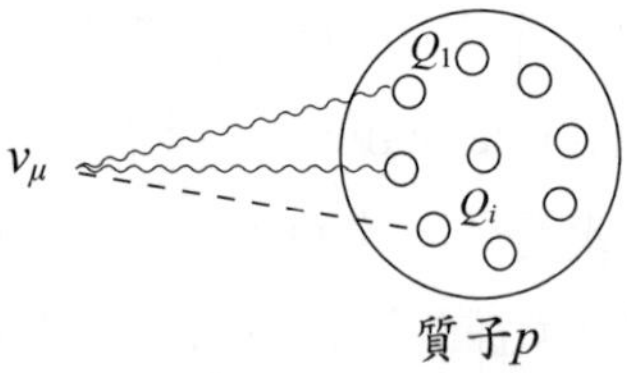

衝量近似散射
(a)

$$\therefore \begin{cases}\text{部分子類似點狀粒子，且}\\ \text{部分子間幾乎沒有相互作用}\end{cases} \tag{11-515c}$$

1960 年代後半，肯定（11-515c）式的實驗陸續出爐，其中最有名的是 SLAC（Stanford Linear Accelerator Center）使用輕子撞質子的實驗，例如圖 11-155b 的電子質子深非彈性散射（deep inelastic scattering, 簡稱 DIS）實驗。因當電子的轉移能ν和四動量q很大時，電子就能深入靶質子內部才叫 DIS。輕子質子的散射微分截面積$d\sigma$，可用ν和q^2的質子結構函數

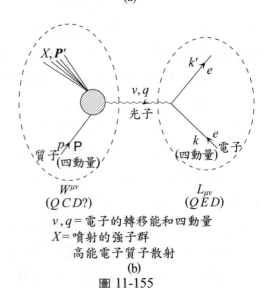

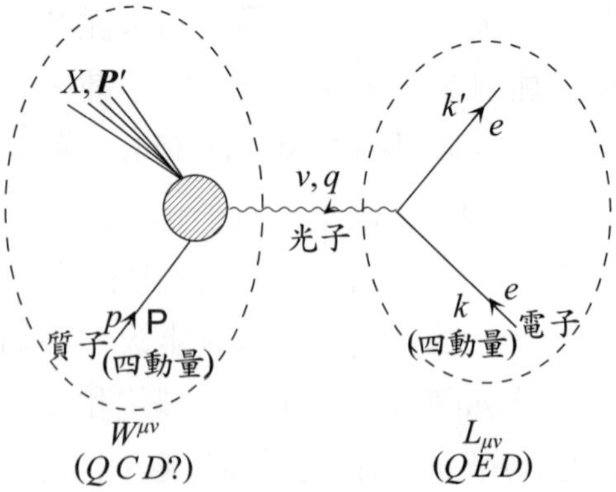

高能電子質子散射
(b)
圖 11-155

（structure function）$W^{\mu\nu}(\nu, q^2)$以及輕子頂點（vertex）張量$L_{\mu\nu}$積表示[60)]。不過當q^2很大時，在 1967 年 J.D.Bjorken 從 Gell-Mann 的夸克模型（1964），利用流代數（current algebra）得$W^{\mu\nu}(\nu, q^2)$僅和$\chi \equiv -\dfrac{q^2}{2m_p\nu}$有關，$\chi$叫 Bjorken variable（請看（11-482d）式），即：

$$d\sigma \fallingdotseq L_{\mu\nu}W^{\mu\nu}(\nu, q^2) \xrightarrow[q^2\text{很大}]{} L_{\mu\nu}W^{\mu\nu}(\chi) \qquad (11\text{-}515\text{d})$$

這結果叫 **Bjorken 標度無關性**（Bjorken scaling），於是 SLAC 立即作：使用輕子e, μ和它們的微中子執行 DIS 實驗，並且從種種不同角度來驗證 Bjorken 標度無關性。結果是：除了入射粒子是μ介子和其微中子ν_μ時，有些小出入之外，大致滿足 Bjorken 的計算結果（使用部分子模型的量子色動力學，那些出入全能解決）。正在這個時候（1969 年）訪問 SLAC 的 Feynman，研究了實驗結果及 Bjorken 的演算內涵，提出了如下的**部分子模型**：

> 核子由部分子組成，而部分子是：
> ⑴無法測到大小的點狀粒子，
> ⑵幾乎是相互間沒相互作用的準自由（quasi free）粒子。 （11-515e）

Feynman 親自依他的部分子模型推導結構函數，同時分析實驗，獲得漂亮結果，並且解決了當時的困擾，例如圖 11-154a 的$\sigma \propto E$，圖 11-155b 的強子群噴（hadron jet），同時肯定了：

> ⑴質子是由部分子組成的複合粒子，
> ⑵帶電荷部分子粒子的自旋等於 1/2 （11-515f）

那麼核子內的部分子為什麼會是準自由粒子呢？部分子如何組合強子呢？Gell-Mann 的夸克和部分子是否一樣？你不難想像當時的理論和實驗互動的精彩場面吧。**物理就是這樣地一點一滴地累積，突然來個突破而帶來大躍進，這種過程的重複才有今天的輝煌成果。**1960 年代後半葉到 1970 年代中葉的約 10 年是 20 世紀粒子物理學的黃金時代。當時為了解決上述問題，幾乎全世界的高能物理學家和加速器都忙起來，粒子物理的研究進入高峰期，終於在 1970 年代中葉帶來豐收。**部分子是今日的夸克和膠子（gluons）的統稱，而量子色動力學回答了部分子的那些問題。**

SLAC 和美西部物理學家正埋頭研究強子結構和強相互作用，以及驗證 Bjorken 標度無關性而誕生部分子模型期間，美東物理學家大致熱中於弱相互作用。在 1967 年 Weinberg 和 Salam 統一了電磁和弱相互作用（進一步內容看下面(F)），而在 1970 年 S.L.Glashaw, J. Iliopoulos 和 L. Maiani 三人，簡稱 **GIM**，為了重現弱相互作用的中性流（neutral current）引起的實驗，即：

$$K^+ \longrightarrow \pi^+ + \nu + \tilde{\nu}$$
$$K_L \longrightarrow \mu^+ + \mu^-$$

的衰變導進第四夸克C（GIM當時僅從對稱性而導進來的粒子，他們都沒想到它竟成為C夸克，細節看下面(F)）。接著在1973年日本人Kobayashi Makoto（小林誠）和Maskawa Toshihide（增川敏英），從分析CP破缺（violation）理論得夸克非有三家族，即如（11-363a）式的6種不可，於是預言夸克該有6種。今日探討CP破缺的Kobayashi-Maskawa矩陣是根據6夸克的矩陣，當時的夸克僅有Gell-Mann和Zweig的$SU(3)_f$的（u, d, s）三種，所以Kobayashi-Maskawa預言有6種夸克，確實是革命性想法。翌年1974年11月丁肇中和B. Richter（Burton Richter 1931年3/22～美國實驗物理學家）以及他們的研究團隊找到了燦夸克（charm quark）C，普通稱為J/psi粒子是$c\bar{c}$燦偶素（charmonium），J/psi的J是丁肇中的「丁」字。在1977年L. Lederman（Leon M. Lederman, 1922年7/15～美國實驗物理學家）和他的Fermilab（在Chicago城市郊外的美國家研究所）研究組發現了美或底（beauty或bottom）夸克，而Kobayashi-Maskawa預言的最後一個真或頂（truth或top）夸克，1994年4月同樣地在Fermilab找到，我們的中央研究院李世昌，葉平的研究組也參與該項實險的分析工作。把這三家族或叫三代夸克整理在表（11-48）。這樣地，夸克和輕子各有三代，對輕子在1989年11月肯定僅有三代，但對夸克，到今天（2000年春）尚未聽到它也僅有三代。那麼為什麼一代比一代重那麼多呢？由於（c, b, t）夸克太重無法組合強子，只好組合偶素$c\bar{c}$，$b\bar{b}$和$t\bar{t}$，而由較輕的（u, d, s）來組合強子。那麼夸克如何組合強子，其機制，夸克的運動力學是什麼？統統未解。

表 11-48 夸克及其物理量

物理量	u	d	c	s	t	b
電荷 Q	2/3	−1/3	2/3	−1/3	2/3	−1/3
同位旋 T	1/2	1/2	0	0	0	0
同位旋第三成分T_3	1/2	−1/2	0	0	0	0
內稟宇稱 P	+（偶）	+	+	+	+	+
內稟角動量（自旋）S	1/2	1/2	1/2	1/2	1/2	1/2
重子數 B	1/3	1/3	1/3	1/3	1/3	1/3
奇異數 S	0	0	0	−1	0	0
燦數（charm）c	0	0	+1	0	0	0
底數（bottomness）b	0	0	0	0	0	−1
頂數（topness）t	0	0	0	0	+1	0
質量 mc^2	1.5～4.5 MeV	5～8.5 MeV	1.0～1.4 GeV	80～155 MeV	174.3±5.1 GeV	4.0～4.5 GeV

charm 又叫 charmness, bottomness 和 topness 最近都省略「ness」僅奇異數必加 ness: strangeness.

(3)強相互作用，量子色動力學（QCD）簡介[54,55,60)]

從 1940 年代後半到 1950 年代初葉完成了 QED 大工程，並且 Yang-Mills(1954) 開啟了非對易局部規範理論大門，其本質是可從對稱性尋得相互作用型和能預估新粒子。到了 1960 年代，由 Gell-Mann 帶頭，推廣了楊振寧的 SU(2)理論為 $SU(3)_f$再到 $SU(3)_c$（請看（11-516k）式），催生夸克模型（1964）以及量子色動力學（1973）。另一面順著規範理論思惟，Weinberg 和 Salam 在 1967 年統一了電磁和弱相互作用，並且在 1969 年等於夸克和膠子（gluon）的部分子模型誕生。雖 1960 年代初葉的整個研究強相互作用的大環境相當成熟，但沉在強相互作用的大海中，一時難洞察出強相互作用的本質。加上 2 次大戰後，美國像個大磁鐵，吸走全世界的優秀科學家，他們各有自己的研究方法，於是研究強相互作用大約分成兩大派系：首派是歐洲色彩較濃，繼承 Heisenberg, Weyl (Hermann Well 1885 年 11/9～1995 年 12/8 德國數學家）等人的由量子場論出發的思惟，例如 1950 年代中葉到 1960 年代中葉很流行的 S 矩陣、分散（dispersion）和 Regge 極點（Regge poles）等理論，其代表者是 Chew 和 Goldberger；另一派的領軍者是 Gell-Mann，以出生美國者為主，代表美國人的務實作法，從分析現象歸納出物理及共同性，然後利用數學工具還原成理論。當時 Gell-Mann 本人也沒把夸克看成基本粒子，夸克是純 $SU(3)_f$對稱理論的必要粒子而已。兩派人馬相互競爭，到 1970 年代中葉才塵埃落定告一段落。對立競爭雖有相互激盪的正面作用，但有無法共同協力一致深墾的負面作用。因此到 1960 年代中葉，對強相互作用的瞭解尚不夠深。這時如果你正在唸研究所，這麼多理論，百家齊鳴，會弄得你不但「霧煞煞（閩南語）」，且腦袋會被壓扁，幾乎無法作用！過一段時間你會醒悟：「凡事不貪心，先抓住有什麼花樣正在進行（這是必要條件）之後，縮小範圍，先以自己最得意的下手，弄懂它，等於貯存能量和經驗以及力氣再攻打新領域」。

(i)色（color）內稟自由度

Gell-Mann 和 Zweig 的 $SU(3)_f$對稱是分類為核心，不是針對物理系統的 Lagrangian 對稱性，於是無法牽涉到對稱性自動帶來的相互作用。運動方程式來自 Lagrangian L，換句話，物理系統的狀態函數 ψ 來自 L。如為 Fermi 子，ψ 必須滿足 Pauli 不相容原理：每一個狀態最多只能容納一個粒子，加上 Fermi 子的ψ必是反對稱函數。從 Gell-Mann 和 Zweig 的 $SU(3)_f$圖 11-153e 得：$\Delta^-=(d,d,d)$, $\Delta^{++}=(u,u,u)$ 和 $\Omega^-=(s,s,s)$，**夸克自旋是 1/2，故同一狀態無法容納 3 個同味夸克，至多只能自旋向上和向下的兩個，所以必須要有尚未發現的隱藏內稟自由度**。怎麼找它呢？先注意夸克必須負責的物理量，從它切入，強子有帶電的，所以夸克才有（11-514g）

式的電荷。和電荷有關的是（11-378d）式，其最原始的物理量是同位旋$\hat{\boldsymbol{T}}$，它直接和相互作用有關。請務必重看Ⅳ(B)的核力。核子除了自旋之外還要同位旋，結果才有（11-198e）和（11-198f）式的核勢能，其中來自同位旋$\hat{\boldsymbol{T}}=\frac{1}{2}\hat{\boldsymbol{\tau}}$的二體相互作用是：

$$V(r)\ \hat{\boldsymbol{\tau}}_i\cdot\hat{\boldsymbol{\tau}}_j \qquad (11\text{-}516a)$$

為了解決強相互作用的首篇論文 Yang-Mills 的 SU(2)對稱，其狹義么正變換算符（11-504）式$\hat{\boldsymbol{U}}$（SU(2)）的核心物理量是，核子內稟自由度同位旋$\hat{\boldsymbol{T}}$。故Gell-Mann和Zweig的$SU(3)_f$變換算符（11-514b）式的Gell-Mann矩陣$\hat{\lambda}_k$正是對應核力的$\hat{\boldsymbol{\tau}}$，Gell-Mann稱$\hat{F}_k=\frac{1}{2}\hat{\lambda}_k$為 8 成分么正自旋，讓我們稱它為**8 成分么正同位旋**（eight-component unitary isospin）。此較$\hat{\boldsymbol{\tau}}$和$\hat{\lambda}_k$於下面：

$$\left.\begin{array}{ll}
\hat{\boldsymbol{\tau}} \quad \longrightarrow & \hat{\lambda}_k \\
\text{SU(2)} & \text{SU(3)} \\
\hat{\boldsymbol{\tau}}=(\hat{\tau}_1,\hat{\tau}_2,\hat{\tau}_3) & \hat{\lambda}=(\hat{\lambda}_1,\hat{\lambda}_2,\cdots,\hat{\lambda}_8) \\
\text{核子帶電荷} & \text{強子帶電荷} \\
\text{介子帶電荷} & \therefore\text{膠子需帶對應於「電荷」的物理量}
\end{array}\right\} \qquad (11\text{-}516b)$$

同時夸克間該有類比（11-516a）式的相互作用力才對：

$$\begin{aligned} &V_q(r)\hat{\lambda}_i\cdot\hat{\lambda}_j \\ &r=|\hat{\boldsymbol{r}}_i-\hat{\boldsymbol{r}}_j| \end{aligned} \qquad (11\text{-}516c)$$

故稱對應於原子核物理的核力場量子的介子，如$\pi^{\pm,0}$的夸克場量子叫**膠子**（gluon），從（11-516b）式膠子有 8 種，用英文字母的頭一個字「g」或「G」表示它。這現象說明著，Gall-Mann 稱為么正自旋的$\hat{F}_k$內藏類比核子同位旋內藏的電荷的物理量，稱它為**色荷**（color charge），現在只稱為**色**（color）。為什麼稱為色呢？因為實驗無法游離夸克和膠子，看不到它們。我們看東西都有顏色，透明的東西是看不到的，所以就命名為色。$SU(3)_f$模型的強子，同種夸克數最多 3 個，於是色只要有 3 種就夠滿足：每狀態最多只許 1 個 Fermi 子的 Pauli 不相容原理。需要 3 種顏色的 3，意然和透明無色也由 3 種顏色組成，光學稱為**3 原色**（primary color）的 3 一致，你說妙不妙呢？太巧合了，這 3 原色是：

紅（red）“r”，藍（blue）“b”，綠（green）“g” （11-516d）

所以夸克 q 和膠子 g 各帶有紅、藍、綠三色的自由度，但有使用合成後變成黑色的紅、黃、藍 3 顏色者，我們採用（11-516d）式的 3 色。由於味道和色是區別組成的粒子狀態之用，於是味道 f 和色 c 又叫作量子數（quantum number）。那麼色自由度真的 3 個嗎？這要實驗來背書。這樣一來夸克的自由度有：

$$\left.\begin{array}{l}\text{時空間}：x\equiv(t,\boldsymbol{x})\\ \text{自旋}\quad：\hat{\boldsymbol{S}}=\dfrac{\hbar}{2}\hat{\boldsymbol{\sigma}}\\ \text{色}\quad\;\;：r,b,g\end{array}\right\}\qquad(11\text{-}516e)$$

而粒子狀態波函數的反對稱由色量子數來負責，例如質子 $p=(u,u,d)$ 波涵數 ψ 的具體形式是：

$$\psi(u,u,d)=\phi_S(u(x_1,\boldsymbol{\sigma}_1),u(x_2,\boldsymbol{\sigma}_2),d(x_3,\boldsymbol{\sigma}_3))\varphi_A(u_{\substack{r\\b\\g}}(\xi_1),u_{\substack{r\\b\\g}}(\xi_2),d_{\substack{r\\b\\g}}(\xi_3))\qquad(11\text{-}516f)$$

$\xi_i\equiv(x_i,\boldsymbol{\sigma}_i),i=1,2,3$，右下標 S 和 A 分別表示對稱和反對稱。設空間≡r，自旋≡σ，味道≡f 和色≡c 的自由度置換算符為 P_{ij}^r，P_{ij}^σ，P_{ij}^f 和 P_{ij}^c，則得：

$$P_{ij}^r P_{ij}^\sigma P_{ij}^f P_{ij}^c\,\psi(u,u,d)\equiv P_{ij}\,\psi(u,u,d)=-\psi(u,u,d)\qquad(11\text{-}516g)$$

$$\therefore\psi(u,u,d)=\phi_s(u(\xi_1),u(\xi_2),d(\xi_3))\frac{1}{\sqrt{3!}}\begin{vmatrix}u_r(\xi_1)&u_r(\xi_2)&d_r(\xi_3)\\u_b(\xi_1)&u_b(\xi_2)&d_b(\xi_3)\\u_g(\xi_1)&u_g(\xi_2)&d_g(\xi_3)\end{vmatrix}\qquad(11\text{-}516h)$$

色狀態函數的 $u_{r,b,g}(\xi_1),u_{r,b,g}(\xi_2)$ 和 $d_{r,b,g}(\xi_3)$ 是負責粒子狀態函數的反對稱性，加上色是內稟自由度，所以仿 Pauli 自旋函數：

$$\text{自旋向上函數}\chi\uparrow\equiv\begin{pmatrix}1\\0\end{pmatrix}$$

$$\text{自旋向下函數}\chi\downarrow\equiv\begin{pmatrix}0\\1\end{pmatrix}$$

如果設：

$$\left.\begin{array}{l}u_i(\xi_1)\equiv x^i\\ u_j(\xi_2)\equiv y^j\\ d_k(\xi_3)\equiv z^k\\ i,j,k=r,b,g\end{array}\right\}\qquad(11\text{-}516i)$$

則（11-516h）式可以簡寫成：

$$\psi(u\,,u\,,d)=\{\phi_s(u(\xi_1)\,,u(\xi_2)\,,d(\xi_3))\}\left\{\frac{1}{\sqrt{3!}}\varepsilon_{ijk}x^i y^j z^k\right\} \tag{11-516j}$$

於是質子的 3 個夸克都能在能量最低的，軌道角動量量子數 $l=0$的 S 狀態（s state），這時 3 個夸克的自旋全同向都沒關係。（11-516h）或（11-516j）式稱為**色單態**（**color singlet**）或**無色**（**colorless**）態波函數，所以 Gell-Mann 和 Zweig 的 SU(3) 群變成內藏色的，2 秩（rank two）狹義么正群：

$$\text{SU(3)}_c\text{群} \tag{11-516k}$$

夸克物理的任何波函數，都必須造成色單態才行，因此介子必須由夸克和反夸克來組成，才能以色和反色（anti-color）來相加而得無色。

1970 年代中葉，德國 Hamburg 的電子同步（electron cynchrotron）加速器 DESY，做出夸克確實有 3 種色量子數的有名實驗。他們使用如圖（11-156a）和（11-156b）的電子正電子對撞產生輕子對 $\mu^+\mu^-$和強子實驗，其全截面積的比值如圖（11-156c），而理論比值 $R_{\text{理}}$ 是：

$$R_{\text{理}}=\frac{\sigma(e^+ + e^- \to \text{強子})}{\sigma(e^+ + e^- \to \mu^+ + \mu^-)}=\sum_i e_i^2 \tag{11-517a}$$

e_i= 反應粒子的電荷大小。由表 11-48 得低能量域和高能量域參與的夸克分別為（u,d,s）和（u,d,c,s,b），因對撞時的質心系能量必須大於夸克靜止能才行。

$$\therefore R_{\text{理}}=\begin{cases}\left(\dfrac{2}{3}\right)^2+2\left(\dfrac{1}{3}\right)^2=\dfrac{2}{3}\leftarrow\text{低能量域是 } u\,,d\,,s & (11-517\text{b})\\[2ex] 2\left(\dfrac{2}{3}\right)^2+3\left(\dfrac{1}{3}\right)^2=\dfrac{11}{9}\leftarrow\text{高能量域是 } u\,,d\,,c\,,s\,,b & (11-517\text{c})\end{cases}$$

這時如果各夸克都帶內稟色自由度 3，則（11-517b）和（11-517c）需各乘 3，就得圖 11-156c 的實驗比值 $R_{\text{實}}$：

$$R_{\text{實}}\doteqdot\begin{Bmatrix}2\cdots\cdots\ \text{低能量域}\\ \dfrac{11}{3}\cdots\cdots\text{高能量域}\end{Bmatrix}=R_{\text{理}}\times 3 \tag{11-517d}$$

所以 $R_{\text{理}}$該改為：

$$R_{\text{理}}=\frac{\sigma(e^+ + e^- \to \text{強子})}{\sigma(e^+ + e^- \to \mu^+ + \mu^-)}=\sum_{\text{色}(color)}\Big(\sum_{i=\text{味}} e_i^2\Big) \tag{11-517e}$$

這樣地，圖（11-156c）一面證明色自由度是 3，同時也證明夸克帶（11-514g）式所示的分數電荷。

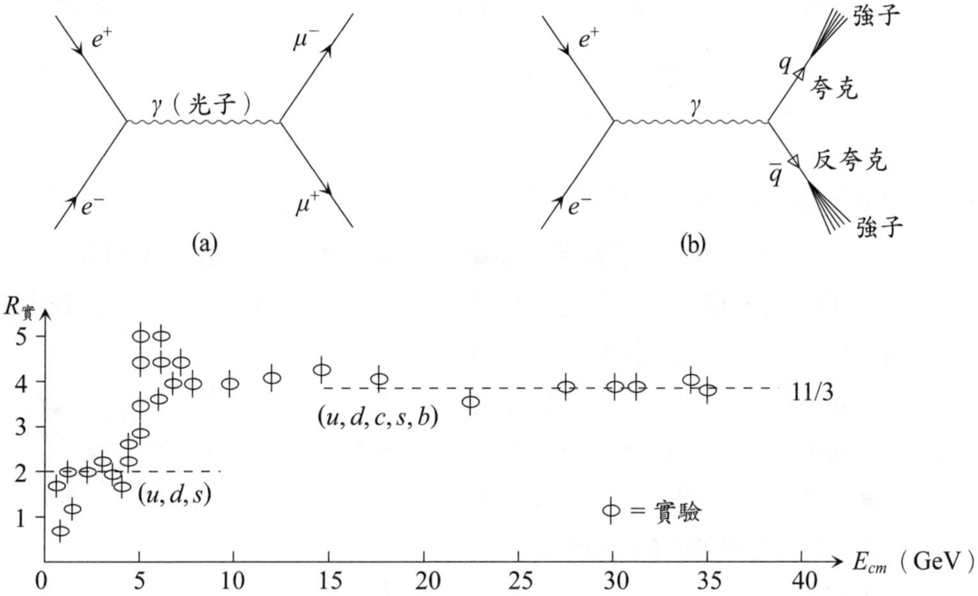

$R_{實}=\dfrac{\sigma(e^+ + e^- \rightarrow \text{強子})}{\sigma(e^+ + e^- \rightarrow \mu^+ + \mu^-)}$，$E_{\rm cm}$ = 質心系入射能，德國 DESY 的實驗

(c)

圖 11-156

(ii)色量子數扮演的主角色[55)]

如上述，從研究強相互作用誕生了 SU(3)$_c$模型，其色量子數不但滿足了 Pauli 不相容原理，且滿足了夸克的分數電荷結果。從（11-516a）式到（11-516d）式的推導色自由度過程，得知色自由度類比於扮演電磁相互作用的電荷功能。電磁相互作用是如圖（11-157a），帶電體 Q_1和 Q_2 以放出或吸收光子γ，即交換光子來進行相互作用，於是強相互作用該如圖（**11-157b**），夸克 q_1和 q_2 以交換放出和吸收色荷的膠子 **g** 來進行相互作用。光子不帶電，故無法自相互作用（self interaction），但膠子帶有色荷，自然地會產生自

γ= 靜止質量 0，且不帶電的光子

電磁相互作用

(a)

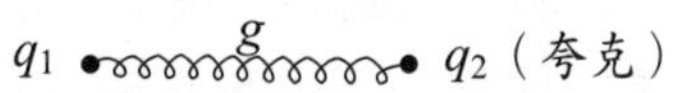

g= 靜止質量 0，且帶色荷的膠子

強相互作用

(b)

圖 11-157

相互作用。加上色有三種，和電荷僅一種（正電可看成帶負電荷粒子的反粒子電荷，因為夸克和膠子都有反粒子）的情況有本質上的差異。不過電磁和強相互作用的方式，如圖（11-157a, b）互為類比，故仿量子電動力學（QED），Gell-Mann 取命為量子色動力學（QCD）。QED 理論是對易局部規範理論，其本質是：

$$\left.\begin{array}{l}\text{(1)相對論性不變（relativistic invariant）}\\ \text{(2)能重整（renormalizable）}\end{array}\right\} \qquad (11\text{-}518a)$$

QCD 類似把色編入 QED 的局部規範理論，由於我們稱呼的么正同位旋 $\hat{F}_k = \frac{1}{2}\hat{\lambda}_k$ 是不對易量，所以 QCD 變成不對易局部規範理論，其本質也是（11-518a）式。只要你瞭解 QED，對 QCD 請以類比於 QED 就容易瞭解，不過別忘了 QCD 有 3 種色荷，遠比 QED 繁，並且 QCD 是天生非線性（non-linear），於是帶來禁閉（confinement）現象，即無法游離夸克。非線性耦合，如圖（11-158a），外來的游離用能量被膠子的色力轉換成為，如圖（11-158b）的夸克相互作用內能，最後如圖（11-158c）產生夸克反夸克對（pair creation），這樣地繼續下去，無法游離夸克。圖（11-158c）的夸克對產生現象，有點類似分割磁鐵的圖（11-158d）的現象，我們無法獲得磁單極。那麼關禁閉會不會觸犯本是部分子的夸克（11-515e）式的性質呢？完全不會，像我們的手，有手背和手掌，是色力的本質，它一面禁閉，另一面叫**漸近自由**（asymptotic freedom），這時夸克是準自由（quasi free）粒子。1970 年代中葉，為了分析實驗觀察到的，後來肯定為燦夸克 c 和美或底夸克 b 的燦偶素（charmonium）（$c\bar{c}$）和美或底偶素（bottomonium）（$b\bar{b}$），以及它們的共振態用的唯象勢能（phenomenologieal potential energy）V(r)是：

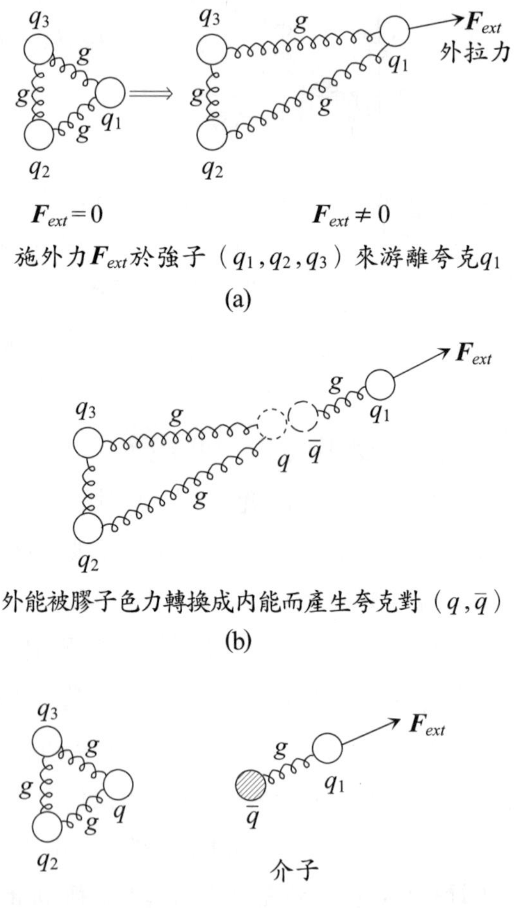

施外力 F_{ext} 於強子（q_1, q_2, q_3）來游離夸克 q_1

(a)

外能被膠子色力轉換成內能而產生夸克對（$q, \bar{q}$）

(b)

當內能足夠 q 和 $\bar{q}$ 分離時，$\bar{q}$ 和 q_1 就形成介子（$\bar{q}, q_1$）而離開強子（q, q_2, q_3）而去

(c)

圖 11-158

$$V(r)=-\frac{k_1}{r}+k_2r \qquad (11\text{-}518b)$$

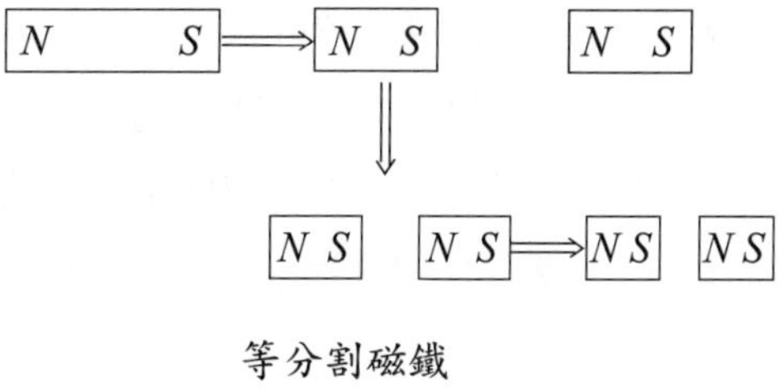

(d)

圖 11-158（續）

k_1和k_2是參數，r＝兩夸克間距離。使夸克形成（$c\bar{c}$）或（$b\bar{b}$）是類庫侖的引力勢能（Coulomb-like attractive force potential energy）$-k_1/r$，它是分析偶素以及它們的共振態實驗，仿電子e^-和正電子e^+形成電子偶素（positronium）的勢能。至於k_2r普通稱為**色（荷）項**（color (charge) term），讓我們稱它為**禁閉勢能**（confinement potential energy），它來自色力（color force）。當 $r\to 0$ 時色力$\to 0$，夸克便獲得漸近自由，相反地 $r\to$很大時色力$\to$很大，則夸克無法獲得自由被禁閉起來，那麼如何得禁閉勢能呢？

k_2r完全起因於膠子帶色荷，如圖（11-159a）類比電荷間有電力線（electric lines of force），設帶有色荷的夸克間有**色力線**（color lines of force）。**光子不帶電，但膠子帶色荷，於是這色荷使色力線間有相互作用**。當你將圖（11-159a）的q和$\bar{q}$拉開，則色力線便如圖（11-159b）相互靠近，到兩夸克相距某距離時，夸克靜止能m_qc^2變成遠小於色力線間的相互作用能，結果如圖（11-159c）形成夸克反夸克對。這是用色力線描述圖（11-158b）和（11-158c）的另種圖象（picture）。

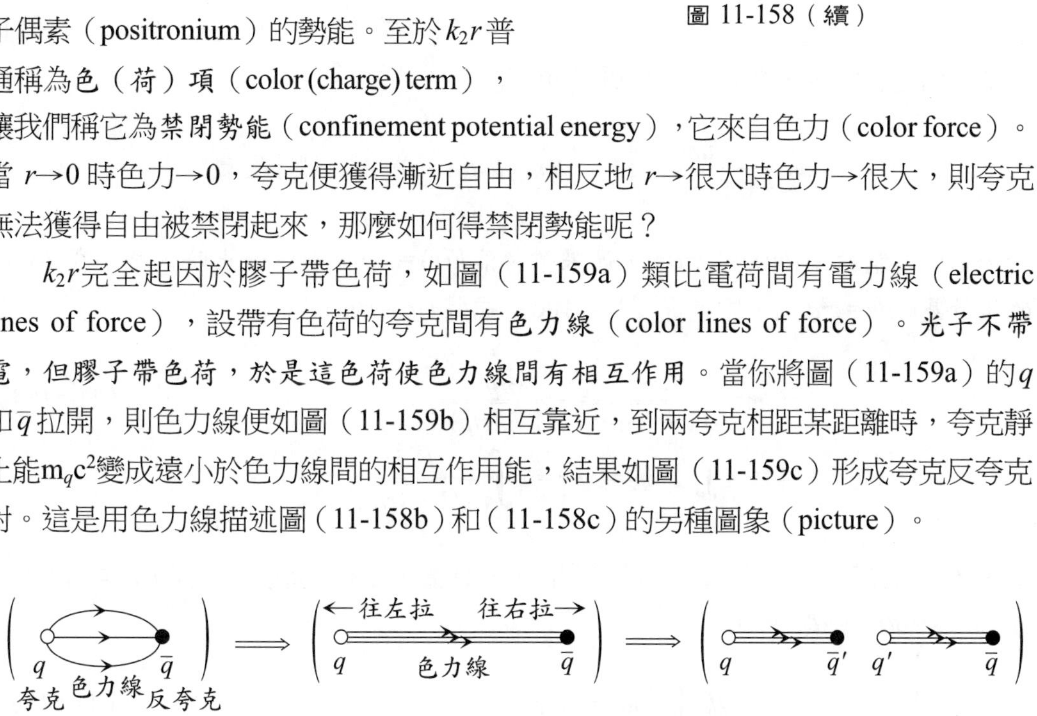

外力$\boldsymbol{F}_{ext}=0$

施外力$\boldsymbol{F}_{ext}$向左右拉開 q 和$\bar{q}$

$m_qc^2\ll$色力線間相互作用能，形成$\bar{q}'q'$後分離

(a) (b) (c)

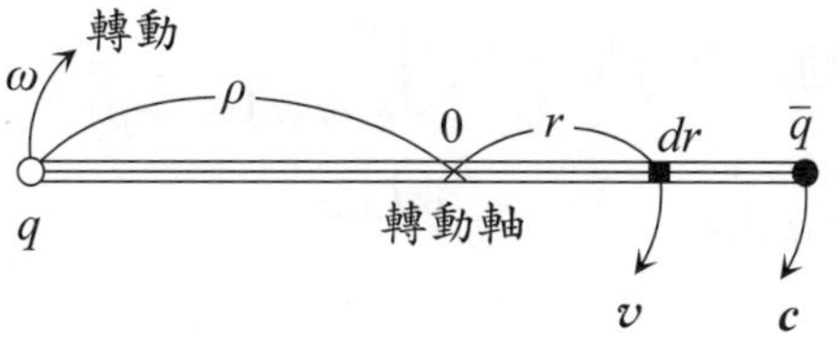

(d)

圖 11-159

如把圖（11-159b）的色力線束看成一根長度 2ρ的均勻膠子管或一根弦（string），且相對於色力線囤積的內能而忽略$m_q c^2$，即近似夸克為無質量（massless）粒子，則如圖（11-159d），無質量的一對夸克 q 和$\bar{q}$分別在長 2ρ，單位長能量k_2的弦兩端。整根弦以經幾何中心 0 的軸轉動，於是夸克對 q 和 $\bar{q}$ 的角動量便等於弦的總角動量。設夸克的線速度為光速度 $\boldsymbol{c}$，則由於弦上各點的轉動角速度 ω 都一樣，

$$\therefore \omega = \frac{v}{r} = \frac{c}{\rho} \qquad (11\text{-}518c)$$

（11-518c）式的各物理量如圖（11-159d）所示。從（11-518a）式的要求，我們必須使用相對論質量，則弦的微小質量 dm 是：

$$dm = \frac{dm_0}{\sqrt{1-(v/c)^2}}, \qquad dm_o = dm(v=0) = \text{靜止微小質量}$$

於是 dm 的能量$=(dm)c^2 = c^2 dm$，如果弦勢能$V(r)=k_2 r$，則弦靜止時，微小段 **dr** 內的能量是$k_2 dr = c^2 dm_0$，並且從（11-518c）式得$v/c = r/\rho$，

$$\therefore c^2 dm = \frac{c^2 dm_0}{\sqrt{1-(v/c)^2}} = \frac{k_2 dr}{\sqrt{1-(r/\rho)^2}} \qquad (11\text{-}518d)$$

$$\therefore \text{總能} = \int_o^M c^2 dm = Mc^2 = 2\int_0^\rho \frac{k_2 dr}{\sqrt{1-(r/\rho)^2}}$$

M＝整根弦質量＝強子質量，$q\bar{q}$ 的話是介子質量。如$k_2 \neq k_2(r)$，且設$r/\rho \equiv \sin\theta$，或$dr = \rho\cos\theta\, d\theta$，則得：

$$Mc^2 = 2k_2 \int_0^{\pi/2} \rho\, d\theta = \pi k_2 \rho \qquad (11\text{-}518e)$$

質量 dm 的微小線段的角動量 dJ，由圖（11-159d）得：

$$dJ = rv\,\mathrm{dm} = \frac{k_2 r v\, dr/c^2}{\sqrt{1-(r/\rho)^2}} = \frac{k_2 r^2 dr}{\rho c\sqrt{1-(r/\rho)^2}}$$

$$\therefore \text{總角動量 } J = \int_0^J dJ = 2k_2 \int_o^\rho \frac{r^2 dr}{\rho c\sqrt{1-(r/\rho)^2}} = \frac{\pi k_2 \rho^2}{2c} = \frac{(Mc^2)^2}{2\pi k_2 c}$$

$$\therefore \frac{J}{\hbar} = \frac{(Mc^2)^2}{2\pi k_2 \hbar c}, \quad \text{或} \quad \frac{J}{\hbar} \propto (Mc^2)^2 \qquad (11\text{-}518f)$$

強子自旋$J/\hbar$的實驗值是：

$$(J/\hbar)_{\text{實}} = 0.93(\text{GeV})^{-2}(Mc^2)^2 \qquad (11\text{-}518g)$$

表示$(J/\hbar)_{實}$正比例於$(Mc^2)^2$，這和理論結果（11-518f）式一致，於是由（11-518f）和（11-518g）式得：

$$\frac{1}{2\pi k_2 \hbar c}=0.93(\text{GeV})^{-2}$$
$$\therefore k_2=\frac{\text{GeV}^2}{2\pi\hbar c\times 0.93}=\frac{\text{GeV}^2}{2\pi\times 197.327\times 0.93\text{MeV}\cdot\text{fm}}\fallingdotseq 0.867\text{GeV}\cdot\text{fm}^{-1}$$

（11-518f）式的結果來自（11-518d）式，即使用了$V(r)=k_2 r$，換言之，夸克的禁閉勢能 $V(r)$是：

$$\left.\begin{aligned}&V(r)=k_2 r\\&k_2\fallingdotseq 0.867\text{GeV}\cdot\text{fm}^{-1}\end{aligned}\right\}\qquad(11\text{-}518\text{h})$$

$k_2=0.867\text{GeV}\cdot\text{fm}^{-1}\fallingdotseq 1\text{GeV}\cdot\text{fm}^{-1}$，核子被束縛在原子核內的核子平均結合能（binding energy），由 Ex（11-31）的圖得 8MeV ≒ 10MeV，故k_2約為核子結合能的 100 倍。

以上推導禁閉勢能的方法叫**弦模型（string model）**法，弦模型的靈感來自 G.Venezino 模型，它又叫雙對模型（dual model），是基本粒子的散射振幅模型之一。1970 年代發現可從相對論弦振動導出雙對模型，於是雙對模型就變為弦模型。弦模型的強子，夸克是由弦連起來的，因此獲得了如（11-518h）式的禁閉勢能。這成功鼓舞了基本粒子物理學家。本來就 Chew-Goldberger 色彩的弦模型物理學家，更加深入研究，弦模型成為弦理論（string theory）或簡稱為**弦論**，在強相互作用領域和 QCD 理論比長短，結果被 QCD 打成重傷，1980 年代中葉一時無聲色，後來死灰復燃，正如閩南話諺語：「打斷了腿反而更強壯」，目前成為萬有理論（theory of everything），因為弦論能夠量子化 QCD 無能力做的重力相互作用。臺灣大學物理系的李森、賀培銘和交通大學物理所的李仁吉等人都是這方面的專家。已知能夠量子化的弦論目前（2000 年）有 5 個，每一個都有它的對稱性，稱為**超對稱**（super-symmetry），稱這些弦論為**超弦（super-string）理論**，其維數是（1+9）維。那弦論是什麼呢？把粒子看成大小約10^{-33}cm 的小弦，這麼小的弦和基本粒子，如部分子沒什麼兩樣。粒子的自由度是有限的，如夸克的（11-516e）式，但弦嘛，如我們在理論力學學過那樣，自由度可說是無限之多，弦的不同狀態對應到不同的粒子，你不難想像弦論能發揮的空間之大。弦運動又有各種模式（modes），於是求粒子的各種共振態比 QCD 容易，不過不但維數遠比 QCD 多，數學也較難。接著以圖和例子來瞭解色自由度和帶色荷的膠子功能。如圖（11-160(a)）帶紅色 R 的夸克q_R經膠子的媒介變成藍色 B 的夸克 q_B。由於膠子帶色荷，故膠子不但能自相互作用，並且能放出（emit）和吸收（absorb）膠子，現以R, B和G分別表示帶紅色荷、藍色荷和綠色荷膠子，則在色規範場內膠子會如圖11-160b不斷地自相互作用而放出或吸收不同色的膠子，膠子也能產生夸克q反夸克$\bar{q}$對（$q\bar{q}$ pair creation）。

紅色R反藍色$\bar{B}$膠子，$B\bar{B}$變成無色

色規範粒子，膠子扮演的角色

(a)

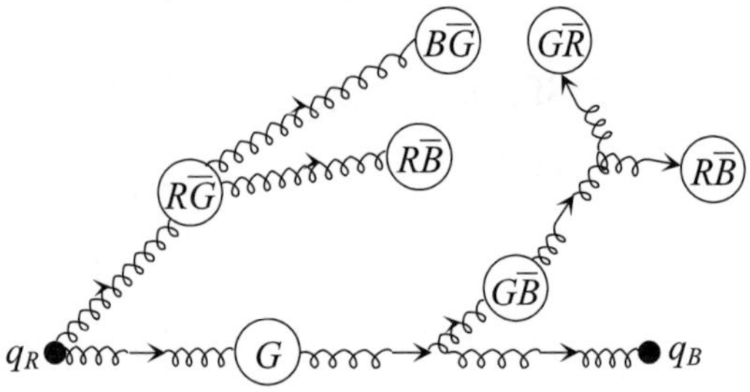

膠子自相互作用，以及放出和吸收膠子

(b)

圖 11-160

【Ex. 11-92】膠子將夸克耦合在一起的例子。

設R, B, G為帶紅、藍、綠色荷的膠子，而$\bar{R}, \bar{B}, \bar{G}$為反色荷膠子，於是$R\bar{R}, B\bar{B}, G\bar{G}$等為無色，所以得：

$$R\bar{B}, R\bar{G}, B\bar{G}, B\bar{R}, G\bar{B}, G\bar{R} \text{是會變色耦合，} \tag{11-519a}$$

$$\left.\begin{matrix} \dfrac{1}{\sqrt{2}}(R\bar{R}-B\bar{B}) \\ \dfrac{1}{\sqrt{6}}(R\bar{R}+B\bar{B}-2G\bar{G}) \end{matrix}\right\} \text{等是不會變色耦合} \tag{11-519b}$$

因此（11-519a）式是耦合會變色的夸克，如圖（11-161a）和（11-161b），而（11-519b）式是如圖（11-161c～g），是耦合不會變色的夸克。夸克和膠子的相互作用頂點（vertex），類比於QED的（11-451c）式，是和夸克色荷有關，而（11-451c）式的電荷q就是對易局部規範變換（11-407b）式U(1)變換的耦合強度（相互作用強度）。$SU(3)_c$的相互作用強度是（11-514b）式的g，為了避免和膠子代符號的g混淆，暫用希臘字χ(chi)來代替，所以從QED的類比，χ表示一單位色荷，反夸克的單位色荷由反粒子性質的表11-20該為（$-\chi$）。經膠子的作用，如兩夸克要形成束縛態（bounded state），則由（11-518b）式必須得（$-\chi^2$），類似氫原子的庫侖勢能$\left(-\dfrac{1}{4\pi\varepsilon_0}\dfrac{e^2}{r}\right)$，MKS單位，$e$＝電子電荷大小。以$q_{R,B,G}$和$q_{\bar{R},\bar{B},\bar{G}}$表夸克和反夸克，則它們和膠子的相互作用例有：

(a)

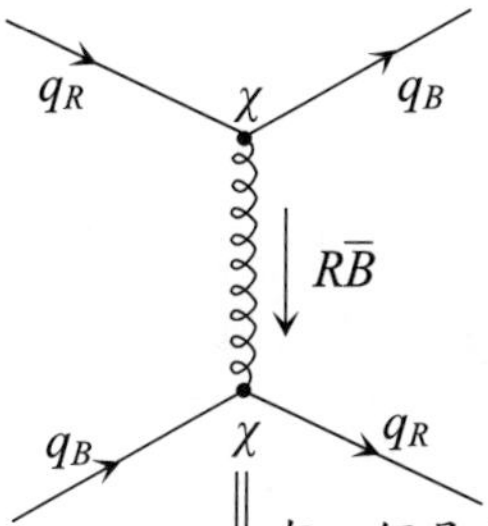

$\xrightarrow[\text{交換}]{\text{有色荷}}$ 相互作用的色荷積$=\chi\cdot\chi=\chi^2$

⇓ 有一個是反夸克

(b)

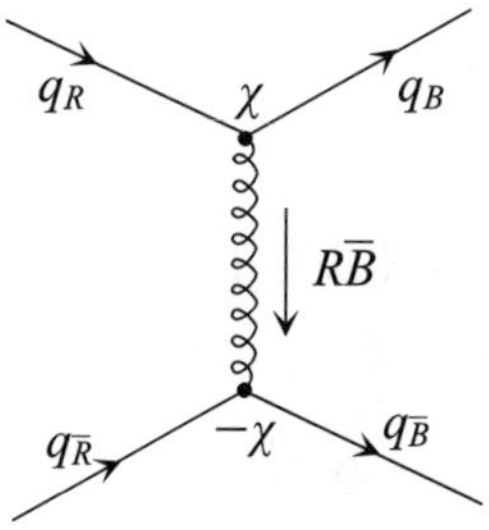

$\xrightarrow[\text{交換}]{\text{有色荷}}$ 相互作用的色荷積$=-\chi\cdot\chi=-\chi^2$

(c)

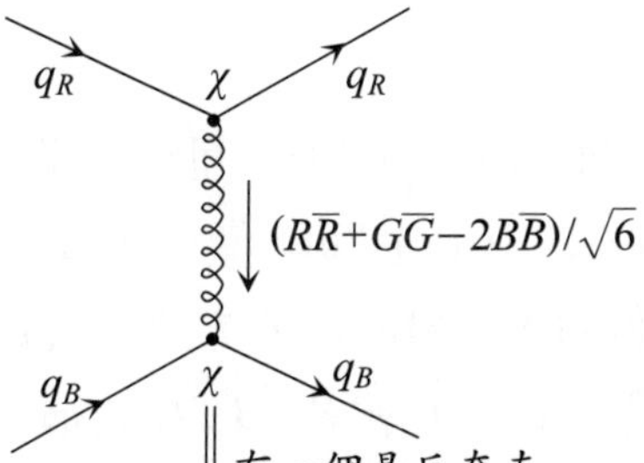

$\xrightarrow[\text{交換}]{\text{無色荷}}$ 和紅色荷夸克有關的膠子是$R\bar{R}/\sqrt{6}$，故交換的色荷$=\chi/\sqrt{6}$

和藍色荷夸克有關的膠子是$(-2B\bar{B}/\sqrt{6})$，故交換的色荷$=-2\chi/\sqrt{6}$

$\therefore$相互作用的色荷積$=\dfrac{\chi}{\sqrt{6}}\times\left(-\dfrac{2\chi}{\sqrt{6}}\right)=-\chi^2/3$

⇓ 有一個是反夸克

(d)

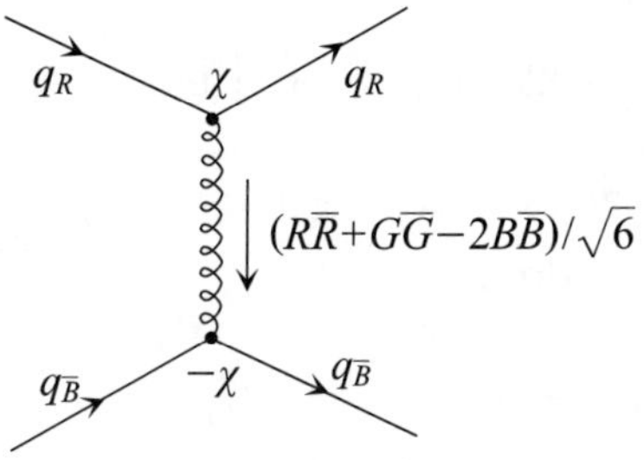

$\xrightarrow[\text{交換}]{\text{無色荷}}$ 同上(c)圖的色荷交換算法得，相互作用的色荷積$=\dfrac{\chi}{\sqrt{6}}\times\dfrac{2\chi}{\sqrt{6}}$

$=\chi^2/3$

(e)

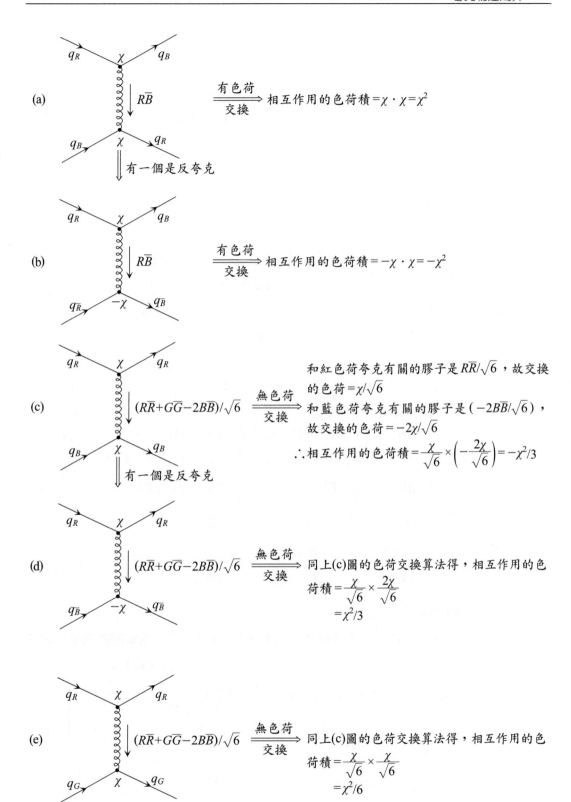

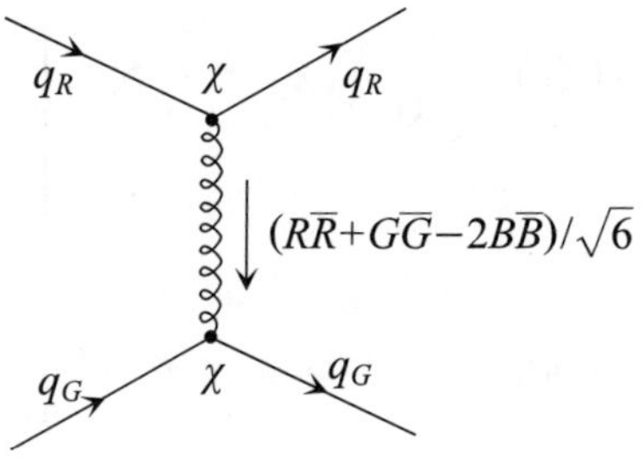

$\xrightarrow[\text{交換}]{\text{無色荷}}$ 同上(c)圖的色荷交換算法得，相互作用的色荷積$=\dfrac{\chi}{\sqrt{6}}\times\dfrac{\chi}{\sqrt{6}}$

$=\chi^2/6$

圖 11-161

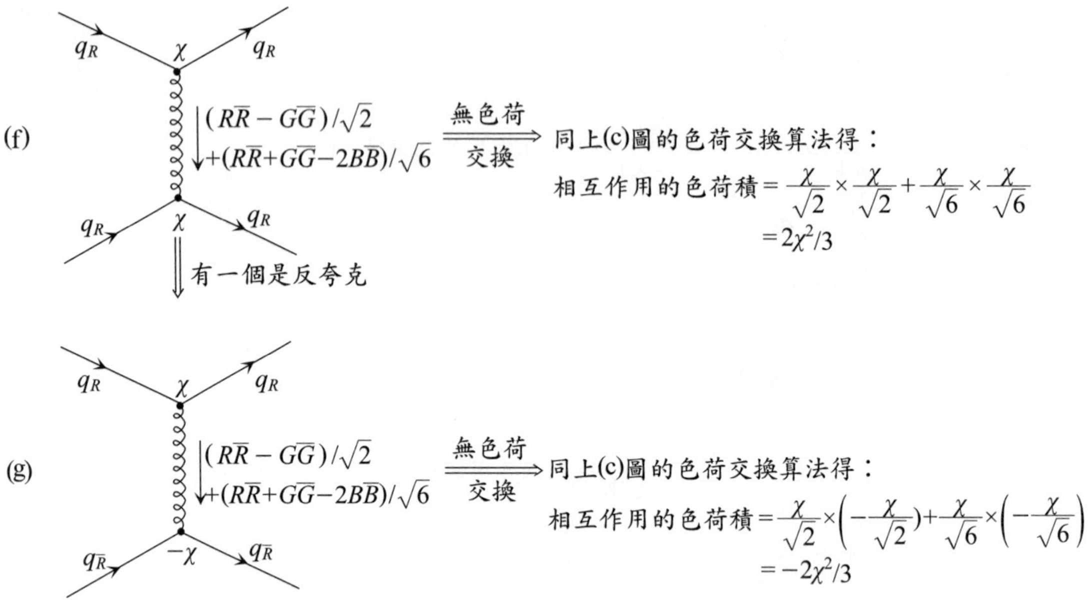

圖 11-161（續）

從圖 11-161 大致瞭解帶色荷的膠子功能了吧，膠子一面自相互作用，一面媒介夸克夸克相互作用。在圖（11-161(a), (b)）僅以（11-519a）式中的 $R\bar{B}$ 為例，其他的變色耦合照圖 11-161a, b 的方法做就是。同樣地，不變色耦合的（11-519b）式是 R, B, G 和 $\bar{R}$, $\bar{B}$, $\bar{G}$ 對稱中的一組，例如還有 $\frac{1}{\sqrt{2}}(B\bar{B}-G\bar{G})$ 和 $\frac{1}{\sqrt{6}}(B\bar{B}+G\bar{G}-2R\bar{R})$ 等等。那麼在怎麼樣的情況下，膠子才能將夸克束縛成強子呢？答案是：

$$\left\{\begin{array}{l}\text{夸克必須組成色單態（color singlet）或無色} \\ \text{（colorless）才會形成強子（hadron）。}\end{array}\right\} \qquad (11\text{-}519c)$$

在下面以實際演算來證明（11-519c）式。

(1)強子真的由 3 夸克組成（請看（11-513a）式）色單態的束縛態嗎？

由（11-516j）式得 3 夸克的狀態波函數 $\psi(q_1, q_2, q_3)$：

$$\left.\begin{array}{l}\psi(q_1,q_2,q_3)=\phi_s(q_1(\xi_1),q_2(\xi_2),q_3(\xi_3))\dfrac{1}{\sqrt{3!}}\varepsilon_{ijk}x^iy^jz^k\equiv\phi_s\varphi_c \\ \varphi_c\equiv\dfrac{1}{\sqrt{3!}}\varepsilon_{ijk}x^iy^jz^k \\ \quad=\dfrac{1}{\sqrt{6}}\{q_R(q_Bq_G-q_Gq_B)+q_B(q_Gq_R-q_Rq_G)+q_G(q_Rq_B-q_Bq_R)\}\end{array}\right\} \quad (11\text{-}519d)$$

$=$色單態反對稱函數

設 $H(G)$ ＝膠子耦合作用＝（11-519a, b）式，則如果 $\langle \psi(q_1, q_2, q_3) | H(G) | \psi(q_1, q_2, q_3) \rangle$ ＝負值就證明 $\psi(q_1, q_2, q_3)$ 是束縛態波函數。$H(G)$ 和時空間以及自旋無關，僅和色量子數有關的相互作用，$H(G)$ 的 G 表示膠子。

$$\therefore \langle \psi(q_1, q_2, q_3) | H(G) | \psi(q_1, q_2, q_3) \rangle = \langle \varphi_c | H(G) | \varphi_c \rangle$$

$$= \left(\frac{1}{\sqrt{6}}\right)^2 \Big\langle q_R(q_Bq_G - q_Gq_B) + q_B(q_Gq_R - q_Rq_G) + q_G(q_Rq_B - q_Bq_R) \Big| \left(\begin{matrix} R\overline{B}, R\overline{G}, B\overline{G}, B\overline{R}, G\overline{R}, G\overline{B}, \\ \frac{1}{\sqrt{2}}(R\overline{R} - B\overline{B}), \cdots\cdots; \frac{1}{\sqrt{6}}(R\overline{R} + B\overline{B} - 2G\overline{G}), \cdots\cdots \end{matrix} \right) \Big| \varphi_c \Big\rangle$$

現在考慮 φ_c 的第一項 $q_R(q_Bq_G - q_Gq_B)$，第二和第三項由對稱性是和第一項完全一樣。

$$\left(\frac{1}{\sqrt{6}}\right)^2 \Big\langle q_R(q_Bq_G - q_Gq_B) | H(G) | q_R(q_Bq_G - q_Gq_B) \Big\rangle \longleftarrow \text{執行圖 11-161 的演算}$$

$$= \frac{1}{6} \langle q_Bq_G - q_Gq_B | H(G) | q_Bq_G - q_Gq_B \rangle$$

$$= \frac{1}{6} \{ [\langle q_Bq_G | H(G) | q_Bq_G \rangle + \langle q_Gq_B | H(G) | q_Gq_B \rangle] - [\langle q_Gq_B | H(G) | q_Bq_G \rangle + \langle q_Bq_G | H(G) | q_Gq_B \rangle] \}$$

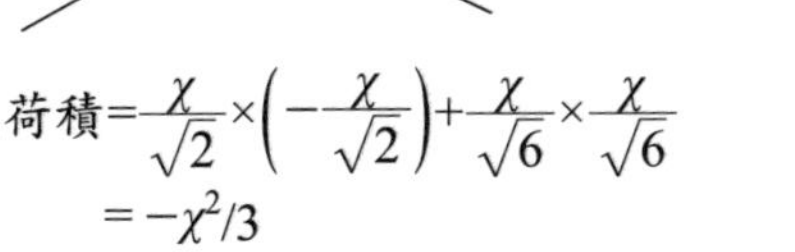

色荷積 $= \frac{\chi}{\sqrt{2}} \times \left(-\frac{\chi}{\sqrt{2}}\right) + \frac{\chi}{\sqrt{6}} \times \frac{\chi}{\sqrt{6}} = -\chi^2/3$

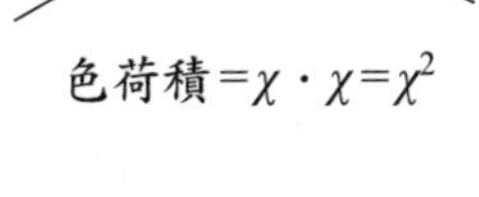

色荷積 $= \chi \cdot \chi = \chi^2$

故 $\langle \varphi_c | H(G) | \varphi_c \rangle$ 的總色荷積是：

$$3 \times \frac{1}{6} \times \left\{ 2 \times \left(-\frac{\chi^2}{3}\right) - 2 \times \chi^2 \right\} = -\frac{4}{3}\chi^2 < 0 \qquad (11\text{-}519e)$$

把氫原子的原子核的質子用正電子取代的束縛態叫**電子偶素**（positronium），其束縛庫侖勢能的 MKSA 單位是$\left(-\frac{e^2}{4\pi\varepsilon_0}\langle\frac{1}{r}\rangle\right)$，$e$=電子電荷大小。比較電子偶素庫侖勢能的$e^2$和（11-519e）式的色荷$\chi^2$，則得束縛 3 夸克的色力勢能$V(3q)$是：

$$V(3q)\Longleftrightarrow -\frac{4}{3}\langle\frac{1}{r_{ij}}\rangle\chi^2 \qquad (11\text{-}519f)$$

r=電子和正電子間距離，r_{ij}=夸克q_i和夸克q_j間距離。（11-519f）式右邊的負符號說明：3 夸克組成色單態$\{q_R(q_Bq_G-q_Gq_B)+q_B(q_Gq_R-q_Rq_G)+q_G(q_Rq_B-q_Bq_R)\}/\sqrt{6}$帶來束縛態。

(2)介子真的由夸克反夸克（請看（11-513a）式）組成色單態的束縛態嗎？

由（11-519a）式的有色荷交換的圖（11-161a）和圖（11-161b），以及（11-519b）式無色荷交換的圖（11-161f）和（11-161g），相信你已看出夸克和反夸克可能會經交換膠子而形成束縛態。由（11-513a）式，夸克反夸克組成的束縛態叫介子，介子是 Bose 子，其波函數是對稱函數。在量子色動力學 Bose 子的波函數不但是對稱，且是色單態函數，於是夸克反夸克的 Bose 子波函數$\psi(q,\bar{q})$是：

$$\psi(q,\bar{q})=\phi_s(q(\xi),\bar{q}(\xi'))\varphi_c$$
$$\varphi_c\equiv\frac{1}{\sqrt{3}}(q_R q_{\bar{R}}+q_B q_{\bar{B}}+q_G q_{\bar{G}})=\text{色單態對稱函數}$$

$\xi\equiv(t,\boldsymbol{x},\boldsymbol{\sigma})$，右下標$S$和$C$分別表示對稱和色量子數。如$\psi(q,\bar{q})$是束縛態，則交換膠子$H(G)$相互作用時，$H(G)$的期待值必為負值，表示$q\bar{q}$是束縛態，因為要給它能量$q$和$\bar{q}$才能分開。

$$\therefore\ \langle\psi(q,\bar{q})|H(G)|\psi(q,\bar{q})\rangle=\langle\varphi_c|H(G)|\varphi_c\rangle$$
$$=\left(\frac{1}{\sqrt{3}}\right)^2\Bigg\langle q_R q_{\bar{R}}+q_B q_{\bar{B}}+q_G q_{\bar{G}}$$
$$\left|\begin{pmatrix}R\bar{B},R\bar{G},B\bar{G},B\bar{R},G\bar{R},G\bar{B},\\ \frac{1}{\sqrt{2}}(R\bar{R}-B\bar{B}),\cdots\cdots;\frac{1}{\sqrt{6}}(R\bar{R}+B\bar{B}-2G\bar{G}),\cdots\cdots\end{pmatrix}\right|$$
$$q_R q_{\bar{R}}+q_B q_{\bar{B}}+q_G q_{\bar{G}}\Bigg\rangle$$

上式的矩陣素，會交換色荷的 $\langle q\bar{q}|H(G)|q'\bar{q}'\rangle$ 和不交換色荷的 $\langle q\bar{q}|H(G)|q\bar{q}\rangle$ 的兩種，故各算一個就夠。

$\langle q_R q_{\bar{R}}|R\overline{G}|q_G q_{\overline{G}}\rangle =$

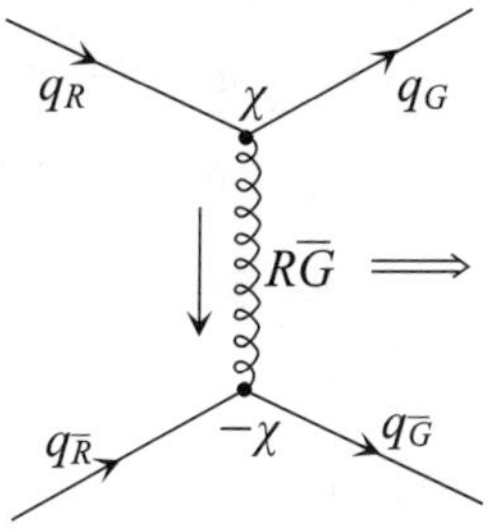

$\Longrightarrow$ 色荷積 $=\chi\cdot(-\chi)=-\chi^2$

$\langle q_R q_{\bar{R}}|(R\bar{R}-B\bar{B})/\sqrt{2}+(R\bar{R}+B\bar{B}-2G\overline{G})/\sqrt{6}|q_R q_{\bar{R}}\rangle$

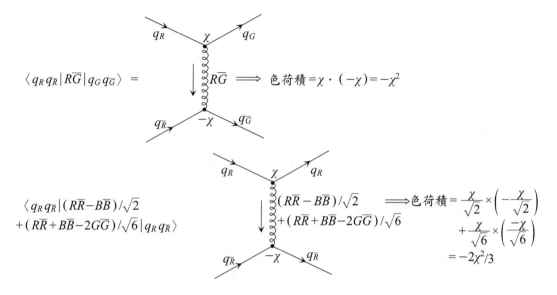

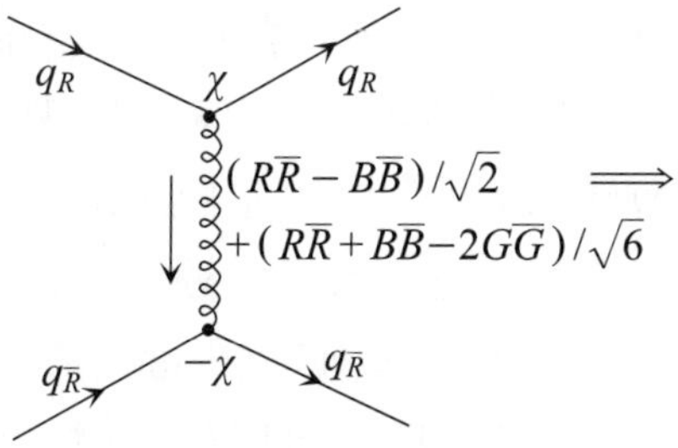

$$\Longrightarrow \text{色荷積} = \frac{\chi}{\sqrt{2}}\times\left(-\frac{\chi}{\sqrt{2}}\right)+\frac{\chi}{\sqrt{6}}\times\left(\frac{-\chi}{\sqrt{6}}\right)=-2\chi^2/3$$

故 $\langle\varphi_c|H(G)|\varphi_c\rangle$ 的總色荷積是：

$$[3\times(-2\chi^2/3)+6\times(-\chi^2)]/3=-8\chi^2/3<0 \qquad (11\text{-}519\text{g})$$

所以 $\psi(q,\bar{q})=$ 束縛態，其束縛勢能 $V(q\bar{q})$ 是：

$$V(q\bar{q})\Longleftrightarrow -\frac{8}{3}\left\langle\frac{1}{r_{ij}}\right\rangle\chi^2 \qquad (11\text{-}519\text{h})$$

r_{ij} 是夸克 q_i 反夸克 $\bar{q}_j$ 間距離，期待值 $\langle 1/r_{ij}\rangle=\langle\phi_s|1/r_{ij}|\phi_s\rangle$。如果強子或介子波函數不是色單態而帶有顏色，則無法獲得負值總色荷積，請讀者自己試證。

經（Ex. 11-92）相信更加瞭解色自由度和膠子膠子相互作用，同時會覺得由弦模型獲得的初步夸克禁閉勢能（11-518h）式的禁閉源可能是色力。色力使膠子產生自相互作用，並且膠子是規範原理的產物，於是物理學家必然不會放過非對易（non-abelian）局部規範變換的（11-514b）式；加上 1969 年 Feynman 的部分子模型（11-515e）式，成功地解釋了強子反應現象，更鼓舞物理學家想從量子場論去探討這些模型的理論基礎。一面檢查非對易局部規範理論是否滿足（11-518a）式的重整性，一面研究理論是否能帶來夸克禁閉和漸近自由。前者在 1971～1972 年就被有場論傳統，正在攻讀博士學位的荷蘭年輕物理學家 Gerardus't Hooft 解決了。他先證明在 1967 年 Weinberg-Salam 發表的 $SU(2)\otimes U(1)$的電弱理論（請看下面(F)）是可重整理論（renormalizable theory），然後才證 $SU(3)_C\otimes SU(2)\otimes U(1)$是重整性理論，就因此工作，去年（1999 年）和他的指導教授M.Veltman獲Nobel物理獎。而後者中的夸克漸近自由性，在 1973 年陸續地由美國理論物理學家解決了。他們分別是：「D. J. Gross 和 F.Wilczek 以及 H. D. Politzer 發現：非對易局部規範理論正是會帶來漸近自由，因此三人在 2004 年獲 Nobel 物理獎。接著 S. Coleman 和 D. J. Gross 證明了：非對易局部規範理論是漸近自由的唯一理論。後來 H.Fritzsch, M. Gell-Man 和 H. Leutwyler 從非對易局部規範理論，如三個色自由度便得漸近自由性[63]，不過他們都沒正式證明夸克的禁閉性，僅晶格規範理論（lattice gauge theory）獲得夸克禁閉性及其禁閉勢能$=kr$，$k=$比例常量」。即他們證明了：非對易局部規範理論自然地會帶來漸近自由，並且其動力學根據是色自由度，稱這有色自由度的相對論量子場論為**量子色動力學**，簡稱 **QCD**，是根基夸克色自由度的非對易局部規範理論，以夸克來解決強相互作用的力學理論。因此 1969 年 Feynman 提出的（11-515e）式的部分子模型獲得場論基礎，它是微擾 QCD 理論的第零次（zeroth order）近似結果。所以在 1973 年強相互作用理論的QCD理論大致奠立，是滿足（11-518a）式的非對易局部規範理論，它有夸克禁閉和夸克間距$<10^{-19}$ m時漸近自由兩特徵。規範粒子的膠子有 8 種，各帶三種色荷和其反色荷，色自由度是動力學之源，並且理論是天生的非線性。那麼到底能量多高時，就能看夸克為自由粒子呢？由 Heisenberg 測不準原理，夸克間距$\Delta x=10^{-19}$m的動量偏差ΔP 是$\Delta P\doteqdot \hbar/\Delta x$，在高能量時從（9-51）式得$\Delta E$：

$$\Delta E\doteqdot c\Delta P=\frac{\hbar c}{\Delta x}=\frac{199.327\text{MeV}\cdot\text{fm}}{10^{-19}\text{m}}\doteqdot 2\times 10^{6}\text{MeV}=2\text{TeV} \qquad (11\text{-}520)$$

所以在百 GeV 以上就可以使用微擾法計算 QCD 題，稱為**微擾 QCD**（perturbative QCD）。QCD 既然是規範理論，那麼 QED 的那套 Feynman 圖演算技巧便能用，於是從（11-426d）式，需要相互作用表象，並且 $SU(3)_C$變換不變的相互作用 Lagrangian 密度。那麼如何獲得 QCD Lagrangian 密度呢？請先溫習前面(C)(1)(vii)規範變換，尤其(Ex.11-81)，以及(D)(4)Yang-mills 理論。

(iii)簡述量子色動力學 Lagrangian 密度

先來定位本小節的位置，才能明確地建構各模型或理論間關係，這小節是屬於圖 11-162 的量子色動力學（QCD）。

原分子	原子核	強子，如核子	夸　克	?
10^{-10} m 線度	10^{-14}～10^{-15} m 線度	10^{-16} m 線度	10^{-19} m 線度	小於 10^{-20} m 線度
eV～數十 eV	MeV～GeV	數百 MeV～數 GeV	數 GeV 以上	理論？（弦論？）

QED　　QHD　　QCD，電弱理論

$$\hat{U}(1) \xrightarrow[1954]{\text{Yang-Mills}} \hat{U}(SU(2)) \xrightarrow[\text{Weinberg-Salam 1967}]{\text{Gell-Mann1964}} \hat{U}(SU(3))_C\,,\ \hat{U}(SU(2))_L\ \hat{U}(1)_Y$$

規範理論

四維時空間

（量子力學）＋（狹義相對論）

右下標 C, L, Y 分別表示色、左旋和弱超荷

圖 11-162

在我們的生活能量域，一直到核子靜止質量能，約 1GeV 的範圍，分別有強、電磁、弱和萬有引力四種相互作用。生活在萬有引力場內的我們經驗了：只要有質量的東西都會往下（地球質心方向）掉，經打雷閃電、行動電話、電燈、電視等家電，不得不認識電磁學。強相互作用嘛，雖和日常生活無直接關係，不過有某程度的常識，例如原子彈、氫彈、核彈頭火箭、核潛水艇、核能發電等名詞都很耳熟，僅弱相互作用較生疏，準備在下面(F)簡介它。1932 年發現中子，原子核物理誕生後，一直尋找著物質的根源和相互作用的來源，質量和電荷是什麼？怎麼來的？對前面問題中的強相互作用是什麼？如何形成強子而造出物質呢？終於在 1973 年有了大突破，統合強相互作用的QCD，以及統一電磁和弱相互作用的電弱理論（electroweak theory，請看下面(F)）的**標準模型**（standard model）問世。到今天（2000 年春天）尚無違背此模型的實驗，模型預言的三代夸克全找到了。那麼如何檢查模型的正不正確性呢？比較從模型 Lagrangian 或運動方程式計算的躍遷矩陣、微分角或能量截面、電磁形狀因子或形態因子（electromagnetic form factor）、強子形狀因子等等的理論值，和其對應的實驗值，如果獲得理論和實驗一致，就肯定了模型，如果不一致，則模型有問題或錯誤。沿著圖 11-162 的發展過程，從 $\hat{U}(1)$ 照表（11-44）的類比得 SU(2)的相互作用 Lagrangian 密度（11-506b）式 L_{int}，以及規範場強度 Lagrangian 密度（11-507c）L_f。$SU(3)_C$ 理論是 Yang-Mills SU(2)理論的推廣，於是完全類比 Yang-Mills 理論，設某自由味道夸克 $\psi_f(x)$ 的 Lagrangian 密度為 L_0：

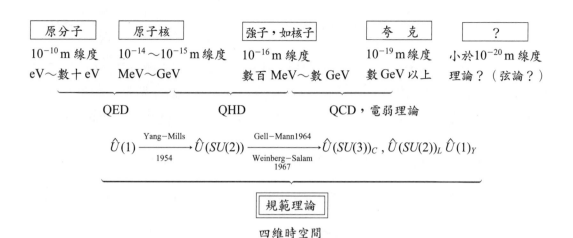

$$L_0(x)=\sum_f \overline{\psi}_f(x)(i\gamma_\mu\partial^\mu-m_f)\psi_f(x) \qquad (11\text{-}521a)$$

右下標 f 表示味道（flavor）。（11-521a）式和 SU(2)不同的地方是，自旋 1/2 的 Fermi 子夸克 $\psi_f(x)$ 帶有 3 種顏色 $\psi_f\equiv(\psi_{r,b,g})_f$，$m_f$= 夸克靜止質量。如果 L_0 經非對易局部規範變換（11-514b）式 $\hat{U}$(SU(3))變換不變，則對應於（11-505b）式得：

$$\psi_f(x)\longrightarrow\psi'_f(x)=\hat{U}(\mathrm{SU}(3))\psi_f(x)=e^{ig\sum_{k=1}^{8}a_k(x)\hat{F}_k}\psi_f(x) \qquad (11\text{-}521b)$$

並且由規範原理必有新場，即規範場 $G_k^\mu(x)$ 產生，而由（11-505d）式得協變算符 D^μ：

$$\begin{aligned}\partial^\mu\longrightarrow D^\mu&=\partial^\mu+ig\sum_{k=1}^{8}\hat{F}_kG_k^\mu(x)\\&\equiv\partial^\mu+ig\hat{F}\cdot G^\mu(x)\end{aligned} \qquad (11\text{-}521c)$$

g= 相互作用常數，微分算符 ∂^μ 是不帶色量子數的純數學算符，所以 $\hat{F}\cdot G^\mu(x)\equiv\sum_{k=1}^{8}\hat{F}_kG_k^\mu(x)$= 無色（colorless），即不帶色量子數的物理量。$G_k^\mu(x)$ 是**規範場**，又叫 **Yang-Mills 場**，$k=1,2,\cdots,8$，故有 8 種規範場，其第二量子化粒子規範粒子（gauge particle）叫**膠子**（gluon），於是有 8 種膠子，且各帶 3 種色荷和其反色荷。自由味道夸克的 Lagrangian 密度（11-521a）式 L_0 在 $\hat{U}$(SU(3))變換不變下變成：

$$\begin{aligned}&L_0(x)\longrightarrow L(x)=\sum_f\overline{\psi}_f(x)(i\gamma_\mu D^\mu-m_f)\psi_f(x)\equiv L_0(x)+L_{\text{int}}(x)\\&\boxed{L_{\text{int}}(x)\equiv-g\sum_f\overline{\psi}_f(x)\gamma_\mu\hat{F}\cdot G^\mu(x)\psi_f(x)}\end{aligned} \qquad (11\text{-}521d)$$

而 $\hat{F}\cdot G^\mu(x)$ 的變化 $\delta(\hat{F}\cdot G^\mu(x))$，同（11-506d）式的推導，於是從（11-506d）式得：

$$\left.\begin{aligned}&\hat{F}\cdot G'^\mu(x)=\hat{U}\{\hat{F}\cdot[-\partial^\mu a(x)+G^\mu(x)]\}\hat{U}^+\\&\text{或}\sum_{k=1}^{8}\hat{F}_kG'^\mu_k(x)\equiv\hat{F}_kG'^\mu_k(x)=\hat{U}\{\hat{F}_k[-\partial^\mu a_k(x)+G_k^\mu(x)]\}\hat{U}^+\end{aligned}\right\} \qquad (11\text{-}521e)$$

接連的兩同指標表示對該指標相加。至於SU(3)規範場的場張量 $G^{\mu\nu}(x)$，其推導過程同（11-507b）式，即：

$$D^{\mu}(\hat{F}\cdot G^{\nu}(x))-D^{\nu}(\hat{F}\cdot G^{\mu}(x))$$
$$=(\partial^{\mu}+ig\hat{F}_aG_a^{\mu}(x))(\hat{F}_bG_b^{\nu}(x))-(\partial^{\nu}+ig\hat{F}_bG_b^{\nu}(x))(\hat{F}_aG_a^{\mu}(x))$$
$$=[\hat{F}_b(\partial^{\mu}G_b^{\nu}(x))-\hat{F}_a(\partial^{\nu}G_a^{\mu}(x))]+ig(\hat{F}_a\hat{F}_b-\hat{F}_b\hat{F}_a)G_a^{\mu}(x)G_b^{\nu}(x)$$
$$=\hat{F}_c[\partial^{\mu}G_c^{\nu}(x)-\partial^{\nu}G_c^{\mu}(x)]-gf^{abc}\hat{F}_cG_a^{\mu}(x)G_b^{\nu}(x)\longleftarrow \text{用了（11-514c）式}$$
$$\equiv\hat{F}_cG_c^{\mu\nu}(x)=\hat{F}\cdot G^{\mu\nu}(x)$$
$$\boxed{G_c^{\mu\nu}(x)\equiv[\partial^{\mu}G_c^{\nu}(x)-\partial^{\nu}G_c^{\mu}(x)]-gf^{abc}G_a^{\mu}(x)G_b^{\nu}(x)} \qquad (11\text{-}521\text{f})$$

所以 SU(3)規範場的 Lagrangian 密度 L_G 是：

$$L_G(x)=-\frac{1}{4}G_{\mu\nu}^{a}(x)G_a^{\mu\nu}(x)=-\frac{1}{4}G_{\mu\nu}(x)\cdot G^{\mu\nu}(x) \qquad (11\text{-}521\text{g})$$

總 Lagrangian 密度 $L_{總}(x)\equiv L_{\text{QCD}}(x)$ 是：

$$L_{\text{QCD}}(x)=L(x)+L_G(x)$$
$$=\sum_f\overline{\psi}_f(x)(i\gamma_{\mu}D^{\mu}-m_f)\psi_f(x)-\frac{1}{4}G_{\mu\nu}(x)\cdot G^{\mu\nu}(x) \qquad (11\text{-}521\text{h})$$

羅馬字 i,j,k 或 a,b,c 右上或下指標全是膠子指標，故為了避開和Lorentz指標的希臘字 μ,ν 擠在一起，把羅馬字寫成右上或右下指標，但本質一樣，即（11-514c）式的結構常數 $f_{abc}=f^{abc}$，規範場 $G_a^{\mu}=G^{a,\mu}$，其張量 $G_a^{\mu\nu}=G^{a,\mu\nu}$，希臘字的右上標和右下標就不同了，它們是 Lorentz 指標，必須遵守協變和反協變向量的轉換，例如 $G_a^{\mu}=g^{\mu\nu}G_{\nu}^{a}$。（11-521h）式是否滿足（11-518a）式的基本要求呢？相對論性不變沒問題，但能不能重整呢？例如微擾演算時會不會發生無限大的非物理量呢？對於這問題 1972 年't Hooft 證明沒問題，所以（11-521h）式是可重整的相對論性不變的 Lagrangian 密度，不過由於 $L_G(x)$ 是：

$$L_G(x)=-\frac{1}{4}\{[(\partial_{\mu}G_{\nu}^{a}(x)-\partial_{\nu}G_{\mu}^{a}(x))-gf_{abc}G_{\mu}^{b}(x)G_{\nu}^{c}(x)]\times$$
$$[(\partial^{\mu}G_a^{\nu}(x)-\partial^{\nu}G_a^{\mu}(x))-gf^{abc}G_b^{\mu}(x)G_c^{\nu}(x)]\} \qquad (11\text{-}521\text{i})$$

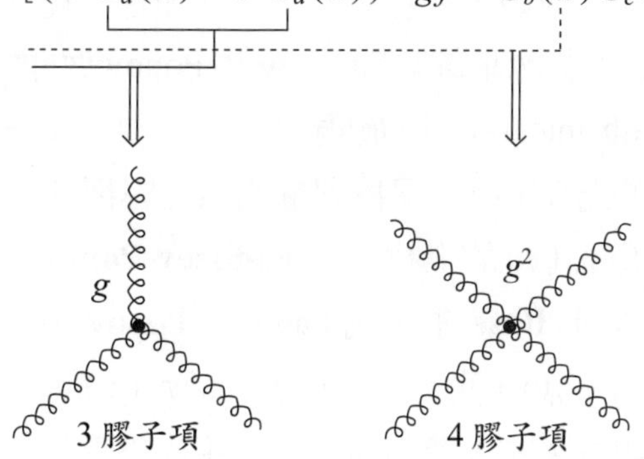

顯然如（11-521i）式$L_G(x)$帶有 3 和 4 膠子相互作用的非線性項，這是自相互作用的必然結果。**因此從（11-521h）式所得的 Euler-Lagrange 運動方程式是非線性運動方程，所以疊加原理（principle of superposition）不成立**。加上膠子帶色荷，必有自相互作用和互相互作用，於是 QCD 真空不是真真空（true vacuum），解 QCD 運動方程式非靠高速電腦不可。幸運地，在 1974 年 Wilson（Kernneth Geddes Wilson 1936 年 6/8～美國理論物理學家）開創以間隔有限的格子，代替連續時空間來處理規範變換不變理論，稱為**晶格理論**（lattice gauge theory）。利用非連續晶格時，那些在場論必會發生的紅紫外線發散問題就被有限化，甚至於可將量子規範場論轉換成統計力學場論。臺灣大學物理系的趙挺偉是這方面的有名專家，他的學生謝東翰博士也身手不凡。在 1970 年代晶格理論明確地獲得夸克禁閉結論。不過夸克膠子現身的能量域，如圖 11-162 是數 GeV 以上的高能量域；在高能量域夸克有漸近自由性，於是仿 QED 開發一套方便和實驗作比較的 QCD 微擾理論。作 Feynman 圖微擾計算時，場的量子化是必須工作，如（11-439a）到（11-440b）式，以及（11-442a～d）式的步驟。自旋 1/2 的夸克場$\psi(x)$的量子化和（11-439a）式同，但規範場$G_a^\mu(x)$的量子化就不簡單了。規範場的量子化大約有下兩套方法，第一套方法是：

⑴對規範場選定規範或固定規範（gauge fixing），例如 QED 時選擇 Lorentz 規範（11-441b）式，則它在 QCD 的話是：

$$\partial_\mu G_a^\mu(x)=0 \tag{11-522a}$$

⑵規範粒子膠子是無靜止質量，自旋 1 奇內稟宇稱的 Bose 子：

$$\left.\begin{aligned} m_G&=0 \\ J^P&=1^- \end{aligned}\right\} \tag{11-522b}$$

利用（11-522a）和（11-522b）式來減少兩個 Lorentz 成分，以方便規範場的量子化，但固定規範操作是會破壞局部規範變換不變性，這是為了方便演算而付出的代價。在 1967 年蘇聯理論物理學家 Faddeev 和 Popov 做非對易局部規範變換的 Feynman 路徑積分（path integral）時發現[64)]：「只要導進一個標量場（scaler field）$\varphi_a(x)$就能同時量子化$G_a^\mu(x)$和保持理論的么正對稱性」，即不破壞局部規範變換不變性。第二量子化$\varphi_a(x)$的場粒子叫 **Faddeev-Popov 鬼 Bose 子**（ghost Bosons）或 **Faddeev-Popov 寄生 Bose 子**，或 Faddeev-Popov 寄生子。覺得譯成「寄生」比「鬼」好些，因為沒$G_a^\mu(x)$就不必$\varphi_a(x)$，而$\varphi_a(x)$專用來吃掉$G_a^\mu(x)$帶來的發散 Feynman 圖用。正如寄生在人體某器官的寄生蟲破壞了該器官的功能。所以如能夠找到吃或破壞癌細胞的細菌，是種治癌的好方法之一。那麼為什麼被稱為**鬼 Bose 子或鬼子**（ghosts）呢？因為規範粒子的靜止質量＝0，如導進$\varphi_a(x)$的話規範粒子便帶靜止質量了，真是出了鬼在作祟，才叫鬼 Bose 子，而叫$\varphi_a(x)$為**鬼場**（ghost field），故第二套方法是：

(1)$\partial_\mu G^\mu(x)\neq 0$　(11-522c)

(2)導進一個專用來抵消會出現非物理現象自由度的標量場$\varphi_a(x)$，則得：

$$m_G \neq 0 \qquad (11\text{-}522d)$$

微擾 QCD 所用的往往是第二套方法的（11-522c）和（11-522d）式，於是所用的 QCD Lagrangian 密度是（11-521h）式減去 Faddeev-Popov 引進的 Lagrangian 密度 L_{FP}，稱為**有效 QCD Lagrangian 密度** $L_{eff.QCD}\equiv L_{eff.}$：

$$L_{eff.} = L_{\text{QCD}} - L_{FP} \qquad (11\text{-}522e)$$

$$L_{FP} = \partial^\mu \varphi_a(x)\,\mathscr{D}_\mu \varphi^a(x) \qquad (11\text{-}522f)$$

$$\mathscr{D}_\mu \varphi^a = \partial_\mu \varphi^a + g f_{abc}\, G_\mu^b(x)\,\varphi^c(x) \qquad (11\text{-}522g)$$

（11-522e～g）式的有效 Lagrangian 密度是微擾 QCD Lagrangian 密度模型，然後完全仿 QED 的S矩陣理論作微擾演算，即有了 Lagrangian 密度，就仿 QED 微擾計算作 QCD 微擾演算。

(iv)QCD 摘要

量子色動力學和下面(F)的電弱理論都牽連到目前高能物理學的科研工作，為了有更清楚的圖象，將到這裡介紹的內容作扼要說明。Yang-Mills 理論（1954）是從對稱性來尋找基本相互作用（動機是究明強相互作用），這核心思想在 1960 年代由 Gell-Mann 帶頭繼承，即從對稱性來找：

(1)基本相互作用，
(2)基本粒子，　} (11-523)

Gell-Mann, Ne'eman 和 Zweig 建構了 $SU(3)_C$ 規範理論基礎（1964），Weinberg-Salam 構築了 $SU(2)_L\otimes U(1)_Y$ 電弱規範理論（1967～1968）。因在 1961 年 Glashow 曾發表過 $SU(2)\otimes U(1)$ 電弱理論架構，以及 1970 年為了解釋弱相互作用的夸克味道混合問題，**G**lashow, **I**liopoulos 和 **M**aiani 提出世稱為 GIM（三人的姓的頭一個字組成）機制（GIM mechanism）預言的燦夸克，和 Weinberg-Salam 理論預言的中性弱流（neutral weak current），果然分別在 1974 年和 1973 年找到了，於是電弱理論就被稱為 Glashow-Weinberg-Salam 電弱理論。另一面大約在 1973 年，強相互作用

的 $SU(3)_C$ 成長為 QCD 規範理論，於是除了重力相互作用，強、電磁和弱相互作用，如圖 11-162 統一在規範理論架構下，這架構的物質粒子是（11-363a）式，力粒子是（11-363b）式，它們就是（11-523）式的基本粒子。力粒子的膠子 g 和光子 γ 是靜止質量零的 Bose 子，但媒介弱相互作用的中間 Bose 子 $W^{\pm}$ 和 Z^0 有很重的靜止質量，為什麼會這樣呢？請看下面(F)。那麼怎麼檢驗這些力粒子呢？光子我們有很熟悉的 Compton 和光電效應，以及能觀測到電子 e^- 正電子 e^+ 對產生（pair creation）實驗，至於膠子 g，它和光子截然不同，g 帶色荷和反色荷，有自相互作用，能放出和吸收膠子，以及對產生夸克 q 反夸克 $\bar{q}$。光子不帶電，故膠子無法直接和光子相互作用，是經夸克間接地和電磁場相互作用（請看圖 11- 163）。同樣地，膠子和弱相互作用也無關。膠子把 3 個夸克或夸克反夸克束縛在一起形成強子，所以如果我們能如圖（11-163a～c）製造強子噴（hadron jets），便是間接地驗證膠子的存在，同時證明產生了夸克和反夸克。那麼怎麼造強子噴呢？如圖（11-163）是：

⑴利用粒子反粒子對撞而湮沒，故產生光子 γ，例如電子正電子（e^-, e^+）或質子反質子（p,$\bar{p}$）對湮沒（pair annihilation）；

⑵光子產生夸克 q 和反夸克 $\bar{q}$ 對；

⑶則必有強相互作用場的量子（quanta）膠子存在；

⑷如能量足夠，這些膠子會造出更多的 q 和 $\bar{q}$，而產生強子群向外衝形成強子噴。入射能愈高，產生的強子噴數愈多，一直能看到 6 噴現象。

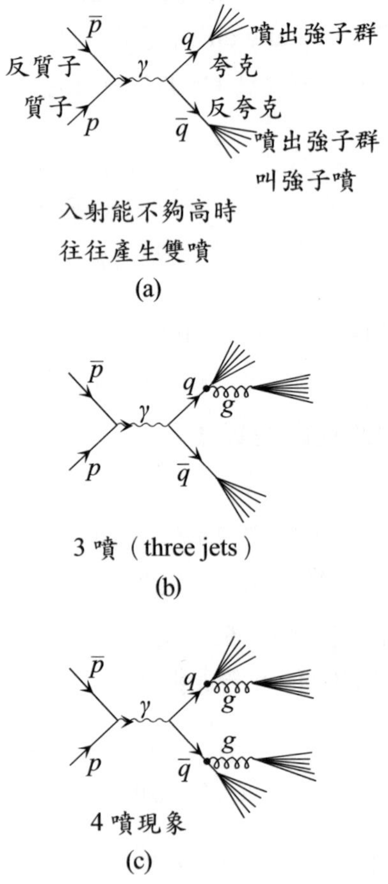

圖 11-163

在 1970 年代中葉，首先發現強子噴的是華裔女實驗物理學家吳秀蘭，她目前仍然是高能物理界的活躍學者。強子噴實驗和 QCD 理論計算吻合的非常好，驗證了膠子的存在。最後將 QED、QHD 和 QCD 作比較在表（11-49）以結束 QCD 簡介。

表 11-49　大致比較 QED、QHD 和 QCD 內容

	QED	QHD	QCD
物理系統	原子，分子	原子核	強子
成員	電子 e^-，正電子 e^+，帶電	重子 B，反重子 $\overline{B}$，介子 M，反介子 $\overline{M}$，有的帶電，有的電中性	夸克 q，反夸克 $\overline{q}$，各帶 3 種色荷
力學	（量子力學）＋（狹義相對論）	同左	同左
相互作用強度（相互作用常數）	$\alpha=\dfrac{e^2}{4\pi}\doteqdot\dfrac{1}{137.036}$ $\alpha\begin{cases}\to 大當\ r\to 0\\ \to 0\ 當\ r\to\infty\end{cases}$	$\alpha_{\text{QHD}}\doteqdot 2\sim 15$	$\alpha_S\lesssim 1$ $\alpha_S\to 0$ 當 $r\to 0$ 夸克的漸近自由性 $\alpha_S\to\infty$ 當 $r\to\infty$ 夸克的禁閉性
規範群	對易局部規範， $\hat{U}(1)=\exp[ig\Lambda(x)]$， $q=$ 電荷	非對易局部規範， $\hat{U}(\text{SU}(2))$ $=\exp\left[ig\sum_{j=1}^{3}\hat{T}_j a_j(x)\right]$， $g=$ 相互作用強度	非對易局部規範， $\hat{U}(\text{SU}(3))$ $=\exp\left[ig\sum_{k=1}^{8}\hat{F}_k a_k(x)\right]$， $g=$ 相互作用強度
場量子	光子 γ 不帶電，靜止質量 $=0$， 無自相互作用	介子 $\pi^{\pm,0},\eta,\omega,\rho^{\pm,0}$，有的帶電，有的電中性， 靜止質量 $\neq 0$	膠子 g， 帶色荷反色荷各 3 種， 靜止質量 $=0$， 有自相互作用

$e=$ 電子電荷大小，$r=2$ 粒子質心間距離

(F)電弱理論（electroweak theory）簡介 [2,3,54,55,60]

(1)定位

先來瞭解本節在近代物理的位置，及將要探討的內容。在粒子物理一直接觸的是量子力學和狹義相對論的融合，加上微觀因果關係成立的量子場論，這三要素可說是場論的一般物理原理（general principles of physics）。將和本節有關的主要發展過程列於表 11-50。

表 11-50 和弱相互作用有關的重要理論和實驗

年代	關鍵人物	主要內容
1928	H. Weyl	規範場論
1929～30	W. Heisenberg, W. Pauli	量子場論，場的量子化
1934	E. Fermi	β衰變理論
1948	J. S. Schwinger, S. Tomonaga, R. P. Feynman	量子電動力學（QED），$\hat{U}(1)$對稱理論
1949	E. Fermi，楊振寧	強相互作用的非對易整體（global）SU(2)規範理論
1954	楊振寧，R. L. Mills	強相互作用的非對易局部（local）SU(2)規範理論
1959～61	內山龍雄（Uchiyama Tatzuo） T. W. B. Kibble	重力場是規範場
1961	S. L. Glashaw	SU(2)⊗U(1)電弱理論架構，規範粒子無靜止質量
	南部（Nambu）陽一郎， J. Goldstone	自發失稱（spontaneous symmetry breakdown）理論
1963	N. Cabibbo	Cabibbo 理論（統一基本粒子弱相互作用的理論）
1964	M. Gell-Mann, G. Zweig	$SU(3)_f$模型（u,d,s 夸克模型）
	P. Higgs	Higgs 機制（規範場的自發失稱而使規範粒子得靜止質量）
1967～68	S. Weinberg (1967) A. Salam (1968)	$SU(2)_L \otimes U(1)_Y$電弱規範理論，預言： ①中性流，②弱子（規範粒子）$W^{\pm}$，Z^0且帶靜止質量，③ Higgs 子
1969	R. P. Feynman	部分子模型
		夸克力學的奠立
1970	Glashaw-Iliopoulos-Maini	GIM 機制，預言燦夸克
1971	G. 't Hooft	證明 Glashaw-Weinberg-Salam 的非對易局部規範理論是可重整理論
1973	歐洲連合原子核研究機構（CERN）	找到 Weinberg-Salam 電弱理論預言的中性流（neutral current）
	小林（Kobayashi）誠， 益川（Maskawa）敏英	Kobayashi-Maskawa 模型或矩陣
	D. J. Gross, F. Wilczek, H. D. Politzer, S. Coleman	非對易局部規範 $SU(3)_C$ QCD 理論的奠立， 證明 QCD 理論的夸克有漸近自由性。
1974	丁肇中，B. Richter	發現（$C\overline{C}$）束縛態 J/ψ 粒子，即找到燦夸克
1977	L. Lederman 和 Fermilab 研究組	發現底（美）夸克
1979	DESY 的 TASSO 研究組	肯定膠子的存在（發現強子噴（jets））
1983	C. Rubbia, S. vander Mear	發現 Weinberg-Salam 電弱理論預言的弱子 $W^{\pm}$ 和 Z^0

DESY ＝德國電子同步輻射研究所

從表（11-50），Weinberg-Salam的電弱理論預言的粒子，除Higgs粒子尚未發現之外都找到了，那麼什麼叫弱相互作用呢？

(i)什麼是弱相互作用呢？

弱相互作用是基本粒子間的基本相互作用之一，雖在1980年代初葉，頂（真）夸克（1994年發現）和 Higgs 子尚未找到，但如表 11-50 強相互作用模型的 QCD 和電弱理論大致在 1983 年告一段落。弱相互作用的研究起源於 1930 年 W. Pauli，他為了解釋原子核的β衰變（看IV(D)(4)）預言微中子（neutrino）的存在，而順利地解決了β衰變的能量問題（請看圖 11-85）。1932 年發現中子 n 後 *E*. Fermi 從電磁學得靈感提出如下β衰變過程（1934）：

$$(n \longrightarrow p + e^- + \bar{\nu}_e) \Longleftrightarrow \quad (11\text{-}524a)$$

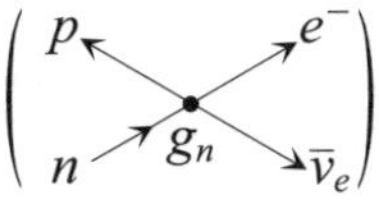

而成功地重現β衰變實驗值，g_n是使中子衰變的弱相互作用強度或常數。這些成果使物理學家們逐漸地相信微中子的存在，不過直接發現電子微中子ν_e是約 20 年後的 1956 年，而在 1962 年和 1998 年分別發現輕子 muon μ和 tauon τ的微中子ν_μ和ν_τ（請看表（11-29））。（11-524a）式稱為 **Fermi 型β衰變**（Fermi type β decay），是4 Fermi子會在一點相互作用，於是又叫4 Fermi子相互作用（four Fermion interaction），**其特徵是宇稱守恆**。弱和電磁相互作用強度大約差：

$$\begin{aligned} g_w &\fallingdotseq \text{電磁相互作用強度}\,\alpha \times (10^{-3} \sim 10^{-4}) \\ &\fallingdotseq (1.43582 \pm 0.00004) \times 10^{-62}\text{J} \cdot \text{m}^3 \end{aligned} \quad (11\text{-}524b)$$

所以才稱為**弱相互作用**，其相互作用距（range）$\lambda \fallingdotseq 2.5 \times 10^{-18}$m。如此短的弱相互作用距，其相互作用強度$g_w$和相互作用距無限大的電磁相互作用強度僅差$10^{-3} \sim 10^{-4}$數量級，這暗示著：當電磁理論交換無靜止質量的粒子光子，弱相互作用時所交換的粒子一定很重。由相互作用距和交換粒子的靜止質量關係，即de Broglie 波長或 Compton 波長（11-199c）式得：

$$mc^2 = \frac{\hbar c}{\lambda} \fallingdotseq \frac{200\text{MeV} \cdot \text{fm}}{2.5 \times 10^{-18}\,\text{m}} \fallingdotseq 80\text{GeV} \quad (11\text{-}524c)$$

這是相當重的粒子，遠遠地重於核力的力粒子π, ω, η, ρ等介子的靜止質量。

Fermi 提出β衰變理論的翌年 1935 年，Yukawa（湯川秀樹）也提出β衰變理論，他和Fermi最大的差異是：他有「中間子」，即介子的想法（請看IV(B)(5)）。他的β衰變理論是核子的中子 n 經交換介子 θ^- 的相互作用才衰變產生電子 e^-：

$$(n \longrightarrow p+\theta^- \longrightarrow p+e^-+\bar{\nu}_e) \Longleftrightarrow$$ (11-524d)

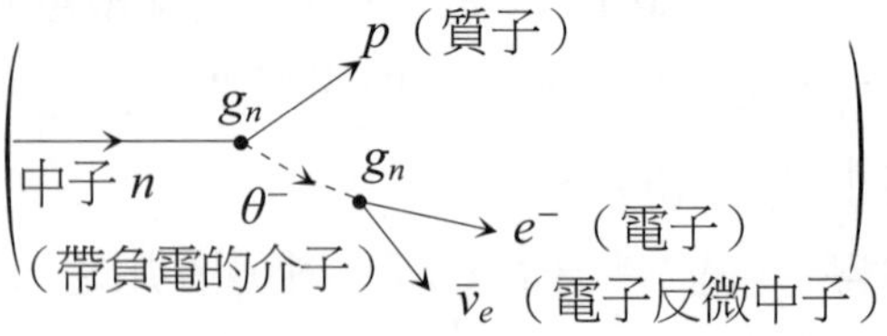

（11-524d）式稱為 **Yukawa** 型 β 衰變（Yukawa type β-decay），同年 Yukawa 也提出了強相互作用的介子模型（請看Ⅳ(B)(5)）。1937 年果然從雲霧室（cloud chamber）的宇宙線飛跡發現了輕子 muon μ，起初以為是媒介強相互作用的介子 π，後來發現除了質量約為電子的兩百倍之外，其他性質完全和電子相同的輕子，它的衰變不但和中子的衰變（11-524a）式一樣，並且相互作用強度 g_μ 和 g_n 相等：

$$(\mu^- \longrightarrow e^-+\bar{\nu}_e+\nu_\mu) \Longleftrightarrow$$

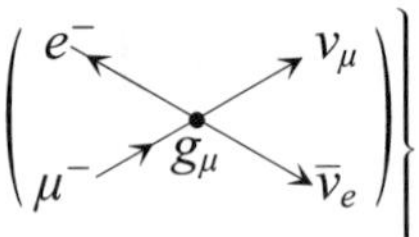

$$g_n = g_\mu$$ （11-524e）

如（11-524a）式，其衰變生成粒子含強子和輕子的稱為準輕子型衰變（semi-leptonic decay），生成粒子如（11-524e）全為輕子的叫輕子型衰變（leptonic decay），而衰變生成粒子沒輕子的叫非輕子型衰變（non-leptonic decay），例如：

$$\Lambda^\circ \longrightarrow P+\pi^- \qquad (11\text{-}524f)$$

一直到 1950 年代初葉，K 介子衰變出現異常現象之前，物理學家們相信弱相互作用的宇稱是守恆。這個物理信條無法解釋 1950 年代初葉的介子 K 和重子 Λ° 的衰變現象，理論和現象的不一致終於在 1956 年和 1957 年，分別由李政道楊振寧的理論和吳健雄的實驗解決了（請看Ⅳ(D)(4)節，尤其圖 11-92），結論是：

弱相互作用的宇稱是不守恆 （11-525a）

宇稱不守恆表示中子衰變產生的電子 e^- 是左右手系不對稱分佈，同時吳健雄發現：$\bar{\nu}_e$ 是完全極化（completely polarized），所以：

電荷共軛變換也不對稱 （11-525b）

因此物理學家以為弱相互作用的宇稱 P 和電荷共軛 C 是分別不守恆，但其同時變換的 CP 是守恆。沒想到跟著實驗技術的提升，在 K 介子衰變又出現理論實驗不一致現象（請看（11-379）式），是 CP 不守恆（1964 年）。在 1955 年 W. Pauli 證明了任何反應（含衰變）或相互作用，對 CP 和時間反演 T 的同時變換 CPT 是守恆

（準確度≒10^{-18}），所以如**CP不守恆，則T也不守恆，這是從1960年代到目前（2000年春），基本粒子的重要科研題之一**。1973年 QCD 和電弱理論大致奠立時，電弱理論，尤其 Kobayashi-Maskawa 模型預言：除了 K 介子之外，美（底）b 或反美（反底）$\bar{b}$夸克，和上 u 反上$\bar{u}$夸克，下 d 反下$\bar{d}$夸克的束縛態$u\bar{b}\equiv B^+$，$\bar{u}b\equiv B^-$，$d\bar{b}\equiv B^0$，$\bar{d}b\equiv\overline{B^0}$介子衰變的 CP 不守恆比 K 介子衰變的更大。對 K 介子的CP和 T 不守恆，由 CERN 和美國 Fermilab 分別在 1998 年和 1999 年有了肯定結果（請看前面(B)(3)），至於 B 介子的情形，目前尚未有肯定的答案[68]。在弱相互作用，不守恆的物理量不少（請看表 11-21），不過弱衰變（weak decay）的 CP 不守恆的僅 K 介子和 B 介子而已，其他粒子的弱衰變 CP 大致守恆。

衰變直接和粒子內稟物理量以及相互作用型有關，於是從分析衰變實驗能得相互作用型和粒子內稟物理量的消息。像弱相互作用距那麼地短，顯然和物質的形成機制以及相互作用根源有密切關係，所以目前基本粒子物理學家積極地，從理論和實驗同時追究 CP 不守恆。專用來研究 B 介子衰變較有名的高能物理實驗設備有美國 Stanford 大學 SLAC 的 BaBar 計畫，以及日本國家高能物理研究所 KEK 的 Belle 計畫。臺灣從 1994 年由臺灣大學物理系的侯維恕、王名儒、張寶棣和聯合技術學院的王正祥，以及研究員黃宣誠等積極參與 KEK 的 Belle 計畫。這計畫是以 B 介子為主研究對象，故通稱為 **B 物理**（B-physics）。除了他們之外，臺灣 B 物理理論專家還有臺灣大學物理系的何小剛和中央研究院的鄭海揚和李湘楠。

(ii)Cabibbo 角（Cabibbo angle），GIM 機制[60]

1932 年發現中子後，原子核物理學發展迅速，內容大約是：「原子核如何形成，核內核子的運動模式和其力學機制，核反應機制，α,β,γ射線的起因和機制，π,ω,η,ρ等介子和微中子的真像等等」，以強相互作用為主，弱和電磁相互作用為次要的唯象理論佔絕大多數。和弱相互作用有關的 Fermi 和 Yukawa 理論之後，在 1948 年 G. Puppie 發現原子核的μ輕子俘獲相互作用強度$g_{\mu c}$和（11-524e）式μ衰變的g_μ相等，

$$\therefore g_n=g_\mu=g_{\mu c} \qquad (11\text{-}526a)$$

並且相互作用都是向量流（vector current，請看（11-413e）式）型，例如（11-524a）式是：

$$g_n\langle p|\gamma_\mu|n\rangle\langle e\bar{\nu}_e|\gamma^\mu|0\rangle\equiv g_n J_{pn}J_{e\nu_e} \qquad (11\text{-}526b)$$

稱為流流相互作用（current-current interaction）。後來又發現，無論輕子型、準輕

子型或非輕子型，弱相互作用強度大致相等。不過 1950 年左右，（11-526b）式的向量流無法重現粒子的衰變現象。在 Lorentz 以及空間反演不變下，如（11-444）式所示，相互作用有下述 5 種型：

$$\left.\begin{array}{ll}\text{標量型（scalar type）相互作用 } S & : \mathbb{1} \\ \text{向量型（vector type）相互作用 } V & : \gamma^{\mu} \\ \text{軸（贗）向量型（axial (pseudo) vector type）相互作用 } A & : \gamma^5\gamma^{\mu} \\ \text{贗標量型（pseudo scalar type）相互作用 } P & : \gamma^5 \\ \text{張量型（tensor type）相互作用 } \sigma^{\mu\nu} & : \frac{i}{2}[\gamma^{\mu},\gamma^{\nu}]\end{array}\right\} \qquad (11\text{-}526c)$$

$\gamma_5 = \gamma^5 \equiv i\gamma^0\gamma^1\gamma^2\gamma^3$，$\gamma^{\mu}$ = Dirac 矩陣（看附錄(I)）。依（11-526c）式的相互作用去分析實驗，結果獲得的**相互作用是 V 和 A 的線性組合型，並且 V 型和 A 型是不同符號，即 $[V+(-A)]=(V-A)$ 組合**，稱為 **$(V-A)$ 型相互作用**或 $(V-A)$ 相互作用（vector axial-vector interaction 或 *V-A* interaction）：

$$\gamma^{\mu}(1-\gamma^5) \qquad (11\text{-}526d)$$

同時得 V 型相互作用強度 g_V 比 A 型相互作用強度 g_A 小一點：

$$g_A \fallingdotseq 1.25 g_V \qquad (11\text{-}526e)$$

稱弱相互作用的（11-526a）式和（11-526d）式性質為**弱相互作用的普遍性**。從左右手系的觀點或粒子的螺旋性（helicity，請看圖（11-129）），（11-526d）式是左螺旋，說明著：**參與弱相互作用的粒子全是左手系的負螺旋性**。以上這些唯象論在 1956 年李政道楊振寧以理論肯定為，弱相互作用是宇稱不守恆，李楊的理論立即經吳健雄夜以繼日的努力，在 1957 年驗證正確。接著的實驗都證明李楊理論是正確，同時肯定了弱相互作用的普遍性。1950 年代後半，宇稱 P、電荷共軛 C，甚至 PC 的守不守恆，物質和相互作用的根源是什麼，成為熱門科研題。

1963 年 N. Cabibbo[65] 注意到**弱相互作用的普遍性，尤其（11-526d）式啟示著：不同內稟物理量或不同成員間的可能「耦合」或「混合」**。由於衰變和粒子的內稟物理量有密切關係，如為複合粒子，則和構成該粒子的成員有密切關係，於是他想到：

$$\left.\begin{array}{r}\text{不同內稟物理量間} \\ \text{或不同成員間的耦合}\end{array}\right\} \qquad (11\text{-}526f)$$

（11-526f）式是 Cabibbo 從弱相互作用的普遍性獲得的靈感吧。1963 年 Cabibbo 為了統一解釋基本粒子的弱相互作用，對粒子的內稟物理量奇異數 S 假設了：

$$\left.\begin{array}{l}(1)\ \text{使用同一相互作用強度}\ g, \\ (2)\ \Delta S=0\ \text{和}\ \Delta S=1\ \text{的衰變間有耦合關係}\end{array}\right\} \qquad (11\text{-}527a)$$

例如設：

$$\left.\begin{array}{l}\mu^- \longrightarrow e^- + \bar{\nu}_e + \nu_\mu\ \text{的相互作用強度} \equiv g, \text{則：} \\ \Delta S=0\ \text{的衰變：}\pi^- \longrightarrow \mu^- + \bar{\nu}_\mu\ \text{的相互作用強度} = g\cos\theta_c \\ \Delta S=1\ \text{的衰變：}K^- \longrightarrow \mu^- + \bar{\nu}_\mu\ \text{的相互作用強度} = g\sin\theta_c\end{array}\right\} \qquad (11\text{-}527b)$$

θ_c 叫 **Cabibbo 角**（Cabibbo angle），表面上相當於導進一個參數 θ_c，但本質是（11-526f）式或（11-527a）式，結果他非常成功地重現了當時的基本粒子衰變實驗。Cabibbo 可以說是：針對一直出理論實驗不一致狀況的最棘手粒子 K 和 Λ^0 進攻，是正面處理最有挑戰性的難題。因為奇異數 S 來自於 K 和 Λ^0 的衰變（請看（11-375a）～（11-377g）式），這種研究態度值得學習。上述成功使 Cabibbo 很有自信地將他的理論用到 Gell-Mann 和 Zweig 的 $SU(3)_f$ 夸克模型，而獲得輝煌成果。只要我們稍微留意，從原子核 β 衰變的 Fermi 理論（11-524a）式和夸克模型：

$$\left.\begin{array}{l}n(u,d,d) \longrightarrow P(u,u,d) + e^- + \bar{\nu}_e) \\ \quad\ \llcorner\!\_\_\_\_\_\_\_\_\_\_\_\_\_\_\lrcorner\!\uparrow \\ \text{相當於夸克：}d \longrightarrow u + e^- + \bar{\nu}_e\end{array}\right\} \qquad (11\text{-}527c)$$

從（11-527c）式不難發現夸克 u 和 d 間的耦合了，但 Cabibbo 是從他洞察出來的（11-526f）式去分析弱相互作用現象而導進 u 和 d 夸克的混合，於是夸克階層的強子，其 $(V-A)$ 流流組合型弱相互作用流是：

$$J_h^\mu \equiv \frac{g}{\sqrt{2}}\Big\{\underbrace{\bar{u}\gamma^\mu\frac{1-\gamma^5}{2}d}_{\Delta S=0}\cos\theta_c + \underbrace{\bar{u}\gamma^\mu\frac{1-\gamma^5}{2}s}_{\Delta S=1}\sin\theta_c\Big\} \qquad (11\text{-}527d)$$

$$= \frac{g}{\sqrt{2}}\bar{u}\frac{\gamma^\mu(1-\gamma^5)}{2}d_c, \qquad \bar{u} = u^+\gamma_0$$

$$\left.\begin{array}{l}d_c \equiv d\cos\theta_c + s\sin\theta_c \\ \text{或}\begin{pmatrix}u\\d\end{pmatrix} \longrightarrow \begin{pmatrix}u\\d\cos\theta_c + s\sin\theta_c\end{pmatrix}\end{array}\right\} \qquad (11\text{-}527e)$$

由表 11-48，d 和 s 夸克是同電荷 $Q=-e/3$ 粒子，故可以線性組合。（11-527e）式可解讀成**弱相互作用的 d 夸克 $\mathbf{d_c}$ 是強相互作用的 d 和 s 夸克的組合**，或解釋成弱作用的 ds 基底是強相互作用的 ds 基底在夸克空間轉 Cabibbo 角 θ_c 所成。這樣地，Cabibbo

順利解釋了 1960 年代末葉前的準輕子型衰變實驗，所得的 Cabibbo 角是：

$$\sin\theta_c \doteqdot 0.22 \sim 0.23 \qquad (11\text{-}527f)$$

可是好景不長，在 1960 年代末葉又遇到理論實驗不合的弱相互作用衰變。例如：

$$K^-(\bar{u},s)\longrightarrow\pi^0((\bar{u}u-\bar{d}d)/\sqrt{2})+e^-+\bar{\nu}_e \qquad (11\text{-}528a)$$

夸克：$s\rightarrow u$

電荷：$-\dfrac{e}{3}\rightarrow\dfrac{2e}{3}$

$$K^-(\bar{u},s)\longrightarrow\pi^-(\bar{u},d)+\nu_e+\bar{\nu}_e \qquad (11\text{-}528b)$$

夸克：$s\rightarrow d$

電荷：$-\dfrac{e}{3}\rightarrow-\dfrac{e}{3}$

K^- 介子雖有電荷變化 e 的（**11-528a**）式的衰變，卻找不到電荷不變的（**11-528b**）式的衰變。為了解決這問題在 1970 年 Glashaw, Iliopoulos 和 Maini 使用稱為奇異數變電荷守恆流（strangeness-changing charge-conserving current），即除了 Gell-Mann 和 Zweig 的 u, d, s 夸克外導進一個新夸克 c，令它的功能剛好抵消（cancellation）（11-528b）式的衰變機制（mechanism）。方法是如圖（11-164a）提出和 d_c 正交（orthogonal）的 s_c：

$$\left.\begin{aligned} & s_c \equiv -d\sin\theta_c + s\cos\theta_c \\ & \text{或}\begin{pmatrix} c \\ s \end{pmatrix}\longrightarrow\begin{pmatrix} c \\ -d\sin\theta_c + s\cos\theta_c \end{pmatrix}\end{aligned}\right\} \qquad (11\text{-}528c)$$

的夸克混合機制，取三人的姓的頭一個字稱為 **GIM** 機制。他們配合 1967～1968 的 Weinberg-Salam 理論得，能相互抵消的如圖（11-164b）和圖（11-164c）Feynman 圖順利地解決了強子的弱相互作用現象。GIM 機制等於四種味道的夸克混合，將

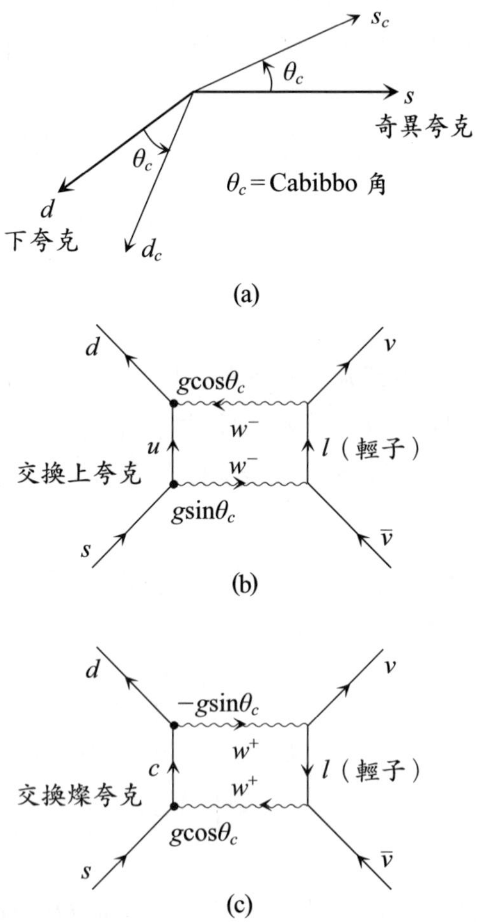

圖 11-164

（11-527e）和（11-528c）式用矩陣表示得：

$$\begin{pmatrix} d_c \\ S_c \end{pmatrix} = \begin{pmatrix} \cos\theta_c & \sin\theta_c \\ -\sin\theta_c & \cos\theta_c \end{pmatrix} \begin{pmatrix} d \\ S \end{pmatrix} = R_c \begin{pmatrix} d \\ S \end{pmatrix} \tag{11-528d}$$

同時得：

$$\bar{d}_c d_c + \bar{s}_c s_c = \bar{d} d + \bar{s} s \tag{11-528e}$$

$$\text{或} R_c^t R_c = \begin{pmatrix} 1 & 0 \\ 0 & 1 \end{pmatrix} \tag{11-528f}$$

$R_c^t = R_c$ 的轉置（transpose）矩陣，即（11-528f）式表示 R_c 是正交轉動矩陣，而（11-528e）式保證 R_c 的正交性（orthogonality）。顯然 **GIM 機制是 Cabibbo 理論的一般化，而 Gell-Mann 和 Zweig 的夸克從 (u,d,s) 3 味道變成 (u,d,c,s) 4 味道**。新進來的夸克在 1974 年 11 月被丁肇中和 Richter 發現時，不但 GIM 3 人，發現者丁肇中、Richter 以及他們的研究組成員，如在黑暗中突然看見燦爛曙光似地高興，就命名**燦夸克**（charm quark），多麼動人的情境啊！接著作個摘要以結束弱相互作用和它目前（1999 年）在物理學上的位置簡介。弱相互作用的重要性質是：

(1) 宇稱 P 和電荷共軛 C 不守恆，
(2) K 和 B 介子的 CP 不守恆，並且預估 B 介子的 CP 不守恆程度遠超過 K 介子的程度[68]，
(3) 有 GIM 機制（Fermi 子夸克的混合），
(4) 弱相互作用距 $\lambda \lesssim 10^{-18}$m，暗示力粒子質量很重。
（11-529）

(2) Higgs 機制（Higgs mechanism），自發失稱（spontaneous symmetry breaking）[54,55,60]

從量子力學的核心假設（postulate）de Broglie 的二象性：能量 $E = h\nu = \hbar\omega$ 和動量 $P = h/\lambda = \hbar/\lambda\!\!\!^{-}$，歸納出粒子大小線度 $\lambda\!\!\!^{-} = \hbar/P = \hbar/mc$，稱為 **de Broglie 波長或 Compton 波長**（請看（11-199c）式），於是無靜止質量的力粒子光子帶來電磁相互作用距是無限長，於是相互作用距是 10^{-18}m 的弱相互作用，其力粒子的靜止質量（rest mass）就相當地重，如（11-524c）式了。那麼如何尋找有這麼重的力粒子的弱相互作用理論呢？這是 1950 年代中葉後的大科研題之一。為了瞭解面對的物理問題有個圖像（picture），先來複習過去的理論的大致架構於圖（11-165）。從圖（11-165），以我們使用的數學工具，Lorentz 不變不成問題，但理論的重整性是需要費心的問題。由圖（11-165）獲得的資料是：

規範理論（gauge theory）是可重整理論（renormalizable theory）， 但遇到它的規範粒子（gauge particle）的靜止質量＝0	（11-530a）

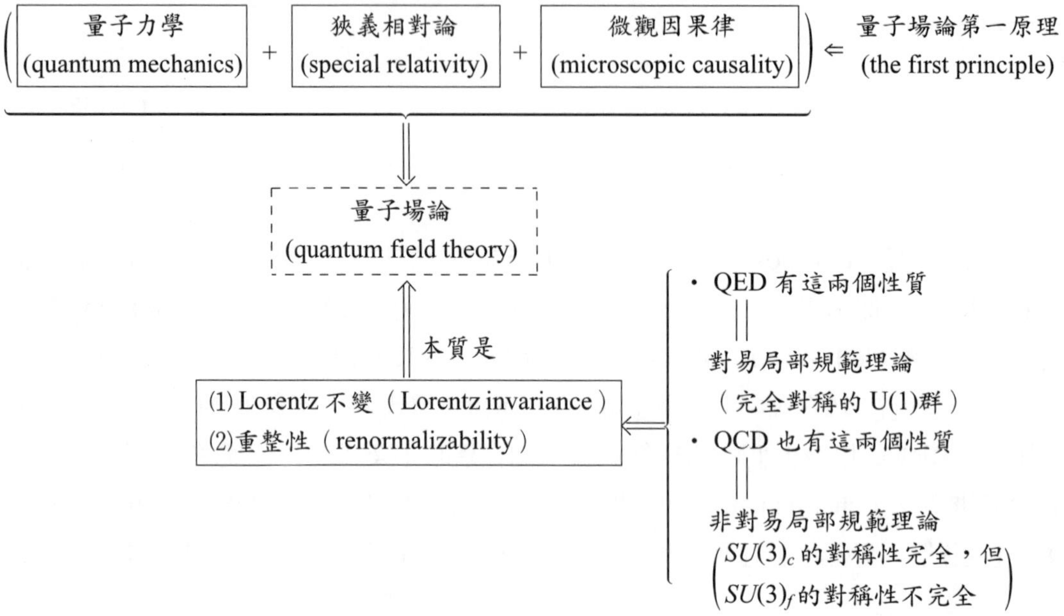

圖 11-165

從（11-526d）式得弱相互作用是對稱性不完全（僅具負螺旋性），並且其力粒子的靜止質量很重的相互作用，而強相互作用，除了力粒子膠子的靜止質量等於零，SU(3)$_f$群也是對稱性不完全，但是可重整規範群。所以相互比較之下，弱相互作用很可能是 SU(n)規範群，即：

弱相互作用理論 $\underset{?}{=\!=}$ 非對易局部規範理論 可能是 SU(n)對稱群，但 n＝?	（11-530b）

另一個問題是：

如何使力粒子的規範粒子有靜止質量呢？！	（11-530c）

究明超導機制是 1950 年代初到中葉的熱門科研題，終於在 1957 年誕生 BCS 理論（請看本章Ⅲ(F)），在 BCS 理論尚未公佈於世之前，三人中的 J. R. Schrieffer（J. Bardeen 的學生，他們都在美國中北部的 Illinois 大學）正在尋找超導理論期間，和附近 Chicago 大學的學術交流研討會上，Schrieffer 推導式子的過程，先有破

壞規範不變性的步驟，但這破壞過程被物理系統的集體運動模式（mode of collective motion），以電流守恆方式補回（1957），如以規範理論作例子，其物理內容是：

設物理系統為規範變換不變 —(內部發生 / 自相互作用)→ 破壞規範變換不變性 —(內部不同 / 場的耦合)→ 恢復規範變換不變性，且規範粒子有靜止質量　　（11-530d）

⇓（自相互作用）產生自發失稱

BCS 理論內涵的（11-530d）式被參與學術研討會的物理學家洞察，其中一位是首創自發失稱理論的 Nambu（南部，名叫陽一郎），他曾是 QED 理論創始者之一 Tomonaga，（朝永，名叫振一郎）研究組內學生輩成員，在 1952 年 Tomonaga 推薦他到美國 Princeton 研究所的日本理論物理學家。那什麼叫自發失稱呢？它是 Nambu 和 J. Goldstone 獨立發現：

（有自相互作用的場，會破壞物理系統原有的對稱性，即使對稱性隱藏在物理系統內部，而系統失去原對稱性。）　　（11-530e）

接著以實（real）和複（complex）標量場作例子來說明自發失稱，以及簡單易懂的對易局部規範 U(1)對稱來說明 Higgs 機制，它是電弱理論的核心。

(i)自發失稱

自然規則、運動方程式都具有某些對稱性，而物理系統**內部發生自相互作用**（**self interaction**）**時，往往會破壞這些對稱性**，稱這現象為**自發失稱**，自發失稱常伴隨靜止質量零的 Bose 子，稱它為 **Nambu-Goldstone Bose 子**，或 **Goldstone Bose 子**或 **Goldstone 粒子**（請看下面（11-536g）式）。用例子來說明自發失稱內涵。

【Ex. 11-93】以實標量場（real scalar field）$\phi(x)$來說明自發失稱。

最熟習的實標量場 Lagrangian 密度是（Ex. 11-78）的（11-404d）式 L_0：

$$L_0(\phi)=\frac{1}{2}(\partial_\nu\phi)(\partial^\nu\phi)-\frac{1}{2}\mu^2(\phi(x))^2 \qquad (11\text{-}531a)$$

μ=第二量子化ϕ的場粒子靜止質量，所以μ=正實值，（11-531a）式右邊第一和第二分別為動能項和質量項，兩項的符號必是相反。L_0描述的運動是對應牛頓力學（Ex. 11-76）的簡諧運動，所以L_0的運動方程式解是平面波，在場論的表示式如（11-433a）式，如果ϕ有自相互作用，接ϕ^2的下一個對稱勢能是：

$$L_{\text{int.}}=-\frac{\lambda}{4}(\phi(x))^4,\quad \lambda>0 \qquad (11\text{-}531\text{b})$$

從經典力學的角度來看$L_{\text{int.}}$，這相當於$V_c(x)\equiv\frac{\lambda}{4}x^4$，則作用力$\boldsymbol{F}=-\nabla V_c=-\lambda x^3\boldsymbol{e}_x$，右下標 c 表示經典力學，$\boldsymbol{e}_x=x$方向的單位向量，$\boldsymbol{F}(-x)\neq\boldsymbol{F}(x)$的引力，是不對稱的引力，故（11-531b）式的自相互作用會破壞對稱性是必然。物理系統的總 Lagrangian 密度$L(\phi)$是：

$$\left.\begin{aligned}
L(\phi)&=\frac{1}{2}(\partial_\nu\phi(x))(\partial^\nu\phi(x))-\left(\frac{1}{2}\mu^2\phi^2+\frac{1}{4}\lambda\phi^4\right)\\
&=T-V(\phi)\\
T&=\frac{1}{2}(\partial_\nu\phi)(\partial^\nu\phi)=\text{動能密度}\\
V(\phi)&\equiv\frac{1}{2}\mu^2\phi^2+\frac{1}{4}\lambda\phi^4=\text{勢能密度},\quad \lambda>0
\end{aligned}\right\} \qquad (11\text{-}531\text{c})$$

從勢能形狀（請參考圖（11-21a,b））能判斷ϕ場粒子的運動情形，於是需要探討$V(\phi)$的變化模樣。

(1)$\mu^2>0$的$V(\phi)$：

$$V(\phi)=\frac{1}{2}\mu^2\phi^2+\frac{1}{4}\lambda\phi^4$$

$$\frac{\partial V(\phi)}{\partial\phi}=\phi(\mu^2+\lambda\phi^2)$$

$$\therefore\frac{\partial V}{\partial\phi}=0:\begin{cases}\phi=0\\ \phi=\sqrt{\mu^2/\lambda}\,i\end{cases}\qquad (11\text{-}531\text{d})$$

純虛量的ϕ在這裡沒物理意義，故$\phi=0$而已。

$$\left(\frac{\partial^2V}{\partial\phi^2}\right)_{\phi=0}=(\mu^2+3\lambda\phi^2)_{\phi=0}=\mu^2>0$$

故$\phi=0$ 為$V(\phi)$的極小點，如圖（11-166a）所示。以經典力學圖像，這是高度對稱的簡諧運動，而場論圖像的話，由（11-433a）式得基態是什麼都沒有的真空$|0\rangle$，基

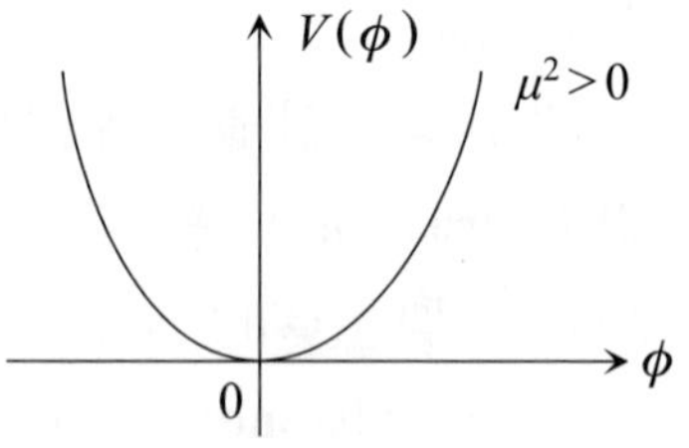

$\langle 0|\phi|0\rangle=0$

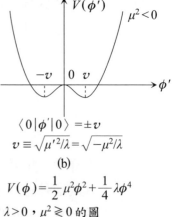

(a)

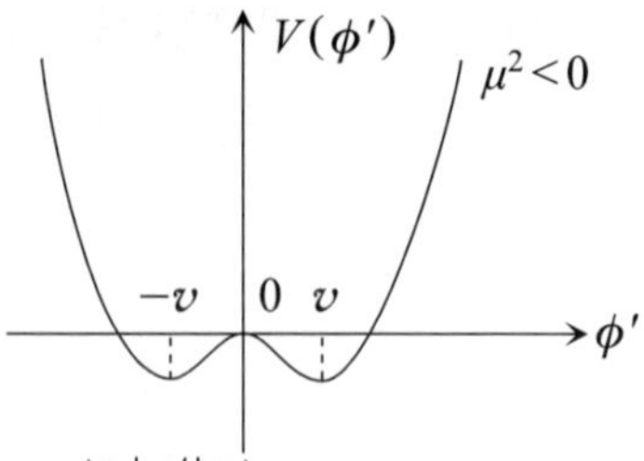

$\langle 0|\phi'|0\rangle=\pm v$

$v\equiv\sqrt{\mu'^2/\lambda}=\sqrt{-\mu^2/\lambda}$

(b)

$V(\phi)=\frac{1}{2}\mu^2\phi^2+\frac{1}{4}\lambda\phi^4$

$\lambda>0$，$\mu^2\gtrless 0$的圖

圖 11-166

態值 $\langle 0|\phi|0\rangle=0$ ，$|0\rangle$ =基態。

(2) $\mu^2<0$ 的 $V(\phi)$：

經 ϕ 場的自相互作用的結果，ϕ 場粒子（ϕ 第二量子化的粒子）的質量 μ 從實值變成零，然後變成抽象的純虛值：

$$(\mu>0)\Longrightarrow(\mu=0)\Longrightarrow(\mu\rightarrow i\mu) \qquad (11\text{-}531e)$$

則（11-531c）式變成：

$$\left.\begin{aligned}L(\phi')&=\frac{1}{2}(\partial_\nu\phi')(\partial^\nu\phi')-\left(-\frac{1}{2}\mu'^2\phi'^2+\frac{1}{4}\lambda\phi'^4\right)\\V(\phi')&=-\frac{1}{2}\mu'^2\phi'^2+\frac{1}{4}\lambda\phi'^4\end{aligned}\right\} \qquad (11\text{-}531f)$$

$$\therefore\frac{\partial V(\phi')}{\partial\phi'}=\phi'(-\mu'^2+\lambda\phi'^2)$$

$$\frac{\partial V(\phi')}{\partial\phi'}=0:\begin{cases}\phi'=0\\\phi'=\pm\sqrt{\mu'^2/\lambda}\equiv\pm v\end{cases}$$

$$\therefore\frac{\partial^2 V(\phi')}{\partial\phi'^2}=\begin{cases}-\mu'^2\cdots\cdots\phi'=0\longrightarrow\phi'=0 \text{ 為 } V(\phi')\text{的極大點，}\\2\mu'^2\cdots\cdots\phi'=\pm v\longrightarrow\phi'=\pm v \text{ 為 } V(\phi')\text{的極小點，}\end{cases}$$

於是 $V(\phi')$ 如圖（11-166b）所示，基態值是：

$$\left.\begin{aligned}&\langle 0|\phi'|0\rangle\equiv\langle 0'|\phi|0'\rangle=\pm v\\&\text{而}[V(\phi')]_{\pm v}=-\lambda v^4/4\end{aligned}\right\} \qquad (11\text{-}531g)$$

（11-531g）式表示：場的自相互作用帶來更穩定的新基態，不過有 $\pm v$ 兩個基態值，因此圖（11-166b）的對稱性低於圖（11-166a）。這暗示著：「物理系統出了狀況」，換句話：

描述物理系統的 Lagrangian 密度 $L(\phi)$ 的結構出了狀況　（11-531h）

當 $\mu^2\longrightarrow(-\mu^2)$ 時（11-531c）式出了什麼狀況呢？在基態 $\phi'=v$ 或 $\phi'=-v$ 附近作微擾操作來檢查 $L(\phi)\rightarrow L(\phi')$ 的情形，設：

$$\phi'(x)=v+\xi(x) \qquad (11\text{-}532a)$$

$$\text{或}\phi'(x)=-v+\xi(x) \qquad (11\text{-}532b)$$

把（11-532a）式代入（11-531f）式得：

$$L(\xi)=\frac{1}{2}(\partial_\nu\xi(x))(\partial^\nu\xi(x))-\lambda v^2\xi^2-(\lambda v\xi^3+\frac{1}{4}\lambda\xi^4)+\frac{1}{4}\lambda v^4$$
$$\equiv\frac{1}{2}(\partial_\nu\xi)(\partial^\nu\xi)-\frac{1}{2}m_\xi^2\xi^2-(\lambda v\xi^3+\frac{1}{4}\lambda\xi^4)+\frac{1}{4}\lambda v^4 \quad (11\text{-}532c)$$
$$m_\xi\equiv\sqrt{2\lambda v^2}>0 \quad (11\text{-}532d)$$

（11-532c）式表示場 ξ 和 ϕ 場一樣有正值的靜止質量（11-532d）式，但 ξ 場已破壞了原場 ϕ 的對稱性：

$$\left.\begin{array}{l} L(-\phi)=L(\phi) \\ L(-\xi)\neq L(\xi) \end{array}\right\} \quad (11\text{-}532e)$$

使用另一基態（11-532b）式也同樣地得（11-532e）式結果。綜合以上內容是：

物理系統具有的對稱性被自相互作用破壞　（11-532f）

或把它一般化：

物理系統具有的對稱性，被該系統的**相互作用的性質**破壞（11-532g）

（11-532g）式的現象叫**自發失稱**（**s**pontaneous **s**ymmetry **b**reaking（或 breakdown）），以英文字母的頭一個字簡稱為 **SSB**。此地是以場的自相互作用作為例子來說明 SSB，且引起 SSB 的相互作用性質就是自相互作用性。確實 $L(\xi)$ 失去 $\xi\to-\xi$ 對稱性的項來自自相互作用 $\lambda\phi'^4/4$ 的 $\lambda\xi^3$，那麼 $L(\phi)$ 原有的對稱性到那裡去了呢？是化明為暗地被隱藏起來而已，稱被隱藏的對稱性為**隱含對稱性**（hidden symmetry），即物理系統原有的對稱性，被系統的相互作用某性質破壞而從表面消失變成隱性對稱性。

從另一角度解讀（Ex. 11-93），有一群無靜止質量的自由粒子（在量子場論，粒子和場是同一體的兩面，因為場的第二量子化便得該場的粒子），其 Lagrangian 密度是：

$$L_{of}=\frac{1}{2}(\partial_\nu\phi)(\partial^\nu\phi)=\text{動能} \quad (11\text{-}533a)$$

這群粒子有自相互作用的性質，其自相互作用勢能 $V(\phi)$ 是：

$$V(\phi)=\frac{1}{2}\mu^2\phi^2+\frac{1}{4}\lambda\phi^4, \quad \lambda>0 \tag{11-533b}$$

在（11-533b）式，如μ^2和λ是同一數量級，則ϕ^4的自相互作用效果值遠大於ϕ^2的效果，因此進行自相互作用的某時刻$\mu^2\to(-\mu^2\equiv\mu'^2)$，系統的總 Lagrangian 密度$L(\phi)$：

$$L(\phi)=\text{動能}-\text{勢能}=\frac{1}{2}(\partial_\nu\phi)(\partial^\nu\phi)-\left(\frac{1}{2}\mu^2\phi^2+\frac{1}{4}\lambda\phi^4\right) \tag{11-533c}$$

變成：

$$L(\phi)\to L(\phi')=\frac{1}{2}(\partial_\nu\phi')(\partial^\nu\phi')+\frac{1}{2}\underbrace{\mu'^2\phi'^2-\frac{1}{4}}_{\text{不同符號}}\lambda\phi'^4 \tag{11-533d}$$

瞬間破壞了粒子具有的對稱性：

$$(\langle 0|\phi|0\rangle=0)\longrightarrow(\langle 0|\phi'|0\rangle\neq 0)$$
$$\langle 0|\phi'|0\rangle\equiv\langle 0'|\phi|0'\rangle=\pm\sqrt{-\mu^2/\lambda}=\pm v \tag{11-533e}$$

在基態$|0'\rangle$附近的運動（可看成ϕ'場的漲落（fluctuation））現象是：

$$\phi'(x)=\overset{+}{\ominus}v+\xi(x) \tag{11-533f}$$
$$L(\xi)=\left[\frac{1}{2}(\partial_\nu\xi)(\partial^\nu\xi)-\frac{1}{2}m_\xi^2\xi^2\right]\overset{-}{\oplus}v\xi^3-\frac{1}{4}\lambda\xi^4+\frac{1}{4}\lambda v^4 \tag{11-533g}$$
$$m_\xi=\sqrt{2\lambda v^2}>0$$

即本來無靜止質量的粒子（11-533a）式經自相互作用變成有靜止質量m_ξ（11-533g）式的粒子。粒子質量顯然來自「自發失稱」，所以說：

自發失稱催生無靜止質量的粒子產生靜止質量	（11-534）

而**自發失稱來自相互作用性質的自相互作用性**。接著來探討 Weinberg-Salam 電弱理論（1967～1968 年）的核心機制（mechanism），Higgs 機制是什麼？

(ii)Higgs 機制

簡單地說，Higgs 機制是：

導進自發失稱於規範對稱結構內， 使規範粒子產生靜止質量的機制。	（11-535a）

是 1964 年 P. Higgs 提出的機制，其過程富啟發性，值得學習。1960 年前後研究弱相互作用的物理學家，雖有如（11-530a～d）式的藍圖，但仍然無法提出理論。**我們猜：Higgs 好像把焦點放在（11-530a）和（11-530c）式。他從可重整的規範理論切入，在展開理論的過程中編進自發失稱來使規範粒子獲得靜止質量。**為了容易瞭解，以 U(1)對稱的對易局部規範（Abelian gauge）場為例，並且為了涵蓋帶電粒子，必須使用複標量場（complex scalar field）：

$$\left.\begin{aligned}\phi(x)&=\frac{1}{\sqrt{2}}(\phi_1(x)+i\phi_2(x))\\ \text{或}\phi^*(x)&=\frac{1}{\sqrt{2}}(\phi_1(x)-i\phi_2(x))\end{aligned}\right\}\qquad (11\text{-}535b)$$

$\phi_1(x)$和$\phi_2(x)$都是實標量場。如要產生自發失稱，則由（Ex. 11-93），場要有自相互作用性質，所以從（11-531c）式得 Lagrangian 密度$L(\phi)$是：

$$L(\phi)=(\partial_\nu\phi^*)(\partial^\nu\phi)-\mu^2\phi^*\phi-\lambda(\phi^*\phi)^2\qquad (11\text{-}535c)$$

如果$L(\phi)$是$U(1)=e^{iq\Lambda(x)}$規範對稱，則由規範原理（請參考圖 11-135 和（Ex. 11-80））必有規範場$A_\nu(x)$產生，於是和粒子（ϕ 場的第二量子化粒子）運動的動量算符有關的∂^ν變為（11-410c）式的協變導商$D^\nu=(\partial^\nu+iqA^\nu(x))$，$q=\phi$ 場粒子和規範場$A^\nu(x)$的相互作用強度，$A^\nu(x)$是電磁場的話，q 是ϕ 場粒子的電荷，電子時$q=-e$，$e=$電子電荷大小。故（11-535c）式變成：

$$\left.\begin{aligned}&L(\phi')=(D'_\nu\phi'(x))^*(D'^\nu\phi'(x))-\mu^2\phi'^*\phi'-\lambda(\phi'^*\phi')^2-\frac{1}{4}F_{\mu\nu}F^{\mu\nu}\\ &F_{\mu\nu}(x)=D'_\mu A'_\nu(x)-D'_\nu A'_\mu(x)=\partial_\mu A_\nu(x)-\partial_\nu A_\mu(x)\\ &D'_\nu\equiv\partial_\nu+iqA'_\nu(x)\end{aligned}\right\}\qquad (11\text{-}535d)$$

規範變換是：

$$\left.\begin{aligned}\phi(x)&\Rightarrow\phi'(x)=e^{iq\Lambda(x)}\phi(x)=U(1)\phi(x)\\ A_\nu(x)&\Rightarrow A'_\nu(x)=A_\nu(x)-\partial_\nu\Lambda(x)\end{aligned}\right\}\qquad (11\text{-}535e)$$

（11-535d）式的規範場$A'_\nu(x)$的規範粒子是無靜止質量，如要規範粒子獲得靜止質量m_A，則從（Ex. 11-93）需要產生自發失稱。這沒問題，因為ϕ 場具有自相互作用性質，故經自相互作用後μ^2變成$(-\mu^2)$而產生自發失稱，ϕ'的基態$|0'\rangle$能低於ϕ 的基態$|0\rangle$能（請看圖 11-166），除了物理系統原有的高度對稱被破壞，對稱性從顯性變為陰性的隱含對稱性之外，物理系統的基態變成更穩。那麼有多少基態

呢？

(a)Goldstone Bose 子

實標量場時如圖（11-166b），失稱後的基態有 $\langle 0|\phi'|0\rangle = \langle 0'|\phi|0'\rangle = \pm v$ 兩個，至於複標量場的基態情形，複標量場（11-535c）式自發失稱後，$\mu^2 \to (-\mu^2 \equiv \mu'^2)$，$L(\phi) \to L(\tilde{\phi})$：

$$L(\tilde{\phi}) = \frac{1}{2}[\partial_\nu(\tilde{\phi}_1 - i\tilde{\phi}_2)][\partial^\nu(\tilde{\phi}_1 + i\tilde{\phi}_2)] + \frac{1}{2}\mu'^2(\tilde{\phi}_1 - i\tilde{\phi}_2)(\tilde{\phi}_1 + i\tilde{\phi}_2)$$
$$- \frac{1}{4}\lambda[(\tilde{\phi}_1 - i\tilde{\phi}_2)(\tilde{\phi}_1 + i\tilde{\phi}_2)]^2$$
$$= \frac{1}{2}(\partial_\nu\tilde{\phi}_1)(\partial^\nu\tilde{\phi}_1) + \frac{1}{2}(\partial_\nu\tilde{\phi}_2)(\partial^\nu\tilde{\phi}_2) + \frac{1}{2}\mu'^2(\tilde{\phi}_1^2 + \tilde{\phi}_2^2) - \frac{1}{4}\lambda(\tilde{\phi}_1^2 + \tilde{\phi}_2^2)^2$$
$$\equiv \frac{1}{2}(\partial_\nu\tilde{\phi}_1)(\partial^\nu\tilde{\phi}_1) + \frac{1}{2}(\partial_\nu\tilde{\phi}_2)(\partial^\nu\tilde{\phi}_2) + V(\tilde{\phi}_1^2 + \tilde{\phi}_2^2) \qquad (11\text{-}536a)$$

$$V(\tilde{\phi}_1^2 + \tilde{\phi}_2^2) \equiv \frac{1}{2}\mu'^2(\tilde{\phi}_1^2 + \tilde{\phi}_2^2) - \frac{1}{4}\lambda(\tilde{\phi}_1^2 + \tilde{\phi}_2^2)^2$$
$$\equiv \frac{1}{2}\mu'^2\varphi^2 - \frac{1}{4}\lambda\varphi^4, \quad \varphi^2 \equiv \tilde{\phi}_1^2 + \tilde{\phi}_2^2, \quad \mu'^2 \equiv -\mu^2 \qquad (11\text{-}536b)$$

則同（11-531f）式到（11-531g）式間的演算得 $V(\tilde{\phi}_1^2 + \tilde{\phi}_2^2) \equiv V(\varphi)$ 的極值（extreme value）點是：

$$V(\tilde{\phi}_1^2 + \tilde{\phi}_2^2) = \begin{cases} \text{極大} \cdots\cdots \tilde{\phi}_1 = \tilde{\phi}_2 = 0 \\ \text{極小} \cdots\cdots \tilde{\phi}_1^2 + \tilde{\phi}_2^2 \equiv v^2 \end{cases} \qquad (11\text{-}536c)$$

$$v = \pm\sqrt{\mu'^2/\lambda} = \pm\sqrt{-\mu^2/\lambda} \qquad (11\text{-}536d)$$

v^2 = 定值，於是（11-536c）式的極小點如圖（11-167）所示，連續地分佈在半徑 $v = \sqrt{-\mu^2/\lambda} = \sqrt{\mu'^2/\lambda}$ 的圓周上，即基態 $|0'\rangle$ 有無限多。以 $\tilde{\phi}_1 = v$，$\tilde{\phi}_2 = 0$ 的基態，如圖（11-167）的 P 點作例來探討 ϕ 在 P 點附近的微擾變化情形（在其他基態附近的 $\tilde{\phi}$ 漲落完全同理處理）。由於複標量場，故 P 點附近的 $\tilde{\phi}(x)$ 是：

$$\tilde{\phi}(x) = [v + \xi(x) + i\eta(x)]/\sqrt{2} \qquad (11\text{-}536e)$$

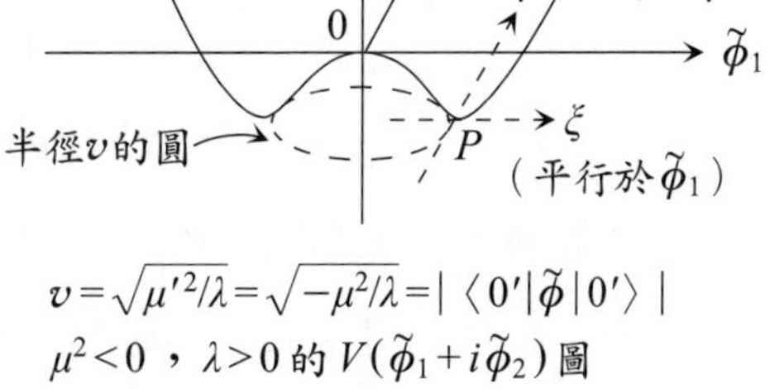

$v = \sqrt{\mu'^2/\lambda} = \sqrt{-\mu^2/\lambda} = |\langle 0'|\tilde{\phi}|0'\rangle|$

$\mu^2 < 0$，$\lambda > 0$ 的 $V(\tilde{\phi}_1 + i\tilde{\phi}_2)$ 圖

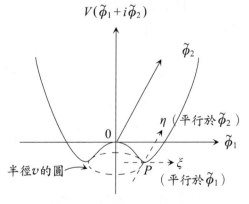

圖 11-167

則由（11-536a）和（11-536e）式得：

$$L(\tilde{\phi})=\frac{1}{2}[\partial_\nu(v+\xi)][\partial^\nu(v+\xi)]+\frac{1}{2}(\partial_\nu\eta)(\partial^\nu\eta)$$
$$+\frac{1}{2}\mu'^2[(v+\xi)^2+\eta^2]-\frac{1}{4}[(v+\xi)^2+\eta^2)]^2$$
$$=\frac{1}{2}(\partial_\nu\xi)(\partial^\nu\xi)-\lambda v^2\xi^2-\lambda(v\xi^3+\frac{1}{4}\xi^4)$$
$$+\frac{1}{2}(\partial_\nu\eta)(\partial^\nu\eta)-\lambda\left(v\xi\eta^2+\frac{1}{2}\xi^2\eta^2+\frac{1}{4}\eta^4\right)+\frac{1}{4}\lambda v^4 \qquad (11\text{-}536f)$$

顯然標量場ξ粒子獲得正靜止質量$m_\xi=\sqrt{2\lambda v^2}=\sqrt{-2\mu^2}=(11-532d)$式，請注意！$m_\xi$確定和自相互作用$\lambda(\phi^*\phi)^2$的強度$\lambda$有關！另一標量場$\eta$粒子沒靜止質量$m_\eta$：

$$\left.\begin{array}{l} m_\eta=0 \\ m_\xi=\sqrt{-2\mu^2}=\sqrt{2\lambda v^2} \end{array}\right\} \qquad (11\text{-}536g)$$

稱無靜止質量的Bose子m_η粒子為**Nambu-Goldstone Bose**子或**Goldstone Bose**子或Goldstone子。表示$\boldsymbol{\phi=(\phi_1+i\phi_2)/\sqrt{2}}$**自發失稱後會分成有靜止質量Bose子和沒靜止質量Bose子**。η場粒子為什麼在自發失稱時無法獲得質量呢？從圖（11-167）很容易看出原因。因為在P點附近的微小運動，η沒受到勢能$V(\tilde{\phi}_1+i\tilde{\phi}_2)$的任何作用，是沿著勢能的切線方向或切面上運動，故無法獲得能量，但ξ粒子就受到V的作用了，因此ξ場粒子便獲得質量了，並且真的和運動有關的正值質量。那麼有規範對稱性的場，發生自發失稱時是否和（11-536g）式那樣，有的Bose子有質量，而有的Bose子沒質量呢？例如對易局部規範變換不變的物理系統（11-535d）式發生自發失稱，則會呈現什麼現象呢？

(b)Higg粒子，Higgs機制

當（11-535d）式的$\phi'=(\phi'_1+i\phi'_2)/\sqrt{2}$自相互作用的結果$\mu^2\to(-\mu^2\equiv\mu'^2)$，則$L(\phi')$變成$L(\tilde{\phi}')$：

$$L(\tilde{\phi}')=(D'_\nu\tilde{\phi}')^*(D'^\nu\tilde{\phi}')+\mu'^2\tilde{\phi}'^*\tilde{\phi}'-\lambda(\tilde{\phi}'^*\tilde{\phi}')^2-\frac{1}{4}F_{\mu\nu}F^{\mu\nu}$$
$$=\frac{1}{2}[(\partial_\nu-iqA'_\nu)(\tilde{\phi}'_1-i\tilde{\phi}'_2)][(\partial^\nu+iqA'^\nu)(\tilde{\phi}'_1+i\tilde{\phi}'_2)]$$
$$+\frac{1}{2}\mu'^2(\tilde{\phi}'_1-i\tilde{\phi}'_2)(\tilde{\phi}'_1+i\tilde{\phi}'_2)$$
$$-\frac{1}{4}\lambda[(\tilde{\phi}'_1-i\tilde{\phi}'_2)(\tilde{\phi}'_1+i\tilde{\phi}'_2)]^2-\frac{1}{4}F_{\mu\nu}F^{\mu\nu}$$
$$\therefore L(\tilde{\phi}')=\left\{\frac{1}{2}(\partial_\nu\tilde{\phi}'_1)(\partial^\nu\tilde{\phi}'_1)+\frac{1}{2}(\partial_\nu\tilde{\phi}'_2)(\partial^\nu\tilde{\phi}'_2)\right.$$
$$\left.+\frac{1}{2}\mu'^2(\tilde{\phi}'^2_1+\tilde{\phi}'^2_2)-\frac{\lambda}{4}(\tilde{\phi}'^2_1+\tilde{\phi}'^2_2)^2\right\}$$
$$-iq[(A'_\nu\tilde{\phi}'^*)(\partial^\nu\tilde{\phi}')-(\partial^\nu\tilde{\phi}'^*)(A'_\nu\tilde{\phi}')]$$
$$+\frac{1}{2}q^2A'_\nu A'^\nu(\tilde{\phi}'^2_1+\tilde{\phi}'^2_2)-\frac{1}{4}F_{\mu\nu}F^{\mu\nu} \qquad (11\text{-}537a)$$

（11-537a）式右邊第一項等於（11-536a）式，而右邊第二和第三項是規範場 $A'_\nu(x)$ 和複標量場 $\tilde{\phi}'=(\tilde{\phi}'_1+\tilde{\phi}'_2)/\sqrt{2}$ 的相互作用。那麼自發失稱後 $\tilde{\phi}'$ 粒子在圖（11-167）P 點附近的運動情形如何呢？對應（11-536e）式得：

$$\tilde{\phi}'(x)=[v+\xi'(x)+i\eta'(x)]/\sqrt{2} \tag{11-537b}$$

從（11-537a）和（11-537b）式得：

$$\begin{aligned} L(\tilde{\phi}')=&\frac{1}{2}(\partial_\nu\xi')(\partial^\nu\xi')-\lambda v^2\xi'^2-\lambda\left(v\xi'^3+\frac{1}{4}\xi'^4\right)+2iA'_\nu[\xi'(\partial^\nu\eta')-\eta'(\partial^\nu\xi')]\\ &+\frac{1}{2}(\partial_\nu\eta')(\partial^\nu\eta')-\lambda\left(v\xi'\eta'^2+\frac{1}{2}\xi'^2\eta'^2+\frac{1}{4}\eta'^4\right)+2ivA'_\nu(\partial^\nu\eta')\\ &-\left(\frac{1}{4}F_{\mu\nu}F^{\mu\nu}-\frac{1}{2}q^2v^2A'_\nu A'^\nu\right)+\frac{1}{2}q^2A'_\nu A'^\nu(\xi'^2+2v\xi'+\eta'^2)+\frac{\lambda}{4}v^4 \end{aligned} \tag{11-537c}$$

或

$$\begin{aligned} L(\tilde{\phi}')=&\frac{1}{2}(\partial_\nu\xi')(\partial^\nu\xi')-\frac{1}{2}m_\xi^2\xi'^2+\frac{1}{2}(\partial_\nu\eta')(\partial^\nu\eta')\\ &-\left(\frac{1}{4}F_{\mu\nu}F^{\mu\nu}-\frac{1}{2}m_A^2A'_\nu A'^\nu\right)+\text{相互作用項} \end{aligned} \tag{11-537d}$$

$$\left.\begin{aligned} m_\xi&=\sqrt{2\lambda v^2}=\sqrt{2\mu'^2}=\sqrt{-2\mu^2}\\ m_A&=qv\\ m_\eta&=0 \end{aligned}\right\} \tag{11-537e}$$

規範場 A_ν 的粒子確實獲得了靜止質量 m_A，但仍然出現靜止質量零的 Goldstone 粒子，**有沒有辦法去掉 Goldstone 粒子呢？這正是 Higgs 瞄準的靶，是 Higgs 理論的關鍵思路源**。回頭分析（11-535d）和（11-535e）式，它們是任意規範函數 $\Lambda(x)$ 的規範變換，規範場 $A'_\nu(x)$ 是向量場，有縱向（longitudinal）和橫向（transverse）偏振（polarization）。**但實際現象的規範場，僅有橫向的兩個偏振（請想想電磁場的情形，或看圖（11-137）），所以必須拿走（11-535d）式的 $A_\nu(x)$ 縱向成分**。目前尚未選定（11-535e）式的規範，即還沒固定規範（gauge fixing），好極了！可利用固定規範來完成去除 $A_\nu(x)$ 縱向成分。別忘了，固定規範就會破壞規範對稱。於是 Higgs 想（我們猜的）：

$$\left(\begin{array}{l}\text{在 }\phi\text{ 場正進行自相互作用時，令規範場 }A_\nu(x)\text{ 的}\\ \text{縱向成分和自相互作用產生的 Goldstone 粒子場}\\ \eta(x)\text{ 相互抵消，而催生有靜止質量的規範粒子。}\end{array}\right) \tag{11-538a}$$

要達到（11-538a）式構想，不但規範變換（記得由規範原理會產生規範場）和自相互作用產生的場的漲落（11-537b）式，**這兩者必須同時進行，並且兩者要有相同結構才方便於相互抵消**，而使（11-537b）式僅存實標量場。規範變換算符的結構是$\exp(iqa(x))\equiv\hat{U}$，而自發失稱後$\tilde{\phi}'$場在基態附近漲落的（11-537b）式也是$\hat{U}$型結構：

$$\frac{1}{\sqrt{2}}(v+\xi'+i\eta')\doteqdot\frac{1}{\sqrt{2}}(v+\xi')e^{i\eta'/v} \qquad (11\text{-}538b)$$

（11-538b）式確實啟示著：規範場的縱成分和Goldstone場相互抵消後，只要有一個新實標量場$h(x)$就夠了。既然尚未固定規範，就讓我們來選如下的規範：

$$\phi(x)\longrightarrow\tilde{\phi}'(x)=\frac{1}{\sqrt{2}}(v+h(x))e^{iqa(x)/v} \qquad (11\text{-}538c)$$

在這個明確的規範變換（11-538c）式下，重新檢討（11-535c）式。由規範原理，如圖（11-135），以及自相互作用使$\mu^2\to(-\mu^2\equiv\mu'^2)$得：

$$L(\phi)\underset{(11-535c)式}{\longrightarrow}L(\tilde{\phi}')=(D'_\nu\tilde{\phi}')^*(D'^\nu\tilde{\phi}')+\mu'^2(\tilde{\phi}'^*\tilde{\phi}')-\lambda(\tilde{\phi}'^*\tilde{\phi}')^2-\frac{1}{4}F_{\mu\nu}F^{\mu\nu} \qquad (11\text{-}539a)$$

$$\left.\begin{aligned}D'_\nu&=\partial_\nu+iqA'_\nu(x)\\A'_\nu(x)&=A_\nu(x)-\frac{1}{v}\partial_\nu a(x)\end{aligned}\right\} \qquad (11\text{-}539b)$$

$$F_{\mu\nu}=D'_\mu A'_\nu(x)-D'_\nu A'_\mu(x)=\partial_\mu A_\nu(x)-\partial_\nu A_\mu(x) \qquad (11\text{-}539c)$$

將（11-538c）和（11-539b）式代入（11-539a）式得：

$$\begin{aligned}L(\tilde{\phi}')&=\frac{1}{2}[(\partial_\nu-iqA'_\nu)(v+h)e^{-iqa/v}][(\partial^\nu+iqA'^\nu)(v+h)e^{iqa/v}]\\&\quad+\frac{1}{2}\mu'^2(v+h)^2-\frac{1}{4}\lambda(v+h)^4-\frac{1}{4}F_{\mu\nu}F^{\mu\nu}\\&=\frac{1}{2}[(\partial_\nu-iqA_\nu)(v+h)][(\partial^\nu+iqA^\nu)(v+h)]+\frac{1}{2}\mu'^2(v+h)^2\\&\quad-\frac{1}{4}\lambda(v+h)^4-\frac{1}{4}F_{\mu\nu}F^{\mu\nu}\\&=\left[\frac{1}{2}(\partial_\nu h)(\partial^\nu h)-\frac{1}{2}(2\lambda v^2)h^2\right]-\lambda\left(vh^3+\frac{1}{4}h^4\right)+\frac{1}{4}\lambda v^4\\&\quad-\left(\frac{1}{4}F_{\mu\nu}F^{\mu\nu}-\frac{1}{2}(qv)^2A_\nu A^\nu\right)+\frac{1}{2}q^2A_\nu A^\nu(h^2+2vh)\end{aligned} \qquad (11\text{-}539d)$$

在（11-539d）式的演算用了$\mu'^2=\lambda v^2$。顯然靜止質量零的Goldstone粒子不見了，實標量場h和規範場$A_\nu(x)$分別獲得靜止質量m_h和m_A：

$$\left.\begin{aligned}m_h&=\sqrt{2\lambda v^2}\\m_A&=qv\end{aligned}\right\} \qquad (11\text{-}539e)$$

$$\therefore L(\phi)\longrightarrow L(\tilde{\phi}')=\left[\frac{1}{2}(\partial_\nu h)(\partial^\nu h)-\frac{1}{2}m_h^2h^2\right]$$

$$-\left[\frac{1}{4}F_{\mu\nu}F^{\mu\nu}-\frac{1}{2}m_A^2A_\nu(x)A^\nu(x)\right]$$
$$-\left[\lambda\left(vh^3+\frac{1}{4}h^4-\frac{1}{4}v^4\right)-\frac{1}{2}q^2A_\nu A^\nu(h^2+2vh)\right] \qquad (11\text{-}539f)$$

多麼漂亮的結果！果然 Goldstone 粒子不見了，且 $h(x)$ 和 $A_\nu(x)$ 場粒子都產生靜止質量，故（11-538a）式的機制就是 **Higgs 機制**。以上是 U(1)規範對稱的自發失稱 Higgs 機制例，實標量場 $h(x)$ 稱為 **Higgs 場**，其第二量子化粒子叫 **Higgs 粒子**（Higgs particles）。Higgs 機制是催生規範粒子帶靜止質量的機制，這正吻合（11-530a）式或（11-530b）和（11-530c）式的要求，但尚未解決的問題是對稱群是那一種。

(3) Weinberg-Salam 模型[54,55,60)]

繼 Higgs 的奧妙思考，又有個啟發性十足的 Weinberg-Salam 的電弱理論構想，再次來讓我們享受物理和數學配合的精彩場面。在上面我們看到了 1950 年代中葉後，物理學家進攻弱相互作用的大致狀況。經過 10 多年的相互激盪，正如不同頻率的各種波相互干涉後呈現美麗花紋樣，在 1967～1968 年誕生了統一電磁和弱相互作用的 Weinberg 和 Salam 的電弱（electroweak）模型。在 1960 年代中葉的物理學家，尤其基本粒子物理學家大約相信：

(1) 物質是由夸克和輕子組成，但到底各有多少代或族尚未定案；
(2) 弱相互作用是（$V-A$）流流組合型相互作用，即宇稱 P、電荷共軛 C 不守恆；
(3) 媒介弱相互作用的力粒子，有帶電和不帶電者，並且很重。
（11-540a）

假設帶負電力粒子 $=W^-$，則得：

$(\mu^-\longrightarrow W^-+\nu_\mu\longrightarrow e^-+\bar{\nu}_e+\nu_\mu)\Longleftrightarrow$

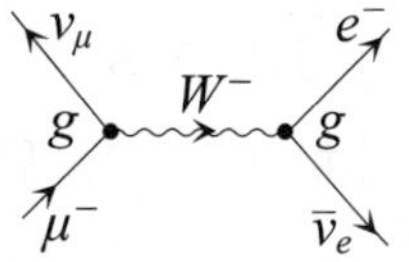

$(n(u,d,d)\longrightarrow p(u,u,d)+W^-\longrightarrow p+e^-+\bar{\nu}_e)\Longleftrightarrow$

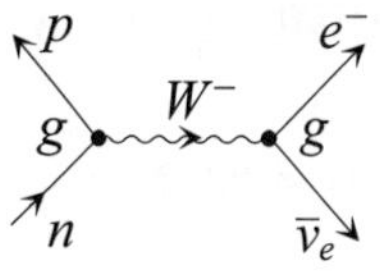

相當於

$(d\longrightarrow u+W^-\longrightarrow u+e^-+\bar{\nu}_e)\Longleftrightarrow$

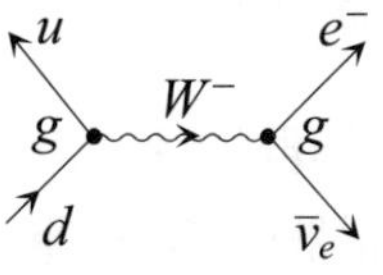

（11-540b）

在（11-540b）式，由弱相互作用普遍性的（11-526a）式，對輕子和夸克的弱相互作用都用了統一的弱相互作用強度 g。顯然（11-540b）式的弱作用衰變不是（11-524a）式的Fermi型（Fermi弱作用理論是非重整理論），而是（11-524d）式的Yukawa型。像（11-540b）式，**如果在粒子的衰變過程導進 W Bose 子，則弱相互作用的普遍性可用 W Bose 子的耦合強度普遍性來取代**，並且 W^- 扮演的角色和Yukawa的核力理論圖（11-67d）同質，所以才稱 W **為中間 Bose 子**（intermediary Boson），或弱**Bose**子（weak boson）或弱子（weakon）。和（11-540b）式一樣，對帶正電的粒子衰變，其弱Bose子該為 W^+：

$$\mu^+ \longrightarrow W^+ + \bar{\nu}_\mu \longrightarrow e^+ + \nu_e + \bar{\nu}_\mu$$

同樣電中性粒子衰變的弱Bose子該是電中性 W^0，這些 $W^{\pm,0}$ 酷似Yang-Mills的SU(2)理論（11-506b）式的規範場 $\boldsymbol{W}^\mu$，故弱相互作用難道也是SU(2)對稱理論？換言之，從弱相互作用普遍性能洞察出：

$$\text{弱相互作用理論很可能是 SU(2) 對稱規範理論} \tag{11-540c}$$

另一方面，量子電動力學的規範粒子的向量粒子（電磁場）和物質的相互作用強度 e（電荷）也是普遍性量，即電磁和弱相互作用強度都具有普遍性的共通性，而前者是U(1)對稱規範理論，故後者加上（11-540c）式，SU(2)對稱規範理論的可能性大增。所以類似1862年Maxwell（James Clerk Maxwell, 1831年6/13～1879年10/5英國物理學家）統一電學和磁學那樣，電磁和弱相互作用可能**能以規範理論來統一**，因為：

$$\text{規範場是帶來相互作用具有普遍性的力粒子場} \tag{11-540d}$$

所以視（11-540b）式的力粒子 W 場為規範場是自然的歸屬。必然地，在1960年代中葉出現了好多種規範群，但和實驗的吻合度最高的是Weinberg和Salam獨立提出來的SU(2)⊗U(1)對稱群，其大致內容如下：

①理論必須可重整（renormalizable）理論，所以是：

$$\text{規範理論} \tag{11-541a}$$

②規範場共四個，分成：

$$\left.\begin{array}{l} SU(2)\text{ 對稱群的 } W_\mu^+, W_\mu^0, W_\mu^- \\ U(1)\text{ 對稱群的 } B_\mu \leftarrow \text{電中性} \end{array}\right\} \tag{11-541b}$$

$W_\mu^{\pm,0}$ 和 B_μ 構成基本規範場。

③因弱相互作用滿足 Cabibbo 機制，故同內稟電中性場 W_μ^0 和 B_μ 會混合：

$$\left.\begin{aligned} &W_\mu^0\cos\theta_w - B_\mu\sin\theta_w \equiv Z_\mu^0 \\ &W_\mu^0\sin\theta_w + B_\mu\cos\theta_w \equiv A_\mu \\ &\theta_w \text{ 稱作 } \textbf{Weinberg} \text{ 角} \end{aligned}\right\} \tag{11-541c}$$

④弱相互作用距 ≪ 強相互作用距，故規範粒子必須很重，使理論必含：

Higgs 機制　　（11-541d）

⑤弱相互作用的宇稱 P 和電荷共軛 C 不守恆，所以：

以左右手系不對稱的參與粒子事實來解決（請看（11-545a, b）式）　　（11-541e）

綜合（11-541a～e）式，Weinberg-Salam 模型是：

$$\begin{pmatrix}\text{將輕子和夸克的電磁和弱相互作用，用能重整的 Yang−Mills} \\ \text{場（非對易局部規範場）和，編進宇稱不守恆以及夸克場的} \\ \text{混合（GIM 機制）到 Higgs 機制的規範理論。}\end{pmatrix} \tag{11-542}$$

理論核心是以同等地位處理電磁和弱相互作用，於是兩相互作用的各耦合強度大約相等，所以才稱為電磁和弱相互作用的統一理論，或簡稱為**電弱理論**（electroweak theory），但我們**覺得沒完全地統一兩相互作用**，請仔細分析在下面的推導過程，我們不難發現整個理論結構不是來自量子場論基本條件的第一原理（the first principle，請看圖（11-165））的一個 Lagrangian 密度。Weinberg-Salam 提出模型時尚未有 Cabibbo 機制的一般化 GIM 機制（1970 年），他們當時是以 Cabibbo 機制推演理論，後經不少物理學家的改進，約在 1973 完成今日我們所使用的電弱理論。例如在 1970 年 Cabibbo 機制被一般化成 GIM 機制，所以 GIM 機制又叫 **Cabibbo-GIM 機制**。這機制在 1973 年配合電弱理論內涵，Kobayashi-Maskawa 再推廣成更完整的對稱性（請看下面第(4)節），而夸克從四味道（u,d,c,s）變為六味道，如（11-363a）式的三代，同時輕子也隨著變成三代。那麼如何具體地創造理論架構呢？

(i)尋找非對易規範群

規範場和物質的相互作用是，經各自具有的相同屬性（attribute）自洽地（self consistently）進行，整個相互作用是規範對稱，並且**力粒子和物質粒子共有的屬性物理量是守恆量**。例如電磁場和物質的相互作用是，經物質粒子的電荷和磁偶矩的電磁場來進行相互作用，這時的相互作用是規範對稱，且物質粒子的電荷是守恆量。我們所知的規範場有兩種：

$$\left.\begin{array}{l}(1)\ U(1)\text{對稱的對易（abelian）整體（global）或局部（local）規範場；}\\(2)\ SU(n\geq 2)\text{對稱的非對易（non}-\text{abelian）整體或局部規範場；}\end{array}\right\}\qquad(11\text{-}543a)$$

U(1)對稱僅有一種屬性，例如電磁場的屬性是電荷 q，SU(n)對稱有多重（multiple）屬性，例如 $SU(3)_C$ 的話有 3 種色荷。那麼么模么正（unimodular unitary）或叫狹義么正（special unitary）對稱群 SU(n)，以及么正對稱群 U(n)的 $n=1$，兩者的不可約表象內積的關係如何呢？因為：

群的任意多重屬性 n，都有其反多重屬性 $\bar{n}$（或寫成 n^*）　　（11-543b）

而 n 和 $\bar{n}$ 的不可約表象內積是：

$$n\otimes\bar{n}=n\otimes n^*=(n^2-1)\oplus 1 \qquad (11\text{-}543c)$$

$$\left.(Ex)\,2\otimes 2^*=\underbrace{3}_{SU(2)}\oplus\underbrace{1}_{U(1)}=(11-510b)\text{式}\right\}\qquad(11\text{-}543d)$$

（11-543d）式表示 SU(2)和 U(1)有共同的普遍性，所以能對等處理 SU(2)和 U(1)的規範場，換言之，所尋找的規範群是：

$$SU(2)\otimes U(1) \qquad (11\text{-}543e)$$

（11-543c）式右邊的 (n^2-1) 和 1 各表示 SU(n)和 U(1)群的生成元（generator）數目，例如 SU(2)和 SU(3)的生成元分別是核子同位旋（11-503b）式和夸克么正自旋（11-514c）式，兩者都和粒子的物理量電荷有關（請看前面「定夸克電荷」小節）。同位旋（isospin）$\hat{\boldsymbol{T}}$ 是強相互作用的內稟物理量，其第三成分 T_3 和核子電荷 eQ（e＝電子電荷大小），以及重子數 B 等之間有個重要的 Nishijima-Gell-Mann 關係（11-377a）式：

$$Q=T_3+Y/2 \qquad (11\text{-}544a)$$

Y＝超荷（hyper charge）。如果弱相互作用對稱群 **SU(2)** 的生成元算符也是種同位旋，且同樣地要求弱相互作用時 **Nishijima-Gell-Mann** 關係式也成立，則得：

$$\boxed{Q_w = T_{w3} + Y_w/2} \qquad (11\text{-}544b)$$

則 eQ_w＝參與弱相互作用的粒子電荷，$\hat{\boldsymbol{T}}_w = \hat{\boldsymbol{\tau}}_w/2$ 叫**弱同位旋**（weak isospin），$\hat{\boldsymbol{\tau}}_w$ 和（11-503b）式相同，Y_w 稱為**弱超荷**（weak hypercharge），右下標 w 表示弱相互作用。從分析弱相互作用得知：參與粒子是負螺旋性的左手系（請看（11-526d）式），則**類比於核子定義輕子的同位旋二重態或雙重態**（**isodoublet**）：

$$\text{核子}\begin{pmatrix} p \\ n \end{pmatrix} \xleftrightarrow{\text{類比}} \text{輕子}\begin{pmatrix} \nu_e \\ e^- \end{pmatrix}_L \qquad (11\text{-}544c)$$

由於電子帶負電且大小等於 1，故類比核子同位旋定義（11-544c）式的輕子同位旋 $\hat{\boldsymbol{T}}_w$ 和 $\hat{T}_{w3}$ 量子數：

$$\left.\begin{aligned} &\hat{T}_{w3}\nu_e = +\frac{1}{2}\nu_e \\ &\hat{T}_{w3}e^- = -\frac{1}{2}e^- \\ &[\hat{T}_{wi}, \hat{T}_{wj}] = i\varepsilon_{ijk}\hat{T}_{wk} \\ &\langle \hat{\boldsymbol{T}}_w^2 \rangle = \frac{1}{2}\left(\frac{1}{2}+1\right) \end{aligned}\right\} \qquad (11\text{-}544d)$$

其他輕子 muon μ^- 和 tauon τ^- 的定義和（11-544c）和（11-544d）式同，（11-544c）式右下標 L 表示左旋。電子電荷是 $(-e)$，則由（11-544b）和（11-544d）式得左旋輕子的弱超荷 Y_{WL}：

$$Y_{WL} = -1 \qquad (11\text{-}544e)$$

電磁相互作用是宇稱守恆，於是電子有左旋和右旋，但僅參與弱相互作用的微中子只有左旋，即右旋輕子是沒微中子的同位旋單態（isosinglet）$T_{WR}=0$，所以弱同位旋表象的輕子是：

(1) 弱同位旋二重態 $\langle \hat{\boldsymbol{T}}_w^2 \rangle = \frac{1}{2}\left(\frac{1}{2}+1\right)$：

$$\left.\begin{aligned} &\begin{pmatrix} \nu_e \\ e^- \end{pmatrix}_L, \begin{pmatrix} \nu_\mu \\ \mu^- \end{pmatrix}_L, \begin{pmatrix} \nu_\tau \\ \tau^- \end{pmatrix}_L \begin{matrix} \cdots\cdots \langle \hat{T}_{w3} \rangle = \frac{1}{2}, \quad eQ_\nu = 0, \quad Y_{WL} = -1 \\ \cdots\cdots \langle \hat{T}_{w3} \rangle = -\frac{1}{2}, \quad eQ_l = -e, \quad Y_{WL} = -1 \end{matrix} \end{aligned}\right\} \qquad (11\text{-}545a)$$

(2) 弱同位旋單態 $\langle \hat{\boldsymbol{T}}_w^2 \rangle = 0$：

$$\left. e_R^-, \mu_R^-, \tau_R^- \cdots\cdots \langle \hat{T}_{w3} \rangle = 0, \quad eQ_l = -e, \quad Y_{WR} = -2 \right\} \qquad (11\text{-}545b)$$

（11-545a）和（11-545b）式右下標L，R和l分別表示左旋、右旋和輕子e^-,μ^-,τ^-任意一個，顯然弱超荷跟著左旋或右旋變。從 Nishijima 和 Gell-Mann 的原式子（11-377a）的超荷Y到（11-544b）式的弱超荷Y_{WL}或Y_{WR}，它們和同位旋算符$\hat{\boldsymbol{T}}$不同，是和$\langle \hat{T}_3 \rangle$同樣，是個數值。這點和 QED 的 $\mathrm{U}(1)=\exp(ig\Lambda(x))$的電荷 q 同類，同時由（11-544b）式得$\hat{\boldsymbol{T}}_w=\dfrac{1}{2}\hat{\boldsymbol{\tau}}_w$和 Y_w 同地位，所以如果 SU(2)變換群是：

$$\hat{U}(SU(2))=\exp(ig\hat{\boldsymbol{\tau}}\cdot\boldsymbol{\alpha}(x)/2) \tag{11-546a}$$

則類比於$\hat{U}$(SU(2))的 U(1)群的是：

$$\hat{U}(U(1))=\exp(ig'Y\beta(x)/2) \tag{11-546b}$$

在（11-546a）和（11-546b）式省略了$\hat{\boldsymbol{T}}_w$和Y_w的右下標，為了簡便在下面也同樣地省略它，於是（11-543e）式的 SU(2)⊗U(1)變成：

$$\boxed{\mathrm{SU}(2)_L\otimes\mathrm{U}(1)_Y} \tag{11-546c}$$

（11-546c）式右下標L和Y分別表示左旋和弱超荷。（11-546c）式是 Weinberg 和 Salam 找到的，滿足宇稱不守恆，且非對易局部規範對稱群，其規範變換如（**11-546a**）和（**11-546b**）式，$\boldsymbol{\alpha}(x)$和$\beta(x)$為各自的規範函數。SU(2)對稱群和 U(1)對稱群分別有如（11-541b）式的 3 個和 1 個規範場。

至於夸克部門，則由（11-544b）式和夸克電荷得弱相互作用的夸克弱同位旋（請不要和表（11-48）的同位旋混淆）和弱超荷：

(1) 弱同位旋二重態 $\langle \hat{\boldsymbol{T}}_w^2\rangle=\dfrac{1}{2}\left(\dfrac{1}{2}+1\right)$：

$$\left.\begin{array}{l}
\begin{pmatrix}u\\ d_c\end{pmatrix}_L,\begin{pmatrix}c\\ s_c\end{pmatrix}_L,\ \begin{array}{l}\cdots\cdots\ \langle \hat{T}_{w3}\rangle=\dfrac{1}{2},\quad eQ_u=eQ_c=\dfrac{2}{3}e,\quad Y_{WL}=\dfrac{1}{3}\\ \cdots\cdots\ \langle \hat{T}_{w3}\rangle=-\dfrac{1}{2},\quad eQ_{d_c}=eQ_{S_c}=-\dfrac{1}{3}e,\quad Y_{WL}=\dfrac{1}{3}\end{array}\\
d_c\equiv d\cos\theta_c+s\sin\theta_c=(11-527\mathrm{e})\text{式}\\
s_c\equiv -d\sin\theta_c+s\cos\theta_c=(11-528\mathrm{c})\text{式}
\end{array}\right\} \tag{11-547a}$$

(2) 弱同位旋單態 $\langle \hat{T}_w^2\rangle=0$：

$$\left.\begin{array}{l}
u_R,c_R\cdots\cdots\ \langle T_{w3}\rangle=0,\quad eQ_u=eQ_c=\dfrac{2}{3}e,\quad Y_{WR}=\dfrac{4}{3}\\
(d_c)_R,(s_c)_R,\cdots\cdots\ \langle T_{w3}\rangle=0,\quad eQ_{d_c}=eQ_{S_c}=-\dfrac{1}{3}e,\quad Y_{WR}=-\dfrac{2}{3}
\end{array}\right\} \tag{11-547b}$$

如上面漫長的說明，以統一方式探討輕子和夸克的電磁以及弱相互作用時，將 **Higgs**

和 GIM（或 Cabibbo-GIM）機制編入（11-546c）式的，可重整 Yang-Mills 場理論稱為 **Weinberg-Salam** 或 **Glashow-Weinberg-Salam 電弱理論**，或簡稱 **GWS 理論**。在 Weinberg-Salam 的 1967～1968 年，GIM 的 1970 年和 Kobayashi-Maskawa（請看下面(4)）的 1973 年，輕子和夸克的世代（generation 或 family）數各為 1、2 和 3 世代。接著依（11-542）式內容，推導電弱相互作用模型，GWS 理論的 Lagrangian 密度。

(ii)電弱相互作用模型的 Lagrangian 密度

電磁和弱相互作用強度都遠小於 1，是適合作微擾演算的相互作用，故求了 Lagrangian 密度後，便能仿 QED 作微擾演算。（11-546c）式是配合到 1960 年代中葉實驗的規範群。從前面的 Yang-Mills SU(2)理論和 QED U(1)理論得：

SU(2)	⊗	U(1)	
3 個規範 Bose 子，設其場為： $\boldsymbol{W}_\mu(x)=(W_\mu^1, W_\mu^2, W_\mu^3)$, $1,2,3=$同位旋指標（suffix）， $\mu=$Lorentz 指標， （11-541b）式的規範場 $W_\mu^{\pm,0}(x)$ 是： $W_\mu^{\pm}(x)\equiv(W_\mu^1\pm iW_\mu^2)/\sqrt{2}$， $W_\mu^0(x)\equiv W_\mu^3(x)$		1 個規範 Bose 子，設其場為： $B_\mu(x)$	（11-548a）

由於受到（11-546c）式的限制，以及（11-545a,b）和（11-547a,b）式的關係，自由 Fermi 子的 Lagrangian 密度 L_0 必須分成左右手系表象（representation）。從實驗歸納的弱相互作用微中子僅有左旋，而得（11-526d）式弱相互作用型，其 $(1-\gamma^5)$ 表示左旋，那麼右旋呢？設任意左右對稱的相互作用 Γ^n，$n=$（11-526c）式 S、V、A、P、$\sigma^{\mu\nu}$ 中的任意量，則得：

$$\begin{aligned}\Gamma^n&=\frac{1}{2}\Gamma^n(1-\gamma_5)+\frac{1}{2}\Gamma^n(1+\gamma_5)\\&\equiv\Gamma^n P_L+\Gamma^n P_R\end{aligned} \qquad (11\text{-}548b)$$

$$\left.\begin{aligned}P_L&\equiv\frac{1}{2}(1-\gamma_5)=\text{左旋投影算符}\\P_R&\equiv\frac{1}{2}(1+\gamma_5)=\text{右旋投影算符}\end{aligned}\right\} \qquad (11\text{-}548c)$$

（11-548b）式左右是數學恆等式，故由數學性質，定義的 P_L 和 P_R 必須是投影算符（projection operator），現來檢查是否如此。如 $P=$投影算符，則 $P^2=P$：

$$P_L^2=\frac{1}{4}(1-\gamma_5)(1-\gamma_5)=\frac{1}{4}(1-2\gamma_5+\gamma_5^2)=\frac{1}{2}(1-\gamma_5)=P_L \quad \longleftarrow \gamma_5^2=1$$
$$P_R^2=\frac{1}{4}(1+\gamma_5)(1+\gamma_5)=\frac{1}{4}(1+2\gamma_5+\gamma_5^2)=\frac{1}{2}(1+\gamma_5)=P_R$$

P_L和P_R確實是投影算符，故自由 Fermi 子的 Lagrangian 密度L_0變成：

$$L_0=\overline{\psi}(x)(i\partial_\mu\gamma^\mu-m)\psi(x)$$
$$=\overline{\psi}\,i\partial_\mu\gamma^\mu[(1-\gamma^5)/2+(1+\gamma^5)/2]\psi-m\overline{\psi}[(1-\gamma_5)/2+(1+\gamma_5)/2]\psi \longleftarrow \gamma_5=\gamma^5$$

但 $\overline{\psi}\gamma^\mu(1-\gamma^5)/2\psi\equiv\psi^+\gamma_0\gamma^\mu\frac{1-\gamma^5}{2}\frac{1-\gamma^5}{2}\psi$

$$=\psi^+\gamma_0\frac{1+\gamma^5}{2}\gamma^\mu\psi_L=\psi^+\frac{1-\gamma^5}{2}\gamma_0\gamma^\mu\psi_L$$
$$=\left(\frac{1-\gamma^5}{2}\psi\right)^+\gamma_0\gamma^\mu\psi_L=\psi_L^+\gamma_0\gamma^\mu\psi_L$$
$$=\overline{\psi}_L\gamma^\mu\psi_L \quad \longleftarrow \gamma^\mu\gamma^5=-\gamma^5\gamma^\mu,\quad (\gamma^5)^+=\gamma^5$$

$$\overline{\psi}\frac{1-\gamma^5}{2}\psi=\overline{\psi}\frac{1-\gamma^5}{2}\frac{1-\gamma^5}{2}\psi=\psi^+\gamma_0\frac{1-\gamma^5}{2}\psi_L=\left(\frac{1+\gamma_5}{2}\psi\right)^+\gamma_0\psi_L=\overline{\psi}_R\psi_L$$

同理得：$\overline{\psi}\gamma^\mu(1+\gamma^5)/2\,\psi=\overline{\psi}_R\gamma^\mu\psi_R$

$\overline{\psi}(1+\gamma^5)/2\,\psi=\overline{\psi}_L\psi_R$

$$\left.\begin{aligned}\therefore L_0&=\overline{\psi}_L(x)(i\partial_\mu\gamma^\mu)\psi_L(x)+\overline{\psi}_R(x)(i\partial_\mu\gamma^\mu)\psi_R(x)\\&\quad-m(\overline{\psi}_R(x)\psi_L(x)+\overline{\psi}_L(x)\psi_R(x))\\\psi_L(x)&\equiv\frac{1-\gamma_5}{2}\psi(x),\quad \psi_R(x)\equiv\frac{1+\gamma_5}{2}\psi(x)\end{aligned}\right\}\qquad(11\text{-}548d)$$

顯然Fermi子靜止質量項是左右手系表象混合，不符合（11-545a, b）和（11-547a,b）式的要求，這是Weinberg-Salam模型棘手的地方，不過這左右手系混合暗示著：物質粒子的靜止質量來源的可能性，即**靜止質量可能來自動力學（dynamics），因為動力學才會帶來混合**。所以物質質量，是否來自使左右手系混合或耦合的某動力學呢？是值得探究的課題。質量怎麼來的，和電荷怎麼來的一樣，是基本粒子物理學的重要科研題。於是為了方便僅介紹高能量時的情形，粒子動能高到能近似地忽略 Fermi 子靜止質量 m。

(a)無靜止質量 Fermi 子的電弱 Lagrangian 密度

從（11-505g）和（11-410c）式分別得 SU(2)和 U(1)的協變導商D^μ(SU(2))和D^μ(U(1))：

$$D^\mu(\mathrm{SU(2)})=\partial^\mu+ig\,\hat{\boldsymbol{T}}\cdot\boldsymbol{W}^\mu(x)=\partial^\mu+ig\frac{1}{2}\hat{\boldsymbol{\tau}}\cdot\boldsymbol{W}^\mu(x)$$
$$D^\mu(\mathrm{U(1)})=\partial^\mu+ig'\frac{1}{2}YB^\mu(x)$$

$\hat{\boldsymbol{T}}=\frac{1}{2}\hat{\boldsymbol{\tau}}$ 和 Y 分別為（11-544b）式的弱同位旋和弱超荷，省略了右下標 w，所以（11-546c）式規範群的協變導商 D^μ 是：

$$\boxed{D^\mu=\partial^\mu+ig\frac{1}{2}\hat{\boldsymbol{\tau}}\cdot\boldsymbol{W}^\mu(x)+ig'\frac{1}{2}YB^\mu(x)} \qquad (11\text{-}549\text{a})$$

（11-549a）式是 SU(2)⊗U(1)規範群的一般協變導商，由於電弱相互作用的左右弱同位旋多重態，以及弱超荷都不同，故（11-545a,b）和（11-547a,b）式的協變導商各為：

①左旋輕子：

$$D^\mu \underset{Y=-1}{=\!=\!=} \partial^\mu+ig\frac{1}{2}\hat{\boldsymbol{\tau}}\cdot\boldsymbol{W}^\mu(x)-\frac{i}{2}g'B^\mu(x)\equiv D^\mu_{lL} \qquad (11\text{-}549\text{b})$$

②右旋輕子：

$$D^\mu \underset{Y=-2}{=\!=\!=} \partial^\mu-ig'B^\mu(x)\equiv D^\mu_{lR} \qquad (11\text{-}549\text{c})$$

③左旋夸克：

$$D^\mu \underset{Y=1/3}{=\!=\!=} \partial^\mu+ig\frac{1}{2}\hat{\boldsymbol{\tau}}\cdot\boldsymbol{W}^\mu(x)+\frac{i}{6}g'B^\mu(x)\equiv D^\mu_{qL} \qquad (11\text{-}549\text{d})$$

④右旋夸克：

$$D^\mu \underset{Y=4/3}{=\!=\!=} \partial^\mu+\frac{2}{3}ig'B^\mu(x)\equiv D^\mu_{quR} \quad \longleftarrow u_R, c_R, t_R \text{夸克用} \qquad (11\text{-}549\text{e})$$

$$D^\mu \underset{Y=-2/3}{=\!=\!=} \partial^\mu-\frac{1}{3}ig'B^\mu(x)\equiv D^\mu_{qdR} \quad \longleftarrow d_R, s_R, b_R \text{夸克用} \qquad (11\text{-}549\text{f})$$

（11-549b～f）式的右下標 l, q, L 和 R 分別表示輕子、夸克、左旋和右旋，則 qu 和 qd 分別為 u, c, t 和 d, s, b 夸克。

至於規範粒子的靜止質量，如（11-548a）式所示，SU(2)⊗U(1)的規範 Bose 子共 4 個，而電磁場的規範 **Bose** 子光子是不帶靜止質量，於是必須使 **(4−1)=3** 個規範 **Bose** 子帶靜止質量才行，因此 **Higgs** 機制至少需要 **3** 個有自相互作用實標量場（**real scalar field**），同時如 $W^\pm_\mu$ 規範 **Bose** 子是帶電，則 **Higgs** 場必須複標量場（**complex scalar field**），並且有同位旋：

$$\text{Higgs 場}\,\phi(x)\equiv\frac{1}{\sqrt{2}}\begin{pmatrix}\phi_1(x)+i\phi_2(x)\\ \phi_3(x)+i\phi_4(x)\end{pmatrix}\equiv\begin{pmatrix}\phi^+(x)\\ \phi^0(x)\end{pmatrix}\left.\begin{matrix}\cdots\cdots\ \langle\hat{T}_3\rangle=\frac{1}{2}\\ \cdots\cdots\ \langle\hat{T}_3\rangle=-\frac{1}{2}\end{matrix}\right\} \qquad (11\text{-}550\text{a})$$

$$\phi^+ \equiv (\phi_1 + i\phi_2)/\sqrt{2}，\phi^0 \equiv (\phi_3 + i\phi_4)/\sqrt{2}，\phi_i = \text{實標量場}，i = 1, 2, 3, 4 \qquad (11\text{-}550b)$$

既然 Higgs 場有同位旋，且是二重態，那麼它有沒有超荷呢？從圖（11-167）得自發失稱的新基態是電中性的實量場：

$$\langle 0|\phi(x)|0\rangle = \frac{1}{\sqrt{2}}\begin{pmatrix}0\\ v\end{pmatrix} \equiv \phi_0，\quad v \equiv \sqrt{-\mu^2/\lambda} \qquad (11\text{-}550c)$$

為了達到（11-550c）式，（11-550a）式的 $\phi^0(x)$ 的 Bose 子不能帶電荷，故由（11-544a）式得 Higgs 場必有超荷 Y 才能滿足此要求：

$$\left.\begin{aligned} &eQ_{\phi^+} = e\left(\langle \hat{T}_3\rangle + \frac{1}{2}Y_\phi\right) = e\\ &eQ_{\phi^0} = e\left(\langle \hat{T}_3\rangle + \frac{1}{2}Y_\phi\right) = 0\\ &\therefore\ Y_\phi = 1 \end{aligned}\right\} \qquad (11\text{-}550d)$$

（11-550d）式各量的右下標表示 Higgs 場的各量。（11-550a）式啟示著：Higgs 機制將帶給，不但無靜止質量的帶電規範 Bose 子，並且電中性規範 Bose 子靜止質量。由（11-549a）式得 Higgs 場 ϕ 的協變導商 D^μ_ϕ：

$$D^\mu \underset{Y=1}{=\!=\!=} \partial^\mu + ig\frac{1}{2}\hat{\boldsymbol{\tau}}\cdot\boldsymbol{W}^\mu(x) + \frac{1}{2}ig'B^\mu(x) \equiv D^\mu_\phi \qquad (11\text{-}550e)$$

則從（11-535c）式得和規範場相互作用的 Higgs 場 Lagrangian 密度 $L(\phi)$：

$$L(\phi) = (D^\nu_\phi\phi(x))^+(D_{\phi\nu}\phi(x)) - \mu^2\phi^+(x)\phi(x) - \lambda(\phi^+(x)\phi(x))^2 \qquad (11\text{-}550f)$$

從無源頭（source）U(1)規範場（11-405a）式，和 SU(2)規範場（11-507b）式，以及 Fermi 子協變導商（11-549b～f）式和 Higgs 子協變導商（11-550e）式得，無靜止質量 Fermi 子的 $SU(2)_L \otimes U(1)_Y$ 規範 Lagrangian 密度 L（$m_F = 0$）：

$$\begin{aligned}
L(m_F = 0) &= \overline{\psi}_L(x)\, i\gamma_\mu D^\mu_L(\text{輕子 } D^\mu_L = D^\mu_{lL}, \text{夸克 } D^\mu_L = D^\mu_{qL})\,\psi_L(x)\\
&\quad + \overline{\psi}_R(x)\, i\gamma_\mu D^\mu_R(\text{輕子 } D^\mu_R = D^\mu_{lR}, \text{夸克 } D^\mu_R = D^\mu_{quR}\text{或 } D^\mu_{qdR})\,\psi_R(x) \Big\}\ \text{內涵規範場 } W^{1,2,3}_\mu(x)\text{和 } B_\mu(x)\text{相互作用的輕子及夸克動能，設為 } L(\psi_L, \psi_R)\\
&\quad + (D^\mu_\phi\phi(x))^+(D_{\phi\mu}\phi(x)) - V(\phi) \longleftarrow \left(\text{規範場 } W^{1,2,3}_\mu(x)\text{和 } B_\mu(x)\text{，以及 Higgs 場}\phi(x)\text{和其相互作用，即 } L(\phi)\right)\\
&\quad - \frac{1}{4}\boldsymbol{f}_{\mu\nu}(x)\cdot\boldsymbol{f}^{\mu\nu}(x) - \frac{1}{4}B_{\mu\nu}(x)B^{\mu\nu}(x) \longleftarrow \left(\text{規範場 } W^{1,2,3}_\mu(x)\text{和其自相互作用，以及規範場 } B_\mu(x)\text{動能，設為 } L(\boldsymbol{W}_\mu, B_\mu)\right)\\
&\equiv L(\psi_L, \psi_R) + L(\phi) + L(\boldsymbol{W}_\mu, B_\mu)
\end{aligned} \qquad (11\text{-}551a)$$

$$\left.\begin{array}{l}\boldsymbol{f}_{\mu\nu}(x) \xlongequal[(11-507b)\text{式}]{} (\partial_\mu \boldsymbol{W}_\nu(x) - \partial_\nu \boldsymbol{W}_\mu(x)) - g(\boldsymbol{W}_\mu(x)\times \boldsymbol{W}_\nu(x)) \\ \text{或 } f^i_{\mu\nu}(x) = (\partial_\mu W^i_\nu(x) - \partial_\nu W^i_\mu(x)) - g\varepsilon^{ijk} W^j_\mu(x) W^k_\nu(x),\ i,j,k=1,2,3\end{array}\right\} \quad (11\text{-}551b)$$

$$B_{\mu\nu}(x) \xlongequal[(11-405a)\text{式}]{} \partial_\mu B_\nu(x) - \partial_\nu B_\mu(x) \quad (11\text{-}551c)$$

$$V(\phi) \xlongequal[(11-535c)\text{式}]{} \mu^2\phi^+(x)\phi(x) + \lambda(\phi^+(x)\phi(x))^2,\quad \lambda>0 \quad (11\text{-}551d)$$

$\psi_L(x)$和$\psi_R(x)$分別為左旋且同位旋二重態和右旋且同位旋單態的 Fermi 子場，輕子時是（11-545a）和（11-545b）式，夸克時是（11-547a）和（11-547b）式，$m_F=$ Fermi 子的靜止質量。（11-551b）式右邊第二項表示$SU(2)$規範場$W^i_\mu(x)$，$i=1,2,3$ 會自相互作用（請看（11-521i）式），而（11-551c）式的$U(1)$規範場$B_\mu(x)$不會自相互作用。從（11-551a）式可得 Fermi 子場和規範場的相互作用 Lagrangian 密度 L_{int} 以及相互作用流，例如從（11-551a）式右邊第一項和（11-549b）式得輕子$l=(e^-$或μ^-或$\tau^-)$和規範場的相互作用 Lagrangian 密度 L_{lLint}，以及弱同位旋三重態流$\boldsymbol{J}^\mu_{lL}(x)$和弱超荷流$j^\mu_{lLY}$。設$\psi_{lL}(x)=$左旋輕子場，則無靜止質量左旋輕子 Lagrangian 密度$L_{lL}(x)$是：

$$\begin{aligned}L_{lL}(x) &= \overline{\psi}_{lL}(x) i\gamma^\mu\left(\partial_\mu + ig\frac{1}{2}\hat{\boldsymbol{\tau}}\cdot \boldsymbol{W}_\mu(x) + ig'\frac{1}{2}YB_\mu(x)\right)\psi_{lL}(x) \\ &= \overline{\psi}_{lL}\, i\gamma^\mu\partial_\mu\psi_{lL} - g\,\overline{\psi}_{lL}\gamma^\mu\frac{1}{2}\hat{\boldsymbol{\tau}}\cdot \boldsymbol{W}_\mu\psi_{lL} - g'\overline{\psi}_{lL}\gamma^\mu\frac{1}{2}YB_\psi\,\psi_{lL} \\ &\equiv L_{lLo}(x) + L^W_{lLint}(x) + L^Y_{lLint}(x) = \text{左旋輕子動能 Lagrangian 密度}\end{aligned}$$

$$L_{lLo}(x) \equiv \overline{\psi}_{lL}(x) i\gamma^\mu\partial_\mu\psi_{lL}(x) = \text{自由態左旋輕子動能 Lagrangian 密度} \quad (11\text{-}552a)$$

$$\left.\begin{array}{l}L^W_{lLint}(x) \equiv -g\overline{\psi}_{lL}(x)\gamma^\mu\hat{\boldsymbol{T}}\cdot\psi_{lL}(x)\boldsymbol{W}_\mu(x) = -g\boldsymbol{J}^\mu_{lL}(x)\cdot\boldsymbol{W}_\mu(x) \\ \qquad = \text{左旋輕子和規範場 } \boldsymbol{W}_\mu(x) \text{ 的相互作用 Lagrangian 密度} \\ \boldsymbol{J}^\mu_{lL}(x) \equiv \overline{\psi}_{lL}(x)\gamma^\mu\hat{\boldsymbol{T}}\psi_{lL}(x) = \text{左旋輕子和規範場 } \boldsymbol{W}_\mu \text{ 的相互作用流}\end{array}\right\} \quad (11\text{-}552b)$$

$$\left.\begin{array}{l}L^Y_{lLint}(x) \equiv -g'\overline{\psi}_{lL}(x)\gamma^\mu\frac{1}{2}Y\psi_{lL}(x)B_\mu(x) = -g'j^\mu_{lLY}(x)B_\mu(x) \\ \qquad = \text{左旋輕子和規範場 } B_\mu(x) \text{ 相互作用的 Lagrangian 密度} \\ j^\mu_{lLY}(x) \equiv \overline{\psi}_{lL}(x)\gamma^\mu\frac{1}{2}Y\psi_{lL}(x) \xlongequal[Y=-1]{} -\frac{1}{2}\overline{\psi}_{lL}(x)\gamma^\mu\psi_{lL}(x) \\ \qquad = \text{左旋輕子和規範場 } B_\mu(x) \text{ 的相互作用流}\end{array}\right\} \quad (11\text{-}552c)$$

而物質粒子輕子場$\psi_{lL}(x)$和$\psi_{lR}(x)$以及 Higgs 場$\phi(x)$的規範變換是：

$$\psi_{lL}(x) \longrightarrow \psi'_{lL}(x) = e^{ig\hat{\boldsymbol{\tau}}\cdot\boldsymbol{\alpha}(x)/2 + ig'Y\beta(x)/2}\psi_{lL}(x),\quad Y=-1 \quad (11\text{-}552d)$$

$$\psi_{lR}(x) \longrightarrow \psi'_{lR}(x) = e^{ig'Y\beta(x)/2}\psi_{lR}(x),\quad Y=-2 \quad (11\text{-}552e)$$

$$\phi(x) \longrightarrow \phi'(x) = e^{ig\hat{\boldsymbol{\tau}}\cdot\boldsymbol{\alpha}(x)/2 + ig'Y\beta(x)/2}\phi(x)，\ Y=1 \tag{11-552f}$$

而規範場 $\boldsymbol{W}_\mu(x)$ 和 $B_\mu(x)$ 的變換，則從（11-506d）式和（11-410a）式得：

$$\hat{\boldsymbol{T}}\cdot\boldsymbol{W}_\mu(x) \longrightarrow \hat{\boldsymbol{T}}\cdot\boldsymbol{W}'_\mu(x) = \hat{U}(SU(2))\left\{\hat{\boldsymbol{T}}\cdot[-\partial_\mu\boldsymbol{\alpha}(x) + \boldsymbol{W}_\mu(x)]\right\}\hat{U}(SU(2))^+ \tag{11-552g}$$

$$B_\mu(x) \longrightarrow B'_\mu(x) = B_\mu(x) - \partial_\mu\beta(x) \tag{11-552h}$$

（11-552g）式的 $\hat{U}(SU(2))=$（11-546a）式。顯然從（11-551a）式和協變導商 D_μ 就能得，想要的相互作用 Lagrangian 密度來作如 QED 那樣的 S 矩陣微擾演算，一切仿 QED 技巧作，不再深入。接著來看看規範粒子如何獲得靜止質量。

(b)弱同位旋二重態規範場 $\boldsymbol{W}_\mu(x)$ 的規範粒子靜止質量

在前面介紹了 Higgs 機制如何使無靜止質量的規範粒子獲得靜止質量，關鍵是 Higgs 場的自相互作用引起自發失稱。從（11-538a）式到（11-539f）式的演算過程得：

$$\begin{pmatrix}\text{以 Higgs 場自發失稱時的基態值}\phi_o\text{代入 }L(\phi)\text{ 的}\phi\text{，}\\ \text{便能得規範 Bose 子的靜止質量。}\end{pmatrix} \tag{11-553a}$$

將（11-550c）式的 ϕ_0 以及（11-550e）式代入（11-550f）式 $L(\phi)$，得勢能部等於常量 $(v^2/2+v^4/4)$，而動能部只剩協變導商部分：

$$\begin{aligned}
&\left[\left(ig\frac{1}{2}\hat{\boldsymbol{\tau}}\cdot\boldsymbol{W}_\mu(x) + ig'\frac{1}{2}B_\mu(x)\right)\phi(x)\right]^+\left[\left(ig\frac{1}{2}\hat{\boldsymbol{\tau}}\cdot\boldsymbol{W}_\mu(x) + ig'\frac{1}{2}B^\mu(x)\right)\phi(x)\right]\\
&=\frac{1}{8}\left[\begin{pmatrix}(gW_\mu^3+g'B_\mu) & g(W_\mu^1-iW_\mu^2)\\ g(W_\mu^1+iW_\mu^2) & (-gW_\mu^3+g'B_\mu)\end{pmatrix}\begin{pmatrix}0\\ v\end{pmatrix}\right]^+\left[\begin{pmatrix}(gW^{3\mu}+g'B^\mu) & g(W^{1\mu}-iW^{2\mu})\\ g(W^{1\mu}+iW^{2\mu}) & (-gW^{3\mu}+g'B_\mu)\end{pmatrix}\begin{pmatrix}0\\ v\end{pmatrix}\right]\\
&=\frac{1}{8}\left(gv(W_\mu^1+iW_\mu^2),\, v(g'B_\mu-gW_\mu^3)\right)\begin{pmatrix}gv(W^{1\mu}-iW^{2\mu})\\ v(g'B^\mu-gW^{3\mu})\end{pmatrix}\\
&=\frac{1}{8}\left(\sqrt{2}gvW_\mu^+,\, v(g'B_\mu-gW_\mu^3)\right)\begin{pmatrix}\sqrt{2}gvW^{-\mu}\\ v(g'B^\mu-gW^{3\mu})\end{pmatrix}\\
&=\frac{g^2v^2}{4}W_\mu^+W^{-\mu}+\frac{v^2}{8}(g'^2B_\mu B^\mu - gg'W_\mu^3B^\mu - gg'B_\mu W^{3\mu} + g^2W_\mu{}^3W^{3\mu})\\
&=\frac{(gv)^2}{4}W_\mu^+W^{-\mu}+\frac{v^2}{8}(W_\mu^3, B_\mu)\begin{pmatrix}g^2 & -gg'\\ -gg' & g'^2\end{pmatrix}\begin{pmatrix}W^{3\mu}\\ B^\mu\end{pmatrix}
\end{aligned} \tag{11-553b}$$

$$\left.\begin{aligned}W_\mu^\pm(x) &\equiv \frac{1}{\sqrt{2}}(W_\mu^1(x) \pm iW_\mu^2(x))\\ &= \boldsymbol{W}_\mu(x)\text{ 場的橫向成分}\end{aligned}\right\} \tag{11-553c}$$

（11-553b）和（11-553c）式表示 $\boldsymbol{W}_\mu(x)$ 場的橫向成分 (W_μ^1, W_μ^2) 和縱向成分 W_μ^3 自

動分開，後者和 $U(1)$ 規範場 $B_\mu(x)$ 耦合。換句話，當 $\boldsymbol{W}_\mu=(W_\mu^1, W_\mu^2, W_\mu^3)$ 和 B_μ 表象時 $W_\mu^{1,2}$ 和 W_μ^3 分開，而 W_μ^3 和 B_μ 耦合在一起。如何解開耦合呢？常用的方法是對角化（diagonalize）耦合矩陣，求其本徵值（eigenvalue）和正交歸一（orthonormalized）本徵態（eigenstate）。設 $E=$ 本徵值，$\begin{pmatrix}x\\y\end{pmatrix}=$ 本徵態，則（11-553b）式的矩陣本徵值和本徵態是：

$$\begin{vmatrix}(g^2-E) & -gg'\\ -gg' & (g'^2-E)\end{vmatrix}=0$$

$$\therefore (g^2-E)(g'^2-E)-(gg')^2=0$$

$$\therefore E=\begin{cases}g^2+g'^2\equiv E_1\\ 0\equiv E_2\end{cases} \tag{11-553d}$$

$$\begin{pmatrix}g^2 & -gg'\\ -gg' & g'^2\end{pmatrix}\begin{pmatrix}x\\y\end{pmatrix}=E_1\begin{pmatrix}x\\y\end{pmatrix}\Rightarrow\begin{cases}-gg'y=g'^2x\\ -gg'x=g^2y\end{cases}$$

取 $x=1$，則得 $y=-g'/g$，設 $N=$ 歸一化係數，於是 E_1 的本徵態是：

$$E_1N\begin{pmatrix}x\\y\end{pmatrix}=E_1N\begin{pmatrix}1\\-g'/g\end{pmatrix} \tag{11-553e}$$

同樣地求 E_2 的本徵態：

$$\begin{pmatrix}g^2 & -gg'\\ -gg' & g'^2\end{pmatrix}\begin{pmatrix}x\\y\end{pmatrix}=E_2\begin{pmatrix}x\\y\end{pmatrix}=0\begin{pmatrix}x\\y\end{pmatrix}\Rightarrow\begin{cases}g^2x-gg'y=0\\ -gg'x+g'^2y=0\end{cases}$$

為了能和 E_1 的本徵態正交，取 $y=1$，則得 $x=g'/g$

$$\therefore E_2N\begin{pmatrix}x\\y\end{pmatrix}=E_2N\begin{pmatrix}g'/g\\1\end{pmatrix} \tag{11-553f}$$

$$N^2(x,y)\begin{pmatrix}x\\y\end{pmatrix}=N^2[(g'/g)^2+1]=1\Rightarrow N=\frac{g}{\sqrt{g^2+g'^2}} \tag{11-553g}$$

$$\therefore\begin{cases}E_1=g^2+g'^2\text{ 的本徵態是 }\dfrac{g}{\sqrt{g^2+g'^2}}\begin{pmatrix}1\\-g'/g\end{pmatrix} & (11-554a)\\[2ex] E_2=0\text{ 的本徵態是 }\dfrac{g}{\sqrt{g^2+g'^2}}\begin{pmatrix}g'/g\\1\end{pmatrix} & (11-554b)\end{cases}$$

（11-554a）和（11-554b）式分別表示 W_μ^3 和 B_μ 解開耦合的情形，$E\neq0$ 時不同符號，$E=0$ 時同符號，所以（11-553b）式右邊第二項的 W_μ^3 和 B_μ 場變成互為獨立的兩個場，設為 $Z_\mu^0(x)$ 和 $A_\mu(x)$ 的新場：

$$\frac{v^2}{8}(g'^2 B_\mu B^\mu - gg' W_\mu^3 B^\mu - gg' B_\mu W^{3\mu} + g^2 W_\mu^3 W^{3\mu})$$
$$= \frac{v^2}{8}(g W_\mu^3 - g' B_\mu)(gW^{3\mu} - g'B^\mu) + 0(g'W_\mu^3 + gB_\mu)(g' W^{3\mu} + g B^\mu)/(g^2 + g'^2)$$
$$\equiv \frac{1}{2}\left(\frac{v\sqrt{g^2+g'^2}}{2}\right)^2 \left(\frac{gW_\mu^3 - g'B_\mu}{\sqrt{g^2+g'^2}}\right)\left(\frac{gW^{3\mu} - g'B^\mu}{\sqrt{g^2+g'^2}}\right) + 0\left(\frac{g'W_\mu^3 + gB_\mu}{\sqrt{g^2+g'^2}}\right)\left(\frac{g'W^{3\mu} + B^\mu}{\sqrt{g^2+g'^2}}\right)$$
$$\equiv \frac{1}{2} M_{z^0}^2 Z_\mu^0(x) Z^{0\mu}(x) + OA_\mu(x) A^\mu(x) \qquad (11\text{-}554c)$$

$W_\mu^3(x) \equiv W_\mu^0(x)$和$B_\mu(x)$是電中性場，依 Cabibbo 理論它們會混合，（11-554c）式表示確實如此。$W_\mu^3(x)$和$B_\mu(x)$，和新表象的$Z_\mu^0(x)$和$A_\mu(x)$的關係，類似轉角度θ_w的座標變換來化解耦合，結果顯然獲得互為獨立（因（11-554a）式和（11-554b）式正交），且各自帶靜止質量M_{z^0}和 0 的新場$Z_\mu^0(x)$和$A_\mu(x)$。（11-554c）式是$Z_\mu^0(x)$和$A_\mu(x)$的靜止質量項，各質量為：

$$\boxed{M_{z^0} \equiv \frac{1}{2} v\sqrt{g^2+g'^2}}, \qquad \boxed{M_A = 0} \qquad (11\text{-}554d)$$

如用 Cabibbo 機制表示$Z_\mu^0(x)$和$A_\mu(x)$，則得：

$$Z_\mu^0(x) \equiv \frac{g}{\sqrt{g^2+g'^2}} W_\mu^3(x) - \frac{g'}{\sqrt{g^2+g'^2}} B_\mu(x)$$
$$\equiv W_\mu^3(x)\cos\theta_w - B_\mu(x)\sin\theta_w = \text{（11-541c）式} \qquad (11\text{-}554e)$$
$$\cos\theta_w \equiv g/\sqrt{g^2+g'^2}, \qquad \sin\theta_w \equiv g'/\sqrt{g^2+g'^2} \qquad (11\text{-}554f)$$
$$A_\mu(x) \equiv \frac{g'}{\sqrt{g^2+g'^2}} W_\mu^3(x) + \frac{g}{\sqrt{g^2+g'^2}} B_\mu(x)$$
$$= W_\mu^3 \sin\theta_w + B_\mu(x)\cos\theta_w = \text{（11-541c）式} \qquad (11\text{-}554g)$$

另從（11-553b）式得帶電荷的$W_\mu^\pm(x)$場的規範粒子靜止質量$M_{w^\pm}$：

$$\boxed{M_{w^\pm} \equiv \frac{1}{2} vg} \qquad (11\text{-}554h)$$

則四個無靜止質量規範場$W_\mu^{1,2,3}(x)$和$B_\mu(x)$的規範粒子，經 Higgs 和 Cabibbo（或 Cabibbo-GIM（1970 年），或 GIM）機制後變成$W_\mu^\pm(x)$和$Z_\mu^0(x)$的粒子有靜止質量，而$A_\mu(x)$的沒靜止質量。綜合以上內容得：

$$
\underbrace{\left.\begin{array}{l}
SU(2):\begin{cases}W_\mu^1(x)\\ W_\mu^2(x)\\ W_\mu^3(x)\end{cases}\\
U(1):B_\mu(x)
\end{array}\right.}_{SU(2)_L\otimes U(1)_Y\text{對稱}}\Bigg\}
\xrightarrow[\text{（電中性場轉動}\theta_w\text{角）}]{\text{Higgs 和 Cabibbo 機制}}
\left\{\begin{array}{l}
\left.\begin{array}{l}
W_\mu^+(x)\equiv\dfrac{1}{\sqrt{2}}(W_\mu^1(x)+iW_\mu^2(x))\\
W_\mu^-(x)\equiv\dfrac{1}{\sqrt{2}}(W_\mu^1(x)-iW_\mu^2(x))\\
Z_\mu^0(x)\equiv W_\mu^3\cos\theta_w-B_\mu\sin\theta_w
\end{array}\right\}\text{負責弱相互作用}\\
\underbrace{A_\mu(x)\equiv W_\mu^3\sin\theta_w+B_\mu\cos\theta_w\text{負責電磁相互作用}}_{\text{失去對稱，弱和電磁相互作用分開。}}
\end{array}\right\}\qquad(11\text{-}555a)
$$

（視弱相互作用力和電磁相互作用力為同一種力）

（11-555a）式的物理內容是：

①對等看待電磁和弱兩相互作用；

②在高能量時它們是完全對稱的 $SU(2)_L\otimes U(1)_Y$ 非對易局部規範對稱，兩作用力可視為同一作用力，由四個無靜止質量規範粒子的規範場 $W_\mu^{1,2,3}(x)$ 和 $B_\mu(x)$ 的 Bose 子來傳遞相互作用。

③經物理系統內部，有自相互作用的複標量場 $\phi(x)$ 的 Higgs 和 Cabibbo 機制，產生自發失稱；

④於是兩作用力間的對稱性從系統表面消失，被隱藏起來（請看（Ex. 11-93）），**而四個規範場中的三個 $W_\mu^\pm(x)$ 和 $Z_\mu^0(x)$ 的規範粒子獲得靜止質量，第四個 $A_\mu(x)$ 的規範粒子沒獲得靜止質量的同時引起粒子衰變；**

⑤同時物理系統溫度降低，原統一的電磁和弱兩作用力就此分手成為相互作用強度不同的作用力。

這是 Weinberg-Salam 理論架構內容，顯然關鍵是 **Higgs 場 $\phi(x)$，但 Weinberg-Salam 沒交待清楚 $\phi(x)$ 是怎麼來的**，或本來就隱藏在物理系統內部，而到今天（2000 年秋天）尚未被發覺的，內稟相互作用所引發出來的呢？確實找到 Higgs 子是檢定標準模型的核心條件。在今年（2000 年）秋天曾聽到歐洲共同原子核研究所（**C**onseil **E**uropeen pour la **R**echerche **N**ucleaire，簡稱 CERN）找到 Higgs 子，並且靜止質量 $m_Hc^2\fallingdotseq 114.9\,\text{GeV}$，不過後來沒音訊了！無論如何以上結果是多麼地漂亮，且多麼地令人振奮，相信讀者讀到這裡時，自然地眉開眼笑地喊出「棒極了！」，不得不佩服 Weinberg 和 Salam 的洞察力。**從 Gell-Mann 開始，經 Cabibbo 和 Higgs 一直到此地，我們連續地享受著創造物理理論的絕妙過程，以及數學和物理的精彩互動場面。這些正是我們要學習的地方，請將它們應用到基本粒子以外的物理領域去開發新天地。**至於獲得的規範粒子靜止質量 $M_{w^\pm}$ 和 M_{z^0} 是名正言順的靜止質量，因為（11-553b）式是基態 Higgs 場（11-550c）式的結果，那麼 $M_{w^\pm}$ 和 M_{z^0} 的關係以及大小是多少呢？從（11-554d）、（11-554f）和（11-554h）式得：

$$\boxed{\frac{M_{w^\pm}}{M_{z^0}}=\frac{g}{\sqrt{g^2+g'^2}}=\cos\theta_w} \qquad (11\text{-}555b)$$

（11-555b）式表示，除了 $\theta_w=0$ 之外， $M_{w^\pm}\neq M_{z^0}$ ，一般 $\theta_w\neq 0$ ，故 $M_{w^\pm}<M_{z^0}$。從電弱模型的實際微擾演算（僅寫出結果）得，在 MKSA 單位的精細結構常數（fine stracture constant） $\alpha=\frac{1}{4\pi\varepsilon_0}\frac{e^2}{\hbar c}$ ，Fermi 常數（如（11-524a）式的 g_n ，即 Fermi 型弱相互作用強度） $G_F\doteqdot 1.03\times10^{-5}(\hbar c)^3/(M_P c^2)^2$ 和 $M_{w^\pm}$ 的關係是：

$$\boxed{M_{w^\pm}c^2\sin\theta_w=\sqrt{\frac{\pi\alpha}{\sqrt{2}}\frac{(\hbar c)^3}{G_F}}} \qquad (11\text{-}555c)$$

$$\therefore M_{w^\pm}c^2\doteqdot\frac{1}{\sin\theta_w}\sqrt{\frac{\pi\alpha\times10^5}{1.03\times\sqrt{2}}}M_P c^2\doteqdot\frac{37.2}{\sin\theta_w}\text{GeV} \qquad (11\text{-}555d)$$

$M_P C^2=$ 質子靜止質量能，而實驗值的 $\sin^2\theta_w\doteqdot 0.23$ ，代入（11-555d）和（11-555b）式得：

$$\left.\begin{aligned}&M_{w^\pm}c^2\doteqdot 78\ \text{GeV}\\&M_{Z^0}=M_{w^\pm}c^2/\cos\theta_w\doteqdot 90\text{GeV}\end{aligned}\right\} \qquad (11\text{-}555e)$$

（11-555e）式是從實驗的 Weinberg 角 θ_w 估計的弱作用規範粒子靜止質量，在 1983 年春天 CERN 的 Rubbia（（Carlo Rubbia，1934 年 3/31～伊大利實驗物理學家）研究組發現了 $W^\pm$ 和 Z^0 Bose 子，其靜止質量各為：

$$\left.\begin{aligned}&(M_{w^\pm}c^2)_{\text{exp.}}=(80.423\pm0.039)\ \text{GeV}\\&(M_{Z^0}c^2)_{\text{exp.}}=(91.1876\pm0.0021)\ \text{GeV}\end{aligned}\right\} \qquad (11\text{-}555f)$$

右下標 exp.表示實驗。比較理論值（11-555e）式和實驗值（11-555f）式，真是驚人的吻合，此外 Weinberg 和 Salam 依照（11-524d）式的 Yukawa 型弱相互作用，預言有如圖 11-168b 參與的輕子電荷不變的反應，即中性流（neutral current）的存在：

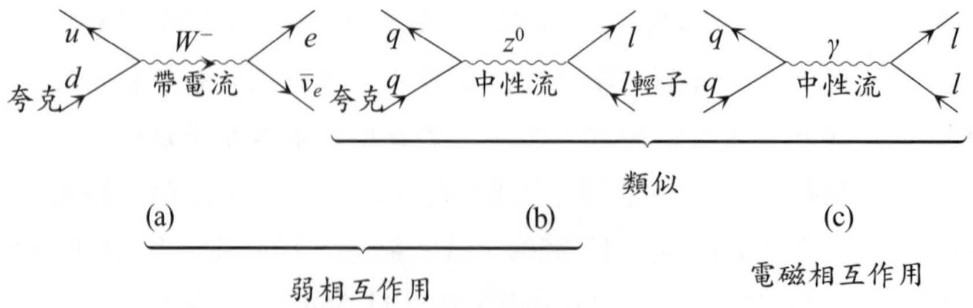

圖 11-168

1973 年在 CERN 成功地觀測到：

$$\nu_\mu + P \to \nu_\mu + P \tag{11-556}$$

的反應，證實中性流的存在，這是驗證 Weinberg-Salam 模型正確性的關鍵實驗，必然轟動了高能物理界，於是促進基本粒子的研究進入巔峰期，一直持續到 1980 年代中葉。GWS 模型又叫電磁和弱相互作用的標準模型或**小標準模型**（minimal standard model）。

(iii)微中子振盪，微中子靜止質量

除了光子不參與弱相互作用之外，其他任何基本粒子都參與弱相互作用。弱相互作用理論結構內涵 Cabibbo-GIM 機制，會引**起有靜止質量的粒子間混合**，如（11-528d）、（11-554e）和（11-554g）式，**卻沒有輕子間的混合，這是因為視微中子的靜止質量 m_ν 為零**。從 1930 年 W.Pauli 為了解釋原子核的 β 衰變（請看 Pauli 解釋圖 11-85 的（11-268c～e）式）提出自旋 $\frac{1}{2}$、靜止質量極小的電中性粒子微中子後，1934 年 Fermi 使用微中子創非重整弱相互作用的 β 衰變理論，而成功地解釋 β 衰變現象，於是微中子漸受肯定。因此物理學家一面積極地尋找微中子，一面建構弱作用理論時都把 m_ν 近似為零，一直到 1973 年建構大小標準模型也不例外。雖在 1956 年 F. Reines 和 C. L. Cowan 首次發現電子微中子（請看表 11-29）ν_e，1962 年和 1998 年分別找到 ν_μ 和 ν_τ，但一直無法直接測到各微中子靜止質量 m_{ν_e}、m_{ν_μ} 和 m_{ν_τ}，僅知各靜止質量的上限值：

$$\left.\begin{array}{l} m_{\nu_e}c^2 < 3\text{eV} \\ m_{\nu_\mu}c^2 < 0.19\text{MeV} \\ m_{\nu_\tau}c^2 < 18.2\text{MeV} \end{array}\right\} \tag{11-557a}$$

比起基本粒子反應的高能量，（11-557a）式的 m_ν 的數量級就可以忽略了。加上通常的物質是由（11-363a）式的第一代（第一族）$\begin{pmatrix} u \\ d \end{pmatrix}$ 和 $\begin{pmatrix} \nu_e \\ e^- \end{pmatrix}$ 所組成，第二代（第二族）$\begin{pmatrix} c \\ s \end{pmatrix}$ 和 $\begin{pmatrix} \nu_\mu \\ \mu \end{pmatrix}$ 是目前（將來未知）尚未發現其實用價值的，宇宙線或高能加速器內造的粒子。至於第三代（第三族）$\begin{pmatrix} t \\ b \end{pmatrix}$ 和 $\begin{pmatrix} \nu_\tau \\ \tau \end{pmatrix}$，好像和我們的生活無直接關係的，也許和宇宙的形成有關的理論基本粒子。電磁和弱相互作用對稱的領域，如（11-555f）式所示是 80 GeV ~ 100GeV 的高能量域，m_ν 可看成為0，故 GWS 模型近似地成立。不過到了低能量域，當肯定微中子有質量，便有微中子振盪帶來的輕子數不守恆問題，同時有輕子的 Cabibbo-GIM 機制問題，那就需要修正標準模型了。那麼微中子振盪（neutrino oscillation）是什麼呢？當m_ν有不同質量狀態（mass state）時，微中子在運動過程中便會發生變化，稱這現象為**微中子振盪**（請看下面（Ex. 11-94）），例如：

$$\left.\begin{array}{l} m_{\nu_\mu} \to m_{\nu_e} \\ m_{\nu_\mu} \to m_{\nu_\tau} \\ \text{或 } m_\nu \to m_{\bar{\nu}}, \quad \nu \equiv \nu_e, \nu_\mu, \nu_\tau, \quad \bar{\nu} \equiv \bar{\nu}_e, \bar{\nu}_\mu, \bar{\nu}_\tau \end{array}\right\} \quad (11\text{-}557\text{b})$$

如果能發現（11-557b）式的情形，就證明$m_\nu \neq 0$（請看下面（Ex.11-94）），則不但是弱相互作用方面的大發現（因微中子僅參與弱相互作用），並且能界定標準模型的畫時代貢獻。前年 1998 年 6 月在日本舉行的第 18 次國際微中子物理學和天體物理學會上，正式公佈：

$$\text{確有微中子振盪，等於確定 } m_\nu \neq 0 \quad (11\text{-}557\text{c})$$

那麼為什麼 1998 年以前的基本粒子理論都以$m_\nu = 0$建構理論，而沒出問題呢？是因為：

$$\left.\begin{array}{l} (1)\text{微中子僅參與弱相互作用，且其作用強度約強相互作用的 } 10^{-5}\text{，} \\ (2)\ m_\nu\text{ 非常地小，} \\ (3)\text{電中性，加穿透力極強，難和對象相互作用，} \end{array}\right\} \quad (11\text{-}557\text{d})$$

於是直接測m_ν有（11-557d）式的困難，只好採用間接法，測（11-557b）式的現象。如果$m_\nu \neq 0$，則由微觀世界的（11-526f）式性質，（11-363a）式的不同代輕子會混合，即輕子有 Cabibbo-GIM 機制。當混合態微中子行進時，等於時間演化（time evolution）時，自然會產生相位差，這就是微中子振盪原因（請看（Ex. 11-94））。1979 年 Wolfenstein（L. Wolfenstein, Phys. Rev. **D17**（1979）2369）首次提出：持微小靜止質量m_ν的微中子ν在水中行進時，ν會和水電子產生散射，使ν發生折射現象。1985 年 Mikheyev-Smirnov（S. P. Mikheyev and A. Smirnov, Sov, J. Nucl. Phys. **42**（1985）913）進一步推導出ν的折射會帶來ν的振盪共振，而由小混合角就能獲得不同代的ν大轉變概率。日本東京大學宇宙線研究所建設在，日本中部的岐阜縣神岡（Kamioka）鉱山地下 1km 深的探測核子衰變實驗（**N**ucleon **D**ecay **E**xperiment）所，和神岡合起來稱為**Kamiokande 實驗所**（1982 年開始建設，翌年 1983 年完工後立即開始科研工作）內的大水槽，分為內外水槽，內和外分裝純水 32000 和 18000 噸。本來是要偵測大統一理論（統一強、電磁和弱相互作用的理論）預言的質子衰變，沒想到遇到 1987 年 2 月 23 日的超新星（supernova）爆發事件，測到世界最初且數目最多的，第一手爆發時產生的微中子資料！從那時候開始他們就改變研究主方向，積極地探測一次（從地球外邊來的，主要來自太陽，太陽的ν的數目≒1000太陽以外的ν的數目）微中子ν_f，和第二次（一次宇宙線，主成分是質子，它和大氣層中的原子核相互作用產生π介子，π介子的連鎖衰變產生的ν，例如：$\pi^+ \to \mu^+ + \nu_\mu$，$\mu^+ \to e^+ + \nu_e$產生的微中子）微中子$\nu_c$的行為，$\nu_c$稱為**大氣微中子**。右下標$f$和$c$，分別表示第一次來自太陽和第二次由宇宙線（cosmic ray）引起的微中子。當微中子和水的質子碰撞便有如下反應：

$$\bar{\nu}_e + p\text{（水）} \to e^+ + n$$
$$\bar{\nu}_\mu + p\text{（水）} \to \mu^+ + \gamma$$

從e^+或μ^+在水中行進時的Cherenkov光來偵測微中子振盪，結果是：

$$\left.\begin{array}{l}(\nu_\mu \to \nu_\tau) \gg (\nu_\mu \to \nu_e) \\ \text{太陽微中子：}(\Delta m_{\mu e}c^2)^2 \fallingdotseq (\Delta m_{\mu\tau}c^2)^2 \fallingdotseq (3\sim20)\times10^{-5}\,(\text{eV})^2 \\ \text{大氣微中子：}(\Delta m_{\mu\tau}c^2)^2 \fallingdotseq (1.6\sim3.9)\times10^{-3}(\text{eV})^2\end{array}\right\} \quad (11\text{-}557\text{e})$$

（11-557e）式是300多人參與的第18次國際微中子會議 Kamiokande 研究組公佈的資料，$(\Delta m_{ij})^2 \equiv m_j^2 - m_i^2$。有關微中子靜止質量問題，仍然是基本粒子物理學的熱門科研題，m_ν有多大，目前（2000年秋）尚未定案[68]。同時除了定案，且僅參與弱相互作用的（11-363a）式的三代微中子ν_e, ν_μ, ν_τ之外，從最近的微中子振盪研究，預估有第四種不參與弱相互作用的奇異微中子ν_s，而微中子振盪種類有$\nu_\mu \to \nu_e$，$\nu_\mu \to \nu_\tau$和$\nu_\mu \to \nu_s$三種。

【Ex. 11-94】**具體以演算說明，只要微中子有靜止質量本徵態便有微中子振盪現象。**

假定（11-363a）式各代微中子有靜止質量m_{ν_1}, m_{ν_2}, m_{ν_3}且$m_{\nu_1} \neq m_{\nu_2} \neq m_{\nu_3}$，則稱$\nu_1$, ν_2和ν_3為微中子的**質量本徵態**（mass eigenstate），而稱弱相互作用產生的（11-363a）式的ν_e, ν_μ和ν_τ為**相互作用本徵態**（interaction eigenstate），其靜止質量各為m_{ν_e}, m_{ν_μ}和m_{ν_τ}。為了避免混淆，以羅馬字右下標表示質量本徵態微中子ν_i，$i=1,2,3$，而希臘字右下標表示相互作用本徵態微中子ν_δ，$\delta=e,\mu,\tau$。那麼為什麼稱ν_δ為相互作用本徵態微中子呢？因為它們是非輕子粒子經弱相互作用直接產生的微中子，例如：

$$n \xrightarrow{\text{弱相互作用}} p + e^- + \bar{\nu}_e$$

$$\underbrace{\pi^+}_{\text{非輕子粒子}} \xrightarrow{\text{弱相互作用}} \mu^+ + \nu_\mu$$

所以一般地，相互作用本徵態微中子 ν_δ 可用質量本徵態微中子來表示：

$$\nu_\delta = \sum_{i=1}^{3} C_i \nu_i \qquad (11\text{-}558a)$$

（11-558a）式表示著一般地 $m_{\nu_\delta} \neq m_{\nu_i}$，$C_i$＝展開係數。由於 m_{ν_i} 各自不同，故 ν_i 在時空間行進的速度不同，於是（11-558a）式左邊的 ν_δ 在 ν_i 行進的過程中，從原來的 ν_δ 變成其他的 ν_σ，這正是（11-557b）式所示的 $\nu_\delta \to \nu_\sigma$ 的微中子振盪。以兩代微中子為例，作具體演算說明。設：

兩代的相互作用本徵態微中子：$\begin{pmatrix}\nu_e\\ \nu_\mu\end{pmatrix}$

兩代的質量本徵態微中子：$\begin{pmatrix}\nu_1\\ \nu_2\end{pmatrix}$

ν_1 和 ν_2 的混合角 $\equiv \theta$，如右圖則得：

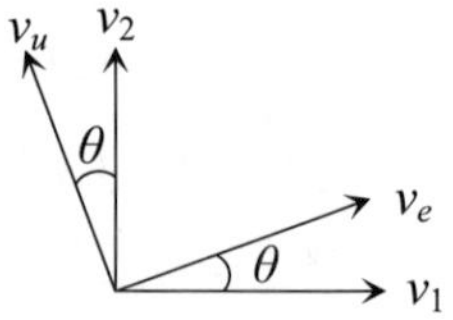

$$\begin{pmatrix}\nu_e\\ \nu_\mu\end{pmatrix} = \begin{pmatrix}\cos\theta & \sin\theta\\ -\sin\theta & \cos\theta\end{pmatrix}\begin{pmatrix}\nu_1\\ \nu_2\end{pmatrix}$$

$$\text{或}\begin{pmatrix}\nu_1\\ \nu_2\end{pmatrix} = \begin{pmatrix}\cos\theta & -\sin\theta\\ \sin\theta & \cos\theta\end{pmatrix}\begin{pmatrix}\nu_e\\ \nu_\mu\end{pmatrix}$$

則從時間 $t=0$ 演化（evolution）到 $t=t$ 的狀態變化是：

$$\begin{aligned}
t=0\ :\ |\nu_e(t=0)\rangle &= |\nu_1(t=0)\rangle\cos\theta + |\nu_2(t=0)\rangle\sin\theta\\
t=t\ :\ |\nu_e(t)\rangle &= e^{-iE_1t}|\nu_1(0)\rangle\cos\theta + e^{-iE_2t}|\nu_2(0)\rangle\sin\theta\\
&= (e^{-iE_1t}\cos^2\theta + e^{-iE_2t}\sin^2\theta)|\nu_e(0)\rangle\\
&\quad + \frac{1}{2}(e^{-iE_2t} - e^{-iE_1t})\sin2\theta|\nu_\mu(0)\rangle
\end{aligned} \qquad (11\text{-}558b)$$

同樣得：

$$\begin{aligned}
|\nu_\mu(t)\rangle &= (e^{-iE_1t}\sin^2\theta + e^{-iE_2t}\cos^2\theta)|\nu_\mu(0)\rangle\\
&\quad + \frac{1}{2}(e^{-iE_2t} - e^{-iE_1t})\sin2\theta|\nu_e(0)\rangle
\end{aligned} \qquad (11\text{-}558c)$$

（11-558c）和（11-558b）式的 E_1 和 E_2 分別為 ν_1 和 ν_2 的能量本徵值，設 $P(\nu_\mu \to \nu_e)$ 為從 $|\nu_\mu(t)\rangle$ 躍遷到 $|\nu_e(0)\rangle$ 的概率，則得：

$$
\begin{aligned}
P(\nu_\mu \to \nu_e) &= |\langle \nu_e(0)|\nu_\mu(t)\rangle|^2 \\
&= |\langle \nu_e(0)|[(e^{-iE_1t}\sin^2\theta + e^{-iE_2t}\cos^2\theta)|\nu_\mu(0)\rangle \\
&\quad + \frac{1}{2}(e^{-iE_2t} - e^{-iE_1t})\sin2\theta|\nu_e(0)\rangle]|^2 \\
&= \left[\frac{1}{2}(e^{-iE_2t} - e^{-iE_1t})\sin2\theta\right]^*\left[\frac{1}{2}(e^{-iE_2t} - e^{-iE_1t})\sin2\theta\right] \\
&= \frac{1}{4}\sin^2 2\theta[2 - (e^{i(E_2-E_1)t} + e^{-i(E_2-E_1)t})] \\
&= \frac{1}{2}\sin^2 2\theta[1 - \cos(E_2 - E_1)t] \qquad (11\text{-}558\text{d})
\end{aligned}
$$

設 $m_{\nu_1} = m_1$，$m_{\nu_2} = m_2$，以及 $\boldsymbol{P}_1$ 和 $\boldsymbol{P}_2$ 為 ν_1 和 ν_2 的動量，則得：

$$
\begin{aligned}
E_2 - E_1 &= \frac{E_2^2 - E_1^2}{E_2 + E_1} = \frac{(\boldsymbol{P}_2^2 + m_2^2) - (\boldsymbol{P}_1^2 + m_1^2)}{\sqrt{\boldsymbol{P}_2^2 + m_2^2} + \sqrt{\boldsymbol{P}_1^2 + m_1^2}} \\
&\fallingdotseq \frac{m_2^2 - m_1^2}{2P} \longleftarrow m_i \ll |\boldsymbol{P}_i|, i = 1, 2, |\boldsymbol{P}_1| \fallingdotseq |\boldsymbol{P}_2| \equiv |\boldsymbol{P}| = P \qquad (11\text{-}558\text{e})
\end{aligned}
$$

$$
\therefore P(\nu_\mu \to \nu_e) \fallingdotseq \frac{1}{2}\sin^2 2\theta[1 - \cos\frac{m_2^2 - m_1^2}{2P}t] \qquad (11\text{-}558\text{f})
$$

（11-558f）式確實是跟著時間 t 變化的振盪概率，並且當 $m_2 = m_1$ 或 $m_2 = 0$，$m_1 = 0$ 時就沒微中子振盪，所以只要有微中子振盪，就有微中子靜止質量，且各代的靜止質量不同。顯然從振盪角頻率 $(m_2^2 - m_1^2)/(2P)$ 就能得（11-557e）式的資料。

（11-558f）式非常清楚地告訴我們：只要微中子各代有自己的靜止質量就有微中子振盪。首次提出微中子振盪理論的是日本名古屋大學研究組 Maki（牧）、Nakagawa（中川）和 Sakata（坂田）（Z. Maki, M. Nakagawa and S. Sakata, Prog. Theor. Phys. **28**(1962)870）。依他們的理論，（11-363a）式的相互作用本徵態微中子 ν_δ 和質量本徵態微中子 ν_i 的關係是：

$$
\nu_\delta = \sum_{i=1}^{3} U_{\delta i}\nu_i \qquad (11\text{-}559)
$$

$U_{\delta i}$ 是微中子混合矩陣 U 的成分，為了紀念首創者，稱 U 為 **MNS 矩陣**，它和下面將要介紹的 Kobayashi-Maskawa 矩陣（簡稱 **KM 矩陣**），又叫 Cabibbo-Kobayashi-Maskawa 矩陣（簡稱 **CKM 矩陣**）類似。但 MNS 矩陣是專用來解釋微中子振盪實驗的理論矩陣。由於微中子振盪物理正在研發中，細節尚未定論（1999 年）[68]，僅配合（Ex.11-94）將本小節內容綜合於圖（11-169），以幫助瞭解微中子振盪現象。

$$\boxed{\text{非輕子粒子}}\xrightarrow[\text{產生}]{\text{弱相互作用}}\begin{pmatrix}\nu_e\\ \nu_\mu\\ \nu_\tau\end{pmatrix}=\mathrm{U}(\text{MNS 矩陣})\begin{pmatrix}\nu_1\\ \nu_2\\ \nu_3\end{pmatrix}$$

$\Updownarrow$ 弱相互作用本徵態 $\Updownarrow$ 質量本徵態

$$(Ex)\begin{cases}n\longrightarrow p+e^-+\bar{\nu}_e\\ \pi^+\longrightarrow\mu^++\nu_\mu\end{cases}\qquad (Ex)\ \nu_e=\sum_{i=1}^{3}U_{ei}\nu_i$$

(1) ν_i, $i=1,2,3$ 各持不同質量，以不同速度在時空間行進；

(2)混合態的 ν_i 行進時，自然會產生相位差；

(3)結果產生：$\nu_\mu\to\nu_e$，$\nu_\mu\to\nu_\tau$ 稱為微中子振盪。

圖 11-169

(4) CP 破壞（CP violation）[54, 66, 67]

(i)複習

雖在本節前大致地介紹了電弱理論和弱相互作用，如（11-529）式的一些性質，不過進入探討細節之前作個整體的粗略複習是能助深入瞭解。目前（2000 年秋天）已知微中子有微小的靜止質量，所以從表（11-33），弱相互作用除了動力學量和電荷以及重子數守恆之外，其他的粒子性質全不守恆，最典型的不守恆量是下面的(1)～(3)：

(1)宇稱（parity）：

$$(Ex)\begin{cases}\text{狀態函數：}P\psi(t,\boldsymbol{x})=\eta_P\psi(t,-\boldsymbol{x})\\ \qquad P=\text{宇稱對稱算符，}\eta_P=\text{未定相，}|\eta_P|^2=1\\ \text{衰變：}\pi^+(\text{假設靜止})\longrightarrow\mu^++\nu_\mu\end{cases}$$

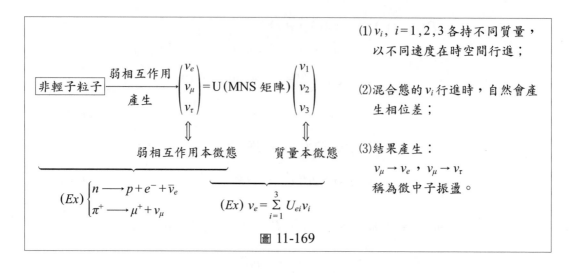

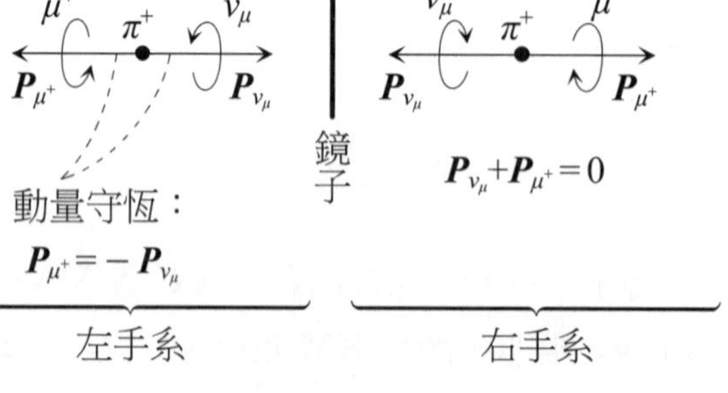

（11-560a）

如果宇稱是守恆，則實驗該以同概率觀測到左右手系過程：

$$\Gamma(\pi^+ \to \mu^+ + \nu_{\mu L}) = \Gamma(\pi^+ \to \mu^+ + \nu_{\mu R})$$

Γ＝衰變率（decay rate）。右下標 L 和 R 分別表示左和右手系。實驗僅觀測到左手系，故宇稱被弱作用破壞了（violated），其根本原因來自僅左旋型微中子（請看（11-526d）式）參與弱相互作用，**為什麼右旋型微中子不參與弱相互作用的問題未解。**

1956～1957 年李政道、楊振寧和吳健雄以理論和實驗，肯定弱相互作用的宇稱不守恆。

⑵電荷共軛（charge conjugation）：

$$(Ex)\begin{cases}\text{狀態函數：} C\psi(x) = \eta_c \psi^+(x) \\ \qquad C = \text{電荷共軛算符，} \eta_c = \text{未定相，} |\eta_c|^2 = 1 \\ \text{衰變：} C\pi^+ \to \pi^-, \qquad C(\mu^+ + \nu_\mu) \to \mu^- + \bar{\nu}_\mu \end{cases} \qquad (11\text{-}560b)$$

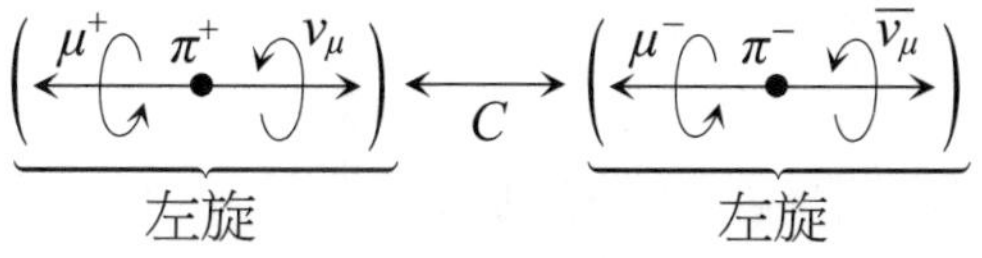

如果電荷共軛（粒子反粒子變換）守恆，則實驗該以同概率觀測到 π^+ 和 π^- 的衰變：

$$\Gamma(\pi^+ \to \mu^+ + \nu_{\mu L}) = \Gamma(\pi^- \to \mu^- + \bar{\nu}_{\mu L})$$

但實驗沒觀測到上式的 π^- 衰變，故弱相互作用的電荷共軛不守恆。

1956～1957 年李政道、楊振寧和吳健雄提出弱相互作用的電荷共軛不守恆。

⑶宇稱和電荷共軛：

$$(Ex)\begin{cases}\text{狀態函數：} CP\psi(t, \boldsymbol{x}) = \eta_c \eta_p \psi^+(t, -\boldsymbol{x}) \\ \text{衰變：} \quad CP\pi^+ \to \pi^-, \qquad CP(\mu^+ + \nu_\mu) \to \mu^- + \bar{\nu}_\mu \end{cases} \qquad (11\text{-}560c)$$

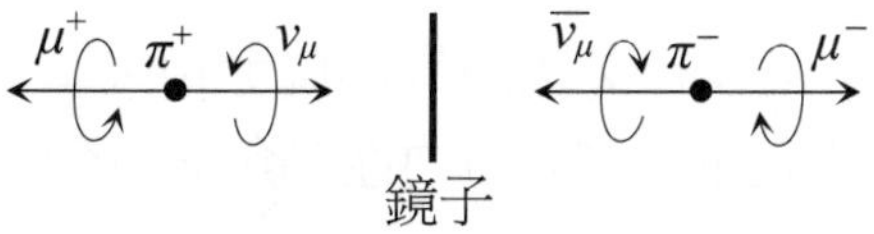

（11-560c）式是宇稱 P 和電荷共軛 C 同時變換 π^+ 的衰變，結果實驗發現有（11-560c）式所示的 π^- 衰變，表示弱相互作用引起的 π 介子衰變是 CP 守恆：

$$\Gamma(\pi^+ \to \mu^+ + \nu_{\mu L}) = \Gamma(\pi^- \to \mu^- + \bar{\nu}_{\mu R})$$

所以 π 介子的弱作用衰變的：

$$\begin{pmatrix}\text{宇稱 } P \text{ 和電荷共軛 } C \text{ 各自不守恆，} \\ \text{而 } CP \text{ 是守恆。}\end{pmatrix} \qquad (11\text{-}560d)$$

1950 年代中葉到 1960 年代初，物理界以為（11-560d）式對所有基本粒子的弱作用衰變都成立，後來發現電中性 K 介子的弱作用衰變有點差異，終於在 1964 年 J. H. Christenson, J. W. Cronin, V. L. Fitch 和 R. Turlay 首次發現電中性 K 介子衰變的 CP 不守恆（請看（11-379）式）。那麼到底 CP 不守恆的程度多大？弱相互作用對什麼樣的粒子衰變會破壞 CP 呢？還有什麼樣的對稱性在弱作用時會被破壞呢？

在 1951 年 J. Schwinger（Phys. Rev. **82** (1951) 914; **91**(1953) 713), G. Lüders (Danske, Mat. Fys. Medd. **28 (5)**(1954)）和 W. Pauli（McGraw Hill(1955)）等證明了：在局部（local）量子場論，如物理系統具有下列條件：

$$\left.\begin{array}{l}\text{① Lorentz 變換不變，} \\ \text{②滿足內禀角動量（自旋）和統計力學的關係，} \\ \text{③軛密性（Hermiticity）。}\end{array}\right\} \qquad (11\text{-}561a)$$

則該物理系統的 CPT（T=時間反演）是守恆量（從 Eru. Phys. J.**C3**（1998）1 的基本粒子資料，CPT 破壞程度 $= 10^{-18}$），（11-561a）式的自旋和統計力學的關係是，自旋 = 正整數者使用 Bose-Einstein 統計，而半正整數者用 Fermi-Dirac 統計。同時他們證明了，在 CPT 守恆下：

$$\text{粒子和反粒子有相同的壽命和靜止質量} \qquad (11\text{-}561b)$$

到目前（2000 年秋）尚未發現違背（11-561a, b）式的實驗。於是既然 CP 不守恆，則 T 一定不守恆。從 1964 年開始一直追究 CP 破壞和 T 不守恆的情況。終於在 1998 年到 1999 年 2 月，由歐洲 CERN 和美國 Fermilab 獨立地證實電中性 K 介子衰變時 T 不守恆（請看（11-379）式下段），這表示粒子和反粒子系統的相互作用不同。兩研究所同時以直接方式更正確地測到電中性 K 介子的 CP 破壞值（請看（11-379）式下段），**但 CP 破壞機制（mechanism）仍然未知**。最初發現 CP 不守恆弱作用衰變，僅電中性 K 介子，其 CP 被破壞度約 10^{-3} 數量級，等 1973 年電弱理論奠立，根據 Kobayashi-Maskawa 模型（請看下面），在 1980 年日本人 MitaIchiro（三田一郎）獲得，b 夸克和反 d 夸克的束縛態（bound state）$\overline{B}^0 = (b\bar{d})$ 介子的弱作用衰變

CP 破壞度約為 $\overline{K}^0=(s\overline{d})$ 介子的數百到 1000 倍。為什麼 $\overline{B}^0$ 介子衰變的 CP 破壞會這麼大呢？主因是 b 夸克約比 s 夸克重 30 倍，因此存在 $b \to c \to s \to u$ 夸克的衰變孔道（channel）。這樣一來 B 介子衰變的 CP 破壞度，可和（11-560a）式的宇稱 P 的破壞度比美了。因此不少美、日、歐洲等國的研究弱相互作用或電弱模型的基本粒子物理學家，紛紛投入 B 介子衰變研究。臺灣也不例外，含博士生，約 20 位物理學者作電弱理論，以及和 CP 對稱性有關的研究。由臺灣大學物理系的高能物理實驗組侯維恕領隊（請看（11-525b）式下面兩段），到日本高能物理研究所，簡稱 KEK 參加專為探測 B 介子衰變裝設的探測器 Belle 計畫。在 2001 年 7 月初，成功地獲得初步 B 介子衰變的 CP 破壞結果，且**破壞程度和 Mita 預言的一致，等於證明 Kobayashi-Maskawa 理論的正確性**。不過還需要 1～2 年時間的進一步的檢驗工作[68)]。那麼為什麼研究 CP 不守恆會這麼熱門呢？因為：

$$\begin{pmatrix}\text{研究對稱性，能從複雜現象中，析出現象本質，並且能}\\ \text{瞭解相互作用的根源、機制和現象隱藏的物理規則。}\end{pmatrix} \qquad (11\text{-}561c)$$

探討物質、物質形成機制和相互作用根源是基本粒子物理學的主目標，而探究物理現象的對稱性是重要方法之一。不過關鍵是要探測什麼物理量（理論階段），和如何測量該物理量（實驗階段）呢？顯然理論和實驗物理學家必須一體，相互激盪合作，到這裡，讀者不難發覺，針對弱相互作用：

$$\left.\begin{array}{l}\text{(1)微中子的靜止質量問題（微中子僅參與弱作用），}\\ \text{(2) CP 對稱性問題，}\end{array}\right\} \qquad (11\text{-}561d)$$

是主關鍵問題。1973 年正面挑戰 CP 對稱性難題的是日本人 Kobayashi（小林名叫 Makoto（誠））和 Maskawa（益川名叫 Toshihide（敏英））兩理論青年物理學家，那麼他們是如何切入問題的呢？方法是什麼呢？

(ii)簡介 Kobayashi-Maskawa 模型

瞭解過去認識現狀往往是得好靈感之源，加上紮實的基礎就會開花結果。我們猜 Kobayashi-Maskawa 可能從 1962 年 Maki-Nakagawa-Sakata 提出的微中子振盪理論（請看（11-559）式）以及 Cabibbo-GIM 機制獲得靈感，日本在核力和基本粒子物理學方面有豐富的傳統和人才。Sakata 就是提出 Sakata 模型（11-362a）式的本人，是 1868 年日本明治維新成功後送到歐洲留學的第一代物理學家，例如世界級的 Nishina（仁科名叫 Yoshio（芳雄）請看（11-459）式）等人回國後教育培養出來的第二代物理學家，其中出了兩位 Yukawa Hideki（湯川秀樹）和 Tomonaga Shin-ichiro（朝永振一郎）Nobel 獎人。像提出 Nishijima-Gell-Mann 關係式（請看

（11-378d）式）的 Nishijima（西島）是第三代，目前在日本能獨立作基礎物理學研究的物理學家約 5000 人。

(a)推導 Kobayashi-Maskawa 矩陣

從 1964 年 V. L. Fitch 和 J. W. Cronin 研究組發現電中性 K 介子有微小的 CP 不守恆後，一面研究其他基本粒子的弱作用衰變有無 CP 破壞現象，一面追究破壞 CP 對稱的機制以及根源。CP 不守恆是 CP 對稱性在反應（含衰變）前後不一樣，而反應前後類比物理系統的狀態變換，所以：

狀態變換是切入點 （11-562a）

同時非輕子的弱作用衰變需要：

Cabibbo-GIM 機制（請看（11-528d）式） （11-562b）

即**需要 Fermi 子的夸克場混合機制**而混合時的（11-528d）式的 R_c 不是變換矩陣嗎？R_c 和（11-559）式的 U 不是同質嗎？因此（11-562a）式和（11-562b）式同內容，所以從 Cabibbo-GIM 機制切入就足夠。同時（11-528d）式暗示夸克 d 和 s 間不可能有躍遷（transition），如果 d 和 s 間有躍遷就不可能存在混合。那麼能參與混合的夸克還有嗎？在 1973 年，加上 1970 年 GIM 預言，但尚未被發現的 c 夸克僅有兩代：

$$\begin{pmatrix} u \\ d \end{pmatrix}, \begin{pmatrix} c \\ s \end{pmatrix}, \tag{11-562c}$$

照 GIM 機制，u 和 c 不參與混合，於是夸克世代數有可能不只兩代，那有多少代呢？如何去找呢？將（11-528d）和（11-562c）式同時推廣是個可能方法。Kobayashi-Maskawa 模型的夸克混合機制就是 Cabibbo-GIM（以後簡寫為 C-GIM）機制的推廣，不過他們不是直接從推廣 C-GIM 機制得：「破壞 CP 對稱，夸克需要三代」，而是從研究 Weinberg-Salam 模型的 Lagrangian 密度，在 Higgs 和 C-GIM 機制的運作下得破壞 CP 對稱的夸克需要三代，同時得有名的 Kobayashi-Maskawa 或 Cabibbo-Kobayashi-Maskawa 矩陣[67)]，簡稱 **KM 或 CKM 矩陣**。在這裡採用推廣 C-GIM 機制法來推導 CKM 矩陣[54, 66)]。為了方便仿微中子本徵態的稱呼（請看（Ex.11-94）），稱未發生弱作用的混合前夸克（$d, s, \cdots\cdots$）為**質量本徵態夸克**，而稱發生弱作用的混合狀態夸克（$d_c, S_c, \cdots\cdots$）為**相互作用本徵態夸克**。（11-528e）和（11-528f）式表示**質量本徵態和相互作用本徵態的概率不變，故兩者間的變換矩陣是么正矩陣（unitary matrix）U**，其矩陣素（matrix element）U_{ij} 一般地是複數

（complex）。為了簡便，設 $d_c \equiv d'$，$s_c \equiv s'$，則（11-528d）式變成：

$$\left.\begin{aligned} \begin{pmatrix} d' \\ s' \end{pmatrix} &= U \begin{pmatrix} d \\ s \end{pmatrix} \\ \text{或}\quad d'_i &= \sum_{j=1}^{2} U_{ij} d_j \end{aligned}\right\} \tag{11-562d}$$

弱作用僅有左手系，故 $d_1 = d_L$，$d_2 = s_L$ 夸克場，右下標 L 表示左手系。現把（11-562d）式的兩代推廣到 $N > 2$ 代，則（11-562d）式變成：

$$\underbrace{\begin{pmatrix} u_1 \\ d_1 \end{pmatrix}_L, \begin{pmatrix} u_2 \\ d_2 \end{pmatrix}_L, \begin{pmatrix} u_3 \\ d_3 \end{pmatrix}_L, \cdots\cdots \begin{pmatrix} u_N \\ d_N \end{pmatrix}_L}_{\text{N 代}} \Bigg\} \text{同位旋二重態} \tag{11-563a}$$

$$\Big\Downarrow (d_i)_L \text{混合}，\; i = 1, 2, \cdots\cdots, N$$

$$\underbrace{\begin{pmatrix} d'_1 \\ d'_2 \\ \vdots \\ d'_N \end{pmatrix}_L}_{\text{相互作用本徵態}} = \underbrace{\begin{pmatrix} U_{11} & U_{12} \cdots\cdots & U_{1N} \\ U_{21} & U_{22} \cdots\cdots & U_{2N} \\ \cdots & \cdots \cdots \cdots & \cdots \\ U_{N1} & U_{N2} \cdots\cdots & U_{NN} \end{pmatrix}}_{N^2\text{個複數矩陣素}} \underbrace{\begin{pmatrix} d_1 \\ d_2 \\ \vdots \\ d_N \end{pmatrix}_L}_{\text{質量本徵態}}$$

或 $$(d'_i)_L = \sum_{j=1}^{N} U_{ij} (d_j)_L \tag{11-563b}$$

故弱相互作用中的左手系同位旋二重態的 N 代夸克是：

$$\begin{pmatrix} u_i \\ d'_i \end{pmatrix}_L, \quad i = 1, 2, \cdots\cdots, N \tag{11-563c}$$

接著是如何決定 N 值，從 Kobayashi-Maskawa 研究 Weinberg-Salam 模型所得的 CP 對稱不守恆條件是：（11-563b）式的變換么正矩陣素要有一個相位（phase）。么正矩陣素一般為複數，假設為 Z_i：

$$Z_i = a_i + i\, b_i \equiv A_i e^{i\alpha_i} \tag{11-564a}$$

a_i, b_i, A_i 和 α_i 全為實數，故 $N \times N$ 的么正矩陣的相位數有 N^2 個。夸克數從（11-563c）式有 $2N$ 個。將夸克場附加相位：

$$\left.\begin{aligned} u_i &\to e^{i\beta_i} u_i \\ d_j &\to e^{i\gamma_j} d_j \end{aligned}\right\} \tag{11-564b}$$

物理系統的物理是不受影響，不過（11-564b）式的 $2N$ 個相位中，僅相對相位

（relative phase）才會出現在觀測上。例如把 $2N$ 個夸克同時轉動是看不出變化，$2N$ 個夸克的相對轉動才看得出變化一樣。於是相對相位數是：

$$2N-1 \qquad (11\text{-}564c)$$

C-GIM 機制是（11-563b）式的 $d_j, j=1,2,\cdots\cdots,N$ 夸克的旋轉，如圖（11-164a），故旋轉角的相位數是：

$$C_2^N=\frac{N!}{(N-2)!\,2!}=\frac{1}{2}N(N-1) \qquad (11\text{-}564d)$$

所以 N^2 個相位中，從（11-564c）和（11-564d）式得未知相位數 n 是：

$$\begin{aligned} n&=N^2-(2N-1)-\frac{1}{2}N(N-1)\\ &=\frac{1}{2}N^2-\frac{3}{2}N+1=\frac{1}{2}(N-1)(N-2) \qquad (11\text{-}564e)\\ \therefore\ &\boxed{n=1\text{，當}N=3} \qquad (11\text{-}565)\end{aligned}$$

（11-565）式表示**夸克非三代不可**，顯然 $N=2$ 時 C-GIM 機制的幺正矩陣（11-528d）式的 R_c 沒相位，矩陣素全實數。這樣地，**在 1973 年 Kobayashi-Maskawa 預言了第三代夸克的存在，並且求出三代夸克時的（11-563b）式的幺正矩陣具體表示式。**

從（11-564d）式得 $N=3$ 時的轉動角數是 3，設為 θ_1, θ_2 和 θ_3。前兩代夸克已有 GIM 的實際分析弱衰變資料，夸克混合角是沒相位的實數，如（11-528d）式，所以新進來的相位，設為 $e^{i\delta}$，該由第三代夸克的混合來負責。三代夸克的轉動架構正如三維空間內的 Euler 轉動，由後註（34）的圖(a)～(e)作成如圖（11-170）的轉動順序，各分轉動的轉動矩陣如圖示，設為 $R_z(\theta_2)$，$R_{x'}(\theta_1)$ 和 $R_{z''}(\theta_3)$，則總轉動矩陣 $U(\theta_1,\theta_2,\theta_3)$ 是：

$$U(\theta_2,\theta_1,\theta_3)=R_z(\theta_2)R_{x'}(\theta_1)R_{z''}(\theta_3)$$

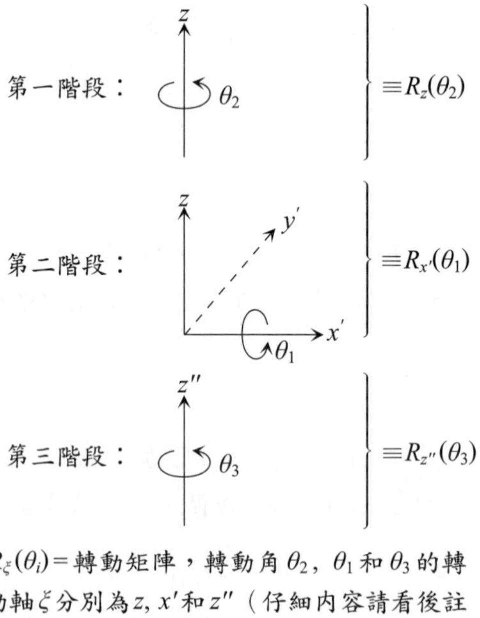

$R_\xi(\theta_i)$＝轉動矩陣，轉動角 θ_2, θ_1 和 θ_3 的轉動軸 ξ 分別為 z, x' 和 z''（仔細內容請看後註（34）的圖(a)～(e)，但此地是 $\begin{pmatrix}z'\\y'\\x'\end{pmatrix}=U\begin{pmatrix}z\\y\\x\end{pmatrix}$）

圖 11-170

$$=\begin{pmatrix}1&0&0\\0&c_2&s_2\\0&-s_2&c_2\end{pmatrix}\begin{pmatrix}c_1&s_1&0\\-s_1&c_1&0\\0&0&1\end{pmatrix}\begin{pmatrix}1&0&0\\0&c_3&s_3\\0&-s'_3&c'_3\end{pmatrix}$$

$$=\begin{pmatrix}c_1&s_1c_3&s_1s_3\\-c_2s_1&(c_1c_2c_3-s_2s'_3)&(c_1c_2s_3+s_2c'_3)\\s_1s_2&(-c_1c_3s_2-c_2s'_3)&(-c_1s_2s_3+c_2c'_3)\end{pmatrix} \quad (11\text{-}566a)$$

$$\left.\begin{aligned}c_i&\equiv\cos\theta_i\\s_i&\equiv\sin\theta_i\\c'_3&\equiv e^{i\delta}\cos\theta_3\\s'_3&\equiv e^{i\delta}\sin\theta_3\end{aligned}\right\} \quad (11\text{-}566b)$$

（11-566a）式是李政道（後註 66 的（21-129）式）所給的 KM 矩陣 U，它有如下性質：

$$\left.\begin{aligned}&U^+U=UU^+=\mathbb{1}\\&detU=e^{i\delta}\end{aligned}\right\} \quad (11\text{-}566c)$$

確實 U 是么正矩陣，不過由於矩陣素有複數成分（$e^{i\delta}\neq 1$），就會帶給弱作用衰變概率的 CP 不守恆。兩代夸克的 $U=$（11-528d）式 R_c，其矩陣素全為實數，故弱作用衰變的 CP 對稱是守恆，顯然破壞 CP 對稱的凶手是：

$$U\text{ 內的 }e^{i\delta}\text{，當 }\delta\neq 0\text{ 和 }\delta\neq\pi \quad (11\text{-}566d)$$

至於如何產生相位 $e^{i\delta}$，Kobayashi-Maskawa 沒交待，並且一直到目前（1999 年）尚未有肯定答案[68]，確實：

(1) Cabibbo－GIM 機制產生相位 $e^{i\delta}$,破壞 CP 對稱；
(2)但引起夸克混合的根源是什麼？ （11-567）

將（11-527d）和（11-527e）式的兩代夸克推廣為三代，便得參與（V-A）型弱作用，「有」和「沒有」C-GIM 機制的強子流：

沒 C-GIM 機制 有 C-GIM 機制

$$J_h^\mu(W^\pm)=\frac{g}{\sqrt{2}}(\overline{U}_L\gamma^\mu\frac{1-\gamma^5}{2}D_L)\Longrightarrow\frac{g}{\sqrt{2}}(\overline{U}_L\gamma^\mu\frac{1-\gamma^5}{2}UD_L) \quad (11\text{-}568a)$$

$$J_h^\mu(z^0)=\frac{g}{\sqrt{2}}(\overline{U}_L\gamma^\mu\frac{1-\gamma^5}{2}U_L)\Longrightarrow\frac{g}{\sqrt{2}}(\overline{U}_L\gamma^\mu\frac{1-\gamma^5}{2}UU_L) \quad (11\text{-}568b)$$

$$U_L\equiv\begin{pmatrix}u\\c\\t\end{pmatrix}_L,\qquad D_L\equiv\begin{pmatrix}d\\s\\b\end{pmatrix}_L \quad (11\text{-}568c)$$

右下標 h 和 L 分別表示強子和左旋，$J_h^{\mu}(W^{\pm})$ 是參與媒介弱作用的規範粒子是帶電荷的 $W^{\pm}$ 的衰變，由於 $W^{\pm}$ 帶單位電荷 $\pm e$，e = 電子電荷大小，所以夸克味道會變，從 D_L 變為 U_L。$J_h^{\mu}(z^0)$ 是參與電中性規範粒子 Z_0 媒介的衰變，夸克味道才不變。至於夸克會不會變色呢？媒介弱作用的規範粒子 $W^{\pm}$ 和 Z^0 不帶色荷（color charge），

$$\therefore \text{弱相互作用時夸克不變色} \tag{11-568d}$$

那麼那味道夸克破壞 CP 對稱最大呢？如果把 CKM 矩陣表示成：

$$\left.\begin{aligned} &CKM=\begin{pmatrix} c_{12}c_{13} & s_{12}c_{13} & s_{13}e^{-i\gamma} \\ (-s_{12}c_{23}-c_{12}s_{23}s_{13}e^{i\gamma}) & (c_{12}c_{23}-s_{12}s_{23}s_{13}e^{i\gamma}) & s_{23}c_{13} \\ (s_{12}s_{23}-c_{12}c_{23}s_{13}e^{i\gamma}) & (-c_{12}s_{23}-s_{12}c_{23}s_{13}e^{i\gamma}) & c_{23}c_{13} \end{pmatrix} \\ &C_{ij}\equiv\cos\theta_{ij}, \quad S_{ij}\equiv\sin\theta_{ij}, \quad \theta_{ij}\equiv i \text{ 和 } j \text{ 代夸克間旋轉角} \end{aligned}\right\} \tag{11-569a}$$

$$\text{或 } CKM=\begin{pmatrix} V_{ud} & V_{us} & V_{ub} \\ V_{cd} & V_{cs} & V_{cb} \\ V_{td} & V_{ts} & V_{tb} \end{pmatrix}\equiv V_{KM} \tag{11-569b}$$

（11-569a）式和（11-569b）式是等式，是（11-563b）式的 $N=3$ 的形式，普通使用 V_{ij} 不用 U_{ij}，這兩式是目前最通用的表示式。V_{KM} 是么正矩陣，所以由么正性得：

$$\sum_{i=1}^{3} V_{ij}V_{ik}^{*}=\delta_{jk}, \quad \text{或} \sum_{i} V_{ji}V_{ki}^{*}=\delta_{jk} \tag{11-569c}$$

且有下關係式：

$$V_{ud}V_{ub}^{*}+V_{cd}V_{cb}^{*}+V_{td}V_{tb}^{*}=0 \tag{11-569d}$$

在複數平面上（11-569d）式構成圖（11-171）的三角形，圖上的 γ 角是（11-569a）式的相位角，它大約等於（11-566a）式的相位角 δ。（11-569a～d）式是標準模型（三代夸克）的結果，所以從圖 11-171 得：

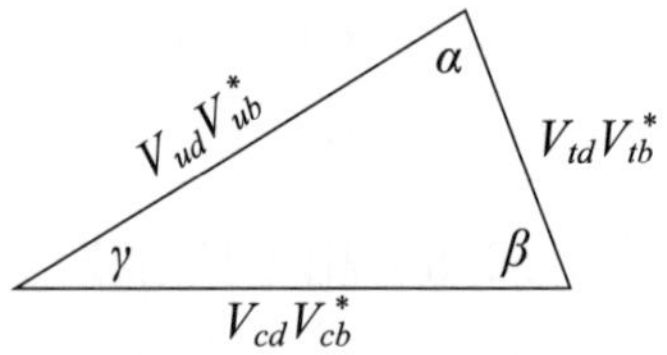

複數平面上的（11-569d）式
圖 11-171

$$\left.\begin{aligned} \alpha+\beta+\gamma &= 180^\circ \text{ 時標準模型沒問題，} \\ &\neq 180^\circ \text{ 時標準模型有問題，} \end{aligned}\right\} \tag{11-569e}$$

到目前（1999 年）對（11-569e）式尚未有肯定結果，所以需不需要新物理模型，可能還要一段時間。經過去的研究結果得：

$$
\underbrace{(|V_{ud}| \fallingdotseq |V_{cs}| \fallingdotseq |V_{tb}| \fallingdotseq 1)}_{\substack{0.97 \quad 0.98 \quad 0.999 \\ \text{(11-569b)式的對角成分}}} \gg
\begin{pmatrix}
|V_{us}| & \gg & |V_{cb}| & \gg & |V_{ub}| \\
0.217 \sim 0.224 & & 0.036 \sim 0.042 & & 0.0018 \sim 0.0045 \\
\| & & \wr & & \wr \\
|V_{cd}| & \gg & |V_{ts}| & \gg & |V_{td}| \\
0.217 \sim 0.224 & & 0.035 \sim 0.042 & & 0.004 \sim 0.013
\end{pmatrix} \qquad \text{(11-569f)}
$$

(b)輕子和夸克都為同位旋二重態且同數代之妙

量子場論必須滿足重整性（renormalizability），不然會得無限大的非物理量。在規範場論，如出現反常（anomaly）項時，往往會阻礙理論結構的重整性。那麼什麼叫反常或異常項呢？例如在作理論的微擾展開演算時，遇到如（11-172a）圖的三角型 Feynman 圖，就會出現多餘項，稱它為**反常項**。圖（11-172a）是自由核子和電磁場相互作用圖（11-172b）頂點（vertex）的修正圖。結果會多出如（11-570a）式（請看後註（22）中 Serot-Walecka（10-9）式）核子磁形狀因子（nucleon magnetic form factor）F_2（q^2）：

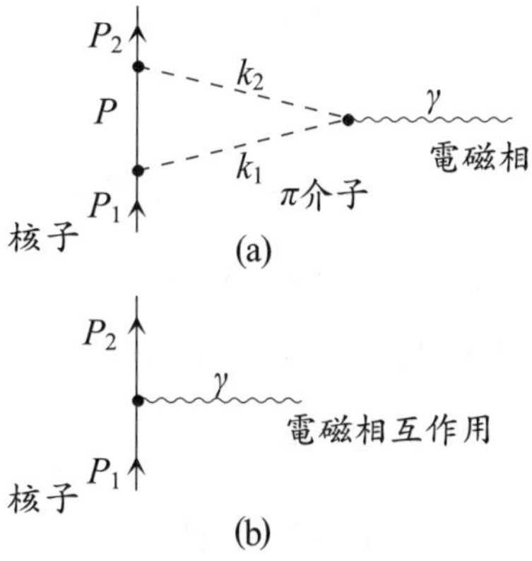

圖 11-172

$$2MF_2(q^2) = \tau_3 \frac{g_\pi^2}{4\pi^2} \int_0^1 dx\,(1-x)^2 \int_0^x dy \frac{M^2}{M^2(1-x)^2 + m_\pi^2 x - q^2 y(x-y)} \qquad \text{(11-570a)}$$

$q \equiv (k_2 - k_1)$，而 m_π, M, g_π 和 τ_3 分別為 π 介子、核子靜止質量、核子和 π 介子的相互作用強度和同位旋第三成分 $T_3 = \tau_3/2$。首先發現 Feynman 三角型圖會出現反常項的是 S. L. Adler, J. S. Bell 和 R. Jackiw，於是稱三角型反常項為 **Adler-Bell-Jackiw 反常**，或簡稱 **Adler 反常**。會產生反常項的不只是三角型 Feynman 圖而已，在規範場理論，只要遇到 $[D_\mu, \gamma_5] \neq 0$ 的圖便會產生反常項，D_μ = 協變導商，$\gamma_5 \equiv i\gamma_0\gamma_1\gamma_2\gamma_3$。在小標準模型，反常項之和比例於各代輕子和夸克電荷 Q_f 平方和，如輕子和夸克各為三代，則得：

$$\sum_f \langle \hat{T}_3 \rangle Q_f^2 = \left\{ \begin{bmatrix} \begin{pmatrix} \nu_e \\ e^- \end{pmatrix}_L \\ \\ \begin{pmatrix} u \\ d \end{pmatrix}_L \end{bmatrix}_{\text{電荷}} + \begin{bmatrix} \begin{pmatrix} \nu_\mu \\ \mu^- \end{pmatrix}_L \\ \\ \begin{pmatrix} c \\ s \end{pmatrix}_L \end{bmatrix}_{\text{電荷}} + \begin{bmatrix} \begin{pmatrix} \nu_\tau \\ \tau^- \end{pmatrix}_L \\ \\ \begin{pmatrix} t \\ b \end{pmatrix}_L \end{bmatrix}_{\text{電荷}} \right\}_{\text{同位旋二重態}}$$

$$= \sum_{i=1}^{3}\left\{\left[\frac{1}{2}(0)^2-\frac{1}{2}(-1)^2\right]_{\text{輕子}}+\left[\frac{1}{2}N_c(+\frac{2}{3})^2-\frac{1}{2}N_c(-\frac{1}{3})^2\right]_{\text{夸克}}\right\}_i e^2$$

$$= \sum_{i=1}^{3}\left(-\frac{1}{2}+\frac{1}{2}\right)_i e^2 = 0+0+0=0 \qquad (11\text{-}570\text{b})$$

N_c = 夸克色數 = 3。（11-570b）式結果來自輕子和夸克都為同位旋 $T_3=\tau_3/2$ 二重態且代數相同，所以（11-570b）式表示：

(1)輕子和夸克形成對稱，
(2)夸克電荷是電子電荷大小 e 的分數倍：
$+\frac{2}{3}e$ ，　$-\frac{1}{3}e$,
(3)夸克色量子數 $N_c=3$ 。　　（11-570c）

（11-570c）式證明標準模型的正確性。到這裡有關簡介物質根源以及相互作用源頭是什麼？暫告一段落，同時大約有 500 頁了，為了近代物理 II 不要太厚，想在這裡結束基本粒子物理簡介。最後讓我們一起來作個簡單的回顧和前瞻。

(G)簡單的回顧和前瞻

1954 年楊振寧和 Mills 發表非對易局部規範理論時，大概沒想到強、電磁和弱相互作用都能以非對易局部規範理論來構築，成為到目前（2000 年秋天）為止尚未發現破綻的標準模型（standard model），可說是 20 世紀接量子電動力學後最成功的模型。它有下列三個主要內容：

(1)基本 Fermi 子由同位旋二重態，各為三世代如表（11-51）的輕子和夸克形成，並且一代比一代重：

表 11-51　輕子和夸克世代對稱

	第一代	第二代	第三代	電荷	同位旋第三成分 $\langle \hat{T}_3 \rangle$
輕子	$\begin{pmatrix}\nu_e\\e^-\end{pmatrix}$	$\begin{pmatrix}\nu_\mu\\\mu^-\end{pmatrix}$	$\begin{pmatrix}\nu_\tau\\\tau^-\end{pmatrix}$	0	$\frac{1}{2}$
				$-e$	$-\frac{1}{2}$
夸克	$\begin{pmatrix}u\\d\end{pmatrix}$	$\begin{pmatrix}c\\s\end{pmatrix}$	$\begin{pmatrix}t\\b\end{pmatrix}$	$+\frac{2}{3}e$	$\frac{1}{2}$
				$-\frac{1}{3}e$	$-\frac{1}{2}$

第一代構成物質，第二代和物質沒直接關係，是宇宙線和高能加速器內造的Fermi 子，第三代更和我們無緣的理論階段的 Fermi 子。輕子和夸克最大的差別是電荷，輕子e^-, μ^-, τ^-都帶量子化電荷（$-e$），e=電子電荷大小，但夸克帶的是分數電荷。前者各代的配偶微中子僅參與弱相互作用，同時是左旋而已；後者的夸克不但左右旋都有，並且強、電磁和弱相互作用都參與，同時各帶三種色量子數。輕子e^-, μ^-, τ^-不參與強相互作用，並且左右旋都有。

(2)簡稱 QCD 的量子色動力學是，夸克交換自旋 1 靜止質量 0，帶三種色荷的規範粒子膠子（gluon）來扮演強相互作用的力學機制理論。由於膠子帶有色荷，故膠子能變色和自相互作用，結果夸克也會變色，並且夸克運動方程變成非線性，使著夸克非常靠近時相互間幾乎沒相互作用力，而夸克間距離愈大相互作用力愈大，因此無法游離夸克。稱前者現象為漸近自由（asymptotic freedom），而後者現象為禁閉（confinement）。

(3)使用內含 Cabibbo-GIM 夸克混合機制的 Higgs 機制（自發失稱（spontaneous symmetry breaking）機制）於非對易局部規範理論來統一電磁和弱相互作用的理論，GWS（Glashaw-Weinberg-Salam）電弱模型是，電磁和弱相互作用的力學機制。電磁相互作用交換靜止質量 0 自旋 1 的規範粒子光子；而弱相互作用是在，兩夸克或兩輕子或一夸克一輕子間，交換自旋 1 靜止質量很大的，帶電規範粒子 $W^\pm$ 或電中性規範粒子 Z^0 來進行相互作用的機制。由於 $W^\pm$ 和 Z^0 不帶色荷，故相互作用時夸克不變色；交換 $W^\pm$ 時夸克變味道（flavor），但交換 Z^0 時夸克味道不變，不然電荷守恆會被破壞。

所以QCD模型和電弱模型都是Lorentz變換不變的，非對易局部規範理論，且電弱理論能重整（1971 年't Hooft證明了），但QCD有小問題（作微擾演算時）。兩模型合起來通稱為**標準模型**（standard model）是 $SU(3)_c \otimes SU(2)_L \otimes U(1)_Y$對稱模型。那麼為什麼稱作模型呢？因為內部尚存在著如下疑問：

(1)電子和質子電荷都是量子化的e，夸克是（$+\frac{2}{3}e$），（$-\frac{1}{3}e$），造成分數電荷之源是什麼？

(2)電弱理論的 Higgs 機制，自發失稱，CP 破壞的根源是什麼？

(3) CKM 矩陣的相位角來源是什麼？

(4)微中子的靜止質量 m_ν 到底多少[68)]？

(5)如 $m_\nu \neq 0$，且大小無法忽視，那麼照不同代夸克會混合一樣地，不同代輕子會混合，那 GWS 模型該如何修正，基本粒子的反應會出現什麼新現象？以及夸克如何組合強子的機制。

(6)為什麼右旋微中子 v_R 不見了？是因為沒 v_R 才沒參與強相互作用呢？

(7)為什麼輕子和夸克必須三代？並且一代比一代重呢？是不是標準模型帶來的結果，還是自然規律的結果呢？

(8)使不同代夸克間混合的根源是什麼？是否啟示著有下一層的更基本的粒子呢？不然為什麼要混合，該相互獨立才對；或者有尚未被發現，運作在比 10^{-18}m 更短距離的相互作用呢？

(9)夸克和輕子間，除了目前所知的關係之外，還有沒有其他被隱藏的關係呢？不然何必兩者同步的：同位旋二重態，同三世代，且同樣地一代遠重過一代呢？

(10)到底夸克和輕子那個更基本粒子呢？

縱橫以上內容，基本粒子物理學非和天文學合流不可，統一從極微到極大的世界，同時告訴我們：

$$\left.\begin{array}{l}\text{質量的來源，和}\\ \text{電荷的來源是什麼？}\end{array}\right\} \qquad (11\text{-}571)$$

就此結束近代物理Ⅱ。盼望讀者唸完瞬間眉開顏笑地享受快樂，這才是真正的快樂學習。

希望本套書對中國的基礎科學普及和生根有所幫助。

練習題

⑴求如右圖的電子偶素 P_s 的基態能和電子軌道半徑。

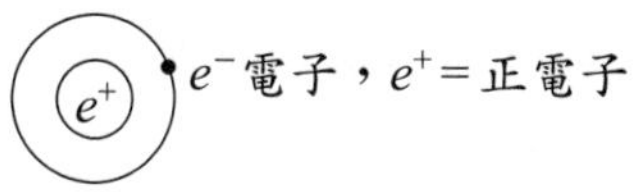

⑵如 Anderson 測到的正電子是光子γ和質子 p 相互作用的對產生（pair creation）：

$$\gamma+p\rightarrow p+(e^{+}+e^{-})$$

來的，則仿（Ex.11-66）求光子的最低能量 E_γ。答：$E_\gamma=\dfrac{2\,(m_p+m_e)\,m_e\,c^2}{m_p}$，$m_p$ 和 m_e 分別為質子和電子（正電子）靜止質量。

⑶為什麼要探測粒子內部，需要高入射能量粒子呢？

⑷求⑴光子的螺旋性（helicity）h，⑵ $h=\pm\dfrac{1}{2}$，$\pm\dfrac{3}{2}$的粒子自旋。

⑸使用（11-371c）式求在同位旋空間兩核子的同位旋單態和三重態的同位旋狀態函數。

⑹為什麼不能用弱相互作用過程來決定粒子內稟宇稱呢？（參考（Ex.11-69））。

⑺從表（11-27）和（11-28）各粒子的各夸克數，以及表（11-35）的奇異數歸納出粒子奇異數是：

$$\text{奇異數（strangeness）}S=\text{（反奇異夸克數）}-\text{（奇異夸克數）}$$

求介子 π, $K^\pm$, K^0, $\overline{K}^0$ 和重子 Λ^0, $\Sigma^{\pm,0}$, $\cong^{-,0}$ 和 Ω^- 的奇異數。

⑻ $\hat{C}$＝電荷共軛算符，即粒子反粒子互換算符，$\hat{P}$＝宇稱算符。用這兩算符的物理以及（11-376b）式，說明（11-379）式，在 $P=q\equiv N$ 的條件下，K_S^0 和 K_L^0 分別為 $\hat{C}\hat{P}$ 的本徵值是(+1)和(−1)的本徵態。

⑼什麼叫么正、反么正變換呢？說明變換概率密度時，反么正變換含么正變換。

⑽核子的同位旋 $\hat{\boldsymbol{T}}=\dfrac{1}{2}\hat{\boldsymbol{\tau}}$，$\hat{\boldsymbol{\tau}}_x=\begin{pmatrix}0&1\\1&0\end{pmatrix}$，$\hat{\boldsymbol{\tau}}_y=\begin{pmatrix}0&-i\\i&0\end{pmatrix}$，$\hat{\boldsymbol{\tau}}_z=\begin{pmatrix}1&0\\0&-1\end{pmatrix}$，採用此陳述式的質子和中子的同位旋狀態 $\eta_{1/2,\,m_\tau=1/2}\Rightarrow|P\rangle=\begin{pmatrix}1\\0\end{pmatrix}$，$\eta_{1/2,\,m_\tau=-1/2}\Rightarrow|n\rangle=\begin{pmatrix}0\\1\end{pmatrix}$，證明 $\hat{G}\,|P\rangle=|\overline{n}\rangle$，$\hat{G}^2|P\rangle=|P\rangle$。

⑾使用三寶中的「因次（量綱）」檢定寫下來的（11-398e）式是否正確，以及寫出 Lorentz 力的式子。

（解答）：——請不要看解答，先自己做，這題很重要，因作科研時，因次是重要檢定工具——主宰生物活動（請看第七章（Ⅳ）和Ⅸ(D)）和 21 世紀科技的電磁學，使用的單位最繁雜，如第七章後註的表一，但你不得不瞭解且抓住它不可，最好的方法是清清楚楚地記得某單位的某基礎式子，例如MKSA制Maxwell方程組（11-400a）式，然後利用三寶中的因次來檢定所寫下來的式子是否正確。

①量子力學的運動方程是 $\hat{H}\Psi(\xi,t)=i\hbar\partial\Psi(\xi,t)/\partial t$ ，$\xi\equiv(\boldsymbol{x},\boldsymbol{\sigma})$。Hamiltonian的因次 $[H]$= 能量，故（11-398e）式各項該為能量因次，Dirac γ 矩陣無因次。$m_0c\neq$ 能量因次，不過當（11-398e）式乘上光速 c 時 $[-\hbar c\,\partial^\mu]=[\hbar c]$／[長度]= 能量因次，$[m_0c^2]$= 能量因次，$[qcA^\mu]$是否能量因次呢？由電場 $\boldsymbol{E}=-\boldsymbol{\nabla}\phi-\partial\boldsymbol{A}/\partial t$ 知 $[A^\mu]=[|\boldsymbol{E}|t]=[F(\text{力})t/q_{(\text{電荷})}]$，

$$\therefore [qcA^\mu]=[Ftc]=\text{能量因次}$$
$$\therefore \text{（11-398e）式是正確}$$

② Lorentz 力是，質量 m 電荷 q 速度 $\boldsymbol{v}$ 的粒子，在外電場 $\boldsymbol{E}_{ext}$ 和外磁場 $\boldsymbol{B}_{ext}$ 內運動時所受的作用力。帶電體運動必產生磁場，故 $q\boldsymbol{v}$ 必和 $\boldsymbol{B}_{ext}$ 攪在一起，而 q 和 $\boldsymbol{E}_{ext}$ ，所以 Lorentz 力 $\boldsymbol{f}$ 是：

$$\boldsymbol{f}=\alpha q\,\boldsymbol{E}_{ext}+\beta q\,\boldsymbol{v}\times\boldsymbol{B}_{ext}$$

α 和 β 是待定量。檢查因次，$[qE_{ext}]$= 力因次，故 $\alpha=1$； $\boldsymbol{B}_{ext}$ 的因次由 $\boldsymbol{B}=\boldsymbol{\nabla}\times\boldsymbol{A}$ 得：

$$[B]=[A]/[\text{長度}]=[Et]/[\text{長度}]$$
$$\therefore [qvB_{ext}]=[qEt\,v]/[\text{長度}]=\text{力因次}$$
$$\therefore \beta=1\ ,\ \boldsymbol{f}=q(\boldsymbol{E}_{ext}+\boldsymbol{v}\times\boldsymbol{B}_{ext})$$

⑿使用（11-407b）式和協變導商 D^μ 證明 $\psi'^*(x)D'^\mu\psi'(x)=\psi^*(x)D^\mu\psi(x)$ 。

⒀使用（11-439b,c,e）式和（11-440a）式證明同時間電子場 $\hat{\varphi}.(x)$ 滿足反對易關係：

$$\{\hat{\varphi}_\alpha(x),\hat{\varphi}^+_\beta(x)\}=\delta_{\alpha\beta}\delta^3(\boldsymbol{x}-\boldsymbol{y})$$
$$\{\hat{\varphi}(x),\hat{\varphi}(y)\}=\{\hat{\varphi}^+(x),\hat{\varphi}^+(y)\}=0$$

⒁證明自由狀態的電磁 Lagrangian 密度 $L^{(0)}_{EM}=-\dfrac{1}{4}F^{\mu\nu}(x)F_{\mu\nu}(x)$ 對局部規範變換 $A^\mu\rightarrow A'^\mu\equiv(A^\mu-\partial^\mu\Lambda)$ 不變， $F^{\mu\nu}(x)=\partial^\mu A^\nu(x)-\partial^\nu A^\mu(x)$ 。

⒂仿（11-446d）和（11-446e）式，畫對應於圖 11-140 的電子電子散射（叫 Mϕller 散射）Feynrman 圖。

（解答）：

$$\text{設}\begin{cases}\text{初態}|i\rangle = b^+(\boldsymbol{P}_1, s_1)\, b^+(\boldsymbol{P}_2, s_2)\,|0\rangle \\ \text{終態}\langle f| = \langle 0|b(\boldsymbol{P}'_2, s'_2)\, b(\boldsymbol{P}'_1, s'_1)\end{cases} \tag{1}$$

$$\text{則} s_{fi}^{(2)} = \left(\frac{-iq}{\hbar c}\right)^2 \frac{1}{2!}\int d^4x_2 d^4x_1 \langle 0|b(\boldsymbol{P}'_2, s'_2)\, b(\boldsymbol{P}'_1, s'_1)\{T[:A^\mu(x_2)A^\nu(x_1):]\}$$

$$\times \{T[:j_\mu(x_2)j_\nu(x_1):]\}\, b^+(\boldsymbol{P}_1, s_1)\, b^+(\boldsymbol{P}_2, s_2)|0\rangle$$

$$= \left(-\frac{iq}{\hbar c}\right)^2 \int d^4x_2\, d^4x_1 A^\mu(x_2)A^\nu(x_1)$$

$$\times \Big\{ b(2')b(1')[\overline{\psi}(x_2)\gamma_\mu\psi(x_2)][\overline{\psi}(x_1)\gamma_\nu\psi(x_1)]b^+(1)b^+(2) \leftarrow \begin{matrix} i' \equiv (\boldsymbol{P}'_i, s'_i),\ i \equiv (\boldsymbol{P}_i, s_i) \\ i = 1, 2 \end{matrix}$$

$$+ b(2')b(1')[\overline{\psi}(x_2)\gamma_\mu\psi(x_2)][\overline{\psi}(x_1)\gamma_\nu\psi(x_1)]b^+(1)b^+(2)$$

$$+ b(2')b(1')[\overline{\psi}(x_2)\gamma_\mu\psi(x_2)][\overline{\psi}(x_1)\gamma_\nu\psi(x_1)]b^+(1)b^+(2)$$

$$+ b(2')b(1')[\overline{\psi}(x_2)\gamma_\mu\psi(x_2)][\overline{\psi}(x_1)\gamma_\nu\psi(x_1)]b^+(1)b^+(2)\Big\} \tag{2}$$

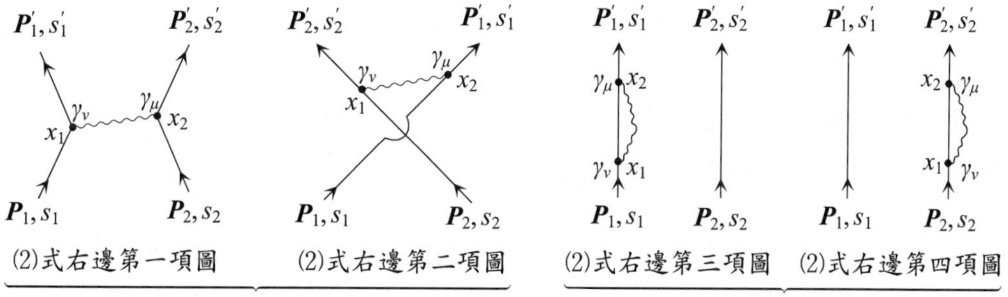

⒃利用 Dirac γ 矩陣 $(\gamma^\mu\gamma^\nu + \gamma^\nu\gamma^\mu) = 2g^{\mu\nu}$ 證明下關係式：

(1) $T_r \not{a}\not{b} = 4a\cdot b$　　(2) $T_r\gamma^\alpha\gamma^\beta\gamma^\mu\gamma^\nu = 4(g^{\alpha\beta}g^{\mu\nu} + g^{\alpha\nu}g^{\beta\mu} - g^{\alpha\mu}g^{\beta\nu})$

(3) $T_r\gamma^\mu\gamma^\alpha\gamma^\mu = 0$　　(4) $\gamma_\mu\gamma^\mu = \sum_\mu \gamma_\mu\gamma^\mu = 4$　　(5) $\gamma_\mu\gamma_\alpha\gamma^\mu = -2\gamma_\alpha$，$\not{a} \equiv a_\mu\gamma^\mu = a^\mu\gamma_\mu$

⒄核子的質子和中子構成同位旋二重態（isodoublet），而同位旋的演算方法完全和角動量的演算方法相同，於是從自旋 1/2 的Fermi子自旋和Pauli矩陣得：核子同位旋 t 以及其成分（看第 10 章（Ex.10-5））是：

$$\left.\begin{aligned} &\hat{\boldsymbol{t}} = \frac{1}{2}\hat{\boldsymbol{\tau}} \\ &\hat{\boldsymbol{t}} \times \hat{\boldsymbol{t}} = i\,\hat{\boldsymbol{t}} \quad \text{或}[\hat{t}_i, \hat{t}_j] = i\varepsilon_{ijk}\hat{t}_k \end{aligned}\right\} \tag{1}$$

$$\left.\begin{aligned} &\hat{\tau}_x = \begin{pmatrix}0&1\\1&0\end{pmatrix},\quad \hat{\tau}_y = \begin{pmatrix}0&-i\\i&0\end{pmatrix},\quad \hat{\tau}_z = \begin{pmatrix}1&0\\0&-1\end{pmatrix} \\ &\langle \hat{\boldsymbol{t}}^2 \rangle = \frac{1}{2}\left(\frac{1}{2}+1\right),\quad \langle \hat{t}_z \rangle = \pm\frac{1}{2} \end{aligned}\right\} \tag{2}$$

π 介子是同位旋三重態（isotriplet），用計算(1)和(2)式的方法求 π 介子的同位旋 $\hat{\boldsymbol{T}}$ 的成分 $\hat{T}_x$, $\hat{T}_y$ 和 $\hat{T}_z$。

（解答）

π 介子有三種：π^+, π^0, π^-，設其同位旋波函數 $=\eta_{1m}$，且：

$$\pi^+ : \eta_{1,1}=\begin{pmatrix}1\\0\\0\end{pmatrix},\quad \pi^0 : \eta_{1,0}=\begin{pmatrix}0\\1\\0\end{pmatrix},\quad \pi^- : \eta_{1,-1}=\begin{pmatrix}0\\0\\1\end{pmatrix} \tag{3}$$

則得：$\hat{T}_z=\begin{pmatrix}1&0&0\\0&0&0\\0&0&-1\end{pmatrix}$

設：$\hat{T}_x=\begin{pmatrix}a_1&a_2&a_3\\b_1&b_2&b_3\\c_1&c_2&c_3\end{pmatrix}$，$\hat{T}_y=\begin{pmatrix}e_1&e_2&e_3\\f_1&f_2&f_3\\g_1&g_2&g_3\end{pmatrix}$

則由 $[\hat{T}_z, \hat{T}_x]=i\hat{T}_y$, $[\hat{T}_y, \hat{T}_z]=i\hat{T}_x$, $[\hat{T}_x, \hat{T}_y]=i\hat{T}_z$ 得：

$$\hat{T}_x=\frac{1}{\sqrt{2}}\begin{pmatrix}0&1&0\\1&0&1\\0&1&0\end{pmatrix},\quad \hat{T}_y=\frac{1}{\sqrt{2}}\begin{pmatrix}0&-i&0\\i&0&-i\\0&i&0\end{pmatrix}$$

(18)使用（11-505b）和（11-505f）式證明 Dirac 運動方程 $(i\gamma_\mu\partial^\mu-m)\psi(x)=0$ 對局部 $SU(2)$ 規範變換 $\hat{U}(SU(2))=\exp(ig\hat{\boldsymbol{T}}\cdot\boldsymbol{a}(x))$ 不變。

(19)試①畫 3⊗3⊗3⊗3 的 Young 圖，②求其中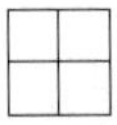和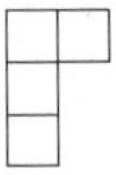的多重態數（暗示：利用（11-511f）式的結果去推導）。

(20)我們從宏觀世界進入微觀世界後，遇到了如下階層的變化：

$$\left.\begin{array}{l}\text{成員：原子，分子} \longrightarrow \text{原子核，強子} \longrightarrow \text{夸克}\\ \text{線度：}10^{-10}\text{m}, 10^{-10}\text{m 或大些}, 10^{-14\sim-15}\text{m}, 10^{-15\sim-16}\text{m}, \begin{array}{l}\text{遠小於 } 10^{-18\sim(-?)}\text{m}\\ \text{(約為點狀)}\end{array}\end{array}\right\} \tag{1}$$

或依線度排列得：

$$\text{分子} \longrightarrow \text{原子} \longrightarrow \text{原子核} \longrightarrow \text{強子} \longrightarrow \text{夸克} \longrightarrow ? \tag{2}$$

指出(2)式的那些粒子有類似性，並說明類似內容。

(21)使用（11-551a）式求 GWS 電弱理論，f 味道夸克和規範場相互作用的左右旋 Lagrangian 密度和對應的弱流（weak current）。（答，例如：

$$\boldsymbol{J}^\mu_{fL}(x)\equiv\bar{\psi}_{fL}(x)\gamma^\mu\hat{\boldsymbol{T}}\psi_{fL}(x)=\text{左旋}(L)\,f\text{ 味道夸克和規範場 }\boldsymbol{W}_\mu(x)\text{ 的相互作用流，}$$

$$j^\mu_{fLY}(x)\equiv\bar{\psi}_{fL}(x)\gamma^\mu\frac{1}{2}Y\psi_{fL}(x)=\text{左旋 }f\text{ 味道夸克和規範場 }B_\mu(x)\text{ 的相互作用流。}$$

參考文獻和註解

★參考文獻和註解⑴～⒅在近代物理 I P395～P416

☞⒆潘永祥、王錦光主編；物理學簡史，湖北教育出版社（1991）第十四章

張何平、鍾培基編著；核科學開拓者——核物理學家王淦昌，科學普及出版社（1991）

許志敏、彭繼超主編；時代精英錄，軍事科學出版社（1990）

☞⒇Maria Goeppert Mayer and J. Hans D. Jensen; Elementary Theory of Nuclear Shell Structure, Wiley, New York(1995)

Amos de-Shalit and Igal Talmi; Nuclear Shell Theory, Academic Press, (1963)

Aage Bohr and Ben R. Mottelson; Nuclear Structure, W. A. Benjamin

Vol. I Single-Particle Motion (1969)

Vol. II Nuclear Deformations (1975)

Amos de-Shalit and Herman Feshbash; Theoretical Nuclear Physics, Vol. 1 Nuclear Structure; John Wiley & Sons, Inc (1974)

Judah M. Eisenberg & Walter Greiner; Vol. I Nuclear Model (1970)，Vol. II Excitation Mechanism of the Nucleus (1970), Vol III Microscopic Theory of the Nucleus (1972), North Holland Publishing Company

☞㉑R. G. Sachs; Nuclear Theory, Addison-Wesley (1953)

Nuclear Reactions; North-Holland Publishing Company, edited by P. M. Endt & M. Demeur Vol. 1 (1959)

P. E. Hodgson; Nuclear Reactions and Nuclear Structure, Clarendon Press, Oxford (1971)

☞㉒Mesons in Nuclei Vol. II, editors Mannque Rho and Denys Wilkinson, North-Holland Publishing Company（1979）第 12,13,14 章及它們的部分參考文獻

Rajat K. Bhaduri; Models of the Nucleon from Quarks to Saliton, Addison Wesley (1988)

Brian Serot and John Dirk Walecka; The Relativistic Nuclear Many-Body Problem, Advances in Nuclear Physics Vol. 16, edited by J. W. Negele and Erich Vogt, Plenum Press (1986)

John Dirk Walecka; Theoretical Nuclear and Subnuclear Physics, Oxford Univ. Press (1995)

☞㉓推導質量 m 電荷（$-e$）的電子，被質量 M 電荷 Ze 均勻分佈在半徑 R 的球狀原子核散射的角微分截面（angular differential cross section）$d\sigma/d\Omega$，以及電荷

形狀因子：

(1)電子和原子核間的 Coulomb 勢能 $U(r)$

萬有引力和Coulomb力是同質的反（逆）平方力（inverse square force），故勢能形式兩者相同，將第 2 章（2-61）式的萬有引力勢能的萬有引力常數 G 換成 MKSA 制的 Coulomb 力常數 $\frac{1}{4\pi\varepsilon_0}$，質量乘積 mM 換為電子電荷大小 e 和靶核電荷 Ze 的乘積 Ze^2 就得 $U(r)$：

$$U(r)=\begin{cases}-\dfrac{1}{4\pi\varepsilon_0}\dfrac{Ze^2}{r}\cdots\cdots\cdots\cdots\cdots\cdots r>R \\ -\dfrac{1}{4\pi\varepsilon_0}\dfrac{Ze^2}{2R}(3-\dfrac{r^2}{R^2})\ \cdots\cdots r<R\end{cases} \tag{1}$$

(2)求 $\mathrm{d}\sigma/\mathrm{d}\Omega$

電子和靶核間的相互作用是引力，故 Coulomb 散射的電子行徑如右圖，有效質量是折合質量（reduced mass）$\mu=\dfrac{mM}{m+M}$，當 $M\to\infty$時$\mu\to m$。由散射理論的 Born 近似，角微分截面 $\mathrm{d}\sigma/\mathrm{d}\Omega$是：

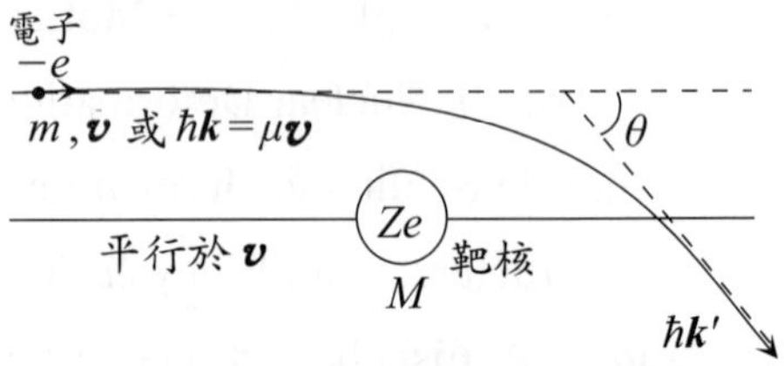

$\hbar\boldsymbol{k}$＝入射電子動量
$\hbar\boldsymbol{k}'$＝散射電子動量
θ＝散射角

$$\left.\begin{aligned}\frac{\mathrm{d}\sigma}{\mathrm{d}\Omega}&=\left(\frac{\mu}{2\pi\hbar^2}\right)^2|V_{kk'}|^2\\ V_{kk'}&\equiv\int U(r)e^{i(\boldsymbol{k}-\boldsymbol{k}')\cdot\boldsymbol{r}}\mathrm{d}\tau\end{aligned}\right\} \tag{2}$$

如為彈性散射，則$|\hbar\boldsymbol{k}|=|\hbar\boldsymbol{k}'|$，或$|\boldsymbol{k}|=|\boldsymbol{k}'|=k$，而轉移動量 $\hbar\boldsymbol{q}=(\hbar\boldsymbol{k}-\hbar\boldsymbol{k}')$ 的波向量 $\boldsymbol{q}$ 如右圖，

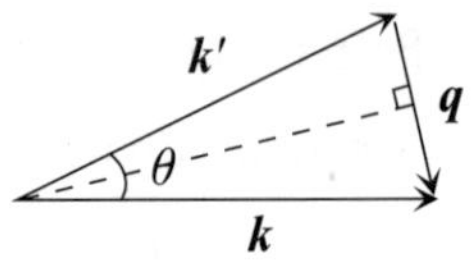

$$\therefore|\boldsymbol{q}|=q=2k\sin\theta/2 \tag{3}$$

故由(1), (2)式得：

$$V_{kk'}=\frac{K}{2R}\int_0^R(3-\frac{r^2}{R^2})e^{i\boldsymbol{q}\cdot\boldsymbol{r}}\mathrm{d}\tau+K\int_R^\infty\frac{1}{r}e^{i\boldsymbol{q}\cdot\boldsymbol{r}}\mathrm{d}\tau \tag{4}$$

$K\equiv-\dfrac{Ze^2}{4\pi\varepsilon_0}$，為了完成(4)式積分，必須取方便於積分的座標。取散射勢能中心（potential energy center），目前是靶核電荷分佈中心，做座標原點，且座標的

z軸平行於$\boldsymbol{q}$的球座標（看附錄(c)）。在這個座標的電子所在位置$\boldsymbol{r}=(r,\theta_r,\varphi_r)$，

$$\therefore\begin{cases}\boldsymbol{q}\cdot\boldsymbol{r}=qr\cos\theta_r\\ \mathrm{d}\tau=r^2\sin\theta_r\,\mathrm{d}r\,\mathrm{d}\theta_r\,\mathrm{d}\varphi_r\end{cases}$$

於是(4)式右邊的兩項積分各為：

$$\begin{aligned}&\int_0^R \mathrm{d}r\int_0^\pi \mathrm{d}\theta_r\int_0^{2\pi}\mathrm{d}\varphi_r(3-r^2/R^2)\,e^{iqr\cos\theta_r}r^2\sin\theta_r\\ &=\frac{2\pi}{iq}\int(e^{iqr}-e^{-iqr})(3r-r^3/R^2)\,dr\\ &=\frac{4\pi}{q^2}(-2R\cos qR-\frac{6}{q^2R}\cos qR+\frac{6}{q^3R^2}\sin qR)\end{aligned}\tag{5}$$

$$\begin{aligned}&\int_R^\infty dr\int_0^\pi d\theta_r\int_0^{2\pi}d\varphi_r\frac{1}{r}e^{iqr\cos\theta_r}r^2\sin\theta_r=\frac{2\pi}{iq}\int_R^\infty(e^{iqr}-e^{-iqr})\,dr\\ &=-\frac{4\pi}{q^2}\cos qr\,\big]_R^\infty=\frac{4\pi}{q^2}\cos qR\end{aligned}\tag{6}$$

使用了$\lim\limits_{r\to\infty}\cos qr=\lim\limits_{n\to\infty}\cos(2n\pi+\frac{\pi}{2})=0$，把(5)和(6)式代入(4)式得：

$$V_{kk'}=\frac{4\pi K}{q^2}(\sin qR-qR\cos qR)\frac{3}{(qR)^3}\tag{7}$$

$$\therefore\frac{d\sigma}{d\Omega}=\left(\frac{\mu}{2\pi\hbar^2}\right)^2\left(\frac{4\pi K}{q^2}\right)^2[3(\sin qR-qR\cos qR)/(qR)^3]^2$$

由(3)式得$\hbar q=2\hbar k\sin\theta/2=2\mu v\sin\theta/2$

$$\therefore\frac{d\sigma}{d\Omega}=\underbrace{\left(\frac{Ze^2}{2\mu v^2}\right)^2\left(\frac{1}{4\pi\varepsilon_0}\right)^2\frac{1}{\sin^4\theta/2}}_{\text{1911 年 Rutherford 得的，兩個點電荷間的散射角微分截面 }(d\sigma/d\Omega)_R\text{（11-179）式}}\ \underbrace{[3(\sin qR-qR\cos qR)/(qR)^3]^2}_{\text{靶核不是點電荷 }Ze\text{ 帶來的修正因子（factor）}}\tag{8}$$

(3)電荷形狀因子（charge form factor）

靶核不是點電荷時，便多出(8)式右邊的第二個因子（factor）：

$$[3(\sin qR-qR\cos qR)/(qR)^3]^2\equiv|F(q)|^2\tag{9}$$

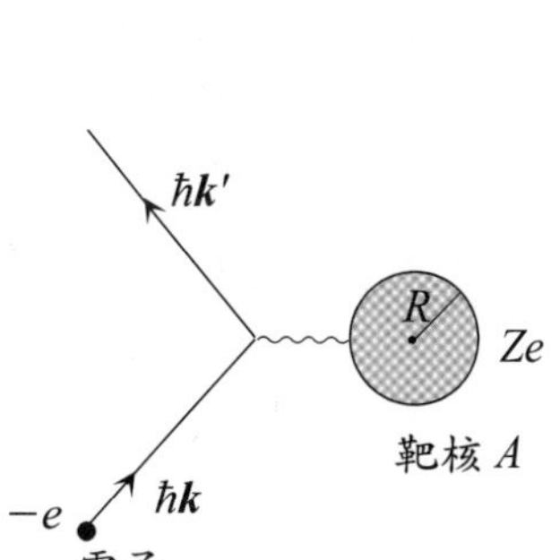

電子被靶核 A 的庫侖散射

(a)

這因子是電子和有限大小的靶核電荷Ze相互作用情形的數學表示，於是稱$F(q)$為電荷形狀因子，它和電荷 Ze 的分佈情形有

關。(9)式是電荷 Ze，如前頁圖(a)均勻地分佈在半徑 R 的球時的 $F(q)$，不同的電荷分佈就得不同的 $|F(q)|^2$，故比較實驗和理論的 $d\sigma/d\Omega$，或 $|F(q)|^2$，便能得靶核的電荷分佈。一般地，如右圖(b)或(c)的物理現象的定量表示，統稱為**形狀因子**（form factor），所有散射或反應的相互作用的物理，都內涵在形狀因子，它是非常重要的物理量。為了深入瞭解形狀因子，以電荷 Ze 的一般分佈，來具體地探討電荷形狀因子。從(2)、(8)、(9)式得 Born 近似的電子彈性散射角微分截面 $d\sigma/d\Omega$ 和電荷形狀因子 $|F(q)|^2$ 的關係：

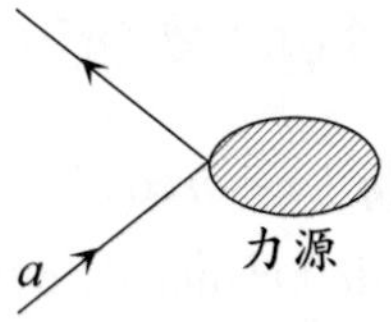

a 和有限大小作用源的相互作用

(b)

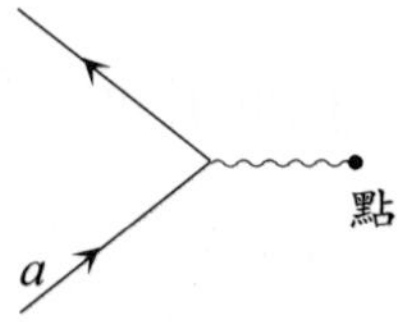

把 b 圖的有大小的作用源，近似為點作用源

(c)

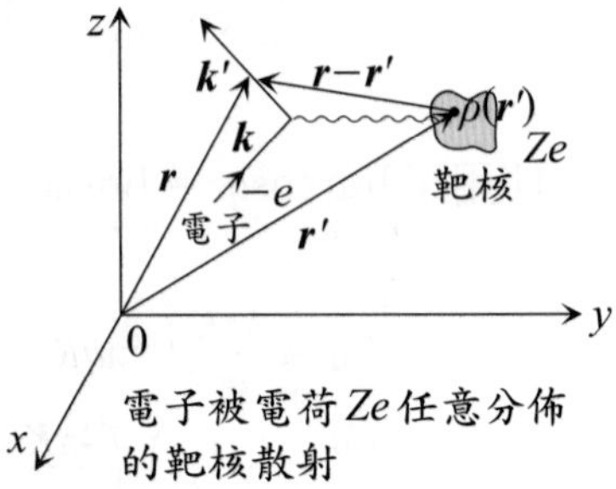

電子被電荷 Ze 任意分佈的靶核散射

(d)

$$\frac{d\sigma}{d\Omega}=\left(\frac{\mu}{2\pi\hbar^2}\right)^2|V_{kk'}|^2$$
$$=\left(\frac{d\sigma}{d\Omega}\right)_R|F(q)|^2 \tag{10}$$

設 $\rho(\boldsymbol{r}')$ = 任意電荷分佈的電荷密度，如右圖(d)所示，則由第七章（7-3b）式，電子在散射空間任意點 $\boldsymbol{r}$ 和靶核電荷 $\rho(\boldsymbol{r}')$ 間的庫侖勢能 $dU(r)$ 是：

$$dU(r)=-\frac{1}{4\pi\varepsilon_0}\frac{Ze^2\rho(\boldsymbol{r}')}{|\boldsymbol{r}-\boldsymbol{r}'|}$$

故總庫侖勢能 $U(r)$ 是：

$$U(r)=K\int\frac{\rho(\boldsymbol{r}')}{|\boldsymbol{r}-\boldsymbol{r}'|}d^3r', \quad K\equiv-\frac{Ze^2}{4\pi\varepsilon_0} \tag{11a}$$

$$\int\rho(\boldsymbol{r}')\,d^3r'=1 \tag{11b}$$

$$\therefore V_{kk'}=\int e^{i\boldsymbol{q}\cdot\boldsymbol{r}}\left[K\int\frac{\rho(\boldsymbol{r}')}{|\boldsymbol{r}-\boldsymbol{r}'|}d^3r'\right]d^3r, \quad \boldsymbol{q}\equiv\boldsymbol{k}-\boldsymbol{k}'$$

$$=\int\left\{\int e^{i\boldsymbol{q}\cdot(\boldsymbol{r}-\boldsymbol{r}')}\frac{1}{|\boldsymbol{r}-\boldsymbol{r}'|}d^3r\right\}e^{i\boldsymbol{q}\cdot\boldsymbol{r}'}\rho(\boldsymbol{r}')\,d^3r'$$

設 $(\boldsymbol{r}-\boldsymbol{r}')\equiv\boldsymbol{\xi}$，取 $\boldsymbol{q}\,//\,z$ 軸的球座標，則 $\boldsymbol{\xi}=(\xi,\theta_\xi,\varphi_\xi)$，且 $d^3r=\xi^2\sin\theta_\xi\,d\xi\,d\theta_\xi\,d\varphi_\xi$

$$\therefore\int e^{i\boldsymbol{q}\cdot(\boldsymbol{r}-\boldsymbol{r}')}\frac{1}{|\boldsymbol{r}-\boldsymbol{r}'|}d^3r=\int_0^\infty d\xi\int_0^\pi d\theta_\xi\int_0^{2\pi}d\varphi_\xi\,\xi\,e^{iq\xi\cos\theta_\xi}\sin\theta_\xi$$

$$=\frac{2\pi}{iq}\int_0^\infty (e^{iq\xi}-e^{-iq\xi})\,d\xi=\frac{4\pi}{q}\int_0^\infty \sin q\xi d\xi$$

$$=-\frac{4\pi}{q^2}\cos q\xi\,]_0^\infty=-\frac{4\pi}{q^2}(\lim_{n\to\infty}\cos(2n\pi+\frac{\pi}{2})-\cos 0)=\frac{4\pi}{q^2} \tag{12}$$

$$\therefore V_{kk'}=\frac{4\pi K}{q^2}\int e^{i\boldsymbol{q}\cdot\boldsymbol{r}'}\rho(\boldsymbol{r}')\,d^3r'$$

$$\equiv\frac{4\pi K}{q^2}F(q)\text{，}\quad \boxed{F(q)\equiv\int e^{i\boldsymbol{q}\cdot\boldsymbol{r}'}\rho(\boldsymbol{r}')d^3r'} \tag{13}$$

從(13)式得知，電荷形狀因子$F(q)$是靶核電荷密度的Fourier轉換量；由於我們使用了(11b)式的電荷密度，即把靶核總電荷 Ze 提出來，這是為了獲得無因次的電荷形狀因子(13)式，同時能直接把$d\sigma/d\Omega$分成Rutherford的$(d\sigma/d\Omega)_R$和無因次的$|F(q)|^2$兩個因子（factor），於是 ρ的因次$[\rho]=$(體積)$^{-1}=$(公尺 m)$^{-3}$。(13)式是(7)式的一般式，而(10)式是Born近似下的一般式。使用（11b）式的電荷密度定義，相當於歸一化了（normalized）$F(q=0)=1$，如(14)式，因為從 Fourier 變換關係和 Dirac δ函數可得(13)式反變換量 $\rho(\boldsymbol{r})$：

$$\rho(\boldsymbol{r})=\frac{1}{(2\pi)^3}\int F(q)e^{-i\boldsymbol{q}\cdot\boldsymbol{r}}d^3q$$

$$\therefore \int\rho(\boldsymbol{r})d^3r=\frac{1}{(2\pi)^3}\int\int(e^{-i\boldsymbol{q}\cdot\boldsymbol{r}}d^3r)F(q)d^3q$$

$$=\int\delta(\boldsymbol{q})F(q)\,d^3q=F(q=0)$$

$$=1$$

$$\therefore F(q=0)=1 \tag{14}$$

(4)電荷分佈線度

為了方便積分，假定靶核電荷 Ze 是球對稱分佈，則$\rho(\boldsymbol{r}')=\rho(r')$，$r'\equiv|\boldsymbol{r}'|$，如同時轉移動量$\hbar\boldsymbol{q}$不大，於是可以展開$F(q)$的指函數：

$$e^{i\boldsymbol{q}\cdot\boldsymbol{r}'}=1+i\boldsymbol{q}\cdot\boldsymbol{r}'-\frac{1}{2!}(\boldsymbol{q}\cdot\boldsymbol{r}')^2+\frac{1}{3!}(i\boldsymbol{q}\cdot\boldsymbol{r}')^3-\cdots\cdots$$

$$\fallingdotseq 1+i\boldsymbol{q}\cdot\boldsymbol{r}'-\frac{1}{2!}(\boldsymbol{q}\cdot\boldsymbol{r}')^2$$

$$\therefore F(q)\fallingdotseq\int\rho(r')[1+i\boldsymbol{q}\cdot\boldsymbol{r}'-\frac{1}{2!}(\boldsymbol{q}\cdot\boldsymbol{r}')^2]d^3r' \tag{15}$$

取$\boldsymbol{q}$ //z軸的球座標，則$\boldsymbol{r}'=(r',\theta_{r'},\varphi_{r'})\equiv(r',\theta,\varphi)$，且$d^3r'=r'^2\sin\theta dr'd\theta d\varphi$，於是(15)式右邊兩項積分各為：

$$\int\rho(r')i\boldsymbol{q}\cdot\boldsymbol{r}'d^3r'=iq\int\rho(r')r'^3\cos\theta\sin\theta d\theta d\varphi dr'$$

$$=2\pi iq\int[\frac{1}{2}\sin^2\theta]_0^\pi\rho(r')r'^3dr'=0 \tag{16a}$$

$$\int \rho(r')\left(-\frac{1}{2!}(\boldsymbol{q}\cdot\boldsymbol{r}')^2\right)d^3r' = -\frac{2\pi}{2}q^2\int\rho(r')r'^4dr'\int_0^\pi \cos^2\theta\sin\theta d\theta$$
$$= -2\pi\frac{q^2}{6}\int\rho(r')r'^4dr'[-\cos^3\theta]_0^\pi$$
$$= -4\pi\frac{q^2}{6}\int\rho(r')r'^2r'^2dr'$$
$$= -\frac{q^2}{6}\int\rho(r')r'^2d^3r' \tag{16b}$$

在得(16b)式時做了很重要的重寫工作：$4\pi r'^2dr' = \int_0^\pi d\theta\int_0^{2\pi}d\varphi r'^2\sin\theta dr' = d^3r'$，經過這個操作，(16b)式便相當於$\left(-\frac{\boldsymbol{q}^2}{6}\langle r'^2\rangle\right)$，和$r'^2$的期待值（expectation value）有關。因為在量子力學的密度$\rho(\boldsymbol{r}_i)$就是：

$$\rho(\boldsymbol{r}_i) = \int\Psi^*(\boldsymbol{r}_1,\boldsymbol{r}_2,\cdots\cdots,\boldsymbol{r}_i,\cdots\cdots\boldsymbol{r}_A)$$
$$\times\Psi(\boldsymbol{r}_1,\boldsymbol{r}_2,\cdots\cdots,\boldsymbol{r}_i\cdots\cdots,\boldsymbol{r}_A)\,d^3r_1\,d^3r_2\cdots d^3r_{i-1}\,d^3r_{i+1}\cdots d^3r_A$$

如用獨立粒子模型表示靶核狀態函數$\Psi(\boldsymbol{r}_1,\boldsymbol{r}_2,\cdots\cdots,\boldsymbol{r}_i,\cdots\cdots\boldsymbol{r}_A) = \boldsymbol{\phi}(\boldsymbol{r}_1)\boldsymbol{\phi}(\boldsymbol{r}_2)\cdots\cdots\boldsymbol{\phi}(\boldsymbol{r}_i)\cdots\cdots\boldsymbol{\phi}(\boldsymbol{r}_A)$，則$\rho(\boldsymbol{r}_i)$是：

$$\rho(\boldsymbol{r}_i) = \boldsymbol{\phi}^*(\boldsymbol{r}_i)\boldsymbol{\phi}(\boldsymbol{r}_i)$$

故在正交歸一化核狀態函數下得：

$$\int\rho(r)r^2d^3r = \frac{\int\boldsymbol{\phi}^*(\boldsymbol{r})r^2\boldsymbol{\phi}(\boldsymbol{r})d^3r}{\int\boldsymbol{\phi}^*(\boldsymbol{r})\boldsymbol{\phi}(\boldsymbol{r})d^3r} = \langle r^2\rangle \tag{17}$$

將(16a)、(16b)和(17)式代入(15)式得：

$$F(q) \doteqdot 1 - \frac{\boldsymbol{q}^2}{6}\langle r^2\rangle \tag{18}$$

$\langle r^2\rangle$叫**均方電荷半徑**（mean square charge radius），故從比較實驗和理論的$F(q)$就能得靶核的電荷分佈線度$\sqrt{\langle r^2\rangle}$。

☞(24)規範變換（gauge transformation），規範理論（gauge theory）

電磁學普通是用電場$\boldsymbol{E}$和磁場$\boldsymbol{B}$來描述電磁現象（看表（7-13）），但要描述帶電體的微觀運動現象，往往使用標量勢（scalar potential）$\boldsymbol{\phi}(\boldsymbol{x},t)$和向量勢（vector potential）$\boldsymbol{A}(\boldsymbol{x},t)$（看附錄 G）。MKSA 制的$\boldsymbol{E}$，$\boldsymbol{B}$和$\boldsymbol{\phi}$，$\boldsymbol{A}$的關係（附錄 G 的(8)和(26)式）是：

$$\boldsymbol{E} = -\nabla\phi - \frac{\partial\boldsymbol{A}}{\partial t},\quad \boldsymbol{B} = \nabla\times\boldsymbol{A} \tag{1}$$

如設 $\Lambda(\boldsymbol{x},t)$ = 任意標量函數，並且做下述變換：

$$\left.\begin{aligned}\phi(\boldsymbol{x},t)&\rightarrow\phi(\boldsymbol{x},t)-\frac{\partial\Lambda(\boldsymbol{x},t)}{\partial t}\equiv\phi'(\boldsymbol{x},t)\\ \boldsymbol{A}(\boldsymbol{x},t)&\rightarrow\boldsymbol{A}(\boldsymbol{x},t)+\nabla\Lambda(\boldsymbol{x},t)\equiv\boldsymbol{A}'(\boldsymbol{x},t)\end{aligned}\right\}\tag{2}$$

則發現 $\boldsymbol{E}$（$\boldsymbol{x}$, t）和 $\boldsymbol{B}$（$\boldsymbol{x}$, t）不變：

$$\begin{aligned}\boldsymbol{E}\rightarrow\boldsymbol{E}'&=-\nabla\phi'-\frac{\partial\boldsymbol{A}'}{\partial t}=-\nabla\left(\phi-\frac{\partial\Lambda}{\partial t}\right)-\frac{\partial\boldsymbol{A}}{\partial t}-\frac{\partial}{\partial t}\nabla\Lambda\\ &=-\nabla\phi-\frac{\partial\boldsymbol{A}}{\partial t}=\boldsymbol{E}\text{，}\quad\text{當 }\nabla\frac{\partial\Lambda}{\partial t}=\frac{\partial}{\partial t}\nabla\Lambda\\ \boldsymbol{B}\rightarrow\boldsymbol{B}'&=\nabla\times\boldsymbol{A}'=\nabla\times(\boldsymbol{A}+\nabla\Lambda)=\nabla\times\boldsymbol{A}=\boldsymbol{B}\end{aligned}$$

這種使 $\boldsymbol{E}$, $\boldsymbol{B}$ 不變的(2)式的變換叫**規範變換**，又叫**第二種規範變換**，而稱 Λ（$\boldsymbol{x}$, t）為**規範函數**（gauge function），或簡稱規範（gauge）。$\Lambda(\boldsymbol{x},t)$ 幾乎有無限多種，但實際演算時必針對題目，對 Λ 設些條件，這種設定操作叫**選定規範**或固定規範（gauge fixing），或簡稱選規範。選定規範之後才能對場勢（$\frac{1}{c}\phi,\boldsymbol{A}$）執行量子化，$c$ = 光速，不過由於選定了特定規範，故會帶來破壞場勢的規範不變性，換言之，為了量子化場勢，破壞局部規範變換不變的操作叫**選定規範**。最常用的選定規範有如下的，Coulomb 和 Lorentz 規範：

(i)Coulomb 規範是要求：

$$\nabla\cdot\boldsymbol{A}(\boldsymbol{x},t)=0\tag{3}$$

則真空時（表 7-13）的 Maxwell 方程式：

$$\left.\begin{aligned}&\nabla\cdot\boldsymbol{E}=\rho/\varepsilon_0, &&\nabla\cdot\boldsymbol{B}=0\\ &\nabla\times\boldsymbol{E}=-\partial\boldsymbol{B}/\partial t, &&\nabla\times\boldsymbol{B}=\mu_0(\boldsymbol{J}+\varepsilon_0\,\partial\boldsymbol{E}/\partial t)\end{aligned}\right\}\tag{4}$$

變成（附錄 G 的(27), (28)式）：

$$\left.\begin{aligned}&\nabla^2\phi=-\rho/\varepsilon_0\\ &\frac{1}{c^2}\frac{\partial^2\boldsymbol{A}}{\partial t^2}-\nabla^2\boldsymbol{A}=\mu_0\boldsymbol{J}-\frac{1}{c^2}\nabla\frac{\partial\phi}{\partial t},\quad\frac{1}{c^2}=\varepsilon_0\mu_0\end{aligned}\right\}\tag{5}$$

ε_0、μ_0、ρ 和 $\boldsymbol{J}$ 分別為真空電容率、真空磁導率、電荷密度和電流密度。

(ii)Lorentz 規範是設定：

$$\nabla\cdot\boldsymbol{A}+\frac{1}{c^2}\frac{\partial\phi}{\partial t}=0\tag{6}$$

則(4)式變成（附錄 G (31)式）：

$$\left.\begin{aligned}\frac{1}{c^2}\frac{\partial^2\phi}{\partial t^2}-\nabla^2\phi=\frac{\rho}{\varepsilon_0}\\ \frac{1}{c^2}\frac{\partial^2\boldsymbol{A}}{\partial t^2}-\nabla^2\boldsymbol{A}=\mu_0\boldsymbol{J}\end{aligned}\right\} \tag{7}$$

$\nabla^2\equiv\nabla\cdot\nabla$。以 U、L、t 和 q 分別表示能量、長度、時間和電荷因次，則以上各量的因次是：

$$\left.\begin{aligned}&[\boldsymbol{E}]=\frac{U}{qL},\quad [\boldsymbol{B}]=\frac{Ut}{qL^2},\quad [\rho]=\frac{q}{L^3},\quad [\boldsymbol{J}]=\frac{q}{L^2t}\\ &[\boldsymbol{A}]=\frac{Ut}{qL},\quad [\phi]=\frac{U}{q},\quad \varepsilon_0=\frac{q^2}{UL},\quad \mu_0=\frac{Ut^2}{q^2L}\end{aligned}\right\}$$

$[\Lambda]=\dfrac{Ut}{q}$，　用這些因次來檢查各式的正確性。

電磁學有 5 種單位（第七章後註(8)的表一），故必須時時刻刻檢查式子的因次。

至於牽連到帶電荷 q、質量 m 的粒子運動，則除了對電磁場(1)式的變換之外，對帶電粒子的狀態函數 $\psi(\boldsymbol{x},t)$，也要同時執行變換才能使物理系統的運動方程式，即粒子在電磁場勢（$\frac{1}{c}\phi,\boldsymbol{A}$）內運動的方程式不變，其變換是：

$$\psi(\boldsymbol{x},t)\rightarrow\psi'(x,t)=e^{iq\Lambda(x,t)/\hbar}\,\psi(\boldsymbol{x},t) \tag{8}$$

稱(8)式的變換為**第一種規範變換**，而(2)和(8)式合起來叫**規範變換**（gauge transformation），稱規範變換不變的理論為**規範理論**；電磁理論是最典型的規範理論，例如質量 m 電荷 q 的粒子在電磁場內的運動，其 Schrödinger 方程式是：

$$\left[\frac{1}{2m}(\hat{\boldsymbol{P}}-q\boldsymbol{A}(\boldsymbol{x},t))^2+q\phi(\boldsymbol{x},t)\right]\psi(\boldsymbol{x},t)=i\hbar\frac{\partial\psi(\boldsymbol{x},t)}{\partial t} \tag{9}$$

為了方便假定電磁場和時間無關，則規範變換(2), (8)式是：

$$\begin{aligned}&\phi'(\boldsymbol{x})=\phi(\boldsymbol{x})\\ &\boldsymbol{A}'(\boldsymbol{x})=\boldsymbol{A}(\boldsymbol{x})+\nabla\Lambda(\boldsymbol{x})\\ &\psi'(\boldsymbol{x},t)=e^{iq\Lambda(\boldsymbol{x})/\hbar}\,\psi(\boldsymbol{x},t)\end{aligned}$$

所以 Schrödinger 方程式變成：

$$\left[\frac{1}{2m}(\hat{\boldsymbol{P}}-q\boldsymbol{A}')^2+q\phi'\right]\psi'(\boldsymbol{x},t)=i\hbar\frac{\partial\psi'(\boldsymbol{x},t)}{\partial t}=e^{iq\Lambda(\boldsymbol{x})/\hbar}\left(i\hbar\frac{\partial\psi(\boldsymbol{x},t)}{\partial t}\right)$$

$$=\{\frac{1}{2m}[\hat{\boldsymbol{P}}-q(\boldsymbol{A}+\nabla\Lambda)]\cdot[\hat{\boldsymbol{P}}-q(\boldsymbol{A}+\nabla\Lambda)]+q\phi\}e^{iq\Lambda(\boldsymbol{x})/\hbar}\psi(\boldsymbol{x},t)$$

$\hat{\boldsymbol{P}}=-i\hbar\nabla$，但 $\boldsymbol{A}(\boldsymbol{x})$、$\nabla\Lambda(\boldsymbol{x})$、$\phi(\boldsymbol{x})$ 都能和 $e^{iq\Lambda(\boldsymbol{x})/\hbar}$ 對易，故上式變成：

$$\left\{\frac{1}{2m}[\hat{\boldsymbol{P}}-q(\boldsymbol{A}+\nabla\Lambda)]\cdot\{e^{iq\Lambda/\hbar}[q\nabla\Lambda-i\hbar\nabla-q\boldsymbol{A}-q\nabla\Lambda]\}+e^{iq\Lambda/\hbar}(q\phi)\right\}\psi(\boldsymbol{x},t)$$
$$=\frac{1}{2m}\{(-i\hbar\nabla)\cdot[e^{iq\Lambda/\hbar}(\hat{\boldsymbol{P}}-q\boldsymbol{A})\psi]-e^{iq\Lambda/\hbar}q(\boldsymbol{A}+\nabla\Lambda)\cdot(\hat{\boldsymbol{P}}-q\boldsymbol{A})\psi\}+e^{iq\Lambda/\hbar}(q\phi\psi)$$
$$=\frac{1}{2m}\{e^{iq\Lambda/\hbar}[q(\nabla\Lambda)\cdot(\hat{\boldsymbol{P}}-q\boldsymbol{A})+(-i\hbar\nabla)\cdot(\hat{\boldsymbol{P}}-q\boldsymbol{A})-q(\boldsymbol{A}+\nabla\Lambda)\cdot(\hat{\boldsymbol{P}}-q\boldsymbol{A})]\}\psi+e^{iq\Lambda/\hbar}(q\phi\psi)$$
$$=e^{iq\Lambda/\hbar}\left\{\left[\frac{1}{2m}(\hat{\boldsymbol{P}}-q\boldsymbol{A})^2+q\phi\right]\psi(\boldsymbol{x},t)\right\}=e^{iq\Lambda/\hbar}\left(i\hbar\frac{\partial\psi(\boldsymbol{x},t)}{\partial t}\right)$$
$$\therefore\left[\frac{1}{2m}(\hat{\boldsymbol{P}}-q\boldsymbol{A}(\boldsymbol{x}))^2+q\phi(\boldsymbol{x})\right]\psi(\boldsymbol{x},t)=i\hbar\frac{\partial\psi(\boldsymbol{x},t)}{\partial t}$$

顯然規範變換下運動方程式不變，進一步內容看本文（V）（c）的(1)。

☞(25) Fourier 分析（Fourier analysis），Fourier 變換（Fourier transformation）

使用 Fourier 級數、Fourier 變換等的方法來分析問題叫 **Fourier 分析**，又叫狹義 Fourier 分析。一般的 Fourier 分析是，使用正交函數（orthogornal function）來展開，或者使用一般的積分變換的方法來分析問題，在此地介紹的是前者。

（Ex.1）一維為例的 Fourier 級數分析

任意複雜的週期振動函數 $f(x)$，都能用正餘弦函數來展開：

$$f(x)=\frac{a_0}{2}+\sum_{n=1}^{\infty}(a_n\cos nx+b_n\sin nx) \tag{1}$$

$$\left.\begin{aligned}a_n&=\frac{2}{T}\int_0^T f(x)\cos nx dx\cdots\cdots n=0,1,2\cdots\cdots\\ b_n&=\frac{2}{T}\int_0^T f(x)\sin nx dx\cdots\cdots n=1,2\cdots\cdots\end{aligned}\right\} \tag{2}$$

T=週期，如 $f(x)$=偶、奇、和偶奇性不清楚的函數，則(1)式分別為 $b_n=0$（如第五章的（Ex.5-3））、$a_n=0$ 和 $a_n\neq 0$、$b_n\neq 0$。如(1)式的存在範圍是 $(x=-\infty)\sim(x=\infty)$，則(1)式變成：

$$f(x)=\int_{-\infty}^{\infty}g(y)e^{ixy}dy \tag{3a}$$
$$f(x)=\frac{1}{\sqrt{2\pi}}\int_{-\infty}^{\infty}g(y)e^{ixy}dy \tag{3b}$$
$$f(x)=\frac{1}{2\pi}\int_{-\infty}^{\infty}g(y)e^{ixy}dy \tag{3c}$$

(3a～c)式右邊稱為 g(y) 的 **Fourier 積分**，或 $g\to f$ 的積分變換，或 $g(y)$ 的 Fourier 變換，左邊的 $f(x)$ 稱作 $g(y)$ 的 Fourier 變換函數。(3a～c)式右邊的積分符號前的係數

1、$\frac{1}{\sqrt{2\pi}}$、$\frac{1}{2\pi}$是配合(3a～c)式的逆（反）變換（reverse transformation）定義的，g(y)的逆變換是：

$$g(y)=\frac{1}{2\pi}\int_{-\infty}^{\infty}e^{-ixy}f(x)dx\cdots\cdots \text{配合(3a)式} \tag{4a}$$

$$g(y)=\frac{1}{\sqrt{2\pi}}\int_{-\infty}^{\infty}e^{-ixy}f(x)dx\cdots\cdots \text{配合(3b)式} \tag{4b}$$

$$g(y)=\int_{-\infty}^{\infty}e^{-ixy}f(x)dx\cdots\cdots \text{配合(3c)式} \tag{4c}$$

即$f\to g$和$g\to f$的係數乘積$=\frac{1}{2\pi}$，如為n維則是$\frac{1}{(2\pi)^n}$。(3a)、(4a)和(3c)、(4c)式是把$\frac{1}{2\pi}$集中在變換式的任何一邊，而(3b)、(4b)是把$\frac{1}{2\pi}$均分才變成$\frac{1}{\sqrt{2\pi}}$。用哪套變換$f\rightleftarrows g$都可以，結果都一樣，**但對同一題目必須用同一套係數**。物理學最常用的Fourier變換是，位形空間（configurational space）$\boldsymbol{x}$和動量空間（momentum space）$\boldsymbol{P}$間的變換。這時(3a～c)式的指數函數e^{ixy}的指數(ixy)的符號必須配合Schrödinger方程式（10-39d）式的解（10-39h）式：

$$\phi(\boldsymbol{x},t)=Ne^{-\frac{iEt}{\hbar}}\psi(\boldsymbol{x})\overset{E\equiv\hbar\omega}{=\!=\!=\!=}Ne^{-i\omega t}\psi(\boldsymbol{x}) \tag{5}$$

$\phi(\boldsymbol{x},t)$的$e^{-i\omega t}$的指數符號是$(-i\omega t)$，即$i\omega t$**必須是「負符號」**。在狹義相對論、時間t和空間$\boldsymbol{x}$，以及能量E（或質量m）和動量$\boldsymbol{P}$是如第九章的表9-1，統一用四向量（four vector）表示，不過四向量的表示法有如第七章（7-147a）～（7-147d）式的四種，**在此地我們採用（7-147d）式的標誌（notation）**：

$$\begin{cases} x^{\mu}=(ct,\boldsymbol{x})\equiv(x^0,\boldsymbol{x})=(x_0,\boldsymbol{x}) \\ x_{\mu}=(ct,-\boldsymbol{x})\equiv(x_0,-\boldsymbol{x}) \end{cases} \tag{6a}$$

$$\begin{cases} P^{\mu}=(mc,\boldsymbol{P})=(E/c,\boldsymbol{P}) \\ P_{\mu}=(mc,-\boldsymbol{P})=(E/c,-\boldsymbol{P}) \end{cases} \tag{6b}$$

$$\begin{cases} m(u)=\frac{m_0}{\sqrt{1-\boldsymbol{u}^2/c^2}}\equiv m, \quad m_0\equiv m(u=0) \\ \boldsymbol{u}=\text{靜質量 } m_0\text{的速度}, \quad E=mc^2 \end{cases} \tag{6c}$$

$\boldsymbol{u}^2\equiv\boldsymbol{u}\cdot\boldsymbol{u}$，$x^{\mu}$和$x_{\mu}$分別叫**逆變（或反協變）向量**（contravariant vector）和**協變向量**（covariant vector）。如(5)式的$\psi(\boldsymbol{x})$是平面波，則有下述的可能表示：

$$\psi(\boldsymbol{x})=e^{\pm i\boldsymbol{P}\cdot\boldsymbol{x}/\hbar}=e^{\pm i\boldsymbol{k}\cdot\boldsymbol{x}} \tag{7a}$$

使用(6a～b)式得四維空間內積（scalar product）：

$$x \cdot P = x^{\mu} P_{\mu} = x_{\mu} P^{\mu} = (Et - \boldsymbol{P} \cdot \boldsymbol{x}) = \hbar(\omega t - \boldsymbol{k} \cdot \boldsymbol{x}) \tag{7b}$$

為了表示成(7b)式，(7a)式的指數只能取$(+i\boldsymbol{k} \cdot \boldsymbol{x})$，因為：

$$e^{-ix \cdot P/\hbar} = e^{-i(\omega t - \boldsymbol{k} \cdot \boldsymbol{x})} = e^{-i\omega t} e^{i\boldsymbol{k} \cdot \boldsymbol{x}} \tag{7c}$$

所以配合 Schrödinger 方程式（10-39d）式的能量部（10-39h）式，以及(6a , b)式的標誌，三維空間的 Fourier 變換是：

$$f(\boldsymbol{x}) = \int e^{i\boldsymbol{k} \cdot \boldsymbol{x}} g(\boldsymbol{k}) d^3k \tag{8a}$$

$$或\ f(\boldsymbol{x}) = \frac{1}{(2\pi)^{3/2}} \int e^{i\boldsymbol{k} \cdot \boldsymbol{x}} g(\boldsymbol{k}) d^3k \tag{8b}$$

$$或\ f(\boldsymbol{x}) = \frac{1}{(2\pi)^{3}} \int e^{i\boldsymbol{k} \cdot \boldsymbol{x}} g(\boldsymbol{k}) d^3k \tag{8c}$$

其逆變換是：

$$g(\boldsymbol{k}) = \frac{1}{(2\pi)^{3}} \int e^{-i\boldsymbol{k} \cdot \boldsymbol{x}} f(\boldsymbol{x}) d^3x \tag{9a}$$

$$或\ g(\boldsymbol{k}) = \frac{1}{(2\pi)^{3/2}} \int e^{-i\boldsymbol{k} \cdot \boldsymbol{x}} f(\boldsymbol{x}) d^3x \tag{9b}$$

$$或\ g(\boldsymbol{k}) = \int e^{-i\boldsymbol{k} \cdot \boldsymbol{x}} f(\boldsymbol{x}) d^3x \tag{9c}$$

積分範圍是從（$-\infty$）到（$+\infty$），如果使用的四向量是（7-147c）式的標誌，則(8a)～(9c)式的指數函數的指數符號剛好相反，故使用Fourier變換時，必須配合整個題目使用的四向量標誌，不然會亂，所得結果，尤其是函數的相（phase）符號會不正確。那麼依(6a , b)式的標誌，四維空間對應於(8a)和(9a)式是：

$$\boxed{\begin{aligned} f(x) &= \int e^{-ik \cdot x} g(k) d^4k & (10a) \\ g(k) &= \frac{1}{(2\pi)^4} \int e^{ik \cdot x} f(x) d^4x & (10b) \end{aligned}}$$

小心，(10a , b)式的$x \neq |\boldsymbol{x}|$、$k \neq |\boldsymbol{k}|$、$k \cdot x \neq \boldsymbol{k} \cdot \boldsymbol{x}$，$x$、$k$和$k \cdot x$分別為四向量$x$、$k$和四向量內積。為了避免錯誤，在四維空間，向量$\boldsymbol{x}$的大小最好寫成$|\boldsymbol{x}|$，而四維空間的四向量$A$和$B$的內積是：

$$A \cdot B \xlongequal{(6a,b)式標誌} A_0 B_0 - \boldsymbol{A} \cdot \boldsymbol{B} \tag{10c}$$

三維時我們用了$\boldsymbol{x} = (x, y, z) = (x_1, x_2, x_3)$，故(6a , b)式右邊上下標的$\mu = 0, 1, 2, 3$。至

於(8a)和(9a)式的指數為何差個符號呢？可以看成 $g\to f$ 和 $f\to g$ 互為逆向變換就容易記了，實際上是來自：

$$f(\boldsymbol{x})\longrightarrow\int e^{-i\boldsymbol{k}'\cdot\boldsymbol{x}}f(\boldsymbol{x})d^3x \tag{11a}$$

$$=\int e^{-i\boldsymbol{k}'\cdot\boldsymbol{x}}\int e^{i\boldsymbol{k}\cdot\boldsymbol{x}}g(\boldsymbol{k})d^3x\,d^3k$$

$$=\frac{(2\pi)^3}{(2\pi)^3}\int\left\{\int e^{-i(\boldsymbol{k}'-\boldsymbol{k})\cdot\boldsymbol{x}}d^3x\right\}g(\boldsymbol{k})\,d^3\boldsymbol{k} \tag{11b}$$

使用三維空間的 Dirac δ 函數（看第十章的（10-68b）式），則(11b)式是：

$$\int e^{-i\boldsymbol{k}'\cdot\boldsymbol{x}}f(\boldsymbol{x})\,d^3x=(2\pi)^3\int g(\boldsymbol{k})\delta^3(\boldsymbol{k}'-\boldsymbol{k})d^3k$$

$$=(2\pi)^3g(\boldsymbol{k}')$$

$$\therefore g(\boldsymbol{k})=\frac{1}{(2\pi)^3}\int e^{-i\boldsymbol{k}\cdot\boldsymbol{x}}f(\boldsymbol{x})d^3x=\text{（9a）式} \tag{11c}$$

顯然(11a)式的指數 $=(-i\boldsymbol{k}\cdot\boldsymbol{x})$ 時才能得(11c)式。

☞(26)各向同性諧振子勢能（isotropic harmonic oscillator potential energy）的能量本徵函數：

Hamiltonian $\hat{H}=-\dfrac{\hbar^2}{2m}\nabla^2+\dfrac{m\omega^2}{2}r^2$，$m=$核子質量，$\omega=$角頻率

能量本徵函數 $\psi_{nlm}(\boldsymbol{r})$：$\hat{H}\psi_{nlm}(\boldsymbol{r})=E_{nl}\psi_{nlm}(\boldsymbol{r})$

能量本徵值 $E_{nl}=[2(n-1)+l]\hbar\omega\equiv n_0\hbar\omega$ ←── 拿走了零點能（zero point energy）

$n=$主量子數$=1,2,3\cdots\cdots$

$n_0\equiv2(n-1)+l=0,1,2\cdots\cdots$

$l=$軌道量子數$=0,1,2,\cdots\cdots,n_0$

$m=-l,\cdots\cdots,-1,0,1,\cdots\cdots l=\langle\hat{L}_z\rangle$ 的量子數

宇稱 $=(-)^l$，能量簡併度 $=2(2l+1)$，且由分析低能域實驗得：

$\dfrac{m\omega}{\hbar}\doteqdot0.96A^{-1/3}fm^{-2}\equiv\nu$ ←不是頻率

$$\psi_{nlm}(\boldsymbol{r})=R_{nl}(r)Y_{lm}(\theta,\varphi),\quad \boldsymbol{r}=(r,\theta,\varphi)\text{球座標，}$$

$$R_{nl}(r)=N_{nl}(\nu)r^l\exp\left(-\frac{\nu}{2}r^2\right)v_{nl}(\nu,r)$$

$$v_{nl}(\nu,r)=\sum_{k=0}^{n-1}\frac{(-2\nu r^2)^k}{k!(n-k-1)!(2l+2k+1)!!}$$

$$N_{nl}(\nu)=\sqrt{2^{l-n+3}(n-1)!(2n+2l-1)!!\;\nu^{l+3/2}/\sqrt{\pi}}$$

球諧函數（spherical harmonics）$Y_{lm}(\theta,\varphi)$ 和第十章（10-116a）式相同，其表示式是（10-117b）式，而徑向函數 $R_{nl}(r)$ 是下微分子方程式的解：

$$\left\{-\frac{\hbar^2}{2m}\frac{1}{r^2}\frac{d}{dr}\left(r^2\frac{d}{dr}\right)+\left[\frac{m\omega^2}{2}r^2+\frac{l(l+1)\hbar^2}{2mr^2}\right]\right\}R_{nl}(r)=E_{nl}R_{nl}(r)$$

也就是（10-118）式的$V(r)=\frac{m\omega^2}{2}r^2$，所以解法和解（10-118）式同。

☞(27) John David Jackson：Classical Electrodynamics, John Wiley & Sons, Inc. 2nd ed.（1975）

☞(28) Sven Gösta Nilsson: Mat. Fys. Medd. Dan, Vid. Selsk. **29** (16) 1995

☞(29) Aage Bohr: Mat. Fys. Medd. Dan. Vid. Selsk. **26** (14) 1952.

Aage Bohr and B.R. Mottelson: Mat. Fys. Medd. Dan. Vid. Selsk. **27** (16) 1953

☞(30)求液滴表面能 U_s

設S=表面張力，其因次$[S]=\frac{\text{能量}}{\text{面積}}=\frac{J}{m^2}$（看第三章（3-4）式），da 為液滴表面的微小面積，並且假定S=常量，則得：

$$U_s=\int S da=S\int da \qquad (1)$$

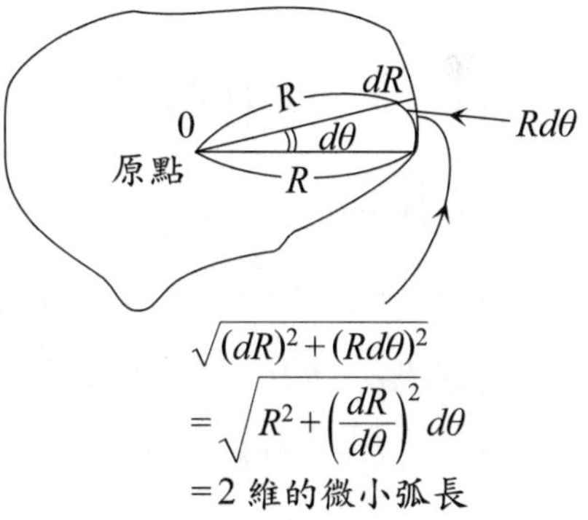

二維空間的任意曲線，由角度變化 dθ 引起的微小弧長如右圖所示，三維的圖難畫，不過內容同二維。角度θ和φ的變化 dθ和 dφ 引起的微小表面積 da 是：

$$da=\sqrt{R^2\sin^2\theta+\left(\frac{\partial R}{\partial\theta}\right)^2\sin^2\theta+\left(\frac{\partial R}{\partial\varphi}\right)^2}\,Rd\theta d\varphi \qquad (2)$$

由於表面積 da=實量，故$R=R(\theta,\varphi)=R_0\left(1+\sum_{\lambda,\mu}\alpha_{\lambda,\mu}Y_{\lambda,\mu}(\theta,\varphi)\right)$必須實量，而$\alpha_{\lambda\mu}$僅和時間有關，和角度$\theta$、$\varphi$無關，於是$\sum_{\lambda,\mu}\alpha^*_{\lambda,\mu}Y^*_{\lambda,\mu}=\sum_{\lambda,\mu}\alpha_{\lambda,\mu}Y_{\lambda,\mu}$。

$$\begin{aligned}\therefore U_S=&SR_0^2\iint\Bigg[\,\left|\left(1+\sum_{\lambda,\mu}\alpha_{\lambda\mu}Y_{\lambda\mu}\right)\right|^2\sin^2\theta+\\&\left|\sum_{\lambda,\mu}\alpha_{\lambda\mu}\frac{\partial Y_{\lambda\mu}(\theta,\varphi)}{\partial\theta}\right|^2\mathrm{Sin}^2\theta+\left|\sum_{\lambda,\mu}\alpha_{\lambda\mu}\frac{\partial Y_{\lambda,\mu}(\theta,\varphi)}{\partial\varphi}\right|^2\Bigg]^{1/2}\times\left(1+\sum_{\lambda,\mu}\alpha_{\lambda\mu}Y_{\lambda\mu}(\theta,\varphi)\right)d\theta d\varphi\\=&SR_0^2\iint\Bigg[\left(1+2\sum_{\lambda\mu}\alpha^*_{\lambda\mu}Y^*_{\lambda\mu}+\sum_{\lambda\mu\lambda'\mu'}\alpha^*_{\lambda\mu}\alpha_{\lambda'\mu'}Y^*_{\lambda\mu}Y_{\lambda'\mu'}+\sum\alpha^*_{\lambda\mu}\alpha_{\lambda'\mu'}\frac{\partial Y^*_{\lambda\mu}}{\partial\theta}\frac{\partial Y_{\lambda'\mu'}}{\partial\theta}\right)\sin^2\theta\\&+\sum\alpha^*_{\lambda\mu}\alpha_{\lambda'\mu'}\mu\mu'Y^*_{\lambda\mu}Y_{\lambda'\mu'}\Bigg]^{1/2}\left(1+\sum_{\lambda,\mu}\alpha_{\lambda\mu}Y_{\lambda\mu}(\theta,\varphi)\right)d\theta\,d\varphi\end{aligned} \qquad (3)$$

$Y_{\lambda\mu}(\theta,\varphi)$的具體式子看第十章（10-114）式，並且有下列性質[8)]：

$$\frac{\partial}{\partial\theta}Y_{lm}(\theta,\varphi)=\frac{1}{2}\sqrt{(l-m)(l+m+1)}\,e^{-i\varphi}Y_{l,m+1}(\theta,\varphi)$$

$$-\frac{1}{2}\sqrt{(l+m)(l-m+1)}\,e^{i\varphi}Y_{l,m-1}(\theta,\varphi) \tag{4}$$

$$m\cot\theta Y_{lm}(\theta,\varphi)=-\frac{1}{2}\sqrt{(l-m)(l+m+1)}\,e^{-i\varphi}Y_{l,m+1}(\theta,\varphi)$$
$$-\frac{1}{2}\sqrt{(l+m)(l-m+1)}\,e^{i\varphi}Y_{l,m-1}(\theta,\varphi) \tag{5}$$

對(3)式提出 $\sin^2\theta$ 後展開到 $\alpha_{\lambda\mu}$ 的平方項，同時使用 $(\sin\theta)^{-2}=\csc^2\theta=(1+\cot^2\theta)$ 得：

$$U_S=SR_0^2\iint\Big[(1+\sum_{\lambda\mu}\alpha^*_{\lambda\mu}Y^*_{\lambda\mu}+\frac{1}{2}\Sigma\alpha^*_{\lambda\mu}\alpha_{\lambda'\mu'}Y^*_{\lambda\mu}Y_{\lambda'\mu'}+\frac{1}{2}\Sigma\,\alpha^*_{\lambda\mu}\alpha_{\lambda'\mu'}\Big(\frac{\partial}{\partial\theta}Y^*_{\lambda\mu}\Big)\Big(\frac{\partial}{\partial\theta}Y_{\lambda'\mu'}\Big)$$
$$+\frac{1}{2}\Sigma\,\alpha^*_{\lambda\mu}\alpha_{\lambda'\mu'}\mu\mu'Y^*_{\lambda\mu}Y_{\lambda'\mu'}+\frac{1}{2}\Sigma\alpha^*_{\lambda\mu}\alpha_{\lambda'\mu'}(\mu\cot\theta Y^*_{\lambda\mu})(\mu'\cot\theta Y_{\lambda'\mu'})$$
$$-\frac{1}{2}\Sigma\,\alpha^*_{\lambda\mu}\alpha_{\lambda'\mu'}Y^*_{\lambda\mu}Y_{\lambda'\mu'}\Big](1+\sum_{\lambda,\mu}\alpha_{\lambda\mu}Y_{\lambda\mu})\sin\theta\,d\theta\,d\varphi$$

上式右邊第三和第七項互相消掉；而將(4)和(5)式分別代入上式右邊第四和第六項後的和是：

$$\iint\frac{1}{2}\Sigma\alpha^*_{\lambda\mu}\alpha_{\lambda'\mu'}\Big\{\Big(\frac{\partial}{\partial\theta}Y^*_{\lambda\mu}\Big)\Big(\frac{\partial}{\partial\theta}Y_{\lambda'\mu'}\Big)+(\mu\cot\theta Y^*_{\lambda\mu})(\mu'\cot\theta\,Y_{\lambda'\mu'})\Big\}d\Omega,\quad d\Omega\equiv\sin\theta d\theta d\varphi$$
$$=\frac{1}{8}\iint\Sigma\alpha^*_{\lambda\mu}\alpha_{\lambda'\mu'}\{[\sqrt{(\lambda-\mu)(\lambda+\mu+1)}\,e^{i\varphi}Y^*_{\lambda,\mu+1}-\sqrt{(\lambda+\mu)(\lambda-\mu+1)}\,e^{-i\varphi}Y^*_{\lambda,\mu-1}]$$
$$\times[\sqrt{(\lambda'-\mu')(\lambda'+\mu'+1)}\,e^{-i\varphi}Y_{\lambda',\mu'+1}-\sqrt{(\lambda'+\mu')(\lambda'-\mu'+1)}\,e^{i\varphi}Y_{\lambda',\mu'-1}]$$
$$+[-\sqrt{(\lambda-\mu)(\lambda+\mu+1)}\,e^{i\varphi}Y^*_{\lambda,\mu+1}-\sqrt{(\lambda+\mu)(\lambda-\mu+1)}\,e^{-i\varphi}Y^*_{\lambda,\mu-1}]$$
$$\times[-\sqrt{(\lambda'-\mu')(\lambda'+\mu'+1)}\,e^{-i\varphi}Y_{\lambda',\mu'+1}-\sqrt{(\lambda'+\mu')(\lambda'-\mu'+1)}\,e^{i\varphi}Y_{\lambda',\mu'-1}]\}d\Omega \tag{6}$$

(6)式球諧函數的交差項（cross term）$Y^*_{\lambda,\mu+1}Y_{\lambda',\mu'-1}$ 以及 $Y^*_{\lambda,\mu-1}Y_{\lambda',\mu'+1}$ 剛好相互消掉，故(6)式變成：

$$(6)\text{式}=\frac{1}{2}\sum_{\lambda,\mu}|\alpha_{\lambda,\mu}|^2[\lambda(\lambda+1)-\mu^2] \tag{7}$$

$\iint\sin\theta d\theta d\varphi=4\pi$，以及 $\sum_{\lambda,\mu}\alpha_{\lambda\mu}\int Y_{\lambda u}d\Omega=\sum_{\lambda,\mu}\alpha_{\lambda\mu}\sqrt{4\pi}\int Y^*_{00}Y_{\lambda\mu}d\Omega=\sqrt{4\pi}\alpha_{00}=-\sum_{\lambda,\mu}|\alpha_{\lambda\mu}|^2$。將以上結果代入 U_s 式，則到 $\alpha_{\lambda\mu}$ 的平方項的結果是：

$$U_S\fallingdotseq SR_0^2\Big\{4\pi-\sum_{\lambda,\mu}|\alpha_{\lambda,\mu}|^2+\frac{1}{2}\sum_{\lambda,\mu}|\alpha_{\lambda,\mu}|^2[\lambda(\lambda+1)-\mu^2]+\frac{1}{2}\sum_{\lambda,\mu}|\alpha_{\lambda,\mu}|^2\mu^2\Big\}$$
$$=4\pi R_0^2S+\frac{1}{2}\sum_{\lambda,\mu}|\alpha_{\lambda,\mu}|^2[(\lambda-1)(\lambda+2)]SR_0^2 \tag{8}$$

↑ 球狀時的表面能，當 R_0 不變，這項是定值，可看成表面能的起值。

↑ 形變部的表面能，是和振動模式 λ 有關的表面能，表面振盪所需要的表面能。

$$\therefore \text{表面振盪表面能} \quad U_S = \frac{1}{2}\sum_{\lambda,\mu} |\alpha_{\lambda,\mu}|^2 (\lambda-1)(\lambda+2) S R_0^2 \tag{9}$$

☞(31)從空定座標（speac-fixed frame）轉換到體定座標（body-fixed frame）的 Schrödinger 方程：

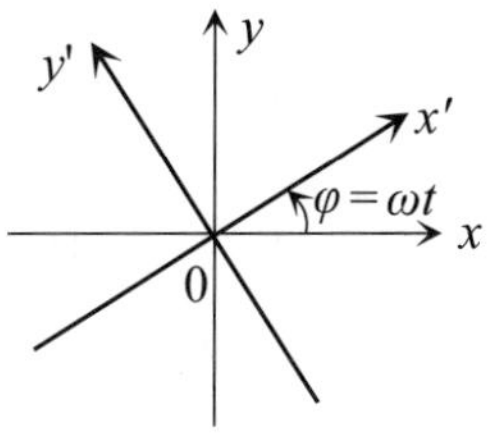

如右圖設空定座標$(x,y,z)\equiv K$，體定座標$(x',y',z')\equiv K'$，並且(x,y)和(x',y')面在此紙上而z和z'軸垂直此紙。K'以等角速度$\boldsymbol{\omega}$逆時針（右手系時必成逆時針）方向轉。假設獨立粒子模型，如核內有N個核子，其徑向量$\boldsymbol{r_i}$，$i=1,2,\cdots\cdots,N$；為了方便假設各核子的質量都是m，每個核子所受的平均勢能為$U(r_i)$，則空定座標時的 Schrödinger 方程是：

$$\hat{H}\Psi(\boldsymbol{r_1},\boldsymbol{r_2},\cdots\cdots,\boldsymbol{r_N},t) = i\hbar\frac{\partial\Psi}{\partial t} \tag{1}$$

$$\hat{H} = \sum_{i=1}^{N}\left[\frac{1}{2m}\hat{\boldsymbol{P}}_i^{\,2} + U(r_i)\right], \quad \hat{\boldsymbol{P}}_i^2 \equiv \hat{\boldsymbol{P}}_i\cdot\hat{\boldsymbol{P}}_i \tag{2}$$

使用$\boldsymbol{r}$表象（$\boldsymbol{r}$−representation），$\hat{\boldsymbol{P}}_i$＝第i號粒子的動量算符。由圖得體定座標：

$$\begin{cases} x_i' = x_i\cos\varphi + y_i\sin\varphi \\ y_i' = -x_i\sin\varphi + y_i\cos\varphi \\ z_i' = z_i \end{cases} \tag{3}$$

如$\hat{L}_z$＝角動量算符$\hat{\boldsymbol{L}}$的z軸方向成分，$\hat{\boldsymbol{L}} = \hat{\boldsymbol{r}}\times\hat{\boldsymbol{P}} = \boldsymbol{r}\times\hat{\boldsymbol{P}}$，則(3)式是將（$x_i,y_i,z_i$）轉換到（$x_i',y_i',z_i'$）的么正變換（unitary transformation，保持概率幅(probability amplitude)不變的變換）：

$$\begin{Bmatrix} x_i' = \left\{\exp\left(-\frac{i}{\hbar}\hat{L}_z\varphi\right)\right\} \ x_i \left\{\exp\left(\frac{i}{\hbar}\hat{L}_z\varphi\right)\right\} \\ y_i' = \left\{\exp\left(-\frac{i}{\hbar}\hat{L}_z\varphi\right)\right\} \ y_i \left\{\exp\left(\frac{i}{\hbar}\hat{L}_z\varphi\right)\right\} \\ z_i' = \left\{\exp\left(-\frac{i}{\hbar}\hat{L}_z\varphi\right)\right\} \ z_i \left\{\exp\left(\frac{i}{\hbar}\hat{L}_z\varphi\right)\right\} \end{Bmatrix} \tag{4}$$

$\hat{L}_z = \sum_i \hat{L}_{iz}$＝各核子角動量的$z$成分和，同一核子的$\hat{L}_{iz}$和$(x_i,y_i,z_i)$之間的對易關係是：

$[\hat{L}_{iz}, x_i] = i\hbar y_i$，

$[\hat{L}_{iz}, y_i] = -i\hbar x_i$，依右圖方向為正，反方向為負 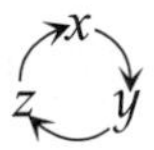 (5)

$$[\hat{L}_{iz}, z_i] = 0$$

而不同核子的$\hat{L}_{iz}$和（x_j, y_j, z_j）是對易。演算(4)式時需要下公式：

$$e^{i\hat{S}}\hat{A}e^{-i\hat{S}} = \hat{A} + \frac{1}{1!}i[\hat{S}, \hat{A}] + \frac{1}{2!}i^2[\hat{S}, [\hat{S}, \hat{A}]] + \cdots\cdots \tag{6}$$

$\hat{S}$ 和$\hat{A}$ 為任意兩算符，於是當$j \neq i$，$\hat{L}_{iz}$ 和(x_j, y_j, z_j) 全對易，僅$\hat{L}_z$ 中的$\hat{L}_{iz}$ 和(x_i, y_i, z_i)部分，其x_i'是：

$$\begin{aligned}
x_i' &= \left(e^{-i\hat{L}_{iz}\varphi/\hbar}\right)x_i\left(e^{i\hat{L}_{iz}\varphi/\hbar}\right)\\
&= x_i + \frac{1}{1!}\left(-\frac{i}{\hbar}\varphi\right)[\hat{L}_{iz}, x_i] + \frac{1}{2!}\left(-\frac{i}{\hbar}\varphi\right)^2[\hat{L}_{iz}, [\hat{L}_{iz}, x_i]] + \cdots\cdots\\
&= x_i + \frac{1}{1!}\left(-\frac{i}{\hbar}\varphi\right)(i\hbar y_i) + \frac{1}{2!}\left(-\frac{i}{\hbar}\varphi\right)^2(i\hbar)(-i\hbar)x_i + \cdots\cdots\\
&= x_i\left(1 - \frac{1}{2!}\varphi^2 + \frac{1}{4!}\varphi^4 - \cdots\cdots\right) + y_i\left(\frac{1}{1!}\varphi - \frac{1}{3!}\varphi^3 + \frac{1}{5!}\varphi^5 - \cdots\cdots\right)\\
&= x_i\cos\varphi + y_i\sin\varphi\\
&= \text{(3)式的 } x_i'
\end{aligned}$$

同樣從(4)式的第二和第三式可得(3)式的y_i'和z_i'，這結果表示，從空定座標到體定座標，只要對(1)式執行類似(4)式的么正轉換就可以。於是從(1)式左邊作用$\exp\left(-\frac{i}{\hbar}\hat{L}_z\varphi\right)$得：

$$\begin{aligned}
&\left(e^{-i\hat{L}_z\varphi/\hbar}\hat{H}e^{i\hat{L}_z\varphi/\hbar}\right)e^{-i\hat{L}_z\varphi/\hbar}\Psi(\boldsymbol{r}_1, \boldsymbol{r}_2, \cdots\cdots, \boldsymbol{r}_N, t)\\
&= i\hbar e^{-i\hat{L}_z\varphi/\hbar}\frac{\partial\Psi}{\partial t}
\end{aligned} \tag{7}$$

上式用了$\left[\exp\left(\frac{i}{\hbar}\hat{L}_z\varphi\right)\right]\left[\exp\left(-\frac{i}{\hbar}\hat{L}_z\varphi\right)\right] = 1$，設$\hat{L}_z$和時間無關，則上式右邊變成：

$$\begin{aligned}
i\hbar e^{-i\hat{L}_z\varphi/\hbar}\frac{\partial\Psi}{\partial t} &= i\hbar\frac{\partial}{\partial t}\left\{\left(e^{-i\hat{L}_z\varphi/\hbar}\right)\Psi\right\} - \left(\hat{L}_z\frac{\partial\varphi}{\partial t}\right)\left(e^{-i\hat{L}_z\varphi/\hbar}\Psi\right)\\
&= i\hbar\frac{\partial}{\partial t}\Psi' - \omega\hat{L}_z\Psi'
\end{aligned} \tag{8}$$

$$\Psi' \equiv e^{-i\hat{L}_z\varphi/\hbar}\Psi \tag{9}$$

用了$\varphi = \omega t$，ω = 體定座標的轉動角速度大小，在體定座標的 Hamiltonian$\hat{H}'$是：

$$e^{-i\hat{L}_z\varphi/\hbar}\hat{H}e^{i\hat{L}_z\varphi/\hbar} \equiv \hat{H}' \tag{10}$$

將(8)、(9)、(10)式代入(7)式得(1)式轉換到，以等角速度$\boldsymbol{\omega}$轉動的座標的 Schrödinger

方程式：

$$i\hbar\frac{\partial\Psi'}{\partial t}=(\hat{H}'+\omega\hat{L}_z)\Psi'(\boldsymbol{r}_1,\boldsymbol{r}_2\cdots,\boldsymbol{r}_N,t) \tag{11}$$

$\omega\hat{L}_z$ 叫核的 Coriolis 力，是非慣性座標，以 $\boldsymbol{\omega}$ 轉動著的座標，對慣性座標的空定座標的慣性力。

☞(32) Jerry B. Marion, Classical Dynamics of Particles and Systems, 2nd ed. Academic Press (1970)

☞(33)軸對稱橢圓體的 $a_{2,-1}=a_{2,1}=0$ 的說明

先來瞭解液滴作表層振盪時為什麼可用（11-234a）式來表示。各種振盪都是液滴的一種狀態，各狀態必須互相獨立才行，球諧函數 $Y_{\lambda,\mu}(\theta,\varphi)$ 是正交歸一化函數（orthonormalized functions）：

$$\int_0^{\pi}\mathrm{d}\theta\int_0^{2\pi}\mathrm{d}\varphi\,Y^*_{l',m'}(\theta,\varphi)\,Y_{l,m}(\theta,\varphi)\sin\theta=\delta_{l',l}\delta_{m',m}$$

所以才用 $Y_{\lambda,\mu}(\theta,\varphi)$ 來表示液滴振盪時，從半徑 R_0 的球面變化的情形：

$$R_0(\text{球面})\xrightarrow{\text{振盪}}R(\theta,\varphi,t)=R_0+\Delta R$$

$$\Delta R=R_0\sum_{\lambda,\mu}\alpha_{\lambda,\mu}(t)\,Y_{\lambda,\mu}(\theta,\varphi)$$

$$\therefore R(\theta,\varphi,t)=R_0\{1+\sum_{\lambda,\mu}\alpha_{\lambda,\mu}(t)\,Y_{\lambda,\mu}(\theta,\varphi)\} \tag{1}$$

以對 z 軸對稱的表層振盪為例來幫助瞭解。這時表層花紋和方位角 φ 無關，於是 $Y_{\lambda,\mu}(\theta,\varphi)=Y_{\lambda,0}(\theta,0)$（看第十章(10-114)式 $Y_{l,m}(\theta,\varphi)$ 的定義式）。

$$\frac{\Delta R}{R_0}=\frac{R(\theta,0,t)-R_0}{R_0}=\sum_{\lambda}\alpha_{\lambda,0}(t)\,Y_{\lambda,0}(\theta,0) \tag{2}$$

λ	$\Delta R/R_0$　　　$\theta=0\sim\pi$
1	$\alpha_{1,0}\sqrt{3/(4\pi)}\cos\theta$
2	$\alpha_{2,0}\sqrt{5/(16\pi)}(3\cos^2\theta-1)$
3	$\alpha_{3,0}\sqrt{7/(16\pi)}(5\cos^3\theta-3\cos\theta)$
4	$\alpha_{4,0}\sqrt{9/(256\pi)}(35\cos^4\theta-3\cos^2\theta+3)$
⋮	…………

⇓

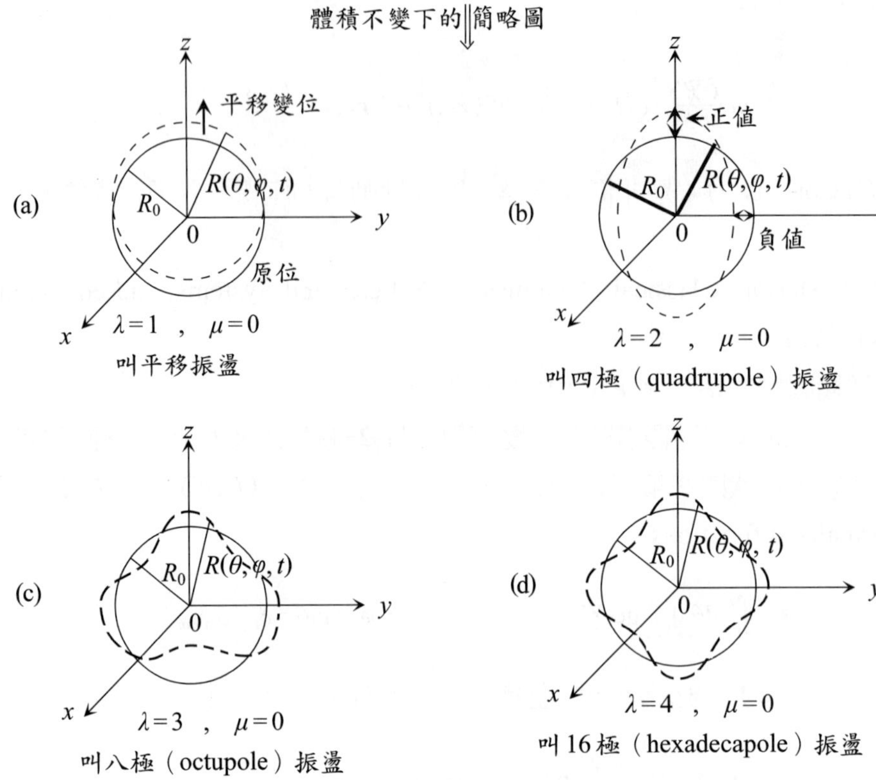

振盪極數 $=2^{\lambda}$。液滴表層振盪花紋，不能稱這些花紋為駐波（standing wave），它們是沿著液滴表層流動的**行進波**，因為前者無法定義角動量，後者才行。從上圖顯然最簡單的表層振盪是四極振盪 $\lambda=2$，這是橢圓體；如取橢圓體的三慣性主軸（principal axis of inertia）[32] 為體定座標軸（axes of body-fixed frame），如右圖的 x',y',z'，則對應於(1)式，橢圓體上任一點的徑向量大小是：

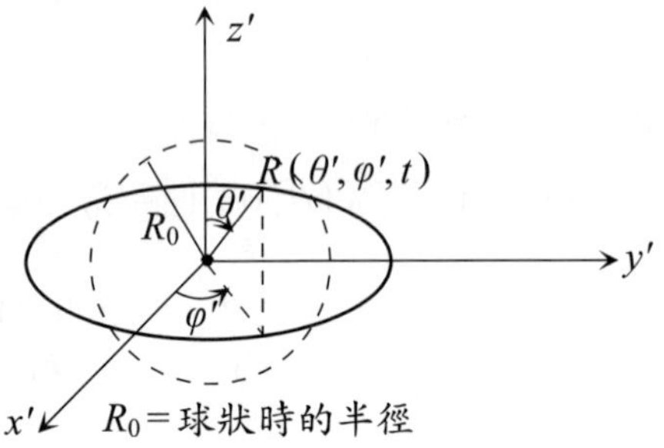

$$R(\theta',\varphi',t)=\sum_{v} a_{2,v}(t)\,Y_{2,v}(\theta',\varphi') \tag{3}$$

$$Y_{2,v}(\theta',\varphi')\Rightarrow\left\{\begin{aligned}&Y_{2,\pm2}(\theta',\varphi')=\sqrt{\frac{15}{32\pi}}\sin^2\theta' e^{\pm2i\varphi'}\\&Y_{2,0}(\theta',\varphi')=\sqrt{\frac{5}{16\pi}}(3\cos^2\theta'-1)\\&Y_{2,\pm1}(\theta',\varphi')=\mp\sqrt{\frac{15}{8\pi}}\sin\theta'\cos\theta' e^{\pm i\varphi'}\end{aligned}\right\} \tag{4}$$

這時如假設橢圓體是軸對稱，則當 $\theta'\to-\theta'$ 時(4)式的 $Y_{2,\pm1}$ 會變符號，不滿足對稱，其他的 $Y_{2,\pm2}$ 和 $Y_{2,0}$ 不變號，滿足橢圓體的對稱性，於是(3) 式的 $a_{2,\pm1}$ 必須為零才

行，即

$$a_{2,1}=a_{2,-1}=0 \tag{5}$$

同時由$R(\theta',\varphi',t)=R^*(\theta',\varphi',t)$和$Y^*_{2,\mu}=(-)^{\mu}Y_{2,-\mu}$得：

$$a_{2,2}=a_{2,-2} \tag{6}$$

☞(34) Euler 角（Eulerian angles）和一些注意

①標誌（notation）問題

探討剛體運動時，常使用固定在剛體上的直角座標$K'=(x',y',z')$，K'叫體定座標（body-fixed coördinates）。K'的三個軸和，稱為空定座標，即固定在空間的慣性座標$K\equiv(x,y,z)$的三軸間夾角叫 Euler 角。它有好多種定義，共有 24 套；為了一目瞭然令體定座標如右圖$K'(\xi,\eta,\zeta)$，而空定座標$K\equiv(x,y,z)$，各為三維空間，故獨立變數是 3，表示 Euler 角數＝ 3，也就是說 Euler 轉動必是 3 階段。三個獨立座標軸，同時必須要有一個軸才能轉動，座標軸也可以做轉動軸，故共有(3+1)的可能，從(3+1)中任選一個當做轉動軸，所以有：

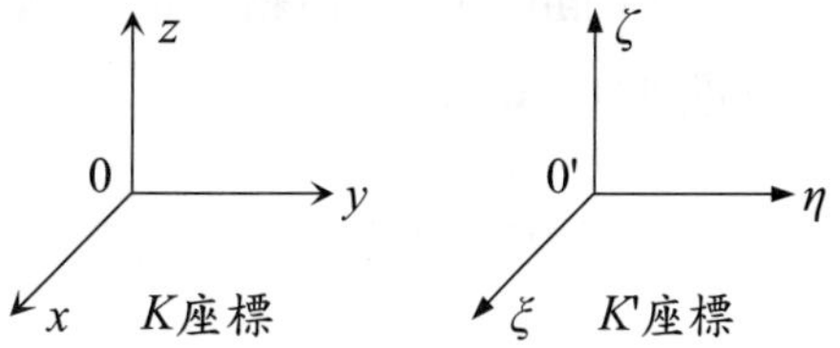

$${}_4C_1 \qquad \text{的可能}$$

再來體定座標軸可重複地選為轉軸，是種排列法，有 3!的可能，故共有：

$${}_4C_1\times 3!=\frac{4!}{1!\,3!}\times 3!=24$$

所以使用 Euler 角時必須小心，註(8)的三套書的 Euler 角都是同一定義，經常稱為 A.R.Edmonds 或 Edmonds 標誌，但註(32)的 Marion 用的 Euler 角和註(8)不同。我們這套書，無論角動量的合成，或 Euler 角都是使用 Edmonds 標誌。

② Edmonds 標誌的 Euler 角

❶開始時如右圖(a)K和K'的三個軸相互重疊。

❷如下頁圖(b)，以z軸為轉動軸，逆時針方向（從正z軸看(x,y)面時，x'和 y'的轉動方向是逆時針）轉(x',y')平面

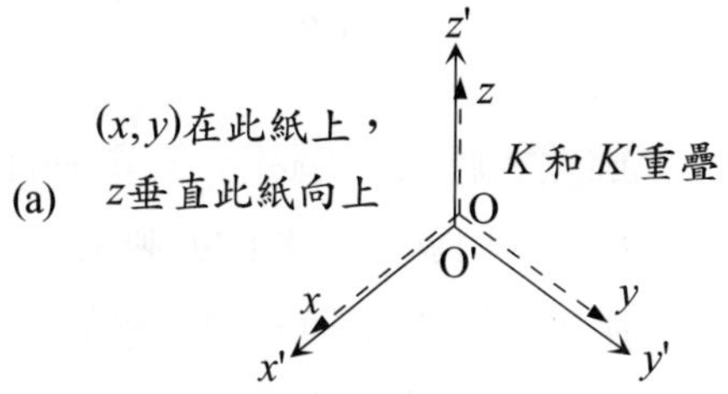

φ 角度。這種轉動必須用右手才能達成，故：「逆時針方向轉動，表示用右手」。

新座標是 (x',y',z')

(b)

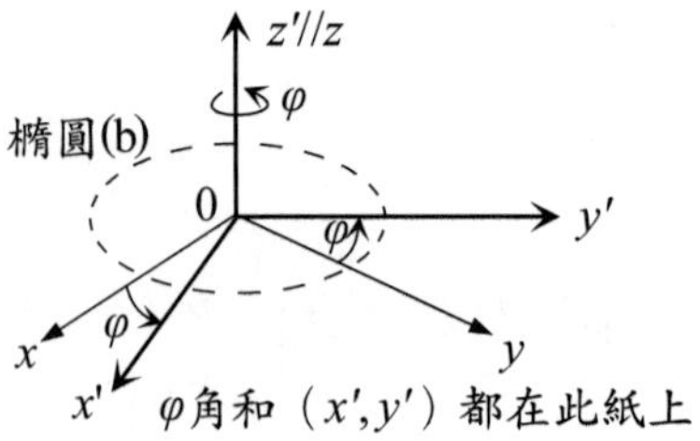

❸如右圖(c)以 y' 為轉動軸逆時針方向轉 (z',x') 平面 θ 角度，得新座標 (x'',y'',z'')。以上所得的角 θ,φ 就是球諧函數 $Y_{l,m}$ 的方向角 θ,φ：

$$\therefore Y_{l,m}=Y_{l,m}(\theta,\varphi)$$

(c)

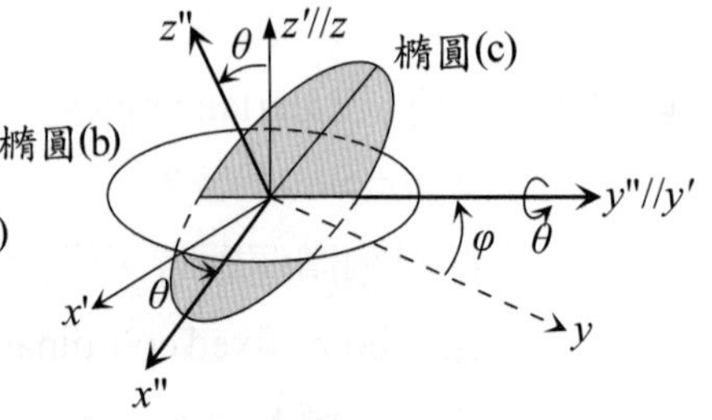

x',y',y'',φ 都在此紙上
θ 角不在紙上，x'' 從此紙斜下

❹如右圖(d)以 z'' 為轉動軸轉 (x'',y'') 構成的平面ψ角度，得新座標 (x''',y''',z''')。從圖(a)～(d)得：

$$z''' \text{軸和} z \text{軸的夾角}=\theta$$

但 y''' 軸和 y 軸以及 x''' 軸和 x 軸的夾角，各為立體變化，前者是兩階段變化：

(d)

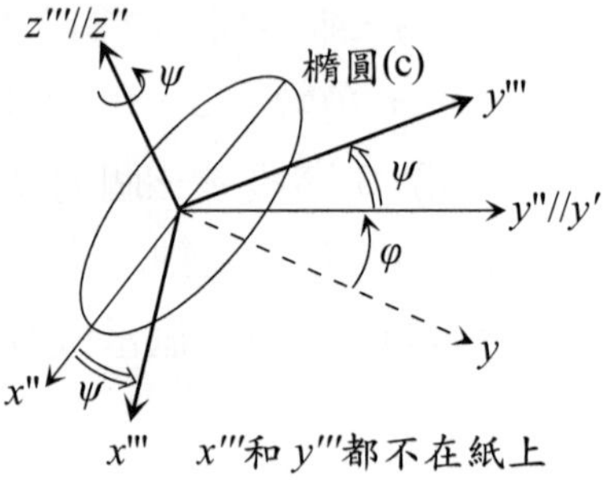

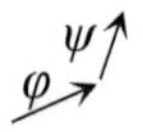

後者是三階段變化：

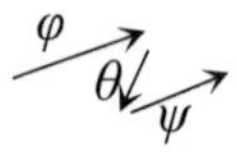

整個(a)～(d)的步驟是三階段，可簡化如右圖(e)，

(e)

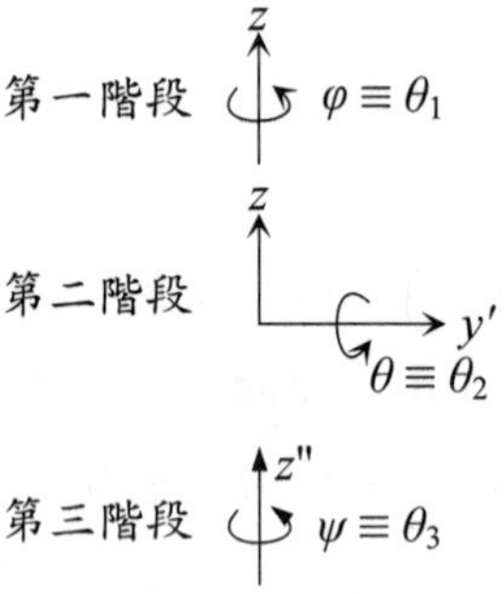

$$\begin{aligned}\therefore \text{Euler 角}&=(\varphi,\theta,\psi)\\&\equiv(\theta_1,\theta_2,\theta_3)\\&\equiv(\theta_i)\end{aligned} \qquad (1)$$

雖然對應於三個獨立變數在(1)式得了三個獨立角，僅 θ 表示 K 和 K' 之間的關係，φ 和 ψ 都是 K' 內的軸間關係而失去了和 K 的關係。接著不用圖解，直接使用轉動變換矩陣 $R_i(\theta_j)$ 來討論，R_i 的右下標表示轉動軸。這種矩陣正如註(31)的(3)式的矩陣表示：

$$\begin{pmatrix} x_i' \\ y_i' \end{pmatrix} = \begin{pmatrix} \cos\varphi & \sin\varphi \\ -\sin\varphi & \cos\varphi \end{pmatrix} \begin{pmatrix} x_i \\ y_i \end{pmatrix} \equiv R_z(\varphi) \begin{pmatrix} x_i \\ y_i \end{pmatrix} \tag{2}$$

時的$R_z(\varphi)$，於是上圖(b)、(c)和(d)各步驟的轉動變換矩陣各為$R_z(\varphi)$，$R_{y'}(\theta)$和$R_{z''}(\psi)$，所以 Euler 轉動是：

$$R(\varphi,\theta,\psi) = R_{z''}(\psi) R_{y'}(\theta) R_z(\varphi) \tag{3}$$

不過要達到圖(c)的座標位置，可先以z為軸順時針方向轉φ角，使y'軸回到原位y軸。如逆時針方向轉φ角度，則順時針便是$(-\varphi)$角度，轉動變換矩陣是$R_z(-\varphi) = R_z^{-1}(\varphi)$，故這操作是$R_z^{-1}(\varphi)$。接著以$y$為軸逆時針方向轉$\theta$角度，即$R_y(\theta)$，這時$z'$軸會轉到和$z''$軸相交$\varphi$角度的位置，然後以$z$以軸逆時針方向轉整個$K'\varphi$角度$R_z(\varphi)$，於是得：

$$R_{y'}(\theta) = R_z(\varphi) R_y(\theta) R_z^{-1}(\varphi) \tag{4}$$

同樣地要到達圖(d)的座標位置，$R_{z''}(\psi)$是：

$$R_{z''}(\psi) = R_{y'}(\theta) R_z(\psi) R_{y'}^{-1}(\theta) \tag{5}$$

把(4)和(5)式代入(3)式得：

$$\begin{aligned} R(\varphi,\theta,\psi) &= R_{y'}(\theta) R_z(\psi) R_{y'}^{-1}(\theta) R_{y'}(\theta) R_z(\varphi) \\ &= R_z(\varphi) R_y(\theta) R_z^{-1}(\varphi) R_z(\psi) R_z(\varphi) \\ &= R_z(\varphi) R_y(\theta) R_z(\psi) \end{aligned} \tag{6}$$

(6)式表示：如何獲得任意時間時的體定座標K'的三軸方向，它如右圖。(6)式的轉動變換矩陣是由空定慣性座標表示，故可以應用到內稟角動量（自旋）的量子力學問題。

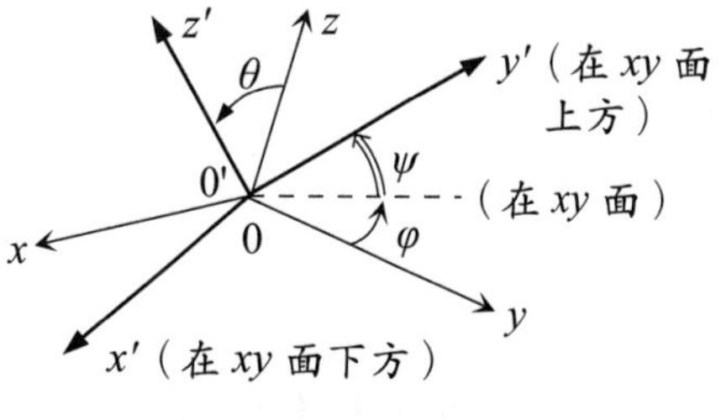

③量子力學的轉動

註(31)的(3)式表示，以z為軸逆時針方向轉φ角度，(3)式等於(4)式，其中的轉動算符是：

$$\exp\left(-\frac{i}{\hbar}\hat{L}_z\varphi\right), \qquad \hat{L}_z = \hat{\boldsymbol{L}} \cdot \boldsymbol{e}_z$$

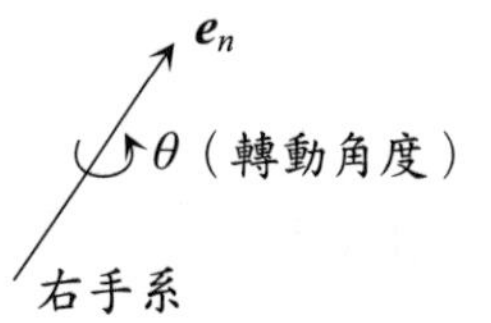

$\boldsymbol{e}_z$ = z 軸的單位向量，$\hat{\boldsymbol{L}}$ = 角動量算符。於是如上頁下圖的轉動算符是：

$$\mathscr{D}_{\boldsymbol{e}_n}(\theta) = \exp\left(-\frac{i}{\hbar}\hat{\boldsymbol{J}}\cdot\boldsymbol{e}_n\theta\right) \tag{7}$$

$\hat{\boldsymbol{J}}$ = 角動量算符，$\boldsymbol{e}_n$ = 空間任意轉動軸的單位向量。也就是

$$R_i(\theta_j) \rightarrow \mathscr{D}_{\boldsymbol{e}_i}(\theta_j) \tag{8}$$

由於 $\mathscr{D}_{\boldsymbol{e}_n}(\theta)$ 是在固定的角動量 $\hat{\boldsymbol{J}}$ 下轉動，所以不會因轉動作用而帶進不同的角動量，但轉動後座標軸（不是轉動軸，當然座標軸中的任意一軸也可做轉動軸）一般地會變方向，於是 $\hat{\boldsymbol{J}}$ 在量子化軸（quantization axis，普通取第三軸，z 軸）上的投影大小會變。設 j 和 m_j 分別是 $\hat{\boldsymbol{J}}$ 和 $\hat{J}_z$ 的量子數，即：

$$\text{期待值} <\hat{\boldsymbol{J}}\cdot\hat{\boldsymbol{J}}> = j(j+1)\hbar^2,\quad <\hat{J}_z> = m_j\hbar \tag{9}$$

則 $\mathscr{D}_{\boldsymbol{e}_n}(\theta)$ 作用在物理體系（physical system）狀態 $|j, m_j>$ 的矩陣是：

$$<j'm_{j'}|\mathscr{D}_{\boldsymbol{e}_n}(\theta)|j, m_j> = \delta_{j',j}D^j_{m_{j'},m_j}(\theta) \tag{10}$$

$D^j_{m_{j'},m_j}$ 叫 **Wigner 函數**，或 D 函數。(10)式表示狀態 $|jm_j>$ 經轉動 $\mathscr{D}_{\boldsymbol{e}_n}(\theta)$ 後變成另一狀態 $|jm_{j'}>$，於是 D 函數可看成轉動轉換矩陣（transformation matrix）。

由於物體間都有複雜的相互作用，於是一般地直線運動比曲線運動的概率小；曲線運動一進來，就免不了角動量的介入，以及轉動變換的需要。1920 年代中葉到 1930 年代末葉，量子力學誕生後，帶來科技的大躍進。要達到同一結果往往有好多條路、好多方法，例如上述的 Euler 角就有 24 種，於是角動量的合成，以及轉動矩陣的定義，有好多套。我們採用註(8)的標誌，即 Edmonds 派的標誌，任意張量（tensor）$T_{\lambda,\mu}$，在空定和體定間的變換是：

$$\begin{aligned} T_{\lambda,\mu}(\text{空定}) &= \sum_\nu D^{\lambda *}_{\mu,\nu}(\varphi,\theta,\psi)\,T_{\lambda,\nu}(\text{體定}) \\ &\equiv \sum_\nu D^{\lambda *}_{\mu,\nu}(\theta_i)\,T_{\lambda,\nu}(\text{體定}) \end{aligned} \tag{11}$$

$\theta_i \equiv (\varphi,\theta,\psi)$ = Euler 角，並且從轉動變換矩陣的正交歸一化性得：

$$\sum_\mu D^{\lambda *}_{\mu,\nu}(\theta_i)\,D^\lambda_{\mu,\nu'}(\theta_i) = \delta_{\nu,\nu'} \tag{12}$$

由(11)式、（11-234a）式的動力學量 $\alpha_{\lambda,\mu}(t)$ 的變換是：

$$\alpha_{\lambda,\mu}(\text{空定})=\sum_{v}D^{\lambda *}_{\mu,v}(\theta_i)a_{\lambda,v}(\text{體定}) \tag{13}$$

液滴振動的變化量 $\Delta R=\{R(\theta,\varphi,t)-R_0\}$是標量（scalar quantity），故無論在那一個座標，都不變化才行，所以：

$$\begin{aligned}\Delta R&=R_0\sum_{\lambda,\mu}\alpha_{\lambda,\mu}(t)\,Y_{\lambda,\mu}(\theta,\varphi)\\&=R_0\sum_{\lambda,v}a_{\lambda,v}(t)\,Y_{\lambda,v}(\theta',\varphi')\end{aligned} \tag{14}$$

$$\therefore Y_{\lambda,\mu}(\text{空定})=\sum_{v'}D^{\lambda}_{\mu,v'}(\theta_i)\,Y_{\lambda,v'}(\theta',\varphi') \tag{15}$$

因為這樣才能從⑿、⒀和⒂式得⒁式：

$$\begin{aligned}\Delta R&=R_0\sum_{\lambda,\mu}\Big(\sum_{v}D^{\lambda *}_{\mu,v}(\theta_i)\,a_{\lambda,v}(t)\Big)\Big(\sum_{v'}D^{\lambda}_{\mu,v'}(\theta_i)\,Y_{\lambda,v'}(\theta',\varphi')\Big)\\&=R_0\sum_{\lambda,v}a_{\lambda,v}(t)\,Y_{\lambda,v}(\theta',\varphi')\end{aligned}$$

$$\therefore \sum_{\lambda,\mu}\alpha_{\lambda,\mu}(t)Y_{\lambda,\mu}(\theta,\varphi)=\sum_{\lambda,v}a_{\lambda,v}(t)\,Y_{\lambda,v}(\theta',\varphi') \tag{16}$$

⒃式表示，液滴的振盪變化，無論使用那種座標都是一樣的物理事實。

☞⒇ Sheldon L. Glashow: From Alchemy to Quarks, Brooks/cole Publishing Company (1994)

☞(36)王玉麟著：輻射污染白皮書第一冊「揭發輻射污染大弊案」，松霖彩色印刷事業公司（1996）

☞(37)鄭先祐編：核四決策與輻射傷害，前衛出版社（1994）

ICRP (1990) 1990 Recommendations of the International Commission on Radiological Protection, ICRP, Pergamon Press.

鄭振華主編：保健物理手冊，行政院原子能委員會印行（1974）

☞(38)Robert Benjamin Leighton: Principles of Modern Physics, McGraw-Hill (1959) P778, Ernst Bleuler & George J. Galdsmith: Experimental Nucleonics, Rinehart & Company (1952) P5～6, P105～106.

☞(39)王玉麟著：輻射污染白皮書第二冊「揪出無形大殺手」，松霖彩色印刷事業公司(1996)

☞(40) Emilio Segrè: Nuclei and Particles , W. A. Benjamin, 2nd ed. (1977)

☞(41)推導低能量實驗用的反應 Q 值

本文（11-301a）式是基態反應閾能（threshold energy）的 Q 值，但實驗必須有粒子進來才行，並且在實驗室做，故使用實驗室座標，如下頁右圖入射粒子 a 的動能

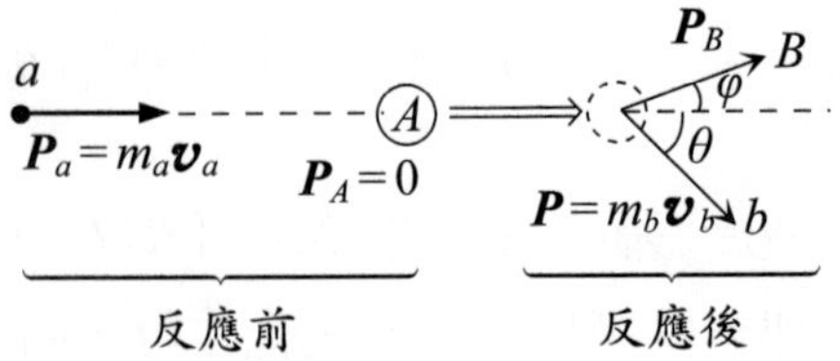

$K_a = \dfrac{\boldsymbol{P}_a^2}{2m_a}$，靶核$A$靜止。反應後的出射粒子$b$和反衝核$B$的動能各為$K_b = \dfrac{\boldsymbol{P}_b}{2m_b}$和$K_B = \dfrac{\boldsymbol{P}_B^2}{2m_B}$，$\boldsymbol{P}_{a,A,b,B}$為各粒子動量。在低能量域各動能都遠小於各粒子的靜止質量m_a, m_b和 m_B：

$$\left.\begin{array}{l}\dfrac{K_a}{m_a c^2} \ll 1 \\[2ex] \dfrac{K_b}{m_b c^2} \ll 1 \\[2ex] \dfrac{K_B}{m_B c^2} \ll 1\end{array}\right\} \longrightarrow \begin{cases} K_a \fallingdotseq \dfrac{1}{2} m_a v_a^2 \\[2ex] K_b \fallingdotseq \dfrac{1}{2} m_b v_b^2 \\[2ex] K_B \fallingdotseq \dfrac{1}{2} m_B v_B^2 \end{cases}$$

由動量守恆得：

$$\begin{cases} P_a = P_b \cos\theta + P_B \cos\varphi \\ P_b \sin\theta = P_B \sin\varphi \end{cases}$$

$$\begin{cases} (P_a - P_b\cos\theta)^2 = P_B^2\cos^2\varphi \\ P_b^2\sin^2\theta = P_B^2\sin^2\varphi \end{cases} \tag{1}$$

$$\therefore\ P_a^2 + P_b^2 - 2P_a P_b \cos\theta = P_B^2$$

從（11-301a）式的Q值定義得：

$$Q = (K_b + K_B) - (K_a + K_A) = \frac{\boldsymbol{P}_B^2}{2m_B} + \frac{\boldsymbol{P}_b^2}{2m_b} - \frac{\boldsymbol{P}_a^2}{2m_a} \tag{2}$$

$\boldsymbol{P}^2 = \boldsymbol{P} \cdot \boldsymbol{P}$。反衝核的動量$\boldsymbol{P}_B$是無法測量的，於是必須利用(1)和(2)式消除$\boldsymbol{P}_B^2$：

$$\begin{aligned} \therefore Q &= \frac{\boldsymbol{P}_a^2 + \boldsymbol{P}_b^2 - 2P_a P_b\cos\theta}{2m_B} + \frac{\boldsymbol{P}_b^2}{2m_b} - \frac{\boldsymbol{P}_a^2}{2m_a} \\ &= K_b\left(1 + \frac{m_b}{m_B}\right) - K_a\left(1 - \frac{m_a}{m_B}\right) - \frac{m_a m_b}{m_B} v_a v_b \cos\theta \end{aligned}$$

$$K_a K_b = \frac{m_a m_b}{4} v_a^2 v_b^2$$

$$\therefore\ v_a v_b = \sqrt{\frac{4}{m_a m_b} K_a K_b}$$

$$\therefore Q = K_b\left(1 + \frac{m_b}{m_B}\right) - K_a\left(1 - \frac{m_a}{m_B}\right) - \frac{2}{m_B}\sqrt{m_a m_b K_a K_b}\cos\theta$$

☞(42)推導實驗室座標系和質心座標系間的轉換式：本文（11-306c）式以及角微分截面關係式。設m_1, m_2, m_3, m_4為重組反應$A(a, b)B$的靜止質量：

$$
\begin{array}{ccccccc} a & + & A & \rightarrow & b & + & B \\ m_1 & & m_2 & & m_3 & & m_4 \end{array}
$$

這時的實驗室及質心座標關係圖，從本文圖（11-97）得如下面(a)圖是實驗室系，0_L 和 $0_L'$ 分別為其初態和終態質心，θ_L = 散射角，$\boldsymbol{v}$ = 質心 0_L 的速度。下面(b)圖為質心系，而下面(c)圖是終態實驗室系和質心系的關係。出射粒子 b、靜止質量 m_3 的位置無論使用那個座標系都不受影響，於是由下面(c)圖得：

$$v_{3c}\sin\theta_c = v_{3L}\sin\theta_L \tag{1}$$

$$v_{3c}\cos\theta_c + v = v_{3L}\cos\theta_L \tag{2}$$

$$\varphi_c = \varphi_L \tag{3}$$

由能量守恆得：$\frac{m_3}{2}v_{3c}^2 + \frac{m_4}{2}v_{4c}^2 = K_c + Q$ (4)

質心系動量　：$m_3 v_{3c} = m_4 v_{4c}$ (5)

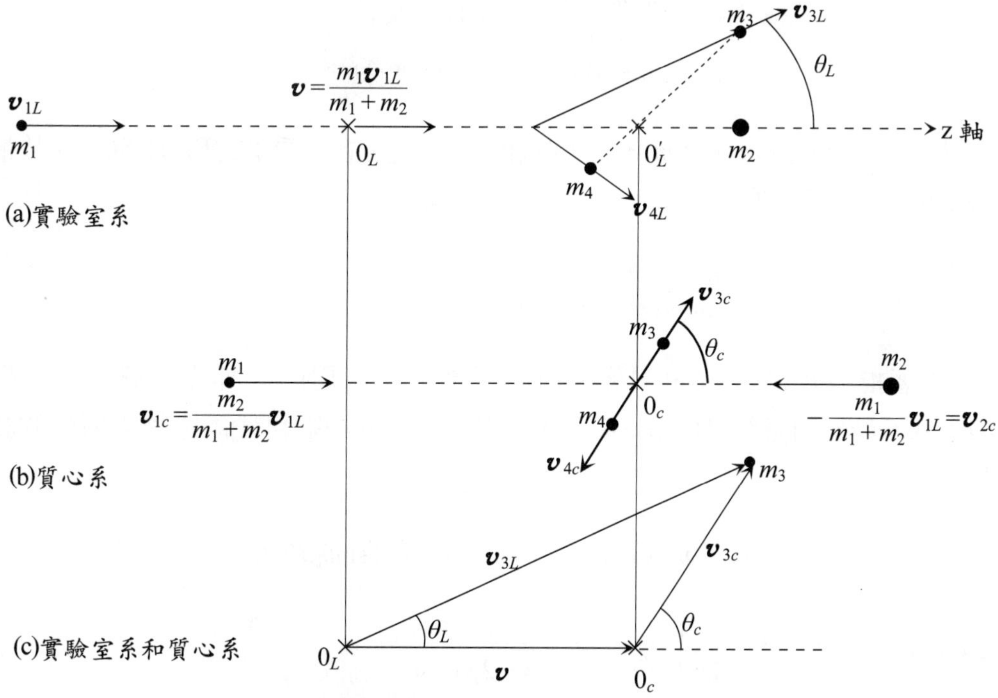

由(1)/(2)得：

$$\tan\theta_L = \frac{\sin\theta_c}{v/v_{3c} + \cos\theta_c} \equiv \frac{\sin\theta_c}{\gamma + \cos\theta_c}, \quad \gamma \equiv \frac{v}{v_{3c}} \tag{6}$$

由(4)和(5)式消去v_{4c}得：

$$\frac{m_3}{2}v_{3c}^2+\frac{m_3^2}{2m_4}v_{3c}^2=K_c+Q$$
$$\therefore v_{3c}=\sqrt{\frac{2m_4(K_c+Q)}{m_3(m_3+m_4)}}=\sqrt{\frac{2m_4(K_c+Q)}{m_3(m_1+m_2)}} \tag{7}$$

在上式用了$(m_1+m_2)=(m_3+m_4)$，另一面由本文（11-304b）式和（11-305a）式得：

$$K_c=\frac{m_2}{m_1+m_2}\frac{m_1}{2}v_{1L}^2，\quad v=\frac{m_1}{m_1+m_2}v_{1L}$$
$$\therefore K_c=\frac{1}{2}\frac{m_2}{m_1}(m_1+m_2)v^2$$
$$\therefore v=\sqrt{\frac{2m_1K_c}{m_2(m_1+m_2)}} \tag{8}$$

所以由(6)、(7)和(8)式得：

$$\gamma=\frac{v}{v_{3c}}=\sqrt{\frac{m_1m_3}{m_2m_4}\frac{K_c}{K_c+Q}}=\text{（11-306c)式} \tag{9}$$
$$=\text{用了}\{(m_1+m_2)=(m_3+m_4)\}\text{關係的結果}$$

但在核反應時$(m_1+m_2)=(m_3+m_4)$的關係不一定成立（看本文Ex.11-56），故最好用v_{3c}值，則得正確的$\gamma_{正}$：

$$\gamma_{正}=\sqrt{\frac{m_1m_3}{m_2m_4}\frac{m_3+m_4}{m_1+m_2}\frac{K_c}{K_c+Q}}\equiv\gamma_0 \tag{10}$$

接著推導角微分截面關係。物理事實是和使用的座標系無關，在立體角$d\Omega\equiv\sin\theta d\theta d\varphi$內獲得$A(a,b)B$反應的出射粒子$b$的數目，兩座標系所得的該相同：

$$\sigma_L(\theta_L，\varphi_L)\sin\theta_L d\theta_L d\varphi_L=\sigma_c(\theta_c，\varphi_c)\sin\theta_c d\theta_c d\varphi_c \tag{11}$$

從(6)式得：$\cos\theta_L=\pm\dfrac{1}{\sqrt{1+\tan^2\theta_L}}=\pm\dfrac{\gamma_0+\cos\theta_c}{\sqrt{1+2\gamma_0\cos\theta_c+\gamma_0^2}}$

取正號，微分上式兩邊得

$$-\sin\theta_L\,d\theta_L=\frac{-\sqrt{1+2\gamma_0\cos\theta_c+\gamma_0^2}\sin\theta_c d\theta_c+(\gamma_0+\cos\theta_c)\gamma_0\sin\theta_c\,d\theta_c/\sqrt{1+2\gamma_0\cos\theta_c+\gamma_0^2}}{1+2\gamma_0\cos\theta_c+\gamma_0^2}$$
$$\therefore\sin\theta_L\,d\theta_L=\frac{1+\gamma_0\cos\theta_c}{(1+2\gamma_0\cos\theta_c+\gamma_0^2)^{3/2}}\sin\theta_c\,d\theta_c，\quad d\varphi_L=d\varphi_c$$

代入⑾式得：

$$\sigma_L(\theta_L,\varphi_L)=\frac{(1+2\gamma_0\cos\theta_c+\gamma_0^2)^{3/2}}{|1+\gamma_0\cos\theta_c|}\sigma_c(\theta_c,\varphi_c) \tag{12}$$

$(1+\gamma_0\cos\theta_c)\gtrless 0$的可能性，而截面必須為正實數，故才使用絕對值$|1+\gamma_0\cos\theta_c|$。從上圖(c)很容易看出來：$\theta_c=0\sim\pi$但$\theta_L=0\sim(\theta_L)_{\max}$，$(\theta_L)_{\max}\leq\pi$，所以求總截面時要特別小心，即質心系時$(\sigma_c)_{total}=\int_0^{\pi}d\theta_c\int_0^{2\pi}d\varphi_c\,\sigma_c(\theta_c,\varphi_c)\sin\theta_c$是可以，但一般地：$(\sigma_L)_{total}=\int_0^{(\theta_L)_{\max}}d\theta_L\int_0^{2\pi}d\varphi_L\,\sigma_L(\theta_L,\varphi_L)\sin\theta_L$。

☞⒀推導平面波的分波展開式

自由粒子在空間任意點的概率都相等，以量子力學的波函數$\boldsymbol{\phi}(\boldsymbol{r},t)$表示的話（看第十章的（10-66b）或（10-67e）式）如下式：

$$\boldsymbol{\phi}(\boldsymbol{r},t)=Ne^{i(\boldsymbol{k}\cdot\boldsymbol{r}-\omega t)} \tag{1}$$

N=正交歸一化常量。取座標軸（x,y,z）的第三軸z軸平行於$\boldsymbol{k}$，則(1)式的空間部是：

$$e^{i\boldsymbol{k}\cdot\boldsymbol{r}}=e^{ikr\cos\theta}=e^{ikz}$$

$k\equiv|\boldsymbol{k}|$，$r\equiv|\boldsymbol{r}|$，且各量如右圖。如粒子間的相互作用是局限在某空間Γ內，則遠離Γ的粒子運動函數便是(1)式的平面波。現用分波法（partial wave analysis）把r和方位角θ分開，從無相互作用的 Schrödinger 方程式：

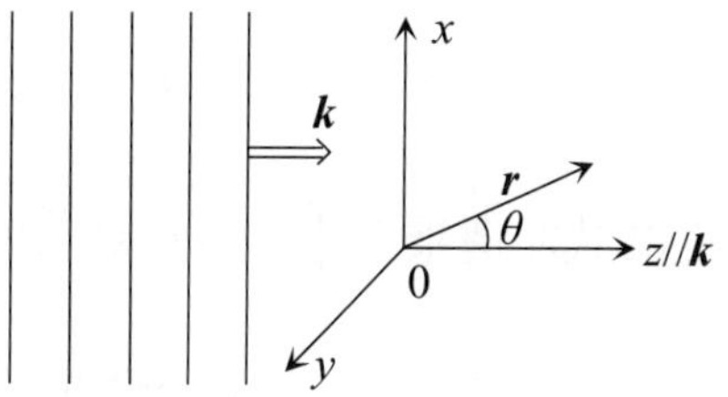

平面波

$$-\frac{\hbar^2}{2m}\nabla^2\psi(\boldsymbol{r})=E\psi(\boldsymbol{r}),\quad \psi(\boldsymbol{r})=R_{nl}(r)Y_{lm}(\theta,\varphi)$$

得徑向r部分：

$$\frac{1}{r^2}\frac{d}{dr}(r^2\frac{dR}{dr})+[\frac{2m}{\hbar^2}E-\frac{l(l+1)}{r^2}]R(r)=0,\quad R(r)\equiv R_{nl}(r) \tag{2}$$

設$\rho\equiv\sqrt{2mE/\hbar^2}\,r\equiv kr$，則(2)式變成：

$$\frac{d^2R}{d\rho^2}+\frac{2}{\rho}\frac{dR}{d\rho}+[1-\frac{l(l+1)}{\rho^2}]R(\rho)=0 \tag{3}$$

(3)式的$R(\rho)$和 Bessel 函數（看註(44)）$J_n(\xi)$的微分方程，可約化成相同：

$$J_n''+\frac{1}{\xi}J_n'+(1-\frac{n^2}{\xi^2})J_n(\xi)=0 \tag{4}$$

當 $R(\rho)\equiv\sqrt{\frac{\pi}{2\rho}}J_{l+1/2}(\rho)\equiv j_l(\rho)$，因為把此關係代入(3)式得：

$$\sqrt{\frac{\pi}{2\rho}}\left\{\frac{d^2J_{l+1/2}}{d\rho^2}+\frac{1}{\rho}\frac{dJ_{l+1/2}}{d\rho}+[1-\frac{(l+1/2)^2}{\rho^2}]J_{l+1/2}(\rho)\right\}=0 \tag{5}$$

$$\therefore R(r)\to R(\rho)=R(kr)=j_l(kr) \tag{6}$$

$e^{ikr\cos\theta}$和方位角φ無關，$\psi(\boldsymbol{r})=R_{nl}(r)Y_{lm}(\theta,\varphi)$解中和$\varphi$無關的是量子數$m=0$，即 $Y_{l,0}$ 而 $Y_{l,0}$ 可用 Legendre 函數$P_l(\cos\theta)$表示（看註(44)）：

$$Y_{l,0}(\theta,\varphi=0)=\sqrt{\frac{2l+1}{4\pi}}P_l(\cos\theta) \tag{7}$$

$P_l(\cos\theta)\equiv P_l(\zeta)$不是正交歸一化函數，有如下性質：

$$\int_{\zeta=-1}^{\zeta=1}P_l(\zeta)P_{l'}(\zeta)d\zeta=\frac{2}{2l+1}\delta_{ll'} \tag{8}$$

$$P_0(\zeta)=1,\quad P_l(1)=1,\quad P_l(-1)=(-)^l \tag{9}$$

所以自由粒子的波函數 $\psi(\boldsymbol{r})\equiv\sum_{l=0}^{\infty}a_l\,j_l(kr)P_l(\cos\theta)$ (10)

$$\therefore e^{ikr\cos\theta}=\sum_{l=0}^{\infty}a_l\,j_l(kr)P_l(\cos\theta) \tag{11}$$

從(11)式左邊乘上 $\int_{-1}^{1}P_{l'}(\cos\theta)d(\cos\theta)$ 得：

$$\begin{aligned}
\int_{-1}^{1}P_{l'}(\cos\theta)e^{ikr\cos\theta}d(\cos\theta)&=\sum_{l=0}^{\infty}a_l\,j_{l'}(kr)\int_{-1}^{1}P_{l'}(\cos\theta)P_l(\cos\theta)d(\cos\theta)\\
&=a_{l'}\,j_{l'}(kr)\frac{2}{2l'+1}\\
=\left[\frac{1}{ikr}e^{ikr\cos\theta}P_{l'}(\cos\theta)\right]_{\pi}^{0}&-\int_{-1}^{1}\frac{e^{ikr\cos\theta}}{ikr}\frac{dP_{l'}(\cos\theta)}{d(\cos\theta)}d(\cos\theta)\\
=\left[\frac{e^{ikr\cos\theta}}{ikr}P_{l'}(\cos\theta)\right]_{\pi}^{0}&-\left[\frac{e^{ikr\cos\theta}}{(ikr)^2}\frac{dP_{l'}}{d(\cos\theta)}\right]_{\pi}^{0}+\int_{-1}^{1}\frac{e^{ikr\cos\theta}}{(ikr)^2}\frac{d^2P_{l'}(\cos\theta)}{d(\cos\theta)^2}d(\cos\theta)\\
\xrightarrow[(r\to\infty)]{}&\left[\frac{e^{ikr\cos\theta}}{ikr}p_{l'}(\cos\theta)\right]_{\pi}^{0}\\
=\frac{1}{ikr}[e^{ikr}-(-)^{l'}e^{-ikr}]&\leftarrow\text{用了(9)式}\\
=\frac{1}{ikr}[e^{ikr}-e^{il'\pi}e^{-ikr}]&\\
=\frac{e^{il'\pi/2}}{ikr}\left[e^{i(kr-\frac{l'}{2}\pi)}-e^{-i(kr-\frac{l'}{2}\pi)}\right]&\\
=\frac{i^{l'}}{ikr}\times2i\sin(kr-\frac{l'}{2}\pi)&\leftarrow\text{用了 }e^{il'\pi/2}=i^{l'}
\end{aligned} \tag{12}$$

$$\therefore 2i^{l'}\frac{\sin(kr-\frac{l'}{2}\pi)}{kr}=\left(a_{l'}j_{l'}(kr)\frac{2}{2l'+1}\right)_{r\to\infty} \leftarrow \text{配合(12)式}$$

$$=a_{l'}\frac{\sin(kr-\frac{l'}{2}\pi)}{kr}\frac{2}{2l'+1}$$

$$\therefore a_{l'}=(2l'+1)i^{l'} \tag{13}$$

$$\therefore e^{ikr\cos\theta}=\sum_{l=0}^{\infty}i^{l}(2l'+1)j_{l}(kr)P_{l}(\cos\theta) \tag{14}$$

☞(44) George Arfkan, Mathematical Methods for Physicists, Academic Press 3rd ed. (1985)

☞(45) W. D. Myers and W. J. Swiatecki, Nucl. Phys. **81** (1966)1

J. R. Nix, Nucl. Phys. **A130** (1969), 241

☞(46) S.Frankel and N. Metropolis, Phys. Rev. **72** (1947) 914 和裡面有關文獻

☞(47) V. M. Strutinsky, Nucl. Phys. **A95** (1967) 420

Nucl. Phys. **A122** (1968) 1 和裡面有關文獻

☞(48)當溫度昇高物質都會變成氣體，氣體後再繼續昇高溫度，則氣體分子或原子的動能增大，帶來粒子的激烈相互碰撞，結果是原子的電子被撞出來，整個原來電中性的氣體變成正離子和電子。這時正離子的總電荷等於電子的總電荷數，構成等離子狀況。由於溫度很高，大動能的電子和正離子亂撞，加上庫侖斥力和引力的複雜作用，整個系統呈現和普通氣體不同的運動。1928 年 Langmuir（Irving Langmuir 1881 年 1/31～1957 年 8/16 美國物理化學家，提出原子的電子八偶說的學者之一）發現：「高溫容器內的正負電荷等量的氣體運動，現出高頻率的縱振動（疏密振動，longitudinal oscillation）」，而稱它為 **plasma 振動**，同時稱：「正負電荷等量，整個系統是電中性的電離氣體狀態」為**物質的第四狀態**（固、液、氣態之外的態）。普通看得到的是，例如真空放電，但地球外的天空，恆星是屬於第四態。所以大陸把「plasma」譯成「等離子體」是從物理內容取譯名。海峽兩岸的物理名詞，各有長短，不過在目前（1999 年）個人覺得大陸略優者較多，大陸較從物理內容翻譯取名，且精簡一目瞭然者多，而臺灣較傾向於音譯或從現象取名，例如：

原名	臺灣	大陸
laser	雷射	激光
fission	分裂	裂變
fusion	融合（來自日文）	聚變
plasma	電漿	等離子體

☞(49)群，變換，么正和狹義么正變換，轉動變換

(A)群（**group**）→此處的「群」，嚴格地稱作乘群法（multiplicative group）

有一群數或量的集合 G，如 G 中的任意兩單元 a,b 能造其他任意單元 q：

$$ab=q \tag{1}$$

則稱 G 滿足合成（積）的定義。這時如 G 的單元又滿足：

$$\left.\begin{array}{ll}(1)\text{結合律 (associative law)：} & (ab)c=a(bc)\\ (2)\text{存在單位元 } e\text{：} & ae=ea=a\\ (3)\text{存在逆單元或逆元：} & dd^{-1}=d^{-1}d=e\end{array}\right\} \tag{2}$$

d^{-1} 為 d 的逆元，則稱這群數或量形成群。凡有(1)和(2)式性質的集合都叫**群**。在物理學常遇到的群是變換群（transformation group，看下面(Ex. 2)～(Ex. 4)），它往往和物理系統的對稱性有關，而對稱對性會帶來守恆量。群又分成**可對易群**（commutative group 或 abelian group）和**不可對易群**（non-commutative 或 non-abelian group），前者是結果和群元的演算順序（看下面(Ex. 2)）無關，而後者是結果和演算順序有關，如 a 和 b 為兩個單元，則 $ab\neq ba$（看下面(Ex. 4)）。

(B)**變換**（**transformation**）

什麼叫變換呢？有兩個集合 $X(x_1, x_2, \cdots\cdots)$ 和 $Y(y_1, y_2, \cdots\cdots)$，兩者間依某規則 X 的各單元 x_i 有它對應的 Y 內單元 y_i 時，稱為 **X 變換到 Y**，往往（$x_1, x_2, \cdots\cdots$）和（$y_1, y_2, \cdots\cdots$）有如圖一的一對一的關係（one-to-one correspondence）。在物理學，往往是探討物理理論或運動方程式，對座標或物理量的時空間變換是否不變，於是常常可以表示任意物理量 Q，變換後的 Q' 是：

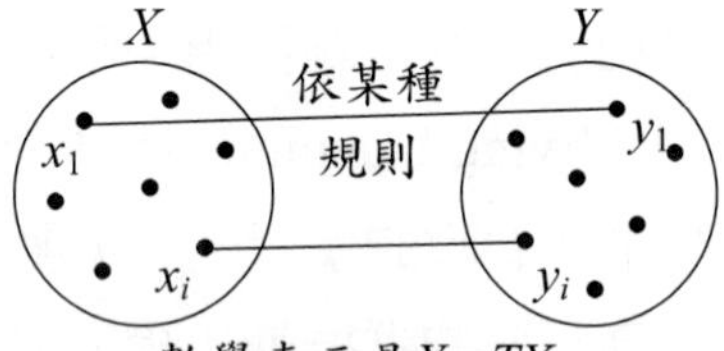

數學表示是 $Y=TX$
T= 變換函數
圖一

$$Q\rightarrow Q'=e^{i\phi}Q \tag{3}$$
$$\phi=\text{無因次量}$$

例如註 24 的(8)式。至於群的例子，Maxwell 方程組對 Lorentz 變換不變（看附錄(G)），而 Lorentz 變換構成群，稱作 Lorentz 群。另一面，變換操作常和物理系統內涵的對稱性有關，而對稱性會帶來守恆量。轉換就是經過一種操作，操作在量子

力學是用算符表示，例如物理系統的狀態 $\psi(\boldsymbol{x},t)$ 對空間反演（space inversion）不變，如右圖左右手系互換：

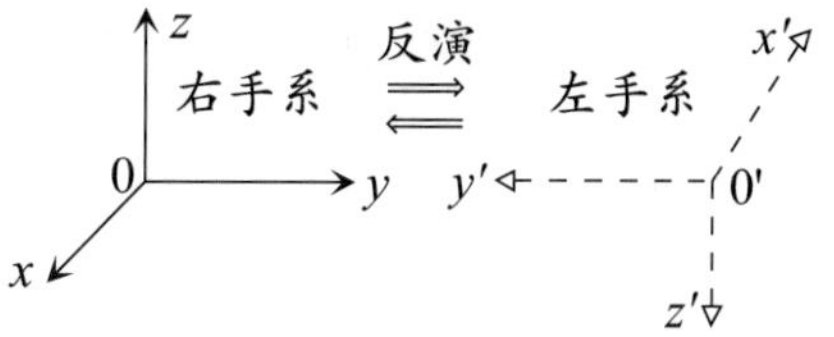

$$\begin{aligned}\psi(\boldsymbol{x},t)\rightarrow\psi'&=\hat{P}\psi(\boldsymbol{x},t)\\&=\psi(-\boldsymbol{x},t)\\&=\psi(\boldsymbol{x},t)\end{aligned}$$

$\hat{P}$＝空間反演算符，則稱此物理系統的宇稱守恆（parity conserved），表示此物理系統對左右手系對稱。

(C)么正變換（unitary transformation，以量子力學為例）

處理物理題目時常遇到概率 $\int\psi^*(\boldsymbol{x},t)\psi(\boldsymbol{x},t)d\tau\equiv<\psi|\psi>$ 不變現象，設狀態函數 ψ 所屬的 Hilbert 空間為 $\mathcal{H}$，把 ψ 轉換到另一 Hilbert 空間 $\mathcal{H}'$ 而概率不變：

$$\psi(\boldsymbol{x},t)\longrightarrow\psi'(\boldsymbol{x},t)=\hat{U}\psi(\boldsymbol{x},t)$$

概率不變：　$\langle\psi'|\psi'\rangle=\langle\hat{U}\psi|\hat{U}\psi\rangle=\langle\psi|\hat{U}^+\hat{U}\psi\rangle=\langle\psi|\psi\rangle$

或者是：　$\langle\psi'|\psi'\rangle=\langle\hat{U}\psi|\hat{U}\psi\rangle=\langle\hat{U}\hat{U}^+\psi|\psi\rangle=\langle\psi|\psi\rangle$

$$\left.\begin{aligned}&\therefore\ \hat{U}^+\hat{U}=\hat{U}\hat{U}^+=\mathbb{1}\\&\text{或 }\hat{U}^+=\hat{U}^{-1}\end{aligned}\right\}\tag{4}$$

滿足(4)式的變換函數 $\hat{U}$ 的變換叫作么正變換（么＝麼的簡體字），而 $\hat{U}$ 叫么正算符（unitary operator），$\hat{U}^+$ 是 $\hat{U}$ 的 Hermitian 共軛算符，如 $\hat{U}$ 構成群，則稱為么正群（unitary group）。如 $\mathcal{H}$ 由 n 個基右向量（base kets）所構成，則狀態右向量（state ket）$|\psi>$，一般地有 n 個成分，於是 $\hat{U}$ 是 $n\times n$ 的矩陣，而表示成：

$$\hat{U}(n)\tag{5}$$

【Ex. 1】設 $\{|\boldsymbol{e}_i>\}$，$i=1,2,3,\cdots\cdots,n$ 為撐展 $\mathcal{H}$ 的正交歸一化基右向量，如右圖。如 $\{|\boldsymbol{e}_j'>\}$，$j=1,2,\cdots\cdots,n$ 為 $\mathcal{H}'$ 的正交歸一化基右向量，則得：

$$|\boldsymbol{e}_j'>=\sum_{i=1}^{n}u_{ji}|\boldsymbol{e}_i>\tag{6}$$

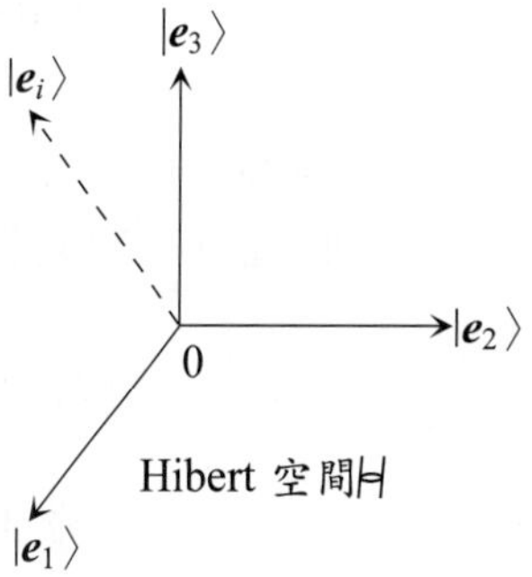

Hibert 空間 $\mathcal{H}$

這 u_{ji} 就是 $\hat{U}(n)$ 的矩陣元（element），它有 $n\times n$ 個元，即：

$$\begin{pmatrix} u_{11} & u_{12} & \cdots\cdots & u_{1n} \\ u_{21} & u_{22} & \cdots\cdots & u_{2n} \\ \cdots\cdots & \cdots\cdots & \cdots\cdots & \cdots\cdots \\ u_{n1} & u_{n2} & \cdots\cdots & u_{nn} \end{pmatrix} \tag{7}$$

故從(4)式得：

$$\sum_i u_{ik}^* u_{il} = \delta_{kl} \tag{8}$$

(D)**狹義么正變換（special unitary transformation，以量子力學為例）**

狹義麼正變換又叫特殊么正變換，仿相對論的「special relativity」譯成「狹義相對論」，故我們採用前者名稱。它是把 $\hat{U}(n)$ 的矩陣(7)式加上其行列式值等於 1 的條件，即約束（constraint）的麼正變換：

$$行列式\begin{vmatrix} u_{11} & u_{12} & \cdots\cdots & u_{1n} \\ u_{21} & u_{22} & \cdots\cdots & u_{2n} \\ \cdots\cdots & \cdots\cdots & \cdots\cdots & \cdots\cdots \\ u_{n1} & u_{n2} & \cdots\cdots & u_{nn} \end{vmatrix} = \det|u_{ij}| = 1 \tag{9}$$

顯然比 $\hat{U}(n)$ 狹義，通常取英文名的頭一個字，寫成 $SU(n)$，於是 $SU(n)$ 變換矩陣元有 $(n\times n-1)$ 個的成分，看下面(Ex.5)。$\hat{U}$ 的指數函數表示是 $\hat{U}=\exp(i\hat{S})$，$\hat{S}$ 是 Hermitian 算符，i 是從么正性來的（請參考本文表 11-44）。

【Ex. 2】位移變換

從第十章後註(16)得位移變換算符：

$$\hat{\mathfrak{I}}(d\boldsymbol{x}) = e^{-\frac{i}{\hbar}\hat{\boldsymbol{P}}\cdot d\boldsymbol{x}} \tag{10}$$

它構成群，並且 $[\hat{\mathfrak{I}}(d\boldsymbol{x}), \hat{\mathfrak{I}}(d\boldsymbol{y})]=0$，於是其生成（generator）算符 $\hat{\boldsymbol{P}}$、動量是可對易物理量：

$$[\hat{P}_x, \hat{P}_y]=0，\quad 或 [\hat{P}_i, \hat{P}_j]=0 \tag{11}$$

$i,j=x,y,z$ 或 $1,2,3$。同時：

$$\hat{\mathfrak{I}}^{+}(d\boldsymbol{x})\hat{\mathfrak{I}}(d\boldsymbol{x})=\mathrm{e}^{\frac{i}{\hbar}\hat{\boldsymbol{P}}^{+}\cdot d\boldsymbol{x}}\mathrm{e}^{-\frac{i}{\hbar}\hat{\boldsymbol{P}}\cdot d\boldsymbol{x}}=\mathrm{e}^{\frac{i}{\hbar}\hat{\boldsymbol{P}}\cdot d\boldsymbol{x}}\mathrm{e}^{-\frac{i}{\hbar}\hat{\boldsymbol{P}}\cdot d\boldsymbol{x}}$$
$$=\mathrm{e}^{\frac{i}{\hbar}\hat{\boldsymbol{P}}\cdot d\boldsymbol{x}-\frac{i}{\hbar}\hat{\boldsymbol{P}}\cdot d\boldsymbol{x}}=\mathrm{e}^{0}=1$$

同樣可證$\hat{\mathfrak{I}}(d\boldsymbol{x})\hat{\mathfrak{I}}^{+}(d\boldsymbol{x})=1$，所以$\hat{\mathfrak{I}}$變換是可對易的么正變換（abelian unitary transformation），而$\hat{\mathfrak{I}}$構成的是 abelian 群。

【Ex. 3】電磁學的規範變換（gauge transformation）

在前面的註(24)介紹過它，註(24)的(2)和(8)式合起來的變換叫規範變換，由於規範函數$\Lambda(\boldsymbol{x},t)$是局部(local)函數，於是該說為「**局部規範變換**」。凡是理論經局部規範變不變的，都叫**規範理論**（gauge theory）。那麼為什麼叫「規範」呢？首次使用「Gauge（規範）」名詞的是 Weyl（Hermann Weyl 1885 年 11/9～1955 年 12/8 德國數學家），他是研究規範理論以及大統一理論（grand unified theory 簡稱 GUT）的開祖。gauge 是度規之意，例如量長度用尺、公分等。他的想法是：「無法使用同一度規來測全空間各位置的電荷，**空間各點必使用各點的度規**」，表示度規跟著空間位置變，而稱描述度規變化的空間為**規範場**（gauge field），也就是註(24)(1)式的$\boldsymbol{\phi}(\boldsymbol{x},t)$和$\boldsymbol{A}(\boldsymbol{x},t)$合起來的$A^{\mu}(\boldsymbol{x},t)$場：

$$A^{\mu}(\boldsymbol{x},t)\equiv\left(\frac{1}{c}\boldsymbol{\phi}(\boldsymbol{x},t),\boldsymbol{A}(\boldsymbol{x},t)\right) \tag{12}$$

$A^{\mu}(\boldsymbol{x},t)$所存在的空間是電磁學的規範場，(12)式使用了 Bjorken-Drell 標誌（notation，看附錄(I)）。電場$\boldsymbol{E}(\boldsymbol{x},t)$和磁場$\boldsymbol{B}(\boldsymbol{x},t)$由$A^{\mu}(\boldsymbol{x},t)$，而$A^{\mu}(\boldsymbol{x},t)$和電子場$\psi(\boldsymbol{x},t)$的變換都由規範函數$\Lambda(\boldsymbol{x},t)$來表示。換句話，整個電子和電磁場的相互作用系統的變換操作，**僅由一個實函數$\Lambda(\boldsymbol{x},t)$**來執行，並且變換又是么正變換。如把電子場的變換寫成：

$$\psi(\boldsymbol{x},t)\longrightarrow\psi'(\boldsymbol{x},t)=\mathrm{e}^{\frac{iq}{\hbar}\Lambda(\boldsymbol{x},t)}\psi(\boldsymbol{x},t)\equiv\hat{U}\psi(\boldsymbol{x},t) \tag{13}$$

則顯然$\hat{U}^{+}\hat{U}=\mathrm{e}^{-iq\Lambda^{*}(\boldsymbol{x},t)/\hbar}\mathrm{e}^{iq\Lambda(\boldsymbol{x},t)/\hbar}=\mathrm{e}^{-iq\Lambda(\boldsymbol{x},t)/\hbar+iq\Lambda(\boldsymbol{x},t)/\hbar}=\mathrm{e}^{0}=1$

同樣可得$\hat{U}\hat{U}^{+}=1$，所以(13)式是么正變換，而$\hat{U}$的成分只有$\Lambda(\boldsymbol{x},t)$一個，即$\hat{U}(1)$。同時由於$\Lambda(\boldsymbol{x},t)$是可對易函數$[\Lambda(\boldsymbol{x},t),\Lambda(\boldsymbol{x}',t)]=0$，故**電磁學理論是可對易或 abelian 規範場理論**。

(E)轉動運動，轉動變換，角動量（參考附錄(J)）

(1)轉動運動和轉動變換

點狀物體繞定點或定軸做同方向的週期或非週期的曲線運動叫轉動運動，如果是聯（連）心力（central force）引起的轉動，則物體的運動面是固定的平面，角動量$\boldsymbol{L}=\boldsymbol{r}\times\boldsymbol{P}$守恆，並且面積速度 = 常量（看附錄(F)），$\boldsymbol{r}$=定點或定軸到質量$m$的物體的徑向量，$\boldsymbol{P}=m\dot{\boldsymbol{r}}=m\boldsymbol{v}$是該物體的動量，這時如該連心力為平方反比（inverse square）力，則該物體的軌道是圓錐曲線。當物體有大小時，則有物體質心的軌道角動量$\boldsymbol{L}_o$，和各成員對質心的轉動運動角動量$\boldsymbol{L}_{\text{spin}}$（看註(32)），故總角動量$\boldsymbol{L}$是：

$$\boldsymbol{L}=\boldsymbol{L}_o+\boldsymbol{L}_{\text{spin}} \tag{14}$$

(14)式的$\boldsymbol{L}_{\text{spin}}$就是物體的內稟角動量（intrinsic angular momentum）。從此角度思考，粒子有內稟角動量，俗稱自旋（spin），暗示粒子不是如數學所說的點（point），而粒子有某程度的佔有空間，讓我們稱它為「點狀粒子」（point-like或structureless particle）。

如圖二，在 Euclid 空間固定某一點「O」，將空間每一點，維持點間距離不變而移動叫轉動變換。如圖二的兩點P_1和P_2移動到P_1'和P_2'時，$\overline{P_1P_2}=\overline{P_1'P_2'}$的運動現象便是轉動變換。這時經過固定點O必存在一條直線，線上的各點是固定不動，稱這直線為轉動軸（rotational axis），依空間各點的轉動方向定義軸的方向$\boldsymbol{n}$，右手系時如圖二所示，$\boldsymbol{e}_n$為轉動軸的單位向量。如果圖二的現象發生在粒子或物體，且轉動前和轉動後的那粒子或物體是全同形狀，則稱該粒子或物體有轉動對稱性（rotational symmetry）。更細的分類是，繞轉動軸轉$360°/n$，n=正整數，時轉動前後的粒子或物體有全同形狀，則叫n次轉動對稱或簡稱n次軸，而稱該軸為n次轉動對稱軸，這現象往往發生在晶體結構。粒子或物體經轉動變換而不變時，稱該粒子或物體有轉動不變性（rotational invariance），持有轉動不變性的最好物體是球，球面。

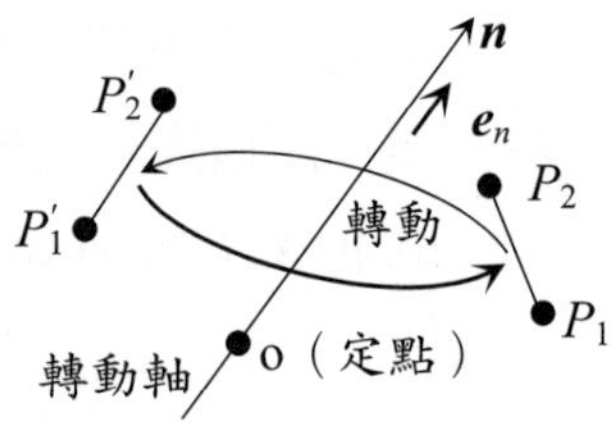

圖二

(2)角動量（angular momentum）（參考附錄(J)）

(i)轉動算符 $\mathscr{D}_n(\varphi)$

設 $\psi(x,y,z)$＝粒子或物體的狀態函數，如圖三，當座標軸以 z 軸轉動 $d\varphi$ 角後的狀態函數為 $\psi(x',y',z')$，則得：

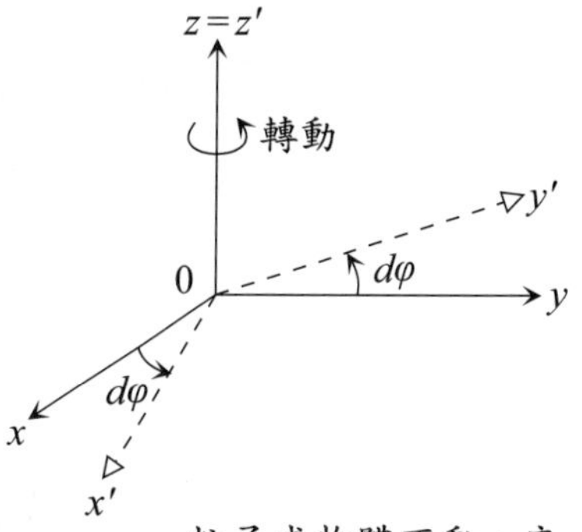

粒子或物體不動，座標系以z軸依右手系轉動dφ角度

圖三

$$\begin{cases} x'=x\cos d\varphi+y\sin d\varphi\doteqdot x+y d\varphi \\ y'=-x\sin d\varphi+y\cos d\varphi\doteqdot -x d\varphi+y \\ z'=z \end{cases}$$

$$\psi(x',y',z')\doteqdot\psi(x+y d\varphi,y-x d\varphi,z)$$
$$\doteqdot\psi(x,y,z)+\left(\frac{\partial\psi}{\partial x}\right)y d\varphi+\left(\frac{\partial\psi}{\partial y}\right)(-x d\varphi)$$
$$=\left\{1-d\varphi\left[x\frac{\partial}{\partial y}-y\frac{\partial}{\partial x}\right]\right\}\psi(x,y,z)$$
$$=\left\{1-d\varphi\frac{i}{\hbar}\left[x(-i\hbar\frac{\partial}{\partial y})-y(-i\hbar\frac{\partial}{\partial x})\right]\right\}\psi(x,y\ z)$$

上式右邊中括弧內的量，剛好是 $\boldsymbol{r}$ 表象（$\boldsymbol{r}$－representation）的角動量算符 $\hat{L}_z$，

$$\therefore\psi(x',y',z')=\left\{1-d\varphi\frac{i}{\hbar}\left[\hat{x}\hat{P}_y-\hat{y}\hat{P}_x\right]\right\}\psi(x,y,z)$$
$$=\left(1-d\varphi\frac{i}{\hbar}\hat{L}_z\right)\psi(x,y,z)$$
$$=\left(1-i\hat{\boldsymbol{L}}\cdot\boldsymbol{e}_z d\varphi/\hbar\right)\psi(x,y,z) \tag{15}$$

$\boldsymbol{e}_z$＝z 軸的單位向量。如要轉動有限角度 φ，則以無限多次的無限小轉動角 $d\varphi=\frac{\varphi}{N}$ 來達成，N＝無限大正整數。設轉動算符 $\equiv\mathscr{D}_z(\varphi)$，則得：

$$\mathscr{D}_z(\varphi)\psi(x,y,z)=\lim_{N\to\infty}\left(1-i\frac{\hat{\boldsymbol{L}}\cdot\boldsymbol{e}_z}{\hbar}\frac{\varphi}{N}\right)^N\psi(x,y,z)$$
$$=\left[\exp\left(-i\hat{\boldsymbol{L}}\cdot\boldsymbol{e}_z\varphi/\hbar\right)\right]\psi(x,y,z) \tag{16}$$

所以對任意轉動軸 $\boldsymbol{n}$，如右圖，$\boldsymbol{e}_n$＝$\boldsymbol{n}$ 方向的單位向量，的轉動算符是：

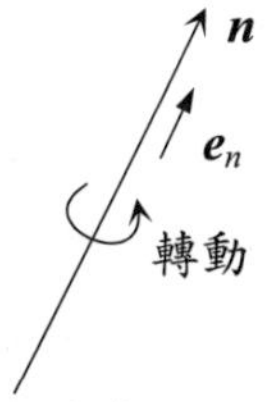

右手系

$$\mathscr{D}_n(\varphi)=\exp\left(-i\hat{\boldsymbol{J}}\cdot\boldsymbol{e}_n\varphi/\hbar\right)$$
$$=\mathbb{1}-\frac{i\hat{J}_n\varphi}{\hbar}-\frac{\hat{J}_n{}^2\varphi^2}{2\hbar^2}+\cdots\cdots \tag{17}$$

$\hat{J}_n=\hat{\boldsymbol{J}}\cdot\boldsymbol{e}_n$，$\hat{\boldsymbol{J}}$＝任意角動量算符，又叫轉動生成（**generator**）算符。

(ii)角動量的對易關係

由 $\boldsymbol{r}$ 表象的角動量算符 $\hat{\boldsymbol{L}}=\boldsymbol{r}\times\hat{\boldsymbol{P}}=-i\hbar\boldsymbol{r}\times\nabla$ 得：

$$
\begin{aligned}
(\hat{L}_x\hat{L}_y-\hat{L}_y\hat{L}_x)f &= -\hbar^2\left[\left(y\frac{\partial}{\partial z}-z\frac{\partial}{\partial y}\right)\left(z\frac{\partial}{\partial x}-x\frac{\partial}{\partial z}\right)\right.\\
&\qquad \left.-\left(z\frac{\partial}{\partial x}-x\frac{\partial}{\partial z}\right)\left(y\frac{\partial}{\partial z}-z\frac{\partial}{\partial y}\right)\right]f\\
&= -\hbar^2\left[\left(y\frac{\partial f}{\partial x}+yz\frac{\partial^2 f}{\partial z\partial x}-z^2\frac{\partial^2 f}{\partial y\partial x}-yx\frac{\partial^2 f}{\partial z^2}+zx\frac{\partial^2 f}{\partial y\partial z}\right)\right.\\
&\qquad \left.-zy\frac{\partial^2 f}{\partial x\partial z}+z^2\frac{\partial^2 f}{\partial x\partial y}+xy\frac{\partial^2 f}{\partial z^2}-xz\frac{\partial^2 f}{\partial z\partial y}-x\frac{\partial f}{\partial y}\right]\\
&= -\hbar^2\left(y\frac{\partial}{\partial x}-x\frac{\partial}{\partial y}\right)f\\
&= i\hbar\left[x\left(-i\hbar\frac{\partial}{\partial y}\right)-y\left(-i\hbar\frac{\partial}{\partial x}\right)\right]f=i\hbar\hat{L}_z f
\end{aligned}
$$

$$\therefore \hat{L}_x\hat{L}_y-\hat{L}_y\hat{L}_x=[\hat{L}_x,\hat{L}_y]=i\hbar\hat{L}_z \tag{18}$$

同樣得：

$$
\left.\begin{aligned}
\hat{L}_y\hat{L}_z-\hat{L}_z\hat{L}_y=[\hat{L}_y,\hat{L}_z]=i\hbar\hat{L}_x\\
\hat{L}_z\hat{L}_x-\hat{L}_x\hat{L}_z=[\hat{L}_z,\hat{L}_x]=i\hbar L_y
\end{aligned}\right\} \tag{19}
$$

所以任意角動量 $\hat{\boldsymbol{J}}$ 的對易關係是：

$$
\left.\begin{aligned}
&[\hat{J}_i,\hat{J}_j]=i\hbar\,\varepsilon_{ijk}\hat{J}_k\\
\text{或}\ &\hat{\boldsymbol{J}}\times\hat{\boldsymbol{J}}=i\hbar\hat{\boldsymbol{J}}
\end{aligned}\right\} \tag{20}
$$

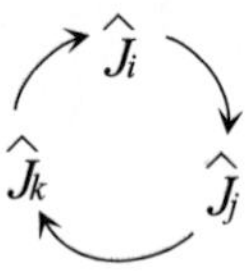

ε_{ijk}＝置換符號（permutation symbol），顯然角動量成分是不對易物理量，所以經(17)式的轉換是不可對易轉換或非對易轉換。

【Ex. 4】**轉換算符 $\mathscr{D}_n(\varphi)$ 形成不可對易（non-abelian）群或非對易群**

由(17)和(20)式得：

(1)逆單元：

$$
\begin{aligned}
&\mathscr{D}_n(\varphi)\cdot\mathscr{D}_n^{-1}(\varphi)=e^{-i\hat{\boldsymbol{J}}\cdot\boldsymbol{e}_n\varphi/\hbar}\,e^{i\hat{\boldsymbol{J}}\cdot\boldsymbol{e}_n\varphi/\hbar}\quad \{\,[\hat{J}_n,\hat{J}_n]=0\\
&=e^{-i\hat{\boldsymbol{J}}\cdot\boldsymbol{e}_n\varphi/\hbar+i\hat{\boldsymbol{J}}\cdot\boldsymbol{e}_n\varphi/\hbar}=e^0=1
\end{aligned} \tag{21a}
$$

同樣可以證明 $\mathscr{D}_n^{-1}(\varphi)\cdot\mathscr{D}_n(\varphi)=1$

(2)單位元：

$$\mathscr{D}_n(\varphi)\cdot 1 = \mathrm{e}^{-i\hat{\boldsymbol{J}}\cdot \boldsymbol{e}_n\varphi/\hbar}\cdot 1 = \mathrm{e}^{-i\hat{\boldsymbol{J}}\cdot \boldsymbol{e}_n\varphi/\hbar} = \mathscr{D}_n(\varphi) \tag{21b}$$

(3)合成：

$$\begin{aligned}\mathscr{D}_{n_1}(\varphi)\mathscr{D}_{n_2}(\varphi) &= \mathrm{e}^{-i\hat{\boldsymbol{J}}\cdot \boldsymbol{e}_{n_1}\varphi/\hbar}\,\mathrm{e}^{-i\hat{\boldsymbol{J}}\cdot \boldsymbol{e}_{n_2}\varphi/\hbar}\\ &= \mathrm{e}^{-i\hat{\boldsymbol{J}}\cdot \boldsymbol{e}_n\varphi/\hbar} \underset{\text{新的}}{=\!=\!=} \mathscr{D}_n(\varphi)\end{aligned} \tag{21c}$$

(4)結合律：

$$\mathscr{D}_{n_1}(\varphi)(\mathscr{D}_{n_2}(\varphi)\mathscr{D}_{n_3}(\varphi)) \equiv \mathscr{D}_{n_1}(\varphi)\mathscr{D}_n(\varphi) \equiv \mathscr{D}_{n_1}\mathscr{D}_n$$
$$(\mathscr{D}_{n_1}(\varphi)\mathscr{D}_{n_2}(\varphi))\mathscr{D}_{n_3}(\varphi) \equiv \mathscr{D}_{n'}(\varphi)\mathscr{D}_{n_3}(\varphi) \equiv \mathscr{D}_{n'}\mathscr{D}_{n_3}$$

分別乘$1=\mathscr{D}_{n_2}\mathscr{D}_{n_2}^{-1}$和$1=\mathscr{D}_{n_2}^{-1}\mathscr{D}_{n_2}$在上兩式左邊得：

$$\mathscr{D}_{n_1}\mathscr{D}_{n_2}\mathscr{D}_{n_2}^{-1}\mathscr{D}_n = \mathscr{D}_{n_1}\mathscr{D}_{n_2}\mathscr{D}_{n_3}$$
$$\mathscr{D}_{n'}\mathscr{D}_{n_2}^{-1}\mathscr{D}_{n_2}\mathscr{D}_{n_3} = \mathscr{D}_{n_1}\mathscr{D}_{n_2}\mathscr{D}_{n_3}$$
$$\begin{aligned}\therefore \mathscr{D}_{n_1}(\varphi)(\mathscr{D}_{n_2}(\varphi)\mathscr{D}_{n_3}(\varphi)) &= (\mathscr{D}_{n_1}(\varphi)\mathscr{D}_{n_2}(\varphi))\mathscr{D}_{n_3}(\varphi)\\ &= \mathscr{D}_{n_1}(\varphi)\mathscr{D}_{n_2}(\varphi)\mathscr{D}_{n_3}(\varphi)\end{aligned} \tag{21d}$$

(21a~d)式滿足(1)和(2)式，故集合$\{\mathscr{D}_n(\varphi)\}$形成群。接著看看它的對易性：

$$\begin{aligned}\mathscr{D}_{n_1}(\varphi)\mathscr{D}_{n_2}(\varphi) &= \mathrm{e}^{-i\hat{\boldsymbol{J}}\cdot \boldsymbol{e}_{n_1}\varphi/\hbar}\,\mathrm{e}^{-i\hat{\boldsymbol{J}}\cdot \boldsymbol{e}_{n_2}\varphi/\hbar}\\ &\quad \left\{ \text{設} -i\varphi/\hbar \equiv \lambda,\quad \hat{\boldsymbol{J}}\cdot \boldsymbol{e}_{n_i} = \hat{J}_i,\quad i=1,2 \right.\\ &= \mathrm{e}^{\lambda\hat{J}_1}\mathrm{e}^{\lambda\hat{J}_2}\\ &= \left(\sum_{n=0}^{\infty}\frac{(\lambda\hat{J}_1)^n}{n!}\right)\left(\sum_{m=0}^{\infty}\frac{(\lambda\hat{J}_2)^m}{m!}\right)\\ &= \sum_{n,m}\frac{\lambda^{n+m}(\hat{J}_1)^n(\hat{J}_2)^m}{n!\,m!}\\ &\neq \left(\sum_{m,n}\frac{\lambda^{m+n}(\hat{J}_2)^m(\hat{J}_1)^n}{m!\,n!} = \mathrm{e}^{\lambda\hat{J}_2}\mathrm{e}^{\lambda\hat{J}_1}\right)\end{aligned}$$

$$\therefore [\mathscr{D}_{n_1}(\varphi), \mathscr{D}_{n_2}(\varphi)] \neq 0 \tag{22}$$

$\therefore \{\mathscr{D}_n(\varphi)\}$是不可對易群（non-abelian group）

(3)Yang-Mills 的 SU(2)變換 50)

低能量域原子核是由質子p和中子n組成，自旋有兩個成分$\pm\frac{\hbar}{2}$，原子核的構成員是p和n兩個，於是為了統一處理p和n為核子（nucleon）的兩個狀態，在1932年 Heisenberg，仿 Pauli 自旋算符$\hat{\boldsymbol{S}}=\frac{\hbar}{2}\hat{\boldsymbol{\sigma}}$，導進無因次的演算算符，稱為同位旋（isospin）$\hat{\boldsymbol{T}}$以及其成分：

$$\left.\begin{aligned}&\hat{\boldsymbol{T}}\equiv\frac{1}{2}\hat{\boldsymbol{\tau}}，\quad \hat{\boldsymbol{\tau}}=(\hat{\tau}_x,\hat{\tau}_y,\hat{\tau}_z)\overset{\text{或}}{=\!=}(\hat{\tau}_1,\hat{\tau}_2,\hat{\tau}_3)\\&\hat{\tau}_1=\begin{pmatrix}0&1\\1&0\end{pmatrix},\quad \hat{\tau}_2=\begin{pmatrix}0&-i\\i&0\end{pmatrix},\quad \hat{\tau}_3=\begin{pmatrix}1&0\\0&-1\end{pmatrix}\end{aligned}\right\}\tag{23}$$

我們使用$\langle\hat{T}_3\rangle=\frac{1}{2}$為質子，$\langle\hat{T}_3\rangle=-\frac{1}{2}$為中子，但請小心：有的書剛好對$p$和$n$使用相反的$\langle\hat{T}_3\rangle$定義。既然是仿角動量的自旋定義同位旋，所以$\hat{\boldsymbol{T}}$和$\hat{\boldsymbol{\tau}}$成分的對易關係，由（20）式得：

$$[\hat{T}_i,\hat{T}_j]=i\varepsilon_{ijk}\hat{T}_k\tag{24}$$

$$\left.\begin{aligned}&[\hat{\tau}_i,\hat{\tau}_j]=2i\varepsilon_{ijk}\hat{\tau}_k，\quad \{\hat{\tau}_i,\hat{\tau}_j\}=2\delta_{ij}\\\text{或 }&\hat{\tau}_i\hat{\tau}_j=i\varepsilon_{ijk}\hat{\tau}_k+\delta_{ij}\\&\hat{\tau}_i^{+}=\hat{\tau}_i，\quad \det(\hat{\tau}_i)=-1，\quad \hat{\tau}_i^2=\mathbb{1}\end{aligned}\right\}\tag{25}$$

再仿自旋的本徵函數$\chi_{1/2,m_s}(\boldsymbol{\sigma})$，同位旋的本徵函數普通寫成：

$$\left.\begin{aligned}&\eta_{1/2,m_\tau}(\boldsymbol{\tau})\\&\hat{T}_3\eta_{1/2,m_\tau}(\boldsymbol{\tau})=m_\tau\eta_{1/2,m_\tau}(\boldsymbol{\tau})，\quad m_\tau=\pm\frac{1}{2}\\&\hat{\boldsymbol{T}}^2\eta_{1/2,m_\tau}(\boldsymbol{\tau})=t(t+1)\eta_{1/2,m_\tau}(\boldsymbol{\tau})=\frac{1}{2}\left(\frac{1}{2}+1\right)\eta_{1/2,m_\tau}(\boldsymbol{\tau})=\frac{3}{4}\eta_{1/2,m_\tau}(\boldsymbol{\tau})\end{aligned}\right\}\tag{26}$$

在 1954 年楊振寧和 Mills 50)，推廣後註(24)(8)式，設核子狀態函數$\Psi(\boldsymbol{x},t)$的規範變換為：

$$\begin{aligned}\Psi(\boldsymbol{x},t)=\begin{pmatrix}\psi_p(x)\\\psi_n(x)\end{pmatrix}\longrightarrow\Psi'(\boldsymbol{x},t)&=\mathrm{e}^{-\frac{i}{2}\hat{\boldsymbol{\tau}}\cdot\boldsymbol{\theta}(x,t)}\Psi(\boldsymbol{x},t)\\&\equiv\hat{U}(\hat{\boldsymbol{\tau}},x)\Psi(x)\end{aligned}\tag{27}$$

$$\hat{U}(\hat{\boldsymbol{\tau}},x)\equiv\mathrm{e}^{-\frac{i}{2}\hat{\boldsymbol{\tau}}\cdot\boldsymbol{\theta}(x)}\tag{28}$$

$x\equiv(\boldsymbol{x},t)$，由於$\hat{\boldsymbol{\tau}}=(\hat{\tau}_x,\hat{\tau}_y,\hat{\tau}_z)\underset{\text{或}}{=\!=}(\hat{\tau}_1,\hat{\tau}_2,\hat{\tau}_3)$

$$\therefore \boldsymbol{\theta}(x)=(\theta_1(x),\theta_2(x),\theta_3(x)) \tag{29}$$

來展開強相互作用理論。因為同位旋（24）式是不對易量，故變換算符 $\hat{U}$ 是不對易算符：

$$[\hat{U}(\hat{\boldsymbol{\tau}},x),\ \hat{U},(\hat{\boldsymbol{\tau}},y)]\neq 0 \tag{30}$$

所以(27)式的變換是局部（local）不可對易（非對易）規範變換（non-abelian gauge transformation）。Yang-Mills 用的規範函數 $\hat{\boldsymbol{T}}\cdot\boldsymbol{\theta}(x)$ 是局部函數 $\boldsymbol{\theta}(\boldsymbol{x},t)$，生成算符 $\hat{\boldsymbol{T}}$ 的 Hilbert 空間，是由 $\eta_{1/2,m_\tau=1/2}$ 和 $\eta_{1/2,m_\tau=-1/2}$ 的兩個基右向量撐展的空間，

$$\therefore \hat{U}(\hat{\boldsymbol{\tau}},x)=\hat{U}(2) \tag{31}$$

$\hat{\boldsymbol{T}}$ 的演算法和(20)式的角動量演算法相同，故由（21a～d）式，$\hat{U}(\hat{\boldsymbol{\tau}},x)$ 構成不可對易群（non-abelian group）。依照(7)式得知 $\hat{U}(n)$ 的生成元是 $n\times n$ 矩陣，所以 $\hat{U}(2)$ 的生成元是 2×2 的矩陣，即(23)式。由(23)式和(28)式得：

$$\det.\hat{U}(2)=\mathrm{e}^{\mathrm{Tr}\left(-\frac{i}{2}\hat{\boldsymbol{\tau}}\cdot\boldsymbol{\theta}(x)\right)}=\mathrm{e}^0=1 \tag{32}$$

“Tr” 是 trace（跡）的縮寫，是取矩陣對角線元之和，由(23)式，$\mathrm{Tr}\,\hat{\tau}_i=0,\ i=1,2,3$。所以(28)式的 $\hat{U}$ 是狹義么正變換 SU(2)，其獨立生成元數是 $(2\times 2-1)=3$，就是(23)式的 $\hat{\tau}_1$, $\hat{\tau}_2$ 和 $\hat{\tau}_3$ 或 $\hat{T}_1$, $\hat{T}_2$ 和 $\hat{T}_3$。這三個生成元中僅 $\hat{\tau}_3$ 是可對易算符，故 SU(2) 的生成元 $\hat{\boldsymbol{T}}$ 是一秩（rank one）張量，且是 Hermitian 算符。生成元的可對易成分的數目，稱為該生成元的秩（rank）。

有關電子 $\psi(x)$ 和電磁場勢 $A^\mu(x)$ 的局部規範變換的後註(24)，如果電子 $\psi(x)$ 的運動方程式，對該註的(8)式變換不變，則必有相互作用場產生，即有電磁場存在，而其場勢 $A^\mu(x)$ 的變換必是該註的(2)式。同樣地，如果核子的運動方程式（或這物理系統的 Lagrangian 密度）對(27)式的變換不變，則必出現（產生）對應於 $A^\mu(x)$ 的規範場 $\vec{W}^\mu(x)\equiv\boldsymbol{W}^\mu(x)$，頭上的箭頭符號表示同位旋 $\hat{\boldsymbol{T}}^w$，其大小 $\langle(\hat{\boldsymbol{T}}^w)^2\rangle=1(1+1)=2$（詳細內容請看本文 V(D)(4)），第三成分 $\langle\hat{T}_3^w\rangle=-1,0,+1$。換句話，量子化 $\boldsymbol{W}^\mu(x)$ 所得的規範粒子（量子化 $A^\mu(x)$ 所得的粒子是不帶電的光子）是同位旋 1 的帶電粒子，於是不但規範粒子間會有相互作用，這種相互作用叫**自相互作用**（self interaction），並且和核子也有相互作用。Yang-Mills 的整個理論架構是對(28)式的變換不變，並且同位旋守恆，所以稱為**同位旋守恆的** SU(2) **對稱理論**，或簡稱 SU(2) **對稱理論**（theroy of SU(2) symmetry），而稱 $\boldsymbol{W}^\mu(x)$ 為 **Yang-Mills 場**。

【Ex. 5】求量子力學的 SU(2) 矩陣的例子。

為了簡單易懂，考慮和時空間無關，僅在電荷空間（iso-space 或 isotopic space）的整體對稱（global symmetry）變換，則(28)式的 $\boldsymbol{\theta}(\boldsymbol{x},t)=\boldsymbol{e}_n\theta$，$\boldsymbol{e}_n=$ 任意方向的轉動軸單位向量，$\theta=$ 轉動角，則得：

$$\hat{U}(\hat{\boldsymbol{\tau}},x)=\mathrm{e}^{-\frac{i}{2}\hat{\boldsymbol{\tau}}\cdot\boldsymbol{e}_n\theta}\equiv\hat{U}(\hat{\boldsymbol{\tau}},\theta)$$
$$=\left[1-\frac{(\hat{\boldsymbol{\tau}}\cdot\boldsymbol{e}_n)^2}{2!}\left(\frac{\theta}{2}\right)^2+\frac{(\hat{\boldsymbol{\tau}}\cdot\boldsymbol{e}_n)^4}{4!}\left(\frac{\theta}{2}\right)^4-\cdots\cdots\right]$$
$$-i\left[\frac{(\hat{\boldsymbol{\tau}}\cdot\boldsymbol{e}_n)}{1!}\left(\frac{\theta}{2}\right)-\frac{(\hat{\boldsymbol{\tau}}\cdot\boldsymbol{e}_n)^3}{3!}\left(\frac{\theta}{2}\right)^3+\cdots\cdots\right]$$

但是：
$$(\hat{\boldsymbol{\tau}}\cdot\boldsymbol{a})(\hat{\boldsymbol{\tau}}\cdot\boldsymbol{b})=\sum_i\hat{\tau}_i a_i\sum_j\hat{\tau}_j b_j$$
$$=\sum_{i,j}\left[\frac{1}{2}(\hat{\tau}_i\hat{\tau}_j+\hat{\tau}_j\hat{\tau}_i)+\frac{1}{2}(\hat{\tau}_i\hat{\tau}_j-\hat{\tau}_j\hat{\tau}_i)\right]a_ib_j$$
$$=\sum_{i,j}\left(\frac{1}{2}\{\hat{\tau}_i,\hat{\tau}_j\}+\frac{1}{2}[\hat{\tau}_i,\hat{\tau}_j]\right)a_ib_j$$
$$\underset{(25)式}{=\!=\!=}\sum_{i,j}(\delta_{ij}+i\varepsilon_{ijk}\hat{\tau}_k)a_ib_j$$

$$\therefore(\hat{\boldsymbol{\tau}}\cdot\boldsymbol{a})(\hat{\boldsymbol{\tau}}\cdot\boldsymbol{b})=\boldsymbol{a}\cdot\boldsymbol{b}+i\hat{\boldsymbol{\tau}}\cdot(\boldsymbol{a}\times\boldsymbol{b}) \tag{33a}$$
$$\therefore(\hat{\boldsymbol{\tau}}\cdot\boldsymbol{a})^2=|\boldsymbol{a}|^2$$
$$\therefore(\hat{\boldsymbol{\tau}}\cdot\boldsymbol{e}_n)^m=\begin{cases}1\cdots\cdots m=\text{偶正整數}\\ \hat{\boldsymbol{\tau}}\cdot\boldsymbol{e}_n\cdots\cdots m=\text{奇正整數}\end{cases} \tag{33b}$$

把(33b)式代入 $\hat{U}(\hat{\boldsymbol{\tau}},\theta)$ 得：

$$\hat{U}(\hat{\boldsymbol{\tau}},\theta)=\mathbb{1}\cos\frac{\theta}{2}-i\hat{\boldsymbol{\tau}}\cdot\boldsymbol{e}_n\sin\frac{\theta}{2},\qquad \mathbb{1}=\text{單位矩陣}$$
$$\underset{(23)式}{=\!=\!=}\begin{pmatrix}\cos\frac{\theta}{2}-i\boldsymbol{e}_{nz}\sin\frac{\theta}{2} & (-i\boldsymbol{e}_{nx}-\boldsymbol{e}_{ny})\sin\frac{\theta}{2}\\ (-i\boldsymbol{e}_{nx}+\boldsymbol{e}_{ny})\sin\frac{\theta}{2} & \cos\frac{\theta}{2}+i\boldsymbol{e}_{nz}\sin\frac{\theta}{2}\end{pmatrix} \tag{33c}$$

$\boldsymbol{e}_{nx},\boldsymbol{e}_{ny},\boldsymbol{e}_{nz}$ 為 $\boldsymbol{e}_n$ 在電荷空間 x,y,z 軸方向的成分：$\boldsymbol{e}_{nx}=\boldsymbol{e}_n\cdot\boldsymbol{e}_x$ 等等，即：

$$\boldsymbol{e}_{nx}^2+\boldsymbol{e}_{ny}^2+\boldsymbol{e}_{nz}^2=\boldsymbol{e}_n^2=1$$

另一面由 SU(2) 的定義，矩陣有四個元，並且矩陣行列值等於 1，這種矩陣又叫么模么正矩陣（unimodular unitary matrix）。設 a 和 b 為任意兩複數，則其一般形式為：

$$\begin{pmatrix} a & b \\ -b^* & a^* \end{pmatrix} \equiv \hat{U}(a,b),\ \ |a|^2+|b|^2=1 \tag{33d}$$

$$\begin{aligned}\therefore \hat{U}^+(a,b)\hat{U}(a,b) &= \begin{pmatrix} a^* & -b \\ b^* & a \end{pmatrix}\begin{pmatrix} a & b \\ -b^* & a^* \end{pmatrix} \\ &= \begin{pmatrix} |a|^2+|b|^2 & 0 \\ 0 & |a|^2+|b|^2 \end{pmatrix} = \mathbb{1} \\ &= \hat{U}(a,b)\hat{U}^+(a,b)\end{aligned}$$

所以(33d)式的$\hat{U}(a,b)$確實滿足么模么正條件，再來看看$\hat{U}(a,b)$到底含有多少獨立元。a和b是複數：$a=a_1+ia_2$，$b=b_1+ib_2$，a_1, a_2, b_1和b_2是實量（數值或函數），雖有四個量，但由於必須滿足么模（unimodular）條件：

$$|a|^2+|b|^2=(a_1^2+a_2^2)+(b_1^2+b_2^2)=1$$

所以只剩三個獨立量而滿足SU(2)條件。如$\hat{U}(a,b)$描述的是在電荷空間的整體（global）轉動，則(33d)式就是(33c)，所以得：

$$\left.\begin{aligned}&\text{實部：} Re(a)=\cos\frac{\theta}{2},\quad Re(b)=-\boldsymbol{e}_{ny}\sin\frac{\theta}{2} \\ &\text{虛部：} Im(a)=-\boldsymbol{e}_{nz}\sin\frac{\theta}{2},\quad Im(b)=-\boldsymbol{e}_{nx}\sin\frac{\theta}{2}\end{aligned}\right\} \tag{33e}$$

顯然：

$$\begin{aligned}|a|^2+|b|^2 &= \left(\cos^2\frac{\theta}{2}+\boldsymbol{e}_{nz}^2\sin^2\frac{\theta}{2}\right)+\left(\boldsymbol{e}_{ny}^2\sin^2\frac{\theta}{2}+\boldsymbol{e}_{nx}^2\sin^2\frac{\theta}{2}\right) \\ &=\cos^2\frac{\theta}{2}+(\boldsymbol{e}_{nx}^2+\boldsymbol{e}_{ny}^2+\boldsymbol{e}_{nz}^2)\sin^2\frac{\theta}{2} \\ &=\cos^2\frac{\theta}{2}+\sin^2\frac{\theta}{2}=1\end{aligned}$$

確實滿足么模要求。以上為求SU(2)矩陣的一例子。

☞(50) C. N. Yang and R. L. Mills, Phys. Rev. **96** (1954) 191

☞(51)設N_ν=微中子的世代數（number of neutrino generation）其最近實驗值是：

$$N_\nu \doteqdot 2.984 \pm 0.008$$

來源是 J. Mnich, Int. Europhysics Conference, Tampere, Finland (July 1999)

至於 1989 年的資料可參看：

VENUS: K. Abe et al, Phys. Lett. **B232** (1989) 431

ASP: C. Hearty et al, Phys. Rev. **D39** (1989) 3207

以及 $L3$：M. Acciarri et al, Phys. Lett **B431** (1998) 199 的資料 $N_\nu \fallingdotseq 3.00 \pm 0.08$

☞(52) T. D. Lee and C. N. Yang, Phys. Rev. **104** (1956) 254

Chien-Shiung Wu, Nishina Memorial Foundation Publication **19** (1983)

日本仁科芳雄基金會的出版刊物，吳健雄應邀作了她：在 1956 年 5 月到 1957 年 1 月中旬，如何做實驗驗證弱相互作用時，宇稱不守恆的詳細講演。

☞(53) J. D. Bjorken and S. D. Drell: Relativistic Quantum Mechanics (1964), Relativistic Quantum Fields (1965), McGraw-Hill Book Company

☞(54) Francis Halzen and Alan D. Martin: Quarks and Leptons— An Introductory Course in Modern Physics—, John Wiley and Sons (1983)

Otto Nachtmann: Elementary Particle Physics—Concept and Phenomena—Springer-Verlag (1990)

☞(55) Donard H. Perkins: Introduction to High Energy Physics, 3rd ed., Addison-Wesley Pub. Comp., Inc. (1987)

☞(56) R. P. Feynman: Phys. Rev. **74(8)** (1948) 939, **74(10)** (1948)1430, Phys Rev. **76 (6)** (1949) 769,（此文獻有 Feynman 圖的技巧）

A. I. Akhiezer and V. B. Berestetsky: Quantum Electrodynamics, Interscience Pub. (1965)

☞(57) 簡述 Lippmann-Schwinger 方程及推導（11-421c）式

主要參考文獻：

① B. A. Lippmann and J. Schwinger, Phys. Rev. **79** (1950) 469

② M. Gellmann and M. L. Galdberger, Phys. Rev. **91** (1953) 398

探討粒子間的相互作用機制（mechanism），粒子的內部結構等，最常用的科研方法是，研究粒子的散射：

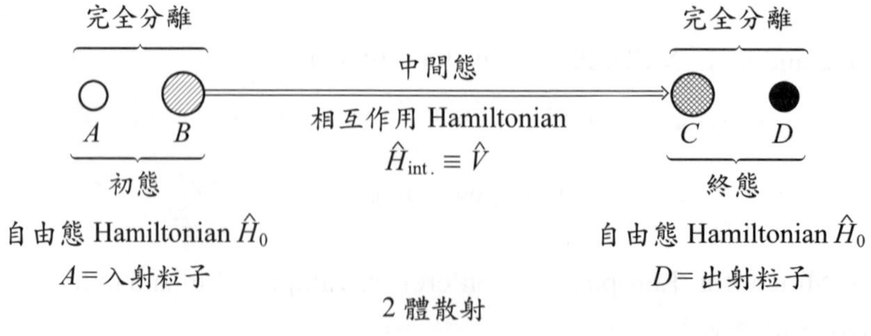

圖一

以實驗室系（laboratory frame）來分析散射現象。如圖一，初態的靜止靶為B，入射粒子A以入射能E_A撞B，但實際上很難獲得單能量的A，入射能E_A往往有微小能量範圍ΔE_A。同樣地，觀測的終態粒子D也帶有能量寬度。所以探討散射問題，最好使用波包（wave packet），而不是單一的Hamiltonian的本徵態，同時粒子間的相互作用必須非常緩慢地進行才可以。在這裡，把問題簡化，使用Hamiltonian的本徵態來描述散射現象。為了避免重複，直接拿本文的（11-418c）式～（11-425f）式來使用。散射所觀測的是，在空間某點$\boldsymbol{x}$的散射現象的時間變化，所以省略狀態函數的空間部$\boldsymbol{x}$，則Schrödinger圖象和相互作用圖象的關係如圖二。從圖二，很容易看出兩圖象間的轉換關係。散射有向內和向外的波，如何表示它們呢？

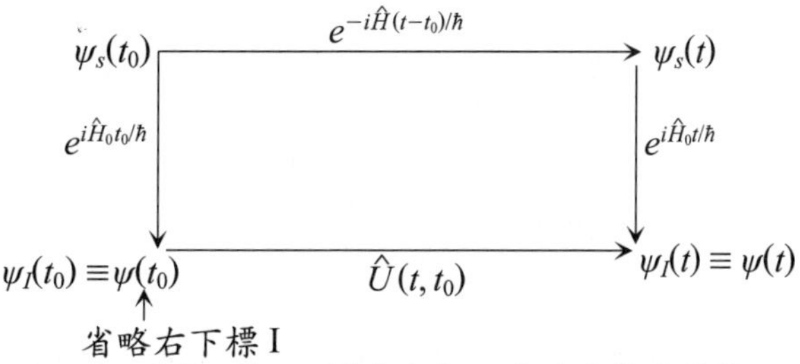

Schrödinger圖象和相互作用圖象的關係

圖二

(A)推導含邊界條件的狀態函數 $\boldsymbol{\psi^{(\pm)}(0)}$

從（11-422b）、（11-425f）和（11-418c）式得：

$$\psi(t)=\hat{U}(t,-\infty)\psi(-\infty)=\psi(-\infty)-\frac{i}{\hbar}\int_{-\infty}^{t}\mathrm{d}t'\mathrm{e}^{i\hat{H}_0t'/\hbar}\hat{V}\mathrm{e}^{-i\hat{H}_0t'/\hbar}\psi(-\infty)+\cdots$$

$$\left\{\begin{array}{l}\psi(-\infty)\equiv\phi_i\\ \hat{H}_0\phi_i=E\phi_i,\quad \hat{V}\neq\hat{V}(t)\end{array}\right.$$

$$=\phi_i-\frac{i}{\hbar}\int_{-\infty}^{t}\mathrm{d}t'\mathrm{e}^{i\hat{H}_0t'/\hbar}\hat{V}\mathrm{e}^{-iEt'/\hbar}\phi_i+\cdots$$

假設相互作用的進行速度非常地緩慢，以避免物理系統發生發散現象，這樣才能獲得漂亮的散射波。那麼如何操作呢？ 導入非常小的參數ε_0，使相互作用$\hat{V}$能表示成：

$$\hat{V}\doteqdot\mathrm{e}^{\varepsilon_0t}\hat{V},\quad \varepsilon_0>0\text{ 且非常小}\tag{1}$$

$$\begin{aligned}\therefore\psi(t)&=\phi_i-\frac{i}{\hbar}\int_{-\infty}^{t}\mathrm{d}t'\mathrm{e}^{i(\hat{H}_0-E)t'/\hbar}(\mathrm{e}^{\varepsilon_0t'}\hat{V})\phi_i+\cdots\cdots\\&=\phi_i-\frac{i}{\hbar}\int_{-\infty}^{t}\mathrm{d}t'\mathrm{e}^{i(\hat{H}_0-E-i\varepsilon)t'/\hbar}\hat{V}\phi_i+\cdots\cdots\\&=\phi_i-\left[\frac{1}{\hat{H}_0-E-i\varepsilon}\mathrm{e}^{i(\hat{H}_0-E-i\varepsilon)t'/\hbar}\hat{V}\phi_i\right]_{-\infty}^{t}+\cdots\cdots\\&=\phi_i+\frac{1}{E-\hat{H}_0+i\varepsilon}\mathrm{e}^{i(\hat{H}_0-E)t/\hbar}(\mathrm{e}^{\varepsilon_0t}\hat{V})\phi_i+\cdots\cdots\\&=\phi_i+\frac{1}{E-\hat{H}_0+i\varepsilon}\mathrm{e}^{i\hat{H}_0t/\hbar}\hat{V}\mathrm{e}^{-iEt/\hbar}\phi_i+\cdots\cdots\end{aligned}$$

$$=\phi_i+\frac{1}{E-\hat{H}_0+i\varepsilon}\hat{V}(t)\phi_i+\cdots\cdots$$

$$=\phi_i+\frac{1}{E-\hat{H}_0+i\varepsilon}\hat{V}(t)\phi_i+\frac{1}{E-\hat{H}_0+i\varepsilon}\hat{V}(t)\frac{1}{E-\hat{H}_0+i\varepsilon}\hat{V}(t)\phi_i+\cdots$$

$$\therefore \psi(t)=\phi_i+\frac{1}{E-\hat{H}_0+i\varepsilon}\hat{V}(t)\psi(t) \tag{2}$$

$\varepsilon\equiv\hbar\varepsilon_0$。對著(2)式右邊第二項分母的$(+i\varepsilon)$定義$\Psi_i^{(+)}(0)$，其物理意義看下面(20)式，

$$\therefore \Psi_i^{(+)}(0)\equiv\phi_i+\frac{1}{E-\hat{H}_0+i\varepsilon}\hat{V}(0)\Psi_i^{(+)}(0)$$

$$=\hat{U}(0,-\infty)\phi_i \tag{3}$$

$$\text{或}\Psi_i^{(+)}=\phi_i+\frac{1}{E-\hat{H}_0+i\varepsilon}\hat{V}\Psi_i^{(+)}$$

(3)式的$\Psi_i^{(+)}$的右上標$(+)$表示向外波（outgoing wave，看(20)式）。同樣地計算向內波（incoming 或 ingoing wave）邊界條件的$\Psi_f^{(-)}$：

$$\psi(t)=\hat{U}(t,\infty)\psi(+\infty)=\psi(+\infty)-\frac{i}{\hbar}\int_\infty^t dt' e^{i\hat{H}_0t'/\hbar}\hat{V}e^{-i\hat{H}_0t'/\hbar}\psi(+\infty)+\cdots\cdots$$

$$\left\{\begin{array}{l}\psi(+\infty)\equiv\phi_f\\ \hat{H}_0\phi_f=E\phi_f,\quad \hat{V}\neq\hat{V}(t)\end{array}\right.$$

$$=\phi_f-\frac{i}{\hbar}\int_\infty^t dt' e^{i(\hat{H}_0-E+i\varepsilon)t'/\hbar}\hat{V}\phi_f+\cdots\cdots$$

$$=\phi_f+\frac{1}{E-\hat{H}_0-i\varepsilon}e^{i(\hat{H}_0-E)t/\hbar}(e^{-\varepsilon_0 t}\hat{V})\phi_f+\cdots\cdots$$

$$=\phi_f+\frac{1}{E-\hat{H}_0-i\varepsilon}\hat{V}(t)\phi_f+\cdots\cdots$$

$$=\phi_f+\frac{1}{E-\hat{H}_0-i\varepsilon}\hat{V}(t)\psi(t) \tag{4}$$

$$\therefore \Psi_f^{(-)}(0)=\phi_f+\frac{1}{E-\hat{H}_0-i\varepsilon}\hat{V}(0)\Psi_f^{(-)}(0) \tag{5}$$

$$\text{或}\Psi_f^{(-)}=\phi_f+\frac{1}{E-\hat{H}_0-i\varepsilon}\hat{V}\Psi_f^{(-)}$$

$$\therefore \boxed{\Psi^{(\pm)}=\phi+\frac{1}{E-\hat{H}_0\pm i\varepsilon}\hat{V}\Psi^{(\pm)}} \tag{6}$$

(6)式也可以表示成：

$$\boxed{\Psi^{(\pm)}=\phi+\frac{1}{E-\hat{H}\pm i\varepsilon}\hat{V}\phi} \tag{7}$$

分別從(7)式和(6)式左邊各作用（$E-\hat{H}$）和（$E-\hat{H}_0$），則得：

$$
\begin{aligned}
(E-\hat{H})\Psi^{(\pm)} &= (E-\hat{H})\phi+\hat{V}\phi=(E-\hat{H}_0)\phi-\hat{V}\phi+\hat{V}\phi=0 \\
&=0 \\
(E-\hat{H}_0)\Psi^{(\pm)} &= (E-\hat{H}_0)\phi+\hat{V}\Psi^{(\pm)}=\hat{V}\Psi^{(\pm)} \\
\therefore (E-\hat{H}_0-\hat{V})\Psi^{(\pm)} &= (E-\hat{H})\Psi^{(\pm)}=0
\end{aligned}
$$

表示(6)和(7)式都滿足$\hat{H}$的運動方程，(6)式稱為 **Lippmann-Schwinger 方程式**，任何表象都能用，是處理相互作用非常緩慢的散射問題的基礎方程式之一。

(B)推導躍遷矩陣 T_{fi}

從本文（11-424a）、（11-424b）和（11-424d, e）式得：

$$
\begin{aligned}
\hat{S} &= \hat{U}(\infty,-\infty)=\hat{U}(\infty,0)\hat{U}(0,-\infty) \\
\therefore \hat{S}_{fi} &= \langle \phi_f|\hat{U}(\infty,0)\hat{U}(0,-\infty)|\phi_i\rangle \\
&= \langle \hat{U}^+(\infty,0)\phi_f|\hat{U}(0,-\infty)\phi_i\rangle=\langle \hat{U}(0,\infty)\phi_f|\Psi_i^{(+)}\rangle \\
&= \langle \Psi_f^{(-)}|\Psi_i^{(+)}\rangle=\langle \Psi_f^{(-)}|(\Psi_i^{(+)}-\Psi_i^{(-)})+\Psi_i^{(-)}\rangle \\
&= \delta_{fi}+\langle \Psi_f^{(-)}|\Psi_i^{(+)}-\Psi_i^{(-)}\rangle \\
&\underset{(7)式}{=\!=}\delta_{fi}+\langle \Psi_f^{(-)}\left|\left(\frac{1}{E_i-\hat{H}+i\varepsilon}-\frac{1}{E_i-\hat{H}-i\varepsilon}\right)\hat{V}\phi_i\right.\rangle
\end{aligned}
$$

算符
$$
\begin{aligned}
\frac{1}{E-\hat{H}\pm i\varepsilon} &= \frac{(E-\hat{H})\mp i\varepsilon}{[(E-\hat{H})\pm i\varepsilon][(E-\hat{H})\mp i\varepsilon]} \\
&= \frac{E-\hat{H}}{(E-\hat{H})^2+\varepsilon^2}\mp i\frac{\varepsilon}{(E-\hat{H})^2+\varepsilon^2}\equiv P\frac{1}{E-\hat{H}}\mp i\pi\delta(E-\hat{H}) \qquad (8)
\end{aligned}
$$

↑ 無作用源之項　↑ 有作用源之項　↑ 主值（principal value）↑ 極點（pole）

從(1)式到(2)式的演算過程，$e^{\varepsilon_0 t}=e^{\varepsilon t/\hbar}$扮演的是調整相互作用功能，最後$\varepsilon$跑到傳播子（propagator，看下面(21)式）算符$(E-\hat{H}_0+i\varepsilon)^{-1}$上面，以遏制發散。因為散射問題的總能$\langle \hat{H}_0\rangle$可取連續值，如果沒$i\varepsilon$項，則有$\langle E-\hat{H}_0\rangle=0$的可能，而帶來發散。故(8)式左邊的$\pm i\varepsilon$，正針對著$\langle E-\hat{H}\rangle=0$的可能性進來的項，調整相互作用源所在處，它就是$\delta(E-\hat{H})$。

$$
\begin{aligned}
\therefore S_{fi} &= \delta_{fi}-2\pi i\langle \Psi_f^{(-)}|\delta(E_i-\hat{H})\hat{V}\phi_i\rangle \\
&= \delta_{fi}-2\pi i\langle [\delta(E_i-\hat{H})\hat{V}]^+\Psi_f^{(-)}|\phi_i\rangle \\
&= \delta_{fi}-2\pi i\langle \hat{V}^+\delta(E_i-\hat{H})^+\Psi_f^{(-)}|\phi_i\rangle
\end{aligned}
$$

$$
\hat{V}^+=\hat{V},\quad [\delta(\xi)]^+=\delta(\xi)
$$

$$
\hat{H}\Psi_f^{(-)}=E_f\Psi_f^{(-)}
$$

$$\begin{aligned}\therefore S_{fi} &= \delta_{fi} - 2\pi i\,\delta(E_i - E_f)\,\langle \hat{V}\Psi_f^{(-)}|\phi_i\rangle \\ &= \langle (\Psi_f^{(-)} - \Psi_f^{(+)}) + \Psi_f^{(+)}|\Psi_i^{(+)}\rangle \\ &= \delta_{fi} - 2\pi i\,\delta(E_f - E_i)\,\langle \phi_f|\hat{V}\Psi_i^{(+)}\rangle \\ &\equiv \delta_{fi} - 2\pi i\,\delta(E_i - E_f)\,T_{fi}\end{aligned} \tag{9}$$

$$\begin{aligned}T_{fi} &= \langle \hat{V}\Psi_f^{(-)}|\phi_i\rangle = \langle \phi_f|\hat{V}\Psi_i^{(+)}\rangle \\ &= \langle \hat{H}_{\text{int.}}\Psi_f^{(-)}|\phi_i\rangle = \langle \phi_f|\hat{H}_{\text{int.}}\Psi_i^{(+)}\rangle\end{aligned} \tag{10}$$

$$\left.\begin{aligned}\hat{H}_0\phi_{i,f} &= E_{i,f}\phi_{i,f} \\ \hat{H}\Psi_{i,f} &= E_{i,f}\Psi_{i,f}\end{aligned}\right\} \tag{10}$$

從(8)和(9)式得知（11-421c）式右邊第二項 i 的來源，是來自作用源，即物質粒子出現的空間位置。同時躍遷矩陣滿足了總能守恆：$E_i = E_f \equiv E$，再加上動量守恆 $\delta^3(\boldsymbol{P}_f - \boldsymbol{P}_i)$ 則得：

$$\boxed{S_{fi} = \delta_{fi} - i(2\pi\hbar)^4\,\delta^4(P_f - P_i)\,T_{fi}} \tag{12}$$

(12)式右邊第二項多出的 $(2\pi)^3$ 來自 δ 函數的定義式：

$$\delta^3(\boldsymbol{x}_f - \boldsymbol{x}_i) = \frac{1}{(2\pi\hbar)^3}\iint\int_{-\infty}^{\infty} e^{i\boldsymbol{P}\cdot(\boldsymbol{x}_f - \boldsymbol{x}_i)/\hbar}\,d^3P \tag{13}$$

(C)向外波、向內波、傳播子

接著來看看(6)式右邊第二項 $(E - \hat{H}_0 \pm i\varepsilon)^{-1}$ 內的 $(\pm i\varepsilon)$ 的物理：$(+i\varepsilon)$ 扮演向外波，而 $(-i\varepsilon)$ 帶來向內波。(6)式的 ϕ 是自由 Hamiltonian $\hat{H}_0$ 的本徵態 $\hat{H}_0\phi = E_0\phi = \frac{\hbar^2 k_0^2}{2m}\phi$，則 $\langle \boldsymbol{x}|\phi\rangle = e^{i\boldsymbol{k}_0\cdot\boldsymbol{x}}$ 的平面波，故(6)式是：

$$\langle \boldsymbol{x}|\psi^{(+)}\rangle = \psi^{(+)}(\boldsymbol{x}) = e^{i\boldsymbol{k}_0\cdot\boldsymbol{x}} + \int d^3x' d^3x''\,\langle \boldsymbol{x}|\frac{1}{E_0 - \hat{H}_0 + i\varepsilon}|\boldsymbol{x}'\rangle\langle \boldsymbol{x}'|\hat{V}|\boldsymbol{x}''\rangle\langle \boldsymbol{x}''|\psi^{(+)}\rangle$$

如果是局部相互作用：則 $\langle \boldsymbol{x}'|\hat{V}|\boldsymbol{x}''\rangle = \langle \boldsymbol{x}'|\hat{V}|\boldsymbol{x}'\rangle\,\delta^3(\boldsymbol{x}' - \boldsymbol{x}'') = V(\boldsymbol{x}')\,\delta^3(\boldsymbol{x}' - \boldsymbol{x}'')$

$$\therefore \psi^{(+)}(\boldsymbol{x}) = e^{i\boldsymbol{k}_0\cdot\boldsymbol{x}} + \int d^3x'\,\langle \boldsymbol{x}|\frac{1}{E_0 - \hat{H}_0 + i\varepsilon}|\boldsymbol{x}'\rangle\,V(\boldsymbol{x}')\,\psi^{(+)}(\boldsymbol{x}') \tag{14}$$

$$\begin{aligned}\left\langle \boldsymbol{x}\left|\frac{1}{E - \hat{H}_0 + i\varepsilon}\right|\boldsymbol{x}'\right\rangle &= \int d^3k\,d^3k'\,\langle \boldsymbol{x}|\boldsymbol{k}\rangle\left\langle \boldsymbol{k}\left|\frac{1}{E_0 - \hat{H}_0 + i\varepsilon}\right|\boldsymbol{k}'\right\rangle\langle \boldsymbol{k}'|\boldsymbol{x}'\rangle \\ &= \int d^3k\,d^3k'\,\langle \boldsymbol{x}|\boldsymbol{k}\rangle\,\frac{1}{E_0 - \hbar^2 k'^2/2m + i\varepsilon}\,\delta^3(\boldsymbol{k} - \boldsymbol{k}')\,\langle \boldsymbol{k}'|\boldsymbol{x}'\rangle \\ &= \frac{2m}{\hbar^2}\int d^3k\,\langle \boldsymbol{x}|\boldsymbol{k}\rangle\,\frac{1}{k_0^2 - k^2 + i\eta}\,\langle \boldsymbol{k}|\boldsymbol{x}'\rangle\end{aligned} \tag{15}$$

$$\left\{\begin{array}{l}\eta \equiv 2m\varepsilon/\hbar^2>0\\ \langle \boldsymbol{x}|\boldsymbol{k}\rangle=\dfrac{1}{(2\pi)^{3/2}}e^{i\boldsymbol{k}\cdot\boldsymbol{x}},\quad \langle \boldsymbol{k}|\boldsymbol{x}'\rangle=\dfrac{1}{(2\pi)^{3/2}}e^{-i\boldsymbol{k}\cdot\boldsymbol{x}'}\end{array}\right.$$

$$=\frac{2m}{\hbar^2}\frac{1}{(2\pi)^3}\int d^3k e^{i\boldsymbol{k}\cdot(\boldsymbol{x}-\boldsymbol{x}')}\frac{1}{k_0^2-k^2+i\eta}$$

假定$\boldsymbol{k}$的分佈是球對稱，則可以使用$\boldsymbol{k}=\boldsymbol{p}/\hbar$空間的球座標，且如右圖，取$(\boldsymbol{x}-\boldsymbol{x}')\equiv \boldsymbol{r}$方向為$k_z$軸，而在和$k_z$軸垂直的平面上，依右手系規則取$k_x$和$k_y$軸，則得：

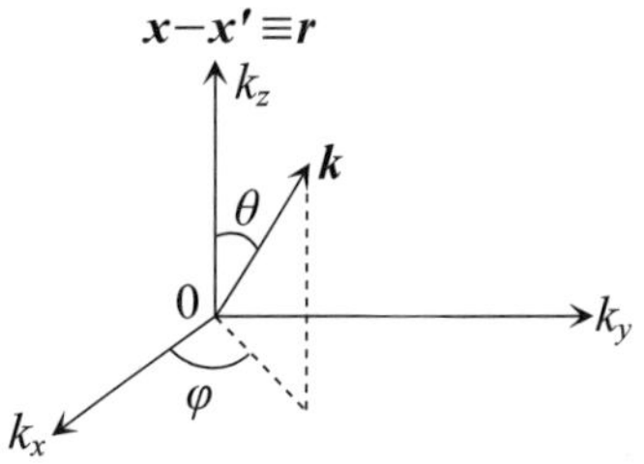

$$\int d^3k=\int_0^\infty dk\int_0^\pi k d\theta\int_0^{2\pi}k\sin\theta d\varphi$$
$$=\int_0^\infty k^2 dk\int_0^\pi \sin\theta d\theta\int_0^{2\pi}d\varphi$$

$$\therefore \langle \boldsymbol{x}|\frac{1}{E-\hat{H}_0+i\varepsilon}|\boldsymbol{x}'\rangle=-\frac{2m}{\hbar^2}\frac{1}{(2\pi)^3}\int_0^\infty\int_0^\pi\int_0^{2\pi}\frac{1}{k^2-k_0^2-i\eta}e^{ikr\cos\theta}k^2\sin\theta dk\,d\theta\,d\varphi$$
$$=-\frac{2m}{\hbar^2}\frac{1}{(2\pi)^2}\int_0^\infty dk\frac{k}{k^2-k_0^2-i\eta}\left[-\frac{1}{ir}e^{ikr\cos\theta}\right]_0^\pi$$
$$=-\frac{2m}{\hbar^2}\frac{1}{4\pi^2}\frac{1}{ir}\int_0^\infty\frac{k(e^{ikr}-e^{-ikr})}{k^2-k_0^2-i\eta}dk$$

當$k\to -k$時，上式的被積分函數不變，是偶函數，故對k的積分可寫成$\int_0^\infty dk\to\frac{1}{2}\int_{-\infty}^\infty dk$

$$\therefore \langle \boldsymbol{x}\left|\frac{1}{E-\hat{H}_0+i\varepsilon}\right|\boldsymbol{x}'\rangle=-\frac{2m}{\hbar^2}\frac{1}{4\pi^2}\frac{1}{2ir}\int_{-\infty}^\infty\frac{k(e^{ikr}-e^{-ikr})}{k^2-k_0^2-i\eta}dk \tag{16}$$

散射問題的k是，如(16)式的連續變化量，於是當$k\to\pm k_0$時，(16)式的分母→0，即$k=\pm k_0$是極點（poles），為了避免發散才導進$i\eta$，即$i\varepsilon$。(16)式的分母是：

$$k^2-k_0^2-i\eta=(k-k_0-i\sigma/2)(k+k_0+i\sigma/2) \tag{17}$$

積分是對k執行，且$k=(-\infty\sim+\infty)$，而k_0是固定，$\eta\equiv k_0\sigma>0$且很小。同時使著$|\boldsymbol{k}|\to\infty$時，指數函數會出現$e^{-\sigma r/2}$因子，這因子能使從圖三半圓周來的積分值$=0$，稱為衰減因子（damping facor，看一直到(18)式的下面演算過程）。必須滿足以上這些細節去因數分解(17)式左邊，結果兩個極點（pole）如圖三，於是(16)式右邊e^{ikr}和e^{-ikr}項的複數積分路徑分別為C和C'。各極點的留數或剩餘值（residue）R_c和$R_{C'}$各為：

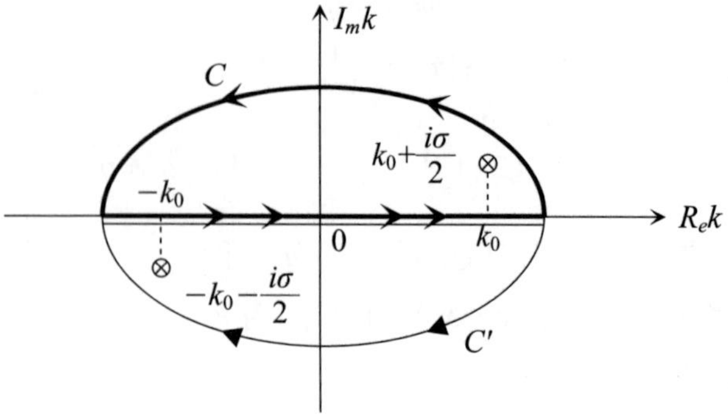

複數k面

圖三

$$R_c=2\pi i\lim_{\substack{k\to k_0\\ \sigma\to 0}}(k-k_0-i\sigma/2)\frac{k\mathrm{e}^{ikr}}{(k-k_0-i\sigma/2)(k+k_0+i\sigma/2)}=\pi i\mathrm{e}^{ik_0r}$$

$$R_{c'}=-2\pi i\lim_{\substack{k\to -k_0\\ \sigma\to 0}}(k+k_0+i\sigma/2)\frac{-k\mathrm{e}^{-ikr}}{(k-k_0-i\sigma/2)(k+k_0+i\sigma/2)}=\pi i\mathrm{e}^{ik_0r}$$

$$\oint \mathrm{d}k=\int_{-\infty}^{\infty}\mathrm{d}k+\int_{\text{半圓周}}\mathrm{d}k \longleftarrow \text{路徑 } C \text{ 或 } C'$$

半圓周的部分，由於$\mathrm{e}^{ikr}\to \mathrm{e}^{i|k|r}\mathrm{e}^{-\sigma r/2}$，而$\mathrm{e}^{-\sigma r/2}=\mathrm{e}^{-\eta r/2k_0}\to 0$當取很大的$r$時，故得：

$$\oint \mathrm{d}k=\int_{-\infty}^{\infty}\mathrm{d}k \tag{18}$$

將以上結果代入(16)式得：

$$\langle \boldsymbol{x}|\frac{1}{E-\hat{H}_0+i\varepsilon}|\boldsymbol{x}'\rangle=-\frac{2m}{\hbar^2}\frac{1}{4\pi}\frac{1}{r}\mathrm{e}^{ik_0r}=-\frac{2m}{\hbar^2}\frac{1}{4\pi|\boldsymbol{x}-\boldsymbol{x}'|}\mathrm{e}^{ik_0|\boldsymbol{x}-\boldsymbol{x}'|} \tag{19}$$
$$=\text{向外的球面波}\frac{1}{r}\mathrm{e}^{ik_0r}$$

即(14)式右邊的“$+i\varepsilon$”，$\varepsilon>0$帶來向外的球面波。波函數$\psi^{(+)}(\boldsymbol{x})$的“+”表示散射波是向外波（outgoing wave），是對應於“$+i\varepsilon$”放上去的右上標“+”。

$$\therefore \psi^{(+)}(\boldsymbol{x})=\mathrm{e}^{i\boldsymbol{k}_0\cdot\boldsymbol{x}}-\frac{2m}{\hbar^2}\frac{1}{4\pi}\int \mathrm{d}^3x'\frac{\mathrm{e}^{ik_0|\boldsymbol{x}-\boldsymbol{x}'|}}{|\boldsymbol{x}-\boldsymbol{x}'|}V(\boldsymbol{x}')\psi^{(+)}(\boldsymbol{x}') \tag{20}$$

(20)式的圖示如圖四。(15)式左邊的$(E-\hat{H}_0+i\varepsilon)^{-1}$的空間表示式，它稱作 **Green 函數** $G^{(+)}(\boldsymbol{x},\boldsymbol{x}')$：

$$\langle \boldsymbol{x} \left| \frac{1}{E-\hat{H}_0+i\varepsilon} \right| \boldsymbol{x}' \rangle \equiv G^{(+)}(\boldsymbol{x},\boldsymbol{x}') \tag{21}$$

則⒁式可以寫成：

$$\psi^{(+)}(\boldsymbol{x})=e^{i\boldsymbol{k}_0\boldsymbol{x}}+\int d^3x'\,G^{(+)}(\boldsymbol{x},\boldsymbol{x}')\,V(\boldsymbol{x}')\,\psi^{(+)}(\boldsymbol{x}') \tag{22}$$

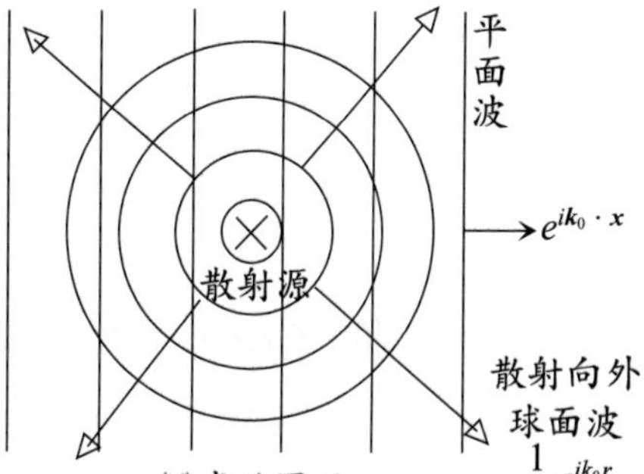

⒇式的圖示

圖四

㉒式右邊第二項的圖示如圖五。$V(\boldsymbol{x}')=\langle \boldsymbol{x}'|\hat{H}_{\text{int}}|\boldsymbol{x}'\rangle$，設$\Gamma=V(\boldsymbol{x}')$存在的空間，則$G(\boldsymbol{x},\boldsymbol{x}')$等於把，在$\Gamma$內$\boldsymbol{x}'$點的相互作用信息（結果），**原封不動地傳達到無相互作用的$\boldsymbol{x}$點**，$G(\boldsymbol{x},\boldsymbol{x}')$**類似搬運信息者**，所以稱$G(\boldsymbol{x},\boldsymbol{x}')$為**傳播子**（propagator），數學名稱為**Green函數**，是紀念英國數學家 Green（Geoge Green 1793～1841 年）的名稱。這裡的$G^{(+)}(\boldsymbol{x},\boldsymbol{x}')$如㉑式，僅和$\hat{H}_0$有關，故叫**自由傳播子**（free propagator），其右上標表示向外波邊界條件。

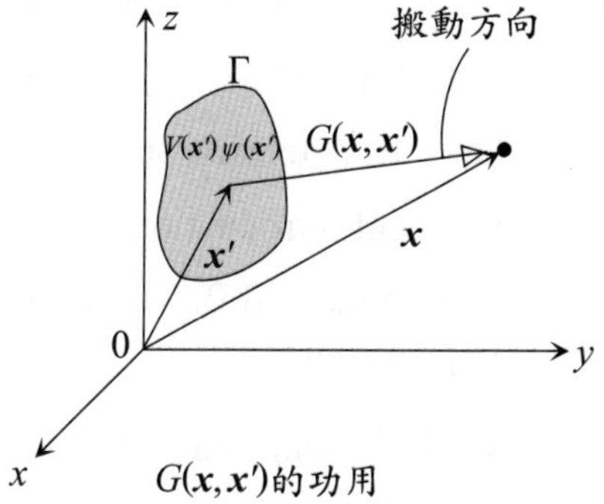

$G(\boldsymbol{x},\boldsymbol{x}')$的功用

圖五

搬運工作必須對所有的相互作用領域執行，這就是㉒式右邊的積分。從以上描述的這些物理，相信讀者已發現，**Green函數所滿足的微分方程，僅和點源有關而已。**例如物理系統的運動方程式是：

$$\mathcal{L}\varphi(\boldsymbol{x},t)=-S(\boldsymbol{x},t) \tag{23}$$

$\mathcal{L}$=算符，$S(\boldsymbol{x},t)$=相互作用源存在領域，則 Green 函數滿足的微分方程是：

$$\begin{aligned}\mathcal{L}G(\boldsymbol{x},t;\boldsymbol{x}',t')&=-\delta^3(\boldsymbol{x}-\boldsymbol{x}')\delta(t-t')\\&=\text{點源(source)}\end{aligned} \tag{24}$$

$$\therefore \varphi(\boldsymbol{x},t)=\phi_0(\boldsymbol{x},t)+\int d^4x'G(\boldsymbol{x},t;\boldsymbol{x}',t')S(\boldsymbol{x}',t') \tag{25}$$

$\phi_0(\boldsymbol{x},t)$為$S(\boldsymbol{x},t)=0$時的解。

同推導⒇式的過程得：

$$\begin{aligned}\langle \boldsymbol{x} \left| \frac{1}{E-\hat{H}_0-i\varepsilon} \right| \boldsymbol{x}' \rangle &=-\frac{2m}{\hbar^2}\frac{1}{4\pi}\frac{1}{|\boldsymbol{x}-\boldsymbol{x}'|}e^{-ik_0|\boldsymbol{x}-\boldsymbol{x}_0'|}\\&=\text{向內球面波}\end{aligned} \tag{26}$$

$$
\begin{aligned}
\psi^{(-)}(\boldsymbol{x}) &= e^{i\boldsymbol{k}_0\cdot\boldsymbol{x}} + \int d^3x' \left\langle \boldsymbol{x} \left| \frac{1}{E-\hat{H}_0-i\varepsilon} \right| x' \right\rangle V(\boldsymbol{x}')\psi^{(-)}(\boldsymbol{x}') \\
&= e^{i\boldsymbol{k}_0\cdot\boldsymbol{x}} + \int d^3x' G^{(-)}(\boldsymbol{x},\boldsymbol{x}')V(\boldsymbol{x}')\psi^{(-)}(\boldsymbol{x}') \\
&= e^{i\boldsymbol{k}_0\cdot\boldsymbol{x}} - \frac{2m}{\hbar^2}\frac{1}{4\pi}\int d^3x' \frac{1}{|\boldsymbol{x}-\boldsymbol{x}'|} e^{-i\boldsymbol{k}_0(\boldsymbol{x}-\boldsymbol{x}')} V(\boldsymbol{x}')\psi^{(-)}(\boldsymbol{x}')
\end{aligned} \tag{27}
$$

這裡所用的 Green 函數，嚴格地該稱為**因果 Green 函數**（causal Green function），它又稱作**傳播子**（propagator），進一步內容請看附錄 K。同時為了增進瞭解，在這裡使用和我們最親近的三維空間的非相對性理論來說明，但附錄 K 是相對性理論的四維空間。

☞(58) K. Holinde and R. Machleidt; Nucl. Phys. **A256** (1976) 479

☞(59) C. L. Lin and K. P. Li; Prog. Theor. Phys. **81** (1989) 140

☞(60) Ian J. R. Aitchison and Anthony J. G. Hey; Gauge Theories in Particle Physics — A Practical Introduction — , Adam Hilger, Techno House (1989) 2nd. ed.

☞(61) W. Greiner and B. Müller: Quantum Mechanics — Symmetries, Springer-Verlag 香港版（1993）

M. Gell-Mann, Phys. Rev. **125 (3)** (1961) 1067

☞(62) M. Gell-Mann, Phys. Lett.**8** (1964)214

☞(63) David J. Gross and Frank Wilczek , Phys. Rev. Lett. **30 (26)** (1973) 1343

H. David Politzer, Phys. Rev. Lett. **30 (26)** (1973) 1346

Sidney Coleman and David J. Gross, Phys. Rev. Lett. **31(13)** (1973) 851

H. Fritzsch, M. Gell-Mann and H. Leutwyler, Phys. Lett. **47B (4)** (1973) 365

☞(64) L. D. Faddeev and V. N. Popov, Phys. Lett. **25B (1)** (1967) 29

☞(65) N. Cabibbo, Phys. Rev. Lett. **10** (1963) 531

☞(66) T. D. Lee: Particle Physics and Introduction to Field Theory, Harwood Academic Publishers GmbH (1981)

☞(67) M. Kobayashi and K. Maskawa, Prog. Theor. Phys, **49** (1973) 652

☞(68)在 2004 年的高能物理國際會議，確定有微中子振盪，即等於驗證微中子有靜止質量，但到底多少，尚未確定（2010 年夏）。至於 B 介子的 CP 破壞（CP-violation）度遠比 K 介子的破壞度大（約 10^3 倍）之事，在 2002 年初就確定，因此在 2008 年 Kobayashi 和 Maskawa 獲得 Nobel 物理獎。不過對 B 和 K 的 CP 破壞根源和機制是什麼？尚未（2010 年夏）有清楚交待。

附　錄

- ☞ 附錄 I.　Dirac（電子）方程和解及推導V_{OPEP}
- ☞ 附錄 J.　角動量
- ☞ 附錄 K.　Green 函數，Feynman 傳播子

說明：

(1)附錄 A、B、C、D、E、F 在本套書的「力學」

(2)附錄 G 在本套書的「電磁學」

(3)附錄 H 在本套書的「近代物理 I」

附錄 I

Dirac（電子）方程和解及推導V_{OPEP}

(A)自旋$\frac{1}{2}$的 Fermi 粒子的運動方程式

(B)一些常用記號和度規矩陣（metric matrix）$g^{\mu\nu}=g_{\mu\nu}$

(C)解（I-8b）式

(D)連續性方程式（equation of continuity）

(E)交換單π介子勢能（one-pion exchange potential energy ≡ OPEP energy）V_{OPEP}

Dirac（電子）方程和解及推導交換單π介子勢能（one-pion exchange potential energy）

(A)自旋$\frac{1}{2}$的 Fermi 粒子的運動方程式

要推導交換單π介子勢能，必用到相對論量子力學，由 11 章後註(9)的(13)式得，靜止質量m_0自旋$\frac{1}{2}$的自由 Fermi 子的運動方程式：

$$(\boldsymbol{\alpha}\cdot\boldsymbol{P}+m_0c\beta)\,\psi(\xi,t)=i\hbar\frac{\partial\psi(\xi,t)}{c\partial t} \qquad \text{(I-1a)}$$

$$\left.\begin{array}{l}\alpha_i\alpha_j+\alpha_j\alpha_i\equiv\{\alpha_i,\alpha_j\}=2\delta_{ij}\mathbb{1}\\ \alpha_i\beta+\beta\alpha_i\equiv\{\alpha_i,\beta\}=0\end{array}\right\}i\text{、}j=1,2,3 \qquad \text{(I-1b)}$$

$$\begin{aligned}&\xi\equiv(\boldsymbol{x},\boldsymbol{\sigma})\text{，}\qquad \boldsymbol{\sigma}=Pauli\text{ 矩陣}=(\sigma_1,\sigma_2,\sigma_3)\\ &\boldsymbol{\alpha}\equiv\begin{pmatrix}0&\boldsymbol{\sigma}\\ \boldsymbol{\sigma}&0\end{pmatrix}\text{，}\quad \beta=\begin{pmatrix}\mathbb{1}&0\\0&-\mathbb{1}\end{pmatrix}\text{，}\quad \mathbb{1}=\begin{pmatrix}1&0\\0&1\end{pmatrix}=\text{單位矩陣}\\ &\sigma_1=\begin{pmatrix}0&1\\1&0\end{pmatrix}\text{，}\quad \sigma_2=\begin{pmatrix}0&-i\\i&0\end{pmatrix}\text{，}\quad \sigma_3=\begin{pmatrix}1&0\\0&-1\end{pmatrix}\end{aligned} \qquad \text{(I-2)}$$

$\boldsymbol{\alpha}$和β都是無因次的 Hermitian 算符，是 4×4 的矩陣，故ψ是 4×1 的矩陣。在相對論，時間 t 和空間$\boldsymbol{x}$，及能量 E（或質量 m）和動量$\boldsymbol{P}$如同第九章的表（9-1），是統一用四向量（four vector）表示，但四向量如第七章（7-147a）～（7-147d）式，有四種表示法，**在此採用（7-147d）式的標誌（notation）**：

$$\left\{\begin{array}{l}x^\mu\equiv(ct,\boldsymbol{x}),\equiv(x^0,\boldsymbol{x}),\quad \mu=0,1,2,3\\ x_\mu\equiv(ct,-\boldsymbol{x})=(x_0,-\boldsymbol{x}),\quad x^0=x_0\equiv ct\end{array}\right\} \qquad \text{(I-3)}$$

$$\left\{\begin{array}{l}P^\mu=(mc,\boldsymbol{P})=(E/c,\boldsymbol{P})\equiv(p^0,\boldsymbol{P})\\ P_\mu=(mc,-\boldsymbol{P})=(E/c,-\boldsymbol{P})=(p_0,-\boldsymbol{P}),\quad P^0=P_0\equiv E/c\end{array}\right\} \qquad \text{(I-4)}$$

$$\left\{\begin{array}{l}m(u)=\dfrac{m_0}{\sqrt{1-\boldsymbol{u}^2/c^2}}\equiv m,\ m(u=0)\equiv m_0\\ \boldsymbol{u}=\text{靜止質量 }m_0\text{ 的粒子速度，}\ E=mc^2\end{array}\right\} \qquad \text{(I-5)}$$

$\boldsymbol{u}^2=\boldsymbol{u}\cdot\boldsymbol{u}$，c=光速，$x^\mu$和$x_\mu$分別叫**反協變向量**（contravariant vector）和**協變向量**（covariant vector）。任意兩個四向量 A 和 B 的內積（scalar product）是：

$$A\cdot B=A^\mu B_\mu=A_\mu B^\mu=A_0B_0-\boldsymbol{A}\cdot\boldsymbol{B} \qquad \text{(I-6)}$$

凡是遇到接連的兩個同樣指標，表示對其成分全加起來，例如$A^{\mu}B_{\mu} \equiv \sum_{\mu=0}^{3} A^{\mu}B_{\mu}$。第 0 成分$A_0 = A^0$，$B_0 = B^0$，內積（I-6）式是 Lorentz 不變（Lorentz invariance）量，即物理量的形式經 Lorentz 變換不變。那麼（I-la）式能不能寫成 Lorentz 不變形式呢？回答是「可以」，並且有好多方法，目前流行的有下述兩種標誌法：

(1) Pauli，李政道，Sakurai 等人用的標誌

他們使用（7-147a）式的標誌$(\boldsymbol{x}, ict) \equiv (\boldsymbol{x}, x_4) \equiv x_\nu$，不像（I-3）式那樣用右上下標，直接使用虛數，$\nu = 1, 2, 3, 4$。他們設：

$$\left.\begin{aligned} &\gamma_4 \equiv \beta = \begin{pmatrix} \mathbb{1} & 0 \\ 0 & -\mathbb{1} \end{pmatrix} \\ &\gamma_k \equiv -i\beta\alpha_k = \begin{pmatrix} 0 & -i\sigma_k \\ i\sigma_k & 0 \end{pmatrix}, \quad k = 1, 2, 3 \end{aligned}\right\} \tag{I-7a}$$

從（I-1a）式左右的左邊乘上（$-i\beta$）得：

$$(\boldsymbol{\gamma} \cdot \boldsymbol{P} - im_0c)\,\psi(\xi, t) = \hbar\gamma_4 \frac{\partial\psi}{c\partial t}$$

$\boldsymbol{r}$表象時$\boldsymbol{P} \to \hat{\boldsymbol{P}} = -i\hbar\nabla$

$$\therefore \left(\hbar\boldsymbol{\gamma} \cdot \nabla + m_0c\right)\psi(\xi, t) = -\hbar\gamma_4 \frac{\partial\psi}{ic\partial t} = -\hbar\gamma_4 \frac{\partial\psi}{\partial x_4}$$

$$\therefore \left\{\hbar(\boldsymbol{\gamma} \cdot \nabla + \gamma_4 \frac{\partial}{\partial x_4}) + m_0c\right\}\psi(\xi, t) \equiv \left(\hbar\gamma_\nu \frac{\partial}{\partial x_\nu} + m_0c\right)\psi(\xi, t) = 0 \tag{I-7b}$$

$$\frac{\partial}{\partial x_\nu} = \nabla + \frac{\partial}{ic\partial t} = \nabla + \frac{\partial}{\partial x_4} \tag{I-7c}$$

由（I-1b）和（I-7a）式得：

$$\{\gamma_\mu, \gamma_\nu\} = 2\delta_{\mu\nu}\mathbb{1}, \qquad \delta_{\mu\nu}\mathbb{1} = \begin{pmatrix} 1 & 0 & 0 & 0 \\ 0 & 1 & 0 & 0 \\ 0 & 0 & 1 & 0 \\ 0 & 0 & 0 & 1 \end{pmatrix} \tag{I-7d}$$

且 $$\gamma_\mu^+ = \gamma_\mu, \qquad \gamma_1\gamma_2\gamma_3\gamma_4 \equiv \gamma_5 \tag{I-7e}$$

有時把$\delta_{\mu\nu}\mathbb{1}$簡寫成$\delta_{\mu\nu}$，由於直接用虛數 i，於是所有的三或四維的向量成分只有右下標。（I-7b）式是 Pauli 等人的自旋$\frac{1}{2}$的自由 Fermi 子運動方程式，γ_μ叫γ**矩陣**。

(2) Dirac，Bjorken 和 Drell，Schweber 等人用的標誌：

使用（I-3）、（I-4）式的標誌，有右上下標，換句話，用右上下標來得 $i=\sqrt{-1}$ 的平方帶來的 Minkowsky 空間虛數軸單位向量的內積的 (-1) 值，Pauli 他們是直接使用虛數 i 的平方來得 (-1)。Bjorken-Drell 設：

$$\left.\begin{array}{ll}\gamma^k \equiv \beta\alpha_k, & k=1,2,3 \\ \gamma^0=\gamma_0\equiv\beta & \end{array}\right\} \tag{I-8a}$$

從（I-1a）式左右的左邊乘上 $\beta=\gamma^0$ 得：

$$(\boldsymbol{\gamma}\cdot\boldsymbol{P}+m_0c)\,\psi(\xi,t)=i\hbar\gamma^0\frac{\partial\psi}{\partial(ct)}=i\hbar\gamma^0\frac{\partial\psi}{\partial x^0}$$

$\boldsymbol{r}$ 表象時 $\boldsymbol{P}\rightarrow\hat{\boldsymbol{P}}=-i\hbar\boldsymbol{\nabla}$ 代入上式得：

$$\left\{i\hbar\left(\gamma^0\frac{\partial}{\partial x^0}+\boldsymbol{\gamma}\cdot\boldsymbol{\nabla}\right)-m_0c\right\}\psi(\xi,t)=0$$

$$\therefore\left(i\hbar\gamma^\mu\frac{\partial}{\partial x^\mu}-m_0c\right)\psi(\xi,t)=0 \tag{I-8b}$$

（I-8b）式是 Bjorken-Drell 等人的標誌，靜止質量 m_0 自旋 $\frac{1}{2}$ 的自由 Fermi 子的運動方程式，這是我們要用的方程式，下面全用 Bjorken-Drell 標誌。

(B)一些常用記號和度規矩陣（metric matrix）$g^{\mu\nu}=g_{\mu\nu}$

為了簡化書寫常使用：

$$\gamma^\mu\frac{\partial}{\partial x^\mu}=\not{\nabla}\ ,\quad i\hbar\not{\nabla}\equiv\not{P} \tag{I-9a}$$

並且為了配合內積的（I-6）式書寫，四向量內積符號常用：

$$\frac{\partial}{\partial x^\mu}\equiv\partial_\mu,\qquad \frac{\partial}{\partial x_\mu}\equiv\partial^\mu \tag{I-9b}$$

$$\therefore\gamma^\mu\frac{\partial}{\partial x^\mu}=\gamma^\mu\partial_\mu=\gamma_\mu\partial^\mu=\not{\nabla} \tag{I-9c}$$

接著是尋找協變向量和反協變向量間的變換矩陣，最好是直接使用 Lorentz 不變量的內積來推導，不過在這裡使用較直觀的方法來推導，考慮 $\gamma^\mu=(\gamma^0,\boldsymbol{\gamma})$ 和任意四向量 A 的內積，則由（I-6）式，A 必須寫成協變量 $A_\mu=(A_0,-\boldsymbol{A})$ 才可：

$$\gamma^{\mu}A_{\mu}=\gamma^{0}A_{0}-\boldsymbol{\gamma}\cdot\boldsymbol{A}=\gamma_{\mu}A^{\mu}=\gamma_{0}A^{0}-\boldsymbol{\gamma}\cdot\boldsymbol{A} \tag{I-10a}$$

$\gamma^0=\gamma_0=\beta$，而γ^k的定義如（I-8a）式，那麼如何從γ^k得γ_k呢？內積是 Lorentz 不變量，於是從內積的（I-10a）式必能得γ_k和γ^k的關係，依（I-3）式，四向量 A 的協變反協變表示是：

$$\left.\begin{aligned}A_{\mu}&=(A_0,-\boldsymbol{A})=(A_0,-A_1,-A_2,-A_3)\\ A^{\mu}&=(A^0,\boldsymbol{A})=(A^0,A^1,A^2,A^3)\end{aligned}\right\} \tag{I-10b}$$

$\boldsymbol{A}$是三維空間向量，其成分習慣上是用右下標$\boldsymbol{A}=(A_1,A_2,A_3)$，僅限於三維空間，我們也可寫成$\boldsymbol{A}=(A^1,A^2,A^3)$，但到了四維空間就受到（I-3）式標誌的限制，不能隨便書寫，因為：

$$A^0=A_0\,,\,A^1=-A_1\,,\,A^2=-A_2\,,\,A^3=-A_3 \tag{I-10c}$$

那麼如何才能得（I-10c）式的關係呢？$\boldsymbol{\alpha}$、β、$\boldsymbol{\gamma}$、γ_0都是 4×4 矩陣，故協變向量A_{μ}和反協變向量A^{μ}間的變換矩陣必是 4×4 矩陣，設為 G，且四向量A^{μ}是 4×1 矩陣，即：

$$G\equiv\begin{pmatrix}a_0&a_1&a_2&a_3\\b_0&b_1&b_2&b_3\\c_0&c_1&c_2&c_3\\d_0&d_1&d_2&d_3\end{pmatrix},\qquad (A^{\mu})=\begin{pmatrix}A^0\\A^1\\A^2\\A^3\end{pmatrix} \tag{I-10d}$$

則從（I-10c）和（I-10d）式得：

$$(A_0)=G(A^0)=G\begin{pmatrix}A^0\\0\\0\\0\end{pmatrix}=A^0\begin{pmatrix}a_0\\b_0\\c_0\\d_0\end{pmatrix}=(A^0)=A^0\begin{pmatrix}1\\0\\0\\0\end{pmatrix}\leftarrow A^0=A_0$$

$$(A_1)=G(A^1)=G\begin{pmatrix}0\\A^1\\0\\0\end{pmatrix}=A^1\begin{pmatrix}a_1\\b_1\\c_1\\d_1\end{pmatrix}=-(A^1)=-\begin{pmatrix}0\\A^1\\0\\0\end{pmatrix}=-A^1\begin{pmatrix}0\\1\\0\\0\end{pmatrix}=A^1\begin{pmatrix}0\\-1\\0\\0\end{pmatrix}$$

$$(A_2)=G(A^2)=A^2\begin{pmatrix}a_2\\b_2\\c_2\\d_2\end{pmatrix}=-(A^2)=-A^2\begin{pmatrix}0\\0\\1\\0\end{pmatrix}=A^2\begin{pmatrix}0\\0\\-1\\0\end{pmatrix}$$

$$(A_3)=G(A^3)=A^3\begin{pmatrix}a_3\\b_3\\c_3\\d_3\end{pmatrix}=-(A^3)=-A^3\begin{pmatrix}0\\0\\0\\1\end{pmatrix}=A^3\begin{pmatrix}0\\0\\0\\-1\end{pmatrix}$$

$\therefore a_0=1\ ,\ b_1=c_2=d_3=-1\ ,$ 其他全為 0

（A^μ）或（A_μ）表示A^μ成分或A_μ成分的矩陣。

$$\therefore G=\begin{pmatrix}1&0&0&0\\0&-1&0&0\\0&0&-1&0\\0&0&0&-1\end{pmatrix}\equiv g_{\mu\nu}=g^{\mu\nu} \tag{I-11a}$$

而協變向量A_μ和反協變向量A^ν的變換變成：

$$A_\mu=GA^\nu=g_{\mu\nu}A^\nu \quad \text{不寫成}\ g^{\mu\nu}A^\nu \tag{I-11b}$$

$$\text{或}\ A^\mu=GA_\nu=g^{\mu\nu}A_\nu \quad \text{不寫成}\ g_{\mu\nu}A_\nu \tag{I-11c}$$

（I-11b）和（I-11c）式右邊的表示，完全是配合（I-3）式的右上下標的外表美觀而已，$g_{\mu\nu}$或$g^{\mu\nu}$**叫度規矩陣**，是採用（7-147d）式，即（I-3）式用的度規矩陣；如果使用（7-147c）式的標誌：

$$\left.\begin{aligned}x^\mu&\equiv(\boldsymbol{x},ct)\equiv(\boldsymbol{x},x_4), \qquad \mu=1,2,3,4\\x_\mu&\equiv(\boldsymbol{x},-ct)=(\boldsymbol{x},-x_4)\end{aligned}\right\} \tag{I-12a}$$

$$\text{則度規矩陣}\ G'=\begin{pmatrix}1&0&0&0\\0&1&0&0\\0&0&1&0\\0&0&0&-1\end{pmatrix} \tag{I-12b}$$

在閱讀原子核和基本粒子的書籍時請注意，各書所敘述的下列物理量：

⑴電磁學單位（看第七章後註⑻表一），

⑵四向量標誌（例如(7-147a～d)式的那一個），或

⑶度規矩陣，

⑷ γ 矩陣是（I-7a）還是（I-8a）式，

⑸角動量（軌道和內稟角動量）合成時的前後順序，

⑹單位制是什麼？例如 MKS 制呢？或 CGS 制，或$\hbar=c=1$（叫自然單位制（natural unit））呢？

本書使用的是 MKSA 制，溫度用絕對溫度單位（K, Kelvin），故$\hbar\neq c$ 更不會等於

1，是$\hbar=1.05457266\times10^{-34}$J・s$=6.582122\times10^{-22}$MeV・s，c=$2.99792458\times10^{8}$m/s。由（I-1b）和（I-8a）式以及（I-11a）式得：

$$\gamma^{\mu}\gamma^{\nu}+\gamma^{\nu}\gamma^{\mu}=\{\gamma^{\mu},\gamma^{\nu}\}=2g^{\mu\nu} \tag{I-13a}$$

而定義和贗標量（pseudo scalar）相互作用有關的算符γ^5：

$$\gamma^5\equiv i\gamma^0\gamma^1\gamma^2\gamma^3=\gamma_5=\begin{pmatrix}0 & \mathbb{1}\\ \mathbb{1} & 0\end{pmatrix} \tag{I-13b}$$

把上述靜止質量m_0自旋$\frac{1}{2}$的自由 Fermi 子的運動方程式，在兩種不同標誌的表象整理在下表：

Dirac 的自由電子運動方程式
$(\boldsymbol{\alpha}\cdot\boldsymbol{P}+m_0c\beta)\psi(\xi,t)=i\hbar\dfrac{\partial\psi(\xi,t)}{c\partial t}$ $\boldsymbol{\alpha}=\begin{pmatrix}0 & \boldsymbol{\sigma}\\ \boldsymbol{\sigma} & 0\end{pmatrix}$，$\beta=\begin{pmatrix}\mathbb{1} & 0\\ 0 & -\mathbb{1}\end{pmatrix}$，$\xi\equiv(\boldsymbol{x},\boldsymbol{\sigma})$，$\boldsymbol{\sigma}$=Pauli 矩陣 $\alpha_i\alpha_j+\alpha_j\alpha_i\equiv\{\alpha_i,\alpha_j\}=2\delta_{ij}\mathbb{1}$，$i,j=1,2,3$ $\alpha_i\beta+\beta\alpha_i=\{\alpha_i,\beta\}=0$，$\mathbb{1}$=單位矩陣

	Pauli，李政道等人用的標誌	Bjorken-Drell 等人用的標誌
四向量	$x_\nu=(\boldsymbol{x},ict)\equiv(\boldsymbol{x},x_4)$,　$x_4\equiv ict$ $\nu=1,2,3,4$	$x^\mu\equiv(ct,\boldsymbol{x})\equiv(x_0,\boldsymbol{x})$，　$x^0=x_0\equiv ct$ $x_\mu\equiv(ct,-\boldsymbol{x})=(x_0,-\boldsymbol{x})$，　$\mu=0,1,2,3$
內積	$x\cdot x=x_\nu x_\nu=\boldsymbol{x}^2-c^2t^2=\boldsymbol{x}^2+x_4^2$	$x\cdot x=x_\mu x^\mu=x^\mu x_\mu=c^2t^2-\boldsymbol{x}^2=x_0^2-\boldsymbol{x}^2$
γ矩陣	$\gamma_4\equiv\beta$ $\gamma_k\equiv-i\beta\alpha_k=\begin{pmatrix}0 & -i\sigma_k\\ i\sigma_k & 0\end{pmatrix}$，　$k=1,2,3$ $\{\gamma_\mu,\gamma_\nu\}=2\delta_{\mu\nu}\mathbb{1}$，　$\gamma_\mu^+=\gamma_\mu$ $\gamma_5=\gamma_1\gamma_2\gamma_3\gamma_4=\begin{pmatrix}0 & -\mathbb{1}\\ -\mathbb{1} & 0\end{pmatrix}$	$\gamma^0=\gamma_0\equiv\beta$ $\gamma^k\equiv\beta\alpha_k=\begin{pmatrix}0 & \sigma_k\\ -\sigma_k & 0\end{pmatrix}$，　k=1, 2, 3 $\{\gamma^\mu,\gamma^\nu\}=2g^{\mu\nu}$，　$\gamma^{k+}=-\gamma^k$ $\gamma_\mu=g_{\mu\nu}\gamma^\nu$　，　$g_{\mu\nu}=g^{\mu\nu}=\begin{pmatrix}1 & 0 & 0 & 0\\ 0 & -1 & 0 & 0\\ 0 & 0 & -1 & 0\\ 0 & 0 & 0 & -1\end{pmatrix}$ $\gamma^5=\gamma_5=i\gamma^0\gamma^1\gamma^2\gamma^3$ $=\begin{pmatrix}0 & \mathbb{1}\\ \mathbb{1} & 0\end{pmatrix}$
運動方程式	$(\hbar\gamma_\mu\dfrac{\partial}{\partial x_\mu}+m_0c)\psi(\xi,t)=0$，　$\xi\equiv(\boldsymbol{x},\boldsymbol{\sigma})$	$(i\hbar\gamma^\mu\dfrac{\partial}{\partial x^\mu}-m_0c)\psi(\xi,t)=0$
算符	$\gamma_\mu\dfrac{\partial}{\partial x_\mu}=\boldsymbol{\gamma}\cdot\boldsymbol{\nabla}+\gamma_4\dfrac{\partial}{ic\partial t}=\boldsymbol{\gamma}\cdot\boldsymbol{\nabla}+\gamma_4\dfrac{\partial}{\partial x_4}$ $\square=\boldsymbol{\nabla}^2-\dfrac{1}{c^2}\dfrac{\partial^2}{\partial t^2}$，　$\boldsymbol{\nabla}^2=\boldsymbol{\nabla}\cdot\boldsymbol{\nabla}$	$\gamma^\mu\dfrac{\partial}{\partial x^\mu}=\gamma^0\dfrac{c}{c\partial t}+\boldsymbol{\gamma}\cdot\boldsymbol{\nabla}=\gamma^0\dfrac{\partial}{\partial x^0}+\boldsymbol{\gamma}\cdot\boldsymbol{\nabla}$ $\square=\dfrac{1}{c^2}\dfrac{\partial^2}{\partial t^2}-\boldsymbol{\nabla}^2$，　c=光速

(C)解（I-8b）式

（I-8b）式是靜止質量 m_0 自旋 $\frac{1}{2}$ 的自由 Fermi 子的運動方程式，故其解是平面波，不過粒子有自旋，**暗示著不是點粒子，是有大小的粒子**。下面沒有右上下標的動力學量全表示四向量，設 $u(\boldsymbol{P},\boldsymbol{\sigma})$ 代表 Fermi 子質心的運動函數，則四維空間的平面波 $\psi(x,\boldsymbol{\sigma})$ 是：

$$\psi(x,\boldsymbol{\sigma})=u(\boldsymbol{P},\boldsymbol{\sigma})\boldsymbol{e}^{-iP\cdot x/\hbar},\qquad x \text{ 和 } P \text{ 的標誌＝（I-3）式}$$

$$=u(\boldsymbol{P},\boldsymbol{\sigma})\boldsymbol{e}^{-i(p^0x_0-\boldsymbol{P}\cdot\boldsymbol{x})/\hbar} \qquad \text{（I-14a）}$$

$$\therefore\left(i\hbar\gamma^{\mu}\frac{\partial}{\partial x^{\mu}}-m_0c\right)\psi(x,\boldsymbol{\sigma})=\left\{i\hbar\left(\gamma^0\frac{\partial}{\partial x^0}+\boldsymbol{\gamma}\cdot\boldsymbol{\nabla}\right)-m_0c\right\}u(\boldsymbol{P},\boldsymbol{\sigma})e^{-i(p^0x_0-\boldsymbol{P}\cdot\boldsymbol{x})/\hbar}$$

$$=\boldsymbol{e}^{-i(P^0x_0-\boldsymbol{P}\cdot\boldsymbol{x})/\hbar}\left\{i\hbar\gamma^0\left(-\frac{i}{\hbar}P^0\right)+i\hbar\gamma^k\left(\frac{i}{\hbar}P^k\right)-m_0c\right\}u(\boldsymbol{P},\boldsymbol{\sigma})$$

$$=\boldsymbol{e}^{-iP\cdot x/\hbar}\{\gamma^0P^0-\boldsymbol{\gamma}\cdot\boldsymbol{P}-m_0c\}u(\boldsymbol{P},\boldsymbol{\sigma})=0$$

$$\therefore(\gamma^{\mu}P_{\mu}-m_0c)\,u(\boldsymbol{P},\boldsymbol{\sigma})=0 \qquad \text{（I-14b）}$$

$$\text{設}\,u(\boldsymbol{P},\boldsymbol{\sigma})\equiv\begin{pmatrix}u_1(\boldsymbol{P},\boldsymbol{\sigma})\\u_2(\boldsymbol{P},\boldsymbol{\sigma})\end{pmatrix} \qquad \text{（I-15a）}$$

$$\therefore(\gamma^{\mu}p_{\mu}-m_0c)\,u(\boldsymbol{P},\boldsymbol{\sigma})=(\gamma^0P_0-\boldsymbol{\gamma}\cdot\boldsymbol{P}-m_0c)\begin{pmatrix}u_1(\boldsymbol{P},\boldsymbol{\sigma})\\u_2(\boldsymbol{P},\boldsymbol{\sigma})\end{pmatrix}$$

$$\left\{\begin{array}{l}\gamma_0=\gamma^0=\begin{pmatrix}\mathbb{1}&0\\0&-\mathbb{1}\end{pmatrix},\qquad \boldsymbol{\gamma}=\begin{pmatrix}o&\boldsymbol{\sigma}\\-\boldsymbol{\sigma}&0\end{pmatrix}\\ \text{取}\,P^0=P_0\equiv\dfrac{+E}{c}>0\end{array}\right. \qquad \text{（I-15b）}$$

$$=\left\{\begin{pmatrix}E/c&0\\0&-E/c\end{pmatrix}-\begin{pmatrix}0&\boldsymbol{\sigma}\cdot\boldsymbol{P}\\-\boldsymbol{\sigma}\cdot\boldsymbol{P}&0\end{pmatrix}-\begin{pmatrix}m_0c&0\\0&m_0c\end{pmatrix}\right\}\begin{pmatrix}u_1\\u_2\end{pmatrix}$$

$$=\begin{pmatrix}(E/c-m_0c)&-\boldsymbol{\sigma}\cdot\boldsymbol{P}\\\boldsymbol{\sigma}\cdot\boldsymbol{P}&-(E/c+m_0c)\end{pmatrix}\begin{pmatrix}u_1\\u_2\end{pmatrix}=0$$

$$\therefore\left\{\begin{array}{ll}(E/c-m_0c)u_1-(\boldsymbol{\sigma}\cdot\boldsymbol{P})u_2=\dfrac{E-m_0c^2}{c}u_1-(\boldsymbol{\sigma}\cdot\boldsymbol{P})u_2=0 & \text{（I-15c）}\\(\boldsymbol{\sigma}\cdot\boldsymbol{P})u_1-(E/c+m_0c)u_2=(\boldsymbol{\sigma}\cdot\boldsymbol{P})u_1-\dfrac{E+m_0c^2}{c}u_2=0 & \text{（I-15d）}\end{array}\right.$$

目前取（I-15b）式 $E=+\sqrt{\boldsymbol{P}^2c^2+(m_0c^2)^2}>0$ 的正值能量，平面波的 E 是連續能，於是如用（I-15c）來得 u_1/u_2，便會遇到 $(E-m_0c^2)^{-1}\to\infty$，當 $E\to m_0c^2$，這是非物理量，違背我們的三寶；但如用（I-15d）式就沒這個發散的問題。（I-15c）和（I-15d）

是齊次連立方程式，有無數的解，並且僅能得u_1/u_2的比值，於是必須從物理要求，給u_1或u_2某物理量才行。看下面（I-16a , b）式。

由（I-15d）式得： $$u_2(\boldsymbol{P},\boldsymbol{\sigma})=\frac{c\boldsymbol{\sigma}\cdot\boldsymbol{P}}{E+m_0c^2}u_1(\boldsymbol{P},\boldsymbol{\sigma}) \qquad \text{(I-15e)}$$

由（I-15c）和（I-15e）式得：

$$\frac{E-m_0c^2}{c}u_1-\frac{c(\boldsymbol{\sigma}\cdot\boldsymbol{P})(\boldsymbol{\sigma}\cdot\boldsymbol{P})}{E+m_0c^2}u_1=0$$
$$\therefore\{E^2-(m_0c^2)^2-c^2(\boldsymbol{\sigma}\cdot\boldsymbol{P})(\boldsymbol{\sigma}\cdot\boldsymbol{P})\}u_1=\{E^2-(m_0c^2)^2-c^2\boldsymbol{P}\}u_1=0$$

上式表示（I-15e）式確實是u_2的解，但u_1未定，故得：

$$u(\boldsymbol{P},\boldsymbol{\sigma})=\begin{pmatrix}u_1(\boldsymbol{P},\boldsymbol{\sigma})\\ \dfrac{c(\boldsymbol{\sigma}\cdot\boldsymbol{P})}{E+m_oc^2}u_1(\boldsymbol{P},\boldsymbol{\sigma})\end{pmatrix} \qquad \text{(I-15f)}$$

那麼如何來決定$u_1(\boldsymbol{P},\boldsymbol{\sigma})$呢？它是和自旋有關，自旋$\frac{1}{2}$的 Fermi 子，其自旋函數是$x_{1/2\,m_s}(\boldsymbol{\sigma})$，$m_s=+\frac{1}{2}$和（$-\frac{1}{2}$），為了簡化書寫，設：

$$\left.\begin{array}{l} x_{1/2,m_s=1/2}\equiv x_\uparrow(\boldsymbol{\sigma})=\text{自旋向上（spin up）}=\begin{pmatrix}1\\0\end{pmatrix}\\[2ex] x_{1/2,m_s=-1/2}\equiv x_\downarrow(\boldsymbol{\sigma})=\text{自旋向下（spin down）}=\begin{pmatrix}0\\1\end{pmatrix}\end{array}\right\} \qquad \text{(I-16a)}$$

故可以設： $$u_1(\boldsymbol{P},\boldsymbol{\sigma})=\begin{cases}Nx_\uparrow(\boldsymbol{\sigma}),\\ Nx_\downarrow(\boldsymbol{\sigma}),\end{cases} \quad N=\text{歸一化（normalization）常數} \qquad \text{(I-16b)}$$

即u_1有兩個可能，分別求這兩可能的解u（$\boldsymbol{P},\boldsymbol{\sigma}$）。

(1) E>0，且$u_1^\uparrow(\boldsymbol{P},\boldsymbol{\sigma})\equiv Nx_\uparrow(\boldsymbol{\sigma})$和$u_1^\downarrow(\boldsymbol{P},\boldsymbol{\sigma})\equiv Nx_\downarrow(\boldsymbol{\sigma})$時的$u_2$

由（I-15e）式得，$u_2^\uparrow=N\dfrac{c\boldsymbol{\sigma}\cdot\boldsymbol{P}}{E+m_oc^2}x_\uparrow(\boldsymbol{\sigma})$

$$\begin{aligned}\boldsymbol{\sigma}\cdot\boldsymbol{p}&=\sigma_xP_x+\sigma_yP_y+\sigma_zP_z=\begin{pmatrix}0&P_x\\P_x&0\end{pmatrix}+\begin{pmatrix}0&-iP_y\\iP_y&0\end{pmatrix}+\begin{pmatrix}P_z&0\\0&-P_z\end{pmatrix}\\ &=\begin{pmatrix}P_z&(P_x-iP_y)\\(P_x+iP_y)&-P_z\end{pmatrix}\equiv\begin{pmatrix}P_z&P_-\\P_+&-P_z\end{pmatrix}, \qquad P_\pm\equiv P_x\pm iP_y\end{aligned} \qquad \text{(I-16c)}$$

$$\therefore u_2^\uparrow=N\frac{c}{E+m_0c^2}\begin{pmatrix}P_z&P_-\\P_+&-P_z\end{pmatrix}\begin{pmatrix}1\\0\end{pmatrix}=N\frac{c}{E+m_0c^2}\begin{pmatrix}P_z\\P_+\end{pmatrix} \qquad \text{(I-16d)}$$

同樣得：$$u_2^\downarrow=N\frac{c}{E+m_0c^2}\begin{pmatrix}P_-\\-P_z\end{pmatrix} \qquad \text{(I-16e)}$$

把（I-16d）和（I-16e）式分別代入（I-15f）式得正能量時，自旋向上 $u^{\uparrow}(\boldsymbol{P},\boldsymbol{\sigma})$ 和向下 $u^{\downarrow}(\boldsymbol{P},\boldsymbol{\sigma})$ 的解：

$$u^{\uparrow}(\boldsymbol{P},\boldsymbol{\sigma})=N\begin{pmatrix}1\\0\\\dfrac{cP_z}{E+m_0c^2}\\\dfrac{cP_+}{E+m_0c^2}\end{pmatrix}=N\begin{pmatrix}x^{\uparrow}(\boldsymbol{\sigma})\\\dfrac{c\boldsymbol{\sigma}\cdot\boldsymbol{P}}{E+m_0c^2}x^{\uparrow}(\boldsymbol{\sigma})\end{pmatrix},$$

$$u^{\downarrow}(\boldsymbol{P},\boldsymbol{\sigma})=N\begin{pmatrix}0\\1\\\dfrac{cP_-}{E+m_0c^2}\\\dfrac{-cP_z}{E+m_0c^2}\end{pmatrix}=N\begin{pmatrix}x^{\downarrow}(\boldsymbol{\sigma})\\\dfrac{c\boldsymbol{\sigma}\cdot\boldsymbol{P}}{E+m_0c^2}x^{\downarrow}(\boldsymbol{\sigma})\end{pmatrix},$$

為了統一上兩式左右邊符號，用了 $x^{\uparrow}(\boldsymbol{\sigma})=x_{\uparrow}(\boldsymbol{\sigma})$ 和 $x^{\downarrow}(\boldsymbol{\sigma})=x_{\downarrow}(\boldsymbol{\sigma})$，接著使用 $r=1$ 表示自旋向上，$r=2$ 是自旋向下，則 $u^{\uparrow}$ 和 $u^{\downarrow}$ 可統一地表示：

$$\boxed{u^{(r)}(\boldsymbol{P},\boldsymbol{\sigma})=N\begin{pmatrix}x^{(r)}(\boldsymbol{\sigma})\\\dfrac{c\boldsymbol{\sigma}\cdot\boldsymbol{P}}{E+m_0c^2}x^{(r)}(\boldsymbol{\sigma})\end{pmatrix}}\quad,\ r=1,2,\ P_0=P^0=E/c>0\text{ 的解}\qquad(\text{I-17})$$

而 $(\gamma^{\mu}P_{\mu}-m_0c)u^{(r)}(\boldsymbol{P},\boldsymbol{\sigma})=0$

(2)求 $u^{(r)}(\boldsymbol{P},\boldsymbol{\sigma})$ 的歸一化係數 N

此地採用：James D.Bjorken and Sidney D. Drell, Relativistic Quantum Mechanics, McGraw-Hill Book Company (1964)

的標誌以及歸一化條件：

$$\boxed{u^{(r)+}(\boldsymbol{P},\boldsymbol{\sigma})u^{(s)}(\boldsymbol{P},\boldsymbol{\sigma})\equiv\frac{E}{m_0c^2}\delta_{rs}}\qquad(\text{I-18})$$

（I-18）式的歸一化條件表示靜態時，$E=\sqrt{c^2\boldsymbol{P}^2+(m_0c^2)^2}\ \overline{\overline{_{|\boldsymbol{P}|=0}}}\ m_0c^2$，（I-18）式確實等於 δ_{rs}，

$$\therefore u^{(r)+}(\boldsymbol{P},\boldsymbol{\sigma})u^{(s)}(\boldsymbol{P},\boldsymbol{\sigma})=|N|^2\left(x^{(r)+}(\boldsymbol{\sigma}),\frac{c(\boldsymbol{\sigma}\cdot\boldsymbol{P})}{E+m_0c^2}x^{(r)+}(\boldsymbol{\sigma})\right)\begin{pmatrix}x^{(s)}(\boldsymbol{\sigma})\\\dfrac{c\boldsymbol{\sigma}\cdot\boldsymbol{P}}{E+m_0c^2}x^{(s)}(\boldsymbol{\sigma})\end{pmatrix}$$

$$=|N|^2\left\{1+\frac{c^2(\boldsymbol{\sigma}\cdot\boldsymbol{P})(\boldsymbol{\sigma}\cdot\boldsymbol{P})}{(E+m_0c^2)^2}\right\}\delta_{rs}$$

$$=|N|^2\left\{1+\frac{c^2\boldsymbol{P}^2}{(E+m_0c^2)^2}\right\}\delta_{rs}=|N|^2\frac{2E}{E+m_0c^2}\delta_{rs}$$

$$\equiv\frac{E}{m_0c^2}\delta_{rs}$$

$$\therefore\quad \boxed{N=\sqrt{\frac{E+m_0c^2}{2m_0c^2}}} \qquad \text{(I-19)}$$

（I-17）～（I-19）式是（I-8b）式的 E>0 時的解，不過相對論的能量是如第九章（9-51）式，$E^2=c^2\boldsymbol{P}^2+(m_0c^2)^2$，於是$E=\pm\sqrt{c^2\boldsymbol{P}^2+(m_0c^2)^2}$，有正值 E>0 和負值 E<0。接著來探討 E<0 時的（I-8b）式的解。

(3) E<0 時的（I-8b）式的解

為了E<0 和 E>0 時質心函數有區別，設 E<0 的（I-14a）式的質心函數為 $\boldsymbol{v(P,\sigma)}$，則（I-14b）和（I-15a）式變成：

$$(\gamma^\mu P_\mu-m_0c)\boldsymbol{v}(\boldsymbol{P},\boldsymbol{\sigma})=0 \qquad \longleftarrow (P_0<0,\boldsymbol{P}\to-\boldsymbol{P}) \qquad \text{(I-20a)}$$

$$\boldsymbol{v}(\boldsymbol{P},\boldsymbol{\sigma})\equiv\begin{pmatrix}\boldsymbol{v}_1(\boldsymbol{P},\boldsymbol{\sigma})\\ \boldsymbol{v}_2(\boldsymbol{P},\boldsymbol{\sigma})\end{pmatrix} \qquad \text{(I-20b)}$$

$$\therefore(\gamma^\mu P_\mu-m_0c)\boldsymbol{v}(\boldsymbol{P},\boldsymbol{\sigma})=(\gamma^0P_0-\boldsymbol{\gamma}\cdot\boldsymbol{P}-m_0c)\begin{pmatrix}\boldsymbol{v}_1(\boldsymbol{P},\boldsymbol{\sigma})\\ \boldsymbol{v}_2(\boldsymbol{P},\boldsymbol{\sigma})\end{pmatrix}$$

現在的$p^0=p_0=-E/c<0$，$E\equiv|E|>0$，且$\boldsymbol{P}\to-\boldsymbol{P}$　（I-20c）
表示帶正能量的電子，以動量$\boldsymbol{P}$運動時，帶負能量
的電子向反方向（$-\boldsymbol{P}$）運動（看圖 K-3）。

$$=-\left\{\begin{pmatrix}E/c & 0\\ 0 & -E/c\end{pmatrix}-\begin{pmatrix}0 & \boldsymbol{\sigma}\cdot\boldsymbol{p}\\ -\boldsymbol{\sigma}\cdot\boldsymbol{P} & 0\end{pmatrix}+\begin{pmatrix}m_0c & 0\\ 0 & m_0c\end{pmatrix}\right\}\begin{pmatrix}\boldsymbol{v}_1\\ \boldsymbol{v}_2\end{pmatrix}$$

$$=-\begin{pmatrix}E/c+m_0c & -\boldsymbol{\sigma}\cdot\boldsymbol{P}\\ \boldsymbol{\sigma}\cdot\boldsymbol{P} & -(E/c-m_0c)\end{pmatrix}\begin{pmatrix}\boldsymbol{v}_1\\ \boldsymbol{v}_2\end{pmatrix}$$

$$\therefore\begin{cases}(E/c+m_0c)\boldsymbol{v}_1-(\boldsymbol{\sigma}\cdot\boldsymbol{P})\boldsymbol{v}_2=0 & \text{(I-20d)}\\ (\boldsymbol{\sigma}\cdot\boldsymbol{P})\boldsymbol{v}_1-(E/c-m_0c)\boldsymbol{v}_2=0 & \text{(I-20e)}\end{cases}$$

（I-20d）、（I-20e）式和（I-15c）、（I-15d）的齊次連立方程同性質，故為了獲得不發散的解，必使用（I-20d）式：

$$\boldsymbol{v}_1(\boldsymbol{P},\boldsymbol{\sigma})=\frac{c\boldsymbol{\sigma}\cdot\boldsymbol{P}}{E+m_oc^2}\boldsymbol{v}_2 \qquad \text{(I-20f)}$$

將（I-20f）式代入（I-20e）式得$\{c^2(\boldsymbol{\sigma}\cdot\boldsymbol{P})(\boldsymbol{\sigma}\cdot\boldsymbol{P})-[E^2-(m_oc^2)^2]\}\boldsymbol{v}_2=\{c^2\boldsymbol{P}^2+(m_oc^2)^2-E^2\}\boldsymbol{v}_2=0$，確實滿足（I-20e）式，即$\boldsymbol{v}_1$的解，故得：

$$v(\boldsymbol{P},\boldsymbol{\sigma})=\begin{pmatrix}\dfrac{c\boldsymbol{\sigma}\cdot\boldsymbol{P}}{E+m_0c^2}\,v_2(\boldsymbol{P},\boldsymbol{\sigma})\\[2mm]v_2(\boldsymbol{P},\boldsymbol{\sigma})\end{pmatrix}\qquad\qquad（\text{I-21a}）$$

和（I-16a, b）式同理，設：

$$v_2(\boldsymbol{P},\boldsymbol{\sigma})\equiv\begin{cases}Nx^{\uparrow}(\boldsymbol{\sigma})\equiv N\begin{pmatrix}1\\0\end{pmatrix}\\[3mm]Nx^{\downarrow}(\boldsymbol{\sigma})\equiv N\begin{pmatrix}0\\1\end{pmatrix},\end{cases}\quad \text{N}=\text{歸一化常數}\qquad（\text{I-21b}）$$

則由（I-16c）和（I-21b）式，（I-21a）式有自旋向上的 $v^{\uparrow}(\boldsymbol{P},\boldsymbol{\sigma})$ 和向下的 $v^{\downarrow}(\boldsymbol{P},\boldsymbol{\sigma})$ 的解：

$$v^{\uparrow}(\boldsymbol{P},\boldsymbol{\sigma})=N\begin{pmatrix}\dfrac{cP_z}{E+m_0c^2}\\[2mm]\dfrac{cP_+}{E+m_0c^2}\\[2mm]1\\[1mm]0\end{pmatrix}=N\begin{pmatrix}\dfrac{c\boldsymbol{\sigma}\cdot\boldsymbol{P}}{E+m_0c^2}x^{\uparrow}(\boldsymbol{\sigma})\\[3mm]x^{\uparrow}(\boldsymbol{\sigma})\end{pmatrix}$$

$$v^{\downarrow}(\boldsymbol{P},\boldsymbol{\sigma})=N\begin{pmatrix}\dfrac{cP_-}{E+m_0c^2}\\[2mm]\dfrac{-cP_z}{E+m_0c^2}\\[2mm]0\\[1mm]1\end{pmatrix}=N\begin{pmatrix}\dfrac{c\boldsymbol{\sigma}\cdot\boldsymbol{P}}{E+m_0c^2}x^{\downarrow}(\boldsymbol{\sigma})\\[3mm]x^{\downarrow}(\boldsymbol{\sigma})\end{pmatrix}$$

$$\left.\begin{aligned}&\text{或寫成：}v^{(r)}(\boldsymbol{P},\boldsymbol{\sigma})=N\begin{pmatrix}\dfrac{c\boldsymbol{\sigma}\cdot\boldsymbol{P}}{E+m_0c^2}x^{(r)}(\boldsymbol{\sigma})\\[3mm]x^{(r)}(\boldsymbol{\sigma})\end{pmatrix},\quad\begin{array}{l}P_0=P^0=-E/c\ \text{的解}\\[1mm]r=3\ \text{自旋向上，}r=4\ \text{自旋向下}\\[1mm]E=|E|>0\end{array}\\[2mm]&\text{而（I-20a）式變成：}(\gamma^{\mu}p_{\mu}+m_0c)v^{(r)}(\boldsymbol{P},\boldsymbol{\sigma})=0\end{aligned}\right\}\quad（\text{I-22}）$$

歸一化條件同（I-18）式：

$$v^{(r)+}(\boldsymbol{P},\boldsymbol{\sigma})v^{(s)}(\boldsymbol{P},\boldsymbol{\sigma})\equiv\frac{E}{m_0c^2}\delta_{rs}\qquad\qquad（\text{I-23}）$$

$$\therefore N=\sqrt{\frac{E+m_0c^2}{2m_0c^2}}\qquad\qquad（\text{I-24}）$$

故（I-8b）式的解 $\psi(x,\boldsymbol{\sigma})$ 是：

$$\psi(x,\boldsymbol{\sigma})=\omega^{(r)}(\boldsymbol{P},\boldsymbol{\sigma})e^{\mp ip\cdot x/\hbar}=\omega^{(r)}(\boldsymbol{P},\boldsymbol{\sigma})e^{\mp ik\cdot x}\longleftarrow\begin{pmatrix}``-"&=r\ \text{為}\ 1,2\\``+"&=r\ \text{為}\ 3,4\end{pmatrix}\qquad（\text{I-25a}）$$

$$\omega^{(r)}(\boldsymbol{P},\boldsymbol{\sigma})=\begin{cases}u^{(1,2)}(\boldsymbol{P},\boldsymbol{\sigma})=\text{（I-17）式}\cdots\cdots\cdots P_0=P^0=E/c\\ v^{(3,4)}(\boldsymbol{P},\boldsymbol{\sigma})=\text{（I-22）式}\cdots\cdots\cdots P_0=P^0=-E/c\end{cases}\tag{I-25b}$$

$$E=\sqrt{\boldsymbol{P}^2c^2+(m_0c^2)^2}$$

$$m_0=\text{靜止質量}$$

（I-17）式也好，（I-22）式也好，和第十章V(A)的(1)的自由粒子波函數有截然的差異，後者是非相對論理論，波函數無法自動地包含自旋自由度，而相對論的前者是自動地包含了自旋$\frac{1}{2}$的自由度在其質心函數$\omega^{(r)}$內。因此，在空間旋轉$\psi(x,\boldsymbol{\sigma})$一週，即轉 2π角度不會復元，轉 4π才會復元。由於$\omega^{(r)}(\boldsymbol{P},\boldsymbol{\sigma})$有這種特性，故稱$u^{(r)}(\boldsymbol{P},\boldsymbol{\sigma})$和$v^{(r)}(\boldsymbol{P},\boldsymbol{\sigma})$為**旋量函數**（spinor function，或 spinor），這是從比向量更基本的數學量、叫旋量（spinor）取的名，我們所得的（I-25a）和（I-25b）式都是可供大家使用的無因次量。

(D)連續性方程式（equation of continuity）

從第十章（10-46b）式得：

$$\frac{\partial\rho(\boldsymbol{x},t)}{\partial t}+\boldsymbol{\nabla}\cdot\boldsymbol{S}(\boldsymbol{x},t)=0\tag{I-26a}$$

$$\rho(\boldsymbol{x},t)\equiv\phi^*(\boldsymbol{x},t)\phi(\boldsymbol{x},t)=\text{概率密度（probability density）}\tag{I-26b}$$

$$\begin{aligned}\boldsymbol{S}(\boldsymbol{x},t)&\equiv\frac{\hbar}{2im}\left\{\phi^*(\boldsymbol{x},t)\Big(\boldsymbol{\nabla}\phi(\boldsymbol{x},t)\Big)-\Big(\boldsymbol{\nabla}\phi^*(\boldsymbol{x},t)\Big)\phi(\boldsymbol{x},t)\right\}\\&=\text{概率流密度（probability current density）}\end{aligned}\tag{I-26c}$$

探討散射問題時，（I-26a）式是很重要的關係式，表示概率守恆，在相對論量力、概率也該守恆。（10-46b）式是從Schrödinger方程式所得，故相對論量力也該從運動方程式（I-1a）式著手，從（I-1a）式的左邊乘$\psi^+(\xi,t)$得：

$$i\hbar\psi^+\frac{\partial\psi}{\partial t}=-i\hbar c\sum_{k=1}^{3}\psi^+\alpha_k\left(\frac{\partial\psi}{\partial x^k}\right)+m_0c^2\psi^+\beta\psi\tag{I-27a}$$

取（I-1a）式的 hermitian 共軛（hermitian conjugate）後從右邊乘$\psi(\xi,t)$得：

$$-i\hbar\left(\frac{\partial\psi^+}{\partial t}\right)\psi=i\hbar c\sum_{k=1}^{3}\left(\frac{\partial\psi^+}{\partial x^k}\right)\alpha_k^+\psi+m_0c^2\psi^+\beta^+\psi\tag{I-27b}$$

由於$\alpha_k^+=\alpha_k=\alpha^k$，$\beta^+=\beta$，則｛（I-27a）式－（I-27b）式｝是：

$$i\hbar\frac{\partial}{\partial t}(\psi^+\psi)=-i\hbar\sum_{k=1}^{3}\left[c\frac{\partial}{\partial x^k}(\psi^+\alpha^k\psi)\right]\tag{I-27c}$$

設：
$$\left.\begin{aligned}\rho(\xi,t)&\equiv\psi^{+}(\xi,t)\,\psi(\xi,t)\\J^{k}&\equiv c\psi^{+}(\xi,t)\alpha^{k}\psi(\xi,t)\end{aligned}\right\}\qquad\text{(I-27d)}$$

$c\alpha^k$ 類速度成分 $\boldsymbol{v}^k$，則由（I-27c）和（I-27d）式得 Dirac 的連續性方程式：

$$\frac{\partial\rho(\xi,t)}{\partial t}+\boldsymbol{\nabla}\cdot\boldsymbol{J}(\xi,t)=0\qquad\text{(I-28)}$$

但（I-28）式無法寫成四維空間的標量形式：

$$\partial_\mu J^\mu=\frac{\partial}{\partial x^\mu}J^\mu=\partial^\mu J_\mu=\frac{\partial}{\partial x_\mu}J_\mu=0\qquad\text{(I-29)}$$

要表示成（I-29）式，需要用李政道或Bjorken-Drell的標誌，其結果（省略推導）是：

$$\partial_\mu J^\mu(\xi,t)=\partial^\mu J_\mu(\xi,t)=0\qquad\text{(I-30a)}$$
$$J^\mu(\xi,t)\equiv c\psi^{+}(\xi,t)\gamma^0\gamma^\mu\psi(\xi,t)\equiv c\overline{\psi}(\xi,t)\gamma^\mu\psi(\xi,t)\qquad\text{(I-30b)}$$
$$\overline{\psi}(\xi,t)\equiv\psi^{+}(\xi,t)\gamma^0\qquad\text{(I-30c)}$$

(E)交換單π介子勢能（one-pion exchange potential ≡ OPEP energy）V_{OPEP}

(1)V_{OPEP} 的物理

由前節（C）不難看出，相對論量子力學的本質是多體力學，於是無法直接得本質是一體問題的勢能 $V(x,\boldsymbol{\sigma})$。在這裡為了直觀，用非相對論的時間空間分開來說明。從 Heisenberg 測不準原理，在核內的核子不但不斷地運動著，並且相互作用著。假定核子間無相互作用時的 Hamiltonian $=\hat{H}_0$，且核子間複雜的相互作用可用勢能 $\hat{V}$ 表示，則整個核的 Hamiltonian $\hat{H}$ 是：

$$\hat{H}=\hat{H}_0+\hat{V}\qquad\text{(I-31a)}$$

如 $\hat{V}$ 和時間無關，則系統的運動方程式是，能量 E 的本徵值方程式：

$$\hat{H}\Psi=(\hat{H}_0+\hat{V})\Psi=E\Psi,$$
$$\hat{H}_0\phi=E\phi,$$

$\phi=\hat{H}_0$ 的本徵函數，核子間無相互作用的自由狀態，上式的數學解是：

$$(E-\hat{H}_0)\Psi=\hat{V}\Psi$$

$$\therefore \Psi=\phi+\frac{1}{E-\hat{H}_0}\hat{V}\Psi \qquad \text{(I-31b)}$$

狀態Ψ受到$\hat{V}$作用後變成$\hat{V}\Psi$，這等於自由狀態ϕ的躍遷，如$\hat{T}$是使ϕ躍遷的算符（transition operater）$\hat{T}$，則得：

$$\hat{V}\Psi=\hat{T}\phi \qquad \text{(I-31c)}$$

為了簡化書寫，把表示算符的符號「∧」暫時拿走，且設$\hat{G}=G\equiv\frac{1}{E-H_0}$，G 叫**自由傳播子**（free propagator）或稱作自由Green函數。為什麼叫傳播子呢？因它有在不改變系統狀態下，將空間某點的信息傳到另一點的功能（請看附錄（K）），才稱為傳播子。用 G 來表示（I-31c）式，則由（I-31b）式得：

$$V\Psi=(V+VGV+VGVGV+\cdots\cdots)\phi_i=T\phi_i \qquad \text{(I-31d)}$$

ϕ_i＝初始自由狀態，設ϕ_f＝末自由狀態，則得躍遷矩陣：

$$\int\phi_f^*V\Psi d\tau=\int\phi_f^*(V+VGV+\cdots\cdots)\phi_i d\tau=\int\phi_f^*T\phi_i d\tau\equiv\langle\phi_f|T|\phi_i\rangle \qquad \text{(I-31e)}$$

（I-31e）式的$\langle\phi_f|T|\phi_i\rangle$就是躍遷矩陣（transition matrix）（看十章（10-57b）式），

$$\therefore T=V+VGV+VGVGV+\cdots\cdots=V+VGT \qquad \text{(I-32)}$$

（I-32）式是用系統的自由狀態ϕ描述的躍遷算符內涵式子，表示相互作用是非常地複雜。

如圖（I-1），考慮僅有兩核子的原子核，例如氘（$_1H_1^2$, deuteron）核，構成它以前，兩自由核子N_1和N_2相互靠近，如圖（I-1(a)）產生相互作用，如圖上的斜線部。核子間如何相互作用是無法瞭解的，因看不到又摸不到，故只有猜，「猜」就是假設理論模型。圖（I-1(b)）是每瞬間t交換一個π介子的模型，叫交換π介子的**梯形近似模型**，簡稱梯形近似（ladder approximation），是最簡單的模型。f＝相互作用常數，跟

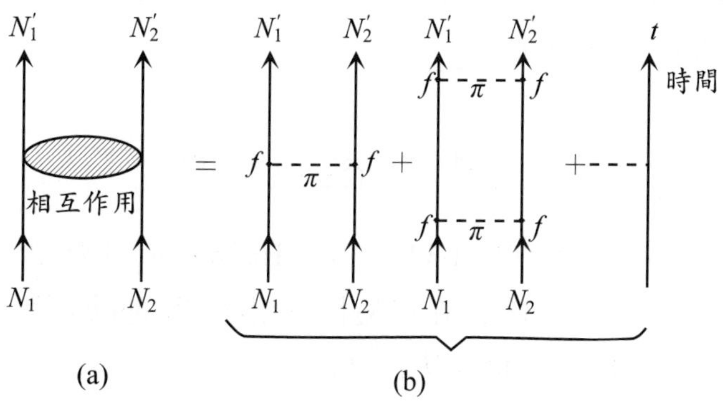

圖 I-1

著模型，它有好多種型。當 f 不大時才能像（I-32）式，即圖（I-1(b)）那樣地展開，假設 f 不大，則 V_{OPEP} 相當於圖（I-1(b)）的第一個，不過須考慮 π 介子從一個核子到另一個核子需要時間，而圖（I-1(b)）的第二、第三…的貢獻，由調整相互作用常數 f 的大小來解決，例如用實驗來定 f 的大小。

(2)推導 V_{OPEP}

在下面的推導過程使用下列假定：

$$\left.\begin{array}{l}\text{(i) 不考慮核子和}\pi\text{介子的同位旋（isospin），}\\ \text{(ii) 使用質心座標系，}\\ \text{(iii) 核子}\pi\text{介子的相互作用是贗標量（pseudo−scalar）相互作用，}f\equiv i\sqrt{4\pi}g_0\gamma_5\end{array}\right\}\qquad\text{(I-33)}$$

$\gamma_5=\gamma^5=i\gamma^0\gamma^1\gamma^2\gamma^3$，如此取 f 完全是為了要和 11 章的（11-201a）式的結果（11-201e）式比較用，故必須取（11-201a）式右邊的交互作用源的大小幅度（amplitude）$\sqrt{-4\pi g_0^2}=i\sqrt{4\pi}g_0$，而贗標量算符 γ^5 是，由於 π 介子是奇內稟宇稱（intrinsic parity odd），奇內稟宇稱是贗標量，兩個贗標量之積才能得標量，因為勢能是標量。設兩自由核子 N_1 和 N_2 的動量 $\boldsymbol{P}_{N_1}$, $\boldsymbol{P}_{N_2}$，則質心座標系（center of mass frame）時 $\boldsymbol{P}_{N_1}+\boldsymbol{P}_{N_2}=0$，

$$\therefore \boldsymbol{P}_{N_1}=-\boldsymbol{P}_{N_2}\equiv\boldsymbol{P}$$

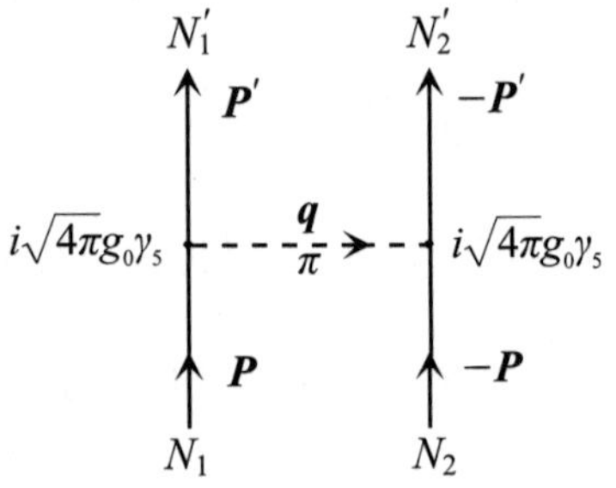

圖 I-2

相互作用後 N_1 和 N_2 沒形成束縛態（bound state），各自恢復原有能量又回到自由態，其動量如圖（I-2）的 $\boldsymbol{P}'$ 和（$-\boldsymbol{P}'$）。目前的核子是自由核子，它在三維空間自由活動，故其平面波由第十章V(A)(1)，在無限大空間的正交歸一化下（I-14a）式多了歸一化係數 $\dfrac{1}{(2\pi\hbar)^{3/2}}$：

$$\psi(x,\boldsymbol{\sigma})=\frac{1}{(2\pi\hbar)^{3/2}}u(\boldsymbol{P},\boldsymbol{\sigma})e^{-ip\cdot x/\hbar}\qquad\text{(I- 34)}$$

Lorentz 不變的（I-34）式的 Hermitian 共軛波函數是（I-30c）式的 $\overline{\psi}(x,\boldsymbol{\sigma})=\psi^{+}(x,\boldsymbol{\sigma})\gamma_0$，而核子 N_1 和 N_2 間的相互作用是以交換 π 介子來執行，如圖（I-2），相互作用 Hamiltonian $\hat{H}_{\text{int}}=H_{\text{int}}$ 是：

$$H_{\text{int}}=\left(i\sqrt{4\pi}\,g_0\gamma_5\begin{array}{c|c} \boldsymbol{P}'\uparrow & \overline{\psi}(x,\boldsymbol{\sigma}) \\ \cdots & \overset{\boldsymbol{q}}{\dashrightarrow} \\ \boldsymbol{P}\uparrow & \phi(\boldsymbol{x}) \\ & \psi(x,\boldsymbol{\sigma}) \end{array}\right)=\int\overline{\psi}(x,\boldsymbol{\sigma})i\sqrt{4\pi}\,g_0\gamma_5\phi(\boldsymbol{x})\psi(x,\boldsymbol{\sigma})\mathrm{d}^3x$$

$$=\frac{i\sqrt{4\pi}\,g_0}{(2\pi\hbar)^3}\int\overline{u}(\boldsymbol{P}',\boldsymbol{\sigma})\boldsymbol{e}^{iP'\cdot x/\hbar}\gamma_5\phi(\boldsymbol{x})u(\boldsymbol{P},\boldsymbol{\sigma})\boldsymbol{e}^{-iP\cdot x/\hbar}\mathrm{d}^3x \qquad \text{(I-35a)}$$

$P\cdot x=P_0\,x^0-\boldsymbol{P}\cdot\boldsymbol{x}=Et-\boldsymbol{P}\cdot\boldsymbol{x}$，由於$N_1$和$N_2$核子相互作用後各自恢復原有能量，於是$P_0=P_0'=E$；為了書寫上的方便在下列演算過程暫取$\hbar=c\equiv 1$，到了最後以因次分析法恢復$\hbar$和 c 的位置，所以（I-35a）式變成：

$$H_{int}=\frac{i\sqrt{4\pi}g_0}{(2\pi)^3}\int\overline{u}(\boldsymbol{P}',\boldsymbol{\sigma})\boldsymbol{e}^{-i\boldsymbol{P}'\cdot\boldsymbol{x}}\gamma_5\phi(\boldsymbol{x})u(\boldsymbol{P},\boldsymbol{\sigma})^{i\boldsymbol{P}\cdot\boldsymbol{x}}\mathrm{d}^3x$$

N_1 核子吐出π介子時給了π 的動量是$\boldsymbol{q}$，故 N_1' 的動量$\boldsymbol{P}'=(\boldsymbol{P}-\boldsymbol{q})$，$\boldsymbol{q}$叫動量傳遞（momentum transfer）。如圖（I-2）所示，在N_1和N_2的相互作用過程，N_1產生了一個π介子而N_2湮沒了N_1產生的π介子，這個物理現象便可以用產生算符$a^+(\boldsymbol{q})$和湮沒算符$a(\boldsymbol{q})$來表示；由於傳遞的動量$\boldsymbol{q}$可以取各種可能之值，設π介子的總能＝ω，則其歸一化波函數是（參閱本文（11-438）式）：

$$\phi(\boldsymbol{x})=\int\frac{\mathrm{d}^3q'}{\sqrt{2\omega}}\{a(\boldsymbol{q}')\boldsymbol{e}^{i\boldsymbol{q}'\cdot\boldsymbol{x}}+a^+(\boldsymbol{q}')\boldsymbol{e}^{-i\boldsymbol{q}'\cdot\boldsymbol{x}}\} \qquad \text{(I-35b)}$$

$$\therefore H_{\text{int}}=\frac{i\sqrt{4\pi}g_0}{(2\pi)^3}\iint\overline{u}(\boldsymbol{P}',\boldsymbol{\sigma})\gamma_5u(\boldsymbol{P},\boldsymbol{\sigma})\frac{1}{\sqrt{2\omega}}(a(\boldsymbol{q}')\boldsymbol{e}^{i(\boldsymbol{q}+\boldsymbol{q}')\cdot\boldsymbol{x}}+a^+(\boldsymbol{q}')\boldsymbol{e}^{i(\boldsymbol{q}-\boldsymbol{q}')\cdot\boldsymbol{x}})\mathrm{d}^3x\mathrm{d}^3q'$$

依我們目前使用的 Bjorken-Drell 標誌，三維的δ函數是：

$$\delta^3(\boldsymbol{q})=\frac{1}{(2\pi)^3}\int\boldsymbol{e}^{-i\boldsymbol{q}\cdot\boldsymbol{x}}\mathrm{d}^3x$$

不過δ函數是對稱函數，$\boldsymbol{x}\to(-\boldsymbol{x})$也是同樣的函數，則$H_{\text{int}}$變成：

$$H_{\text{int}}=i\sqrt{4\pi}\,g_0\,\overline{u}(\boldsymbol{P}',\boldsymbol{\sigma})\gamma_5u(\boldsymbol{P},\boldsymbol{\sigma})\int\frac{\mathrm{d}^3q'}{\sqrt{2\omega}}\left(a(\boldsymbol{q}')\delta^3(\boldsymbol{q}+\boldsymbol{q}')+a^+(\boldsymbol{q}')\delta^3(\boldsymbol{q}-\boldsymbol{q}')\right)$$

$$=i\sqrt{4\pi}\,g_0\,\overline{u}(\boldsymbol{P}',\boldsymbol{\sigma})\gamma_5u(\boldsymbol{P},\boldsymbol{\sigma})\frac{1}{\sqrt{2\omega}}(a^+(\boldsymbol{q})+a(-\boldsymbol{q})) \qquad \text{(I-35c)}$$

由（I-17）和（I-30c）式得：

$$\overline{u}(\boldsymbol{P}',\boldsymbol{\sigma})\gamma_5u(\boldsymbol{P},\boldsymbol{\sigma})=\frac{E+m_0}{2m_0}\left(x^{(r)+},\quad\frac{\boldsymbol{\sigma}\cdot\boldsymbol{P}'}{E+m_0}x^{(r)+}\right)\begin{pmatrix}\mathbb{1} & 0\\ 0 & -\mathbb{1}\end{pmatrix}\begin{pmatrix}0 & \mathbb{1}\\ \mathbb{1} & 0\end{pmatrix}\begin{pmatrix}x^{(r)}\\ \dfrac{\boldsymbol{\sigma}\cdot\boldsymbol{P}}{E+m_0}x^{(r)}\end{pmatrix}$$

$$=\frac{E+m_0}{2m_0}\left(x^{(r)+},\frac{(\boldsymbol{\sigma}\cdot\boldsymbol{P}')}{E+m_0}x^{(r)+}\right)\begin{pmatrix}\frac{(\boldsymbol{\sigma}\cdot\boldsymbol{P})}{E+m_0}\ x^{(r)}\\ -x^{(r)}\end{pmatrix}$$

$$=\frac{E+m_0}{2m_0}\left(\frac{\boldsymbol{\sigma}\cdot\boldsymbol{P}}{E+m_0}-\frac{\boldsymbol{\sigma}\cdot\boldsymbol{P}'}{E+m_0}\right)=\frac{\boldsymbol{\sigma}\cdot\boldsymbol{q}}{2m_0} \qquad \text{(I-35d)}$$

（I-35d）式的旋量$u(\boldsymbol{P},\boldsymbol{\sigma})$是圖（I-2）的$N_1$核子的，於是自旋算符$\boldsymbol{\sigma}$是屬於$N_1$核子的，

$$\therefore H_{\text{int}}^{(1)}=i\sqrt{4\pi}\,g_0\frac{\boldsymbol{\sigma_1}\cdot\boldsymbol{q}}{2m_0}\frac{a^{+}(\boldsymbol{q})+a(-\boldsymbol{q})}{\sqrt{2\omega}} \qquad \text{(I-35e)}$$

H_{int}的右上標(1)和$\boldsymbol{\sigma}$右下標1表示屬於N_1核子，同樣地可得N_2核子引起的$H_{\text{int}}^{(2)}$。當N_1和N_2未相互作用時的初態是沒有π介子，於是初態是π介子的真空態（看第11章的後註(18)）$|0\rangle$，同樣，系統的末態也沒π介子，不過中間態（intermediate state）可以有任意數$n\geq 1$的π介子$|n\rangle$，同時N_1核子吐出π介子和N_2核子吸收π介子的時間該不相等。中間態有好多π介子，但在交換單π介子的要求下，N_1和N_2每次只能和一個π介子發生關係。算符a^{+}和a是和時間有關，且在演算過程必須將湮沒算符a作用到右向量（ket vector）真空，而a^{+}移到左向量（bra vector）真空才能簡化（看11章後註(18)），這操作對應於把a^{+}和a依時間的前後編排的操作，即**編時**（time ordering），其圖叫編時圖（time ordered diagram）。圖（I-1(a)）的複雜相互作用，交換單π介子的編時圖是圖（I-3），兩個圖的矩陣是同值。則在微擾（perturbation）理論（I-32）式下的$V_{\text{OPEP}}(\boldsymbol{q})$是：

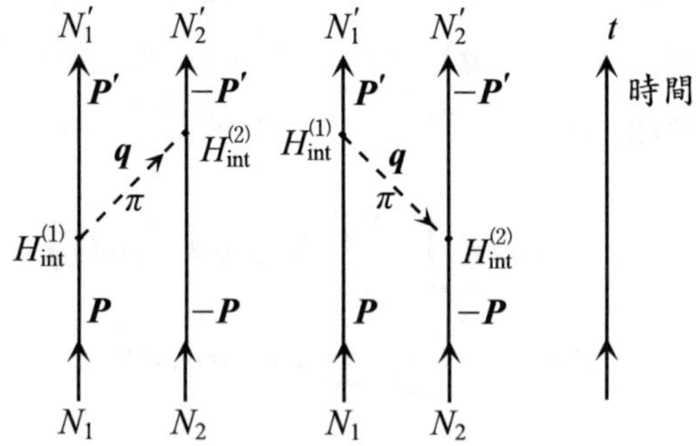

交換單π介子的兩個編時圖，
為了直觀，用H_{int}表示相互作用

圖 I-3

$$V_{\text{OPEP}}(\boldsymbol{q})=2\ \langle 0|H_{\text{int}}^{(2)}(\boldsymbol{q})\frac{1}{E-H_0}H_{\text{int}}^{(1)}(\boldsymbol{q})|0\rangle$$

上式右邊的兩倍2，來自圖（I-3）的兩個等值編時圖。

在上式夾上完全正交歸一化態$\sum_n|n\rangle\langle n|=1$，右向量是$H_0$的本徵態，則上式變成：

$$V_{\text{OPEP}}(\boldsymbol{q})=2\sum_{n,n'}\langle 0|H_{\text{int}}^{(2)}|n'\rangle\langle n'|\frac{1}{E-H_0}|n\rangle\langle n|H_{int}^{(1)}|0\rangle \quad ,H_0|n\rangle=E_n|n\rangle$$

$$=2\sum_n\langle 0|H_{\text{int}}^{(2)}|n\rangle\frac{1}{E-E_n}\langle n|H_{\text{int}}^{(1)}|0\rangle \qquad \text{(I-36a)}$$

中間態$E_n=E+\omega$，故$E-E_n=-\omega=-\sqrt{\boldsymbol{q}^2+m_\pi^2}$，由於能量的漲落，中間態的能量是

不守恆。由圖（I-3），如$H_{\text{int}}^{(1)}$的$\boldsymbol{q}$取正的話，$H_{\text{int}}^{(2)}$的$\boldsymbol{q}$是負的，而中間態只有一個π介子$|n\rangle=a^{+}(\boldsymbol{q})|0\rangle$，

$$\therefore V_{\text{OPEP}}(\boldsymbol{q})=2\sum_{n}\left(\frac{i\sqrt{4\pi}g_0}{2m_0}\right)^2\frac{-1}{2\omega^2}[\boldsymbol{\sigma}_2\cdot(-\boldsymbol{q})](\boldsymbol{\sigma}_1\cdot\boldsymbol{q})\langle 0|\left(a^{+}(\boldsymbol{q})+a(-\boldsymbol{q})\right)^{+}|n\rangle\langle n|\left(a^{+}(\boldsymbol{q})+a(-\boldsymbol{q})\right)|0\rangle$$

$$=-\frac{\pi g_0^2}{m_0^2\omega^2}(\boldsymbol{\sigma}_2\cdot\boldsymbol{q})(\boldsymbol{\sigma}_1\cdot\boldsymbol{q}) \tag{I-36b}$$

而$\boldsymbol{r}$空間的勢能$V_{\text{OPEP}}(\boldsymbol{x})$是（I-36b）式的 Fourier 變換（看 11 章後註(25)）：

$$V_{\text{OPEP}}(\boldsymbol{x})=\frac{1}{(2\pi)^3}\int V_{\text{OPEP}}(\boldsymbol{q})e^{i\boldsymbol{q}\cdot\boldsymbol{x}}\mathrm{d}^3q$$

$$=-\frac{\pi g_0^2}{m_0^2}\frac{1}{(2\pi)^3}\int\frac{(\boldsymbol{\sigma}_2\cdot\boldsymbol{q})(\boldsymbol{\sigma}_1\cdot\boldsymbol{q})}{\boldsymbol{q}^2+m_\pi^2}e^{i\boldsymbol{q}\cdot\boldsymbol{x}}\mathrm{d}^3q \tag{I-37a}$$

$\boldsymbol{q}^2\equiv\boldsymbol{q}\cdot\boldsymbol{q}$，（I-37a）式的被積分函數：

$$\frac{(\boldsymbol{\sigma}_2\cdot\boldsymbol{q})(\boldsymbol{\sigma}_1\cdot\boldsymbol{q})}{\boldsymbol{q}^2+m_\pi^2}\Rightarrow\frac{\boldsymbol{q}^2}{\boldsymbol{q}^2+m_\pi^2}=1-\frac{m_\pi^2}{\boldsymbol{q}^2+m_\pi^2}$$

則上式右邊的 1 的項會帶來$\delta^3(\boldsymbol{x})$，這是點相互作用，和圖（I-3）的意義不同，為了避免這現象，將$\boldsymbol{q}$以$\boldsymbol{r}$表象（$\boldsymbol{r}$-representation）量子化，而提到積分前，那分母的$\boldsymbol{q}^2$呢？它是標量，不需要，在四維空間最好不要把$|\boldsymbol{q}|=q$，因q容易被誤解成四動量，這是為什麼我們一直使用$\boldsymbol{v}^2\equiv\boldsymbol{v}\cdot\boldsymbol{v}$的標誌。

$$\boldsymbol{q}\xrightarrow[\text{量子化}]{\boldsymbol{r}\text{表象}}\hat{\boldsymbol{q}}=-i\hbar\boldsymbol{\nabla}\xrightarrow[\hbar\equiv c\equiv 1]{}-i\boldsymbol{\nabla}$$

$$\therefore V_{\text{OPEP}}(\boldsymbol{x})=\frac{\pi g_0^2}{m_0^2}\left(\boldsymbol{\sigma}_2\cdot\boldsymbol{\nabla}\right)\left(\boldsymbol{\sigma}_1\cdot\boldsymbol{\nabla}\right)\frac{1}{(2\pi)^3}\int\frac{1}{\boldsymbol{q}^2+m_\pi^2}e^{i\boldsymbol{q}\cdot\boldsymbol{x}}\mathrm{d}^3q \tag{I-37b}$$

執行（I-37b）式的積分時，取$\boldsymbol{q}$的第三成分$q_3//\boldsymbol{x}$的球座標：$\boldsymbol{q}=(|\boldsymbol{q}|,\theta,\varphi)$，$\mathrm{d}^3q=|\boldsymbol{q}|^2\sin\theta\mathrm{d}q\mathrm{d}\theta\mathrm{d}\varphi$，$|\boldsymbol{q}|\equiv q$，則：

$$\int\frac{1}{q^2+m_\pi^2}e^{i\boldsymbol{q}\cdot\boldsymbol{x}}\mathrm{d}^3q=\int_0^\infty\mathrm{d}q\int_0^\pi\mathrm{d}\theta\int_0^{2\pi}\mathrm{d}\varphi\frac{1}{q^2+m_\pi^2}e^{iqr\cos\theta}q^2\sin\theta,\quad r\equiv|\boldsymbol{x}|$$

$$=-\frac{2\pi i}{r}\int_0^\infty\frac{q}{q^2+m_\pi^2}(e^{iqr}-e^{-iqr})\mathrm{d}q \tag{I-37c}$$

令$q\to-q$，則（I-37c）式的積分變成：

$$\int_{0}^{-\infty}\frac{q}{q^2+m_\pi^2}(e^{-iqr}-e^{iqr})\mathrm{d}q=\int_{-\infty}^{0}\frac{q}{q^2+m_\pi^2}(e^{iqr}-e^{-iqr})\mathrm{d}q$$

$$\therefore\int\frac{1}{q^2+m_\pi^2}e^{i\boldsymbol{q}\cdot\boldsymbol{x}}\mathrm{d}^3q=-\frac{\pi i}{r}\int_{-\infty}^{\infty}\frac{q}{q^2+m_\pi^2}(e^{iqr}-e^{-iqr})\mathrm{d}q$$

$$=-\frac{\pi i}{r}\int_{-\infty}^{\infty}\left\{\frac{q}{(q+im_\pi)(q-im_\pi)}e^{iqr}-\frac{q}{(q+im_\pi)(q-im_\pi)}e^{-iqr}\right\}\mathrm{d}q \qquad \text{(I-37d)}$$

當 $q=\pm im_\pi$ 時積分（I-37d）式會發散，即 $q=\pm im_\pi$ 是極點（pole），這相當於 N_1 核子吐出π介子來和 N_2 核子發生強相互作用的 $q=\pm im_\pi$ 是個奇異值（singular value）。這種題目用有留數（residue）的複變函數積分，即 Cauchy 定理來求較方便。這時需要封閉路徑（closed path），它必滿足 $q\to\pm im_\pi$ 時被積分函數不發散，如 $q\to im_\pi$，則（I-37d）式右邊各項的分母→0，但右邊第一項的分子 $e^{iqr}\to e^{-m_\pi r}$ 變成 0 的速度比分母快，不過右邊第二項不行。於是（I-37d）式右邊第一項的封閉路徑是圖（I-4）的 $\Gamma_{\rm II}$；同理得（I-37d）式右邊的第二項的積分路徑是 $\Gamma_{\rm I}$。（I-37d）式的積分部分的值是：

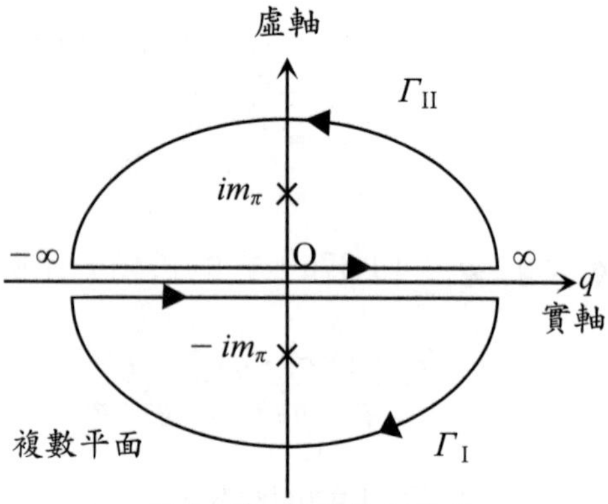

（I-37d）式的積分路徑

圖 I-4

$$\pm 2\pi i\times\text{（封閉路徑所包的留數之和）} \qquad \text{(I-37e)}$$

當圍繞封閉路徑行進時，極點在左手邊時，取（I-37e）式的正號 $2\pi i$，如果極點在右手邊，則取（I-37e）式的（$-2\pi i$）。（I-37d）式的積分是從 $q=-\infty$ 到 $q=+\infty$，故沿著實軸從左到右，然後順時針走是 $\Gamma_{\rm I}$，這時必取（$-2\pi i$），如逆時針的 $\Gamma_{\rm II}$，則取 $2\pi i$。所以（I-37d）式的右邊各為：

$$-\frac{\pi i}{r}\oint_{\Gamma_{\rm II}}\frac{q}{(q+im_\pi)(q-im_\pi)}e^{iqr}=-\frac{\pi i}{r}\{2\pi i\times\text{留數}（\Gamma_{\rm II}）\}$$

$$\left\{\text{留數}（\Gamma_{\rm II}）=\lim_{q\to im_\pi}(q-im_\pi)\frac{q}{(q+im_\pi)(q-im_\pi)}e^{iqr}=\frac{1}{2}e^{-m_\pi r}\right.$$

$$=\frac{\pi^2}{r}e^{-m_\pi r} \qquad \text{(I-37f)}$$

$$\frac{\pi i}{r}\oint_{\Gamma_{\rm I}}\frac{q}{(q+im_\pi)(q-im_\pi)}e^{-iqr}=\frac{\pi i}{r}\{-2\pi i\times\text{留數}(\Gamma_{\rm I})\}$$

$$\left\{\ \text{留數}(\Gamma_{\mathrm{I}})=\lim_{q\to -im_\pi}(q+im_\pi)\frac{q}{(q+im_\pi)(q-im_\pi)}e^{-iqr}=\frac{1}{2}e^{-m_\pi r}\right.$$

$$=\frac{\pi^2}{r}e^{-m_\pi r} \qquad \text{(I-37g)}$$

從（I-37c）、（I-37f）和（I-37g）式得：

$$\boxed{\frac{1}{2i}\int_0^\infty \frac{x}{a^2+x^2}(e^{ibx}-e^{-ibx})\mathrm{d}x=\frac{\pi}{2}e^{-ab},\quad \mathrm{b}>0,\ R_e a>0} \qquad \text{(I-38)}$$

這是很有用的式子。把（I-37c）、（I-37f）和（I-37g）式代入（I-37b）式得：

$$V_{\mathrm{OPEP}}(\boldsymbol{x})=\left(\frac{g_0}{2m_0}\right)^2(\boldsymbol{\sigma}_2\cdot\nabla)(\boldsymbol{\sigma}_1\cdot\nabla)\frac{1}{r}e^{-m_\pi r},\quad r\equiv|\boldsymbol{x}|\longleftarrow\hbar=c=1\text{ 時} \qquad \text{(I-39a)}$$

現恢復$\hbar\neq c\neq 1$的原有因次，V_{OPEP}是勢能，因次〔V_{OPEP}〕＝能量，g_0^2的因次由 11 章（11~202b）式得〔g_0^2〕＝能量×長度，大家共用的函數必須無因次，故〔$m_\pi r$〕＝無因次。

$$\therefore m_\pi\to\frac{m_\pi c}{\hbar}\ \text{是（長度）}^{-1}\text{ 的因次}$$

同樣$m_0\to\dfrac{m_0 c}{\hbar}$才行，於是在$\hbar\neq c\neq 1$時是：

$$V_{\mathrm{OPEP}}(\boldsymbol{x})=\left(\frac{\hbar g_0}{2m_0 c}\right)^2(\boldsymbol{\sigma}_2\cdot\nabla)(\boldsymbol{\sigma}_1\cdot\nabla)\frac{1}{r}e^{-m_\pi cr/\hbar} \qquad \text{(I-39b)}$$

（I-39b）式叫 **Yukawa** 勢能，是核子和 π 介子相互作用時的勢能。核子是自旋$\frac{1}{2}$的 Fermi 粒子，而π介子是自旋 0 的 Bose 子，又叫標量 Bose 子（scalar boson），嚴謹地說，π介子是贗標量Bose子。於是後來，凡是自旋$\frac{1}{2}$的Fermi子和標量Bose子相互作用產生的勢能，統稱作 Yukawa 勢能。（I-39b）式很難看出勢能的內涵，陡度算符（gradient operator）是微分操作，更難看出勢能內涵。由（I-37b）式得知，（I-39b）式的兩個陡度算符，必須作用到（$\frac{1}{r}e^{-m_\pi cr/\hbar}$）上才行，所以執行這微分操作的話，很可能看出$V_{\mathrm{OPEP}}(\boldsymbol{x})$的內幕。

(3) $V_{\mathrm{OPEP}}(\boldsymbol{x})$ 的內涵

向量是一秩張量（rank one tensor），使用張量較容易表示成 Lorentz 不變量，在此我們使用球張量（spherical tensor），這是很有用的演算工具，所以為使讀者能深入瞭解，逐步推算其過程。

$$
\text{陡變算符}\nabla=\begin{cases}\boldsymbol{e}_x\dfrac{\partial}{\partial x}+\boldsymbol{e}_y\dfrac{\partial}{\partial y}+\boldsymbol{e}_z\dfrac{\partial}{\partial z}\cdots\cdots\cdots\cdots\text{直角座標} & \text{(I-40a)}\\[2ex] \boldsymbol{e}_r\dfrac{\partial}{\partial r}+\boldsymbol{e}_\theta\dfrac{1}{r}\dfrac{\partial}{\partial\theta}+\boldsymbol{e}_\varphi\dfrac{1}{r\sin\theta}\dfrac{\partial}{\partial\varphi}\cdots\cdots\text{球座標} & \text{(I-40b)}\end{cases}
$$

從右圖可以得如下關係式：

$$
\begin{cases}\boldsymbol{e}_r\cdot\boldsymbol{e}_x=\sin\theta\cos\varphi\\ \boldsymbol{e}_r\cdot\boldsymbol{e}_y=\sin\theta\sin\varphi\\ \boldsymbol{e}_r\cdot\boldsymbol{e}_z=\cos\theta\end{cases}
\quad
\begin{cases}\boldsymbol{e}_\theta\cdot\boldsymbol{e}_x=\cos\theta\cos\varphi\\ \boldsymbol{e}_\theta\cdot\boldsymbol{e}_y=\cos\theta\sin\varphi\\ \boldsymbol{e}_\theta\cdot\boldsymbol{e}_z=-\sin\theta\end{cases}
\quad
\begin{cases}\boldsymbol{e}_\varphi\cdot\boldsymbol{e}_x=-\sin\varphi\\ \boldsymbol{e}_\varphi\cdot\boldsymbol{e}_y=\cos\varphi\\ \boldsymbol{e}_\varphi\cdot\boldsymbol{e}_z=0\end{cases}
$$

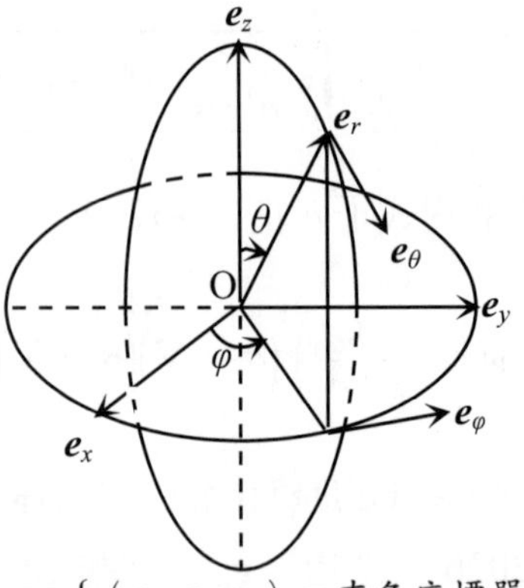

正交座標 $\begin{cases}(\boldsymbol{e}_x,\boldsymbol{e}_y,\boldsymbol{e}_z)=\text{直角座標單位向量}\\ (\boldsymbol{e}_r,\boldsymbol{e}_\theta,\boldsymbol{e}_\varphi)=\text{球座標單位向量}\end{cases}$

$\boldsymbol{e}_x$, $\boldsymbol{e}_y$, $\boldsymbol{e}_z$ 互相垂直，同樣 $\boldsymbol{e}_r$, $\boldsymbol{e}_\theta$, $\boldsymbol{e}_\varphi$ 互相垂直，至於它們相互間的外積（vector product）照下圖，順時針時取正號，逆時針時取負號：

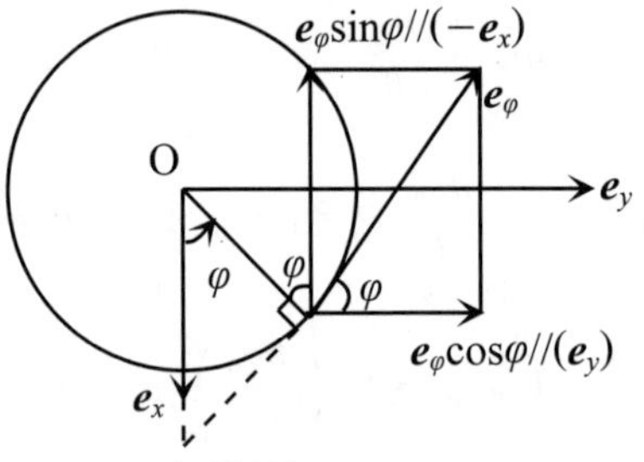

右手系

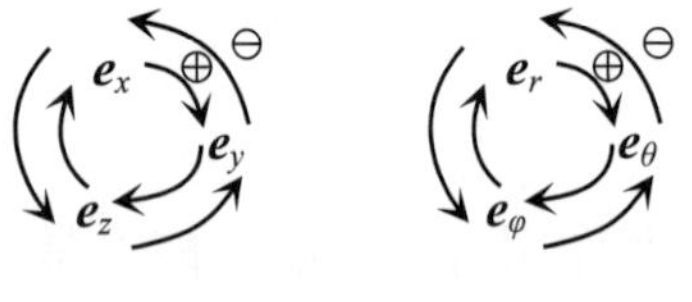

(Ex) $\boldsymbol{e}_x\times\boldsymbol{e}_y=\boldsymbol{e}_z$，　　$\boldsymbol{e}_\theta\times\boldsymbol{e}_\varphi=\boldsymbol{e}_r$

$\boldsymbol{e}_z\times\boldsymbol{e}_y=-\boldsymbol{e}_x$，　　$\boldsymbol{e}_r\times\boldsymbol{e}_\varphi=-\boldsymbol{e}_\theta$

陡度算符的球張量成分是（$\nabla_+,\nabla_0,\nabla_-$），如用直角座標表示的話如下：

$$
\nabla_\pm\equiv\nabla_x\pm i\nabla_y,\ \nabla_0=\nabla_z \qquad \text{(I-40c)}
$$

它們的球座標表示，可將（I-40c）式的各成分投影到（I-40b）式來獲得：

$$
\nabla_0\to\boldsymbol{e}_z\cdot\boldsymbol{\nabla}\text{（球）}=\boldsymbol{e}_z\cdot\left(\boldsymbol{e}_r\frac{\partial}{\partial r}+\boldsymbol{e}_\theta\frac{1}{r}\frac{\partial}{\partial\theta}+\boldsymbol{e}_\varphi\frac{1}{r\sin\theta}\frac{\partial}{\partial\theta}\right)=\cos\theta\frac{\partial}{\partial r}-\frac{\sin\theta}{r}\frac{\partial}{\partial\theta}
$$

$$
\therefore\nabla_0=\cos\theta\frac{\partial}{\partial r}-\frac{\sin\theta}{r}\frac{\partial}{\partial\theta} \qquad \text{(I-41a)}
$$

$$
\nabla_\pm\to(\boldsymbol{e}_x\pm i\boldsymbol{e}_y)\cdot\boldsymbol{\nabla}\text{（球）}=(\boldsymbol{e}_x\pm i\boldsymbol{e}_y)\cdot\left(\boldsymbol{e}_r\frac{\partial}{\partial r}+\boldsymbol{e}_\theta\frac{1}{r}\frac{\partial}{\partial\theta}+\boldsymbol{e}_\varphi\frac{1}{r\sin\theta}\frac{\partial}{\partial\varphi}\right)
$$

$$=\left(\sin\theta\cos\varphi\frac{\partial}{\partial r}+\cos\theta\cos\varphi\frac{1}{r}\frac{\partial}{\partial\theta}-\sin\varphi\frac{1}{r\sin\theta}\frac{\partial}{\partial\varphi}\right)$$
$$\pm i\left(\sin\theta\sin\varphi\frac{\partial}{\partial r}+\cos\theta\sin\varphi\frac{1}{r}\frac{\partial}{\partial\theta}+\cos\varphi\frac{1}{r\sin\theta}\frac{\partial}{\partial\varphi}\right)$$

$$\therefore\begin{cases}\nabla_+=\boldsymbol{e}^{i\varphi}\left(\sin\theta\dfrac{\partial}{\partial r}+\dfrac{\cos\theta}{r}\dfrac{\partial}{\partial\theta}+i\dfrac{1}{r\sin\theta}\dfrac{\partial}{\partial\varphi}\right)=(\nabla_-)^* & \text{(I-41b)}\\ \nabla_-=\boldsymbol{e}^{-i\varphi}\left(\sin\theta\dfrac{\partial}{\partial r}+\dfrac{\cos\theta}{r}\dfrac{\partial}{\partial\theta}-i\dfrac{1}{r\sin\theta}\dfrac{\partial}{\partial\varphi}\right)=(\nabla_+)^* & \text{(I-41c)}\end{cases}$$

同樣地將 Pauli 矩陣表示成一秩球張量：

$$\sigma_\pm\equiv\sigma_x\pm i\sigma_y,\quad \sigma_o\equiv\sigma_z \tag{I-42}$$

$$\therefore\boldsymbol{\sigma}\cdot\boldsymbol{\nabla}=\sigma_x\nabla_x+\sigma_y\nabla_y+\sigma_z\nabla_z=\frac{1}{2}(\sigma_+\nabla_-+\sigma_-\nabla_+)+\sigma_0\nabla_0 \tag{I-43}$$

$$\therefore\boldsymbol{\sigma}_1\cdot\boldsymbol{\nabla}\frac{1}{r}\boldsymbol{e}^{-m_\pi r}=\frac{1}{2}(\sigma_+(1)\boldsymbol{e}^{-i\varphi}+\sigma_-(1)\,\boldsymbol{e}^{i\varphi})\sin\theta\left(-\frac{1+m_\pi r}{r^2}\right)e^{-m_\pi r}+\sigma_0(1)\cos\theta\left(-\frac{1+m_\pi r}{r^2}\right)\boldsymbol{e}^{-m_\pi r}$$
$$=-\left\{\sigma_0(1)\cos\theta+\frac{1}{2}(\sigma_+(1)\boldsymbol{e}^{-i\varphi}+\sigma_-(1)\boldsymbol{e}^{i\varphi})\sin\theta\right\}\left(\frac{1+m_\pi r}{r^2}\right)e^{-m_\pi r} \tag{I-44a}$$

$\boldsymbol{\sigma}(1)=\boldsymbol{\sigma}_1=N_1$ 核子的 Pauli 矩陣，再作用（$\boldsymbol{\sigma}_2\cdot\boldsymbol{\nabla}$）到（I-44a）式得：

$$(\boldsymbol{\sigma}_2\cdot\boldsymbol{\nabla})(\boldsymbol{\sigma}_1\cdot\boldsymbol{\nabla})\frac{1}{r}\boldsymbol{e}^{-m_\pi r}=\left\{\sigma_0(2)\left(\cos\theta\frac{\partial}{\partial r}-\frac{\sin\theta}{r}\frac{\partial}{\partial\theta}\right)\right.$$
$$+\frac{1}{2}\sigma_+(2)\boldsymbol{e}^{-i\varphi}\left(\sin\theta\frac{\partial}{\partial r}+\frac{\cos\theta}{r}\frac{\partial}{\partial\theta}-i\frac{1}{r\sin\theta}\frac{\partial}{\partial\varphi}\right)$$
$$\left.+\frac{1}{2}\sigma_-(2)\boldsymbol{e}^{i\varphi}\left(\sin\theta\frac{\partial}{\partial r}+\frac{\cos\theta}{r}\frac{\partial}{\partial\theta}+i\frac{1}{r\sin\theta}\frac{\partial}{\partial\varphi}\right)\right\}$$
$$\times\left\{-\sigma_0(1)\cos\theta-\frac{1}{2}(\sigma_+(1)\boldsymbol{e}^{-i\varphi}+\sigma_-(1)\boldsymbol{e}^{i\varphi})\sin\theta\right\}\frac{1+m_\pi r}{r^2}\boldsymbol{e}^{-m_\pi r}$$

好好地做上式的演算，然後使用：

$$\sigma_0=\sigma_z=\boldsymbol{\sigma}\cdot\boldsymbol{e}_z,\quad \sigma_x=\boldsymbol{\sigma}\cdot\boldsymbol{e}_x,\quad \sigma_y=\boldsymbol{\sigma}\cdot\boldsymbol{e}_y$$
$$\boldsymbol{e}_r\equiv\frac{\boldsymbol{r}}{r},\quad \boldsymbol{r}\equiv\boldsymbol{x},\quad r\equiv|\boldsymbol{r}|$$

$$\therefore(\boldsymbol{\sigma}_2\cdot\boldsymbol{\nabla})(\boldsymbol{\sigma}_1\cdot\boldsymbol{\nabla})\frac{1}{r}\boldsymbol{e}^{-m_\pi r}=\frac{2\left(1+m_\pi r+\frac{1}{2}m_\pi^2r^2\right)}{r^3}\boldsymbol{e}^{-m_\pi r}\{(\boldsymbol{\sigma}_2\cdot\boldsymbol{e}_r)(\boldsymbol{\sigma}_1\cdot\boldsymbol{e}_r)\}$$
$$+\frac{1+m_\pi r}{r^3}e^{-m_\pi r}\{-(\boldsymbol{\sigma}_2\cdot\boldsymbol{\sigma}_1)+(\boldsymbol{\sigma}_2\cdot\boldsymbol{e}_r)(\boldsymbol{\sigma}_1\cdot\boldsymbol{e}_r)\}$$
$$=\frac{m_\pi^2}{3}\left\{(\boldsymbol{\sigma}_2\cdot\boldsymbol{\sigma}_1)+\left(\frac{3(\boldsymbol{\sigma}_2\cdot\boldsymbol{r})(\boldsymbol{\sigma}_1\cdot\boldsymbol{r})}{r^2}-(\boldsymbol{\sigma}_2\cdot\boldsymbol{\sigma}_1)\right)\left(1+\frac{3}{m_\pi r}+\frac{3}{(m_\pi r)^2}\right)\right\}\frac{1}{r}\boldsymbol{e}^{-m_\pi r} \tag{I-44b}$$

定義張量力（tensor force）S_{12}：

$$S_{12} \equiv \frac{3(\boldsymbol{\sigma}_2 \cdot \boldsymbol{r})(\boldsymbol{\sigma}_1 \cdot \boldsymbol{r})}{r^2} - (\boldsymbol{\sigma}_2 \cdot \boldsymbol{\sigma}_1) \tag{I-44c}$$

$$\therefore (\boldsymbol{\sigma}_2 \cdot \nabla)(\boldsymbol{\sigma}_1 \cdot \nabla)\frac{1}{r}e^{-m_\pi r} = \frac{m_\pi^2}{3}\left[(\boldsymbol{\sigma}_2 \cdot \boldsymbol{\sigma}_1) + S_{12}\left(1 + \frac{3}{m_\pi r} + \frac{3}{m_\pi^2 r^2}\right)\right]\frac{1}{r}e^{-m_\pi r} \tag{I-45}$$

（I-44c）式的 S_{12} 就是第 11 章的（Ex.11-32），是偏離球對稱的相互作用力，它來自 $(\boldsymbol{\sigma}_2 \cdot \nabla)(\boldsymbol{\sigma}_1 \cdot \nabla)$；換句話說，微分操作會破壞球對稱。恢復（I-45）式的 $\hbar \neq c \neq 1$ 的原有因次，則 $m_\pi \to \frac{m_\pi c}{\hbar}$，同樣地 $m_0 \to \frac{m_0 c}{\hbar}$，由（I-45）和（I-39b）式得：

$$\boxed{V_{\text{opep}}(\boldsymbol{r}) = \left(\frac{\hbar g_0}{2m_0 c}\right)^2\left(\frac{m_\pi c}{\sqrt{3}\hbar}\right)^2\left[(\boldsymbol{\sigma}_2 \cdot \boldsymbol{\sigma}_1) + S_{12}\left(1 + \frac{3\hbar}{m_\pi c r} + \frac{3\hbar^2}{m_\pi^2 c^2 r^2}\right)\right]\frac{1}{r}e^{-m_\pi c r/\hbar}} \tag{I-46}$$

$r = |\boldsymbol{r}| =$ 兩核子間距離

$m_0 =$ 核子的靜止質量

$m_\pi = \pi$ 介子的靜止質量

$g_0^2 = 15\hbar c$

附錄 *J*

角動量

(A)轉動和角動量

(B)球諧函數（spherical harmonic function）$Y_{l,m}(\theta,\varphi)$

(C)內稟角動量（intrinsic angular momentum）

(D)角動量的合成

角動量

(A)轉動和角動量

如圖（J-1），當質量 m 的質點以速度 $\boldsymbol{v}$ 運動時受到控制，令該質點繞著固定點轉。取固定點為座標原點 0，它到質點的徑向量 $\boldsymbol{r}$，則稱這運動的物理量為**角動量**（angular momentum）$\boldsymbol{L}$，它是：

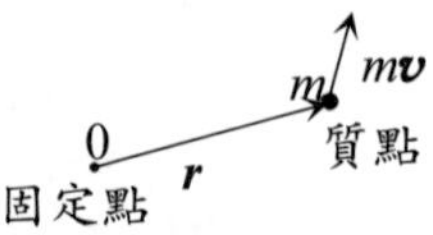

圖 J-1

$$\boldsymbol{L}=\boldsymbol{r}\times\boldsymbol{P} \qquad \text{（J-1）}$$

$\boldsymbol{P}=m\boldsymbol{v}=$ 動量，$\boldsymbol{L}$ 的因次$[L]=$能量×時間＝作用（action）的因次，$\boldsymbol{L}$ 又叫**動量矩**（momentum moment，第二章V(F)）。至於多體物理系統，其總角動量是（看第二章圖（2-110）或（2-38）式）：

$$\boldsymbol{L}=\boldsymbol{L}_{\text{cm}}+\boldsymbol{L}_{\text{spin}} \qquad \text{（J-2）}$$

$\boldsymbol{L}_{\text{cm}}$ ＝物理系統質心繞座標原點的角動量，$\boldsymbol{L}_{\text{spin}}$ ＝每個質點圍繞質心轉動的角動量之和，稱為**內稟角動量**（intrinsic angular momentum），俗稱**自旋**（spin）。那麼在量子力學如何描述以上的這些熟習物理量及現象呢？

(1)轉動（rotation）

二維的轉動必須有個固定點 0，取它為座標原點，三維的轉動有兩種可能：有固定點或有固定軸，取固定點或固定軸上的某點為座標原點 0，其描述運動現象有兩種方法：

$$\left.\begin{array}{l}\text{(i) 物體不動而座標軸在轉動}\\ \text{(ii) 座標軸不動而物體在轉動}\end{array}\right\} \qquad \text{（J-3）}$$

以二維來描述它們的差別，如圖（J-2(a)）是物體 B 固定，座標軸繞原點轉動 θ 角度，轉動前後的 B 的座標是（x, y）和（x', y'）。圖（J-2(b)）是座標軸固定，B 為了要獲得新座標（x', y'）必須轉動「$-\theta$」角才行，顯然（J-3）式的(i)和(ii)的轉動角剛好差一個符號，千萬要小心！（J-3）式(ii)的座標系稱作**體固定座標系**或**體定座標系**（body-fixed system of coördinates，或簡稱 body-fixed system），是分析變形核運動，剛體運動等很有用的座標系。所以除了特別聲明，普通討論角動量時用的是（J-3）式的(i)的情形。

$$\begin{pmatrix} 轉動座標系（+\theta）的 \\ 物體 B 的座標（x',y'） \end{pmatrix} = \begin{pmatrix} 轉動物體 B（-\theta）的 \\ 物體 B 的座標（x',y'） \end{pmatrix}$$

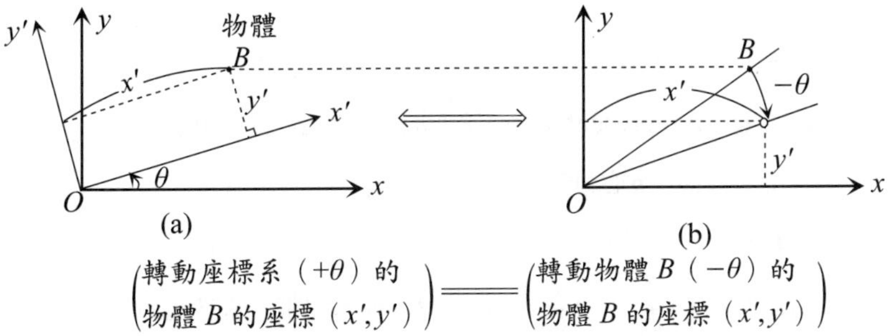

圖 J-2

　　到目前為止（1999 年秋天），基本粒子有構成物質的自旋 $\frac{1}{2}$ 的 Fermi 子（fermion），和扮演相互作用的自旋等於正整數 0, 1 和 2 的 Bose 子（boson）。前者構成的場叫旋量場（spinor field），後者的自旋 0 叫標量場（scalar field，π 介子時叫贋（**pseudo**）標量場），自旋 1 的叫向量場（vector field），2 的叫張量場（tensor field）。於是描述粒子或物理系統的波函數 ψ 的內函不同，如圖（J-2(a)）的空間座標的轉動，會帶來觀測 ψ 內部的變化是必然結果。引起外部空間轉動的動力學量，就是熟悉的（J-1）式，稱為軌道角動量；而引起 ψ 內部變化的物理量，對 Fermi 子的單獨粒子，是沒有經典的對應物理量，是嶄新的量子力學物理量，稱為內稟角動量簡稱自旋。雖和（J-2）式的 L_{spin} 同稱呼，但本質不同；例如電子、核子等的自旋是它們的固有物理量，必須依實驗事實處理（看下面(D)（3））；對 Bose 可稱作自旋（看下面(C)）。所以量子力學的自旋和（J-2）式的 L_{spin} 本質上有差異。

(2)標量場，軌道角動量

　　設 $\varphi(x,y,z)$ ＝標量場，所謂的標量是函數形式不會跟著座標變換而變化的函數，即 $\varphi(x',y',z')=\varphi(x,y,z)$。如右圖以 z 軸為轉動軸，轉動座標 (x,y,z) θ 角得 $(x',y',z'=z)$，那麼表示概率幅（probability amplitude）的 φ 的變化多少呢？引起座標系轉動的動力學量是甚麼物理量呢？回答這些問題只有做定量分析：

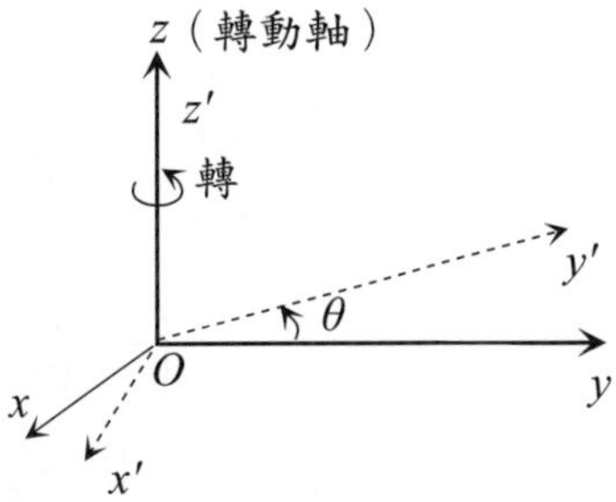

$$\varphi(x',y',z')=\varphi(x\cos\theta+y\sin\theta, -x\sin\theta+y\cos\theta, z)$$
$$\{\theta\fallingdotseq 0 \text{ 時 } \cos\theta\fallingdotseq 1, \sin\theta\fallingdotseq\Delta\theta$$
$$=\varphi(x+y\,\Delta\theta, -x\Delta\theta+y, z)$$

$\{$ 使用 Taylor 展開

$$\doteqdot \varphi(x,y,z)+\left(\frac{\partial\varphi}{\partial x}\right)y\Delta\theta-\left(\frac{\partial\varphi}{\partial y}\right)x\Delta\theta=\varphi(x,y,z)-\Delta\theta\left(x\frac{\partial}{\partial y}-y\frac{\partial}{\partial x}\right)\varphi(x,y,z)$$

$$\therefore \varphi(x',y',z',)-\varphi(x,y,z)\doteqdot-\Delta\theta\left(x\frac{\partial}{\partial y}-y\frac{\partial}{\partial x}\right)\varphi(x,y,z)$$

$\{$ $\boldsymbol{r}$ 表象（$\boldsymbol{r}$ representation）的軌道角動量算符$\hat{L}\hbar$ 是：
如 $\boldsymbol{L}\equiv\frac{1}{\hbar}(\boldsymbol{r}\times\boldsymbol{p})$的無因次量
則$\hat{\boldsymbol{L}}=-i(\boldsymbol{r}\times\nabla)$
$\therefore\hat{\boldsymbol{L}}_z=-i\left(x\frac{\partial}{\partial y}-y\frac{\partial}{\partial x}\right)=\boldsymbol{e}_z\cdot\hat{\boldsymbol{L}}$, $\boldsymbol{e}_z=z$ 軸的單位向量

$$=-i\Delta\theta\hat{\boldsymbol{L}}_z\varphi(x,y,z)$$

或$\varphi(x',y',z')\doteqdot(1-i\Delta\theta\hat{\boldsymbol{L}}_z)\varphi(x,y,z)=\boldsymbol{e}^{-i\Delta\theta\hat{L}_z}\varphi(x,y,z)=\boldsymbol{e}^{-i\Delta\theta\boldsymbol{e}_z\cdot\hat{L}}\varphi(x,y,z)$　（J-4）

一般地以轉動軸 n，其單位向量 $\boldsymbol{e}_n$ 轉動角 θ 轉動的標量場 $\varphi(x,y,z)$ 的變化量是：

$$\boxed{\varphi(x',y',z')=\boldsymbol{e}^{-i\theta\boldsymbol{e}_n\cdot\hat{L}}\varphi(x,y,z)} \tag{J-5}$$

顯然引起空間轉動的動力學量是軌道角動量 $\boldsymbol{L}\hbar$，並且經典力學的動力學量在量子力學，確實扮演算符角色（看第十章表（10-3））。

請讀者拿出一本書，經書的幾何中心定下三根互相垂直的軸(x,y,z)，然後任選兩個軸，例如x和y，照$x\to y$的順次各轉 90°，再依$y\to x$的順次各轉 90°，一定會發現兩個結果不同，這表示$x\to y$和$y\to x$的轉動是不對易的運動，這種運動現象在微觀世界應怎樣呢？從（J-5）式獲得，這種轉動順次的差異會變成$\hat{\boldsymbol{L}}$的成分間關係。

(3)角動量的對易關係及其量子數

從$\hat{\boldsymbol{L}}=-i(\boldsymbol{r}\times\nabla)$得各成分：

$$\hat{\boldsymbol{L}}_x=-i\left(y\frac{\partial}{\partial z}-z\frac{\partial}{\partial y}\right),\ \hat{\boldsymbol{L}}_y=-i\left(z\frac{\partial}{\partial x}-x\frac{\partial}{\partial z}\right),\ \hat{\boldsymbol{L}}_z=-i\left(x\frac{\partial}{\partial y}-y\frac{\partial}{\partial x}\right)$$

$$\therefore\hat{L}_x\hat{L}_y-\hat{L}_y\hat{L}_x=-\left(y\frac{\partial}{\partial z}-z\frac{\partial}{\partial y}\right)\left(z\frac{\partial}{\partial x}-x\frac{\partial}{\partial z}\right)+\left(z\frac{\partial}{\partial x}-x\frac{\partial}{\partial z}\right)\left(y\frac{\partial}{\partial z}-z\frac{\partial}{\partial y}\right)$$

$$=\left(-y\frac{\partial}{\partial x}+z^2\frac{\partial^2}{\partial y\partial x}-yz\frac{\partial^2}{\partial z\partial x}+yx\frac{\partial^2}{\partial z^2}-zx\frac{\partial^2}{\partial y\partial z}\right)$$

$$+\left(zy\frac{\partial^2}{\partial x\partial z}-xy\frac{\partial^2}{\partial z^2}-z^2\frac{\partial^2}{\partial x\partial y}+x\frac{\partial}{\partial y}+xz\frac{\partial^2}{\partial z\partial y}\right)$$

$\{$ $xy\frac{\partial^2}{\partial x\partial y}=yx\frac{\partial^2}{\partial x\partial y}$　等等

$$=x\frac{\partial}{\partial y}-y\frac{\partial}{\partial x}=i\left[-i\left(x\frac{\partial}{\partial y}-y\frac{\partial}{\partial x}\right)\right]=i\hat{L}_z \tag{J-6a}$$

同樣地可得：　$\hat{L}_y\hat{L}_z-\hat{L}_z\hat{L}_y=i\hat{L}_x$,　$\hat{L}_z\hat{L}_x-\hat{L}_x\hat{L}_z=i\hat{L}_y$　（J-6b）

導進對易子（commutator）或直接用向量外積來表示，則（J-6a）和（J-6b）式是：

$$[\hat{L}_i, \hat{L}_j] = i\varepsilon_{ijk}\hat{L}_k \tag{J-7a}$$

$$\text{或} \boxed{\hat{\boldsymbol{L}} \times \hat{\boldsymbol{L}} = i\hat{\boldsymbol{L}}} \tag{J-7b}$$

ε_{ijk} 是交換或置換符號（permutation symbol）或叫 Levi-Civita 符號：

$$\varepsilon_{ijk} = \begin{cases} 0\cdots\cdots\text{任意兩個右下標相同，} \\ 1\cdots\cdots i,j,k\ \text{依右圖次序交換偶數次，} \\ -1\cdots\cdots i,j,k\ \text{依右圖次序交換奇數次。} \end{cases}$$

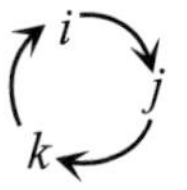

（J-7a）式或（J-7b）式是軌道角動量該滿足的關係式，於是：

$$\begin{pmatrix} \text{任意向量}\ \boldsymbol{J}\text{，其成分滿足（J-7a）式，或} \\ \text{它自己滿足（J-7b）式都叫角動量} \end{pmatrix} \tag{J-7c}$$

從（J-7a）式，顯然任意角動量 $\hat{\boldsymbol{J}}$ 的各成分不對易，這在量子力學表示無法同時測量三個 $\hat{J}_x, \hat{J}_y$ 和 $\hat{J}_z$ 的期待值，或換句話，是無法同時對角化（diagonalize）$\hat{J}_x, \hat{J}_y$ 和 $\hat{J}_z$。但我們發現它們個個都能和 $\hat{\boldsymbol{J}} \cdot \hat{\boldsymbol{J}} \equiv \hat{\boldsymbol{J}}^2$ 對易：

$$[\hat{\boldsymbol{J}}^2, \hat{J}_x] = 0, \qquad [\hat{\boldsymbol{J}}^2, \hat{J}_y] = 0, \qquad [\hat{\boldsymbol{J}}^2, \hat{J}_z] = 0 \tag{J-8}$$

$$\begin{aligned} [\hat{\boldsymbol{J}}^2, \hat{J}_x] &= [\hat{\boldsymbol{J}} \cdot \hat{\boldsymbol{J}}, \hat{J}_x] = [\hat{J}_x^2 + \hat{J}_y^2 + \hat{J}_z^2, \hat{J}_x] \leftarrow [A^2, B] = A[A, B] + [A, B]A \\ &= \hat{J}_x[\hat{J}_x, \hat{J}_x] + [\hat{J}_x, \hat{J}_x]\hat{J}_x + [\hat{J}_y, \hat{J}_x]\hat{J}_y + \hat{J}_y[\hat{J}_y, \hat{J}_x] + \hat{J}_z[\hat{J}_z, \hat{J}_x] + [\hat{J}_z, \hat{J}_x]\hat{J}_z \\ &= 0 + 0 - i\hat{J}_z\hat{J}_y - i\hat{J}_y\hat{J}_z + i\hat{J}_z\hat{J}_y + i\hat{J}_y\hat{J}_z = 0 \end{aligned}$$

其他 $[\hat{\boldsymbol{J}}^2, \hat{J}_y]$ 和 $[\hat{\boldsymbol{J}}^2, \hat{J}_z]$ 也同樣得 0。

從（J-7a）和（J-8）式得：$\hat{J}_x, \hat{J}_y, \hat{J}_z$ 三個中可任取一個來和 $\hat{\boldsymbol{J}}^2$ 同時對角化，剩下的兩個則不行。普通是取第三成分 $\hat{J}_z$，則可以同時測量 $\hat{\boldsymbol{J}}^2$ 和 $\hat{J}_z$ 的期待值：

$$\left.\begin{aligned} &\text{期待值} = \int \psi^* \hat{\boldsymbol{J}}^2 \psi d\tau \equiv \langle \hat{\boldsymbol{J}}^2 \rangle = \text{常數}\alpha \\ &\text{同樣地}\ \langle \hat{J}_2 \rangle = \text{常數}\ m \end{aligned}\right\} \tag{J-9a}$$

或可以這麼說：先測 $\langle \hat{\boldsymbol{J}}^2 \rangle$ 再測 $\langle \hat{J}_z \rangle$ 等於先測 $\langle \hat{J}_z \rangle$ 再測 $\langle \hat{\boldsymbol{J}}^2 \rangle$。任何一個孤立的物理系統的物理現象是和量子化軸（quantization axis）的取向無關，所以先選量子化軸 z 軸，則狀態函數 ψ_{jm} 是 $\hat{\boldsymbol{J}}^2$ 的量子數 j 以及 $\hat{J}_z$ 的量子數 m 的函數，用右下標表示，但 α 和 j 的關係待定。$\hat{J}_z$ 是 $\hat{\boldsymbol{J}}$ 在 z 軸上的成分，於是 m 必介於 $(-j) \le m \le j$，依量子化的性質相繼兩個 m 差 1，所以 m 的值有：

$$m=\underbrace{(-j),(-j+1),\cdots\cdots\cdots\cdots,(j-1),j}_{(2j+1)\text{個}} \qquad \text{(J-9b)}$$

既然 m 如（J-9b）式有規則地升值 1 或降值 1，啟示著：必找得到使 m 升降 1 的角動量算符，它們是：

$$\left.\begin{aligned}\hat{J}_+ &= \hat{J}_x + i\hat{J}_y \\ \hat{J}_- &= \hat{J}_x - i\hat{J}_y\end{aligned}\right\} \qquad \text{(J-9c)}$$

$\hat{J}_+$ 和 $\hat{J}_-$ 分別叫升算符（raising operator）和降算符（lowering operator），$\hat{J}_+^+ = \hat{J}_-$，$\hat{J}_-^+ = \hat{J}_+$。由（J-7a）式 $\hat{\boldsymbol{J}}^2$、$\hat{J}_z$ 和 $\hat{J}_\pm$ 有如下對易關係：

$$\left.\begin{aligned}&\left[\hat{\boldsymbol{J}}^2, \hat{J}_\pm\right]=0, && \left[\hat{J}_z, \hat{J}_\pm\right]=\pm\hat{J}_\pm \\ &\hat{J}_\mp \hat{J}_\pm = \hat{\boldsymbol{J}}^2 - \hat{J}_z\left(\hat{J}_z \pm 1\right), && \left[\hat{J}_+, \hat{J}_-\right]=2\hat{J}_z\end{aligned}\right\} \qquad \text{(J-9d)}$$

接著利用（J-9b）和（J-9d）式來定（J-9a）式的 α 以及揭示 $\hat{J}_\pm$ 的升降性。

設 $\hat{J}_\pm \psi_{jm} \equiv \phi_{jm}^{(\pm)}$，則由（J-9d）式得：

$$\begin{aligned}\hat{J}_z\hat{J}_\pm\psi_{jm} &= \left[\hat{J}_z, \hat{J}_\pm\right]\psi_{jm} + \hat{J}_\pm\hat{J}_z\psi_{jm} \\ &= \pm\hat{J}_\pm\psi_{jm} + m\hat{J}_\pm\psi_{jm} \\ &= (m\pm 1)\hat{J}_\pm\psi_{jm} = (m\pm 1)\,\phi_{jm}^{(\pm)}\end{aligned}$$

但 $\hat{J}_z\psi_{j,m\pm 1} = (m\pm 1)\psi_{j,m\pm 1}$

$\therefore\ \phi_{jm}^{\pm} \propto \psi_{j,m\pm 1}$

或 $\phi_{jm}^{\pm} \equiv \beta_\pm \psi_{j,m\pm 1}$ （J-9e）

〈$\hat{J}_z$〉的最大值 $m_{\max} \equiv j$，假設 $\hat{J}_+$ 是升算符，則得：

$$\begin{aligned}&\hat{J}_+\psi_{j,m_{\max}} = \hat{J}_+\psi_{j,j} = 0 \\ \therefore\ &\hat{J}_-\hat{J}_+\psi_{j,m_{\max}} = \left[\hat{\boldsymbol{J}}^2 - \hat{J}_z\left(\hat{J}_z+1\right)\right]\psi_{j,m_{\max}} \longleftarrow \text{（J-9d）式} \\ &\qquad = \left[\alpha - m_{\max}(m_{\max}+1)\right]\psi_{j,m_{\max}} \\ &\qquad = 0\end{aligned}$$

$$\therefore\ \alpha = m_{\max}(m_{\max}+1) = j(j+1) \qquad \text{(J-9f)}$$

接著是決定（J-9e）式的 $\beta_\pm$，利用 ψ_{jm} 的正交歸一化得：

$$\begin{aligned}\langle \hat{J}_\pm\psi_{j,m}|\hat{J}_\pm\psi_{j,m}\rangle &= |\beta_\pm|^2 \langle \psi_{j,m}|\psi_{j,m}\rangle = |\beta_\pm|^2 \\ &= \langle \psi_{j,m}|\hat{J}_\pm^+\hat{J}_\pm\psi_{j,m}\rangle = \langle \psi_{j,m}|\hat{J}_\mp\hat{J}_\pm\psi_{j,m}\rangle\end{aligned}$$

$$= \langle \psi_{j,m} | [\hat{\boldsymbol{J}}^2 - \hat{J}_z(\hat{J}_z \pm 1)] \psi_{j,m} \rangle \longleftarrow \text{(J-9d) 式}$$
$$= j(j+1) - m(m \pm 1)$$

$$\therefore \beta_{\pm} = \sqrt{j(j+1) - m(m \pm 1)} = \sqrt{(j \mp m)(j \pm m + 1)}$$

$$\therefore \boxed{\hat{J}_{\pm}\psi_{j,m} = \sqrt{(j \mp m)(j \pm m + 1)}\psi_{j,m\pm 1}} \quad \text{(J-10a)}$$

$$\text{而} \begin{cases} \hat{\boldsymbol{J}}^2\psi_{j,m} = j(j+1)\psi_{j,m} & \text{(J-10b)} \\ \hat{J}_z\psi_{j,m} = m\psi_{j,m} & \text{(J-10c)} \end{cases}$$

（J-10a）式的 $\hat{J}_+$ 和 $\hat{J}_-$ 確實分別扮演升和降算符，而（J-10b）和（J-10c）呈現 $\hat{\boldsymbol{J}}^2$ 和 $\hat{J}_z$ 是同時對角化量。

(B) 球諧函數（spherical harmonic function） $Y_{l,m}(\theta, \varphi)$

連心力（central force）作用下的物理系統，其角動量必守恆，這時（J-10b）和（J-10c）式的 $j=l=$ 正整數 0, 1, 2, ……； m=$-l$, $-l$+1, ……, 0, ……, l, 並且：

$$[\hat{\boldsymbol{L}}^2, \hat{H}] = 0, \quad [\hat{L}_z, \hat{H}] = 0$$

$\hat{H}$＝物理系統的 Hamiltonian，如為靜止質量 m_0 的系統，則 $\hat{H}$ 和 Schrödinger 方程式是：

$$\hat{H}\psi(r,\theta,\varphi) = \left\{-\frac{\hbar^2}{2m_0}\left[\frac{1}{r^2}\frac{\partial}{\partial r}\left(r^2\frac{\partial}{\partial r}\right) + \frac{1}{r^2\sin\theta}\frac{\partial}{\partial\theta}\left(\sin\theta\frac{\partial}{\partial\theta}\right) + \frac{1}{r^2\sin^2\theta}\frac{\partial^2}{\partial\varphi^2} + V(r)\right]\right.\psi(r,\theta,\varphi)$$
$$= E\psi(r,\theta,\varphi) \quad \text{(J-11a)}$$

並且 $\psi(r,\theta,\varphi) = R_{n,l}(r)Y_{l,m}(\theta,\varphi)$, $R_{n,l}(r)$ 和 $Y_{l,m}(\theta,\varphi)$ 分別滿足下列方程式：

$$\left[-\frac{\hbar^2}{2m_0}\frac{1}{r^2}\frac{\mathrm{d}}{\mathrm{d}r}\left(r^2\frac{\mathrm{d}}{\mathrm{d}r}\right) + V(r) + \frac{\hbar^2}{2m_0}\frac{l(l+1)}{r^2}\right]R_{n,l}(r) = ER_{n,l}(r) \quad \text{(J-11b)}$$

$$-\left[\frac{1}{\sin\theta}\frac{\partial}{\partial\theta}\left(\sin\theta\frac{\partial}{\partial\theta}\right) + \frac{1}{\sin^2\theta}\frac{\partial^2}{\partial\varphi^2}\right]Y_{l,m}(\theta,\varphi) = l(l+1)Y_{l,m}(\theta,\varphi) \quad \text{(J-11c)}$$

$Y_{l,m}(\theta,\varphi)$ 稱為**球諧函數**，是半徑 r＝1 球面上的正交歸一化球面函數，其具體形式是：

$$Y_{l,m}(\theta,\varphi) = (-1)^l\frac{1}{2^l l!}\sqrt{\frac{2l+1}{4\pi}\frac{(l+m)!}{(l-m)!}}\,e^{im\varphi}\frac{1}{\sin^m\theta}\frac{\mathrm{d}^{l-m}}{\mathrm{d}(\cos\theta)^{l-m}}(\sin\theta)^{2l} \quad \text{(J-11d)}$$

$$\left.\begin{aligned} \hat{\boldsymbol{L}}^2 Y_{l,m}(\theta,\varphi) &= l(l+1)\,Y_{l,m}(\theta,\varphi) \\ \hat{L}_z Y_{l,m}(\theta,\varphi) &= mY_{l,m}(\theta,\varphi) \end{aligned}\right\} \quad \text{(J-11e)}$$

$$\int Y^*_{l',m'}(\theta,\varphi)Y_{l,m}(\theta,\varphi)\sin\theta \mathrm{d}\theta \mathrm{d}\varphi=\delta_{l',l}\delta_{m',m}\,,\quad 0\le\theta\le\pi\,,\quad 0\le\varphi\le 2\pi \tag{J-11f}$$

$$\left.\begin{array}{l} Y^*_{l,m}(\theta,\varphi)=(-)^m Y_{l,-m}(\theta,\varphi) \\ Y_{l,m}(\theta,\varphi)=(-)^l Y_{l,m}(\pi-\theta,\pi+\varphi)\longleftrightarrow(\boldsymbol{r}\rightarrow-\boldsymbol{r}) \\ Y_{l,0}(\theta,\varphi)=Y_{l,0}(\theta,\varphi=0)=Y_{l,0}(\theta)=\sqrt{\dfrac{2l+1}{4\pi}}P_l(\cos\theta) \\ \sum\limits_{m=-l}^{l} Y^*_{l,m}(\theta_1,\varphi_1)Y_{l,m}(\theta_2,\varphi_2)=\sqrt{\dfrac{2l+1}{4\pi}}Y_{l,0}(\theta) \end{array}\right\} \tag{J-11g}$$

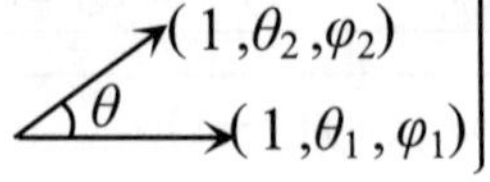

$P_l(\cos\theta)$=Legendre 函數，球座標的角動量算符是：

$$\left.\begin{array}{l} \hat{L}_x=-i(y\dfrac{\partial}{\partial z}-z\dfrac{\partial}{\partial y})=i(\sin\varphi\dfrac{\partial}{\partial\theta}+\cot\theta\cos\varphi\dfrac{\partial}{\partial\varphi}) \\ \hat{L}_y=-i(z\dfrac{\partial}{\partial x}-x\dfrac{\partial}{\partial z})=-i(\cos\varphi\dfrac{\partial}{\partial\theta}+\cot\theta\sin\varphi\dfrac{\varphi}{\partial\varphi}) \\ \hat{L}_z=-i(x\dfrac{\partial}{\partial y}-y\dfrac{\partial}{\partial x})=-i\dfrac{\partial}{\partial\varphi} \end{array}\right\} \tag{J-11h}$$

直角座標（x, y, z）和球座標（r, θ, φ）的關係如下圖：

$$\boldsymbol{r}=(x,y,z)=(r,\theta,\varphi)$$

即 $\begin{cases} x=r\sin\theta\cos\varphi \\ y=r\sin\theta\sin\varphi \\ z=r\cos\theta \end{cases}$ 或 $\begin{cases} r^2=x^2+y^2+z^2 \\ \tan\theta=\sqrt{\dfrac{x^2+y^2}{z^2}} \\ \tan\varphi=y/x \end{cases}$

$$\therefore \begin{cases} \begin{cases} \dfrac{\partial r}{\partial x}=\dfrac{x}{r}=\sin\theta\cos\varphi \\ \dfrac{\partial r}{\partial y}=\dfrac{y}{r}=\sin\theta\sin\varphi \\ \dfrac{\partial r}{\partial z}=\dfrac{z}{r}=\cos\theta \end{cases} \\ \begin{cases} \dfrac{\partial\theta}{\partial x}=\dfrac{\cos\theta\cos\varphi}{r} \\ \dfrac{\partial\theta}{\partial y}=\dfrac{\cos\theta\sin\varphi}{r} \\ \dfrac{\partial\theta}{\partial z}=-\dfrac{\sin\theta}{r} \end{cases} \quad \begin{cases} \dfrac{\partial\varphi}{\partial x}=-\dfrac{\sin\varphi}{r\sin\theta} \\ \dfrac{\partial\varphi}{\partial y}=\dfrac{\cos\varphi}{r\sin\theta} \\ \dfrac{\partial\varphi}{\partial z}=0 \end{cases} \end{cases}$$

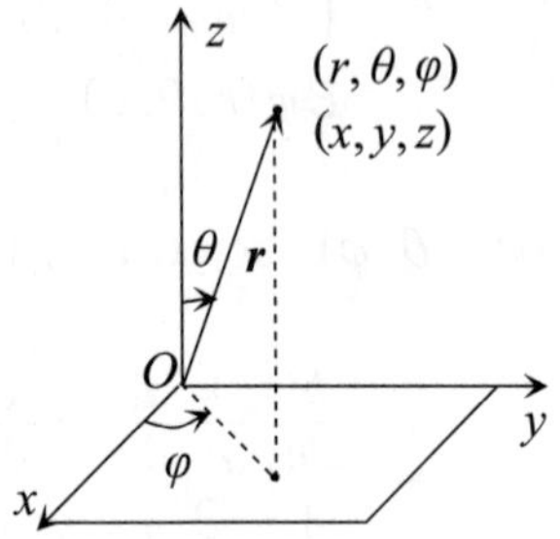

$$\therefore \begin{cases} \dfrac{\partial}{\partial x}=\dfrac{\partial r}{\partial x}\dfrac{\partial}{\partial r}+\dfrac{\partial\theta}{\partial x}\dfrac{\partial}{\partial\theta}+\dfrac{\partial\varphi}{\partial x}\dfrac{\partial}{\partial\varphi} \\ =\sin\theta\cos\varphi\dfrac{\partial}{\partial r}+\dfrac{\cos\theta\cos\varphi}{r}\dfrac{\partial}{\partial\theta}-\dfrac{\sin\varphi}{r\sin\theta}\dfrac{\partial}{\partial\varphi} \\ \dfrac{\partial}{\partial y}=\dfrac{\partial r}{\partial y}\dfrac{\partial}{\partial r}+\dfrac{\partial\theta}{\partial y}\dfrac{\partial}{\partial\theta}+\dfrac{\partial\varphi}{\partial y}\dfrac{\partial}{\partial\varphi} \\ =\sin\theta\sin\varphi\dfrac{\partial}{\partial r}+\dfrac{\cos\theta\sin\varphi}{r}\dfrac{\partial}{\partial\theta}+\dfrac{\cos\varphi}{r\sin\theta}\dfrac{\partial}{\partial\varphi} \end{cases}$$

$$\therefore x\frac{\partial}{\partial y}-y\frac{\partial}{\partial x}=(r\sin^2\theta\cos\varphi\sin\varphi-r\sin^2\theta\sin\varphi\cos\varphi)\frac{\partial}{\partial r}$$

$$+(\sin\theta\cos\varphi\cos\theta\sin\varphi-\sin\theta\cos\theta\sin\varphi\cos\varphi)\frac{\partial}{\partial\theta}+(\cos^2\varphi+\sin^2\varphi)\frac{\partial}{\partial\varphi}$$

$$=\frac{\partial}{\partial\varphi}$$

$\therefore \hat{L}_z=-i\dfrac{\partial}{\partial\varphi}$，$\hat{L}_x$和$\hat{L}_y$的推導一樣。

(C)內稟角動量（intrinsic angular momentum）

內稟角動量又叫自旋，是粒子的固有物。以扮演相互作用的 Bose 子，光子為例來尋找其大小。光子是向量場電磁場的第二量子化粒子，所以描述光子的場是向量場，設以$\boldsymbol{A}(x,y,z)$表示，則以z軸轉動θ角後的場已和$\boldsymbol{A}(x,y,z)$不同形狀的$\boldsymbol{A}'(x',y',z')$。因$\boldsymbol{A}$本身有成分，轉動後其成分方向變了，但整個$\boldsymbol{A}$的方向仍然不變。

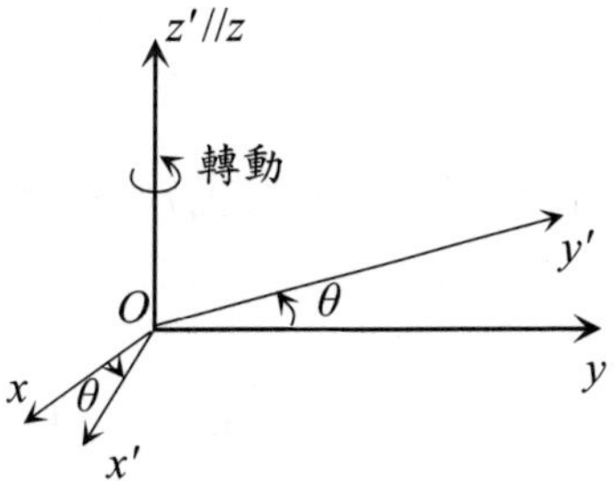

（右手系）
座標系的轉動θ角
(a)

$$\therefore \boldsymbol{A}'('x,y',z')=\boldsymbol{A}(x,y,z) \qquad \text{（J-12a）}$$

$\boldsymbol{A}$轉動後函數形式變了才用$\boldsymbol{A}'$表示，要深入瞭解，最好分析$\boldsymbol{A}$的成分變化情形。$\boldsymbol{A}$不但成分會變，且其空間變數（x, y, z）也如圖（J-3(a)）會變；前者是$\boldsymbol{A}(x,y,z)$自己的變化，而後者是屬於$\boldsymbol{A}(x,y,z)$的外界變化，在圖（J-2）已提醒過：轉動時要小心使用「＋θ」或用「－θ」，將圖（J-2(b)）的內涵重畫於圖（J-3(b)），向量$\boldsymbol{V}$表示物體的位置，物體轉動θ角到$\boldsymbol{V}'$，則其成分是：

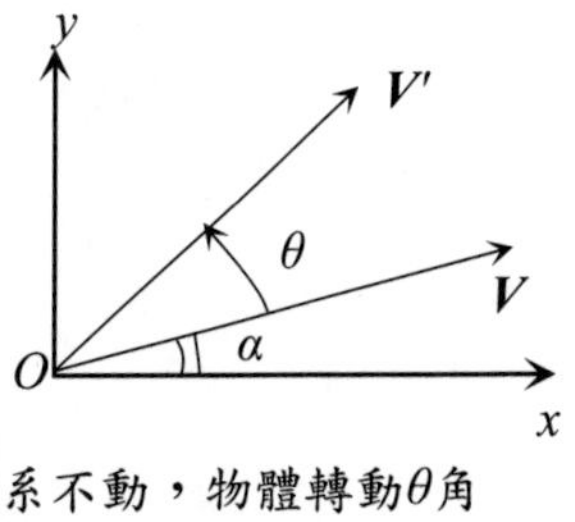

座標系不動，物體轉動θ角
(b)

圖 J-3

$$V_x'=|\boldsymbol{V}'|\cos(\alpha+\theta)$$

$= V'\cos\alpha\cos\theta - V'\sin\alpha\sin\theta$

$$\begin{cases} |\boldsymbol{V}'| = |\boldsymbol{V}| = V \\ V'\cos\alpha = V\cos\alpha = V_x \\ V'\sin\alpha = V\sin\alpha = V_y \end{cases}$$

$= V_x\cos\theta - V_y\sin\theta$

$= V_x\cos(-\theta) + V_y sin(-\theta)$ （J-12b）

圖（J－3c）的話：

$x' = x\cos\theta + y\sin\theta\cdots\cdots$ （J-12b）′

$y' = x\cos(\theta+90°) + y\sin(\theta+90°)$

$\quad = -x\sin\theta + y\cos\theta$

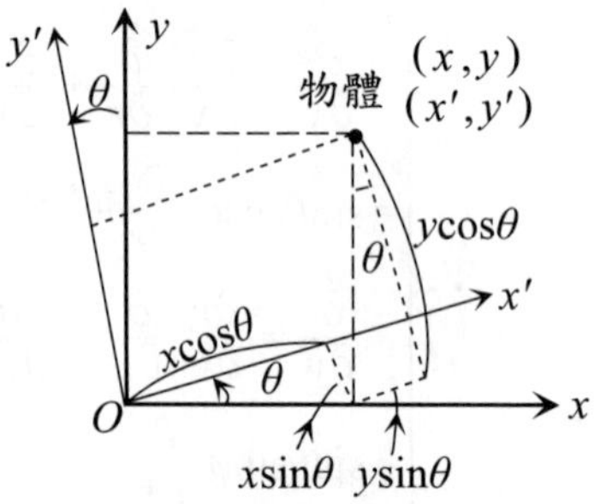

物體不動，座標轉動θ角
(c)

圖 J-3（續）

比較（J-12b）和（J-12b）'剛好轉動角差一個符號，同樣地 V_y'和 y'的關係也是：

$$\begin{aligned} V_y' &= |\boldsymbol{V}'|\sin(\alpha+\theta) \\ &= V'\sin\alpha\cos\theta + V'\cos\alpha\sin\theta \\ &= V_y\cos\theta + V_x\sin\theta \\ &= -V_x\sin(-\theta) + V_y\cos(-\theta) \end{aligned} \qquad \text{（J-12c）}$$

所以如要用 $\boldsymbol{A}$ 的成分來表示 $\boldsymbol{A}'$ 的成分時必須採用（J-12b）和（J-12c）的結果：「θ→－θ」

$$\begin{aligned} \therefore A_x'(x',y',z') &= A_x(x',y',z')\cos(-\theta) + A_y(x',y',z')\sin(-\theta) \\ &= A_x(x',y',z')\cos\theta - A_y(x',y',z')\sin\theta \end{aligned}$$

$$= A_x(x\cos\theta + y\sin\theta, -x\sin\theta + y\cos\theta, z)\cos\theta - A_y(x\cos\theta + y\sin\theta, -x\sin\theta + y\cos\theta, z)\sin\theta$$

$$\begin{cases} \theta\to 0 \text{ 時} \\ \sin\theta \fallingdotseq \theta,\ \cos\theta \fallingdotseq 1 \longleftarrow \text{參考圖（J-3c）} \end{cases}$$

$$\fallingdotseq A_x(x+y\theta, -x\theta+y, z) - A_y(x+y\theta, -x\theta+y, z)\theta$$

$$\fallingdotseq A_x(x,y,z) + \left(\frac{\partial A_x}{\partial x}\right)y\theta + \left(\frac{\partial A_x}{\partial y}\right)(-x\theta) - \left[A_y(x,y,z) + \left(\frac{\partial A_y}{\partial x}\right)y\theta + \left(\frac{\partial A_y}{\partial y}\right)(-x\theta)\right]\theta$$

上式是用了 Taylor 展開

再來是近似到θ的一次，則上式變成，

$$\fallingdotseq A_x(x,y,z) - A_y(x,y,z)\theta - \theta\left(x\frac{\partial}{\partial y} - y\frac{\partial}{\partial x}\right)A_x(x,y,z)$$

$$\therefore A'_x(x',y',z') = A_x(x,y,z) - A_y(x,y,z)\theta - i\theta\hat{L}_z A_x(x,y,z) \qquad \text{（J-13a）}$$

同樣地計算$A'_y(x',y',z')$和$A'_z(x',y',z')$得：

$$\begin{aligned}A'_y(x',y',z') &= -A_x(x',y',z')\sin(-\theta)+A_y(x',y',z')\cos(-\theta)\\ &= A_x(x,y,z)\theta - i\theta\hat{L}_z A_y(x,y,z)+A_y(x,y,z)\\ A'_z(x',y',z') &= A_z(x',y',z')\\ &= A_z(x,y,z)-i\theta\hat{L}_z A_z(x,y,z)\end{aligned}$$

$$\therefore \begin{pmatrix}A'_x(x',y',z')\\A'_y(x',y',z')\\A'_z(x',y',z')\end{pmatrix}=\begin{pmatrix}A_x(x,y,z)\\A_y(x,y,z)\\A_z(x,y,z)\end{pmatrix}-\underbrace{i\theta\hat{L}_z\begin{pmatrix}A_x(x,y,z)\\A_y(x,y,z)\\A_z(x,y,z)\end{pmatrix}}_{\text{座標軸轉動引起}}-\underbrace{i\theta\begin{pmatrix}-iA_y(x,y,z)\\iA_x(x,y,z)\\0\end{pmatrix}}_{\text{場的本性引起}} \quad \text{(J-13b)}$$

如場沒成分便得（J-4）式，所以（J-13b）式右邊第三項確實是場的本性（此地向量場）帶來的結果，就是電磁場第二量子化的粒子，光子的內稟角動量$\hat{\boldsymbol{S}}$算符的第三成分$\hat{S}_z$帶來的結果，

$$\therefore \hat{S}_z\begin{pmatrix}A_x(x,y,z)\\A_y(x,y,z)\\A_z(x,y,z)\end{pmatrix}\equiv\begin{pmatrix}-iA_y(x,y,z)\\iA_x(x,y,z)\\0\end{pmatrix} \quad \text{(J-13c)}$$

$$\therefore \begin{pmatrix}A'_x(\boldsymbol{r}')\\A'_y(\boldsymbol{r}')\\A'_z(\boldsymbol{r}')\end{pmatrix}=\begin{pmatrix}A_x(\boldsymbol{r})\\A_y(\boldsymbol{r})\\A_z(\boldsymbol{r})\end{pmatrix}-i\theta\hat{J}_z\begin{pmatrix}A_x(\boldsymbol{r})\\A_y(\boldsymbol{r})\\A_z(\boldsymbol{r})\end{pmatrix}, \qquad \begin{aligned}\boldsymbol{r}'&\equiv(x',y',z')\\ \boldsymbol{r}&\equiv(x,y,z)\end{aligned}$$

或$\boldsymbol{A}'(\boldsymbol{r}')=(1-i\theta\hat{J}_z)\boldsymbol{A}(\boldsymbol{r})$……當$\theta\fallingdotseq 0$時　(J-13d)

$$\hat{J}_z\equiv\hat{L}_z+\hat{S}_z \quad \text{(J-13e)}$$

故對任意轉動軸 n 轉動 θ 角時是：

$$\left.\boxed{\begin{aligned}&\boldsymbol{A}'(\boldsymbol{r}')=e^{-i\theta\boldsymbol{e}_n\cdot\hat{\boldsymbol{J}}}\boldsymbol{A}(\boldsymbol{r})\\ &\hat{\boldsymbol{J}}=\hat{\boldsymbol{L}}\text{（軌道角動量）}+\hat{\boldsymbol{S}}\text{（內稟角動量）}\end{aligned}}\right\} \quad \text{(J-14a)}$$

$\boldsymbol{e}_n=n$的單位向量。（J-13c）式啟示光子自旋是3×3的矩陣，而（J-13c）式的$\hat{S}_z$是：

$$\hat{S}_z=\begin{pmatrix}0&-i&0\\i&0&0\\0&0&0\end{pmatrix} \quad \text{(J-14b)}$$

小心！這個$\hat{S}_z$沒對角化。要為角動量的本徵函數的話，$\hat{\boldsymbol{S}}^2$和$\hat{S}_z$要同時滿足（J-10a～c）三個式子，如$\boldsymbol{\phi}_{s,m_s}$為$\hat{\boldsymbol{S}}^2$和$\hat{S}_z$的本徵函數，則：

$$\left.\begin{aligned}\hat{S}^2\phi_{s,m_s}&=s(s+1)\phi_{s,m_s}\\ \hat{S}_z\phi_{s,m_s}&=m_s\phi_{s,m_s}\\ \hat{S}_\pm\phi_{s,m_s}&=\sqrt{(s\mp m_s)(s\pm m_s+1)}\phi_{s,m_s\pm1}\end{aligned}\right\}\qquad \text{(J-14c)}$$

$$\left.\begin{aligned}&\hat{S}_\pm\equiv\hat{S}_x\pm i\hat{S}_y\\ &m_s=-s,-s+1,\cdots\cdots,s-1,s\end{aligned}\right\}\qquad \text{(J-14d)}$$

3×3 矩陣的 $\hat{S}_z$ 的量子數 m_s 必須有三個值，並且相鄰兩值如（J-14d）式只許相差 1，於是：

$$m_s=-1,\qquad 0,\qquad +1$$

$$\therefore \text{S}=1\text{，即光子的內稟角動量}=1\qquad \text{(J-14e)}$$

順便提醒讀者，（J-10a）式僅能使用於物體不動而座標軸轉動時，如果座標軸不動而物體轉動的話，由於轉動角從 $\theta\rightarrow(-\theta)$，於是得：

$$\begin{aligned}\hat{J}_\pm\psi_{jm}&=\sqrt{[j\mp(-m)][j\pm(-m)+1]}\psi_{j,m\mp1}\\ &=\sqrt{(j\pm m)(j\mp m+1)}\psi_{j,m\mp1}\end{aligned}\qquad \text{(J-15)}$$

(D)角動量的合成

經典力學的角動量合成，使用平行四邊形法來得最後的大小和方向，量子力學也是，不過量力有量子數和同時對角化（有關本微值（J-10a～c）式）問題。至於角動量守不守恆，前者要證明作用於物理系統的力矩（moment of force 或 torque）是否等於零，後者是要證明角動量 $\hat{\boldsymbol{J}}$ 是否和物理系統的 Hamiltonian 對易，這是說明物理系統的角動量不跟著時間變化的守恆量，它來自：

$$\frac{\mathrm{d}}{\mathrm{d}t}\int\psi^*\hat{\boldsymbol{L}}\psi\mathrm{d}\tau=\int\left\{\left(\frac{\partial\psi^*}{\partial t}\right)\hat{\boldsymbol{L}}\psi+\psi^*\left(\frac{\partial\hat{\boldsymbol{L}}}{\partial t}\right)\psi+\psi^*\hat{\boldsymbol{L}}\left(\frac{\partial\psi}{\partial t}\right)\right\}\mathrm{d}\tau$$

$i\hbar\dfrac{\partial\psi}{\partial t}=\hat{H}\psi$

如 $\hat{\boldsymbol{L}}$ 和時間無關，則 $\partial\hat{\boldsymbol{L}}/\partial t=0$

$$=\int\left\{-\frac{1}{i\hbar}(\hat{H}\psi)^+\hat{\boldsymbol{L}}\psi+\frac{1}{i\hbar}\psi^*\hat{\boldsymbol{L}}\,\hat{H}\psi\right\}\mathrm{d}\tau$$

$(\hat{H}\psi)^+=\psi^*\hat{H}^+=\psi^*\hat{H}$ ←── 當 $\hat{H}^+=\hat{H}$ 時，不過只要實能量這條件必成立，即 Hermitian 共軛

$$=-\frac{1}{i\hbar}\int\psi^*(\hat{H}\hat{\boldsymbol{L}}-\hat{\boldsymbol{L}}\,\hat{H})\psi\mathrm{d}\tau$$

$$\therefore\frac{\mathrm{d}}{\mathrm{d}t}\int\psi^*\hat{\boldsymbol{L}}\psi\mathrm{d}\tau=0\qquad \text{當}\,[\hat{L},\hat{H}]=0\qquad \text{(J-16a)}$$

那麼既然是同一個物理要求：「角動量守恆」，經典力學和量子力學是否有共同處呢？

(1)連心力（central force）

(i)經典力學

角動量 $\boldsymbol{L}=\boldsymbol{r}\times\boldsymbol{P}$

力矩 $\boldsymbol{\tau}=\dfrac{\mathrm{d}\boldsymbol{L}}{\mathrm{d}t}=\left(\dfrac{\mathrm{d}\boldsymbol{r}}{\mathrm{d}t}\right)\times\boldsymbol{P}+\boldsymbol{r}\times\left(\dfrac{\mathrm{d}\boldsymbol{P}}{\mathrm{d}t}\right)$

$$\left\{\begin{array}{l}\boldsymbol{P}=m\boldsymbol{v}=m\dfrac{\mathrm{d}\boldsymbol{r}}{\mathrm{d}t}\\ \dfrac{\mathrm{d}\boldsymbol{P}}{\mathrm{d}t}=\text{力 }\boldsymbol{F}\xlongequal[\text{保守力}]{}-\boldsymbol{\nabla}V(|\boldsymbol{r}|)=-\boldsymbol{e}_r\dfrac{\partial V}{\mathrm{d}r},\ \boldsymbol{e}_r\equiv\dfrac{\boldsymbol{r}}{r}\\ V(|\boldsymbol{r}|)=\text{連心力勢能，是保守力勢能}\end{array}\right.$$

$$\therefore\frac{\mathrm{d}\boldsymbol{L}}{\mathrm{d}t}=m\boldsymbol{v}\times\boldsymbol{v}-\boldsymbol{r}\times\boldsymbol{r}\left(\frac{\mathrm{d}V}{\mathrm{d}r}\right)\Big/r\ =0$$

∴連心力作用時 $\boldsymbol{L}$ = 守恆量 = **大小和方向**都不跟著時間變　　(J-16b)

(ii)量子力學

$$[\hat{\boldsymbol{L}},\hat{H}]=0\longleftarrow\text{（J-16a）式}$$

$$=\left[\hat{\boldsymbol{L}},\left(\frac{\hat{\boldsymbol{P}}^2}{2m}+V\right)\right]\underset{?}{=}0$$

$$\left[\hat{L},\frac{1}{2m}\hat{\boldsymbol{P}}^2\right]=\frac{1}{2m}\sum_{j=1}^{3}\left\{\hat{P}_j[\hat{\boldsymbol{L}},\hat{P}_j]+[\hat{\boldsymbol{L}},\hat{P}_j]\hat{P}_j\right\}$$

從（J-6a）、（J-6b）式以及 x_i 和 $\hat{P}_j$ 的對易關係可得：

$$\left\{\begin{array}{ll}[\hat{L}_i,r_j]=i\hbar\varepsilon_{ijk}r_k\longleftarrow\boldsymbol{r}\text{ 表象時 }\hat{\boldsymbol{r}}=\boldsymbol{r},\quad r_j=x_j\text{之意} & \text{(J-16c)}\\ [\hat{L}_i,\hat{P}_j]=i\hbar\varepsilon_{ijk}\hat{P}_k & \text{(J-16d)}\end{array}\right.$$

$$\hat{\boldsymbol{L}}=\sum_{i=1}^{3}\boldsymbol{e}_i\hat{L}_i,\qquad \boldsymbol{e}_i=\text{座標軸的單位向量}$$

$$=\frac{1}{2m}\sum_{i,j}\{\hat{P}_j[\boldsymbol{e}_i\hat{L}_i,\hat{P}_j]+[\boldsymbol{e}_i\hat{L}_i,\hat{P}_j]\hat{P}_j\longleftarrow\text{（J-16d）式}$$

$$=\frac{i\hbar}{2m}\sum_{i,j}\boldsymbol{e}_i\varepsilon_{ijk}(\hat{P}_j\hat{P}_k+\hat{P}_k\hat{P}_j)\longleftarrow[\hat{P}_j,\hat{P}_k]=0,\qquad \varepsilon_{ikj}=-\varepsilon_{ijk}$$

$$=0$$

$$[\hat{\boldsymbol{L}},V]=-i\hbar\left\{(\boldsymbol{r}\times\boldsymbol{\nabla})V-V(\boldsymbol{r}\times\boldsymbol{\nabla})\right\}\longleftarrow\text{也可以用（J-16c）式證明}$$

$$(\boldsymbol{r}\times\boldsymbol{\nabla})V=\boldsymbol{r}\times(\boldsymbol{\nabla}V)+\boldsymbol{r}\times(V\boldsymbol{\nabla})$$

$$\left\{\begin{array}{l}\text{如 } V=V(r)\\ \text{則}\boldsymbol{r}\text{和 } V(r)\text{會對易}\leftarrow[x_i, x_j]=0\end{array}\right.$$

$$=\boldsymbol{r}\times(\nabla V)+V(\boldsymbol{r}\times\nabla)$$

$$=-i\hbar\boldsymbol{r}\times(\nabla V)$$

$$\left\{\begin{array}{l}\text{如 } V=V(|\boldsymbol{r}|)=V(r)\\ \text{則}\nabla V=\nabla V(r)=\boldsymbol{e}_r\dfrac{\partial V}{\partial r}=\dfrac{\boldsymbol{r}}{r}\dfrac{\partial V}{\partial r}\end{array}\right.$$

$$=-i\hbar\,\boldsymbol{r}\times\frac{\boldsymbol{r}}{r}\frac{\partial V}{\partial r}$$

$$=0$$

$$\therefore\text{當 } V=V(\mathrm{r})\text{時}[\hat{\boldsymbol{L}},\hat{H}]=0 \qquad \text{(J-16e)}$$

顯然經典力學的（J-16b）式和量子力學的（J-16e）式一致，「在連心力作用下的物理系統，其角動量守恆」。那麼（J-16b）式的角動量的**大小**和**方向**在量子力學，用甚麼方法來表示呢？它們分別為：

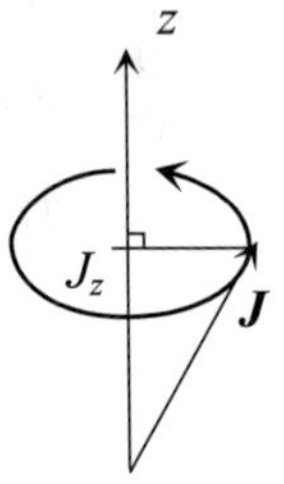

J_z //z軸而不變，
$\boldsymbol{J}$的大小$|\boldsymbol{J}|$不變，但
$\boldsymbol{J}$圍繞z軸進動（precession）

角動量大小：$\hat{\boldsymbol{J}}^2\psi_{jm}=j(j+1)\psi_{jm}=$（J-10b）式
角動量方向：$\hat{J}_z\psi_{jm}=m\,\psi_{jm}=$（J-10c）式
z 軸＝右圖的量子化軸

物理系統的角動量守恆，用$\hat{\boldsymbol{J}}^2$和$\hat{J}_z$同時對角化的狀態函數ψ_{jm}來表明，而連心力系統的角動量本徵函數就是球諧函數$Y_{l,m}(\theta,\varphi)$。

(2)角動量的本徵函數，Clebsch-Gordan 係數

量子力學的物理系統，其狀態函數是受該系統的動力學量的量子數支配，並且這些動力學量的算符$\hat{Q}$必是和系統 Hamiltonian $\hat{H}$對易：$[\hat{Q},\hat{H}]=0$。所以和$\hat{H}$對易的角動量$\hat{\boldsymbol{J}}^2$和$\hat{J}_z$的量子數j和m是狀態量子數。如有兩種角動量$\hat{\boldsymbol{J}}_1$和$\hat{\boldsymbol{J}}_2$，它們同時是：

$$[\hat{\boldsymbol{J}}_1,\hat{\boldsymbol{J}}_2]=0$$
$$\hat{\boldsymbol{J}}_1+\hat{\boldsymbol{J}}_2\equiv\hat{\boldsymbol{J}},\qquad \hat{\boldsymbol{J}}\times\hat{\boldsymbol{J}}=i\hat{\boldsymbol{J}}$$

則可造成下列兩種同時對角化的組合：

$$\text{(i)}\ \hat{\boldsymbol{J}}_1^2,\quad \hat{\boldsymbol{J}}_2^2,\quad \hat{\boldsymbol{J}}^2,\quad \hat{J}_z\xrightarrow{\text{量子數}}j_1,\quad j_2,\quad j,\quad m \qquad \text{(J-17a)}$$

$$\text{(ii)}\ \hat{\boldsymbol{J}}_1^2,\quad \hat{\boldsymbol{J}}_{1z},\quad \hat{\boldsymbol{J}}_2^2,\quad \hat{\boldsymbol{J}}_{2z} \xrightarrow{\text{量子數}} j_1,\quad m_1,\quad j_2,\quad m_2 \tag{J-17b}$$

於是各組的角動量本徵函數是$\psi_{j_1 j_2 j m}$，$\psi_{j_1 m_1 j_2 m_2}$。既然它們都能描述物理系統的角動量，必各為完全正交歸一化集（complete orthonormalized set，看第十章Ⅳ（D）），所以相互可以轉換，轉換係數叫 Clebsch-Gordan 係數。Clebsch 是德國數學和物理學家（Rudolph Friedrich Alfred Clebsch 1833 年 1/19～1872 年 11/7）。使用 Dirac 標誌（notation），則各本徵函數和 Clebsch-Gordan 係數是：

$$\begin{array}{ccc} (\hat{\boldsymbol{J}}_1^2, \hat{\boldsymbol{J}}_2^2, \hat{\boldsymbol{J}}^2, \hat{\boldsymbol{J}}_z) & \xrightleftharpoons[\text{Clebsch-Gordan}]{} & (\hat{\boldsymbol{J}}_1^2, \hat{\boldsymbol{J}}_{1z}, \hat{\boldsymbol{J}}_2^2, \hat{\boldsymbol{J}}_{2z}) \\ j_1,\ j_2,\ j,\ m & & j_1,\ m_1,\ j_2,\ m_2 \\ |j_1 j_2 j m\rangle & & |j_1 m_1 j_2 m_2\rangle \end{array}$$

$$|j_1 j_2 j m\rangle = \sum_{m_1, m_2} |j_1 m_1 j_2 m_2\rangle \langle j_1 m_1 j_2 m_2 | j_1 j_2 j m\rangle \tag{J-17c}$$

$$\left.\begin{array}{l} j = |j_1 - j_2|,\ |j_1 - j_2| + 1, \cdots\cdots, (j_1 + j_2) \\ m = m_1 + m_2 \end{array}\right\} \tag{J-17d}$$

$\langle j_1 m_1 j_2 m_2 | j_1 j_2 j m\rangle$ 就是 Clebsch-Gordan 係數，它有好多種表示法：

$$C(j_1 j_2 j, m_1 m_2 m),\ C^{j_1\ j_2\ j}_{m_1 m_2 m},\ C^{j\,m}_{j_1 m_1 j_2 m_2},\ S^{j_1 j_2}_{j\, m_1 m_2},$$
$$\langle j_1 j_2 m_1 m_2 | j_1 j_2 j m\rangle,\ \begin{pmatrix} j_1 & j_2 & j \\ m_1 & m_2 & m \end{pmatrix} \text{等等}$$

但我們使用的是：

$$\langle j_1 m_1 j_2 m_2 | j_1 j_2 j_m\rangle \equiv \langle j_1 m_1 j_2 m_2 | j m\rangle \tag{J-17e}$$

（J-17c）式的反轉換是：

$$|j_1 m_1 j_2 m_2\rangle = \sum_{j, m} |j_1 j_2 j m\rangle \langle j_1 j_2 j m | j_1 m_1 j_2 m_2\rangle \tag{J-17f}$$

無論（J-17c）式或（J-17f）式，是利用角動量本徵函數構成完全正交歸一化集：

$$\sum_{m_1 m_2} |j_1 m_1 j_2 m_2\rangle \langle j_1 m_1 j_2 m_2| = 1$$
$$\sum_{j, m} |j_1 j_2 j m\rangle \langle j_1 j_2 j m| = 1$$

既然Clebsch-Gordan有各種表示法，各法都有它們的定義，所以執行角動量演算時必須從頭到尾採用同一表示法，不然會犯相差（phase difference）問題，帶來不正確結果。例如 Wigner（Eugene Paul Wigner 1902 年 11/17～1995 年 1/1 美國物理學家）使用的$\begin{pmatrix} j_1 & j_2 & j \\ m_1 & m_2 & m \end{pmatrix}$和 Edmonds（我們使用的標誌）的$\langle j_1 m_1 j_2 m_2 \mid j_1 j_2 j m \rangle$之間就有明顯的差異：

$$\begin{pmatrix} j_1 & j_2 & j \\ m_1 & m_2 & m \end{pmatrix} = (-)^{j_1+j_2-m} \frac{1}{\sqrt{2j+1}} \langle j_1 m_1 j_2 m_2 \mid j - m \rangle \tag{J-18}$$

像這樣的明顯差異就不會犯錯，但僅有相差的話就會犯錯了。

(3)例子：求自旋$\frac{1}{2}$的兩個 Fermi 粒子的狀態函數，以及有關的 Clebsch-Gordan 係數。

(i)圖解：$\boldsymbol{S}_1$和$\boldsymbol{S}_2$都等於$\overrightarrow{\left(\frac{1}{2}\right)}$的向量

$\therefore \boldsymbol{S} = \boldsymbol{S}_1 + \boldsymbol{S}_2$的值是$\left|\frac{1}{2} - \frac{1}{2}\right| = 0$和$\left(\frac{1}{2} + \frac{1}{2}\right) = 1$，即：

$s = \begin{cases} 0 \text{ 叫單態（singlet state）} \\ (\boldsymbol{S}_1 \text{ 和 } \boldsymbol{S}_2 \text{ 反對稱}) \\ \\ 1 \text{ 叫三重態（triplet state）} \\ (\boldsymbol{S}_1 \text{ 和 } \boldsymbol{S}_2 \text{ 對稱}) \end{cases}$

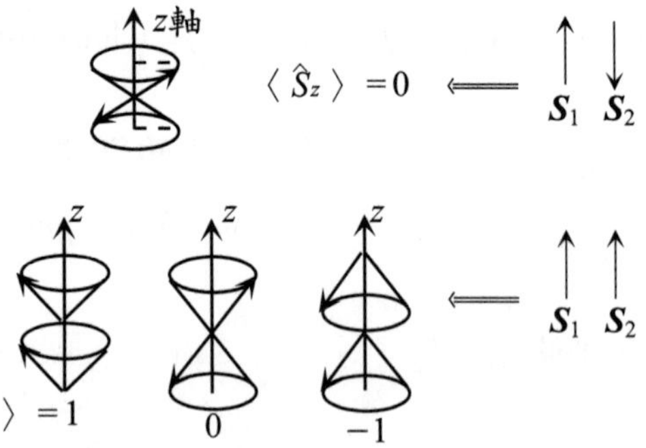

設$x_{\frac{1}{2}\frac{1}{2}}(\boldsymbol{\sigma}) \equiv \alpha,\ x_{\frac{1}{2}-\frac{1}{2}}(\boldsymbol{\sigma}) \equiv \beta$

則合成後的自旋狀態函數$x_{sm}(\boldsymbol{\sigma}_1, \boldsymbol{\sigma}_2) \equiv x_{sm}(1,2)$由上圖得：

$$x_{00}(1,2) = \frac{1}{\sqrt{2}}[\alpha(1)\beta(2) - \beta(1)\alpha(2)] \longleftarrow \text{單態（反對稱）} \tag{J-19a}$$

$$\left.\begin{aligned} x_{11}(1,2) &= \alpha(1)\alpha(2) \\ x_{10}(1,2) &= \frac{1}{\sqrt{2}}[\alpha(1)\beta(2) + \beta(1)\alpha(2)] \\ x_{1-1}(1,2) &= \beta(1)\beta(2) \end{aligned}\right\} \longleftarrow \text{三重態（對稱）} \tag{J-19b}$$

(ii)使用 Clebsch-Gordan 係數

由（J-17c）式和我們的標誌（J-17e）式得：

$$x_{jm}(1,2) = \sum_{m_1 m_2} \langle \tfrac{1}{2} m_1 \tfrac{1}{2} m_2 | jm \rangle\, x_{m_1}(1) x_{m_2}(2) \longleftarrow x_{\frac{1}{2}m_s}(\boldsymbol{\sigma}_{1,2}) \equiv x_{m_s}(1 \text{ 或 } 2)$$

$$\therefore x_{00}(1,2) = \sum_{m_1 m_2} \langle \tfrac{1}{2} m_1 \tfrac{1}{2} m_2 | 0\,0 \rangle\, x_{m_1}(1) x_{m_2}(2)$$

$$= \langle \frac{1}{2}\frac{1}{2}\frac{1}{2}\frac{1}{2}\Big|0\,0\rangle\ \alpha(1)\alpha(2) + \langle \frac{1}{2}\frac{1}{2}\frac{1}{2}-\frac{1}{2}\Big|0\,0\rangle\ \alpha(1)\beta(2)$$

$$+ \langle \frac{1}{2}-\frac{1}{2}\frac{1}{2}\frac{1}{2}\Big|0\,0\rangle\ \beta(1)\alpha(2) + \langle \frac{1}{2}-\frac{1}{2}\frac{1}{2}-\frac{1}{2}\Big|0\,0\rangle\ \beta(1)\beta(2)$$

=（J-19a）式才行

$$\therefore \left\{ \begin{array}{l} \langle \frac{1}{2}\frac{1}{2}\frac{1}{2}\frac{1}{2}\Big|0\,0\rangle = 0,\ \langle \frac{1}{2}-\frac{1}{2}\frac{1}{2}-\frac{1}{2}\Big|0\,0\rangle = 0 \\ \langle \frac{1}{2}\frac{1}{2}\frac{1}{2}-\frac{1}{2}\Big|0\,0\rangle = \frac{1}{\sqrt{2}} \\ \langle \frac{1}{2}-\frac{1}{2}\frac{1}{2}\frac{1}{2}\Big|0\,0\rangle = -\frac{1}{\sqrt{2}} \neq \langle \frac{1}{2}\frac{1}{2}\frac{1}{2}-\frac{1}{2}\Big|0\,0\rangle \end{array} \right\} \qquad \text{(J-19c)}$$

故得下結論：

$$\boxed{\begin{array}{l} m_1+m_2=m \\ \text{Clebesch-Gordan 係數不一定對稱} \end{array}} \qquad \text{(J-19d)}$$

$$x_{11}(1,2) = \sum_{m_1 m_2} \langle \frac{1}{2}m_1\frac{1}{2}m_2\,|11\rangle\ x_{m_1}(1)x_{m_2}(2)$$

$$\xlongequal[\text{(J-19d) 式}]{} \langle \frac{1}{2}\frac{1}{2}\frac{1}{2}\frac{1}{2}\,|\,11\rangle\ \alpha(1)\,\alpha(2) \xlongequal[\text{(J-19b) 式}]{} \alpha(1)\,\alpha(2)$$

$$\therefore \langle \frac{1}{2}\ \frac{1}{2}\ \frac{1}{2}\ \frac{1}{2}\,|\,11\rangle = 1 \qquad \text{(J-19e)}$$

$$x_{10}(1,2) = \sum_{m_1 m_2} \langle \frac{1}{2}m_1\frac{1}{2}m_2\,|10\rangle\ x_{m_1}(1)x_{m_2}(2)$$

$$\xlongequal[\text{(J-19d) 式}]{} \langle \frac{1}{2}\frac{1}{2}\frac{1}{2}-\frac{1}{2}|10\rangle\ \alpha(1)\beta(2) + \langle \frac{1}{2}-\frac{1}{2}\frac{1}{2}\frac{1}{2}|10\rangle\ \beta(1)\alpha(2)$$

$$\xlongequal[\text{(J-19b) 式}]{} \frac{1}{\sqrt{2}}[\alpha(1)\beta(2)+\beta(1)\alpha(2)]$$

$$\therefore \langle \frac{1}{2}\ \frac{1}{2}\ \frac{1}{2}-\frac{1}{2}\,|\,10\rangle = \langle \frac{1}{2}-\frac{1}{2}\ \frac{1}{2}\ \frac{1}{2}\,|\,10\rangle = \frac{1}{\sqrt{2}} \qquad \text{(J-19f)}$$

$$x_{1-1}(1,2) = \sum_{m_1 m_2} \langle \frac{1}{2}m_1\frac{1}{2}m_2\,|1-1\rangle\ x_{m_1}(1)x_{m_2}(2)$$

$$\xlongequal[\text{(J-19d) 式}]{} \langle \frac{1}{2}-\frac{1}{2}\frac{1}{2}-\frac{1}{2}\,|\,1-1\rangle\ \beta(1)\,\beta(2)$$

$$\xlongequal[\text{(J-19b) 式}]{} \beta(1)\,\beta(2)$$

$$\therefore \langle \frac{1}{2}-\frac{1}{2}\ \frac{1}{2}-\frac{1}{2}\,|\,1-1\rangle = 1 \qquad \text{(J-19g)}$$

所以由（J-19e）和（J-19g）式得：

$$\boxed{\begin{array}{lllll} \langle j_1\ m_1=j_1 & j_2 & m_2=j_2\,|\,j & m=j_1+j_2\rangle = 1 \\ \langle j_1\ m_1=-j_1 & j_2 & m_2=-j_2\,|\,j & m=-(j_1+j_2)\rangle = 1 \end{array}} \qquad \text{(J-20)}$$

(4) Clebsch-Gordan 係數的一些性質（Edmonds 的標誌）

(i) 么正性（unitarity）

$$\sum_{jm} \langle j_1\, m_1\, j_2\, m_2 \,|\, j\, \mathrm{m} \rangle \langle j_1 m'_1\, j_2 m'_2 \,|\, jm \rangle = \delta_{m_1 m'_1} \delta_{m_2 m'_2} \qquad \text{(J-21)}$$

$$\sum_{m_1, m_2} \langle j_1 m_1\, j_2\, m_2 \,|\, j\, \mathrm{m} \rangle \langle j_1 m_1\, j_2 m_2 \,|\, j' m' \rangle = \delta_{jj'} \delta_{mm'} \qquad \text{(J-22)}$$

$$j = |j_1 - j_2|, \qquad |j_1 - j_2| + 1, \cdots\cdots, (j_1 + j_2)$$

$$m = m_1 + m_2$$

(ii)對稱性（symmetry）

$$\begin{aligned}\langle j_1 m_1\, j_2 m_2 |\, jm \rangle &= (-)^{j_1 + j_2 - j} \langle j_1 - m_1\, j_2 - m_2 |\, j - \mathrm{m} \rangle \\ &= (-)^{j_1 + j_2 - j} \langle j_2 m_2 j_1 m_1 |\, jm \rangle \\ &= (-)^{j_1 - m_1} \sqrt{\frac{2j+1}{2j_2+1}} \langle j_1 m_1\, j - m |\, j_2 - m_2 \rangle \\ &= (-)^{j_2 + m_2} \sqrt{\frac{2j+1}{2j_1+1}} \langle j - m\, j_2 m_2 |\, j_1 - m_1 \rangle\end{aligned} \qquad \text{(J-23)}$$

$$\langle j_1 0\, j_2 0 |\, j 0 \rangle = (-)^{j+g} \sqrt{\frac{(2j+1)(j_1 + j_2 - j)!(j_1 + j - j_2)!(j + j_2 - j_1)!}{(j_1 + j_2 + j + 1)!}} \times \frac{g!}{(g - j_1)!(g - j_2)!(g - j)!} \qquad \text{(J-24)}$$

$j_1 + j_2 + j = 2g =$ 偶數才行，不滿足者 $= 0$

此 Clebsch-Gordan 係數又稱作宇稱關係式。

(5)角動量量子數 $\frac{1}{2}$ 和 1 的 Clebsch-Gordan 係數

$j=$	$m_2 = \frac{1}{2}$	$m_2 = -\frac{1}{2}$
$j_1 + \frac{1}{2}$	$\sqrt{\frac{j_1 + m + \frac{1}{2}}{2j_1 + 1}}$	$\sqrt{\frac{j_1 - m + \frac{1}{2}}{2j_1 + 1}}$
$j_1 - \frac{1}{2}$	$-\sqrt{\frac{j_1 - m + \frac{1}{2}}{2j_1 + 1}}$	$\sqrt{\frac{j_1 + m + \frac{1}{2}}{2j_1 + 1}}$

$= \langle j_1 m_1 \frac{1}{2} m_2 |\, jm \rangle$

$\langle j_1 m_1 1\, m_2 | jm \rangle$

$j=$	$m_2=1$	$m_2=0$	$m_2=-1$
j_1+1	$\sqrt{\frac{(j_1+m)(j_1+m+1)}{(2j_1+1)(2j_1+2)}}$	$\sqrt{\frac{(j_1-m+1)(j_1+m+1)}{(2j_1+1)(j_1+1)}}$	$\sqrt{\frac{(j_1-m)(j_1-m+1)}{(2j_1+1)(2j_1+2)}}$
j_1	$-\sqrt{\frac{(j_1+m)(j_1-m+1)}{2j_1(j_1+1)}}$	$\frac{m}{\sqrt{j_1(j_1+1)}}$	$\sqrt{\frac{(j_1-m)(j_1+m+1)}{2j_1(j_1+1)}}$
j_1-1	$\sqrt{\frac{(j_1-m)(j_1-m+1)}{2j_1(2j_1+1)}}$	$-\sqrt{\frac{(j_1-m)(j_1+m)}{j_1(2j_1+1)}}$	$\sqrt{\frac{(j_1+m+1)(j_1+m)}{2j_1(2j_1+1)}}$

⊛ 參考文獻

(1) M. E. Rose, Elementary Theory of Angular Momentum, John Wiley and Sons, Inc.（1957）

(2) A. R. Edmonds, Angular Momentum in Quantum Mechanics, Princeton University Press（1957）本附錄使用此書標誌及相位（phase）

(3) John M. Blatt and Victor F. Weisskopb, Theoretical Nuclear Physics, John Wiley and Sons, Inc.（1952）附錄 A

附錄 K

Green 函數，Feynman 傳播子

(A)Green 函數，傳播子

(B)旋量場的 Feynman 傳僠子$S_F(P)$

(C)電磁場的 Feynman 傳播子 $D_F^{\mu\nu}$(k)

Green 函數，Feynman 傳播子

參考文獻：James D. Bjorken and Sidney D.Drell, Relatoristic Quantum Mechanics (1964), Relativistic Quantum Fields (1965), McGraw Hill Book Company

(A) Green 函數，傳播子

設發生在由 n 個獨立變數（$x_1, x_2, \cdots\cdots, x_n$）撐展的 n 次元空間的物理現象，能表示成如下（K-1）式：

$$\left.\begin{array}{l} L(x_1, x_2, \cdots\cdots x_n)\, u(x_1, x_2, \cdots\cdots, x_n) = f(x_1, x_2, \cdots, x_n) \\ \text{或縮簡成：} L_x u = f, \qquad x \equiv (x_1, x_2, \cdots\cdots, x_n) \end{array}\right\} \qquad \text{(K-1)}$$

f= 相互作用領域，L_x = 偏微分算符。將 f 分成無限多點狀，即脈衝（pulse）相互作用 $\delta(y)$，$y \equiv (x'_1, x_2' \cdots\cdots, x'_n)$ 在 f 領域內，$x \equiv (x_1, x_2, \cdots\cdots, x_n)$ 在 f 邊界之外，則在 x 和 y 兩點間存在和 u 同初始條件和邊界條件的函數 $G(x, y)$：

$$L_y G(x, y) = \delta(x_1 - x'_1)\,\delta(x_2 - x'_2) \cdots\cdots \delta(x_n - x'_n) \equiv \delta^n(x - y) \qquad \text{(K-2)}$$

結果得： $\boxed{u(x) = \int_D G(x, y) f(y)\, dy}$ （K-3）

（K-3）式的物理如圖（K-1），將在 f 發生的現象一點一點地傳播到「x」位置，D =f 存在的領域。G（x, y）稱為 **Green 函數**，它依初始條件和邊界條件分為：

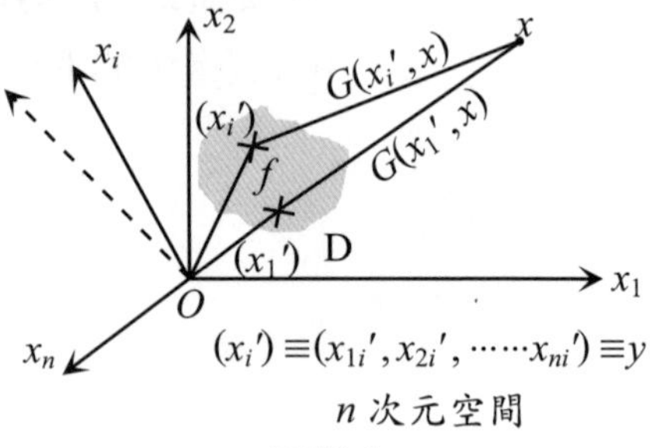

圖 K-1

(1) 推遲 Green 函數（retarded Green function）：

$$G^r_{A,B}(t, t') \equiv \Theta\,(t - t')(i\hbar)^{-1} \langle\, g |\, [\hat{A}(t), \hat{B}(t')]_{\pm} | g \,\rangle \qquad \text{(K-4)}$$

(2) 提前 Green 函數（advanced Green function）：

$$G^a_{A,B}(t, t') \equiv -\Theta(t' - t)(i\hbar)^{-1} \langle\, g |\, [\hat{A}(t), \hat{B}(t')]_{\pm} | g \,\rangle \qquad \text{(K-5)}$$

(3) 因果 Green 函數（causal Green function）

$$G^c_{A,B}(t, t') \equiv (i\hbar)^{-1} \langle\, g | T(\hat{A}(t), \hat{B}(t')) | g \,\rangle \qquad \text{(K-6)}$$

Green 函數的右上標 r, a, c 分別表示推遲、提前、因果，$G^r_{A,B}(t,t')$ 的具體例子請看附錄 G 的（41）式到（44）式的演算。Θ（t）是階躍函數，$\Theta(t\geq 0)=1$，而 $\Theta(t<0)=0$。$\hat{A}$ 和 $\hat{B}$ 是對應於物理量的算符，在場論 $\hat{A}$ 和 $\hat{B}$ 是場算符或產生湮沒算符積。如 $\hat{A}$ 和 $\hat{B}$ 是 n 個場算符積，或 n 個產生或 n 個湮沒算符積，則稱為 ***n* 體或 *n* 個粒子的 Green 函數**。$[\hat{A},\hat{B}]_{\pm}=(\hat{A}\hat{B}\pm\hat{B}\hat{A})$，$|g\rangle$ ＝基態，量子場論時（K-6）式的 $|g\rangle$ 往往是真空 $|0\rangle$。T＝編時算符（time ordered operator），$\langle g|\cdots\cdots|g\rangle$ ＝基態期待值（expectation value），而 $G(t,t')$ 稱為二時間 Green 函數，和角頻率 ω 有關的二時間 Green 函數的定義是：

$$G_{A,B}(\omega)\equiv\frac{1}{2\pi}\int_{-\infty}^{\infty}G_{A,B}(t)\,e^{i\omega t}\mathrm{d}t \qquad \text{(K-7)}$$

$G_{A,B}(\omega)=G_{A,B}(t)$ 的 Fourier 變換，其係數 $(2\pi)^{-1}$ 是照 11 章後註（25）的（10a）和（10b）式的取法，我們使用這取法。

實際上我們會遇到的 Green 函數是，（K-1）式的 L=2 階的偏微分算符，其 Green 函數是：

$$\boxed{L(\Delta(x))=i\hbar\delta^4(x)} \qquad \text{(K-8)}$$

（K-8）式的物理是，在時空間某點 x，給它脈衝狀作用時，其引起的現象如何傳播到不同的時空間去，所以才稱 $\Delta(x)$ 為**傳播函數**。依初始條件和邊界條件，如同（K-4）～（K-6）式一樣地定義：

$$\text{(1)推遲型：}\Delta(x)\begin{cases}=0\cdots\cdots\cdots\cdots x_0<0,\quad x_0=ct\\ \neq 0\cdots\cdots\cdots\cdots x_0\geq 0\end{cases} \qquad \text{(K-9)}$$

$$\text{(2)提前型：}\Delta(x)\begin{cases}\neq 0\cdots\cdots\cdots\cdots x_0\leq 0\\ =0\cdots\cdots\cdots\cdots x_0>0\end{cases} \qquad \text{(K-10)}$$

$$\text{(3)因果型：}\Delta(x)\begin{cases}\text{(Ex) Feynman 傳播函數}\\ \qquad\Delta_F(x-y)\equiv\langle 0|T(\psi(x)\overline{\psi}(y))|0\rangle\end{cases} \qquad \text{(K-11)}$$

量子場論是建立在**量子力學**，**狹義相對性理論**且**承認微觀因果性**（microscopic causality），於是從這三要素切入的理論，用的自然是因果型 Green 函數，又叫**傳播函數**。（K-11）式的因果型 Green 函數是 1940 年代中葉 E.C.G.Stückelberg 和 Feynman 開創的，用在畫 Feynman 圖，故（K-11）式又叫**狹義傳播函數**。$|0\rangle$ ＝真空態，$\psi(x)$ 和 $\overline{\psi}(x)$ 互為 Hermitian 共軛的場算符。要瞭解 Feynman 傳僠函數，只有具體推導才能透徹其內涵。在下面將場算符的符號「∧」省略掉，即 $\hat{\psi}(x)\equiv\psi(x)$。

(B)旋量場的 Feynman 傳僠子$S_F(P)$

旋量場：——（本文（11-439a）式）——

$$\left\{\begin{aligned}\psi(x)&=\sum_{S=\pm 1/2}\int\frac{d^3P}{(2\pi\hbar)^{3/2}}\sqrt{\frac{mc^2}{E_{\boldsymbol{P}}}}\left[b(\boldsymbol{P},S)\,u(\boldsymbol{P},S)\,\boldsymbol{e}^{-iP\cdot x/\hbar}+d^+(\boldsymbol{P},S)\,v(\boldsymbol{P},S)\,\boldsymbol{e}^{iP\cdot x/\hbar}\right]\\ \overline{\psi}(x)&=\sum_{S=\pm 1/2}\int\frac{d^3P}{(2\pi\hbar)^{3/2}}\sqrt{\frac{mc^2}{E_{\boldsymbol{P}}}}\left[b^+(\boldsymbol{P},S)\,\overline{u}(\boldsymbol{P},S)\,\boldsymbol{e}^{iP\cdot x/\hbar}+d(\boldsymbol{P},S)\,\overline{v}(\boldsymbol{P},S)\,\boldsymbol{e}^{-iP\cdot x/\hbar}\right]\end{aligned}\right\}$$

$$=\psi^+(x)\gamma_0 \qquad \text{(K-12)}$$

$b^+(\boldsymbol{P},S)$、$b(\boldsymbol{P},S)$和$d^+(\boldsymbol{P},S)$、$d(\boldsymbol{P},S)$分別為粒子和反粒子的產生和湮沒算符，它們的反對易關係是：

$$\left.\begin{aligned}&\{b(\boldsymbol{P},S),b^+(\boldsymbol{P}',S')\}=\delta_{ss'}\delta^3(\boldsymbol{P}-\boldsymbol{P}'), &&b(\boldsymbol{P},S)|0\rangle=0\\ &\{d(\boldsymbol{P},S),d^+(\boldsymbol{P}',S')\}=\delta_{ss'}\delta^3(\boldsymbol{P}-\boldsymbol{P}'), &&d(\boldsymbol{P},S)|0\rangle=0\\ &\text{其他的任何兩算符組合的反對易子都是零。}\end{aligned}\right\} \qquad \text{(K-13)}$$

旋量的正交性（orthogonality，看附錄 I ）是：

$$\left.\begin{aligned}u^+(\boldsymbol{P},S)\,u(\boldsymbol{P},S')&=\frac{E_{\boldsymbol{P}}}{mc^2}\delta_{SS'}=v^+(\boldsymbol{P},S)\,v(\boldsymbol{P},S')\\ \text{或 }\overline{u}(\boldsymbol{P},S)\,u(\boldsymbol{P},S')&=\delta_{SS'}=-\overline{v}(\boldsymbol{P},S)\,v(\boldsymbol{P},S')\end{aligned}\right\} \qquad \text{(K-14)}$$

$$\left.\begin{aligned}\overline{u}(\boldsymbol{P},S)\,v(\boldsymbol{P},S')&=0=u^+(\boldsymbol{P},S)\,v(-\boldsymbol{P},S')\\ \overline{v}(\boldsymbol{P},S)\,u(\boldsymbol{P},S')&=0=v^+(\boldsymbol{P},S)\,u(-\boldsymbol{P},S')\end{aligned}\right\} \qquad \text{(K-15)}$$

Feynman 傳播子（propagator）是：

$$\begin{aligned}\overbrace{\psi(x)\overline{\psi}}(y)&=\langle 0|T(\psi(x)\overline{\psi}(y))|0\rangle\\ &=\Theta(x_0-y_0)\langle 0|\psi(x)\overline{\psi}(y)|0\rangle-\Theta(y_0-x_0)\langle 0|\overline{\psi}(y)\psi(x)|0\rangle \qquad \text{(K-16)}\end{aligned}$$

(1)求$\Theta(x_0-y_0)\langle 0|\psi(x)\overline{\psi}(y)|0\rangle$

$$\begin{aligned}&\Theta(x_0-y_0)\langle 0|\psi(x)\overline{\psi}(y)|0\rangle\\ &=\int\frac{d^3Pd^3P'}{(2\pi\hbar)^3}\frac{mc^2}{\sqrt{E_{\boldsymbol{P}}E_{\boldsymbol{P}'}}}\sum_{S,S'}\{\Theta(x_0-y_0)\langle 0|(b(\boldsymbol{P},S)u(\boldsymbol{P},S)\boldsymbol{e}^{-iP\cdot x/\hbar}+d^+(\boldsymbol{P},S)v(\boldsymbol{P},S)\boldsymbol{e}^{iP\cdot x/\hbar})\\ &\qquad\times(b^+(\boldsymbol{P}',S')\overline{u}(\boldsymbol{P}',S')\boldsymbol{e}^{-iP'\cdot y/\hbar}+d(\boldsymbol{P}',S')\overline{v}(\boldsymbol{P}',S')\boldsymbol{e}^{-iP'\cdot y/\hbar})|0\rangle\}\\ &=\int\frac{d^3Pd^3P'}{(2\pi\hbar)^3}\frac{mc^2}{\sqrt{E_{\boldsymbol{P}}E_{\boldsymbol{P}'}}}\sum_{S,S'}\{\Theta(x_0-y_0)\langle 0|b(\boldsymbol{P},S)b^+(\boldsymbol{P}',S')|0\rangle\,u(\boldsymbol{P},S)\overline{u}(\boldsymbol{P}',S')\boldsymbol{e}^{-i(P\cdot x-P'\cdot y)/\hbar}\}\end{aligned}$$

用（K-13）式

$$=\int\frac{d^3Pd^3P'}{(2\pi\hbar)^3}\frac{mc^2}{\sqrt{E_{\boldsymbol{P}}E_{\boldsymbol{P}'}}}\sum_{S,S'}\{\Theta(x_0-y_0)\delta_{ss'}\delta^3(\boldsymbol{P}-\boldsymbol{P}')e^{i(P_0'y_0-P_0x_0)/\hbar}\boldsymbol{e}^{i\boldsymbol{P}\cdot(\boldsymbol{x}-\boldsymbol{y})/\hbar}u(\boldsymbol{P},S)\overline{u}(\boldsymbol{P},S)\} \qquad \text{(K-17)}$$

(a)四動量$P^2 = P_0^2 - \boldsymbol{P}^2 = m^2c^2$

故當$\boldsymbol{P}' = \boldsymbol{P}$時得$P'_0 = P_0 = E_{\boldsymbol{P}}/c \equiv E/c$ 省略右下標$\boldsymbol{P}$，

(b)由附錄(I)的（I-17）式得：

$$\sum_s u(\boldsymbol{P},S)\bar{u}(\boldsymbol{P},S) = |N|^2 \sum_s \begin{pmatrix} x(\boldsymbol{\sigma}) \\ \dfrac{c\boldsymbol{\sigma}\cdot\boldsymbol{P}}{E+mc^2}x(\boldsymbol{\sigma}) \end{pmatrix} \left(x^+(\boldsymbol{\sigma}), x^+(\boldsymbol{\sigma})\frac{c\boldsymbol{\sigma}\cdot\boldsymbol{P}}{E+mc^2}\right)\begin{pmatrix} 1 & 0 \\ 0 & -1 \end{pmatrix}$$

$$= |N|^2 \begin{pmatrix} 1 & -\dfrac{c\boldsymbol{\sigma}\cdot\boldsymbol{P}}{E+mc^2} \\ \dfrac{c\boldsymbol{\sigma}\cdot\boldsymbol{P}}{E+mc^2} & -\dfrac{c^2(\boldsymbol{\sigma}\cdot\boldsymbol{P})(\boldsymbol{\sigma}\cdot\boldsymbol{P})}{(E+mc^2)^2} \end{pmatrix}$$

$$= \frac{|N|^2}{E+mc^2}\begin{pmatrix} E+mc^2 & -c\boldsymbol{\sigma}\cdot\boldsymbol{P} \\ c\boldsymbol{\sigma}\cdot\boldsymbol{P} & -\dfrac{c^2\boldsymbol{P}^2}{E+mc^2} \end{pmatrix} = \frac{|N|^2}{E+mc^2}\begin{pmatrix} E+mc^2 & -c\boldsymbol{\sigma}\cdot\boldsymbol{P} \\ c\boldsymbol{\sigma}\cdot\boldsymbol{P} & -(E-mc^2) \end{pmatrix}$$

$$= \frac{|N|^2}{E+mc^2}\left\{\begin{pmatrix} E & 0 \\ 0 & -E \end{pmatrix} + \begin{pmatrix} mc^2 & 0 \\ 0 & mc^2 \end{pmatrix} - \begin{pmatrix} 0 & c\boldsymbol{\sigma}\cdot\boldsymbol{P} \\ -\boldsymbol{\sigma}\cdot\boldsymbol{P} & 0 \end{pmatrix}\right\}$$

由附錄 I 的（I-19）式得$N^2 = \dfrac{E+mc^2}{2mc^2}$，以及 Dirac γ 矩陣：

$$\boldsymbol{\gamma} = \begin{pmatrix} 0 & \boldsymbol{\sigma} \\ -\boldsymbol{\sigma} & 0 \end{pmatrix}, \qquad \gamma_0 = \gamma^0 = \begin{pmatrix} 1 & 0 \\ 0 & -1 \end{pmatrix}$$

$$= \frac{1}{2mc^2}(c\gamma_0 P_0 - c\boldsymbol{\gamma}\cdot\boldsymbol{P} + mc^2)$$

$$= \frac{1}{2mc}(\gamma_\mu P^\mu + mc) \equiv \frac{1}{2mc}(\not{P} + mc) \equiv \Lambda_+(\boldsymbol{P}) \tag{K-18}$$

$$\not{P} \equiv \gamma_\mu P^\mu = \gamma^\mu P_\mu = \gamma_0 P_0 - \boldsymbol{\gamma}\cdot\boldsymbol{P} \tag{K-19}$$

$$\boxed{\Lambda_+(\boldsymbol{P}) \equiv \frac{\not{P}+mc}{2mc} = \sum_s u(\boldsymbol{P},S)\,\bar{u}(\boldsymbol{P},S)} \tag{K-20}$$

＝正能量投影算符（projection operator）

(c)由附錄(I)的（I-22）式得負能量旋量：

$$\sum_s v(\boldsymbol{P},S)v(\boldsymbol{P},S) = |N|^2 \sum_s \begin{pmatrix} \dfrac{c\boldsymbol{\sigma}\cdot\boldsymbol{P}}{E+mc^2}x(\boldsymbol{\sigma}) \\ x(\boldsymbol{\sigma}) \end{pmatrix}\left(x^+(\boldsymbol{\sigma})\frac{c\boldsymbol{\sigma}\cdot\boldsymbol{P}}{E+mc^2}, x^+(\boldsymbol{\sigma})\right)\begin{pmatrix} 1 & 0 \\ 0 & -1 \end{pmatrix}$$

$$= |N|^2 \begin{pmatrix} \dfrac{c^2(\boldsymbol{\sigma}\cdot\boldsymbol{P})(\boldsymbol{\sigma}\cdot\boldsymbol{P})}{(E+mc^2)^2} & -\dfrac{c\boldsymbol{\sigma}\cdot\boldsymbol{P}}{E+mc^2} \\ \dfrac{c\boldsymbol{\sigma}\cdot\boldsymbol{P}}{E+mc^2} & -1 \end{pmatrix}$$

$$=|N|^2\frac{1}{E+mc^2}\begin{pmatrix}E-mc^2 & -c\boldsymbol{\sigma}\cdot\boldsymbol{P}\\ c\boldsymbol{\sigma}\cdot\boldsymbol{P} & -(E+mc^2)\end{pmatrix}$$

$$=\frac{1}{2mc^2}(E\gamma_0-c\boldsymbol{\gamma}\cdot\boldsymbol{P}-mc^2)$$

$$=\frac{1}{2mc^2}(cP_0\gamma^0-c\boldsymbol{\gamma}\cdot\boldsymbol{P}-mc^2)=\frac{\not{P}-mc}{2mc}$$

$$\boxed{-\Lambda_-(\boldsymbol{P})\equiv\frac{\not{P}-mc}{2mc}=\sum_s v(\boldsymbol{P},S)\bar{v}(\boldsymbol{P},S)} \tag{K-21}$$

$\Lambda_-(\boldsymbol{P})$=負能量投影算符

$$\therefore\begin{Bmatrix}\Lambda_+(\boldsymbol{P})+\Lambda_-(\boldsymbol{P})=\sum_s\{u(\boldsymbol{P},S)\bar{u}(\boldsymbol{P},S)-v(\boldsymbol{P},S)\bar{v}(\boldsymbol{P},S)=\mathbb{1}\\ \left.\begin{matrix}\Lambda_+^2(\boldsymbol{P})=\Lambda_+(\boldsymbol{P})\\ \Lambda_-^2(\boldsymbol{P})=\Lambda_-(\boldsymbol{P})\end{matrix}\right\}\text{確實滿足投影算符的性質}\end{Bmatrix} \tag{K-22}$$

將(K-18)式代入(K-17)式得:

$$\Theta(x_0-y_0)\langle 0|\psi(x)\bar{\psi}(y)|0\rangle=\Theta(x_0-y_0)\int\frac{\mathrm{d}^3P}{(2\pi\hbar)^3}\frac{mc^2}{E_{\boldsymbol{P}}}\boldsymbol{e}^{-iP_0(x_0-y_0)/\hbar}\boldsymbol{e}^{i\boldsymbol{P}\cdot(\boldsymbol{x}-\boldsymbol{y})/\hbar}\frac{\not{P}+mc}{2mc} \tag{K-23}$$

(K-23)式右邊,除了積分 d^3P 外,全是四維空間量,能不能使(K-23)式右邊變成全四維空間量呢?理論上應該可以才對,為什麼?因為(K-23)式左邊來自Lorentz不變的(K-16)式,所以左右邊該同質。(K-23)式中和時間有關的部分是:

$$\frac{c}{2E_{\boldsymbol{P}}}\boldsymbol{e}^{-ip_0(x_0-y_0)/\hbar}(\not{P}+mc)=\frac{1}{2P_0}\boldsymbol{e}^{-iP_0(x_0-y_0)/\hbar}(\not{P}+mc) \tag{K-24}$$

考慮下式的能量積分:

$$\int_{-\infty}^{\infty}\frac{\mathrm{d}P_0}{2\pi\hbar}\frac{\not{P}+mc}{P^2-(mc)^2}\boldsymbol{e}^{-iP_0(x_0-y_0)/\hbar}\equiv I \tag{K-25}$$

四動量 $\{P^2-(mc)^2\}=\{P_0^2-[\boldsymbol{P}^2+(mc)^2]\}$,則 $P_0=\pm[\boldsymbol{P}^2+(mc)^2]^{1/2}\equiv\pm A$ 時(K-25)式的被積分量會發散,即 $P_0=\pm A$ 是能量的極點(poles),相當於有能量源頭在 $P_0=\pm A$ 處,它們會帶來非物理現象或嚴重現象,非避開不可的現象,好像你遇到吃你的猛獸時,聰明地以圍捕方式捉它一樣,**數學以封閉積分路徑(closed integration path)來處理**。積分是 $\int_{-\infty}^{\infty}dP_0$,故沿能量實軸 R_eP_0 的路徑非走不可,不過要把障礙的 $P_0=\pm A$ 移離才行。那麼如何造封閉路徑呢?通常是利用(K-25)式的被積分函數內的指數函數,令它在 $|P_0|\to\infty$ 時的衰減速率超過(K-25)式分母的 $P_0\to\pm A$ 的速

率，這樣的話，如圖（K-2b），半圓周路徑來的值等於零，於是得 $\oint dP_0 = \int_{-\infty}^{\infty} dP_0$ 就能達到目的。這操作是，想辦法利用極點來獲得衰減因子（damping factor）

$$e^{-\varepsilon(x_0 - y_0)/\hbar} \tag{K-26}$$

ε = 正實量。現 $x_0 > y_0$，且如圖（K-2(a)），P_0 有 ±A 兩極點，則必分解如下式才能獲得（K-26）式：

$$P_0^2 - A^2 \Rightarrow (P_0 - A + i\varepsilon)(P_0 + A - i\varepsilon)$$

$(P_0 - A + i\varepsilon)$ 是（K-25）式目前要用的極點，其複數積分路徑是圖（K-2(b)）的 $\Gamma_>$，右下標表示 $x_0 > y_0$，而剩餘值（residue）$R_>$ 是：

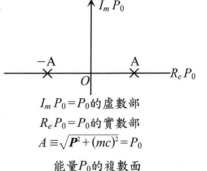

$$\begin{aligned} R_> &= \lim_{\substack{(P_0 \to A) \\ (\varepsilon \to 0)}} (P_0 - A + i\varepsilon) \frac{\gamma^0 P_0 - \boldsymbol{\gamma} \cdot \boldsymbol{P} + mc}{(P_0 - A + i\varepsilon)(P_0 + A - i\varepsilon)} e^{-iP_0(x_0 - y_0)/\hbar} \\ &= \frac{1}{2A} e^{-iA(x_0 - y_0)/\hbar} (\gamma^0 A - \boldsymbol{\gamma} \cdot \boldsymbol{P} + mc) \\ &= \frac{1}{2P_0} e^{-iP_0(x_0 - y_0)/\hbar} (\not{P} + mc) \end{aligned}$$

由於積分路徑 $\Gamma_>$ 是順時針方向，故（K-25）式的積分值 $= (-2\pi i) R_>$

$$\begin{aligned} \therefore \int_{-\infty}^{\infty} \frac{dP_0}{2\pi\hbar} \frac{\not{P} + mc}{P^2 - (mc)^2} e^{-iP_0(x_0 - y_0)/\hbar} \\ = \frac{1}{2\pi\hbar} \left[(-2\pi i) \frac{\not{P} + mc}{2P_0} e^{-iP_0(x_0 - y_0)/\hbar} \right] \end{aligned}$$

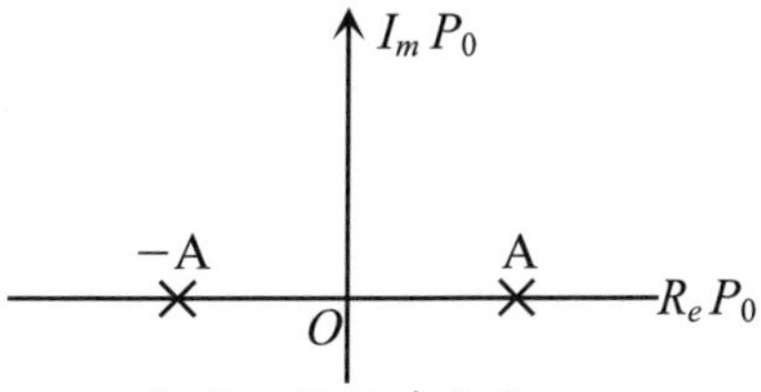

$I_m P_0 = P_0$ 的虛數部
$R_e P_0 = P_0$ 的實數部
$A \equiv \sqrt{\boldsymbol{P}^2 + (mc)^2} = P_0$

能量 P_0 的複數面
(a)

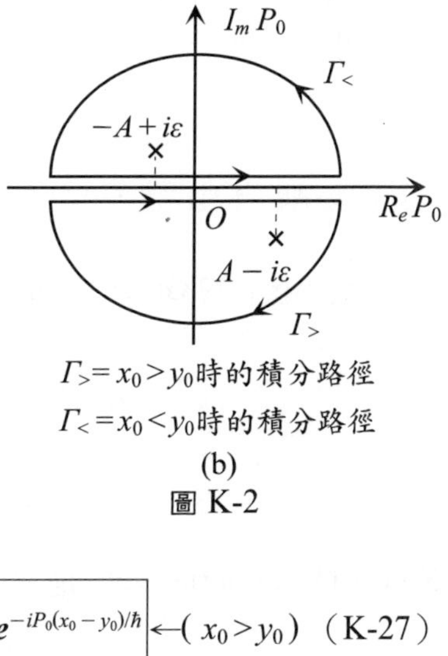

$\Gamma_> = x_0 > y_0$ 時的積分路徑
$\Gamma_< = x_0 < y_0$ 時的積分路徑
(b)
圖 K-2

$$\therefore \boxed{\frac{\not{P} + mc}{2P_0} e^{-iP_0(x_0 - y_0)/\hbar} = i\hbar \int_{-\infty}^{\infty} \frac{dP_0}{2\pi\hbar} \frac{\not{P} + mc}{P^2 - (mc)^2 + i\eta} e^{-iP_0(x_0 - y_0)/\hbar}} \leftarrow (x_0 > y_0) \tag{K-27}$$

η = 微小正值量，將（K-27）式代入（K-23）式得：

$$\Theta(x_0 - y_0) \langle 0|\psi(x)\overline{\psi}(y)|0\rangle = \Theta(x_0 - y_0) \int \frac{d^4P}{(2\pi\hbar)^4} e^{-iP \cdot (x-y)/\hbar} \left[i\hbar \frac{\not{P} + mc}{P^2 - (mc)^2 + i\eta} \right] \tag{K-28}$$

$$\text{或} \Theta(x_0 - y_0) \langle 0|\psi(x)\overline{\psi}(y)|0\rangle = \Theta(x_0 - y_0) \int \frac{d^4P}{(2\pi\hbar)^4} \left[i\hbar \frac{2mc\Lambda_+(\boldsymbol{P})}{P^2 - (mc)^2 + i\eta} \right] e^{-iP \cdot (x-y)/\hbar}$$

= 帶正能量的電子向時間增加的方向運動

為了方便定義正能量傳播子 $S_F^{(+)}(P)$

$$\boxed{S_F^{(+)}(P) \equiv \frac{i\hbar(\not{P}+mc)}{P^2-(mc)^2+i\eta}} \longleftarrow x_0 > y_0 \qquad \text{(K-29)}$$

$$\begin{cases} \not{P}\not{P} = \gamma^\mu P_\mu \gamma^\nu P_\nu = [(\gamma^\mu\gamma^\nu + \gamma^\nu\gamma^\mu) - \gamma^\nu\gamma^\mu]P_\mu P_\nu \\ \quad = 2g^{\mu\nu}P_\nu P_\mu - \gamma^\mu P_\mu \gamma^\nu P_\nu = 2P^2 - \not{P}\not{P} \\ \therefore P^2 = \not{P}\not{P} \\ \therefore \dfrac{\not{P}+mc}{P^2-(mc)^2} = \dfrac{\not{P}+mc}{(\not{P}+mc)(\not{P}-mc)} = \dfrac{1}{\not{P}-mc} \end{cases} \qquad \text{(K-30)}$$

故$S_F^{(+)}(P)$有時寫成：

$$S_F^{(+)}(P) = \frac{i\hbar}{\not{P}-mc+i\eta}$$

如用 $S_F^{(+)}(P)$ 表示$\Theta(x_0-y_0)\langle 0|\psi(x)\overline{\psi}(y)|0\rangle$，則得：

$$\boxed{\Theta(x_0-y_0)\langle 0|\psi(x)\overline{\psi}(y)|0\rangle = \Theta(x_0-y_0)\int \frac{d^4P}{(2\pi\hbar)^4} S_F^{(+)}(P) e^{-iP\cdot(x-y)/\hbar}} \qquad \text{(K-31)}$$

$= S_F^{(+)}(P)$的 Fourier 變換，右上標（＋）表示正能量

⑵直接解自由電子的 Green 函數方程來推導 $S_F^{(\pm)}(P)$ 和 $S_F(P)$

自由電子的 Green 函數 $S_F(x-y)$ 滿足的方程式，由（K-8）式是：

$$\boxed{(i\hbar\not{\nabla} - mc)S_F(x-y) = i\hbar\delta^4(x-y)} \qquad \text{(K-32)}$$

$$\not{\nabla} = \gamma_0 \frac{\partial}{c\partial t} + \boldsymbol{\gamma}\cdot\boldsymbol{\nabla} = \gamma_0 \partial x^0 + \boldsymbol{\gamma}\cdot\boldsymbol{\nabla}$$

$S_F(x-y)$的 Fourier 變換是：

$$S_F(x-y) = \int \frac{d^4P}{(2\pi\hbar)^4} \cdot e^{-iP\cdot(x-y)/\hbar} S_F(P) \qquad \text{(K-33)}$$

將（K-33）式代入（K-32）式，同時 $\delta^4(x-y)$ 也以四動量表示，則得：

$$\int \frac{d^4P}{(2\pi\hbar)^4}(\not{P}-mc)S_F(P)e^{-iP\cdot(x-y)/\hbar} = i\hbar\int \frac{d^4P}{(2\pi\hbar)^4} e^{-iP\cdot(x-y)/\hbar}$$

$$\therefore \boxed{S_F(P) = \frac{i\hbar}{\not{P}-mc} = i\hbar\frac{\not{P}+mc}{(\not{P}+mc)(\not{P}-mc)} = i\hbar\frac{\not{P}+mc}{P^2-(mc)^2}, \quad P^2 \neq (mc)^2} \qquad \text{(K-34)}$$

$$\therefore S_F(x-y) = \int \frac{d^4P}{(2\pi\hbar)^4}\left[i\hbar\frac{\not{P}+mc}{P^2-(mc)^2}\right] e^{-iP\cdot(x-y)/\hbar}$$

$$=\int \frac{d^3P}{(2\pi\hbar)^3}\boldsymbol{e}^{i\boldsymbol{P}\cdot(\boldsymbol{x}-\boldsymbol{y})/\hbar}\int_{-\infty}^{\infty}\frac{dP_0}{2\pi\hbar}\left[i\hbar\frac{\not{P}+mc}{P^2-(mc)^2}\right]\boldsymbol{e}^{-iP_0\cdot(x_0-y_0)/\hbar} \qquad (\text{K-35})$$

（K-35）式的時間（x_0-y_0）沒受任何限制，同樣（K-34）式的能量 $E_{\boldsymbol{p}}=P_0c$ 也沒受限制為正或為負，但（K-31）式的 $x_0>y_0$ 且 $E_{\boldsymbol{p}}=P_0c>0$，相當於（K-34）式 $S_F(P)$ 兩極點中或圖（K-2(b)）中，被 $\Gamma_>$ 包圍的極點：

$$\therefore [\,S_F(P)\,]_{P_0\to(A=E_{\boldsymbol{P}})}=i\hbar\frac{2mc\Lambda_+(\boldsymbol{P})}{P^2-(mc)^2+i\eta}=S_F^{(+)}(P)$$

$$\therefore \Theta(x_0-y_0)\,S_F(x-y)=\Theta(x_0-y_0)\int\frac{d^4P}{(2\pi\hbar)^4}S_F^{(+)}(P)\,\boldsymbol{e}^{-iP\cdot(x-y)/\hbar}=(\text{K-31})\text{式} \qquad (\text{K-36})$$

確實在 $x_0>y_0$ 且 $P_0>0$ 時，（K-35）式右邊第二因子（factor）等於（K-27）式右邊，於是能得（K-31）式的原來式子（K-23）式。

接著來看看 $x_0<y_0$ 時，對應於（K-23）式的表示式，和時間有關的（K-35）式是：

$$\int_{-\infty}^{\infty}\frac{dP_0}{2\pi\hbar}\left[i\hbar\frac{\not{P}+mc}{P^2-(mc)^2}\right]\boldsymbol{e}^{-iP_0\cdot(x_0-y_0)/\hbar}=\int_{-\infty}^{\infty}\frac{dP_0}{2\pi\hbar}\left[i\hbar\frac{\gamma^0P_0-\boldsymbol{\gamma}\cdot\boldsymbol{P}+mc}{(P_0-A)(P_0+A)}\right]\boldsymbol{e}^{-iP_0(x_0-y_0)/\hbar} \qquad (\text{K-37})$$

$A\equiv(\boldsymbol{P}^2+(mc)^2)^{1/2}=E_{\boldsymbol{P}}$，（K-37）式和（K-25）式的差異點是 $x_0<y_0$，於是如果（K-25）式表示電子向時間增加的方向行進的話，則 $x_0<y_0$ 的（K-37）式表示電子是逆時間方向行進，這一觀點會在下面（K-41）式到（K-42）式的演算過程，赤裸裸地呈顯出來。和處理（K-25）式的時間部一樣，由於 $x_0<y_0$，故這次的指數函數，剛好和 I 的符號相反，因此必須選（$P_0+A-i\varepsilon$）極點才能獲得衰減因子：

$$\boldsymbol{e}^{-\varepsilon(y_0-x_0)/\hbar} \qquad (\text{K-38})$$

$\varepsilon(y_0-x_0)/\hbar$＝正實數，並且積分路徑必取圖（K-2b）的 $\Gamma_<$，這樣從 $\Gamma_<$ 的半圓周來的積分值才會等於零，即：

$$\Theta(y_0-x_0)\int_{-\infty}^{\infty}\frac{dP_0}{2\pi\hbar}\frac{\not{P}+mc}{P^2-(mc)^2}\boldsymbol{e}^{-iP_0\cdot(x_0-y_0)/\hbar}=\Theta(y_0-x_0)\oint_{\Gamma_<}\frac{dP_0}{2\pi\hbar}\frac{\not{P}+mc}{P^2-(mc)^2}\boldsymbol{e}^{-iP_0\cdot(x_0-y_0)/\hbar} \qquad (\text{K-39})$$

設 $R_<$ 為複數積分（K-39）式的剩餘值，則

$$R_<=\lim_{\substack{P_0\to -A\\ \varepsilon\to 0}}(P_0+A-i\varepsilon)\frac{\gamma^0P_0-\boldsymbol{\gamma}\cdot\boldsymbol{P}+mc}{(P_0-A+i\varepsilon)(P_0+A-i\varepsilon)}\boldsymbol{e}^{-iP_0\cdot(x_0-y_0)/\hbar}=-\frac{1}{2A}\boldsymbol{e}^{iA(x_0-y_0)/\hbar}(-\gamma^0A-\boldsymbol{\gamma}\cdot\boldsymbol{P}+mc)$$

$$=-\frac{1}{2P_0}\boldsymbol{e}^{iP_0(x_0-y_0)/\hbar}(-\gamma^0P_0-\boldsymbol{\gamma}\cdot\boldsymbol{P}+mc)$$

積分路徑是逆時針方向，故（K-39）式的複數積分值＝ $2\pi iR_<$

$$\therefore \Theta(y_0-x_0)\int_{-\infty}^{\infty}\frac{\mathrm{d}P_0}{2\pi\hbar}\frac{\not{P}+mc}{P^2-(mc)^2}\,e^{-iP_0(x_0-y_0)/\hbar}$$

$$=\Theta(y_0-x_0)\frac{1}{2\pi\hbar}\left[2\pi i\left(\frac{-\gamma^0P_0-\boldsymbol{\gamma}\cdot\boldsymbol{P}+mc}{-2P_0}\,e^{iP_0\cdot(x_0-y_0)/\hbar}\right)\right]$$

$$=\Theta(y_0-x_0)\left[-\frac{i}{\hbar}\frac{-\gamma^0P_0-\boldsymbol{\gamma}\cdot\boldsymbol{P}+mc}{2P_0}\,e^{iP_0\cdot(x_0-y_0)/\hbar}\right]$$

或 $$\Theta(y_0-x_0)\int_{-\infty}^{\infty}\frac{\mathrm{d}P_0}{2\pi\hbar}\left[i\hbar\frac{\not{P}+mc}{P^2-(mc)^2}e^{-iP_0(x_0-y_0)/\hbar}\right]=\Theta(y_0-x_0)\frac{-\gamma^0P_0-\boldsymbol{\gamma}\cdot\boldsymbol{P}+mc}{2P_0}e^{iP_0\cdot(x_0-y_0)/\hbar}\quad\text{(K-40)}$$

將（K-40）式代入（K-35）式得：

$$\Theta(y_0-x_0)S_F(x-y)=\Theta(y_0-x_0)\int_{-\infty}^{\infty}\frac{\mathrm{d}^3P}{(2\pi\hbar)^3}\frac{mc^2}{E_{\boldsymbol{P}}}e^{iP_0(x_0-y_0)/\hbar}e^{i\boldsymbol{P}\cdot(\boldsymbol{x}-\boldsymbol{y})}\frac{-\gamma^0P_0-\boldsymbol{\gamma}\cdot\boldsymbol{P}+mc}{2mc}\quad\text{(K-41)}$$

令 $\boldsymbol{P}\to-\boldsymbol{P}$

由於對動量的積分是 $\int_{-\infty}^{\infty}\mathrm{d}P_x\mathrm{d}P_y\mathrm{d}P_z$，故 $\boldsymbol{P}\to-\boldsymbol{P}$ 時仍然是：

$$\int_{-\infty}^{\infty}\mathrm{d}^3P=\int_{\infty}^{-\infty}d^3(-P)$$

但 $\not{P}=\gamma^0P_0-\boldsymbol{\gamma}\cdot\boldsymbol{P}\underset{\boldsymbol{P}\to-\boldsymbol{P}}{\Longrightarrow}\gamma^0P_0+\boldsymbol{\gamma}\cdot\boldsymbol{P}$

$$\therefore \Theta(y_0-x_0)S_F(x-y)=\Theta(y_0-x_0)\int_{-\infty}^{\infty}\frac{\mathrm{d}^3P}{(2\pi\hbar)^3}\frac{mc^2}{E_{\boldsymbol{P}}}\frac{-\gamma^0P_0+\boldsymbol{\gamma}\cdot\boldsymbol{P}+mc}{2mc}e^{iP_0(x_0-y_0)/\hbar}e^{-i\boldsymbol{P}\cdot(\boldsymbol{x}-\boldsymbol{y})/\hbar}$$

$$\therefore \Theta(y_0-x_0)S_F(x-y)=\Theta(y_0-x_0)\int_{-\infty}^{\infty}\frac{\mathrm{d}^3P}{(2\pi\hbar)^3}\frac{mc^2}{E_{\boldsymbol{P}}}\frac{-\not{P}+mc}{2mc}e^{iP\cdot(x-y)/\hbar}\quad\text{(K-42)}$$

$$=\Theta(y_0-x_0)\int_{-\infty}^{\infty}\frac{\mathrm{d}^3P}{(2\pi\hbar)^3}\frac{mc^2}{E_{\boldsymbol{P}}}\Lambda_-(\boldsymbol{P})e^{iP\cdot(x-y)/\hbar}$$

＝ $x_0<y_0$ 時，對應於（K-23）式的表示式

＝如圖 K-3，帶負能量的電子逆著時間增加的方向運動

從推導（K-42）式的過程，當負能量時不但 $P_0\to-P_0$，並且 $\boldsymbol{P}\to-\boldsymbol{P}$。故從（K-35）式得：

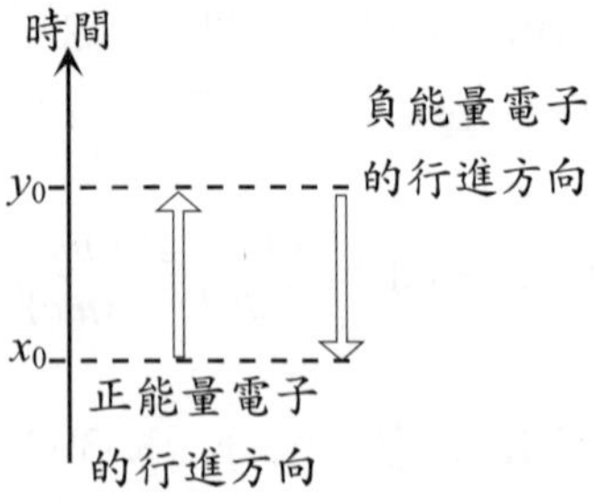

圖 K-3

$$\Theta(y_0-x_0)S_F(x-y)=\Theta(y_0-x_0)\int\frac{\mathrm{d}^3P}{(2\pi\hbar)^3}e^{-i\boldsymbol{P}\cdot(\boldsymbol{x}-\boldsymbol{y})/\hbar}\int_{-\infty}^{\infty}\frac{\mathrm{d}P_0}{2\pi\hbar}$$

$$\times\left[i\hbar\frac{-\gamma^0P_0+\boldsymbol{\gamma}\cdot\boldsymbol{P}+mc}{P^2-(mc)^2-i\eta}\right]e^{iP_0\cdot(x_0-y_0)/\hbar}$$

$$=\Theta(y_0-x_0)\int\frac{\mathrm{d}^4P}{(2\pi\hbar)^4}\left[i\hbar\frac{-\not{P}+mc}{P^2-(mc)^2-i\eta}\right]e^{iP\cdot(x-y)/\hbar}$$

$$\equiv\Theta(y_0-x_0)\int\frac{\mathrm{d}^4P}{(2\pi\hbar)^4}S_F^{(-)}(P)\,e^{iP\cdot(x-y)/\hbar}\quad\text{(K-43)}$$

$$\boxed{S_F^{(-)}(P) \equiv i\hbar\frac{-\not{P}+mc}{P^2-(mc)^2-i\eta} = i\hbar\frac{2mc\Lambda_-(\boldsymbol{P})}{P^2-(mc)^2-i\eta}} \leftarrow x_0 < y_0\text{，右上標}(-)\text{表示負能量} \quad \text{(K-44)}$$

$\therefore S_F(x\text{-}y)$ =［（K-23 式）+（K-42）式］= $\langle 0|T(\psi(x)\overline{\psi}(y)|0\rangle$)叫 Feynman 傳播子，

或

$$\left.\begin{aligned}
S_F(x-y) &= \Theta(x_0-y_0)\int_{-\infty}^{\infty}\frac{\mathrm{d}^3P}{(2\pi\hbar)^3}\frac{mc^2}{E_{\boldsymbol{P}}}\Lambda_+(\boldsymbol{P})e^{-iP\cdot(x-y)/\hbar} \\
&\quad +\Theta(y_0-x_0)\int_{-\infty}^{\infty}\frac{\mathrm{d}^3P}{(2\pi\hbar)^3}\frac{mc^2}{E_{\boldsymbol{P}}}\Lambda_-(\boldsymbol{P})e^{-iP\cdot(y-x)/\hbar} \\
&= \int_{-\infty}^{\infty}\frac{\mathrm{d}^4P}{(2\pi\hbar)^4}S_F(P)\,e^{-iP\cdot(x-y)/\hbar} \\
S_F(P) &= i\hbar\frac{\not{P}+mc}{P^2-(mc)^2} \longleftarrow P^2\neq(mc)^2\text{，}S_F(P)\text{叫動量 \textbf{Feymman} 傳播子} \\
\text{且}\quad (i\hbar\not{\nabla}-mc)S_F(x-y) &= \mathrm{i}\hbar\delta^4(x-y)
\end{aligned}\right\} \quad \text{(K-45)}$$

(K-45)式是使用（K-32）式的 Green 函數方程式的結果，如果使用下面（K-46）式的方程式，則得（K-47）式。不過（K-45）式，如以（K-17）式到（K-31）式的推導過程，是和附錄 I 的 Dirac 方程式及其解接合的結果，並且S_F $(x-y)$ 等於（K-16）式，不必如（K-48）式需要乘「$-i$」。（K-45）式明顯地和相對性理論效應，呈現正和負能量，且看到帶正或負能量電子的運動方向。沒作演算，這種內幕是很難一目瞭然的。在（K-34）式，為什麼要把$(\not{P}-mc)^{-1}$變為$(\not{P}+mc)[P^2-(mc)^2]^{-1}$呢？因為$(\not{P}-mc)^{-1}$的算符$\not{P}$在分母，實際演算時非使用$(1-x)^{-1}=(1+x+x^2+\cdots\cdots)$當 x<1，把算符移到分子不可，這樣物理看不清楚。如果利用$\not{P}\not{P}=P^2$，把分母化為非算符$[P^2-(mc)^2]$，而分子成為算符後，物理就看得清楚了，果然獲得 $S_F(P)$ 有兩個極點，極點等於有源頭（source），正和負能源頭。如正能定為電子，負能便是正電子源頭，於是（K-42）式可以看成：帶正能的正電子逆著帶正能的電子運動。至於 Green 函數的方程式，有如下式的定義：

$$(i\hbar\not{\nabla}-mc)S_F'(x-y)=\delta^4(x-y) \quad \text{(K-46)}$$

則得：

$$\begin{aligned}
S_F'(x-y) = -\frac{i}{\hbar}\Bigg\{&\Theta(x_0-y_0)\int_{-\infty}^{\infty}\frac{d^3P}{(2\pi\hbar)^3}\frac{mc^2}{E_{\boldsymbol{P}}}\Lambda_+(\boldsymbol{P})\,\boldsymbol{e}^{-iP\cdot(x-y)/\hbar} \\
&+\Theta(y_0-x_0)\int_{-\infty}^{\infty}\frac{\mathrm{d}^3P}{(2\pi\hbar)^3}\frac{mc^2}{E_{\boldsymbol{P}}}\Lambda_-(\boldsymbol{P})\,\boldsymbol{e}^{-iP\cdot(y-x)/\hbar}\Bigg\}
\end{aligned} \quad \text{(K-47)}$$

$$\text{或}\ S_F'(x-y) = -\frac{i}{\hbar}\langle 0|T(\psi(x)\,\overline{\psi}(y)|0\rangle \quad \text{(K-48)}$$

(C)電磁場的 Feynman 傳播子 $D_F^{\mu\nu}(k)$

電磁場是向量場，其第二量子化粒子是自旋 $S_\gamma=1$，且靜止質量 $m_\gamma=0$ 的光子，即 $P^2=P_\mu P^\mu=P_0^2-\boldsymbol{P}^2=0$ 或 $P_0^2=\boldsymbol{P}^2$，因此少一個自由度。加上電磁場滿足局部規範變換不變，例如 Lorentz 規範 $\partial_\mu A^\mu=0$，而又少一個自由度，故共少兩個獨立自由度。於是電磁場勢 $A_\mu(x)$ 只剩下兩個獨立自由度，右下標 γ 表示光子。那麼如何取那兩個獨立自由度呢？物理事實是導航，我們知道：電磁波的波向量（wave vector）$\boldsymbol{k}$ 和電場 $\boldsymbol{E}(x)$ 以及磁場 $\boldsymbol{B}(x)$ 垂直（看第七章IX（B）），故如圖（K-4(a)），在垂直於 $\boldsymbol{k}$ 的平面上取這兩個獨立自由度。如 $\boldsymbol{k}$//z 軸，則垂直於 $\boldsymbol{k}$ 的平面是 xy 面。設在 xy 面上的 $A_\mu(x)$ 兩偏振成分的單位向量為 $\boldsymbol{\varepsilon}(\boldsymbol{k},1)\equiv\boldsymbol{\varepsilon}_1$ 和 $\boldsymbol{\varepsilon}(\boldsymbol{k},2)\equiv\boldsymbol{\varepsilon}_2$，則右手系下的 $\boldsymbol{\varepsilon}_1$, $\boldsymbol{\varepsilon}_2$ 和 $\boldsymbol{k}$ 的關係如圖（K-4）(b)和(c)。稱 $\boldsymbol{\varepsilon}_1$ 和 $\boldsymbol{\varepsilon}_2$ 為光子偏振（**polarization**）單位向量，而 $\varepsilon^\mu(\boldsymbol{k},\lambda)$，$\lambda=1,2$，為橫向偏振單位向量（transverse polarization unit vector），所以 $\varepsilon^\mu(\boldsymbol{k},\lambda)$ 和 $\boldsymbol{k}$ 有如下關係：

$$\left.\begin{aligned}\varepsilon^\mu(\boldsymbol{k},\lambda)&=(0,\varepsilon_1,\varepsilon_2,0)\\&\equiv(0,\boldsymbol{\varepsilon}(\boldsymbol{k},\boldsymbol{\lambda}))\end{aligned}\right\}\qquad\text{(K-49)}$$

$$\left.\begin{aligned}&\boldsymbol{k}\cdot\boldsymbol{\varepsilon}(\boldsymbol{k},\lambda)=0\\&\boldsymbol{\varepsilon}(\boldsymbol{k},\lambda)\cdot\boldsymbol{\varepsilon}(\boldsymbol{k},\lambda')=\delta_{\lambda\lambda'}\\&k^\mu=(k^0,\boldsymbol{k})\end{aligned}\right\}\qquad\text{(K-50)}$$

$$\left.\begin{aligned}&\boldsymbol{\varepsilon}(-\boldsymbol{k},1)=-\boldsymbol{\varepsilon}(\boldsymbol{k},1)\\&\boldsymbol{\varepsilon}(-\boldsymbol{k},2)=+\boldsymbol{\varepsilon}(\boldsymbol{k},2)\\\text{或}\ &\boldsymbol{\varepsilon}(-\boldsymbol{k},\lambda)\cdot\boldsymbol{\varepsilon}(\boldsymbol{k},\lambda')=(-)^\lambda\delta_{\lambda\lambda'}\end{aligned}\right\}\qquad\text{(K-51)}$$

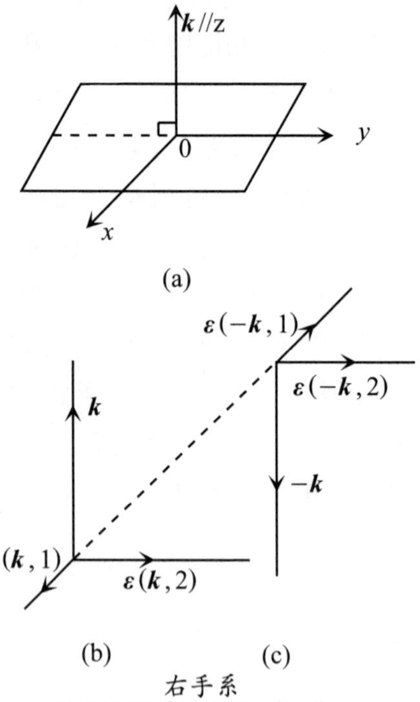

右手系
光子偏振單位向量 $\boldsymbol{\varepsilon}(\boldsymbol{k},\lambda)$
和波向量 $\boldsymbol{k}$ 的關係
圖 K-4

於是用正規模（normal mode）展開的電磁場勢 $A_\mu(x)$ 是：——（本文（11-442b）式）——

$$\begin{aligned}A^\mu(x)=&\int\frac{1}{(2\pi)^{3/2}}\sqrt{\frac{\hbar c^2}{2\omega_{\boldsymbol{k}}}}\,\mathrm{d}^3k\sum_{\lambda=1}^{2}\varepsilon^\mu(\boldsymbol{k},\lambda)\\&\times\left[a(\boldsymbol{k},\lambda)\boldsymbol{e}^{-ik\cdot x}+a^+(\boldsymbol{k},\lambda)\boldsymbol{e}^{ik\cdot x}\right]\end{aligned}\qquad\text{(K-52)}$$

$a^+(\boldsymbol{k},\lambda)$ 和 $a(\boldsymbol{k},\lambda)$ 分別為產生和湮沒光子算符，它們滿足下列對易關係：

$$\left.\begin{aligned}&[a(\boldsymbol{k},\lambda),a(\boldsymbol{k}',\lambda')]=[a^+(\boldsymbol{k},\lambda),a^+(\boldsymbol{k}',\lambda')]=0\\&[a(\boldsymbol{k},\lambda),a^+(\boldsymbol{k}',\lambda')]=\delta_{\lambda\lambda'}\delta^3(\boldsymbol{k}-\boldsymbol{k}')\end{aligned}\right\}\qquad\text{(K-53)}$$

當物質粒子電子或正電子和電磁場相互作用時，必會遇到光子在時空間兩點傳遞的現象，它就是：

$$
\begin{aligned}
&\overbrace{A^{\mu}(x)A^{\nu}}(y) = \langle 0 | T(A^{\mu}(x)A^{\nu}(y)) | 0 \rangle \\
&= \Theta(x_0 - y_0) \langle 0 | A^{\mu}(x)A^{\nu}(y) | 0 \rangle + \Theta(y_0 - x_0) \langle 0 | A^{\nu}(y)A^{\mu}(x) | 0 \rangle \\
&= \frac{\hbar c^2}{(2\pi)^3} \int \frac{d^3k d^3k'}{\sqrt{4\omega_{\boldsymbol{k}}\omega_{\boldsymbol{k}'}}} \sum_{\lambda,\lambda'} \{ \Theta(x_0 - y_0) \varepsilon^{\mu}(\boldsymbol{k},\lambda)\varepsilon^{\nu}(\boldsymbol{k}',\lambda') \langle 0 | [a(\boldsymbol{k},\lambda)\boldsymbol{e}^{-ik\cdot x} + a^{+}(\boldsymbol{k},\lambda)\boldsymbol{e}^{ik\cdot x}][a(\boldsymbol{k}',\lambda')\boldsymbol{e}^{-ik'\cdot y} \\
&\qquad + a^{+}(\boldsymbol{k}',\lambda')\boldsymbol{e}^{ik'\cdot y}] | 0 \rangle + \Theta(y_0 - x_0) \varepsilon^{\nu}(\boldsymbol{k}',\lambda')\varepsilon^{\mu}(\boldsymbol{k},\lambda) [\text{上式真空期待值內的} x \leftrightarrows y, k \leftrightarrows k'] \} \\
&= \frac{\hbar c^2}{(2\pi)^3} \int \frac{d^3k d^3k'}{\sqrt{4\omega_{\boldsymbol{k}}\omega_{\boldsymbol{k}'}}} \sum_{\lambda,\lambda'} \{ \Theta(x_0 - y_0) \varepsilon^{\mu}(\boldsymbol{k},\lambda)\varepsilon^{\nu}(\boldsymbol{k}',\lambda') \langle 0 | a(\boldsymbol{k},\lambda)a^{+}(\boldsymbol{k}',\lambda') | 0 \rangle \boldsymbol{e}^{-i(k\cdot x - k'\cdot y)} \\
&\qquad + \Theta(y_0 - x_0) \varepsilon^{\nu}(\boldsymbol{k}',\lambda')\varepsilon^{\mu}(\boldsymbol{k},\lambda) \langle 0 | a(\boldsymbol{k}',\lambda')a^{+}(\boldsymbol{k},\lambda) | 0 \rangle \boldsymbol{e}^{-i(k'\cdot y - k\cdot x)} \} \\
&= \frac{\hbar c^2}{(2\pi)^3} \int \frac{d^3k d^3k'}{\sqrt{4\omega_{\boldsymbol{k}}\omega_{\boldsymbol{k}'}}} \sum_{\lambda,\lambda'} \varepsilon^{\mu}(\boldsymbol{k},\lambda)\varepsilon^{\nu}(\boldsymbol{k}',\lambda') \delta_{\lambda\lambda'} \delta^3(\boldsymbol{k} - \boldsymbol{k}') [\Theta(x_0 - y_0)\boldsymbol{e}^{-i(k\cdot x - k'\cdot y)} + \Theta(y_0 - x_0)\boldsymbol{e}^{i(k\cdot x - k'\cdot y)}] \\
&= \frac{\hbar c^2}{(2\pi)^3} \int \frac{d^3k}{2\omega_{\boldsymbol{k}}} \sum_{\lambda=1}^{2} \varepsilon^{\mu}(\boldsymbol{k},\lambda)\varepsilon^{\nu}(\boldsymbol{k},\lambda) [\Theta(x_0 - y_0)\boldsymbol{e}^{-ik\cdot(x-y)} + \Theta(y_0 - x_0)\boldsymbol{e}^{ik\cdot(x-y)}] \qquad \text{(K-54)}
\end{aligned}
$$

如（K-49）式，偏振向量 ε^{μ}（$\boldsymbol{k}, \lambda$）取的是特殊方向，因而失去一般性，於是（K-54）式便受到限制，無法滿足 Lorentz 協變性（Lorentz covariance）。這起因於光子無靜止質量和電磁場是局部規範變換不變，使著電磁場勢 $A^{\mu}(x)$ 實質上僅有空間部分，且獨立成分等於兩個。那麼如何從四向量的時空間，分離出空間部分呢？那就要從四波向量 k^{μ} =（k_0, $\boldsymbol{k}$）減去時間部（看下面（K-59b）式）。由光子靜止質量 $m_{\gamma}= 0$ 得：

$$
\begin{aligned}
&k_{\mu}k^{\mu} = k^2 = k_0^2 - \boldsymbol{k}^2 = 0 \\
&\therefore k_0 = |\boldsymbol{k}| = \omega_{\boldsymbol{k}}/c\text{，}\ \omega_{\boldsymbol{k}} = 2\pi\nu_{\boldsymbol{k}} = \text{角頻率} \qquad \text{(K-55)}
\end{aligned}
$$

導入僅有時間成分的單位向量 $\eta^{\mu} \equiv$（1, 0, 0, 0），一般稱這種單位向量為**類時單位向量**（time-like unit vector），則得：

$$
\begin{aligned}
&k_{\mu}\eta^{\mu} = k \cdot \eta = (k_0, -\boldsymbol{k}) \cdot (1, \boldsymbol{0}) = k_0 \\
&\therefore (k \cdot \eta)^2 - k^2 = k_0^2 - (k_0^2 - \boldsymbol{k}^2) = \boldsymbol{k}^2
\end{aligned}
$$

故能定義電磁波的波向量 $\boldsymbol{k}$ 的單位四波向量（4-wave vector）$\hat{k}^{\mu}$：

$$
\hat{k}^{\mu} \equiv \frac{k^{\mu} - (k \cdot \eta)\eta^{\mu}}{\sqrt{(k \cdot \eta)^2 - k^2}} = (0, 0, 0, \boldsymbol{k} / |\boldsymbol{k}|) \qquad \text{(K-56)}
$$

確實地分離出來空間部分，換句話，使用 η^{μ} 把非 Lorentz 協變量的空間單位波向量 $\boldsymbol{k}/|\boldsymbol{k}|$ 轉換成 Lorentz 協變四向量 $\hat{k}^{\mu}$。那 $\hat{k}^{\mu}$ 有什麼性質呢？從（K-56）式得：

$$\hat{k}^{\mu}\eta_{\mu}=\frac{k\cdot\eta-(k\cdot\eta)}{\sqrt{(k\cdot\eta)^2-k^2}}=0 \quad \text{(K-57a)}$$

$$\hat{k}^{\mu}\hat{k}_{\mu}=\frac{[k^{\mu}-(k\cdot\eta)\eta^{\mu}][k_{\mu}-(k\cdot\eta)\eta_{\mu}]}{(k\cdot\eta)^2-k^2}=\frac{k^2-(k\cdot\eta)^2}{(k\cdot\eta)^2-k^2}=-1 \quad \text{(K-57b)}$$

$$\hat{k}^{\mu}k_{\mu}=\frac{k^2-(k\cdot\eta)^2}{\sqrt{(k\cdot\eta)^2-k^2}}=-\frac{\boldsymbol{k}^2}{|\boldsymbol{k}|} \quad \text{(K-57c)}$$

（K-57b）和（K-57c）式表示用三波向量（three wave vector）$\boldsymbol{k}$ 量四波向量的第四成分 $k^{\mu}=$（$k_0, 0, 0, \boldsymbol{k}$），而（K-57a）式表示 $\hat{k}^{\mu}$ 確實是垂直於 η^{μ} 的單位向量。於是 η^{μ}，$\varepsilon^{\mu}(\boldsymbol{k}, \lambda=1)$，$\varepsilon^{\mu}(\boldsymbol{k}, \lambda=2)$ 和 $\hat{k}^{\mu}$ 確實構成 Lorentz 協變的四單位向量。

為了能深入瞭解（K-54）式的偏振四向量 $\sum_{\lambda=1}^{2}\varepsilon^{\mu}(\boldsymbol{k}, \lambda)\varepsilon^{\nu}(\boldsymbol{k}, \lambda)$ 的內涵，以我們最熟悉的三維空間來說明，以（x_1, x_2, x_3）表示三維空間（x, y, z）。如圖（K-5），設角波數空間內的三個相互垂直的單位向量 $\boldsymbol{e}(\boldsymbol{k}, \lambda)$，$\lambda=1, 2, 3$，且角波數 $\boldsymbol{k}$ 平行於第三軸，則各 $\boldsymbol{e}(\boldsymbol{k}, \lambda)$ 在座標（k_1, k_2, k_3）上的投影和是：

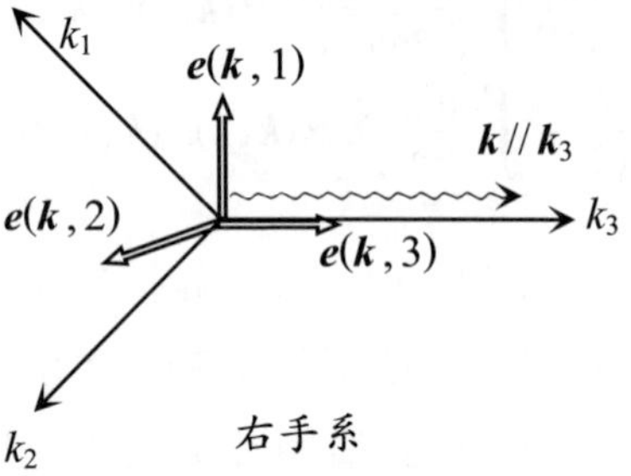

右手系
三維波向量空間
圖 K-5

$$\sum_{\lambda=1}^{3}(\boldsymbol{e}(\boldsymbol{k},\lambda))_i(\boldsymbol{e}(\boldsymbol{k},\lambda))_j=\delta_{ij}, \quad i, j=1, 2, 3,$$

$$\therefore \sum_{\lambda=1}^{2}(\boldsymbol{e}(\boldsymbol{k},\lambda))_i(\boldsymbol{e}(\boldsymbol{k},\lambda))_j=\delta_{ij}-(\boldsymbol{e}(\boldsymbol{k},3))_i(\boldsymbol{e}(\boldsymbol{k},3))_j$$

$$=\delta_{ij}-\frac{k_ik_j}{\boldsymbol{k}^2}, \quad \boldsymbol{k}^2\equiv\boldsymbol{k}\cdot\boldsymbol{k} \quad \text{(K-58a)}$$

用矩陣表示的 δ_{ij} 是：$\delta_{ij}=\begin{pmatrix}1&0&0\\0&1&0\\0&0&1\end{pmatrix}$ （K-58b）

於是對應於（K-58a）式，四維空間的光子偏振單位向量（K-49）式的 $\varepsilon^{\mu}(\boldsymbol{k},\lambda)$，由於僅有空間第 1 和第 2 成分，故在 Lorentz 協變表示時，需要減去時間成分和空間第三成分，它們分別由 η^{μ} 和 $\hat{k}^{\mu}$ 來負責，而對應於（K-58b）式的量是四維空間的度規矩陣（metric matrix）$g^{\mu\nu}$，我們使用的是：

$$g^{\mu\nu}=g_{\mu\nu}=\begin{pmatrix}1&0&0&0\\0&-1&0&0\\0&0&-1&0\\0&0&0&-1\end{pmatrix} \quad \text{(K-59a)}$$

$$\therefore \boxed{\sum_{\lambda=1}^{2} \varepsilon^{\mu}(\boldsymbol{k},\lambda)\varepsilon^{\nu}(\boldsymbol{k},\lambda) = -g^{\mu\nu} + \eta^{\mu}\eta^{\nu} - \hat{k}^{\mu}\hat{k}^{\nu}} \qquad \text{(K-59b)}$$

（K-59b）式右邊第三項的負符號來自（K-57b）式，把（K-59b）式代入（K-54）式得：

$$\begin{aligned} &\overline{A^{\mu}(x)A^{\nu}}(y) = \langle 0 | \mathrm{T}((A^{\mu}(x)A^{\nu}(y)) | 0 \rangle \\ &= \frac{\hbar c}{(2\pi)^3} \int \frac{\mathrm{d}^3 k}{2k_0} [-g^{\mu\nu} + \eta^{\mu}\eta^{\nu} - \hat{k}^{\mu}\hat{k}^{\nu}][\Theta(x_0 - y_0) e^{-ik\cdot(x-y)} + \Theta(y_0 - x_0) e^{ik\cdot(x-y)}] \end{aligned} \qquad \text{(K-60)}$$

（K-60）和時間有關的部分是：

$$\frac{1}{2k_0}[\Theta(x_0 - y_0) e^{-ik_0\cdot(x_0-y_0)} + \Theta(y_0 - x_0) e^{ik_0\cdot(x_0-y_0)}] \equiv I(x_0 > y_0) + I(x_0 < y_0)$$

$I(x_0 > y_0)$ 和 $I(x_0 < y_0)$ 分別對應於（K-27）式和（K-40）式，但 mc=0，即：

$$\begin{aligned} I(x_0 > y_0) &\equiv \Theta(x_0 - y_0)\frac{1}{2k_0} e^{-ik_0\cdot(x_0-y_0)} = \Theta(x_0 - y_0) \oint_{k_0>0} \frac{\mathrm{d}k_0}{2\pi} \frac{1}{k^2 + i\eta} e^{-ik_0\cdot(x_0-y_0)} \\ &= \Theta(x_0 - y_0) \int_{-\infty}^{\infty} \frac{\mathrm{d}k_0}{2\pi} \frac{i}{k^2 + i\eta} e^{-ik_0\cdot(x_0-y_0)} \end{aligned} \qquad \text{(K-61a)}$$

$$\begin{aligned} I(y_0 < x_0) &\equiv \Theta(y_0 - x_0)\frac{1}{2k_0} e^{ik_0\cdot(x_0-y_0)} = \Theta(y_0 - x_0) \oint_{k_0<0} \frac{\mathrm{d}k_0}{2\pi} \frac{1}{k^2 + i\eta} e^{ik_0\cdot(x_0-y_0)} \\ &= \Theta(y_0 - x_0) \int_{-\infty}^{\infty} \frac{\mathrm{d}k_0}{2\pi} \frac{i}{k^2 + i\eta} e^{-ik_0\cdot(x_0-y_0)} \end{aligned} \qquad \text{(K-61b)}$$

要把（K-61b）式代入（K-60）式右邊第二項時，和（K-41）式到（K-42）式那樣，先把 $\boldsymbol{k} \to -\boldsymbol{k}$，於是指數函數變成：

$$e^{-ik_0(x_0-y_0)} e^{i\boldsymbol{k}\cdot(\boldsymbol{x}-\boldsymbol{y})} = e^{-ik\cdot(x-y)} \qquad \text{(K-61c)}$$

所以由（K-61a～c）和（K-60）式得：

$$\begin{aligned} &\overline{A^{\mu}(x)A^{\nu}}(y) = \langle 0 | \mathrm{T}(A^{\mu}(x)A^{\nu}(y)) | 0 \rangle \\ &= \int \frac{\mathrm{d}^4 k}{(2\pi)^4} [-g^{\mu\nu} + \eta^{\mu}\eta^{\nu} - \hat{k}^{\mu}\hat{k}^{\nu}] \frac{i\hbar c}{k^2 + i\eta} e^{-ik\cdot(x-y)} \\ &= \int \frac{\mathrm{d}^4 k}{(2\pi)^4} D_F^{\mu\nu}(k) e^{-ik\cdot(x-y)} + \int \frac{\mathrm{d}^4 k}{(2\pi)^4} (\eta^{\mu}\eta^{\nu} - \hat{k}^{\mu}\hat{k}^{\nu}) \frac{i\hbar c}{k^2 + i\eta} e^{-ik\cdot(x-y)} \end{aligned} \qquad \text{(K-62)}$$

$$\boxed{D_F^{\mu\nu}(k) \equiv \frac{-i\hbar c g^{\mu\nu}}{k^2 + i\eta}} \longleftarrow \text{叫電磁場的動量 **Feynman** 傳播子} \qquad \text{(K-63)}$$

在電流守恆的情況下，（K-62）式右邊第二項的演算值等於零；電流守恆在 S 矩陣是必然現象，故 $\overline{A^{\mu}(x)A^{\nu}}(y)$ 僅存 Feynman 傳播子部分。

索 引

A

B

C

F

I

J

K

L

M

O

P

Q

R

S

T

Z

國家圖書館出版品預行編目資料

近代物理.II, 原子核物理學簡介、基本粒子物理學簡介／林清凉編著. -- 二版.-- 臺北市：五南, 2010.11

面； 公分.

I S B N: 978-957-11-6150-1（平裝）

1. 核子物理學 2. 粒子

339.5 99022264

5B71

近代物理 II——原子核物理學簡介、基本粒子物理學簡介

作　　者 — 林清凉（131.2）
發 行 人 — 楊榮川
總 編 輯 — 龐君豪
主　　編 — 穆文娟
責任編輯 — 陳俐穎
封面設計 — 杜柏宏
出 版 者 — 五南圖書出版股份有限公司
地　　址：106 台北市大安區和平東路二段 339 號 4 樓
電　　話：(02)2705-5066　傳　　真：(02)2706-6100
網　　址：http://www.wunan.com.tw
電子郵件：wunan@wunan.com.tw
劃撥帳號：01068953
戶　　名：五南圖書出版股份有限公司

台中市駐區辦公室 / 台中市中區中山路 6 號
電　　話：(04)2223-0891　傳　　真：(04)2223-3549
高雄市駐區辦公室 / 高雄市新興區中山一路 290 號
電　　話：(07)2358-702　傳　　真：(07)2350-236

法律顧問　元貞聯合法律事務所　張澤平律師

出版日期　2003 年 3 月初版一刷
　　　　　2010 年 11 月二版一刷
定　　價　新臺幣 750 元

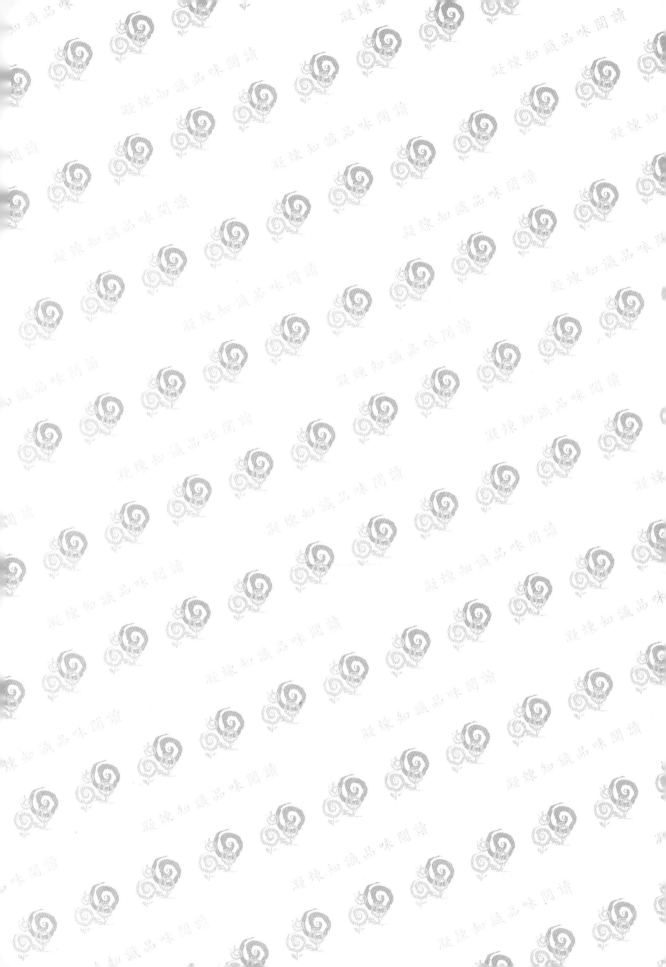